Fundamentos de Microeletrônica

O GEN | Grupo Editorial Nacional – maior plataforma editorial brasileira no segmento científico, técnico e profissional – publica conteúdos nas áreas de ciências exatas, humanas, jurídicas, da saúde e sociais aplicadas, além de prover serviços direcionados à educação continuada e à preparação para concursos.

As editoras que integram o GEN, das mais respeitadas no mercado editorial, construíram catálogos inigualáveis, com obras decisivas para a formação acadêmica e o aperfeiçoamento de várias gerações de profissionais e estudantes, tendo se tornado sinônimo de qualidade e seriedade.

A missão do GEN e dos núcleos de conteúdo que o compõem é prover a melhor informação científica e distribuí-la de maneira flexível e conveniente, a preços justos, gerando benefícios e servindo a autores, docentes, livreiros, funcionários, colaboradores e acionistas.

Nosso comportamento ético incondicional e nossa responsabilidade social e ambiental são reforçados pela natureza educacional de nossa atividade e dão sustentabilidade ao crescimento contínuo e à rentabilidade do grupo.

Fundamentos de Microeletrônica

Segunda Edição

Behzad Razavi
University of California, Los Angeles

Tradução e Revisão Técnica

J. R. Souza, Ph.D.
Professor Adjunto da Universidade do Estado do Rio de Janeiro (UERJ)

O autor e a editora empenharam-se para citar adequadamente e dar o devido crédito a todos os detentores dos direitos autorais de qualquer material utilizado neste livro, dispondo-se a possíveis acertos caso, inadvertidamente, a identificação de algum deles tenha sido omitida.

Não é responsabilidade da editora nem do autor a ocorrência de eventuais perdas ou danos a pessoas ou bens que tenham origem no uso desta publicação.

Apesar dos melhores esforços do autor, do tradutor, do editor e dos revisores, é inevitável que surjam erros no texto. Assim, são bem-vindas as comunicações de usuários sobre correções ou sugestões referentes ao conteúdo ou ao nível pedagógico que auxiliem o aprimoramento de edições futuras. Os comentários dos leitores podem ser encaminhados à **LTC — Livros Técnicos e Científicos Editora** pelo e-mail ltc@grupogen.com.br.

Traduzido de:
FUNDAMENTALS OF MICROELECTRONICS, SECOND EDITION
Copyright © 2014 John Wiley & Sons, Inc.
All Rights Reserved. This translation published under license with the original publisher John Wiley & Sons, Inc.
ISBN: 978-1-118-15632-2

Direitos exclusivos para a língua portuguesa
Copyright © 2017 by
LTC — Livros Técnicos e Científicos Editora Ltda.
Uma editora integrante do GEN | Grupo Editorial Nacional

Reservados todos os direitos. É proibida a duplicação ou reprodução deste volume, no todo ou em parte, sob quaisquer formas ou por quaisquer meios (eletrônico, mecânico, gravação, fotocópia, distribuição na internet ou outros), sem permissão expressa da editora.

Travessa do Ouvidor, 11
Rio de Janeiro, RJ – CEP 20040-040
Tels.: 21-3543-0770 / 11-5080-0770
Fax: 21-3543-0896
ltc@grupogen.com.br
www.ltceditora.com.br

Capa: © Umberto Shtanzman/Shutterstock
Designer de capa: Kristine Carney
Editoração Eletrônica: Formato Editora e Serviços

CIP-BRASIL. CATALOGAÇÃO NA PUBLICAÇÃO
SINDICATO NACIONAL DOS EDITORES DE LIVROS, RJ

R218f
2. ed.

Razavi, Behzad
Fundamentos de microeletrônica / Behzad Razavi ; tradução J. R. Souza. - 2. ed. - Rio de Janeiro : LTC, 2017.
28 cm.

Tradução de: Fundamentals of microelectronics
Apêndice
Inclui bibliografia e índice
ISBN: 978-85-216-3352-5

1. Microeletrônica I. Souza, J. R. II. Título.

17-39077   CDD: 621.381
                                             CDU: 621.38

Para Angelina e Jahan,
pelo amor e paciência

Material Suplementar

Este livro conta com os seguintes materiais suplementares:

- Equations: Suplemento em formato (.pdf), em inglês, com a apresentação de tópicos da microeletrônica e as equações matemáticas utilizadas no estudo da microeletrônica (acesso livre);
- Ilustração da obra em formato de apresentação (.pdf) (restrito a docentes);
- Labs: Suplementos em formato (.pdf) contendo: Pré-Laboratório, Experimentos, Relatórios dos Experimentos e Tutoriais do HSPICE, Diagrama de Bode, Multímetro Digital Hp, Agilent (restrito a docentes);
- Lecture PowerPoints: Apresentações em formato (.pdf), em inglês, para uso em sala de aula (restrito a docentes);
- Solutions Manual: Arquivos em formato (.pdf), em inglês, com manual de soluções (restrito a docentes);
- Solutions to Even-Numbered Problems: Respostas dos exercícios pares de todos os capítulos, em formato (.pdf), em inglês (acesso livre).

O acesso ao material suplementar é gratuito. Basta que o leitor se cadastre em nosso *site* (www.grupogen.com.br), faça seu *login* e clique em Ambiente de Aprendizagem, no menu superior do lado direito.

É rápido e fácil. Caso haja alguma mudança no sistema ou dificuldade de acesso, entre em contato conosco (sac@grupogen.com.br).

GEN-IO (GEN | Informação Online) é o repositório de materiais suplementares e de serviços relacionados com livros publicados pelo GEN | Grupo Editorial Nacional, maior conglomerado brasileiro de editoras do ramo científico-técnico-profissional, composto por Guanabara Koogan, Santos, Roca, AC Farmacêutica, Forense, Método, Atlas, LTC, E.P.U. e Forense Universitária. Os materiais suplementares ficam disponíveis para acesso durante a vigência das edições atuais dos livros a que eles correspondem.

Sobre o Autor

Behzad Razavi recebeu o título de bacharel em Ciências em Engenharia Elétrica (BSEE) da Sharif University of Technology, em 1985, e os títulos de mestre em Ciências em Engenharia Elétrica (MSEE) e doutor em Filosofia em Engenharia Elétrica (PhDEE) da Stanford University, em 1988 e 1992, respectivamente. Trabalhou nos laboratórios da AT&T Bell e da Hewlett-Packard até 1996. É professor de Engenharia Elétrica na University of California, Los Angeles, onde ingressou em 1996, como professor-associado. Seus atuais interesses de pesquisa incluem transceptores sem fio, sintetizadores de frequência, travamento de fase e recuperação de relógio para comunicações de alta velocidade e conversores de dados.

O Professor Razavi foi professor adjunto na Princeton University, no período de 1992 a 1994, e na Stanford University, em 1995. Ele atuou em Comitês de Programas Técnicos da *International Solid-State Circuits Conference* (ISSCC), de 1993 a 2002, e da *VLSI Circuits Symposium*, de 1998 a 2002. Atuou, ainda, como editor convidado e editor associado do *IEEE Journal of Solid-State Circuits*, do *IEEE Transactions on Circuits and Systems* e do *International Journal of High Speed Electronics*.

O Professor Razavi foi agraciado com os seguintes prêmios: *Beatrice Winner* de Excelência Editorial, na ISSCC de 1994; melhor trabalho, na *1994 European Solid-State Circuits Conference*; melhor trabalho em painel, nas ISSCC de 1995 e 1997; *TRW Innovative Teaching*, em 1997; melhor trabalho, na *1998 IEEE Custom Integrated Circuits Conference*; e o prêmio de Primeira Edição do Ano da *McGraw-Hill*, em 2001. Razavi também foi um dos agraciados com o *Jack Kilby Outstanding Student Paper Award* e o *Beatrice Winner Award for Editorial Excellence*, na ISSCC de 2001. Ele recebeu o *Lockheed Martin Excellence in Teaching Award*, em 2006, o *UCLA Faculty Senate Teaching Award,* em 2007, e o *CICC Best Invited Paper Award*, em 2009 e 2012. E foi, ainda, um dos agraciados com o *2012 VLSI Circuits Symposium Best Student Paper Award*. Ele foi reconhecido como um dos dez melhores autores nos 50 anos de história de ISSCC. O Professor Razavi recebeu o *IEEE Donald Pederson Award in Solid-State Circuits*, em 2011.

O Professor Razavi é *membro* do IEEE, onde foi agraciado com o prêmio de *Distinguished Lecturer* e escreveu os livros *Principles of Data Conversion System Design*, *RF Microelectronics* (traduzido para chinês, japonês e coreano), *Design of Analog CMOS Integrated Circuits* (traduzido para chinês, japonês e coreano), *Design of Integrated Circuits for Optical Communications* e *Fundamentals of Microelectronics* (traduzido para coreano e português). Ele também é editor de *Monolithic Phase-Locked Loops and Clock Recovery Circuits* e *Phase-Locking in High-Performance Systems*.

Prefácio

A primeira edição deste livro foi publicada em 2008, tendo sido adotada por várias universidades ao redor do mundo para cursos de graduação em microeletrônica. Em resposta à realimentação recebida de estudantes e professores, esta segunda edição inclui algumas revisões que melhoram os aspectos pedagógicos do livro:

1. Diversas barras laterais foram adicionadas ao longo do texto e apresentam um pouco de história e de aplicações de dispositivos e circuitos eletrônicos, auxiliando o leitor a permanecer interessado e motivado, e permitindo que o professor use exemplos da vida real durante as aulas. As barras laterais têm como objetivo demonstrar o impacto da eletrônica, aguçar o entendimento de conceitos pelo leitor ou prover uma visão instantânea dos mais recentes desenvolvimentos na área.
2. Foi adicionado um capítulo sobre osciladores. Um descendente direto dos circuitos realimentados, osciladores discretos e integrados se tornaram indispensáveis para a maioria dos dispositivos, de modo que merecem um estudo detalhado.
3. Os exercícios de fim de capítulo foram rearranjados para melhor concordância com a progressão dos capítulos. Ademais, para permitir que o leitor encontre rapidamente os exercícios correspondentes a cada seção, os respectivos títulos das seções foram incluídos. Além disso, os exercícios desafiadores foram classificados, segundo o nível de dificuldade, com uma ou duas estrelas.
4. Uma vez que os estudantes solicitam, com frequência, as respostas dos exercícios para que possam verificar a validade de suas abordagens, as soluções dos exercícios pares estão disponíveis, em inglês, no site da LTC Editora.
5. Vários erros tipográficos foram corrigidos.

Eu gostaria de agradecer a todos os estudantes e professores que forneceram valioso retorno nos últimos cinco anos e me ajudaram na decisão de realizar revisões para lançar esta edição.

Behzad Razavi

Prefácio à Primeira Edição

Com o avanço da indústria de semicondutores e de comunicações, passou a ser cada vez mais importante que um engenheiro eletricista tenha um bom entendimento de microeletrônica. Este livro busca atender à necessidade de um texto que aborde a microeletrônica a partir de uma perspectiva moderna e intuitiva. Escolhi os tópicos, sua ordem, profundidade e extensão para propiciar uma exposição eficiente dos princípios de análise e síntese que serão úteis para os estudantes quando ingressarem no mercado de trabalho ou em cursos de pós-graduação, com base na minha experiência acadêmica, de pesquisa e industrial.

Uma característica importante deste livro é sua abordagem orientada à síntese ou ao projeto. Em vez de tirar um circuito da gaveta e tentar analisá-lo, preparo o caminho enunciando um problema com o qual nos deparamos na vida real (por exemplo, como projetar um carregador de bateria de telefone celular). A seguir, tento obter uma solução com o emprego de princípios básicos; dessa forma, apresento tanto as falhas como os acertos do processo. Quando chegamos à solução final, o estudante observou o exato papel de cada componente, assim como a sequência lógica de raciocínio por trás do projeto do circuito.

Outro componente essencial deste livro é "análise por inspeção". Esta "mentalidade" é criada em duas etapas. Primeira, o comportamento de blocos elementares é formulado por meio de uma descrição "verbal" de cada resultado analítico (por exemplo, "olhando para o emissor, vemos $1/g_m$"). Segunda, circuitos grandes são decompostos e "mapeados" nos blocos elementares para evitar a escrita de LCKs e LTKs. Esta abordagem transmite muita intuição e simplifica a análise de circuitos grandes.

Os dois artigos que seguem este prefácio provêm sugestões úteis a estudantes e professores. Espero que estas sugestões tornem a tarefa de estudar e ensinar microeletrônica mais agradável.

Um conjunto de *slides* em *PowerPoint*, um manual de solução e várias outras ferramentas de auxílio ao ensino estão disponíveis para o professor.

Behzad Razavi
Novembro de 2007

Agradecimentos

Este livro levou quatro anos para ser escrito e se beneficiou da colaboração de várias pessoas. Quero agradecer às seguintes pessoas por suas contribuições em diferentes estágios do desenvolvimento do livro: David Allstot (University of Washington), Joel Berlinghieri, Sr. (*The Citadel*), Bernhard Boser (University of California, Berkeley), Charles Bray (University of Memphis), Marc Cahay (University of Cincinnati), Norman Cox (University of Missouri, Rolla), James Daley (University of Rhode Island), Tranjan Farid (University of North Carolina at Charlotte), Paul Furth (New Mexico State University), Roman Genov (University of Toronto), Maysam Ghovanloo (North Carolina State University), Gennady Gildenblat (Pennsylvania State University), Ashok Goel (Michigan Technological University), Michael Gouzman (SUNY, Stony Brook), Michael Green (University of California, Irvine), Sotoudeh Hamedi-Hagh (San Jose State University), Reid Harrison (University of Utah), Payam Heydari (University of California, Irvine), Feng Hua (Clarkson University), Marian Kazmierchuk (Wright State University), Roger King (University of Toledo), Edward Kolesar (Texas Christian University), Ying-Chen Lai (Arizona State University), Daniel Lau (University of Kentucky, Lexington), Stanislaw Legowski (University of Wyoming), Philip Lopresti (University of Pennsylvania), Mani Mina (Iowa State University), James Morris (Portland State University), Khalil Naja (University of Michigan), Homer Nazeran (University of Texas, El Paso), Tamara Papalias (San Jose State University), Mathew Radmanesh (California State University, Northbridge), Angela Rasmussen (University of Utah), Sal R. Riggio, Jr. (Pennsylvania State University), Ali Sheikholeslami (University of Toronto), Kalpathy B. Sundaram (University of Central Florida), Yannis Tsividis (Columbia University), Thomas Wu (University of Central Florida), Darrin Young (Case Western Reserve University).

Sou grato a Naresh Shanbhag (University of Illinois, Urbuna-Champaign) por testar uma versão inicial do livro em um curso e, assim, prover valorosa realimentação. Os seguintes estudantes da UCLA preparam, com diligência, o manual de soluções: Lawrence Au, Hamid Hatamkhani, Alireza Mehrnia, Alireza Razzaghi, William Wai-Kwok Tang e Ning Wang. Ning Wang também preparou todos *slides* de *PowerPoint*. Eudean Sun (University of California, Berkeley) e John Tyler (Texas A & M University) foram revisores de precisão. Também gostaria de lhes agradecer pelo árduo trabalho.

Agradeço à minha editora, Catherina Shultz, pela dedicação e exuberância. Lucille Buonocore, Carmen Hernandez, Dana Kellogg, Madelyn Lesure, Christopher Ruel, Kenneth Santor, Lauren Sapira, Daniel Sayre, Gladyz Soto e Carolyn Weisman, da editora Wiley, e Bill Zobrist (anteriormente na Wiley) também merecem minha gratidão. Agradeço, ainda, a Jessica Knecht e Joyce Poh pelo árduo trabalho na segunda edição.

Minha esposa, Angelina, digitou todo o livro e manteve o bom humor enquanto este projeto se alongava. A ela, toda minha gratidão.

Behzad Razavi

Sugestões aos Estudantes

Você está prestes a iniciar uma viagem pelo fascinante mundo da microeletrônica. Por sorte, a microeletrônica aparece em tantos aspectos de nossas vidas que temos bastante motivação para estudá-la. A leitura, no entanto, não é tão simples como a de um romance; devemos lidar com *análise* e *projeto*, e fazer uso de rigor matemático e intuição de engenharia em cada etapa do caminho. Este artigo apresenta algumas sugestões que podem auxiliá-lo no estudo da microeletrônica.

Rigor e Intuição Antes de chegar a este livro, você fez um ou dois cursos sobre teoria básica de circuitos elétricos, aprendeu as Leis de Kirchoff e a análise de circuitos RLC. Embora sejam muito abstratos e pareçam não ter nenhuma relação com a vida real, os conceitos estudados nesses cursos formam a base da microeletrônica, assim como cálculo é a base da engenharia.

Nossa abordagem da microeletrônica também requer rigor e envolve dois componentes adicionais. Primeiro, identificamos muitas aplicações para os conceitos que estudamos. Segundo, devemos desenvolver uma *intuição*, ou seja, um "sentimento" do funcionamento de dispositivos e circuitos microeletrônicos. Sem uma compreensão intuitiva, a análise de circuitos se torna mais difícil à medida que acrescentamos dispositivos para executar funções mais complexas.

Análise por Inspeção Dedicaremos um esforço considerável para desenvolver a mentalidade e as habilidades necessárias à "análise por inspeção". Isto é, ao considerarmos um circuito complexo, vamos procurar decompô-lo em topologias mais simples, para que possamos descrever seu comportamento com poucas linhas de álgebra. Como um exemplo simples, suponhamos que nos deparamos com o divisor resistivo mostrado na Figura 1(a) e derivamos seu equivalente Thévenin. Agora, se nos for dado o circuito da Figura 1(b), podemos substituir $V_{entrada}$, R_1 e R_2 pelo equivalente Thévenin e, assim, simplificar os cálculos.

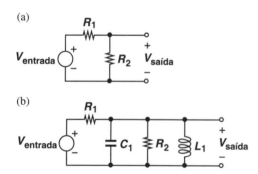

Exemplo de análise por inspeção

Quarenta Páginas por Semana Nos cursos de microeletrônica, você precisará ler cerca de quarenta páginas deste livro por semana, e cada página contém diversos conceitos novos, deduções e exemplos. Nas aulas, o professor cria um "esqueleto" de cada capítulo; cabe a você "unir os pontos" com a leitura cuidadosa do livro, tentando entender cada parágrafo antes de passar para o próximo.

A leitura e a compreensão do conteúdo de quarenta páginas do livro toda semana requerem concentração e disciplina. Você encontrará novo material e deduções detalhadas em cada página, e deve dedicar períodos de duas ou três horas sem distração (sem conversas ao telefone, TV, internet etc.), para acompanhar a *evolução* dos conceitos enquanto aprimora suas habilidades analíticas. Também sugiro que tente resolver cada exemplo antes de ler a respectiva solução.

Quarenta Exercícios por Semana Depois de ler cada seção e seguir os exemplos, encorajamos você a avaliar e aprimorar seu entendimento tentando resolver os correspondentes exercícios apresentados no final do capítulo. Os exercícios começam em um nível relativamente simples e, de modo gradual, se tornam mais desafiadores. Alguns podem exigir que você retorne à seção e estude os pontos sutis com mais atenção.

O valor educacional de cada exercício depende de sua *persistência*. O primeiro contato com um exercício pode ser desencorajador. Contudo, se você examiná-lo de diferentes ângulos e, o que é mais importante, reexaminar os conceitos apresentados no capítulo, começará a formar um caminho em sua mente que pode levar à solução. Na verdade, se você pensou muito sobre um exercício e não conseguiu resolvê-lo, talvez uma indicação do professor ou monitor baste para você chegar à solução. Quanto maior a sua luta para resolver um exercício, maior será sua satisfação ao encontrar resposta.

Estar presente nas aulas e ler o livro são exemplos de "aprendizado passivo": você apenas recebe (e, esperamos, absorve) uma sequência de informações transmitidas pelo professor e pelo texto. Embora seja necessário, o aprendizado passivo não *exercita* sua compreensão e, portanto, não é profundo. Você pode marcar linhas de texto como importantes. Você também pode escrever resumos de conceitos importantes em folhas à parte (e encorajamos que faça isto). Todavia, para *adquirir domínio* do assunto, você precisa praticar ("aprendizado ativo"). Os conjuntos de exercícios no final de cada capítulo servem a este propósito.

Trabalhos de Casa e Provas A solução dos exercícios no final dos capítulos também o prepara para os trabalhos de casa e para as provas. Os trabalhos de casa exigem períodos sem distração, durante os quais você testa seu conhecimento e aprimora sua compreensão. Um conselho importante que posso dar neste momento é: fazer os trabalhos de casa com colegas da turma é *má* ideia! Diferente do que se passa com outras disciplinas, para as quais discussões, argumentações e réplicas podem ser benéficas, o aprendizado de microeletrônica requer concentração silenciosa. (Afinal, você estará sozinho nas provas!) Para adquirir confiança em suas respostas, você pode discutir os resultados com colegas, professor ou monitor *após* terminar o trabalho de casa por conta própria.

Gerenciamento do Tempo Ler o texto, fazer os exercícios e os trabalhos de casa requer uma dedicação de, pelo menos, 10 horas por semana. Devido ao ritmo acelerado do curso, o material se acumula muito rápido; se você não dedicar o tempo necessário desde a primeira semana, terá dificuldade em acompanhar as aulas. Na verdade, quanto mais atrasado você ficar, menos interessantes e úteis as aulas irão se tornar; e você será obrigado a apenas anotar tudo que o professor diz, sem tempo de entender. Como seus outros cursos também exigem dedicação, você logo estará sobrecarregado, se não gerenciar o tempo com cuidado.

O gerenciamento do tempo consiste em duas etapas: (1) dividir as horas em que está desperto em blocos sólidos e (2) usar cada bloco *de forma eficiente*. Para aumentar a eficiência, você pode tomar as seguintes providências: (a) trabalhar em um ambiente quieto, para minimizar as distrações; (b) distribuir o trabalho em um dado assunto ao longo da semana, por exemplo, 3 horas por dia, para evitar saturação e permitir que, nos intervalos, seu subconsciente processe os conceitos.

Pré-requisitos Muitos conceitos que você aprendeu nos cursos de teoria de circuitos são essenciais ao estudo da microeletrônica. O Capítulo 1 apresenta uma breve revisão para refrescar sua memória. Com a duração limitada das aulas, o professor pode pular esta parte, deixando-a para você ler em casa. Você pode folhear o capítulo e identificar os conceitos que o "incomodam" antes de ler com atenção.

Sugestões para Professores

Ensinar estudantes de graduação pode ser um grande desafio – em especial se a ênfase for raciocínio e dedução em vez de memorização. Como as jovens mentes de hoje estão habituadas a jogar videogames de ritmos alucinantes e a "clicar" o *mouse* para chegar ao destino desejado na internet, ficou mais difícil encorajá-las a se concentrarem por longos períodos de tempo e a tratarem de conceitos abstratos. Com base na experiência de mais de uma década de ensino, este artigo apresenta sugestões que podem ser úteis aos professores de microeletrônica.

Terapia Em geral, os estudantes que fazem o primeiro curso de microeletrônica completaram um ou dois cursos de teoria básica de circuitos elétricos. Para muitos, esta experiência não foi agradável. Afinal, é provável que o livro de teoria de circuito tenha sido escrito por uma pessoa que *não* é da área de circuitos. Da mesma forma, é provável que os cursos tenham sido apresentados por professores não muito envolvidos com projeto de circuitos. Por exemplo, raramente os estudantes são informados de que a análise nodal é muito mais usada em cálculos manuais do que a análise por malhas. Também não adquirem uma visão intuitiva dos teoremas de Thévenin e Norton.

Com estas observações em mente, começo o primeiro curso com uma "sessão de terapia" de cinco minutos. Pergunto quantos gostaram dos cursos de teoria de circuitos e adquiriram uma compreensão "prática". Poucos levantam as mãos. Depois, pergunto: "O que acharam dos cursos de cálculo? Quantos adquiriram uma compreensão "prática" com estes cursos?" A seguir, explico que a teoria de circuitos representa a base da microeletrônica, assim como cálculo é a base da engenharia. E acrescento que – à medida que completamos a base e passamos a tópicos mais avançados na análise e síntese de circuitos – algum grau de abstração também deve ser esperado na microeletrônica. Então, ressalto que (1) microeletrônica se baseia muito na compreensão intuitiva, exige que *ultrapassemos* a simples escrita de LCKs e LTKs e interpretemos as expressões matemáticas de forma intuitiva; (2) este curso apresenta várias aplicações de dispositivos e circuitos microeletrônicos em nossas vidas cotidianas. Em outras palavras, microeletrônica não é tão desinteressante como circuitos RLC arbitrários que consistem em resistores de 1 Ω, indutores de 1 H e capacitores de 1 F.

Primeiro Questionário Como os estudantes iniciam o curso com diferentes níveis de conhecimento, cheguei à conclusão de que é útil aplicar, na primeira aula, um questionário de dez minutos. Ressalto que o questionário não conta como nota e serve como uma medida da compreensão que têm. Enfatizo que o objetivo é testar seu conhecimento, e não sua inteligência. Depois de recolher os questionários, peço a um dos monitores que dê uma nota binária a cada um: o que recebe uma avaliação abaixo de 50 por cento é marcado com uma estrela vermelha. No final da aula, devolvo os questionários e sugiro que os donos daqueles marcados com a estrela vermelha se dediquem mais e interajam com os monitores e comigo com mais frequência.

Imagem Real Uma poderosa ferramenta de motivação da aprendizagem é a "imagem real", ou seja, aplicação "prática" do conceito sendo ensinado. Os dois exemplos de sistemas microeletrônicos descritos no Capítulo 1 funcionam como passo inicial em direção à criação de contexto para o material apresentado neste livro. Contudo, a imagem real não pode parar aqui. Cada novo conceito merece uma aplicação – por mais breve que seja a menção à aplicação – e a maior parte dessa tarefa cabe às aulas e não ao livro.

A escolha da aplicação deve ser feita com cuidado. Se a descrição for demasiadamente longa ou o resultado for muito abstrato, os estudantes podem deixar de perceber a conexão entre o conceito e a aplicação. Em geral, minha abordagem é a seguinte: suponhamos que estejamos no início do Capítulo 2 (Física Básica de Semicondutor); pergunto: "Como seria nosso mundo sem semicondutores?" ou "Há algum dispositivo semicondutor em seu relógio? Em seu telefone celular? Em seu *notebook*? Em sua câmera digital?" Na discussão que segue, logo apresento exemplos de dispositivos semicondutores e onde são usados.

Continuando com a imagem real, dou motivação adicional quando pergunto: "Bem, tudo isto é *antigo*, não é? Por que *precisamos* aprender estas coisas?" E discorro rapidamente sobre os desafios nos projetos de hoje e na competição entre fabricantes para reduzir o consumo de potência e o custo de dispositivos portáteis.

Análise *versus* Síntese Consideremos o conhecimento dos estudantes que iniciam um curso de microeletrônica. Eles sabem escrever LCKs e LTKs. Também viram numerosos circuitos RLC "arbitrários"; ou seja, para esses estudantes, todos os circuitos RLC são iguais e não está claro para que servem. Contudo, um objetivo essencial do ensino de microeletrônica é o desenvolvimento de topologias específicas de circuitos para atender a certas características. Portanto, devemos mudar a mentalidade dos estudantes, passando de "Aqui está um circuito que você nunca mais verá na vida. Analise-o!" para "Temos o seguinte problema e devemos criar (sintetizar) um circuito que o solucione". Podemos começar com a topologia mais simples, identificar suas deficiências e começar a modificá-la até obtermos uma solução aceitável. Esta abordagem de síntese passo a passo (a) deixa aparente o papel de cada dispositivo no circuito, (b) estabelece uma mentalidade "orientada a síntese" e (c) ocupa o estudante intelectualmente e desperta seu interesse.

Análise por Inspeção Na viagem pela microeletrônica, os estudantes se deparam com circuitos cada vez mais complexos, até chegarem ao ponto em que escrever LCKs e LTKs de forma cega se torna algo ineficiente e, até mesmo, impossível. Em uma das primeiras aulas, mostro o circuito interno de um amplificador operacional e pergunto: "Podemos analisar o comportamento deste circuito simplesmente escrevendo equações de nós e de malhas?" Assim, é importante induzir nos estudantes o conceito de "análise por inspeção". Minha abordagem tem duas etapas: (1) Para cada circuito simples, formulo as propriedades em uma linguagem intuitiva; por exemplo, "o ganho de tensão de um estágio fonte comum é dado pela resistência de carga dividida por $1/g_m$ mais a resistência ligada entre a fonte e a terra". (2) Mapeio circuitos complexos em uma ou mais topologias estudadas na etapa (1).

Além de aumentar a eficiência, a análise por inspeção também contribui para a percepção. À medida que exploro diversos exemplos, ressalto para os estudantes que os resultados assim obtidos revelam as dependências do circuito de forma mais clara que quando nos limitamos a escrever as LCKs e LTKs sem nenhum mapeamento.

Aventuras "E Se?" Um método interessante de reforçar as propriedades de um circuito consiste em fazer uma pergunta como: "E se conectarmos este dispositivo entre os nós C e D e não entre os nós A e B?" Na verdade, os próprios estudantes, muitas vezes, fazem perguntas semelhantes. Minha resposta é: "Não tenha medo! O circuito não o morderá se você modificá-lo um pouco. Portanto, vá em frente e o analise nesta nova forma."

No caso de circuitos simples, os estudantes podem ser encorajados a considerarem diversas modificações possíveis e determinarem o comportamento resultante. Assim, os estudantes se sentem mais confiantes em relação à topologia original e compreendem por que é a única solução aceitável (se for este o caso).

Cálculos com Números *versus* Cálculos com Símbolos Na elaboração de exemplos, trabalhos de casa e provas, o professor deve decidir entre cálculos com números ou com símbolos. É provável que o estudante prefira o primeiro tipo, pois requer apenas a determinação da equação correspondente e a substituição de números.

Qual é o valor de cálculos com números? Na minha opinião, servem a dois propósitos: (a) dar confiança ao estudante em ralação ao resultado que acabou de obter e (b) dar ao estudante uma ideia dos valores típicos encontrados na prática. Portanto, cálculos com números têm um papel limitado no aprendizado e reforço de conceitos.

Cálculos com símbolos, por sua vez, podem oferecer uma compreensão do comportamento do circuito ao revelar dependências, tendências e limites. Além disso, os resultados obtidos dessa forma podem ser usados em exemplos mais complexos.

Quadro-negro *versus* PowerPoint Este livro é acompanhado de um conjunto completo de *slides* de *PowerPoint*. No entanto, sugiro que o professor considere, com cuidado, os prós e os contras de aulas baseadas no quadro-negro e em *PowerPoint*.

Faço as seguintes observações: (1) Muitos estudantes adormecem (pelo menos, mentalmente) na sala de aula se não escrevem. (2) Muitos outros acham que perdem algo se não escrevem. (3) Para a maioria das pessoas, o ato de escrever algo no papel deixa "gravada" a informação em suas mentes. (4) O uso de *slides* leva a um ritmo mais rápido ("se não estamos ocupados escrevendo, podemos seguir adiante") e deixa pouco tempo para que os estudantes digiram os conceitos. Por essas razões, mesmo que os estudantes tenham uma cópia impressa dos *slides*, esse tipo de apresentação se mostra muito ineficaz.

Para melhorar a situação, o professor pode deixar espaços em branco em cada *slide* e preenchê-los com resultados interessantes em tempo real. Já experimentei esse método com transparências e, mais recentemente, com computadores *tablet*. A abordagem funciona bem para cursos de pós-graduação, mas deixa os estudantes de graduação entediados ou desnorteados.

Minha conclusão é que o bom e velho quadro-negro ainda é o melhor meio para ensinar microeletrônica aos estudantes de graduação. O professor sempre pode usar uma cópia impressa dos *slides* de *PowerPoint* como guia para a aula.

Discreto *versus* Integrado Que ênfase deve ser dada a circuitos discretos e a circuitos integrados em um curso de microeletrônica? Para a maioria de nós, o termo "microeletrônica" permanece sinônimo de "circuito integrado" (CI) e, na verdade, os currículos de algumas universidades, aos poucos, reduziram a quase zero a oferta de projeto discreto nos cursos. No entanto, apenas uma pequena parcela dos estudantes que fazem estes cursos se envolve ativamente com produtos de CI, enquanto muitos se envolvem com projetos com base em placas.

Minha abordagem neste livro consiste em começar com conceitos genéricos que se aplicam aos dois paradigmas e, aos poucos, concentrar a atenção em circuitos integrados. Também creio que aqueles que se dedicam a projetos com base em placas devem ter um entendimento básico dos circuitos integrados que utilizam.

Transistor Bipolar *versus* MOSFET No momento, há alguma controvérsia quanto à inclusão de transistores e circuitos bipolares em cursos de graduação de microeletrônica. Com o mercado de semicondutor dominado por MOSFET, parece que dispositivos bipolares são de pouca utilidade. Embora essa visão possa, em parte, ser válida para cursos de pós-graduação, devemos ter em mente que: (1) como mencionado, muitos estudantes de graduação podem vir a trabalhar com projeto discreto com base em placas, sendo provável que se deparem com dispositivos bipolares; (2) os contrastes e semelhanças entre dispositivos bipolares e MOS se mostram muito úteis no entendimento das propriedades de cada um.

A ordem em que os dois tipos são apresentados também é discutível. (Pesquisas detalhadas conduzidas pela editora Wiley indicam uma divisão meio a meio entre professores quanto a esse tema.) Alguns professores preferem começar com dispositivos MOS, para garantir que terão tempo suficiente para

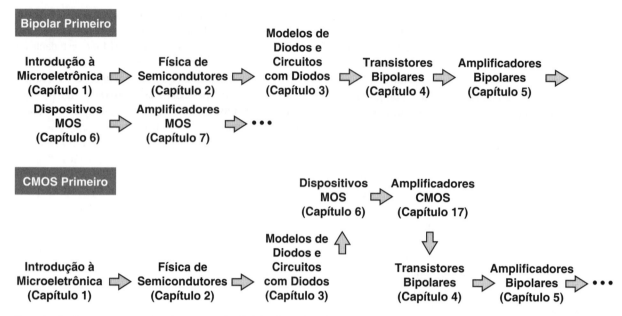

Sequência do curso para abordar a tecnologia bipolar primeiro ou a tecnologia CMOS primeiro.

expor o assunto. Por outro lado, o fluxo natural do curso clama por dispositivos bipolares como extensão de junções *pn*. Na verdade, se diodos forem seguidos por dispositivos MOS, os estudantes verão pouca relevância entre os dois. (As junções *pn* em MOSFETs não são mencionadas até que as capacitâncias do dispositivo tenham sido introduzidas.)

Minha abordagem neste livro é, primeiro, apresentar dispositivos e circuitos bipolares enquanto estabeleço as bases, de modo que dispositivos MOS sejam, mais tarde, expostos com maior facilidade. Como será explicado adiante, o material pode ser ensinado, com folga, em um trimestre, sem sacrificar detalhes dos dois tipos de dispositivos.

De toda forma, o livro é organizado de modo a permitir a exposição de circuitos CMOS primeiro, caso o professor assim deseje. A sequência de capítulos para cada caso é mostrada a seguir. O Capítulo 16 foi escrito admitindo que o estudante não tem nenhum conhecimento dos princípios de projeto de amplificadores, de maneira que o professor pode, sem quebra de continuidade, passar da física de dispositivos MOS ao projeto de amplificadores MOS sem ter de abordar o projeto de amplificadores bipolares.

Ementa do Curso Este livro pode ser usado em uma sequência de dois trimestres ou de dois semestres. Dependendo da preferência do professor, os cursos podem seguir diferentes combinações de capítulos. A figura adiante ilustra algumas possibilidades.

Por vários anos, segui a Ementa I no sistema trimestral da UCLA.[1] A Ementa II sacrifica circuitos amp op em favor de uma apresentação introdutória de circuitos CMOS digitais.

Em um sistema semestral, a Ementa I estende o primeiro curso até espelhos de corrente e estágios cascode, e o segundo curso até estágios de saída e filtros analógicos. A Ementa II, por sua vez, inclui circuitos digitais no primeiro curso e desloca espelhos de corrente e cascodes para o segundo, sacrificando o capítulo sobre estágios de saída.

A figura adiante mostra o tempo aproximado gasto em cada capítulo, segundo nosso programa em UCLA. No sistema semestral, os períodos de tempo são mais flexíveis.

Cobertura dos Capítulos O material em cada capítulo pode ser decomposto em três categorias: (1) conceitos essenciais que o professor pode apresentar em aula; (2) habilidades essenciais que os estudantes podem desenvolver, mas não podem ser tratadas em aula devido à limitação de tempo; (3) tópicos que são úteis, mas que podem ser pulados, segundo a preferência do professor.[2] A seguir, é apresentado um resumo de cada capítulo, indicando os temas que devem ser abordados na sala de aula.

Capítulo 1: Introdução à Microeletrônica O objetivo desse capítulo é prover a "imagem real" e dar mais segurança aos estudantes em relação à questão de sinais analógicos e digitais. Gasto de 30 a 45 minutos nas Seções 1.1 e 1.2 e deixo o resto do capítulo (Conceitos Básicos) para ser exposto pelo monitor em uma aula especial na primeira semana.

Capítulo 2: Física Básica de Semicondutores Na exposição da física básica de dispositivos semicondutores, esse capítulo segue, de forma deliberada, um ritmo lento: os conceitos são examinados de diferentes ângulos, o que permite que os estudantes absorvam o material à medida que avançam

---

[1] Há, em UCLA, outro curso de graduação sobre projeto de circuitos digitais, no qual o estudante pode se matricular apenas *depois* de ter feito o primeiro curso de microeletrônica.

[2] Estes tópicos são identificados por uma nota de rodapé.

Sugestões para Professores xvii

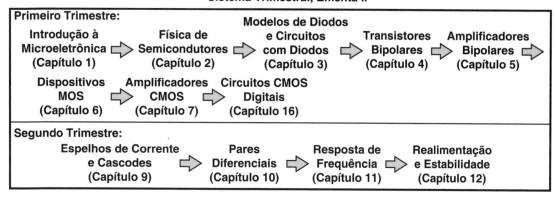

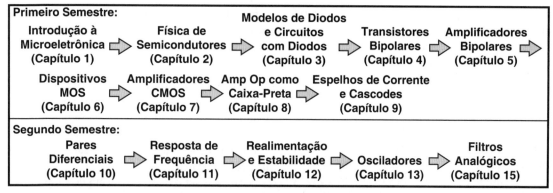

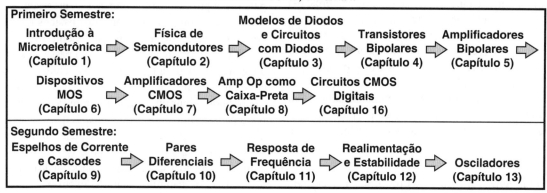

Diferentes estruturas de curso para sistemas trimestral e semestral.

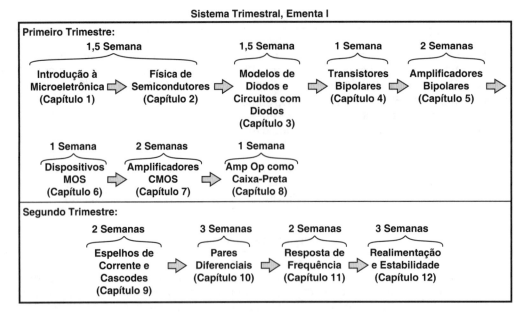

Cronograma para os dois cursos

na leitura. Uma linguagem concisa encurtaria o capítulo, mas exigiria que os estudantes lessem o material diversas vezes na tentativa de decifrar o texto.

É importante ressaltar que, no entanto, o ritmo do professor na sala de aula não precisa ser tão lento como o do capítulo. Os estudantes devem ler os detalhes e os exemplos por conta própria, para melhorar a compreensão do assunto. O principal ponto do capítulo é o de que devemos estudar a física dos dispositivos para que possamos construir modelos de circuitos para os mesmos. Em um sistema trimestral, cubro os seguintes conceitos em aula: elétrons e lacunas; dopagem; deriva e difusão; junção *pn* em equilíbrio e sob polarizações direta e reversa.

Capítulo 3: Modelos de Diodos e Circuitos com Diodos

Esse capítulo tem quatro objetivos: (1) deixar o estudante mais confiante em relação à visão de junção *pn* como dispositivo não linear; (2) introduzir os conceitos de linearização de um modelo não linear para simplificar a análise; (3) tratar dos circuitos básicos com os quais todo engenheiro eletricista deve ter familiaridade, por exemplo, retificadores e limitadores; (4) desenvolver as habilidades necessárias para analisar circuitos altamente não lineares, por exemplo, nas situações em que é difícil prever que diodo é ligado com que tensão de entrada. Dentre esses quatro objetivos, os três primeiros são essenciais e devem ser cobertos em aula, enquanto o último depende da preferência do professor. (Eu o abordo em minhas aulas.) Em um sistema trimestral, por uma questão de tempo, pulo algumas seções, por exemplo, dobradores de tensão e deslocadores de nível.

Capítulo 4: Física de Transistores Bipolares

Começando com o uso de uma fonte de corrente controlada por tensão em um amplificador, esse capítulo apresenta o transistor bipolar como uma extensão de junções *pn* e deduz o correspondente modelo de pequenos sinais. Como no Capítulo 2, o ritmo é relativamente lento, mas as aulas não precisam segui-lo. Cubro a estrutura e operação do transistor bipolar, uma dedução simplificada da característica exponencial, modelos de transistor e, de forma breve, menciono que saturação é indesejável. Como o modelo T é de utilização limitada em análise e acrescenta pouca percepção (especialmente no caso de dispositivos MOS), o excluí deste livro.

Capítulo 5: Amplificadores Bipolares

Esse é o capítulo mais longo do livro e constrói a base necessária a todo o trabalho subsequente em eletrônica. Seguindo uma abordagem de baixo para cima, o capítulo estabelece conceitos essenciais, como impedâncias de entrada e de saída, polarização e análise de pequenos sinais.

Ao escrever o livro, pensei em decompor o Capítulo 5 em dois: um que cobriria os conceitos e outro, as topologias de amplificadores bipolares, de modo que o último pudesse ser pulado por professores que preferissem prosseguir com circuitos MOS. Entretanto, ensinar conceitos básicos não requer o uso de transistores, o que dificulta tal decomposição.

O Capítulo 5 avança, reforçando passo a passo o conceito de síntese, e explora topologias de circuitos com o auxílio de exemplos do tipo "E se?" Como nos Capítulos 2 e 4, o professor pode seguir um ritmo mais rápido e deixar boa parte do texto para ser lido pelos estudantes. Em um sistema trimestral, cubro todo o capítulo e, com frequência, enfatizo os conceitos ilustrados na Figura 5.7 (impedância vista olhando para a base, emissor ou coletor). Com duas semanas (ou duas semanas e meia) alocadas a esse capítulo, as aulas devem ser dimensionadas de forma adequada, para assegurar que os conceitos principais sejam apresentados.

Capítulo 6: Física de Transistores MOS Esse Capítulo segue a abordagem do Capítulo 4: apresenta o MOSFET como uma fonte de corrente controlada por tensão e deduz suas características. Tendo em mente a limitação de tempo que, em geral, temos para expor os temas, incluí apenas uma breve discussão do efeito de corpo e da saturação de velocidade; estes fenômenos não são tratados no resto do livro. Apresento todo esse capítulo no primeiro curso de microeletrônica.

Capítulo 7: Amplificadores CMOS Explorando a base estabelecida no Capítulo 5, esse capítulo trata de amplificadores MOS em um ritmo mais rápido. Apresento todo esse capítulo no primeiro curso de microeletrônica.

Capítulo 8: Amplificador Operacional como Caixa-Preta Esse capítulo trata de circuitos baseados em amp ops e foi escrito de maneira que pudesse ser apresentado em uma ordem qualquer em relação aos outros capítulos. Minha preferência é apresentar o assunto desse capítulo *depois* do estudo de topologias de amplificadores, para que os estudantes adquiram alguma compreensão dos circuitos internos de amp ops e de suas limitações. Ensinar o assunto desse capítulo um pouco antes do fim do primeiro curso aproxima amp ops de amplificadores diferenciais (Capítulo 10), permitindo que os estudantes entendam a relevância de cada um. Cubro todo este capítulo no primeiro curso.

Capítulo 9: Estágios Cascodes e Espelhos de Corrente Esse capítulo dá um passo importante na direção de circuitos integrados. O estudo de cascodes e espelhos de corrente neste momento também estabelece a base necessária para construir pares diferenciais com cargas ativas ou cascodes no Capítulo 10. A partir desse capítulo, circuitos bipolares e MOS passam a ser cobertos juntos e as diversas similaridades e diferenças entre eles são ressaltadas. No segundo curso de microeletrônica, cubro todos os tópicos desse capítulo em cerca de duas semanas.

Capítulo 10: Amplificadores Diferenciais Esse capítulo trata dos comportamentos de pequenos e de grandes sinais de amplificadores diferenciais. Os estudantes podem se perguntar por que não estudamos o comportamento de grandes sinais dos diversos amplificadores nos Capítulos 5 e 7; por isso, explico que o par diferencial é um circuito versátil e é utilizado nos dois regimes. Cubro todo o capítulo no segundo curso de microeletrônica.

Capítulo 11: Resposta em Frequência Começando com uma revisão de conceitos básicos, como as regras de Bode, esse capítulo apresenta o modelo de alta frequência de transistores e analisa a resposta de frequência de topologias básicas de amplificadores. Cubro todo esse capítulo no segundo curso.

Capítulo 12: Realimentação A maioria dos professores acredita que realimentação é o assunto que os estudantes acham mais difícil em cursos de microeletrônica na graduação. Por isso, esforcei-me muito em criar um procedimento passo a passo para a análise de circuitos de realimentação, em especial as situações em que os efeitos de carregamento da entrada ou saída devem ser levados em conta. Como nos Capítulos 2 e 5, esse capítulo segue um ritmo lento, permitindo que o estudante adquira confiança em cada conceito e entenda os pontos ensinados em cada exemplo. Cubro todo o capítulo no segundo curso.

Capítulo 13: Osciladores Esse novo capítulo trata de osciladores discretos e integrados. Ambos os circuitos são importantes em aplicações práticas e ajudam a reforçar conceitos de realimentação ensinados anteriormente. O capítulo pode ser coberto com facilidade em um sistema semestral.

Capítulo 14: Estágios de Saída e Amplificadores de Potência Esse capítulo estuda circuitos que fornecem níveis de potência mais elevados que os circuitos considerados nos capítulos anteriores. Topologias como estágios *push-pull* e suas limitações são analisadas. Esse capítulo pode ser incluído em um sistema semestral.

Capítulo 15: Filtros Analógicos Esse capítulo permite um entendimento básico de filtros passivos e ativos, e prepara o estudante para textos mais avançados neste tema. O capítulo também pode ser incluído em um sistema semestral.

Capítulo 16: Circuitos CMOS Digitais Esse capítulo foi escrito para cursos de microeletrônica que incluem uma introdução a circuitos digitais como uma preparação para cursos subsequentes sobre este assunto. Devido à limitação de tempo em sistemas trimestral e semestral, excluí circuitos TTL e ECL.

Capítulo 17: Amplificadores CMOS Esse capítulo foi escrito para cursos que apresentam circuitos CMOS antes de circuitos bipolares. Como já explicado, o capítulo segue o de física de dispositivos MOS e, em essência, é similar ao Capítulo 5, mas voltado aos dispositivos MOS.

Conjuntos de Exercícios Além de numerosos exemplos, cada capítulo oferece um conjunto relativamente grande de exercícios. Para cada conceito abordado no capítulo, começo com exercícios simples, que ajudam a adquirir confiança, e, aos poucos, aumento o nível de dificuldade. Exceto pelos capítulos sobre física de dispositivos, todos os capítulos também oferecem um conjunto de exercícios de síntese, que encorajam o estudante a trabalhar "de trás para a frente" e selecionar a polarização e/ou valores de componentes para satisfazer a certos requisitos.

SPICE Alguns cursos básicos de teoria de circuitos podem fazer uso de *SPICE*, mas é no primeiro curso de microeletrônica que os estudantes passam a dar valor à importância das ferramentas de simulação. O Apêndice A deste livro apresenta *SPICE* e ensina, por meio de numerosos exemplo, como usá-lo para simulação de circuitos. O objetivo é o domínio de um subconjunto de comandos de *SPICE* que permitem a simulação da maioria dos circuitos neste nível. Devido à limitação de tempo das aulas, peço aos monitores que apresentem *SPICE* em uma aula especial, nos meados do trimestre – antes que eu comece a passar exercícios baseados em *SPICE*.*

A maioria dos capítulos contém exercícios baseados em *SPICE*, mas prefiro apresentar *SPICE* apenas na segunda metade do primeiro curso (próximo ao fim do Capítulo 5). Há duas razões para isso: (1) os estudantes devem, primeiro, desenvolver um entendimento básico e habilidades analíticas, isto é, os trabalhos de casa devem exercitar os conceitos fundamentais; (2) os estudantes dão maior valor à utilidade de *SPICE* se o circuito contiver um número não muito pequeno (de cinco a dez) de dispositivos.

Trabalhos de Casa e Provas Em um sistema trimestral, passo quatro trabalhos de casa antes da prova aplicada no meio do período, e quatro depois. Os trabalhos de casa, em sua maioria com base nos conjuntos de exercícios do livro, contêm problemas com grau de dificuldade de moderado a grande; dessa forma, exigem que o estudante resolva, primeiro, os exercícios mais fáceis do livro por conta própria.

As questões da prova são, em geral, versões "disfarçadas" dos exercícios do livro. Para encorajar os estudantes a resolverem *todos* os exercícios de final de capítulo, digo a eles que um dos exercícios do livro será cobrado na prova. As provas são feitas com consulta ao livro, mas sugiro aos estudantes que resumam as equações importantes em uma folha de papel.

Boas aulas!

---

* Diversos *sites* da internet oferecem versões gratuitas, não comerciais de *SPICE* voltadas, principalmente, para estudantes. Informação sobre como e de onde baixar cópias livres desse pacote de *software* são disponibilizadas, por exemplo, nesta página: http://sss-mag.com/spice.html. (Página visitada em 04/01/2017.) (N.T.)

Sumário

1 INTRODUÇÃO À MICROELETRÔNICA 1
1.1 Eletrônica *Versus* Microeletrônica 1
1.2 Exemplos de Sistemas Eletrônicos 2
   1.2.1 Telefone Celular 2
   1.2.2 Câmera Digital 3
   1.2.3 Analógico *versus* Digital 5
1.3 Conceitos Básicos 6
   1.3.1 Sinais Analógicos e Sinais Digitais 6
   1.3.2 Circuitos Analógicos 7
   1.3.3 Circuitos Digitais 8
   1.3.4 Teoremas Básicos de Circuitos 9
1.4 Resumo do Capítulo 16

2 FÍSICA BÁSICA DE SEMICONDUTORES 17
2.1 Materiais Semicondutores e Suas Propriedades 17
   2.1.1 Portadores de Carga em Sólidos 18
   2.1.2 Modificação de Densidades de Portadores 20
   2.1.3 Transporte de Portadores 21
2.2 Junção *pn* 28
   2.2.1 Junção *pn* em Equilíbrio 28
   2.2.2 Junção *pn* sob Polarização Reversa 31
   2.2.3 Junção *pn* sob Polarização Direta 35
   2.2.4 Característica I/V 37
2.3 Ruptura Reversa 41
   2.3.1 Ruptura Zener 41
   2.3.2 Ruptura por Avalanche 41
2.4 Resumo do Capítulo 42
   Exercícios 43
   Exercícios com *Spice* 45

3 MODELOS DE DIODOS E CIRCUITOS COM DIODOS 46
3.1 Diodo Ideal 46
   3.1.1 Conceitos Básicos 46
   3.1.2 Diodo Ideal 47
   3.1.3 Exemplos de Aplicação 51
3.2 Junção *pn* como um Diodo 55
3.3 Exemplos Adicionais 57
3.4 Operação em Grandes Sinais e em Pequenos Sinais 61
3.5 Aplicações de Diodos 68
   3.5.1 Retificadores de Meia-Onda e de Onda Completa 68
   3.5.2 Regulagem de Tensão 78
   3.5.3 Circuitos Limitadores 80
   3.5.4 Dobradores de Tensão 82
   3.5.5 Diodos como Deslocadores de Nível e Comutadores 86
3.6 Resumo do Capítulo 89
   Exercícios 89
   Exercícios com *Spice* 96

4 FÍSICA DE TRANSISTORES BIPOLARES 97
4.1 Considerações Gerais 97
4.2 Estrutura de Transistores Bipolares 98
4.3 Operação de Transistores Bipolares no Modo Ativo 99
   4.3.1 Corrente de Coletor 100
   4.3.2 Correntes de Base e de Emissor 104
4.4 Modelos e Características de Transistores Bipolares 105
   4.4.1 Modelo de Grandes Sinais 105
   4.4.2 Características I/V 107
   4.4.3 Conceito de Transcondutância 108
   4.4.4 Modelo de Pequenos Sinais 109
   4.4.5 Efeito Early 113
4.5 Operação de Transistores Bipolares no Modo de Saturação 117
4.6 Transistores *pnp* 119
   4.6.1 Estrutura e Operação 119
   4.6.2 Modelo de Grandes Sinais 120
   4.6.3 Modelo de Pequenos Sinais 121
4.7 Resumo do Capítulo 126
   Exercícios 126
   Exercícios com *Spice* 133

5 AMPLIFICADORES BIPOLARES 134
5.1 Considerações Gerais 134
   5.1.1 Impedâncias de Entrada e de Saída 134
   5.1.2 Polarização 138
   5.1.3 Análises DC e de Pequenos Sinais 138
5.2 Análise e Síntese no Ponto de Operação 140
   5.2.1 Polarização Simples 140
   5.2.2 Polarização por Divisor de Tensão Resistivo 143
   5.2.3 Polarização com Emissor Degenerado 145
   5.2.4 Estágio Autopolarizado 148
   5.2.5 Polarização de Transistores *PNP* 150
5.3 Topologias de Amplificadores Bipolares 151
   5.3.1 Topologia Emissor Comum 154
   5.3.2 Topologia Base Comum 174
   5.3.3 Seguidor de Emissor 185

- 5.4 Resumo e Exemplos Adicionais 193
- 5.5 Resumo do Capítulo 199
  - Exercícios 199
  - Exercícios com *Spice* 212

6 FÍSICA DE TRANSISTORES MOS 214
- 6.1 Estrutura de MOSFET 214
- 6.2 Operação do MOSFET 216
  - 6.2.1 Análise Qualitativa 216
  - 6.2.2 Dedução das Características I/V 221
  - 6.2.3 Modulação do Comprimento do Canal 226
  - 6.2.4 Transcondutância MOS 230
  - 6.2.5 Saturação de Velocidade 231
  - 6.2.6 Outros Efeitos de Segunda Ordem 232
- 6.3 Modelos de Dispositivos MOS 232
  - 6.3.1 Modelo de Grandes Sinais 233
  - 6.3.2 Modelo de Pequenos Sinais 234
- 6.4 Transistores PMOS 235
- 6.5 Tecnologia CMOS 237
- 6.6 Comparação entre Dispositivos Bipolares e MOS 237
- 6.7 Resumo do Capítulo 237
  - Exercícios 238
  - Exercícios com *Spice* 244

7 AMPLIFICADORES CMOS 245
- 7.1 Considerações Gerais 245
  - 7.1.1 Topologias de Amplificadores MOS 245
  - 7.1.2 Polarização 245
  - 7.1.3 Realização de Fontes de Corrente 249
- 7.2 Estágio Fonte Comum 249
  - 7.2.1 Núcleo FC 249
  - 7.2.2 Estágio FC com Fonte de Corrente como Carga 252
  - 7.2.3 Estágio FC com Carga Conectada como Diodo 252
  - 7.2.4 Estágio FC com Degeneração 253
  - 7.2.5 Estágio FC com Polarização 255
- 7.3 Estágio Porta Comum 258
  - 7.3.1 Estágio PC com Polarização 261
- 7.4 Seguidor de Fonte 262
  - 7.4.1 Núcleo Seguidor de Fonte 262
  - 7.4.2 Seguidor de Fonte com Polarização 264
- 7.5 Resumo e Exemplos Adicionais 266
- 7.6 Resumo do Capítulo 269
  - Exercícios 269
  - Exercícios com *Spice* 280

8 AMPLIFICADOR OPERACIONAL COMO CAIXA-PRETA 282
- 8.1 Considerações Gerais 282
- 8.2 Circuitos Baseados em Amp Ops 284
  - 8.2.1 Amplificador Não Inversor 284
  - 8.2.2 Amplificador Inversor 285
  - 8.2.3 Integrador e Diferenciador 287
  - 8.2.4 Somador de Tensão 293
- 8.3 Funções Não Lineares 293
  - 8.3.1 Retificador de Precisão 293
  - 8.3.2 Amplificador Logarítmico 294
  - 8.3.3 Amplificador de Raiz Quadrada 295
- 8.4 Não Idealidades de Amp Ops 295
  - 8.4.1 Deslocamentos DC 295
  - 8.4.2 Corrente de Polarização de Entrada 298
  - 8.4.3 Limitações de Velocidade 299
  - 8.4.4 Impedâncias de Entrada e de Saída Finitas 303
- 8.5 Exemplos de Projetos 304
- 8.6 Resumo do Capítulo 306
  - Exercícios 306
  - Exercícios com *Spice* 311

9 ESTÁGIOS CASCODES E ESPELHOS DE CORRENTE 313
- 9.1 Estágio Cascode 313
  - 9.1.1 Cascode como Fonte de Corrente 313
  - 9.1.2 Cascode como Amplificador 318
- 9.2 Espelhos de Corrente 324
  - 9.2.1 Considerações Iniciais 324
  - 9.2.2 Espelho de Corrente Bipolar 325
  - 9.2.3 Espelho de Corrente MOS 332
- 9.3 Resumo do Capítulo 334
  - Exercícios 335
  - Exercícios com *Spice* 344

10 AMPLIFICADORES DIFERENCIAIS 346
- 10.1 Considerações Gerais 346
  - 10.1.1 Discussão Inicial 346
  - 10.1.2 Sinais Diferenciais 347
  - 10.1.3 Pares Diferenciais 350
- 10.2 Par Diferencial Bipolar 350
  - 10.2.1 Análise Qualitativa 350
  - 10.2.2 Análise de Grandes Sinais 354
  - 10.2.3 Análise de Pequenos Sinais 356
- 10.3 Par Diferencial MOS 362
  - 10.3.1 Análise Qualitativa 362
  - 10.3.2 Análise de Grandes Sinais 366
  - 10.3.3 Análise de Pequenos Sinais 369
- 10.4 Amplificador Diferencial Cascode 372
- 10.5 Rejeição do Modo Comum 375
- 10.6 Par Diferencial com Carga Ativa 378
  - 10.6.1 Análise Qualitativa 379
  - 10.6.2 Análise Quantitativa 380
- 10.7 Resumo do Capítulo 384
  - Exercícios 384
  - Exercícios com *Spice* 395

11 RESPOSTA EM FREQUÊNCIA 397
11.1 Conceitos Fundamentais 397
    11.1.1 Considerações Gerais 397
    11.1.2 Relação entre Função de Transferência e Resposta em Frequência 400
    11.1.3 Regras de Bode 402
    11.1.4 Associação entre Polos e Nós 403
    11.1.5 Teorema de Miller 404
    11.1.6 Resposta em Frequência Geral 407
11.2 Modelos de Transistores em Altas Frequências 408
    11.2.1 Modelo de Transistor Bipolar em Altas Frequências 409
    11.2.2 Modelo de MOSFET em Altas Frequências 409
    11.2.3 Frequência de Transição 410
11.3 Procedimento de Análise 412
11.4 Resposta em Frequência de Estágios Emissor Comum e Fonte Comum 413
    11.4.1 Resposta em Baixas Frequências 413
    11.4.2 Resposta em Altas Frequências 414
    11.4.3 Aplicação do Teorema de Miller 414
    11.4.4 Análise Direta 417
    11.4.5 Impedância de Entrada 419
11.5 Resposta em Frequência de Estágios Base Comum e Porta Comum 420
    11.5.1 Resposta em Frequências Baixas 420
    11.5.2 Resposta em Altas Frequências 420
11.6 Resposta em Frequência de Seguidores 423
    11.6.1 Impedâncias de Entrada e de Saída 424
11.7 Resposta em Frequência de Estágios Cascodes 427
    11.7.1 Impedâncias de Entrada e de Saída 431
11.8 Resposta em Frequência de Pares Diferenciais 431
    11.8.1 Resposta em Frequência em Modo Comum 431
11.9 Exemplos Adicionais 433
11.10 Resumo do Capítulo 437
    Exercícios 438
    Exercícios com *Spice* 444

12 REALIMENTAÇÃO 446
12.1 Considerações Gerais 446
    12.1.1 Ganho da Malha 448
12.2 Propriedades da Realimentação Negativa 449
    12.2.1 Dessensibilização do Ganho 449
    12.2.2 Extensão da Largura de Banda 450
    12.2.3 Modificação das Impedâncias de Entrada e de Saída 452
    12.2.4 Melhoria da Linearidade 455
12.3 Tipos de Amplificadores 456
    12.3.1 Modelos Simples de Amplificadores 456
    12.3.2 Exemplos de Tipos de Amplificadores 457
12.4 Técnicas de Amostragem e de Retorno 458
12.5 Polaridade da Realimentação 460
12.6 Topologias de Realimentação 463
    12.6.1 Realimentação Tensão-Tensão 463
    12.6.2 Realimentação Tensão-Corrente 466
    12.6.3 Realimentação Corrente-Tensão 469
    12.6.4 Realimentação Corrente-Corrente 473
12.7 Efeito de Impedâncias de Entrada e de Saída Não Ideais 476
    12.7.1 Inclusão de Efeitos de Entrada e de Saída 477
12.8 Estabilidade em Sistemas de Realimentação 486
    12.8.1 Revisão das Regras de Bode 487
    12.8.2 Problema de Instabilidade 488
    12.8.3 Condição de Estabilidade 490
    12.8.4 Margem de Fase 493
    12.8.5 Compensação em Frequência 494
    12.8.6 Compensação de Miller 497
12.9 Resumo do Capítulo 498
    Exercícios 498
    Exercícios com *Spice* 508

13 OSCILADORES 510
13.1 Considerações Gerais 510
13.2 Osciladores em Anel 512
13.3 Osciladores LC 515
    13.3.1 Tanques LC Paralelos 515
    13.3.2 Osciladores com Acoplamento Cruzado 518
    13.3.3 Oscilador Colpitts 519
13.4 Oscilador com Deslocamento de Fase 522
13.5 Oscilador em Ponte de Wien 523
13.6 Osciladores a Cristal 525
    13.6.1 Modelo do Cristal 525
    13.6.2 Circuito de Resistência Negativa 526
    13.6.3 Implementação do Oscilador a Cristal 527
13.7 Resumo do Capítulo 529
    Exercícios 529
    Exercícios com *Spice* 533

14 ESTÁGIOS DE SAÍDA E AMPLIFICADORES DE POTÊNCIA 534
14.1 Considerações Gerais 534
14.2 Seguidor de Emissor como Amplificador de Potência 535
14.3 Estágio *Push-Pull* 536
14.4 Estágio *Push-Pull* Aprimorado 539
    14.4.1 Redução da Distorção de Cruzamento 539
    14.4.2 Adição de Estágio Emissor Comum 542
14.5 Considerações de Grandes Sinais 545
    14.5.1 Questões de Polarização 545
    14.5.2 Omissão de Transistores de Potência *PNP* 546
    14.5.3 Síntese de Alta-Fidelidade 547
14.6 Proteção Contra Curto-Circuito 548

- **14.7** Dissipação de Calor 549
  - **14.7.1** Dissipação de Potência de Seguidor de Emissor 549
  - **14.7.2** Dissipação de Potência de Estágio *Push-Pull* 550
  - **14.7.3** Avalanche Térmica 551
- **14.8** Eficiência 552
  - **14.8.1** Eficiência de Seguidor de Emissor 552
  - **14.8.2** Eficiência de Estágio *Push-Pull* 553
- **14.9** Classes de Amplificadores de Potência 554
- **14.10** Resumo do Capítulo 554
  - Exercícios 555
  - Exercícios com *Spice* 558

15 FILTROS ANALÓGICOS 560
- **15.1** Considerações Gerais 560
  - **15.1.1** Características de Filtros 560
  - **15.1.2** Classificação de Filtros 562
  - **15.1.3** Função de Transferência de Filtros 564
  - **15.1.4** Problema de Sensibilidade 566
- **15.2** Filtros de Primeira Ordem 568
- **15.3** Filtros de Segunda Ordem 570
  - **15.3.1** Casos Especiais 570
  - **15.3.2** Realizações RLC 572
- **15.4** Filtros Ativos 576
  - **15.4.1** Filtros de Sallen-Key 577
  - **15.4.2** Estruturas Biquadráticas Baseadas em Integradores 581
  - **15.4.3** Estruturas Biquadráticas Usando Indutores Simulados 584
- **15.5** Aproximações para Respostas de Filtros 587
  - **15.5.1** Resposta de Butterworth 587
  - **15.5.2** Resposta de Chebyshev 592
- **15.6** Resumo do Capítulo 596
  - Exercícios 596
  - Exercícios com *Spice* 600

16 CIRCUITOS CMOS DIGITAIS 602
- **16.1** Considerações Gerais 602
  - **16.1.1** Caracterização Estática de Portas 603
  - **16.1.2** Caracterização Dinâmica de Portas 608
  - **16.1.3** Potência *versus* Velocidade 611
- **16.2** Inversor CMOS 612
  - **16.2.1** Conceitos Básicos 612
  - **16.2.2** Característica de Transferência de Tensão 614
  - **16.2.3** Característica Dinâmica 618
  - **16.2.4** Dissipação de Potência 623
- **16.3** Portas NOR e NAND CMOS 625
  - **16.3.1** Porta NOR 625
  - **16.3.2** Porta NAND 626
- **16.4** Resumo do Capítulo 629
  - Exercícios 629
  - Exercícios com *Spice* 633

17 AMPLIFICADORES CMOS 634
- **17.1** Considerações Gerais 634
  - **17.1.1** Impedâncias de Entrada e de Saída 634
  - **17.1.2** Polarização 637
  - **17.1.3** Análises DC e de Pequenos Sinais 639
- **17.2** Análise e Síntese do Ponto de Operação 640
  - **17.2.1** Polarização Simples 641
  - **17.2.2** Polarização com Degeneração de Fonte 643
  - **17.2.3** Estágio Autopolarizado 645
  - **17.2.4** Polarização de Transistores PMOS 646
  - **17.2.5** Realização de Fontes de Corrente 647
- **17.3** Topologias de Amplificadores CMOS 647
- **17.4** Topologia Fonte Comum 648
  - **17.4.1** Estágio Fonte Comum com Fonte de Corrente como Carga 651
  - **17.4.2** Estágio Fonte Comum com Dispositivo Conectado como Diodo como Carga 652
  - **17.4.3** Estágio Fonte Comum com Degeneração de Fonte 653
  - **17.4.4** Topologia Porta Comum 663
  - **17.4.5** Seguidor de Fonte 671
- **17.5** Exemplos Adicionais 675
- **17.6** Resumo do Capítulo 679
  - Exercícios 679
  - Exercícios com *SPICE* 689

Apêndice A INTRODUÇÃO AO *SPICE* 691

Índice 704

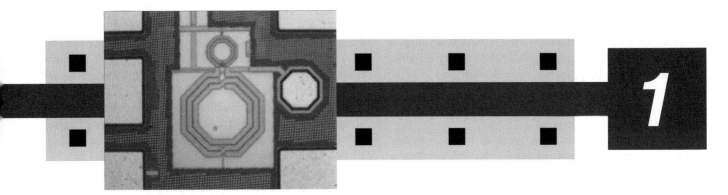

Introdução à Microeletrônica

Ao longo das últimas cinco décadas, a microeletrônica revolucionou nossas vidas. Há alguns anos, telefones celulares, câmeras digitais, computadores portáteis e muitos outros produtos eletrônicos estavam além do reino das possibilidades; hoje, fazem parte de nossa vida cotidiana.

Aprender microeletrônica *pode* ser divertido. À medida que aprendemos como cada dispositivo funciona, como os dispositivos contêm circuitos que executam funções interessantes e úteis, e como os circuitos formam sistemas sofisticados, começamos a ver a beleza da microeletrônica e a entender as razões de seu crescimento exponencial.

Este capítulo apresenta uma visão geral da microeletrônica e prepara um contexto para o material exposto no livro. Damos exemplos de sistemas microeletrônicos e identificamos as importantes "funções" de circuitos empregadas. E também fazemos uma revisão da teoria básica de circuitos para refrescar a memória do leitor.

1.1 ELETRÔNICA *VERSUS* MICROELETRÔNICA

A área geral de eletrônica teve início há cerca de um século e se mostrou fundamental para as comunicações por rádio e radar durante as duas guerras mundiais. Os primeiros sistemas usavam "válvulas" – dispositivos amplificadores que funcionavam com o fluxo de elétrons entre placas em uma câmara de vácuo. No entanto, o tempo de vida finito e as grandes dimensões das válvulas motivaram os pesquisadores a buscar dispositivos eletrônicos com melhores propriedades.

O primeiro transistor foi inventado na década de 1940 e, em pouco tempo, substituiu as válvulas. O transistor tinha tempo de vida infinito (pelo menos em princípio) e ocupava um volume muito menor (por exemplo, menos de 1 cm^3 na forma encapsulada) que uma válvula.

Exemplo 1.1	Os microprocessadores de hoje contêm cerca de 100 milhões de transistores em um *chip* de, aproximadamente, 3 cm × 3 cm. (Um *chip* tem a espessura de umas poucas centenas de micrometros.*) Supondo que circuitos integrados não tivessem sido inventados, consideremos a construção de um processador com 100 milhões de transistores "discretos". Admitindo que cada dispositivo ocupe um volume de 3 mm × 3 mm × 3 mm, calculemos o mínimo volume do processador. Que outras questões seriam levantadas por essa implementação?
Solução	O volume mínimo é dado por 27 mm^3 × 10^8, ou seja, um cubo com lado de 1,4 m! É claro que os fios que conectariam os transistores aumentariam o volume de modo substancial. Além de ocupar um grande volume, esse processador discreto seria extremamente *lento*; os sinais teriam de viajar por fios de até 1,4 m de comprimento! Ademais, se cada transistor isolado custar 1 centavo e pesar 1 g, cada processador custará 1 milhão de reais e pesará 100 toneladas!
Exercício	Qual será o consumo de potência desse sistema se cada transistor dissipar 10 μW?

---

* Em 2012, o Instituto Nacional de Metrologia, Qualidade e Tecnologia (INMETRO) alterou a grafia de múltiplos e submúltiplos de unidades do Sistema Internacional, que passam a ser escritos com o simples acréscimo do correspondente prefixo (giga, mega, quilo etc.) à unidade, sem acentuação adicional; por exemplo, micrômetro passa a ser escrito como micrometro. Veja http://www.inmetro.gov.br/noticias/conteudo/sistema-internacional-unidades.pdf. (N.T.)

Contudo, a microeletrônica – isto é, a ciência de integrar diversos transistores em uma pastilha (*chip*) – surgiu apenas na década de 1960. Os primeiros "circuitos integrados" (CIs) continham somente uns poucos dispositivos, mas avanços da tecnologia possibilitaram um rápido e extraordinário aumento da complexidade de "*microchips*".

Este livro trata, em sua maior parte, de microeletrônica, mas também apresenta fundamentos de sistemas eletrônicos (talvez discretos) em geral.

1.2 EXEMPLOS DE SISTEMAS ELETRÔNICOS

Agora, apresentaremos dois exemplos de sistemas microeletrônicos e identificaremos alguns blocos fundamentais importantes que devemos estudar na eletrônica básica.

1.2.1 Telefone Celular

Os telefones celulares foram desenvolvidos na década de 1980 e se tornaram muito populares na década de1990. Hoje, os telefones celulares contêm uma variedade de sofisticados dispositivos eletrônicos, analógicos e digitais, cujo estudo está além do escopo deste livro. Nosso objetivo aqui é mostrar como os conceitos descritos neste livro são relevantes para o funcionamento de um telefone celular.

Suponha que se esteja conversando com um amigo ao telefone celular. Sua voz é convertida em um sinal elétrico pelo microfone e, depois de algum processamento, é transmitida pela antena. O sinal produzido pela antena de seu aparelho é captado pelo receptor no telefone de seu amigo e, depois de algum processamento, aplicado ao alto-falante [Figura 1.1(a)]. O que se passa nessas caixas-pretas? Por que são necessárias?

Para tentarmos construir o sistema simples mostrado na Figura 1.1(b), vamos omitir as caixas-pretas. Como este sistema funciona? Observemos dois fatos. Primeiro, nossa voz contém frequências entre 20 Hz e 20 kHz (esta faixa de frequências é chamada "faixa de voz" ou "banda de voz"). Segundo, para que uma antena opere de modo eficiente, ou seja, converta a maior parte do sinal elétrico em radiação eletromagnética, suas dimensões devem ser uma fração significativa (por exemplo, 25%) do comprimento de onda. Contudo, a faixa de frequências entre 20 Hz e 20 kHz corresponde a comprimentos de onda[1] de $1,5 \times 10^7$ m a $1,5 \times 10^4$ m, o que exigiria antenas gigantescas para cada telefone celular. Por outro lado, para obtermos um comprimento razoável para a antena (por exemplo, 5 cm), o comprimento de onda deve ser da ordem de 20 cm e a frequência, da ordem de 1,5 GHz.

Como podemos "converter" a faixa de voz para uma frequência central da ordem de giga-hertz? Uma abordagem possível é multiplicar o sinal de voz, $x(t)$, por uma senoide, $A \cos(2\pi f_c t)$ [Figura 1.2(a)]. Como a multiplicação no domínio do tempo corresponde à convolução no domínio da frequência, e como o espectro da senoide consiste em dois impulsos em $\pm f_c$, o espectro do sinal de voz é deslocado (trasladado) para $\pm f_c$ [Figura 1.2(b)]. Assim, se $f_c = 1$ GHz, a saída ocupa uma largura de banda de 40 kHz centrada em 1 GHz. Esta operação é um exemplo de "modulação em amplitude".[2]

Agora, postulemos que a caixa-preta no transmissor da Figura 1.1(a) contenha um multiplicador,[3] como ilustra a Figura 1.3(a). Contudo, surgem duas outras questões. Primeira, o telefone celular deve fornecer uma excursão de tensão relativamente grande (por exemplo, 20 V_{pp}) à antena para que a potência radiada alcance a distância de vários quilômetros; isso requer o uso de um "amplificador de potência" entre o multiplicador e a antena. Segunda, a senoide, $A \cos(2\pi f_c t)$, deve ser produzida por um "oscilador". Assim, chegamos à arquitetura de transmissor mostrada na Figura 1.3(b).

Agora, voltemos nossa atenção para a rota de recepção do telefone celular, começando pela implementação simples ilustrada na Figura 1.1(b). Infelizmente, essa topologia não funciona segundo o princípio de modulação: se o sinal recebido pela antena tiver frequência central da ordem de giga-hertz, o alto-falante não poderá produzir nenhuma informação. Em outras palavras, é necessária uma maneira de trasladar o espectro de volta à frequência central nula. Por exemplo, como ilustrado na Figura 1.4(a), a multiplicação por uma senoide, $A \cos(2\pi f_c t)$, traslada o espectro para a esquerda e para a direita de f_c, e recupera a faixa de voz original. As novas componentes geradas em $\pm 2f_c$ podem ser removidas por um filtro passa-baixas. Assim, obtemos a topologia de receptor mostrada na Figura 1.4(b).

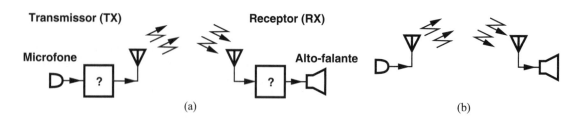

Figura 1.1 (a) Representação simplificada de um telefone celular, (b) simplificações das rotas de transmissão e de recepção.

---

[1] Lembre-se de que o comprimento de onda é igual à velocidade (da luz) dividida pela frequência.
[2] Telefones celulares, na verdade, fazem uso de outros tipos de modulação para trasladar a faixa de voz para frequências mais altas.
[3] Também chamado de "misturador" na eletrônica de alta potência.

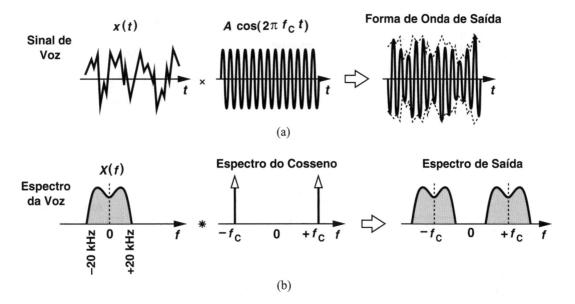

Figura 1.2 (a) Multiplicação de um sinal de voz por uma senoide, (b) operação equivalente no domínio da frequência.

Nossa implementação de receptor ainda está incompleta. O sinal recebido pela antena pode ser muito baixo, da ordem de algumas dezenas de microvolts, enquanto o alto-falante requer excursões de tensão de centenas de milivolts. Ou seja, o receptor deve prover muita amplificação ("ganho") entre a antena e o alto-falante. Além disso, como os multiplicadores, em geral, sofrem de "ruído" alto e, portanto, corrompem o sinal recebido, um "amplificador de baixo ruído" deve preceder o multiplicador. A arquitetura completa é ilustrada na Figura 1.4(c).

Os telefones celulares de hoje são muito mais sofisticados que as topologias que acabamos de desenvolver. Por exemplo, no transmissor e no receptor, o sinal de voz é aplicado a um processador digital de sinal (*Digital Signal Processor* – DSP) para melhorar a qualidade e a eficiência da comunicação. Não obstante, nosso estudo revela alguns dos blocos *fundamentais* de telefones celulares: amplificadores, osciladores e filtros, sendo que os dois últimos também fazem uso de amplificação. Por conseguinte, dedicaremos muito esforço à análise e síntese de amplificadores.

Tendo visto a utilidade de amplificadores, osciladores e misturadores, tanto na rota de transmissão como na de recepção de telefones celulares, o leitor pode se perguntar se isto é "coisa antiga" e muito simples em comparação com o estado da arte. É interessante ressaltar que esses blocos fundamentais ainda representam os circuitos mais desafiadores em sistemas de comunicação. Isto se deve ao fato de a síntese envolver *barganhas* (*trade-offs*) críticas entre velocidade (frequência central da ordem de giga-hertz), ruído, dissipação de potência (ou seja, tempo de vida das baterias), peso, custo (ou seja, o preço de um telefone celular) e muitos outros parâmetros. No competitivo mundo dos fabricantes de telefones celulares, um dado projeto nunca é "suficientemente bom" e os engenheiros são forçados a estender essas barganhas ainda mais a cada nova geração de produtos.

1.2.2 Câmera Digital

Outro produto que, por causa da "era eletrônica", mudou de maneira drástica nossos hábitos e costumes é a câmera digital. Com câmeras tradicionais, não tínhamos realimentação imediata sobre a qualidade das fotos tiradas, éramos muito cuidadosos na seleção do que fotografar, para não desperdiçar filme, precisávamos carregar pesados rolos de filme e obtínhamos o resultado final apenas na forma impressa. Com as câmeras

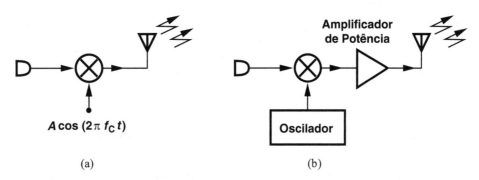

Figura 1.3 (a) Transmissor simples, (b) transmissor mais completo.

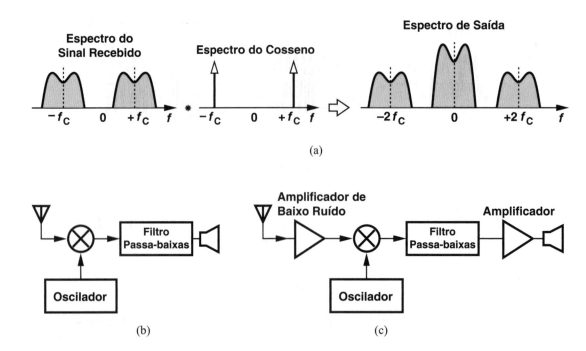

Figura 1.4 (a) Translação do sinal modulado à frequência central nula, (b) receptor simples, (c) receptor mais completo.

digitais, resolvemos essas questões e podemos usufruir outras propriedades que apenas o processamento eletrônico pode prover, como, por exemplo, transmissão de fotos por telefone celular e capacidade de retocar ou alterar fotos no computador. Nesta seção, estudaremos o funcionamento de câmeras digitais.

A "parte da frente" (*front-end*) da câmera deve converter luz em eletricidade, tarefa executada por uma matriz (conjunto ou rede) de "pixels".[4]* Cada pixel consiste em um dispositivo eletrônico (um "fotodiodo") que produz uma corrente proporcional à intensidade da luz que recebe. Como ilustrado na Figura

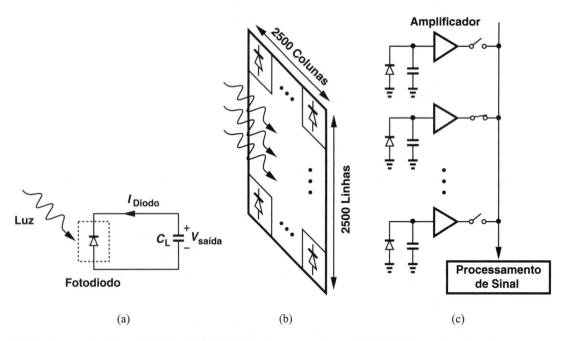

Figura 1.5 (a) Funcionamento de um fotodiodo, (b) matriz de pixels em uma câmera digital, (c) uma coluna da matriz.

---
[4] O termo "pixel" é uma aglutinação das palavras inglesas "*picture cell*", ou célula de imagem.
* Pixel também pode ser a aglutinação das palavras inglesas *picture element*, ou elemento de imagem. (N.T.)

| Exemplo 1.2 | Uma câmera digital foca um tabuleiro de xadrez. Esbocemos a tensão que cada coluna produz como uma função do tempo. |

Solução Os pixels em cada coluna recebem luz apenas dos quadrados brancos [Figura 1.6(a)]. Assim, a tensão de coluna alterna entre um máximo para esses pixels e zero para aqueles que não recebem luz. A forma de onda resultante é mostrada na Figura 1.6(b).

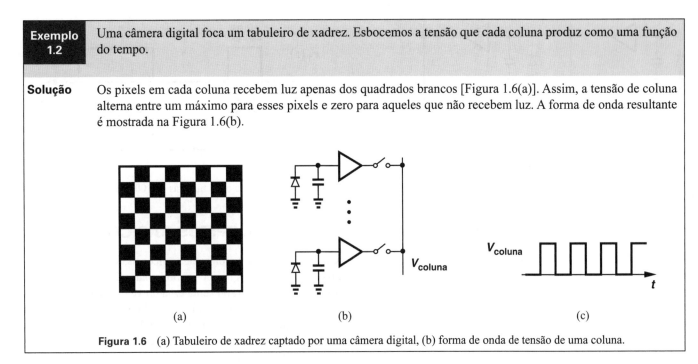

Figura 1.6 (a) Tabuleiro de xadrez captado por uma câmera digital, (b) forma de onda de tensão de uma coluna.

Exercício Esboce a tensão para o caso em que o primeiro e o segundo quadrados em cada linha têm a mesma cor.

1.5(a), essa corrente flui através de uma capacitância, C_L, durante certo intervalo de tempo, e origina uma proporcional queda de tensão entre os terminais da mesma. Desta forma, cada pixel produz uma tensão proporcional à intensidade de luz "local".

Agora, consideremos uma câmera de, digamos, 6,25 milhões de pixels dispostos em uma matriz de 2500 × 2500 [Figura 1.5(b)]. Como a tensão de saída de cada pixel é amostrada e processada? Se cada pixel contiver seus próprios circuitos eletrônicos, a rede total ocupará uma grande área, o que aumentará muito o custo e a dissipação de potência. Portanto, devemos "compartilhar temporalmente" (*time-share*) os circuitos de processamento de sinal entre os pixels. Para isso, após o circuito da Figura 1.5(a), inserimos um simples e compacto amplificador e um comutador (*switch*) (para cada pixel) [Figura 1.5(c)]. Agora, conectamos um fio às saídas de todos os 2500 pixels em uma "coluna", ligamos um comutador de cada vez e aplicamos a correspondente tensão ao bloco de "processamento de sinal" fora da coluna.

A matriz completa consiste em 2500 dessas colunas, cada qual com seu próprio bloco de processamento de sinal.

O que faz cada bloco de processamento de sinal? Como a tensão produzida por cada pixel é um sinal analógico e pode assumir todos os valores em um intervalo, devemos, primeiro, "digitalizá-lo" com um "conversor analógico-digital" (ADC – *Analog-to-Digital Converter*). Uma matriz de 6,25 megapixels deve, portanto, incorporar 2500 ADCs. Como ADCs são circuitos relativamente complexos, podemos compartilhar temporalmente um ADC entre duas colunas (Figura 1.7), mas o mesmo deve operar a uma taxa duas vezes mais rápida (por quê?). No caso extremo, podemos empregar um único ADC muito rápido para todas as 2500 colunas. Na prática, a escolha ótima reside entre esses dois extremos.

Uma vez no domínio digital, o sinal de "vídeo" capturado pela câmera pode ser manipulado de diferentes maneiras. Por exemplo, para obter efeito de "zoom", o processador digital de sinal (DSP) pode considerar apenas uma seção da matriz, descartando a informação dos pixels restantes. Outrossim, para reduzir o tamanho de memória necessário, o processador pode "comprimir" o sinal de vídeo.

A câmera digital exemplifica o extenso uso de microeletrônicas analógica e digital. As funções analógicas incluem amplificação, comutação e conversão analógico-digital; as funções digitais consistem no subsequente processamento de sinal e armazenagem.

1.2.3 Analógico *versus* Digital

Amplificadores e ADCs são exemplos de circuitos de funções analógicas, que devem processar cada ponto de uma forma de onda (por exemplo, um sinal de voz) com grande cuidado para evitar efeitos como ruído e "distorção". Circuitos digitais, por sua vez, lidam com níveis binários (UM e ZERO) e, é claro, não desempenham funções analógicas. O leitor pode dizer: "Não tenho a menor intenção de trabalhar para um fabricante de telefones celulares ou de câmeras digitais; logo, não preciso estudar circuitos analógicos." Na verdade, na era de comunicação digital, em que os processadores digitais de sinais e todas as funções se tornam digitais, há algum futuro para a eletrônica analógica?

Bem, algumas das hipóteses anteriores são incorretas. Primeiro, nem todas as funções podem ser realizadas na forma

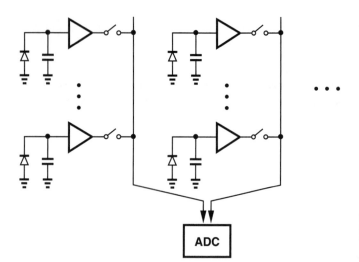

Figura 1.7 Compartilhamento de um ADC entre duas colunas de uma matriz de pixels.

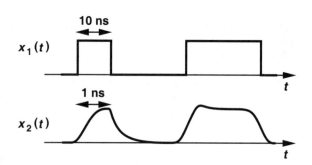

Figura 1.8 Formas de onda binárias de 100 Mb/s e 1 Gb/s.

digital. As arquiteturas das Figuras 1.3 e 1.4 devem empregar amplificadores de baixo ruído e de baixa potência, osciladores e multiplicadores, independentemente se a comunicação tem a forma analógica ou a digital. Por exemplo, um sinal de 20-μV (analógico ou digital) recebido pela antena não pode ser aplicado diretamente a uma porta digital. Do mesmo modo, o sinal de vídeo capturado pela matriz de pixels em uma câmera digital deve ser processado com baixo ruído e sem distorção antes de aparecer no domínio digital.

Segundo, circuitos digitais requerem conhecimento analógico à medida que a velocidade aumenta. A Figura 1.8 exemplifica essa questão ao mostrar duas formas de onda binárias: uma de 100 Mb/s e outra de 1 Gb/s. Os tempos finitos de subida e de descida da última levantam muitas questões quanto à operação de portas, *flip-flops* e outros circuitos digitais, e exigem que seja dada grande atenção a cada ponto da forma de onda.

1.3 CONCEITOS BÁSICOS*

A análise de circuitos microeletrônicos usa diversos conceitos ensinados em cursos básicos sobre sinais, sistemas e teoria de circuitos. Esta seção apresenta uma breve recapitulação desses conceitos para refrescar a memória do leitor e estabelecer a terminologia a ser usada no restante do livro. O leitor pode, primeiro, folhear esta seção e identificar quais pontos precisam de revisão ou pode retornar a ela quando este material se tornar necessário mais tarde.

1.3.1 Sinais Analógicos e Sinais Digitais

Um sinal elétrico é uma forma de onda que transporta informação. Sinais que ocorrem na natureza podem assumir todos os valores em um dado intervalo. Esses sinais são chamados de "analógicos"; entre eles estão incluídas formas de onda de voz, vídeo, sísmicas e musicais. A Figura 1.9(a) mostra uma forma de onda de tensão analógica que faz uma varredura "contínua" de valores e fornece informação a cada instante de tempo.

Embora ocorram em toda parte à nossa volta, sinais analógicos são de difícil "processamento", devido à sensibilidade a imperfeições de circuitos, como "ruído" e "distorção".[5] Como exemplo, a Figura 1.9(b) ilustra o efeito do ruído. Além disso, sinais analógicos são de difícil "armazenagem", pois exigem "memórias analógicas" (por exemplo, capacitores).

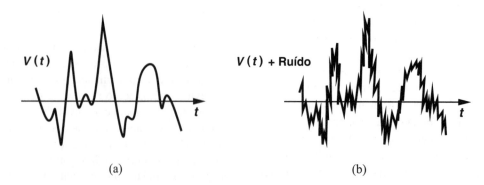

Figura 1.9 (a) Sinal analógico, (b) efeito de ruído em um sinal analógico.

---

* Esta seção serve como revisão e pode ser pulada em sala de aula.
[5] Distorção ocorre se a saída não for uma função linear da entrada.

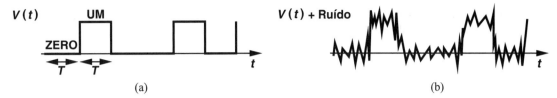

Figura 1.10 (a) Sinal digital, (b) efeito de ruído em um sinal digital.

Figura 1.11 Processamento de sinal em um sistema típico.

Um sinal digital, por sua vez, assume apenas um número finito de valores em certos instantes de tempo. A Figura 1.10(a) ilustra uma forma de onda "binária" que permanece em um de dois valores em cada período T. Desde que a diferença entre os valores de tensão correspondentes a UM e a ZERO seja suficientemente grande, circuitos lógicos podem processar um sinal desse tipo de forma correta, mesmo que um ruído ou distorção corrompam o sinal [Figura 1.10(b)]. Portanto, consideramos os sinais digitais mais "robustos" que os sinais analógicos. A armazenagem de sinais binários (em memórias digitais) também é muito mais simples.

Os comentários anteriores favorecem o processamento de sinais no domínio digital e sugerem que a informação analógica deve ser convertida à forma digital o mais cedo possível. Na verdade, complexos sistemas microeletrônicos – como câmeras digitais, *camcorders* e gravadores de *compact disc* (CD) – executam algum processamento analógico, "conversão analógico-digital" e processamento digital (Figura 1.11); as duas primeiras funções têm papel fundamental na qualidade do sinal.

Vale a pena ressaltar que muitos sinais binários digitais devem ser vistos e processados como formas de onda analógicas. Consideremos, por exemplo, a informação armazenada no disco rígido de um computador. Ao ser recuperado, o dado "digital" aparece como uma forma de onda distorcida, com apenas alguns milivolts de amplitude (Figura 1.12). A pequena separação entre os níveis UM e ZERO é inadequada para que esse sinal alimente uma porta lógica; uma grande amplificação e outros processamentos analógicos se fazem necessários para que o sinal adquira uma forma digital robusta.

1.3.2 Circuitos Analógicos

Os atuais sistemas microeletrônicos incorporam diversas funções analógicas. Com frequência, como vimos nos exemplos do telefone celular e da câmera digital, circuitos analógicos limitam o desempenho do sistema como um todo.

A função analógica mais utilizada é a de amplificação. O sinal recebido por um telefone celular ou captado por um microfone é muito baixo para ser processado. Torna-se necessário o emprego de amplificador para elevar a excursão do sinal a níveis aceitáveis.

O desempenho de um amplificador é caracterizado por diversos parâmetros, como, por exemplo, ganho, velocidade e dissipação de potência. Tais aspectos da amplificação serão estudados em detalhes mais adiante neste livro; contudo, é interessante fazermos, aqui, uma breve revisão desses conceitos.

Um amplificador de tensão produz uma excursão de saída que é maior que a da entrada. O ganho de tensão, A_v, é definido como

$$A_v = \frac{v_{saída}}{v_{entrada}}. \qquad (1.1)$$

Em alguns casos, preferimos expressar o ganho em decibéis (dB):

$$A_v|_{dB} = 20 \log \frac{v_{saída}}{v_{entrada}}. \qquad (1.2)$$

Por exemplo, um ganho de tensão de 10 se traduz em 20 dB. Amplificadores típicos têm ganhos entre 10^1 e 10^5.

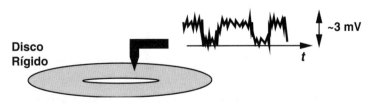

Figura 1.12 Sinal recuperado do disco rígido de um computador.

Exemplo 1.3 Um telefone celular recebe um nível de sinal de 20 μV, mas deve fornecer uma excursão de 50 mV ao alto-falante que reproduz a voz. Calculemos o ganho de tensão necessário em decibéis.

Solução Temos

$$A_v = 20 \log \frac{50 \text{ mV}}{20 \text{ }\mu\text{V}} \quad (1.3)$$

$$\approx 68 \text{ dB}. \quad (1.4)$$

Exercício Qual será a excursão de saída se o ganho for de 50 dB?

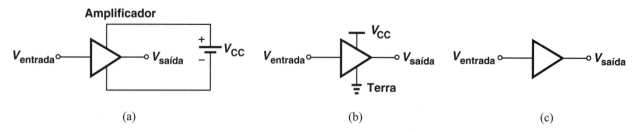

Figura 1.13 (a) Símbolo genérico de amplificador, incluindo a fonte de alimentação, (b) diagrama simplificado de (a), (c) amplificador com terminais de alimentação omitidos.

Para que funcione de maneira adequada e produza ganho, um amplificador deve receber potência de uma fonte de tensão, como uma bateria ou um carregador. Chamada de "fonte de alimentação", essa fonte é, em geral, representada por V_{CC} ou V_{DD} [Figura 1.13(a)]. Em circuitos complexos, podemos simplificar a notação, como na Figura 1.13(b), em que o terminal "terra" significa um ponto de referência com potencial zero. Se o amplificador for denotado por um triângulo, podemos omitir os terminais de alimentação [Figura 1.13(c)], ficando implícito que estão presentes. Amplificadores típicos operam com tensões de alimentação entre 1 V e 10 V.

O que significa *velocidade* de um amplificador? Esperamos que as diversas capacitâncias no circuito comecem a se manifestar nas frequências altas, resultando em uma diminuição do ganho. Em outras palavras, como ilustra a Figura 1.14, o ganho cai em frequências muito altas e limita a "largura de banda" (útil) do circuito. A operação de amplificadores (e outros circuitos analógicos) implica equilíbrio entre ganho, velocidade e dissipação de potência. Hoje em dia, os amplificadores utilizados em microeletrônica alcançam larguras de banda de dezenas de giga-hertz.

Que outras funções analógicas são de uso frequente? Uma operação crítica é a de "filtragem". Por exemplo, um eletrocardiógrafo que mede a atividade cardíaca de um paciente também capta a tensão de linha de 60 Hz (ou 50 Hz), pois o corpo do paciente funciona como uma antena. Assim, um filtro é usado para suprimir essa "interferência" e permitir uma medida confiável da atividade cardíaca.

1.3.3 Circuitos Digitais

Mais de 80% da indústria de microeletrônica são voltados para circuitos digitais. Exemplos incluem microprocessadores, memórias estáticas e dinâmicas, processadores digitais de sinais. Recordemos, dos conceitos básicos de projetos lógicos, que portas formam circuitos "combinatórios", enquanto *latches* e *flip-flops* constituem máquinas "sequenciais". A complexidade, a velocidade e a dissipação de potência desses blocos fundamentais têm papel importante no desempenho global do sistema.

Na microeletrônica digital, estudamos o projeto dos circuitos internos de portas, *latches*, *flip-flops* e outros componentes. Por exemplo, construímos um circuito usando dispositivos como transistores para realizar as funções NOT e NOR mostradas na Figura 1.15. Com base nessas implementações, determinamos diversas propriedades de cada circuito. Por exemplo, o que limita a velocidade de uma porta? Quanta potência uma porta consome enquanto funciona em uma dada velocidade? Com que *robustez* uma porta pode operar na presença de não idealidades como ruído (Figura 1.16)?

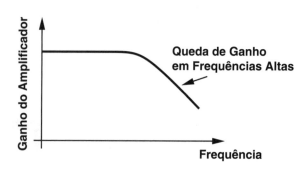

Figura 1.14 Diminuição de ganho de um amplificador em frequências altas.

Introdução à Microeletrônica 9

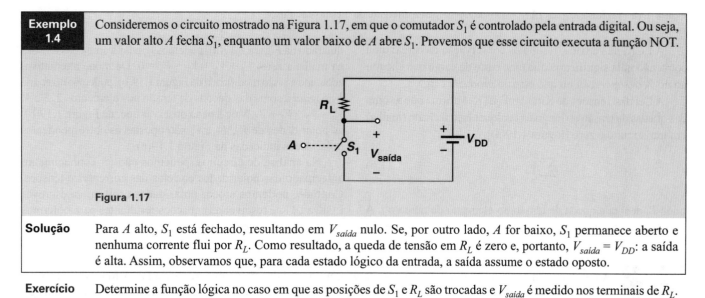

Figura 1.15 Portas NOT e NOR.

Figura 1.16 Resposta de uma porta a uma entrada ruidosa.

Exemplo 1.4 Consideremos o circuito mostrado na Figura 1.17, em que o comutador S_1 é controlado pela entrada digital. Ou seja, um valor alto A fecha S_1, enquanto um valor baixo de A abre S_1. Provemos que esse circuito executa a função NOT.

Figura 1.17

Solução Para A alto, S_1 está fechado, resultando em $V_{saída}$ nulo. Se, por outro lado, A for baixo, S_1 permanece aberto e nenhuma corrente flui por R_L. Como resultado, a queda de tensão em R_L é zero e, portanto, $V_{saída} = V_{DD}$: a saída é alta. Assim, observamos que, para cada estado lógico da entrada, a saída assume o estado oposto.

Exercício Determine a função lógica no caso em que as posições de S_1 e R_L são trocadas e $V_{saída}$ é medido nos terminais de R_L.

O Exemplo 1.4 indica que *comutadores* (*switches*) podem executar operações lógicas. Na verdade, os primeiros circuitos digitais empregavam comutadores mecânicos (relés), mas tinham velocidade muito limitada (poucos kilo-hertz*). Circuitos digitais consistindo em milhões de portas e operando em altas velocidades (vários giga-hertz) se tornaram possíveis somente após a invenção de "transistores" e da identificação de sua capacidade de atuar como comutador.

1.3.4 Teoremas Básicos de Circuitos

Das numerosas técnicas de análise ensinadas em cursos de teoria de circuitos, algumas se mostram particularmente importantes para nosso estudo de microeletrônica. Esta seção apresenta uma revisão desses conceitos.

Leis de Kirchhoff A Lei das Correntes de Kirchhoff (LCK)** afirma que a soma de todas as correntes que entram em um nó é zero (Figura 1.18):

$$\sum_j I_j = 0. \qquad (1.5)$$

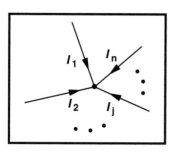

Figura 1.18 Ilustração da LCK.

---

* Veja nota de rodapé associada ao Exemplo 1.1. (N.T.)
** Também chamada Lei dos Nós (de Kirchhoff) e Primeira Lei de Kirchhoff. (N.T.)

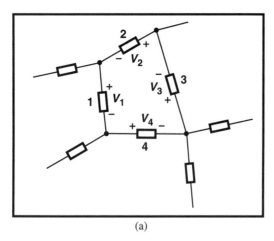
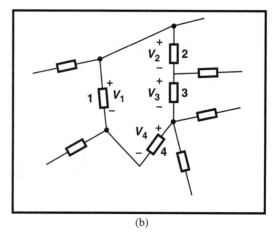

(a)   (b)

Figura 1.19 (a) Ilustração da LTK, (b) visão ligeiramente diferente do mesmo circuito.

A LCK, na verdade, resulta da conservação da carga: uma soma não nula significaria que uma parte da carga que chegou ao nó X *desapareceu* ou que esse nó *produziu* carga.

A Lei das Tensões de Kirchhoff (LTK)* afirma que a soma das quedas de tensão ao longo de qualquer laço fechado (malha) em um circuito é zero [Figura 1.19(a)]:

$$\sum_j V_j = 0, \quad (1.6)$$

onde V_j denota a queda de tensão no elemento de número j. A LTK resulta da conservação da "força eletromotriz". No exemplo ilustrado na Figura 1.19(a), podemos igualar a soma das tensões na malha a zero: $V_1 + V_2 + V_3 + V_4 = 0$. De modo alternativo, adotando a visão modificada da Figura 1.19(b), podemos dizer que V_1 é *igual* à soma das quedas de tensão nos elementos 2, 3 e 4: $V_1 = V_2 + V_3 + V_4$. Vale à pena observar que, na Figura 1.19(b), as polaridades de V_2, V_3 e V_4 são opostas às correspondentes polaridades indicadas na Figura 1.19(a).

Na análise de circuitos, podemos não ter conhecimento antecipado das polaridades corretas das correntes e tensões. Contudo, podemos alocar polaridades arbitrárias, escrever LCK e LTK e resolver as equações resultantes para obtermos os verdadeiros valores e polaridades.

Exemplo 1.5 A topologia ilustrada na Figura 1.20 representa o circuito equivalente de um amplificador. A fonte de corrente dependente i_1 é igual a uma constante, g_m,[6] multiplicada pela queda de tensão em r_π. Determinemos o ganho de tensão do amplificador, $v_{saída}/v_{entrada}$.

Figura 1.20

Solução Devemos calcular $v_{saída}$ em termos de $v_{entrada}$, ou seja, devemos eliminar v_π das equações. Escrevendo a LTK na "malha de entrada", temos

$$v_{entrada} = v_\pi \quad (1.7)$$

Logo, $g_m v_\pi = g_m v_{entrada}$. A LCK no nó de saída fornece

$$g_m v_\pi + \frac{v_{saída}}{R_L} = 0. \quad (1.8)$$

Portanto,

$$\frac{v_{saída}}{v_{entrada}} = -g_m R_L. \quad (1.9)$$

---

* Também referida como Lei das Malhas (de Kirchhoff) e Segunda Lei de Kirchhoff. (N.T.)
[6] Qual é a dimensão de g_m?

Notemos que o circuito amplifica a entrada se $g_m R_L > 1$. Sem importância na maioria dos casos, o sinal negativo indica apenas que o circuito "inverte" o sinal.

Exercício Repita o exemplo anterior para o caso $r_\pi \to \infty$.

Exemplo 1.6 A Figura 1.21 mostra outra topologia de amplificador. Calculemos o ganho.

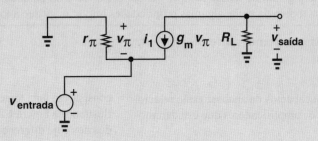

Figura 1.21

Solução Notando que, na verdade, r_π aparece em paralelo com $v_{entrada}$, escrevemos uma LTK para estes dois componentes:

$$v_{entrada} = -v_\pi. \qquad (1.10)$$

A LCK no nó de saída é semelhante a (1.8). Assim,

$$\frac{v_{saída}}{v_{entrada}} = g_m R_L. \qquad (1.11)$$

É interessante observar que esse tipo de amplificador não inverte o sinal.

Exercício Repita o exemplo anterior para o caso $r_\pi \to \infty$.

Exemplo 1.7 Uma terceira topologia de amplificador é mostrada na Figura 1.22. Determinemos o ganho de tensão.

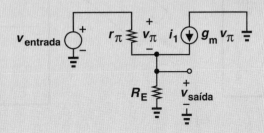

Figura 1.22

Solução Primeiro, escrevemos uma LTK para a malha que consiste em $v_{entrada}$, r_π e R_E:

$$v_{entrada} = v_\pi + v_{saída}. \qquad (1.12)$$

Ou seja, $v_\pi = v_{entrada} - v_{saída}$. Em seguida, notando que as correntes v_π/r_π e $g_m v_\pi$ entram no nó de saída e que a corrente $v_{saída}/R_E$ sai do nó, escrevemos a LTK:

$$\frac{v_\pi}{r_\pi} + g_m v_\pi = \frac{v_{saída}}{R_E}. \qquad (1.13)$$

Substituindo $v_{entrada} - v_{saída}$ por v_π, temos:

$$v_{entrada}\left(\frac{1}{r_\pi} + g_m\right) = v_{saída}\left(\frac{1}{R_E} + \frac{1}{r_\pi} + g_m\right), \qquad (1.14)$$

Logo

$$\frac{v_{saída}}{v_{entrada}} = \frac{\dfrac{1}{r_\pi} + g_m}{\dfrac{1}{R_E} + \dfrac{1}{r_\pi} + g_m} \qquad (1.15)$$

$$= \frac{(1 + g_m r_\pi)R_E}{r_\pi + (1 + g_m r_\pi)R_E}. \qquad (1.16)$$

Notemos que o ganho de tensão sempre permanece *abaixo* da unidade. Será que esse amplificador é útil? Na verdade, essa topologia exibe algumas propriedades importantes que a tornam um bloco básico versátil.

Exercício Repita o exemplo anterior para o caso $r_\pi \to \infty$.

Os três exemplos que acabamos de analisar estão relacionados com três topologias de amplificadores que estudaremos em detalhe no Capítulo 5.

Equivalentes de Thévenin e Norton Embora as leis de Kirchhoff sempre possam ser utilizadas para análise de um circuito qualquer, os teoremas de Thévenin e de Norton podem simplificar a álgebra e, o que é mais importante, prover maior entendimento sobre o funcionamento de um circuito.

O teorema de Thévenin afirma que um circuito (linear) de uma porta pode ser substituído por um circuito equivalente que consiste em uma fonte de tensão em série com uma impedância. Ilustrado na Figura 1.23(a), o termo "porta" se refere a quaisquer dos nós cuja diferença de tensão seja de interesse. Para obter a tensão equivalente, $v_{Thév}$, deixamos a porta *aberta* e calculamos a tensão criada nessa porta pelo circuito real. A impedância equivalente, $Z_{Thév}$, é determinada fixando em zero em todas as fontes independentes de tensão e de corrente no circuito e calculando a impedância entre os dois nós em questão. Também chamamos $Z_{Thév}$ de impedância "vista" quando "olhamos" para os nós da porta de saída [Figura 1.23(b)]. A impedância é calculada aplicando uma tensão à porta e calculando a corrente resultante. Alguns exemplos ilustrarão estes princípios.

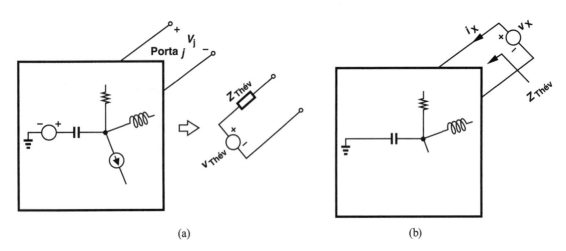

Figura 1.23 (a) Circuito equivalente de Thévenin, (b) cálculo das impedâncias equivalentes.

Exemplo 1.8 Suponhamos que a fonte de tensão de entrada e o amplificador mostrados na Figura 1.20 sejam posicionados em uma caixa e apenas a porta de saída seja de interesse [Figura 1.24(a)]. Determinemos o equivalente de Thévenin desse circuito.

Solução Devemos calcular a tensão de circuito aberto e a impedância vista quando olhamos para a porta de saída. A tensão de Thévenin é obtida da Figura 1.24(a) e da Equação (1.9):

$$v_{Thév} = v_{saída} \qquad (1.17)$$

$$= -g_m R_L v_{entrada}. \qquad (1.18)$$

Para calcular $Z_{\text{Thév}}$, fixamos $v_{entrada}$ em zero, aplicamos uma fonte de tensão, v_X, à porta de saída e determinamos a corrente que flui, i_X. Como mostrado na Figura 1.24(b), fixar $v_{entrada}$ em zero significa substituir essa fonte por um *curto-circuito*. Notemos, ainda, que a fonte de corrente $g_m v_\pi$ permanece no circuito, pois depende da queda de tensão em r_π, cujo valor não é conhecido *a priori*.

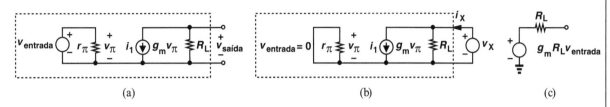

Figura 1.24

Agora, como analisamos o circuito da Figura 1.24(b)? De novo, devemos eliminar v_π. Por sorte, como os dois terminais de r_π são conectados à terra, $v_\pi = 0$ e $g_m v_\pi = 0$. Assim, o circuito se reduz a R_L e

$$i_X = \frac{v_X}{R_L}. \tag{1.19}$$

Ou seja,

$$R_{\text{Thév}} = R_L. \tag{1.20}$$

A Figura 1.24(c) ilustra o equivalente de Thévenin da fonte de tensão de entrada e do amplificador. Neste caso, chamamos $R_{\text{Thév}}$ ($= R_L$) de "impedância de saída" do circuito.

Exercício Repita o exemplo anterior para o caso $r_\pi \to \infty$.

Uma vez que o equivalente de Thévenin de um circuito esteja disponível, podemos analisar com facilidade o comportamento do mesmo na presença de um estágio subsequente ou "carga".

Exemplo 1.9 O amplificador da Figura 1.20 deve alimentar um alto-falante que tem uma impedância R_{sp}. Determinemos a tensão entregue ao alto-falante.

Solução A Figura 1.25(a) mostra o circuito completo a ser analisado. Substituindo a seção no interior do retângulo tracejado pelo equivalente de Thévenin da Figura 1.24(c), simplificamos o circuito [Figura 1.25(b)] e escrevemos

$$v_{saída} = -g_m R_L v_{entrada} \frac{R_{sp}}{R_{sp} + R_L} \tag{1.21}$$

$$= -g_m v_{entrada}(R_L \| R_{sp}). \tag{1.22}$$

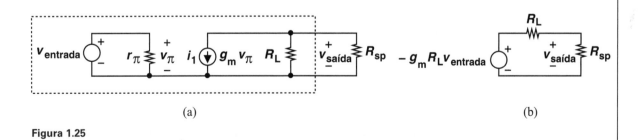

Figura 1.25

Exercício Repita o exemplo anterior para o caso $r_\pi \to \infty$.

Exemplo 1.10 Determinemos o equivalente de Thévenin do circuito mostrado na Figura 1.22 quando a porta de interesse é a de saída.

Solução A tensão de circuito aberto é obtida de (1.16):

$$v_{\text{Thév}} = \frac{(1 + g_m r_\pi)R_L}{r_\pi + (1 + g_m r_\pi)R_L} v_{entrada}. \quad (1.23)$$

Para calcular a impedância de Thévenin, fixamos $v_{entrada}$ em zero e aplicamos uma fonte de tensão à porta de saída, como ilustrado na Figura 1.26. Para eliminar v_π, observamos que os dois terminais de r_π são conectados aos de v_X e, portanto,

$$v_\pi = -v_X. \quad (1.24)$$

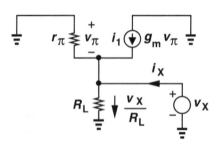

Figura 1.26

Agora, escrevemos uma LCK para o nó de saída. As correntes v_π/r_π, $g_m v_\pi$ e i_X entram no nó e a corrente v_X/R_L sai dele. Logo,

$$\frac{v_\pi}{r_\pi} + g_m v_\pi + i_X = \frac{v_X}{R_L}, \quad (1.25)$$

ou

$$\left(\frac{1}{r_\pi} + g_m\right)(-v_X) + i_X = \frac{v_X}{R_L}. \quad (1.26)$$

Ou seja,

$$R_{\text{Thév}} = \frac{v_X}{i_X} \quad (1.27)$$

$$= \frac{r_\pi R_L}{r_\pi + (1 + g_m r_\pi)R_L}. \quad (1.28)$$

Exercício O que acontece se $R_L = \infty$?

O teorema de Norton afirma que um circuito (linear) de uma porta pode ser representado por uma fonte de corrente em paralelo com uma impedância (Figura 1.27). A corrente equivalente, i_{Nor}, é obtida curto-circuitando a porta de interesse e calculando a corrente que flui nela. A impedância equivalente, Z_{Nor}, é determinada ao fixarmos em zero todas as fontes independentes de tensão e de corrente no circuito e calcularmos a impedância vista na porta. Obviamente, $Z_{\text{Nor}} = Z_{\text{Thév}}$.

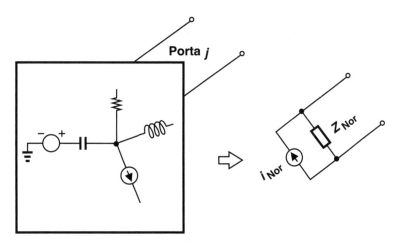

Figura 1.27 Teorema de Norton.

Exemplo 1.11 Determinemos o equivalente de Norton do circuito mostrado na Figura 1.20 quando a porta de interesse é a de saída.

Solução Como ilustrado na Figura 1.28(a), curto-circuitamos a porta de saída e determinamos o valor de i_{Nor}. Como a queda de tensão em R_L, agora, é zero, não flui corrente por esse resistor.

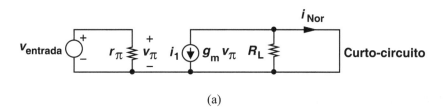

(a)

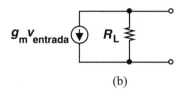

(b)

Figura 1.28

A LCK aplicada ao nó de saída fornece

$$i_{Nor} = -g_m v_\pi \tag{1.29}$$

$$= -g_m v_{entrada}. \tag{1.30}$$

Do Exemplo 1.8, temos R_{Nor} (= $R_{Thév}$) = R_L. Portanto, o equivalente de Norton é o circuito mostrado na Figura 1.28(b). Para comprovar a validade deste modelo, observemos que o fluxo de i_{Nor} por R_L produz uma queda de tensão $-g_m R_L/v_{entrada}$, igual à tensão de saída do circuito original.

Exercício Repita o exemplo anterior para o caso em que um resistor R_1 é conectado entre o terminal superior de $v_{entrada}$ e o nó de saída.

Exemplo 1.12

Determinemos o equivalente de Norton do circuito mostrado na Figura 1.22 quando a porta de interesse é a de saída.

Solução Curto-circuitando a porta de saída, como indicado na Figura 1.29(a), observamos que não flui corrente por R_L. Logo,

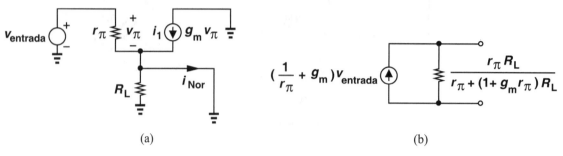

Figura 1.29

$$i_{\text{Nor}} = \frac{v_\pi}{r_\pi} + g_m v_\pi. \tag{1.31}$$

Além disso, $v_{entrada} = v_\pi$ (por quê?); portanto,

$$i_{\text{Nor}} = \left(\frac{1}{r_\pi} + g_m\right) v_{entrada}. \tag{1.32}$$

Com a ajuda de $R_{\text{Thév}}$ calculado no Exemplo 1.10, construímos o equivalente de Norton ilustrado na Figura 1.29(b).

Exercício O que acontece se $r_\pi = \infty$?

1.4 RESUMO DO CAPÍTULO

- Funções eletrônicas surgem em diversos dispositivos, inclusive telefones celulares, câmeras digitais, notebooks etc.

- Amplificação é uma operação essencial em numerosos sistemas analógicos e digitais.

- Os circuitos analógicos processam sinais que podem assumir valores diferentes em qualquer instante de tempo. Os circuitos digitais, por sua vez, processam sinais que têm apenas dois níveis e comutam entre esses valores em instantes de tempo conhecidos.

- Apesar da "revolução digital", circuitos analógicos têm grande aplicação na maioria dos sistemas eletrônicos da atualidade.

- O ganho de tensão de um amplificador é definido como a razão entre as tensões de saída e de entrada, $v_{saída}/v_{entrada}$, sendo, às vezes, expresso em decibéis (dB) como 20 log ($v_{saída}/v_{entrada}$).

- A lei das correntes de Kirchhoff (LCK) afirma que a soma de todas as correntes que entram em um nó qualquer é zero. A lei das tensões de Kirchhoff (LTK) afirma que a soma de todas as quedas de tensão em uma malha é zero.

- O teorema de Norton permite simplificar um circuito de uma porta como uma fonte de corrente em paralelo com uma impedância. De modo similar, o teorema de Thévenin reduz um circuito de uma porta a uma fonte de tensão em série com uma impedância.

Física Básica de Semicondutores

Circuitos microeletrônicos são baseados em complexas estruturas de semicondutores, que têm sido alvo de pesquisa há seis décadas. Embora este livro trate de análise e síntese de *circuitos*, devemos enfatizar, logo no início, que um bom entendimento de *dispositivos* é essencial ao nosso trabalho. A situação é similar à de vários outros problemas de engenharia; por exemplo, não é possível projetar um automóvel de alto desempenho sem um conhecimento detalhado do motor e de suas limitações.

Contudo, nos deparamos com um dilema. Nosso estudo da física de dispositivos deve ser profundo, de modo a permitir um entendimento adequado do assunto, mas também deve ser breve, para que passemos logo ao estudo de circuitos. O presente capítulo faz isso.

O objetivo final do capítulo é o estudo de um dispositivo versátil e muito importante chamado "diodo". No entanto, assim como devemos comer verduras e legumes antes da sobremesa, devemos desenvolver um entendimento básico de materiais "semicondutores" e das condições em que conduzem corrente antes que tratemos de diodos.

Neste capítulo, começamos com o conceito de semicondutores e estudamos o movimento de cargas (ou seja, o fluxo de corrente) nesses materiais. A seguir, tratamos da "junção *pn*", que também funciona como diodo, e analisamos seu comportamento. Nosso objetivo final é representar o dispositivo por um modelo de circuito (consistindo em resistores, fontes de tensão ou de corrente, capacitores etc.), de maneira que um circuito que contenha este dispositivo possa ser analisado com facilidade. O roteiro do capítulo é indicado a seguir.

Semicondutores
- Portadores de Carga
- Dopagem
- Transporte de Portadores

Junção PN
- Estrutura
- Polarizações Reversa e Direta
- Característica I/V
- Modelos de Circuitos

É importante ressaltar que a tarefa de desenvolvimento de modelos precisos é fundamental para *todos* dispositivos microeletrônicos. A indústria eletrônica aumenta continuamente as exigências sobre circuitos, demandando configurações ousadas que explorem dispositivos semicondutores ao limite. Portanto, uma boa compreensão do funcionamento interno de dispositivos é necessária.[1]

2.1 MATERIAIS SEMICONDUTORES E SUAS PROPRIEDADES

Como esta seção apresenta inúmeros conceitos, é conveniente ressaltar o roteiro que seguiremos apresentado na Figura 2.1.

---
[1] Como gerentes de projeto dizem com frequência: "Se você não explora os limites de dispositivos e circuitos, mas seu competidor o faz, você fica em desvantagem."

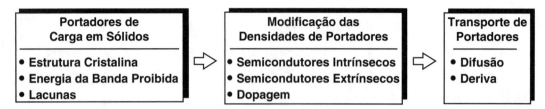

Figura 2.1 Roteiro desta seção.

Este roteiro representa um processo lógico de raciocínio: (a) identificaremos portadores de carga em sólidos e descreveremos o papel que desempenham no fluxo de corrente; (b) examinaremos formas de modificar a densidade de portadores de carga para criar propriedades desejadas de fluxo de corrente; (c) examinaremos os mecanismos de fluxo de corrente. Estes passos levam, de modo natural, ao cálculo das características corrente/tensão (I/V) de diodos reais na próxima seção.

2.1.1 Portadores de Carga em Sólidos

Recordemos, da química básica, que elétrons em um átomo orbitam o núcleo em diferentes "camadas". A atividade química do átomo é determinada pelos elétrons na camada mais externa, chamados elétrons de "valência", e pelo grau de completeza dessa camada. Neônio, por exemplo, tem uma camada externa completa (com oito elétrons) e, portanto, nenhuma tendência a reações químicas. Sódio, por sua vez, tem apenas um elétron de valência e está pronto para cedê-lo; cloro tem sete elétrons de valência e anseia receber mais um. Em consequência, estes dois elementos são muito reativos.

Os princípios anteriores sugerem que átomos com cerca de quatro elétrons de valência se classificam entre gases inertes e elementos altamente voláteis, e talvez exibam interessantes propriedades químicas e físicas. A Figura 2.2 mostra uma seção da tabela periódica, com alguns elementos que têm de três a cinco elétrons de valência. Por ser o mais popular material em microeletrônica, o silício merece uma análise detalhada.[2]

Ligações Covalentes Um átomo de silício isolado contém quatro elétrons de valência [Figura 2.3(a)] e requer outros quatro para completar sua camada mais externa. Se processado de modo adequado, o silício pode formar um "cristal" em que cada átomo é envolvido por exatamente outros quatro [Figura 2.3(b)]. Em consequência, cada átomo *compartilha* um elétron de valência com seus vizinhos e, assim, completa sua própria camada e as dos vizinhos. Essa "ligação" formada entre os átomos é chamada de "ligação covalente" para enfatizar o compartilhamento dos elétrons de valência.

O cristal uniforme ilustrado na Figura 2.3(b) desempenha um papel fundamental em dispositivos semicondutores. Contudo, será que carrega corrente em resposta à aplicação de uma tensão? Em temperaturas próximas ao zero absoluto, os elétrons de valência ficam confinados às respectivas ligações covalentes e se recusam a se mover livremente. Em outras palavras, o cristal de silício se comporta como um isolador para $T \to 0K$. Entretanto, em temperaturas mais altas, os elétrons ganham energia térmica; com isso, é possível que alguns se separem da ligação e ajam como portadores de carga livres [Figura 2.3(c)], até que caiam em outra ligação incompleta. Aqui, usaremos o termo "elétron" para nos referirmos a elétrons livres.

Lacunas Ao ser liberado de uma ligação covalente, um elétron deixa um "vazio", pois a ligação fica incompleta. Esse vazio é chamado "lacuna"* e pode absorver um elétron livre, caso um esteja disponível. Assim, dizemos que um "par elétron-lacuna" é gerado quando um elétron é libertado e que uma "recombinação elétron-lacuna" ocorre quando um elétron "cai" em uma lacuna.

Por que nos ocupamos com o conceito de lacuna? Afinal, é o elétron livre que se move, de fato, no cristal. Para entender a utilidade de lacunas, consideremos a evolução temporal ilustrada na Figura 2.4. Suponhamos que a ligação covalente número 1 contenha uma lacuna depois de perder um elétron em um instante de tempo anterior a $t = t_1$. Em $t = t_2$, um elétron se libera da ligação número 2 e se recombina com a lacuna na ligação número 1. De modo similar, em $t = t_3$, um elétron deixa a ligação número 3 e cai na lacuna na ligação número 2. Olhando as três "fotografias", podemos dizer que um elétron viajou da direita para a esquerda ou, alternativamente, uma lacuna se deslocou da esquerda para a direita. Essa visão de fluxo de corrente de lacunas se mostra muito útil na análise de dispositivos semicondutores.

Energia da Banda Proibida Agora, responderemos a duas perguntas importantes. Primeira: *Qualquer* valor de energia térmica cria elétrons (e lacunas) livres? Não; na verdade, um valor mínimo de energia é necessário para libertar um elétron de uma ligação covalente. Esse valor mínimo de energia, denominado "energia da banda proibida" (ou energia de *bandgap*) e denotado por E_g, é uma propriedade básica do material. No caso do silício, $E_g = 1{,}12$ eV.[3]

---

[2] Silício é obtido da areia após muito processamento.
* Estes "vazios" são também chamados "buracos". (N.T.)
[3] A unidade eV (elétron-volt) representa a energia necessária para mover um elétron através de uma diferença de potencial de 1 V. Note que 1 eV = $1{,}6 \times 10^{-19}$ J.

	III	IV	V	
	Boro (B)	Carbono (C)		
• • •	Alumínio (Al)	Silício (Si)	Fósforo (P)	• • •
	Gálio (Ga)	Germânio (Ge)	Arsênico (As)	
		• • •		

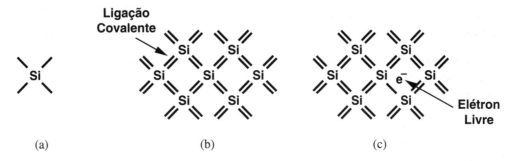

Figura 2.2 Seção da tabela periódica.

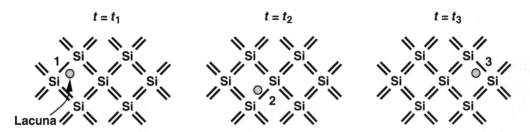

Figura 2.3 (a) Átomo de silício, (b) ligações covalentes entre átomos, (c) elétron liberado por energia térmica.

Figura 2.4 Movimento de elétron em um cristal.

A segunda pergunta diz respeito à condutividade do material: *Quantos* elétrons livres são criados a uma dada temperatura? Do que observamos até agora, postulamos que o número de elétrons depende tanto de E_g como da temperatura T: um maior valor de E_g se traduz em menor número de elétrons; uma temperatura T mais alta produz mais elétrons. Para simplificar deduções futuras, consideremos a *densidade* (ou concentração) de elétrons, ou seja, o número de elétrons por unidade de volume, n_i, e escrevamos para o silício:

$$n_i = 5{,}2 \times 10^{15} T^{3/2} \exp \frac{-E_g}{2kT} \text{ elétrons/cm}^3 \qquad (2.1)$$

em que $k = 1{,}38 \times 10^{-23}$ J/K é a constante de Boltzmann. Essa dedução pode ser encontrada em livros de física de semicondutores, por exemplo, [1]. Como esperado, materiais com maior E_g exibem menor n_i. Além disso, quando $T \to 0$, $T^{3/2}$ e $\exp[-E_g/(2kT)]$ também $\to 0$, o que leva n_i a zero.

A dependência exponencial de n_i em relação a E_g revela o efeito da energia da banda proibida na condutividade do material. Isoladores exibem alto valor de E_g; por exemplo, E_g = 2,5 eV para o diamante. Condutores, por sua vez, têm pequena energia de banda proibida. Por fim, *semi*condutores têm um valor moderado de E_g, entre 1 eV e 1,5 eV.

Os valores de n_i obtidos no exemplo anterior podem parecer muito altos; contudo, notando que o silício tem 5×10^{22} átomos/cm^3, concluímos que apenas um em 5×10^{12} átomos se beneficia de um elétron livre à temperatura ambiente. Em outras palavras, o silício continua sendo mau condutor à temperatura ambiente.

Exemplo 2.1	Determinemos a densidade de elétrons no silício, às temperaturas $T = 300$ K (temperatura ambiente) e $T = 600$ K.
Solução	Como $E_g = 1{,}12$ eV $= 1{,}792 \times 10^{-19}$ J, temos

$$n_i(T = 300\,\text{K}) = 1{,}08 \times 10^{10}\ \text{elétrons/cm}^3 \tag{2.2}$$

$$n_i(T = 600\,\text{K}) = 1{,}54 \times 10^{15}\ \text{elétrons/cm}^3. \tag{2.3}$$

Como cada elétron livre cria uma lacuna, a densidade de lacunas também é dada por (2.2) e (2.3).

Exercício Repita o exemplo anterior para um material com banda proibida de 1,5 eV.

No entanto, não nos desesperemos! A seguir, discutiremos uma forma de tornar o silício mais útil.

2.1.2 Modificação de Densidades de Portadores

Semicondutores Intrínsecos e Extrínsecos O tipo de silício "puro" estudado até aqui é um exemplo de "semicondutor intrínseco", que apresenta uma resistência muito alta. Por sorte, é possível modificar a resistividade do silício com a substituição de alguns átomos do cristal por átomos de outro material. Em um semicondutor intrínseco, a densidade de elétrons, $n\,(= n_i)$, é igual à densidade de lacunas, p. Portanto,

$$np = n_i^2. \tag{2.4}$$

Retornaremos a esta equação mais tarde.

> **Você sabia?**
> A indústria de semicondutores fabrica microprocessadores, memórias, transceptores de RF, *chips* para processamento de imagens e vários outros produtos, movimentando 300 bilhões de dólares anualmente. Isso significa que, dos sete bilhões de habitantes do planeta, cada um gasta, em média, cerca de 40 dólares por ano em *chips* de semicondutores. Isso tem início quando crianças compram seu primeiro *videogame*.

Recordemos, da Figura 2.2, que fósforo (P) contém cinco elétrons de valência. O que aconteceria se alguns átomos de fósforo fossem introduzidos em um cristal de silício? Como ilustrado na Figura 2.5, cada átomo P compartilha quatro elétrons com os átomos de silício vizinhos, deixando o quinto elétron "sem ligação". Esse elétron é livre para se mover e atua como um portador de carga. Assim, se N átomos de fósforo forem inseridos, de modo uniforme, em cada centímetro cúbico de um cristal de silício, a densidade de elétrons livres aumentará do mesmo valor.

A adição controlada de uma "impureza" como fósforo em um semicondutor intrínseco é chamada de "dopagem" e o fósforo, de "dopante". O cristal de silício dopado, com um número

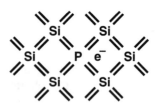

Figura 2.5 Elétrons fracamente ligados, devido à dopagem com fósforo.

muito maior de elétrons livres, é chamado de "extrínseco"; na verdade, para enfatizar a abundância de elétrons livres, este cristal é denominado semicondutor "tipo n".

Como já observando, em um semicondutor intrínseco, as densidades de elétrons e de lacunas são iguais. No entanto, o que podemos dizer sobre essas densidades em um material dopado? Pode ser provado que, neste caso,

$$np = n_i^2, \tag{2.5}$$

em que n e p representam, respectivamente, as densidades de elétrons e de lacunas no semicondutor extrínseco. A grandeza n_i representa as densidades no semicondutor intrínseco (daí, o subscrito) e, portanto, independe do grau de dopagem [por exemplo, Equação (2.1), no caso do silício].

Em um semicondutor tipo n, esse exemplo justifica o fato de os elétrons serem chamados de "portadores majoritários" e as lacunas, de "portadores minoritários". É natural que nos perguntemos se é possível construir um semicondutor "tipo p", em que os papéis de elétrons e lacunas seriam trocados.

De fato, se pudermos dopar silício com um átomo que forneça um número *insuficiente* de elétrons, obteremos diversas ligações covalentes *incompletas*. Por exemplo, a tabela na Figura 2.2 sugere que um átomo de boro (B) – com três elétrons de valência – pode formar apenas três ligações covalentes completas em um cristal de silício (Figura 2.6). Em consequência, a quarta ligação contém uma lacuna, pronta para absorver um elétron livre. Em outras palavras, N átomos de boro contribuem com N lacunas de boro para a condução de corrente no silício. A estrutura na Figura 2.6 exemplifica, portanto, um semicondutor do tipo p, que provê lacunas como portadores majoritários. O átomo de boro é chamado de dopante "aceitador".

Física Básica de Semicondutores

Exemplo 2.2 — O resultado anterior parece muito estranho. Como pode np permanecer constante à medida que acrescentamos mais átomos doadores para aumentar n?

Solução — A Equação (2.5) revela que, à medida que mais dopantes do tipo n são adicionados ao cristal, p deve se tornar *menor* que o valor intrínseco. Isso ocorre porque muitos dos novos elétrons doados pelo dopante se "recombinam" com as lacunas que foram criadas no material intrínseco.

Exercício — Por que não podemos dizer que $n + p$ deve permanecer constante?

Exemplo 2.3 — Uma amostra de silício cristalino é dopada, de modo uniforme, com átomos de fósforo. A densidade de dopagem é 10^{16} átomos/cm³. Determinemos as densidades de elétrons e de lacunas nesse material à temperatura ambiente.

Solução — A adição de 10^{16} átomos de fósforo introduz o mesmo número de elétrons livres por centímetro cúbico. Como essa densidade de elétrons é seis ordens de grandeza maior que a calculada no Exemplo 2.1, podemos assumir que

$$n = 10^{16} \text{ elétrons/cm}^3. \quad (2.6)$$

De (2.2) e (2.5), segue que

$$p = \frac{n_i^2}{n} \quad (2.7)$$

$$= 1{,}17 \times 10^4 \text{ lacunas/cm}^3. \quad (2.8)$$

Notemos que a densidade de lacunas ficou seis ordens de grandeza menor que o valor intrínseco. Assim, se uma tensão for aplicada a essa amostra de silício, a corrente resultante consistirá principalmente em elétrons.

Exercício — A que nível de dopagem a densidade de lacunas é reduzida em três ordens de grandeza?

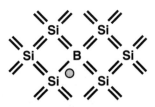

Figura 2.6 Lacuna disponível em consequência de dopagem com boro.

Formulemos os resultados obtidos até aqui. Se um semicondutor intrínseco for dopado com uma densidade de N_D ($\gg n_i$) **átomos** doadores por centímetro cúbico, as densidades de cargas móveis são dadas por

$$\text{Portadores Majoritários: } n \approx N_D \quad (2.9)$$

$$\text{Portadores Minoritários: } p \approx \frac{n_i^2}{N_D}. \quad (2.10)$$

De modo similar, para uma densidade de N_A ($\gg n_i$) **átomos** aceitadores por centímetro cúbico:

$$\text{Portadores Majoritários: } p \approx N_A \quad (2.11)$$

$$\text{Portadores Minoritários: } n \approx \frac{n_i^2}{N_A}. \quad (2.12)$$

Como valores típicos de densidades de dopagem estão entre 10^{15} e 10^{18} átomos/cm³, as expressões anteriores são muito precisas.

A Figura 2.7 resume os conceitos introduzidos nesta seção e ilustra os tipos de portadores de carga e suas densidades em semicondutores.

2.1.3 Transporte de Portadores

Após o estudo de portadores de carga e do conceito de dopagem, estamos prontos para examinar o *movimento* de cargas em semicondutores, ou seja, o mecanismo que leva ao fluxo de corrente.

Deriva Da física básica e da lei de Ohm, sabemos que um material pode conduzir corrente em resposta a uma diferença de potencial, ou seja, a um campo elétrico.[4] O campo acelera os

---

[4] Recordemos que a diferença de potencial (tensão), V, é igual ao negativo da integral do campo elétrico, E, em relação à distância: $V_{ab} = -\int_b^a E\,dx$.

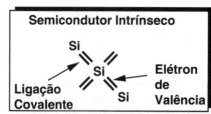
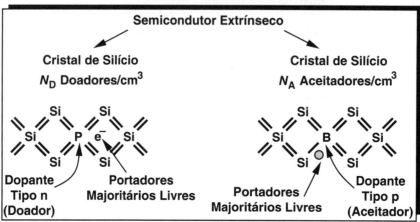

Figura 2.7 Resumo de portadores de carga no silício.

Exemplo 2.4	Podemos usar outros elementos da Figura 2.2 como semicondutores ou dopantes?
Solução	Sim; por exemplo, alguns dos primeiros diodos e transistores eram baseados em germânio (Ge), e não em silício. Arsênio (As) também é outro dopante comum.
Exercício	Carbono pode ser usado para este fim?

portadores de carga no material, forçando que alguns fluam de um lado ao outro. O movimento de portadores de carga devido a um campo elétrico é chamado "deriva" (*drift*).[5]

Semicondutores se comportam de modo similar. Como mostrado na Figura 2.8, os portadores de carga são acelerados pelo campo elétrico, colidem ocasionalmente com átomos no cristal e podem alcançar o outro lado e fluir para a bateria. A aceleração devido ao campo e a colisão com o cristal têm ações opostas, o que resulta em uma velocidade *constante* para os portadores.[6] Esperamos que a velocidade, v, seja proporcional à intensidade do campo elétrico, E:

$$v \propto E, \tag{2.13}$$

portanto,

$$v = \mu E, \tag{2.14}$$

em que μ é denominado "mobilidade" e expresso em cm²/(V · s). Por exemplo, no silício, a mobilidade dos elétrons é

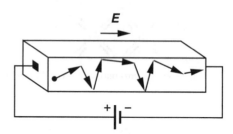

Figura 2.8 Deriva em um semicondutor.

$\mu_n = 1350$ cm²/(V · s) e a das lacunas, $\mu_p = 480$ cm²/(V · s). Como os elétrons se movem na direção oposta à do campo elétrico, devemos representar o vetor velocidade como

$$\vec{v_e} = -\mu_n \vec{E}. \tag{2.15}$$

---

[5] A convenção para a direção da corrente assume fluxo de carga *positiva* de uma tensão positiva para uma tensão negativa. Assim, se elétrons fluem do ponto A para o ponto B, a corrente tem a direção de B para A.

[6] Este fenômeno é análogo à "velocidade terminal" experimentada por um paraquedista (com o paraquedas aberto).

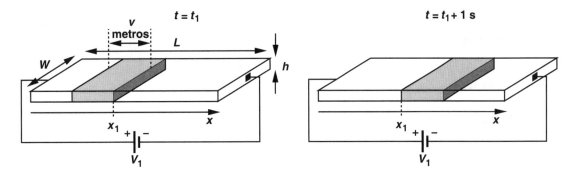

Figura 2.9 Fluxo de corrente em termos da densidade de carga.

> **Exemplo 2.5** Uma amostra uniforme de silício tipo n com 1 μm de comprimento está sujeita a uma diferença de potencial de 1 V. Determinemos a velocidade dos elétrons.
>
> **Solução** Como o material é uniforme, $E = V/L$, onde L é o comprimento. Portanto, $E = 10.000$ V/cm; logo, $v = \mu_n E = 1{,}35 \times 10^7$ cm/s. Em outras palavras, os elétrons gastam $(1\,\mu\text{m})/(1{,}35 \times 10^7 \text{ cm/s}) = 7{,}4$ ps para cruzar a distância de 1 μm.
>
> **Exercício** O que acontece se a mobilidade for reduzida à metade?

Para as lacunas, temos

$$\vec{v}_h = \mu_p \vec{E}. \quad (2.16)$$

Conhecida a velocidade dos portadores, como podemos calcular a corrente? Primeiro, notamos que um elétron transporta uma carga negativa igual a $q = 1{,}6 \times 10^{-19}$ C. De modo similar, uma lacuna transporta uma carga positiva do mesmo valor. Suponhamos, agora, que uma tensão V_1 seja aplicada a uma barra de semicondutor uniforme, com densidade de elétrons livres n (Figura 2.9). Assumamos que os elétrons se movam a uma velocidade v m/s, e consideremos uma seção reta da barra em $x = x_1$ e tomemos duas "fotografias", em $t = t_1$ e $t = t_1 + 1$ segundo; portanto, a carga total em v metros passa pela seção reta em 1 segundo. Em outras palavras, a corrente é igual à carga total contida em v metros do comprimento da barra. Como a barra tem uma largura W, temos:

$$I = -v \cdot W \cdot h \cdot n \cdot q, \quad (2.17)$$

em que $v \cdot W \cdot h$ representa o volume, $n \cdot q$ denota a densidade de carga em coulombs e o sinal negativo é devido ao fato de elétrons transportarem carga negativa.

Agora, escrevemos a Equação (2.13) em uma forma mais conveniente. Como, para elétrons, $v = -\mu_n E$ e como $W \cdot h$ é a área da seção reta da barra, temos:

$$J_n = \mu_n E \cdot n \cdot q, \quad (2.18)$$

e J_n denota "densidade de corrente", ou seja, corrente que flui por uma seção reta de área *unitária*; a densidade de corrente é expressa em A/cm². De modo simplificado, podemos dizer que "a corrente é igual à velocidade da carga multiplicada pela densidade de carga", estando subentendido que "corrente", na verdade, se refere à densidade de corrente e que sinais negativo e positivo são levados em consideração.

Na presença de elétrons e de lacunas, a Equação (2.18) é modificada como

$$J_{tot} = \mu_n E \cdot n \cdot q + \mu_p E \cdot p \cdot q \quad (2.19)$$

$$= q(\mu_n n + \mu_p p)E. \quad (2.20)$$

Essa equação fornece a corrente de deriva em resposta a um campo elétrico E em um semicondutor com densidades uniformes de elétrons e de lacunas.

Saturação de Velocidade* Assumimos, até aqui, que a mobilidade de portadores em semicondutores *independe* do campo elétrico e que a velocidade cresce linearmente com E, segundo $v = \mu E$. Na verdade, se o campo elétrico se aproximar de valores muito elevados, v deixará de variar linearmente com E. Isso ocorre porque os portadores colidem com a rede (*lattice*) cristalina com muita frequência, e o intervalo de tempo entre as colisões é tão pequeno que não conseguem acelerar muito. Em consequência, v varia de forma "sublinear" para campos elétricos intensos e tende um valor de saturação, v_{sat} (Figura 2.10). Esse efeito, denominado "saturação de velocidade", se manifesta em alguns transistores modernos e limita o desempenho de circuitos.

Para representar a saturação de velocidade, devemos modificar $v = \mu E$ de forma apropriada. Uma abordagem simples consiste em interpretar a inclinação, μ, como um parâmetro que

---

* Esta seção pode ser pulada em uma primeira leitura.

Exemplo 2.6

Em um experimento, desejamos obter iguais correntes de deriva de elétrons e de lacunas. Como as densidades de portadores devem ser escolhidas?

Solução   Devemos impor

$$\mu_n n = \mu_p p, \quad (2.21)$$

logo,

$$\frac{n}{p} = \frac{\mu_p}{\mu_n}. \quad (2.22)$$

Recordemos, também, que $np = n_i^2$. Portanto,

$$p = \sqrt{\frac{\mu_n}{\mu_p}} n_i \quad (2.23)$$

$$n = \sqrt{\frac{\mu_p}{\mu_n}} n_i. \quad (2.24)$$

Por exemplo, no silício, $\mu_n/\mu_p = 1350/480 = 2{,}81$, resultando em

$$p = 1{,}68 n_i \quad (2.25)$$

$$n = 0{,}596 n_i. \quad (2.26)$$

Como p e n são da mesma ordem que n_i, iguais correntes de deriva de elétrons e de lacunas podem ocorrer apenas em um material dopado muito levemente. Isso confirma nossa conclusão anterior de que os portadores majoritários em semicondutores têm níveis de dopagem típicos de 10^{15}–10^{18} átomos/cm^3.

Exercício   Como devem ser escolhidas as densidades de portadores para que a corrente de deriva de elétrons seja o dobro da de lacunas?

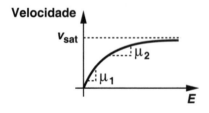

Figura 2.10 Saturação de velocidade.

depende do campo. A expressão para μ deve, portanto, tender a zero à medida que E aumenta e a um valor constante para pequenos valores de E; ou seja,

$$\mu = \frac{\mu_0}{1 + bE}, \quad (2.27)$$

em que μ_0 é a mobilidade sob baixa intensidade de campo ou, simplesmente, mobilidade a "campo baixo" e b, um fator de proporcionalidade. Podemos considerar μ como a mobilidade "efetiva" sob um campo elétrico E. Assim,

$$v = \frac{\mu_0}{1 + bE} E. \quad (2.28)$$

Como, para $E \to \infty$, $v \to v_{sat}$, temos

$$v_{sat} = \frac{\mu_0}{b}, \quad (2.29)$$

Logo, $b = \mu_0/v_{sat}$. Em outras palavras,

$$v = \frac{\mu_0}{1 + \dfrac{\mu_0 E}{v_{sat}}} E. \quad (2.30)$$

Difusão   Além de deriva, outro mecanismo pode levar a fluxo de corrente. Suponhamos que uma gota de tinta caia em um copo d'água. A gota, que introduz uma grande concentração local de moléculas de tinta, começa a se "difundir", ou seja, as moléculas de tinta tendem a fluir de uma região de alta concentração para regiões de baixa concentração. Esse mecanismo é chamado "difusão".

Um fenômeno semelhante ocorre se portadores de carga forem "jogados" (injetados) em um semicondutor para criar uma densidade *não uniforme*. Mesmo na ausência de um campo elétrico, os portadores se movem em direção às regiões de baixa concentração; dessa forma, transportam uma corrente elétrica enquanto a não uniformidade é mantida. Difusão, portanto, é muito diferente de deriva.

Física Básica de Semicondutores 25

Exemplo 2.7 Uma amostra de semicondutor uniforme de 0,2 μm de comprimento está sujeita a uma tensão de 1 V. Para uma mobilidade a campo baixo de 1350 cm²/(V · s) e velocidade de saturação de portadores de 10⁷ cm/s, determinemos a mobilidade efetiva. Calculemos, ainda, o valor máximo de tensão para que a mobilidade efetiva seja apenas 10% menor que μ_0.

Solução Temos

$$E = \frac{V}{L} \tag{2.31}$$

$$= 50 \text{ kV/cm}. \tag{2.32}$$

Logo,

$$\mu = \frac{\mu_0}{1 + \frac{\mu_0 E}{v_{sat}}} \tag{2.33}$$

$$= \frac{\mu_0}{7{,}75} \tag{2.34}$$

$$= 174 \text{ cm}^2/(\text{V} \cdot \text{s}). \tag{2.35}$$

Se a mobilidade deve ser, no máximo, 10 % menor que o valor a campo baixo, então,

$$0{,}9\mu_0 = \frac{\mu_0}{1 + \frac{\mu_0 E}{v_{sat}}}, \tag{2.36}$$

e, portanto,

$$E = \frac{1}{9}\frac{v_{sat}}{\mu_0} \tag{2.37}$$

$$= 823 \text{ V/cm}. \tag{2.38}$$

Um dispositivo com 0,2 μm de comprimento experimenta um campo elétrico dessa ordem se estiver sujeito a uma tensão de (823 V/cm) × (0,2 × 10⁻⁴ cm) = 16,5 mV.

Esse exemplo sugere que os dispositivos modernos (submícron) estão sujeitos a grande saturação de velocidade, pois operam sob tensões muito maiores que 16,5 mV.

Exercício Sob qual tensão a mobilidade é reduzida em 20 %?

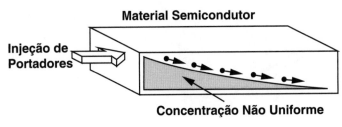

Figura 2.11 Difusão em um semicondutor.

A Figura 2.11 ilustra, de modo conceitual, o processo de difusão. Uma fonte à esquerda injeta, continuamente, portadores de carga no semicondutor; um perfil não uniforme de carga é criado ao longo do eixo *x* e os portadores continuam a "descer" a rampa.

O leitor pode, neste ponto, fazer várias perguntas. O que funciona como fonte de portadores na Figura 2.11? Para onde vão os portadores depois de descerem a rampa do perfil de concentração de portadores? E, o que é mais importante, por que nos preocuparíamos com isto?! Bem, paciência é uma virtude; responderemos a estas perguntas na próxima seção.

Nosso estudo qualitativo da difusão sugere que, quanto mais não uniforme for a concentração de portadores, maior será a corrente. De modo mais específico, podemos escrever:

$$I \propto \frac{dn}{dx}, \tag{2.39}$$

em que *n* denota a concentração de portadores em um dado ponto ao longo do eixo *x*. Assumindo que a corrente flua apenas

Exemplo 2.8 Uma fonte injeta portadores de carga em uma barra de semicondutor, como ilustrado na Figura 2.12. Expliquemos como a corrente flui.

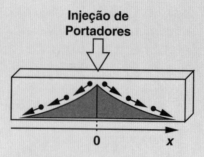

Figura 2.12 Injeção de portadores em um semicondutor.

Solução Neste caso, dois perfis simétricos podem se formar nos sentidos positivo e negativo do eixo x, dando origem a correntes que fluem para as duas extremidades da barra.

Exercício A LCK é satisfeita no ponto de injeção de portadores?

---

na direção x, chamamos dn/dx de "gradiente" da concentração em relação a x. Se cada portador tiver uma carga q e se a seção reta do semicondutor tiver área A, a Equação (2.39) pode ser escrita como

$$I \propto Aq\frac{dn}{dx}. \quad (2.40)$$

Portanto,

$$I = AqD_n\frac{dn}{dx}, \quad (2.41)$$

na qual D_n é um fator de proporcionalidade denominado "constante de difusão" e expresso em cm²/s. Por exemplo, no silício intrínseco, $D_n = 34$ cm²/s (para elétrons) e $D_p = 12$ cm²/s (para lacunas).

Similar à convenção usada para corrente de deriva, normalizamos a corrente de difusão em relação à área da seção reta e obtemos a densidade de corrente como

$$J_n = qD_n\frac{dn}{dx}. \quad (2.42)$$

De modo semelhante, o gradiente da concentração de lacunas é dado por:

$$J_p = -qD_p\frac{dp}{dx}. \quad (2.43)$$

Levando em conta os gradientes das concentrações de elétrons e de lacunas, a densidade de corrente total é dada por

$$J_{tot} = q\left(D_n\frac{dn}{dx} - D_p\frac{dp}{dx}\right). \quad (2.44)$$

Exemplo 2.9 Consideremos, de novo, o cenário ilustrado na Figura 2.11. Suponhamos que a concentração de elétrons seja igual a N em $x = 0$ e caia a zero, de forma linear, em $x = L$ (Figura 2.13). Determinemos a corrente de difusão.

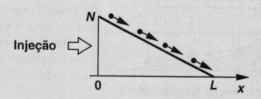

Figura 2.13 Corrente resultante de um perfil de difusão linear.

Solução Temos

$$J_n = qD_n\frac{dn}{dx} \quad (2.45)$$

$$= -qD_n \cdot \frac{N}{L}. \quad (2.46)$$

> A corrente é constante ao longo do eixo x; ou seja, os elétrons que entram no material em $x = 0$ chegam ao ponto $x = L$. Embora possa parecer óbvia, essa observação nos prepara para o exemplo seguinte.

Exercício Repita o exemplo anterior para lacunas.

Exemplo 2.10 Repitamos o exemplo anterior assumindo, agora, um gradiente exponencial (Figura 2.14):

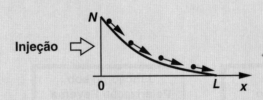

Figura 2.14 Corrente resultante de um perfil de difusão exponencial.

$$n(x) = N \exp \frac{-x}{L_d}, \quad (2.47)$$

em que L_d é uma constante.[7]

Solução Temos

$$J_n = qD_n \frac{dn}{dx} \quad (2.48)$$

$$= \frac{-qD_n N}{L_d} \exp \frac{-x}{L_d}. \quad (2.49)$$

É interessante notar que a corrente não é constante ao longo do eixo x. Ou seja, alguns elétrons desaparecem enquanto viajam de $x = 0$ para a direita. O que acontece com esses elétrons? Este exemplo viola a lei de conservação de cargas? Estas perguntas importantes serão respondidas na próxima seção.

Exercício Em que valor de x a densidade de corrente cai a 1 % de seu valor máximo?

Relação de Einstein Nosso estudo de deriva e difusão introduziu um fator para cada uma: μ_n (ou μ_p) e D_n (ou D_p), respectivamente. Pode ser provado que μ e D se relacionam por:

$$\frac{D}{\mu} = \frac{kT}{q}. \quad (2.50)$$

Chamado de "Relação de Einstein", esse resultado é provado em livros de física de semicondutores, por exemplo, [1]. Notemos que $kT/q \approx 26$ mV em $T = 300$K.

A Figura 2.15 resume os mecanismos de transporte de carga estudados nessa seção.

Corrente de Deriva

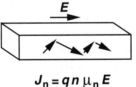

$J_n = qn\mu_n E$
$J_p = qp\mu_p E$

Corrente de Difusão

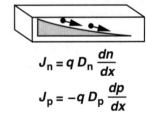

$J_n = qD_n \dfrac{dn}{dx}$
$J_p = -qD_p \dfrac{dp}{dx}$

Figura 2.15 Resumo dos mecanismos de deriva e difusão.

---

[7] O fator L_d é necessário para converter o argumento da exponencial em uma grandeza adimensional.

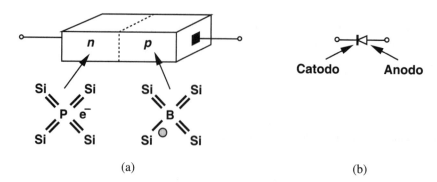

Figura 2.16 Junção *pn*.

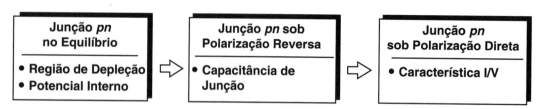

Figura 2.17 Roteiro para estudo de conceitos associados às junções *pn*.

2.2 JUNÇÃO *pn*

Iniciamos nosso estudo de dispositivos semicondutores com junção, *pn* por três motivos. (1) Este dispositivo tem aplicação em numerosos sistemas eletrônicos, por exemplo, em adaptadores que carregam baterias de telefones celulares. (2) A junção *pn* é um dos mais simples dispositivos semicondutores; dessa forma, representa um ponto inicial para nosso estudo do funcionamento de estruturas complexas como transistores. (3) A junção *pn* é útil como parte de transistores. Também usamos o termo "diodo" para nos referirmos às junções *pn*.

Até aqui, vimos que a dopagem produz elétrons ou lacunas livres em semicondutores, que um campo elétrico ou um gradiente de concentração leva ao movimento desses portadores de carga. Uma situação interessante surge quando introduzimos dopantes dos tipos *n* e *p* em duas seções adjacentes de uma amostra de semicondutor. Ilustrada na Figura 2.16, essa estrutura é chamada de "junção *pn*" e desempenha um papel fundamental em diversos dispositivos semicondutores. Os lados *p* e *n* são chamados de "anodo" e "catodo", respectivamente.

Nesta seção, estudaremos as propriedades e características I/V de junções *pn*. A Figura 2.17 ilustra o roteiro que seguiremos e indica que nosso objetivo é o desenvolvimento de modelos de *circuitos* que possam ser usados em análise e síntese.

2.2.1 Junção *pn* em Equilíbrio

Comecemos com o estudo de uma junção *pn* sem conexões externas, ou seja, os terminais estão abertos e nenhuma tensão é aplicada ao dispositivo. Dizemos que a junção está em "equilíbrio". Embora pareça não ter interesse prático, essa configuração nos ajuda a entender o funcionamento de uma junção *pn* fora do equilíbrio.

> **Você sabia?**
> A junção *pn* foi inventada, não intencionalmente, por Russel Ohl em 1940, no Bell Laboratories. Ele fundiu silício em tubos de quartzo, buscando alcançar alta pureza. Durante o processo de resfriamento, as impurezas dos tipos *p* e *n* se redistribuíram, criando uma junção *pn*. Ohl chegou a observar que, quando exposta à luz, a junção *pn* produzia uma corrente. Podemos especular se Ohl previu que essa propriedade acabaria levando à invenção da câmera digital.

Examinando, inicialmente, a interface entre as seções *n* e *p*, verificamos que um lado contém um grande excesso de lacunas e o outro, um grande excesso de elétrons. O acentuado gradiente de concentração de elétrons e de lacunas através da junção origina duas grandes correntes de difusão: os elétrons fluem do lado *n* para o lado *p*, enquanto as lacunas fluem na direção oposta. Para que possamos lidar com concentrações de elétrons e de lacunas nos dois lados da junção, introduzimos a notação mostrada na Figura 2.18.

As correntes de difusão transportam uma grande quantidade de carga de um lado para o outro da junção e, por fim, devem cair a zero. Isso ocorre porque, se os terminais forem mantidos abertos (em condições de equilíbrio), o dispositivo não pode transportar uma corrente liquida indefinidamente.

Agora, devemos responder a uma pergunta importante: o que interrompe as correntes de difusão? Podemos postular que as correntes são interrompidas depois que um número suficiente de portadores livres tenha se movido através da junção, de modo a equalizar as concentrações nos dois lados. No entanto, outro efeito domina a situação e interrompe as correntes muito antes que essa equalização ocorra.

Para entender esse efeito, observemos que, para cada elétron que sai do lado *n*, um *íon positivo* é deixado em seu lugar: a

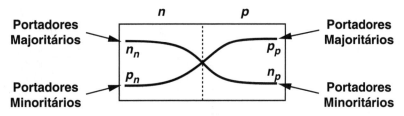

n_n : Concentração de elétrons no lado n
p_n : Concentração de lacunas no lado n
p_p : Concentração de lacunas no lado p
n_p : Concentração de elétrons no lado p

Figura 2.18

Exemplo 2.11 Uma junção pn utiliza os seguintes níveis de dopagem: $N_A = 10^{16}$ cm^{-3} e $N_D = 5 \times 10^{15}$ cm^{-3}. Determinemos as concentrações de lacunas e de elétrons nos dois lados da junção.

Solução Das Equações (2.11) e (2.12), expressamos as concentrações de lacunas e de elétrons no lado p, respectivamente, como:

$$p_p \approx N_A \quad (2.51)$$

$$= 10^{16} \text{ cm}^{-3} \quad (2.52)$$

$$n_p \approx \frac{n_i^2}{N_A} \quad (2.53)$$

$$= \frac{(1{,}08 \times 10^{10} \text{ cm}^{-3})^2}{10^{16} \text{ cm}^{-3}} \quad (2.54)$$

$$\approx 1{,}1 \times 10^4 \text{ cm}^{-3}. \quad (2.55)$$

De modo similar, as concentrações no lado n são dadas por

$$n_n \approx N_D \quad (2.56)$$

$$= 5 \times 10^{15} \text{ cm}^{-3} \quad (2.57)$$

$$p_n \approx \frac{n_i^2}{N_D} \quad (2.58)$$

$$= \frac{(1{,}08 \times 10^{10} \text{ cm}^{-3})^2}{5 \times 10^{15} \text{ cm}^{-3}} \quad (2.59)$$

$$= 2{,}3 \times 10^4 \text{ cm}^{-3}. \quad (2.60)$$

Notemos que a concentração de portadores majoritários em cada lado é várias ordens de magnitude maior que a concentração de portadores minoritários nos dois lados.

Exercício Repita o exemplo anterior para o caso em que N_D é reduzida por um fator de quatro.

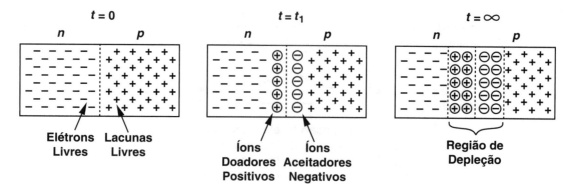

Figura 2.19 Evolução temporal de concentrações de carga em uma junção *pn*.

junção evolui com o tempo, como ilustrado conceitualmente na Figura 2.19. Na ilustração, a junção é formada em *t* = 0; as correntes de difusão expõem mais e mais íons à medida que o tempo passa. Em consequência, as vizinhanças da junção se tornam desprovidas de portadores livres: essa região é chamada "região de depleção".

Agora, recordemos da física básica que uma partícula ou objeto que transporta uma carga líquida (não nula) cria um campo elétrico à sua volta. Assim, com a formação da região de depleção, surge um campo elétrico, como ilustrado na Figura 2.20.[8] É interessante observar que o campo tende a forçar que cargas positivas fluam da esquerda para a direita, enquanto os gradientes de concentração requerem o fluxo de lacunas da direita para a esquerda (e de elétrons, da esquerda para a direita). Concluímos, portanto, que a junção atinge o *equilíbrio* quando o campo elétrico tiver intensidade suficiente para interromper as correntes de difusão. De modo alternativo, podemos dizer que, no equilíbrio, as correntes de deriva criadas pelo campo elétrico cancelam exatamente as correntes de difusão originadas pelos gradientes de concentração.

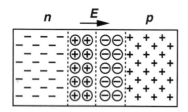

Figura 2.20 Campo elétrico em uma junção *pn*.

A partir de nossas observações a respeito das correntes de deriva e de difusão em condições de equilíbrio, podemos ser tentados a escrever:

$$|I_{\text{deriva},p} + I_{\text{deriva},n}| = |I_{\text{difusão},p} + I_{\text{difusão},n}|, \quad (2.61)$$

em que os subscritos *p* e *n* se referem às lacunas e aos elétrons, respectivamente, e cada termo de corrente tem a polaridade adequada. No entanto, essa condição leva a um fenômeno não realista: se o número de elétrons que fluem do lado *n* para o lado *p* for igual ao de lacunas que fluem do lado *p* para o lado *n*, os dois lados da equação são nulos, mas elétrons continuam a se acumular no lado *p* e lacunas, no lado *n*. Devemos, então, impor a condição de equilíbrio em *cada* portador:

$$|I_{\text{deriva},p}| = |I_{\text{difusão},p}| \quad (2.62)$$

$$|I_{\text{deriva},n}| = |I_{\text{difusão},n}|. \quad (2.63)$$

Potencial Interno A existência de um campo elétrico no interior da região de depleção sugere que a junção possa exibir um "potencial interno". Na verdade, com o uso de (2.62) ou (2.63), podemos calcular esse potencial. Como o campo elétrico $E = -dV/dx$ e (2.62) pode ser escrita como

$$q\mu_p p E = q D_p \frac{dp}{dx}, \quad (2.64)$$

temos

$$-\mu_p p \frac{dV}{dx} = D_p \frac{dp}{dx}. \quad (2.65)$$

Dividindo os dois lados por *p* e integrando-os, obtemos

$$-\mu_p \int_{x_1}^{x_2} dV = D_p \int_{p_n}^{p_p} \frac{dp}{p}, \quad (2.66)$$

em que p_n e p_p são as concentrações de lacunas em x_1 e x_2, respectivamente (Figura 2.22). Assim,

$$V(x_2) - V(x_1) = -\frac{D_p}{\mu_p} \ln \frac{p_p}{p_n}. \quad (2.67)$$

O lado direito representa a diferença de tensão através da região de depleção e será denotada por V_0. Pelas relações de Einstein, Equação (2.50), podemos substituir D_p/μ_p por kT/q:

---

[8] Para determinar a direção do campo elétrico, posicionamos uma pequena carga positiva de teste na região e observamos como se move: ela se afasta da carga positiva, em direção à carga negativa.

Física Básica de Semicondutores   31

Exemplo 2.12 Na junção mostrada na Figura 2.21, a região de depleção tem largura b no lado n e largura a no lado p. Esbocemos o campo elétrico em função de x.

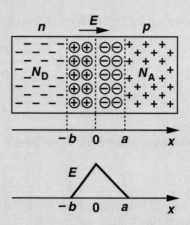

Figura 2.21 Perfil de campo elétrico em uma junção pn.

Solução Começando em $x < -b$, observamos que a ausência de carga líquida fornece $E = 0$. Em $x > -b$, cada íon doador positivo contribui para o campo elétrico, ou seja, a intensidade de E aumenta à medida que x tende a zero. Quando ultrapassamos $x = 0$, os átomos aceitadores negativos passam a contribuir negativamente para o campo: E diminui. Em $x = a$, as cargas positivas e negativas cancelam umas as outras, resultando em $E = 0$.

Exercício Notando que o potencial é o negativo da integral de campo elétrico em relação à distância, esboce o potencial em função de x.

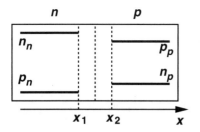

Figura 2.22 Perfis de portadores em uma junção pn.

$$|V_0| = \frac{kT}{q} \ln \frac{p_p}{p_n}. \quad (2.68)$$

Exercício Escreva a Equação (2.64) para correntes de deriva e de difusão de elétrons, integre-a e obtenha uma equação para V_0 em função de n_n e n_p.

Por fim, com o uso de (2.11) e (2.10) para p_p e p_n, obtemos

$$V_0 = \frac{kT}{q} \ln \frac{N_A N_D}{n_i^2}. \quad (2.69)$$

Esta equação expressa o potencial interno em termos de parâmetros da junção e tem um papel central em diversos dispositivos semicondutores.

Neste ponto, surge uma questão interesse. A junção não transporta corrente líquida (pois seus terminais estão abertos), mas mantém uma tensão. Como isso é possível? Observamos que o potencial interno é desenvolvido em *oposição* ao fluxo de correntes de difusão (na verdade, algumas vezes, é chamado de "barreira de potencial"). Esse fenômeno contrasta com o comportamento de um material condutor uniforme, que não exibe nenhuma tendência à difusão e, portanto, não cria um potencial interno.

2.2.2 Junção *pn* sob Polarização Reversa

Após a análise da junção *pn* em equilíbrio, podemos estudar seu comportamento em condições mais interessantes e úteis. Para começar, apliquemos uma tensão externa ao dispositivo, como ilustrado na Figura 2.23: uma fonte de tensão torna o lado n mais *positivo* que o lado p. Dizemos que a junção está sob "polarização reversa", para enfatizar a conexão da tensão positiva ao terminal n. O termo "polarização" indica operação em condições "desejáveis". Estudaremos o conceito de polarização em detalhe, nesse capítulo e nos seguintes.

Desejamos reexaminar os resultados obtidos no equilíbrio para o caso de polarização reversa. Primeiro, determinemos se a tensão externa *aumenta* ou *diminui* o campo elétrico interno. Em condições de equilíbrio, $\vec{E}$ é direcionado do lado n para o lado p; portanto, V_R aumenta o campo. Contudo, um campo elétrico mais intenso pode ser mantido apenas se uma maior

Exemplo 2.13

Uma junção pn de silício emprega $N_A = 2 \times 10^{16}$ cm^{-3} e $N_D = 4 \times 10^{16}$ cm^{-3}. Determinemos o potencial interno à temperatura ambiente ($T = 300$ K).

Solução Do Exemplo 2.1, recordemos que $n_i(T = 300 \text{ K}) = 1,08 \times 10^{10}$ cm^{-3}. Assim,

$$V_0 \approx (26 \text{ mV}) \ln \frac{(2 \times 10^{16}) \times (4 \times 10^{16})}{(1,08 \times 10^{10})^2} \quad (2.70)$$

$$\approx 768 \text{ mV}. \quad (2.71)$$

Exercício Por que fator N_D deve ser alterado para reduzir V_0 em 20 mV?

Exemplo 2.14

A Equação (2.69) revela que V_0 é uma função fraca dos níveis de dopagem. Qual é a modificação em V_0 se N_A ou N_D for aumentada em uma ordem de grandeza?

Solução Podemos escrever

$$\Delta V_0 = V_T \ln \frac{10 N_A \cdot N_D}{n_i^2} - V_T \ln \frac{N_A \cdot N_D}{n_i^2} \quad (2.72)$$

$$= V_T \ln 10 \quad (2.73)$$

$$\approx 60 \text{ mV (em } T = 300 \text{ K)}. \quad (2.74)$$

Exercício Qual é a modificação em V_0 se N_A ou N_D for aumentada por um fator de três?

---

quantidade de carga fixa estiver disponível; isso exige que mais íons doadores e aceitadores fiquem expostos: a largura da região de depleção aumenta.

O que acontece às correntes de difusão e de deriva? Como a tensão externa aumentou o campo elétrico, a barreira de potencial se torna mais alta que no equilíbrio e proíbe o fluxo de corrente. Em outras palavras, sob polarização reversa, a junção transporta corrente desprezível.[9]

Sem condução de corrente, uma junção pn sob polarização reversa não parece muito útil. No entanto, uma observação importante provará o contrário. Na Figura 2.23, notemos que, à medida que V_R aumenta, mais cargas positivas aparecem no lado n e mais cargas negativas, no lado p. Assim, o dispositivo funciona como um *capacitor* [Figura 2.24(a)]. Em essência, podemos interpretar as seções condutoras n e p como as duas placas de um capacitor. Também assumimos que a carga na região de depleção está igualmente dividida nas placas.

O leitor pode pensar que o dispositivo continua desinteressante. Afinal, como quaisquer duas placas formam um

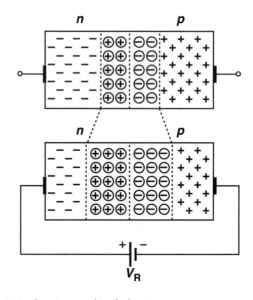

Figura 2.23 Junção pn sob polarização reversa.

---

[9] Como explicado na Seção 2.2.3, a corrente não é exatamente zero.

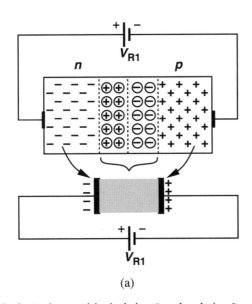
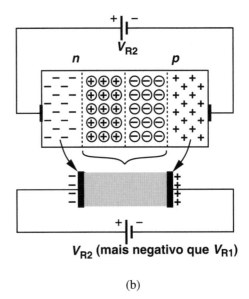

Figura 2.24 Redução da capacitância de junção sob polarização reversa.

capacitor, o uso de uma junção *pn* para esse propósito não se justifica. Contudo, junções *pn* sob polarização reversa exibem uma propriedade especial que se mostra muito útil no projeto de circuitos. Voltando à Figura 2.23, observamos que, à medida que V_R aumenta, a largura da região de depleção também aumenta. Ou seja, o diagrama conceitual da Figura 2.24(a) pode ser desenhado como na Figura 2.24(b) se o valor de V_R for aumentado, indicando que a capacitância da estrutura *diminui*, pois as duas placas se afastam uma da outra. A junção exibe, portanto, uma capacitância que depende da tensão.

Pode ser provado que a capacitância da junção por unidade de área é dada por

$$C_j = \frac{C_{j0}}{\sqrt{1 - \frac{V_R}{V_0}}}, \quad (2.75)$$

em que C_{j0} denota a capacitância correspondente à polarização zero ($V_R = 0$) e V_0, o potencial interno [Equação (2.69)]. (Esta equação assume que, para polarização reversa, V_R é negativo.) O valor de C_{j0}, por sua vez, é dado por

$$C_{j0} = \sqrt{\frac{\epsilon_{si} q}{2} \frac{N_A N_D}{N_A + N_D} \frac{1}{V_0}}, \quad (2.76)$$

sendo que ϵ_{si} representa a constante dielétrica do silício: $\epsilon_{si} = 11,7 \times 8,85 \times 10^{-14}$ F/cm.[10] A Figura 2.25 mostra que, de fato, C_j diminui à medida que V_R aumenta.

A variação da capacitância com a tensão aplicada transforma o dispositivo em um capacitor "não linear", pois a relação $Q = CV$ não é satisfeita. Mesmo assim, como demonstrado pelo próximo exemplo, um capacitor que varie com a tensão leva a interessantes topologias de circuito.

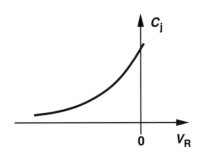

Figura 2.25 Capacitância de junção sob polarização reversa.

Em resumo, uma junção *pn* sob polarização reversa transporta corrente desprezível, mas exibe uma capacitância que depende da tensão. Assim, desenvolvemos um modelo de circuito para o dispositivo nessa condição: uma simples capacitância cujo valor é dado pela Equação (2.75).

Outra aplicação interessante de diodos sob polarização reversa é em câmeras digitais (Capítulo 1). Se luz com energia suficiente for aplicada a uma junção *pn*, elétrons são deslocados de suas ligações covalentes e, portanto, pares elétrons-lacunas

> **Você sabia?**
> Capacitores dependentes de tensão são chamados de "varactores" (ou, em textos mais antigos, "varicaps"). A capacidade de "sintonizar" o valor de um capacitor por meio de uma tensão é essencial em muitos sistemas. Por exemplo, os canais de um moderno receptor de TV são mudados por alteração da tensão aplicada a um varactor. Antigos receptores de TV tinham um botão que comutava mecanicamente diferentes capacitores no circuito. Imagine girar tal botão por controle remoto.

---

[10] A constante dielétrica (ou permissividade) de materiais é, em geral, escrita na forma $\epsilon_r \epsilon_0$, em que ϵ_r é a constante dielétrica "relativa", um fator adimensional (por exemplo, 11,7), e ϵ_0 é a constante dielétrica do vácuo ($8,85 \times 10^{-14}$ F/cm).

Exemplo 2.15

Uma junção *pn* é dopada com $N_A = 2 \times 10^{16}$ cm^{-3} e $N_D = 9 \times 10^{15}$ cm^{-3}. Determinemos a capacitância do dispositivo com (a) $V_R = 0$ e (b) $V_R = 1$ V.

Solução Primeiro, calculemos o potencial interno:

$$V_0 = V_T \ln \frac{N_A N_D}{n_i^2} \tag{2.77}$$

$$= 0{,}73 \text{ V}. \tag{2.78}$$

Logo, para $V_R = 0$ e $q = 1{,}6 \times 10^{-19}$ C, temos

$$C_{j0} = \sqrt{\frac{\epsilon_{si} q}{2} \frac{N_A N_D}{N_A + N_D} \cdot \frac{1}{V_0}} \tag{2.79}$$

$$= 2{,}65 \times 10^{-8} \text{ F/cm}^2. \tag{2.80}$$

Em microeletrônica, tratamos com dispositivos muito pequenos e pode ser necessário reescrever o resultado como

$$C_{j0} = 0{,}265 \text{ fF}/\mu\text{m}^2, \tag{2.81}$$

em que 1 fF (femtofarad) = 10^{-15} F. Para $V_R = 1$ V,

$$C_j = \frac{C_{j0}}{\sqrt{1 + \frac{V_R}{V_0}}} \tag{2.82}$$

$$= 0{,}172 \text{ fF}/\mu\text{m}^2. \tag{2.83}$$

Exercício Repita o exemplo anterior para o caso em que a concentração de doadores no lado N é multiplicada por dois. Compare os resultados com os do exemplo.

Exemplo 2.16

Um telefone celular contém um oscilador de 2-GHz, cuja frequência é definida pela frequência de ressonância de um tanque *LC* (Figura 2.26). Admitindo que capacitância do tanque seja realizada como a junção *pn* do Exemplo 2.15, calculemos a variação da frequência de oscilação quando a tensão de polarização reversa passa de 0 a 2 V. Assumamos que o circuito opere a 2 GHz sob polarização reversa de 0 V e que a área da junção seja 2000 μm^2.

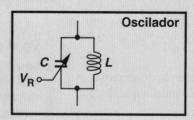

Figura 2.26 Capacitor variável usado para sintonizar um oscilador.

Solução Recordemos, da teoria básica de circuitos, que o tanque "ressoa" quando as impedâncias do indutor e do capacitor são iguais e opostas: $jL\omega_{res} = -(jC\omega_{res})^{-1}$. Portanto, a frequência de ressonância é igual a

$$f_{res} = \frac{1}{2\pi} \frac{1}{\sqrt{LC}}. \tag{2.84}$$

Com $V_R = 0$, $C_j = 0{,}265$ fF/μm^2, correspondendo a uma capacitância total de

$$C_{j,tot}(V_R = 0) = (0{,}265 \text{ fF}/\mu\text{m}^2) \times (2000 \ \mu\text{m}^2) \tag{2.85}$$

$$= 530 \text{ fF}. \tag{2.86}$$

Tomando f_{res} como 2 GHz, obtemos

$$L = 11{,}9 \text{ nH}. \tag{2.87}$$

Se V_R for 2 V,

$$C_{j,tot}(V_R = 2 \text{ V}) = \frac{C_{j0}}{\sqrt{1 + \dfrac{2}{0{,}73}}} \times 2000 \ \mu\text{m}^2 \tag{2.88}$$

$$= 274 \text{ fF}. \tag{2.89}$$

Usando esse valor e $L = 11{,}9$ nH na Equação (2.84), temos

$$f_{res}(V_R = 2 \text{ V}) = 2{,}79 \text{ GHz}. \tag{2.90}$$

Um oscilador cuja frequência pode ser variada por uma tensão externa (neste caso, V_R) é chamado de "oscilador controlado por tensão"; esse tipo de oscilador é muito usado em telefones celulares, microprocessadores, computadores pessoais etc.

Exercício Alguns sistemas sem fio operam em 5,2 GHz. Repita o exemplo anterior para essa frequência; assuma que a área da junção ainda seja 2000 μm^2 e que o valor do indutor tenha sido alterado para alcançar 5,2 GHz.

---

são criados. Sob polarização reversa, os elétrons são atraídos pelo terminal positivo da bateria e as lacunas, pelo terminal negativo. Em consequência, uma corrente proporcional à intensidade da luz flui pelo diodo. Dizemos que a junção *pn* funciona como um "fotodiodo".

2.2.3 Junção *pn* sob Polarização Direta

Nosso objetivo nesta seção é mostrar que a junção *pn* transporta corrente se o lado *p* estiver a um potencial mais *positivo* que o lado *n* (Figura 2.27). Essa condição é chamada de "polarização direta". Também queremos expressar a corrente que flui em termos da tensão aplicada e dos parâmetros da junção para, ao final, obter um modelo de circuito.

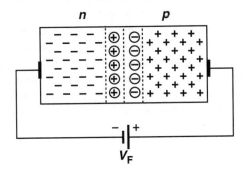

Figura 2.27 Junção *pn* sob polarização direta.

De nosso estudo do dispositivo em equilíbrio e sob polarização reversa, verificamos que a barreira de potencial que se forma na região de depleção determina a capacidade de condução do dispositivo. Sob polarização direta, a tensão externa, V_F, tende a criar um campo direcionado do lado *p* para o lado *n*; ou seja, em oposição ao campo interno que surge para interromper as correntes de difusão. Portanto, concluímos que V_F, na verdade, *reduz* a barreira de potencial, pois enfraquece o campo e permite maiores correntes de difusão.

Para determinar a característica I/V sob polarização direta, começamos com a Equação (2.68) para o potencial interno e a reescrevemos como

$$p_{n,e} = \frac{p_{p,e}}{\exp\dfrac{V_0}{V_T}}, \tag{2.91}$$

na qual o subscrito *e* enfatiza as condições de equilíbrio [Figura 2.28(a)] e $V_T = kT/q$ é a chamada "tensão térmica" (≈ 26 mV, para $T = 300$ K). Sob polarização direta, a barreira de potencial é reduzida por um valor igual à tensão aplicada:

$$p_{n,f} = \frac{p_{p,f}}{\exp\dfrac{V_0 - V_F}{V_T}}. \tag{2.92}$$

em que o subscrito *f* denota polarização direta (*forward bias*). Como o denominador exponencial cai de forma considerável,

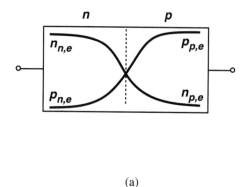
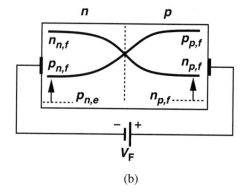

(a) (b)

Figura 2.28 Perfis de portadores (a) em equilíbrio e (b) sob polarização direta.

esperamos que $p_{n,f}$ seja muito maior que $p_{n,e}$ (pode ser provado que $p_{p,f} \approx p_{p,e} \approx N_A$). Em outras palavras, a concentração de portadores *minoritários* no lado p aumenta rapidamente com a tensão de polarização direta, enquanto a concentração de portadores majoritários permanece relativamente constante. Essa afirmação também se aplica ao lado n.

A Figura 2.28(b) ilustra o resultado de nossa análise até aqui. À medida que a junção passa do equilíbrio para polarização direta, n_p e p_n aumentam de forma considerável, resultando em uma mudança proporcional nas correntes de difusão.[11] Podemos expressar a alteração na concentração de lacunas no lado n como:

$$\Delta p_n = p_{n,f} - p_{n,e} \quad (2.93)$$

$$= \frac{p_{p,f}}{\exp\dfrac{V_0 - V_F}{V_T}} - \frac{p_{p,e}}{\exp\dfrac{V_0}{V_T}} \quad (2.94)$$

$$\approx \frac{N_A}{\exp\dfrac{V_0}{V_T}}\left(\exp\dfrac{V_F}{V_T} - 1\right). \quad (2.95)$$

De modo similar, para a concentração de elétrons no lado p:

$$\Delta n_p \approx \frac{N_D}{\exp\dfrac{V_0}{V_T}}\left(\exp\dfrac{V_F}{V_T} - 1\right). \quad (2.96)$$

Vale notar que a Equação (2.69) indica que $\exp(V_0/V_T) = N_A N_D / n_i^2$.

O aumento na concentração de portadores minoritários sugere que as correntes de difusão devam aumentar proporcionalmente além de seus valores de equilíbrio, ou seja,

$$I_{tot} \propto \frac{N_A}{\exp\dfrac{V_0}{V_T}}\left(\exp\dfrac{V_F}{V_T} - 1\right) + \frac{N_D}{\exp\dfrac{V_0}{V_T}}\left(\exp\dfrac{V_F}{V_T} - 1\right). \quad (2.97)$$

Na verdade, pode ser provado que [1]

$$I_{tot} = I_S\left(\exp\dfrac{V_F}{V_T} - 1\right), \quad (2.98)$$

em que I_S é chamada "corrente de saturação reversa" e dada por

$$I_S = A q n_i^2 \left(\dfrac{D_n}{N_A L_n} + \dfrac{D_p}{N_D L_p}\right). \quad (2.99)$$

Nesta equação, A é a área da seção reta do dispositivo; L_n e L_p são "comprimentos de difusão" de elétrons e de lacunas, respectivamente. Comprimentos de difusão são da ordem de dezenas de micrômetros. Notemos que o primeiro termo entre parênteses corresponde ao fluxo de elétrons e o segundo, ao de lacunas.

Uma pergunta interessante surge neste ponto: as concentrações de portadores são *constantes* ao longo do eixo x? Esse cenário, ilustrado na Figura 2.29(a), sugere que elétrons continuariam a fluir do lado n para o lado p, mas não ultrapassariam $x = x_2$ devido à falta de um gradiente. Uma situação similar ocorreria com lacunas; isso implicaria que os portadores de carga não se aprofundariam muito nos lados p e n e, portanto, não existiria uma corrente líquida! Logo, as concentrações de portadores minoritários devem variar, como ilustrado na Figura 2.29(b), para que as correntes de difusão possam ocorrer.

Essa observação nos faz lembrar o Exemplo 2.10 e a pergunta despertada por ele: se a concentração de portadores minoritários diminuir com x, o que acontece com os portadores e como a corrente pode permanecer constante ao longo do eixo x? É interessante observar que, à medida que entram no lado p e descem pelo gradiente, os elétrons gradualmente se *recombinam* com lacunas, que são abundantes nessa região. De modo similar, ao entrarem no lado n, as lacunas se recombinam com elétrons. Assim, nas vizinhanças da região de depleção, a corrente consiste, principalmente, em portadores minoritários (Figura 2.30). Em cada ponto ao longo do eixo x, as duas componentes se somam e resultam em I_{tot}.

---

[11] Na verdade, a largura da região de depleção diminui sob polarização direta, mas desprezamos este efeito aqui.

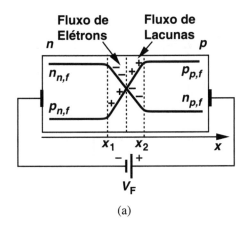 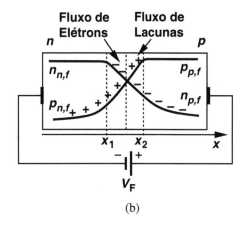

Figura 2.29 Perfis (a) constante e (b) variável de portadores majoritários fora da região de depleção.

Exemplo 2.17	Determinemos I_S para a junção do Exemplo 2.13 em $T = 300$ K, para $A = 100\ \mu m^2$, $L_n = 20\mu$ m e $L_p = 30\ m$ m.
Solução	Usando $q = 1{,}6 \times 10^{-19}$ C, $n_i = 1{,}08 \times 10^{10}$ elétrons/cm³ [Equação (2.20)], $D_n = 34$ cm²/s e $D_p = 12$ cm²/s, temos $$I_S = 1{,}77 \times 10^{-17}\ A. \qquad (2.100)$$ Como I_S é muito pequena, o termo exponencial na Equação (2.98) deve assumir valores muito altos para que I_{tot} tenha valor útil (por exemplo, 1 mA).
Exercício	Que área de junção é necessária para elevar I_S a 10^{-15} A?

$$I_D = I_S\left(\exp\frac{V_D}{V_T} - 1\right), \qquad (2.101)$$

em que I_D e V_D denotam, respectivamente, a corrente e a tensão no diodo. Como esperado, $V_D = 0$ leva a $I_D = 0$ (Por que isto é esperado?) À medida que V_D se torna positivo e ultrapassa V_T, o termo exponencial cresce rapidamente e $I_D \approx I_S \exp(V_D/V_T)$. Na região de polarização direta, passaremos a expressar $\exp(V_D/V_T) \gg 1$.

Figura 2.30 Correntes de portadores majoritários e minoritários.

2.2.4 Característica I/V

Resumamos nossas conclusões até aqui. Sob polarização direta, a tensão externa se opõe ao potencial interno, o que resulta em considerável aumento nas correntes de difusão. Sob polarização reversa, a tensão aplicada aumenta o campo interno e inibe o fluxo de corrente. De aqui em diante, escreveremos a equação da junção como:

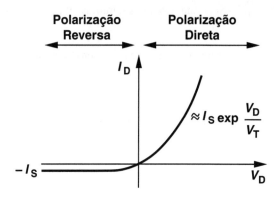

Figura 2.31 Característica I/V de uma junção *pn*.

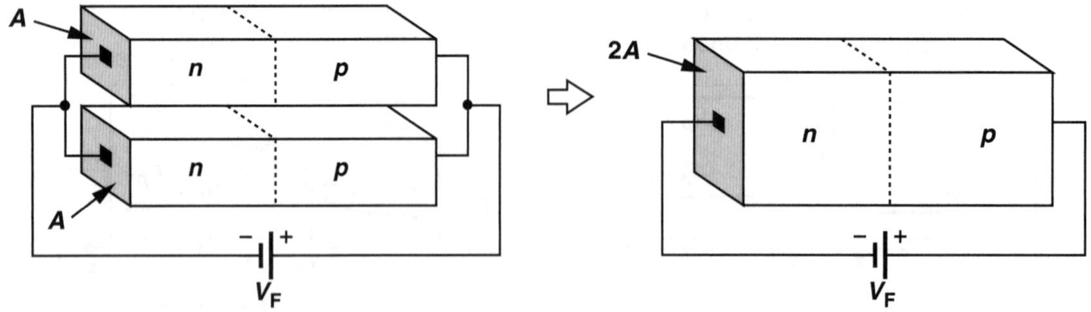

Figura 2.32 Equivalência entre dispositivos paralelos e um dispositivo maior.

Pode ser provado que a Equação (2.101) também é válida sob polarização reversa, ou seja, para valores negativos de V_D. Se $V_D < 0$ e $|V_D|$ for muito maior que V_T, então $\exp(V_D/V_T) \ll 1$ e

$$I_D \approx -I_S. \quad (2.102)$$

A Figura 2.31 mostra a característica I/V completa da junção e indica por que I_S é chamada "corrente de saturação reversa".

O Exemplo 2.17 indica que, em geral, I_S é muito pequena. Portanto, interpretamos a corrente sob polarização reversa como uma corrente "de fuga". Vale notar que I_S e, portanto, a corrente de junção são proporcionais à área da seção reta do dispositivo [Equação (2.99)]. Por exemplo, dois dispositivos idênticos conectados em paralelo (Figura 2.32) se comportam como uma única junção com o dobro de I_S.

Exemplo 2.18 Cada junção na Figura 2.32 emprega os níveis de dopagem descritos no Exemplo 2.13. Determinemos a corrente no dispositivo sob polarização direta, com $V_D = 300$ mV e 800 mV, em $T = 300$ K.

Solução Do Exemplo 2.17, para cada junção, $I_S = 1{,}77 \times 10^{-17}$ A. Logo, a corrente total é igual a

$$I_{D,tot}(V_D = 300\,\text{mV}) = 2I_S \left(\exp\frac{V_D}{V_T} - 1 \right) \quad (2.103)$$

$$= 3{,}63\,\text{pA}. \quad (2.104)$$

De modo similar, para $V_D = 800$ mV,

$$I_{D,tot}(V_D = 800\,\text{mV}) = 82\,\mu\text{A}. \quad (2.105)$$

Exercício Quantos desses diodos devem ser conectados em paralelo para obter uma corrente de 100 μA, com uma tensão de 750 mV?

Exemplo 2.19 Um diodo opera na região de polarização direta com um valor típico de corrente [ou seja, $I_D \approx I_S \exp(V_D/V_T)$]. Suponhamos que queiramos aumentar a corrente por um fator de 10. De quanto V_D deve ser alterado?

Solução Primeiro, expressemos a tensão do diodo em função da corrente:

$$V_D = V_T \ln \frac{I_D}{I_S}. \quad (2.106)$$

Definamos $I_1 = 10 I_D$ e procuremos a tensão correspondente, V_{D1}:

$$V_{D1} = V_T \ln \frac{10 I_D}{I_S} \quad (2.107)$$

$$= V_T \ln \frac{I_D}{I_S} + V_T \ln 10 \quad (2.108)$$

$$= V_D + V_T \ln 10. \tag{2.109}$$

Portanto, a tensão do diodo deve ser aumentada de $V_T \ln 10 \approx 60$ mV (em $T = 300$ K) para acomodar um aumento de dez vezes na corrente. Dizemos que o dispositivo exibe uma característica de 60 mV/década, o que significa que V_D aumenta de 60 mV a cada década (dez vezes) de mudança em I_D. De modo mais geral, uma mudança de n vezes em I_D se traduz em uma mudança de $V_T \ln n$ em V_D.

Exercício Qual será o fator de mudança da corrente se a tensão for alterada em 120 mV?

Exemplo 2.20 A área da seção reta de um diodo que opera na região de polarização direta é aumentada por um fator de 10. (a) Determinemos a mudança em I_D se V_D for mantida inalterada. (b) Determinemos a mudança em V_D se I_D for mantida constante. Assumamos $I_D \approx I_S \exp(V_D/V_T)$.

Solução (a) Como $I_S \propto A$, a nova corrente é dada por

$$I_{D1} = 10 I_S \exp \frac{V_D}{V_T} \tag{2.110}$$

$$= 10 I_D. \tag{2.111}$$

(b) Do exemplo anterior,

$$V_{D1} = V_T \ln \frac{I_D}{10 I_S} \tag{2.112}$$

$$= V_T \ln \frac{I_D}{I_S} - V_T \ln 10. \tag{2.113}$$

Portanto, um aumento de dez vezes na área do dispositivo provoca uma redução de 60 mV na tensão, se I_D permanecer constante.

Exercício Um diodo sob polarização direta, com $I_D \approx I_S \exp(V_D/V_T)$, sofre duas alterações simultâneas: a corrente é aumentada por um fator m e a área é aumentada por um fator n. Determine a mudança na tensão do dispositivo.

Modelo de Tensão Constante[*] A característica I/V exponencial do diodo resulta em equações não lineares, o que dificulta a análise de circuitos. Por sorte, os exemplos anteriores implicam que a tensão do diodo é uma função relativamente fraca da corrente e da área da seção reta do dispositivo. Com valores típicos de corrente e de área, V_D assume valores entre 700 e 800 mV. Por esse motivo, em geral, aproximamos a tensão em polarização direta por um valor *constante* de 800 mV (como em uma bateria ideal) e consideramos que o dispositivo está desligado se $V_D < 800$ mV. A resultante característica I/V é ilustrada na Figura 2.33(a), onde a tensão de ligamento é denotada por $V_{D,on}$. Vale notar que a corrente tende ao infinito à medida que V_D tende a ultrapassar $V_{D,on}$, pois assumimos que, sob polarização direta, o diodo funciona como uma fonte de tensão ideal. Desprezando a corrente de fuga sob polarização reversa, introduzimos o modelo de circuito mostrado na Figura 2.33(b). Dizemos que a junção funciona como um circuito aberto se $V_D < V_{D,on}$, e como uma fonte de tensão constante se tentarmos aumentar V_D além de $V_{D,on}$. Embora não seja necessária, a fonte de tensão conectada em série com o comutador na condição desligado ajuda a simplificar a análise de circuitos: podemos dizer que, na transição de desligado para ligado, apenas o comutador é ligado e a bateria sempre permanece conectada em série com o comutador.

Neste ponto, várias perguntas podem passar pela mente do leitor. Primeira, por que sujeitamos o diodo a uma aproximação aparentemente tão imprecisa? Segunda, se, de fato, pretendemos usar essa aproximação simples, por que estudamos a física de semicondutores e junções pn de forma tão detalhada?

A abordagem adotada neste capítulo é a mesma que adotaremos para *todos* os dispositivos semicondutores: analisamos a estrutura e física do dispositivo com cuidado para que possamos entender seu funcionamento; construímos um modelo de circuito "baseado na física"; buscamos uma aproximação do modelo resultante e, por fim, obtemos uma representação mais simples. Modelos de dispositivos com diferentes níveis

---

[*] Este modelo também é chamado de "modelo de fonte ideal". (N.T.)

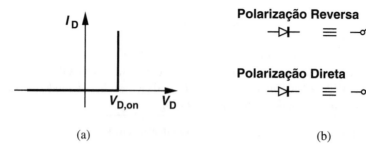

Figura 2.33 Modelo de tensão constante para o diodo.

Exemplo 2.21 Consideremos o circuito da Figura 2.34. Calculemos I_X, para $V_X = 3$ V e $V_X = 1$ V, usando (a) um modelo exponencial, com $I_S = 10^{-16}$ A e (b) o modelo de tensão constante, com $V_{D,on} = 800$ mV.

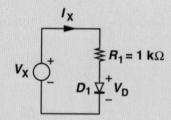

Figura 2.34 Circuito simples usando um diodo.

Solução (a) Notando que $I_D = I_X$, temos

$$V_X = I_X R_1 + V_D \tag{2.114}$$

$$V_D = V_T \ln \frac{I_X}{I_S}. \tag{2.115}$$

Esta equação deve ser resolvida de forma iterativa: escolhemos um valor para V_D, calculamos o correspondente valor de I_X de $I_X R_1 = V_X - V_D$, determinamos o novo valor de V_D de $V_D = V_T \ln (I_X/I_S)$ e iteramos. Escolhamos $V_D = 750$ mV; logo

$$I_X = \frac{V_X - V_D}{R_1} \tag{2.116}$$

$$= \frac{3\text{ V} - 0{,}75\text{ V}}{1\text{ k}\Omega} \tag{2.117}$$

$$= 2{,}25 \text{ mA}. \tag{2.118}$$

Logo,

$$V_D = V_T \ln \frac{I_X}{I_S} \tag{2.119}$$

$$= 799 \text{ mV}. \tag{2.120}$$

Com este novo valor de V_D, obtemos um valor mais preciso para I_X:

$$I_X = \frac{3\text{ V} - 0{,}799\text{ V}}{1\text{ k}\Omega} \tag{2.121}$$

$$= 2{,}201 \text{ mA}. \tag{2.122}$$

Notamos que o valor de I_X converge rapidamente. Seguindo o mesmo procedimento para $V_X = 1$ V, temos

$$I_X = \frac{1\text{ V} - 0{,}75\text{ V}}{1\text{ k}\Omega} \tag{2.123}$$

$$= 0{,}25 \text{ mA}, \tag{2.124}$$

que fornece $V_D = 0{,}742$ V e, portanto, $I_X = 0{,}258$ mA. (b) O modelo de tensão constante fornece prontamente:

$$I_X = 2{,}2 \text{ mA para } V_X = 3 \text{ V} \tag{2.125}$$

$$I_X = 0{,}2 \text{ mA para } V_X = 1 \text{ V}. \tag{2.126}$$

O valor de I_X contém algum erro, mas foi obtido com menor esforço de cálculo que na parte (a).

Exercício Repita o exemplo anterior para o caso em que a área do dispositivo é aumentada por um fator de 10.

de complexidade (e, o que é inevitável, diferentes níveis de precisão) se mostram essenciais à análise e à síntese de circuitos. Modelos simples favorecem um entendimento rápido e intuitivo do funcionamento de um circuito complexo, enquanto modelos mais precisos revelam seu real desempenho.

2.3 RUPTURA REVERSA*

Recordemos da Figura 2.31 que, sob polarização reversa, a junção *pn* transporta uma corrente pequena e relativamente constante. No entanto, à medida que aumenta a tensão reversa através do dispositivo, é possível ocorrer "ruptura" e uma elevada corrente repentina é observada. A Figura 2.35 mostra a característica I/V do dispositivo e ilustra esse efeito.

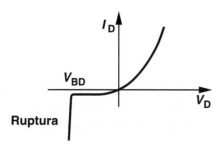

Figura 2.35 Característica de ruptura reversa.

A ruptura que resulta de uma alta-tensão (e, portanto, de intenso campo elétrico) pode ocorrer em *qualquer* material. Um exemplo comum são os raios: neste caso, o campo elétrico no ar atinge uma intensidade tão alta que chega a ionizar as moléculas de oxigênio, o que reduz a resistência do ar e cria uma enorme corrente.

O fenômeno de ruptura em junções *pn* ocorre devido a um de dois possíveis mecanismos: "efeito Zener" e "efeito de avalanche".

2.3.1 Ruptura Zener

Em uma junção *pn*, a região de depleção contém átomos que perderam um elétron ou uma lacuna e, em consequência, não dispõem de portadores fracamente ligados. No entanto, um intenso campo elétrico nessa região pode transmitir aos elétrons covalentes que restaram uma quantidade de energia suficiente para libertá-los de suas ligações [Figura 2.36(a)]. Uma vez liberados, os elétrons são acelerados pelo campo elétrico e varridos para o lado *n* da junção. Esse efeito ocorre para intensidades de campo da ordem de 10^6 V/cm (1 V/μm).

Para criar um campo tão intenso com valores razoáveis de tensão, é necessária uma região de depleção de *pequena* largura; da Equação (2.76), isso se traduz em altos níveis de dopagem nos dois lados da junção (por quê?). Chamado de "efeito Zener", este tipo de ruptura ocorre para tensões de polarização da ordem de 3 a 8 V.

2.3.2 Ruptura por Avalanche

Junções com moderados ou baixos níveis de dopagem ($< 10^{15}$ cm^3), em geral, não exibem ruptura Zener. Contudo, à medida que a tensão reversa aplicada ao dispositivo aumenta, ocorre um efeito de avalanche. Embora a corrente de fuga seja pequena, cada portador que entra na região de depleção sofre a influência de um campo elétrico muito intenso e, portanto, uma grande aceleração e ganha energia suficiente para liberar elétrons de suas ligações covalentes. Denominado "ionização por impacto", esse fenômeno pode levar à avalanche: cada elétron liberado pelo impacto pode ser acelerado pelo campo de maneira tal que, ao colidir com outro átomo, libera mais um elétron de sua ligação covalente. Esses dois elétrons ganham energia e causam mais colisões ionizantes; com isto, o número de portadores livres aumenta rapidamente.

Um contraste interessante entre os efeitos Zener e de avalanche é exibirem coeficientes de temperatura (CT) opostos:

---

* Esta seção pode ser pulada em uma primeira leitura.

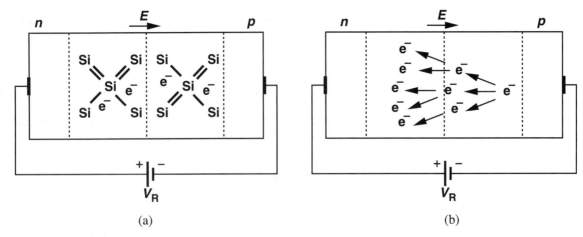

Figura 2.36 (a) Liberação de elétrons por campo elétrico intenso, (b) efeito de avalanche.

no efeito Zener, a tensão de ruptura V_{BD} tem CT negativo; no efeito de avalanche, positivo. Os dois CTs se cancelam quando $V_{BD} \approx 3,5$ V. Por isso, diodos Zener com tensão de 3,5 V são usados em alguns reguladores de tensão.

Os efeitos de ruptura Zener e de avalanche não destroem os diodos se a corrente resultante permanecer abaixo de certo limite determinado pelos níveis de dopagem e pela geometria da junção. Tanto a tensão de ruptura como a máxima corrente reversa tolerada são especificadas pelo fabricante do diodo.

2.4 RESUMO DO CAPÍTULO

- O silício tem quatro átomos na órbita mais externa e um pequeno número de elétrons livres à temperatura ambiente.
- Quando um elétron é liberado de uma ligação covalente, uma "lacuna" é criada.
- A energia da banda proibida é o valor mínimo de energia necessário para liberar um elétron de sua ligação covalente.
- Para aumentar o número de portadores livres, semicondutores são "dopados" com certas impurezas. Por exemplo, a adição de fósforo ao silício aumenta o número de elétrons livres, pois o fósforo tem cinco elétrons na órbita mais externa.
- Para semicondutores dopados ou não, $np = n_i^2$. Por exemplo, em um material do tipo n, $n \approx N_D$ e, portanto, $p \approx n_i^2/N_D$.
- Portadores de carga se movem em semicondutores por meio de dois mecanismos: deriva e difusão.
- A densidade de corrente de deriva é proporcional ao campo elétrico e à mobilidade dos portadores e dada por: $J_{tot} = q(\mu_n n + \mu_p p)E$.
- A densidade de corrente de difusão é proporcional ao gradiente da concentração de portadores e dada por: $J_{tot} = q(D_n dn/dx - D_p dp/dx)$.

- Uma junção pn é uma porção de semicondutor que recebeu dopagem do tipo n em uma seção e dopagem do tipo p em uma seção adjacente.
- A junção pn pode ser considerada em três modos: equilíbrio, polarização reversa e polarização direta.
- Após a formação da junção pn, gradientes abruptos de densidade de portadores ao longo da junção resultam em altas correntes de elétrons e de lacunas. À medida que os portadores cruzam a junção, deixam átomos ionizados atrás, formando uma "região de depleção". Um campo elétrico é criado na região de depleção que, por fim, interrompe o fluxo de corrente. Essa condição é chamada equilíbrio.
- O campo elétrico na região de depleção resulta em um potencial interno ao longo da mesma; esse potencial é dado por $(kT/q) \ln (N_A N_D)/n_i^2$ e tem valores típicos entre 700 e 800 mV.
- Sob polarização reversa, a junção transporta uma corrente desprezível e funciona como um capacitor. A própria capacitância é função da tensão aplicada ao dispositivo.
- Sob polarização direta, a junção transporta uma corrente que é uma função exponencial da tensão aplicada: $I_S[\exp(V_F/V_T - 1)]$.
- Como, em geral, o modelo exponencial dificulta a análise de circuitos, um modelo de tensão constante pode ser usado em alguns casos para avaliar a resposta do circuito com pouco esforço matemático.
- Sob grande tensão de polarização reversa, a junção pn sofre ruptura e conduz uma corrente alta. Dependendo da estrutura e dos níveis de dopagem do dispositivo, pode ocorrer ruptura "Zener" ou "de avalanche".

EXERCÍCIOS

Seção 2.1 Materiais Semicondutores e Suas Propriedades

2.1 A concentração intrínseca de portadores do germânio (Ge) é expressa como:

$$n_i = 1{,}66 \times 10^{15} T^{3/2} \exp \frac{-Eg}{2kT} \text{ cm}^{-3}, \qquad (2.127)$$

em que $Eg = 0{,}66$ eV.

(a) Calcule n_i a 300 K e a 600 K e compare os resultados com os obtidos para o silício no Exemplo 2.1.

(b) Determine as concentrações de elétrons e de lacunas se Ge for dopado com P a uma densidade de 5×10 cm^{-3}.

2.2 Uma amostra de silício do tipo n está sujeita a um campo elétrico de $0{,}1$ V/μm.

(a) Calcule a velocidade de elétrons e de lacunas nesse material.

(b) Que nível de dopagem é necessário para produzir uma corrente de 1 mA/μm^2 nessas condições? Assuma que a corrente de lacunas é desprezível.

2.3 Uma amostra de silício do tipo n tem comprimento de 0,1 μm, seção reta de área 0,05 μm × 0,05 μm e está sujeita a uma diferença de potencial de 1 V.

(a) Para um nível de dopagem de 10^{17} cm^{-3}, calcule a corrente total que flui pelo dispositivo em $T = 300$ K.

(b) Assumindo, por simplicidade, que a mobilidade não se altera com a temperatura (esta não é uma boa hipótese), repita o item (a) para $T = 400$ K.

2.4 Com os dados do Exercício 2.1, repita o Exercício 2.3 para Ge. Assuma $\mu_n = 3900$ cm^2/(V · s) e $\mu_p = 1900$ cm^2/(V · s).

2.5 A Figura 2.37 mostra uma barra de silício do tipo p submetida à injeção de elétrons pela esquerda e de lacunas pela direita. Admitindo que a seção reta tenha área de 1 μm × 1 μm, determine a corrente total que flui pelo dispositivo.

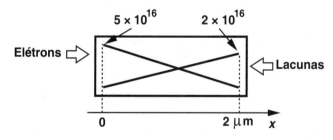

Figura 2.37

2.6 No Exemplo 2.9, calcule o número total de elétrons "armazenados" no material entre $x = 0$ e $x = L$. Assuma que a seção reta tem área a.

2.7 Repita o Exercício 2.6 para o Exemplo 2.10, entre $x = 0$ e $x = \infty$. Compare os resultados obtidos para os perfis linear e exponencial.

*2.8 Repita o Exercício 2.7 para o caso em que os perfis de elétrons e de lacunas são exponenciais "abruptas", ou seja, caiam a valores desprezíveis em $x = 2$ μm e $x = 0$, respectivamente (Figura 2.38).

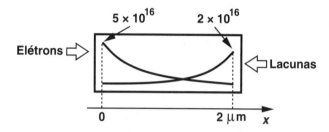

Figura 2.38

2.9 Como você explicaria o fenômeno de deriva a um aluno do ensino médio?

Seção 2.2 Junção *pn*

2.10 Uma junção *pn* com $N_D = 5 \times 10^{17}$ cm^{-3} e $N_A = 4 \times 10^{16}$ cm^{-3} é submetida a uma polarização reversa de 1,6 V.

(a) Determine a capacitância de junção por unidade de área.

(b) Por que fator N_A deve ser aumentado para dobrar a capacitância de junção?

2.11 Devido a um erro de fabricação, o lado p de uma junção *pn* não foi dopado. Se $N_D = 3 \times 10^{16}$ cm^{-3}, calcule o potencial interno em $T = 300$ K.

2.12 Uma junção *pn* tem $N_D = 5 \times 10^{17}$ cm^{-3} e $N_A = 4 \times 10^{16}$ cm^{-3}.

(a) Determine as concentrações de portadores majoritários e minoritários nos dois lados.

(b) Calcule o potencial interno em $T = 250$ K, 300 K e 350 K. Explique a tendência.

2.13 Um oscilador requer uma capacitância variável com a característica mostrada na Figura 2.39. Determine N_A e N_D.

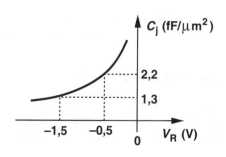

Figura 2.39

*2.14 Duas junções *pn* idênticas são conectadas em série.
(a) Prove que essa combinação pode ser vista como um único dispositivo de duas portas e característica exponencial.
(b) Para uma alteração de dez vezes na corrente, que mudança de tensão requer esse dispositivo?

2.15 A Figura 2.40 mostra dois diodos com correntes de saturação reversa I_{S1} e I_{S2} conectados em paralelo.
(a) Prove que a combinação em paralelo funciona como um dispositivo exponencial.
(b) Se a corrente total for I_{tot}, determine a corrente que flui em cada diodo.

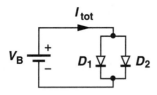

Figura 2.40

2.16 Considere uma junção *pn* submetida a uma polarização direta.
(a) Para obter uma corrente de 1 mA com uma tensão de 750 mV, como deve ser escolhido o valor de I_S?
(b) Se a área da seção reta do diodo for dobrada, que tensão produzirá uma corrente de 1 mA?

2.17 A Figura 2.41 mostra dois diodos com correntes de saturação reversa I_{S1} e I_{S2} conectados em série. Calcule I_B, V_{D1} e V_{D2} em função de V_B, I_{S1} e I_{S2}.

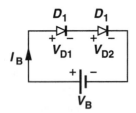

Figura 2.41

2.18 No circuito do Exercício 2.17, desejamos aumentar I_B por um fator de 10. Que mudança deve ser feita em V_B?

Seção 2.2.4   Característica I/V

2.19 Considere o circuito mostrado na Figura 2.42, onde $I_S = 2 \times 10^{-15}$ A. Calcule V_{D1} e I_X para $V_X = 0,5$ V, 0,8 V e 1,2 V. Note que V_{D1} é pouco alterado para $V_X \geq 0,8$ V.

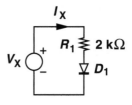

Figura 2.42

2.20 No circuito da Figura 2.42, a área da seção reta de D_1 é aumentada por um fator de 10. Determine V_{D1} e I_X para $V_X = 0,8$ V e 1,2 V. Compare os resultados com os obtidos no Exercício 2.19.

2.21 Suponha, na Figura 2.42, que D_1 deva manter uma tensão de 850 mV para $V_X = 2$ V. Calcule o valor de I_S.

2.22 Na Figura 2.42, para que valor de V_X o resistor R_1 mantém uma tensão igual a $V_X/2$? Assuma $I_S = 2 \times 10^{-16}$ A.

2.23 Recebemos o circuito mostrado na Figura 2.43 e desejamos determinar R_1 e I_S. Notamos que $V_X = 1$ V → $I_X = 0,2$ mA e $V_X = 2$ V → $I_X = 0,5$ mA. Calcule os valores de R_1 e I_S.

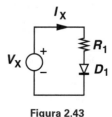

Figura 2.43

*2.24 A Figura 2.44 mostra uma combinação resistor-diodo em paralelo. Se $I_S = 3 \times 10^{-16}$ A, calcule V_{D1} para $I_X = 1$ mA, 2 mA e 4 mA.

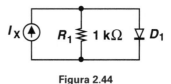

Figura 2.44

2.25 No circuito da Figura 2.44, desejamos que uma corrente de 0,5 mA flua por D_1 quando $I_X = 1,3$ mA. Determine o valor de I_S.

2.26 Na Figura 2.44, para que valor de I_X uma corrente igual a $I_X/2$ flui por R_1? Assuma $I_S = 3 \times 10^{-16}$ A.

*2.27 Recebemos o circuito mostrado na Figura 2.45 e desejamos determinar R_1 e I_S. Medidas indicam que $I_X = 1$ mA → $V_X = 1,2$ V e $I_X = 2$ mA → $V_X = 1,8$ V. Calcule R_1 e I_S.

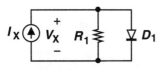

Figura 2.45

2.28 No circuito da Figura 2.46, determine o valor de R_1 para que uma corrente de 0,5 mA flua por esse resistor. Assuma $I_S = 5 \times 10^{-16}$ A para cada diodo.

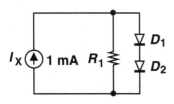

Figura 2.46

2.29 O circuito ilustrado na Figura 2.47 emprega dois diodos idênticos, com $I_S = 5 \times 10^{-16}$ A. Calcule a tensão em R_1 para $I_X = 2$ mA.

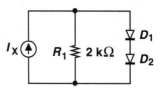

Figura 2.47

2.30 Para o circuito da Figura 2.48, esboce a curva de V_X em função de I_X. Assuma (a) o modelo de tensão constante, (b) um modelo exponencial.

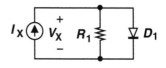

Figura 2.48

EXERCÍCIOS COM SPICE

Nos exercícios seguintes, assuma $I_S = 5 \times 10^{-16}$ A.

2.31 Para o circuito mostrado na Figura 2.49, desenhe a curva de $V_{saída}$ em função de $I_{entrada}$. Assuma que $I_{entrada}$ varie entre 0 e 2 mA.

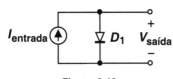

Figura 2.49

2.32 Repita o Exercício 2.31 para o circuito mostrado na Figura 2.50, onde $R_1 = 1$ kΩ. Para que valor de $I_{entrada}$ as correntes que fluem por D_1 e R_1 são iguais?

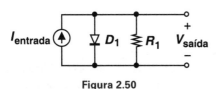

Figura 2.50

2.33 Usando SPICE, determine o valor de R_1 no circuito da Figura 2.50 para que uma corrente de 1 mA flua por D_1, com $I_{entrada} = 2$ mA.

2.34 No circuito da Figura 2.51, $R_1 = 500$ kΩ. Desenhe a curva de $V_{saída}$ em função de $V_{entrada}$ quando $V_{entrada}$ varia entre −2 V e +2 V. Para que valor de $V_{entrada}$ as quedas de tensão em R_1 e D_1 são iguais?

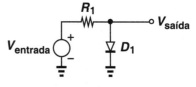

Figura 2.51

2.35 No circuito da Figura 2.51, use SPICE para selecionar o valor de R_1 de modo que $V_{saída} < 0,7$ V para $V_{entrada} < 2$ V. Dizemos que o circuito "limita" a saída.

REFERÊNCIA

1. B. Streetman and S. Banerjee, *Solid-State Electronic Device*, fifth edition, Prentice-Hall, 1999.

Modelos de Diodos e Circuitos com Diodos

Depois de estudar a física de diodos no Capítulo 2, passaremos, agora, ao próximo nível de abstração e trataremos de diodos como elementos de circuito para, ao final, discutirmos interessantes aplicações práticas. Este capítulo também nos prepara para o entendimento de transistores como elementos de circuito nos capítulos seguintes. Nosso roteiro será o seguinte:

Diodos como Elementos de Circuitos
- Diodo Ideal
- Características de Circuito
- Diodo Real

Aplicações
- Reguladores
- Retificadores
- Circuitos Limitadores e de Corte (*Clamping*)

3.1 DIODO IDEAL

3.1.1 Conceitos Básicos

Para que entendamos a utilidade de diodos, estudemos, brevemente, o projeto de um carregador de telefone celular. O carregador converte a tensão AC da linha – 110 V[1] a 60 Hz[2] – em uma tensão DC de 3,5 V. Como mostrado na Figura 3.1(a), isso é feito da seguinte maneira: primeiro, por meio de um transformador, a tensão AC é reduzida a cerca de 4 V e, a seguir, a tensão AC é convertida em uma grandeza DC.[3] O mesmo princípio se aplica a adaptadores que alimentam outros dispositivos eletrônicos.

De que forma a caixa-preta na Figura 3.1(a) efetua essa conversão? Como ilustrado na Figura 3.1(b), a saída do transformador exibe um conteúdo DC nulo, pois os semiciclos positivo e negativo correspondem a áreas iguais, o que resulta em uma média nula. Agora, suponhamos que essa forma de onda seja aplicada ao misterioso dispositivo que deixa passar os semiciclos positivos e bloqueia os negativos. O resultado tem uma média positiva e algumas componentes AC, que podem ser removidas por um filtro passa-baixas (Seção 3.5.1).

A conversão de forma de onda ilustrada na Figura 3.1(b) indica a necessidade de um dispositivo que *discrimine* tensões positiva e negativa, deixe passar apenas uma e bloqueie a outra. Um simples resistor não serve para esse papel, pois é *linear*. Ou seja, a lei de Ohm, $V = RI$, implica que, se a queda de tensão

> **Você sabia?**
> O efeito de retificação foi descoberto por Carl Braun, por volta de 1875. Ele observou que um fio metálico pressionado contra um sulfeto transportava mais corrente em uma direção do que na outra. Nas décadas subsequentes, pesquisadores testaram outras estruturas, chegando ao retificador "bigode de gato", usado como detector em receptores de sinais sem fio dos primeiros rádios e radares. Esse tipo de retificador acabou sendo substituído pela junção *pn*.

---

[1] Este valor se refere à tensão eficaz ou rms (*Root-Mean-Square*: raiz quadrada da média do quadrado). O valor de pico é, portanto, $110\sqrt{2}$.
[2] Em muitos países, a tensão AC é de 220 V a 50 Hz.
[3] Na prática, o funcionamento de adaptadores é um pouco diferente.

Modelos de Diodos e Circuitos com Diodos 47

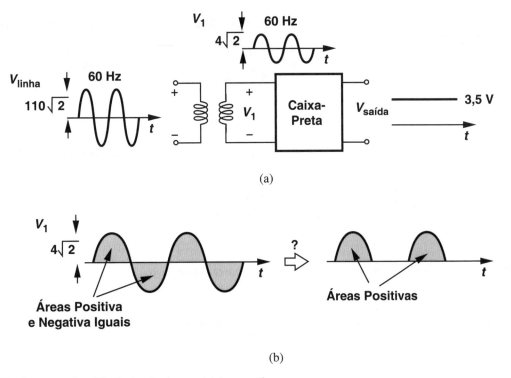

Figura 3.1 (a) Circuito carregador, (b) eliminação dos semiciclos negativos.

no resistor passar de positiva para negativa, o mesmo ocorrerá com a corrente. Devemos, portanto, buscar um dispositivo que se comporte como um curto-circuito para tensões positivas e como um circuito aberto para tensões negativas.

A Figura 3.2 resume o resultado de nosso raciocínio até aqui. O misterioso dispositivo gera uma saída que é igual à entrada nos semiciclos positivos e igual a zero nos semiciclos negativos. Vale notar que o dispositivo deve ser não linear, pois não satisfaz $y = \alpha x$; se $x \to -x$, $y \not\to -y$.

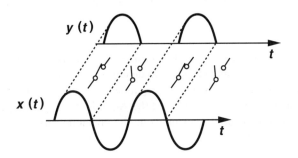

Figura 3.2 Funcionamento conceitual de um diodo.

3.1.2 Diodo Ideal

O misterioso dispositivo que mencionamos é chamado de "diodo ideal". Ilustrado na Figura 3.3(a), o diodo ideal é um dispositivo de dois terminais; a cabeça triangular indica a direção permitida para o fluxo de corrente, enquanto a barra vertical representa o bloqueio do fluxo de corrente na direção oposta. Os correspondentes terminais são denominados "anodo" e "catodo".

Polarizações Direta e Reversa Para funcionar como o misterioso dispositivo no exemplo de carregador da Figura 3.1(a), o diodo deve ficar "ligado" se $V_{anodo} > V_{catodo}$ e "desligado" se $V_{anodo} < V_{catodo}$ [Figura 3.3(b)]. Definindo $V_{anodo} - V_{catodo} = V_D$, dizemos que o diodo está sob "polarização direta" quando V_D tende a ser maior que zero e sob "polarização reversa", quando $V_D < 0$.[4]

Aqui, uma analogia com cano hidráulico se mostra útil. Consideremos o cano ilustrado na Figura 3.3(c), onde um lado de uma válvula (uma placa) gira em torno do mancal e o outro é contido pelo batente. Se pressão d'água for aplicada da esquerda, a válvula se abre, permitindo o fluxo. Se a pressão d'água for aplicada da direita, o batente mantém a válvula fechada.

Característica I/V No estudo de dispositivos eletrônicos, muitas vezes é conveniente acompanhar as equações com representações gráficas. Um tipo comum de gráfico é o da característica I/V, ou seja, da corrente que flui no dispositivo em função da tensão aplicada.

Como um diodo ideal se comporta como um curto-circuito ou um circuito aberto, primeiro, construímos a característica I/V desses dois casos especiais da lei de Ohm:

---

[4] Nas ilustrações, algumas vezes desenhamos os nós mais positivos acima dos mais negativos para facilitar a visualização do funcionamento do circuito. Os diodos na Figura 3.3(b) foram desenhados segundo esta convenção.

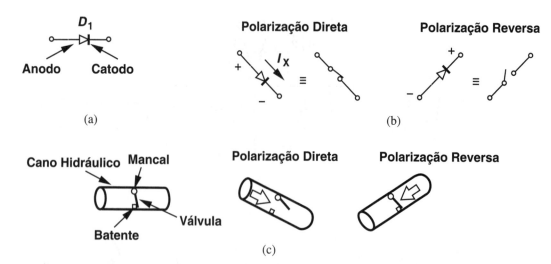

Figura 3.3 (a) Símbolo de diodo, (b) circuito equivalente, (c) analogia com cano hidráulico.

Exemplo 3.1 Como no caso de outros dispositivos de dois terminais, diodos podem ser conectados em série (ou em paralelo). Determinemos qual das configurações na Figura 3.4 pode conduzir corrente.

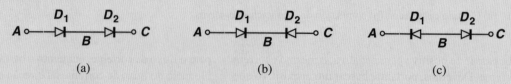

Figura 3.4 Combinações de diodos em série.

Solução Na Figura 3.4(a), os anodos de D_1 e D_2 apontam na mesma direção, permitindo o fluxo de corrente de A para B para C, mas não na direção contrária. Na Figura 3.4(b), D_1 bloqueia o fluxo de corrente de B para A e D_2, de B para C. Portanto, o fluxo de corrente não é possível em nenhuma das direções. Da mesma forma, a topologia da Figura 3.4(c) se comporta como um circuito aberto para nenhuma tensão. Por enquanto, esses circuitos não parecem muito úteis, mas nos ajudam a entender o funcionamento de diodos.

Exercício Determine todas as possíveis combinações de três diodos em série e estude a característica de condução de cada uma.

$$R = 0 \Rightarrow I = \frac{V}{R} = \infty \quad (3.1)$$

$$R = \infty \Rightarrow I = \frac{V}{R} = 0. \quad (3.2)$$

Os resultados são representados na Figura 3.5(a). Para um diodo ideal, combinamos a região de tensão positiva do primeiro caso com a região de tensão negativa do segundo e obtemos a característica I/V da Figura 3.5(b). Aqui, $V_D = V_{anodo} - V_{catodo}$ e I_D é definida como a corrente que flui do anodo para o catodo.

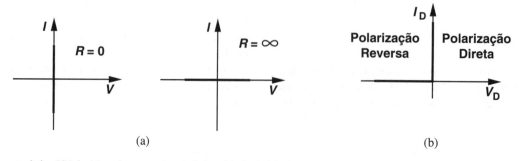

Figura 3.5 Característica I/V de (a) resistores nulo e infinito, (b) diodo ideal.

Modelos de Diodos e Circuitos com Diodos 49

Exemplo 3.2	Dizemos que um diodo ideal está ligado para tensões anodo-catodo positivas. No entanto, a característica da Figura 3.5(b) não parece mostrar uma corrente I_D para $V_D > 0$. Como devemos interpretar este gráfico?
Solução	Essa característica indica que, à medida que V_D se torna ligeiramente maior do que zero, o diodo é ligado e conduz uma corrente infinita *se* os circuitos vizinhos do diodo puderem fornecer tal corrente. Portanto, em circuitos que contêm apenas correntes finitas, um diodo ideal submetido à polarização direta mantém uma tensão nula – como um curto-circuito.
Exercício	Como essa característica se altera se um resistor de 1 Ω for conectado em série com o diodo?

Exemplo 3.3	Esbocemos a característica I/V para os diodos "antiparalelos" mostrados na Figura 3.6(a).

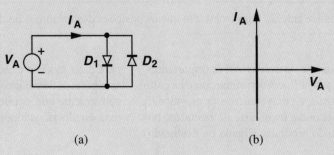

Figura 3.6 (a) Diodos antiparalelos, (b) característica I/V resultante.

Solução	Solução Se $V_A > 0$, D_1 está ligado e D_2, desligado; logo, $I_A = \infty$. Se $V_A < 0$, D_1 está desligado e D_2, ligado; de novo, $I_A = \infty$. O resultado é ilustrado na Figura 3.6(b). A combinação antiparalela, portanto, atua como um curto-circuito para todas as tensões. Embora possa parecer inútil, essa topologia se torna mais interessante com diodos reais (Seção 3.5.3).
Exercício	Repita o exemplo anterior para o caso em que uma bateria de 1 V é conectada em série com a combinação dos diodos em paralelo.

Exemplo 3.4	Esbocemos a característica I/V para a combinação diodo-resistor da Figura 3.7(a).

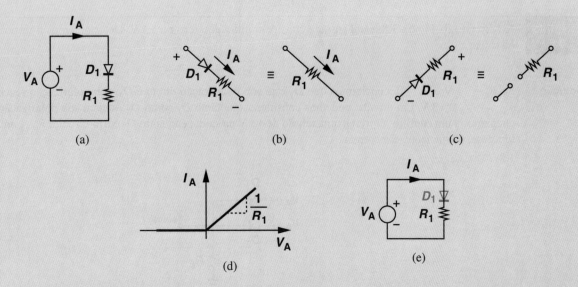

Figura 3.7 (a) Combinação diodo-resistor em série, (b) circuito equivalente em polarização direta, (c) circuito equivalente em polarização reversa, (d) característica I/V, (e) circuito equivalente quando D_1 está ligado.

Solução Concluímos que, se $V_A > 0$, o diodo está ligado [Figura 37(b)] e $I_A = V_A/R_A$, pois $V_{D1} = 0$ para um diodo ideal. Se $V_A < 0$, é provável que D_1 esteja desligado [Figura 37(c)] e $I_D = 0$. A Figura 3.7(d) mostra a resultante característica I/V.

Essas observações são baseadas em hipóteses. Estudemos o circuito com mais rigor. Comecemos com $V_A < 0$ e admitamos que o diodo esteja desligado. Para confirmar a validade dessa hipótese, consideremos que D_1 esteja ligado e vejamos se obtemos um resultado contraditório. Se D_1 estiver ligado, o circuito se reduz àquele na Figura 3.7(e); se V_A for negativo, I_A também será negativa; ou seja, a corrente flui da direita para a esquerda. Isso implica que D_1 conduz uma corrente do catodo para o anodo, o que viola a definição de diodo. Portanto, para $V_A < 0$, D_1 permanece desligado e $I_A = 0$.

À medida que se torna maior do que zero, V_A tende a polarizar o diodo diretamente. Assim, D_1 fica ligado para qualquer $V_A > 0$, ou será que R_1 desloca o ponto de ligamento? De novo, invoquemos a prova por contradição. Suponhamos que, para algum $V_A > 0$, D_1 ainda esteja desligado, se comportando como um circuito aberto e produzindo $I_A = 0$. Logo, a queda de tensão em R_1 é zero, sugerindo que $V_{D1} = V_A$ e, então, $I_{D1} = \infty$, o que contradiz a hipótese original. Em outras palavras, D_1 fica ligado para qualquer $V_A > 0$.

Exercício Repita a análise anterior para o caso em que as posições dos terminais do diodo são trocadas.

O exemplo anterior leva a duas conclusões importantes. Primeira, a combinação de D_1 e R_1 em série atua como circuito aberto para tensões negativas, e como um resistor de valor R_1 para tensões positivas. Segunda, na análise de circuitos, podemos considerar um estado arbitrário (ligado ou desligado) para cada diodo e efetuar o cálculo de tensões e correntes; se as hipóteses forem incorretas, o resultado final as contradirá. É conveniente que, primeiro, estudemos o circuito com cuidado para escolhermos hipóteses razoáveis.

Exemplo 3.5 Por que nosso interesse é na característica I/V e não na característica V/I?

Solução Na análise de circuitos, em geral, preferimos considerar a tensão como a "causa" e a corrente, como o "efeito". Isso se deve ao fato de, em circuitos típicos, as polaridades das tensões poderem ser preditas de forma mais fácil e intuitiva do que as polaridades das correntes. Além disso, dispositivos como transistores produzem correntes em resposta a tensões.

Exercício Esboce a característica V/I de um diodo ideal.

Exemplo 3.6 No circuito da Figura 3.8, cada entrada considera um valor zero ou +3 V. Determinemos a resposta observada na saída.

Solução Se $V_A = +3$ V e $V_B = 0$, concluímos que D_1 está sob polarização direta e D_2, sob polarização reversa. Portanto, $V_{saída} = V_A = +3$ V. Em dúvida, podemos considerar que tanto D_1 como D_2 estejam sob polarização direta; logo chegamos a um conflito: D_1 força uma tensão de +3 V na saída, enquanto D_2 curto-circuita $V_{saída}$ em $V_B = 0$. Essa hipótese, obviamente, é incorreta.

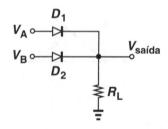

Figura 3.8 Porta OR realizada por diodos.

A simetria do circuito em relação a V_A e V_B sugere que $V_{saída} = V_B = +3$ V, com $V_A = 0$ e $V_B = +3$ V. O circuito funciona como uma porta lógica OR e, na verdade, foi usado nos primeiros computadores digitais.

Exercício Construa uma porta OR de três entradas.

Exemplo 3.7 Um diodo ideal está ligado ou desligado se $V_D = 0$?

Solução Um diodo ideal sujeito a uma tensão nula deve conduzir uma corrente nula (por quê?). No entanto, isso não significa que o mesmo atue como um circuito aberto. Afinal, um pedaço de fio sob tensão nula tem o mesmo comportamento. Portanto, o estado de um diodo ideal com $V_D = 0$ é, de certa forma, arbitrário e ambíguo. Na prática, consideramos tensões ligeiramente positivas ou negativas para determinar a resposta de um circuito a diodo.

Exercício Repita o exemplo anterior para o caso em que um resistor de 1 Ω é conectado em série com o diodo.

Característica Entrada/Saída Circuitos eletrônicos processam uma entrada e geram uma saída correspondente. Assim, é interessante que determinemos a característica entrada/saída de um circuito; para isto, variamos a entrada em um intervalo permitido, anotamos a saída produzida e representamos o resultado em um gráfico.

Como exemplo, consideremos o circuito mostrado na Figura 3.9(a), onde a saída é definida como a queda de tensão em D_1. Se $V_{entrada} < 0$, D_1 está em polarização reversa e o circuito é reduzido ao da Figura 3.9(b). Como nenhuma corrente flui por R_1, temos $V_{saída} = V_{entrada}$. Se $V_{entrada} > 0$, D_1 está em polarização direta e a saída é curto-circuitada, o que implica $V_{entrada} = 0$ [Figura 39(c)]. A Figura 3.9(d) mostra um gráfico da característica entrada/saída completa.

3.1.3 Exemplos de Aplicação

Recordemos, da Figura 3.2, que desenvolvemos o conceito de diodo ideal como uma forma de converter $x(t)$ em $y(t)$. Agora, projetemos um circuito que execute essa função. É claro que podemos construir o circuito como mostrado na Figura 3.10(a). Entretanto, o catodo do diodo está "flutuando": a corrente é sempre igual a zero e o estado do diodo é ambíguo. Por isto, modifiquemos o circuito como indicado na Figura 3.10(b) e analisemos sua resposta a uma entrada senoidal [Figura 310(c)]. Como R_1 tende a manter o catodo de D_1 próximo de zero, à medida que $V_{entrada}$ aumenta, D_1 fica submetido a uma polarização direta e curto-circuita a saída à entrada. Este estado se mantém durante o semiciclo positivo. Quando $V_{entrada}$ se torna menor do que zero, D_1 fica desligado e R_1 garante $V_{entrada} = 0$, pois $I_D R_1 = 0$.[5] O circuito da Figura 3.10(b) é chamado de "retificador".

É interessante desenhar a curva que representa a característica entrada/saída do circuito. Notamos que, se $V_{entrada} = 0$, D_1 está desligado e $V_{saída} = 0$; se $V_{entrada} > 0$, D_1 está ligado e $V_{saída} = V_{entrada}$; com isso, obtemos o comportamento mostrado na Figura 3.10(d). O retificador é um circuito não linear, pois, se $V_{entrada} \to -V_{entrada}$, $V_{saída} \not\to -V_{saída}$

Agora, para examinarmos outra aplicação interessante, determinemos a média temporal (valor DC) da forma de onda de saída na Figura 3.10(c). Suponhamos que $V_{entrada} = V_p \operatorname{sen} \omega t$, em que $\omega = 2\pi/T$ denota a frequência em radianos por segundo e T, o período. Portanto, no primeiro ciclo após $t = 0$, temos

$$V_{saída} = V_p \operatorname{sen} \omega t \text{ para } 0 \le t \le \frac{T}{2} \quad (3.3)$$

$$= 0 \quad \text{para } \frac{T}{2} \le t \le T. \quad (3.4)$$

Para calcular a média, obtemos a área sob a curva de $V_{saída}$ e normalizemos o resultado em relação ao período:

$$V_{saída,méd} = \frac{1}{T} \int_0^T V_{saída}(t) \, dt \quad (3.5)$$

$$= \frac{1}{T} \int_0^{T/2} V_p \operatorname{sen} \omega t \, dt \quad (3.6)$$

$$= \frac{1}{T} \cdot \frac{V_p}{\omega} [-\cos \omega t]_0^{T/2} \quad (3.7)$$

$$= \frac{V_p}{\pi}. \quad (3.8)$$

Logo, a média é proporcional a V_p; este é um resultado esperado, pois uma maior amplitude de entrada produz uma área maior sob as curvas dos semiciclos retificados.

---

[5] Sem R_1, a tensão de saída não é definida, pois um nó flutuante pode assumir qualquer potencial.

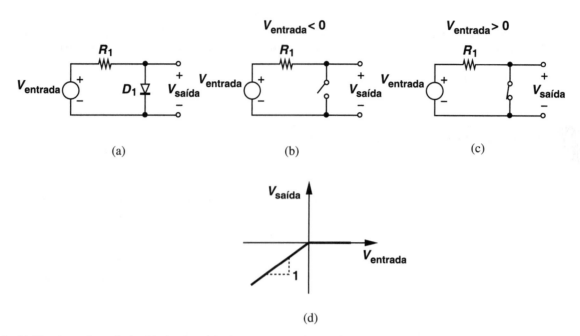

Figura 3.9 (a) Circuito resistor-diodo, (b) circuito equivalente para entrada negativa, (c) circuito equivalente para entrada positiva, (d) característica entrada/saída.

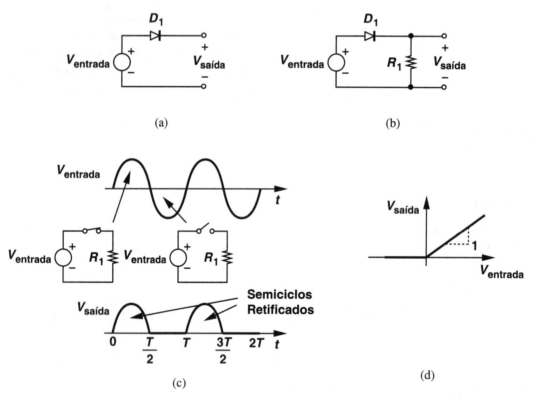

Figura 3.10 (a) Diodo funcionando como retificador, (b) retificador completo, (c) formas de onda de entrada e de saída, (d) característica entrada/saída.

A observação anterior revela que o valor médio de uma saída retificada pode servir como uma medida da "intensidade" (amplitude) da entrada. Ou seja, um retificador pode funcionar como um "indicador de intensidade de sinal". Por exemplo, como recebem sinal de nível variável, dependendo da localização do usuário e do ambiente em que se encontra, telefones celulares precisam de um indicador para determinar de quanto o sinal deve ser amplificado.

Em nosso esforço para entender o papel de diodos, examinemos outro circuito que, mais adiante (na Seção 3.5.3), levará

Modelos de Diodos e Circuitos com Diodos 53

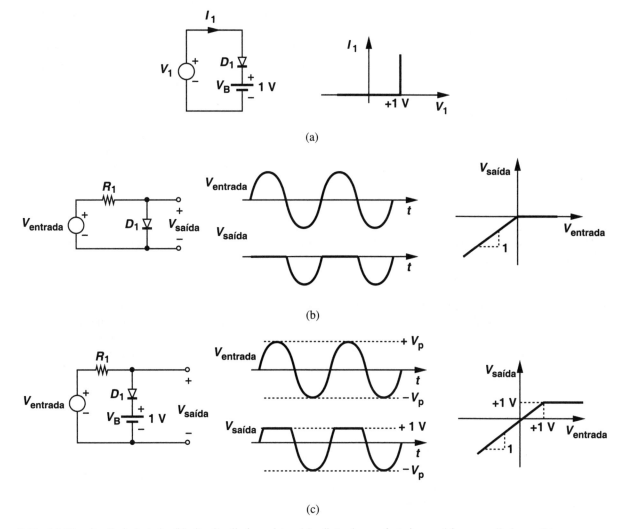

Figura 3.11 (a) Circuito diodo-bateria, (b) circuito diodo-resistor, (c) adição de uma bateria em série com o diodo em (b).

Exemplo 3.8	O fato de as características nas Figuras 3.7(d) e 3.10(d) serem parecidas é coincidência?
Solução	Não; observemos que a tensão de saída na Figura 3.10(b) é igual a $I_A R_1$ na Figura 3.7(a). Logo, os dois gráficos diferem apenas por um fator de escala R_1.
Exercício	Determine a característica entrada/saída para o caso em que as posições dos terminais de D_1 foram trocadas.

Exemplo 3.9	Um telefone celular recebe um sinal de 1,8 GHz cuja amplitude varia entre $2\,\mu\text{V}$ e 10 mV. Se o sinal for aplicado a um retificador, qual será o correspondente intervalo de variação da saída?
Solução	A saída retificada tem um valor médio que varia entre $2\,\mu\text{V}/(\pi) = 0{,}637\,\mu\text{V}$ e $10\,\text{mV}/(\pi) = 3{,}18\,\text{mV}$.
Exercício	Os resultados anteriores se alteram se um resistor de 1 Ω for conectado em série com o diodo?

a algumas aplicações importantes. Primeiro, consideremos a topologia mostrada na Figura 3.11(a), onde uma bateria de 1 V é conectada em série com um diodo ideal. Como esse circuito se comporta? Se $V_1 < 0$, a tensão do catodo é maior que a do anodo, e uma polarização reversa é aplicada a D_1. Mesmo que V_1 seja um pouco maior do que zero, por exemplo, igual a 0,9

V, a tensão do anodo não é positiva o bastante para que D_1 fique sob polarização direta. Portanto, V_1 deve se aproximar de +1 V para ligar D_1. A Figura 3.11(a) mostra a característica I/V da combinação diodo-bateria, que lembra a de um diodo, mas deslocada de 1 V para a direita.

Agora, examinemos o circuito da Figura 3.11(b). Aqui, para $V_{entrada} < 0$, D_1 permanece desligado, o que leva a $V_{saída} = V_{entrada}$. Para $V_{entrada} > 0$, D_1 atua como um curto-circuito, logo $V_{saída} = 0$. O circuito, portanto, não permite que a saída seja maior do que zero, como ilustrado pela forma de onda de saída e pela característica entrada/saída. Contudo, suponhamos que nosso interesse seja um circuito que não permita que a saída exceda +1 V (em vez de zero volt). Como o circuito da Figura 3.11(b) deve ser modificado? Neste caso, D_1 deve ser ligado apenas quando $V_{saída}$ se aproximar de +1 V, o que requer a conexão de uma bateria em série com o diodo. Ilustrada na Figura 3.11(c), esta modificação garante $V_{saída} \leq +1$ V para qualquer nível da tensão de entrada. Dizemos que o circuito "corta" ou "limita" *a saída a +1 V*. "Limitadores" são muito úteis em diversas aplicações e descritos na Seção 3.5.3.

Exemplo 3.10 Esbocemos a curva para o valor médio temporal de $V_{saída}$ na Figura 3.11(c) para uma entrada senoidal e uma bateria cuja tensão, V_B, varia de $-\infty$ a $+\infty$.

Solução Quando V_B é muito negativa, D_1 está sempre ligado, pois $V_{entrada} \geq -V_p$. Neste caso, o valor médio da saída é igual a V_B [Figura 312(a)]. Para $-V_p < V_B < 0$, D_1 é desligado em algum ponto no semiciclo negativo e permanece desligado no semiciclo positivo, o que produz um valor médio maior do que $-V_p$ e menor que V_B. Para $V_B = 0$, o valor médio é $-V_p/(\pi)$. Por fim, para $V_B \geq V_p$, não ocorre limitação e o valor médio se torna zero. A Figura 3.12(b) ilustra este comportamento.

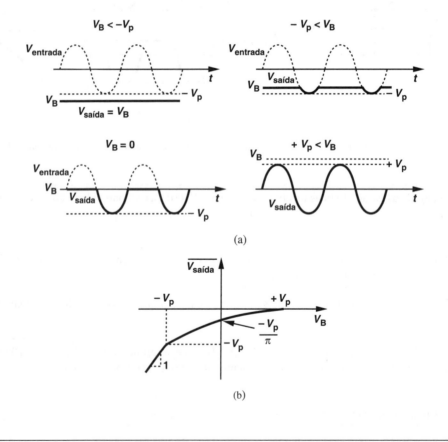

Figura 3.12

Exercício Repita o exemplo anterior para o caso em que as posições dos terminais do diodo são trocadas.

Exemplo 3.11	O circuito da Figura 3.11(b) é um retificador?
Solução	Sim. O circuito deixa passar apenas os ciclos negativos da saída e produz um valor médio negativo.
Exercício	Como o circuito da Figura 3.11(b) deve ser modificado para deixar passar apenas os ciclos positivos da saída?

3.2 JUNÇÃO *pn* COMO UM DIODO

O funcionamento de um diodo ideal lembra um pouco a condução de corrente em junções *pn*. Na verdade, as condições de polarizações direta e reversa ilustradas na Figura 3.3(b) são muito parecidas às estudadas para junções *pn* no Capítulo 2. As Figuras 3.13(a) e (b) mostram as características I/V de um diodo ideal e de uma junção *pn*, respectivamente. A última serve como uma aproximação da primeira, pois fornece uma condução "unilateral" de corrente. O modelo de tensão constante desenvolvido no Capítulo 2, e ilustrado na Figura 3.13, representa uma aproximação simples para a função exponencial e lembra a curva da Figura 3.11(a).

Dada a topologia de um circuito, como escolhemos um dos modelos anteriores para os diodos? Podemos utilizar o modelo ideal para um entendimento rápido e grosseiro do funcionamento do circuito. Após esse teste, podemos concluir que tal idealização é inadequada e, então, empregar o modelo de tensão constante. Esse modelo é adequado à maioria dos casos; contudo, para alguns circuitos, pode ser que tenhamos

Você sabia?
Diodos estão entre os poucos dispositivos construídos pelo homem que vêm em tamanhos variados. Diodos de circuitos integrados podem ter seção reta com área de 0,5 μm × 0,5 μm e transportar corrente de algumas centenas de microamperes.* Diodos empregados em aplicações industriais – como, por exemplo, galvanoplastia – têm seção reta de 10 cm × 10 cm e transportam corrente de vários *milhares* de amperes! Você conhece algum outro dispositivo com variação de tamanho tão grande?

de recorrer ao modelo exponencial. Os próximos exemplos ilustram essas ideias.

É importante que tenhamos em mente dois princípios: (1) caso um diodo esteja na fronteira entre desligamento e ligamento, $I_D \approx 0$ e $V_D \approx V_{D,on}$; (2) caso um diodo esteja ligado, I_D deve fluir do anodo para o catodo.

É importante lembrar que um diodo prestes a ser ligado ou desligado não conduz corrente, mas mantém uma tensão igual a $V_{D,on}$.

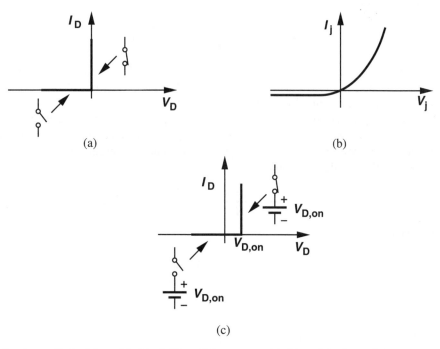

Figura 3.13 Característica de um diodo: (a) modelo ideal, (b) modelo exponencial, (c) modelo de tensão constante.

---
* Em 2012, o INMETRO alterou a grafia da unidade de corrente elétrica de *ampère* para *ampere*. Veja a nota associada ao Exemplo 1.1. (N.T.)

Exemplo 3.12 Esbocemos a característica entrada/saída do circuito mostrado na Figura 3.14(a) usando (a) o modelo ideal e (b) o modelo de tensão constante.

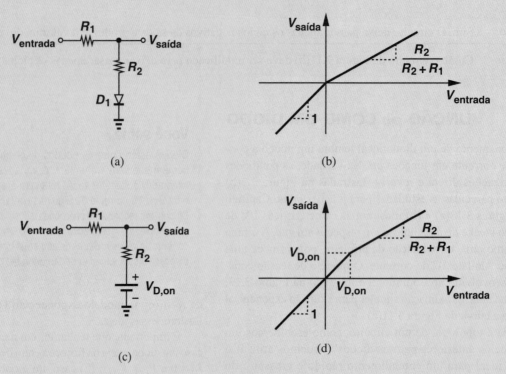

Figura 3.14 (a) Circuito com diodo, (b) característica entrada/saída com modelo de diodo ideal, (c) característica entrada/saída com modelo de tensão constante.

Solução (a) Começamos com $V_{entrada} = -\infty$, ou seja, com D_1 sob polarização reversa. Na verdade, para $V_{entrada} < 0$, o diodo permanece desligado e nenhuma corrente flui no circuito. Assim, a queda de tensão em R_1 é zero e $V_{saída} = V_{entrada}$.

À medida que $V_{entrada}$ se torna maior que zero, D_1 fica ligado e opera como curto-circuito, reduzindo o circuito a um divisor de tensão. Ou seja,

$$V_{saída} = \frac{R_2}{R_1 + R_2} V_{entrada} \text{ para } V_{saída} > 0. \tag{3.9}$$

A Figura 3.14(b) mostra a curva para a característica completa; para $V_{entrada} < 0$, a curva a qual exibe uma inclinação igual à unidade; para $V_{entrada} > 0$, a inclinação da curva é $R_2/(R_2 + R_1)$. Em outras palavras, quando o diodo está ligado, o circuito opera como um divisor de tensão e carrega o nó de saída com R_2.

(b) Neste caso, D_1 fica sob polarização reversa quando $V_{entrada} < V_{D,on}$, resultando em $V_{saída} = V_{entrada}$. À medida que $V_{entrada}$ se torna maior do que $V_{D,on}$, D_1 fica ligado e opera como uma fonte de tensão constante de valor $V_{D,on}$ [como ilustrado na Figura 3.13(c)]. Nessas condições, o circuito se reduz ao da Figura 3.14(c); aplicando a lei de corrente de Kirchoff ao nó de saída, obtemos

$$\frac{V_{entrada} - V_{saída}}{R_1} = \frac{V_{saída} - V_{D,on}}{R_2}. \tag{3.10}$$

O que resulta em

$$V_{saída} = \frac{\frac{R_2}{R_1} V_{entrada} + V_{D,on}}{1 + \frac{R_2}{R_1}}. \tag{3.11}$$

Como esperado, $V_{saída} = V_{D,on}$ quando $V_{entrada} = V_{D,on}$. A Figura 3.14(d) mostra a correspondente curva de característica, que tem a mesma forma que a da Figura 3.14(b), com um deslocamento do ponto de ligamento do diodo.

Exercício No exemplo anterior, esboce a curva para corrente em R_1 em função de $V_{entrada}$.

3.3 EXEMPLOS ADICIONAIS*

Exemplo 3.13 No circuito da Figura 3.15, D_1 e D_2 são idênticos, exceto pelas áreas das seções retas, que são diferentes. Determinemos a corrente que flui em cada diodo.

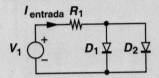

Figura 3.15 Circuito com diodo.

Solução Neste caso, devemos recorrer à equação exponencial, pois os modelos ideal e de tensão constante não incluem a área da seção reta do dispositivo. Temos

$$I_{entrada} = I_{D1} + I_{D2}. \tag{3.12}$$

Agora, igualamos as quedas de tensão em D_1 e D_2:

$$V_T \ln \frac{I_{D1}}{I_{S1}} = V_T \ln \frac{I_{D2}}{I_{S2}}; \tag{3.13}$$

ou seja,

$$\frac{I_{D1}}{I_{S1}} = \frac{I_{D2}}{I_{S2}}. \tag{3.14}$$

A solução simultânea de (3.13) e (3.15) fornece

$$I_{D1} = \frac{I_{entrada}}{1 + \dfrac{I_{S2}}{I_{S1}}} \tag{3.15}$$

$$I_{D2} = \frac{I_{entrada}}{1 + \dfrac{I_{S1}}{I_{S2}}}. \tag{3.16}$$

Como esperado, se $I_{S1} = I_{S2}$, $I_{D1} = I_{D2} = I_{entrada}/2$.

Exercício Para o circuito da Figura 3.15, calcule V_D em termos de $I_{entrada}$, I_{S1} e I_{S2}.

Exemplo 3.14 Usando o modelo de tensão constante, esbocemos a curva de característica entrada/saída do circuito ilustrado na Figura 3.16(a). Notemos que um diodo prestes a ser ligado conduz corrente *nula* e mantém $V_{D,on}$.

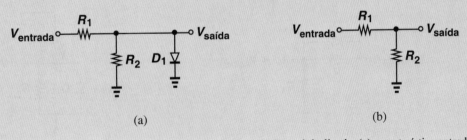

Figura 3.16 (a) Circuito com diodo, (b) circuito equivalente quando D_1 está desligado, (c) característica entrada/saída.

---

* Esta seção pode ser pulada em uma primeira leitura.

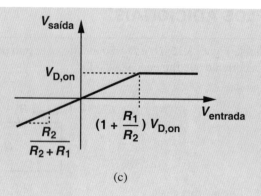

(c)

Figura 3.16 (Continuação)

Solução Neste caso, a tensão no diodo é igual à tensão de saída. Notamos que, quando $V_{entrada} = -\infty$, D_1 está sob polarização reversa e o circuito se reduz ao da Figura 3.16(b). Portanto,

$$v_{saída} = \frac{R_2}{R_1 + R_2} V_{entrada}. \qquad (3.17)$$

Em que ponto D_1 é ligado? A tensão no diodo deve alcançar $V_{D,on}$, o que requer uma tensão de entrada dada por

$$\frac{R_2}{R_1 + R_2} V_{entrada} = V_{D,on}, \qquad (3.18)$$

Portanto,

$$V_{entrada} = \left(1 + \frac{R_1}{R_2}\right) V_{D,on}. \qquad (3.19)$$

O leitor pode questionar a validade desse resultado: se o diodo estiver, de fato, ligado, uma corrente fluirá e a tensão do diodo deixará de ser igual a $[R_2/(R_1 + R_2)]V_{entrada}$. Então, por que expressamos a tensão do diodo como na Equação (3.18)? Para determinar o ponto de ligamento, consideramos que $V_{entrada}$ seja aumentado de forma gradual e deixe o diodo *prestes* a ser ligado, por exemplo, produzindo $V_{saída} \approx 799$ mV. Portanto, nenhuma corrente flui no diodo, mas a tensão em seus terminais e a tensão de entrada são quase suficientes para ligá-lo.

Para $V_{entrada} > (1 + R_1/R_2)V_{D,on}$, D_1 permanece sob polarização direta e produz $V_{saída} = V_{D,on}$. A Figura 3.16(c) mostra a característica completa.

Exercício Repita o exemplo anterior para o caso em que as posições dos terminais de D_1 são trocadas, ou seja, o anodo é conectado à terra e o catodo, ao nó de saída.

Exercício Para o exemplo anterior, esboce a curva da corrente em R_1 como uma função de $V_{entrada}$.

Exemplo 3.15 Esbocemos a característica entrada/saída do circuito mostrado na Figura 3.17(a). Consideremos o modelo de tensão constante para o diodo.

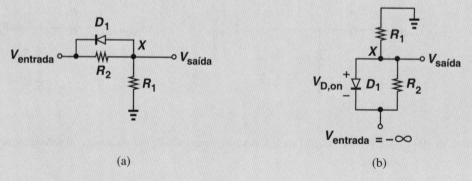

Figura 3.17 (a) Circuito com diodo, (b) ilustração para entradas muito negativas, (c) circuito equivalente quando D_1 está desligado, (d) característica entrada/saída.

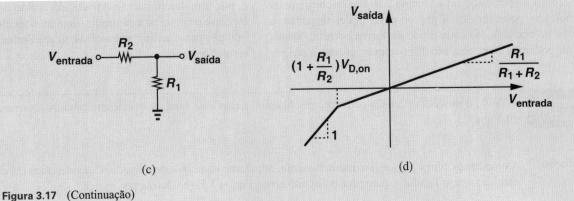

Figura 3.17 (Continuação)

Solução Comecemos com $V_{entrada} = -\infty$ e redesenhemos o circuito como na Figura 3.17(b), posicionando as tensões mais negativas na parte de baixo e as mais positivas, na parte de cima. Esse diagrama sugere que o diodo opera sob polarização direta e produz uma tensão no nó X igual a $V_{entrada} + V_{D,on}$. Neste regime, V_X independe de R_2, pois D_1 atua como uma bateria. Assim, desde que D_1 esteja ligado, temos

$$V_{saída} = V_{entrada} + V_{D,on}. \tag{3.20}$$

Calculemos, também, as correntes que fluem em R_2 e R_1:

$$I_{R2} = \frac{V_{D,on}}{R_2} \tag{3.21}$$

$$I_{R1} = \frac{0 - V_X}{R_1} \tag{3.22}$$

$$= \frac{-(V_{entrada} + V_{D,on})}{R_1}. \tag{3.23}$$

Portanto, à medida que $V_{entrada}$ aumenta a partir de $-\infty$, I_{R2} permanece constante, mas $|I_{R1}|$ diminui; ou seja, em algum ponto, $I_{R2} = I_{R1}$.

Em que ponto D_1 é desligado? Nesse caso, é mais simples determinar a condição que resulta em uma corrente nula no diodo que em tensão insuficiente em seus terminais. A observação de que, em algum ponto, $IR_2 = IR_1$ se mostra útil, pois essa condição também implica que D_1 não conduz corrente (LCK no nó X). Em outras palavras, D_1 é desligado quando Ventrada é escolhido de modo que $IR_2 = IR_1$. De (3.21) e (3.23),

$$\frac{V_{D,on}}{R_2} = -\frac{V_{entrada} + V_{D,on}}{R_1} \tag{3.24}$$

Logo,

$$V_{entrada} = -\left(1 + \frac{R_1}{R_2}\right) V_{D,on}. \tag{3.25}$$

À medida que $V_{entrada}$ excede esse valor, o circuito se reduz ao da Figura 3.17(c) e

$$V_{saída} = \frac{R_1}{R_1 + R_2} V_{entrada}. \tag{3.26}$$

A característica completa é mostrada na Figura 3.17(d).

O leitor pode achar interessante o fato de os circuitos nas Figuras 3.16(a) e 3.17(a) serem idênticos: no primeiro, a saída é tomada no diodo; no segundo, no resistor em série.

Exercício Repita o exemplo anterior para o caso em que as posições dos terminais do diodo são trocadas.

Como mencionado no Exemplo 3.4, em circuitos mais complexos, pode ser difícil prever, por simples inspeção, a região de operação de cada diodo de forma correta. Nestes casos, podemos fazer uma escolha qualquer, efetuar a análise e, por fim, determinar se o resultado obtido concorda com a hipótese original ou a contradiz. Sempre podemos fazer uso da intuição para facilitar as escolhas. O próximo exemplo ilustra essa abordagem.

Exemplo 3.16 Usando o modelo de tensão constante, esbocemos a curva da característica entrada/saída do circuito mostrado na Figura 3.18(a).

Solução Comecemos com $V_{entrada} = -\infty$; intuitivamente, admitamos que D_1 esteja ligado. Consideremos (às cegas) que D_2 também esteja ligado, o que reduz o circuito ao da Figura 3.18(b). A rota por $V_{D,on}$ e

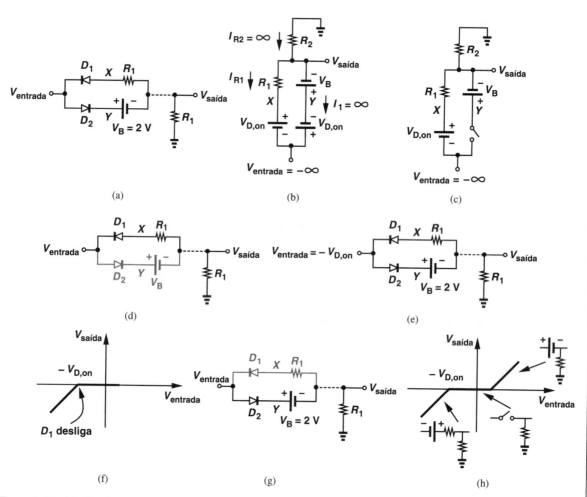

Figura 3.18 (a) Circuito com diodo, (b) possível circuito equivalente para tensões de entrada muito negativas, (c) circuito simplificado, (d) circuito equivalente, (e) circuito equivalente para $V_{entrada} = -V_{D,on}$, (f) seção da característica entrada/saída, (g) circuito equivalente, (h) característica entrada/saída completa.

V_B cria uma diferença de potencial $V_{D,on} + V_B$ entre $V_{entrada}$ e $V_{saída}$, ou seja, $V_{saída} = V_{entrada} - (V_{D,on} + V_B)$. Essa diferença de potencial também aparece entre o ramo que consiste em R_1 e $V_{D,on}$ e resulta em

$$R_1 I_{R1} + V_{D,on} = -(V_B + V_{D,on}), \qquad (3.27)$$

Logo,

$$I_{R1} = \frac{-V_B - 2V_{D,on}}{R_1}. \qquad (3.28)$$

Portanto, I_{R1} independe de $V_{entrada}$. Agora, devemos analisar estes resultados para determinar se concordam com nossas hipóteses a respeito do estado de D_1 e D_2.

Consideremos a corrente que flui em R_2:

$$I_{R2} = -\frac{V_{saída}}{R_2} \tag{3.29}$$

$$= -\frac{V_{entrada} - (V_{D,on} - V_B)}{R_2}, \tag{3.30}$$

que tende a $+\infty$ para $V_{entrada} = -\infty$. O grande valor de I_{R2} e o valor constante de I_{R1} indicam que o ramo que consiste em V_B e D_2 conduz uma grande corrente na direção indicada. Ou seja, D_2 deve conduzir corrente do catodo para o anodo, o que não é possível.

Em resumo, observamos que a hipótese de polarização direta para D_2 se traduz em corrente em uma direção proibida. Portanto, para $V_{entrada} = -\infty$, D_2 opera em polarização reversa. Redesenhando o circuito como na Figura 3.18(c) e notando que $V_X = V_{entrada} + V_{D,on}$, temos

$$V_{saída} = (V_{entrada} + V_{D,on})\frac{R_2}{R_1 + R_2}. \tag{3.31}$$

Agora, aumentemos o valor de $V_{entrada}$ e determinemos o primeiro ponto de transição em que D_1 desliga e D_2 liga. O que ocorre primeiro? Consideremos que D_1 desligue e obtenhamos o correspondente valor de $V_{entrada}$. Como consideramos que D_2 está desligado, desenhamos o circuito como mostrado na Figura 3.18(d). Admitindo que D_1 ainda esteja ligado, verificamos que, em $V_{entrada} \approx -V_{D,on}$, $V_X = V_{entrada} + V_{D,on}$ se aproxima de zero, o que produz uma corrente nula em R_1, R_2 e, portanto, em D_1. Logo, o diodo desliga em $V_{entrada} = -V_{D,on}$.

A seguir, devemos comprovar a hipótese de que D_2 permanece desligado. Neste ponto de transição, como $V_X = V_{saída} = 0$, a tensão no nó Y é igual a $+V_B$, enquanto o catodo de D_2 está a um potencial $-V_{D,on}$ [Figura 318(e)]. Em outras palavras, D_2 está, de fato, desligado. A Figura 3.18(f) mostra a porção da característica entrada/saída calculada até aqui e revela que $V_{saída} = 0$ após o primeiro ponto de transição, pois a corrente que flui por R_1 e R_2 é igual a zero.

Em que ponto D_2 fica ligado? A tensão de entrada deve exceder V_Y por um valor $V_{D,on}$. Antes que D_2 seja ligado, $V_{saída} = 0$ e $V_Y = V_B$; isto é, $V_{entrada}$ deve alcançar $V_B + V_{D,on}$ para que o circuito fique configurado como mostrado na Figura 3.18(g). Logo,

$$V_{saída} = V_{entrada} - V_{D,on} - V_B. \tag{3.32}$$

A Figura 3.18(h) ilustra o resultado completo e indica as regiões de operação.

Exercício No exemplo anterior, considere que D_2 ligue antes que D_1 desligue e verifique se o resultado contradiz a hipótese

3.4 OPERAÇÃO EM GRANDES SINAIS E EM PEQUENOS SINAIS

Até aqui, nossa análise de diodos permitiu mudanças de tensão e corrente arbitrariamente grandes, o que exige um modelo "geral", como a característica I/V exponencial. Este regime é chamado de "operação em grandes sinais" e a característica I/V exponencial, de "modelo de grandes sinais", para enfatizar que o modelo acomoda níveis arbitrários de sinal. No entanto, como vimos nos exemplos anteriores, esse modelo pode complicar a análise de circuitos, dificultando o entendimento intuitivo do funcionamento dos mesmos. Além disto, à medida que aumenta o número de dispositivos não lineares no circuito, a análise "manual" pode se tornar inviável.

Os modelos ideal e de tensão constante solucionam o problema até certo ponto, mas a abrupta não linearidade no ponto de ligamento continua problemática. O próximo exemplo ilustra esse tipo de dificuldade.

Exemplo 3.17 Tendo perdido o carregador de 2,4 V de seu telefone celular, um engenheiro elétrico busca em várias lojas, mas não encontra adaptadores com saída menor do que 3 V. Ele, então, decide utilizar seu conhecimento de eletrônica para construir o circuito mostrado na Figura 3.19, onde os três diodos idênticos sob polarização direta produzem uma tensão total $V_{saída} = 3V_D \approx 2,4$ V e o resistor R sustenta os restantes 600 mV. Desprezemos a corrente que flui no telefone celular.[6] (a) Determinemos a corrente de saturação reversa, I_{S1}, para que $V_{saída} = 2,4$ V. (b) Calculemos $V_{saída}$ quando o adaptador de tensão é, na verdade, de 3,1 V.

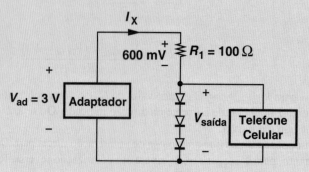

Figura 3.19 Adaptador para alimentar um telefone celular.

Solução (a) Com $V_{saída} = 2,4$ V, a corrente que flui em R_1 é igual a

$$I_X = \frac{V_{ad} - V_{saída}}{R_1} \tag{3.33}$$

$$= 6 \text{ mA}. \tag{3.34}$$

Notamos que uma corrente I_X flui em cada diodo; logo:

$$I_X = I_S \exp \frac{V_D}{V_T}. \tag{3.35}$$

Portanto,

$$6 \text{ mA} = I_S \exp \frac{800 \text{ mV}}{26 \text{ mV}} \tag{3.36}$$

e

$$I_S = 2,602 \times 10^{-16} \text{ A}. \tag{3.37}$$

(b) Se V_{ad} aumentar para 3,1 V, esperamos que $V_{saída}$ aumente pouco. Para entender isto, primeiro, suponhamos que $V_{saída}$ permaneça constante e igual a 2,4 V. Assim, o restante 0,1 V deve ser consumido em R_1, o que aumenta I_X para 7 mA. Como a tensão em cada diodo varia exponencialmente com a corrente, a mudança de 6 mA para 7 mA leva, de fato, a uma pequena mudança em $V_{saída}$.[7]

Para analisar o circuito de forma quantitativa, começamos com $I_X = 7$ mA e iteremos:

$$V_{saída} = 3V_D \tag{3.38}$$

$$= 3V_T \ln \frac{I_X}{I_S} \tag{3.39}$$

$$= 2,412 \text{ V}. \tag{3.40}$$

Este valor de $V_{saída}$ leva a um novo valor para I_X:

$$I_X = \frac{V_{ad} - V_{saída}}{R_1} \tag{3.41}$$

$$= 6,88 \text{ mA}, \tag{3.42}$$

---

[6] Feita, aqui, por uma questão de simplicidade, esta hipótese pode não ser válida.
[7] Recordemos da Equação (2.109) que uma alteração da corrente em um diodo por um fator de dez se traduz em uma mudança de 60 mV na tensão.

que se traduz em um novo $V_{saída}$:

$$V_{saída} = 3V_D \quad (3.43)$$

$$= 2{,}411 \text{ V}. \quad (3.44)$$

Notando a pequena diferença entre (3.40) e (3.44), concluímos que $V_{saída} = 2{,}411$ V, com boa precisão. O modelo de tensão constante não teria sido útil neste caso.

Exercício Repita o exemplo anterior para uma tensão de saída desejada de 2,35 V.

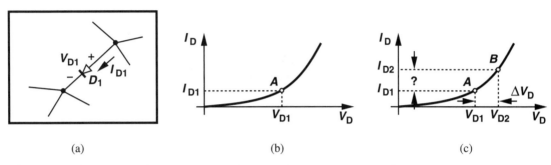

Figura 3.20 (a) Circuito genérico que contém um diodo, (b) ponto de operação de D_1, (c) mudança em I_{D1} em resultado a uma mudança em V_D.

A situação que acabamos de descrever é um exemplo de pequenas "perturbações" em circuitos. A mudança de V_{ad} de 3 V para 3,1 V resulta em uma pequena mudança nas tensões e correntes do circuito, o que nos motiva a buscar um método mais simples de análise que possa substituir as equações não lineares e o inevitável procedimento iterativo. Como o exemplo anterior não apresenta nenhuma grande dificuldade, o leitor pode se perguntar se uma abordagem mais simples é, de fato, necessária. Contudo, como veremos nos próximos capítulos, se as equações não lineares forem mantidas, a análise de circuitos que contêm dispositivos complexos, como transistores, pode se tornar impossível.

Essas ideias nos levam ao extremamente útil conceito de "operação em pequenos sinais", em que o circuito está sujeito apenas a pequenas mudanças nas tensões e correntes e pode ser simplificado com o uso de "modelos de pequenos sinais" para os dispositivos não lineares. A simplicidade advém de esses modelos serem *lineares* e permitirem o emprego de abordagens comuns de análise, dispensando a necessidade de iteração. A definição de "pequeno" se tornará clara mais adiante.

Para desenvolver nosso entendimento de operação em pequenos sinais, consideremos o diodo D_1 na Figura 3.20(a), que sustenta uma tensão V_{D1} e conduz uma corrente I_{D1} [ponto A na Figura 3.20(b)]. Agora, suponhamos que uma perturbação no circuito altere a tensão do diodo de um pequeno valor ΔV_D [ponto B na Figura 3.20(c)]. Como podemos predizer a mudança que ocorrerá na corrente do diodo, ΔI_D? Podemos começar com a característica não linear:

$$I_{D2} = I_S \exp \frac{V_{D1} + \Delta V}{V_T} \quad (3.45)$$

$$= I_S \exp \frac{V_{D1}}{V_T} \exp \frac{\Delta V}{V_T}. \quad (3.46)$$

Se $\Delta V \ll V_T$, então $\exp(\Delta V/V_T) \approx 1 + \Delta V/V_T$ e

$$I_{D2} = I_S \exp \frac{V_{D1}}{V_T} + \frac{\Delta V}{V_T} I_S \exp \frac{V_{D1}}{V_T} \quad (3.47)$$

$$= I_{D1} + \frac{\Delta V}{V_T} I_{D1}. \quad (3.48)$$

Ou seja,

$$\Delta I_D = \frac{\Delta V}{V_T} I_{D1}. \quad (3.49)$$

A observação importante é que ΔI_D é uma função *linear* de ΔV, com um fator de proporcionalidade igual a I_{D1}/V_T. (Notemos que valores maiores de I_{D1} levam a um maior ΔI_D, para um dado ΔV_D. A importância disso se tornará clara mais adiante.)

O resultado anterior não deve ser uma surpresa: se a mudança em V_D for pequena, a seção da característica I/V na Figura 3.20(c) entre os pontos A e B pode ser aproximada por um segmento de reta (Figura 3.21), com uma inclinação igual à inclinação local da característica I/V.

Em outras palavras,

$$\frac{\Delta I_D}{\Delta V_D} = \frac{dI_D}{dV_D}\bigg|_{V_D = V_{D1}} \quad (3.50)$$

Exemplo 3.18

Um diodo é polarizado em uma corrente de 1 mA. (a) Determinemos a alteração na corrente se V_D sofrer uma alteração de 1 mV. (b) Determinemos a variação de tensão se a corrente I_D for alterada em 10 %.

Solução (a) Temos

$$\Delta I_D = \frac{I_D}{V_T} \Delta V_D \tag{3.53}$$

$$= 38{,}4 \; \mu A. \tag{3.54}$$

(b) Usando a mesma equação, obtemos:

$$\Delta V_D = \frac{V_T}{I_D} \Delta I_D \tag{3.55}$$

$$= \left(\frac{26 \, \text{mV}}{1 \, \text{mA}}\right) \times (0{,}1 \, \text{mA}) \tag{3.56}$$

$$= 2{,}6 \, \text{mV}. \tag{3.57}$$

Exercício Em resposta a uma alteração de 1 mA na corrente, um diodo exibe uma mudança de 3 mV na tensão. Calcule a corrente de polarização do diodo.

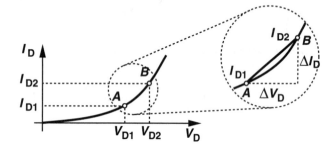

Figura 3.21 Aproximação da característica I/V por um segmento de reta.

$$= \frac{I_S}{V_T} \exp \frac{V_{D1}}{V_T} \tag{3.51}$$

$$= \frac{I_{D1}}{V_T}, \tag{3.52}$$

que leva ao mesmo resultado da Equação (3.49).[8]

Resumamos os resultados que obtivemos até aqui. Se a tensão no diodo for alterada por uma pequena quantidade (muito menor do que V_T), a mudança na corrente é dada pela Equação (3.49). De modo equivalente, para análise de pequenos sinais, na Figura 3.21, podemos considerar que, devido a uma pequena perturbação em V_D, o ponto A em que o circuito opera se move ao longo de um segmento de reta para o ponto B; a inclinação da reta é igual à inclinação local da característica I/V (ou seja, dI_D/dV_D calculada em $V_D = V_{D1}$ ou $I_D = I_{D1}$). O ponto A é chamado ponto de "polarização", ponto "quiescente" ou ponto de "operação".

A Equação (3.58) no exemplo anterior revela um aspecto interessante da operação em pequenos sinais: em relação a (pequenas) mudanças na corrente ou na tensão do diodo, o dispositivo se comporta como um resistor linear. Em analogia com a lei de Ohm, definimos a "resistência de pequenos sinais" do diodo como:

$$r_d = \frac{V_T}{I_D}. \tag{3.58}$$

Essa grandeza também é chamada de resistência "incremental", para enfatizar o fato de estar associada a pequenas mudanças. No exemplo anterior, $r_d = 26 \; \Omega$.

A Figura 3.22(a) resume os resultados de nossas deduções para um diodo sob polarização direta. Para cálculos de polarização, o diodo é substituído por uma fonte de tensão ideal de valor $V_{D,on}$ e, para pequenas alterações, por uma resistência r_d. Por exemplo, quando o interesse residir apenas em pequenas alterações em V_1 e/ou $V_{saída}$, o circuito da Figura 3.22(b) é transformado no da Figura 3.22(c). Vale notar que, na Figura 3.22(c) v_1 e $v_{saída}$ representam *variações* nas tensões e são chamadas grandezas de pequenos sinais. Em geral, denotamos tensões e correntes de pequenos sinais por letras minúsculas.

---

[8] Isto também era esperado. Escrever a Equação (3.45) para obter a mudança em ID devido a uma pequena alteração em VD é, na verdade, o mesmo que calcular a derivada.

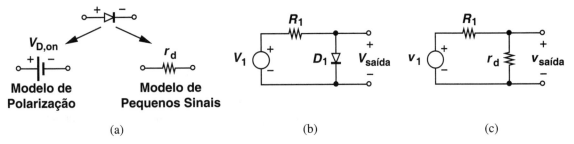

Figura 3.22 Resumo de modelos de diodo para cálculos de polarização e de sinais, (b) exemplo de circuito, (c) modelo de pequenos sinais.

Exemplo 3.19 Um sinal senoidal com amplitude de pico V_p e valor DC V_0 pode ser expresso como $V(t) = V_0 + V_p \cos \omega t$. Se este sinal for aplicado a um diodo e $V_p \ll V_T$, determinemos a resultante corrente no diodo.

Solução A forma de onda do sinal é ilustrada na Figura 3.23(a). Como mostrado na Figura 3.23(b), giramos este diagrama de 90°, de modo que o eixo vertical fique alinhado com o eixo de tensão da característica I/V do diodo. Com uma excursão de sinal muito menor do que V_T, podemos ver V_0 e a correspondente corrente I_0 como o ponto de polarização do diodo e V_p, como uma pequena perturbação. Assim, temos

$$I_0 = I_S \exp \frac{V_0}{V_T}, \tag{3.59}$$

e

$$r_d = \frac{V_T}{I_0}. \tag{3.60}$$

Portanto, o corrente de pico é igual a

$$I_p = V_p / r_d \tag{3.61}$$

$$= \frac{I_0}{V_T} V_p, \tag{3.62}$$

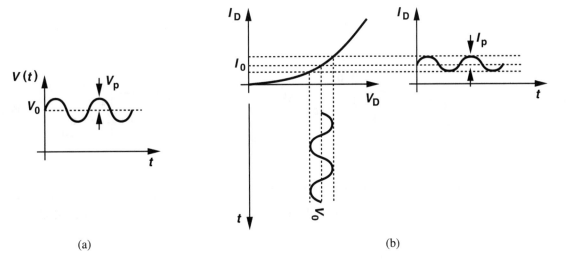

Figura 3.23 (a) Entrada senoidal com nível DC, (b) resposta do diodo ao sinal senoidal.

Logo,

$$I_D(t) = I_0 + I_p \cos \omega t \qquad (3.63)$$

$$= I_S \exp \frac{V_0}{V_T} + \frac{I_0}{V_T} V_p \cos \omega t. \qquad (3.64)$$

Exercício O diodo no exemplo anterior produz uma corrente de pico de 0,1 mA em resposta a $V_0 = 800$ mV e $V_p = 1,5$ mV. Determine I_S.

O exemplo anterior demonstra a utilidade da análise de pequenos sinais. Se V_p fosse grande, teríamos de resolver a seguinte equação:

$$I_D(t) = I_S \exp \frac{V_0 + V_p \cos \omega t}{V_T}, \qquad (3.65)$$

uma tarefa muito mais difícil que os anteriores cálculos lineares.[9]

Exemplo 3.20 Na dedução da Equação (3.49), consideramos uma pequena variação em V_D e obtivemos a resultante variação em I_D. Começando com $V_D = V_T \ln(I_D/I_S)$, investiguemos o caso complementar, ou seja, quando I_D sofre uma pequena alteração e queremos determinar a alteração em V_D.

Solução Representando a variação em V_D por ΔV_D, temos

$$V_{D1} + \Delta V_D = V_T \ln \frac{I_{D1} + \Delta I_D}{I_S} \qquad (3.66)$$

$$= V_T \ln \left[\frac{I_{D1}}{I_S} \left(1 + \frac{\Delta I_D}{I_{D1}} \right) \right] \qquad (3.67)$$

$$= V_T \ln \frac{I_{D1}}{I_S} + V_T \ln \left(1 + \frac{\Delta I_D}{I_{D1}} \right). \qquad (3.68)$$

Para operação em pequenos sinais, consideramos $\Delta I_D \ll I_{D1}$ e notamos que, se $\epsilon \ll 1$, $\ln(1 + \epsilon) \approx \epsilon$. Assim,

$$\Delta V_D = V_T \cdot \frac{\Delta I_D}{I_{D1}}, \qquad (3.69)$$

o que é o mesmo que a Equação (3.49). A Figura 3.24 ilustra os dois casos, distinguindo a causa e o efeito.

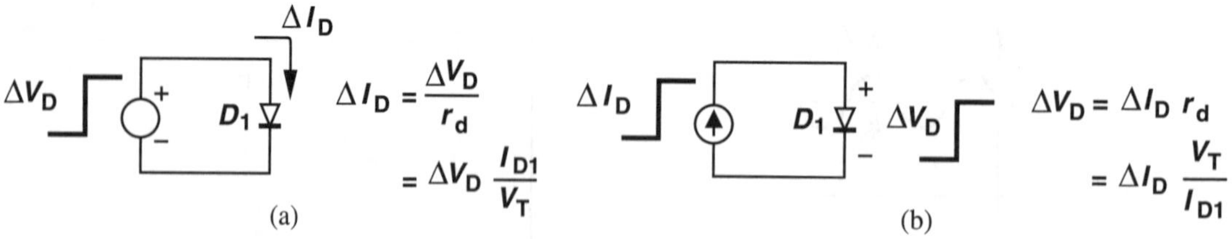

Figura 3.24 Variação na corrente (tensão) do diodo devido a uma variação na tensão (corrente).

Exercício Repita o exemplo anterior calculando a derivada da equação da tensão do diodo em relação a I_D.

Com nosso entendimento da operação em pequenos sinais, revisitemos o Exemplo 3.17.

---

[9] A função exp(a sen bt) pode ser aproximada por uma expansão em série de Taylor ou de funções de Bessel.

| **Exemplo 3.21** | Repitamos a parte (b) do Exemplo 3.17 com a ajuda do modelo de pequenos sinais para os diodos. |

Solução Como cada diodo conduz I_{D1} = 6 mA com uma tensão de adaptador de 3 V e V_{D1} = 800 mV, podemos construir o modelo de pequenos sinais mostrado na Figura 3.25, em que v_{ad} = 100 mV e r_d = (26 mV)/(6 mA) = 4,33 Ω. (Como já mencionado, as tensões mostradas neste modelo representam pequenas perturbações.) Portanto, podemos escrever:

$$v_{saída} = \frac{3r_d}{R_1 + 3r_d} v_{ad} \tag{3.70}$$

$$= 11,5 \text{ mV}. \tag{3.71}$$

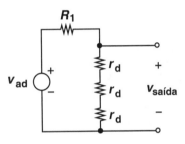

Figura 3.25 Modelo de pequenos sinais para o adaptador.

Ou seja, uma mudança de 100 mV em V_{ad} produz uma mudança de 11,5 mV em $V_{saída}$. No Exemplo 3.17, a solução das equações não lineares previu uma mudança de 11 mV em $V_{saída}$. Isso mostra que a análise de pequenos sinais fornece precisão adequada, com muito menos esforço de cálculo.

Exercício Repita os Exemplos 3.17 e 3.21 para o caso em que o valor de R_1 na Figura 3.19 é alterado para 200 Ω.

Tendo em vista a capacidade das atuais ferramentas computacionais, o leitor pode se perguntar se o modelo de pequenos sinais é, de fato, necessário. Hoje em dia, sem dúvida, fazemos uso de sofisticadas ferramentas de simulação em computador para o projeto de circuitos integrados. Contudo, a intuição que adquirimos com a análise manual de um circuito se mostra muito útil no entendimento de limitações básicas e das diversas condições que, por fim, levam a uma configuração aceitável. Um bom projetista de circuitos analisa e entende o funcionamento do circuito antes de efetuar sua análise em computador para obter resultados mais precisos. Um mau projetista de circuitos, por sua vez, permite que o computador pense por ele.

| **Exemplo 3.22** | Nos Exemplos 3.17 e 3.21, desprezamos a corrente que flui no telefone celular. Suponhamos, agora, como mostrado na Figura 3.26, que uma corrente de 0,5 mA flua na carga[10] e determinemos a alteração em $V_{saída}$. |

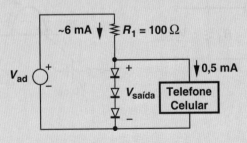

Figura 3.26 Alimentação de um telefone celular com um adaptador.

---
[10] Em um telefone celular, a corrente é muito maior.

Solução Como a corrente que flui nos diodos cai de 0,5 mA e como essa alteração é muito menor que a corrente (6 mA), escrevemos a mudança na tensão de saída como:

$$\Delta V_{saída} = \Delta I_D \cdot (3r_d) \quad (3.72)$$

$$= 0{,}5\,\text{mA}(3 \times 4{,}33\,\Omega) \quad (3.73)$$

$$= 6{,}5\,\text{mV}. \quad (3.74)$$

Exercício Exercício Repita o exemplo anterior para o caso em que R_1 é alterado para 80 Ω.

Você sabia?
Como seria nossa vida sem diodos? Esqueçamos telefones celulares, *notebooks* e câmeras digitais. Nem mesmo teríamos rádios, TVs, GPS, radares, satélites, usinas geradoras de energia elétrica ou comunicações telefônicas. E, obviamente, não teríamos Google e Facebook. Basicamente, retornaríamos ao simples estilo de vida do início do século XX – o que pode não ser de todo ruim...

Em resumo, a análise de circuitos que contêm diodos (ou outros dispositivos não lineares, como transistores) é feita em três etapas: (1) determinamos – talvez com a ajuda do modelo de tensão constante – os valores iniciais das tensões e correntes (antes que seja aplicada uma alteração à entrada); (2) desenvolvemos o modelo de pequenos sinais para cada diodo (isto é, calculamos r_d); (3) substituímos cada diodo por seu modelo de pequenos sinais e calculamos o efeito de alteração na entrada.

3.5 APLICAÇÕES DE DIODOS

O restante deste capítulo trata da aplicação de diodos em circuitos. Um breve roteiro é mostrado a seguir.

3.5.1 Retificadores de Meia-Onda e de Onda Completa

Retificador de Meia-Onda Retornemos ao circuito retificador da Figura 3.10(b) e o estudemos de forma mais detalhada. Em particular, não consideraremos mais que D_1 seja um diodo ideal e usaremos o modelo de tensão constante. Como ilustrado na Figura 3.28, $V_{saída}$ permanece igual a zero até que $V_{entrada}$ exceda $V_{D,on}$; neste ponto, D_1 liga e $V_{saída} = V_{entrada} - V_{D,on}$. Para $V_{entrada} < V_{D,on}$, D_1 está desligado[11] e $V_{saída} = 0$. Logo, o circuito ainda opera como retificador, mas produz um nível de tensão DC um pouco mais baixo.

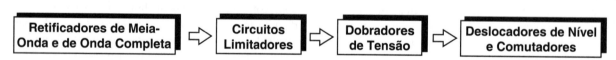

Figura 3.27 Aplicações de diodos.

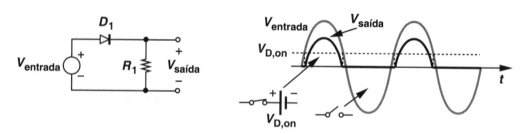

Figura 3.28 Retificador simples.

---
[11] Se $V_{entrada} < 0$, D_1 conduz uma pequena corrente, mas o efeito é desprezível.

Exemplo 3.23 Provemos que o circuito mostrado na Figura 3.29(a) também é um retificador.

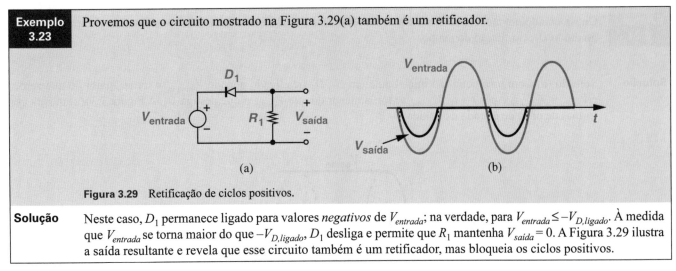

Figura 3.29 Retificação de ciclos positivos.

Solução Neste caso, D_1 permanece ligado para valores *negativos* de $V_{entrada}$; na verdade, para $V_{entrada} \leq -V_{D,ligado}$. À medida que $V_{entrada}$ se torna maior do que $-V_{D,ligado}$, D_1 desliga e permite que R_1 mantenha $V_{saída} = 0$. A Figura 3.29 ilustra a saída resultante e revela que esse circuito também é um retificador, mas bloqueia os ciclos positivos.

Exercício Esboce a curva para a saída para o caso em que D_1 é um diodo ideal.

O circuito da Figura 3.28, chamado de "retificador de meia-onda", não produz uma saída útil. Ao contrário de uma bateria, o retificador gera uma saída que *varia* de modo considerável com o tempo e não serve como alimentador de dispositivos eletrônicos. Devemos, portanto, tentar produzir uma saída *constante*.

Por sorte, uma modificação simples resolve o problema. Como ilustrado na Figura 3.30(a), o resistor é substituído por um capacitor. Esse circuito funciona de modo muito diferente do retificador anterior. Considerando um modelo de tensão constante para D_1 sob polarização direta, comecemos com condição inicial nula em C_1 e estudemos o comportamento do circuito [Figura 3.30(b)]. À medida que $V_{entrada}$ cresce a partir de zero, D_1 permanece desligado até que $V_{entrada} > V_{D,on}$; a partir deste ponto, D_1 passa a atuar como uma bateria e $V_{saída} = V_{entrada} - V_{D,on}$. Portanto, $V_{saída}$ atinge um valor de pico $V_p - V_{D,on}$. O que acontece quando $V_{entrada}$ ultrapassa seu valor de pico? No instante $t = t_1$, temos $V_{entrada} = V_p$ e $V_{saída} = V_p - V_{D,on}$. Quando $V_{entrada}$ começa a diminuir, $V_{saída}$ deve permanecer *constante*. Isso ocorre porque, se $V_{saída}$ diminuísse, C_1 deveria ser *descarregado* por uma corrente que fluiria da placa superior para o catodo de D_1, o que é impossível.[12] Portanto, o diodo desliga depois de t_1. Em $t = t_2$, $V_{entrada} = V_p - V_{D,on} = V_{saída}$, ou seja, o diodo está sujeito a uma diferença de potencial nula. Em $t > t_2$, $V_{entrada} < V_{saída}$ e o diodo fica sob tensão negativa.

Dando prosseguimento à análise, notamos que, em $t = t_3$, $V_{entrada} = -V_p$, o que significa aplicar ao diodo uma polarização reversa $V_{saída} - V_{entrada} = 2V_p - V_{D,on}$. Por este motivo, diodos usados em retificadores devem suportar uma tensão reversa da ordem de $2V_p$ sem sofrer ruptura.

$V_{saída}$ muda de valor após $t = t_3$? Consideremos $t = t_4$ como um ponto de interesse. Aqui, $V_{entrada}$ *é pouco* maior que $V_{saída}$, mas ainda não o suficiente para ligar D_1. Em $t = t_5$, $V_{entrada} = V_p = V_{saída} + V_{D,on}$ e D_1 está ligado, mas $V_{saída}$ não exibe tendência de alteração de valor, pois esta situação é idêntica àquela em $t = t_1$. Em outras palavras, $V_{saída}$ permanece igual $V_p - V_{D,on}$ indefinidamente.

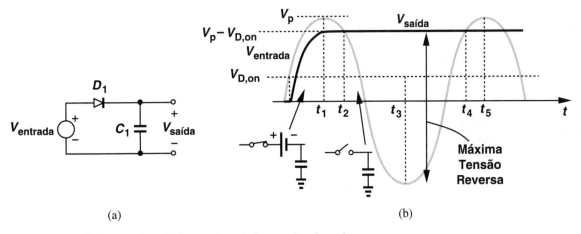

Figura 3.30 (a) Circuito diodo-capacitor, (b) formas de onda de entrada e de saída.

---

[12] A analogia com cano hidráulico, ilustrada na Figura 3.3(c), se mostra útil aqui.

Exemplo 3.24

Considerando um modelo de diodo ideal, (a) repitamos a análise anterior. (b) Esbocemos a curva de V_{D1}, tensão no diodo D_1, em função do tempo.

Solução Solução (a) Com uma condição inicial nula em C_1, D_1 fica ligado quando $V_{entrada}$ se tornar maior do que zero, e $V_{saída} = V_{entrada}$. Após $t = t_1$, $V_{entrada}$ se torna menor do que $V_{saída}$, o que desliga D_1. A Figura 3.31(a) mostra as formas de onda de entrada e de saída.

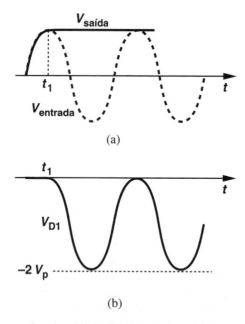

Figura 3.31 (a) Formas de onda de entrada e de saída do circuito na Figura 3.30, com um modelo de diodo ideal, (b) tensão no diodo.

(b) A tensão no diodo é $V_{D1} = V_{entrada} - V_{saída}$. Usando os gráficos da Figura 3.31(a), obtemos a forma de onda mostrada na Figura 3.31(b). É interessante notar que V_{D1} é similar a $V_{entrada}$, mas o valor médio é deslocado de zero para $-V_p$. Exploraremos este resultado no projeto de dobradores de tensão (Seção 3.5.4).

Exercício Repita o exemplo anterior para o caso em que as posições dos terminais do diodo são trocadas.

O circuito da Figura 3.30(a) exibe as propriedades exigidas de um "conversor AC-DC": gera uma saída constante e igual ao valor de pico da entrada senoidal.[13] Como o valor de C_1 é escolhido? Para responder a essa pergunta, consideremos uma aplicação mais realista em que esse circuito deve fornecer *corrente* a uma carga.

Exemplo 3.25

Um *notebook* consome uma potência média de 25 W com uma tensão de alimentação de 3,3 V. Determinemos a corrente média que deve ser fornecida pelas baterias ou adaptador.

Solução Como $P = V \cdot I$, temos $I \approx 7{,}58$ A. Se o *notebook* for modelado por um resistor R_L, $R_L = V/I = 0{,}436\ \Omega$.

Exercício Considerando a fonte de tensão anterior, qual é a potência dissipada por um resistor de $1\ \Omega$.

---

[13] Este circuito também é chamado "detector de pico".

Modelos de Diodos e Circuitos com Diodos 71

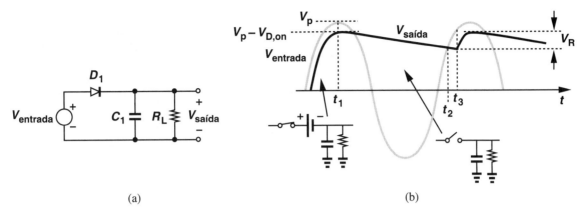

Figura 3.32 (a) Retificador alimentando uma carga resistiva, (b) formas de onda de entrada e de saída.

Como sugerido pelo exemplo anterior, a carga pode, em alguns casos, ser representada por um simples resistor [Figura 3.32(a)]. Devemos, portanto, repetir a análise com R_L presente. Considerando as formas de onda na Figura 3.32(b), até $t = t_1$, verificamos que $V_{saída}$ se comporta como antes e exibe um valor $V_{entrada} - V_{D,on} = V_p - V_{D,on}$, se considerarmos que a tensão no diodo seja relativamente constante. Contudo, à medida que $V_{entrada}$ começa a diminuir depois de $t = t_1$, $V_{saída}$ também diminui, pois R_L provê uma rota de descarga para C_1. Como mudanças em $V_{saída}$ são indesejáveis, C_1 deve ser muito grande, de modo que a corrente que flui por R_L não reduza $V_{saída}$ de forma significativa. Com C_1 escolhido segundo esse critério, $V_{saída}$ diminui lentamente e D_1 permanece sob polarização reversa.

A tensão de saída continua a diminuir à medida que $V_{entrada}$ passa por um ciclo negativo e retorna aos valores positivos. Em algum ponto $t = t_2$, $V_{entrada}$ e $V_{saída}$ se tornam iguais e, um pouco depois, em $t = t_3$, $V_{entrada}$ excede $V_{saída}$ por um valor $V_{D,on}$; neste ponto, D_1 é ligado e força $V_{saída} = V_{entrada} - V_{D,on}$. Depois disto, o circuito se comporta como no primeiro ciclo. A resultante variação em $V_{saída}$ é chamada de "ondulação" ou "*ripple*". C_1 é denominado capacitor "de suavização" ou "de filtragem".

Exemplo 3.26	Esbocemos a forma de onda de saída da Figura 3.32 à medida que C_1 varia de valores muito grandes a muito pequenos.
Solução	Quando o valor de C_1 é muito grande, a corrente que fui por R_L quando D_1 está desligado produz apenas uma pequena alteração em $V_{saída}$. Reciprocamente, quando C_1 é muito pequeno, o circuito se aproxima do circuito mostrado na Figura 3.28 e exibe grandes variações de $V_{saída}$. A Figura 3.33 ilustra diversos casos.

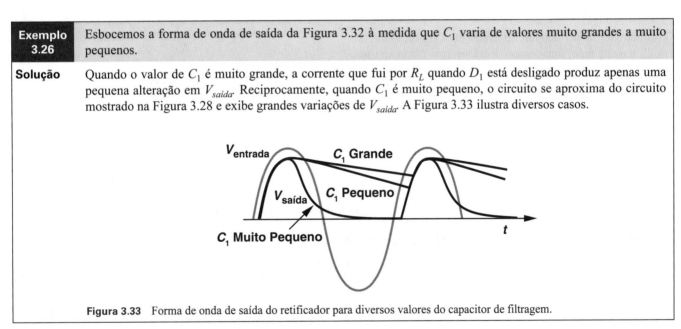

Figura 3.33 Forma de onda de saída do retificador para diversos valores do capacitor de filtragem.

Exercício Repita o exemplo anterior para diferentes valores de R_L, com C_1 constante.

Amplitude de *Ripple* Em aplicações práticas, a amplitude de *ripple* (pico-a-pico), V_R, na Figura 3.32(b) deve permanecer abaixo de 5 % a 10 % da tensão de pico de entrada. Se a corrente máxima que flui na carga for conhecida, o valor de C_1 pode ser escolhido suficientemente grande para que o *ripple* ou ondulação seja aceitável. Para isto, devemos calcular V_R (Figura 3.34). Como, em $t = t_1$, $V_{saída} = V_p - V_{D,on}$, a descarga de C_1 por R_L pode ser expressa como visto na Equação (3.75).

---

* Esta seção pode ser pulada em uma primeira leitura.

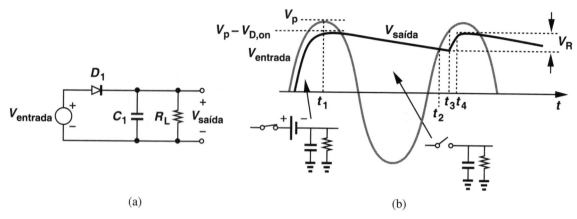

(a) (b)

Figura 3.34 *Ripple* na saída de um retificador.

$$V_{saída}(t) = (V_p - V_{D,on}) \exp \frac{-t}{R_L C_1} \quad 0 \le t \le t_3, \quad (3.75)$$

em que escolhemos $t_1 = 0$ por conveniência. Para assegurar pequena ondulação, $R_L C_1$ deve ser muito maior que $t_3 - t_1$; logo, usando $\exp(-\epsilon) \approx 1 - \epsilon$, para $\epsilon \ll 1$,

$$V_{saída}(t) \approx (V_p - V_{D,on})\left(1 - \frac{t}{R_L C_1}\right) \quad (3.76)$$

$$\approx (V_p - V_{D,on}) - \frac{V_p - V_{D,on}}{R_L} \cdot \frac{t}{C_1}. \quad (3.77)$$

O primeiro termo no lado direito representa a condição inicial em C_1 e o segundo, uma rampa decrescente – como se uma corrente constante igual a $(V_p - V_{D,on})/R_L$ descarregasse C_1.[14] Este resultado não é uma surpresa, pois a queda de tensão quase constante em R_L produz uma corrente relativamente constante igual a $(V_p - V_{D,on})/R_L$.

A amplitude pico a pico da ondulação (*ripple*) é igual à quantidade de descarga em $t = t_3$. Como $t_4 - t_1$ é igual ao período de entrada, $T_{entrada}$, escrevemos $t_3 - t_1 = T_{entrada} - \Delta T$, em que $\Delta T (= t_4 - t_3)$ representa o intervalo de tempo em que D_1 está ligado. Portanto,

$$V_R = \frac{V_p - V_{D,on}}{R_L} \frac{T_{entrada} - \Delta T}{C_1}. \quad (3.78)$$

Observando que, se C_1 sofrer uma pequena descarga, o diodo ficará ligado apenas por um breve intervalo de tempo, podemos considerar $\Delta T \ll T_{entrada}$; logo

$$V_R \approx \frac{V_p - V_{D,on}}{R_L} \cdot \frac{T_{entrada}}{C_1} \quad (3.79)$$

$$\approx \frac{V_p - V_{D,on}}{R_L C_1 f_{entrada}}, \quad (3.80)$$

em que $f_{entrada} = T_{entrada}^{-1}$.

Exemplo 3.27 Um transformador converte a tensão de linha de 110 V a 60 Hz em uma excursão pico a pico de 9 V. Um retificador de meia-onda segue o transformador e fornece potência ao *notebook* do Exemplo 3.25. Determinemos o valor mínimo do capacitor de filtragem que mantém o *ripple* abaixo de 0,1 V. Consideremos $V_{D,on} = 0,8$ V.

Solução Temos $V_p = 4,5$ V, $R_L = 0,436$ Ω e $T_{entrada} = 16,7$ ms. Logo,

$$C_1 = \frac{V_p - V_{D,on}}{V_R} \cdot \frac{T_{entrada}}{R_L} \quad (3.81)$$

$$= 1,417 \text{ F}. \quad (3.82)$$

Este é um valor muito grande. O projetista pode buscar um equilíbrio entre amplitude de *ripple*, tamanho, peso e custo do capacitor. Na verdade, limitações de tamanho, peso e custo do adaptador podem ditar um *ripple* muito maior, por exemplo, de 0,5 V; isso exige que o circuito após o retificador tolere tamanha variação periódica.

Exercício Repita o exemplo anterior para uma tensão de linha de 220 V a 50 Hz, considerando que o transformador ainda produza uma excursão pico a pico de 9 V. Que frequência de tensão de linha leva a um valor mais adequado de C_1?

---

[14] Recordemos que $I = CdV/dt$ e, portanto, $dV = (I/C)dt$.

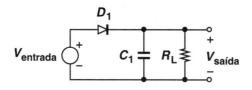

Figura 3.35 Circuito retificador para cálculo de I_D.

Em muitos casos, a corrente que flui no resistor é conhecida. Repetindo a análise anterior com a carga representada por uma fonte de corrente constante ou interpretando $(V_p - V_{D,on})/R_L$ na Equação (3.80) como a corrente na carga, I_L, podemos escrever

$$V_R = \frac{I_L}{C_1 f_{entrada}}. \qquad (3.83)$$

Corrente de Pico no Diodo[*] Ressaltamos, na Figura 3.30(b), que o diodo deve exibir uma tensão de ruptura reversa de, pelo menos, $2V_p$. Outro parâmetro importante de diodos é a máxima corrente de polarização direta que devem tolerar. Para dados perfil de dopagem e geometria da junção, se a corrente exceder certo limite, a potência dissipada no diodo ($= V_D I_D$) pode aumentar tanto a temperatura da junção a ponto de danificar o dispositivo.

Na Figura 3.35, verificamos que, sob polarização direta, a corrente no diodo consiste em duas componentes: (1) a corrente transiente que flui em C_1, $C_1 dV_{saída}/dt$, e (2) a corrente fornecida a R_L, aproximadamente igual a $(V_p - V_{D,on})/R_L$. Portanto, a corrente de pico no diodo ocorre quando a primeira componente atinge um valor máximo, ou seja, o ponto em que D_1 é ligado, pois a inclinação da forma de onda de saída é máxima. Considerando, por conveniência, $V_{D,on} \ll V_p$, notamos que o ponto em que D_1 é ligado é dado por $V_{entrada}(t_1) = V_p - V_R$. Assim, para $V_{entrada}(t) = V_p$ sen $\omega_{entrada} t$,

$$V_p \text{ sen } \omega_{entrada} t_1 = V_p - V_R. \qquad (3.84)$$

Portanto,

$$\text{sen } \omega_{entrada} t_1 = 1 - \frac{V_R}{V_p}. \qquad (3.85)$$

Desprezando $V_{D,on}$, também temos $V_{saída}(t) \approx V_{entrada}(t)$; com isto, a corrente no diodo é calculada como

$$I_{D1}(t) = C_1 \frac{dV_{saída}}{dt} + \frac{V_p}{R_L} \qquad (3.86)$$

$$= C_1 \omega_{entrada} V_p \cos \omega_{entrada} t + \frac{V_p}{R_L}. \qquad (3.87)$$

Esta corrente atinge o valor de pico em $t = t_1$:

$$I_p = C_1 \omega_{entrada} V_p \cos \omega_{entrada} t_1 + \frac{V_p}{R_L}, \qquad (3.88)$$

que, por (3.85), se reduz a

$$I_p = C_1 \omega_{entrada} V_p \sqrt{1 - \left(1 - \frac{V_R}{V_p}\right)^2} + \frac{V_p}{R_L} \qquad (3.89)$$

$$= C_1 \omega_{entrada} V_p \sqrt{\frac{2V_R}{V_p} - \frac{V_R^2}{V_p^2}} + \frac{V_p}{R_L}. \qquad (3.90)$$

Como $V_R \ll V_p$, desprezamos o segundo termo na raiz quadrada:

$$I_p \approx C_1 \omega_{entrada} V_p \sqrt{\frac{2V_R}{V_p}} + \frac{V_p}{R_L} \qquad (3.91)$$

$$\approx \frac{V_p}{R_L} \left(R_L C_1 \omega_{entrada} \sqrt{\frac{2V_R}{V_p}} + 1 \right). \qquad (3.92)$$

Retificador de Onda Completa O retificador de meia-onda estudado anteriormente bloqueia os semiciclos negativos da entrada, permitindo que o capacitor seja descarregado pela carga durante quase todo o período. O circuito fica, portanto, sujeito a um intenso *ripple* na presença de uma carga grande (corrente alta).

Uma simples modificação no circuito permite reduzir o *ripple* de tensão por um fator de dois. Como ilustrado na Figura 3.36(a), a ideia é que tanto os semiciclos positivos como os semiciclos negativos passem para a saída, mas com os semiciclos negativos *invertidos* (ou seja, multiplicados por −1). Primeiro, implementemos um circuito que execute essa função [chamado de "retificador de onda completa"] e, a seguir, provemos que, de fato, tem um *ripple* menor. Para simplificar a síntese do circuito, começaremos com a hipótese de que os diodos sejam ideais. A Figura 3.36(b) mostra a característica entrada/saída desejada para o retificador de onda completa.

---

[*] Esta seção pode ser pulada em uma primeira leitura.

Exemplo 3.28 Considerando $V_{D,on} \approx 0$ e $C_1 = 1{,}417$ F, determinemos a corrente de pico no diodo do Exemplo 3.27.

Solução Temos $V_p = 4{,}5$ V, $R_L = 0{,}436$ Ω, $\omega_{entrada} = 2\pi$ (60 Hz) e $V_R = 0{,}1$ V. Logo,

$$I_p = 517 \text{ A}. \tag{3.93}$$

Este valor é muito grande. Vale notar que a corrente que flui em C_1 é muito maior do que a que flui em R_L.

Exercício Repita o exemplo anterior para o caso em que $C_1 = 1000$ μF.

Consideremos os dois retificadores de meia-onda mostrados na Figura 3.37(a), onde um bloqueia os semiciclos negativos e o outro, os semiciclos positivos. Podemos combinar esses circuitos para realizar um retificador de onda completa? Podemos tentar o circuito da Figura 3.37(b), mas, infelizmente, a saída contém os semiciclos positivos e negativos, ou seja, nenhuma retificação é efetuada, pois os semiciclos negativos não foram invertidos. Assim, o problema é reduzido ao circuito ilustrado na Figura 3.37(c): primeiro, devemos construir um retificador de meia-onda que *inverta*. A Figura 3.37(d) ilustra uma dessas topologias, que, por simplicidade, pode ser redesenhada como na Figura 3.37(e). Notemos a polaridade de $V_{saída}$ nos dois diagramas. Se $V_{entrada} < 0$, D_2 e D_1 estão ligados e $V_{saída} = -V_{entrada}$. De modo recíproco, se $V_{entrada} > 0$, os dois diodos estão desligados, o que corresponde a uma corrente nula em R_L e, portanto, $V_{saída} = 0$. Em analogia com este circuito, podemos montar o circuito ilustrado na Figura 3.37(f), que bloqueia os semiciclos negativos da entrada: ou seja, $V_{saída} = 0$ se $V_{entrada} < 0$ e $V_{saída} = V_{entrada}$ se $V_{entrada} > 0$.

Com estes resultados, podemos, agora, combinar as topologias das Figuras 3.37(d) e (f) para montar um retificador de onda completa. Ilustrado na Figura 3.38(a), o circuito resultante

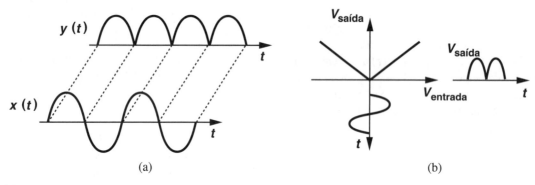

Figura 3.36 (a) Formas de onda de entrada e de saída, (b) característica entrada/saída de um retificador de onda completa.

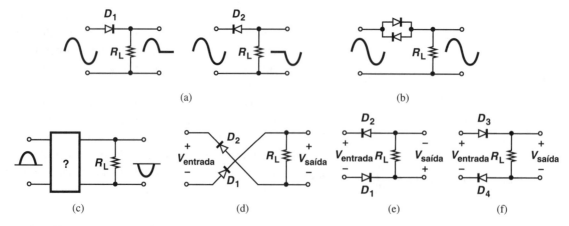

Figura 3.37 (a) Retificação de cada semiciclo, (b) nenhuma retificação, (c) retificação e inversão, (d) realização de (c), (e) rota para os semiciclos negativos, (f) rota para os semiciclos positivos.

Modelos de Diodos e Circuitos com Diodos 75

> **Exemplo 3.29** Considerando um modelo de tensão constante para os diodos, esbocemos a característica entrada/saída de um retificador de onda completa.
>
> **Solução** Para $|V_{entrada}| < 2V_{D,on}$, a saída permanece igual a zero; para $|V_{entrada}| > 2V_{D,on}$, a saída "segue" a entrada com uma inclinação unitária. A Figura 3.39 ilustra o resultado.
>
> **Exercício** Qual é a inclinação da característica para $|V_{entrada}| > 2V_{D,on}$?

deixa que os semiciclos negativos passem por D_1 e D_2 com uma inversão de sinal [como na Figura 3.37(d)] e os semiciclos positivos, por D_3 e D_4 sem inversão de sinal [como na Figura 3.37(f)]. Essa configuração é, em geral, desenhada como na Figura 3.38(b) e conhecida como "retificador em ponte" ou "ponte retificadora".

Com a ajuda do circuito ilustrado na Figura 3.38(b), resumamos nosso raciocínio até aqui. Se $V_{entrada} < 0$, D_2 e D_1 estão ligados e D_3 e D_4, desligados; com isto, o circuito se reduz ao da Figura 3.38(c) e produz $V_{saída} = -V_{entrada}$. Se $V_{entrada} > 0$, a ponte é modificada como indicado na Figura 3.38(d) e $V_{saída} = V_{entrada}$.

Como estes circuitos devem ser modificados se os diodos não forem ideais? As Figuras 3.38(c) e (d) revelam que o circuito introduz *dois* diodos sob polarização direta em série com R_L e, para $V_{entrada} < 0$, produz $V_{saída} = -V_{entrada} - 2V_{D,on}$. O retificador de meia-onda da Figura 3.28, por sua vez, produz $V_{saída} = V_{entrada} - V_{D,on}$. A queda de tensão de $2V_{D,on}$ pode ser problemática se V_p for relativamente pequeno e o valor da tensão de saída tiver de ser próximo ao de V_p.

Agora, redesenhemos a ponte mais uma vez e adicionemos o capacitor de filtragem; com isto, obtemos o circuito completo [Figura 340(a)]. Como a descarga do capacitor ocorre por quase a metade do ciclo de entrada, o *ripple* é aproximadamente igual à metade daquele na Equação (3.80):

$$V_R \approx \frac{1}{2} \cdot \frac{V_p - 2V_{D,on}}{R_L C_1 f_{entrada}}, \quad (3.94)$$

na qual o numerador reflete a queda de $2V_{D,on}$ devido à ponte.

Além de menor *ripple*, o retificador de onda completa tem outra importante vantagem: a máxima tensão de polarização reversa em cada diodo é da ordem de V_p e não de $2V_p$. Como ilustrado na Figura 3.40(b), quando $V_{entrada}$ é próximo de V_p e

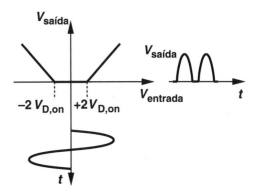

Figura 3.39 Característica entrada/saída de um retificador de onda completa com diodos não ideais.

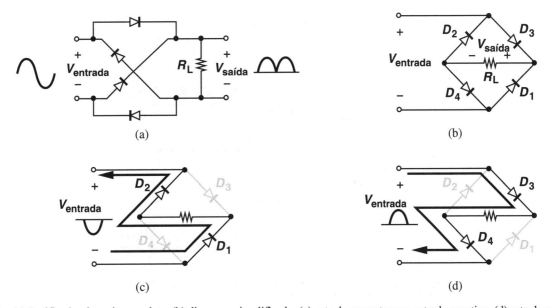

Figura 3.38 (a) Retificador de onda completa, (b) diagrama simplificado, (c) rota de corrente para entrada negativa, (d) rota de corrente para entrada positiva.

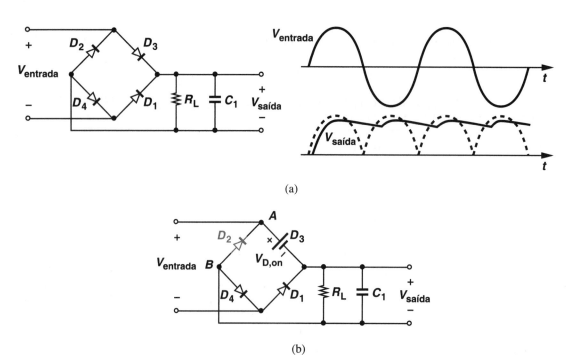

Figura 3.40 (a) *Ripple* em retificador de onda completa, (b) circuito equivalente.

Exemplo 3.30 Esbocemos, para uma entrada senoidal, as correntes conduzidas por cada diodo de um retificador em ponte em função do tempo. Podemos considerar que um capacitor de filtragem não esteja conectado à saída.

Solução Das Figuras 3.38 (c) e (d), para $V_{entrada} < -2V_{D,on}$, temos $V_{saída} = -V_{entrada} + 2V_{D,on}$; para $V_{entrada} > +2V_{D,on}$ $V_{saída} = V_{entrada} - 2V_{D,on}$. Em cada semiciclo, dois dos diodos conduzem uma corrente $V_{saída}/R_L$ e os outros dois permanecem desligados. Assim, as correntes nos diodos têm as aparências ilustradas na Figura 3.41.

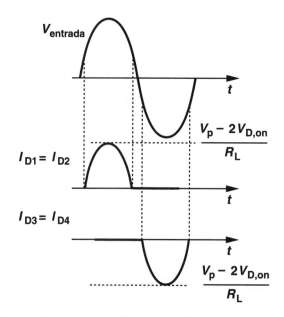

Figura 3.41 Correntes conduzidas por diodos em um retificador de onda completa.

Exercício Esboce a curva da potência consumida por cada diodo em função do tempo.

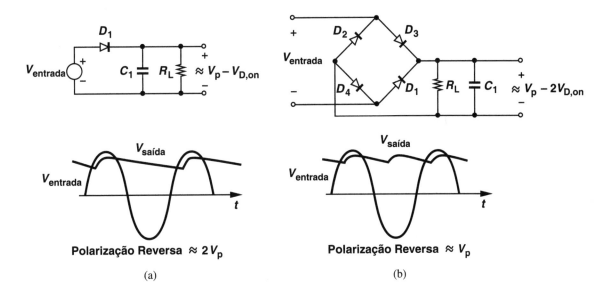

Figura 3.42 Resumo de circuitos retificadores.

D_3 está ligado, a tensão em D_2, V_{AB}, é igual a $V_{D,\,on} + V_{saída} = V_p - V_{D,\,on}$. Argumento similar se aplica aos outros diodos.

Outro ponto de contraste entre os retificadores de meia-onda e de onda completa é que o primeiro tem um terminal comum entre as portas de entrada e de saída (nó G na Figura 3.28) e o segundo, não. No Exercício 3.40, estudamos o efeito de curto-circuitar as terras da entrada e da saída de um retificador de onda completa e concluímos que isso interrompe o funcionamento do circuito.

Os resultados de nosso estudo são resumidos na Figura 3.42. Por usarem mais dois diodos, retificadores de onda completa exibem menor *ripple* e exigem apenas metade da tensão de ruptura de diodo, o que justifica seu emprego como adaptadores e carregadores.[15]

Exemplo 3.31	Projetemos um retificador de onda completa para fornecer uma potência média de 2 W a um telefone celular, com tensão de 3,6 V e *ripple* de 0,2 V.

Solução   Comecemos com a exigida excursão da tensão de entrada. Como a tensão de saída é aproximadamente igual a $V_p - 2V_{D,\,on}$, temos

$$V_{entrada,p} = 3{,}6\,\text{V} + 2V_{D,on} \tag{3.95}$$

$$\approx 5{,}2\,\text{V}. \tag{3.96}$$

Assim, o transformador que precede o retificador deve reduzir a tensão de linha (110 V_{rms} ou 220 V_{rms}) a um valor de pico de 5,2 V.

A seguir, determinamos o valor máximo do capacitor de filtragem que assegura $V_R \leq 0{,}2$ V. Reescrevendo a Equação (3.83) para um retificador de onda completa, temos

$$V_R = \frac{I_L}{2C_1 f_{entrada}} \tag{3.97}$$

$$= \frac{2\,\text{W}}{3{,}6\,\text{V}} \cdot \frac{1}{2C_1 f_{entrada}}. \tag{3.98}$$

---

[15] Em geral, os quatro diodos são fabricados em um único dispositivo com quatro terminais.

Para $V_R = 0{,}2$ V e $f_{entrada} = 60$ Hz,

$$C_1 = 23.000 \ \mu F. \tag{3.99}$$

Os diodos devem suportar uma tensão de polarização reversa de 5,2 V.

Exercício Se limitações de custo e tamanho impuserem um valor máximo de 1000 μF para o capacitor de filtragem, qual será a maior dissipação de potência no exemplo anterior?

Exemplo 3.32 Um sinal de radiofrequência recebido e amplificado por um telefone celular tem excursão de pico de 10 mV. Queremos gerar uma tensão DC para representar a amplitude do sinal [Equação (3.8)]. Podemos usar o retificador de meia-onda ou o de onda completa, estudado anteriormente?

Solução Não, não podemos. Devido à pequena amplitude, o sinal não é capaz de ligar e desligar diodos reais, resultando em uma saída nula. Para níveis tão baixos de sinal, "retificação de precisão" se faz necessária; este assunto é abordado no Capítulo 8.

Exercício E se uma tensão constante de 0,8 V for adicionada ao sinal desejado?

3.5.2 Regulagem de Tensão*

O circuito adaptador que acabamos de estudar se mostra inadequado. Devido à significativa variação da tensão de linha, a amplitude de pico produzida pelo transformador e, em consequência, a saída DC variam de forma considerável e, talvez, excedam o nível máximo que pode ser tolerado pela carga (por exemplo, um telefone celular). Além disto, o *ripple* pode se tornar proibitivo em muitas aplicações. Por exemplo, se o adaptador alimentar um aparelho de som, o *ripple* de 120 Hz pode ser ouvido através dos alto-falantes. Adicionalmente, se a corrente que flui na carga variar, a impedância de saída finita do transformador levará a variações em $V_{saída}$. Por esses motivos, o circuito da Figura 3.40(a) é, em geral, seguido por um "regulador de tensão" para produzir uma saída constante.

Já nos deparamos com um regulador de tensão, embora não tenha sido chamado dessa forma: o circuito estudado no Exemplo 3.17 fornece uma tensão de 2,4 V, com uma variação de apenas 11 mV na saída, para uma variação de 100 mV na entrada. Portanto, podemos montar o circuito mostrado na Figura 3.43 como um adaptador mais versátil, com uma tensão de saída nominal de $3V_{D,on} \approx 2{,}4$ V. Infelizmente, como estudado no Exemplo 3.22, a tensão de saída varia com a corrente na carga.

A Figura 3.44(a) mostra outro circuito regulador que emprega um diodo Zener. Operando na região de ruptura reversa, D_1 exibe uma resistência de pequenos sinais, r_D, no intervalo de 1 a 10 Ω e, portanto, produz uma saída relativamente constante, apesar de variações na entrada, se $r_D \ll R_1$. Isso pode ser visto do modelo de pequenos sinais da Figura 3.44(b):

$$v_{saída} = \frac{r_D}{r_D + R_1} v_{entrada} \tag{3.100}$$

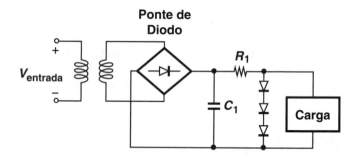

Figura 3.43 Diagrama em blocos de um regulador de tensão.

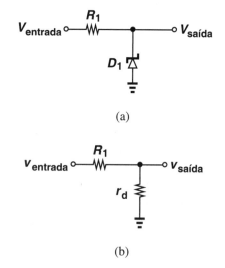

Figura 3.44 (a) Regulador de tensão usando diodo Zener, (b) equivalente de pequenos sinais de (a).

---
* Esta seção pode ser pulada em uma primeira leitura.

Você sabia?

Pode parecer que diodos usados em fontes de potência não tenham grande pegada de carbono; contudo, se somarmos o consumo de potência de todos os diodos no mundo, veremos uma imagem assustadora.

Como exemplo, considere as fazendas de servidores de Google. Estima-se que de Google tenha cerca de meio milhão de servidores. Se um servidor consumir 200 W de uma fonte de 12 V, cada diodo retificador transportará uma corrente média de 200 W/ 12 V/2 ≈ 8,5 A. (Consideramos dois diodos que ligam alternadamente, cada um transportando metade da corrente média do servidor.) Com polarização direta da ordem de 0,7 V, dois diodos consomem 12 W, sugerindo que os diodos retificadores nos servidores de Google dissipam, a grosso modo, uma potência total de 6 MW. Isso equivale à potência gerada por cerca de 10 usinas nucleares! Grande esforço é, atualmente, dedicado à "eletrônica verde", na tentativa de reduzir o consumo de potência dos circuitos, incluindo da própria fonte de potência. (Nosso exemplo é, na verdade, muito pessimista, pois, para melhorar a eficiência, computadores usam fontes de potência "chaveadas".)

Por exemplo, se $r_D = 5\ \Omega$ e $R_1 = 1\ k\Omega$, variações em $V_{entrada}$ são atenuadas por um fator de aproximadamente 200 em $V_{saída}$. Mesmo assim, o regulador de Zener tem a mesma deficiência do circuito da Figura 3.43: baixa estabilidade se a corrente variar muito.

Nosso breve estudo de reguladores revela, até agora, dois aspectos importantes de sua configuração: estabilidade da saída em relação às variações da entrada e estabilidade da saída em relação às variações da corrente na carga. A primeira é quantificada pela "regulação de linha", definida como $\Delta V_{saída}/\Delta V_{entrada}$ e a segunda, pela "regulação de carga", definida como $\Delta V_{saída}/\Delta I_L$.

Exemplo 3.33 No circuito da Figura 3.45(a), $V_{entrada}$ tem valor nominal de 5 V, $R_1 = 100\ \Omega$, D_2 tem uma tensão de ruptura reversa de 2,7 V e uma resistência de pequenos sinais de 5 Ω. Considerando $V_{D,on} \approx 0,8$ V para D_1, determinemos as regulações de linha e de carga do circuito.

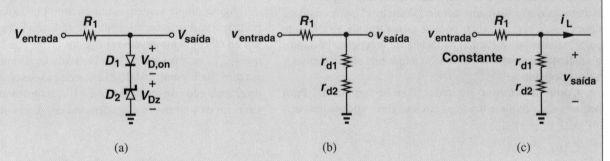

Figura 3.45 Circuito usando dois diodos, (b) equivalente de pequenos sinais, (c) regulação de carga.

Solução Solução Primeiro, determinemos a corrente de polarização de D_1 e, portanto, sua resistência de pequenos sinais:

$$I_{D1} = \frac{V_{entrada} - V_{D,on} - V_{D2}}{R_1} \tag{3.101}$$

$$= 15\ \text{mA}. \tag{3.102}$$

Com isso,

$$r_{D1} = \frac{V_T}{I_{D1}} \tag{3.103}$$

$$= 1,73\ \Omega. \tag{3.104}$$

Do modelo de pequenos sinais da Figura 3.44(b), calculamos a regulação de linha como

$$\frac{v_{saída}}{v_{entrada}} = \frac{r_{D1} + r_{D2}}{r_{D1} + r_{D2} + R_1} \tag{3.105}$$

$$= 0,063. \tag{3.106}$$

Para a regulação de carga, consideramos que a entrada seja constante e estudamos o efeito de variações da corrente na carga. Usando o circuito de pequenos sinais da Figura 3.45 (c) (onde $v_{entrada} = 0$ para representar uma entrada constante), temos

$$\frac{v_{saída}}{(r_{D1} + r_{D2}) \| R_1} = -i_L. \tag{3.107}$$

Ou seja,

$$\left|\frac{v_{saída}}{i_L}\right| = (r_{D1} + r_{D2}) \| R_1 \tag{3.108}$$

$$= 6,31 \, \Omega. \tag{3.109}$$

Esse valor indica que uma variação de 1 mA na corrente na carga resulta em uma variação de 6,31 mV na tensão de saída.

Exercício Repita o exemplo anterior para o caso em que $R_1 = 50 \, \Omega$ e compare os resultados.

A Figura 3.46 resume os resultados de nosso estudo nesta seção.

3.5.3 Circuitos Limitadores

Consideremos o sinal recebido por um telefone celular quando o usuário se aproxima de uma estação radiobase (Figura 3.47). À medida que a distância cai de kilometros* para centenas de metros, o nível de sinal pode se tornar grande o suficiente para "saturar" os circuitos na cadeia de recepção. Portanto, no receptor, é desejável "limitar" a amplitude do sinal em um valor adequado.

Como um circuito limitador deve se comportar? Para pequenos níveis de entrada, o circuito deve apenas passar a entrada para a saída, ou seja, $V_{saída} = V_{entrada}$; quando que o nível de entrada exceder um "limiar" ou "limite", a saída deve permanecer constante. Esse comportamento deve se aplicar tanto a entradas positivas como negativas e é traduzido na característica entrada/saída mostrada na Figura 3.48(a). Como ilustrado na Figura 3.48(b), um sinal aplicado à entrada emerge na saída com os valores de pico "cortados" em $\pm V_L$.

Agora, implementemos um circuito que exiba esse comportamento. A característica entrada/saída não linear sugere que um ou mais diodos devam ser ligados ou desligados à medida que $V_{entrada}$ se aproxima de $\pm V_L$. Na verdade, já vimos exemplos simples nas Figuras 3.11(b) e (c), onde os semiciclos positivos da entrada são cortados em 0 V e +1 V, respectivamente. Reexaminemos o primeiro considerando um diodo mais realista,

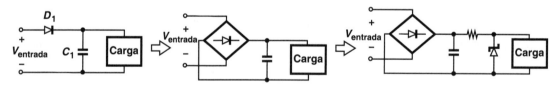

Figura 3.46 Resumo de reguladores.

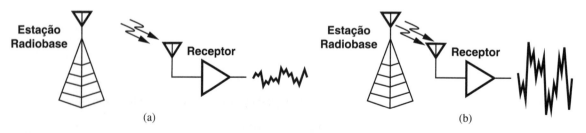

Figura 3.47 Sinais recebidos em região (a) distante ou (b) próxima de uma estação radiobase.

---

* Veja nota associada ao Exemplo 1.1. (N. T.)

Modelos de Diodos e Circuitos com Diodos 81

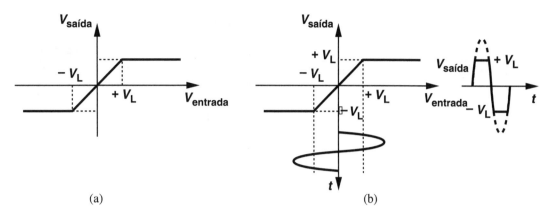

Figura 3.48 (a) Característica entrada/saída de um circuito limitador, (b) resposta a uma senoide.

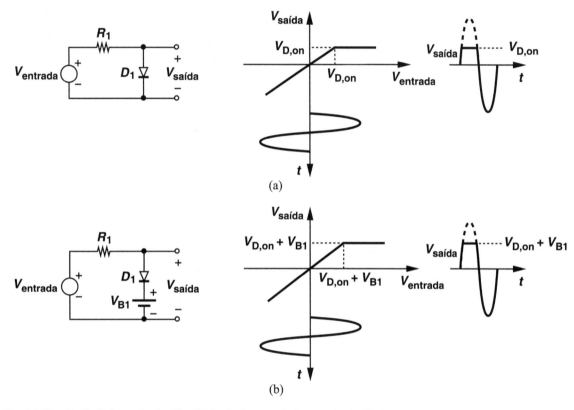

Figura 3.49 (a) Circuito limitador mais simples, (b) limitador com deslocamento de nível.

por exemplo, o modelo de tensão constante. Como ilustrado na Figura 3.49(a), $V_{saída}$ é igual a $V_{entrada}$ para $V_{entrada} < V_{D,\,on}$ e igual a $V_{D,\,on}$ a partir daí.

Para que funcione como um circuito limitador mais geral, a topologia anterior deve satisfazer duas outras condições. Primeira, o nível de limite, V_L, deve ser uma tensão arbitrária e não necessariamente igual a $V_{D,\,on}$. Com base no circuito da Figura 3.11(c), postulamos que uma fonte de tensão constante em série com D_1 desloque o ponto de corte e, assim, alcançamos esse objetivo. O circuito resultante, ilustrado na Figura 3.49(b), limita a tensão a $V_L = V_{B1} + V_{D,\,on}$. Notemos que, para deslocar V_L para valores maiores ou menores, V_{B1} pode ser positivo ou negativo, respectivamente.

Segunda, os valores negativos de $V_{entrada}$ também devem ser limitados. Começando com o circuito da Figura 3.49(a), observamos que, se anodo e catodo de D_1 trocarem de posição, o circuito limita em $V_{entrada} = -V_{D,\,on}$ [Figura 3.50(a)]. Portanto, como mostrado na Figura 3.50(b), dois diodos "antiparalelos" podem criar uma característica que limite em $\pm V_{D,\,on}$. Por fim, a inserção de fontes de tensão constante em série com os diodos desloca os níveis de corte a valores arbitrários (Figura 3.51).

Antes de concluirmos esta seção, façamos duas observações. Primeira, os circuitos que estudamos exibem uma inclinação não nula na região de limitação (Figura 3.53). Isso ocorre porque, à medida que $V_{entrada}$ aumenta, também aumenta a corrente no diodo que está sob polarização direta e, portanto, aumenta a

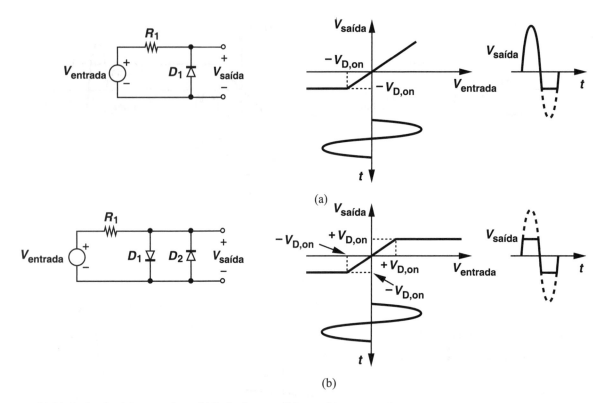

Figura 3.50 (a) Limitador de ciclos negativos, (b) limitador para ciclos positivos e negativos.

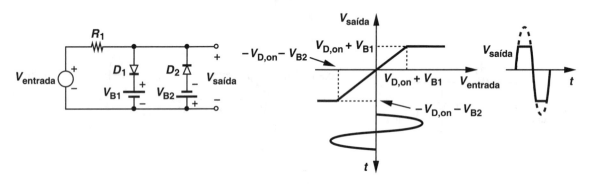

Figura 3.51 Circuito limitador genérico e sua característica entrada/saída.

tensão no diodo.[16] Contudo, a regra de 60 mV/década expressa pela Equação (2.109) implica que, em geral, este efeito é desprezível. Segunda, até aqui, para $-V_L < V_{entrada} < +V_L$, consideramos $V_{saída} = V_{entrada}$; entretanto, é possível realizar uma inclinação não unitária na região: $V_{saída} = \alpha V_{entrada}$.

3.5.4 Dobradores de Tensão[*]

Sistemas eletrônicos empregam, em geral, uma fonte de tensão "global" – por exemplo, 3 V – e exigem que circuitos discretos e integrados operem com este valor. No entanto, o projeto de alguns circuitos no sistema é mais simples quando os mesmos são alimentados por uma fonte de tensão *mais alta*, por exemplo, 6 V. "Dobradores de tensão" podem ser úteis para esse fim.[17]

Antes do estudo de dobradores de tensão, é conveniente revermos algumas propriedades básicas de capacitores. Primeira, para carregar uma placa de um capacitor a $+Q$, a outra placa *deve* ser carregada a $-Q$. Portanto, no circuito da Figura 3.54(a), a tensão nos terminais de C_1 *não pode* mudar, mesmo que $V_{entrada}$ mude, pois a placa direita de C_1 não pode receber ou liberar carga ($Q = CV$). Como V_{C1} permanece constante,

---

[16] Recordemos que $V_D = V_T \ln(I_D/I_S)$.
[*] Esta seção pode ser pulada em uma primeira leitura.
[17] Dobradores de tensão são um exemplo de "conversores DC-DC".

Modelos de Diodos e Circuitos com Diodos 83

> **Exemplo 3.34** Um sinal deve ser limitado em ±100 mV. Considerando $V_{D,\,on} = 800$ mV, projetemos o circuito limitador.
>
> **Solução** A Figura 3.52(a) ilustra como as fontes de tensão devem deslocar os pontos de corte. Como o ponto de corte dos ciclos positivos deve ser deslocado para a esquerda, a fonte de tensão em série com D_1 deve ser *negativa* e igual a 700 mV. De modo similar, a fonte de tensão em série com D_2 deve ser positiva e igual a 700 mV. A Figura 3.52(b) mostra o circuito resultante.
>
>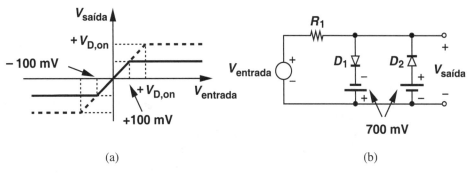
>
> **Figura 3.52** (a) Característica entrada/saída, (b) exemplo de um circuito limitador.

Exercício Repita o exemplo anterior para o caso em que os valores positivos do sinal devam ser limitados em +200 mV e os valores negativos, em –1,1 V.

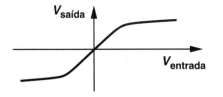

Figura 3.53 Efeito de diodos não ideais nas características de limitação.

uma mudança $\Delta V_{entrada}$ aparece diretamente na saída. Esta é uma observação importante.

Segunda, um divisor de tensão capacitivo, como o da Figura 3.54(b), funciona da seguinte maneira: se $V_{entrada}$ se tornar mais positivo, a placa esquerda de C_1 receberá carga positiva de $V_{entrada}$ e obrigará a placa direita a absorver da placa superior de C_2 uma carga negativa de mesma amplitude. Tendo perdido carga negativa, a placa superior de C_2 armazena mais carga positiva e, portanto, a placa inferior absorve carga negativa da terra. Vale notar que as quatro placas recebem ou liberam iguais quantidades de carga, pois C_1 e C_2 estão em série. Para determinar a variação $\Delta V_{saída}$ em $V_{saída}$ decorrente de $\Delta V_{entrada}$, escrevemos a variação na carga em C_2 como $\Delta Q_2 = C_2 \cdot \Delta V_{saída}$, que também vale para C_1: $\Delta Q_2 = \Delta Q_1$. Assim, a variação de tensão em C_1 é igual a $C_2 \cdot \Delta V_{saída}/C_1$. Somando estas duas variações de tensão e igualando o resultado a $\Delta V_{entrada}$, temos:

$$\Delta V_{entrada} = \frac{C_2}{C_1} \Delta V_{saída} + \Delta V_{saída}. \quad (3.110)$$

Ou seja,

$$\Delta V_{saída} = \frac{C_1}{C_1 + C_2} \Delta V_{entrada}. \quad (3.111)$$

Este resultado é similar ao da expressão para a divisão de tensão em divisores resistivos, exceto que C_1 (e não C_2) aparece no numerador. É interessante observar que o circuito da Figura 3.54(a) é um caso especial do divisor capacitivo com $C_2 = 0$ e, portanto, $\Delta V_{saída} = \Delta V_{entrada}$.

Como primeiro passo para a realização de um dobrador de tensão, recordemos o resultado ilustrado na Figura 3.31: no detector de pico, a tensão no diodo tem um valor médio $-V_p$ e, o que é mais importante, um valor de pico $-2V_p$ (em relação a zero). Para um estudo mais detalhado, o circuito é redesenhado na Figura 3.55, onde o diodo e o capacitor trocaram de posição, e a tensão em D_1 foi chamada de $V_{saída}$. Embora, neste circuito, $V_{saída}$ tenha o mesmo comportamento de V_{D1} na Figura 3.30(a), para um melhor entendimento, obteremos a forma de onda de saída de uma perspectiva diferente.

Supondo que temos um diodo ideal e a condição inicial nula em C_1, notamos que, à medida que $V_{entrada}$ se torna maior do que zero, a entrada tende a colocar carga positiva na placa esquerda de C_1 e, portanto, carga negativa deve ser fornecida por D_1. Em consequência, D_1 é ligado, o que força $V_{saída} = 0$.[18] À medida que a entrada aumenta em direção a V_p, a tensão em C_1 permanece igual a $V_{entrada}$, pois a placa direita de C_1 está "conectada" a zero por D_1. Após $t = t_1$, $V_{entrada}$ começa a cair e tende a descarregar

---

[18] Se assumirmos que D_1 não é liga, o circuito lembra o da Figura 3.54(a) e requer que $V_{saída}$ aumente e D_1 seja ligado.

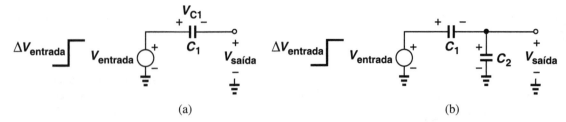

Figura 3.54 (a) Variação de tensão em uma placa do capacitor, (b) divisão de tensão.

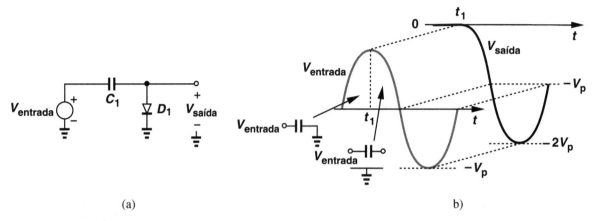

Figura 3.55 (a) Circuito capacitor-diodo, (b) formas de onda correspondentes.

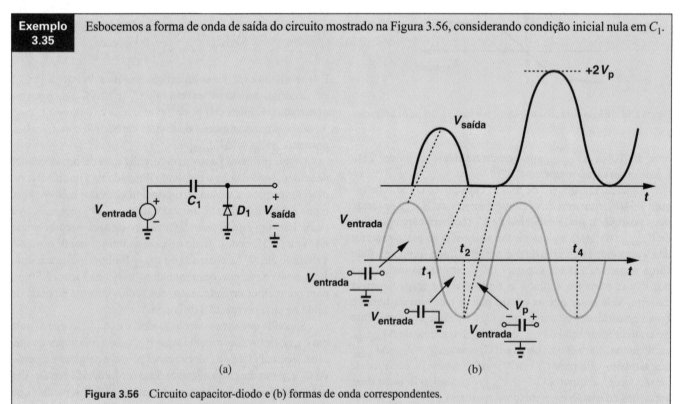

Exemplo 3.35 Esbocemos a forma de onda de saída do circuito mostrado na Figura 3.56, considerando condição inicial nula em C_1.

Figura 3.56 Circuito capacitor-diodo e (b) formas de onda correspondentes.

Solução À medida que $V_{entrada}$ se torna maior do que zero, tentado fornecer carga positiva à placa esquerda de C_1 e, em consequência, puxando carga negativa de D_1, o diodo é desligado. Isso faz com que, durante todo o semiciclo positivo, C_1 transfira a carga da entrada diretamente à saída. Após $t = t_1$, a entrada tende a fornecer carga negativa a C_1: D_1 é ligado e força $V_{saída} = 0$. Assim, a tensão em C_1 permanece igual a $V_{entrada}$ até $t = t_2$; neste momento, a direção do fluxo de corrente por C_1 e D_1 deve ser alterada, desligando D_1. Agora, a tensão em C_1 é igual a V_p e o capacitor transfere a carga de entrada à saída, ou seja, a saída segue a entrada, com um deslocamento de nível de $+V_p$ e alcança um valor de pico de $+2V_p$.

Exercício Repita o exemplo anterior para o caso em que, em $t = 0$, a placa direita de C_1 seja 1 V mais positiva que a placa esquerda.

C_1, ou seja, força a liberação de carga positiva da placa esquerda e, portanto, de D_1. Em consequência, o diodo é desligado e o circuito se reduz ao da Figura 3.54(a). A partir desse instante de tempo, a saída apenas segue as variações na entrada, enquanto C_1 sustenta uma tensão constante e igual a V_p. Em particular, à medida que $V_{entrada}$ varia de $+V_p$ a $-V_p$, a saída passa de zero a $-2V_p$, e o ciclo se repete indefinidamente. A forma de onda de saída é, por conseguinte, idêntica à obtida na Figura 3.31(b).

Até aqui, desenvolvemos circuitos que, para uma entrada senoidal que varia entre $-V_p$ e $+V_p$, geram uma saída periódica com valor de pico $-2V_p$ ou $+2V_p$. Concluímos que, se estes circuitos forem seguidos por um *detector de pico* [por exemplo, Figura 3.30(a)], uma saída constante igual a $-2V_p$ ou $+2V_p$ poderá ser produzida. Combinando o circuito da Figura 3.56 com o detector de pico da Figura 3.30(a), a Figura 3.57 exemplifica esse conceito. Como o detector de pico "carrega" o primeiro estágio quando D_2 está ligado, devemos analisar esse circuito com cuidado e determinar se, de fato, funciona como um dobrador de tensão.

Consideremos serem diodos ideais, as condições iniciais nulas em C_1 e C_2, e $C_1 = C_2$. Neste caso, a análise fica simplificada se começarmos com um ciclo negativo. À medida que $V_{entrada}$ se torna menor do que zero, D_1 liga e conecta o nó X a zero.[19] Assim, para $t < t_1$, D_2 permanece desligado e $V_{saída} = 0$. Em $t = t_1$, a tensão em C_1 chega a $-V_p$. Para $t > t_1$, a entrada começa a aumentar e tente a depositar carga positiva na placa esquerda de C_1, o que desliga D_1 e resulta no circuito mostrado na Figura 3.57.

Como D_2 se comporta nesse regime? Como $V_{entrada}$ está aumentando, postulamos que V_X também tenda a crescer (a partir de zero) e desligue D_2. (Se D_2 permanecer desligado, C_1 apenas transfere a variação em $V_{entrada}$ ao nó X, aumentando V_X e ligando D_2.) Em consequência, o circuito se reduz a um simples divisor capacitivo que segue a Equação (3.111):

$$\Delta V_{saída} = \frac{1}{2} \Delta V_{entrada}, \quad (3.112)$$

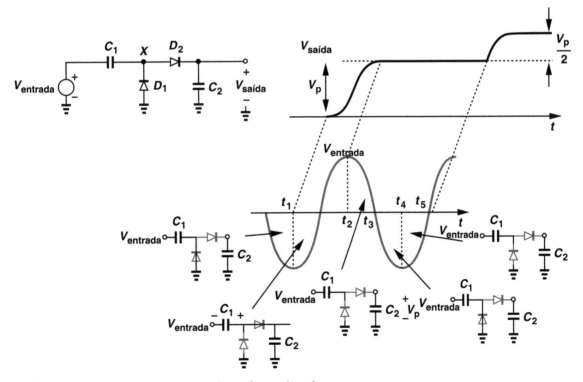

Figura 3.57 Circuito dobrador de tensão e correspondentes formas de onda.

---

[19] Como sempre, o leitor é encorajado a assumir a hipótese contrária (D_1 permanece desligado) e obter um resultado conflitante.

86 Capítulo 3

Exemplo 3.36	Para o circuito dobrador de tensão, esbocemos a curva da variação da corrente em D_1 em função do tempo.
Solução	Usando o diagrama da Figura 3.58(a), notamos que, quando D_1 está sob polarização direta, D_1 e C_1 conduzem correntes iguais; escrevendo a corrente como $I_{D1} = -C_1 dV_{entrada}/dt$, construímos o gráfico mostrado na Figura 3.58(b). Para $0 < t < t_1$, D_1 conduz, e a corrente de pico corresponde à máxima inclinação de $V_{entrada}$, ou seja, imediatamente após $t = 0$. De $t = t_1$ a $t = t_3$, o diodo permanece desligado e repete o mesmo comportamento nos ciclos subsequentes.
Exercício	No exemplo anterior, esboce a curva da variação da corrente em D_2 em função do tempo.

pois $C_1 = C_2$. Em outras palavras, V_X e $V_{saída}$ crescem a partir de zero, permanecem iguais e variam de forma senoidal, com amplitude $V_p/2$. Logo, de t_1 a t_2, uma variação de $2V_p$ em $V_{entrada}$ aparece como uma variação V_p em V_X e $V_{saída}$. Em $t = t_2$, a tensão em C_1 é zero, pois $V_{entrada}$ e $V_{saída}$ são ambos iguais a $+V_p$.

O que se passa depois de $t = t_2$? Como $V_{entrada}$ começa a diminuir e tende a puxar carga de C_1, D_2 é desligado e mantém $V_{saída}$ igual a $+V_p$. O leitor pode se perguntar se algo está errado; nosso objetivo era gerar uma saída igual a $2V_p$ e não V_p. Contudo, a paciência é uma virtude e devemos prosseguir com a análise de transiente. Para $t > t_2$, D_1 e D_2 estão desligados e cada capacitor mantém uma tensão constante. Como a tensão em C_1 é zero, $V_X = V_{entrada}$ e cai a zero em $t = t_3$. Neste momento, D_1 é ligado de novo e permite que, em $t = t_4$, C_1 seja carregado a $-V_p$. Quando $V_{entrada}$ começa a aumentar novamente, D_1 é desligado e D_2 permanece desligado, pois $V_X = 0$ e $V_{saída} = +V_p$. Agora, com a placa direita de C_1 flutuando, V_X segue a variação da entrada e atinge $+V_p$ quando $V_{entrada}$ passa de $-V_p$ a 0. Assim, D_2 é ligado em $t = t_5$ e, mais uma vez, forma um divisor capacitivo. Após esse instante de tempo, a variação da saída é igual à metade da variação da entrada, ou seja, quando $V_{entrada}$ passa de 0 a $+V_p$, $V_{saída}$ passa de $+V_p$ a $+V_p + V_p/2$. A saída, agora, chegou a $3V_p/2$.

A análise anterior deixa evidente que, em cada ciclo da entrada, a saída continua a aumentar de V_p, $V_p/2$, $V_p/4$ e assim por diante, tendendo ao seguinte valor final

$$V_{saída} = V_p \left(1 + \frac{1}{2} + \frac{1}{4} + \cdots \right) \quad (3.113)$$

$$= \frac{V_p}{1 - \frac{1}{2}} \quad (3.114)$$

$$= 2V_p. \quad (3.115)$$

O leitor é encorajado a prosseguir com a análise por mais alguns ciclos e comprovar esta tendência.

3.5.5 Diodos como Deslocadores de Nível e Comutadores*

No projeto de circuitos eletrônicos, pode ser necessário deslocar o nível médio de um sinal para cima ou para baixo, pois um

> **Você sabia?**
> Dobradores são, muitas vezes, usados para gerar tensões DC maiores que aquela que pode ser fornecida pela fonte de potência do sistema. Por exemplo, para acelerar elétrons e, por um processo denominado "emissão secundária", amplificar o número de fótons, um "fotomultiplicador" requer alimentação por tensão de 1000 a 2000 V. Neste caso, começamos com uma tensão de linha de 110 V ou 220V e empregamos uma cascata de dobradores de tensão para alcançar o valor necessário. Fotomultiplicadores têm aplicação em várias áreas, que incluem astronomia, física de alta energia e medicina. Por exemplo, células sanguíneas são contadas, em condições de baixo nível de luz, com a ajuda de fotomultiplicadores.

estágio subsequente (por exemplo, um amplificador) pode não operar de forma adequada com o atual nível de sinal.

Dado que um diodo sob polarização direta mantém uma tensão relativamente constante, o mesmo pode ser visto como uma bateria e, portanto, um dispositivo capaz de deslocar o nível de sinal. Como primeira tentativa, consideremos o circuito mostrado na Figura 3.59(a) como candidato para deslocar o nível do sinal *para baixo*, por um valor igual a $V_{D,on}$. No entanto, a corrente no diodo permanece desconhecida e depende do próximo estágio. Para aliviar esse problema, modifiquemos o circuito como indicado na Figura 3.59(b), onde I_1 conduz uma corrente constante e estabelece $V_{D,on}$ em D_1.[20] Se a corrente que flui no próximo estágio for desprezível (ou, pelo menos, constante), $V_{saída}$ será menor do que $V_{entrada}$ por um valor constante $V_{D,on}$.

O circuito de deslocamento de nível da Figura 3.59(b) pode ser transformado em um comutador eletrônico. Por exemplo, diversas aplicações empregam a topologia mostrada na Figura 3.61(a) para "amostrar" $V_{entrada}$ em C_1 e "congelar" o valor quando S_1 desligar. Substituamos S_1 pelo circuito deslocador de nível para permitir que I_1 seja ligada e desligada [Figura 361(b)]. Se I_1 estiver ligada, $V_{saída}$ segue $V_{entrada}$, a menos de um deslocamento de nível igual a $V_{D,on}$. Quando I_1 desliga, D_1 também desliga e, evidentemente, desconecta C_1 da entrada, o que congela a tensão em C_1.

Usamos o termo "evidentemente" na última frase porque o verdadeiro comportamento do circuito difere um pouco da descrição anterior. A hipótese de que D_1 desliga é válida apenas

---
* Esta seção pode ser pulada em uma primeira leitura.
[20] O diodo foi desenhado na vertical para enfatizar que $V_{saída}$ é menor que $V_{entrada}$.

Modelos de Diodos e Circuitos com Diodos 87

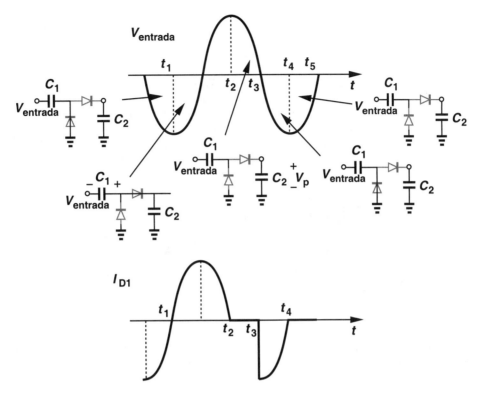

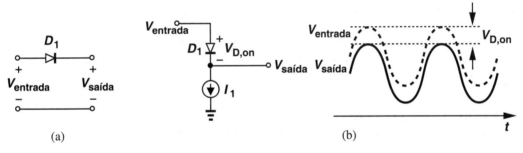

Figura 3.58 Corrente no diodo em um dobrador de tensão.

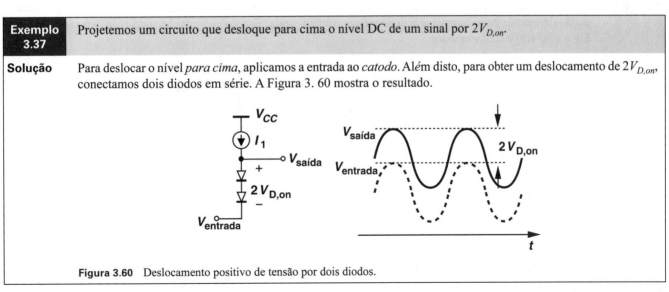

Figura 3.59 (a) Uso de um diodo para deslocamento de nível, (b) implementação prática.

Exemplo 3.37	Projetemos um circuito que desloque para cima o nível DC de um sinal por $2V_{D,on}$.
Solução	Para deslocar o nível *para cima*, aplicamos a entrada ao *catodo*. Além disto, para obter um deslocamento de $2V_{D,on}$, conectamos dois diodos em série. A Figura 3.60 mostra o resultado.

Figura 3.60 Deslocamento positivo de tensão por dois diodos.

Exercício O que acontece se I_1 for extremamente pequena?

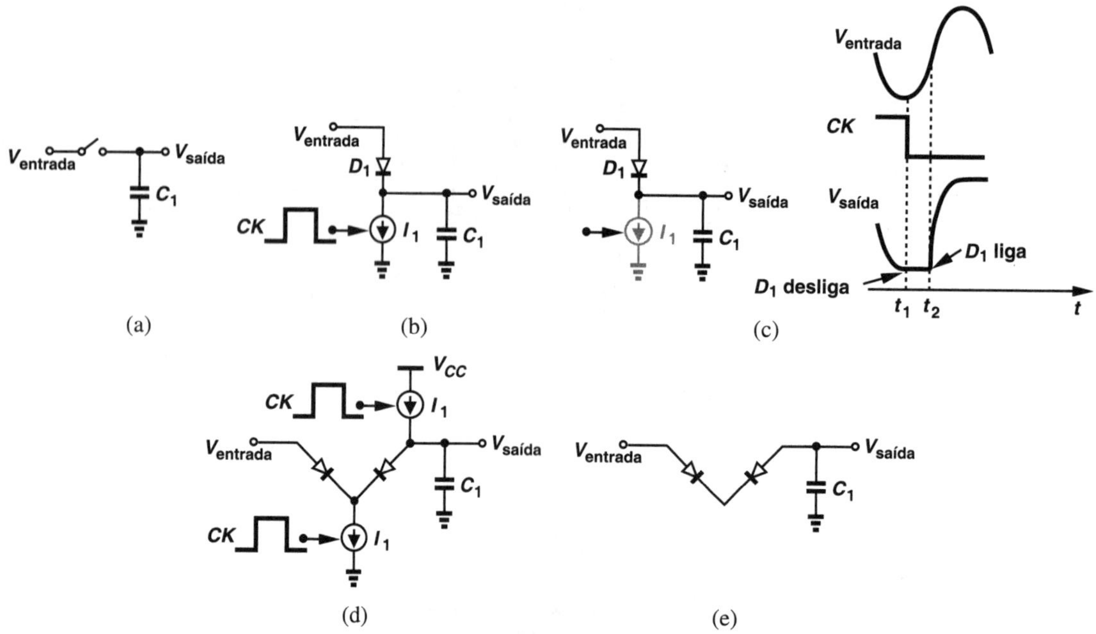

Figura 3.61 (a) Circuito capacitor-comutador, (b) realização de (a) usando um diodo como comutador, (c) problema da condução do diodo, (d) circuito mais complexo, (e) circuito equivalente quando I_1 e I_2 estão desligadas.

se C_1 não puxar corrente de D_1, ou seja, apenas se $V_{entrada} - V_{saída}$ permanecer menor do que $V_{D,on}$. Agora, consideremos o caso ilustrado na Figura 3.61(c), onde I_1 desliga em $t = t_1$, permitindo que C_1 armazene um valor igual a $V_{entrada1} - V_{D,on}$. À medida que a forma de onda da entrada completa uma excursão negativa e excede $V_{entrada1}$ em $t = t_2$, o diodo fica, de novo, sob polarização direta e carrega C_1 com a entrada (como em um detector de pico). Ou seja, embora I_1 esteja desligada, D_1 é ligado em parte do ciclo.

Para resolver esse problema, o circuito é modificado como mostrado na Figura 3.61(d), onde D_2 foi inserido entre D_1 e C_1, e I_2 provê uma corrente de polarização para D_2. Com I_1 e I_2

Exemplo 3.38 No Capítulo 2, vimos que, sob polarização reversa, diodos exibem uma capacitância de junção. Estudemos o efeito dessa capacitância na operação do circuito discutido anteriormente.

Solução A Figura 3.62 mostra o circuito equivalente para o caso em que os diodos estão desligados, sugerindo que a condução da entrada pela capacitância de junção perturba a saída. Especificamente, usando o divisor capacitivo da Figura 3.54(b) e considerando

Figura 3.62 Condução no comutador a diodo.

$C_{j1} = C_{j2} = C_j$, temos

$$\Delta V_{saída} = \frac{C_j/2}{C_j/2 + C_1} \Delta V_{entrada}. \qquad (3.116)$$

Para assegurar que essa "condução" seja pequena, C_1 deve ser grande.

Exercício Calcule a variação da tensão na placa direita de C_{j1} (em relação à terra) em termos de $\Delta V_{entrada}$.

ligadas, os diodos operam sob polarização direta, $V_X = V_{entrada} - V_{D1}$ e $V_{saída} = V_X + V_{D2} = V_{entrada}$, se $V_{D1} = V_{D2}$. Portanto, $V_{saída}$ segue $V_{entrada}$ sem nenhum deslocamento de nível. Quando I_1 e I_2 estão desligadas, o circuito se reduz ao da Figura 3.61(e), e, para qualquer valor de $V_{entrada} - V_{saída}$, os diodos frente a frente não conduzem e isolam C_1 da entrada. Em outras palavras, os dois diodos e as duas fontes de corrente formam um comutador eletrônico.

3.6 RESUMO DO CAPÍTULO

- Além dos modelos exponencial e de tensão constante, um modelo "ideal" é, algumas vezes, usado na análise de circuitos com diodos. O modelo ideal considera que o diodo seja ligado com uma tensão de polarização direta muito pequena.
- Para diversos circuitos eletrônicos, a "característica entrada/saída" é estudada para um entendimento da resposta para diferentes níveis de entrada, por exemplo, para uma entrada que varia de $-\infty$ a $+\infty$.
- "Operação em grandes sinais" ocorre quando um circuito ou dispositivo está sujeito a excursões arbitrariamente grandes de tensão ou de corrente. O modelo exponencial, de tensão constante ou ideal de diodo é usado nesse caso.
- Se as *variações* de tensão e corrente forem suficientemente pequenas, dispositivos e circuito não lineares podem ser aproximados por equivalentes lineares, o que simplifica muito a análise. Essa é a chamada "operação em pequenos sinais".
- O modelo de pequenos sinais de um diodo consiste em uma "resistência incremental" dada por V_T/I_D.
- Diodos encontram aplicação em diversos tipos de circuitos, incluindo retificadores, limitadores, dobradores de tensão e deslocadores de nível.
- Retificadores de meia-onda deixam passar semiciclos positivos (negativos) da forma de onda de entrada e bloqueiam os semiciclos negativos (positivos). Quando seguido por um capacitor, um retificador pode produzir um nível DC quase igual ao valor de pico da excursão da entrada.
- Um retificador de meia-onda com um capacitor de filtragem de valor C_1 e resistor de carga R_L exibe um *ripple* de saída igual a $(V_p - V_{D,on})/(R_L C_1 f_{entrada})$.
- Retificadores de onda completa convertem os ciclos positivos e negativos da entrada à mesma polaridade na saída. Quando seguido por um capacitor de filtragem e um resistor de carga, estes retificadores exibem um *ripple* de saída dado por $0{,}5(V_p - 2V_{D,on})/(R_L C_1 f_{entrada})$.
- Diodos podem funcionar como dispositivos limitadores, ou seja, podem limitar a excursão de saída, mesmo que a excursão de entrada continue aumentando.

EXERCÍCIOS

Nos exercícios seguintes, considere, para o modelo de tensão constante, que $V_{D,on} = 800$ mV.

Seção 3.2 Junção *pn* como um Diodo

3.1 Esboce a característica I/V do circuito mostrado na Figura 3.63.

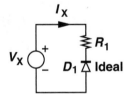

Figura 3.63

3.2 Se a entrada na Figura 3.63 for expressa como $V_X = V_0 \cos \omega t$, esboce a curva da corrente que flui no circuito em função do tempo.

3.3 Para o circuito mostrado na Figura 3.65, esboce a curva de I_X em função de V_X nos casos $V_B = -1$ V e $V_B = +1$ V.

3.4 Para o circuito mostrado na Figura 3.64, esboce a curva de I_X em função de V_X nos casos $V_B = -1$ V e $V_B = +1$ V.

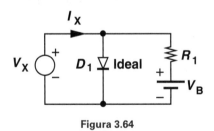

Figura 3.64

3.5 Para o circuito ilustrado na Figura 3.65, esboce a curva de I_X em função de V_X para os casos $V_B = -1$ V e $V_B = +1$ V.

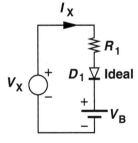

Figura 3.65

3.6 Para o circuito ilustrado na Figura 3.66, esboce as curvas de I_X e I_{D1} em função de V_X. Considere $V_B > 0$.

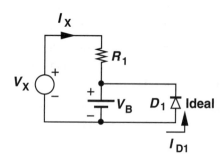

Figura 3.66

3.7 Para o circuito ilustrado na Figura 3.67, esboce as curvas de I_X e I_{R1} em função de V_X para os casos $V_B = -1$ V e $V_B = +1$ V.

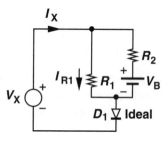

Figura 3.67

3.8 Para o circuito ilustrado na Figura 3.68, esboce as curvas de I_X e I_{R1} em função de V_X para os casos $V_B = -1$ V e $V_B = +1$ V.

*3.9 Usando o modelo ideal para os diodos, esboce as curvas das características entrada/saída dos circuitos ilustrados na Figura 3.69. Considere $V_B = 2$ V.

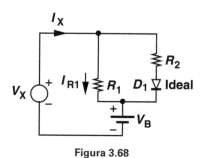

Figura 3.68

*3.10 Repita o Exercício 3.9 com um modelo de tensão constante.

*3.11 Para cada circuito da Figura 3.69, esboce a curva da saída em função do tempo para entrada $V_{entrada} = V_0 \cos \omega t$. Considere um modelo ideal de diodo.

**3.12 Esboce a característica entrada/saída de cada circuito na Figura 3.70 usando um modelo ideal para os diodos.

**3.13 Repita o Exercício 3.12 com um modelo de tensão constante para os diodos.

**3.14 Para cada circuito da Figura 3.70, esboce a curva da saída em função do tempo para entrada $V_{entrada} = V_0 \cos \omega t$. Use um modelo ideal de diodo.

**3.15 Considerando um modelo de tensão constante para os diodos, esboce a curva de $V_{saída}$ em função de $I_{entrada}$ para cada circuito na Figura 3.71.

**3.16 Para os circuitos na Figura 3.71, esboce a curva da corrente que flui em R_1 em função de $V_{entrada}$. Considere um modelo de tensão constante para os diodos.

**3.17 Para os circuitos na Figura 3.71, esboce a curva de $V_{saída}$ em função do tempo, com $I_{entrada} = I_0 \cos \omega t$. Considere um modelo de tensão constante para os diodos e um valor relativamente grande para I_0.

**3.18 Para os circuitos na Figura 3.72, esboce a curva de $V_{saída}$ em função de $I_{entrada}$. Considere um modelo de tensão constante para os diodos.

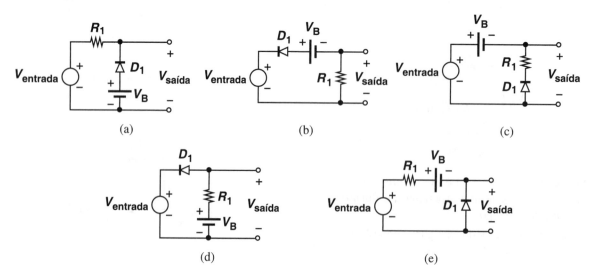

Figura 3.69

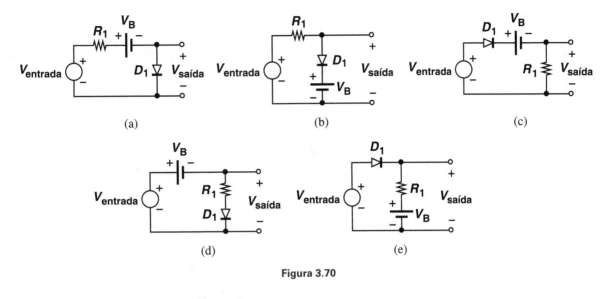

Figura 3.70

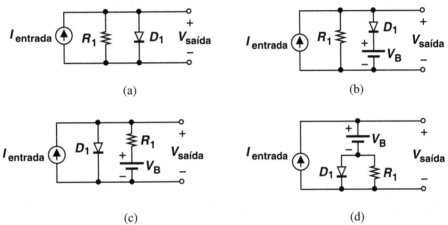

Figura 3.71

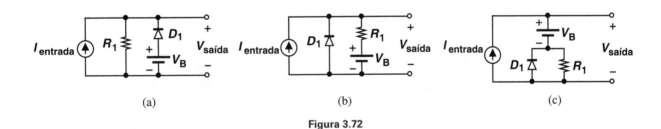

Figura 3.72

*3.19 Para os circuitos na Figura 3.72, esboce a curva da corrente que flui em R_1 em função de $I_{entrada}$. Considere um modelo de tensão constante para os diodos.

*3.20 Para os circuitos na Figura 3.72, considere $I_{entrada} = I_0 \cos \omega t$, com I_0 relativamente grande. Usando um modelo de tensão constante para os diodos, esboce a curva de $V_{saída}$ em função do tempo.

**3.21 Para os circuitos na Figura 3.73, esboce a curva de $V_{saída}$ em função de $I_{entrada}$. Considere um modelo de tensão constante para os diodos.

**3.22 Para os circuitos na Figura 3.73, esboce a curva da corrente que flui em R_1 em função de $I_{entrada}$. Considere um modelo de tensão constante para os diodos.

*3.23 Para os circuitos ilustrados na Figura 3.74, esboce a curva da característica entrada/saída. Considere um modelo de tensão constante para os diodos.

*3.24 Para os circuitos na Figura 3.74, esboce as curvas das correntes que fluem em R_1 e em D_1 em função de $V_{entrada}$. Considere um modelo de tensão constante para os diodos.

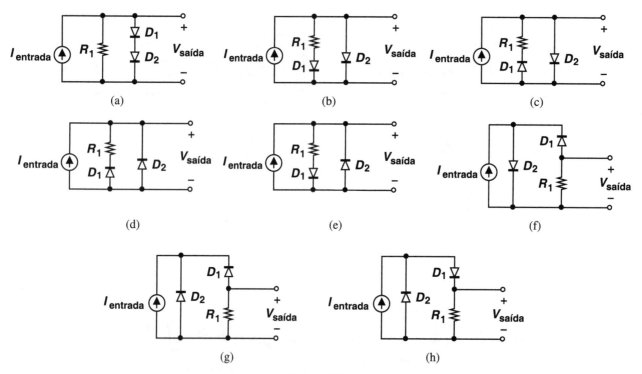

Figura 3.73

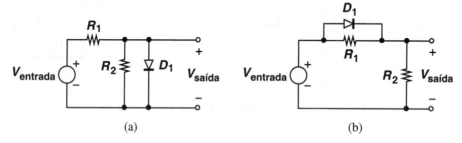

Figura 3.74

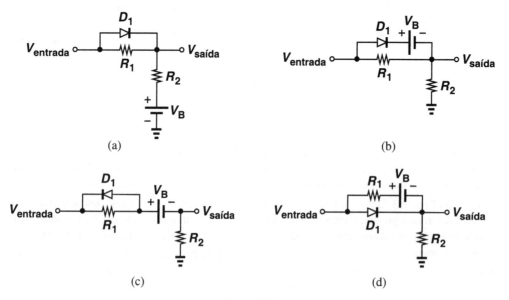

Figura 3.75

**3.25 Considerando um modelo de tensão constante para os diodos, esboce as curvas das características entrada/saída dos circuitos ilustrados na Figura 3.75.

**3.26 Para os circuitos na Figura 3.75, esboce as curvas das correntes que fluem em R_1 e em D_1 em função de $V_{entrada}$. Assuma um modelo de tensão constante para os diodos.

**3.27 Considere um modelo de tensão constante para os diodos e $V_B = 2$ V, esboce as curvas das características entrada/saída dos circuitos ilustrados na Figura 3.76.

*3.28 Para os circuitos na Figura 3.76, esboce as curvas das correntes que fluem em R_1 e em D_1 em função de $V_{entrada}$. Considere um modelo de tensão constante para os diodos e $V_B = 2$ V.

**3.29 Considere um modelo de tensão constante para os diodos, esboce as curvas das características entrada/saída dos circuitos ilustrados na Figura 3.77.

**3.30 Para os circuitos na Figura 3.77, esboce as curvas das correntes que fluem em R_1 e em D_1 em função de $V_{entrada}$. Considere um modelo de tensão constante para os diodos.

*3.31 Para os circuitos mostrados na Figura 3.78, começando com $V_{D,on} \approx 800$ mV para cada diodo, determine a variação em $V_{saída}$ se $V_{entrada}$ mudar de +2,4 V para +2,5 V.

*3.32 Para os circuitos da Figura 3.79, começando com $V_{D,on} \approx 800$ mV para cada diodo, calcule a variação em $V_{saída}$ se $I_{entrada}$ mudar de 3 mA para 3,1 mA.

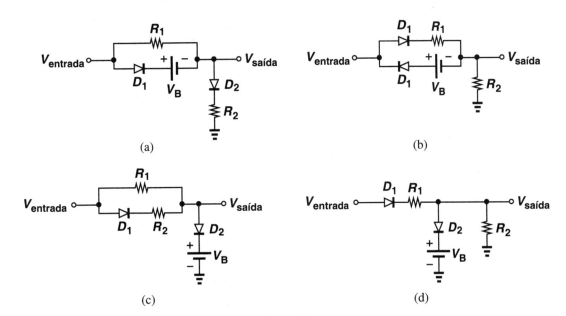

Figura 3.76

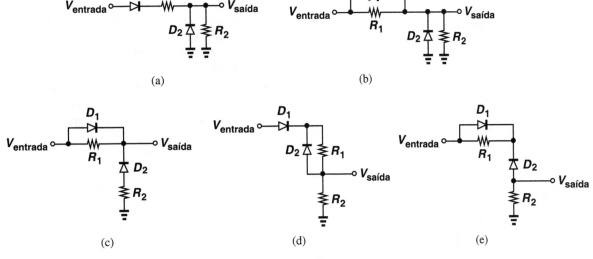

Figura 3.77

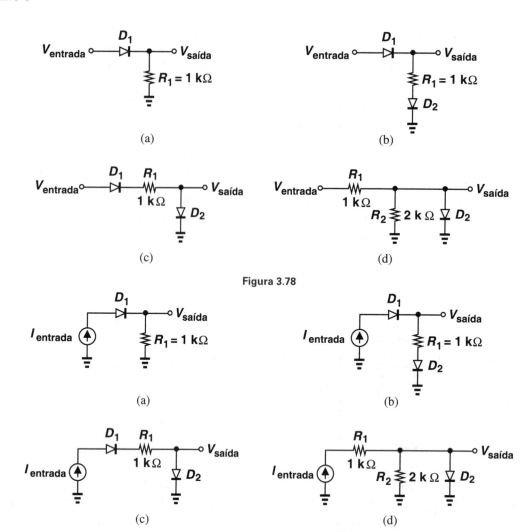

Figura 3.78

Figura 3.79

3.33 Em cada circuito do Exercício 3.32, determine a variação na corrente que flui no resistor de 1 kΩ.

3.34 Para o circuito ilustrado na Figura 3.80, considere $V_{entrada} = V_p \, \text{sen} \, \omega t$, $V_p = 5$ V e uma condição inicial de + 0,5 V no capacitor C_1, esboce a forma de onda de saída.

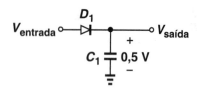

Figura 3.80

3.35 Repita o Exercício 3.34 para o circuito mostrado na Figura 3.81.

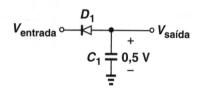

Figura 3.81

Seção 3.5 Aplicações de Diodos

3.36 Suponha que o retificador da Figura 3.32 alimente uma carga de 100 Ω com uma tensão de pico de 3,5 V. Para um capacitor de filtragem de 1000 μF, calcule a amplitude do *ripple* para uma frequência de 60 Hz.

3.37 Um adaptador de 3 V – que usa um retificador de meia-onda – deve fornecer uma corrente de 0,5 A com *ripple* máximo de 300 mV. Para uma frequência de 60 Hz, calcule o valor mínimo permitido para o capacitor de filtragem.

*3.38 Ao construir um retificador de onda completa, um estudante errou ao conectar os terminais de D_3, como ilustrado na Figura 3.82. Explique o que ocorre.

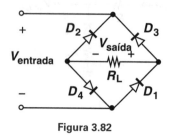

Figura 3.82

3.39 Para cada diodo na Figura 3.38(b), esboce a curva da tensão em função do tempo, para $V_{entrada} = V_0 \cos \omega t$. Considere um modelo de tensão constante para os diodos e $V_D > V_{D,\,on}$.

3.40 Considerando que as terras de entrada e de saída de um retificador de onda completa sejam conectadas uma à outra, esboce a forma de onda de saída com e sem o capacitor de carga e explique por que o circuito não funciona como um retificador.

3.41 Um retificador de onda completa é alimentado por uma entrada senoidal $V_{entrada} = V_0 \cos \omega t$, com $V_0 = 3$ V e $\omega = 2\pi$ (60 Hz). Considerando $V_{D,\,on} = 800$ mV, determine a amplitude do *ripple* com um capacitor de filtragem de 1000 μF e um resistor de carga de 30 Ω.

3.42 Suponha, na Figura 3.38(b), que os terminais negativos de $V_{entrada}$ e $V_{saída}$ estejam sejam conectadas um ao outro. Considerando um modelo ideal de diodo, esboce a curva da característica entrada/saída e explique por que o circuito não funciona como um retificador de onda completa.

3.43 Suponha, na Figura 3.43, que o diodo conduza uma corrente de 5 mA e a carga, uma corrente de 20 mA. Se a corrente na carga aumentar para 21 mA, qual será a variação na tensão total nos três diodos? Considere que R_1 seja muito maior do que $3r_d$.

3.44 Neste exercício, estimaremos o *ripple* visto pela carga na Figura 3.43, para que possamos avaliar a regulação provida pelos diodos. Por simplicidade, desprezamos a carga e consideramos $f_{entrada} = 60$ Hz, $C_1 = 100$ μF, $R_1 = 1000$ Ω e que a tensão de pico produzida pelo transformador seja igual a 5 V.

(a) Considere que R_1 conduza uma corrente relativamente constante e $V_{D,\,on} \approx 800$ mV, faça uma estimativa da amplitude do *ripple* em C_1.

(b) Usando o modelo de pequenos sinais para os diodos, determine a amplitude do *ripple* na carga.

3.45 Projete o circuito limitador da Figura 3.51 para um limite negativo de –1,9 V e um limite positivo de +2,2 V. Considere que a tensão de pico de entrada seja igual a 5 V, que a máxima corrente permitida em cada diodo seja 2 mA e que $V_{D,\,on} \approx 800$ mV.

*3.46 No circuito limitador da Figura 3.51, esboce as correntes que fluem em D_1 e D_2 em função do tempo, para uma entrada $V_0 \cos \omega t$ e $V_0 > V_{D,\,on} + V_{B1}$ e $-V_0 > -V_{D,\,on} - V_{B2}$.

3.47 Desejamos projetar um circuito que apresente a característica entrada/saída mostrada na Figura 3.83. Usando resistores de 1 kΩ, diodos ideais e outros componentes, construa o circuito.

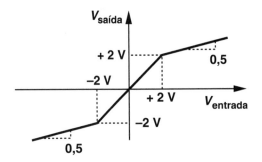

Figura 3.83

*3.48 Aplicações de "formatação de onda" exigem a característica entrada/saída ilustrada na Figura 3.84. Usando diodos ideais e outros componentes, construa um circuito que produza essa característica. (Os valores dos resistores não são únicos.)

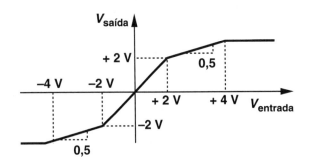

Figura 3.84

**3.49 Suponha que uma forma de onda triangular seja aplicada à característica da Figura 3.84, como mostrado na Figura 3.85. Esboce a forma de onda de saída e observe que é uma aproximação grosseira de uma senoide. Como a característica entrada/saída deve ser modificada para que a saída se torne uma melhor aproximação para uma senoide?

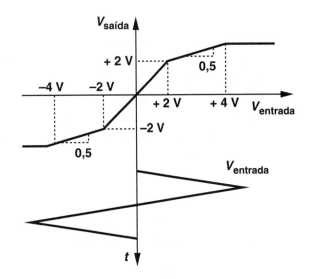

Figura 3.85

EXERCÍCIOS COM SPICE

Nos exercícios a seguir, considere que $I_S = 5 \times 10^{-16}$ A.

3.50 O retificador de meia-onda da Figura 3.86 deve fornecer uma corrente de 5 mA a R_1, para um nível de pico de entrada de 2 V.

(a) Determine, por cálculo manual, o correspondente valor de R_1.

(b) Confirme o resultado com SPICE.

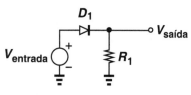

Figura 3.86

3.51 No circuito de Figura 3.87, $R_1 = 500\ \Omega$ e $R_2 = 1\ \text{k}\Omega$. Use SPICE para determinar a característica entrada/saída para $-2\ \text{V} < V_{entrada} < +2\ \text{V}$. Esboce a curva da corrente que flui em R_1 em função de $V_{entrada}$.

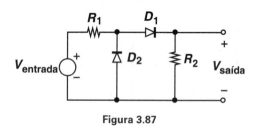

Figura 3.87

3.52 O retificador mostrado na Figura 3.88 é alimentado por uma entrada senoidal de 60 Hz e amplitude de pico de 5 V. Usando a análise transiente em SPICE,

(a) Determine o *ripple* pico a pico na saída.

(b) Determine a corrente de pico que flui em D_1.

(c) Calcule a carga mais pesada (menor R_L) que o circuito pode alimentar, mantendo o *ripple* menor que 200 mV$_{pp}$.

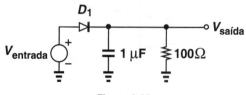

Figura 3.88

3.53 O circuito da Figura 3.89 é usado em alguns circuitos analógicos. Esboce a característica entrada/saída para $-2\ \text{V} < V_{entrada} < +2\ \text{V}$ e determine a maior excursão de entrada para a qual $|V_{entrada} - V_{saida}| < 5$ mV.

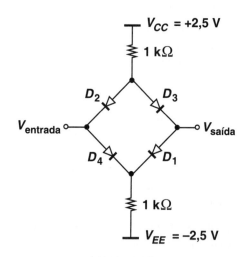

Figura 3.89

3.54 O circuito mostrado na Figura 3.90 pode fornecer uma aproximação de uma senoide na saída em resposta a uma forma de onda triangular de entrada. Usando a análise DC em SPICE para esboçar a característica entrada/saída para $0 < V_{entrada} < 4$ V, determine os valores de V_{B1} e V_{B2} de modo que a característica se aproxime de uma senoide.

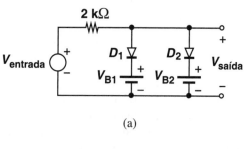

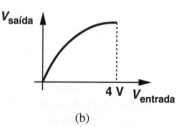

Figura 3.90

4

Física de Transistores Bipolares

O transistor bipolar foi inventado por Shockely, Brattain e Bardeen em 1945, no Bell Laboratories, e logo substituiu as válvulas a vácuo em sistemas eletrônicos, abrindo o caminho para circuitos integrados.

Neste capítulo, analisaremos a estrutura e o funcionamento de transistores bipolares, preparando-nos para o estudo de circuitos que empregam tais dispositivos. Seguindo o mesmo processo de raciocínio utilizado no Capítulo 2 para junções *pn*, nosso objetivo é entender a física do transistor, deduzir as equações que representam sua característica I/V e desenvolver um modelo equivalente que possa ser usado na análise e na síntese de circuitos. A sequência de conceitos que apresentaremos neste capítulo é ilustrada a seguir.

Dispositivo Controlado por Tensão como Elemento Amplificador ▶ **Estrutura de Transistor Bipolar** ▶ **Funcionamento de Transistor Bipolar** ▶ **Modelo de Grandes Sinais** ▶ **Modelo de Pequenos Sinais**

4.1 CONSIDERAÇÕES GERAIS

Na forma mais simples, um transistor bipolar pode ser visto como uma fonte de corrente controlada por tensão. Mostraremos, primeiro, como uma fonte de corrente desse tipo pode constituir um amplificador e, a seguir, por que dispositivos bipolares são úteis e interessantes.

Consideremos a fonte de corrente controlada por tensão ilustrada na Figura 4.1(a), na qual I_1 é proporcional a V_1: $I_1 = KV_1$. Vale notar que K tem dimensão de resistência^{-1}. Por exemplo, com $K = 0{,}001\ \Omega^{-1}$, uma tensão de entrada de 1 V resulta em uma corrente de saída de 1 mA. Agora, construmos a circuito mostrado na Figura 4.1(b), no qual uma fonte de tensão $V_{entrada}$ controla I_1 e a corrente de saída flui por uma resistência de carga R_L, produzindo $V_{saída}$. Nosso objetivo é demonstrar que esse circuito pode funcionar como um amplificador, ou seja, $V_{saída}$ é uma réplica amplificada de $V_{entrada}$. Como $V_1 = V_{entrada}$ e $V_{saída} = -R_L I_1$, temos

$$V_{saída} = -KR_L V_{entrada}. \qquad (4.1)$$

É interessante observar que, se $KR_L > 1$, o circuito amplifica a entrada. O sinal negativo indica que a saída é uma réplica "invertida" da entrada do circuito [Figura 4.1(b)]. O fator de amplificação ou "ganho de tensão" do circuito, A_V, é definido como

$$A_V = \frac{V_{saída}}{V_{entrada}} \qquad (4.2)$$

$$= -KR_L, \qquad (4.3)$$

e depende das características da fonte de corrente controlada e da resistência de carga. Notemos que K indica quão forte é o controle de V_1 sobre I_1 e, portanto, afeta o ganho de forma direta.

Este estudo revela que uma fonte de corrente controlada por tensão pode, de fato, prover amplificação de sinal. Transistores bipolares são um exemplo desse tipo de fonte de corrente e, de forma ideal, podem ser modelados como mostrado na Figura 4.3. Notemos que o dispositivo contém três terminais e que sua corrente de saída é uma função exponencial de V_1. Na Seção 4.4.4, veremos que, em determinadas condições, esse modelo pode ser aproximado pelo da Figura 4.1(a).

Por serem dispositivos de três terminais, transistores bipolares podem dificultar a análise de circuitos. Como, na análise de circuitos simples e nos capítulos anteriores deste livro, tratamos de dispositivos de dois terminais, como resistores,

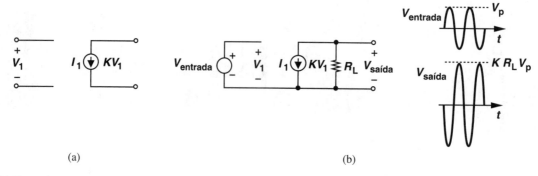

(a) (b)

Figura 4.1 (a) Fonte de corrente controlada por tensão, (b) amplificador simples.

Exemplo 4.1 Consideremos o circuito mostrado na Figura 4.2, na qual a fonte de corrente controlada por tensão exibe uma resistência "interna" $r_{entrada}$. Determinemos o ganho de tensão do circuito.

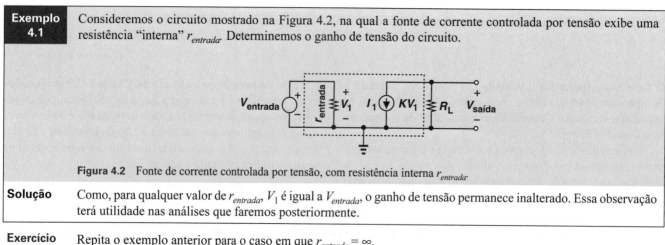

Figura 4.2 Fonte de corrente controlada por tensão, com resistência interna $r_{entrada}$.

Solução Como, para qualquer valor de $r_{entrada}$, V_1 é igual a $V_{entrada}$, o ganho de tensão permanece inalterado. Essa observação terá utilidade nas análises que faremos posteriormente.

Exercício Repita o exemplo anterior para o caso em que $r_{entrada} = \infty$.

---

capacitores, indutores e diodos, estamos familiarizados com a correspondência de um para um entre a corrente que flui em cada dispositivo e a queda de tensão no mesmo. No caso de dispositivos de três terminais, poderíamos considerar a corrente e a tensão entre quaisquer dos dois terminais e obteríamos um complexo sistema de equações. Por sorte, à medida que desenvolvemos nosso entendimento do funcionamento do transistor, descartaremos algumas dessas combinações de corrente e tensão por serem irrelevantes e, assim, obteremos um modelo relativamente simples.

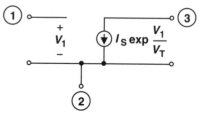

Figura 4.3 Fonte de corrente controlada por tensão, com dependência exponencial.

4.2 ESTRUTURA DE TRANSISTORES BIPOLARES

O transistor bipolar consiste em três regiões dopadas, que formam um sanduíche. A Figura 4.4(a) mostra um exemplo de uma camada p entre duas regiões n; essa configuração é chamada de transistor "npn". Os três terminais são denominados "base", "emissor" e "coletor". Como explicaremos mais adiante, o emissor "emite" portadores de carga e o coletor os "coleta"; a base controla o número de portadores que fazem esse percurso. O símbolo de circuito para o transistor npn é ilustrado na Figura 4.4(b). As tensões nos terminais são denotadas por V_E, V_B e V_C e as diferenças de tensão entre eles, por V_{BE}, V_{CB} e V_{CE}. Aqui, o transistor será designado por Q_1.

Da Figura 4.4(a), podemos notar prontamente que o dispositivo contém dois diodos de junção pn: um entre a base e o emissor, e outro entre a base e o coletor. Por exemplo, se a base for mais positiva que o emissor, $V_{BE} > 0$, essa junção estará sob polarização direta. Embora esse diagrama simples sugira que o dispositivo seja simétrico em relação ao emissor e ao coletor, na prática, as dimensões e níveis de dopagem dessas duas regiões são muito diferentes. Em outras palavras, E e C não podem ser intercambiados. Observaremos, também, que o funcionamento adequado do dispositivo exige uma região de base muito delgada: em modernos transistores bipolares integrados essa região tem espessura da ordem de 100 Å.

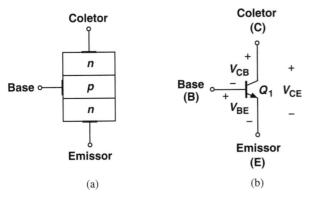 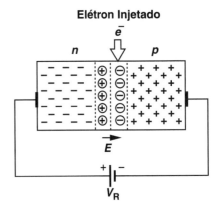

Figura 4.4 (a) Estrutura e (b) símbolo de circuito de um transistor bipolar.

Figura 4.5 Injeção de elétrons na região de depleção.

Como mencionado na seção anterior, o número de possíveis combinações de tensões e correntes para um dispositivo de três terminais pode ser excessivo. Para o dispositivo na Figura 4.4(a), V_{BE}, V_{BC} e V_{CE} podem assumir valores positivos ou negativos e resultam em 2^3 possibilidades para as tensões nos terminais do transistor. Por sorte, apenas *uma* dessas oito combinações tem aplicação prática e nela focaremos nossa atenção.

Antes de prosseguirmos com transistores bipolares, é conveniente que estudemos um interessante efeito em junções *pn*. Consideremos a junção sob polarização reversa ilustrada na Figura 4.5(a) e recordemos, do Capítulo 2, que a região de depleção está sujeita a um intenso campo elétrico. Suponhamos, agora, que um elétron seja, de algum modo, "injetado" do exterior para o lado direito da região de depleção. O que acontece com esse elétron? Atuando como um portador minoritário no lado *p*, o elétron sofre a ação do campo elétrico e é rapidamente varrido para o lado *n*. A capacidade de uma junção *pn* em polarização reversa de "coletar", de forma eficiente, elétrons injetados do exterior é essencial para o funcionamento do transistor bipolar.

4.3 OPERAÇÃO DE TRANSISTORES BIPOLARES NO MODO ATIVO

Nesta seção, analisaremos a operação de um transistor bipolar com o objetivo de provar que, em determinadas condições, o mesmo atua como uma fonte de corrente controlada por tensão. Em particular, pretendemos mostrar que (a) o fluxo de corrente do emissor para o coletor pode ser visto como uma fonte de corrente conectada entre esses dois terminais e (b) que essa corrente é controlada pela diferença de tensão entre a base e o emissor, V_{BE}.

Iniciemos nosso estudo admitindo que a junção base-emissor esteja sob polarização direta ($V_{BE} > 0$) e a junção base-coletor, sob polarização reversa ($V_{BC} < 0$). Nessas condições, dizemos que o dispositivo está polarizado na "região ativa direta" ou, simplesmente, no "modo ativo". Por exemplo, com o emissor conectado à terra, a tensão da base é fixada em cerca de 0,8 V e a do coletor, em um valor *mais alto*, por exemplo, 1 V [Figura 4.6(a)]. Portanto, a junção base-coletor fica sujeita a uma polarização reversa de 0,2 V.

Consideremos, agora, a operação do transistor no modo ativo. Podemos ser tentados a simplificar o exemplo da Figura 4.6(a) como o circuito equivalente mostrado na Figura 4.6(b). Afinal, parece que o transistor bipolar consiste apenas em dois diodos que compartilham os anodos no terminal da base. Esta visão implica que D_1 conduza uma corrente e D_2, não; ou seja, podemos antecipar que há um fluxo de corrente da base para o emissor e que nenhuma corrente flui pelo terminal do coletor. Se isso fosse verdade, o transistor não funcionaria como uma fonte de corrente controlada por tensão e seria de pouca utilidade.

Para entender por que o transistor não pode ser modelado como apenas dois diodos com anodo comum, devemos examinar o fluxo de corrente no interior do dispositivo, tendo em mente que a região da fonte é muito delgada. Como a junção base-emissor está sob polarização direta, elétrons fluem do emissor para a base e lacunas, da base para o emissor. Para funcionamento adequado do transistor, a primeira corrente deve ser muito maior que a segunda; isso requer que o nível de dopagem do emissor seja muito maior que o da base (Capítulo 2). Assim, representemos a região do emissor como n^+, onde o

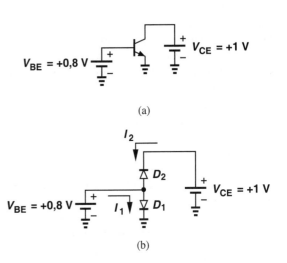

Figura 4.6 (a) Transistor bipolar com tensões de polarização de base e de coletor, (b) visão simplista de um transistor bipolar.

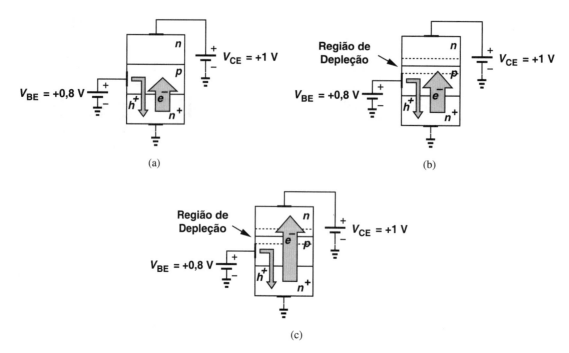

Figura 4.7 (a) Fluxo de elétrons e de lacunas através da junção base-emissor, (b) elétrons se aproximando da junção do coletor, (c) elétrons fluindo pela junção do coletor.

sobrescrito enfatiza o alto nível de dopagem. A Figura 4.7(a) resume nossas observações até aqui e indica que o emissor injeta um grande número de elétrons na base e recebe um pequeno número de lacunas da mesma.

O que acontece com os elétrons à medida que penetram na base? Como a região da base é delgada, a maioria dos elétrons alcança a fronteira da região de depleção da junção coletor-base e ficam sujeitos à ação do campo elétrico interno. Em consequência, como ilustrado na Figura 4.5, os elétrons são varridos para a região do coletor (como na Figura 4.5) e absorvidos pelo terminal positivo da bateria. As Figuras 4.7(b) e (c) mostram uma representação desse efeito em "câmara lenta". Concluímos, portanto, que a junção coletor-base, que está sob polarização reversa, conduz uma corrente, pois portadores minoritários são "injetados" em sua região de depleção.

Resumamos nosso raciocínio. No modo ativo, um transistor bipolar *npn* transporta, através da base, um grande número de elétrons do emissor para o coletor e puxa uma pequena corrente de lacunas pelo terminal da base. Agora, devemos responder a algumas perguntas. Primeira, como os elétrons viajam pela base: por deriva ou por difusão? Segunda, qual a dependência entre a corrente resultante e as tensões nos terminais? Terceira, qual é a amplitude da corrente da base?

Funcionando como um condutor moderado, a região da base fica sujeita a um pequeno campo elétrico, ou seja, permite que a maior parte do campo caia ao longo da camada de depleção da junção base-emissor. Portanto, como explicado no Capítulo 2 para junções *pn*, a corrente de deriva na base é desprezível;[1] isso torna a difusão o principal mecanismo para o fluxo de elétrons injetados pelo emissor. Na verdade, duas observações justificam a ocorrência de difusão: (1) redesenhando o diagrama da Figura 2.29 para a junção emissor-base [Figura 4.8(a)], notamos que a densidade de elétrons em $x = x_1$ é muito alta; (2) como qualquer elétron que chega a $x = x_2$ na Figura 4.8(b) é varrido para fora, a densidade de elétrons cai a zero neste ponto. Em consequência, a densidade de elétrons na base assume o perfil ilustrado na Figura 4.8(c) e produz um gradiente para a difusão de elétrons.

4.3.1 Corrente de Coletor

Agora, abordaremos a segunda pergunta feita anteriormente e calcularemos a corrente que flui do coletor para o emissor.[2] Como um diodo em polarização direta, a junção base-emissor exibe uma alta concentração de elétrons em $x = x_1$ na Figura 4.8(c), dada pela Equação (2.96):

$$\Delta n(x_1) = \frac{N_E}{\exp\dfrac{V_0}{V_T}}\left(\exp\frac{V_{BE}}{V_T} - 1\right) \quad (4.4)$$

$$= \frac{N_B}{n_i^2}\left(\exp\frac{V_{BE}}{V_T} - 1\right). \quad (4.5)$$

Aqui, N_E e N_B denotam os níveis de dopagem no emissor e na base, respectivamente, e utilizamos a relação $\exp(V_0/V_T) = N_E N_B/n_i^2$. Neste capítulo, assumimos $V_T = 26$ mV. Aplicando a

---

[1] Aqui, esta hipótese simplifica a análise, mas pode não ser válida no caso geral.
[2] Em um transistor *npn*, elétrons fluem do emissor para o coletor. Portanto, a direção convencionada da corrente é do coletor para o emissor.

Física de Transistores Bipolares

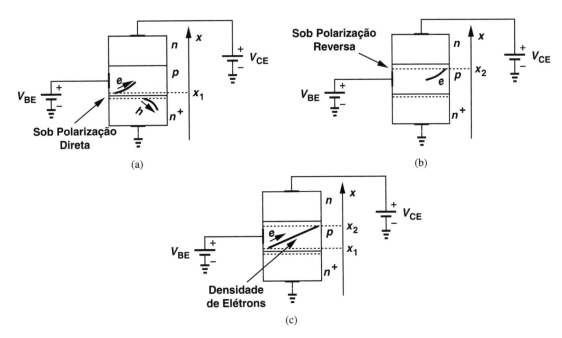

Figura 4.8 (a) Perfis de lacunas e de elétrons na junção base-emissor, (b) densidade nula de elétrons nas proximidades do coletor, (c) perfil de elétrons na base.

lei da difusão [Equação (2.42)], calculamos o fluxo de elétrons no coletor como

$$J_n = qD_n \frac{dn}{dx} \qquad (4.6)$$

$$= qD_n \cdot \frac{0 - \Delta n(x_1)}{W_B}, \qquad (4.7)$$

em que W_B é a largura da região da base. Multiplicando essa grandeza pela área da seção reta do emissor, A_E, usando o valor de $\Delta n(x_1)$ dado em (4.5) e mudando o sinal para obter a corrente convencional, obtemos

$$I_C = \frac{A_E q D_n n_i^2}{N_B W_B}\left(\exp\frac{V_{BE}}{V_T} - 1\right). \qquad (4.8)$$

Em analogia com a equação da corrente no diodo e assumindo $\exp(V_{BE}/V_T) \gg 1$, escrevemos

$$I_C = I_S \exp\frac{V_{BE}}{V_T}, \qquad (4.9)$$

em que

$$I_S = \frac{A_E q D_n n_i^2}{N_B W_B}. \qquad (4.10)$$

A Equação (4.9) implica que o transistor bipolar, de fato, funciona como uma fonte de corrente controlada por tensão e é um candidato em potencial para efetuar amplificação. De modo alternativo, podemos dizer que o transistor executa uma "conversão de tensão para corrente".

Exemplo 4.2 Determinemos a corrente I_X na Figura 4.9(a) para o caso em que Q_1 e Q_2 são idênticos, operam no modo ativo e $V_1 = V_2$.

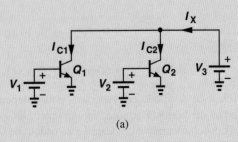

Figura 4.9 (a) Dois transistores idênticos que puxam corrente de V_C.

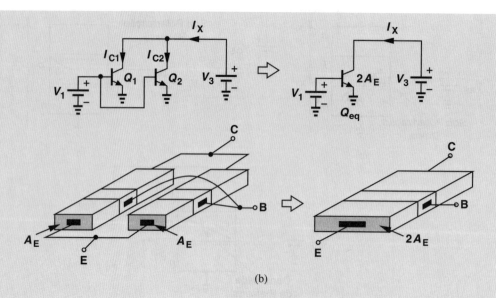

Figura 4.9 (b) Equivalência com um único transistor com o dobro da área. (Continuação.)

Solução Como $I_X = I_{C1} + I_{C2}$, temos

$$I_X \approx 2\frac{A_E q D_n n_i^2}{N_B W_B}\exp\frac{V_1}{V_T}. \qquad (4.11)$$

Esse resultado também pode ser visto como a corrente de coletor de um *único* transistor cujo emissor tem área $2A_E$. Na verdade, redesenhando o circuito como mostrado na Figura 4.9(b) e notando que Q_1 e Q_2 estão sujeitos a tensões idênticas nos respectivos terminais, podemos dizer que os dois transistores estão "em paralelo" e funcionam como um único transistor com o dobro de área de emissor de cada um.

Exercício Repita o exemplo anterior para o caso em que Q_1 tem emissor com área A_E e Q_2 tem emissor com área $8A_E$.

Exemplo 4.3 No circuito da Figura 4.9(a), Q_1 e Q_2 são idênticos e operam no modo ativo. Determinemos $V_1 - V_2$ para que $I_{C1} = 10 I_{C2}$.

Solução Da Equação (4.9), temos

$$\frac{I_{C1}}{I_{C2}} = \frac{I_S \exp\dfrac{V_1}{V_T}}{I_S \exp\dfrac{V_2}{V_T}}, \qquad (4.12)$$

Portanto,

$$\exp\frac{V_1 - V_2}{V_T} = 10. \qquad (4.13)$$

Ou seja,

$$V_1 - V_2 = V_T \ln 10 \qquad (4.14)$$

$$\approx 60 \text{ mV a } T = 300 \text{ K}. \qquad (4.15)$$

Igual à Equação (2.109), este resultado era esperado, pois a dependência exponencial entre I_C e V_{BE} indica um comportamento similar ao de diodos. Portanto, para níveis típicos de corrente de coletor, consideramos a tensão base-emissor do transistor relativamente constante e da ordem de 0,8 V.

Exercício Repita o exemplo anterior para o caso em que Q_1 e Q_2 têm diferentes áreas de emissor: $A_{E1} = nA_{E2}$.

Exemplo 4.4 Transistores bipolares discretos típicos têm grande área, por exemplo, 500 μm × 500 μm; modernos dispositivos integrados, por sua vez, podem ter áreas pequenas, por exemplo, 0,5 μm × 0,2 μm. Assumindo que os outros parâmetros dos dispositivos sejam mantidos, determinemos a diferença entre as tensões base-emissor de um transistor discreto e de um transistor integrado para idênticas correntes de coletor.

Solução Da Equação (4.9), temos $V_{BE} = V_T \ln(I_C/I_S)$; logo

$$V_{BEint} - V_{BEdis} = V_T \ln \frac{I_{S1}}{I_{S2}}, \tag{4.16}$$

em que $V_{BEint} = V_T \ln(I_{C2}/I_{S2})$ e $V_{BEdis} = V_T \ln(I_{C1}/I_{S1})$ denotam as tensões base-emissor dos dispositivos integrado e discreto, respectivamente. Como $I_S \propto A_E$,

$$V_{BEint} - V_{BEdis} = V_T \ln \frac{A_{E2}}{A_{E1}}. \tag{4.17}$$

Para este exemplo, $A_{E2}/A_{E1} = 2,5 \times 10^6$; portanto,

$$V_{BEint} - V_{BEdis} = 383 \text{ mV}. \tag{4.18}$$

Na prática, $V_{BEint} - V_{BEdis}$ está na faixa entre 100 e 150 mV, devido às diferenças entre as larguras de base e outros parâmetros. Aqui, o ponto importante é que $V_{BE} = 800$ mV é uma aproximação razoável para transistores integrados; esse valor deve ser reduzido para cerca de 700 mV para dispositivos discretos.

Exercício Repita a comparação anterior para o caso de um dispositivo integrado muito pequeno, com área de emissor de 0,15 μm × 0,15 μ.

Como muitas aplicações envolvem valores de *tensão*, a corrente de coletor gerada por um transistor bipolar flui, em geral, por um resistor para produzir uma queda de tensão.

Exemplo 4.5 Determinemos a tensão de saída na Figura 4.10, para o caso $I_S = 5 \times 10^{-16}$ A.

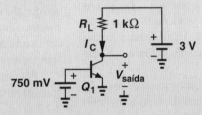

Figura 4.10 Estágio simples com polarização.

Solução Usando a Equação (4.9), escrevemos $I_C = 1,69$ mA. Essa corrente flui por R_L e produz uma queda de tensão de 1 kΩ × 1,69 mA = 1,69 V. Como $V_{CE} = 3$ V $- I_C R_L$, obtemos

$$V_{saída} = 1,31 \text{ V}. \tag{4.19}$$

Exercício O que acontece se o valor do resistor de carga for dividido por dois?

A Equação (4.9) revela uma propriedade interessante do transistor bipolar: a corrente de coletor não depende da tensão de coletor (desde que o dispositivo permaneça no modo ativo). Desta forma, para um dado valor da tensão base-emissor, o dispositivo puxa uma corrente constante e atua como uma fonte de corrente [Figura 4.11(a)]. A Figura 4.11(b) mostra um gráfico

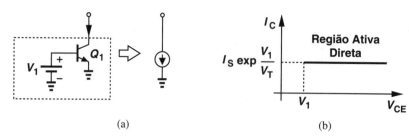

Figura 4.11 (a) Transistor bipolar como fonte de corrente, (b) característica I/V.

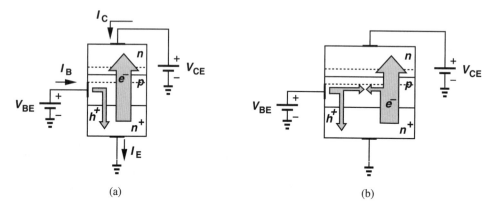

Figura 4.12 Corrente de base resultante de lacunas (a) que flui para o emissor e (b) recombinação com elétrons.

da corrente de coletor em função da tensão coletor-emissor: a corrente assume um valor constante para $V_{CE} > V_1$.[3] Fontes de corrente constante encontram aplicação em diversos circuitos eletrônicos e, neste livro, veremos vários exemplos de sua utilização. Na Seção 4.5, estudaremos o comportamento do transistor para $V_{CE} < V_{BE}$.

4.3.2 Correntes de Base e de Emissor

Após o cálculo da corrente de coletor, voltemos a atenção às correntes de base e de emissor e suas dependências em relação às tensões. Como o transistor bipolar deve satisfazer a lei das correntes de Kirchoff, o cálculo da corrente de base também fornece a corrente de emissor.

No transistor *npn* da Figura 4.12(a), a corrente de base, I_B, resulta do fluxo de lacunas. Recordemos da Equação (2.99) que, em uma junção *pn* sob polarização direta, as correntes de lacunas e de elétrons guardam uma relação *constante*, dada pelos níveis de dopagem e por outros parâmetros. Portanto, o número de lacunas que fluem da base para o emissor é uma fração constante do número de elétrons que fluem do emissor para a base. Por exemplo, para cada 200 elétrons injetados pelo emissor, uma lacuna deve ser fornecida pela base.

Na prática, a corrente de base contém uma componente adicional de lacunas. À medida que os elétrons injetados pelo emissor viajam através da base, alguns podem se "recombinar" com lacunas [Figura 4.12(b)]; em outras palavras, devido à recombinação, alguns elétrons e lacunas são "desperdiçados".

Por exemplo, em média, de cada 200 elétrons injetados pelo emissor, um se recombina com uma lacuna.

Em resumo, a corrente de base deve fornecer lacunas tanto para injeção reversa no emissor como para recombinação com elétrons que viajam em direção ao coletor. Portanto, podemos ver I_B como uma fração constante de I_E ou como uma fração constante de I_C. É comum escrever

$$I_C = \beta I_B, \qquad (4.20)$$

em que β é denominado "ganho de corrente" do transistor, pois mostra o quanto a corrente de base é "amplificada". Dependendo da estrutura do dispositivo, o parâmetro β de transistores *npn* tem valores típicos entre 50 e 200.

Para calcular a corrente de emissor, aplicamos a LCK ao transistor, com as direções de correntes indicadas na Figura 4.12(a):

$$I_E = I_C + I_B \qquad (4.21)$$

$$= I_C \left(1 + \frac{1}{\beta}\right). \qquad (4.22)$$

Podemos resumir nossas conclusões da seguinte forma:

$$I_C = I_S \exp \frac{V_{BE}}{V_T} \qquad (4.23)$$

$$I_B = \frac{1}{\beta} I_S \exp \frac{V_{BE}}{V_T} \qquad (4.24)$$

---

[3] Recordemos que $V_{CE} > V_1$ é necessário para assegurar que a junção coletor-base permanece sob polarização reversa.

Física de Transistores Bipolares

Exemplo 4.6 Um transistor bipolar com $I_S = 5 \times 10^{-16}$ A é polarizado na região ativa direta com $V_{BE} = 750$ mV. Se o ganho de corrente variar entre 50 e 200 devido a variações de fabricação, calculemos os valores mínimo e máximo das correntes nos terminais do dispositivo

Solução Para um dado V_{BE}, a corrente de coletor permanece independente de β:

$$I_C = I_S \exp \frac{V_{BE}}{V_T} \quad (4.26)$$

$$= 1{,}685 \text{ mA}. \quad (4.27)$$

A corrente de base varia entre $I_C/200$ e $I_C/50$:

$$8{,}43 \ \mu A < I_B < 33{,}7 \ \mu A. \quad (4.28)$$

A corrente de emissor, por sua vez, sofre uma variação pequena, pois, para grandes valores de β, $\beta/(\beta + 1)$ é próximo da unidade:

$$1{,}005 I_C < I_E < 1{,}02 I_C \quad (4.29)$$

$$1{,}693 \text{ mA} < I_E < 1{,}719 \text{ mA}. \quad (4.30)$$

Exercício Repita o exemplo anterior para o caso em que a área do transistor é multiplicada por dois.

$$I_E = \frac{\beta + 1}{\beta} I_S \exp \frac{V_{BE}}{V_T}. \quad (4.25)$$

Algumas vezes, é útil escrever $I_C = [\beta/(\beta + 1)]I_E$ e representar $\beta/(\beta + 1)$ por α. Para $\beta = 100$, $\alpha = 0{,}99$; isto sugere que $\alpha \approx 1$ e $I_C \approx I_E$ sejam aproximações razoáveis. Nesse livro, assumimos que as correntes de coletor e de emissor sejam aproximadamente iguais.

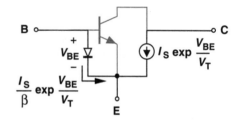

Figura 4.13 Modelo de grandes sinais para o transistor bipolar na região ativa.

4.4 MODELOS E CARACTERÍSTICAS DE TRANSISTORES BIPOLARES

4.4.1 Modelo de Grandes Sinais

Com nosso entendimento do funcionamento do transistor na região ativa direta e com as Eqs. (4.23)-(4.25), podemos construir um modelo que seja útil na análise e projeto de circuitos – como fizemos no Capítulo 2 para a junção *pn*.

Como, no modo ativo, a junção base-emissor está sob polarização direta, podemos posicionar um diodo entre os terminais da base e do emissor. Além disso, como a corrente puxada do coletor e que flui para o emissor depende apenas da tensão base-emissor, adicionamos uma fonte de corrente controlada por tensão entre coletor e emissor; assim, obtemos o modelo mostrado na Figura 4.13. Como ilustrado na Figura 4.11, esta corrente independe da tensão coletor-emissor.

Como podemos assegurar que a corrente que flui no diodo seja igual a $1/\beta$ vezes a corrente do coletor? A Equação (4.24) sugere que a corrente de base é igual à de um diodo com corrente de saturação reversa I_S/β. Portanto, a junção base-emissor é modelada por um diodo cuja área da seção reta é $1/\beta$ vezes a verdadeira área do emissor.

Dada a interdependência entre correntes e tensões em um transistor bipolar, o leitor pode querer saber das relações entre causa e efeito. Vemos a cadeia de dependências como

> **Você sabia?**
>
> O primeiro transistor bipolar introduzido por Bell Labs em 1948 foi implementado com germânio, e não com silício, e tinha base com espessura de cerca de 30 μm e permitia máxima frequência de operação (chamada de "frequência de trânsito") de 10 MHz. Para comparação, transistores bipolares realizados nos atuais circuitos integrados de silício têm base com espessura menor que 0,01 μm e frequência de trânsito de várias centenas de giga-hertz.

Exemplo 4.7

Consideremos o circuito mostrado na Figura 4.14(a), na qual $I_{S,Q1} = 5 \times 10^{-17}$ A e $V_{BE} = 800$ mV. Assumamos $\beta = 100$. (a) Determinemos as correntes e tensões nos terminais do transistor e comprovemos que o dispositivo opera, de fato, no modo ativo. (b) Determinemos o valor máximo de R_C que permite operação no modo ativo.

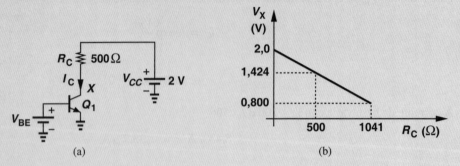

Figura 4.14 (a) Estágio simples com polarização, (b) variação da tensão de coletor em função da resistência de coletor.

Solução (a) Usando as Eqs. (4.23)-(4.25), temos

$$I_C = 1{,}153 \text{ mA} \tag{4.31}$$

$$I_B = 11{,}53 \text{ } \mu\text{A} \tag{4.32}$$

$$I_E = 1{,}165 \text{ mA}. \tag{4.33}$$

As tensões de base e de emissor são iguais a +800 mV e zero, respectivamente. Devemos, agora, calcular a tensão de coletor, V_X. Escrevendo uma LTK para a malha que inclui a bateria de 2-V, R_C e Q_1, obtemos

$$V_{CC} = R_C I_C + V_X. \tag{4.34}$$

Logo,

$$V_X = 1{,}424 \text{ V}. \tag{4.35}$$

Como a tensão de coletor é mais positiva que a tensão de base, essa junção está sob polarização reversa; portanto, o transistor opera no modo ativo.

(b) O que acontece ao circuito à medida que o valor de R_C aumenta? Como a queda de tensão no resistor, $R_C I_C$, aumenta e V_{CC} é constante, a tensão no nó X diminui.
O dispositivo se aproxima da "fronteira" da região ativa direta quando a tensão base-coletor cai a zero, ou seja, quando $V_X \to +800$ mV. Reescrevendo a Equação (4.33), temos

$$R_C = \frac{V_{CC} - V_X}{I_C}, \tag{4.36}$$

Para $V_X = +800$ mV, o valor de R_C é

$$R_C = 1041 \text{ } \Omega. \tag{4.37}$$

A Figura 4.14(b) mostra um gráfico de V_X em função de R_C.

Este exemplo implica que existe um valor máximo permitido para a resistência de coletor, R_C, no circuito da Figura 4.14(a). Como veremos no Capítulo 5, isso limita o ganho de tensão que o circuito pode fornecer.

Exercício No exemplo anterior, qual é o valor máximo permitido de V_{CC} para que o transistor opere no modo ativo? Assuma $R_C = 500$ Ω.

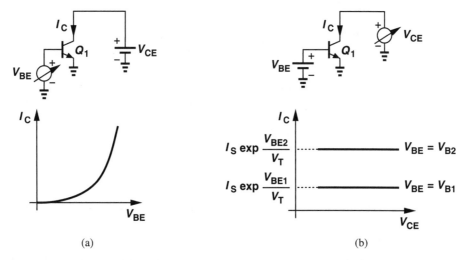

Figura 4.15 Corrente de coletor em função da tensão (a) base-emissor e (b) coletor-emissor.

$V_{BE} \to I_C \to I_B \to I_E$; ou seja, a tensão base-emissor gera uma corrente de coletor, que exige uma corrente de base proporcional; a soma das duas flui pelo emissor.

O leitor pode se perguntar por que o circuito equivalente da Figura 4.13 é chamado de "modelo de grandes sinais". Afinal, aparentemente, o exemplo anterior *não* contém nenhum sinal! Essa terminologia enfatiza que o modelo pode ser usado para mudanças *arbitrariamente* grandes nas tensões e correntes do transistor (desde que o dispositivo opere no modo ativo). Por exemplo, se a tensão base-emissor variar entre 800 mV e 300 mV e, em consequência, a corrente de coletor variar de várias *ordens de grandeza*,[4] o modelo permanece válido. Isto contrasta com o modelo de pequenos sinais a ser estudado na Seção 4.4.4.

4.4.2 Características I/V

O modelo de grandes sinais leva, naturalmente, à característica I/V do transistor. Com três correntes e tensões terminais, poderemos imaginar o desenho de gráficos das diversas correntes em função da diferença de potencial entre dois terminais – uma tarefa trabalhosa. No entanto, como explicaremos a seguir, apenas algumas dessas características são úteis.

A primeira característica a ser estudada é, obviamente, a relação exponencial inerente ao dispositivo. A Figura 4.15(a) mostra um gráfico de I_C em função de V_{BE}, admitindo que a tensão de coletor seja constante e não menor que a tensão de base. Como mostrado na Figura 4.11, I_C independe de V_{CE}; portanto, diferentes valores de V_{CE} não alteram a característica.

A seguir, examinemos I_C para um dado valor de V_{BE} e V_{CE} variável. Mostrado na Figura 4.15(b), o gráfico da característica é uma linha horizontal, pois I_C é constante enquanto o dispositivo permanecer no modo ativo ($V_{CE} > V_{BE}$). Se diferentes valores forem escolhidos para V_{BE}, o gráfico da característica se desloca para cima ou para baixo.

Os dois gráficos na Figura 4.15 representam as principais características de interesse na maioria das tarefas de análise e

---

Exemplo 4.8	Para um transistor bipolar, $I_S = 5 \times 10^{-17}$ A e $\beta = 100$. Construamos as características I_C-V_{BE}, I_C-V_{CE}, I_B-V_{BE} e I_B-V_{CE}.
Solução	Calculemos alguns pontos ao longo da característica I_C-V_{BE}; por exemplo,

$$V_{BE1} = 700 \text{ mV} \Rightarrow I_{C1} = 24{,}6 \ \mu\text{A} \tag{4.38}$$

$$V_{BE2} = 750 \text{ mV} \Rightarrow I_{C2} = 169 \ \mu\text{A} \tag{4.39}$$

$$V_{BE3} = 800 \text{ mV} \Rightarrow I_{C3} = 1{,}153 \text{ mA}. \tag{4.40}$$

O gráfico da característica é mostrado na Figura 4.16(a).

---

[4] Uma mudança de 500 mV em V_{BE} resulta em 500 mV/60 mV = 8,3 décadas de mudança em I_C.

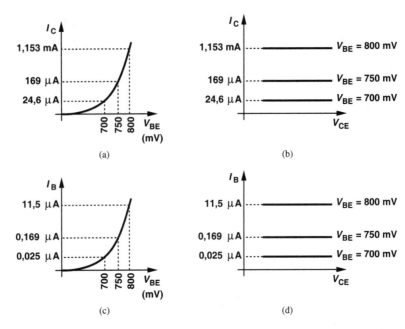

Figura 4.16 (a) Corrente de coletor em função de V_{BE}, (b) corrente de coletor em função de V_{CE}, (c) corrente de base em função de V_{BE}, (d) corrente de base em função de V_{CE}.

Usando os valores que acabamos de obter, também podemos desenhar o gráfico da característica I_C-V_{CE}, como ilustrado na Figura 4.16(b), e concluímos que, se a tensão base-emissor for mantida em 750 mV, o transistor opera como uma fonte de corrente constante de, por exemplo, 169 μA. Observamos, ainda, que, para iguais incrementos em V_{BE}, I_C aumenta em passos cada vez maiores: de 24,6 μA para 169 μA para 1,153 mA. Retornaremos a esta propriedade na Seção 4.4.3.

Para obtermos a característica de I_B, basta que dividamos os valores de I_C por 100 [Figuras 4.16(c) e (d)].

Exercício Qual é o valor da mudança em V_{BE} que dobra a corrente de base?

---

projeto. As Equação (4.24) e (4.25) sugerem que as correntes de base e de emissor sigam o mesmo comportamento.

O leitor pode se perguntar o que, exatamente, aprendemos das características I/V. Afinal, em comparação com as Equação (4.23)-(4.25), os gráficos não transmitem nenhuma informação adicional. No entanto, como veremos ao longo do livro, a visualização de equações, por meio de gráficos como estes, facilita o entendimento do funcionamento de dispositivos e de circuitos que os utilizam.

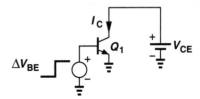

Figura 4.17 Circuito de teste para a medida de g_m.

4.4.3 Conceito de Transcondutância

Até aqui, nosso estudo mostra que o transistor bipolar atua como uma fonte de corrente controlada por tensão (quando operado na região ativa direta). Uma pergunta importante cabe aqui: como o *desempenho* desse dispositivo pode ser quantificado? Em outras palavras, qual é a medida da "qualidade" de uma fonte de corrente controlada por tensão?

O exemplo ilustrado na Figura 4.1 sugere que o dispositivo se torne "mais forte" à medida que K aumente, pois uma dada tensão de entrada produz uma corrente de saída maior. Portanto, devemos nos concentrar na propriedade da conversão tensão-corrente do transistor, que está relacionada à amplificação de sinais. Em particular, perguntamos: se um sinal provocar uma pequena alteração na tensão base-emissor de um transistor (Figura 4.17), que *alteração* será produzida na corrente de coletor? Denotando a alteração em I_C por ΔI_C, concluímos que a "força" do dispositivo pode ser representada por $\Delta I_C/\Delta V_{BE}$. Por exemplo, se uma alteração de 1 mV na tensão base-emissor resultar em ΔI_C de 0,1 mA em um transistor e de 0,5 mA em outro, podemos ver o último como uma melhor fonte de corrente controlada por tensão ou "conversor tensão-corrente".

Para mudanças muito pequenas, a razão $\Delta I_C / \Delta V_{BE}$ tende a dI_C/dV_{BE}; no limite, recebe a denominação de "transcondutância", g_m:*

$$g_m = \frac{dI_C}{dV_{BE}}. \quad (4.41)$$

Vale notar que essa definição se aplica a qualquer dispositivo que se comporte como uma fonte de corrente controlada por tensão (por exemplo, outro tipo de transistor descrito no Capítulo 6). Para um transistor bipolar, a Equação (4.9) fornece

$$g_m = \frac{d}{dV_{BE}}\left(I_S \exp \frac{V_{BE}}{V_T}\right) \quad (4.42)$$

$$= \frac{1}{V_T} I_S \exp \frac{V_{BE}}{V_T} \quad (4.43)$$

$$= \frac{I_C}{V_T}. \quad (4.44)$$

A semelhança entre este resultado e a resistência de pequenos sinais de diodos [Equação (3.58)] não é coincidência e ficará mais clara no próximo capítulo.

A Equação (4.44) revela que, à medida que I_C aumenta, o transistor se torna um melhor dispositivo amplificador e produz maiores excursões na corrente de coletor em resposta a um dado nível de sinal aplicado entre base e emissor. A transcondutância pode ser expressa em Ω^{-1} ou "siemens", S. Por exemplo, se $I_C = 1$ mA, com $V_T = 26$ mV, temos

$$g_m = 0{,}0385 \ \Omega^{-1} \quad (4.45)$$

$$= 0{,}0385 \ S \quad (4.46)$$

$$= 38{,}5 \ mS. \quad (4.47)$$

Contudo, como veremos ao longo do livro, é conveniente que vejamos g_m como o inverso de uma resistência; por exemplo, para $I_C = 1$ mA, podemos escrever

$$g_m = \frac{1}{26 \ \Omega}. \quad (4.48)$$

O conceito de transcondutância pode ser visualizado com a ajuda da característica I/V do transistor. Como mostrado na Figura 4.18, $g_m = dI_C/dV_{BE}$ apenas representa a inclinação da curva que descreve a característica I_C-V_{BE}, para uma dada corrente de coletor, I_{C0}, e correspondente tensão base-emissor, V_{BE0}. Em outras palavras, se V_{BE} sofrer uma pequena perturbação $\pm \Delta V$ em torno de V_{BE0}, a corrente de coletor sofrerá uma variação de $\pm g_m \Delta V$ em torno de I_{C0}, com $g_m = I_{C0}/V_T$. Portanto, o valor

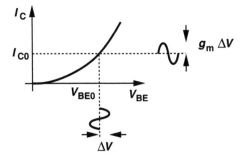

Figura 4.18 Ilustração de transcondutância.

de I_{C0} deve ser escolhido tendo em vista o desejado valor de g_m ou do ganho. Dizemos que o transistor é "polarizado" na corrente de coletor I_{C0}, o que significa que, na ausência de sinal, o dispositivo conduz uma corrente de polarização (ou corrente "quiescente") I_{C0}.[5]

Também é possível estudar a transcondutância no contexto da característica I_C-V_{CE} do transistor, tendo V_{BE} como parâmetro. A Figura 4.20 mostra, para duas diferentes correntes de polarização I_{C1} e I_{C2}, gráficos que revelam que, se a operação for em torno de I_{C2}, uma alteração ΔV em V_{BE} resulta em maior alteração em I_C que se a operação for em torno de I_{C1}, pois $g_{m2} > g_{m1}$.

A dedução de g_m nas Equação (4.42)-(4.44) sugere que a transcondutância seja, fundamentalmente, mais uma função da corrente de coletor que da corrente de base. Por exemplo, se I_C permanecer constante e β variar, g_m não sofrerá nenhuma variação, mas I_B, sim. Por essa razão, a corrente de polarização de coletor tem um papel central na análise e síntese de circuitos; a corrente de base é vista como um efeito secundário e, em geral, indesejável.

Como mostrado na Figura 4.10, a corrente produzida por um transistor pode fluir por um resistor e gerar uma tensão proporcional. Exploraremos esse conceito no Capítulo 5 para projetar amplificadores.

4.4.4 Modelo de Pequenos Sinais

Circuitos eletrônicos, como amplificadores, podem conter um grande número de transistores, o que em muito dificulta a análise e síntese dos mesmos. Recordemos, do Capítulo 3, que diodos podem ser reduzidos a dispositivos lineares com o emprego do modelo de pequenos sinais. Um benefício similar resulta se pudermos desenvolver um modelo de pequenos sinais para transistores.

A dedução do modelo de pequenos sinais a partir do correspondente modelo de grandes sinais é relativamente simples. Aplicamos uma perturbação à diferença de potencial entre cada dois terminais (enquanto o terceiro permanece sob potencial constante), determinamos as alterações nas correntes que fluem em *todos* os terminais e representamos os resultados por meio

---

* Notemos que, aqui, V_{CE} é constante.
[5] A menos que seja especificado de outra forma, usamos o termo "corrente de polarização" para nos referirmos à corrente de polarização de coletor.

Exemplo 4.9 Consideremos o circuito mostrado na Figura 4.19(a). O que acontece à transcondutância de Q_1 se a área do dispositivo for aumentada por um fator n?

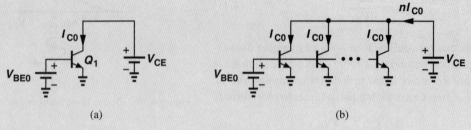

Figura 4.19 Transcondutância produzida por (a) um transistor e (b) n transistores.

Solução Solução Como $I_S \propto A_E$, I_S é multiplicada pelo mesmo fator. Portanto, $I_C = I_S \exp(V_{BE}/V_T)$ também aumenta pelo mesmo fator n, pois V_{BE} é constante. Em consequência, a transcondutância aumenta por um fator n. De outra perspectiva, se n transistores idênticos, cada um conduzindo uma corrente de coletor I_{C0}, forem conectados em paralelo, o dispositivo composto exibirá uma transcondutância igual a n vezes a de cada um [Figura 4.19(b)]. Se, por sua vez, a corrente total de coletor permanecer inalterada, a transcondutância também permanecerá inalterada.

Exercício Repita o exemplo anterior para o caso em que V_{BE0} é reduzido por $V_T \ln n$.

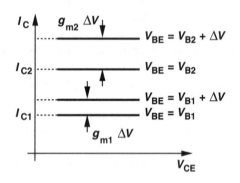

Figura 4.20 Transcondutância para diferentes correntes de polarização de coletor.

de adequados elementos de circuitos, como fontes de corrente controladas e resistores. A Figura 4.21 ilustra dois exemplos conceituais, nos quais V_{BE} ou V_{CE} é alterado por ΔV e as alterações em I_C, I_B e I_E são examinadas.

Comecemos com uma perturbação em V_{BE}, enquanto a tensão de coletor é mantida constante (Figura 4.22). Da definição de transcondutância, sabemos que

$$\Delta I_C = g_m \Delta V_{BE}, \quad (4.49)$$

e concluímos que uma fonte de corrente controlada por tensão, de valor $g_m \Delta V$, deve ser conectada entre o coletor e o emissor. Por simplicidade, denotamos ΔV_{BE} por v_π e a mudança na corrente de coletor, por $g_m v_\pi$.

A mudança em V_{BE} gera outra mudança:

$$\Delta I_B = \frac{\Delta I_C}{\beta} \quad (4.50)$$

$$= \frac{g_m}{\beta} \Delta V_{BE}. \quad (4.51)$$

Ou seja, se a tensão base-emissor for alterada de ΔV_{BE}, a corrente que flui entre esses dois terminais será alterada por $(g_m/\beta)\Delta V_{BE}$. Como correspondem aos mesmos dois terminais, a tensão e a corrente podem ser relacionadas pela Lei de Ohm, ou seja, por um resistor conectado entre base e emissor, com valor igual a

$$r_\pi = \frac{\Delta V_{BE}}{\Delta I_B} \quad (4.52)$$

$$= \frac{\beta}{g_m}. \quad (4.53)$$

Portanto, o diodo com polarização direta entre base e emissor é modelado por uma resistência de pequenos sinais igual a β/g_m. Esse resultado era esperado, pois o diodo conduz uma corrente de polarização I_C/β e, da Equação (3.58), exibe uma resistência de pequenos sinais $V_T/(I_C/\beta) = \beta(V_T/I_C) = \beta/g_m$.

Agora, voltemos a atenção ao coletor e apliquemos uma perturbação na tensão de emissor (Figura 4.23). Como ilustrado na Figura 4.11, para V_{BE} constante, a tensão de coletor não tem efeito sobre I_C ou I_B, pois $I_C = I_S \exp(V_{BE}/V_T)$ e $I_B = I_C/\beta$. Como ΔV_{CE} não provoca nenhuma alteração nas correntes dos terminais, o modelo desenvolvido na Figura 4.22 não precisa ser modificado.

O que podemos dizer sobre uma perturbação na tensão coletor-base? Como estudado no Exercício 4.18, essa perturbação também não provoca alteração nas correntes dos terminais.

O simples modelo de pequenos sinais desenvolvido na Figura 4.22 é uma ferramenta poderosa e versátil para análise e síntese de circuitos bipolares. Vale ressaltar que os dois parâmetros do modelo, g_m e r_π, dependem da corrente de polarização do

Física de Transistores Bipolares   111

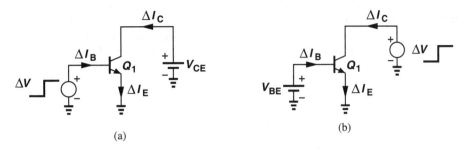

Figura 4.21 Excitação de transistor bipolar com pequenas perturbações na tensão (a) base-emissor e (b) coletor-emissor.

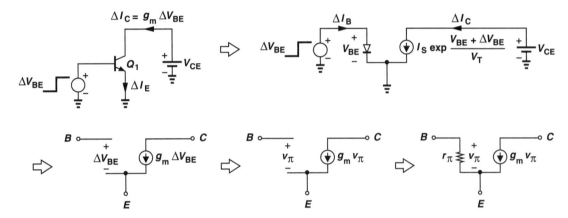

Figura 4.22 Desenvolvimento do modelo de pequenos sinais.

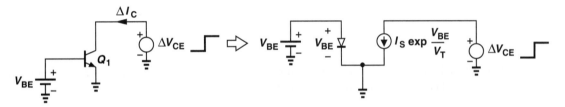

Figura 4.23 Resposta do transistor bipolar a uma pequena perturbação em V_{CE}.

dispositivo. Com uma grande corrente de polarização de coletor, um maior valor de g_m é obtido, mas a impedância entre base e emissor passa a ter valor menor. Como veremos no Capítulo 5, esse comportamento se mostra inadequado em alguns casos.

O Exemplo 4.10 não é um circuito útil. O sinal do microfone produz uma perturbação em I_C, mas o resultado flui pela bateria de 1,8 V. Em outras palavras, o circuito não gera uma saída. No entanto, se a corrente de coletor fluísse por um resistor, uma saída útil seria produzida.

O Exemplo 4.11 demonstra a capacidade de amplificação do transistor. Estudaremos e quantificaremos o comportamento dessa e de outras topologias de amplificadores no próximo capítulo.

Modelo de Pequenos Sinais da Fonte de Alimentação Vimos que o uso dos modelos de pequenos sinais de diodos e de transistores pode simplificar a análise de forma considerável. Nessa análise, outros componentes do circuito também devem ser representados por modelos de pequenos sinais. Em particular, devemos determinar como a fonte de alimentação de tensão, V_{CC}, se comporta em relação a pequenas perturbações nas correntes e tensões do circuito.

> **Você sabia?**
> A primeira revolução estimulada pelo transistor foi o conceito de rádios portáteis. Até a década de 1940, rádios eram baseados em válvulas, que requeriam altas tensões de alimentação (por exemplo, de 60 V) e, por conseguinte, eram volumosos e pesados. A operação do transistor, por sua vez, exigia apenas algumas baterias. Em 1954, o "rádio a transistor" portátil foi, então, introduzido por Regency and Texas Instruments. É interessante observar que, nessa mesma época, uma empresa japonesa chamada Tsushin Kogyo também trabalhava em um rádio a transistor e almejava entrar no mercado americano. Como seu nome era de difícil pronúncia para os ocidentais, a empresa tomou emprestada a palavra latina para som – "sonus" – e passou a se chamar Sony.

Exemplo 4.10

Consideremos o circuito mostrado na Figura 4.24(a), em que v_1 representa o sinal gerado por um microfone, $I_S = 3 \times 10^{-16}$ A, $\beta = 100$ e Q_1 opera no modo ativo. (a) Se $v_1 = 0$, determinemos os parâmetros de pequenos sinais de Q_1. (b) Se o microfone gerar um sinal de 1 mV, que mudança será observada nas correntes de coletor e de base?

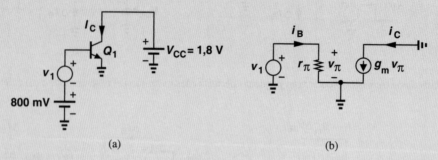

Figura 4.24 (a) Transistor com polarização e excitação de pequeno sinal, (b) circuito equivalente de pequeno sinal.

Solução (a) Escrevendo $I_C = I_S \exp(V_{BE}/V_T)$, para $V_{BE} = 800$ mV, obtemos uma corrente de coletor de 6,92 mA. Logo,

$$g_m = \frac{I_C}{V_T} \tag{4.54}$$

$$= \frac{1}{3{,}75\ \Omega}, \tag{4.55}$$

e

$$r_\pi = \frac{\beta}{g_m} \tag{4.56}$$

$$= 375\ \Omega. \tag{4.57}$$

(b) Desenhando o equivalente de pequeno sinal do circuito, mostrado na Figura 4.24(b), e notando que $v_\pi = v_1$, obtemos a mudança na corrente de coletor como:

$$\Delta I_C = g_m v_1 \tag{4.58}$$

$$= \frac{1\ \text{mV}}{3{,}75\ \Omega} \tag{4.59}$$

$$= 0{,}267\ \text{mA}. \tag{4.60}$$

O circuito equivalente também prediz a mudança na corrente de base como

$$\Delta I_B = \frac{v_1}{r_\pi} \tag{4.61}$$

$$= \frac{1\ \text{mV}}{375\ \Omega} \tag{4.62}$$

$$= 2{,}67\ \mu\text{A}, \tag{4.63}$$

que, obviamente, é igual a $\Delta I_C/\beta$.

Exercício Repita o exemplo anterior para o caso em que I_S é dividida por dois.

Física de Transistores Bipolares 113

Exemplo 4.11 O circuito da Figura 4.24(a) é modificado como indicado na Figura 4.25, na qual o resistor R_C converte a corrente de coletor em uma tensão. (a) Comprovemos que o transistor opera no modo ativo. (b) Determinemos o nível do sinal de saída, admitindo que o microfone produza um sinal de 1 mV.

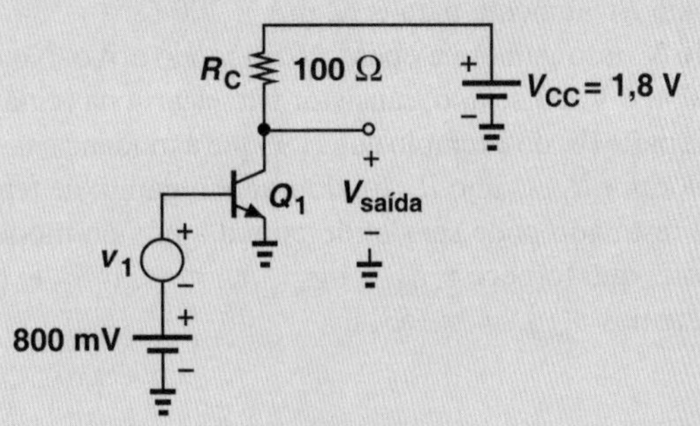

Figura 4.25 Estágio simples com polarização e excitação de pequenos sinais.

Solução (a) A corrente de polarização de coletor de 6,92 mA flui por R_C e produz uma queda de potencial $I_C R_C = 692$ mV. A tensão de coletor, igual a $V_{saída}$, é, portanto, dada por:

$$V_{saída} = V_{CC} - R_C I_C \tag{4.64}$$

$$= 1,108 \text{ V.} \tag{4.65}$$

Como a tensão de coletor (em relação à terra) é mais positiva que a tensão de base, o dispositivo opera no modo ativo.

(b) Como visto no exemplo anterior, um sinal do microfone de 1 mV leva a uma alteração de 0,267 mA em I_C. Ao fluir por R_C, essa alteração produz uma mudança de 0,267 mA × 100 Ω = 26,7 mV em $V_{saída}$. Portanto, o circuito *amplifica* a entrada por um fator de 26,7.

Exercício Que valor de R_C resulta em uma tensão coletor-base nula?

O princípio básico é o de que a fonte de alimentação permaneça (idealmente) *constante*, mesmo que diversas tensões e correntes no circuito sofram alteração ao longo do tempo. Como a tensão fornecida não muda e como o modelo de pequenos sinais do circuito implica apenas perturbações nas quantidades, concluímos que V_{CC} deve ser substituído por uma tensão *nula*, para representar a variação nula. Assim, basta que "aterremos" a fonte de alimentação de tensão na análise de pequenos sinais. De modo similar, qualquer outra tensão constante no circuito é substituída por uma conexão à terra. Para enfatizar que esse aterramento é válido somente para sinais, algumas vezes dizemos que um nó é uma "terra AC".

4.4.5 Efeito Early

Nosso tratamento do transistor bipolar esteve, até aqui, concentrado em princípios básicos e ignorou efeitos de segunda ordem no dispositivo, assim como as representações destes nos modelos de grandes e de pequenos sinais. No entanto, alguns circuitos exigem que esses efeitos sejam levados em consideração, para que resultados coerentes sejam obtidos. O próximo exemplo ilustra essa questão.

O Exemplo 4.12 indica uma tendência importante: se R_C aumentar, o ganho de tensão do circuito também aumenta. Isso significa que, se $R_C \to \infty$, o ganho crescerá indefinidamente? Será que outro mecanismo no circuito, talvez no transistor, limita o ganho máximo que pode ser obtido? De fato, o "efeito Early" se traduz em uma não idealidade no dispositivo, que pode limitar o ganho de amplificadores.

Para entender esse efeito, retornemos ao funcionamento interno do transistor e reexaminemos a afirmação ilustrada na Figura 4.11: "a corrente de coletor não depende da tensão de coletor". Consideremos o dispositivo mostrado na Figura 4.27(a), na qual a tensão de coletor é um pouco maior que a tensão de base e a polarização reversa na junção cria uma região de depleção com uma dada largura. Suponhamos, agora, que o valor de V_{CC} seja aumentado até o de V_{CE2} [Figura 4.27(b)], aumentando a polarização reversa e a largura da região de depleção nas áreas do coletor e da base. Como o perfil de carga da base ainda deve cair a zero na fronteira da região de depleção, x'_2, a *inclinação* do perfil aumenta. De modo equivalente, na Equação (4.8), a largura efetiva da base, W_B, diminui, aumentando a corrente de coletor. Descoberto por Early, esse fenômeno apresenta alguns problemas interessantes no projeto de amplificadores (Capítulo 5).

Exemplo 4.12 Consideremos o circuito do Exemplo 4.11; suponhamos que o valor de R_C seja elevado para 200 Ω e o de V_{CC}, para 3,6 V. Comprovemos que o dispositivo opera no modo ativo e calculemos o ganho de tensão.

Solução A queda de tensão em R_C aumenta para 6,92 mA × 200 Ω = 1,384 V, o que leva a uma tensão de coletor de 3,6 V − 1,384 V = 2,216 V; isso garante a operação no modo ativo. Notemos que, se V_{CC} não fosse dobrado, $V_{saída}$ = 1,8 V − 1,384 V = 0,416 V; ou seja, o transistor não estaria na região ativa direta.

Recordemos, da parte (b) do exemplo anterior, que a mudança na tensão de saída é igual ao produto da mudança na corrente de coletor por R_C. Como R_C foi dobrado, o ganho de tensão também deve ser dobrado, alcançando o valor de 53,4. Esse resultado pode ser obtido com a ajuda do modelo de pequenos sinais. A Figura 4.26 ilustra o circuito equivalente, que fornece $v_{saída} = -g_m v_\pi R_C = -g_m v_1 R_C$ e, portanto, $v_{saída}/v_1 = -g_m R_C$. Com $g_m = (3{,}75\ \Omega)^{-1}$ e $R_C = 200\ \Omega$, temos $v_{saída}/v_1 = -53{,}4$.

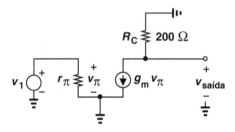

Figura 4.26 Circuito equivalente de pequenos sinais do estágio mostrado na Figura 4.25.

Exercício O que acontece se $R_C = 250\ \Omega$?

Como o efeito Early pode ser representado no modelo do transistor? Devemos, primeiro, modificar a Equação (4.9) para incluir esse efeito. É possível provar que o aumento na corrente de coletor à medida que V_{CE} aumenta pode ser expresso, aproximadamente, por um fator multiplicativo:

$$I_C = \frac{A_E q D_n n_i^2}{N_E W_B}\left(\exp\frac{V_{BE}}{V_T} - 1\right)\left(1 + \frac{V_{CE}}{V_A}\right), \quad (4.66)$$

$$\approx \left(I_S \exp\frac{V_{BE}}{V_T}\right)\left(1 + \frac{V_{CE}}{V_A}\right). \quad (4.67)$$

em que W_B é assumido como constante e o segundo fator, $1 + V_{CE}/V_A$, modela o efeito Early. A grandeza V_A é chamada de "tensão de Early".

É interessante que examinemos a característica I/V da Figura 4.15 na presença do efeito Early. Para V_{CE} constante, a dependência de I_C em relação a V_{BE} permanece exponencial, mas com uma inclinação um pouco maior [Figura 4.28(a)]. Para V_{BE} constante, a característica I_C-V_{CE} exibe uma inclinação não nula [Figura 4.28(b)]. Na verdade, a diferenciação de (4.67) em relação a V_{CE} fornece

$$\frac{\delta I_C}{\delta V_{CE}} = I_S\left(\exp\frac{V_{BE}}{V_T}\right)\left(\frac{1}{V_A}\right) \quad (4.68)$$

$$\approx \frac{I_C}{V_A}, \quad (4.69)$$

em que foi assumido $V_{CE} \ll V_A$ e, portanto, $I_C \approx I_S \exp(V_{BE}/V_T)$. Esta é uma aproximação razoável, na maioria dos casos.

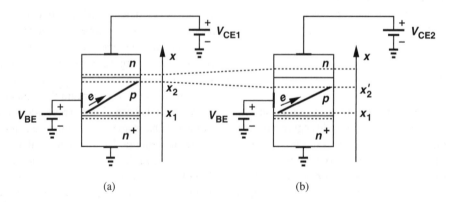

Figura 4.27 (a) Dispositivo bipolar com tensões de polarização de base e de coletor, (b) efeito de tensão de coletor mais elevada.

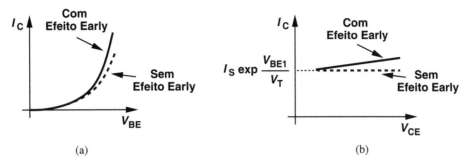

Figura 4.28 Corrente de coletor em função de (a) V_{BE} e (b) V_{CE}, com e sem efeito Early.

Exemplo 4.13 Um transistor bipolar conduz uma corrente de coletor de 1 mA, com V_{CE} = 2 V. Calculemos a tensão base-emissor quando $V_A = \infty$ e $V_A = 20$ V. Assumamos $I_S = 2 \times 10^{-16}$ A.

Solução Com $V_A = \infty$, da Equação (4.67), temos

$$V_{BE} = V_T \ln \frac{I_C}{I_S} \tag{4.70}$$

$$= 760{,}3 \text{ mV}. \tag{4.71}$$

Para $V_A = 20$ V, reescrevemos a Equação (4.67) como

$$V_{BE} = V_T \ln \left(\frac{I_C}{I_S} \frac{1}{1 + \frac{V_{CE}}{V_A}} \right) \tag{4.72}$$

$$= 757{,}8 \text{ mV}. \tag{4.73}$$

Na verdade, para $V_{CE} \ll V_A$, temos $(1 + V_{CE}/V_A)^{-1} \approx 1 - V_{CE}/V_A$, e

$$V_{BE} \approx V_T \ln \frac{I_C}{I_S} + V_T \ln \left(1 - \frac{V_{CE}}{V_A} \right) \tag{4.74}$$

$$\approx V_T \ln \frac{I_C}{I_S} - V_T \frac{V_{CE}}{V_A}, \tag{4.75}$$

em que, para $\epsilon \ll 1$, assumimos $\ln(1 - \epsilon) \approx -\epsilon$.

Exercício Repita o exemplo anterior para o caso em que dois destes transistores são conectados em paralelo.

Na Figura 4.28(b), a variação de I_C com V_{CE} revela que o transistor, na verdade, não opera como uma fonte de corrente *ideal*, o que requer modificação da perspectiva mostrada na Figura 4.11(a). O transistor ainda pode ser visto como um dispositivo de dois terminais, mas com uma corrente que varia um pouco com V_{CE} (Figura 4.29).

Modelos de Grandes e de Pequenos Sinais A presença do efeito Early altera os modelos do transistor desenvolvidos nas Seções 4.4.1 e 4.4.4. O modelo de grandes sinais da Figura 4.1.3 deve, agora, ser modificado como mostrado na Figura 4.30, na qual

$$I_C = \left(I_S \exp \frac{V_{BE}}{V_T} \right)\left(1 + \frac{V_{CE}}{V_A} \right) \tag{4.76}$$

$$I_B = \frac{1}{\beta}\left(I_S \exp \frac{V_{BE}}{V_T} \right) \tag{4.77}$$

$$I_E = I_C + I_B. \tag{4.78}$$

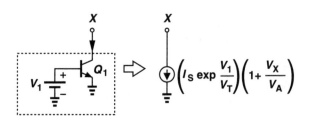

Figura 4.29 Modelo realista do transistor bipolar como uma fonte de corrente.

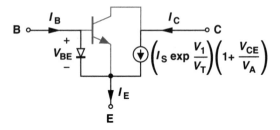

Figura 4.30 Modelo de grandes sinais para o transistor bipolar, incluindo o efeito Early.

Notemos que I_B independe de V_{CE} e ainda é dada pela tensão base-emissor.

No caso do modelo de pequenos sinais, notamos que a fonte de corrente controlada permanece inalterada e g_m é expresso como

$$g_m = \frac{dI_C}{dV_{BE}} \quad (4.79)$$

$$= \frac{1}{V_T}\left(I_S \exp\frac{V_{BE}}{V_T}\right)\left(1 + \frac{V_{CE}}{V_A}\right) \quad (4.80)$$

$$= \frac{I_C}{V_T}. \quad (4.81)$$

Do mesmo modo,

$$r_\pi = \frac{\beta}{g_m} \quad (4.82)$$

$$= \beta\frac{V_T}{I_C}. \quad (4.83)$$

Considerando que a corrente de coletor varia com V_{CE}, apliquemos, agora, uma perturbação na tensão de coletor e meçamos a resultante alteração na corrente [Figura 4.31(a)]:

$$I_C + \Delta I_C = \left(I_S \exp\frac{V_{BE}}{V_T}\right)\left(1 + \frac{V_{CE} + \Delta V_{CE}}{V_A}\right). \quad (4.84)$$

Por conseguinte,

$$\Delta I_C = \left(I_S \exp\frac{V_{BE}}{V_T}\right)\frac{\Delta V_{CE}}{V_A}, \quad (4.85)$$

que é coerente com a Equação (4.69). Já que correspondem aos mesmos dois terminais, as alterações de tensão e de corrente satisfazem a Lei de Ohm e produzem um resistor equivalente:

$$r_O = \frac{\Delta V_{CE}}{\Delta I_C} \quad (4.86)$$

$$= \frac{V_A}{I_S \exp\dfrac{V_{BE}}{V_T}} \quad (4.87)$$

$$\approx \frac{V_A}{I_C}. \quad (4.88)$$

A Figura 4.31(b) ilustra o modelo de pequenos sinais, que contém apenas um elemento adicional, r_O, para representar o efeito Early. r_O é denominada "resistência de saída" e tem um papel importante em amplificadores de alto ganho (Capítulo 5). Vale notar que r_π e r_O são inversamente proporcionais à corrente de polarização I_C.

No próximo capítulo, retornaremos ao Exemplo 4.12 e determinaremos o ganho do amplificador na presença do efeito Early. Concluiremos que o ganho é, afinal, limitado pela resistência de saída r_O. A Figura 4.32 resume os conceitos estudados nesta seção.

Um importante conceito que emergiu do estudo do transistor foi o de polarização. Devemos criar tensões e correntes DC adequadas nos terminais do dispositivo para alcançar dois objetivos: (1) garantir operação no modo ativo ($V_{BE} > 0$, $V_{CE} \geq 0$); por exemplo, o valor da resistência de carga conectada ao coletor está sujeito a um limite superior, para uma dada tensão de alimentação (Exemplo 4.7); (2) estabelecer uma corrente de coletor que produza os desejados valores para os parâmetros de pequenos sinais g_m, r_O e r_π. A análise de amplificadores no próximo capítulo explorará essas ideias em detalhes.

Por fim, devemos ressaltar que o modelo de pequenos sinais da Figura 4.31(b) não reflete as limitações de altas frequências

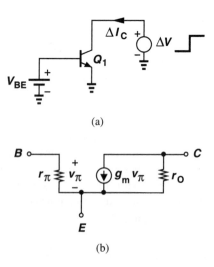

Figura 4.31 (a) Pequena perturbação em V_{CE} e (b) modelo de pequenos sinais incluindo o efeito Early.

> **Exemplo 4.14** Um transistor é polarizado com uma corrente de coletor de 1 mA. Determinemos o modelo de pequenos sinais para $\beta = 100$ e $V_A = 15$ V.
>
> **Solução** Temos
>
> $$g_m = \frac{I_C}{V_T} \tag{4.89}$$
>
> $$= \frac{1}{26\,\Omega}, \tag{4.90}$$
>
> e
>
> $$r_\pi = \frac{\beta}{g_m} \tag{4.91}$$
>
> $$= 2600\,\Omega. \tag{4.92}$$
>
> Temos, também,
>
> $$r_O = \frac{V_A}{I_C} \tag{4.93}$$
>
> $$= 15\,\text{k}\Omega. \tag{4.94}$$
>
> **Exercício** Que tensão de Early é necessária para que a resistência de saída chegue a 25 kΩ?

do transistor. Por exemplo, as junções base-emissor e base-coletor exibem uma capacitância de região de depleção que afeta a velocidade. Essas propriedades serão estudadas no Capítulo 11.

4.5 OPERAÇÃO DE TRANSISTORES BIPOLARES NO MODO DE SATURAÇÃO

Como mencionado na seção anterior, é desejável operar dispositivos bipolares na região ativa direta, onde atuam como fontes de corrente controladas por tensão. Nesta seção, estudaremos o comportamento do dispositivo fora dessa região e as correspondentes dificuldades.

Fixemos V_{BE} em um valor típico, por exemplo, 750 mV, e variemos a tensão de coletor de um nível alto a um nível baixo [Figura 4.33(a)]. À medida que V_{CE} se aproxima de V_{BE}, e V_{BC} cresce de um valor negativo em direção a zero, a junção base-emissor fica sujeita a uma polarização reversa decrescente. Para $V_{CE} = V_{BE}$, a junção fica sujeita a uma diferença de tensão nula, mas sua região de depleção ainda absorve a maioria dos elétrons injetados pelo emissor na base. O que acontece se $V_{CE} < V_{BE}$, ou seja, se $V_{BC} > 0$ e a junção B-C estiver sob polarização direta? Dizemos que o transistor entrou na "região de saturação". Suponhamos que V_{CE} = 550 mV e, portanto, V_{BC} = +200 mV. Sabemos, do Capítulo 2, que um diodo típico sob polarização direta de 200 mV conduz uma corrente muito pequena.[6] Portanto, mesmo neste caso, o transistor continua a operar no modo ativo e dizemos que o dispositivo está em "saturação fraca".

Se a tensão de coletor cair mais, a junção B-C ficará sujeita a uma maior polarização direta e conduzirá uma corrente significativa [Figura 4.33(b)]. Em consequência, um grande número de lacunas deve ser fornecido ao terminal da base – como se β fosse reduzido. Em outras palavras, saturação forte leva a um abrupto aumento na corrente de base e, portanto, a uma rápida diminuição de β.

É interessante que estudemos o modelo de grandes sinais e a característica I/V do transistor na região de saturação. Para isso, construímos o modelo mostrado na Figura 4.34(a), incluindo o diodo base-coletor. Notemos que a corrente de coletor líquida *diminui* à medida que o dispositivo entra na saturação, pois parte da corrente controlada $I_{S1}\exp(V_{BE}/V_T)$ é fornecida pelo diodo B-C e não precisa fluir do terminal do coletor. Na verdade, como ilustrado na Figura 4.34(b), se o coletor estiver aberto, D_{BC} ficará sujeito a uma polarização direta tão intensa que sua corrente se tornará igual à corrente controlada.

---

[6] Cerca de nove ordens de grandeza menor do que um diodo sob polarização direta de 750 mV: (750 mV – 200 mV)/(60 mV/dec) ≈ 9,2.

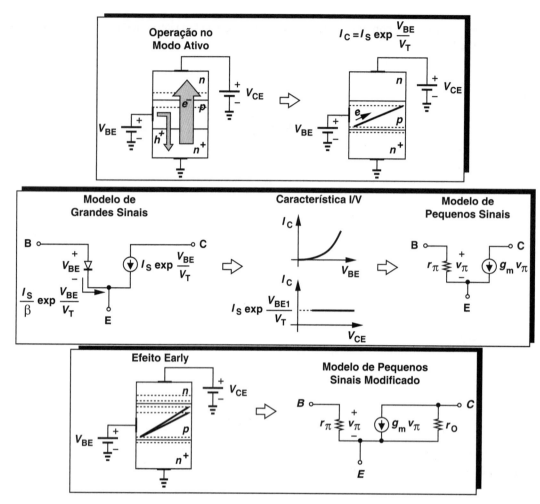

Figura 4.32 Resumo dos conceitos estudados até aqui.

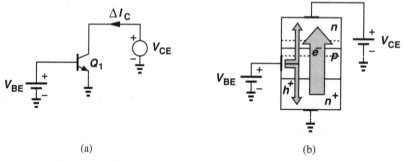

(a)   (b)

Figura 4.33 (a) Transistor bipolar com junção base-coletor sob polarização direta, (b) fluxo de lacunas para o coletor.

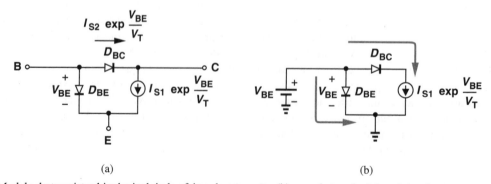

(a)   (b)

Figura 4.34 (a) Modelo do transistor bipolar incluindo efeitos de saturação, (b) caso do terminal de coletor aberto.

Exemplo 4.15 Um transistor bipolar é polarizado com $V_{BE} = 750$ mV e tem valor nominal de β igual a 100. Que intensidade de polarização direta B-C o dispositivo pode tolerar se β não puder sofrer alteração maior que 10 %? Por simplicidade, assumamos que as junções base-coletor e base-emissor têm estruturas e níveis de dopagem idênticos.

Solução Se a junção base-coletor estiver sob polarização direta, de modo que conduza uma corrente igual a um décimo da corrente de base nominal, I_B, β deve sofrer uma degradação de 10 %. Como $I_B = I_C/100$, a junção B-C não pode conduzir uma corrente maior que $I_C/1000$. Podemos, então, perguntar: que tensão B-C resulta em uma corrente $I_C/1000$ se $V_{BE} = 750$ mV produzir uma corrente de coletor I_C? Assumindo idênticas junções B-E e B-C, temos

$$V_{BE} - V_{BC} = V_T \ln \frac{I_C}{I_S} - V_T \ln \frac{I_C/1000}{I_S} \tag{4.95}$$

$$= V_T \ln 1000 \tag{4.96}$$

$$\approx 180 \text{ mV}. \tag{4.97}$$

Ou seja, $V_{BC} = 570$ mV.

Exercício Repita o exemplo anterior para o caso em que $V_{BE} = 800$ mV.

Essas observações levam à característica I/V ilustrada na Figura 4.35, onde I_C começa a diminuir para valores de V_{CE} menores que V_1, da ordem de poucos milivolts. O termo "saturação" é usado porque, nesta região de operação, a corrente de base resulta em pequena alteração na corrente de coletor.

Além de uma redução em β, a *velocidade* de transistores bipolares também sofre degradação na saturação (Capítulo 11). Assim, circuitos eletrônicos raramente permitem a operação de dispositivos bipolares nesse modo. Como regra empírica, permitimos saturação fraca, com $V_{BC} < 400$ mV, pois a corrente na junção B-C é desprezível, desde que as diversas tolerâncias nos valores dos componentes não levem o dispositivo à saturação forte.

É importante observar que o transistor puxa corrente de qualquer componente conectado ao coletor, por exemplo, um resistor. Portanto, o componente externo é que define a tensão de coletor e, em consequência, a região de operação.

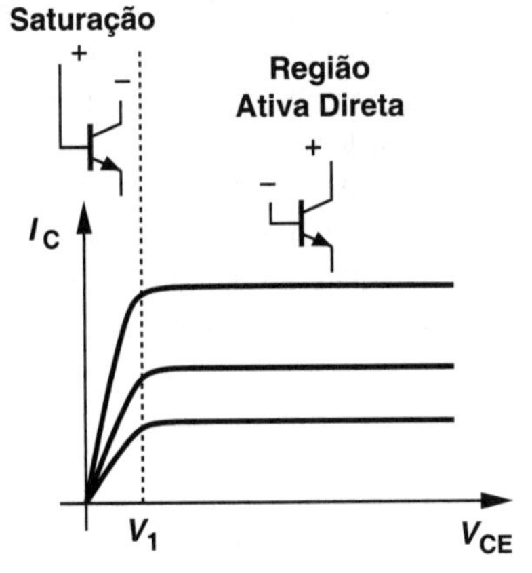

Na região de saturação forte, a tensão coletor-emissor se aproxima de um valor constante denominado V_{CEsat} (da ordem de 200 mV). Nessa condição, o transistor não atua como uma fonte de corrente controlada e pode ser modelado como indicado na Figura 4.37. (A bateria conectada entre C e E indica que, sob saturação forte, V_{CE} é relativamente constante.)

4.6 TRANSISTORES *PNP*

Até aqui, estudamos a estrutura e propriedades do transistor *npn*, em que emissor e coletor são feitos de materiais do tipo *n* e a base, de um material de tipo *p*. É natural que nos perguntemos se as polaridades dos dopantes podem ser invertidas nas três regiões, formando um dispositivo "*pnp*". Mais importante ainda, podemos nos perguntar qual seria a utilidade de um dispositivo como este.

4.6.1 Estrutura e Operação

A Figura 4.38(a) mostra a estrutura de um transistor *pnp*, enfatizando que o emissor é fortemente dopado. Assim como no caso do dispositivo *npn*, a operação na região ativa requer que a junção base-emissor esteja sob polarização direta e a junção do coletor, sob polarização reversa. Ou seja, $V_{BE} < 0$ e $V_{BC} > 0$. Nesta condição, os portadores majoritários no emissor (lacunas) são injetados na base e varridos em direção ao coletor. Um perfil linear de lacunas é formado na região da base para permitir a difusão. Um pequeno número de portadores majoritários da base (elétrons) é injetado no emissor ou se recombina com lacunas na região da base, criando a corrente de base. A Figura 4.38(b)

Figura 4.35 Característica I/V do transistor em diferentes regiões de operação.

> **Exemplo 4.16** Para o circuito da Figura 4.36, determinemos a relação entre R_C e V_{CC} que garante operação na região de saturação fraca ou na região ativa.
>
>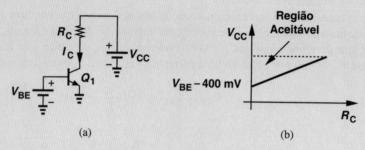
>
> **Figura 4.36** (a) Estágio simples, (b) intervalos aceitáveis de valores de V_{CC} e R_C.
>
> **Solução** Sob saturação fraca, a corrente de coletor ainda é igual a $I_S \exp(V_{BE}/V_T)$. A tensão de coletor não pode ficar a mais de 400 mV abaixo da tensão de base:
>
> $$V_{CC} - R_C I_C \geq V_{BE} - 400 \, \text{mV}. \tag{4.98}$$
>
> Logo,
>
> $$V_{CC} \geq I_C R_C + (V_{BE} - 400 \, \text{mV}). \tag{4.99}$$
>
> Para um dado valor de R_C, V_{CC} deve ser grande o bastante para que $V_{CC} - I_C R_C$ ainda mantenha uma tensão de coletor razoável.

Exercício Determine o máximo valor tolerável de R_C.

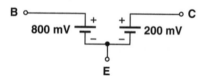

Figura 4.37 Modelo do transistor sob saturação forte.

ilustra o fluxo de portadores. Todos os princípios de funcionamento e equações descritas para o transistor *npn* também se aplicam ao dispositivo *pnp*.

A Figura 4.38 (c) ilustra o símbolo do transistor *pnp*, juntamente com as fontes de tensão constante que polarizam o dispositivo na região ativa. Ao contrário da polarização de um transistor *npn*, mostrada na Figura 4.6, aqui, as tensões de base e de coletor são *menores* que a tensão de emissor. Seguindo a convenção de posicionar os nós mais positivos na parte de cima, redesenhamos o circuito como mostrado na Figura 4.38(d), para enfatizar que $V_{EB} > 0$ e $V_{BC} > 0$ e ilustrar a verdadeira direção do fluxo de corrente em cada terminal.

4.6.2 Modelo de Grandes Sinais

As polaridades de correntes e tensões em transistores *npn* e *pnp* podem dar origem à confusão. Resolvemos essa questão com

as seguintes observações: (1) A corrente (convencional) sempre flui de um nó positivo (ou seja, na parte superior do diagrama) para um de potencial mais baixo (na parte inferior do diagrama). A Figura 4.39(a) mostra dois ramos com transistores *npn* e *pnp*; no caso de dispositivos *npn*, a corrente (convencional) flui do coletor para o emissor e no caso de dispositivos *pnp*, do emissor para o coletor. Como a corrente de base deve ser incluída na corrente de emissor, notamos que I_{B1} e I_{C1} se somam a I_{E1}, enquanto I_{E2} "perde" I_{B2} antes de emergir como I_{C2}. (2) A distinção entre as regiões ativa e de saturação é baseada na polarização da junção B-C. Os diferentes casos são resumidos na Figura 4.39(b), onde a posição relativa dos nós da base e do coletor reflete a diferença de potencial entre os mesmos. Notamos que um transistor *npn* está no modo ativo se (a tensão do) coletor *não* estiver abaixo (da tensão) da base. Para o dispositivo *pnp*, o coletor não deve estar *acima* da base. (3) Para dispositivos *pnp*, as equações da corrente *npn* (4.23)-(4.25) devem ser modificadas da seguinte forma:

$$I_C = I_S \exp \frac{V_{EB}}{V_T} \tag{4.100}$$

$$I_B = \frac{I_S}{\beta} \exp \frac{V_{EB}}{V_T} \tag{4.101}$$

$$I_E = \frac{\beta + 1}{\beta} I_S \exp \frac{V_{EB}}{V_T}, \tag{4.102}$$

Física de Transistores Bipolares   121

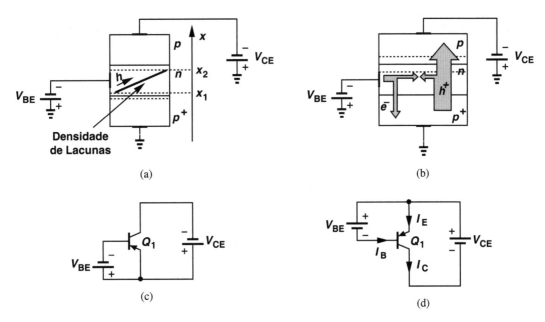

Figura 4.38 (a) Estrutura de transistor *pnp*, (b) fluxo de corrente no transistor *pnp*, (c) polarização adequada, (d) visão mais intuitiva de (c).

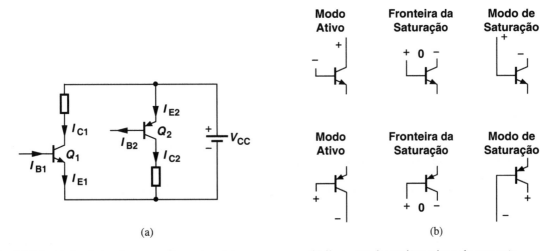

Figura 4.39 (a) Polaridades de tensão e corrente em transistores *npn* e *pnp*, (b) ilustração das regiões ativa e de saturação.

sendo as direções das correntes definidas na Figura 4.40. A única diferença entre as equações *npn* e *pnp* se refere à tensão base-emissor que aparece no expoente. Esse resultado era esperado, pois $V_{BE} < 0$ para dispositivos *pnp* e deve ser alterado para V_{EB} para criar um termo exponencial grande. O efeito Early pode ser incluído como

$$I_C = \left(I_S \exp \frac{V_{EB}}{V_T}\right)\left(1 + \frac{V_{EC}}{V_A}\right). \qquad (4.103)$$

Vale mencionar que alguns livros assumem que todas as correntes de terminais fluem para o dispositivo, o que exige que o lado direito das Equação (4.100) e (4.101) seja multiplicado por um sinal negativo. Contudo, manteremos nossa notação, pois reflete as verdadeiras direções das correntes e se mostra mais eficiente na análise de circuitos que contêm vários transistores *npn* e *pnp*.

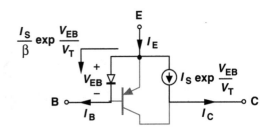

Figura 4.40 Modelo de grandes sinais do transistor *pnp*.

4.6.3 Modelo de Pequenos Sinais

Como o modelo de pequenos sinais representa *perturbações* nas tensões e correntes, esperamos que transistores *npn* e *pnp* tenham modelos semelhantes. O modelo de pequenos sinais do transistor *pnp* é ilustrado na Figura 4.43(a) e, de fato, é *idêntico* ao do dispositivo *npn*. Seguindo a convenção indicada na Figura

Exemplo 4.17

No circuito mostrado na Figura 4.41, determinemos as correntes nos terminais de Q_1 e comprovemos a operação na região ativa direta. Assumamos $I_S = 2 \times 10^{-16}$ A, $\beta = 50$ e $V_A = \infty$.

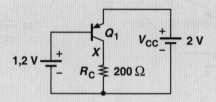

Figura 4.41 Estágio simples com transistor *pnp*.

Solução   Temos: $V_{EB} = 2\text{ V} - 1,2\text{ V} = 0,8\text{ V}$; logo

$$I_C = I_S \exp \frac{V_{EB}}{V_T} \tag{4.104}$$

$$= 4{,}61 \text{ mA}. \tag{4.105}$$

Portanto,

$$I_B = 92{,}2\ \mu\text{A} \tag{4.106}$$

$$I_E = 4{,}70 \text{ mA}. \tag{4.107}$$

Agora, devemos calcular a tensão de coletor e, portanto, a polarização na junção B-C. Como R_C conduz I_C,

$$V_X = R_C I_C \tag{4.108}$$

$$= 0{,}922 \text{ V}, \tag{4.109}$$

que é *menor* que a tensão de base. Usando a ilustração na Figura 4.39(b), concluímos que Q_1 opera no modo ativo, o que justifica o uso das equações (4.100)-(4.102).

Exercício   Qual é o máximo valor de R_C para que o transistor permaneça sob saturação fraca?

Exemplo 4.18

No circuito da Figura 4.42, $V_{entrada}$ representa um sinal gerado por um microfone. Determinemos $V_{saída}$ para $V_{entrada} = 0$ e $V_{entrada} = +5$ mV, com $I_S = 1{,}5 \times 10^{-16}$ A.

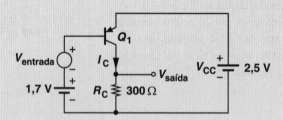

Figura 4.42 Estágio *pnp* com tensões de polarização e de pequeno sinal.

Solução   Para $V_{entrada} = 0$, $V_{EB} = +800$ mV, e temos

$$I_C|_{V_{entrada}=0} = I_S \exp \frac{V_{EB}}{V_T} \tag{4.110}$$

$$= 3{,}46 \text{ mA}, \tag{4.111}$$

Logo,

$$V_{saída} = 1{,}038 \text{ V}. \tag{4.112}$$

se $V_{entrada}$ aumentar para +5 mV, $V_{EB} = +795$ mV e

$$I_C|_{V_{entrada} = +5 \text{ mV}} = 2{,}85 \text{ mA}, \tag{4.113}$$

levando a

$$V_{saída} = 0{,}856 \text{ V}. \tag{4.114}$$

Notemos que, à medida que a tensão de base *aumenta*, a tensão de coletor *diminui*: um comportamento similar ao de dispositivos *npn* na Figura 4.25. Como uma perturbação de 5 mV em $V_{entrada}$ leva a uma mudança de 182 mV em $V_{saída}$, o ganho de tensão é igual a 36,4. Esses resultados são obtidos de forma mais direta com o emprego do modelo de pequenos sinais.

Exercício Determine $V_{saída}$ para $V_{entrada} = -5$ mV.

Você sabia?

Alguns dos primeiros receptores de rádio usavam apenas dois transistores *pnp* de germânio (e não de silício) para formar os estágios amplificadores. (A fabricação de transistores de silício se tornou possível posteriormente.) Entretanto, esses rádios tinham desempenho pobre e eram capazes de captar somente uma ou duas estações. Por essa razão, muitos fabricantes informavam, orgulhosamente, o número de transistores no rádio ao lado de sua marca, por exemplo, "Admiral – Oito Transistores".

4.38(d), algumas vezes, desenhamos o modelo como mostrado na Figura 4.43(b).

O leitor pode observar que, no modelo de pequenos sinais, as correntes dos terminais têm direções opostas às do modelo de grandes sinais da Figura 4.40. Isso não é uma inconsistência e é estudado no Exercício 4.50.

O modelo de pequenos sinais do transistor *pnp* pode dar origem à confusão, especialmente se for desenhando como na Figura 4.43(b). Em analogia com transistores *npn*, podemos assumir, naturalmente, que o terminal "superior" seja o coletor; portanto, o modelo da Figura 4.43(b) não é idêntico ao da Figura 4.31(b). Chamamos a atenção do leitor quanto a essa confusão. Neste ponto, alguns exemplos são úteis.

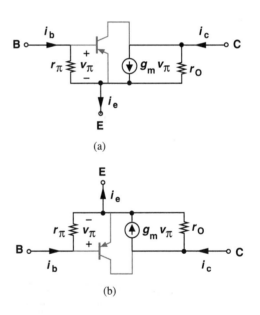

Figura 4.43 (a) Modelo de pequenos sinais do transistor *pnp*, (b) visão mais intuitiva de (a).

Exemplo 4.19 Se o coletor de um transistor bipolar for conectado à base, o resultado é um dispositivo de dois terminais. Determinemos a impedância de pequenos sinais dos dispositivos mostrados na Figura 4.44(a). Assumamos $V_A = \infty$.

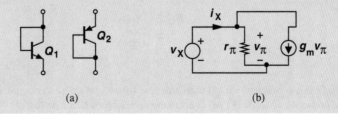

Figura 4.44   (a)   (b)

Solução Substituímos o transistor bipolar Q_1 por seu modelo de pequenos sinais e aplicamos uma tensão de pequeno sinal ao dispositivo [Figura 4.44(b)]. Notemos que r_π conduz uma corrente igual a v_X/r_π e escrevamos a LCK para o nó de entrada:

$$\frac{v_X}{r_\pi} + g_m v_\pi = i_X. \quad (4.115)$$

Como $g_m r_m = \beta \gg 1$, temos

$$\frac{v_X}{i_X} = \frac{1}{g_m + r_\pi^{-1}} \quad (4.116)$$

$$\approx \frac{1}{g_m} \quad (4.117)$$

$$= \frac{V_T}{I_C}. \quad (4.118)$$

É interessante observar que, com uma corrente de polarização I_C, o dispositivo exibe uma impedância similar à de um diodo que conduza a mesma corrente de polarização. Essa estrutura é chamada de "transistor conectado como diodo". Os mesmos resultados se aplicam à configuração *pnp* na Figura 4.44(a).

Exercício Qual é a impedância de um dispositivo conectado como diodo que opere em uma corrente de 1 mA?

Exemplo 4.20 Desenhemos os circuitos equivalentes de pequenos sinais para as topologias mostradas nas Figuras 4.45(a)-(c) e comparemos os resultados.

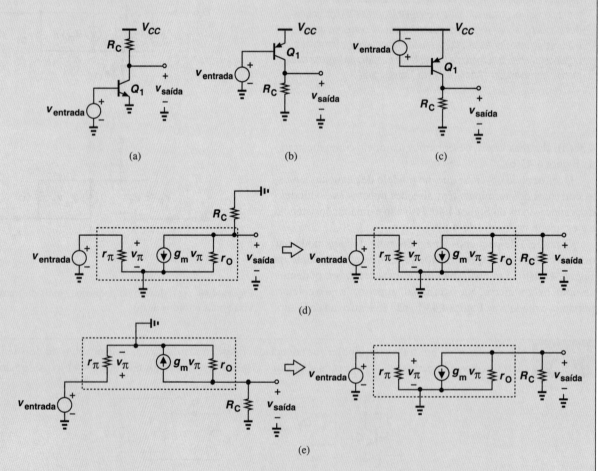

Figura 4.45 (a) Estágio simples com um transistor *npn*, (b) estágio simples com um transistor *pnp*, (c) outro estágio *pnp*, (d) equivalente de pequenos sinais de (a), (e) equivalente de pequenos sinais de (b).

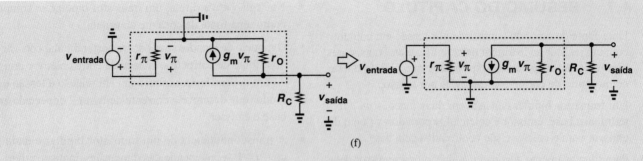

(f)

Figura 4.45 (f) Equivalente de pequenos sinais de (c). (Continuação.)

Solução Como ilustrado nas Figuras 4.45(d)-(f), substituímos cada transistor por seu modelo de pequenos sinais e aterramos a fonte de alimentação. Notemos que as três topologias se reduzem ao mesmo circuito equivalente, pois, na representação de pequenos sinais, V_{CC} é aterrado.

Exercício Repita o exemplo anterior para o caso em que um resistor é conectado entre o coletor e a base de cada transistor.

Exemplo 4.21 Desenhemos o circuito equivalente de pequenos sinais para o amplificador mostrado na Figura 4.46(a).

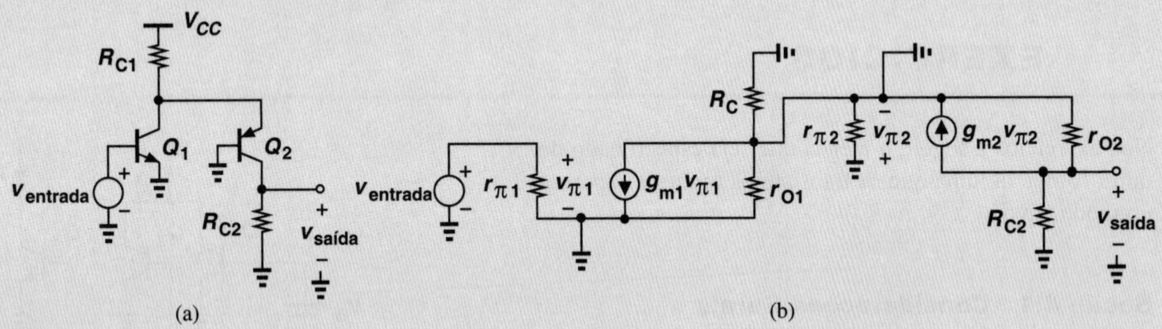

Figura 4.46 (a) Estágio com dispositivos *npn* e *pnp*, (b) equivalente de pequenos sinais de (a).

Solução A Figura 4.46(b) ilustra o circuito equivalente. Notemos que r_{O1}, R_{C1} e $r_{\pi 2}$ aparecem em paralelo. Essa observação simplifica a análise (Capítulo 5).

Exercício Mostre que o circuito ilustrado na Figura 4.47 tem o mesmo modelo de pequenos sinais que o amplificador do exemplo anterior.

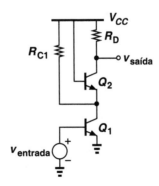

Figura 4.47 Estágio com dois dispositivos *npn*.

4.7 RESUMO DO CAPÍTULO

- Uma fonte de corrente controlada por tensão em conjunto com um resistor pode formar um amplificador. Transistores bipolares são dispositivos eletrônicos que podem operar como fontes de corrente controladas por tensão.

- Um transistor bipolar consiste em duas junções *pn* e três terminais: base, emissor e coletor. Os portadores fluem do emissor para o coletor e são controlados pela base.

- Para funcionamento adequado, a junção base-emissor deve estar sob polarização direta e a junção base-coletor, sob polarização reversa (região ativa direta). Portadores injetados pelo emissor na base se aproximam da fronteira da região de depleção do coletor e são varridos pelo intenso campo elétrico.

- O terminal da base deve fornecer um pequeno fluxo de portadores, alguns dos quais seguem para o emissor e alguns outros se recombinam na região da base. A razão entre as correntes de coletor e de base é denotada por β.

- Na região ativa direta, o transistor bipolar exibe uma relação exponencial entre a corrente de coletor e a tensão base-emissor.

- Na região ativa direta, um transistor bipolar se comporta como uma fonte de corrente constante.

- O modelo de grandes sinais do transistor bipolar consiste em uma fonte de corrente – conectada entre coletor e emissor – com dependência exponencial em relação à tensão e um diodo (que descreve a corrente de base) – conectado entre base e emissor.

- A transcondutância de um transistor bipolar é dada por $g_m = I_C/V_T$ e independe das dimensões do dispositivo.

- O modelo de pequenos sinais de um transistor bipolar consiste em uma fonte de corrente com dependência linear em relação à tensão, uma resistência conectada entre base e emissor e uma resistência de saída.

- Se a junção base-coletor estiver sob polarização direta, o transistor bipolar entra na região de saturação e seu desempenho fica degradado.

- Os modelos de pequenos sinais de transistores *npn* e *pnp* são idênticos.

EXERCÍCIOS

Nos exercícios a seguir, a menos que seja especificado de outra forma, assuma que os transistores bipolares operem no modo ativo.

Seção 4.1 Considerações Gerais

4.1 Suponha que a fonte de corrente controlada por tensão da Figura 4.1(a) seja construída com $K = 20$ mA/V. Que valor da resistência de carga na Figura 4.1(b) é necessário para obter um ganho de tensão de 15?

4.2 Na Figura 4.2, uma resistência R_S é conectada em série com a fonte de tensão de entrada. Determine $V_{saída}/V_{entrada}$.

4.3 Repita o Exercício 4.2 assumindo que $r_{entrada}$ e K sejam relacionados: $r_{entrada} = a/x$ e $K = bx$. Esboce o gráfico do ganho de tensão em função de x.

Seção 4.3 Operação de Transistores Bipolares no Modo Ativo

4.4 Devido a um erro de fabricação, a largura da base de um transistor bipolar foi aumentada por um fator de dois. Que alteração sofre a corrente de coletor?

4.5 No circuito da Figura 4.48, $I_{S1} = I_{S2} = 3 \times 10^{-16}$ A.
  (a) Calcule V_B de modo que $I_X = 1$ mA.
  (b) Com o valor de V_B calculado em (a), escolha o valor de I_{S3} para que $I_Y = 2,5$ mA.

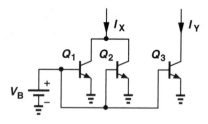

Figura 4.48

4.6 No circuito da Figura 4.49, foi observado que as correntes de coletor de Q_1 e Q_2 são iguais quando $V_{BE1} - V_{BE2} = 20$ mV. Determine a razão entre as áreas das seções retas dos transistores, admitindo que os outros parâmetros dos dispositivos sejam iguais.

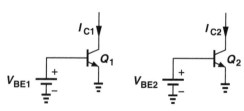

Figura 4.49

4.7 Considere o circuito mostrado na Figura 4.50.
  (a) Com $I_{S1} = 2I_{S2} = 5 \times 10^{-16}$ A, determine V_B para que $I_X = 1,2$ mA.

(b) Que valor de R_C coloca o transistor na fronteira do modo ativo?

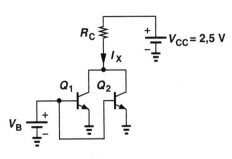

Figura 4.50

4.8 Repita o Exercício 4.7 para o caso em que V_{CC} é reduzido para 1,5 V.

4.9 Na Figura 4.51, calcule V_X para $I_S = 6 \times 10^{-16}$ A.

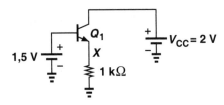

Figura 4.51

4.10 No circuito da Figura 4.52, determine o máximo valor de V_{CC} que coloca Q_1 na fronteira da região de saturação. Considere que $I_S = 3 \times 10^{-16}$ A.

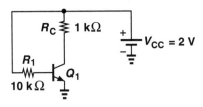

Figura 4.52

4.11 Considere o circuito mostrado na Figura 4.53. Calcule o valor de V_B que coloca Q_1 na fronteira da região ativa. Considere que $I_S = 5 \times 10^{-16}$ A.

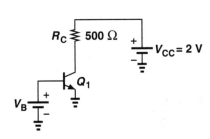

Figura 4.53

4.12 Um circuito integrado requer duas fontes de correntes: $I_1 = 1$ mA e $I_2 = 1,5$ mA. Considerando que apenas múltiplos inteiros de uma unidade de transistor bipolar com $I_S = 3 \times 10^{-16}$ A possam ser conectados em paralelo e que apenas uma fonte de tensão, V_B, seja disponível (Figura 4.54), construa o circuito desejado com o número mínimo de transistores.

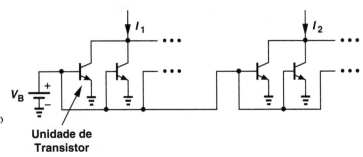

Figura 4.54

4.13 Repita o Exercício 4.12 para o caso de três fontes de corrente: $I_1 = 0,2$ mA, $I_2 = 0,3$ mA e $I_3 = 0,45$ mA.

4.14 Considere o circuito mostrado na Figura 4.55; assuma $\beta = 100$ e $I_S = 7 \times 10^{-16}$ A. Com $R_1 = 10$ kΩ, determine V_B de modo que $I_C = 1$ mA.

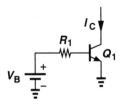

Figura 4.55

4.15 No circuito da Figura 4.55, $V_B = 800$ mV e $R_B = 10$ kΩ. Calcule a corrente de coletor.

4.16 No circuito mostrado na Figura 4.56, $I_{S1} = 2I_{S2} = 4 \times 10^{-16}$ A. Com $\beta_1 = \beta_2 = 100$ e $R_1 = 5$ kΩ, calcule o valor de V_B para que $I_X = 1$ mA.

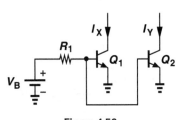

Figura 4.56

4.17 No circuito da Figura 4.56, $I_{S1} = 3 \times 10^{-16}$ A, $I_{S2} = 5 \times 10^{-16}$ A, $\beta_1 = \beta_2 = 100$, $R_1 = 5$ kΩ e $V_B = 800$ mV. Calcule I_X e I_Y.

4.18 A junção base-emissor de um transistor é alimentada por uma tensão constante. Suponha que uma fonte de tensão seja aplicada entre a base e o coletor. Admitindo que o dispositivo opere na região ativa direta, prove que uma alteração na tensão base-coletor não provoca nenhuma mudança nas correntes de coletor e de base. (Despreze o efeito Early.)

Seção 4.4   Modelos e Características de Transistores Bipolares

4.19 A maioria das aplicações requer que a transcondutância de um transistor permaneça relativamente constante à medida que o nível de sinal varia. Como o sinal altera a corrente de coletor, é claro que $g_m = I_C/V_T$ varia. No entanto, um projeto adequado assegura uma variação desprezível, por exemplo, ±10 %. Se um dispositivo bipolar for polarizado em $I_C = 1$ mA, qual é a máxima alteração em V_{BE} que assegura uma variação de apenas ±10 % em g_m?

4.20 Um transistor com $I_S = 6 \times 10^{-16}$ A deve prover uma transcondutância de $1/(13\,\Omega)$. Qual é a necessária tensão base-emissor?

4.21 Determine o ponto de operação e o modelo de pequenos sinais de Q_1 para cada um dos circuitos mostrados na Figura 4.57. Assuma $I_S = 8 \times 10^{-16}$ A, $\beta = 100$ e $V_A = \infty$.

4.22 Determine o ponto de operação e o modelo de pequenos sinais de Q_1 para cada um dos circuitos mostrados na Figura 4.58. Assuma $I_S = 8 \times 10^{-16}$ A, $\beta = 100$ e $V_A = \infty$.

4.23 Um transistor bipolar fictício exibe uma característica I_C-V_{BE} dada por

$$I_C = I_S \exp\frac{V_{BE}}{nV_T}, \qquad (4.119)$$

em que n é um coeficiente constante. Construa o modelo de pequenos sinais do dispositivo admitindo que I_C ainda seja igual a βI_B.

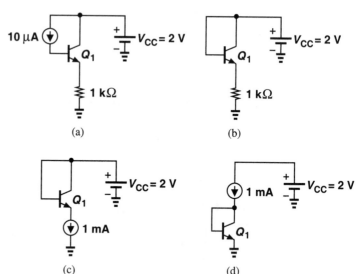

Figura 4.58

***4.24** Um transistor bipolar fictício exibe a seguinte relação entre suas correntes de base e de coletor:

$$I_C = aI_B^2, \qquad (4.120)$$

em que a é um coeficiente constante. Construa o modelo de pequenos sinais do dispositivo admitindo que I_C ainda seja igual a $I_S \exp(V_{BE}/V_T)$.

4.25 A tensão de coletor de um transistor bipolar varia de 1 V a 3 V, enquanto a tensão base-emissor permanece constante. Que tensão de Early é necessária para assegurar que a corrente de coletor sofra uma alteração menor que 5%?*

***4.26** No circuito da Figura 4.59, $I_S = 5 \times 10^{-17}$ A. Determine V_X para (a) $V_A = \infty$ e (b) $V_A = 5$ V.

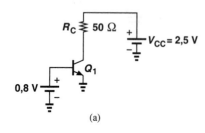

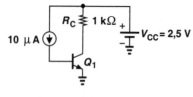

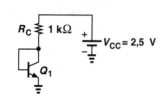

Figura 4.57

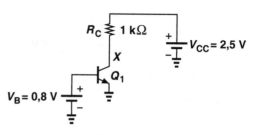

Figura 4.59

4.27 No circuito da Figura 4.60, V_{CC} muda de 2,5 para 3 V. Considerando que $I_S = 1 \times 10^{-17}$ A e $V_A = 5$ V, determine a alteração na corrente de coletor de Q_1.

4.28 No Exercício 4.27, queremos diminuir V_B para compensar a alteração em I_C. Determine o novo valor de V_B.

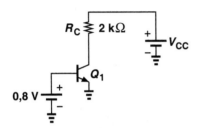

Figura 4.60

4.29 No circuito de Figura 4.61, n transistores idênticos são conectados em paralelo. Com $I_S = 5 \times 10^{-16}$ A e $V_A = 8$ V para cada dispositivo, construa o modelo de pequenos sinais do transistor equivalente.

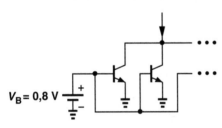

Figura 4.61

4.30 Uma fonte de corrente bipolar foi projetada para uma corrente de saída de 2 mA. Que valor de V_A garante uma resistência de saída maior que 10 kΩ?

*4.31 Considere o circuito mostrado na Figura 4.62, onde I_1 é uma fonte de corrente ideal de 1 mA e $I_S = 3 \times 10^{-17}$ A.

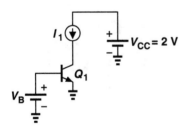

Figura 4.62

(a) Assumindo $V_A = \infty$, determine V_B de modo que $I_C = 1$ mA.

(b) Com $V_A = 5$ V, determine V_B para que $I_C = 1$ mA, para uma tensão coletor-emissor de 1,5 V.

4.32 Considere o circuito mostrado na Figura 4.63, onde $I_S = 6 \times 10^{-16}$ A e $V_A = \infty$.

(a) Determine V_B de modo que Q_1 opere na fronteira da região ativa.

(b) se permitirmos saturação fraca, por exemplo, com uma polarização direta de 200 mV na junção coletor-base, de quanto V_B pode aumentar?

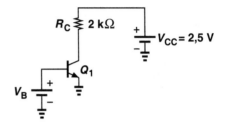

Figura 4.63

4.33 Para o circuito mostrado na Figura 4.64, calcule o mínimo valor de V_{CC} que produz uma polarização direta de 200 mV na junção coletor-base. Assuma $I_S = 7 \times 10^{-16}$ A e $V_A = \infty$.

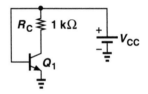

Figura 4.64

4.34 Considere o circuito mostrado na Figura 4.65, em que $I_S = 5 \times 10^{-16}$ A e $V_A = \infty$. Se V_B for escolhido de modo que a junção base-coletor fique sob polarização direta de 200 mV, qual o valor da corrente de coletor?

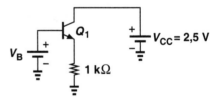

Figura 4.65

*4.35 Na Figura 4.66, considere que $I_S = 2 \times 10^{-17}$ A, $V_A = \infty$ e $\beta = 100$. Qual é o máximo valor de R_C para que a junção coletor-base fique sujeita a uma polarização direta menor que 200 mV?

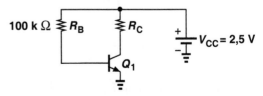

Figura 4.66

4.36 No circuito da Figura 4.67, $\beta = 100$ e $V_A = \infty$. Calcule o valor de I_S para que a junção base-coletor fique sob polarização direta de 200 mV.

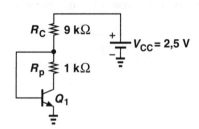

Figura 4.67

Seção 4.6 Transistores pnp

4.37 Na Figura 4.68, se $I_{S1} = 3I_{S2} = 6 \times 10^{-16}$ A, calcule I_X.

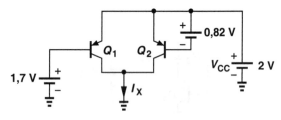

Figura 4.68

4.38 No circuito da Figura 4.69, foi observado que $I_C = 3$ mA. Calcule I_S para $\beta = 100$.

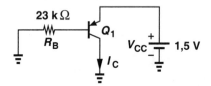

Figura 4.69

4.39 Na Figura 4.70, determine a corrente de coletor de Q_1 para $I_S = 2 \times 10^{-17}$ A e $\beta = 100$.

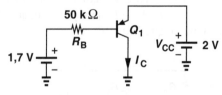

Figura 4.70

4.40 Determine o valor de I_S na Figura 4.71 de modo que Q_1 opere na fronteira do modo ativo.

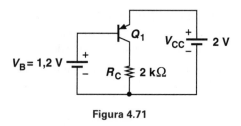

Figura 4.71

4.41 Na Figura 4.72, que valor de β coloca Q_1 na fronteira do modo ativo? Assuma $I_S = 8 \times 10^{-16}$ A.

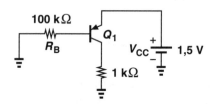

Figura 4.72

4.42 Calcule a corrente de coletor de Q_1 na Figura 4.73 com $I_S = 3 \times 10^{-17}$ A.

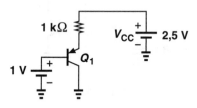

Figura 4.73

*4.43 Determine o ponto de operação e o modelo de pequenos sinais de Q_1 para cada circuito mostrado na Figura 4.74. Considere que $I_S = 3 \times 10^{-17}$ A, $\beta = 100$ e $V_A = \infty$.

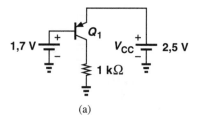

(a)

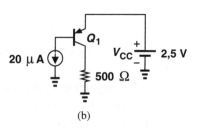

(b)

Figura 4.74

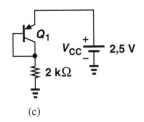

(c)

Figura 4.74 (Continuação.)

4.44 No circuito da Figura 4.75, $I_S = 5 \times 10^{-17}$ A. Calcule V_X para (a) $V_A = \infty$ e (b) $V_A = 6$ V.

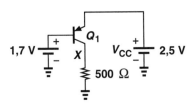

Figura 4.75

*4.45 Determine o ponto de operação e o modelo de pequenos sinais de Q_1 para cada circuito mostrado na Figura 4.76. Assuma $I_S = 3 \times 10^{-17}$ A, $\beta = 100$ e $V_A = \infty$.

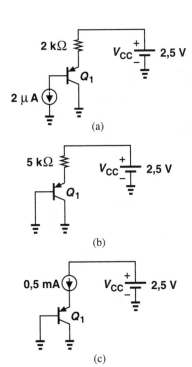

Figura 4.76

4.46 Uma fonte de corrente *pnp* deve produzir uma corrente de saída de 2 mA, com uma resistência de saída de 60 kΩ. Qual é a necessária tensão de Early?

4.47 Repita o Exercício 4.46 para uma corrente de 1 mA e compare os resultados.

*4.48 No circuito da Figura 4.77, suponha $V_A = 5$ V.

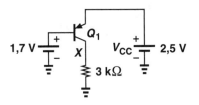

Figura 4.77

(a) Que valor de I_S coloca Q_1 na fronteira do modo ativo?

(b) Que alteração sofre o resultado de (a) se $V_A = \infty$?

*4.49 Considere o circuito ilustrado na Figura 4.78, em que $I_S = 6 \times 10^{-16}$ A, $V_A = 5$ V e $I_1 = 2$ mA.

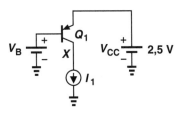

Figura 4.78

(a) Que valor de V_B resulta em $V_X = 1$ V?

(b) Se o valor de V_B encontrado em (a) for alterado em 0,1 mV, qual será a mudança correspondente em V_X?

(c) Construa o modelo de pequenos sinais do transistor.

*4.50 No modelo de pequenos sinais da Figura 4.43, as correntes dos terminais não parecem concordar com as do modelo de grandes sinais da Figura 4.40. Explique por que isso não é uma inconsistência.

4.51 No circuito da Figura 4.79, $\beta = 100$ e $V_A = \infty$.

(a) Determine o valor de I_S tal que a junção coletor-base de Q_1 fique sujeita a uma polarização direta de 200 mV.

(b) Calcule a transcondutância do transistor.

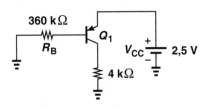

Figura 4.79

**4.52 Determine a região de operação de Q_1 em cada circuito mostrado na Figura 4.80. Assuma $I_S = 5 \times 10^{-16}$ A, $\beta = 100$ e $V_A = \infty$.

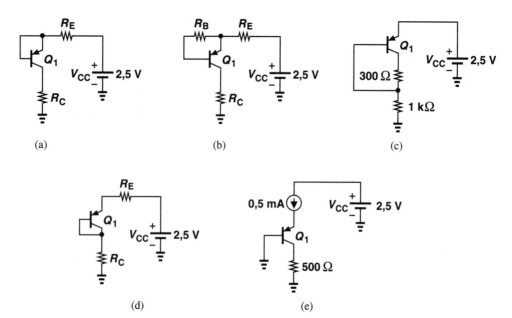

Figura 4.80

4.53 Considere o circuito mostrado na Figura 4.81, onde $I_{S1} = 3I_{S2} = 5 \times 10^{-16}$ A, $\beta_1 = 100$, $\beta_2 = 50$, $V_A = \infty$ e $R_C = 500$ Ω.

(a) Desejamos que a junção coletor-base de Q_2 fique sujeita a uma polarização direta de não mais que 200 mV. Qual é o máximo valor permitido para $V_{entrada}$?

(b) Com o valor encontrado em (a), calcule os parâmetros de pequenos sinais de Q_1 e de Q_2 e construa o circuito equivalente.

4.54 Repita o Exercício 4.53 para o circuito mostrado na Figura 4.82; mas, para a parte (a), determine o valor mínimo permitido para $V_{entrada}$. Comprove que Q_1 opera no modo ativo.

4.55 Repita o Exercício 4.53 para o circuito ilustrado na Figura 4.83.

4.56 No circuito da Figura 4.84, $I_{S1} = 2I_{S2} = 6 \times 10^{-17}$ A, $\beta_1 = 80$, $\beta_2 = 100$.

(a) Que valor de $V_{entrada}$ produz uma corrente de coletor de 2 mA em Q_2?

(b) Com o valor encontrado em (a), calcule os parâmetros de pequenos sinais de Q_1 e de Q_2 e construa o circuito equivalente.

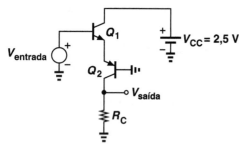

Figura 4.81

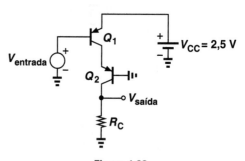

Figura 4.82

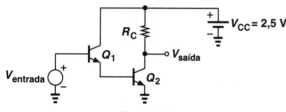

Figura 4.83

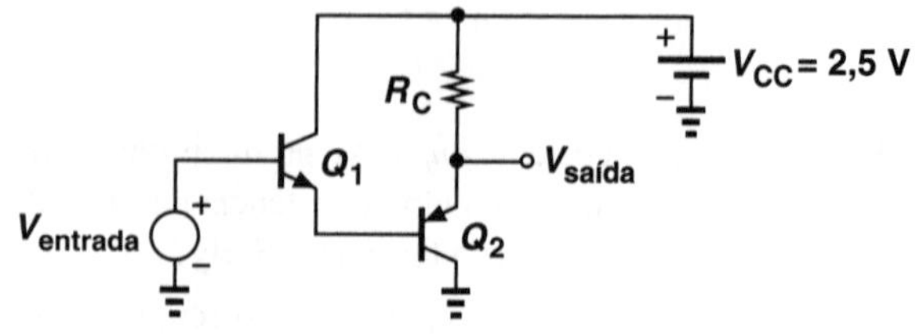

Figura 4.84

EXERCÍCIOS COM *SPICE*

Nos exercícios a seguir, considere que $I_{S,npn} = 5 \times 10^{-16}$ A, $\beta_{npn} = 100$, $V_{A,npn} = 5$ V, $I_{S,pnp} = 8 \times 10^{-16}$ A, $\beta_{pnp} = 50$, $V_{A,pnp} = 3,5$ V.

4.57 Para circuito mostrado na Figura 4.85, considere $0 < V_{entrada} < 2,5$ V e desenhe o gráfico da característica entrada/saída. Que valor de $V_{entrada}$ coloca o transistor na fronteira da região de saturação?

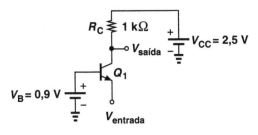

Figura 4.85

4.58 Repita o Exercício 4.57 para o estágio mostrado na Figura 4.86. Que valor de $V_{entrada}$ faz com que Q_1 conduza uma corrente de coletor de 1 mA?

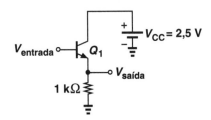

Figura 4.86

4.59 Para os circuitos mostrados na Figura 4.87, desenhe os gráficos de I_{C1} e I_{C2} em função de $V_{entrada}$, para $0 < V_{entrada} < 1,8$ V. Explique a dramática diferença entre as duas correntes.

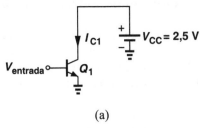

(a)

Figura 4.87

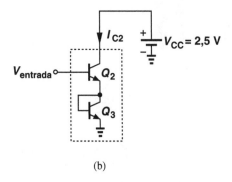

(b)

Figura 4.87 (Continuação.)

4.60 Para o circuito da Figura 4.88, desenhe o gráfico da característica entrada/saída para $0 < V_{entrada} < 2$ V. Que valor de $V_{entrada}$ produz uma transcondutância de $(50\ \Omega)^{-1}$ para Q_1?

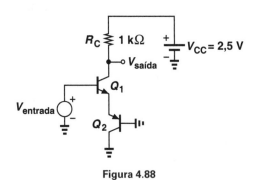

Figura 4.88

4.61 Para o estágio mostrado na Figura 4.89, desenhe o gráfico da característica entrada/saída para $0 < V_{entrada} < 2,5$ V. Que valor de $V_{entrada}$ faz com que Q_1 e Q_2 conduzam iguais correntes de coletor? Você pode explicar esse resultado de forma intuitiva?

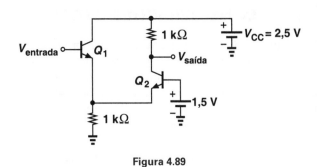

Figura 4.89

Amplificadores Bipolares

Depois de descrevermos a física e o funcionamento de transistores bipolares no Capítulo 4, trataremos, agora, de circuitos amplificadores que empregam estes dispositivos. Embora a área de microeletrônica envolva muito mais que amplificadores, nosso estudo de telefones celulares e de câmeras digitais no Capítulo 1 indicou o uso disseminado de amplificação; isso nos motiva a dominar a análise e síntese destes blocos básicos. Este capítulo seguirá o seguinte roteiro:

Conceitos Básicos
- Impedâncias de Entrada e de Saída
- Polarização
- Análise DC e de Pequenos Sinais

Análise do Ponto de Operação
- Polarização Simples
- Degeneração do Emissor
- Autopolarização
- Polarização de Dispositivos PNP

Topologias de Amplificadores
- Topologia Emissor Comum
- Topologia Base Comum
- Seguidor de Emissor

Este capítulo estabelece as bases para o restante do livro e é bem longo. A maior parte dos conceitos introduzidos aqui é invocada de novo no Capítulo 7 (Amplificadores MOS). O leitor é, portanto, encorajado a fazer pausas frequentes para absorver o material em pequenas doses.

5.1 CONSIDERAÇÕES GERAIS

Recordemos, do Capítulo 4, que uma fonte de corrente controlada por tensão e um resistor de carga podem, juntos, formar um amplificador. Em geral, um amplificador produz uma (tensão ou corrente de) saída que é uma versão amplificada da (tensão ou corrente de) entrada. Como a maioria dos circuitos eletrônicos mostra e produz tensões,[1] nossa discussão focará "amplificadores de tensão" e o conceito de "ganho de tensão", $v_{saída}/v_{entrada}$.

Que outros aspectos do desempenho de um amplificador são importantes? Três parâmetros que nos vêm à mente de imediato são: (1) dissipação de potência (por exemplo, porque determina a vida útil da bateria de um telefone celular ou de uma câmera digital); (2) velocidade (por exemplo, alguns amplificadores em telefones celulares ou em conversores analógico-digital devem operar em altas frequências); (3) ruído (por exemplo, o amplificador na entrada de um telefone celular ou em uma câmera digital processa pequenos sinais e deve introduzir ruído próprio desprezível).

5.1.1 Impedâncias de Entrada e de Saída

Além dos parâmetros que acabamos de citar, as impedâncias de entrada e de saída (impedâncias I/O)* de um amplificador têm um papel crítico na capacidade do mesmo de se adaptar ao estágio que o antecede e ao que o segue. Para entender esse conceito, determinemos, primeiro, as impedâncias I/O de um amplificador de tensão *ideal*. Na entrada, o circuito deve operar como um voltímetro, ou seja, mostrar uma tensão sem perturbar (carregar) o estágio anterior. Portanto, a impedância de entrada ideal é infinita. Na saída, o circuito deve se comportar como uma fonte de tensão, ou seja, fornecer um sinal de nível constante

---

[1] As exceções são descritas no Capítulo 12.

* I/O: do inglês *input/output*, ou seja, entrada/saída. (N.T.)

Exemplo 5.1 Um amplificador com ganho de tensão de 10 mostra um sinal gerado por um microfone e aplica a saída amplificada a um alto-falante [Figura 5.1(a)]. Assumamos que o microfone possa ser modelado por uma fonte de tensão com um sinal de 10 mV pico a pico e por uma resistência série de 200 Ω. Assumamos, também, que o alto-falante possa ser representado por um resistor de 8 Ω.

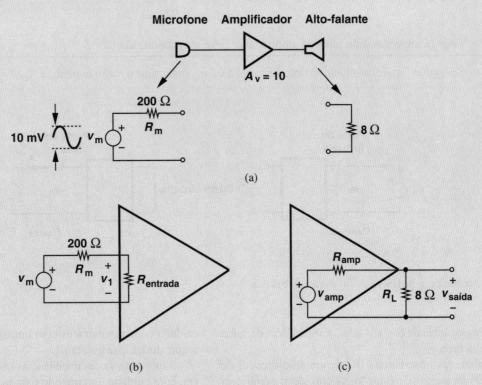

Figura 5.1 (a) Simples sistema de áudio, (b) perda de sinal devido à impedância de entrada do amplificador, (c) perda de sinal devido à impedância de saída do amplificador.

(a) Determinemos o nível de sinal mostrado pelo amplificador, admitindo dois valores para a impedância de entrada do circuito: 2 kΩ e 500 Ω.

(b) Determinemos o nível de sinal fornecido ao alto-falante, considerando dois valores da impedância de saída do circuito: 10 Ω e 2 Ω.

Solução (a) A Figura 5.1(b) mostra a interface entre o microfone e o amplificador. A tensão mostrada pelo amplificador é, portanto, dada por

$$v_1 = \frac{R_{entrada}}{R_{entrada} + R_m} v_m. \quad (5.1)$$

Para $R_{entrada} = 2k\Omega$,

$$v_1 = 0{,}91 v_m, \quad (5.2)$$

que é apenas 9% menor que o nível de sinal do microfone. Contudo, se $R_{entrada} = 500\ \Omega$

$$v_1 = 0{,}71 v_m, \quad (5.3)$$

ou seja, uma perda de quase 30 %. Portanto, neste caso, é interessante maximizar a impedância de entrada.

(b) Representando a interface entre o amplificador e o alto-falante como na Figura 5.1(c), temos

$$v_{saída} = \frac{R_L}{R_L + R_{amp}} v_{amp}. \quad (5.4)$$

Para $R_{entrada} = 10\,\Omega$,

$$v_{saída} = 0{,}44 v_{amp}, \tag{5.5}$$

uma atenuação substancial. Para $R_{amp} = 2\,\Omega$,

$$v_{saída} = 0{,}8 v_{amp}. \tag{5.6}$$

Logo, a impedância de saída do amplificador deve ser minimizada.

Exercício Se o sinal fornecido ao alto-falante for igual a $0{,}2v_m$, determine a razão entre R_m e R_L.

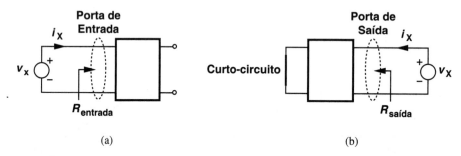

Figura 5.2 Medida de impedâncias de (a) entrada e (b) saída.

a qualquer impedância de carga. Assim, a impedância de saída ideal é igual a zero.

Na verdade, as impedâncias I/O de um amplificador de tensão podem ser muito diferentes dos valores ideais e requerem cuidado com as interfaces com outros estágios. O exemplo a seguir ilustra esta questão.

A importância das impedâncias I/O nos encoraja a prescrever, com cuidado, um método para medi-las. Como acontece

Exemplo 5.2 Assumindo que o transistor opere na região ativa direta, determinemos a impedância de entrada do circuito mostrado na Figura 5.3(a).

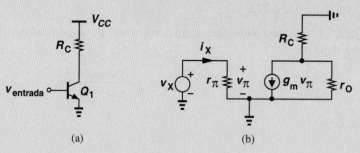

Figura 5.3 (a) Simples estágio amplificador, (b) modelo de pequenos sinais.

Solução Construindo o circuito equivalente de pequenos sinais ilustrado na Figura 5.3(b), notamos que a impedância de entrada é dada por

$$\frac{v_x}{i_x} = r_\pi. \tag{5.7}$$

Como $r_\pi = \beta/g_m = \beta V_T/I_C$, concluímos que um maior valor de β ou um menor valor de I_C produz uma impedância de entrada mais alta.

Exercício O que acontece se R_C for multiplicado por dois?

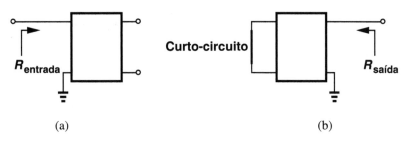

Figura 5.4 Conceito de impedância vista em um nó.

com impedâncias de dispositivos de dois terminais, como resistores e capacitores, a impedância de entrada (saída) é medida entre os nós de entrada (saída) do circuito, com todas as outras fontes independentes no circuito fixadas em zero.[2] O método, ilustrado na Figura 5.2, envolve a aplicação de uma fonte de tensão aos dois nós (também chamados de "porta") de interesse, a medida da corrente resultante e a definição de v_X/i_X como a impedância. As setas desenhadas na figura denotam "olhando para" a porta de entrada ou de saída e a correspondente impedância.

O leitor pode questionar por que, na Figura 5.2(a), a porta de saída é deixada em aberto e, na Figura 5.2(b), a porta de entrada é curto-circuitada. Como, em operação normal, um amplificador de tensão é alimentado por uma fonte de tensão, e todas as fontes independentes devem ser fixadas em zero, a porta de entrada na Figura 5.2(b) deve ser curto-circuitada para representar uma fonte de tensão nula. Portanto, o procedimento para calcular a impedância de saída é idêntico ao usado para obter a impedância de Thévenin de um circuito (Capítulo 1). Na Figura 5.2(a), por sua vez, a saída permanece aberta por não estar conectada a nenhuma fonte externa.

As impedâncias I/O determinam a transferência de sinal de um estágio para o seguinte e, em geral, são consideradas grandezas de pequenos sinais – com a hipótese implícita de que os níveis de sinal sejam, de fato, pequenos. Por exemplo, a impedância de entrada é obtida com a aplicação de uma pequena perturbação à tensão de entrada e a medida da resultante alteração na corrente de entrada. Portanto, os modelos de pequenos sinais de dispositivos semicondutores são, aqui, de fundamental importância.

Para simplificar a notação e os diagramas, é comum nos referirmos à impedância vista em um *nó* em vez da impedância entre dois nós (ou seja, em uma porta). Como ilustrado na Figura 5.4, essa convenção assume apenas que o outro nó esteja aterrado: a fonte de tensão de teste é aplicada entre o nó de interesse e a terra.

Exemplo 5.3 Calculemos a impedância vista olhando para o coletor de Q_1 na Figura 5.5(a).

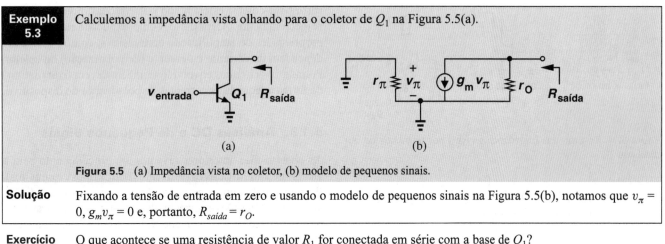

Figura 5.5 (a) Impedância vista no coletor, (b) modelo de pequenos sinais.

Solução Fixando a tensão de entrada em zero e usando o modelo de pequenos sinais na Figura 5.5(b), notamos que $v_\pi = 0$, $g_m v_\pi = 0$ e, portanto, $R_{saída} = r_O$.

Exercício O que acontece se uma resistência de valor R_1 for conectada em série com a base de Q_1?

Os três exemplos anteriores fornecem regras importantes que serão usadas ao longo de todo o livro (Figura 5.7): Olhando para a base, se o emissor estiver aterrado (terra AC), vemos r_π. Olhando para o coletor, se o emissor estiver aterrado (terra AC), vemos r_O. Olhando para o emissor, se a base estiver aterrada (terra AC) e se o efeito Early for desprezado, vemos $1/g_m$. É

---

[2] Recordemos que uma fonte de tensão nula é substituída por um curto-circuito e uma fonte de corrente nula, por um circuito aberto.

Exemplo 5.4

Calculemos a impedância vista no emissor de Q_1 na Figura 5.6(a). Por simplicidade, desprezemos o efeito Early.

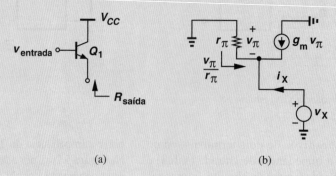

Figura 5.6 (a) Impedância vista no emissor, (b) modelo de pequenos sinais.

Solução Fixando a tensão de entrada em zero e substituindo V_{CC} por uma terra AC, obtemos o circuito de pequenos sinais mostrado na Figura 5.6(b). É interessante que $v_\pi = -v_X$ e

$$g_m v_\pi + \frac{v_\pi}{r_\pi} = -i_X. \tag{5.8}$$

Logo,

$$\frac{v_X}{i_X} = \frac{1}{g_m + \dfrac{1}{r_\pi}}. \tag{5.9}$$

Como $r_\pi = \beta/g_m \gg 1/g_m$, temos $R_{saída} \approx 1/g_m$.

Exercício O que acontece se uma resistência de valor R_1 for conectada em série com o coletor de Q_1?

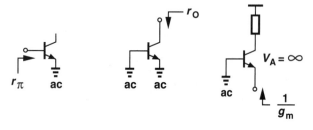

Figura 5.7 Resumo das impedâncias vistas nos terminais de um transistor.

fundamental que o leitor domine estas regras e seja capaz de aplicá-las em circuitos mais complexos.[3]

5.1.2 Polarização

Recordemos, do Capítulo 4, que um transistor bipolar opera como um dispositivo amplificador se estiver polarizado no modo ativo; ou seja, na ausência de sinais, o ambiente que envolve o dispositivo deve garantir que as junções base-emissor e base-coletor estejam sob polarizações direta e reversa, respectivamente. Além disso, como explicado na Seção 4.4, propriedades de amplificação do transistor, como g_m, r_π e r_O, dependem da corrente quiescente (de polarização) de coletor. Portanto, os circuitos envolvidos também devem fixar (definir) de forma adequada as correntes de polarização do dispositivo.

5.1.3 Análises DC e de Pequenos Sinais

As observações anteriores levam a um procedimento para a análise de amplificadores (e diversos outros tipos de circuitos). Primeiro, calculamos as condições de operação (condições quiescentes) (tensões e correntes de terminais) de cada transistor na ausência de sinais. Chamado de "análise DC" ou "análise de polarização", esse passo determina tanto a região de operação (ativa ou de saturação) como os parâmetros de pequenos sinais de cada dispositivo. Segundo, efetuamos a "análise de pequenos sinais", ou seja, estudamos a resposta do circuito a pequenos sinais e calculamos grandezas como ganho de tensão e impedâncias I/O. Como exemplo, a Figura 5.8 ilustra as componentes de polarização e de sinal de uma tensão e de uma corrente.

---

[3] Embora esteja além do escopo deste livro, pode ser mostrado que a impedância vista no emissor é aproximadamente igual a $1/g_m$ apenas se o coletor estiver conectado a uma impedância relativamente baixa.

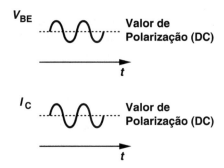

Figura 5.8 Níveis de polarização e de sinal para um transistor bipolar.

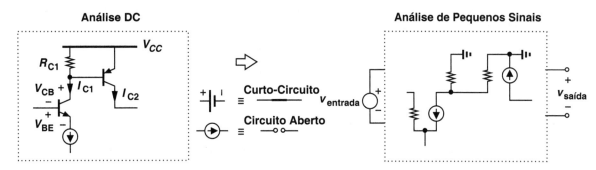

Figura 5.9 Passos típicos em uma análise de circuito.

É importante ter em mente que a análise de pequenos sinais trata apenas de (pequenas) *alterações* nas tensões e correntes em um circuito, em torno de valores quiescentes. Portanto, como mencionado na Seção 4.4.4, para a análise de pequenos sinais, todas as fontes *constantes*, isto é, fontes de tensão e de corrente que não variam com o tempo, devem ser fixadas em zero. Por exemplo, a tensão de alimentação é constante e, enquanto estabelecemos pontos de polarização adequados, não tem nenhum efeito sobre a resposta de pequenos sinais. Por conseguinte, para a construção do circuito equivalente de pequenos sinais, aterramos todas as fontes de tensão constante[4] e abrimos todas as fontes de corrente constante. De outro ponto de vista, os dois passos que acabamos de descrever seguem o princípio da superposição: primeiro, determinamos o efeito de tensões e correntes constantes, com fontes de sinal fixadas em zero; segundo, analisamos a resposta às fontes de sinal e fixamos as fontes constantes em zero. A Figura 5.9 resume estes conceitos.

Devemos ressaltar que a *síntese* de amplificadores segue um procedimento similar. Primeiro, os circuitos que envolvem o transistor são projetados para estabelecer condições adequadas de polarização e, portanto, os necessários parâmetros de pequenos sinais. Segundo, o comportamento de pequenos sinais do circuito é estudado para comprovar o desempenho exigido. Algumas iterações entre os dois passos podem ser necessárias para que o processo convirja ao comportamento desejado.

Como diferenciamos entre operações de pequenos e de grandes sinais? Em outras palavras, em que condições podemos representar os dispositivos por seus modelos de pequenos sinais? Se o sinal perturbar o ponto de polarização do dispositivo de forma desprezível, dizemos que o circuito opera no regime de pequenos sinais. Na Figura 5.8, por exemplo, a alteração em I_C devido ao sinal deve permanecer pequena. Este critério se justifica porque as propriedades de amplificação do transistor, como g_m e r_π, são consideradas *constantes* na análise de pequenos sinais, mesmo que, na verdade, variem à medida que o sinal perturba I_C. Ou seja, uma representação *linear* do transistor é válida apenas se a variação dos parâmetros de pequenos sinais for desprezível. A definição de "desprezível" depende, de certa forma, do circuito e da aplicação. Contudo, como uma regra empírica, consideramos uma variação de 10 % na corrente de coletor como um limite superior para a operação em pequenos sinais.

De aqui em diante, quando desenharmos diagramas de circuitos, empregaremos algumas notações e símbolos simplificados. A Figura 5.11 ilustra um exemplo no qual a bateria que atua como alimentação de tensão é substituída por uma barra horizontal com o rótulo V_{CC}.[5] Além disso, a fonte de tensão de entrada é simplificada a um nó identificado como $V_{entrada}$, estando subentendido que o outro nó é a terra.

Neste capítulo, começamos com a análise DC e a síntese de estágios bipolares, para que desenvolvamos habilidade para

---

[4] Dizemos que todas as fontes de tensão constante são substituídas por uma "terra AC".
[5] O subscrito *CC* indica suprimento de tensão ao coletor.

Exemplo 5.5

Um estudante familiarizado com dispositivos bipolares constrói o circuito mostrado na Figura 5.10 e tenta amplificar o sinal produzido por um microfone. Se $I_S = 6 \times 10^{-16}$ A e o valor de pico do sinal do microfone for 20 mV, determinemos o valor de pico do sinal de saída.

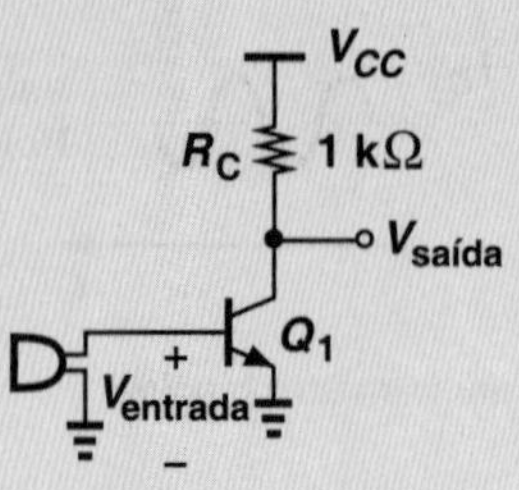

Figura 5.10 Amplificador alimentado diretamente por um microfone.

Solução Infelizmente, o estudante se esqueceu de polarizar o transistor. (O microfone não produz uma saída DC.) Se $V_{entrada}$ ($= V_{BE}$) alcançar 20 mV, teremos

$$\Delta I_C = I_S \exp\frac{\Delta V_{BE}}{V_T} \tag{5.10}$$

$$= 1{,}29 \times 10^{-15}\,\text{A}. \tag{5.11}$$

Esta alteração na corrente de coletor produz uma perturbação na tensão de saída igual a

$$R_C \Delta I_C = 1{,}29 \times 10^{-12}\,\text{V}. \tag{5.12}$$

O circuito praticamente não gera saída, pois a corrente de polarização (na ausência do sinal do microfone) é zero, assim como a transcondutância.

Exercício Repita o exemplo anterior para o caso em que uma tensão constante de 0,65 V é aplicada em série com o microfone.

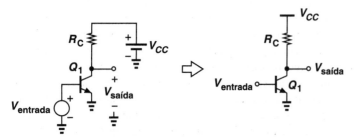

Figura 5.11 Notação para fonte de tensão.

determinar ou criar as condições de polarização. Esta fase de nosso estudo não requer conhecimento de sinais e, portanto, das portas de entrada e de saída do circuito. A seguir, apresentaremos diversas topologias de amplificadores e examinaremos seus comportamentos de pequenos sinais.

5.2 ANÁLISE E SÍNTESE NO PONTO DE OPERAÇÃO

É conveniente que iniciemos nosso estudo de pontos de operação com um exemplo.

Como mencionado na Seção 5.1.2, a polarização tenta alcançar dois objetivos: assegurar operação na região ativa direta e fixar o valor da corrente de coletor exigido pela aplicação. Retornemos ao exemplo anterior.

5.2.1 Polarização Simples

Agora, consideremos a topologia mostrada na Figura 5.13, na qual a base é conectada a V_{CC} por meio de um resistor relativamente grande, R_B, para que a junção base-emissor fique sob polarização direta. Nosso objetivo é determinar as tensões e correntes nos terminais de Q_1 e obter as condições que assegurem polarização no modo ativo. Como podemos analisar esse circuito? Podemos substituir Q_1 por seu modelo de grandes sinais e aplicar as LTK e LCK, mas a(s) resultante(s) equação(ões) não linear(es) não ajudará(ão) muito. Em vez disto, recordemos que, na maioria dos casos, a tensão base-emissor assume valor no intervalo entre 700 e 800 mV e pode ser considerada relativamente constante. Como a queda de tensão em R_B é igual a $R_B I_B$, temos

$$R_B I_B + V_{BE} = V_{CC} \tag{5.13}$$

Exemplo 5.6

Tendo percebido a questão da polarização no Exemplo 5.5, o estudante modifica o circuito como indicado na Figura 5.12 e, para permitir a polarização DC da junção base-emissor, conecta a base a V_{CC}. Expliquemos por que o estudante precisa aprender mais sobre polarização.

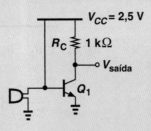

Figura 5.12 Amplificador com base conectada a V_{CC}.

Solução A questão fundamental aqui é que o sinal gerado pelo microfone é *curto-circuitado* a V_{CC}. Atuando como uma fonte de tensão ideal, V_{CC} mantém a tensão da base em um valor *constante* e proíbe qualquer perturbação introduzida pelo microfone. Como V_{BE} permanece constante, $V_{saída}$ também se mantém constante e não ocorre nenhuma amplificação.

Outra questão importante está relacionada com o valor de V_{BE}: com $V_{BE} = V_{CC} = 2{,}5$ V, uma grande corrente flui para o transistor.

Exercício O circuito funcionaria melhor se um resistor fosse conectado em série com o emissor de Q_1?

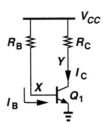

Figura 5.13 Uso de resistor de base para estabelecer uma rota para a corrente de base.

Logo,

$$I_B = \frac{V_{CC} - V_{BE}}{R_B}. \quad (5.14)$$

Conhecida a corrente de base, escrevemos

$$I_C = \beta \frac{V_{CC} - V_{BE}}{R_B}, \quad (5.15)$$

Notando que a queda de tensão em R_C é igual a $R_C I_C$, obtemos V_{CE} como

$$V_{CE} = V_{CC} - R_C I_C \quad (5.16)$$

$$= V_{CC} - \beta \frac{V_{CC} - V_{BE}}{R_B} R_C. \quad (5.17)$$

O cálculo de V_{CE} é necessário, pois revela se o dispositivo opera no modo ativo ou não. Por exemplo, para evitar saturação completamente, exigimos que a tensão de coletor permaneça acima da tensão de polarização:

$$V_{CC} - \beta \frac{V_{CC} - V_{BE}}{R_B} R_C > V_{BE}. \quad (5.18)$$

Os parâmetros do circuito podem, portanto, ser escolhidos para assegurar que essa condição seja atendida.

Em resumo, usando a sequência $I_B \rightarrow I_C \rightarrow V_{CE}$, calculamos as tensões e correntes nos terminais de Q_1 que são de importância. Embora, aqui, não seja de particular interesse, a corrente de emissor é igual a $I_C + I_B$.

O leitor pode questionar o erro no cálculo anterior devido à hipótese de V_{BE} ter valor constante no intervalo entre 700 e 800 mV. Um exemplo esclarece este ponto.

O esquema de polarização da Figura 5.13 requer alguns comentários. Primeiro, o efeito da "incerteza" em relação ao valor de V_{BE} se torna mais pronunciado para baixos valores de V_{CC}, pois $V_{CC} - V_{BE}$ determina a corrente de base. Assim, em projetos de baixa tensão – um paradigma cada vez mais comum nos modernos sistemas eletrônicos – a polarização é mais sensível às variações no valor de V_{BE} entre transistores ou com a temperatura. Segundo, na Equação (5.15), notamos que I_C depende muito de β, um parâmetro que pode variar de forma considerável. No exemplo anterior, se β aumentar de 100 para 120, I_C aumentará para 1,98 mA e V_{CE} diminuirá para 0,52 V, levando o transistor em direção à saturação forte. Por estes motivos, a topologia da Figura 5.13 raramente é usada na prática.

Exemplo 5.7 Para o circuito mostrado na Figura 5.14, determinemos a corrente de polarização de coletor. Assumamos $\beta = 100$ e $I_S = 10^{-17}$ A. Comprovemos se Q_1 opera na região ativa direta.

Solução

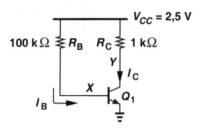

Figura 5.14 Simples estágio com polarização.

Como I_S é relativamente pequena, concluímos que a tensão base-emissor exigida para a condução de um nível típico de corrente seja relativamente grande. Assim, usamos $V_{BE} = 800$ mV como valor estimado inicial e escrevemos a Equação (5.14) como

$$I_B = \frac{V_{CC} - V_{BE}}{R_B} \tag{5.19}$$

$$\approx 17 \, \mu A. \tag{5.20}$$

Portanto,

$$I_C = 1{,}7 \text{ mA}. \tag{5.21}$$

Com este resultado para I_C, calculamos um novo valor para V_{BE}:

$$V_{BE} = V_T \ln \frac{I_C}{I_S} \tag{5.22}$$

$$= 852 \text{ mV}, \tag{5.23}$$

e iteramos para obter resultados mais precisos. Ou seja,

$$I_B = \frac{V_{CC} - V_{BE}}{R_B} \tag{5.24}$$

$$= 16{,}5 \, \mu A \tag{5.25}$$

Logo,

$$I_C = 1{,}65 \text{ mA}. \tag{5.26}$$

Como os valores dados por (5.21) e (5.26) são bem próximos, consideramos que $I_C = 1{,}65$ mA tem precisão suficiente e interrompemos o processo iterativo.

Escrevendo (5.16), temos

$$V_{CE} = V_{CC} - R_C I_C \tag{5.27}$$

$$= 0{,}85 \text{ V}, \tag{5.28}$$

um valor quase igual ao de V_{BE}. Portanto, o transistor opera próximo à fronteira entre os modos ativo e de saturação.

Exercício Que valor de R_B produz uma polarização reversa de 200 mV na junção base-coletor?

Você sabia?

Já no primeiro receptor de rádio, introduzido por Regency and Texas Instruments, foi reconhecido que essa simples técnica de polarização seria uma escolha pobre para produção. Os quatro transistores neste rádio deveriam manter uma polarização relativamente constante, independentemente de variações de fabricação e de temperaturas extremas em diferentes locais ao redor do mundo. Por essa razão, para estabilizar o ponto de polarização, cada estágio incorporava "degeneração de emissor".

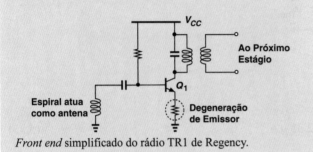

Front end simplificado do rádio TR1 de Regency.

5.2.2 Polarização por Divisor de Tensão Resistivo

Para eliminar a dependência de I_C em relação a β, retornamos à relação básica $I_C = I_S \exp(V_{BE}/V_T)$ e postulamos que I_C deva

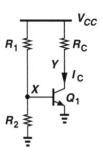

Figura 5.15 Uso de um divisor de tensão resistivo para definir V_{BE}.

ser fixada com a aplicação de um valor bem definido de V_{BE}. A Figura 5.15 ilustra um exemplo no qual R_1 e R_2 atuam como divisores de tensão e, se a corrente de base for desprezível, proveem uma tensão base-emissor igual a

$$V_X = \frac{R_2}{R_1 + R_2} V_{CC}, \qquad (5.29)$$

Logo,

$$I_C = I_S \exp\left(\frac{R_2}{R_1 + R_2} \cdot \frac{V_{CC}}{V_T}\right), \qquad (5.30)$$

uma grandeza que independe de β. No entanto, o projeto deve assegurar que a corrente de base permaneça desprezível.

Exemplo 5.8 Na Figura 5.16, determinemos a corrente de coletor de Q_1 para $I_S = 10^{-17}$ A e $\beta = 100$. Comprovemos se a corrente de base é desprezível e se o transistor opera no modo ativo.

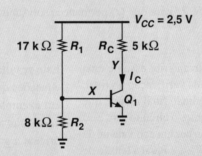

Figura 5.16 Exemplo de estágio de polarização.

Solução Desprezando a corrente de base de Q_1, temos

$$V_X = \frac{R_2}{R_1 + R_2} V_{CC} \qquad (5.31)$$

$$= 800 \text{ mV}. \qquad (5.32)$$

Assim,

$$I_C = I_S \exp\frac{V_{BE}}{V_T} \qquad (5.33)$$

$$= 231 \ \mu\text{A} \qquad (5.34)$$

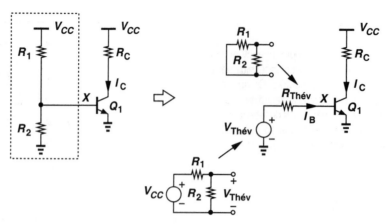

Figura 5.17 Uso do equivalente de Thévenin para cálculo de polarização.

e
$$I_B = 2{,}31\ \mu A. \tag{5.35}$$

A corrente de base é mesmo desprezível? Com que valor esta grandeza deve ser comparada? Provida pelo divisor resistivo, I_B deve ser desprezível em relação à corrente que flui por R_1 e R_2:

$$I_B \overset{?}{\ll} \frac{V_{CC}}{R_1 + R_2}. \tag{5.36}$$

Esta condição, de fato, é válida neste exemplo, pois $V_{CC}/(R_1 + R_2) = 100\ \mu A \approx 43\ I_B$.
Notamos, ainda, que

$$V_{CE} = 1{,}345\ V, \tag{5.37}$$

e, portanto, Q_1 opera na região ativa.

Exercício Qual é o máximo valor de R_C para que Q_1 permaneça sob saturação fraca?

A abordagem de análise do exemplo anterior assume uma corrente de base desprezível e requer uma verificação no final. Contudo, o que devemos fazer se o resultado final indicar que I_B não é desprezível? A seguir, analisaremos o circuito sem essa hipótese. Substituímos o divisor de tensão por um equivalente de Thévenin (Figura 5.17) e notamos que $V_{Thév}$ é igual à tensão de circuito aberto (V_X quando o amplificador está desconectado):

$$V_{Thév} = \frac{R_2}{R_1 + R_2} V_{CC}. \tag{5.38}$$

Além disso, $R_{Thév}$ é dado pela resistência de saída do circuito quando V_{CC} é fixado em zero:

$$R_{Thév} = R_1 \| R_2. \tag{5.39}$$

O circuito simplificado fornece

$$V_X = V_{Thév} - I_B R_{Thév} \tag{5.40}$$

e

$$I_C = I_S \exp\frac{V_{Thév} - I_B R_{Thév}}{V_T}. \tag{5.41}$$

Este resultado e a relação $I_C = \beta I_B$ formam um sistema de equações que permite o cálculo dos valores de I_C e I_B. Como em exemplos anteriores, um processo iterativo se mostra útil aqui, mas a dependência exponencial na Equação (5.41) dá origem a grandes flutuações nas soluções intermediárias. Por esse motivo, reescrevemos (5.41) como

$$I_B = \left(V_{Thév} - V_T \ln \frac{I_C}{I_S}\right) \cdot \frac{1}{R_{Thév}}, \tag{5.42}$$

e iniciamos as iterações com $V_{BE} = V_T \ln(I_C/I_S)$. O processo iterativo segue a sequência $V_{BE} \to I_B \to I_C \to V_{BE} \to \ldots$

Embora, na topologia da Figura 5.15, a escolha adequada de R_1 e R_2 torne a polarização relativamente independente de β, a relação exponencial entre I_C e a tensão gerada pelo divisor resistivo ainda leva a uma substancial variação da polarização. Por exemplo, se R_2 for 1% maior que seu valor nominal, o mesmo acontecerá com V_X e a corrente de coletor será multiplicada por $\exp(0{,}01 V_{BE}/V_T) \approx 1{,}36$ (para $V_{BE} = 800$ mV). Em outras palavras, um erro de 1% no valor de um resistor introduz um

Amplificadores Bipolares 145

Exemplo 5.9 Na Figura 5.18(a), calculemos a corrente de coletor de Q_1. Assumamos $\beta = 100$ e $I_S = 10^{-17}$ A.

Solução Construindo o circuito equivalente mostrado na Figura 5.18(b), notamos que

$$V_{Thév} = \frac{R_2}{R_1 + R_2} V_{CC} \quad (5.43)$$

$$= 800 \text{ mV} \quad (5.44)$$

e

$$R_{Thév} = R_1 \| R_2 \quad (5.45)$$

$$= 54,4 \text{ k}\Omega. \quad (5.46)$$

Iniciamos as iterações com o valor $V_{BE} = 750$ mV (pois sabemos que a queda de tensão em $R_{Thév}$ torna V_{BE} menor que $V_{Thév}$) e obtemos a corrente de base:

$$I_B = \frac{V_{Thév} - V_{BE}}{R_{Thév}} \quad (5.47)$$

$$= 0{,}919 \ \mu\text{A}. \quad (5.48)$$

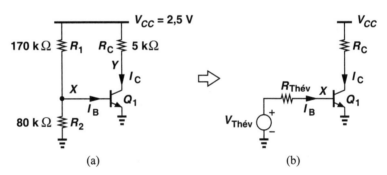

Figura 5.18 (a) Estágio com polarização por divisor resistivo de tensão, (b) estágio com equivalente de Thévenin para o divisor resistivo e V_{CC}.

Portanto, $I_C = \beta I_B = 91{,}9 \ \mu\text{A}$ e

$$V_{BE} = V_T \ln \frac{I_C}{I_S} \quad (5.49)$$

$$= 776 \text{ mV}. \quad (5.50)$$

Com isto, $I_B = 0{,}441 \ \mu\text{A}$ e $I_C = 44{,}1 \ \mu\text{A}$, o que ainda representa uma grande flutuação em relação ao primeiro valor calculado. Dando prosseguimento às iterações, obtemos $V_{BE} = 757$ mV, $I_B = 0{,}79 \ \mu\text{A}$ e $I_C = 79{,}0 \ \mu\text{A}$. Após diversas iterações, $V_{BE} \approx 766$ mV e $I_C = 63 \ \mu\text{A}$.

Exercício De quanto R_2 pode ser aumentado de modo que Q_1 ainda permaneça sob saturação fraca?

---

erro de 36% na corrente de coletor. Portanto, o circuito tem pouca utilidade prática.

5.2.3 Polarização com Emissor Degenerado

Uma configuração de polarização que alivia o problema de sensibilidade em relação a β e a V_{BE} é mostrado na Figura 5.19.

Nesta figura, o resistor R_E aparece em série com o emissor e reduz a sensibilidade em relação a V_{BE}. De um ponto de vista intuitivo, isso ocorre porque R_E exibe uma relação I-V *linear* (em vez de exponencial). Assim, um erro em V_X devido a incertezas em R_1, R_2 ou V_{CC} é, em parte, "absorvido" por R_E, resultando em menor erro em V_{BE} e, portanto, em I_C. Chamada de "degeneração de emissor", a adição de R_E em série com o

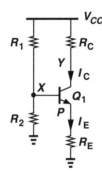

Figura 5.19 Adição de resistor de degeneração para estabilizar o ponto de polarização.

$$I_E = \frac{V_P}{R_E} \quad (5.51)$$

$$= \frac{1}{R_E}\left(V_{CC}\frac{R_2}{R_1+R_2} - V_{BE}\right) \quad (5.52)$$

$$\approx I_C, \quad (5.53)$$

se $\beta \gg 1$. Como este resultado pode ser feito menos sensível a variações em V_X ou V_{BE}? Se a queda de tensão em R_E, ou seja, a diferença entre $V_{CC}R_2/(R_1+R_2)$ e V_{BE}, for grande o bastante para absorver e amortecer estas variações, I_E e I_C permanecem relativamente constantes. Um exemplo ilustra este ponto.

A topologia de polarização da Figura 5.19 é utilizada com frequência em circuitos discretos e apenas raramente em circuitos integrados. A Figura 5.21 ilustra duas regras aplicadas na prática: (1) $I_1 \gg I_B$ para reduzir a sensibilidade em relação a β, e (2) V_{RE} deve ser suficientemente grande (de 100 mV a várias centenas de milivolts) para suprimir o efeito de incertezas em V_X e em V_{BE}.

emissor altera vários atributos do circuito, como descrito mais adiante neste capítulo.

Para entender essa propriedade, determinemos as correntes de polarização do transistor. Desprezando a corrente de base, temos $V_X = V_{CC}R_2/(R_1+R_2)$. E, ainda, $V_P = V_X - V_{BE}$, com isto,

Exemplo 5.10 Calculemos as correntes de polarização para o circuito da Figura 5.20 e verifiquemos se Q_1 opera na região ativa direta. Assumamos $\beta = 100$ e $I_S = 5 \times 10^{-17}$ A. Que variação sofre a corrente de coletor se R_2 for 1% maior que seu valor nominal?

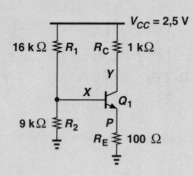

Figura 5.20 Exemplo de estágio de polarização.

Solução Desprezemos a corrente de base e escrevamos

$$V_X = V_{CC}\frac{R_2}{R_1+R_2} \quad (5.54)$$

$$= 900\,\text{mV}. \quad (5.55)$$

Usando $V_{BE} = 800$ mV como valor inicial, temos

$$V_P = V_X - V_{BE} \quad (5.56)$$

$$= 100\,\text{mV}, \quad (5.57)$$

e, portanto,

$$I_E \approx I_C \approx 1\,\text{mA}. \quad (5.58)$$

Com este resultado, devemos reexaminar a hipótese $V_{BE} = 800$ mV. Como

$$V_{BE} = V_T \ln\frac{I_C}{I_S} \quad (5.59)$$

$$= 796 \, \text{mV}, \tag{5.60}$$

concluímos que a escolha inicial é razoável. Além disso, a Equação (5.57) sugere que um erro de 4 mV em V_{BE} leve a um erro de 4% em V_P e, portanto, em I_E, indicando uma boa aproximação.

Agora, verifiquemos se Q_1 opera no modo ativo. A tensão de coletor é dada por

$$V_Y = V_{CC} - I_C R_C \tag{5.61}$$

$$= 1{,}5 \, \text{V}. \tag{5.62}$$

Com a tensão de base em 0,9 V, o dispositivo está, de fato, na região ativa.

A hipótese de corrente de base desprezível é válida? Com $I_C \approx 1$ mA, $I_B \approx 10 \, \mu$A, enquanto a corrente que flui em R_1 e R_2 é igual a 100 μA. Portanto, a hipótese é razoável. Para maior precisão, um processo iterativo similar ao do Exemplo 5.9 pode ser empregado.

Se R_2 for 1,6% maior que seu valor nominal, a Equação (5.54) indica que V_X aumentará, aproximadamente, para 909 mV. Podemos assumir que a mudança de 9 mV apareça em R_E e aumente a corrente de emissor de 9 mV/100 Ω = 90 μA. Da Equação (5.56), notamos que essa hipótese é equivalente a considerarmos V_{BE} constante, o que é razoável, pois as correntes de emissor e de coletor sofreram alteração de apenas 9%.

Exercício Que valor de R_2 coloca Q_1 na fronteira da região de saturação?

Exemplo 5.11 Projetemos o circuito da Figura 5.21 de modo que produza uma transcondutância de 1/(52 Ω) para Q_1. Assumamos V_{CC} = 2,5 V, β = 100 e I_S = 5 × 10^{-17} A. Qual é o máximo valor tolerável de R_C?

Solução Um valor de g_m de (52 Ω)$^{-1}$ se traduz em uma corrente de coletor de 0,5 mA e um V_{BE} de 778 mV. Assumindo $R_E I_C$ = 200 mV, obtemos R_E = 400 Ω. Para obter $V_X = V_{BE} + R_E I_C$ = 978 mV, devemos ter

$$\frac{R_2}{R_1 + R_2} V_{CC} = V_{BE} + R_E I_C, \tag{5.63}$$

onde a corrente de base foi desprezada. Para que a corrente de base I_B = 5 μA seja desprezível,

$$\frac{V_{CC}}{R_1 + R_2} \gg I_B, \tag{5.64}$$

por exemplo, por um fator de 10. Assim, $R_1 + R_2$ = 50 kΩ, que, em conjunto com (5.63), resulta em

$$R_1 = 30{,}45 \, \text{k}\Omega \tag{5.65}$$

$$R_2 = 19{,}55 \, \text{k}\Omega. \tag{5.66}$$

Qual o máximo valor de R_C? Como a tensão de coletor é igual a $V_{CC} - R_C I_C$, forçamos a seguinte restrição para assegurar operação no modo ativo:

$$V_{CC} - R_C I_C > V_X; \tag{5.67}$$

ou seja,

$$R_C I_C < 1{,}522 \, \text{V}. \tag{5.68}$$

Logo,

$$R_C < 3{,}044 \, \text{k}\Omega. \tag{5.69}$$

Se R_C exceder este valor, a tensão de coletor ficará abaixo da tensão de base. Como mencionado no Capítulo 4, o transistor pode tolerar saturação fraca, isto é, até cerca de 400 mV de polarização direta na junção base-coletor. Portanto, em aplicações de baixa tensão, podemos permitir $V_Y \approx V_X - 400$ mV e, por conseguinte, um maior valor para R_C.

Exercício Repita o exemplo anterior para o caso em que o orçamento de potência é de apenas 1 mW e a transcondutância de Q_1 não é dada.

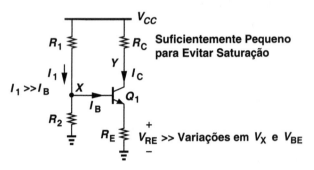

Figura 5.21 Resumo de condições de polarização robustas.

Rotina de Projeto É possível estabelecer uma rotina de projeto para a topologia de polarização da Figura 5.21 que possa ser usada para a maioria das aplicações: (1) escolher uma corrente de polarização de coletor que resulte em valores adequados para os parâmetros de pequenos sinais, como g_m e r_π; (2) com base nas esperadas variações de R_1, R_2 e V_{BE}, escolher um valor para $V_{RE} \approx I_C R_E$, por exemplo, 200 mV; (3) calcular $V_X = V_{BE} + I_C R_E$, com $V_{BE} = V_T \ln(I_C/I_S)$; (4) escolher R_1 e R_2 que produzam o valor necessário de V_X e garantam $I_1 \gg I_B$. Determinado pelos requisitos de ganho de pequenos sinais, o valor de R_C é limitado por um máximo que coloca Q_1 na fronteira da região de saturação. O exemplo a seguir ilustra estes conceitos.

As duas regras ilustradas na Figura 5.21 para reduzir as sensibilidades impõem algumas condições. Em particular, um projeto muito conservador envolve as seguintes questões: (1) se desejamos que I_1 seja muito maior que I_B, $R_1 + R_2$ e, portanto, R_1 e R_2 devem ser muito pequenos, resultando em uma baixa *impedância de entrada*; (2) se escolhermos um valor muito grande para V_{RE}, V_X ($= V_{BE} + V_{RE}$) deve ser alto, limitando o valor máximo da tensão de coletor para evitar saturação. Retornemos ao exemplo anterior e estudemos estas questões.

5.2.4 Estágio Autopolarizado

Outro esquema de polarização de uso comum em circuitos discretos e integrados é mostrado na Figura 5.22. Chamado de "autopolarizado", pois a corrente e tensão de base são

Exemplo 5.12 Repitamos o Exemplo 5.11 assumindo $V_{RE} = 500$ mV e $I_1 \geq 100 I_B$.

Solução A corrente de coletor e a tensão base-emissor permanecem inalteradas. O valor de R_E é, agora, dado por 500 mV/0,5 mA = 1 kΩ. Ademais, $V_X = V_{BE} + R_E I_C = 1{,}278$ V, e a Equação (5.63) continua válida. Reescrevendo (5.64) como

$$\frac{V_{CC}}{R_1 + R_2} \geq 100 I_B, \quad (5.70)$$

obtemos $R_1 + R_2 = 5$ kΩ. Portanto,

$$R_1 = 1{,}45 \text{ k}\Omega \quad (5.71)$$

$$R_2 = 3{,}55 \text{ k}\Omega. \quad (5.72)$$

Como a tensão de base aumentou para 1,278 V, para evitar saturação, a tensão de coletor deve exceder este valor, resultando em

$$R_C < \frac{V_{CC} - V_X}{I_C} \quad (5.73)$$

$$< 1{,}044 \text{ k}\Omega. \quad (5.74)$$

Como veremos na Seção 5.3.1, a redução em R_C se traduz em um menor ganho de tensão. Além disso, o fato de os valores de R_1 e de R_2 serem menores que no Exemplo 5.11 leva a uma baixa impedância de entrada, o que carrega o estágio anterior. Na Seção 5.3.1, calcularemos o valor exato da impedância de entrada deste circuito.

Exercício Repita o exemplo anterior para o caso em que V_{RE} é limitado a 100 mV.

fornecidas do coletor, este estágio tem diversas propriedades interessantes e úteis.

Iniciemos a análise do circuito observando que a tensão de base é sempre *menor que* a de coletor: $V_X = V_Y - I_B R_B$. Um resultado da autopolarização, essa importante propriedade garante que Q_1 opere no modo ativo independentemente dos parâmetros do dispositivo e do circuito. Por exemplo, se R_C aumentar indefinidamente, Q_1 permanecerá na região ativa, uma vantagem significativa em relação ao circuito da Figura 5.21.

Agora, assumindo $I_B \ll I_C$, determinemos a corrente de polarização de coletor; com essa hipótese, R_C conduz uma corrente igual a I_C, resultando em

$$V_Y = V_{CC} - R_C I_C. \quad (5.75)$$

e

$$V_Y = R_B I_B + V_{BE} \quad (5.76)$$

$$= \frac{R_B I_C}{\beta} + V_{BE}. \quad (5.77)$$

Igualando os lados direitos de (5.75) e (5.77), obtemos

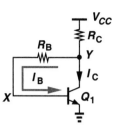

Figura 5.22 Estágio autopolarizado.

$$I_C = \frac{V_{CC} - V_{BE}}{R_C + \dfrac{R_B}{\beta}}. \quad (5.78)$$

Como sempre, começamos escolhendo um valor inicial para V_{BE}, calculamos I_C e usamos $V_{BE} = V_T \ln(I_C/I_S)$ para melhorar a precisão de nossos cálculos.

A Equação (5.78) e o exemplo anterior sugerem duas regras importantes para o projeto do estágio autopolarizado: (1) $V_{CC} - V_{BE}$ deve ser muito maior que as incertezas no valor de V_{BE}; (2) R_C deve ser muito maior que R_B/β para reduzir a sensibilidade em relação a β. Na verdade, se $R_C \gg R_B/\beta$,

---

Exemplo 5.13 Na Figura 5.22, determinemos a corrente e a tensão de coletor de Q_1 com $R_C = 1\ k\Omega$, $R_B = 10\ k\Omega$, $V_{CC} = 2,5$ V, $I_S = 5 \times 10^{-17}$ A e $\beta = 100$. Repitamos os cálculos para $R_C = 2\ k\Omega$.

Solução Assumindo $V_{BE} = 0,8$ V, obtemos, de (5.78):

$$I_C = 1{,}545\ \text{mA}, \quad (5.79)$$

e, portanto, $V_{BE} = V_T \ln(I_C/I_S) = 807{,}6$ mV; concluímos que a escolha inicial do valor de V_{BE} e do resultante valor de I_C são de razoável precisão. Também notamos que $R_B I_B = 154{,}5$ mV e $V_Y = R_B I_B + V_{BE} \approx 0{,}955$ V.

Se $R_C = 2\ k\Omega$, com $V_{BE} = 0,8$ V, a Equação (5.78) fornece

$$I_C = 0{,}810\ \text{mA}. \quad (5.80)$$

Para verificar a validade da escolha inicial, escrevemos $V_{BE} = V_T \ln(I_C/I_S) = 791$ mV. Comparado com $V_{CC} - V_{BE}$ no numerador de (5.78), o erro de 9 mV é desprezível e o valor de I_C em (5.80) é aceitável. Como $R_B I_B = 81$ mV, $V_Y \approx 0{,}881$ mV.

Exercício O que acontece se o valor da resistência de base for dobrado?

$$I_C \approx \frac{V_{CC} - V_{BE}}{R_C}, \quad (5.81)$$

e $V_Y = V_{CC} - I_C R_C \approx V_{BE}$. Este resultado serve como uma estimativa para as condições de polarização do transistor.

Rotina de Projeto A Equação (5.78) e a condição $R_C \gg R_B/\beta$ representam expressões básicas para o projeto do circuito. Com

o necessário valor de I_C obtido de considerações de pequenos sinais, escolhemos $R_C = 10 R_B/\beta$ e reescrevemos (5.78) como

$$I_C = \frac{V_{CC} - V_{BE}}{1{,}1 R_C}, \quad (5.82)$$

em que $V_{BE} = V_T \ln(I_C/I_S)$. Ou seja,

$$R_C = \frac{V_{CC} - V_{BE}}{1{,}1 I_C} \quad (5.83)$$

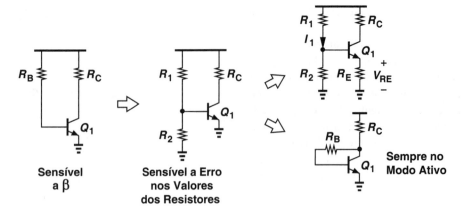

Figura 5.23 Resumo de técnicas de polarização.

$$R_B = \frac{\beta R_C}{10}. \quad (5.84)$$

A escolha de R_B também depende das exigências de pequenos sinais e pode se desviar deste valor, mas deve permanecer muito menor que βR_C.

A Figura 5.23 resume os princípios de polarização estudados nesta seção.

5.2.5 Polarização de Transistores *PNP*

As topologias de polarização DC estudadas até aqui incorporam transistores *npn*. Circuitos que usam dispositivos *pnp* seguem os mesmos procedimentos de análise e projeto, mas exigem atenção quanto às polaridades de tensões e correntes. Ilustramos estes pontos com a ajuda de alguns exemplos.

> **Você sabia?**
> Para estabilizar a polarização, o estágio autopolarizado incorpora "realimentação negativa". Por exemplo, se a tensão de coletor tender a aumentar devido a mudança de temperatura, o resistor B_B passará esse aumento de tensão para a base, elevando V_{BE} e, portanto, a corrente de coletor. Com isto, a tensão de coletor cai até quase seu valor original.
>
> O uso de realimentação negativa também aumenta a velocidade do circuito. Na verdade, enlaces de comunicações ópticas do *backbone* da internet empregam muito este tipo de topologia de amplificador, de modo a acomodar taxas de 40 Gb/s ou mais. Na próxima vez que enviar um *e-mail*, tenha em mente que seus dados podem passar por um estágio autopolarizado.

Exemplo 5.14 Projetemos o estágio autopolarizado da Figura 5.22 para $g_m = 1/(13\ \Omega)$ e $V_{CC} = 1{,}8$ V. Assumamos $I_S = 5 \times 10^{-16}$ A e $\beta = 100$.

Solução Como $g_m = I_C/V_T = 1/(13\ \Omega)$, temos $I_C = 2$ mA, $V_{BE} = 754$ mV e

$$R_C \approx \frac{V_{CC} - V_{BE}}{1{,}1 I_C} \quad (5.85)$$

$$\approx 475\ \Omega \quad (5.86)$$

e

$$R_B = \frac{\beta R_C}{10} \quad (5.87)$$

$$= 4{,}75\ \text{k}\Omega. \quad (5.88)$$

Notamos que $R_B I_B = 95$ mV, resultando em uma tensão de coletor de 754 mV + 95 mV = 849 mV.

Exercício Repita o projeto anterior com uma tensão de alimentação de 2,5 V.

Exemplo 5.15

No circuito da Figura 5.24, calculemos a corrente de coletor de Q_1 e determinemos o máximo valor permitido de R_C para operação no modo ativo.

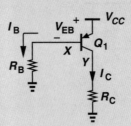

Figura 5.24 Polarização simples de estágio *pnp*.

Solução A topologia é a mesma da Figura 5.13 e temos

$$I_B R_B + V_{EB} = V_{CC}. \tag{5.89}$$

Logo,

$$I_B = \frac{V_{CC} - V_{EB}}{R_B} \tag{5.90}$$

e

$$I_C = \beta \frac{V_{CC} - V_{EB}}{R_B}. \tag{5.91}$$

O circuito sofre de sensibilidade em relação a β.

Se o valor de R_C for aumentado, V_Y irá aumentar e se aproximar de $V_X (= V_{CC} - V_{EB})$, deixando Q_1 mais próximo da saturação. Quando $V_Y = V_X$, o transistor entra em saturação, ou seja,

$$I_C R_{C,máx} = V_{CC} - V_{EB} \tag{5.92}$$

Logo,

$$R_{C,máx} = \frac{V_{CC} - V_{EB}}{I_C} \tag{5.93}$$

$$= \frac{R_B}{\beta}. \tag{5.94}$$

De outra perspectiva, como $V_X = I_B R_B$ e $V_Y = I_C R_C$, temos $I_B R_B = I_C R_{C,máx}$ como condição para a fronteira de saturação e obtemos $R_B = \beta R_{C,máx}$.

Exercício Para um dado valor de R_C, que valor de R_B leva o dispositivo à fronteira de saturação?

5.3 TOPOLOGIAS DE AMPLIFICADORES BIPOLARES

Após nosso estudo detalhado de polarização, agora, podemos nos dedicar a topologias de amplificadores e examinar suas propriedades de pequenos sinais.[6]

Como o transistor bipolar tem três terminais, podemos assumir que existam três possibilidades para aplicar o sinal de entrada ao dispositivo, como ilustrado de forma conceitual nas Figuras 5.28(a)-(c). De modo similar, o sinal de saída pode ser colhido em qualquer dos três terminais (em relação à terra) [Figuras 5.28(d)-(f)]; assim, há nove possíveis combinações

---

[6] Embora esteja além do escopo deste livro, o comportamento de grandes sinais de amplificadores também se torna importante em muitas aplicações.

Exemplo 5.16 No circuito da Figura 5.25(a), determinemos a corrente e a tensão de coletor de Q_1.

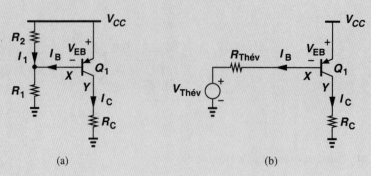

Figura 5.25 (a) Estágio *pnp* com polarização por divisor resistivo de tensão, (b) equivalente de Thévenin do divisor e V_{CC}.

Solução Como um caso geral, assumimos que I_B seja insignificante e construamos o equivalente de Thévenin do divisor de tensão, como ilustrado na Figura 5.25(b):

$$V_{Thév} = \frac{R_1}{R_1 + R_2} V_{CC} \tag{5.95}$$

$$R_{Thév} = R_1 \| R_2. \tag{5.96}$$

Somando a queda de tensão em $R_{Thév}$ e V_{EB} a $V_{Thév}$, obtemos

$$V_{Thév} + I_B R_{Thév} + V_{EB} = V_{CC}; \tag{5.97}$$

Ou seja,

$$I_B = \frac{V_{CC} - V_{Thév} - V_{EB}}{R_{Thév}} \tag{5.98}$$

$$= \frac{\dfrac{R_2}{R_1 + R_2} V_{CC} - V_{EB}}{R_{Thév}}. \tag{5.99}$$

Resultando em

$$I_C = \beta \frac{\dfrac{R_2}{R_1 + R_2} V_{CC} - V_{EB}}{R_{Thév}}. \tag{5.100}$$

Como no Exemplo 5.9, algumas iterações entre I_C e V_{EB} podem ser necessárias.

A Equação (5.100) indica que, se I_B for significante, a polarização do transistor dependerá muito de β. Por outro lado, se $I_B \ll I_1$, igualamos a queda de tensão em R_2 a V_{EB} e obtemos a corrente de coletor:

$$\frac{R_2}{R_1 + R_2} V_{CC} = V_{EB} \tag{5.101}$$

$$I_C = I_S \exp\left(\frac{R_2}{R_1 + R_2} \frac{V_{CC}}{V_T}\right). \tag{5.102}$$

Notamos que este resultado é igual à Equação (5.30).

Exercício Qual é o valor máximo de R_C para que Q_1 permaneça sob saturação fraca?

Exemplo 5.17 Assumindo uma corrente de base desprezível, calculemos a corrente e tensão de coletor de Q_1 no circuito da Figura 5.26. Qual é o valor máximo de R_C para que Q_1 opere na região ativa direta?

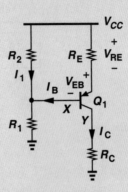

Figura 5.26 Estágio *pnp* com resistor de degeneração.

Solução Com $I_B \ll I_1$, temos $V_X = V_{CC} R_1/(R_1 + R_2)$. Somando a tensão emissor-base e a queda de tensão em R_E a V_X, obtemos

$$V_X + V_{EB} + R_E I_E = V_{CC} \qquad (5.103)$$

Logo,

$$I_E = \frac{1}{R_E}\left(\frac{R_2}{R_1 + R_2}V_{CC} - V_{EB}\right). \qquad (5.104)$$

Usando $I_C \approx I_E$, podemos calcular um novo valor para V_{EB} e iterar, se necessário. Além disso, com $I_B = I_C/\beta$, podemos comprovar a validade da hipótese $I_B \ll I_1$.

Para obter (5.104), escrevemos uma LTK de V_{CC} para a terra, Equação (5.103). No entanto, uma abordagem mais direta consiste em notar que a queda de tensão em R_2 é igual a $V_{EB} + I_E R_E$:

$$V_{CC}\frac{R_2}{R_1 + R_2} = V_{EB} + I_E R_E, \qquad (5.105)$$

que leva ao mesmo resultado de (5.104).

O valor máximo permitido de R_C é obtido igualando as tensões de base e de coletor:

$$V_{CC}\frac{R_1}{R_1 + R_2} = R_{C,máx} I_C \qquad (5.106)$$

$$\approx \frac{R_{C,máx}}{R_E}\left(\frac{R_2}{R_1 + R_2}V_{CC} - V_{EB}\right). \qquad (5.107)$$

Portanto,

$$R_{C,máx} = R_E V_{CC} \frac{R_1}{R_1 + R_2} \cdot \frac{1}{\frac{R_2}{R_1 + R_2}V_{CC} - V_{EB}}. \qquad (5.108)$$

Exercício Repita o exemplo anterior para o caso em que $R_2 = \infty$.

Exemplo 5.18 Determinemos a corrente e a tensão de coletor de Q_1 no circuito autopolarizado da Figura 5.27.

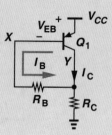

Figura 5.27 Estágio *pnp* autopolarizado.

Solução Devemos escrever uma LTK para a malha que inclui V_{CC}, a junção emissor-base de Q_1, R_B, R_C e a terra. Como $\beta \gg 1$ e, portanto, $I_C \gg I_B$, R_C conduz uma corrente aproximadamente igual a I_C e origina $V_Y = R_C I_C$. Além disso, $V_X = R_B I_B + V_Y = R_B I_B + R_C I_C$, resultando em

$$V_{CC} = V_{EB} + V_X \tag{5.109}$$

$$= V_{EB} + R_B I_B + I_C R_C \tag{5.110}$$

$$= V_{EB} + \left(\frac{R_B}{\beta} + R_C\right) I_C. \tag{5.111}$$

Logo,

$$I_C = \frac{V_{CC} - V_{EB}}{\frac{R_B}{\beta} + R_C}, \tag{5.112}$$

um resultado similar à Equação (5.78). Como sempre, começamos com a escolha de um valor inicial para V_{EB}, calculamos I_C e determinamos um novo valor para V_{EB} etc. Notemos que, como a tensão de base é *maior que* a de coletor, Q_1 sempre permanece no modo ativo.

Exercício Quão distante Q_1 está da saturação?

---

de circuitos de entrada e de saída e, portanto, nove topologias de amplificadores.

No entanto, como vimos no Capítulo 4, transistores bipolares que operam no modo ativo respondem a variações na tensão base-emissor com variações em suas correntes de coletor. Esta propriedade elimina a conexão de entrada mostrada na Figura 5.28(c), pois $V_{entrada}$ não afeta as tensões de base e de emissor. A topologia da Figura 5.28(f) também não tem utilidade, pois $V_{saída}$ não é uma função da corrente de coletor. O número de possibilidades, portanto, fica reduzido a quatro. Entretanto, notemos que as conexões de entrada e de saída nas Figuras 5.28(b) e (e) permanecem incompatíveis, pois $V_{saída}$ deve ser mostrado no nó de *entrada* (o emissor) e o circuito não funcionaria.

Estas observações revelam três possíveis topologias de amplificadores. Estudaremos cada uma em detalhe, procurando calcular o ganho e as impedâncias de entrada e de saída. Em todos os casos, os transistores bipolares operam no modo ativo. O leitor é encorajado a rever os Exemplos (5.2)-(5.4) e as três regras ilustradas na Figura 5.7 antes de seguir adiante.

5.3.1 Topologia Emissor Comum

Na Seção 4.1, nossos pensamentos iniciais levaram ao circuito da Figura 4.1(b) e, por conseguinte, à topologia da Figura 4.25 como amplificador. Se o sinal de entrada for aplicado à base [Figura 5.28(a)] e o sinal de saída for mostrado no coletor [Fi-

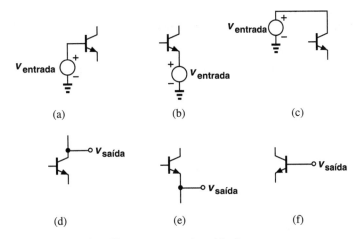

Figura 5.28 Possíveis combinações de entrada e de saída com um transistor bipolar.

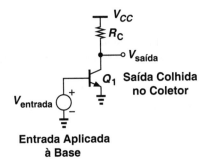

Figura 5.29 Estágio emissor-comum.

gura 5.28(d)], o circuito recebe a denominação estágio "emissor comum" (estágio EC) (Figura 5.29). Vimos e analisamos este circuito em diferentes contextos sem dar um nome a ele. O termo "emissor comum" é usado porque o terminal do emissor é aterrado e, portanto, aparece *em comum* com as portas de entrada e de saída. Entretanto, identificamos o estágio com base nas conexões de entrada e de saída (na base e no coletor, respectivamente), para evitar confusão em topologias mais complexas.

Trataremos dos amplificadores EC em duas etapas: (a) analisaremos o núcleo EC para entender suas propriedades fundamentais e (b) analisaremos o estágio EC juntamente com o circuito de polarização como um caso mais realista.

Análise do Núcleo EC Recordemos da definição de transcondutância da Seção 4.4.3 que, na Figura 5.29, um pequeno aumento ΔV aplicado à base de Q_1 aumenta a corrente de coletor de $g_m \Delta V$ e, portanto, aumenta a queda de tensão em R_C de $g_m \Delta V R_C$. Para examinar as propriedades de amplificação do estágio EC, construímos o equivalente de pequenos sinais do circuito, mostrado na Figura 5.30. Como explicado no Capítulo 4, o nó de alimentação de tensão, V_{CC}, atua como uma terra

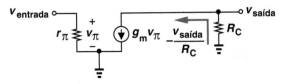

Figura 5.30 Modelo de pequenos sinais para o estágio EC.

AC, pois seu valor permanece constante ao logo do tempo. Desprezemos o efeito Early por enquanto.

Calculemos, primeiro, o ganho de tensão de pequenos sinais $A_v = v_{saída}/v_{entrada}$. Começando com a porta de saída e escrevendo uma LCK no nó do coletor, temos

$$-\frac{v_{saída}}{R_C} = g_m v_\pi, \quad (5.113)$$

e $v_\pi = v_{entrada}$. Com isto,

$$A_v = -g_m R_C. \quad (5.114)$$

A Equação (5.114) inclui duas importantes e interessantes propriedades do estágio EC. Primeira, o ganho de pequenos sinais é *negativo*, pois, na Figura 5.29, o aumento da tensão de base e, portanto, da corrente de coletor *reduz* $V_{saída}$. Segunda, A_v é proporcional a g_m (ou seja, à corrente de polarização de coletor) e ao resistor de coletor, R_C.

É interessante observar que o ganho de tensão do estágio é limitado pela alimentação de tensão. Uma corrente de coletor mais alta ou um maior valor de R_C exige uma maior queda de tensão em R_C, que não pode exceder V_{CC}. Na verdade, denotando a queda de tensão em R_C por V_{RC} e escrevendo $g_m = I_C/V_T$, expressamos (5.113) como

$$|A_v| = \frac{I_C R_C}{V_T} \quad (5.115)$$

$$= \frac{V_{RC}}{V_T}. \quad (5.116)$$

Como $V_{RC} < V_{CC}$,

$$|A_v| < \frac{V_{CC}}{V_T}. \quad (5.117)$$

Além disso, o próprio transistor requer uma tensão coletor-emissor mínima da ordem de V_{BE} para permanecer na região ativa; com isto, o limite é reduzido para

$$|A_v| < \frac{V_{CC} - V_{BE}}{V_T}. \quad (5.118)$$

Exemplo 5.19 Projetemos o núcleo EC com $V_{CC} = 1,8$ V e um orçamento de potência, P, de 1 mW para alcançar máximo ganho de tensão.

Solução Como $P = I_C \cdot V_{CC} = 1$ mW, temos $I_C = 0,556$ mA. O valor de R_C que coloca Q_1 na fronteira da região de saturação é dado por

$$V_{CC} - R_C I_C = V_{BE}, \tag{5.119}$$

que, juntamente com $V_{BE} \approx 800$ mV, fornece

$$R_C \leq \frac{V_{CC} - V_{BE}}{I_C} \tag{5.120}$$

$$\leq 1,8 \text{ k}\Omega. \tag{5.121}$$

Portanto, o ganho de tensão é igual a

$$A_v = -g_m R_C \tag{5.122}$$

$$= -38,5. \tag{5.123}$$

Nesta condição, um sinal de entrada leva o transistor à saturação. Como ilustrado na Figura 5.31(a), uma entrada de 2 mV$_{pp}$ resulta em uma saída de 77 mV$_{pp}$, o que coloca a junção base-coletor sob polarização direta em cada semiciclo. Contudo, desde que Q_1 permaneça sob saturação fraca ($V_{BC} > 400$ mV), o circuito amplifica de forma adequada.

Um projeto mais agressivo pode permitir que Q_1 opere sob saturação fraca, por exemplo, com $V_{CE} \approx 400$ mV e, portanto,

$$R_C \leq \frac{V_{CC} - 400 \text{ mV}}{I_C} \tag{5.124}$$

$$\leq 2,52 \text{ k}\Omega. \tag{5.125}$$

Neste caso, o máximo ganho de tensão é dado por

$$A_v = -53,9. \tag{5.126}$$

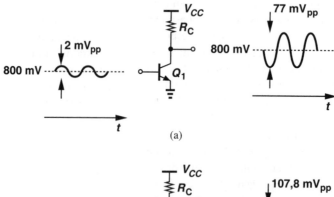

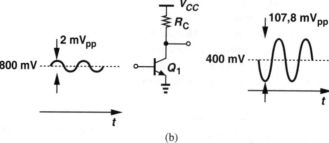

Figura 5.31 Estágio EC (a) com alguns níveis de sinal, (b) na saturação.

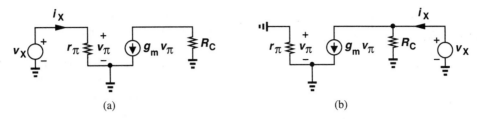

Figura 5.32 Cálculo das impedâncias de (a) entrada e (b) de saída do estágio EC.

Agora, o circuito pode tolerar apenas excursões de tensão muito pequenas na saída. Por exemplo, um sinal de 2 mV$_{pp}$ origina uma saída de 107,8 mV$_{pp}$ e leva Q_1 à saturação forte [Figura 5.31(b)]. Dizemos que o circuito requer um equilíbrio entre ganho de tensão e "vão livre" de tensão.

Exercício Repita o exemplo anterior para o caso em que V_{CC} = 2,5 V e compare os resultados.

Agora, calculemos as impedâncias I/O do estágio EC. Usando o circuito equivalente mostrado na Figura 5.32(a), escrevemos

$$R_{entrada} = \frac{v_X}{i_X} \qquad (5.127)$$

$$= r_\pi. \qquad (5.128)$$

Portanto, a impedância de entrada é igual a $\beta/g_m = \beta V_T/I_C$ e diminui à medida que a polarização de coletor aumenta.

A impedância de saída é obtida da Figura 5.32(b), na qual a fonte de tensão de entrada é fixada em zero (substituída por um curto-circuito). Como $v_\pi = 0$, a fonte de corrente dependente também é anulada, o que deixa R_C como o único componente visto por v_X. Em outras palavras,

$$R_{saída} = \frac{v_X}{i_X} \qquad (5.129)$$

$$= R_C. \qquad (5.130)$$

Vemos, então, que há certa permuta entre impedância de saída e ganho de tensão, $-g_m R_C$.

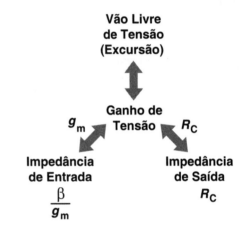

Figura 5.33 Permutas no estágio EC.

A Figura 5.33 resume as possíveis permutas associadas ao desempenho da topologia EC, juntamente com os parâmetros que as criam. Por exemplo, para um dado valor de impedância de saída, com R_C fixada, o ganho de tensão pode ser aumentado

---

Exemplo 5.20 Um estágio EC deve alcançar uma impedância de entrada $R_{entrada}$ e uma impedância de saída $R_{saída}$. Qual é o ganho de tensão do circuito?

Solução Como $R_{entrada} = r_\pi = \beta/g_m$ e $R_{saída} = R_C$, temos

$$A_v = -g_m R_C \qquad (5.131)$$

$$= -\beta \frac{R_{saída}}{R_{entrada}}. \qquad (5.132)$$

É interessante observar que, se as impedâncias I/O forem especificadas, o ganho de tensão é automaticamente fixado. Ao longo do livro, desenvolveremos outros circuitos que evitam esse "acoplamento" das especificações de projeto.

Exercício O que acontece com este resultado se a tensão de alimentação foi dividida por dois?

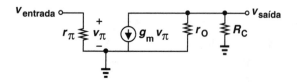

Figura 5.34 Estágio EC incluindo o efeito Early.

com o aumento de I_C, o que reduz tanto o vão livre de tensão como a impedância de entrada.

Inclusão do Efeito Early A Equação (5.114) sugere que o ganho de tensão do estágio EC possa ser aumentado indefinidamente se $R_C \to \infty$ e g_m permanecer constante. Como mencionado na Seção 4.4.5, essa tendência parece válida se V_{CC} também for aumentado para assegurar que o transistor permaneça no modo ativo. De um ponto de vista intuitivo, uma dada alteração na tensão de entrada e, por conseguinte, na corrente de coletor dá origem a crescentes excursões na saída à medida que R_C aumenta.

Em realidade, no entanto, o efeito Early limita o ganho de tensão mesmo se R_C tender ao infinito. Como a obtenção de alto ganho é importante em circuitos como amplificadores operacionais, devemos reexaminar as deduções anteriores na presença do efeito Early.

A Figura 5.34 ilustra o circuito equivalente de pequenos sinais do estágio EC, incluindo a resistência de saída. Notemos que r_O aparece em paralelo com R_C, o que nos permite reescrever (5.114) como

$$A_v = -g_m(R_C \| r_O). \tag{5.133}$$

Notemos, ainda, que a impedância de entrada permanece igual a r_π, enquanto a impedância de saída cai para

$$R_{saída} = R_C \| r_O. \tag{5.134}$$

Exemplo 5.21 O circuito da Figura 5.29 é polarizado com uma corrente de coletor de 1 mA e R_C = 1 kΩ. Se β = 100 e V_A = 10 V, determinemos o ganho de tensão de pequenos sinais e as impedâncias I/O.

Solução Temos

$$g_m = \frac{I_C}{V_T} \tag{5.135}$$

$$= (26\,\Omega)^{-1} \tag{5.136}$$

e

$$r_O = \frac{V_A}{I_C} \tag{5.137}$$

$$= 10\,k\Omega. \tag{5.138}$$

Logo,

$$A_v = -g_m(R_C \| r_O) \tag{5.139}$$

$$\approx 35. \tag{5.140}$$

(Para comparação, se $V_A = \infty$, $A_v \approx -38$.) Para as impedâncias I/O, escrevemos

$$R_{entrada} = r_\pi \tag{5.141}$$

$$= \frac{\beta}{g_m} \tag{5.142}$$

$$= 2{,}6\,k\Omega \tag{5.143}$$

e

$$R_{saída} = R_C \| r_O \quad (5.144)$$

$$= 0{,}91 \text{ k}\Omega. \quad (5.145)$$

Exercício Calcule o ganho se $V_A = 5$ V.

Determinemos o ganho do estágio EC à medida que $R_C \to \infty$. A Equação (5.132) nos dá

$$A_v = -g_m r_O. \quad (5.146)$$

Denominado "ganho intrínseco" do transistor, para enfatizar que nenhum dispositivo externo carrega o circuito, $g_m r_O$ representa o *máximo* ganho de tensão provido por um único transistor e tem um papel importante em amplificadores de alto ganho.

Agora, substituímos $g_m = I_C/V_T$ e $r_O = V_A/I_C$ na Equação (5.133) e obtemos

$$|A_v| = \frac{V_A}{V_T}. \quad (5.147)$$

É interessante observar que o ganho intrínseco de um transistor bipolar independe da corrente de polarização. Nos modernos transistores bipolares integrados, V_A tem valor próximo de 5 V, produzindo um ganho da ordem de 200.[7] Neste livro, assumimos $g_m r_O \gg 1$ (e, portanto, $r_O \gg 1/g_m$) para todos os transistores.

Outro parâmetro do estágio EC que pode se mostrar relevante em algumas aplicações é o "ganho de corrente", definido como

$$A_I = \frac{i_{saída}}{i_{entrada}}, \quad (5.148)$$

em que $i_{saída}$ denota a corrente entregue à carga e $i_{entrada}$, a corrente que flui na entrada. No caso de amplificadores de tensão, raramente lidamos com esse parâmetro; contudo, vale notar que $A_I = \beta$ para o estágio mostrado na Figura 5.29, pois toda a corrente de coletor é entregue a R_C.

Estágio EC com Degeneração de Emissor Em diversas aplicações, o núcleo EC da Figura 5.29 é modificado como mostrado na Figura 5.35(a), na qual um resistor R_E aparece em série com o emissor. Chamada de "degeneração de emissor", essa técnica melhora a "linearidade" do circuito e origina outras propriedades interessantes que são estudadas em cursos mais avançados.

Assim como no caso do núcleo EC, pretendemos determinar o ganho de tensão e as impedâncias I/O do circuito, assumindo que Q_1 seja polarizado de forma adequada. Antes de darmos início à análise detalhada, é interessante que façamos algumas

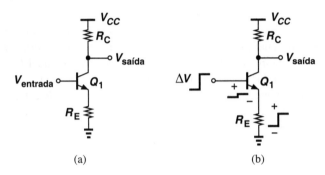

Figura 5.35 (a) Estágio EC com degeneração, (b) efeito de uma perturbação na tensão de entrada.

> **Você sabia?**
> O efeito Early foi descoberto por James Early, que trabalhou com Shockley nos Bell Laboratories na década de 1950. Early também esteve envolvido no desenvolvimento de transistores de células solares para satélites, e foi o primeiro a reconhecer que a velocidade de um transistor bipolar poderia ser aumentada se a região da base fosse feita muito mais delgada que a do coletor.

observações quantitativas. Suponhamos que o sinal de entrada eleve a tensão de base de ΔV [Figura 5.35(b)]. Se R_E fosse zero, a tensão base-emissor também aumentaria de ΔV, produzindo uma alteração na corrente de coletor de $g_m \Delta V$. Mas, com $R_E \neq 0$, uma fração de ΔV aparece entre os terminais de R_E; com isto, a alteração de tensão na junção BE se torna *menor que* ΔV. Por conseguinte, a corrente de coletor sofre uma alteração que também é menor que $g_m \Delta V$. Portanto, esperamos que o ganho de tensão do estágio degenerado seja *menor que* o do núcleo EC sem degeneração. Embora seja indesejável, a redução do ganho melhora outros aspectos do desempenho do circuito.

O que podemos dizer da impedância de entrada? Como a alteração na corrente de coletor é menor que $g_m \Delta V$, a corrente de base sofre uma alteração menor que $g_m \Delta V/\beta$, resultando em uma impedância de entrada *maior que* $\beta/g_m = r_\pi$. Assim, a degeneração de emissor *aumenta* a impedância de entrada do estágio EC, uma propriedade desejável. Um erro comum con-

---

[7] Contudo, outros efeitos de segunda ordem limitam o ganho real a cerca de 50.

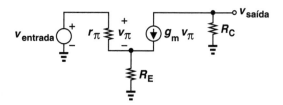

Figura 5.36 Modelo de pequenos sinais do estágio EC com degeneração de emissor.

siste em concluir que $R_{entrada} = r_\pi + R_E$; mas, como explicado a seguir, $R_{entrada} = r_\pi + (\beta+1)R_E$.

Agora, quantifiquemos estas observações analisando o comportamento de pequenos sinais do circuito. A Figura 5.36 mostra o circuito equivalente de pequenos sinais, no qual V_{CC} é substituído por uma terra AC e o efeito Early é desprezado. Notemos que v_π aparece entre os terminais de r_π e *não* entre a base e a terra. Para determinar $v_{saída}/v_{entrada}$, primeiro, escrevamos uma LCK para o nó de saída.

$$g_m v_\pi = -\frac{v_{saída}}{R_C}, \quad (5.149)$$

ou

$$v_\pi = -\frac{v_{saída}}{g_m R_C}. \quad (5.150)$$

Notemos, ainda, que duas correntes fluem por R_E: uma com origem em r_π e igual a v_π/r_π, e outra igual a $g_m v_\pi$. Logo, a queda de tensão em R_E é dada por

$$v_{RE} = \left(\frac{v_\pi}{r_\pi} + g_m v_\pi\right) R_E. \quad (5.151)$$

Como a soma das quedas de tensão em r_π e R_E deve ser igual a $v_{entrada}$, temos

$$v_{entrada} = v_\pi + v_{RE} \quad (5.152)$$

$$= v_\pi + \left(\frac{v_\pi}{r_\pi} + g_m v_\pi\right) R_E \quad (5.153)$$

$$= v_\pi \left[1 + \left(\frac{1}{r_\pi} + g_m\right) R_E\right]. \quad (5.154)$$

Substituindo v_π de (5.150) e rearranjando os termos, obtemos

$$\frac{v_{saída}}{v_{entrada}} = -\frac{g_m R_C}{1 + \left(\dfrac{1}{r_\pi} + g_m\right) R_E}. \quad (5.155)$$

Como predito, se $R_E \neq 0$, a magnitude do ganho de tensão é menor que $g_m R_C$. Com $\beta \gg 1$, podemos assumir $g_m \gg 1/r_\pi$ e

$$A_v = -\frac{g_m R_C}{1 + g_m R_E}. \quad (5.156)$$

Portanto, o ganho é reduzido por um fator $1 + g_m R_E$.

Para chegar a uma interpretação interessante da Equação (5.156), dividimos o numerador e o denominador por g_m

$$A_v = -\frac{R_C}{\dfrac{1}{g_m} + R_E}. \quad (5.157)$$

É interessante memorizar este resultado como "o ganho do estágio EC degenerado é igual à resistência de carga total vista no coletor (para a terra) dividida por $1/g_m$ mais a resistência total conectada em série com o emissor". (Na descrição verbal, é comum ignorarmos o sinal negativo no ganho, ficando implícito que deve ser incluído.) Esta e outras interpretações similares encontradas ao longo do livro simplificam muito a análise de amplificadores – em geral, eliminando a necessidade de desenhar circuitos de pequenos sinais.

Exemplo 5.22 Determinemos o ganho de tensão do estágio mostrado na Figura 5.37(a).

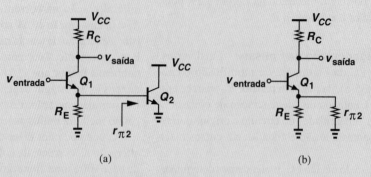

Figura 5.37 (a) Exemplo de estágio EC, (b) circuito simplificado.

Solução Identificamos o circuito como um estágio EC, pois a entrada é aplicada à base de Q_1 e a saída é mostrada no coletor. Este transistor é degenerado por dois dispositivos: R_E e a junção base-emissor de Q_2. A última exibe uma impedância $r_{\pi 2}$ (como ilustrado na Figura 5.7) e leva ao modelo simplificado mostrado na Figura 5.37(b). Portanto, a resistência total conectada em série com o emissor é igual a $R_E \| r_{\pi 2}$, resultando em

$$A_v = -\frac{R_C}{\dfrac{1}{g_{m1}} + R_E\|r_{\pi2}}. \qquad (5.158)$$

Sem as observações anteriores, precisaríamos desenhar os modelos de pequenos sinais de Q_1 e de Q_2 e resolver um sistema de várias equações.

Exercício Repita o exemplo anterior para o caso em que um resistor é conectado em série com o emissor de Q_2.

Exemplo 5.23 Calculemos o ganho de tensão do circuito da Figura 5.38(a).

Solução A topologia é a de um estágio EC degenerado por R_E, mas a resistência de carga entre o coletor de Q_1 e a terra AC consiste em R_C e na junção base-emissor de Q_2. Modelando a última por $r_{\pi2}$, reduzimos o circuito ao mostrado na Figura 5.38(b), em que a resistência de carga total vista no coletor de Q_1 é igual a $R_C\|r_{\pi2}$. Portanto, o ganho de tensão é dado por

$$A_v = -\frac{R_C\|r_{\pi2}}{\dfrac{1}{g_{m1}} + R_E}. \qquad (5.159)$$

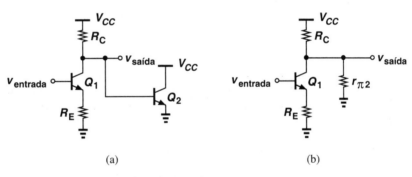

Figura 5.38 (a) Exemplo de estágio EC, (b) circuito simplificado.

Exercício Repita o exemplo anterior para o caso em que um resistor é conectado em série com o emissor de Q_2.

Para calcular a impedância de entrada do estágio EC degenerado, redesenhemos o modelo de pequenos sinais como mostrado na Figura 5.39(a) e calculemos v_X/i_X. Como $v_\pi = r_\pi i_X$, a corrente que flui por R_E é igual a $i_X + g_m r_\pi i_X = (1+\beta)i_X$ e cria uma queda de tensão $R_E(1+\beta)i_X$. Somando v_π e v_{RE} e igualando o resultado a v_X, temos

$$v_X = r_\pi i_X + R_E(1+\beta)i_X, \qquad (5.160)$$

Logo,

$$R_{entrada} = \frac{v_X}{i_X} \qquad (5.161)$$

$$= r_\pi + (\beta+1)R_E. \qquad (5.162)$$

Como predito por nossa análise qualitativa, a degeneração de emissor aumenta a impedância de entrada [Figura 5.39(b)].

Por que $R_{entrada}$ não é simplesmente igual a $r_\pi + R_E$? Isto seria válido apenas se r_π e R_E estivessem em série, isto é, se conduzissem a mesma corrente; mas, no circuito da Figura 5.39(a), a corrente de coletor, $g_m v_\pi$, também flui para o nó P.

O fator $1+\beta$ tem algum significado intuitivo? Observemos que o fluxo das correntes de base e de coletor por R_E resulta em uma grande queda de tensão, $(1+\beta)i_X R_E$, mesmo que a corrente puxada de v_X seja apenas i_X. Em outras palavras, a fonte de tensão de teste, v_X, supre uma corrente i_X, mas produz uma queda de tensão igual a $(1+\beta)i_X R_E$ em R_E — como se i_X fluísse por um resistor de valor $(1+\beta)R_E$.

Esta observação pode ser descrita como: qualquer impedância conectada entre o emissor e a terra é multiplicada por $\beta+1$

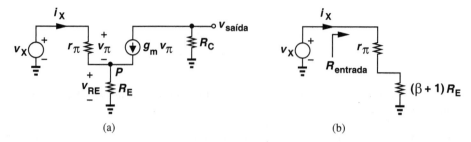

Figura 5.39 (a) Impedância de entrada do estágio EC degenerado, (b) circuito equivalente.

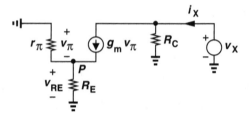

Figura 5.40 Impedância de saída do estágio degenerado.

quando "vista da base". A expressão "vista da base" significa a impedância medida entre a base e a terra.

Calculemos a impedância de saída do estágio com a ajuda do circuito equivalente mostrado na Figura 5.40, no qual a tensão de entrada é fixada em zero. A Equação (5.153) também se aplica a este circuito:

$$v_{entrada} = 0 = v_\pi + \left(\frac{v_\pi}{r_\pi} + g_m v_\pi\right) R_E, \qquad (5.163)$$

resultando em $v_\pi = 0$ e, portanto, $g_m v_\pi = 0$. Assim, toda a corrente i_X flui por R_C e

$$R_{saída} = \frac{v_X}{i_X} \qquad (5.164)$$

$$= R_C, \qquad (5.165)$$

indicando que, se o efeito Early for desprezado, a degeneração de emissor não altera a impedância de saída.

O estágio degenerado EC pode ser analisado de uma perspectiva diferente para permitir um melhor entendimento. Coloquemos o transistor e o resistor de emissor em uma caixa-preta

---

Exemplo 5.24 Um estágio EC degenerado é polarizado com uma corrente de coletor de 1 mA. Se o circuito produzir um ganho de tensão de 20 sem degeneração de emissor e de 10 com degeneração de emissor, determinemos R_C, R_E e as impedâncias I/O. Assumamos $\beta = 100$.

Solução Para $A_v = 20$ na ausência de degeneração, exigimos

$$g_m R_C = 20, \qquad (5.166)$$

que, juntamente com $g_m = I_C/V_T = (26\ \Omega)^{-1}$, leva a

$$R_C = 520\ \Omega. \qquad (5.167)$$

Como a degeneração reduz o ganho por um fator de dois,

$$1 + g_m R_E = 2, \qquad (5.168)$$

ou seja,

$$R_E = \frac{1}{g_m} \qquad (5.169)$$

$$= 26\ \Omega. \qquad (5.170)$$

A impedância de entrada é, então, dada por

$$R_{entrada} = r_\pi + (\beta + 1) R_E \qquad (5.171)$$

$$= \frac{\beta}{g_m} + (\beta + 1)R_E \qquad (5.172)$$

$$\approx 2r_\pi \qquad (5.173)$$

pois, neste exemplo, $\beta \gg 1$ e $R_E = 1/g_m$. Assim, $R_{entrada} = 5200\ \Omega$. Por fim,

$$R_{saída} = R_C \qquad (5.174)$$

$$= 520\ \Omega. \qquad (5.175)$$

Exercício Que corrente de polarização resultaria em ganho de 5 com estes valores para os resistores de emissor e de coletor?

Exemplo 5.25 Calculemos o ganho de tensão e as impedâncias I/O do circuito mostrado na Figura 5.41. Assumamos um valor muito grande para C_1.

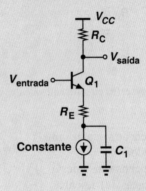

Figura 5.41 Exemplo de estágio EC.

Solução Se for muito grande, C_1 funciona como um curto-circuito para as frequências de sinal de interesse. Além disso, no circuito equivalente de pequenos sinais, a fonte de corrente constante é substituída por um circuito aberto. Assim, o estágio se reduz ao circuito ilustrado na Figura 5.35(a) e as Equações (5.157), (5.162) e (5.165) são válidas.

Exercício Repita o exemplo anterior para o caso em que outro capacitor é conectado entre a base e a terra.

de três terminais [Figura 5.42(a)]. Para operação em pequenos sinais, podemos ver a caixa-preta como um novo transistor (ou dispositivo "ativo") e modelar seu comportamento por novos valores de transcondutância e impedâncias. Denotada por G_m, para evitar confusão com g_m de Q_1, a transcondutância equivalente é obtida da Figura 5.42(b). Como a Equação (5.154) ainda é válida, temos

$$i_{saída} = g_m v_\pi \qquad (5.176)$$

$$= g_m \frac{v_{entrada}}{1 + (r_\pi^{-1} + g_m)R_E}, \qquad (5.177)$$

Logo,

$$G_m = \frac{i_{saída}}{v_{entrada}} \qquad (5.178)$$

$$\approx \frac{g_m}{1 + g_m R_E}. \qquad (5.179)$$

Por exemplo, o ganho de tensão do estágio com uma resistência de carga R_D é dado por $-G_m R_D$.

Uma propriedade interessante do estágio EC degenerado é que seu ganho de tensão se torna relativamente independente da transcondutância do transistor e, portanto, da corrente de polarização se $g_m R_E \gg 1$. Da Equação (5.157), notamos que, nesta condição, $A_v \to -R_C/R_E$. Como estudado no Exercício 5.40, essa tendência, na verdade, representa o efeito de "linearização" da degeneração de emissor.

Como um caso mais geral, agora consideramos um estágio EC degenerado que contém uma resistência em série com a base [Figura 5.43(a)]. Como visto a seguir, R_B apenas *degrada* o desempenho do circuito, mas, muitas vezes, se mostra inevitável.

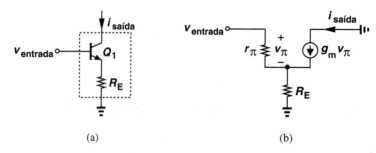

Figura 5.42 (a) Transistor bipolar degenerado visto como uma caixa-preta, (b) equivalente de pequenos sinais.

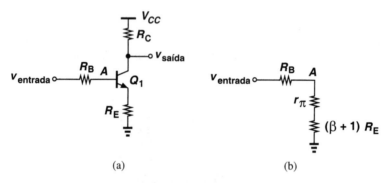

Figura 5.43 (a) Estágio EC com resistência de base, (b) circuito equivalente.

Por exemplo, R_B pode representar a resistência de saída de um microfone conectado à entrada do amplificador.

Para analisar o comportamento de pequenos sinais deste estágio, podemos adotar uma de duas abordagens: (a) desenhar um modelo de pequenos sinais do circuito completo e resolver as equações resultantes ou (b) notar que o sinal no nó A é apenas uma versão atenuada de $v_{entrada}$ e escrever

$$\frac{v_{saída}}{v_{entrada}} = \frac{v_A}{v_{entrada}} \cdot \frac{v_{saída}}{v_A}. \quad (5.180)$$

Aqui, $v_A/v_{entrada}$ denota o efeito de divisão de tensão entre R_B e a impedância vista na base de Q_1, e $v_{saída}/v_A$ representa o ganho de tensão da base de Q_1 para a saída, como já obtido nas Equações (5.155) e (5.157). Deixemos a primeira abordagem para o Exercício 5.44 e prossigamos com a segunda.

Primeiro, com a ajuda da Equação (5.162) e do modelo ilustrado na Figura 5.39(b), calculemos $v_A/v_{entrada}$ como indicado na Figura 5.43(b). O resultante divisor de tensão fornece

$$\frac{v_A}{v_{saída}} = \frac{r_\pi + (\beta+1)R_E}{r_\pi + (\beta+1)R_E + R_B}. \quad (5.181)$$

Combinando as Equações (5.155) e (5.157), calculamos o ganho total como

$$\frac{v_{saída}}{v_{entrada}} = \frac{r_\pi + (\beta+1)R_E}{r_\pi + (\beta+1)R_E + R_B} \cdot \frac{-g_m R_C}{1 + \left(\frac{1}{r_\pi} + g_m\right)R_E} \quad (5.182)$$

$$= \frac{r_\pi + (\beta+1)R_E}{r_\pi + (\beta+1)R_E + R_B} \cdot \frac{-g_m r_\pi R_C}{r_\pi + (1+\beta)R_E} \quad (5.183)$$

$$= \frac{-\beta R_C}{r_\pi + (\beta+1)R_E + R_B}. \quad (5.184)$$

Para obter uma expressão mais intuitiva, dividamos o numerador e o denominador por β:

$$A_v \approx \frac{-R_C}{\frac{1}{g_m} + R_E + \frac{R_B}{\beta+1}}. \quad (5.185)$$

Comparado com a Equação (5.157), este resultado contém apenas um termo adicional no denominador, igual à resistência de base dividida por $\beta + 1$.

Estes resultados revelam que as resistências em série com o emissor e com a base têm efeitos similares sobre o ganho de tensão, mas R_B é dividida por $\beta + 1$. A significância desta observação ficará clara mais adiante.

Para o estágio da Figura 5.43(a), podemos definir duas diferentes impedâncias de entrada, uma vista na base de Q_1 e outra, no terminal à esquerda de R_B (Figura 5.44). A primeira é igual a

$$R_{entrada1} = r_\pi + (\beta+1)R_E \quad (5.186)$$

e a segunda, a

$$R_{entrada2} = R_B + r_\pi + (\beta+1)R_E. \quad (5.187)$$

Amplificadores Bipolares 165

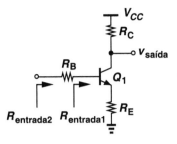

Figura 5.44 Impedâncias de entrada vistas em diferentes nós.

Na prática, $R_{entrada1}$ se mostra mais relevante e útil. Notemos, ainda, que a impedância de saída do circuito permanece igual a

$$R_{saída} = R_C \qquad (5.188)$$

mesmo que $R_B \neq 0$. Isto é estudado no Exercício 5.45.

Efeito da Resistência de Saída do Transistor Até aqui, a análise do estágio EC degenerado desprezou o efeito Early.

Exemplo 5.26 Um microfone com resistência de saída de 1 kΩ gera um nível de pico de sinal de 2 mV. Projetemos um estágio EC com corrente de polarização de 1 mA que amplifique este sinal a 40 mV. Assumamos $R_E = 4/g_m$ e $\beta = 100$.

Solução Os seguintes valores são calculados: $R_B = 1$ kΩ, $g_m = (26\ \Omega)^{-1}$, $|A_v| = 20$ e $R_E = 104\ \Omega$. Da Equação (5.185),

$$R_C = |A_v|\left(\frac{1}{g_m} + R_E + \frac{R_B}{\beta + 1}\right) \qquad (5.189)$$

$$\approx 2{,}8\ \text{k}\Omega. \qquad (5.190)$$

Exercício Repita o exemplo anterior para o caso em que a resistência de saída do microfone é dobrada.

Exemplo 5.27 Determinemos o ganho de tensão e as impedâncias I/O do circuito mostrado na Figura 5.45(a). Assumamos um valor muito grande para C_1 e desprezemos o efeito Early.

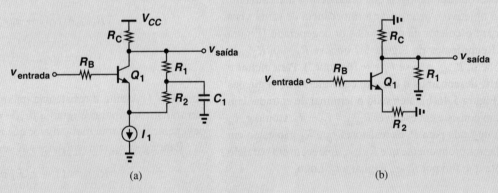

Figura 5.45 (a) Exemplo de estágio EC, (b) circuito simplificado.

Solução Substituindo C_1 por um curto-circuito, I_1 por um circuito aberto e V_{CC} por uma terra AC, obtemos o modelo simplificado da Figura 5.45(b), na qual R_1 e R_C aparecem em paralelo e R_2 atua como um resistor de degeneração de emissor. As Equações (5.185) a (5.188) são, então, escritas como, respectivamente,

$$A_v = \frac{-(R_C \| R_1)}{\dfrac{1}{g_m} + R_2 + \dfrac{R_B}{\beta + 1}} \qquad (5.191)$$

$$R_{entrada} = R_B + r_\pi + (\beta + 1)R_2 \qquad (5.192)$$

$$R_{saída} = R_C || R_1. \quad (5.193)$$

Exercício O que acontece se um capacitor muito grande for conectado entre o emissor de Q_1 e a terra?

Você sabia?
Nosso detalhado estudo da degeneração de emissor é justificável. Como mencionado anteriormente, degeneração de emissor já era usada nos primeiros receptores de rádio para estabilizar o ponto de polarização e o ganho de estágios amplificadores diante de variações de temperatura. Hoje em dia, essa técnica é muito empregada para melhorar a *linearidade* de circuitos. Sem degeneração, o ganho de tensão de circuitos é igual a $g_m R_C = (I_C/V_T)R_C$. Caso o sinal de entrada suba ou caia de modo significativo, o mesmo ocorrerá com I_C e com o ganho, resultando em uma característica não linear. (Quando o ganho depende do nível do sinal de entrada, o circuito é não linear.) Com degeneração, o ganho fica dado por $g_m R_C/(1 + g_m R_E)$ e varia menos. Na verdade, se $g_m R_E \gg 1$, $|A_v| \approx R_C/R_E$, uma grandeza relativamente independente do nível do sinal de entrada. Linearidade é um parâmetro crítico para a maioria dos circuitos analógicos, por exemplo, amplificadores de áudio e vídeo, circuitos de RF etc.

Embora fuja um pouco do escopo deste livro, a dedução das propriedades do circuito em presença desse efeito é delineada no Exercício 5.48 para o leitor interessado. Contudo, exploremos um aspecto do circuito: a resistência de saída, que representa a base para diversas outras topologias que estudaremos mais adiante.

Nosso objetivo é determinar a impedância de saída vista olhando para o coletor de um transistor degenerado [Figura 5.46(a)]. Recordemos da Figura 5.7 que, se $R_E = 0$, $R_{saída} = r_O$. E, também, $R_{saída} = \infty$ se $V_A = \infty$ (por quê?). Para incluir o efeito Early, desenhamos o circuito equivalente de pequenos sinais da Figura 5.46(b), aterrando o terminal de entrada. Um erro comum consiste em escrever $R_{saída} = r_O + R_E$. Como $g_m v_\pi$ flui do nó de saída para P, os resistores r_O e R_E não estão em série. Notamos prontamente que R_E e r_π aparecem em paralelo e a corrente que flui por $R_E||r_\pi$ é igual a i_X. Logo,

$$v_\pi = -i_X(R_E||r_\pi), \quad (5.194)$$

onde o sinal negativo aparece porque o lado positivo de v_π está na terra. Notamos, ainda, que r_O conduz uma corrente $i_X - g_m v_\pi$ e, portanto, sustenta uma tensão $(i_X - g_m v_\pi)r_O$. Somando esta tensão àquela entre os terminais de R_E ($= -v_\pi$) e igualando o resultado a v_X, obtemos

$$v_X = (i_X - g_m v_\pi)r_O - v_\pi \quad (5.195)$$

$$= [i_X + g_m i_X(R_E||r_\pi)]r_O + i_X(R_E||r_\pi). \quad (5.196)$$

Portanto,

$$R_{saída} = [1 + g_m(R_E||r_\pi)]r_O + R_E||r_\pi \quad (5.197)$$

$$= r_O + (g_m r_O + 1)(R_E||r_\pi). \quad (5.198)$$

Recordemos da Equação (5.146) que o ganho intrínseco do transistor $g_m r_O \gg 1$ e, portanto,

$$R_{saída} \approx r_O + g_m r_O(R_E||r_\pi) \quad (5.199)$$

$$\approx r_O[1 + g_m(R_E||r_\pi)]. \quad (5.200)$$

É interessante observar que o emissor degenerado *eleva* a impedância de saída de r_O ao valor anterior, ou seja, por um fator $1 + g_m(R_E||r_\pi)$.

O leitor pode questionar se a elevação da resistência de saída é desejável ou indesejável. O "aumento" da resistência de saída em consequência da degeneração se mostra extremamente útil no projeto de circuitos, produz amplificadores com maiores ganhos e, também, cria fontes de correntes mais ideais. Estes conceitos são estudados no Capítulo 9.

É conveniente que examinemos a Equação (5.200) para dois casos especiais: $R_E \gg r_\pi$ e $R_E \ll r_\pi$. Para $R_E \gg r_\pi$, temos $R_E||r_\pi \to r_\pi$ e

$$R_{saída} \approx r_O(1 + g_m r_\pi) \quad (5.201)$$

$$\approx \beta r_O, \quad (5.202)$$

pois $\beta \gg 1$. Assim, a resistência máxima vista no coletor de um transistor bipolar é igual a βr_O – caso a impedância de degeneração se torne muito maior que r_π.

Para $R_E \ll r_\pi$, temos $R_E||r_\pi \to R_E$ e

$$R_{saída} \approx (1 + g_m R_E)r_O. \quad (5.203)$$

Neste caso, a resistência de saída é aumentada por um fator $1 + g_m R_E$.

Na análise de circuitos, algumas vezes, desenhamos a resistência de saída do transistor de forma explícita para enfatizar sua significância (Figura 5.47). É claro que esta representação assume que Q_1 não contenha outra r_O.

O procedimento de simplificar progressivamente um circuito até que se pareça com uma topologia conhecida é muito útil em nosso trabalho. Chamado de "análise por inspeção", esse método evita a necessidade de complexos modelos de pequenos sinais e longos cálculos. Para comprovar a eficácia e entendimento fornecido por nossa abordagem intuitiva, o leitor é encorajado a

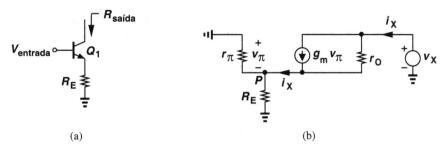

Figura 5.46 (a) Impedância de saída de um estágio degenerado, (b) circuito equivalente.

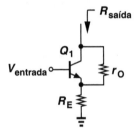

Figura 5.47 Estágio com representação explícita de r_O.

tentar resolver o exemplo anterior usando o modelo de pequenos sinais do circuito completo.

Estágio EC com Polarização Tendo aprendido as propriedades de pequenos sinais do amplificador emissor comum e suas variantes, agora, estudemos um caso mais geral, em que o circuito contém uma estrutura de polarização. Comecemos com o esquema de polarização simples descrito na Seção 5.2 e, progressivamente, adicionemos complexidade (e desempenho mais robusto) ao circuito. Iniciemos com um exemplo.

Exemplo 5.28 Desejamos projetar uma fonte de corrente de valor 1 mA e resistência de saída de 20 kΩ. O transistor bipolar disponível exibe $\beta = 100$ e $V_A = 10$ V. Determinemos o mínimo valor necessário da resistência de degeneração de emissor.

Solução Como $r_O = V_A/I_C = 10$ kΩ, a degeneração deve elevar a resistência de saída por um fator dois. Postulemos que a condição $R_E \ll r_\pi$ seja válida e escrevamos

$$1 + g_m R_E = 2. \qquad (5.204)$$

Logo,

$$R_E = \frac{1}{g_m} \qquad (5.205)$$

$$= 26\ \Omega. \qquad (5.206)$$

Notamos que, de fato, $r_\pi = \beta/g_m \gg R_E$.

Exercício Qual é o valor da resistência de saída se o valor de R_E for dobrado?

Exemplo 5.29 Calculemos a resistência de saída do circuito mostrado na Figura 5.48(a) para o caso em que C_1 é muito grande.

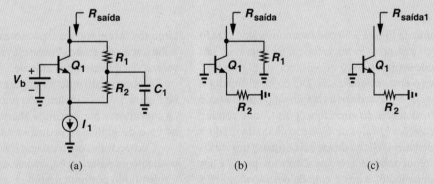

Figura 5.48 (a) Exemplo de estágio EC, (b) circuito simplificado, (c) resistência vista no coletor.

Solução Substituindo V_b e C_1 por uma terra AC e I_1 por um circuito aberto, obtemos o modelo simplificado da Figura 5.48(b). Como R_1 aparece em paralelo com a resistência vista olhando para o coletor de Q_1, ignoramos R_1 por enquanto, o que reduz o circuito ao da Figura 5.48(c). Em analogia com a Figura 5.40, reescrevemos a Equação (5.200) como

$$R_{saída1} = [1 + g_m(R_2||r_\pi)]r_O. \tag{5.207}$$

Retornando à Figura 5.48(b), temos

$$R_{saída} = R_{saída1}||R_1 \tag{5.208}$$

$$= \{[1 + g_m(R_2||r_\pi)]r_O\}||R_1. \tag{5.209}$$

Exercício Qual é o valor da resistência de saída se um capacitor muito grande for conectado entre o emissor de Q_1 e a terra?

Exemplo 5.30 Determinemos a resistência de saída do estágio mostrado na Figura 5.49(a).

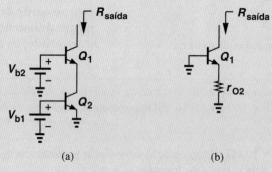

Figura 5.49 (a) Exemplo de estágio EC, (b) circuito simplificado.

Solução Recordemos da Figura 5.7 que, se base e emissor estiverem aterrados (terra AC), a impedância vista no coletor é igual a r_O. Assim, Q_2 pode ser substituído por r_{O2} [Figura 5.49(b)]. De outra perspectiva, Q_2 é reduzido a r_{O2} porque sua tensão base-emissor é fixada por V_{b1}, produzindo $g_{m2}v_{\pi 2}$ nulo.

Agora, r_{O2} desempenha o papel de resistência de degeneração de emissor para Q_1. Em analogia com a Figura 5.40(a), reescrevemos a Equação (5.200) como

$$R_{saída} = [1 + g_{m1}(r_{O2}||r_{\pi 1})]r_{O1}. \tag{5.210}$$

Conhecida como circuito "cascode", essa topologia será estudada e utilizada no Capítulo 9.

Exercício Repita o exemplo anterior para uma "pilha" de três transistores.

Como o circuito da Figura 5.50 pode ser consertado? Dado que apenas o *sinal* gerado pelo microfone é de interesse, um capacitor série pode ser inserido como ilustrado na Figura 5.51 para prover isolação entre a polarização DC do amplificador e o microfone. Ou seja, o ponto de polarização de Q_1 permanece independente da resistência do microfone, pois C_1 não conduz corrente de polarização. O valor de C_1 é escolhido de modo a produzir uma impedância relativamente baixa (quase um curto-circuito) para as frequências de interesse. Dizemos que C_1 é um capacitor de "acoplamento" e que a entrada deste estágio está sob "acoplamento AC" ou "acoplamento capacitivo". Muitos circuitos fazem uso de capacitores para isolar as condições de polarização de efeitos "indesejáveis". Outros exemplos esclarecerão este ponto mais adiante.

A observação anterior sugere que a metodologia ilustrada na Figura 5.9 deva incluir uma regra adicional: substituir todos os capacitores por circuitos abertos no caso de análise DC e, no caso de análise de pequenos sinais, por curtos-circuitos.

Comecemos com o estágio ilustrado na Figura 5.52(a). Para o cálculo da polarização, a fonte de sinal é fixada em zero e C_1 é substituído por um circuito aberto, o que leva ao circuito da Figura 5.52(b). Da Seção 5.2.1, temos

Amplificadores Bipolares 169

Exemplo 5.31 Um estudante familiarizado com o estágio EC e com os princípios básicos de polarização constrói o circuito mostrado na Figura 5.50 para amplificar o sinal produzido por um microfone. Infelizmente, Q_1 não conduz corrente e não é capaz de amplificar. Expliquemos a causa deste problema.

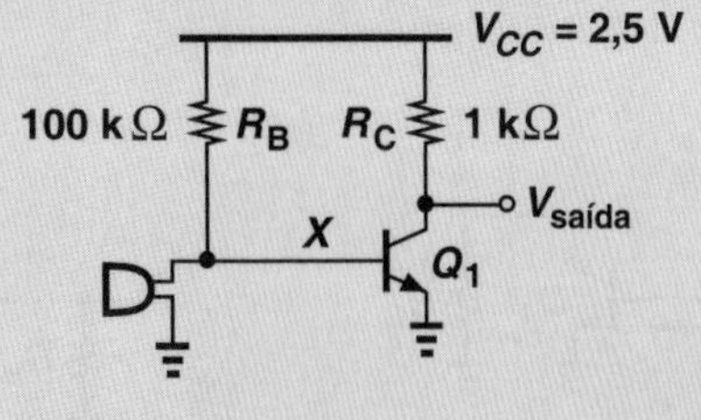

Figura 5.50 Amplificador de sinal de microfone.

Solução Diversos microfones exibem uma pequena resistência de baixa frequência (por exemplo, < 100 Ω). Se usado neste circuito, um destes microfones cria uma pequena resistência entre a base de Q_1 e a terra, formando um divisor de tensão com R_B e fornecendo uma tensão de base muito baixa. Por exemplo, uma resistência de microfone de 100 Ω resulta em

$$V_X = \frac{100\ \Omega}{100\ \text{k}\Omega + 100\ \Omega} \times 2{,}5\ \text{V} \tag{5.211}$$

$$\approx 2{,}5\ \text{mV}. \tag{5.212}$$

Portanto, a resistência de baixa frequência do microfone interrompe a polarização do amplificador.

Exercício O circuito operaria melhor se o valor de R_B fosse divido por dois?

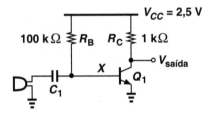

Figura 5.51 Acoplamento capacitivo na entrada do amplificador de microfone.

$$I_C = \beta \frac{V_{CC} - V_{BE}}{R_B}, \tag{5.213}$$

$$V_Y = V_{CC} - \beta R_C \frac{V_{CC} - V_{BE}}{R_B}. \tag{5.214}$$

Para evitar saturação, $V_Y \geq V_{BE}$.

Conhecida a corrente de polarização, os parâmetros de pequenos sinais, g_m, r_π e r_O podem ser calculados. Agora, voltemos nossa atenção à análise de pequenos sinais e consideremos o circuito simplificado da Figura 5.52(c). Aqui, C_1 é substituído por um curto-circuito e V_{CC}, por uma terra AC; mas, Q_1 é mantido como um símbolo. Tentemos resolver o circuito por inspeção: se não tivermos sucesso, recorreremos ao modelo de pequenos sinais de Q_1 e à escrita de LTKs e LCKs.

O circuito da Figura 5.52(c) lembra o núcleo EC ilustrado na Figura 5.29, exceto por R_B. É interessante observar que R_B não tem efeito sobre a tensão no nó X, desde que $v_{entrada}$ permaneça uma fonte de tensão ideal; ou seja, $v_X = v_{entrada}$, independentemente do valor de R_B. Como o ganho de tensão da base para o coletor é dado por $v_{saída}/v_X = -g_m R_C$, temos

$$\frac{v_{saída}}{v_{entrada}} = -g_m R_C. \tag{5.215}$$

Se $V_A < \infty$,

$$\frac{v_{saída}}{v_{entrada}} = -g_m(R_C \| r_O). \tag{5.216}$$

No entanto, a impedância é afetada por R_B [Figura 5.52(d)]. Recordemos da Figura 5.7 que, se o emissor estiver aterrado, a impedância vista olhando para a base, $R_{entrada1}$, é igual a r_π. Aqui, R_B apenas aparece em paralelo com $R_{entrada1}$, resultando em

$$R_{entrada2} = r_\pi \| R_B. \tag{5.217}$$

Portanto, o resistor de polarização reduz a impedância de entrada. No entanto, como mostrado no Exercício 5.51, este efeito é, em geral, desprezível.

Para determinar a impedância de saída, fixemos a fonte de entrada a zero [Figura 5.52(e)]. Comparando este circuito com o da Figura 5.32(b), notamos que $R_{saída}$ permanece inalterada:

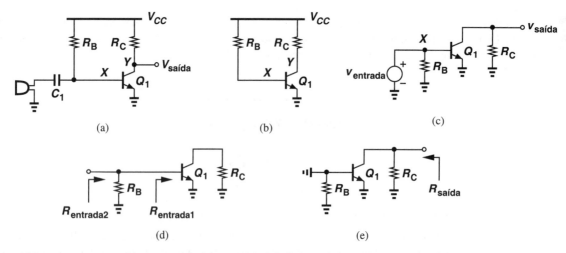

Figura 5.52 (a) Acoplamento capacitivo na entrada de um estágio EC, (b) estágio simplificado para cálculo de polarização, (c) estágio simplificado para cálculo de pequenos sinais, (d) circuito simplificado para cálculo da impedância de entrada, (e) circuito simplificado para cálculo da impedância de saída.

$$R_{saída} = R_C \| r_O. \quad (5.218)$$

pois os terminais de R_B são curto-circuitados à terra.

Em resumo, o resistor de polarização, R_B, tem efeito desprezível sobre o desempenho do estágio mostrado na Figura 5.52(a).

O circuito da Figura 5.54(a) exemplifica uma interface imprópria entre um amplificador e uma carga: a impedância de saída é tão maior que a impedância de carga que a conexão da carga ao amplificador reduz o ganho de forma dramática.

Como podemos remediar este problema de carregamento? Dado que o ganho de tensão é proporcional a g_m, podemos polarizar Q_1 em uma corrente muito mais alta para aumentar o ganho. Isto é estudado no Exercício 5.53. De modo alternativo, podemos interpor um estágio de "*buffer*" entre o amplificador EC e o alto-falante (Seção 5.3.3).

Agora, consideremos o esquema de polarização mostrado na Figura 5.15 e repetido na Figura 5.55(a). Para determinar as condições de polarização, fixemos a fonte de sinal em zero e

---

Exemplo 5.32 Tendo aprendido sobre acoplamento AC, o estudante do Exemplo 5.31 modifica o circuito como mostrado na Figura 5.53 e tenta alimentar um alto-falante. Infelizmente, o circuito ainda não funciona. Expliquemos por quê.

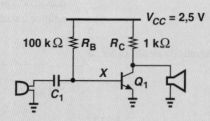

Figura 5.53 Amplificador com conexão direta ao alto-falante.

Solução Alto-falantes típicos incorporam um solenoide (indutor) para acionar uma membrana. O solenoide exibe uma resistência DC muito baixa, por exemplo, menor que 1 Ω. Dessa forma, o alto-falante na Figura 5.53 curto-circuita o coletor à terra e leva Q_1 à saturação forte.

Exercício O circuito operaria melhor se o alto-falante fosse conectado entre o nó de saída e V_{CC}?

Exemplo 5.33 O estudante também aplica acoplamento AC na saída [Figura 5.54(a)] e mede os pontos quiescentes para garantir polarização adequada. A tensão de polarização de coletor é 1,5 V, indicando que Q_1 opera na região ativa. No entanto, o estudante ainda não observa ganho no circuito. (a) Se $I_S = 5 \times 10^{-17}$ A e $V_A = \infty$, calculemos o parâmetro β do transistor. (b) Expliquemos por que o circuito não produz ganho.

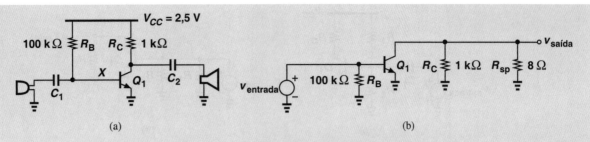

Figura 5.54 (a) Amplificador com acoplamento capacitivo na entrada e na saída, (b) modelo simplificado de pequenos sinais.

Solução (a) A tensão de coletor de 1,5 V se traduz em uma queda de tensão de 1 V em R_C e, portanto, em uma corrente de coletor de 1 mA. Logo,

$$V_{BE} = V_T \ln \frac{I_C}{I_S} \tag{5.219}$$

$$= 796 \text{ mV}. \tag{5.220}$$

Portanto,

$$I_B = \frac{V_{CC} - V_{BE}}{R_B} \tag{5.221}$$

$$= 17 \, \mu\text{A}, \tag{5.222}$$

e $\beta = I_C/I_B = 58{,}8$.

(b) Alto-falantes, em geral, exibem uma baixa impedância na faixa de frequências de áudio, por exemplo, 8 Ω. Desenhando o equivalente AC como na Figura 5.54(b), notamos que a resistência total vista no nó coletor é igual a 1 kΩ∥8 Ω, produzindo um ganho de

$$|A_v| = g_m(R_C \| R_S) = 0{,}31. \tag{5.223}$$

Exercício Repita o exemplo anterior para $R_C = 500$ Ω.

---

abramos o(s) capacitor(es). As Equações (5.38)-(5.41) podem, então, ser usadas. Para a análise de pequenos sinais, o circuito simplificado da Figura 5.55(b) revela uma semelhança com o da Figura 5.52(b), exceto que R_1 e R_2 aparecem em paralelo com a entrada. Assim, o ganho de tensão ainda é igual a $-g_m(R_C\|r_O)$ e a impedância de entrada é dada por

$$R_{entrada} = r_\pi \| R_1 \| R_2. \tag{5.224}$$

A resistência de saída é igual a $R_C\|r_O$.

A seguir, estudemos o esquema de polarização mais robusto da Figura 5.19 e repetido na Figura 5.56(a), incluindo um capacitor de acoplamento na entrada. O ponto de polarização é determinado com a substituição de C_1 por um circuito aberto e o emprego das Equações (5.52) e (5.53). Conhecida a corrente de coletor, os parâmetros de pequenos sinais de Q_1 podem ser calculados. Construímos, também, o circuito AC simplificado da Figura 5.56(b) e notamos que o ganho de tensão não é afetado por R_1 e R_2, permanecendo igual a

$$A_v = \frac{-R_C}{\dfrac{1}{g_m} + R_E}, \tag{5.225}$$

em que o efeito Early foi desprezado. A impedância de entrada, por sua vez, é reduzida para:

$$R_{entrada} = [r_\pi + (\beta + 1)R_E] \| R_1 \| R_2, \tag{5.226}$$

enquanto a impedância de saída permanece igual a R_C, se $V_A = \infty$.

Como explicado na Seção 5.2.3, o uso de degeneração de emissor pode, de fato, estabilizar o ponto de polarização, apesar de variações em β e I_S. No entanto, como evidenciado pela Equação (5.225), a degeneração também reduz o ganho. É possível aplicar degeneração à polarização, mas *não* ao sinal? A Figura 5.57 ilustra uma topologia deste tipo, na qual C_2 é suficientemente grande para atuar como um curto-circuito para as frequências de sinal de interesse. Podemos, portanto, escrever

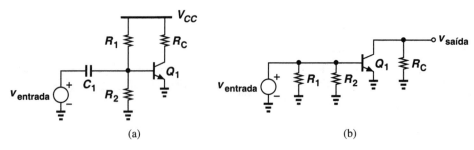

Figura 5.55 (a) Estágio polarizado com acoplamento capacitivo, (b) circuito simplificado.

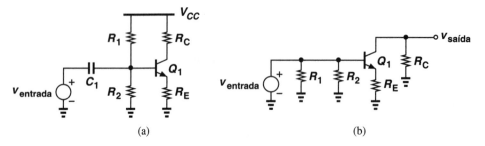

Figura 5.56 (a) Estágio degenerado com acoplamento capacitivo, (b) circuito simplificado.

$$A_v = -g_m R_C \quad (5.227)$$

e

$$R_{entrada} = r_\pi \| R_1 \| R_2 \quad (5.228)$$

$$R_{saída} = R_C. \quad (5.229)$$

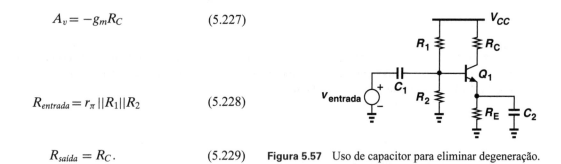

Figura 5.57 Uso de capacitor para eliminar degeneração.

Exemplo 5.34	Projetemos o estágio da Figura 5.57 de modo a satisfazer as seguintes condições: $I_C = 1$ mA, queda de tensão em $R_E = 400$ mV, ganho de tensão = 20 na faixa de frequências de áudio (20 Hz a 20 kHz), impedância de entrada > 2 kΩ. Assumamos $\beta = 100$, $I_S = 5 \times 10^{-16}$ A e $V_{CC} = 2{,}5$ V.
Solução	Com $I_C = 1$ mA $\approx I_E$, o valor de R_E é igual a 400 Ω. Para que o ganho de tensão não seja afetado pela degeneração, a impedância máxima de C_2 deve ser muito menor que $1/g_m = 26$ Ω.[8] Ocorrendo em 20 Hz, a impedância máxima deve permanecer abaixo de, aproximadamente, $0{,}1 \times (1/g_m) = 2{,}6$ Ω:

$$\frac{1}{C_2 \omega} \leq \frac{1}{10} \cdot \frac{1}{g_m} \quad \text{para } \omega = 2\pi \times 20 \text{ Hz.} \quad (5.230)$$

Logo,

$$C_2 \geq 30{,}607 \; \mu\text{F}. \quad (5.231)$$

(Este valor é excessivamente grande e exige modificação do circuito.) Também temos

$$|A_v| = g_m R_C = 20, \quad (5.232)$$

---

[8] Um erro comum aqui é fazer a impedância de C_2 muito menor do que R_E.

e
$$R_C = 520\ \Omega. \tag{5.233}$$

Como a tensão em R_E é igual a 400 mV e $V_{BE} = V_T \ln(I_C/I_S) = 736$ mV, temos $V_X = 1{,}14$ V. Com uma corrente de base de 10 μA, a corrente que flui por R_1 e R_2 deve exceder 100 μA para reduzir a sensibilidade em relação a β:

$$\frac{V_{CC}}{R_1 + R_2} > 10 I_B \tag{5.234}$$

ou seja,

$$R_1 + R_2 < 25\ \text{k}\Omega. \tag{5.235}$$

Com esta condição,

$$V_X \approx \frac{R_2}{R_1 + R_2} V_{CC} = 1{,}14\ \text{V}, \tag{5.236}$$

resultando em

$$R_2 = 11{,}4\ \text{k}\Omega \tag{5.237}$$

$$R_1 = 13{,}6\ \text{k}\Omega. \tag{5.238}$$

Agora, devemos verificar se esta escolha de R_1 e R_2 satisfaz a condição $R_{entrada} > 2$ kΩ. Ou seja,

$$R_{entrada} = r_\pi || R_1 || R_2 \tag{5.239}$$

$$= 1{,}83\ \text{k}\Omega. \tag{5.240}$$

Infelizmente, R_1 e R_2 reduzem a impedância de entrada demasiadamente. Para remediar esse problema, podemos permitir uma corrente em R_1 e R_2 menor que $10 I_B$, à custa de criar mais sensibilidade em relação a β. Por exemplo, se esta corrente for fixada em $5 I_B = 50$ μA e ainda desprezarmos I_B no cálculo de V_X,

$$\frac{V_{CC}}{R_1 + R_2} > 5 I_B \tag{5.241}$$

e

$$R_1 + R_2 < 50\ \text{k}\Omega. \tag{5.242}$$

Consequentemente,

$$R_2 = 22{,}8\ \text{k}\Omega \tag{5.243}$$

$$R_1 = 27{,}2\ \text{k}\Omega, \tag{5.244}$$

resultando em

$$R_{entrada} = 2{,}15\ \text{k}\Omega. \tag{5.245}$$

Exercício Reprojete o estágio do exemplo anterior para um ganho de 10 e compare os resultados.

Concluamos nosso estudo do estágio EC com uma breve análise do caso mais geral ilustrado na Figura 5.58(a), na qual a fonte de sinal de entrada exibe uma resistência finita e a saída é conectada à carga R_L. A polarização permanece idêntica à da Figura 5.56(a), mas R_S e R_L reduzem o ganho de tensão $v_{saída}/v_{entrada}$. O circuito AC simplificado da Figura 5.58(b) revela que $V_{entrada}$ é atenuado pela divisão de tensão entre R_S e a impedância vista no nó X, $R_1 || R_2 || [r_\pi + (\beta + 1) R_E]$; ou seja,

$$\frac{v_X}{v_{entrada}} = \frac{R_1 || R_2 || [r_\pi + (\beta + 1) R_E]}{R_1 || R_2 || [r_\pi + (\beta + 1) R_E] + R_S}. \tag{5.246}$$

174 Capítulo 5

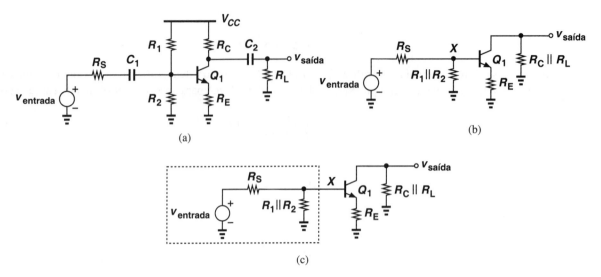

Figura 5.58 (a) Estágio EC genérico, (b) circuito simplificado, (c) modelo de Thévenin do circuito de entrada.

Você sabia?

O que aprendemos até aqui nos permite construir circuitos interessantes. Para começar, podemos construir receptores e transmissores de rádio. A figura a seguir mostra um transmissor de FM que opera nas vizinhanças de 100 MHz. Um estágio EC autopolarizado amplifica o sinal do microfone e aplica o resultado a um oscilador. O sinal de áudio "modula" (varia) a frequência do oscilador, criando uma saída FM.

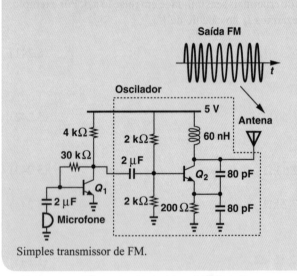

Simples transmissor de FM.

O ganho de tensão de $v_{entrada}$ à saída é dado por

$$\frac{v_{saída}}{v_{entrada}} = \frac{v_X}{v_{entrada}} \cdot \frac{v_{saída}}{v_X} \quad (5.247)$$

$$= -\frac{R_1||R_2||[r_\pi + (\beta+1)R_E]}{R_1||R_2||[r_\pi + (\beta+1)R_E] + R_S} \cdot \frac{R_C||R_L}{\dfrac{1}{g_m} + R_E}. \quad (5.248)$$

Como esperado, valores mais baixos de R_1 e R_2 reduzem o ganho.

O cálculo anterior vê o circuito de entrada como um divisor de tensão. De modo alternativo, podemos utilizar um equivalente de Thévenin para incluir o efeito de R_S, R_1 e R_2 sobre o ganho de tensão. Como mostrado na Figura 5.58(c), a ideia é substituir $v_{entrada}$, R_S e $R_1||R_2$ por $v_{Thév}$ e $R_{Thév}$:

$$v_{Thév} = \frac{R_1||R_2}{R_1||R_2 + R_S} v_{entrada} \quad (5.249)$$

$$R_{Thév} = R_S||R_1||R_2. \quad (5.250)$$

O circuito resultante lembra o da Figura 5.43(a); a Equação (5.185) fornece

$$A_v = -\frac{R_C||R_L}{\dfrac{1}{g_m} + R_E + \dfrac{R_{Thév}}{\beta+1}} \cdot \frac{R_1||R_2}{R_1||R_2 + R_S}, \quad (5.251)$$

onde a segunda fração no lado direito descreve a atenuação de tensão dada pela Equação (5.249). O leitor é encorajado a provar que as Equações (5.248) e (5.251) são idênticas.

As duas abordagens que acabamos de descrever exemplificam técnicas de análise usadas para resolver circuitos e favorecer o entendimento. Nenhuma das duas exige o desenho do modelo de pequenos sinais do transistor, pois os circuitos reduzidos podem ser "mapeados" em topologias conhecidas.

A Figura 5.59 resume os conceitos estudados nesta seção.

5.3.2 Topologia Base Comum

Após o detalhado estudo do estágio EC, agora, voltemos nossa atenção à topologia "base comum" (topologia BC). Quase todos os conceitos descritos para a configuração EC também se aplicam aqui. Portanto, seguiremos o mesmo roteiro, mas em um passo um pouco mais rápido.

Dadas as propriedades de amplificação do estágio EC, o leitor pode questionar a necessidade de estudar outras topologias de amplificadores. Como veremos, outras configurações

Amplificadores Bipolares 175

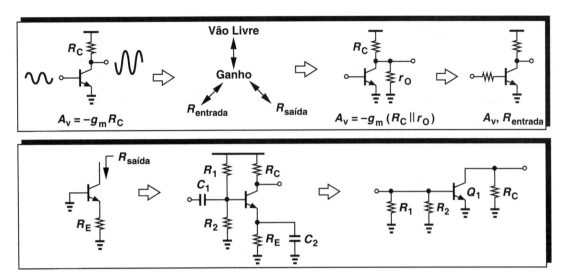

Figura 5.59 Resumo de conceitos estudados até aqui.

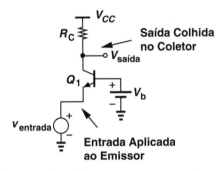

Figura 5.60 Estágio base comum.

apresentam diferentes propriedades que, em algumas aplicações, podem ser preferíveis às do estágio EC. Antes de seguir adiante, o leitor é encorajado a rever os Exemplos 5.2-5.4, as correspondentes regras ilustradas na Figura 5.7 e as possíveis topologias da Figura 5.28.

A Figura 5.60 mostra o estágio BC. A entrada é aplicada ao emissor e a saída é colhida no coletor. Polarizada em uma tensão adequada, a base atua como terra AC e, portanto, como um nó "comum" às portas de entrada e de saída. Assim como no caso do estágio EC, primeiro, estudemos o núcleo e, a seguir, adicionemos os elementos de polarização.

Análise do Núcleo BC Como o estágio BC da Figura 5.61(a) responde a um sinal de entrada?[9] Se $V_{entrada}$ sofrer um pequeno aumento ΔV, a tensão base-emissor de Q_1 *diminui* pelo mesmo valor, pois a tensão de base é fixa. Por conseguinte, a corrente de coletor diminui de $g_m\Delta V$, permitindo que $V_{saída}$ *aumente* de $g_m\Delta V R_C$. Portanto, concluímos que o ganho de tensão de pequenos sinais é igual a

$$A_v = g_m R_C. \tag{5.252}$$

É interessante observar que esta expressão é idêntica à do ganho da topologia EC. No entanto, diferentemente do estágio EC, este circuito exibe um ganho *positivo*, pois um aumento em $V_{entrada}$ resulta em um aumento em $V_{saída}$.

Confirmemos estes resultados com a ajuda do equivalente de pequenos sinais ilustrado na Figura 5.61(b), na qual o efeito Early foi desprezado. Começando com o nó de saída, igualamos a corrente que flui por R_C a $g_m v_\pi$:

$$-\frac{v_{saída}}{R_C} = g_m v_\pi, \tag{5.253}$$

e obtemos $v_\pi = -v_{saída}/(g_m R_C)$. Considerando, agora, o nó de entrada, notamos que $v_\pi = -v_{entrada}$. Logo,

$$\frac{v_{saída}}{v_{entrada}} = g_m R_C. \tag{5.254}$$

Como no caso do estágio EC, a topologia BC sofre do problema de permuta entre ganho, vão livre de tensão e impedância I/O. Primeiro, examinemos as limitações do vão livre do circuito. Como a tensão de base, V_b, na Figura 5.61(a), deve ser escolhida? Recordemos que a operação do dispositivo na região ativa requer $V_{BE} > 0$ e $V_{BC} \leq 0$ (no caso de dispositivos *npn*). Portanto, V_b deve permanecer *mais alto* que a entrada por cerca de 800 mV, e a saída deve permanecer mais alta que ou igual a V_b. Por exemplo, se o nível DC da entrada for zero (Figura 5.62), a saída não pode cair abaixo de, aproximadamente, 800 mV, ou seja, a queda de tensão em R_C não pode exceder $V_{CC} - V_{BE}$. Similar à limitação do estágio EC, esta condição se traduz em

$$A_v = \frac{I_C}{V_T} \cdot R_C \tag{5.255}$$

$$= \frac{V_{CC} - V_{BE}}{V_T}. \tag{5.256}$$

---

[9] Vale notar que as topologias das Figuras 5.60 e 5.61(a) são idênticas, embora Q_1 seja desenhado de forma diferente.

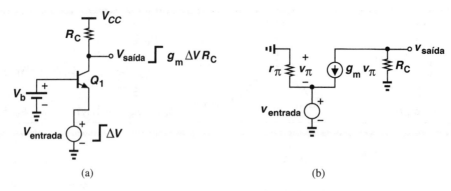

Figura 5.61 (a) Resposta do estágio BC a uma pequena alteração na entrada, (b) modelo de pequenos sinais.

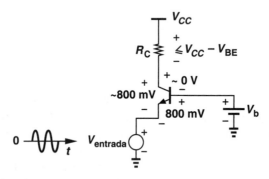

Figura 5.62 Vão livre de tensão no estágio BC.

Exemplo 5.35 A tensão produzida por um termômetro eletrônico é, à temperatura ambiente, igual a 600 mV. Projetemos um estágio BC para colher a tensão do termômetro e amplificar sua alteração com ganho máximo. Assumamos $V_{CC} = 1{,}8$ V, $I_C = 0{,}2$ mA, $I_S = 5 \times 10^{-17}$ A e $\beta = 100$.

Solução Ilustrado na Figura 5.63(a), o circuito deve operar de modo adequado com um nível de entrada de 600 mV. Portanto, $V_b = V_{BE} + 600$ mV $= V_T \ln(I_C/I_S) + 600$ mV $= 1{,}354$ V. Para evitar saturação, a tensão de coletor não deve cair abaixo da tensão de base, permitindo, assim, uma máxima queda de tensão em R_C igual a 1,8 V − 1,354 V = 0,446 V. Logo, $R_C = 2{,}23$ kΩ. Podemos, então, escrever

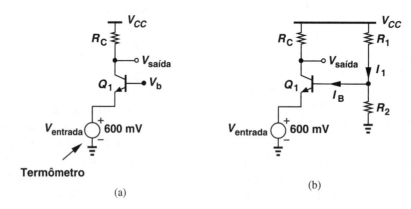

Figura 5.63 (a) Estágio BC amplificando uma entrada, (b) circuito de polarização para base.

$$A_v = g_m R_C \qquad (5.257)$$

$$= \frac{I_C R_C}{V_T} \qquad (5.258)$$

$$= 17{,}2. \tag{5.259}$$

O leitor é encorajado a repetir o problema com $I_C = 0{,}4$ mA e verificar que o ganho máximo permanece relativamente independente da corrente de polarização.[10]

Agora, devemos gerar V_b. Uma abordagem simples consiste em empregar um divisor resistivo, como ilustrado na Figura 5.63(b). Para reduzir a sensibilidade em relação a β, escolhemos $I_1 \approx 10 I_B \approx 20\,\mu\text{A} \approx V_{CC}/(R_1 + R_2)$. Logo, $R_1 + R_2 = 90$ kΩ. E

$$V_b \approx \frac{R_2}{R_1 + R_2} V_{CC} \tag{5.260}$$

Logo,

$$R_2 = 67{,}7 \text{ k}\Omega \tag{5.261}$$

$$R_1 = 22{,}3 \text{ k}\Omega. \tag{5.262}$$

Exercício Repita o exemplo anterior para o caso em que a tensão do termômetro é de 300 mV.

Agora, calculemos as impedâncias I/O da topologia BC, para entendermos suas propriedades de interface com estágios antecedentes e posteriores. As regras ilustradas na Figura 5.7 são extremamente úteis aqui e eliminam a necessidade de circuitos equivalentes de pequenos sinais. Ilustrado na Figura 5.64(a), o circuito AC simplificado revela que $R_{entrada}$ é a impedância vista olhando para o emissor, com a base em terra AC. Das regras da Figura 5.7, temos

$$R_{entrada} = \frac{1}{g_m} \tag{5.263}$$

com $V_A = \infty$. Portanto, a impedância de entrada do estágio BC é relativamente *baixa* – por exemplo, 29 Ω para $I_C = 1$ mA (o que contrasta muito com o correspondente valor para um estágio EC, β/g_m).

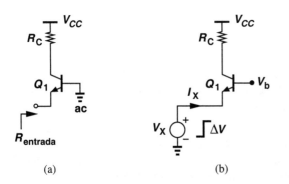

Figura 5.64 (a) Impedância de entrada do estágio BC, (b) resposta a uma pequena perturbação na entrada.

A impedância de entrada do estágio BC também pode ser determinada de forma intuitiva [Figura 5.64(b)]. Suponhamos que uma fonte de tensão V_X conectada ao emissor de Q_1 sofra uma pequena perturbação ΔV. A tensão base-emissor será modificada pelo mesmo valor, levando a uma alteração na corrente de coletor igual a $g_m \Delta V$. Como a corrente de coletor flui pela fonte de entrada, a corrente fornecida por V_X também é alterada de $g_m \Delta V$. Por conseguinte, $R_{entrada} = \Delta V_X / \Delta I_X = 1/g_m$.

Um amplificador com baixa impedância de entrada tem alguma utilidade prática? Sim, tem. Por exemplo, muitos amplificadores de alta frequência são projetados com uma resistência de entrada de 50 Ω para proverem "casamento de impedância" entre módulos em uma cascata e a linha de transmissão (trilhas condutoras na placa de circuito impresso) que os conecta (Figura 5.65).[11]

A impedância de saída do estágio BC é calculada com a ajuda da Figura 5.66, onde a fonte de tensão de entrada é fixada em zero. Notamos que $R_{saída} = R_{saída1} \| R_C$, em que $R_{saída1}$ é a impedância vista no coletor, com o emissor aterrado. Das regras da Figura 5.7, temos $R_{saída1} = r_O$ e, portanto,

$$R_{saída} = r_O \| R_C \tag{5.264}$$

ou

$$R_{saída} = R_C \text{ se } V_A = \infty. \tag{5.265}$$

Das Equações (5.256) e (5.266), concluímos que o estágio BC exibe um conjunto de permutas similar às ilustradas na Figura 5.33 para o amplificador EC.

É interessante que estudemos o comportamento da topologia BC na presença de uma resistência de fonte finita. Mostrado na Figura 5.67, este circuito sofre uma atenuação de sinal da entrada ao nó X e, por conseguinte, provê ganho menor. De modo mais

---

[10] Este exemplo serve apenas como ilustração do estágio BC. Um estágio EC pode ser mais adequado para mostrar uma tensão de termômetro.

[11] Se a impedância de cada estágio não for casada à impedância característica de linha de transmissão anterior, ocorrerão "reflexões", que corrompem o sinal ou, pelo menos, criam uma dependência em relação ao comprimento da linha de transmissão.

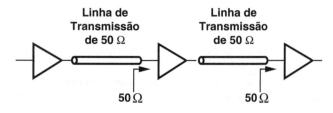

Figura 5.65 Sistema com linhas de transmissão.

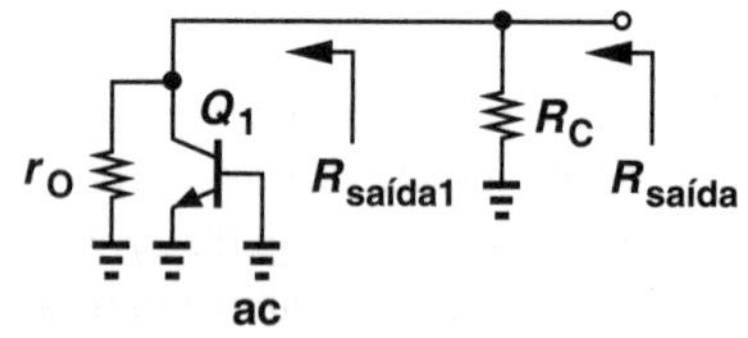

Figura 5.66 Impedância de saída do estágio BC.

Exemplo 5.36 Um amplificador base comum é projetado para uma impedância de entrada $R_{entrada}$ e uma impedância de saída $R_{saída}$. Desprezando o efeito Early, determinemos o ganho de tensão do circuito.

Solução Como $R_{entrada} = 1/g_m$ e $R_{saída} = R_C$, temos

$$A_v = \frac{R_{saída}}{R_{entrada}}. \tag{5.266}$$

Exercício Compare este valor com o obtido para o estágio EC.

---

específico, como a impedância vista olhando para o emissor de Q_1 (com a base aterrada) é igual a $1/g_m$ (para $V_A = \infty$), temos

$$v_X = \frac{\dfrac{1}{g_m}}{R_S + \dfrac{1}{g_m}} v_{entrada} \tag{5.267}$$

$$= \frac{1}{1 + g_m R_S} v_{entrada}. \tag{5.268}$$

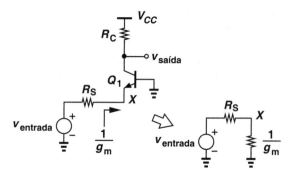

Figura 5.67 Estágio BC com resistência de fonte.

Recordamos, também, da Equação (5.254) que o ganho do emissor à saída é dado por

$$\frac{v_{saída}}{v_X} = g_m R_C. \tag{5.269}$$

Portanto,

$$\frac{v_{saída}}{v_{entrada}} = \frac{g_m R_C}{1 + g_m R_S} \tag{5.270}$$

$$= \frac{R_C}{\dfrac{1}{g_m} + R_S}, \tag{5.271}$$

um resultado idêntico ao obtido para o estágio EC (exceto pelo sinal negativo) se R_S for visto como um resistor de degeneração de emissor.

Exemplo 5.30 Um estágio base comum é projetado para amplificar um sinal de RF recebido por uma antena de 50 Ω. Determinemos a necessária corrente de polarização para que a impedância de entrada do amplificador seja "casada" à impedância da antena. Qual é o ganho de tensão se o estágio BC também *alimentar* uma carga de 50 Ω? Assumamos $V_A = \infty$.

Solução A Figura 5.68 mostra o amplificador[12] e o circuito equivalente, com a antena modelada por uma fonte de tensão, $v_{entrada}$, e uma resistência, $R_S = 50$ Ω. Para casamento de impedância, é necessário que a impedância de entrada do núcleo BC, $1/g_m$, seja igual a R_S e, portanto,

$$I_C = g_m V_T \tag{5.272}$$
$$= 0{,}52 \text{ mA}. \tag{5.273}$$

---

[12] Os pontos denotam a necessidade de circuitos de polarização, como descrito mais adiante nesta seção.

Amplificadores Bipolares 179

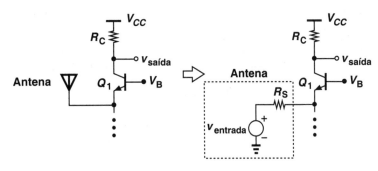

Figura 5.68 (a) Estágio BC que colhe um sinal recebido por uma antena, (b) circuito equivalente.

Se R_C for substituída por uma carga de 50 Ω, a Equação (5.271) revela que

$$A_v = \frac{R_C}{\dfrac{1}{g_m} + R_S} \qquad (5.274)$$

$$= \frac{1}{2}. \qquad (5.275)$$

Portanto, o circuito não é adequado para alimentar uma carga de 50 Ω diretamente.

Exercício Qual é o ganho de tensão se um resistor de 50 Ω também for conectado entre o emissor de Q_1 e a terra?

Outro interessante ponto de contraste entre os estágios EC e BC diz respeito aos ganhos de corrente. O estágio BC exibe um ganho de corrente *unitário*, pois a corrente que flui no emissor emerge do coletor (se a corrente de base for desprezada). Para o estágio EC, por sua vez, como mencionado na Seção 5.3.1, $A_I = \beta$. Na verdade, no exemplo anterior, $i_{entrada} = v_{entrada}/(R_S + 1/g_m)$ e, depois de fluir por R_C, produz $v_{saída} = R_C v_{entrada}/(R_S + 1/g_m)$. Portanto, não é surpresa que, se $R_C \leq R_S$, o ganho de tensão não exceda 0,5.

Como no caso do estágio EC, podemos desejar analisar a topologia BC no caso geral: com degeneração de emissor, $V_A < \infty$ e uma resistência em série com a base [Figura 5.69(a)]. Delineada no Exercício 64, esta análise está um pouco além do escopo deste livro. Contudo, é interessante que consideremos um caso especial, no qual $R_B = 0$ e $V_A < \infty$, e desejemos calcular a impedância de saída. Como ilustrado na Figura 5.69(b), $R_{saída}$ é igual a R_C em paralelo com a impedância vista olhando para o coletor, $R_{saída1}$. Mas, $R_{saída1}$ é idêntica à resistência de saída de um estágio *emissor comum* com degeneração de emissor, ou seja, como na Figura 5.46 e, portanto, dada pela Equação (5.197):

$$R_{saída1} = [1 + g_m(R_E||r_\pi)]r_O + (R_E||r_\pi). \qquad (5.276)$$

Segue que

$$R_{saída} = R_C || \{[1 + g_m(R_E||r_\pi)]r_O + (R_E||r_\pi)\}. \qquad (5.277)$$

O leitor pode ter notado que a impedância de saída do estágio BC é igual à do estágio EC. Isto é sempre válido? Recordemos que a impedância de saída é determinada fixando a fonte de entrada em zero. Em outras palavras, para o cálculo de $R_{saída}$,

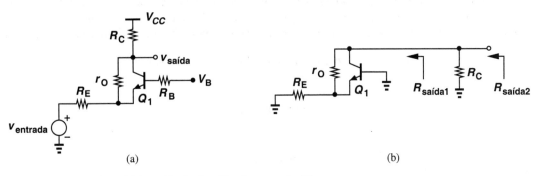

Figura 5.69 (a) Estágio BC genérico, (b) impedância de saída vista em nós diferentes.

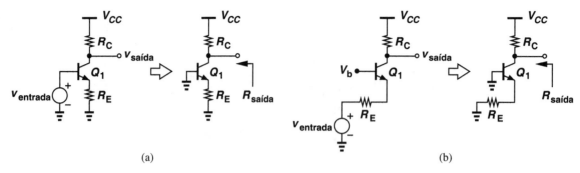

Figura 5.70 (a) Estágio EC e (b) estágio BC simplificados para cálculo de impedância de saída.

não temos nenhuma informação sobre o terminal de entrada do circuito, como ilustrado na Figura 5.70 para os estágios EC e BC. Portanto, não é coincidência que as impedâncias de saída sejam idênticas *se* as mesmas hipóteses forem feitas para os dois circuitos (por exemplo, idênticos valores de V_A e de degeneração de emissor).

Exemplo 5.38 A velha sabedoria diz que "a impedância de saída do estágio BC é substancialmente mais alta que a do estágio EC". Essa afirmação é justificada pelos testes ilustrados na Figura 5.71. Se uma corrente constante for injetada na base, enquanto a tensão de coletor é variada, I_C exibirá uma inclinação igual a r_O^{-1} [Figura 5.71(a)]. Por outro lado, se uma corrente constante for puxada do emissor, I_C exibirá uma dependência muito menor em relação à tensão de coletor. Expliquemos por que estes testes não representam situações práticas.

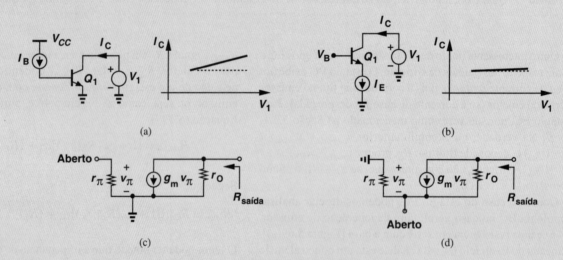

Figura 5.71 (a) Resistência vista no coletor com o emissor aterrado, (b) resistência vista no coletor com uma fonte de corrente ideal no emissor, (c) modelo de pequenos sinais de (a), (d) modelo de pequenos sinais de (b).

Solução A questão principal destes testes está relacionada ao uso de fontes de *corrente* para alimentar cada estágio. Do ponto de vista de pequenos sinais, os dois circuitos se reduzem àqueles mostrados nas Figuras 5.71(c) e (d), com as fontes de corrente I_B e I_E substituídas por circuitos abertos, pois são constantes. Na Figura 5.71(c), a corrente que flui por r_π é zero e produz $g_m v_\pi = 0$; logo, $R_{saída} = r_O$. A Figura 5.71(d), por sua vez, lembra um estágio de emissor degenerado (Figura 5.46) com uma resistência de emissor infinita, exibindo uma resistência de saída

$$R_{saída} = [1 + g_m(R_E\|r_\pi)]r_O + (R_E\|r_\pi) \tag{5.278}$$

$$= (1 + g_m r_\pi)r_O + r_\pi \tag{5.279}$$

$$\approx \beta r_O + r_\pi, \tag{5.280}$$

que, obviamente, é muito maior que r_O. Entretanto, na prática, cada estágio pode ser alimentado por uma fonte de *tensão* com impedância finita, o que torna essa comparação irrelevante.

Exercício Repita o exemplo anterior para o caso em que um resistor de valor R_1 é conectado em série com o emissor.

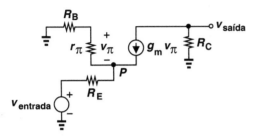

Figura 5.72 Estágio BC com resistência de base.

Outro caso especial da topologia mostrada na Figura 5.69(a) ocorre se $V_A = \infty$, mas $R_B > 0$. Como este caso não se reduz a nenhuma das configurações já estudadas, empreguemos o modelo de pequenos sinais da Figura 5.72 para analisar o comportamento do circuito. Como sempre, escrevemos $g_m v_\pi = -v_{saída}/R_C$ e, portanto, $v_\pi = -v_{saída}/(g_m R_C)$. A corrente que flui por r_π (e R_B) é, então, igual a $v_\pi/r_\pi = -v_{saída}/(g_m r_\pi R_C) = -v_{saída}/(\beta R_C)$. Multiplicando esta corrente por $R_B + r_\pi$, obtemos a tensão no nó P:

$$v_P = -\frac{-v_{saída}}{\beta R_C}(R_B + r_\pi) \quad (5.281)$$

$$= \frac{v_{saída}}{\beta R_C}(R_B + r_\pi). \quad (5.282)$$

Escrevemos, ainda, uma LCK em P:

$$\frac{v_\pi}{r_\pi} + g_m v_\pi = \frac{v_P - v_{entrada}}{R_E}; \quad (5.283)$$

ou seja,

$$\left(\frac{1}{r_\pi} + g_m\right)\frac{-v_{saída}}{g_m R_C} = \frac{\frac{v_{saída}}{\beta R_C}(R_B + r_\pi) - v_{entrada}}{R_E}. \quad (5.284)$$

Que leva a:

$$\frac{v_{saída}}{v_{entrada}} = \frac{\beta R_C}{(\beta+1)R_E + R_B + r_\pi}. \quad (5.285)$$

Dividindo numerador e denominador por $\beta + 1$, temos

$$\frac{v_{saída}}{v_{entrada}} \approx \frac{R_C}{R_E + \dfrac{R_B}{\beta+1} + \dfrac{1}{g_m}}. \quad (5.286)$$

Você sabia?

A redução de ganho BC em decorrência de uma impedância em série com a base tem desafiado muitos projetistas. Este efeito é particularmente notado em frequências altas, pois as indutâncias parasitas do encapsulamento (que contém o *chip*) podem introduzir impedância significativa ($= L\omega$). Como ilustrado na figura a seguir, os "fios de solda" que conectam o *chip* ao encapsulamento se comportam como indutores, degradando o desempenho do circuito. Por exemplo, um fio de solda de 5 mm tem indutância de cerca de 5 nH, que, em 5 GHz, corresponde a uma impedância de 157 Ω.

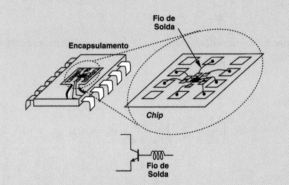

Efeito de indutância associada ao fio de solda em um estágio BC.

Como esperado, o ganho é positivo. Além disso, a expressão é idêntica à obtida para o estágio EC e dada na Equação (5.185). A Figura 5.73 ilustra os resultados e revela que, exceto por um sinal negativo, os dois estágios exibem ganhos iguais. Notemos que R_B degrada o ganho e não é adicionada ao circuito de forma deliberada. Como explicado mais adiante nesta seção, R_B pode resultar do circuito de polarização.

Agora, determinemos a resistência de entrada do estágio BC na presença de uma resistência em série com a base, ainda assumindo $V_A = \infty$. Do circuito equivalente de pequenos sinais mostrado na Figura 5.74, notamos que r_π e R_B formam um divisor de tensão e resultam em[13]

$$v_\pi = -\frac{r_\pi}{r_\pi + R_B}v_X. \quad (5.287)$$

Ademais, a LCK no nó de entrada fornece

$$\frac{v_\pi}{r_\pi} + g_m v_\pi = -i_X. \quad (5.288)$$

---

[13] De modo alternativo, a corrente em $r_\pi + R_B$ é igual a $v_X/(r_\pi + R_B)$ e produz uma queda de tensão $-r_\pi v_X/(r_\pi + R_B)$ em r_π.

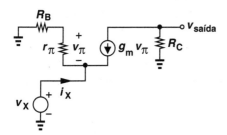

Figura 5.73 Comparação entre estágios EC e BC com resistência de base.

Figura 5.74 Impedância de entrada do estágio BC com resistência de base.

Figura 5.75 Impedância vista no emissor ou na base de um transistor.

Logo,

$$\left(\frac{1}{r_\pi} + g_m\right)\frac{-r_\pi}{r_\pi + R_B} v_X = -i_X \quad (5.289)$$

e

$$\frac{v_X}{i_X} = \frac{r_\pi + R_B}{\beta + 1} \quad (5.290)$$

$$\approx \frac{1}{g_m} + \frac{R_B}{\beta + 1}. \quad (5.291)$$

Notemos que, se $R_B = 0$, $R_{entrada} = 1/g_m$: um resultado esperado, segundo as regras ilustradas na Figura 5.7. É interessante observar que a resistência de base é dividida por $\beta + 1$ quando "vista" do emissor. Isto contrasta com o caso de degeneração de emissor, no qual a resistência de emissor é *multiplicada* por $\beta + 1$ quando vista da base. A Figura 5.75 resume os dois casos. Vale notar que estes resultados permanecem independentes de R_C se $V_A = \infty$.

Exemplo 5.39 Na Figura 5.76(a), determinemos a impedância vista no emissor de Q_2 se os dois transistores forem idênticos e $V_A = \infty$.

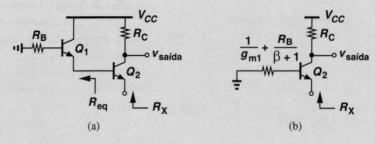

Figura 5.76 (a) Exemplo de estágio BC, (b) circuito simplificado.

Solução O circuito emprega Q_2 como um dispositivo em base comum, mas com a base conectada a uma resistência série finita e igual àquela vista no emissor de Q_1. Portanto, devemos, primeiro, obter a resistência equivalente R_{eq}, dada pela Equação (5.291) como

$$R_{eq} = \frac{1}{g_{m1}} + \frac{R_B}{\beta + 1}. \quad (5.292)$$

Reduzindo o circuito ao mostrado na Figura 5.76(b), temos

$$R_X = \frac{1}{g_{m2}} + \frac{R_{eq}}{\beta + 1} \qquad (5.293)$$

$$= \frac{1}{g_{m2}} + \frac{1}{\beta + 1}\left(\frac{1}{g_{m1}} + \frac{R_B}{\beta + 1}\right). \qquad (5.294)$$

Exercício O que acontece se um resistor de valor R_1 for conectado em série com o coletor de Q_1?

Estágio BC com Polarização Tendo aprendido as propriedades de pequenos sinais do núcleo BC, estendamos a análise ao circuito que inclui polarização. Neste ponto, um exemplo é útil.

Exemplo 5.40 O estudante do Exemplo 5.31 decidiu incorporar acoplamento AC à entrada de um estágio BC para assegurar que a polarização não seja afetada pela fonte de sinal, e desenhou o circuito como na Figura 5.77. Expliquemos por que este circuito não funciona.

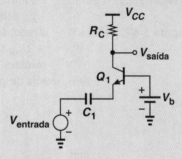

Figura 5.77 Estágio BC sem corrente de polarização.

Solução Infelizmente, o circuito não provê uma rota DC para a corrente de emissor de Q_1, resultando em corrente de polarização nula e, em consequência, transcondutância nula. A situação é similar à do estágio EC do Exemplo 5.5, onde uma corrente de base não podia existir.

Exercício Em que região Q_1 opera se $V_b = V_{CC}$?

Exemplo 5.41 Sentindo-se um pouco desconfortável, o estudante prontamente conecta o emissor à terra, de modo que $V_{BE} = V_b$ e uma razoável corrente de coletor possa ser estabelecida (Figura 5.78). Expliquemos por que "a pressa é inimiga da perfeição".

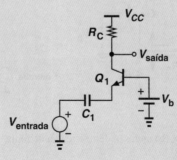

Figura 5.78 Estágio BC com emissor aterrado.

Solução Como no Exemplo 5.6, o estudante curto-circuitou o *sinal* à terra AC. Ou seja, a tensão de emissor é igual a zero, qualquer que seja o valor de $v_{entrada}$, e resulta em $v_{saída} = 0$.

Exercício O circuito operaria melhor se o valor de V_b fosse aumentado?

Os exemplos anteriores implicam que o emissor não pode permanecer aberto ou curto-circuitado à terra e, portanto, requer algum elemento de polarização. A Figura 5.79(a) mostra um exemplo no qual R_E provê uma rota para a corrente de polarização, à custa de uma redução na impedância de entrada. Notamos que, agora, $R_{entrada}$ consiste em duas componentes em *paralelo*: (1) $1/g_m$, vista olhando "para cima", para o emissor (com a base na terra AC) e (2) R_E, vista olhando "para baixo". Logo,

$$R_{entrada} = \frac{1}{g_m} \| R_E. \quad (5.295)$$

Como no caso do circuito de polarização de entrada do estágio EC (Figura 5.58), a redução em $R_{entrada}$ se manifesta se a fonte de tensão exibir uma resistência de saída finita. Ilustrado na Figura 5.79(b), este circuito atenua o sinal e reduz o ganho de tensão total.

Seguindo a análise indicada na Figura 5.67, podemos escrever

$$\frac{v_X}{v_{entrada}} = \frac{R_{entrada}}{R_{entrada} + R_S} \quad (5.296)$$

$$= \frac{\frac{1}{g_m} \| R_E}{\frac{1}{g_m} \| R_E + R_S} \quad (5.297)$$

$$= \frac{1}{1 + (1 + g_m R_E) R_S}. \quad (5.298)$$

Como $v_{saída}/v_X = g_m R_C$

$$\frac{v_{saída}}{v_{entrada}} = \frac{1}{1 + (1 + g_m R_E) R_S} \cdot g_m R_C. \quad (5.299)$$

Como sempre, preferimos solução por inspeção, em vez de desenharmos o equivalente de pequenos sinais.

O leitor pode ver uma contradição em nosso raciocínio: por um lado, vemos a baixa impedância de entrada do estágio BC como uma propriedade *útil*; por outro, consideramos *indesejável* a redução da impedância de entrada devido a R_E. Para resolver essa aparente contradição, devemos distinguir as duas componentes da impedância de entrada, $1/g_m$ e R_E, notando que a última conecta a corrente da fonte de entrada à terra e, por conseguinte, "desperdiça" o sinal. Como mostrado na Figura 5.80, $i_{entrada}$ é dividida em duas e apenas i_2 chega a R_C e contribui para o sinal de saída. Se R_E for reduzida enquanto $1/g_m$ permanece constante, i_2 também será reduzida.[14] Assim, a redução de $R_{entrada}$ devido a R_E é indesejável. Em contraste, se $1/g_m$ for reduzida enquanto R_E permanece constante, i_2 aumentará. Para que o efeito de R_E sobre a impedância de entrada seja desprezível, devemos ter

$$R_E \gg \frac{1}{g_m} \quad (5.300)$$

e, portanto,

$$I_C R_E \gg V_T. \quad (5.301)$$

Ou seja, a queda de tensão DC em R_E deve ser muito maior que V_T.

Como a tensão de base, V_b, é gerada? Podemos empregar um divisor resistivo similar ao usado no estágio EC. Mostrada

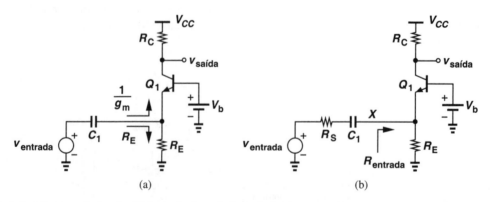

Figura 5.79 (a) Estágio BC com polarização, (b) inclusão de resistência de fonte.

---

[14] No caso extremo, $R_E = 0$ (Exemplo 5.41) e $i_2 = 0$.

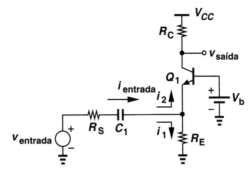

Figura 5.80 Componentes da corrente de pequenos sinais em um estágio BC.

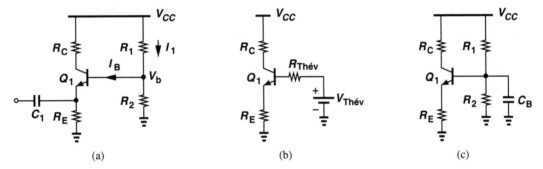

Figura 5.81 (a) Estágio BC com circuito de polarização de base, (b) uso do equivalente de Thévenin, (c) efeito do capacitor de *bypass*.

na Figura 5.81(a), essa topologia deve assegurar $I_1 \gg I_B$, para minimizar a sensibilidade em relação a β, e resulta em

$$V_b \approx \frac{R_2}{R_1 + R_2} V_{CC}. \qquad (5.302)$$

Entretanto, recordemos da Equação (5.286) que uma resistência em série com a base *reduz* o ganho de tensão do estágio BC. Substituindo um equivalente de Thévenin para R_1 e R_2, como ilustrado na Figura 5.81(b), notamos que uma resistência $R_{Thév} = R_1 \| R_2$ agora aparece em série com a base. Por esse motivo, um "capacitor de *bypass*" é, muitas vezes, conectado da base à terra e atua como um curto-circuito nas frequências de interesse [Figura 5.81(c)].

5.3.3 Seguidor de Emissor

Outra importante topologia de circuito é a de seguidor de emissor (também chamada estágio "coletor comum"). Antes de seguir adiante, o leitor é encorajado a rever os Exemplos 5.2-5.3, as regras ilustradas na Figura 5.7 e as possíveis topologias da Figura 5.28. Por simplicidade, também podemos usar o termo "seguidor" para nos referirmos aos seguidores de emissor deste capítulo.

Ilustrado na Figura 5.83, o seguidor de emissor colhe a entrada na base do transistor e produz a saída no emissor. O coletor é conectado a V_{CC} e, portanto, à terra AC. Primeiro, estudemos o núcleo e, a seguir, adicionemos elementos de polarização.

Núcleo Seguidor de Emissor Como o seguidor da Figura 5.84(a) responde a uma perturbação em $V_{entrada}$? Se $V_{entrada}$ aumentar de um pequeno valor ΔV, a tensão base-emissor de Q_1 tende a aumentar, elevando as correntes de coletor e de emissor. Uma corrente de emissor mais alta se traduz em uma maior queda de tensão em R_E e, portanto, em *maior* $V_{saída}$. De outra perspectiva, se assumimos, por exemplo, que $V_{saída}$ seja constante, então V_{BE} deve aumentar, assim como I_E, o que requer que $V_{saída}$ aumente. Como $V_{saída}$ aumenta na mesma direção que $V_{entrada}$, esperamos que o ganho seja positivo. Notemos que $V_{saída}$ é sempre menor que $V_{entrada}$ e a diferença é igual a V_{BE}; dizemos que o circuito produz um "deslocamento de nível".

Outra importante e interessante observação é que a mudança em $V_{saída}$ não pode ser maior que a mudança em $V_{entrada}$. Suponhamos que $V_{entrada}$ seja alterado de $V_{entrada1}$ para $V_{entrada1} + \Delta V_{entrada}$ e $V_{saída}$, de $V_{saída1}$ para $V_{saída1} + \Delta V_{saída}$ [Figura 5.84(b)]. Se a saída sofrer uma alteração *maior que* a da entrada, $\Delta V_{saída} > \Delta V_{entrada}$, V_{BE2} deve ser *menor que* V_{BE1}. Contudo, isso significa que a corrente de emissor também diminui, assim como $I_E R_E = V_{saída}$, contradizendo a hipótese de que $V_{saída}$ aumentou. Portanto, $\Delta V_{saída} < \Delta V_{entrada}$, implicando que o seguidor de emissor exibe um ganho menor que a unidade.[15]

O leitor pode questionar se um amplificador com ganho menor que a unidade tem algum valor prático. Como explicado mais tarde, as impedâncias de entrada e de saída do seguidor de emissor o tornam um circuito particularmente útil em algumas aplicações.

---

[15] No caso extremo descrito no Exemplo 5.43, o ganho se torna igual à unidade.

Exemplo 5.42 Projetemos um estágio BC (Figura 5.82) para um ganho de tensão de 10 e impedância de entrada de 50 Ω. Assumamos $I_S = 5 \times 10^{-16}$ A, $V_A = \infty$, $\beta = 100$ e $V_{CC} = 2,5$ V.

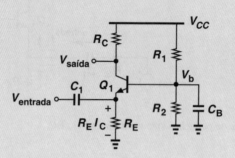

Figura 5.82 Exemplo de estágio BC com polarização.

Solução Comecemos escolhendo $R_E \gg 1/g_m$, por exemplo, $R_E = 500$ Ω, para minimizar os indesejáveis efeitos de R_E. Assim,

$$R_{entrada} \approx \frac{1}{g_m} = 50 \,\Omega \qquad (5.303)$$

Logo,

$$I_C = 0{,}52 \text{ mA}. \qquad (5.304)$$

Se a base for conectada à terra por um *bypass*,

$$A_v = g_m R_C, \qquad (5.305)$$

obtemos

$$R_C = 500 \,\Omega. \qquad (5.306)$$

Agora, determinemos os resistores de polarização de base. Como a queda de tensão em R_E é igual a 500 Ω × 0,52 mA = 260 mV e $V_{BE} = V_T \ln(I_C/I_S) = 899$ mV, temos

$$V_b = I_E R_E + V_{BE} \qquad (5.307)$$

$$= 1{,}16 \text{ V}. \qquad (5.308)$$

Escolhendo a corrente que flui por R_1 e R_2 como $10 I_B = 52\,\mu$A, escrevemos

$$V_b \approx \frac{R_2}{R_1 + R_2} V_{CC}. \qquad (5.309)$$

$$\frac{V_{CC}}{R_1 + R_2} = 52\,\mu\text{A}. \qquad (5.310)$$

Logo,

$$R_1 = 25{,}8 \text{ k}\Omega \qquad (5.311)$$

$$R_2 = 22{,}3 \text{ k}\Omega. \qquad (5.312)$$

O último passo no projeto consiste no cálculo dos necessários valores de C_1 e C_B para a frequência de sinal. Por exemplo, se o amplificador for usado no *front end* do receptor de um telefone celular que opera em 900 MHz, as impedâncias de C_1 e de C_B devem ser suficientemente pequenas nessa frequência. Como aparece em série com o emissor de Q_1, C_1 tem um papel similar ao de R_S na Figura 5.67 e na Equação (5.271). Logo, sua impedância, $|C_1 \omega|^{-1}$, deve permanecer muito menor que $1/g_m = 50$ Ω. Em aplicações de alto desempenho, como telefones celulares, podemos escolher $|C_1 \omega|^{-1} = (1/g_m)/20$ para garantir degradação de ganho desprezível. Por conseguinte, para $\omega = 2\pi \times (900 \text{ MHz})$:

Amplificadores Bipolares 187

$$C_1 = \frac{20g_m}{\omega} \qquad (5.313)$$

$$= 71 \text{ pF}. \qquad (5.314)$$

Como a impedância de C_B aparece em série com a base e tem um papel similar ao do termo $R_B/(\beta+1)$ na Equação (5.286), exigimos que

$$\frac{1}{\beta+1}\left|\frac{1}{C_B\omega}\right| = \frac{1}{20}\frac{1}{g_m} \qquad (5.315)$$

Portanto,

$$C_B = 0{,}7 \text{ pF}. \qquad (5.316)$$

(Um erro comum consiste em fazer a impedância de C_B desprezível em relação a $R_1\|R_2$ e não em relação a $1/g_m$.)

Exercício Projete o circuito anterior para uma impedância de entrada de 100 Ω.

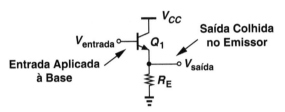

Figura 5.83 Seguidor de emissor.

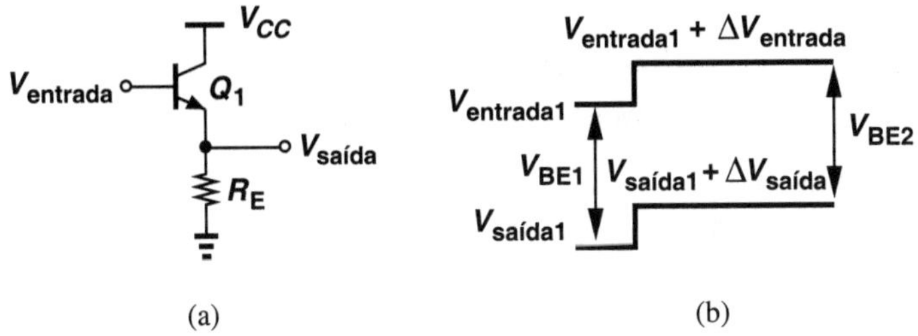

Agora, deduzamos as propriedades de pequenos sinais do seguidor, assumindo, primeiro, que $V_A = \infty$. O circuito equivalente mostrado na Figura 5.85 fornece

$$\frac{v_\pi}{r_\pi} + g_m v_\pi = \frac{v_{saída}}{R_E} \qquad (5.317)$$

Logo,

$$v_\pi = \frac{r_\pi}{\beta+1} \cdot \frac{v_{saída}}{R_E}. \qquad (5.318)$$

Também temos,

$$v_{entrada} = v_\pi + v_{saída}. \qquad (5.319)$$

Substituindo v_π da Equação (5.318), obtemos

$$\frac{v_{saída}}{v_{entrada}} = \frac{1}{1 + \dfrac{r_\pi}{\beta+1} \cdot \dfrac{1}{R_E}} \qquad (5.320)$$

$$\approx \frac{R_E}{R_E + \dfrac{1}{g_m}}. \qquad (5.321)$$

Portanto, o ganho de tensão é positivo e menor que a unidade.

A Equação (5.321) sugere que o seguidor de emissor atua como um divisor de tensão, uma perspectiva que pode ser reforçada por uma análise alternativa. Suponhamos, como mostrado na Figura 5.87(a), que desejamos modelar $v_{entrada}$ e Q_1 por um equivalente de Thévenin. A tensão de Thévenin é dada pela tensão de circuito aberto produzida por Q_1 [Figura 5.87(b)], como se Q_1 operasse com $R_E = \infty$ (Exemplo 5.43). Dessa forma, $v_{Thév} = v_{entrada}$. A resistência de Thévenin é obtida fixando a entrada em zero [Figura 5.87(c)] e é igual a $1/g_m$. Portanto, o circuito da Figura 5.87(a) se reduz ao da Figura 5.87(d), confirmando o funcionamento como um divisor de tensão.

Figura 5.84 (a) Seguidor de emissor com perturbação na entrada, (b) resposta do circuito.

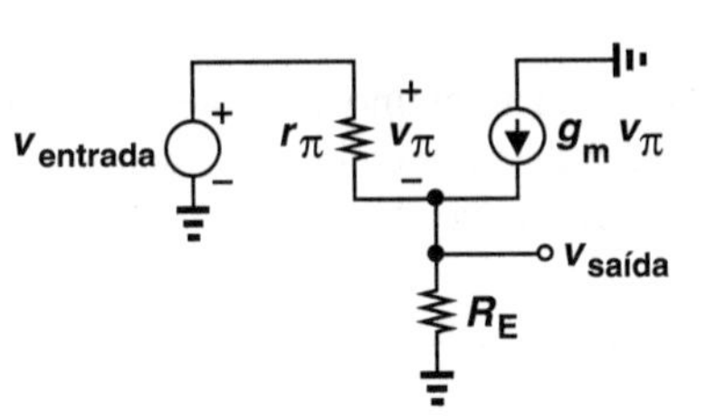

Figura 5.85 Modelo de pequenos sinais do seguidor de emissor.

Exemplo 5.43 Em circuitos integrados, o seguidor é, em geral, realizado como mostrado na Figura 5.86. Determinemos o ganho de tensão se a fonte de corrente for ideal e $V_A = \infty$.

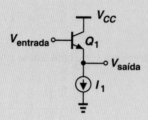

Figura 5.86 Seguidor com fonte de corrente.

Solução Como o resistor de emissor é substituído por uma fonte de corrente ideal, o valor de R_E na Equação (5.321) deve tender ao infinito, o que resulta em

$$A_v = 1. \tag{5.322}$$

Este resultado também pode ser deduzido de forma intuitiva. Uma fonte de corrente constante fluindo por Q_1 exige que $V_{BE} = V_T \ln(I_C/I_S)$ permaneça constante. Escrevendo $V_{saída} = V_{entrada} - V_{BE}$, notamos que, se V_{BE} for constante, $V_{saída}$ segue exatamente $V_{entrada}$.

Exercício Repita o exemplo anterior para o caso em que um resistor de valor R_1 é conectado em série com o coletor.

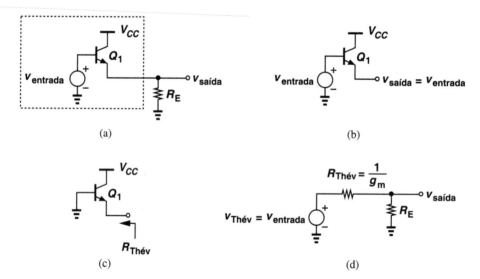

Figura 5.87 (a) Estágio seguidor de emissor, (b) tensão de Thévenin, (c) resistência de Thévenin, (d) circuito simplificado.

Exemplo 5.44 Determinemos o ganho de tensão de um seguidor alimentado por uma impedância de fonte finita R_S [Figura 5.88(a)], admitindo $V_A = \infty$.

Solução Modelemos $v_{entrada}$, R_S e Q_1 por um equivalente de Thévenin. O leitor pode mostrar que a tensão de circuito aberto é igual a $v_{entrada}$. Além disso, a resistência de Thévenin [Fig. 5.88(b)] é dada pela Equação (5.291) como $R_S/(\beta + 1) + 1/g_m$. A Figura 5.88(c) ilustra o circuito equivalente e revela que

$$\frac{v_{saída}}{v_{entrada}} = \frac{R_E}{R_E + \dfrac{R_S}{\beta + 1} + \dfrac{1}{g_m}}. \tag{5.323}$$

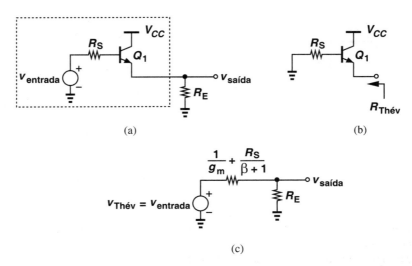

Figura 5.88 (a) Seguidor com impedância de fonte, (b) resistência de Thévenin vista no emissor, (c) circuito simplificado.

Este resultado também pode ser obtido com a solução do circuito equivalente de pequenos sinais do seguidor.

Exercício O que acontece se $R_E = \infty$?

Para comprovar a utilidade de seguidores de emissores, calculemos suas impedâncias de entrada e de saída. No circuito equivalente da Figura 5.89(a), temos $i_X r_\pi = v_\pi$. Além disso, as correntes i_X e $g_m v_\pi$ fluem por R_E e produzem uma queda de tensão igual a $(i_X + g_m v_\pi) R_E$. Somando as quedas de tensão em r_π e R_E e igualando o resultado a v_X, temos

$$v_X = v_\pi + (i_X + g_m v_\pi) R_E \quad (5.324)$$

$$= i_X r_\pi + (i_X + g_m i_X r_\pi) R_E, \quad (5.325)$$

Logo,

$$\frac{v_X}{i_X} = r_\pi + (1 + \beta) R_E. \quad (5.326)$$

Esta expressão é idêntica à da Equação (5.162), deduzida para um estágio EC degenerado. É claro que isso não é coincidência. Como a impedância de entrada da topologia EC independe do resistor de coletor (para $V_A = \infty$), este valor permanece inalterado se $R_C = 0$, como no caso de um seguidor de emissor [Figura 5.89(b)].

A observação importante aqui é que o seguidor "transforma" o resistor de carga, R_E, em um valor muito mais alto e, portanto, funciona como um "*buffer*" eficiente. Este conceito pode ser ilustrado por um exemplo.

Agora, calculemos a impedância de saída do seguidor, assumindo que o circuito seja alimentado por uma impedância de fonte R_S [Figura 5.91(a)]. É interessante observar que não precisamos recorrer ao modelo de pequenos sinais, pois $R_{saída}$ pode ser obtida por inspeção. Como ilustrado na Figura 5.91(b),

Você sabia?

Logo após a invenção do transistor, Sidney Darlington, um engenheiro de Bell Laboratories, pegou alguns transistores emprestados de seu chefe e os levou para casa no fim de semana. Durante esse fim de semana, ele criou o que ficou conhecido como "par de Darlington" [Figura (a)]. Q_1 e Q_2 podem ser vistos com dois seguidores de emissor em cascata. O circuito provê uma alta impedância de entrada; entretanto, como I_{C1} é pequena (= I_{B2}), Q_1 é muito lento. Por essa razão, as topologias modificadas nas Figuras (b) e (c) são preferíveis.

Pares de Darlington.

a resistência de saída pode ser vista como uma combinação em paralelo de duas componentes: uma vista olhando "para cima",

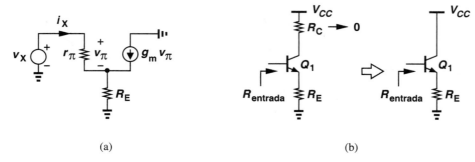

(a)   (b)

Figura 5.89 (a) Impedância de entrada do seguidor de emissor, (b) equivalência entre estágios EC e seguidor.

Exemplo 5.45 Um estágio EC exibe um ganho de tensão de 20 e resistência de saída de 1 kΩ. Determinemos o ganho de tensão do amplificador EC se

(a) O estágio alimentar um alto-falante de 8 Ω diretamente.
(b) Um seguidor de emissor polarizado em uma corrente de 5 mA for interposto entre o estágio EC e o alto-falante. Assumamos $\beta = 100$, $V_A = \infty$ e que o seguidor seja polarizado com uma fonte de corrente ideal.

Solução (a) Como ilustrado na Figura 5.90(a), a resistência equivalente vista no coletor é, agora, dada por uma combinação em paralelo de R_C e a impedância do alto-falante, R_{sp}, o que reduz o ganho de 20 para $20 \times (R_C \| 8\,\Omega)/R_C = 0{,}159$. Portanto, o ganho de tensão é reduzido de forma drástica.

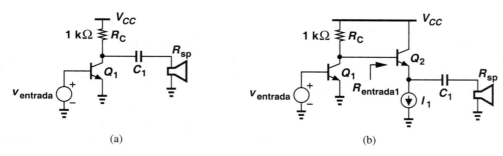

(a)   (b)

Figura 5.90 (a) Estágio EC, (b) circuito de dois estágios alimentando um alto-falante.

(b) Na configuração da Figura 5.90(b), notamos que

$$R_{entrada1} = r_{\pi 2} + (\beta + 1)R_{sp} \tag{5.327}$$

$$= 1328\,\Omega. \tag{5.328}$$

Portanto, o ganho de tensão do estágio EC é reduzido de 20 para $20 \times (R_C \| R_{entrada1})/R_C = 10{,}28$, uma melhora substancial em relação ao caso (a).

Exercício Repita o exemplo anterior para o caso em que o seguidor de emissor é polarizado com uma corrente de 10 mA.

---

para o emissor, e outra, olhando "para baixo", para R_E. Da Figura 5.88, a primeira é igual a $R_S/(\beta + 1) + 1/g_m$ e, portanto,

$$R_{saída} = \left(\frac{R_S}{\beta + 1} + \frac{1}{g_m}\right) \| R_E. \tag{5.329}$$

Este resultado também pode ser obtido a partir do equivalente de Thévenin na Figura 5.88(c), fixando $v_{entrada}$ em zero.

A Equação (5.329) revê outro atributo importante do seguidor: o circuito transforma a impedância de fonte, R_S, em um valor muito mais alto e, assim provê maior capacidade de "alimentação". Dizemos que o seguidor funciona como um bom "*buffer* de tensão", pois exibe uma alta impedância de entrada (como um voltímetro) e uma baixa impedância de saída (como uma fonte de tensão).

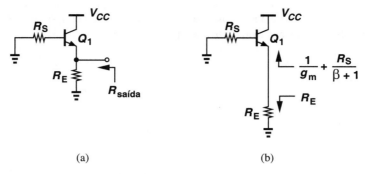

Figura 5.91 (a) Impedância de saída de um seguidor, (b) componentes da resistência de saída.

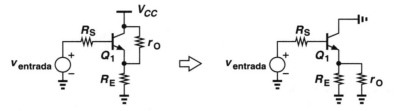

Figura 5.92 Seguidor de emissor, incluindo a resistência de saída do transistor.

Efeito da Resistência de Saída do Transistor Até aqui, nossa análise do seguidor desprezou o efeito Early. Felizmente, os resultados obtidos anteriormente podem ser modificados sem dificuldade para representar esta não idealidade. A Figura 5.92 ilustra um ponto importante que facilita a análise: na operação de pequenos sinais, r_O aparece em paralelo com R_E. Podemos, portanto, reescrever as Equações (5.323), (5.326) e (5.329) como

$$A_v = \frac{R_E\|r_O}{R_E\|r_O + \dfrac{R_S}{\beta+1} + \dfrac{1}{g_m}} \quad (5.330)$$

$$R_{entrada} = r_\pi + (\beta+1)(R_E\|r_O) \quad (5.331)$$

$$R_{saída} = \left(\frac{R_S}{\beta+1} + \frac{1}{g_m}\right)\|R_E\|r_O. \quad (5.332)$$

A capacidade de seguidores de atuar como *buffer* é, algumas vezes, atribuída aos seus "ganhos de corrente". Como

Figura 5.93 Amplificação de corrente em um seguidor.

a corrente de base i_B resulta em uma corrente de emissor de $(\beta+1)i_B$, podemos dizer que, para uma corrente i_L entregue à carga, o seguidor puxa apenas uma corrente $i_L/(\beta+1)$ da fonte de tensão (Figura 5.93). Assim, v_X vê a impedância de carga multiplicada por $(\beta+1)$.

Seguidor de Emissor com Polarização A polarização de seguidores de emissor envolve a definição da tensão de

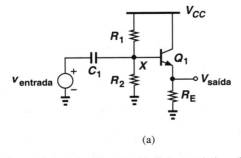

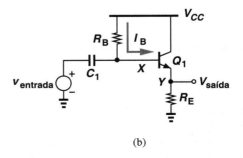

Figura 5.94 Polarização de um seguidor por (a) divisor resistivo, (b) resistor de base.

Exemplo 5.46 Determinemos as propriedades de pequenos sinais de um seguidor de emissor usando uma fonte de corrente ideal (como no Exemplo 5.43), mas com uma impedância de fonte finita R_S.

Solução Como $R_E = \infty$, temos

$$A_v = \frac{r_O}{r_O + \dfrac{R_S}{\beta+1} + \dfrac{1}{g_m}} \tag{5.333}$$

$$R_{entrada} = r_\pi + (\beta+1)r_O \tag{5.334}$$

$$R_{saída} = \left(\frac{R_S}{\beta+1} + \frac{1}{g_m}\right) \| r_O. \tag{5.335}$$

E, também, $g_m r_O \gg 1$; portanto,

$$A_v \approx \frac{r_O}{r_O + \dfrac{R_S}{\beta+1}} \tag{5.336}$$

$$R_{entrada} \approx (\beta+1)r_O. \tag{5.337}$$

Notemos que A_v tende à unidade se $R_S \ll (\beta+1)r_O$, uma condição que, em geral, é válida.

Exercício Como se modificam os resultados se $R_E < \infty$?

Exemplo 5.47 O seguidor da Figura 5.94(b) emprega $R_B = 10$ kΩ e $R_E = 1$ kΩ. Calculemos a corrente e a tensão de polarização com $I_S = 5 \times 10^{-16}$ A, $\beta = 100$ e $V_{CC} = 2{,}5$ V. O que acontece se β cair para 50?

Solução Para determinar a corrente de polarização, seguimos o processo iterativo descrito na Seção 5.2.3. Escrevendo uma LTK na malha que inclui R_B, a junção base-emissor e R_E, obtemos

$$\frac{R_B I_C}{\beta} + V_{BE} + R_E I_C = V_{CC}, \tag{5.338}$$

que, com $V_{BE} \approx 800$ mV, resulta em

$$I_C = 1{,}545 \text{ mA}. \tag{5.339}$$

Portanto, $V_{BE} = V_T \ln(I_C/I_S) = 748$ mV. Usando este valor na Equação (5.338), temos

$$I_C = 1{,}593 \text{ mA}, \tag{5.340}$$

um valor próximo ao da Equação (5.339) e, por conseguinte, de precisão razoável. Nesta condição, $I_B R_B = 159$ mV e $R_E I_C = 1{,}593$ V.

Como $I_B R_B \ll R_E I_C$, esperamos que a variação em β e, portanto, em $I_B R_B$ afete a queda de tensão em R_E de forma desprezível, assim como as correntes de emissor e de coletor. Como estimativa grosseira, para $\beta = 50$,

$I_B R_B$ é multiplicado por dois ($\approx$ 318 mV), reduzindo a queda de tensão em R_E de 159 mV. Ou seja, I_E = (1,593 V – 0,159 V)/1 kΩ = 1,434 mA, implicando que uma alteração em β por um fator de dois leva a uma alteração de 10% na corrente de coletor. O leitor é encorajado a repetir as iterações anteriores com β = 50 e determinar a corrente exata.

Exercício Se o valor de R_B for dobrado, o circuito se torna mais ou menos sensível à variação em β?

base e da corrente de coletor (emissor). A Figura 5.94(a) ilustra um exemplo similar ao do esquema mostrado na Figura 5.19 para o estágio EC. Como sempre, a corrente que flui por R_1 e R_2 é escolhida de modo que seja muito maior que a corrente de base.

É interessante observar que, ao contrário da topologia EC, o seguidor de emissor pode operar com uma tensão de base próxima a V_{CC}. Isto ocorre porque o coletor é conectado a V_{CC}, permitindo a mesma tensão para a base sem levar Q_1 à saturação. Por essa razão, seguidores são, com frequência, polarizados como indicado na Figura 5.94(b), na qual $R_B I_B$ é escolhido de modo a ser muito menor que a queda de tensão em R_E, o que reduz a sensibilidade em relação a β. O próximo exemplo ilustra este ponto.

Como indicado pela Equação (5.338), as topologias da Figura 5.94 sofrem do problema de polarização dependente da alimentação. Em circuitos integrados, essa questão é resolvida substituindo o resistor de emissor por uma fonte de corrente constante (Figura 5.95). Agora, como I_{EE} é constante, V_{BE} e $R_B I_B$ também são constantes. Assim, se V_{CC} aumentar, V_X e V_Y também aumentam, mas a corrente de polarização permanece constante.

5.4 RESUMO E EXEMPLOS ADICIONAIS

Este capítulo criou a base para o projeto de amplificadores, enfatizando que um adequado ponto de polarização deve ser estabelecido para definir as propriedades de pequenos sinais de cada circuito. A Figura 5.96 ilustra as três topologias de amplificadores estudadas, que exibem diferentes ganhos e impedâncias I/O; cada uma é mais interessante para uma dada aplicação. Os estágios EC e BC podem prover ganhos de tensão maiores que a unidade, e suas impedâncias de entrada e de saída independem das impedâncias da carga e da fonte, respectivamente (se $V_A = \infty$). Seguidores, por sua vez, exibem um ganho de tensão que, no máximo, é igual à unidade, mas suas impedâncias terminais dependem das impedâncias de carga e de fonte.

Nesta seção, consideraremos alguns exemplos desafiadores, para aprimorarmos as técnicas de análise de circuitos. Como sempre, a ênfase reside na solução por inspeção e, por conseguinte, no entendimento intuitivo do funcionamento do circuito. Assumiremos que os diversos capacitores usados em cada circuito têm impedâncias desprezíveis nas frequências de sinal de interesse.

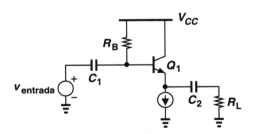

Figura 5.95 Acoplamento capacitivo na entrada e na saída de um seguidor.

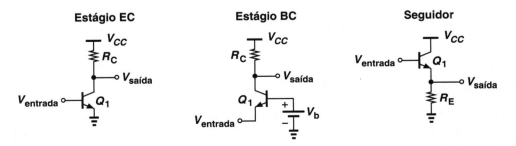

Figura 5.96 Resumo de topologias de amplificadores bipolares.

Exemplo 5.48 Assumindo $V_A = \infty$, determinemos o ganho de tensão do circuito da Figura 5.97(a).

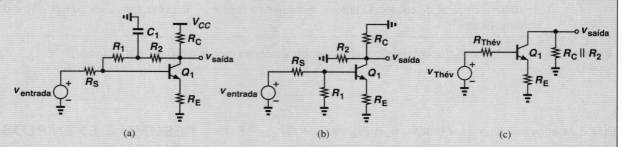

Figura 5.97 (a) Exemplo de estágio EC, (b) circuito equivalente com C_1 curto-circuitado, (c) circuito simplificado.

Solução O modelo AC simplificado da Figura 5.97(b) revela que R_1 aparece entre base e a terra, e R_2, entre o coletor e a terra. Substituindo $v_{entrada}$, R_S e R_1 por um equivalente de Thévenin [Figura 5.97(c)], temos

$$v_{Thév} = \frac{R_1}{R_1 + R_S} v_{entrada} \qquad (5.341)$$

$$R_{Thév} = R_1 \| R_S. \qquad (5.342)$$

O circuito resultante lembra o da Figura 5.43(a) e satisfaz a Equação (5.185):

$$\frac{v_{saída}}{v_{Thév}} = -\frac{R_2 \| R_C}{\dfrac{R_{Thév}}{\beta + 1} + \dfrac{1}{g_m} + R_E}. \qquad (5.343)$$

Substituindo $v_{Thév}$ e $R_{Thév}$, obtemos

$$\frac{v_{saída}}{v_{entrada}} = -\frac{R_2 \| R_C}{\dfrac{R_1 \| R_S}{\beta + 1} + \dfrac{1}{g_m} + R_E} \cdot \frac{R_1}{R_1 + R_S}. \qquad (5.344)$$

Exercício O que acontece se um capacitor muito grande for adicionado entre o emissor de Q_1 e a terra?

Exemplo 5.49 Assumindo $V_A = \infty$, calculemos o ganho de tensão do circuito mostrado na Figura 5.98(a).

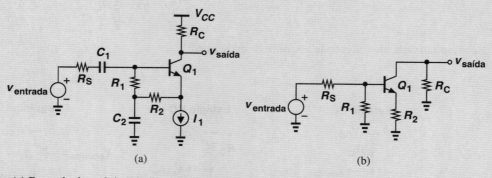

Figura 5.98 (a) Exemplo de estágio EC, (b) circuito simplificado.

Solução Como mostrado no diagrama simplificado da Figura 5.98(b), R_2 aparece como um resistor de degeneração de emissor. Como no exemplo anterior, substituímos $v_{entrada}$, R_S e R_1 por um equivalente de Thévenin [Figura 5.97(c)] e utilizamos a Equação (5.185):

$$\frac{v_{saída}}{v_{entrada}} = -\frac{R_C}{\frac{R_{Thév}}{\beta+1} + \frac{1}{g_m} + R_2} \quad (5.345)$$

Logo,

$$\frac{v_{saída}}{v_{entrada}} = -\frac{R_C}{\frac{R_S\|R_1}{\beta+1} + \frac{1}{g_m} + R_2} \cdot \frac{R_1}{R_1 + R_S}. \quad (5.346)$$

Exercício O que acontece se C_2 for conectado entre o emissor de Q_1 e a terra?

Exemplo 5.50 Assumindo $V_A = \infty$, calculemos o ganho de tensão e a impedância de entrada do circuito mostrado na Figura 5.99(a).

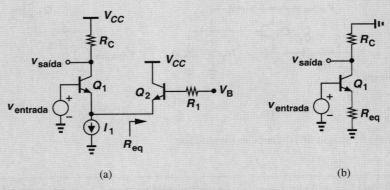

Figura 5.99 (a) Exemplo de estágio EC, (b) circuito simplificado.

Solução O circuito lembra um estágio EC (por quê?) degenerado pela impedância vista no emissor de Q_2, $R_{Equação}$. Recordemos, da Figura 5.75, que

$$R_{eq} = \frac{R_1}{\beta+1} + \frac{1}{g_{m2}}. \quad (5.347)$$

O modelo simplificado da Figura 5.99(b) resulta em

$$A_v = \frac{-R_C}{\frac{1}{g_{m1}} + R_{eq}} \quad (5.348)$$

$$= \frac{-R_C}{\frac{1}{g_{m1}} + \frac{R_1}{\beta+1} + \frac{1}{g_{m2}}}. \quad (5.349)$$

A impedância de entrada também é obtida da Figura 5.75:

$$R_{entrada} = r_{\pi 1} + (\beta+1)R_{eq} \quad (5.350)$$

$$= r_{\pi 1} + R_1 + r_{\pi 2}. \quad (5.351)$$

Exercício Repita o exemplo anterior para o caso em que R_1 é conectado em série com o emissor de Q_2.

Exemplo 5.51

Assumindo $V_A = \infty$, calculemos o ganho de tensão do circuito da Figura 5.100(a).

Solução Como a base está na terra AC, R_1 aparece em paralelo com R_C, enquanto R_2 é curto-circuitado à terra nos dois terminais [Figura 5.100(b)]. O ganho de tensão é dado pela Equação (5.271), com R_C substituído por $R_C \| R_1$:

$$A_v = \frac{R_C \| R_1}{R_S + \dfrac{1}{g_m}}. \tag{5.352}$$

Exercício O que acontece se R_C for substituído por uma fonte de corrente ideal?

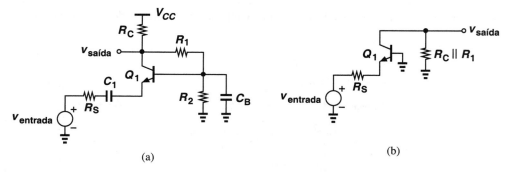

Figura 5.100 (a) Exemplo de estágio BC, (b) circuito simplificado.

Exemplo 5.52

Assumindo $V_A = \infty$, determinemos a impedância de entrada do circuito mostrado na Figura 5.101(a).

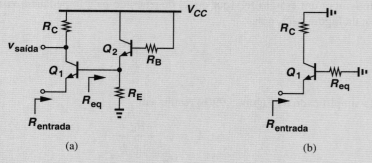

Figura 5.101 (a) Exemplo de estágio BC, (b) circuito simplificado.

Solução Neste circuito, Q_1 funciona como um dispositivo em base comum (por quê?), com uma resistência R_{eq} em série com a base [Figura 5.101(b)]. Para determinar R_{eq}, notamos que Q_2 lembra um seguidor de emissor – por exemplo, a topologia na Figura 5.91(a) – e concluímos que R_{eq} pode ser vista como a resistência de saída de um estágio seguidor, como dado pela Equação (5.329):

$$R_{eq} = \left(\frac{R_B}{\beta + 1} + \frac{1}{g_{m2}} \right) \| R_E. \tag{5.353}$$

Agora, na Figura 5.101(b), observamos que $R_{entrada}$ contém duas componentes: uma igual à resistência em série com a base, R_{eq}, dividida por $\beta + 1$, e outra igual a $1/g_{m1}$:

$$R_{entrada} = \frac{R_{eq}}{\beta + 1} + \frac{1}{g_{m1}} \tag{5.354}$$

$$= \frac{1}{\beta+1}\left[\left(\frac{R_B}{\beta+1}+\frac{1}{g_{m2}}\right)\|R_E\right]+\frac{1}{g_{m1}}. \tag{5.355}$$

O leitor é encorajado a calcular $R_{entrada}$ através de uma completa análise de pequenos sinais e a comparar o "trabalho manual" exigido pela álgebra anterior.

Exercício O que acontece se o ganho de corrente de Q_2 tender ao infinito?

Exemplo 5.53 Calculemos o ganho de tensão e a impedância de saída do circuito mostrado na Figura 5.102(a) com $V_A < \infty$.

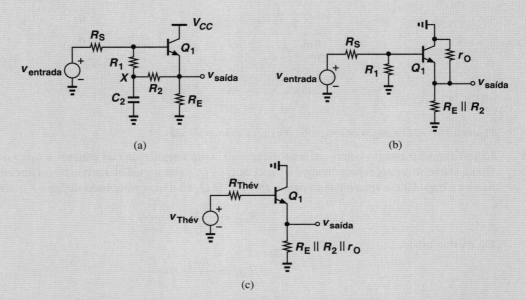

Figura 5.102 (a) Exemplo de seguidor de emissor, (b) circuito com C_1 curto-circuitado, (c) circuito simplificado.

Solução Notando que X está na terra AC, construímos o circuito simplificado da Figura 5.102(b), na qual a resistência de saída de Q_1 é desenhada de forma explícita. Substituindo $v_{entrada}$, R_S e R_1 pelo equivalente de Thévenin e notando que R_E, R_2 e r_O aparecem em paralelo [Figura 5.102(c)], empregamos a Equação (5.330) e escrevemos

$$\frac{v_{saída}}{v_{Thév}} = \frac{R_E\|R_2\|r_O}{R_E\|R_2\|r_O + \dfrac{1}{g_m} + \dfrac{R_{Thév}}{\beta+1}} \tag{5.356}$$

Logo

$$\frac{v_{saída}}{v_{entrada}} = \frac{R_E\|R_2\|r_O}{R_E\|R_2\|r_O + \dfrac{1}{g_m} + \dfrac{R_S\|R_1}{\beta+1}} \cdot \frac{R_1}{R_1+R_S}. \tag{5.357}$$

Para a resistência de saída, nos referimos à Equação (5.332)

$$R_{saída} = \left(\frac{R_{Thév}}{\beta+1}+\frac{1}{g_m}\right)\|(R_E\|R_2\|r_O) \tag{5.358}$$

$$= \left(\frac{R_S\|R_1}{\beta+1}+\frac{1}{g_m}\right)\|R_E\|R_2\|r_O. \tag{5.359}$$

Exercício O que acontece se $R_S = 0$?

Exemplo 5.54 Determinemos o ganho de tensão e as impedâncias I/O da topologia mostrada na Figura 5.103(a). Assumamos $V_A = \infty$ e iguais β's para os transistores *npn* e *pnp*.

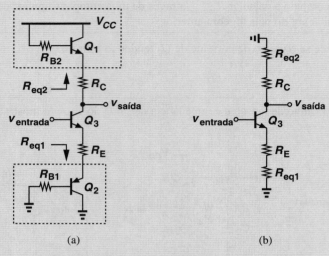

Figura 5.103 (a) Exemplo de estágio EC, (b) circuito simplificado.

Solução Identificamos o estágio como um amplificador EC com degeneração de emissor e carga de coletor composta. Como primeiro passo, representamos o papel de Q_2 e Q_3 pelas impedâncias que criam nos emissores. Como R_{eq1} denota a impedância vista olhando para o emissor de Q_1 com uma resistência de base R_{B1}, da Figura 5.75, temos

$$R_{eq1} = \frac{R_{B1}}{\beta + 1} + \frac{1}{g_{m2}}. \tag{5.360}$$

Do mesmo modo,

$$R_{eq2} = \frac{R_{B2}}{\beta + 1} + \frac{1}{g_{m1}}, \tag{5.361}$$

o que nos leva ao circuito simplificado da Figura 5.103(b). Com isto,

$$A_v = -\frac{R_C + R_{eq2}}{R_{eq1} + \dfrac{1}{g_{m3}} + R_E} \tag{5.362}$$

$$= -\frac{R_C + \dfrac{R_{B2}}{\beta + 1} + \dfrac{1}{g_{m1}}}{\dfrac{R_{B1}}{\beta + 1} + \dfrac{1}{g_{m2}} + \dfrac{1}{g_{m3}} + R_E}. \tag{5.363}$$

e

$$R_{entrada} = r_{\pi 3} + (\beta + 1)(R_E + R_{eq1}) \tag{5.364}$$

$$= r_{\pi 3} + (\beta + 1)\left(R_E + \frac{R_{B1}}{\beta + 1} + \frac{1}{g_{m2}}\right), \tag{5.365}$$

e, ainda,

$$R_{saída} = R_C + R_{eq2} \tag{5.366}$$

$$= R_C + \frac{R_{B2}}{\beta + 1} + \frac{1}{g_{m1}}. \tag{5.367}$$

Exercício O que acontece se $R_{B2} \to \infty$?

5.5 RESUMO DO CAPÍTULO

- Além do ganho, as impedâncias de entrada e de saída de amplificadores determinam a facilidade com que os diversos estágios podem ser conectados em cascata.

- Amplificadores de tensão devem, idealmente, prover uma alta impedância de entrada (de modo que possam mostrar uma tensão sem perturbar o nó) e uma baixa impedância de saída (de modo que possam alimentar uma carga sem redução no ganho).

- As impedâncias vistas olhando para a base, coletor e emissor de um transistor bipolar são iguais a r_π (com emissor aterrado), r_O (com emissor aterrado) e $1/g_m$ (com base aterrada), respectivamente.

- Para obter os necessários parâmetros de pequenos sinais do dispositivo bipolar, como g_m, r_π e r_O, o transistor deve ser "polarizado", ou seja, conduzir uma certa corrente de coletor e operar na região ativa. Sinais implicam perturbações nestas condições.

- Técnicas de polarização estabelecem as necessárias tensões base-emissor e base-coletor e proveem a corrente de base.

- Com um único transistor bipolar, apenas três topologias de amplificadores são possíveis: estágios emissor comum e base comum, e seguidores de emissor.

- O estágio EC provê ganho de tensão moderado, impedância de entrada moderada e impedância de saída moderada.

- Degeneração de emissor melhora a linearidade, mas reduz o ganho de tensão.

- Degeneração de emissor aumenta, de forma considerável, a impedância de saída de estágios EC.

- O estágio BC provê ganho de tensão moderado, baixa impedância de entrada e moderada impedância de saída.

- As expressões para os ganhos de tensão de estágios EC e BC são similares, a menos de um sinal.

- O seguidor de emissor provê ganho de tensão menor que a unidade, alta impedância de entrada e baixa impedância de saída, funcionando como um bom *buffer* de tensão.

EXERCÍCIOS

Seção 5.1.1 Impedâncias de Entrada e de Saída

5.1 Uma antena pode ser modelada como um equivalente de Thévenin, com uma fonte de tensão senoidal $V_0 \cos\omega t$ e uma resistência de saída $R_{saída}$. Determine a potência média entregue a uma resistência de carga R_L e esboce o resultado como um gráfico em função de R_L.

5.2 Determine a resistência de pequenos sinais do circuito mostrado na Figura 5.104. Assuma que todos os diodos estejam sob polarização direta. (Lembre-se, do Capítulo 3, que cada diodo se comporta como uma resistência linear se as mudanças na tensão e na corrente forem pequenas.)

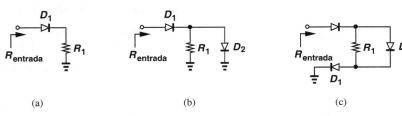

Figura 5.104

5.3 Calcule a resistência de entrada dos circuitos mostrados na Figura 5.105. Assuma $V_A = \infty$.

5.4 Calcule a resistência de saída de cada circuito na Figura 5.106.

5.5 Determine a resistência de entrada dos circuitos mostrados na Figura 5.107. Assuma $V_A = \infty$.

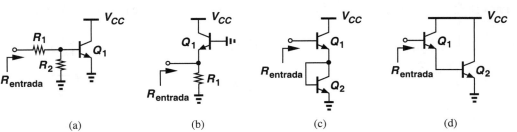

Figura 5.105

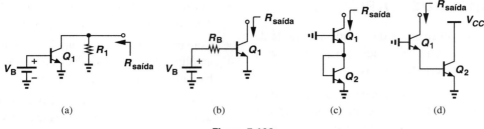

(a) (b) (c) (d)

Figura 5.106

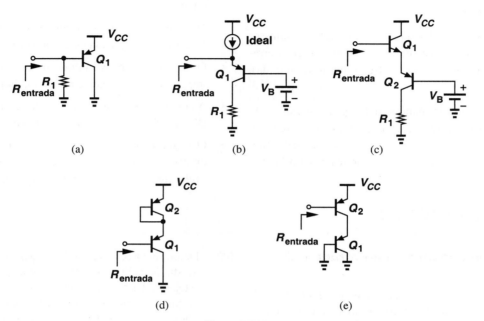

(a) (b) (c)

(d) (e)

Figura 5.107

5.6 Calcule a resistência de saída de cada circuito na Figura 5.108.

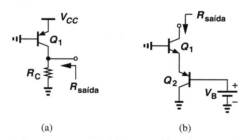

(a) (b)

Figura 5.108

Seções 5.2.1 e 5.2.2 Polarização Simples e por Divisor de Tensão Resistivo

5.7 Calcule o ponto de polarização de cada circuito na Figura 5.109. Assuma $\beta = 100$, $I_S = 6 \times 10^{-16}$ A e $V_A = \infty$.

5.8 Construa o equivalente de pequenos sinais de cada circuito do Exercício 5.7.

*5.9 Calcule o ponto de polarização de cada circuito na Figura 5.110. Assuma $\beta = 100$, $I_S = 5 \times 10^{-16}$ A e $V_A = \infty$.

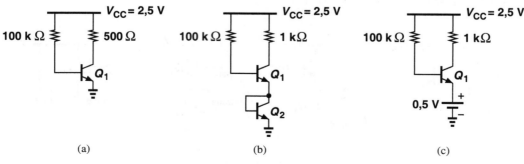

(a) (b) (c)

Figura 5.109

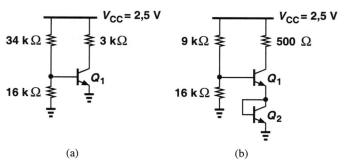
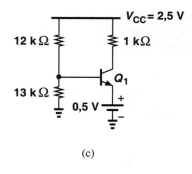

(a) (b) (c)

Figura 5.110

5.10 Construa o equivalente de pequenos sinais de cada circuito do Exercício 5.9.

5.11 No circuito da Figura 5.111, $\beta = 100$ e $V_A = \infty$. Calcule o valor de I_S quando:

(a) A corrente de coletor de Q_1 é igual a 0,5 mA.

(b) Q_1 é polarizado na fronteira da região de saturação.

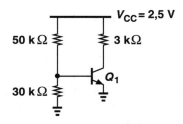

Figura 5.111

5.12 Considere o circuito mostrado na Figura 5.112, com $\beta = 100$, $I_S = 6 \times 10^{-16}$ A e $V_A = \infty$.

(a) Qual é o mínimo valor de R_B que garante operação no modo ativo?

(b) Com o valor calculado para R_B, que polarização direta surge na junção base-coletor se β aumentar para 200?

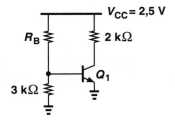

Figura 5.112

5.13 O circuito da Figura 5.113 deve ser projetado para uma impedância de entrada maior que 10 kΩ e um g_m de, pelo menos, 1/(260 Ω). Se $\beta = 100$, $I_S = 2 \times 10^{-17}$ A e $V_A = \infty$, determine os valores mínimos permitidos para R_1 e R_2.

*5.14 Repita o Exercício 5.13 para um g_m de, pelo menos, 1/(26 Ω). Explique por que não existe solução.

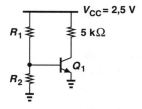

Figura 5.113

*5.15 Desejamos projetar o estágio EC mostrado na Figura 5.114 para um ganho ($= g_m R_C$) A_0, com impedância de saída R_0. Qual é a máxima impedância de entrada que pode ser obtida? Assuma $V_A = \infty$.

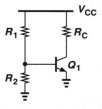

Figura 5.114

Seção 5.2.3 Polarização com Emissor Degenerado

5.16 O circuito da Figura 5.115 foi projetado para uma corrente de coletor de 0,25 mA. Considere $I_S = 6 \times 10^{-16}$ A, $\beta = 100$ e $V_A = \infty$.

(a) Determine o necessário valor de R_1.

(b) Qual é o erro em I_C se R_E se desviar de seu valor nominal por 5%.

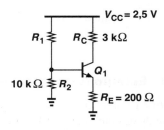

Figura 5.115

5.17 No circuito da Figura 5.116, determine o máximo valor de R_2 que garante operação de Q_1 no modo ativo. Considere $\beta = 100$, $I_S = 10^{-17}$ A e $V_A = \infty$.

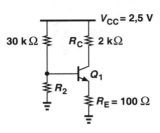

Figura 5.116

5.18 No circuito da Figura 5.117, na qual $I_{S1} = I_{S2} = 4 \times 10^{-16}$ A, $\beta_1 = \beta_2 = 100$ e $V_A = \infty$.

(a) Determine o ponto de operação dos transistores.

(b) Construa o circuito equivalente de pequenos sinais.

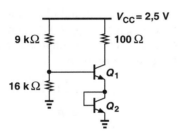

Figura 5.117

*5.19 Considere o circuito da Figura 5.118, na qual $I_{S1} = 2I_{S2} = 5 \times 10^{-16}$ A, $\beta_1 = \beta_2 = 100$ e $V_A = \infty$.

(a) Determine as correntes de coletor de Q_1 e Q_2.

(b) Construa o circuito equivalente de pequenos sinais.

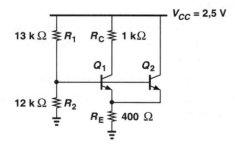

Figura 5.118

Seção 5.2.4 Estágio Autopolarizado

5.20 O circuito da Figura 5.119 deve ser polarizado com uma corrente de coletor de 1 mA. Calcule o necessário valor de R_B com $I_S = 3 \times 10^{-16}$ A, $\beta = 100$ e $V_A = \infty$.

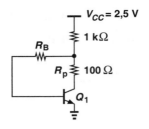

Figura 5.119

5.21 No circuito da Figura 5.120, $V_X = 1{,}1$ V. Se $\beta = 100$ e $V_A = \infty$, qual é o valor de I_S?

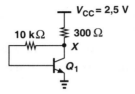

Figura 5.120

5.22 Devido a um erro de fabricação, um resistor parasita, R_P, apareceu em série com o coletor de Q_1 na Figura 5.121. Qual é o mínimo valor permitido para R_B para que a polarização direta da junção base-coletor não exceda 200 mV. Considere $I_S = 3 \times 10^{-16}$ A, $\beta = 100$ e $V_A = \infty$.

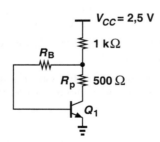

Figura 5.121

5.23 Considere o circuito da Figura 5.122, na qual $I_S = 6 \times 10^{-16}$ A, $\beta = 100$ e $V_A = \infty$. Calcule o ponto de operação de Q_1.

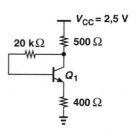

Figura 5.122

*5.24 No circuito da Figura 5.123, $I_S = 8 \times 10^{-16}$ A, $\beta = 100$ e $V_A = \infty$.
(a) Determine o ponto de operação de Q_1.
(b) Desenhe o circuito equivalente de pequenos sinais.

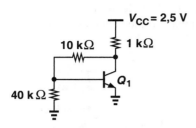

Figura 5.123

**5.25 No circuito da Figura 5.124, $I_{S1} = I_{S2} = 3 \times 10^{-16}$ A, $\beta = 100$ e $V_A = \infty$.
(a) Calcule V_B de modo que Q_1 conduza uma corrente de coletor de 1 mA.
(b) Construa o circuito equivalente de pequenos sinais.

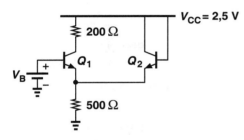

Figura 5.124

Seção 5.2.5 Polarização de Transistores *pnp*

5.26 Determine o ponto de polarização de cada circuito na Figura 5.125. Assuma $\beta_{npn} = 2\beta_{pnp} = 100$, $I_S = 9 \times 10^{-16}$ A e $V_A = \infty$.

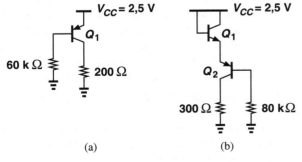

Figura 5.125

5.27 Construa os modelos de pequenos sinais dos circuitos do Exercício 5.26.

5.28 Calcule o ponto de polarização de cada circuito na Figura 5.126. Assuma $\beta_{npn} = 2\beta_{pnp} = 100$, $I_S = 9 \times 10^{-16}$ A e $V_A = \infty$.

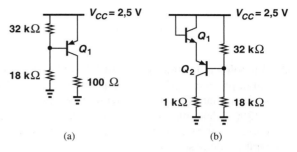

Figura 5.126

5.29 Construa os modelos de pequenos sinais dos circuitos do Exercício 5.28.

5.30 Calcule o valor de R_E na Figura 5.127 para que Q_1 mantenha uma polarização reversa de 300 mV na junção base-coletor. Assuma $\beta = 50$, $I_S = 8 \times 10^{-16}$ A e $V_A = \infty$. O que acontece se o valor de R_E for dividido por dois?

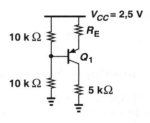

Figura 5.127

5.31 Na Figura 5.128, escolhemos R_B para colocar Q_1 na fronteira da saturação. Mas, o verdadeiro valor deste resistor pode variar de ±5%. Determine, para estes dois extremos, a polarização direta – ou reversa – a que estará sujeita a junção base-coletor. Assuma $\beta = 50$, $I_S = 8 \times 10^{-16}$ A e $V_A = \infty$.

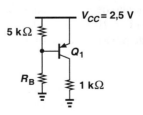

Figura 5.128

5.32 Na Figura 5.129, se $\beta = 80$ e $V_A = \infty$, que valor de I_S produz uma corrente de coletor de 1 mA?

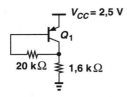

Figura 5.129

*5.33 A topologia ilustrada na Figura 5.130(a) é chamada de "multiplicador V_{BE}". (O correspondente *npn* tem topologia similar.) Construa o circuito mostrado na Figura 5.130(b), determine a tensão coletor-emissor de Q_1 para corrente de base desprezível. (O correspondente *npn* também pode ser usado.)

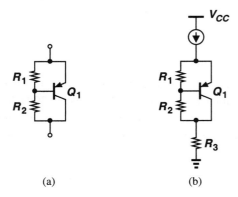

Figura 5.130

Seção 5.3.1 Topologia Emissor Comum

5.34 Desejamos projetar o estágio EC da Figura 5.131 para um ganho de tensão de 20. Qual é a mínima tensão de alimentação para Q_1 permanecer no modo ativo? Assuma $V_A = \infty$ e $V_{BE} = 0{,}8$ V.

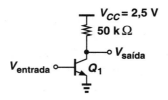

Figura 5.131

5.35 O circuito da Figura 5.132 deve ser projetado para máximo ganho de tensão, sendo Q_1 mantido no modo ativo. Para $V_A = 10$ V e $V_{BE} = 0{,}8$ V, calcule a necessária corrente de polarização. Assuma $V_{CC} = 2{,}5$ V.

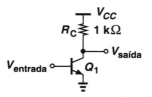

Figura 5.132

5.36 Suponha que o transistor bipolar da Figura 5.133 exiba a seguinte característica hipotética:

$$I_C = I_S \exp \frac{V_{BE}}{2V_T}. \qquad (5.368)$$

Desprezando o efeito Early, calcule o ganho de tensão para uma corrente de polarização de 1 mA.

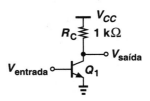

Figura 5.133

5.37 O estágio EC da Figura 5.134 emprega uma fonte de corrente ideal como carga. Se o ganho de tensão for igual a 50 e a impedância de saída, 10 kΩ, determine a corrente de polarização do transistor.

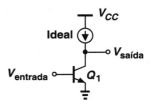

Figura 5.134

**5.38 Determine o ganho de tensão e as impedâncias I/O de cada circuito mostrado na Figura 5.135. Assuma $V_A = \infty$. Nas Figuras 5.135(d) e (e), o transistor Q_2 opera sob saturação fraca.

**5.39 Repita o Exercício 5.38 com $V_A < \infty$.

5.40 Considere a Equação (5.157) para o ganho de um estágio EC degenerado. Escrevendo $g_m = I_C/V_T$, notamos que g_m e, portanto, o ganho de tensão varia se I_C mudar com o nível de sinal. Para os dois casos seguintes, determine a mudança relativa no ganho se I_C variar em 10%: (a) o valor nominal de $g_m R_E$ é 3; (b) o valor nominal de $g_m R_E$ é 7. O ganho mais constante no segundo caso se traduz em maior linearidade do circuito.

5.41 Expresse o ganho de tensão do estágio ilustrado na Figura 5.136 em termos da corrente de polarização de coletor, I_C, e de V_T. Se $V_A = \infty$, qual é o ganho se as quedas de tensão em R_C e R_E forem iguais a 20 V_T e 5V_T, respectivamente?

5.42 Desejamos projetar o estágio degenerado da Figura 5.137 para um ganho de tensão de 10, com Q_1 operando na fronteira da região de saturação. Calcule a corrente de polarização e o valor de R_C com $\beta = 100$, $I_S = 5 \times$

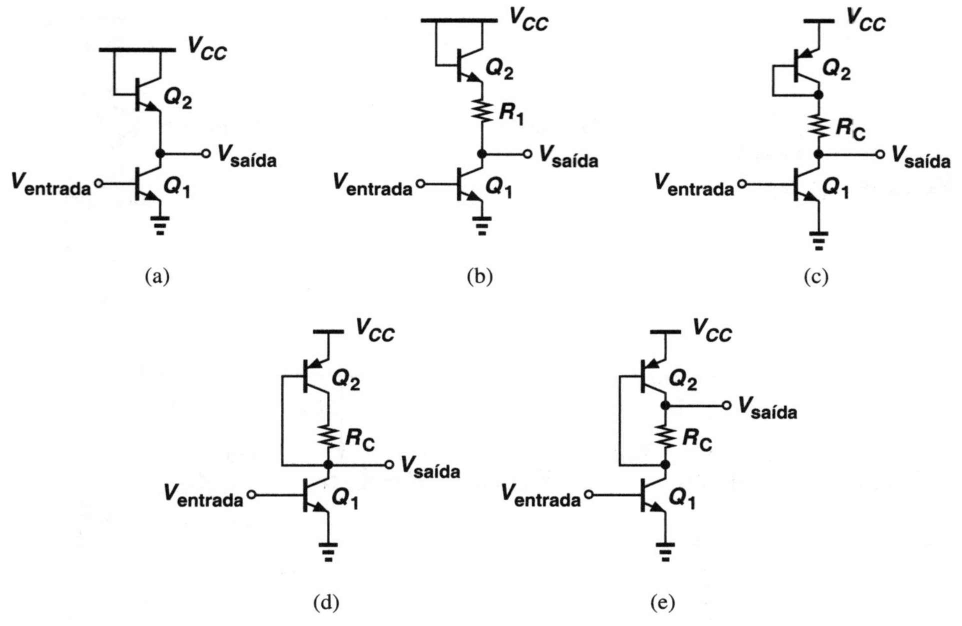

Figura 5.135

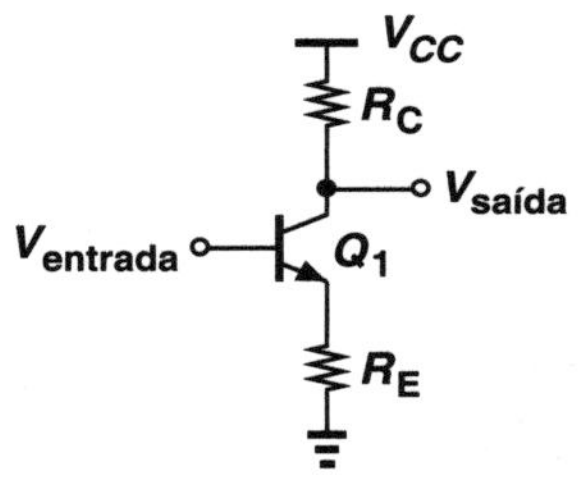

Figura 5.136

10^{-16} A e $V_A = \infty$. Calcule a impedância de entrada do circuito.

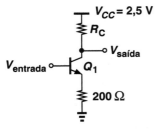

Figura 5.137

*5.43 Repita o Exercício 5.42 para um ganho de tensão de 100. Explique por que não existe solução. Qual é o máximo ganho que pode ser alcançado com este estágio?

5.44 Construa o modelo de pequenos sinais do estágio EC mostrado na Figura 5.43(a) e calcule o ganho de tensão. Assuma $V_A = \infty$.

5.45 Construa o modelo de pequenos sinais do estágio EC mostrado na Figura 5.43(a) e prove que, se o efeito Early for desprezado, a impedância de saída é igual a R_C.

**5.46 Determine o ganho de tensão e as impedâncias I/O de cada circuito mostrado na Figura 5.138. Considere $V_A = \infty$.

**5.47 Calcule o ganho de tensão e as impedâncias I/O de cada circuito mostrado na Figura 5.139. Considere $V_A = \infty$.

*5.48 Usando um circuito equivalente de pequenos sinais, calcule a impedância de saída de um estágio degenerado EC com $V_A < \infty$. Considere $\beta \gg 1$.

*5.49 Compare as impedâncias de saída dos circuitos mostrados na Figura 5.140. Considere $\beta \gg 1$.

*5.50 Calcule a impedância de saída do circuito na Figura 5.141. Considere $\beta \gg 1$.

*5.51 Escrevendo $r_\pi = \beta V_T/I_C$, expanda a Equação (5.217) e prove que o resultado permanece próximo de r_π se $I_B R_B \gg V_T$ (o que é válido, pois V_{CC} e V_{BE}, em geral, diferem por cerca de 0,5 V ou mais).

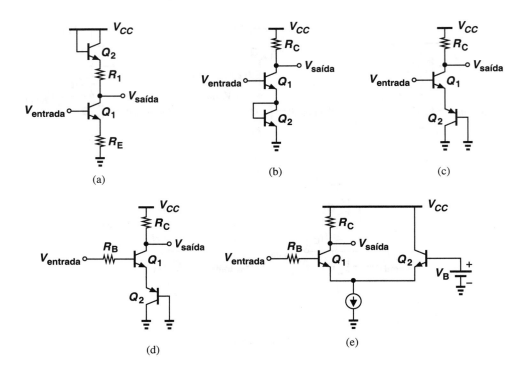

Figura 5.138

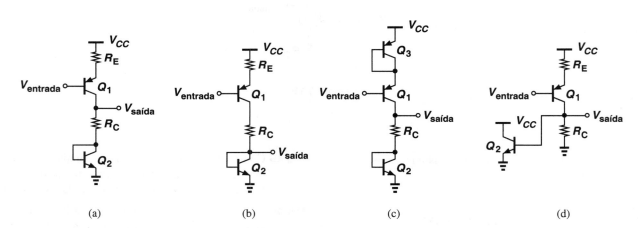

Figura 5.139

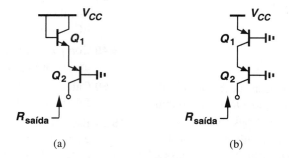

Figura 5.140

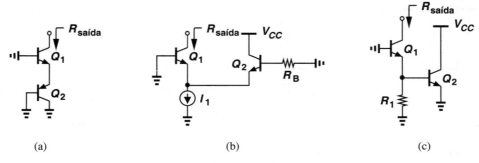

Figura 5.141

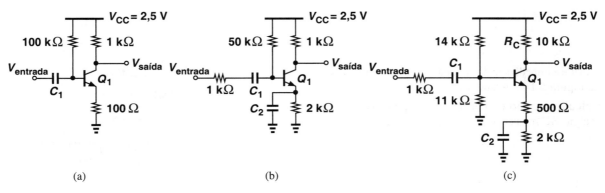

Figura 5.142

5.52 Calcule $v_{saída}/v_{entrada}$ para cada um dos circuitos mostrados na Figura 5.142. Considere $I_S = 8 \times 10^{-16}$ A, $\beta = 100$ e $V_A = \infty$. Considere, ainda, que os capacitores sejam muito grandes.

5.53 Repita o Exercício 5.33 com $R_B = 25$ kΩ e $R_C = 250$ Ω. O ganho é maior que a unidade?

Seção 5.3.2 Topologia Base Comum

5.54 O estágio base comum da Figura 5.143 é polarizado com uma corrente de coletor de 2 mA. Considere $V_A = \infty$.

(a) Calcule o ganho de tensão e as impedâncias I/O do circuito.

(b) Como V_B e R_C devem ser escolhidos para maximizar o ganho de tensão com uma corrente de polarização de 2 mA?

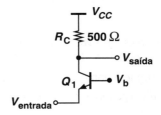

Figura 5.143

5.55 Determine o ganho de tensão de cada circuito na Figura 5.144. Considere $V_A = \infty$.

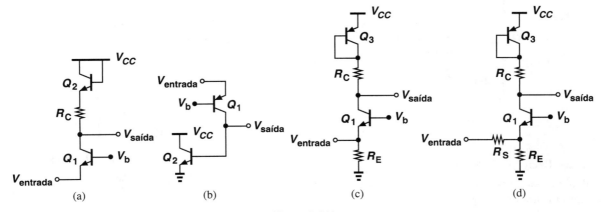

Figura 5.144

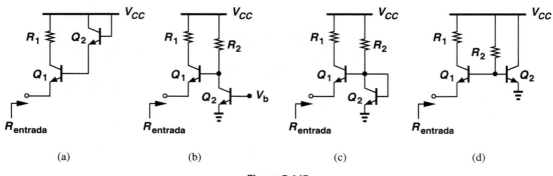

(a)   (b)   (c)   (d)

Figura 5.145

***5.56** Calcule a impedância de entrada de cada estágio ilustrado na Figura 5.145. Assuma $V_A = \infty$.

5.57 Calcule o ganho de tensão e as impedâncias I/O do estágio BC mostrado na Figura 5.146. Assuma $V_A < \infty$.

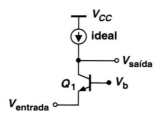

Figura 5.146

5.58 Considere o estágio BC da Figura 5.157, na qual $\beta = 100$, $I_S = 8 \times 10^{-16}$ A, $V_A = \infty$ e C_B é muito grande.
(a) Determine o ponto de operação de Q_1.
(b) Calcule o ganho de tensão e as impedâncias I/O do circuito.

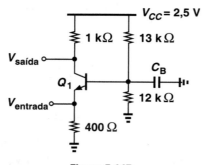

Figura 5.147

5.59 Repita o Exercício 5.58 para $C_B = 0$.

***5.60** Calcule o ganho de tensão e as impedâncias I/O do estágio mostrado na Figura 5.148 se $V_A = \infty$ e C_B for muito grande.

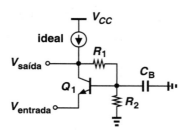

Figura 5.148

5.61 Calcule o ganho de tensão e as impedâncias I/O do estágio mostrado na Figura 5.149 se $V_A = \infty$ e C_B for muito grande.

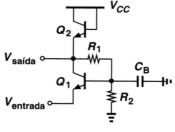

Figura 5.149

***5.62** Calcule o ganho de tensão do circuito mostrado na Figura 5.150 se $V_A < \infty$.

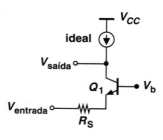

Figura 5.150

5.63 O circuito da Figura 5.151 provê duas saídas. Se $I_{S1} = 2I_{S2}$, determine a relação entre $v_{saída1}/v_{entrada}$ e $v_{saída2}/v_{entrada}$. Considere $V_A = \infty$.

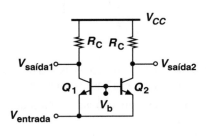

Figura 5.151

**5.64 Usando um modelo de pequenos sinais, determine o ganho de tensão de um estágio BC com degeneração de emissor, resistência de base e $V_A < \infty$. Considere $\beta \gg 1$.

Seção 5.3.3 Seguidor de Emissor

5.65 Determine a corrente de polarização de Q_1 na Figura 5.152, com $R_E = 100\ \Omega$, de modo que o ganho seja igual a 0,8. Considere $V_A = \infty$.

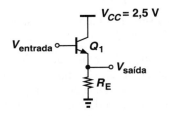

Figura 5.152

5.66 O circuito na Figura 5.152 deve apresentar uma impedância de entrada maior que 10 kΩ, com ganho mínimo de 0,9. Calcule a necessária corrente de polarização e R_E. Considere $\beta = 100$ e $V_A = \infty$.

5.67 Um microfone com impedância de saída $R_S = 200\ \Omega$ alimenta um seguidor de emissor como indicado na Figura 5.153. Determine a corrente de polarização de modo que a impedância de saída não exceda 5 Ω. Considere $\beta = 100$ e $V_A = \infty$.

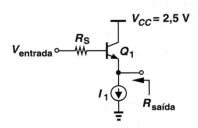

Figura 5.153

5.68 Calcule o ganho de tensão e as impedâncias I/O de cada circuito na Figura 5.154. Considere $V_A = \infty$.

*5.69 A Figura 5.155 mostra um "par de Darlington", na qual Q_1 tem papel um tanto quanto similar ao de um seguidor de emissor e alimenta Q_2. Assuma $V_A = \infty$ e que os coletores de Q_1 e Q_2 estejam conectados a V_{CC}. Note que $I_{E1} (\approx I_{C1}) = I_{B2} = I_{C2}/\beta$.

(a) Se o emissor de Q_2 estiver aterrado, determine a impedância vista na base de Q_1.

(b) Se a base de Q_1 estiver aterrada, determine a impedância vista no emissor de Q_2.

(c) Calcule o ganho de corrente do par, definido como $(I_{C1} + I_{C2})/I_{B1}$.

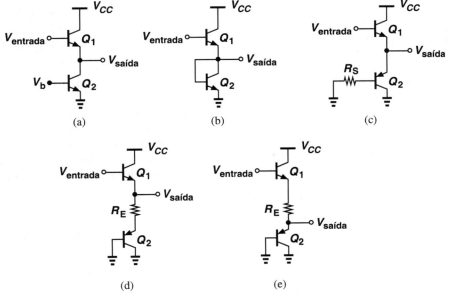

Figura 5.154

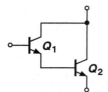

Figura 5.155

5.70 Determine o ganho de tensão do seguidor de emissor ilustrado na Figura 5.156. Considere $I_S = 7 \times 10^{-16}$ A, $\beta = 100$ e $V_A = 5$ V. (Mas, para as condições de polarização, assuma $V_A = \infty$.) Assuma, ainda, que os capacitores sejam muito grandes.

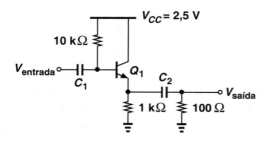

Figura 5.156

*5.71 No seguidor de emissor da Figura 5.157, Q_2 atua como uma fonte de corrente para o dispositivo de entrada Q_1.

(a) Calcule a impedância de saída da fonte de corrente, R_{CS}.

(b) Substitua Q_2 e R_E pela impedância obtida em (a) e calcule o ganho de tensão e as impedâncias I/O do circuito.

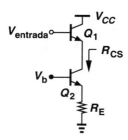

Figura 5.157

5.72 A Figura 5.158 ilustra uma cascata de um seguidor de emissor e um estágio emissor comum. Considere $V_A < \infty$.

(a) Calcule as impedâncias de entrada e de saída do circuito.

(b) Determine o ganho de tensão, $v_{saída}/v_{entrada} = (v_X/v_{entrada})(v_{saída}/v_X)$.

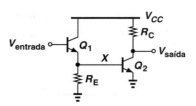

Figura 5.158

*5.73 A Figura 5.159 mostra uma cascata de um seguidor de emissor e um estágio base comum. Assuma $V_A = \infty$.

(a) Calcule as impedâncias de entrada e de saída do circuito.

(b) Determine o ganho de tensão, $v_{saída}/v_{entrada} = (v_X/v_{entrada})(v_{saída}/v_X)$.

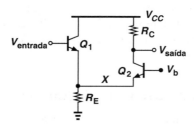

Figura 5.159

Exercícios de Projeto

Nos exercícios a seguir, a menos que especificado de outra forma, assuma $\beta = 100$, $I_S = 6 \times 10^{-16}$ A e $V_A = \infty$.

5.74 Projete o estágio EC mostrado na Figura 5.160 para um ganho de tensão de 10, impedância de entrada maior que 5 kΩ e impedância de saída de 1 kΩ. Se a menor frequência de sinal de interesse for 200 Hz, estime o mínimo valor permitido para C_B.

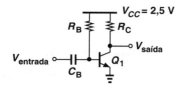

Figura 5.160

5.75 Desejamos projetar o estágio EC da Figura 5.161 para máximo ganho de tensão, mas com impedância de saída não maior que 500 Ω. Permitindo que o transistor esteja sujeito a, no máximo, 400 mV de polarização direta na junção base-coletor, projete o estágio.

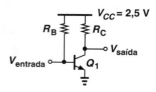

Figura 5.161

5.76 O estágio mostrado na Figura 5.161 deve alcançar máxima impedância de entrada, com um ganho de tensão de, no mínimo, 20 e impedância de saída de 1 kΩ. Projete o estágio.

5.77 O estágio EC da Figura 5.161 deve ser projetado para mínima tensão de alimentação, com ganho de tensão de 15 e impedância de saída de 2 kΩ. Se o transistor puder sustentar uma polarização direta de 400 mV na junção base-coletor, projete o estágio e calcule a necessária tensão de alimentação.

5.78 Desejamos projetar o estágio EC da Figura 5.161 para mínima dissipação de potência. Se o ganho de tensão for igual a A_0, determine a permuta entre dissipação de potência e impedância de saída do circuito.

5.79 Projete o estágio EC da Figura 5.161 para um balanço de potência de 1 mW e ganho de tensão de 20.

5.80 Projete o estágio EC degenerado da Figura 5.162 para um ganho de tensão de 5 e impedância de saída de 500 Ω. Assuma que R_E sustente uma queda de tensão de 300 mV e que a corrente que flui por R_1 seja aproximadamente 10 vezes a corrente de base.

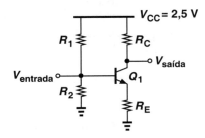

Figura 5.162

5.81 O estágio da Figura 5.162 deve ser projetado para máximo ganho de tensão e impedância de saída não maior que 1 kΩ. Considerando que a queda de tensão em R_E seja de 200 mV, que a corrente que flui por R_1 seja aproximadamente 10 vezes a corrente de base e que Q_1 sustenta uma polarização direta máxima de 400 mV na junção base-coletor, projete o circuito.

5.82 Projete o estágio da Figura 5.162 para um balanço de potência de 5 mW, ganho de tensão de 5 e queda de tensão de 200 mV em R_E. Considere que a corrente que flui por R_1 seja aproximadamente 10 vezes a corrente de base.

5.83 Projete o estágio base comum da Figura 5.163 para um ganho de tensão de 20 e impedância de entrada de 50 Ω. Considere uma queda de tensão de $10V_T = 260$ mV em R_E, de modo que este resistor não afete a impedância de entrada de forma significativa. Considere, ainda, que a corrente que flui por R_1 seja aproximadamente 10 vezes a corrente de base e que a mínima frequência de interesse seja de 200 Hz.

5.84 O amplificador BC da Figura 5.163 deve alcançar um ganho de tensão de 8 e impedância de saída de 500 Ω. Projete o circuito com as mesmas hipóteses que no Exercício 5.83.

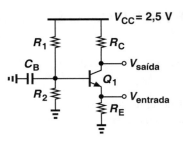

Figura 5.163

5.85 Desejamos projetar o estágio BC da Figura 5.163 para uma impedância de saída de 200 Ω e ganho de tensão de 20. Qual é a mínima dissipação de potência necessária. Use as mesmas hipóteses que no Exercício 5.83.

5.86 Projete o amplificador BC da Figura 5.163 para um balanço de potência de 5 mW e ganho de tensão de 10. Use as mesmas hipóteses que no Exercício 5.83.

5.87 Projete o estágio BC da Figura 5.163 para mínima tensão de alimentação, com impedância de entrada de 50 Ω e ganho de tensão de 20. Use as mesmas hipóteses que no Exercício 5.83.

5.88 Projete o seguidor de emissor mostrado na Figura 5.164 para ganho de tensão de 0,85 e impedância de entrada maior que 10 kΩ. Considere $R_L = 200$ Ω.

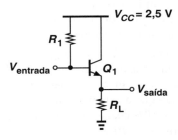

Figura 5.164

5.89 O seguidor da Figura 5.164 deve consumir 5 mW de potência e alcançar ganho de tensão de 0,9. Qual é a mínima resistência de carga, R_L, que pode alimentar?

5.90 O seguidor mostrado na Figura 5.165 deve alimentar uma resistência de carga, $R_L = 50$ Ω, com ganho de tensão de 0,8. Projete o circuito, assumindo que a mínima frequência de interesse seja de 100 MHz. (Sugestão: escolha a queda de tensão em R_E para ser muito maior que V_T, de modo que o resistor não afete o ganho de tensão de forma significativa.)

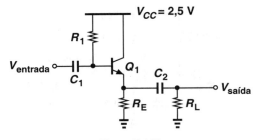

Figura 5.165

EXERCÍCIOS COM *SPICE*

Nos seguintes exercícios, assuma $I_{S,npn} = 5 \times 10^{-16}$A, $\beta_{npn} = 100$, $V_{A,npn} = 5$ V, $I_{S,pnp} = 8 \times 10^{-16}$A, $\beta_{pnp} = 50$, $V_{A,pnp} = 3,5$ V.

5.91 O estágio emissor comum da Figura 5.166 deve amplificar sinais na faixa de frequências de 1 MHz a 100 MHz.

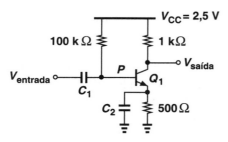

Figura 5.166

(a) Usando o comando .op, determine as condições de polarização de Q_1 e verifique se o transistor opera na região ativa.

(b) Rode uma análise AC e escolha o valor de C_1 tal que, em 1 MHz, $|V_P/V_{entrada}| \approx 0,99$. Isto assegura que C_1 atue como um curto-circuito em todas as frequências de interesse.

(c) Desenhe o gráfico de $|V_{saída}/V_{entrada}|$ em função da frequência, para diversos valores de C_2, por exemplo, 1 μF, 1 nF e 1 pF. Determine o valor de C_2 de modo que o ganho do circuito em 10 MHz esteja apenas 2% abaixo do valor máximo (por exemplo, para $C_2 = 1$ μF).

(d) Com o valor correto de C_2 obtido em (c), determine a impedância de entrada do circuito em 10 MHz. (Uma abordagem consiste em inserir um resistor em série com $V_{entrada}$ e ajustar seu valor até que $V_P/V_{entrada}$ ou $V_{saída}/V_{entrada}$ seja reduzido por um fator de dois.)

5.92 Predizendo uma impedância de saída da ordem de 1 kΩ para o estágio na Figura 5.166, um estudante construiu o circuito ilustrado na Figura 5.167, na qual V_X representa uma fonte AC com valor DC nulo. Infelizmente, V_N/V_X está distante de 0,5. Explique por quê.

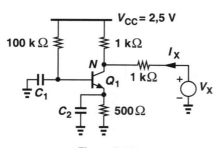

Figura 5.167

5.93 Considere o estágio autopolarizado mostrado na Figura 5.168.

(a) Determine as condições de polarização de Q_1.

(b) Selecione o valor de C_1 para que atue aproximadamente como um curto-circuito (por exemplo, $|V_P/V_{entrada}| \approx 0,99$) em 10 MHz.

(c) Calcule o ganho de tensão do circuito em 10 MHz.

(d) Determine a impedância de entrada do circuito em 10 MHz.

(e) Suponha que a tensão de alimentação seja fornecida por uma bateria envelhecida. De quanto V_{CC} pode cair se o ganho do circuito sofrer uma degradação de apenas 5%?

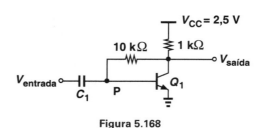

Figura 5.168

5.94 Repita o Exercício 5.93 para o estágio ilustrado na Figura 5.169. Qual dos dois circuitos é menos sensível a variações na alimentação?

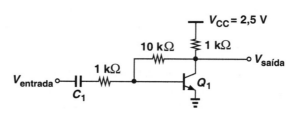

Figura 5.169

5.95 O amplificador mostrado na Figura 5.170 emprega um seguidor de emissor para alimentar uma carga de 50 Ω na frequência de 100 MHz.

(a) Determine o valor de R_{E1} de modo que Q_2 conduza uma corrente de polarização de 2 mA.

(b) Determine o mínimo valor aceitável para C_1, C_2 e C_3 se cada capacitor degradar o ganho em menos de 1%.

(c) Qual é a atenuação de sinal do seguidor de emissor? O ganho total aumenta se R_{G2} for reduzido a 100 Ω? Por quê?

Amplificadores Bipolares

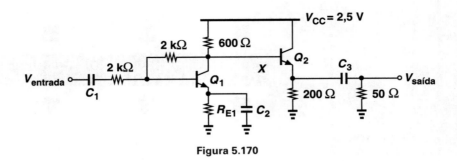

Figura 5.170

Física de Transistores MOS

Hoje, a área de microeletrônica é dominada por um tipo de dispositivo chamado transistor de efeito de campo de metal-óxido-semicondutor (MOSFET – *Metal-Oxide-semiconductor Field-Effect Transistor*). Concebido em 1930, mas somente realizado, pela primeira vez, na década de 1960, MOSFETs (também chamados de dispositivos MOS) têm propriedades únicas, que levaram a uma revolução da indústria de semicondutores. Essa revolução culminou na invenção de microprocessadores que consistem em 100 milhões de transistores, *chips* de memória com bilhões de transistores e sofisticados circuitos de comunicação com enorme capacidade de processamento de sinais.

Nosso estudo de dispositivos e circuitos MOS seguirá o mesmo procedimento dos Capítulos 2 e 3 para as junções *pn*. Aqui, analisaremos a estrutura e o funcionamento de MOSFETs e desenvolveremos modelos que sejam úteis na síntese de circuitos. No Capítulo 7, utilizaremos os modelos para estudar topologias de amplificadores MOS. O roteiro a seguir ilustra a sequência de conceitos que serão apresentados no capítulo.

Funcionamento do MOSFET
- Estrutura MOS
- Operação na Região de Triodo
- Operação em Saturação
- Característica I/V

Modelos de Dispositivos MOS
- Modelo de Grandes Sinais
- Modelo de Pequenos Sinais

Dispositivos PMOS
- Estrutura
- Modelos

6.1 ESTRUTURA DE MOSFET

Recordemos, do Capítulo 5, que qualquer fonte de corrente controlada por tensão pode prover amplificação de sinal. Os MOSFETs também se comportam como fontes de corrente controladas, mas suas características diferem das de transistores bipolares.

Para chegar à estrutura de um MOSFET, começamos com uma geometria simples que consiste em uma placa condutora (por exemplo, de metal), um isolante ("dielétrico") e uma porção de silício dopado. Esta estrutura, ilustrada na Figura 6.1(a), funciona como um capacitor, pois o silício de tipo *p* é um pouco condutivo e "cria uma imagem" de qualquer carga depositada na placa superior.

O que acontece se uma diferença de potencial for aplicada ao dispositivo, como mostrado na Figura 6.1(b)? À medida que são colocadas na placa superior, cargas positivas atraem cargas negativas, isto é, elétrons, da porção de silício. (Mesmo dopado com aceitadores, o silício de tipo *p* contém um pequeno número de elétrons.) Portanto, observamos que um "canal" de elétrons *livres* pode ser criado na interface entre o isolador e a porção de silício, podendo atuar como uma boa rota condutora se a densidade de elétrons for suficientemente grande. O ponto importante é que a densidade de elétrons no canal *varia* com V_1; isso fica evidenciado de $Q = CV_1$, em que C representa a capacitância entre as duas placas.

A dependência entre a densidade de elétrons e V_1 leva a uma propriedade interessante: se, como ilustrado na Figura 6.1(c), permitirmos que uma corrente flua da esquerda para a direita na porção de silício, V_1 pode *controlar* a corrente ajustando a resistividade do canal. (Vale notar que a corrente prefere a rota de menor resistência e, portanto, flui preferencialmente pelo canal e não por toda a porção de silício.) Isso atende nosso objetivo de construir uma fonte de corrente controlada por tensão.

A equação $Q = CV$ sugere que, para alcançar um forte controle de Q por V, o valor de C deve ser maximizado, por

Física de Transistores MOS 215

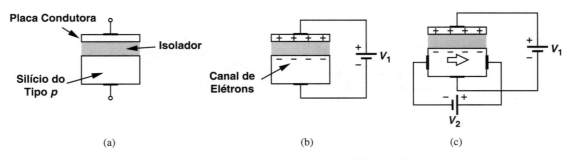

Figura 6.1 (a) Dispositivo semicondutor hipotético, (b) funcionamento como um capacitor, (c) fluxo de corrente em consequência de diferença de potencial.

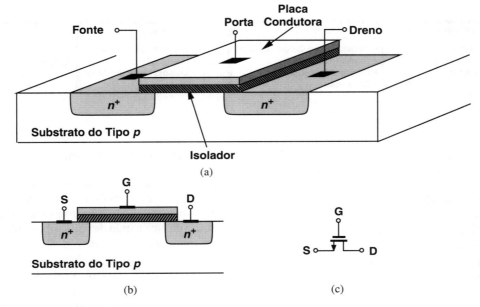

Figura 6.2 (a) Estrutura do MOSFET, (b) vista lateral, (c) símbolo de circuito.

exemplo, com a *redução* da espessura da camada dielétrica que separa as duas placas.[1] A capacidade da tecnologia de fabricação de silício em produzir camadas dielétricas extremamente delgadas e uniformes (com espessura menor que 20 Å) se mostrou essencial ao rápido aprimoramento de dispositivos microeletrônicos.

Essas considerações levam à estrutura MOSFET ilustrada na Figura 6.2(a) como candidata à realização de um dispositivo amplificador. A placa condutora superior, chamada de "porta" (P)*, reside sobre uma delgada camada dielétrica (isolante) que, por sua vez, é depositada no "substrato" de silício do tipo *p*. Para permitir o fluxo de corrente pelo silício, dois contatos são adicionados ao substrato por meio de duas regiões do tipo *n* fortemente dopadas, pois a conexão direta de metal ao substrato não produziria um bom contato "ôhmico".[2] Esses dois terminais são chamados "fonte" (F)** e "dreno" (D) para indicar que o primeiro *fornece* portadores de carga e o segundo os *absorve*. A Figura 6.2(a) revela que o dispositivo é simétrico em relação a F e a D; ou seja, dependendo da tensão aplicada ao dispositivo, qualquer um desses terminais é capaz de drenar portadores de carga do outro. Como explicaremos na Seção 6.2, com fonte/dreno do tipo *n* e substrato do tipo *p*, esse transistor opera com elétrons, em vez de lacunas, e é chamado dispositivo MOS do tipo *n* (NMOS). (O correspondente dispositivo do tipo *p* será estudado na Seção 6.4.) Desenhamos o dispositivo como na Figura 6.2(b), por simplicidade. A Figura 6.2(c) mostra o símbolo de circuito de um transistor NMOS, na qual a seta indica o terminal de fonte.

---

[1] A capacitância entre duas placas é dada por $\epsilon A/t$, em que ϵ é a "constante dielétrica" (também chamada "permissividade") do dielétrico, A é a área de cada placa e t, a espessura do dielétrico.
* É comum o uso da correspondente nomenclatura em inglês: *gate* e G. (N.T.)
[2] O termo "ôhmico" é usado para distinguir este tipo de contato de outros, como diodos, e enfatiza o fluxo bidirecional de corrente, como em um resistor.
** É comum o uso da correspondente nomenclatura em inglês: *source* e S. (N.T.)

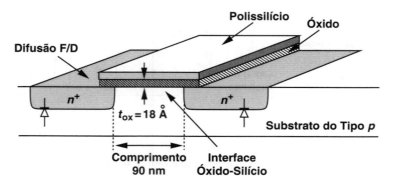

Figura 6.3 Dimensões típicas de MOSFETs atuais.

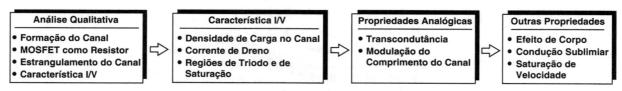

Figura 6.4 Roteiro dos conceitos a serem estudados.

Antes de mergulharmos no funcionamento do MOSFET, consideremos dois tipos de material usados no dispositivo. A placa de porta deve atuar como um bom condutor; nas primeiras gerações da tecnologia MOS, foi implementada em metal (alumínio). No entanto, foi descoberto que silício não cristalino ("polissilício" ou, simplesmente, "poli") com forte dopagem tinha melhores propriedades físicas e de fabricação. Por isso, os MOSFETs atuais empregam portas de polissilício.

A camada dielétrica posicionada entre a porta e o substrato tem um papel crítico no desempenho de transistores e é criada por crescimento de dióxido de silício (ou, simplesmente, óxido) sobre a área de silício. As regiões n^+ são, algumas vezes, chamadas de "difusão" de porta/dreno, em referência ao método de fabricação usado nos estágios iniciais da microeletrônica. Vale ressaltar que essas regiões, na verdade, formam *diodos* com o substrato de tipo p (Figura 6.3). Como explicaremos mais tarde, o adequado funcionamento do transistor requer que essas junções permaneçam sob polarização reversa. Portanto, apenas a capacitância da região de depleção associada a esses dois diodos deve ser levada em consideração. A Figura 6.3 mostra algumas das dimensões de dispositivos produzidos pelo estado da arte da tecnologia MOS. A espessura do óxido é representada por t_{ox}.

6.2 OPERAÇÃO DO MOSFET

Esta seção aborda uma variedade de conceitos associados a MOSFETs. O roteiro que seguiremos é ilustrado na Figura 6.4.

6.2.1 Análise Qualitativa

Nosso estudo das estruturas simples mostradas nas Figuras 6.1 e 6.2 sugere que um MOSFET seja capaz de conduzir correntes entre a fonte e o dreno, caso um canal de elétrons seja criado por meio de uma tensão de porta suficientemente positiva. Além disso, esperamos que a intensidade da corrente possa ser controlada pela tensão de porta. Nossa análise, de fato, confirmará essas conjecturas e revelará outros efeitos sutis no dispositivo. Notemos que o terminal de porta não puxa corrente (de baixa frequência), pois está isolado do canal pelo óxido.

Como o MOSFET tem três terminais,[3] podemos nos deparar com várias combinações de tensões e correntes nos terminais. Felizmente, como a corrente (de baixa frequência) de porta é nula, a única corrente de interesse é a que flui entre a fonte e o dreno. Devemos estudar a dependência entre essa corrente

> **Você sabia?**
> O conceito de MOSFET foi proposto por Julins Edgar Lilienfeld em 1925, dezenas de anos antes da invenção do transistor bipolar. Por que apenas na década de 1960 a fabricação de transistores MOS se tornou possível? O ponto crítico era a interface óxido-silício. Nas tentativas iniciais, essa interface continha muitos "estados de superfície", que retinham portadores de carga e levavam a uma condução pobre. O avanço da tecnologia de semicondutores e a invenção de "salas limpas" para fabricação permitiram o crescimento de óxido sobre silício sem praticamente qualquer estado de superfície, resultando em alta transcondutância.

---

[3] O substrato atua como um quarto terminal, mas ignoraremos isso por enquanto.

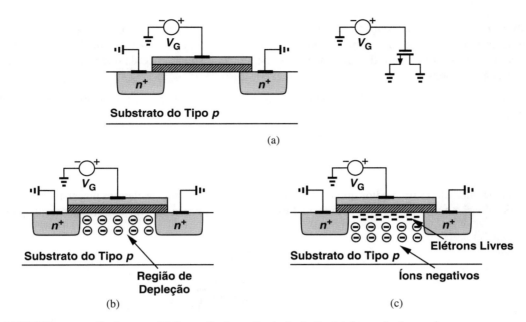

Figura 6.5 (a) MOSFET com tensão de porta, (b) formação da região de depleção, (c) formação do canal.

e a tensão de porta (por exemplo, para uma tensão de dreno constante) e a tensão de dreno (por exemplo, para uma tensão de porta constante). Esses conceitos são esclarecidos a seguir.

Consideremos, primeiro, a configuração mostrada na Figura 6.5(a), em que fonte e dreno são aterrados, e a tensão de porta é variada. Esse circuito não parece muito útil, mas nos permite um bom entendimento. Recordemos, da Figura 6.1(b), que, à medida que V_G* aumenta, a carga positiva na porta deve ser correspondida por carga negativa no substrato. Embora, na Seção 6.1, tenhamos dito que elétrons são atraídos para a interface, na verdade, outro fenômeno antecede a formação do canal. À medida que V_G aumenta a partir de zero, a carga positiva na porta *repele* as lacunas no substrato, expõe íons negativos e cria uma região de depleção [Figura 6.5(b)].[4]

Notemos que o dispositivo ainda atua como um capacitor (a carga positiva na porta é correspondida por carga negativa no substrato), mas nenhum canal de cargas *móveis* foi criado até agora. Assim, não há fluxo de corrente da fonte para o dreno. Dizemos que o MOSFET está desligado.

As junções fonte-substrato e dreno-substrato podem conduzir corrente neste modo? Para evitar tal efeito, o próprio substrato também é conectado a zero, assegurando que esses diodos não ficam sujeitos a uma polarização direta. Por simplicidade, não mostraremos essa conexão nos diagramas.

O que acontece à medida que V_G aumenta? Para acompanhar a carga na porta, mais íons negativos são expostos e a região de depleção sob o óxido se torna mais profunda. Isso significa que o transistor jamais conduz?! Felizmente, se V_G se tornar suficientemente positivo, elétrons livres serão atraídos para a interface óxido-silício, formando um canal condutor [Figura 6.5(c)]. Dizemos que o MOSFET está ligado. O potencial de porta em que o canal começa a aparecer é chamado de "tensão de limiar", V_{TH},** e tem valor no intervalo entre 300 mV e 500 mV. Vale notar que os elétrons são prontamente providos pelas regiões n^+ da fonte e do dreno e não precisam ser fornecidos pelo substrato.

É interessante observar que o terminal de porta do MOSFET não puxa corrente (de baixa frequência). Estando acima do óxido, a porta permanece isolada dos outros terminais e atua apenas como uma placa de um capacitor.

MOSFET como um Resistor Variável O canal condutor entre F e D pode ser visto como um resistor. Além disso, como a densidade de elétrons no canal deve aumentar à medida que V_G se torna mais positivo (por quê?), o valor desse resistor *varia* com a tensão de porta. Esse resistor controlado por tensão, ilustrado de forma conceitual na Figura 6.6, se mostra muito útil em circuitos analógicos e digitais.

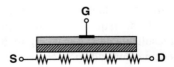

Figura 6.6 MOSFET visto como um resistor controlado por tensão.

---

* Por conveniência, o símbolo V_G será usado para representar a tensão de porta. (N.T.)

[4] Notemos que esta região de depleção contém apenas uma polaridade de carga imóvel, enquanto a região de depleção de uma junção *pn* consiste em duas áreas de íons negativos e positivos nos dois lados da junção.

** Por conveniência, será usado o subscrito *TH* para representar essa tensão de limiar, mantendo a nomenclatura do original em inglês, derivada do termo *threshold voltage*. (N.T.)

Exemplo 6.1

Nas vizinhanças de uma estação radiobase de telefonia celular, o sinal recebido por um telefone móvel pode se tornar muito forte e, possivelmente, "saturar" os circuitos e impedir o funcionamento adequado do aparelho. Desenvolvamos um circuito de ganho variável que reduza o sinal à medida que o telefone celular se aproxima da estação radiobase.

Solução Um MOSFET e um resistor podem formar um atenuador controlado por tensão, como ilustrado na Figura 6.7. Como

$$\frac{v_{saída}}{v_{entrada}} = \frac{R_1}{R_M + R_1}, \tag{6.1}$$

o sinal de saída diminui à medida que $V_{controle}$ diminui, pois a densidade de elétrons no canal diminui e R_M aumenta. MOSFETs são muito utilizados como resistores controlados por tensão em "amplificadores de ganho variável".

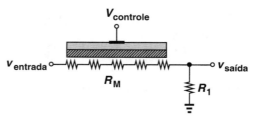

Figura 6.7 Uso de um MOSFET para ajustar níveis de sinal.

Exercício O que acontece a R_M se o comprimento do canal for dobrado?

Na configuração da Figura 6.5(c), não há fluxo de corrente entre F e D, pois os dois terminais estão no mesmo potencial. Agora, aumentemos a tensão de dreno, como mostrado na Figura 6.8(a), e examinemos a corrente de dreno (= corrente de fonte). Se $V_G < V_{TH}$, não existe um canal, o dispositivo está desligado e $I_D = 0$, independentemente do valor de V_D. Contudo, se $V_G > V_{TH}, I_D > 0$ [Figura 6.8(b)]. Na verdade, a rota fonte-dreno pode atuar com um simples resistor, produzindo a característica I_D-V_D mostrada na Figura 6.8(c). A inclinação da curva é igual a $1/R_{ligado}$, na qual R_{ligado} denota a "resistência em condução".[5] A breve análise que fizemos da característica I/V do dispositivo MOS até aqui sugere duas diferentes perspectivas do funcionamento do mesmo: na Figura 6.8(b), V_G é variado, enquanto V_D permanece constante; já na Figura 6.8(c), V_D é variado, enquanto V_G permanece constante. Cada perspectiva provê um valoroso entendimento do funcionamento do transistor.

Como a característica da Figura 6.8(b) é alterada se V_G aumentar? A maior densidade de elétrons no canal reduz a resistência em condução, o que *aumenta* a inclinação da curva. A característica resultante, ilustrada na Figura 6.8(d), reforça a noção de resistência controlada por tensão.

Recordemos, do Capítulo 2, que o fluxo de carga em semicondutores ocorre por difusão ou por deriva. O que podemos dizer sobre o mecanismo de transporte em um MOSFET? Como a fonte de tensão conectada ao dreno cria um campo elétrico ao longo do canal, a corrente resulta de *deriva* de carga.

As características I_D-V_G e I_D-V_D mostradas nas Figuras 6.8(b) e (c), respectivamente, têm um papel central em nosso entendimento de dispositivos MOS. O seguinte exemplo reforça os conceitos estudados até aqui.

Embora tanto o comprimento como a espessura do óxido afetem o desempenho de MOSFETs, apenas o primeiro está sob o controle do projetista de circuitos, isto é, o comprimento pode ser especificado no "*layout*" do transistor. A última, por sua vez, é definida durante a fabricação e permanece constante em todos os transistores de uma dada geração da tecnologia.

Outro parâmetro MOS controlado por projetistas de circuitos é a *largura* do transistor, ou seja, a dimensão perpendicular ao comprimento [Figura 6.10(a)]. Portanto, concluímos que os projetistas de circuitos podem escolher as dimensões "horizontais", como L e W, mas não as dimensões "verticais", como t_{ox}.

Como a largura de porta afeta a característica I-V? À medida que W aumenta, a largura do canal também aumenta, o que *reduz* a resistência entre fonte e dreno[6] e produz a tendência ilustrada na Figura 6.10(b). De outra perspectiva, um dispositivo mais largo pode ser visto como dois transistores mais estreitos *em paralelo*, produzindo uma alta corrente de dreno [Figura 6.10(c)]. Podemos, então, concluir que W deve ser maximi-

---

[5] O termo "resistência em condução" sempre se refere à resistência entre fonte e dreno, pois não existe uma resistência entre a porta e outros terminais.
[6] Recordemos que a resistência de um condutor é inversamente proporcional à área da seção reta; esta, por sua vez, é igual ao produto da largura pela espessura do condutor.

Física de Transistores MOS 219

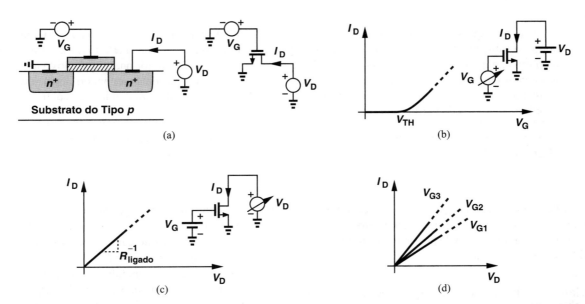

Figura 6.8 (a) MOSFET com tensões de porta e de dreno, (b) característica I_D-V_G, (c) característica I_D-V_D, (d) característica I_D-V_D para diferentes tensões de porta.

Exemplo 6.2 Esbocemos os gráficos das características I_D-V_G e I_D-V_D para (a) diferentes comprimentos de canal e (b) diferentes espessuras de óxido.

Solução À medida que o comprimento do canal aumenta, a resistência em condução também aumenta.[7] Portanto, para $V_G > V_{TH}$, a corrente de dreno começa de valores menores à medida que o comprimento aumenta [Figura 6.9(a)]. De modo similar, I_D exibe uma menor inclinação em função de V_D [Figura 6.9(b)]. Portanto, é desejável *minimizar* o comprimento do canal para obter intensas correntes de dreno – uma tendência importante no desenvolvimento da tecnologia MOS.

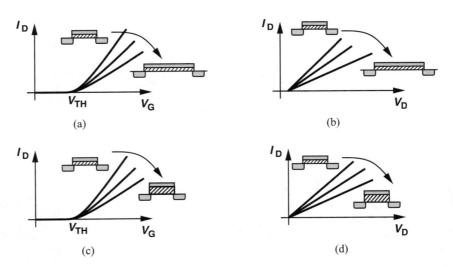

Figura 6.9 (a) Característica I_D-V_G para diferentes comprimentos de canal, (b) característica I_D-V_D para diferentes comprimentos de canal, (c) característica I_D-V_G para diferentes espessuras de óxido, (d) característica I_D-V_D para diferentes espessuras de óxido.

---

[7] Recordemos que a resistência de um condutor é proporcional ao comprimento.

Como a espessura de óxido, t_{ox}, afeta a característica I-V? À medida que t_{ox} aumenta, a capacitância entre a porta e o substrato de silício *diminui*. Portanto, de $Q = CV$, notamos que uma dada tensão resulta em *menor* carga na porta e, em consequência, menor densidade de elétrons no canal. Dessa forma, o dispositivo apresenta uma resistência em condução *mais alta* e, para uma dada tensão de porta, produz uma menor corrente de dreno [Figura 6.9(c)] ou tensão de dreno [Figura 6.9(d)]. Por esse motivo, a indústria de semicondutores continua a reduzir a espessura de óxido da porta.

Exercício A condução de corrente no canal se dá por deriva. Se a mobilidade cair em temperaturas altas, o que podemos dizer sobre a resistência em condução à medida que a temperatura aumenta?

zada, mas também devemos notar que a capacitância de porta total aumenta com W, o que pode vir a limitar a velocidade do circuito. Ou seja, a largura de cada dispositivo no circuito deve ser escolhida com muito cuidado.

Estrangulamento de Canal* Até aqui, nosso estudo qualitativo do MOSFET mostrou que, se a tensão de porta exceder V_{TH}, o dispositivo atua como resistor controlado por tensão. No entanto, se a tensão de dreno for suficientemente positiva, o transistor opera como uma *fonte de corrente*. Para entender esse efeito, façamos duas observações: (1) para formar o canal, a diferença de potencial entre a porta e a interface óxido-silício deve ultrapassar V_{TH}; (2) se a tensão de dreno permanecer maior que a da fonte, a tensão – em relação à terra – em cada ponto ao longo do canal aumenta à medida que nos deslocamos da fonte em direção ao dreno. Esse efeito, ilustrado na Figura 6.11(a), surge da queda de tensão gradual ao longo da resistência do canal. Como a tensão de porta é constante (pois a porta é condutora, mas não conduz corrente em qualquer direção) e como o potencial na interface óxido-silício aumenta da fonte para o dreno, a diferença de potencial *entre* a porta e a interface óxido-silício *diminui* ao longo do eixo x [Figura 6.11(b)]. A densidade de elétrons no canal segue a mesma tendência e atinge um valor mínimo em $x = L$.

Destas observações, concluímos que, se a tensão de dreno for suficientemente alta para produzir $V_G - V_D \leq V_{TH}$, o canal deixa de existir nas proximidades do dreno. Dizemos que, em $x = L$, a diferença de potencial entre porta e substrato não é alta o bastante para atrair elétrons e que o canal sofreu "estrangulamento" (ou *pinch-off*) [Figura 6.12(a)].

O que acontece se V_D se tornar maior que $V_G - V_{TH}$? Como, agora, $V(x)$ varia de 0, em $x = 0$, a $V_D > V_G - V_{TH}$, em $x = L$, a diferença de tensão entre a porta e o substrato é reduzida a V_{TH} em algum ponto $L_1 < L$ [Figura 6.12(b)]. Portanto, o dispositivo não apresenta um canal entre L_1 e L. Isso significa que o transistor não pode conduzir corrente? Não, o dispositivo ainda conduz: como ilustrado na Figura 6.12(c), quando atingem o fim do canal, os elétrons sofrem a ação de um intenso campo elétrico na região de depleção que envolve a junção do dreno e são rapidamente varridos para o terminal do dreno. Contudo,

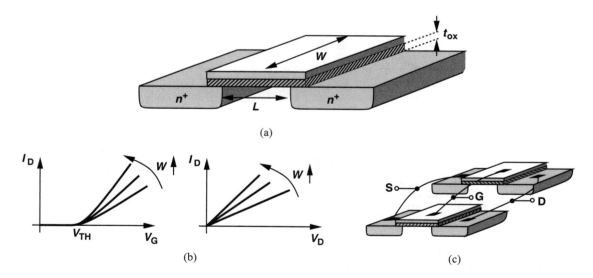

Figura 6.10 (a) Dimensões de um MOSFET (W e L estão sob o controle do projetista de circuitos), (b) característica I_D para diferentes valores de W, (c) equivalência de dispositivos em paralelo.

---

* É muito comum usar o termo inglês *pinch-off* para denominar o efeito descrito nesta subseção, cujo título pode, igualmente, ser traduzido como *Pinch-Off* de Canal. (N.T.)

Física de Transistores MOS 221

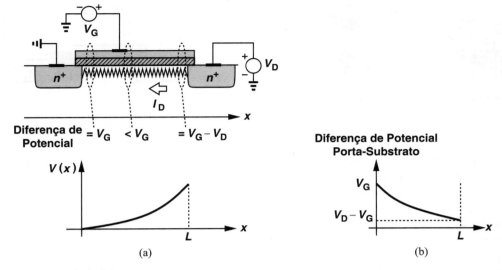

Figura 6.11 (a) Variação de potencial no canal, (b) diferença de tensão entre porta e substrato ao longo do canal.

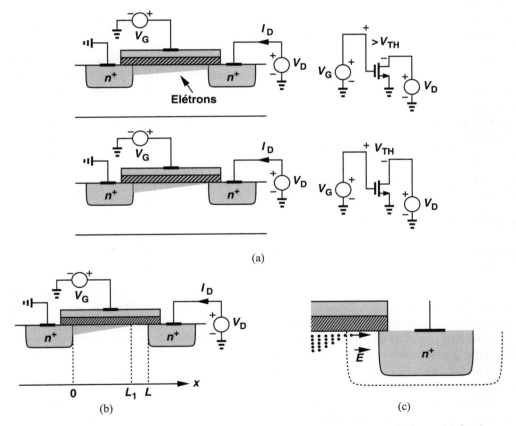

Figura 6.12 (a) Estrangulamento (*pinch-off*) de canal, (b) variação do comprimento com a tensão de dreno, (c) funcionamento detalhado nas proximidades do dreno.

como mostrado na próxima seção, a tensão de dreno não tem mais efeito significativo sobre a corrente e o MOSFET passa a atuar como uma fonte de corrente constante – como um transistor bipolar na região ativa direta. Notemos que as junções fonte-substrato e dreno-substrato não conduzem corrente.

6.2.2 Dedução das Características I/V

Após o estudo qualitativo anterior, podemos, agora, formular o comportamento do MOSFET em termos das tensões dos terminais.

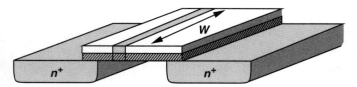

Figura 6.13 Ilustração de capacitância por unidade de comprimento.

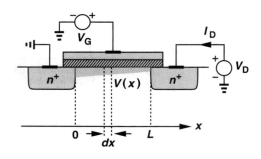

Figura 6.14 Representação do dispositivo para o cálculo da corrente de dreno.

Densidade de Carga no Canal A dedução que faremos requer uma expressão para a quantidade de carga (ou seja, de elétrons livre) por unidade de *comprimento* do canal, também chamada de "densidade de carga". De $Q = CV$, notamos que, se C for a capacitância de porta por unidade de comprimento e V, a diferença de tensão entre fonte e canal, Q é a desejada densidade de carga. Denotando a capacitância de porta por unidade de *área* por C_{ox} (expressa em F/m² ou fF/μm²), para levarmos em conta a largura do transistor, escrevemos $C = WC_{ox}$ (Figura 6.13). Além disso, temos $V = V_{GS} - V_{TH}$,* pois, para $V_{GS} < V_{TH}$, não existem cargas móveis. (A partir daqui, denotaremos as tensões de porta e de dreno em relação à fonte.) Portanto,

$$Q = WC_{ox}(V_{GS} - V_{TH}). \qquad (6.2)$$

Notemos que Q é expresso em coulomb/metro. Recordemos, da Figura 6.11(a), que a tensão de canal varia ao longo do comprimento do transistor e que a densidade de carga cai à medida que nos deslocamos da fonte para o dreno. Portanto, a Equação (6.2) é válida apenas nas vizinhanças do terminal de fonte, em que o potencial do canal permanece próximo de zero. Como mostrado na Figura 6.14, denotamos o potencial do canal em x por $V(x)$ e escrevemos

$$Q(x) = WC_{ox}[V_{GS} - V(x) - V_{TH}], \qquad (6.3)$$

Notemos que, se o canal não estiver estrangulado (*pinched-off*), $V(x)$ varia de zero a V_D.

Corrente de Dreno Qual é a relação entre a densidade de cargas móveis e a corrente? Consideremos uma barra de semicondutor com uma densidade uniforme de carga (por unidade de comprimento) igual a Q e que conduz uma corrente I (Figura 6.15). Observemos, do Capítulo 2, que: (1) I é dada pela carga total que passa pela seção reta da barra em um segundo, e (2) se os portadores se moverem a uma velocidade de v m/s, então a carga que existe em v metros ao longo da barra passa pela seção reta em um segundo. Como a carga que existe em v metros é igual a $Q \cdot v$, temos

$$I = Q \cdot v. \qquad (6.4)$$

Como explicado no Capítulo 2,

$$v = -\mu_n E, \qquad (6.5)$$

$$= +\mu_n \frac{dV}{dx}, \qquad (6.6)$$

em que dV/dx denota, em um dado ponto, a derivada da tensão em relação a x. Combinando as Equações (6.3), (6.4) e (6.6), obtemos

$$I_D = WC_{ox}[V_{GS} - V(x) - V_{TH}]\mu_n \frac{dV(x)}{dx}. \qquad (6.7)$$

É interessante observar que, como I_D deve permanecer constante ao longo do canal (por quê?), $V(x)$ e dV/dx devem variar de modo que o produto de $V_{GS} - V(x) - V_{TH}$ por dV/dx independa de x.

Embora seja possível resolver essa equação diferencial para obter $V(x)$ em termos de I_D (o leitor é encorajado a fazer isso), nosso objetivo imediato é encontrar uma expressão para I_D em termos das tensões nos terminais. Para isso, escrevemos

$$\int_{x=0}^{x=L} I_D \, dx = \int_{V(x)=0}^{V(x)=V_{DS}} \mu_n C_{ox} W [V_{GS} - V(x) - V_{TH}] \, dV.$$
$$(6.8)$$

logo,

$$I_D = \frac{1}{2}\mu_n C_{ox} \frac{W}{L} \left[2(V_{GS} - V_{TH})V_{DS} - V_{DS}^2 \right]. \qquad (6.9)$$

Agora, para um melhor entendimento, examinemos essa importante equação de diferentes perspectivas. Primeira, a dependência linear de I_D em relação a μ_n, C_{ox} e W/L era esperada: maior mobilidade produz corrente maior, para uma dada tensão dreno-fonte V_{DS}; maior capacitância de porta resulta em maior densidade de elétrons no canal, para uma dada tensão porta-fonte V_{GS}; maior razão W/L (chamada "razão de aspecto" do dispositivo) é equivalente à conexão de mais transistores em paralelo [Figura 6.10(c)]. Segunda, para V_{GS} constante, I_D tem variação *parabólica* em relação a V_{DS} (Figura 6.16), alcançando um valor máximo

$$I_{D,máx} = \frac{1}{2}\mu_n C_{ox} \frac{W}{L}(V_{GS} - V_{TH})^2 \qquad (6.10)$$

em $V_{DS} = V_{GS} - V_{TH}$. É comum escrever W/L como a razão entre dois valores, por exemplo, 5 μm/0,18 μm (em vez de 27,8), para

---

* Por conveniência, V_{GS} representará a diferença de potencial entre porta (*gate*) e fonte (*source*). (N.T.)

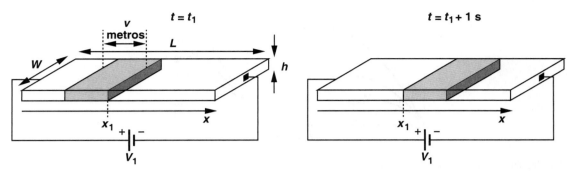

Figura 6.15 Relação entre velocidade das cargas e corrente.

enfatizar a escolha de W e de L. Embora, em diversas equações MOS, apenas a razão apareça, os valores individuais de W e de L também se tornam importantes em muitos casos. Por exemplo, se os valores de W e de L forem dobrados, a razão permanece inalterada, mas a capacitância de porta aumenta.

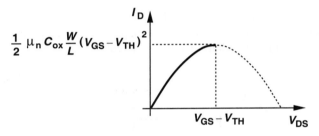

Figura 6.16 Característica I_D-V_{DS} parabólica.

A relação não linear entre I_D e V_{DS} revela que o transistor *não pode*, em geral, ser modelado por um simples resistor linear. No entanto, se $V_{DS} \ll 2(V_{GS} - V_{TH})$, a Equação (6.9) se reduz a

$$I_D \approx \mu_n C_{ox} \frac{W}{L}(V_{GS} - V_{TH})V_{DS}, \qquad (6.11)$$

e, para um dado valor de V_{GS}, exibe um comportamento I_D-V_{DS} linear. Na verdade, a resistência em condução equivalente é dada por V_{DS}/I_D:

$$R_{ligado} = \frac{1}{\mu_n C_{ox} \dfrac{W}{L}(V_{GS} - V_{TH})}. \qquad (6.12)$$

De outro ponto de vista, para pequenos valores de V_{DS} (próximo à origem), as parábolas da Figura 6.17 podem ser aproximadas por segmentos de reta com diferentes inclinações (Figura 6.18).

Exemplo 6.3 Esbocemos o gráfico da característica I_D-V_{DS} para diferentes valores de V_{GS}.

Solução À medida que V_{GS} aumenta, $I_{D,máx}$ e $V_{GS} - V_{TH}$ também aumentam. A característica, ilustrada na Figura 6.17, exibe máximos que seguem uma forma parabólica, pois $I_{D,máx} \propto (V_{GS} - V_{TH})^2$.

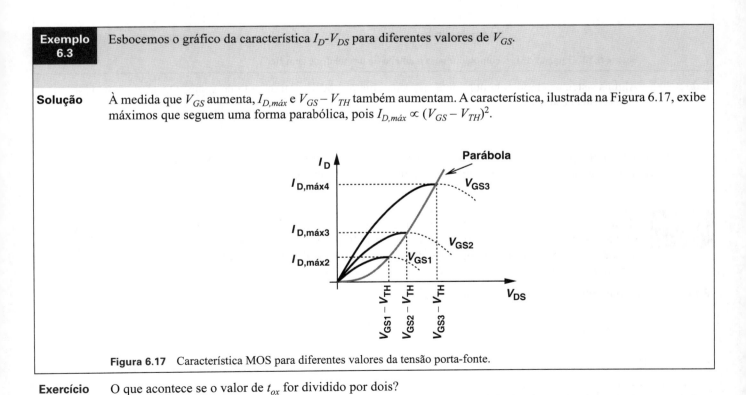

Figura 6.17 Característica MOS para diferentes valores da tensão porta-fonte.

Exercício O que acontece se o valor de t_{ox} for dividido por dois?

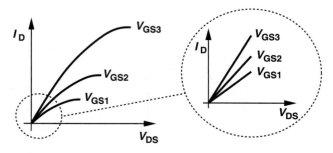

Figura 6.18 Detalhe da característica para pequenos valores de V_{DS}.

Como predito na Seção 6.2.1, a Equação (6.12) sugere que a resistência em condução possa ser controlada pela tensão porta-fonte. Em particular, para $V_{GS} = V_{TH}$, $R_{ligado} = \infty$, ou seja, o dispositivo funciona como um comutador (*switch*) eletrônico.

Exemplo 6.4 Um telefone sem fio dispõe de uma única antena para recepção e transmissão. Expliquemos como o sistema deve ser configurado.

Solução O sistema é projetado de modo que o telefone receba em metade do tempo e transmita na outra metade. Assim, a antena é alternadamente conectada ao receptor e ao transmissor em intervalos regulares, por exemplo, a cada 20 ms (Figura 6.19). Portanto, se faz necessário o uso de um comutador eletrônico para a antena.[8]

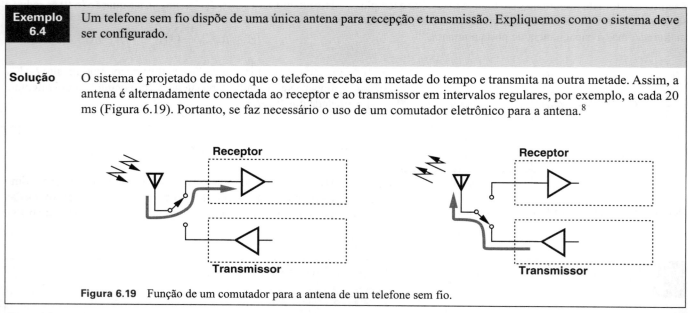

Figura 6.19 Função de um comutador para a antena de um telefone sem fio.

Exercício Alguns sistemas empregam duas antenas, cada uma recebendo e transmitindo sinais. Quantos comutadores são necessários neste caso?

Na maioria das aplicações, é desejável alcançar uma baixa resistência em condução para comutadores MOS. O projetista do circuito deve, portanto, maximizar W/L e V_{GS}. O Exemplo 6.5 ilustra este ponto.

Exemplo 6.5 No telefone sem fio do Exemplo 6.4, o comutador que conecta o transmissor à antena deve atenuar o sinal de forma desprezível, por exemplo, em não mais que 10 %. Se $V_{DD} = 1,8$ V, $\mu_n C_{ox} = 100$ μA/V^2 e $V_{TH} = 0,4$ V, determinemos o valor mínimo da razão de aspecto do comutador. Assumamos que a antena possa ser modelada por um resistor de 50 Ω.

Solução Como indicado na Figura 6.20, queremos garantir que

$$\frac{V_{saída}}{V_{entrada}} \geq 0,9 \qquad (6.13)$$

---

[8] Alguns telefones celulares operam da mesma forma.

e, portanto, que

$$R_{ligado} \leq 5,6\Omega. \qquad (6.14)$$

Fixando V_{GS} no valor máximo, V_{DD}, obtemos, da Equação (6.12):

$$\frac{W}{L} \geq 1276. \qquad (6.15)$$

(Como transistores largos introduzem considerável capacitância na rota de sinal, talvez essa escolha de W/L ainda atenue sinais de alta frequência.)

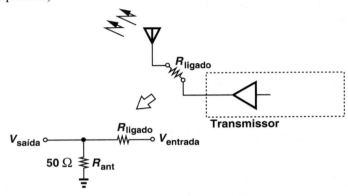

Figura 6.20 Degradação do sinal devido à resistência em condução do comutador da antena.

Exercício Que valor de W/L é necessário se V_{DD} for reduzido para 1,2 V?

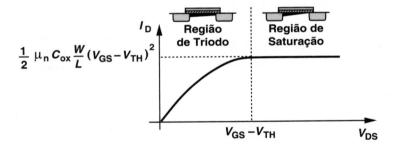

Figura 6.21 Característica MOS completa.

Regiões de Triodo e de Saturação A Equação (6.9) expressa a corrente de dreno em termos das tensões nos terminais do dispositivo, implicando que a corrente começa a *diminuir* para $V_{DS} > V_{GS} - V_{TH}$. Dizemos que o dispositivo opera na "região de triodo" (também chamada de "região linear") se $V_{DS} < V_{GS} - V_{TH}$ (que corresponde à seção de subida da parábola). Também usamos o termo "região de triodo forte" para $V_{DS} \ll 2(V_{GS} - V_{TH})$, onde o transistor funciona como um resistor.

Na verdade, a corrente de dreno chega à "saturação", ou seja, se torna *constante* para $V_{DS} > V_{GS} - V_{TH}$ (Figura 6.21). Para entender por que, recordemos, da Figura 6.12, que o canal sofre estrangulamento (*pinch-off*) se $V_{DS} = V_{GS} - V_{TH}$. Dessa forma, um maior aumento em V_{DS} apenas desloca o ponto de estrangulamento em direção ao dreno. Além disso, recordemos que as Equações (6.7) e (6.8) são válidas somente onde existe carga no canal. Portanto, a integração na Equação (6.8) deve incluir apenas o canal, ou seja, na Figura 6.12(b), deve ser feita de $x = 0$ a $x = L_1$ e modificada para

$$\int_{x=0}^{x=L_1} I_D\, dx = \int_{V(x)=0}^{V(x)=V_{GS}-V_{TH}} \mu_n C_{ox} W[V_{GS} - V(x) - V_{TH}]\, dV.$$
$$(6.16)$$

Notemos que os limites superiores correspondem ao ponto de estrangulamento do canal. Em particular, a integral no lado direito é calculada até $V_{GS} - V_{TH}$, e não até V_{DS}. Em consequência,

$$I_D = \frac{1}{2}\mu_n C_{ox}\frac{W}{L_1}(V_{GS} - V_{TH})^2. \qquad (6.17)$$

Este resultado independe de V_{DS} e, se assumirmos $L_1 \approx L$, é idêntico a $I_{D,máx}$ na Equação (6.10). A grandeza $V_{GS} - V_{TH}$,

> **Você sabia?**
> O explosivo crescimento da tecnologia MOS é atribuído a dois fatores: as capacidades de encolher as dimensões de dispositivos MOS (W, L, t_{ox} etc.) e de, a cada ano, integrar um maior número de dispositivos MOS em um *chip*. A última tendência foi predita por um dos fundadores da Intel, Gordon Moore, em 1965. Ele observou que o número de transistores por *chip* dobrava a cada dois anos. De fato, começando com 50 dispositivos por *chip* em 1965, alcançamos dezenas de bilhões em *chips* de memória e vários bilhões em *chips* de microprocessadores. Você sabe de qualquer outro produto na história da humanidade que tenha crescido tanto em tão pouco tempo (excluindo a riqueza de Bill Gates)?
>
>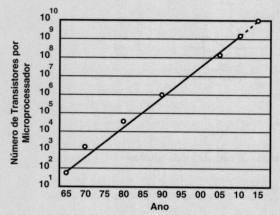
>
> Lei de Moore: número de transistores por *chip* ao longo dos anos.

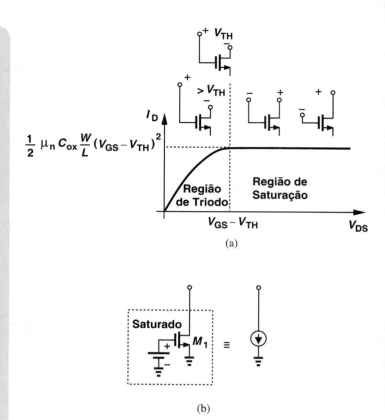

Figura 6.22 Ilustração das regiões de triodo e de saturação com base nas tensões de porta e de dreno.

chamada de "tensão de sobrecarga" (ou tensão de *overdrive*), tem um papel importante em circuitos MOS. Algumas vezes, MOSFETs são denominados dispositivos "quadráticos" para enfatizar a relação entre I_D e a tensão de sobrecarga. Por simplicidade, daqui em diante, denotaremos L_1 por L.

A característica I-V da Figura 6.21 lembra a de dispositivos bipolares: as regiões de triodo e de saturação de MOSFETs são similares às regiões de saturação e ativa direta de transistores bipolares, respectivamente. Infelizmente, o termo "saturação" denota regiões diferentes nas características de dispositivos MOS e bipolares.

Empreguemos a ilustração conceitual da Figura 6.22 para determinar a região de operação. Notemos que a diferença de potencial porta-dreno se presta a este fim e não precisamos calcular, separadamente, as tensões porta-fonte e porta-dreno.

Por exibir uma corrente "plana" na região de saturação, um MOSFET pode operar como uma fonte de corrente cujo valor é dado pela Equação (6.17). Ademais, a dependência quadrática entre I_D e $V_{GS} - V_{TH}$ sugere que o dispositivo possa atuar como uma fonte de corrente controlada por tensão.

É interessante que identifiquemos diversos pontos de contraste entre dispositivos bipolares e MOS. (1) Um transistor bipolar com $V_{BE} = V_{CE}$ está na fronteira da região ativa, enquanto um MOSFET se aproxima da fronteira da região de saturação se sua tensão de dreno ficar um valor V_{TH} abaixo da tensão de porta. (2) Dispositivos bipolares exibem uma característica I_C-V_{BE} exponencial, enquanto MOSFETs têm dependência em lei quadrática. Ou seja, os primeiros resultam em maiores transcondutâncias que os segundos (para uma dada corrente de polarização). (3) Em circuitos bipolares, a maioria dos transistores tem as mesmas dimensões e, portanto, a mesma I_S; em circuitos MOS, a razão de aspecto de cada dispositivo pode ser escolhida separadamente para atender os requisitos de projeto. (4) A porta de MOSFETs não puxa corrente de polarização.[9]

6.2.3 Modulação do Comprimento do Canal

No estudo do efeito de estrangulamento (*pinch-off*) do canal, observamos que, à medida que a tensão de dreno aumenta, o ponto em que o canal desaparece, na verdade, se move em direção à fonte. Em outras palavras, o valor de L_1 na Figura 6.12(b) varia, de certa forma, com V_{DS}. Esse fenômeno, ilustrado na Figura 6.25, é denominado "modulação do comprimento do canal" e, à medida que V_{DS} aumenta, resulta em maior corrente de dreno, pois, na Equação (6.17), $I_D \propto 1/L_1$. Similar ao efeito Early em dispositivos bipolares, a modulação do comprimento do canal resulta em uma impedância de saída finita, dada pela inclinação da característica I_D-V_{DS} na Figura 6.25.

---

[9] As novas gerações de MOSFETs apresentam o problema de corrente "de fuga" de porta, mas, aqui, desprezamos este efeito.

Física de Transistores MOS

Exemplo 6.6 Calculemos a corrente de polarização de M_1 na Figura 6.23. Assumamos $\mu_n C_{oc} = 100\,\mu A/V^2$ e $V_{TH} = 0,4$ V. Se a tensão de porta aumentar de 10 mV, qual será a alteração na tensão de dreno?

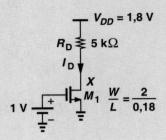

Figura 6.23 Circuito MOS simples.

Solução Não está claro, *a priori*, em que região M_1 opera. Assumamos que M_1 esteja saturado e façamos o cálculo. Como $V_{GS} = 1$ V,

$$I_D = \frac{1}{2}\mu_n C_{ox}\frac{W}{L}(V_{GS}-V_{TH})^2 \tag{6.18}$$

$$= 200\,\mu A. \tag{6.19}$$

Devemos comprovar a hipótese; para isso, calculemos o potencial de dreno:

$$V_X = V_{DD} - R_D I_D \tag{6.20}$$

$$= 0,8\,V. \tag{6.21}$$

A tensão de dreno é menor que a de porta e a diferença entre as duas, menor que V_{TH}. A ilustração da Figura 6.22 indica, portanto, que M_1 opera, de fato, na região de saturação.

Se a tensão de porta for aumentada para 1,01 V, teremos

$$I_D = 206,7\,\mu A, \tag{6.22}$$

o que reduz V_X para

$$V_X = 0,766\,V. \tag{6.23}$$

Felizmente, M_1 ainda está saturado. A mudança de 34 mV em V_X revela que o circuito pode *amplificar* a entrada.

Exercício Que valor de R_D coloca o transistor na fronteira da região de triodo?

Exemplo 6.7 Determinemos o valor de W/L na Figura 6.23, que coloca M_1 na fronteira da região de saturação, e calculemos a alteração na tensão de dreno devido a uma variação de 1 mV na tensão de porta. Assumamos $V_{TH} = 0,4$ V.

Solução Com $V_{GS} = +1$ V, a tensão de dreno deve cair para $V_{GS} - V_{TH} = 0,6$ V para que M_1 entre na região de triodo. Ou seja,

$$I_D = \frac{V_{DD}-V_{DS}}{R_D} \tag{6.24}$$

$$= 240\,\mu A. \tag{6.25}$$

Como I_D varia linearmente com W/L,

$$\left.\frac{W}{L}\right|_{máx} = \frac{240\,\mu A}{200\,\mu A} \cdot \frac{2}{0{,}18} \tag{6.26}$$

$$= \frac{2{,}4}{0{,}18}. \tag{6.27}$$

Se V_{GS} aumentar de 1 mV,

$$I_D = 248{,}04\,\mu A, \tag{6.28}$$

e V_X é alterado de

$$\Delta V_X = \Delta I_D \cdot R_D \tag{6.29}$$

$$= 4{,}02\,mV. \tag{6.30}$$

Portanto, neste caso, o ganho de tensão é igual a 4,02.

Exercício Repita o exemplo anterior para o caso em que o valor de R_D é dobrado.

Exemplo 6.8 Na Figura 6.24, calculemos o máximo valor permitido para a tensão de porta de modo que M_1 permaneça saturado.

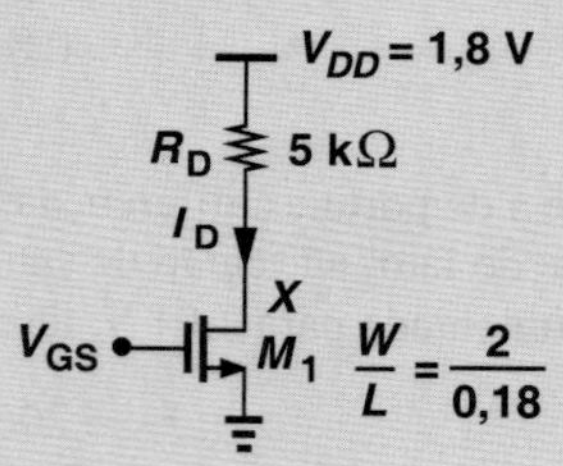

Figura 6.24 Circuito MOS simples.

Solução Na fronteira da região de saturação, $V_{GS} - V_{TH} = V_{DS} = V_{DD} - R_D I_D$. Substituindo I_D da Equação (6.17), temos

$$V_{GS} - V_{TH} = V_{DD} - \frac{R_D}{2}\mu_n C_{ox}\frac{W}{L}(V_{GS} - V_{TH})^2, \tag{6.31}$$

Portanto,

$$V_{GS} - V_{TH} = \frac{-1 + \sqrt{1 + 2R_D V_{DD}\mu_n C_{ox}\frac{W}{L}}}{R_D \mu_n C_{ox}\frac{W}{L}}. \tag{6.32}$$

Logo,

$$V_{GS} = \frac{-1 + \sqrt{1 + 2R_D V_{DD}\mu_n C_{ox}\frac{W}{L}}}{R_D \mu_n C_{ox}\frac{W}{L}} + V_{TH}. \tag{6.33}$$

Exercício Calcule o valor de V_{GS} se $\mu_n C_{ox} = 100\,\mu A/V^2$ e $V_{TH} = 0{,}4$.

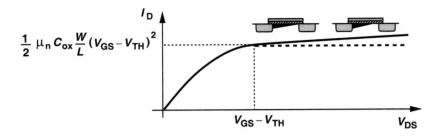

Figura 6.25 Variação de I_D na região de saturação.

Para levar em conta a modulação do comprimento do canal, assumamos que L seja constante e multipliquemos o lado direito da Equação (6.17) por um termo de correção:

$$I_D = \frac{1}{2}\mu_n C_{ox}\frac{W}{L}(V_{GS} - V_{TH})^2(1 + \lambda V_{DS}), \quad (6.34)$$

em que λ é chamado de "coeficiente de modulação do comprimento do canal". Embora seja apenas uma aproximação, essa dependência linear entre I_D e V_{DS} ainda permite um bom entendimento da modulação do comprimento do canal e de suas implicações no projeto de circuitos.

Diferentemente do efeito Early em dispositivos bipolares (Capítulo 4), a modulação do comprimento do canal está sob o controle do projetista. Isso se deve ao fato de λ ser inversamente proporcional a L: para um canal mais comprido, a mudança relativa em L (e, portanto, em I_D), para uma dada mudança em V_{DS}, é menor (Figura 6.26).[10] (Em contraste, a largura da base de dispositivos bipolares não pode ser ajustada pelo projetista de circuitos, de modo que todos os transistores produzidos por uma dada tecnologia exibem a mesma tensão de Early.)

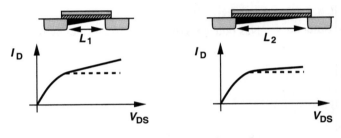

Figura 6.26 Modulação do comprimento do canal.

Exemplo 6.9 Um MOSFET em saturação conduz uma corrente de dreno de 1 mA, com $V_{DS} = 0{,}5$ V. Determinemos a alteração em I_D se V_{DS} for aumentado de 1 V e $\lambda = 0{,}1$ V^{-1}. Qual é a impedância de saída do dispositivo?

Solução Escrevemos

$$I_{D1} = \frac{1}{2}\mu_n C_{ox}\frac{W}{L}(V_{GS} - V_{TH})^2(1 + \lambda V_{DS1}) \quad (6.35)$$

$$I_{D2} = \frac{1}{2}\mu_n C_{ox}\frac{W}{L}(V_{GS} - V_{TH})^2(1 + \lambda V_{DS2}) \quad (6.36)$$

Logo,

$$I_{D2} = I_{D1}\frac{1 + \lambda V_{DS2}}{1 + \lambda V_{DS1}}. \quad (6.37)$$

Com $I_{D1} = 1$ mA, $V_{DS1} = 0{,}5$ V, $V_{DS2} = 1$ V e $\lambda = 0{,}1$ V^{-1}

$$I_{D2} = 1{,}048 \text{ mA}. \quad (6.38)$$

Portanto, a alteração em I_D é igual a 48 μA, produzindo uma impedância de saída

---

[10] Como diferentes MOSFETs em um circuito podem ter sido projetados para diferentes valores de λ, aqui, não definimos uma grandeza similar à tensão de Early.

$$r_O = \frac{\Delta V_{DS}}{\Delta I_D} \qquad (6.39)$$

$$= 10{,}42\ \text{k}\Omega. \qquad (6.40)$$

Exercício O valor de W afeta os resultados anteriores?

O exemplo anterior revela que a modulação do comprimento do canal limita a impedância de saída de fontes de corrente MOS. Nos Capítulos 4 e 5, o mesmo efeito foi observado em fontes de corrente bipolares.

Exemplo 6.10 Assumindo $\lambda \propto 1/L$, calculemos ΔI_D e r_O no Exemplo 6.9 para o caso em que os valores de W e de L são dobrados.

Solução Nas Equações (6.35) e (6.36), o valor de W/L permanece inalterado, mas o de λ é reduzido para $0{,}05\ \text{V}^{-1}$. Portanto,

$$I_{D2} = I_{D1}\frac{1 + \lambda V_{DS2}}{1 + \lambda V_{DS1}} \qquad (6.41)$$

$$= 1{,}024\ \text{mA}. \qquad (6.42)$$

Ou seja, $\Delta I_D = 24\ \mu\text{A}$ e

$$r_O = 20{,}84\ \text{k}\Omega. \qquad (6.43)$$

Exercício Que impedância de saída é produzida se os valores de W e L forem quadruplicados e o de I_D for dividido por dois?

6.2.4 Transcondutância MOS

Como uma fonte de corrente controlada por tensão, um transistor MOS pode ser caracterizado por sua transcondutância:

$$g_m = \frac{\partial I_D}{\partial V_{GS}}. \qquad (6.44)$$

Essa grandeza funciona como uma medida da "força" do dispositivo: um valor mais alto corresponde a uma maior alteração na corrente de dreno, para uma dada alteração em V_{GS}. Usando a Equação (6.17) para a região de saturação, temos

$$g_m = \mu_n C_{ox}\frac{W}{L}(V_{GS} - V_{TH}), \qquad (6.45)$$

e concluímos que: (1) g_m é linearmente proporcional a W/L, para um dado valor de $V_{GS} - V_{TH}$ e (2) g_m é linearmente proporcional a $V_{GS} - V_{TH}$, para um dado valor de W/L. Substituindo $V_{GS} - V_{TH}$ da Equação (6.17), obtemos

$$g_m = \sqrt{2\mu_n C_{ox}\frac{W}{L}I_D}. \qquad (6.46)$$

Ou seja: (1) g_m é proporcional a $\sqrt{W/L}$, para um dado valor de I_D e (2) g_m é proporcional a $\sqrt{I_D}$, para um dado valor de W/L. Além disso, dividindo a Equação (6.45) por (6.17), temos

$$g_m = \frac{2I_D}{V_{GS} - V_{TH}}, \qquad (6.47)$$

E concluímos que: (1) g_m é linearmente proporcional a I_D, para um dado valor de $V_{GS} - V_{TH}$ e (2) g_m é inversamente proporcional a $V_{GS} - V_{TH}$, para um dado valor de I_D. Essas relações, resumidas na Tabela 6.1, são fundamentais para o entendimento das tendências de desempenho de dispositivos MOS e não têm equivalente no caso de transistores bipolares.[11] Dentre estas três expressões para g_m, a Equação (6.46) é usada com mais

---

[11] Há alguma semelhança entre a segunda coluna da Tabela 6.1 e o comportamento de $g_m = I_C/V_T$. Se a largura do transistor bipolar for aumentada e V_{BE} permanecer constante, I_C e g_m aumentam linearmente.

Física de Transistores MOS

TABELA 6.1 Dependências de g_m

$\dfrac{W}{L}$ Constante, $V_{GS} - V_{TH}$ Variável	$\dfrac{W}{L}$ Variável, $V_{GS} - V_H$ Constante	$\dfrac{W}{L}$ Variável, $V_{GS} - V_H$ Constante
$g_m \propto \sqrt{I_D}$	$g_m \propto I_D$	$g_m \propto \sqrt{\dfrac{W}{L}}$
$g_m \propto V_{GS} - V_{TH}$	$g_m \propto \dfrac{W}{L}$	$g_m \propto \dfrac{1}{V_{GS} - V_{TH}}$

Exemplo 6.11 Para um MOSFET que opera em saturação, como g_m e $V_{GS} - V_{TH}$ são alterados se os valores de W/L e de I_D forem dobrados?

Solução A Equação (6.46) indica que o valor de g_m também será dobrado. Além disso, a Equação (6.17) sugere que tensão de sobrecarga permaneça constante. Esses resultados podem ser entendidos de forma intuitiva se interpretarmos a multiplicação de W/L e I_D por dois como ilustrado na Figura 6.27. De fato, se V_{GS} permanecer constante e se a largura do dispositivo for dobrada, o efeito é como se os dois transistores que conduzem correntes iguais fossem conectados em paralelo, dobrando a transcondutância. O leitor pode mostrar que essa tendência se aplica a qualquer tipo de transistor.

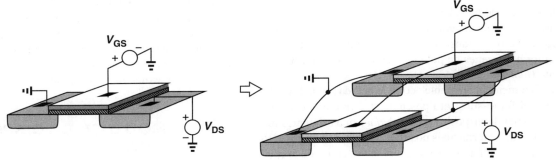

Figura 6.27 Equivalência entre um MOSFET largo e dois outros em paralelo.

Exercício Como g_m e $V_{GS} - V_{TH}$ são alterados se apenas os valores de W e I_D foram dobrados?

---

frequência, pois I_D pode ser predeterminada pelas exigências de dissipação de potência.

6.2.5 Saturação de Velocidade*

Da Seção 2.1.3, recordemos que, sob a ação de campos elétricos intensos, a mobilidade de portadores sofre uma degradação, o que acaba levando a uma velocidade *constante*. Devido à pequena largura de canal (por exemplo, 0,1 μm), os modernos dispositivos MOS sofrem saturação de velocidade, mesmo com baixa tensão dreno-fonte, da ordem de 1 V. Em consequência, a característica I-V deixa de seguir o comportamento de lei quadrática.

Examinemos as deduções feitas na Seção 6.2.2 em condições de saturação de velocidade. Denotando a velocidade saturada por v_{sat}, temos

$$I_D = v_{sat} \cdot Q \tag{6.48}$$

$$= v_{sat} \cdot WC_{ox}(V_{GS} - V_{TH}). \tag{6.49}$$

É interessante observar que, agora, I_D exibe uma dependência *linear* em relação a $V_{GS} - V_{TH}$ e nenhuma dependência em relação a L.[12] Também observamos que

$$g_m = \frac{\partial I_D}{\partial V_{GS}} \tag{6.50}$$

$$= v_{sat} W C_{ox}, \tag{6.51}$$

uma grandeza que independe de L e de I_D.

---

* Esta seção pode ser pulada em uma primeira leitura.

[12] É claro que se L for aumentado de forma substancial e V_{DS} permanecer constante, o dispositivo fica sujeito a uma menor saturação de velocidade e a Equação (6.49) passa a não ter precisão suficiente.

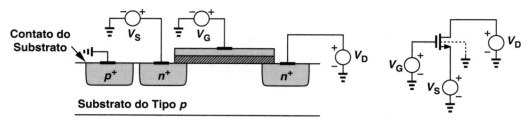

Figura 6.28 Efeito de corpo.

6.2.6 Outros Efeitos de Segunda Ordem

Efeito de Corpo No estudo de MOSFETs, assumimos que tanto a fonte como o substrato (também chamado de "bloco" – *bulk* – ou "corpo") sejam conectados à terra. No entanto, essa condição não precisa ser aplicada a todos os circuitos. Por exemplo, se o terminal de fonte estiver a um potencial positivo e o substrato estiver a um potencial nulo, então a junção fonte-substrato permanece sob polarização reversa e o dispositivo ainda funciona de modo adequado.

A Figura 6.28 ilustra este caso. O terminal de fonte é conectado a um potencial V_S em relação à terra e o substrato, aterrado por meio de um contato p^+.[13] A linha tracejada adicionada ao símbolo do transistor indica o terminal do substrato. Denotemos a diferença de potencial entre a fonte (*source*) e o substrato (*bulk*) por V_{SB}.

Um fenômeno interessante ocorre à medida que a diferença de potencial fonte-substrato passa a ser diferente de zero: a tensão de limiar do dispositivo é *alterada*. Em particular, à medida que a fonte se torna mais positiva em relação ao substrato, V_{TH} aumenta. Este fenômeno, denominado "efeito de corpo", é formulado como

$$V_{TH} = V_{TH0} + \gamma(\sqrt{|2\phi_F + V_{SB}|} - \sqrt{|2\phi_F|}), \quad (6.52)$$

em que V_{TH0} denota a tensão de limiar com $V_{SB} = 0$ (como estudado anteriormente); γ e ϕ_F são parâmetros que dependem da tecnologia e têm valores típicos de $0,4\sqrt{V}$ e 0,4 V, respectivamente.

O efeito de corpo se manifesta em alguns circuitos analógicos e digitais, sendo estudado em textos mais avançados. Neste livro, desprezamos o efeito de corpo.

Condução Sublimiar Na dedução da característica I-V de dispositivos MOS, assumimos que o transistor era ligado de forma abrupta quando o valor de V_{GS} igualava o de V_{TH}. Na realidade, a formação do canal é um efeito gradual e o dispositivo conduz uma pequena corrente mesmo quando $V_{GS} < V_{TH}$. Este efeito, denominado "condução sublimiar", se tornou uma questão importante nos modernos dispositivos MOS, sendo estudado em textos mais avançados.

6.3 MODELOS DE DISPOSITIVOS MOS

Após o estudo da característica I-V de dispositivos MOS na seção anterior, agora, passemos a desenvolver modelos que possam ser usados para análise e síntese de circuitos.

Exemplo 6.12 No circuito da Figura 6.28, assumamos $V_S = 0,5$ V, $V_G = V_D = 1,4$ V, $\mu_n C_{ox} = 100\ \mu A/V^2$, $W/L = 50$ e $V_{TH0} = 0,6$ V. Determinemos a corrente de dreno se $\lambda = 0$.

Solução Como a tensão fonte-corpo $V_{SB} = 0,5$ V, a Equação (6.52) e os valores típicos de γ e de ϕ_F fornecem

$$V_{TH} = 0,698\ V. \quad (6.53)$$

E, também, com $V_G = V_D$, o dispositivo opera em saturação (por quê?) e, portanto,

$$I_D = \frac{1}{2}\mu_n C_{ox} \frac{W}{L}(V_G - V_S - V_{TH})^2 \quad (6.54)$$

$$= 102\ \mu A. \quad (6.55)$$

Exercício Esboce o gráfico da corrente de dreno em função de V_S, à medida que V_S varia de zero a 1 V.

---

[13] A ilha p^+ é necessária para a obtenção de um contato ôhmico de baixa resistência.

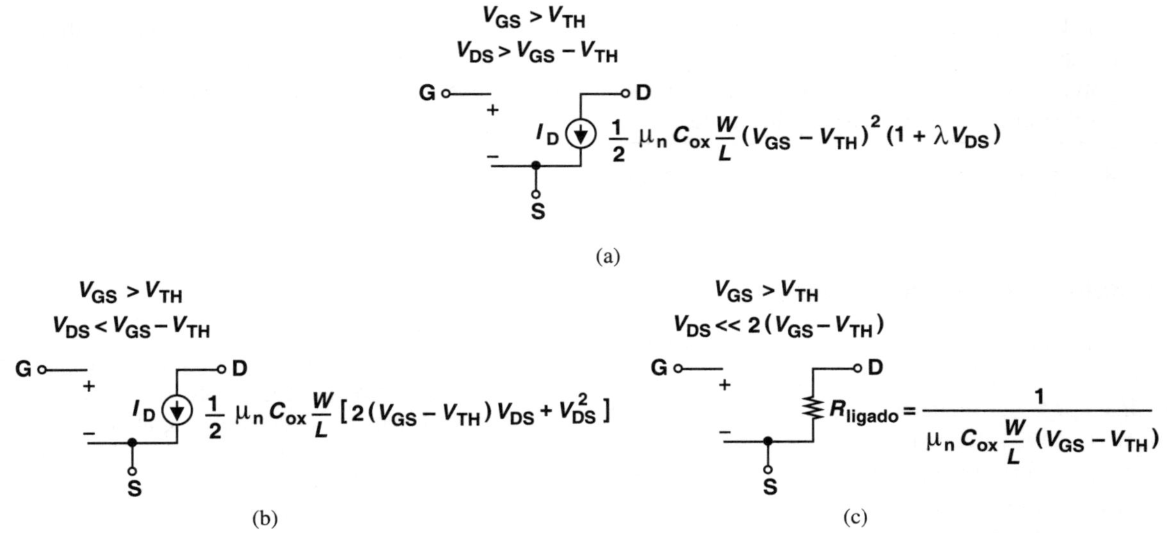

$$V_{GS} > V_{TH}$$
$$V_{DS} > V_{GS} - V_{TH}$$

G ○— + —○ D
$I_D \downarrow \frac{1}{2}\mu_n C_{ox}\frac{W}{L}(V_{GS} - V_{TH})^2(1 + \lambda V_{DS})$
S

(a)

$$V_{GS} > V_{TH}$$
$$V_{DS} < V_{GS} - V_{TH}$$

$I_D \downarrow \frac{1}{2}\mu_n C_{ox}\frac{W}{L}[2(V_{GS} - V_{TH})V_{DS} + V_{DS}^2]$

(b)

$$V_{GS} > V_{TH}$$
$$V_{DS} \ll 2(V_{GS} - V_{TH})$$

$R_{ligado} = \dfrac{1}{\mu_n C_{ox}\dfrac{W}{L}(V_{GS} - V_{TH})}$

(c)

Figura 6.29 Modelos MOS para (a) região de saturação, (b) região de triodo, (c) região de triodo forte.

6.3.1 Modelo de Grandes Sinais

Para níveis arbitrários de tensão e de corrente, devemos recorrer às Equações (6.9) e (6.34) para expressar o comportamento do dispositivo:

$$I_D = \frac{1}{2}\mu_n C_{ox}\frac{W}{L}\left[2(V_{GS} - V_{TH})V_{DS} - V_{DS}^2\right] \text{ Região do Triodo} \tag{6.56}$$

$$I_D = \frac{1}{2}\mu_n C_{ox}\frac{W}{L}(V_{GS} - V_{TH})^2(1 + \lambda V_{DS}) \text{ Região de Saturação} \tag{6.57}$$

Na região de saturação, o transistor atua como uma fonte de corrente controlada por tensão e pode se representado pelo modelo mostrado na Figura 6.29(a). Notemos que I_D depende de V_{DS} e, portanto, não é uma fonte de corrente ideal. Para $V_{DS} < V_{GS} - V_{TH}$, o modelo deve refletir a região de triodo, mas ainda pode incorporar uma fonte de corrente controlada por tensão, como ilustrado na Figura 6.29(b). Por fim, se $V_{DS} \ll 2(V_{GS} - V_{TH})$, o transistor pode ser visto como um resistor controlado por tensão [Figura 6.29(c)]. Em todos os três casos, a porta permanece um circuito aberto para representar a corrente de porta nula.

Exemplo 6.13 Na Figura 6.30(a), esbocemos o gráfico da corrente de dreno de M_1 em função de V_1, à medida que V_1 varia de zero a V_{DD}. Assumamos $\lambda = 0$.

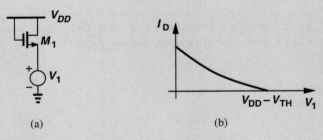

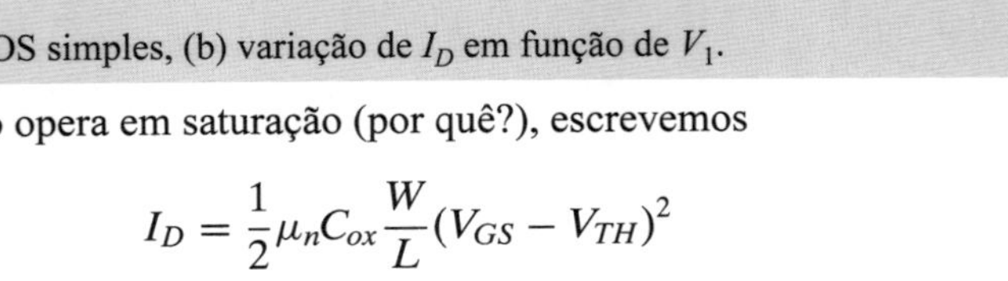

Figura 6.30 (a) Circuito MOS simples, (b) variação de I_D em função de V_1.

Solução Notando que o dispositivo opera em saturação (por quê?), escrevemos

$$I_D = \frac{1}{2}\mu_n C_{ox}\frac{W}{L}(V_{GS} - V_{TH})^2 \tag{6.58}$$

$$= \frac{1}{2}\mu_n C_{ox}\frac{W}{L}(V_{DD} - V_1 - V_{TH})^2. \tag{6.59}$$

> Em $V_1 = 0$, $V_{GS} = V_{DD}$ e o dispositivo conduz a corrente máxima. À medida que V_1 varia, V_{GS} diminui, assim como I_D. Se V_1 se tornar igual a $V_{DD} - V_{TH}$, V_{GS} se torna igual a V_{TH} e o transistor é desligado. A corrente de dreno, portanto, varia como ilustrado na Figura 6.30(b). Notemos que, devido ao efeito de corpo, V_{TH} varia com V_1, se o substrato não estiver conectado à terra.

Exercício Repita o exemplo anterior para o caso em que a porta de M_1 está conectada a uma tensão igual a 1,5 V e $V_{DD} = 2$ V.

6.3.2 Modelo de Pequenos Sinais

Se as correntes e tensões de polarização de um MOSFET forem apenas levemente perturbadas por sinais, o modelo não linear de grandes sinais pode ser reduzido à representação linear de pequenos sinais. O desenvolvimento do modelo é feito de modo similar ao empregado no Capítulo 4 para dispositivos bipolares. O modelo de pequenos sinais para a região de saturação é de particular interesse neste livro.

Vendo o transistor como uma fonte de corrente controlada por tensão, desenhemos o modelo básico como na Figura 6.31(a), na qual $i_D = g_m v_{GS}$, e a porta permanece aberta. Para representar a modulação do comprimento do canal, ou seja, a variação de i_D com v_{DS}, adicionemos um resistor, como na Figura 6.31(b):

$$r_O = \left(\frac{\partial I_D}{\partial V_{DS}}\right)^{-1} \tag{6.60}$$

$$= \frac{1}{\frac{1}{2}\mu_n C_{ox}\frac{W}{L}(V_{GS} - V_{TH})^2 \cdot \lambda} \tag{6.61}$$

Como a modulação do comprimento do canal é relativamente pequena, o denominador da Equação (6.61) pode ser aproximado por $I_D \cdot \lambda$, resultando em

$$r_O \approx \frac{1}{\lambda I_D}. \tag{6.62}$$

> **Você sabia?**
> Além de integrar um grande número de transistores por *chip*, a tecnologia MOS também se beneficiou de "encolhimento", ou seja, da redução das dimensões de transistores. O mínimo comprimento de canal caiu de cerca de 10 μm para os atuais 25 nm, e a *velocidade* de MOSFETs aumentou em mais de 4 ordens de grandezas. Por exemplo, a frequência de relógio de microprocessadores da Intel passou de 100 kHz para 4 GHz. Será que circuitos analógicos também se beneficiaram de encolhimento? Sim, de fato. A curva na figura a seguir mostra a frequência de osciladores MOS em função do tempo, ao longo das últimas três décadas.
>
>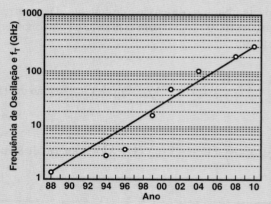
>
> Frequência de osciladores MOS em função do tempo.

Exemplo 6.14 Um MOSFET é polarizado com uma corrente de dreno de 0,5 mA. Se $\mu_n C_{ox} = 100\ \mu\text{A/V}^2$, $W/L = 10$ e $\lambda = 0,1$ V^{-1}, calculemos os correspondentes parâmetros de pequenos sinais.

Solução Temos

$$g_m = \sqrt{2\mu_n C_{ox}\frac{W}{L}I_D} \tag{6.63}$$

$$= \frac{1}{1\ \text{k}\Omega}. \tag{6.64}$$

e

$$r_O = \frac{1}{\lambda I_D} \tag{6.65}$$

$$= 20\ \text{k}\Omega. \tag{6.66}$$

Isso significa que, para esta escolha das dimensões do dispositivo e da corrente de polarização, o ganho intrínseco, $g_m r_O$ (Capítulo 4), é igual a 20.

Exercício Repita o exemplo anterior para o caso em que o valor de W/L é dobrado.

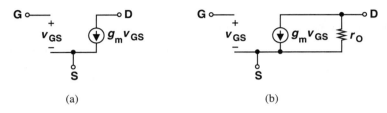

Figura 6.31 (a) Modelo de pequenos sinais para o MOSFET, (b) inclusão da modulação do comprimento do canal.

6.4 TRANSISTORES PMOS

Depois de conhecer transistores bipolares *npn* e *pnp*, o leitor pode se perguntar se existe um equivalente do tipo *p* para MOSFETs. De fato, como ilustrado na Figura 6.32(a), a alteração das polaridades das dopagens do substrato e das regiões de fonte e de dreno resulta em um dispositivo "PMOS". Agora, o canal consiste em *lacunas* e é formado se a tensão de porta estiver uma tensão de limiar *abaixo* da de fonte. Ou seja, para ligar o dispositivo, $V_{GS} < V_{TH}$, no qual V_{TH} é negativa. Seguindo a convenção usada para dispositivos bipolares, desenhemos o dispositivo PMOS como na Figura 6.32(b), com o terminal de fonte identificado pela seta e posicionado na parte superior para enfatizar seu potencial mais alto. O transistor opera na região de triodo se a tensão de dreno for próxima da de fonte, e se aproximar da região de saturação à medida que V_D diminui para $V_G - V_{TH} = V_G + |V_{TH}|$. A Figura 6.32(c) ilustra, de forma conceitual, as necessárias tensões porta-dreno para cada região de operação. Se V_{DS} de um dispositivo PMOS (NMOS) for suficientemente negativo (positivo), dizemos que o dispositivo está em saturação.

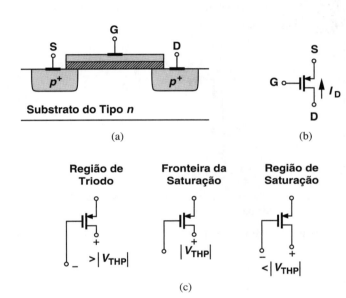

Figura 6.32 (a) Estrutura de dispositivo PMOS, (b) símbolo de circuito do dispositivo PMOS, (c) ilustração das regiões de triodo e de saturação com base nas tensões de porta e de dreno.

Exemplo 6.15 No circuito da Figura 6.33, determinemos a região de operação de M_1 à medida que V_1 varia de V_{DD} a zero. Assumamos $V_{DD} = 2,5$ V e $|V_{TH}| = 0,5$ V.

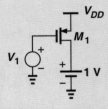

Figura 6.33 Circuito PMOS simples.

Solução Para $V_1 = V_{DD}$, $V_{GS} = 0$ e M_1 está desligado. À medida que V_1 diminui e se aproxima de $V_{DD} - |V_{TH}|$, o potencial porta-fonte fica suficientemente negativo para formar um canal de lacunas e ligar o dispositivo. Neste ponto, $V_G = V_{DD} - |V_{TH}| = +2$ V e $V_D = +1$ V; ou seja, M_1 está saturado [Figura 6.32(c)]. À medida que V_1 diminui ainda mais, V_{GS} se torna mais negativo e a corrente do transistor aumenta. Para $V_1 = +1$ V $- |V_{TH}| = 0,5$ V, M_1 está na fronteira da região de triodo. Quando V_1 se torna menor que 0,5 V, o transistor entra na região de triodo.

As polaridades das tensões e correntes em dispositivos PMOS podem originar confusão. Usando as direções de correntes mostradas na Figura 6.32(b), expressemos I_D na região de saturação como

$$I_{D,sat} = -\frac{1}{2}\mu_p C_{ox}\frac{W}{L}(V_{GS} - V_{TH})^2(1 - \lambda V_{DS}), \quad (6.67)$$

na qual λ é multiplicado por um sinal negativo.[14] Na região de triodo,

$$I_{D,tri} = -\frac{1}{2}\mu_p C_{ox}\frac{W}{L}\left[2(V_{GS} - V_{TH})V_{DS} - V_{DS}^2\right]. \quad (6.68)$$

De modo alternativo, as duas equações podem ser expressas em termos de valores absolutos:

$$|I_{D,sat}| = \frac{1}{2}\mu_p C_{ox}\frac{W}{L}(|V_{GS}| - |V_{TH}|)^2(1 + \lambda|V_{DS}|) \quad (6.69)$$

$$|I_{D,tri}| = \frac{1}{2}\mu_p C_{ox}\frac{W}{L}\left[2(|V_{GS}| - |V_{TH}|)|V_{DS}| - V_{DS}^2\right]. \quad (6.70)$$

O modelo de pequenos sinais do transistor PMOS é idêntico ao de dispositivos NMOS (Figura 6.31). O próximo exemplo ilustra este ponto.

Exemplo 6.16 Para a configuração mostrada na Figura 6.34(a), determinemos as resistências de pequenos sinais R_X e R_Y. Assumamos $\lambda \neq 0$.

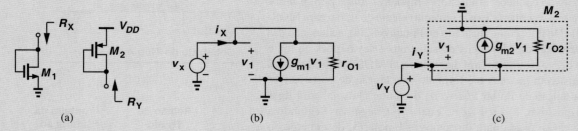

Figura 6.34 (a) Dispositivos NMOS e PMOS conectados como diodos, (b) modelo de pequenos sinais de (a), (c) modelo de pequenos sinais de (b).

Solução Para a versão NMOS, o equivalente de pequenos sinais tem a forma ilustrada na Figura 6.34(b) e leva a

$$R_X = \frac{v_X}{i_X} \quad (6.71)$$

$$= \left(g_{m1}v_X + \frac{v_X}{r_{O1}}\right)\frac{1}{i_X} \quad (6.72)$$

$$= \frac{1}{g_{m1}}\|r_{O1}. \quad (6.73)$$

Para a versão PMOS, desenhemos o equivalente como na Figura 6.34(c) e escrevamos

$$R_Y = \frac{v_Y}{i_Y} \quad (6.74)$$

$$= \left(g_{m2}v_Y + \frac{v_Y}{r_{O1}}\right)\frac{1}{i_Y} \quad (6.75)$$

$$= \frac{1}{g_{m2}}\|r_{O2}. \quad (6.76)$$

Nos dois casos, a resistência de pequenos sinais é igual a $1/g_m$ se $\lambda \to 0$.

Em analogia com os correspondentes dispositivos bipolares [Figura 4.44(a)], as estruturas mostradas na Figura 6.34(a) são conhecidas como dispositivos "conectados como diodo" e atuam como componentes de duas portas; apresentaremos diversas aplicações de dispositivos conectados como diodo nos Capítulos 9 e 10.

---

[14] Para tornar esta equação mais consistente com dispositivos NMOS [Equação (6.34)], podemos definir λ como negativo e expressar I_D como $(1/2)\mu_p C_{ox}(W/L)(V_{GS} - V_{TH})^2(1 + \lambda V_{DS})$. Contudo, um λ negativo tem pouco significado físico.

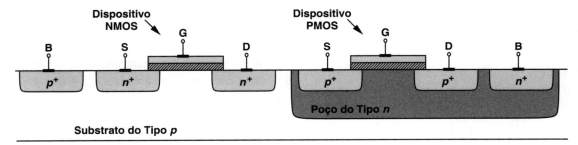

Figura 6.35 Tecnologia CMOS.

Devido à menor mobilidade das lacunas (Capítulo 2), dispositivos PMOS têm desempenho inferior ao de transistores NMOS. Por exemplo, a Equação (6.46) indica que, para uma dada corrente de dreno, a transcondutância de um dispositivo PMOS é menor. Portanto, sempre que possível, preferimos transistores NMOS.

6.5 TECNOLOGIA CMOS

É possível construir dispositivos NMOS e PMOS em uma mesma pastilha? As Figuras 6.2(a) e 6.32(a) revelam que os dois exigem substratos de tipos *diferentes*. Felizmente, um substrato *local* do tipo n pode ser criado em um substrato do tipo p e, assim, acomodar transistores PMOS.

Como ilustrado na Figura 6.35, um "poço do tipo n" envolve um dispositivo PMOS, enquanto o transistor NMOS reside no substrato do tipo p.

A estrutura anterior, construída com a chamada tecnologia "MOS complementar" (CMOS – *Complementary MOS technology*), requer processamento mais elaborado que no caso de simples dispositivos NMOS ou PMOS. Na verdade, as primeiras gerações da tecnologia MOS continham apenas transistores NMOS,[15] e o custo mais alto dos processos CMOS parecia proibitivo. No entanto, diversas vantagens importantes de dispositivos complementares, por fim, tornaram a tecnologia CMOS a tecnologia dominante e a tecnologia NMOS, obsoleta.

6.6 COMPARAÇÃO ENTRE DISPOSITIVOS BIPOLARES E MOS

Após o estudo da física e do funcionamento de transistores bipolares e MOS, podemos, agora, comparar as propriedades deles. A Tabela 6.2 mostra alguns aspectos importantes de cada dispositivo. Notemos que, dispositivos bipolares – devido à relação exponencial entre I_C e V_{BE} – apresentam maior transcondutância, para uma dada corrente de polarização.

6.7 RESUMO DO CAPÍTULO

- Uma fonte de corrente controlada por tensão e um resistor de carga podem formar um amplificador. MOSFETs são dispositivos eletrônicos capazes de operar como fontes de corrente controladas por tensão.

- Um MOSFET consiste em uma placa condutora ("porta") sobre um substrato semicondutor e duas junções ("fonte" e "dreno") no substrato. A porta controla o fluxo de corrente da fonte para o dreno. A porta puxa uma corrente aproximadamente nula, pois uma camada isolante a separa do substrato.

- À medida que a tensão de porta aumenta, uma região de depleção é formada no substrato, sob a região da porta.

TABELA 6.2 Comparação entre transistores bipolares e MOS

Transistor Bipolar	MOSFET
Característica Exponencial	Característica Quadrática
Região Ativa $V_{CB} > 0$	Região de Saturação $V_{DS} > V_{GS} - V_{TH}$ (NMOS)
Região de Saturação $V_{CB} < 0$	Região de Triodo $V_{DS} < V_{GS} - V_{TH}$ (NMOS)
Corrente de Base Finita	Corrente de Porta Nula
Efeito Early	Modulação do Comprimento do Canal
Corrente de Difusão	Corrente de Deriva
—	Resistor Controlado por Tensão

---

[15] O primeiro microprocessador Intel, o modelo 4004, foi realizado com a tecnologia NMOS.

Para uma tensão de porta acima de certo valor (a "tensão de limiar"), portadores móveis são atraídos para a interface óxido-silício e um canal é formado.

- Se a tensão dreno-fonte for pequena, o dispositivo funciona como um resistor controlado por tensão.

- À medida que a tensão de dreno aumenta, a densidade de carga nas proximidades do dreno diminui. Se a tensão de dreno ficar uma tensão de limiar abaixo da de porta, o canal deixa de existir nas vizinhanças do dreno, dando origem ao "estrangulamento" (*pinch-off*).

- MOSFETs operam na região de "triodo" se a tensão de dreno estiver mais de uma tensão de limiar abaixo da de porta. Nesta região, a corrente de dreno é uma função de V_{GS} e de V_{DS}. A corrente também é proporcional à razão de aspecto, W/L, do dispositivo.

- MOSFETs entram na "região de saturação" se ocorrer o estrangulamento (*pinch-off*) do canal, ou seja, se a tensão de dreno estiver menos de uma tensão de limiar abaixo da de porta. Nesta região, a corrente de dreno é proporcional a $(V_{GS} - V_{TH})^2$.

- MOSFETs que operam na região de saturação se comportam como fontes de corrente e têm larga aplicação em circuitos microeletrônicos.

- À medida que a tensão de dreno excede $V_{GS} - V_{TH}$ e ocorre o estrangulamento do canal, o lado dreno do canal começa a se mover em direção à fonte, o que reduz o comprimento efetivo do canal. Este efeito, denominado "modulação do comprimento do canal", resulta em variação da corrente de dreno na região de saturação. Ou seja, o dispositivo não é uma fonte de corrente ideal.

- Uma medida do desempenho de pequenos sinais de fontes de corrente controladas por tensão é a "transcondutância", definida como a alteração na corrente de saída dividida pela alteração na tensão de entrada. A transcondutância de MOSFETs pode ser expressa por uma de três equações que relacionam as tensões e correntes de polarização.

- A operação do transistor em regiões diferentes e/ou com grandes excursões de sinais exemplifica o "comportamento de grandes sinais". Se as excursões dos sinais forem suficientemente pequenas, o MOSFET pode ser representado pelo modelo de pequenos sinais, que consiste em uma fonte de corrente controlada por tensão *linear* e uma resistência de saída.

- O modelo de pequenos sinais é obtido com a aplicação de uma pequena perturbação à diferença de tensão entre dois terminais, enquanto as outras tensões são mantidas constantes.

- Os modelos de pequenos sinais de dispositivos NMOS e PMOS são idênticos.

- Transistores NMOS e PMOS são fabricados no mesmo substrato para criar a tecnologia CMOS.

EXERCÍCIOS

Nos exercícios a seguir, a menos que seja especificado de outra forma, assuma $\mu_n C_{ox} = 200\ \mu A/V^2$, $\mu_p C_{ox} = 100\ \mu A/V^2$, $V_{TH} = 0{,}4$ V para dispositivos NMOS e $V_{TH} = -0{,}4$ V para dispositivos PMOS.

Seção 6.2 Operação do MOSFET

*6.1 Dois MOSFETs idênticos são conectados em série, como mostrado na Figura 6.36. Se os dois dispositivos funcionarem como resistores, explique, de forma intuitiva, por que essa combinação é equivalente a um único resistor, $M_{Equação}$ Quais são a largura e o comprimento de M_{eq}?

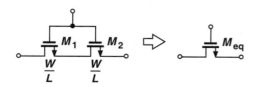

Figura 6.36

6.2 Considere a Figura 6.11 e assuma $V_D > 0$.
  (a) Esboce o gráfico da densidade de elétrons no canal em função de x.
  (b) Esboce o gráfico da resistência local do canal (por unidade de comprimento) em função de x.

6.3 Calcule a carga total armazenada no canal de um dispositivo NMOS com $C_{ox} = 10$ fF/μm^2, $W = 5\ \mu m$, $L = 0{,}1\ \mu m$ e $V_{GS} - V_{TH} = 1$ V. Assuma $V_{DS} = 0$.

*6.4 Considere que um MOSFET sofra estrangulamento (*pinch-off*) do canal próximo ao dreno. A Equação (6.4) indica que a densidade de carga e a velocidade dos portadores devam sofrer alterações em direções opostas, para que a corrente permaneça constante. Como essa relação pode ser interpretada no ponto de estrangulamento, onde a densidade de carga tende a zero?

6.5 Assuma que I_D seja constante e resolva a Equação (6.7) para obter uma expressão para $V(x)$. Esboce os gráficos de $V(x)$ e de dV/dx em função de x, para diferentes valores de W e V_{TH}.

*6.6 A corrente de dreno de um MOSFET na região de triodo é expressa como

$$I_D = \mu_n C_{ox} \frac{W}{L}\left[(V_{GS} - V_{TH})V_{DS} - \frac{1}{2}V_{DS}^2\right]. \quad (6.77)$$

Suponha que os valores de $\mu_n C_{ox}$ e de W/L não sejam conhecidos. É possível determinar estas grandezas com a aplicação de diferentes valores de $V_{GS} - V_{TH}$ e V_{DS} e com a medição da correspondente I_D?

6.7 Com $V_{GS} - V_{TH} = 0{,}6$ V, um dispositivo NMOS conduz uma corrente de 1 mA; e, com $V_{GS} - V_{TH} = 0{,}8$ V, uma corrente de 1,6 mA. Admitindo que o dispositivo opere na região de triodo, calcule V_{DS} e W/L.

*6.8 Calcule a transcondutância de um MOSFET que opera na região de triodo. Defina $g_m = \partial I_D/\partial V_{GS}$, para V_{DS} constante. Explique por que $g_m = 0$ para $V_{DS} = 0$.

6.9 Para um transistor MOS polarizado na região de triodo, podemos definir uma resistência dreno-fonte incremental como

$$r_{DS,tri} = \left(\frac{\partial I_D}{\partial V_{DS}}\right)^{-1}. \quad (6.78)$$

Deduza uma expressão para esta grandeza.

6.10 Desejamos usar um transistor MOSFET como um resistor variável, com $R_{ligado} = 500\ \Omega$ em $V_{GS} = 1$ V, e $R_{ligado} = 400\ \Omega$ em $V_{GS} = 1{,}5$ V. Explique por que isso não é possível.

6.11 Um dispositivo NMOS que opere com uma pequena tensão dreno-fonte funciona como um resistor. Se a tensão de alimentação for 1,8 V, qual é o mínimo valor da resistência em condução que pode ser alcançado com $W/L = 20$?

6.12 É possível definir uma "constante de tempo intrínseca" para um MOSFET que opere como um resistor:

$$\tau = R_{ligado}C_{GS}, \quad (6.79)$$

em que $C_{GS} = WLC_{ox}$. Obtenha uma expressão para τ e explique o que o projetista do circuito deve fazer para minimizar a constante de tempo.

6.13 No circuito da Figura 6.37, M_1 atua como um comutador eletrônico. Se $V_{entrada} \approx 0$, determine W/L de modo que o circuito atenue o sinal por apenas 5%. Assuma $V_G = 1{,}8$ V e $R_L = 100\ \Omega$.

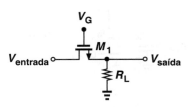

Figura 6.37

6.14 No circuito da Figura 6.37, a entrada é uma pequena senoide superposta a um nível DC: $V_{entrada} = V_0\cos\omega t + V_1$, na qual V_0 é da ordem de alguns milivolts.

(a) Para $V_1 = 0$, obtenha W/L em termos de R_L e de outros parâmetros, de modo que $V_{saída} = 0{,}95 V_{entrada}$.

(b) Repita a parte (a) para $V_1 = 0{,}5$ V. Compare os resultados.

6.15 Para um dispositivo NMOS, esboce o gráfico de I_D em função de V_{GS} para diferentes valores de V_{DS}.

6.16 Na Figura 6.17, explique por que os picos da parábola também estão em uma parábola.

6.17 Para dispositivos MOS com canais de comprimento muito pequeno, o comportamento de lei quadrática não é válido e podemos escrever:

$$I_D = WC_{ox}(V_{GS} - V_{TH})v_{sat}, \quad (6.80)$$

em que v_{sat} é uma velocidade relativamente *constante*. Determine a transcondutância de um destes dispositivos.

6.18 Dispositivos MOS avançados não seguem o comportamento de lei quadrática expresso pela Equação (6.17). Uma aproximação um pouco melhor é dada por:

$$I_D = \frac{1}{2}\mu_n C_{ox}\frac{W}{L}(V_{GS} - V_{TH})^\alpha, \quad (6.81)$$

em que α é menor que 2. Determine a transcondutância de um destes dispositivos.

*6.19 Determine a região de operação de M_1 em cada um dos circuitos mostrados na Figura 6.38.

*6.20 Determine a região de operação de M_1 em cada um dos circuitos mostrados na Figura 6.39.

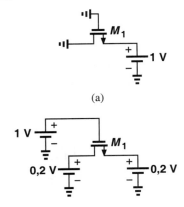

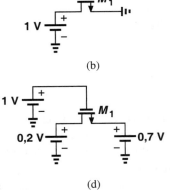

Figura 6.38

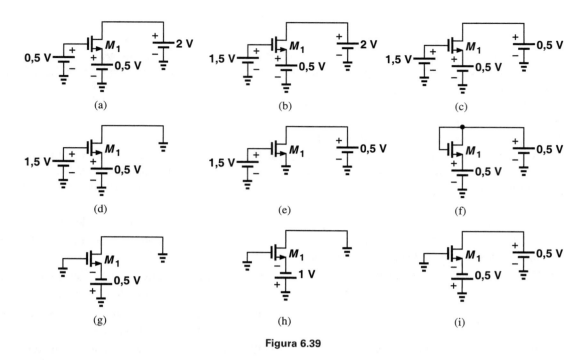

Figura 6.39

6.21 Duas fontes de corrente realizadas por MOSFETs idênticos (Figura 6.40) diferem por apenas 1%, ou seja, $0{,}99 I_{D2} < I_{D1} < 1{,}01 I_{D2}$. Se $V_{DS1} = 0{,}5$ V e $V_{DS2} = 1$ V, qual é o máximo valor tolerável de λ?

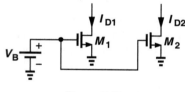

Figura 6.40

6.22 Assuma $\lambda = 0$ e calcule W/L de M_1 na Figura 6.41 de modo que o dispositivo opere na fronteira da região de saturação.

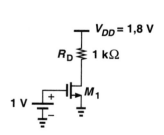

Figura 6.41

6.23 Usando o valor de W/L calculado no Exercício 6.22, explique o que acontece se a espessura de óxido da porta for dobrada, devido a um erro de fabricação.

6.24 Na Figura 6.42, qual é o mínimo valor tolerável de V_{DD} para que M_1 não entre na região de triodo? Assuma $\lambda = 0$.

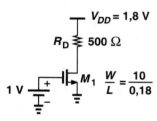

Figura 6.42

6.25 Calcule a corrente de polarização de M_1 na Figura 6.43 se $\lambda = 0$.

Figura 6.43

6.26 Na Figura 6.44, admitindo uma corrente de polarização I_1, calcule o valor de W/L para M_1. Assuma $\lambda = 0$.

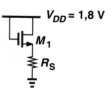

Figura 6.44

*6.27 Na Figura 6.45, deduza uma relação entre os parâmetros do circuito que garantem que M_1 opere na fronteira da região de saturação. Assuma $\lambda = 0$.

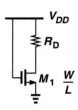

Figura 6.45

**6.28 Para o circuito mostrado na Figura 6.46, esboce o gráfico de I_X em função de V_X. Assuma que V_X varie de 0 a $V_{DD} = 1,8$ V e $\lambda = 0$. Determine o valor de V_X em que o dispositivo muda de região de operação.

6.29 Assumindo $W/L = 10/0,18$, $\lambda = 0,1$ V^{-1} e $V_{DD} = 1,8$ V, calcule a corrente de dreno de M_1 na Figura 6.47.

6.30 No circuito da Figura 6.48, $W/L = 20/0,18$ e $\lambda = 0,1$ V^{-1}. Que valor de V_B coloca o transistor na fronteira da região de saturação?

6.31 Um dispositivo NMOS que opera na região de saturação com $\lambda = 0$ deve produzir uma transcondutância de $1/(50\ \Omega)$.

(a) Determine W/L para $I_D = 0,5$ mA.
(b) Determine W/L para $V_{GS} - V_{TH} = 0,5$ V.
(c) Determine I_D para $V_{GS} - V_{TH} = 0,5$ V.

**6.32 Determine como a transcondutância de um MOSFET (que opera em saturação) é alterada se

(a) W/L for dobrado e I_D permanecer constante.
(b) $V_{GS} - V_{TH}$ for dobrado e I_D permanecer constante.
(c) I_D for dobrada e W/L permanecer constante.
(d) I_D for dobrada e $V_{GS} - V_{TH}$ permanecer constante.

6.33 O "ganho intrínseco" de um MOSFET que opera em saturação é definido como $g_m r_O$. Deduza uma expressão para $g_m r_O$ e faça um gráfico da mesma em função de I_D. Assuma V_{DS} constante.

6.34 Se $\lambda = 0,1$ V^{-1} e $W/L = 20/0,18$, construa o modelo de pequenos sinais de cada circuito mostrado na Figura 6.49.

*6.35 Assumindo um valor constante para V_{DS}, esboce o gráfico do ganho intrínseco $g_m r_O$ de um MOSFET

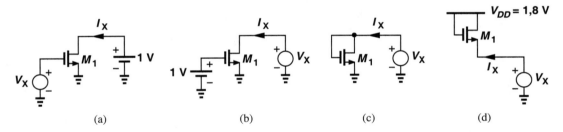

Figura 6.46

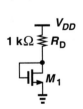

Figura 6.47

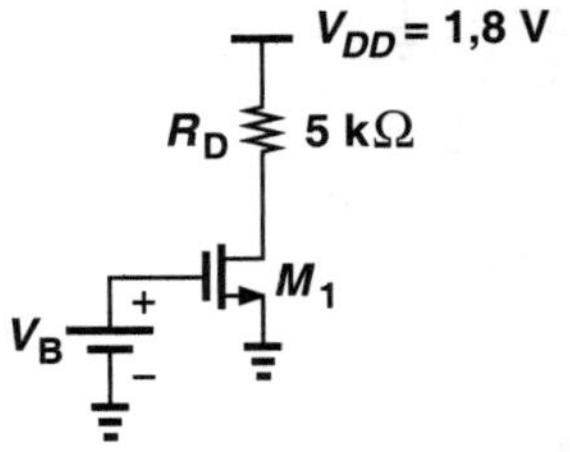

Figura 6.48

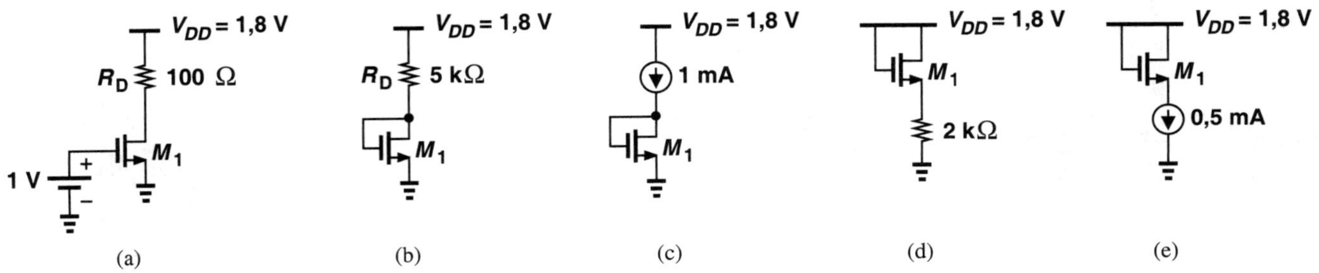

Figura 6.49

(a) em função de $V_{GS} - V_{TH}$, para I_D constante.

(b) em função de I_D, para $V_{GS} - V_{TH}$ constante.

6.36 Um dispositivo NMOS com $\lambda = 0{,}1\ \text{V}^{-1}$ deve prover um ganho $g_m r_O$ de 20, com $V_{DS} = 1{,}5\ \text{V}$. Determine o necessário valor de W/L, se $I_D = 0{,}5\ \text{mA}$.

6.37 Repita o Exercício 6.36 para $\lambda = 0{,}2\ \text{V}^{-1}$.

6.38 Construa o modelo de pequenos sinais do circuito mostrado na Figura 6.50. Assuma que todos os transistores operem em saturação e $\lambda \neq 0$.

Seção 6.4 Transistores PMOS

*6.39 Determine a região de operação de M_1 em cada circuito mostrado na Figura 6.51.

*6.40 Determine a região de operação de M_1 em cada circuito mostrado na Figura 6.52.

6.41 Na Figura 6.53, se $\lambda = 0$, que valor de W/L coloca M_1 na fronteira da região de saturação?

6.42 Com o valor de W/L obtido no Exercício 6.41, o que acontece se V_B for alterado para $+0{,}8\ \text{V}$?

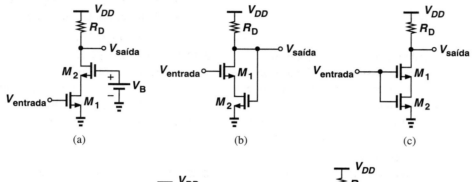

Figura 6.50

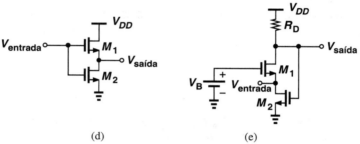

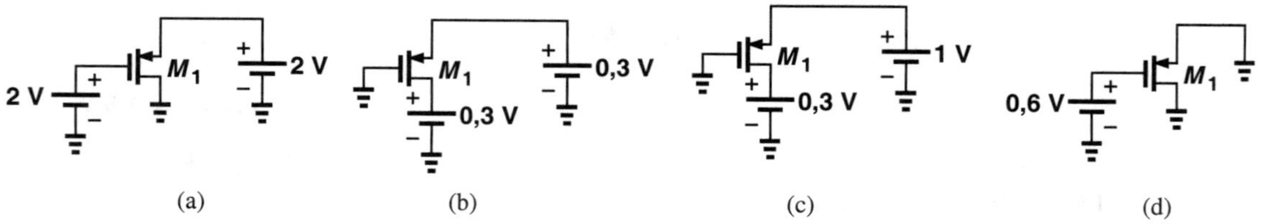

Figura 6.51

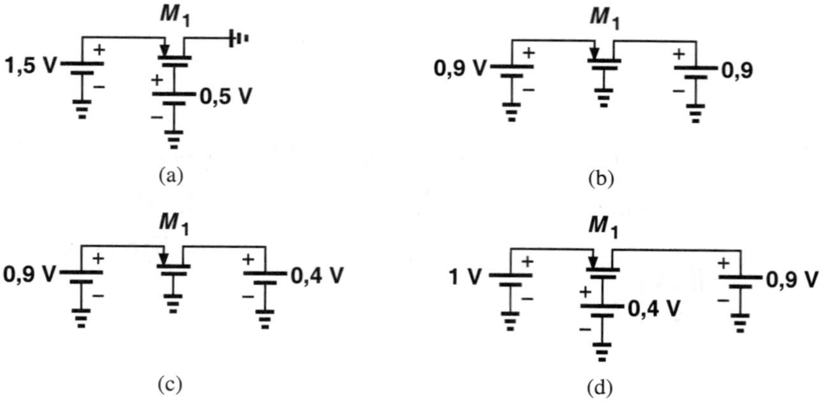

Figura 6.52

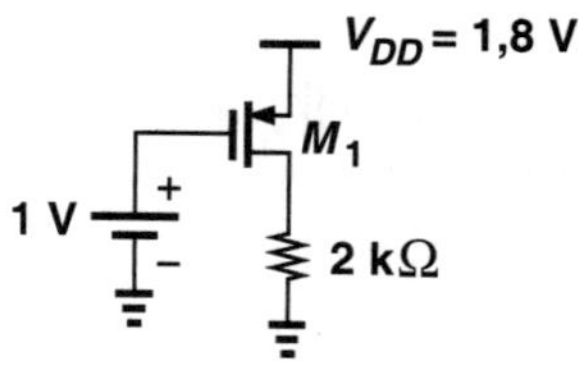

Figura 6.53

Física de Transistores MOS 243

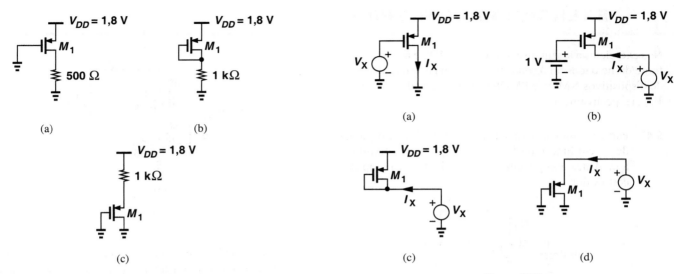

Figura 6.54

Figura 6.55

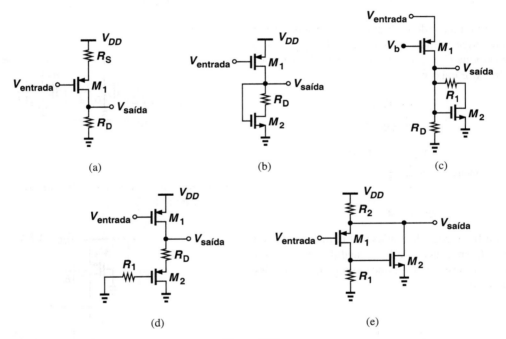

Figura 6.56

6.43 Se $W/L = 10/0,18$ e $\lambda = 0$, determine o ponto de operação de M_1 em cada circuito da Figura 6.54.

**6.44 Para os circuitos mostrados na Figura 6.55, esboce o gráfico de I_X em função de V_X. Assuma que V_X varie de 0 a $V_{DD} = 1,8$ V e $\lambda = 0$. Determine o valor de V_X em que o dispositivo muda de região de operação.

6.45 Construa o modelo de pequenos sinais de cada circuito mostrado na Figura 6.56, admitindo que todos os transistores operem em saturação e $\lambda \neq 0$.

**6.46 Considere o circuito ilustrado na Figura 6.57, em que M_1 e M_2 operam em saturação e exibem coeficientes de modulação do comprimento do canal λ_n e λ_p, respectivamente.

(a) Construa o circuito equivalente de pequenos sinais e explique por que M_1 e M_2 aparecem em "paralelo".

(b) Determine o ganho de tensão de pequenos sinais do circuito.

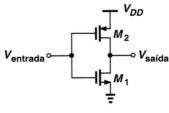

Figura 6.57

EXERCÍCIOS COM *SPICE*

Nos exercícios a seguir, use os modelos MOS e as dimensões fonte/dreno dados no Apêndice A. Assuma que os substratos de dispositivos NMOS e PMOS sejam conectados à terra e a V_{DD}, respectivamente.

6.47 Para o circuito representado na Figura 6.58, faça o gráfico de V_X em função de I_X, para $0 < I_X < 3$ mA. Explique a mudança abrupta em V_X à medida que I_X ultrapassa certo valor.

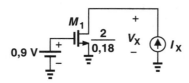

Figura 6.58

6.48 Para o estágio mostrado na Figura 6.59, faça o gráfico da característica entrada/saída, para $0 < V_{entrada} < 1,8$ V. Em que valor de $V_{entrada}$ a inclinação do gráfico (ganho) alcança o valor máximo?

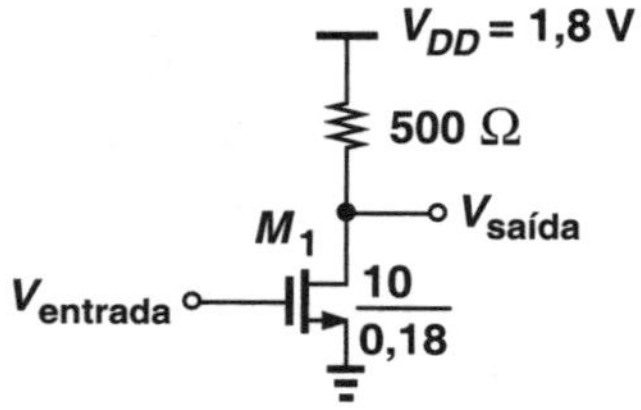

Figura 6.59

6.49 Para as configurações ilustradas na Figura 6.60, faça o gráfico de I_D em função de V_X, à medida que V_X varia de 0 a 1,8 V. É possível dizer que as duas configurações são equivalentes?

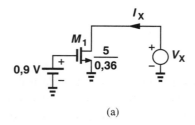

(a)

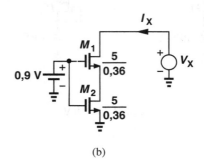

(b)

Figura 6.60

6.50 Para a configuração ilustrada na Figura 6.61, faça o gráfico de I_D em função de V_X, à medida que V_X varia de 0 a 1,8 V. Você é capaz de explicar o comportamento do circuito?

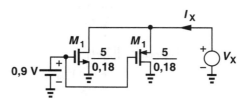

Figura 6.61

6.51 Repita o Exercício 6.50 para o circuito ilustrado na Figura 6.62.

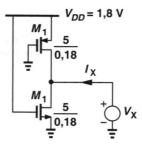

Figura 6.62

Amplificadores CMOS

A maioria dos amplificadores CMOS tem equivalente bipolar e, portanto, pode ser analisada da mesma forma. Este capítulo é desenvolvido de modo similar ao Capítulo 5: examinaremos as semelhanças e diferenças entre topologias de circuitos bipolares e CMOS. É recomendável que o leitor reveja o Capítulo 5, em particular a Seção 5.1. Assumimos que o leitor seja familiarizado com conceitos como impedâncias I/O, polarização, análises DC e de pequenos sinais. O roteiro que seguiremos no capítulo é mostrado a seguir.

Conceitos Gerais
- Polarização de Estágios MOS
- Realização de Fontes de Corrente

Amplificadores MOS
- Estágio Fonte Comum
- Estágio Porta Comum
- Seguidor de Fonte

7.1 CONSIDERAÇÕES GERAIS

7.1.1 Topologias de Amplificadores MOS

Recordemos, da Seção 5.3, que as nove possíveis topologias de circuitos com transistor bipolar, na verdade, se reduzem a três configurações úteis. O mesmo deve se aplicar a amplificadores MOS, como sugere a similaridade entre os modelos de pequenos sinais (isto é, fonte de corrente controlada por tensão) de dispositivos bipolares e MOS. Em outras palavras, esperamos três topologias básicas de amplificadores CMOS: estágios "fonte comum" (FC), "porta comum" (PC) e "seguidor de fonte".

7.1.2 Polarização

Dependendo da aplicação, circuitos MOS podem incorporar técnicas de polarização muito distintas das descritas no Capítulo 5 para estágios bipolares. A maioria dessas técnicas foge ao escopo deste livro, mas alguns métodos foram estudados no Capítulo 5. Entretanto, é interessante que apliquemos alguns dos conceitos de polarização do Capítulo 5 a estágios MOS.

Consideremos o circuito mostrado na Figura 7.1, em que a tensão de porta é definida por R_1 e R_2. Assumamos que M_1 opere em saturação. Além disso, na maioria dos cálculos de polarização, podemos desprezar a modulação do comprimento do canal. Notando que a corrente de porta é zero, temos

$$V_X = \frac{R_2}{R_1 + R_2}V_{DD}. \quad (7.1)$$

Como $V_X = V_{GS} + I_D R_S$

$$\frac{R_2}{R_1 + R_2}V_{DD} = V_{GS} + I_D R_S. \quad (7.2)$$

E

$$I_D = \frac{1}{2}\mu_n C_{ox}\frac{W}{L}(V_{GS} - V_{TH})^2. \quad (7.3)$$

As Equações (7.2) e (7.3) podem ser resolvidas para I_D e V_{GS}, seja por meio de processo interativo ou pelo cálculo de I_D na Equação (7.2) e substituição na Equação (7.3):

$$\left(\frac{R_2}{R_1 + R_2}V_{DD} - V_{GS}\right)\frac{1}{R_S} = \frac{1}{2}\mu_n C_{ox}\frac{W}{L}(V_{GS} - V_{TH})^2. \quad (7.4)$$

Ou seja,

$$V_{GS} = -(V_1 - V_{TH}) +$$

$$+ \sqrt{(V_1 - V_{TH})^2 - V_{TH}^2 + \frac{2R_2}{R_1 + R_2}V_1 V_{DD}}, \quad (7.5)$$

$$= -(V_1 - V_{TH}) + \sqrt{V_1^2 + 2V_1\left(\frac{R_2 V_{DD}}{R_1 + R_2} - V_{TH}\right)}, \quad (7.6)$$

com

$$V_1 = \frac{1}{\mu_n C_{ox} \dfrac{W}{L} R_S}. \quad (7.7)$$

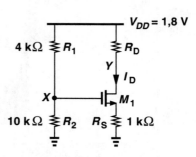

Figura 7.1 Estágio MOS com polarização.

Este valor de V_{GS} pode, então, ser substituído na Equação (7.2) para fornecer I_D. Vale lembrar que V_Y deve ser maior que $V_X - V_{TH}$ para garantir operação na região de saturação.

Exemplo 7.1 Determinemos a corrente de polarização de M_1 na Figura 7.1, assumindo $V_{TH} = 0{,}5$ V, $\mu_n C_{ox} = 100\,\mu\text{A/V}^2$, $W/L = 5/0{,}18$ e $\lambda = 0$. Qual é o máximo valor permitido para R_D para que M_1 permaneça em saturação?

Solução Temos

$$V_X = \frac{R_2}{R_1 + R_2} V_{DD} \quad (7.8)$$

$$= 1{,}286\,\text{V}. \quad (7.9)$$

Com a escolha inicial $V_{GS} = 1$ V, a queda de tensão em R_S pode ser expressa como $V_X - V_{GS} = 286$ mV, produzindo uma corrente de dreno de 286 μA. A substituição de I_D na Equação (7.3) fornece o novo valor de V_{GS} como

$$V_{GS} = V_{TH} + \sqrt{\frac{2 I_D}{\mu_n C_{ox} \dfrac{W}{L}}} \quad (7.10)$$

$$= 0{,}954\,\text{V}. \quad (7.11)$$

Logo,

$$I_D = \frac{V_X - V_{GS}}{R_S} \quad (7.12)$$

$$= 332\,\mu\text{A}, \quad (7.13)$$

e

$$V_{GS} = 0{,}989\,\text{V}. \quad (7.14)$$

Isto resulta em $I_D = 297\,\mu$A.

Como mostram as iterações, as soluções convergem de modo mais lento que nos casos de circuitos bipolares vistos no Capítulo 5. Isto se deve à dependência quadrática (em vez de exponencial) entre I_D e V_{GS}. Portanto, podemos utilizar o resultado exato na Equação (7.6) para evitar cálculos longos. Como $V_1 = 0{,}36$ V,

$$V_{GS} = 0{,}974\,\text{V} \quad (7.15)$$

e

$$I_D = \frac{V_X - V_{GS}}{R_S} \quad (7.16)$$

$$= 312 \,\mu\text{A}. \quad (7.17)$$

O máximo valor permitido para R_D é obtido quando $V_Y = V_X - V_{TH} = 0{,}786$ V. Ou seja,

$$R_D = \frac{V_{DD} - V_Y}{I_D} \quad (7.18)$$

$$= 3{,}25 \text{ k}\Omega. \quad (7.19)$$

Exercício Que valor de R_2 coloca M_1 na fronteira da região de saturação?

Exemplo 7.2 No circuito do Exemplo 7.1, assumamos que M_1 esteja em saturação, $R_D = 2{,}5$ kΩ e calculemos (a) o máximo valor permitido para W/L e (b) o mínimo valor permitido para R_S (com $W/L = 5/0{,}18$). Assumamos $\lambda = 0$.

Solução (a) À medida que W/L aumenta, para um dado V_{GS}, M_1 pode conduzir uma corrente maior. Com $R_D = 2{,}5$ kΩ e $V_X = 1{,}286$ V, o máximo valor permitido para I_D é dado por

$$I_D = \frac{V_{DD} - V_Y}{R_D} \quad (7.20)$$

$$= 406 \,\mu\text{A}. \quad (7.21)$$

A queda de tensão em R_S é, portanto, igual a 406 mV, resultando em $V_{GS} = 1{,}286$ V $- 0{,}406$ V $= 0{,}88$ V. Em outras palavras, M_1 deve conduzir uma corrente de 406 μA, com $V_{GS} = 0{,}88$ V:

$$I_D = \frac{1}{2}\mu_n C_{ox} \frac{W}{L}(V_{GS} - V_{TH})^2 \quad (7.22)$$

$$406 \,\mu\text{A} = (50 \,\mu\text{A/V}^2)\frac{W}{L}(0{,}38 \text{ V})^2; \quad (7.23)$$

Logo,

$$\frac{W}{L} = 56{,}2. \quad (7.24)$$

(b) Com $W/L = 5/0{,}18$, o mínimo valor permitido para R_S corresponde a uma corrente de dreno de 406 μA. Como

$$V_{GS} = V_{TH} + \sqrt{\frac{2I_D}{\mu_n C_{ox} \dfrac{W}{L}}} \quad (7.25)$$

$$= 1{,}041 \text{ V}, \quad (7.26)$$

a queda de tensão em R_S é igual a $V_X - V_{GS} = 245$ mV. Portanto,

$$R_S = \frac{V_X - V_{GS}}{I_D} \quad (7.27)$$

$$= 604\ \Omega. \quad (7.28)$$

Exercício Repita o exemplo anterior para o caso em que $V_{TH} = 0{,}35$ V.

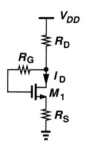

Figura 7.2 Estágio MOS autopolarizado.

A técnica de autopolarização da Figura 5.22 também pode ser aplicada a amplificadores MOS. O circuito ilustrado na Figura 7.2 pode ser analisado constatando que M_1 está em saturação (por quê?) e que a queda de tensão em R_G é zero. Logo,

$$I_D R_D + V_{GS} + R_S I_D = V_{DD}. \quad (7.29)$$

Calculando o valor de V_{GS} desta equação e substituindo-o na Equação (7.3), obtemos,

$$I_D = \frac{1}{2}\mu_n C_{ox}\frac{W}{L}[V_{DD} - (R_S + R_D)I_D - V_{TH}]^2, \quad (7.30)$$

na qual a modulação do comprimento do canal foi desprezada. Com isso,

$$(R_S + R_D)^2 I_D^2 - 2\left[(V_{DD} - V_{TH})(R_S + R_D) + \frac{1}{\mu_n C_{ox}\frac{W}{L}}\right]I_D + (V_{DD} - V_{TH})^2 = 0. \quad (7.31)$$

Exemplo 7.3 Calculemos a corrente de dreno de M_1 na Figura 7.3, admitindo $\mu_n C_{ox} = 100\ \mu\text{A/V}^2$, $V_{TH} = 0{,}5$ V e $\lambda = 0$. Que valor deve ter R_D para que I_D seja reduzida por um fator de dois?

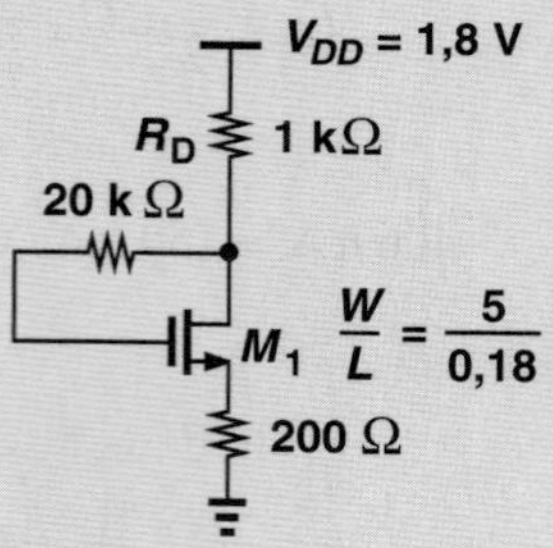

Figura 7.3 Exemplo de estágio MOS autopolarizado.

Solução A Equação (7.31) fornece

$$I_D = 556\ \mu\text{A}. \quad (7.32)$$

Para reduzir I_D a 278 μA, resolvemos a Equação (7.31) para R_D:

$$R_D = 2{,}867\ \text{k}\Omega. \quad (7.33)$$

Exercício Repita o exemplo anterior para o caso em que o valor de V_{DD} é reduzido para 1,2 V.

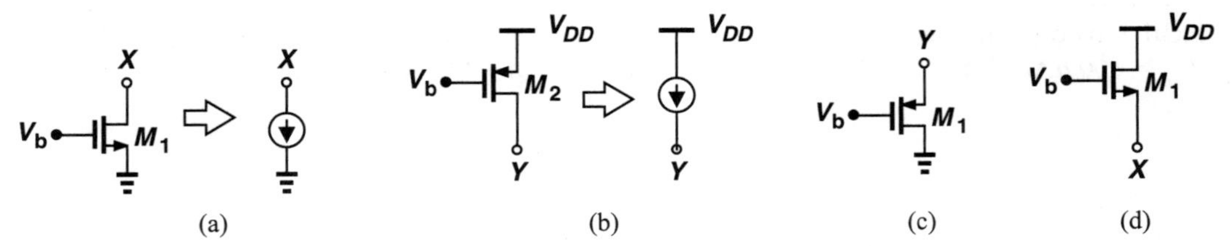

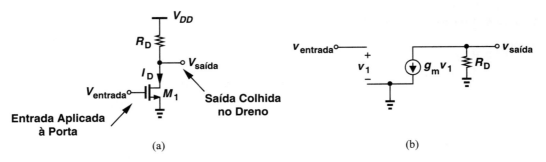

Figura 7.4 (a) Dispositivo NMOS operando como fonte de corrente, (b) dispositivo PMOS operando como fonte de corrente, (c) topologia PMOS não operando como fonte de corrente, (d) topologia NMOS não operando como fonte de corrente.

Figura 7.5 (a) Estágio fonte comum, (b) modelo de pequenos sinais.

7.1.3 Realização de Fontes de Corrente

Transistores MOS que operam em saturação podem atuar como fontes de corrente. Como ilustrado na Figura 7.4(a), um dispositivo NMOS funciona como uma fonte de corrente com um terminal conectado à terra, ou seja, puxa corrente do nó X para a terra. Um transistor PMOS [Figura 7.4(b)], por sua vez, puxa corrente de V_{DD} para o nó Y. Se $\lambda = 0$, essas correntes permanecem independentes de V_X e de V_Y (desde que os transistores estejam em saturação).

É importante entender que apenas o terminal do *dreno* de um MOSFET pode puxar uma corrente DC e ainda apresentar uma impedância alta. Em particular, dispositivos NMOS ou PMOS configurados como nas Figuras 7.4(c) e (d) *não* funcionam como fontes de corrente, pois a variação de V_X ou de V_Y afeta diretamente a tensão porta-fonte de cada transistor e muda a corrente de dreno de forma considerável. De outra perspectiva, o modelo de pequenos sinais de cada uma dessas duas estruturas é idêntico ao de dispositivos conectados como diodo na Figura 6.34, revelando uma impedância de pequenos sinais de apenas $1/g_m$ (se $\lambda = 0$) e não infinita.

7.2 ESTÁGIO FONTE COMUM

7.2.1 Núcleo FC

O estágio básico FC, mostrado na Figura 7.5(a), é similar à topologia emissor comum, com entrada aplicada à porta e saída colhida no dreno. Para pequenos sinais, M_1 converte variações da tensão de entrada em alterações proporcionais na corrente de dreno, enquanto R_D transforma a corrente de dreno na tensão de saída. Se se a modulação do comprimento do canal for desprezada, o modelo de pequenos sinais da Figura 7.5(b) fornece $v_{entrada} = v_1$ e $v_{saída} = -g_m v_1 R_D$. Ou seja,

$$\frac{v_{saída}}{v_{entrada}} = -g_m R_D, \quad (7.34)$$

um resultado similar ao obtido no Capítulo 5 para o estágio emissor comum.

O ganho de tensão do estágio FC também é limitado pela tensão de alimentação. Como $g_m = \sqrt{2\mu_n C_{ox}(W/L)I_D}$, temos

$$A_v = -\sqrt{2\mu_n C_{ox}\frac{W}{L}I_D}\,R_D, \quad (7.35)$$

e concluímos que, se I_D ou R_D aumentar, a queda de tensão em R_D ($= I_D R_D$) também aumenta.[1] Para que M_1 permaneça em saturação,

$$V_{DD} - R_D I_D > V_{GS} - V_{TH}, \quad (7.36)$$

ou seja,

$$R_D I_D < V_{DD} - (V_{GS} - V_{TH}). \quad (7.37)$$

Como o terminal de porta do MOSFET puxa uma corrente nula (em frequências muito baixas), dizemos que o amplificador FC prové ganho de corrente infinito. Em contraste, o ganho de corrente de um estágio emissor comum é igual a β.

---

[1] É possível aumentar o ganho, até certo ponto, com o aumento de W, mas a "condição sublimiar", por fim, limita a transcondutância. O estudo deste conceito está além do escopo do livro.

> **Exemplo 7.4** Calculemos o ganho de tensão de pequenos sinais do estágio FC mostrado na Figura 7.6, com $I_D = 1$ mA, $\mu_n C_{ox} = 100\ \mu A/V^2$, $V_{TH} = 0{,}5$ V e $\lambda = 0$. Comprovemos que M_1 opera em saturação.
>
>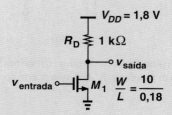
>
> **Figura 7.6** Exemplo de estágio FC.
>
> **Solução** Temos
>
> $$g_m = \sqrt{2\mu_n C_{ox} \frac{W}{L} I_D} \qquad (7.38)$$
>
> $$= \frac{1}{300\ \Omega}. \qquad (7.39)$$
>
> Logo,
>
> $$A_v = -g_m R_D \qquad (7.40)$$
>
> $$= 3{,}33. \qquad (7.41)$$
>
> Para identificar a região de operação, primeiro, determinemos a tensão porta-fonte:
>
> $$V_{GS} = V_{TH} + \sqrt{\frac{2I_D}{\mu_n C_{ox} \frac{W}{L}}} \qquad (7.42)$$
>
> $$= 1{,}1\ V. \qquad (7.43)$$
>
> A tensão de dreno é igual a $V_{DD} - R_D I_D = 0{,}8$ V. Como $V_{GS} - V_{TH} = 0{,}6$ V, o dispositivo, de fato, opera na região de saturação e tem uma margem de 0,2 V em relação à região de triodo. Por exemplo, se o valor de R_D for dobrado com a intenção de dobrar A_v, M_1 entra na região de triodo e a transcondutância diminui.

Exercício Que valor de V_{TH} coloca M_1 na fronteira da região de saturação?

Agora, calculemos as impedâncias I/O do amplificador FC. Como a corrente de porta é nula (nas frequências baixas),

$$R_{entrada} = \infty, \qquad (7.44)$$

um ponto de contraste em relação ao estágio EC (cuja $R_{entrada}$ é igual a r_π). A alta impedância de entrada da topologia FC tem um papel importante em diversos circuitos analógicos.

A similaridade entre os equivalentes de pequenos sinais de estágios EC e FC indica que a impedância de saída do amplificador FC é igual a

$$R_{saída} = R_D. \qquad (7.45)$$

Isso também é visto na Figura 7.7.

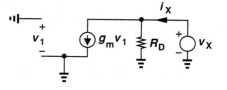

Figura 7.7 Impedância de saída do estágio FC.

Na prática, a modulação do comprimento do canal pode não ser desprezível, em especial se R_D for grande. O modelo de pequenos sinais da topologia FC deve, portanto, ser modificado como indicado na Figura 7.8, revelando que

$$A_v = -g_m(R_D \| r_O) \qquad (7.46)$$

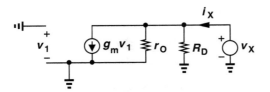

Figura 7.8 Efeito da modulação do comprimento do canal em um estágio FC.

$$R_{entrada} = \infty \quad (7.47)$$

$$R_{saída} = R_D \| r_O. \quad (7.48)$$

Em outras palavras, a modulação do comprimento do canal e o efeito Early afetam os estágios FC e EC, respectivamente, de formas similares.

Exemplo 7.5 Assumindo que M_1 opere em saturação, determinemos o ganho de tensão do circuito mostrado na Figura 7.9(a) e esbocemos o gráfico do resultado em função do comprimento do canal do transistor, mantendo os outros parâmetros constantes.

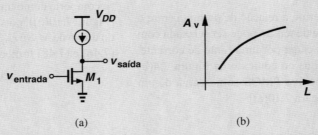

Figura 7.9 (a) Estágio FC com fonte de corrente ideal como carga, (b) ganho em função do comprimento do canal do dispositivo.

Solução A fonte de corrente ideal apresenta uma resistência de pequenos sinais infinita, permitindo o uso da Equação (7.46) com $R_D = \infty$:

$$A_v = -g_m r_O. \quad (7.49)$$

Este é o maior ganho de tensão que um único transistor pode prover. Escrevendo $g_m = \sqrt{2\mu_n C_{ox}(W/L)I_D}$ e $r_O = (\lambda I_D)^{-1}$, temos

$$|A_v| = \frac{\sqrt{2\mu_n C_{ox} \dfrac{W}{L}}}{\lambda \sqrt{I_D}}. \quad (7.50)$$

Este resultado parece indicar que $|A_v|$ cai à medida que L aumenta; mas recordemos do Capítulo 6 que $\lambda \propto L^{-1}$:

$$|A_v| \propto \sqrt{\frac{2\mu_n C_{ox} WL}{I_D}}. \quad (7.51)$$

Por conseguinte, $|A_v|$ aumenta com L [Figura 7.9(b)].

Exercício Repita o exemplo anterior para o caso em que um resistor de valor R_1 é conectado entre a porta e o dreno de M_1.

Você sabia?

O ganho intrínseco $g_m r_O$ de MOSFETs caiu com a tecnologia de encolhimento, que reduziu o mínimo comprimento de canal dos cerca de 10μm na década de 1960 aos atuais 25 nm. Devido à severa modulação do comprimento do canal, o ganho intrínseco desses dispositivos de canal curto é da ordem de 5 ou 10, dificultando a obtenção de alto ganho de tensão em muitos circuitos analógicos. Essa questão estimulou intensa pesquisa sobre circuitos analógicos baseados em blocos básicos de baixo ganho. Por exemplo, o conversor analógico-digital que digitaliza a imagem em uma câmera pode precisar de um amp op com ganho de 4.000, mas, agora, deve ser projetado com ganho de apenas 20.

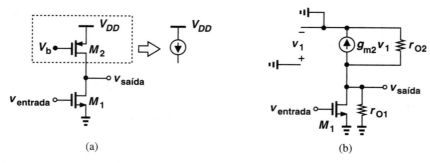

Figura 7.10 (a) Estágio FC com dispositivo PMOS como fonte de corrente, (b) modelo de pequenos sinais.

7.2.2 Estágio FC com Fonte de Corrente como Carga

Como visto no exemplo anterior, a relação de permuta entre o ganho de tensão e o vão livre de tensão pode ser relaxada com a substituição do resistor de carga por uma fonte de corrente. Portanto, as observações feitas no contexto da Figura 7.4(b) sugerem o uso de um dispositivo PMOS como carga de um amplificador NMOS FC [Figura 7.10(a)].

Determinemos o ganho de pequenos sinais e a impedância de saída do circuito. Com uma tensão porta-fonte constante, M_2 se comporta como um resistor igual à sua impedância de saída [Figura 7.10(b)], pois $v_1 = 0$ e, portanto, $g_{m2}v_1 = 0$. Assim, o nó do dreno de M_1 vê r_{O1} e r_{O2} conectadas à terra AC. As Equações (7.46) e (7.48) fornecem

$$A_v = -g_{m1}(r_{O1}\|r_{O2}) \quad (7.52)$$

$$R_{saída} = r_{O1}\|r_{O2}. \quad (7.53)$$

Exemplo 7.6 A Figura 7.11 mostra um estágio FC PMOS, que usa uma fonte de corrente NMOS como carga. Calculemos o ganho de tensão do circuito.

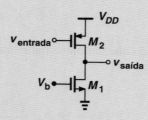

Figura 7.11 Estágio FC com dispositivo PMOS como fonte de corrente.

Solução O transistor M_2 gera uma corrente de pequenos sinais igual a $g_{m2}v_{entrada}$, que flui por $r_{O1}\|r_{O2}$ e produz $v_{saída} = -g_{m2}v_{entrada}(r_{O1}\|r_{O2})$. Portanto,

$$A_v = -g_{m2}(r_{O1}\|r_{O2}). \quad (7.54)$$

Exercício Calcule o ganho no caso em que o circuito alimenta uma resistência de carga de valor R_L.

7.2.3 Estágio FC com Carga Conectada como Diodo

Em algumas aplicações, um MOSFET conectado como diodo pode ser usado como carga de dreno. Esta topologia, ilustrada na Figura 7.12(a), exibe um ganho apenas moderado, devido à relativamente baixa impedância do dispositivo conectado como diodo (Seção 7.1.3). Com $\lambda = 0$, M_2 atua como uma resistência de pequenos sinais igual a $1/g_{m2}$, e a Equação (7.34) fornece

$$A_v = -g_{m1} \cdot \frac{1}{g_{m2}} \quad (7.55)$$

$$= -\frac{\sqrt{2\mu_n C_{ox}(W/L)_1 I_D}}{\sqrt{2\mu_n C_{ox}(W/L)_2 I_D}} \quad (7.56)$$

$$= -\sqrt{\frac{(W/L)_1}{(W/L)_2}}. \quad (7.57)$$

É interessante observar que o ganho é dado pelas dimensões de M_1 e M_2, e permanece independente de parâmetros de processo, como μ_n e C_{ox}, e da corrente de dreno I_D.

O leitor pode perguntar por que, no Capítulo 5, não consideramos um estágio emissor comum com carga conectada

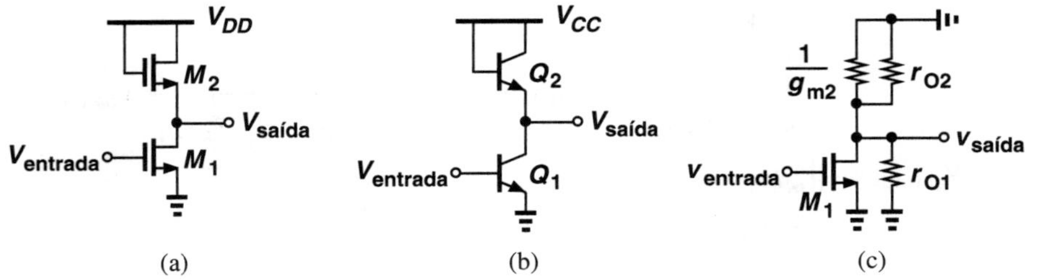

Amplificadores CMOS 253

Figura 7.12 (a) Estágio MOS usando carga conectada como diodo, (b) equivalente bipolar, (c) modelo simplificado de (a).

como diodo. A Figura 7.12(b) ilustra um circuito como este, que não é usado na prática por prover um ganho de tensão apenas igual à unidade:

$$A_v = -g_{m1} \cdot \frac{1}{g_{m2}} \quad (7.58)$$

$$= -\frac{I_{C1}}{V_T} \cdot \frac{1}{I_{C2}/V_T} \quad (7.59)$$

$$\approx -1. \quad (7.60)$$

O contraste entre as Equações (7.57) e (7.60) tem origem na diferença fundamental entre dispositivos MOS e bipolar: a transcondutância do primeiro depende das dimensões do dispositivo e a do segundo, não.

Uma expressão mais precisa para o ganho do estágio da Figura 7.12(a) deve levar em conta a modulação do comprimento do canal. Como indicado na Figura 7.12(c), a resistência vista no dreno é, agora, igual a $(1/g_{m2})||r_{O2}||r_{O1}$; logo:

$$A_v = -g_{m1}\left(\frac{1}{g_{m2}}||r_{O2}||r_{O1}\right). \quad (7.61)$$

De modo similar, a resistência de saída do estágio é dada por

$$R_{saída} = \frac{1}{g_{m2}}||r_{O2}||r_{O1}. \quad (7.62)$$

Exemplo 7.7 Determinemos o ganho de tensão do circuito mostrado na Figura 7.13 se $\lambda \neq 0$.

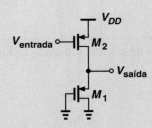

Figura 7.13 Estágio FC com dispositivo PMOS conectado como diodo.

Solução Este estágio é similar ao da Figura 7.12(a), com dispositivos NMOS substituídos por transistores PMOS: M_1 funciona como um dispositivo fonte comum e M_2, como uma carga conectada como diodo. Assim,

$$A_v = -g_{m2}\left(\frac{1}{g_{m1}}||r_{O1}||r_{O2}\right). \quad (7.63)$$

Exercício Repita o exemplo anterior para o caso em que a porta de M_1 é conectada a uma tensão constante de 0,5 V.

7.2.4 Estágio FC com Degeneração

Recordemos, do Capítulo 5, que um resistor conectado em série com o emissor de um transistor bipolar altera características como ganho, impedâncias I/O e linearidade. Esperamos resultados similares para um amplificador FC degenerado.

A Figura 7.14 ilustra um estágio e seu equivalente de pequenos sinais (com $\lambda = 0$). Como no caso do correspondente circuito bipolar, o resistor de degeneração sustenta uma fração da alteração da tensão de entrada. Da Figura 7.14(b), temos

$$v_{entrada} = v_1 + g_m v_1 R_S \quad (7.64)$$

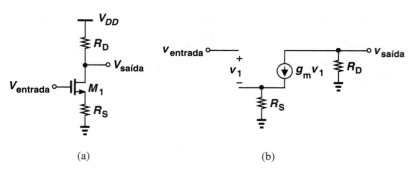

Figura 7.14 (a) Estágio FC com degeneração, (b) modelo de pequenos sinais.

Logo,

$$v_1 = \frac{v_{entrada}}{1 + g_m R_S}. \quad (7.65)$$

Como $g_m v_1$ flui por R_D, $v_{saída} = -g_m v_1 R_D$ e

$$\frac{v_{saída}}{v_{entrada}} = -\frac{g_m R_D}{1 + g_m R_S} \quad (7.66)$$

$$= -\frac{R_D}{\dfrac{1}{g_m} + R_S}, \quad (7.67)$$

um resultado idêntico ao expresso pela Equação (5.157) para o correspondente circuito bipolar.

Seguindo os desenvolvimentos do Capítulo 5, podemos estudar o efeito de um resistor conectado em série com a porta (Figura 7.16). No entanto, como a corrente de porta é nula (nas frequências baixas), não há queda de tensão em R_G e, portanto, o ganho de tensão e as impedâncias I/O não são afetados.

Efeito da Impedância de Saída do Transistor Como no caso do correspondente bipolar, a inclusão da impedância de saída do transistor complica a análise e é estudada no Exercício 7.32. Entretanto, a impedância de saída do estágio FC degenerado tem um papel importante em circuitos analógicos e merece ser estudada aqui.

A Figura 7.17 mostra o equivalente de pequenos sinais do circuito. Como R_S conduz uma corrente igual a i_X (por quê?), temos $v_1 = -i_X R_S$. Além disso, a corrente que flui por r_O é igual a

---

Exemplo 7.8 Calculemos o ganho de tensão do circuito mostrado na Figura 7.15(a) se $\lambda = 0$.

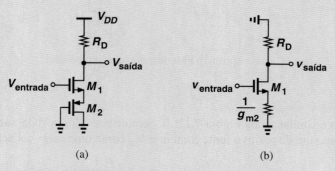

Figura 7.15 (a) Exemplo de estágio FC com degeneração, (b) circuito simplificado.

Solução O transistor M_2 funciona como dispositivo conectado como diodo e apresenta uma impedância $1/g_{m2}$ [Figura 7.15(b)]. Portanto, se R_S for substituído por $1/g_{m2}$, o ganho é dado pela Equação (7.67):

$$A_v = -\frac{R_D}{\dfrac{1}{g_{m1}} + \dfrac{1}{g_{m2}}}. \quad (7.68)$$

Exercício O que acontece se $\lambda \neq 0$ para M_2?

Amplificadores CMOS 255

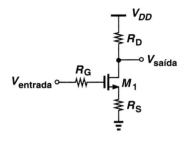

Figura 7.16 Estágio FC com resistência de porta.

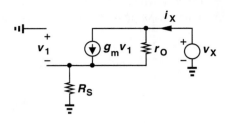

Figura 7.17 Impedância de saída do estágio FC com degeneração.

$i_X - g_m v_1 = i_X - g_m(-i_X R_S) = i_X + g_m i_X R_S$. Somando as quedas de tensão em r_O e em R_S e igualando o resultado a v_X, obtemos

$$r_O(i_X + g_m i_X R_S) + i_X R_S = v_X, \qquad (7.69)$$

Logo,

$$\frac{v_X}{i_X} = r_O(1 + g_m R_S) + R_S \qquad (7.70)$$

$$= (1 + g_m r_O)R_S + r_O \qquad (7.71)$$

$$\approx g_m r_O R_S + r_O. \qquad (7.72)$$

De modo alternativo, observamos que o modelo da Figura 7.17 é similar ao correspondente bipolar da Figura 5.46(a), com $r_\pi = \infty$. Fazendo $r_\pi \to \infty$ nas Equações (5.196) e (5.197), obtemos esse mesmo resultado. Como esperado do estudo do estágio bipolar degenerado, a versão MOS também exibe uma impedância de saída "aumentada".

7.2.5 Estágio FC com Polarização

O efeito do simples circuito de polarização mostrado na Figura 7.1 é similar ao observado para o estágio bipolar no Capítulo 5. A Figura 7.20(a) mostra um circuito de polarização, incluindo um capacitor de acoplamento na entrada (assumido como

Exemplo 7.9 Calculemos a resistência de saída do circuito da Figura 7.18(a) para idênticos M_1 e M_2.

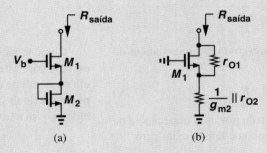

Figura 7.18 (a) Exemplo de estágio FC com degeneração, (b) circuito simplificado.

Solução O dispositivo conectado como diodo M_2 pode ser representado por uma resistência de pequenos sinais $(1/g_{m2}) \| r_{O2} \approx 1/g_{m2}$. O transistor M_1 é degenerado por essa resistência e, da Equação (7.70):

$$R_{saída} = r_{O1}\left(1 + g_{m1}\frac{1}{g_{m2}}\right) + \frac{1}{g_{m2}} \qquad (7.73)$$

Como $g_{m1} = g_{m2} = g_m$, este resultado se reduz a

$$R_{saída} = 2r_{O1} + \frac{1}{g_m} \qquad (7.74)$$

$$\approx 2r_{O1}. \qquad (7.75)$$

Exercício Os resultados permanecem inalterados se M_2 for substituído por um dispositivo PMOS conectado como diodo?

Exemplo 7.10 Determinemos a resistência de saída do circuito da Figura 7.19(a) e comparemos o resultado com o do exemplo anterior. Assumamos que M_1 e M_2 estejam em saturação.

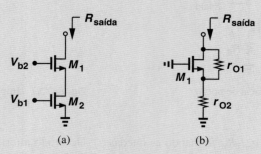

Figura 7.19 (a) Exemplo de estágio FC com degeneração, (b) circuito simplificado.

Solução Com a tensão porta-fonte fixa, o transistor M_2 opera como uma fonte de corrente e introduz uma resistência r_{O2} entre a fonte de M_1 e a terra [Figura 7.19(b)].
A Equação (7.71) pode, portanto, ser escrita como

$$R_{saída} = (1 + g_{m1}r_{O1})r_{O2} + r_{O1} \tag{7.76}$$

$$\approx g_{m1}r_{O1}r_{O2} + r_{O1}. \tag{7.77}$$

Assumindo $g_{m1}r_{O2} \gg 1$ (o que é válido na prática), temos

$$R_{saída} \approx g_{m1}r_{O1}r_{O2}. \tag{7.78}$$

Observamos que esse valor é muito maior que o da Equação (7.75).

Exercício Repita o exemplo anterior para o correspondente PMOS do circuito.

---

curto-circuito), que não mais apresenta uma impedância de entrada infinita:

$$R_{entrada} = R_1 \| R_2. \tag{7.79}$$

Portanto, se o circuito for alimentado por uma impedância de fonte finita [Figura 7.20(b)], o ganho de tensão cairá para

$$A_v = \frac{R_1 \| R_2}{R_G + R_1 \| R_2} \cdot \frac{-R_D}{\dfrac{1}{g_m} + R_S}, \tag{7.80}$$

onde λ foi assumido como igual a zero.

Como mencionado no Capítulo 5, é possível utilizar degeneração para estabilizar o ponto de polarização e, empregando um capacitor de *bypass*, eliminar seu efeito no desempenho de pequenos sinais [Figura 7.20(c)]. Em contraste com a realização bipolar, isso não afeta a impedância de entrada do estágio FC:

$$R_{entrada} = R_1 \| R_2, \tag{7.81}$$

mas eleva o ganho de tensão

$$A_v = -\frac{R_1 \| R_2}{R_G + R_1 \| R_2} g_m R_D. \tag{7.82}$$

Exemplo 7.11 Projetemos o estágio FC da Figura 7.20(c) para um ganho de tensão de 5, impedância de entrada de 50 kΩ e orçamento de potência de 5 mW. Assumamos $\mu_n C_{ox} = 100\ \mu\text{A/V}^2$, $V_{TH} = 0{,}5$ V, $\lambda = 0$ e $V_{DD} = 1{,}8$ V. Assumamos, ainda, uma queda de tensão de 400 mV em R_S.

Solução O orçamento de potência e $V_{DD} = 1{,}8$ V implicam máxima corrente de alimentação de 2,78 mA. Como escolha inicial, aloquemos 2,7 mA a M_1 e os restantes 80 μA a R_1 e a R_2. Isso resulta em

$$R_S = 148\ \Omega. \tag{7.83}$$

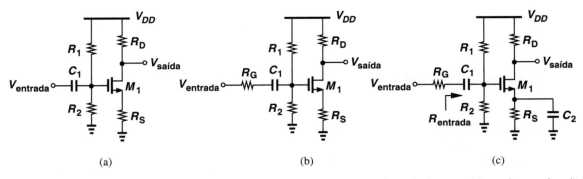

Figura 7.20 (a) Estágio FC com capacitor de acoplamento na entrada, (b) inclusão da resistência de porta, (c) uso de capacitor de *bypass*.

Como em típicos problemas de projeto, há alguma flexibilidade na escolha de g_m e de R_D, desde que $g_m R_D = 5$. No entanto, como I_D é conhecida, devemos assegurar um valor razoável para V_{GS}, por exemplo, $V_{GS} = 1$ V. Essa escolha leva a

$$g_m = \frac{2I_D}{V_{GS} - V_{TH}} \tag{7.84}$$

$$= \frac{1}{92,6\,\Omega}, \tag{7.85}$$

e, portanto,

$$R_D = 463\,\Omega. \tag{7.86}$$

Escrevendo

$$I_D = \frac{1}{2}\mu_n C_{ox} \frac{W}{L}(V_{GS} - V_{TH})^2 \tag{7.87}$$

obtemos

$$\frac{W}{L} = 216. \tag{7.88}$$

Com $V_{GS} = 1$ V e uma queda de tensão de 400 mV em R_S, a tensão de porta chega a 1,4 V, exigindo

$$\frac{R_2}{R_1 + R_2}V_{DD} = 1,4\,\text{V}, \tag{7.89}$$

que, juntamente com $R_{entrada} = R_1 \| R_2 = 50$ kΩ, resulta em

$$R_1 = 64,3\,\text{k}\Omega \tag{7.90}$$

$$R_2 = 225\,\text{k}\Omega. \tag{7.91}$$

Agora, devemos verificar se M_1, de fato, opera em saturação. A tensão de dreno é dada por $V_{DD} - I_D R_D = 1,8$ V − 1,25 V = 0,55 V. Como a tensão de porta é igual a 1,4 V, a diferença de tensão porta-dreno é maior que V_{TH}, o que significa que M_1 está na região de triodo!

Como o procedimento de projeto levou a este resultado? Para a dada I_D, escolhemos um valor excessivamente grande para R_D, ou seja, um valor excessivamente pequeno para g_m (pois $g_m R_D = 5$), embora o valor de V_{GS} fosse razoável. Portanto, devemos aumentar g_m para que o valor de R_D seja reduzido. Por exemplo, dividamos o valor de R_D por dois e dobremos o de g_m, aumentando a razão W/L por um fator de quatro:

$$\frac{W}{L} = 864 \tag{7.92}$$

$$g_m = \frac{1}{46{,}3\,\Omega}. \tag{7.93}$$

A correspondente tensão porta-fonte é obtida da Equação (7.84):

$$V_{GS} = 250\,\text{mV}, \tag{7.94}$$

resultando em uma tensão de porta de 650 mV.

M_1 está em saturação? A tensão de dreno é igual a $V_{DD} - R_D I_D = 1{,}17$ V, um valor maior que o da tensão de porta menos V_{TH}. Logo, M_1 opera em saturação.

Exercício Repita o exemplo anterior para o caso de um orçamento de potência de 3 mW e $V_{DD} = 1{,}2$ V.

7.3 ESTÁGIO PORTA COMUM

A topologia PC, ilustrada na Figura 7.21, lembra a do estágio base comum estudada no Capítulo 5. Aqui, se a entrada aumentar de um pequeno valor ΔV, a tensão porta-fonte de M_1 *diminui* pelo mesmo valor; com isso, a corrente de dreno é reduzida de $g_m \Delta V$ e $V_{saída}$, *aumentada* de $g_m \Delta V R_D$. Ou seja, o ganho de tensão é positivo e igual a

$$A_v = g_m R_D. \tag{7.95}$$

O estágio PC sofre de problemas de permuta de vão livre de tensão similares aos enfrentados pela topologia BC. Em particular, para alcançar um ganho de tensão elevado, um valor alto de I_D ou de R_D se faz necessário, mas a tensão de dreno,

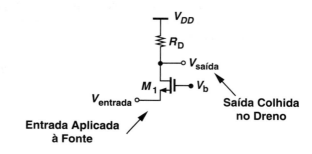

Figura 7.21 Estágio porta comum.

$V_{DD} - I_D R_D$, deve permanecer acima de $V_b - V_{TH}$, para garantir que M_1 permaneça em saturação.

Exemplo 7.12 Um microfone com nível DC nulo alimenta um estágio PC polarizado em $I_D = 0{,}5$ mA. Se $W/L = 50$, $\mu_n C_{ox} = 100$ μA/V², $V_{TH} = 0{,}5$ V e $V_{DD} = 1{,}8$ V, determinemos o máximo valor permitido para R_D e, portanto, o máximo valor do ganho de tensão. Desprezemos a modulação do comprimento do canal.

Solução Conhecida a razão W/L, a tensão porta-fonte pode ser calculada de

$$I_D = \frac{1}{2}\mu_n C_{ox}\frac{W}{L}(V_{GS} - V_{TH})^2 \tag{7.96}$$

pois

$$V_{GS} = 0{,}947\,\text{V}. \tag{7.97}$$

Para que M_1 permaneça em saturação

$$V_{DD} - I_D R_D > V_b - V_{TH} \tag{7.98}$$

logo,

$$R_D < 2{,}71\,\text{k}\Omega. \tag{7.99}$$

Ademais, esses valores de W/L e I_D resultam em $g_m = (447\,\Omega)^{-1}$ e

$$A_v \leq 6{,}06. \tag{7.100}$$

A Figura 7.22 resume os níveis de sinal permitidos nessa configuração. A tensão de porta pode ser gerada com o emprego de um divisor resistivo similar ao da Figura 7.20(a).

Exercício Se for especificado um ganho de 10, qual deve ser o valor de W/L?

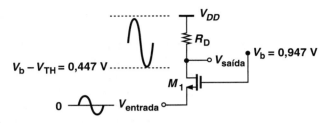

Figura 7.22 Níveis de sinal no estágio PC.

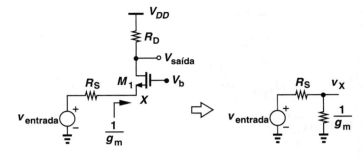

Figura 7.24 Simplificação do estágio PC com resistência da fonte de sinal.

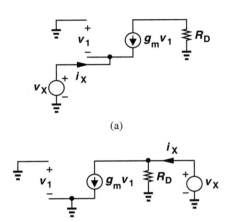

Figura 7.23 Impedâncias de (a) entrada e de (b) saída do estágio PC.

Agora, calculemos as impedâncias I/O do estágio PC, esperando obter resultados similares aos da topologia BC. Desprezando, por ora, a modulação do comprimento do canal, da Figura 7.23(a), temos $v_1 = -v_X$ e

$$i_X = -g_m v_1 \qquad (7.101)$$

$$= g_m v_X. \qquad (7.102)$$

Ou seja,

$$R_{entrada} = \frac{1}{g_m}, \qquad (7.103)$$

um valor relativamente *baixo*. Além disso, da Figura 7.23(b), $v_1 = 0$ e, portanto,

$$R_{saída} = R_D, \qquad (7.104)$$

Um resultado esperado, pois os circuitos das Figuras 7.23(b) e 7.7 são idênticos.

Estudemos o comportamento do estágio PC na presença de uma impedância de fonte finita (Figura 7.24), mas ainda com $\lambda = 0$. De modo similar ao feito no Capítulo 5 para a topologia BC, escrevamos

$$v_X = \frac{\dfrac{1}{g_m}}{\dfrac{1}{g_m} + R_S} v_{entrada} \qquad (7.105)$$

$$= \frac{1}{1 + g_m R_S} v_{entrada}. \qquad (7.106)$$

Assim,

$$\frac{v_{saída}}{v_{entrada}} = \frac{v_{saída}}{v_X} \cdot \frac{v_X}{v_{entrada}} \qquad (7.107)$$

$$= \frac{g_m R_D}{1 + g_m R_S} \qquad (7.108)$$

$$= \frac{R_D}{\dfrac{1}{g_m} + R_S}. \qquad (7.109)$$

Portanto, o ganho é igual ao do estágio FC degenerado, exceto por um sinal negativo.

Em contraste com o estágio fonte comum, o amplificador PC exibe ganho de corrente unitário: a corrente provida pela

> **Você sabia?**
> O estágio porta comum às vezes é usado como um amplificador RF de baixo ruído, por exemplo, na entrada do receptor WiFi. Essa topologia é interessante porque a baixa impedância de entrada dela permite um simples "ajuste de impedância" com a antena. Todavia, com a redução do ganho intrínseco, $g_m r_O$, como resultado de escala, a impedância de entrada, $R_{entrada}$, agora está muito alta! Pode-se demonstrar que com a modulação de comprimento do canal
>
> $$R_{entrada} = \frac{R_D + r_O}{1 + g_m r_O}$$
>
> que reduz para $1/g_m$ se $g_m r_O \gg 1$ e $R_D \ll r_O$. Como nenhuma dessas condições se sustenta mais, o estágio PC apresenta novos desafios para os projetistas RF.

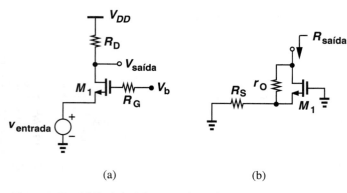

Figura 7.25 (a) Estágio PC com resistência de porta, (b) resistência de saída do estágio PC.

fonte de tensão de entrada simplesmente flui pelo canal e emerge do nó de dreno.

A análise do estágio porta comum no caso geral, isto é, incluindo tanto a modulação do comprimento do canal como uma impedância de fonte finita, foge ao escopo deste livro (Exercício 7.42). No entanto, podemos fazer duas observações. Primeira, uma resistência em série com o terminal de porta [Figura 7.25(a)] não altera o ganho ou as impedâncias I/O (em baixas frequências), pois sustenta uma queda de potencial nula – como se seu valor fosse zero. Segunda, no caso geral, a resistência de saída do estágio PC [Figura 7.25(b)] é idêntica à da topologia FC degenerada:

$$R_{saída} = (1 + g_m r_O)R_S + r_O. \tag{7.110}$$

Exemplo 7.13 Para o circuito mostrado na Figura 7.26(a), com $\lambda = 0$, calculemos o ganho de tensão e com $\lambda > 0$, a impedância de saída.

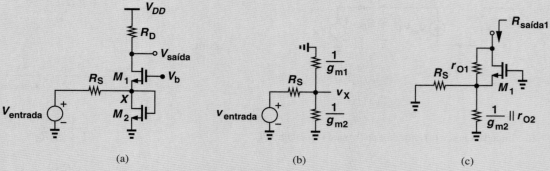

Figura 7.26 (a) Exemplo de estágio PC, (b) circuito de entrada equivalente, (c) cálculo da resistência de saída.

Solução Primeiro, calculemos $v_X/v_{entrada}$ com a ajuda do circuito equivalente da Figura 7.26(b):

$$\frac{v_X}{v_{entrada}} = \frac{\dfrac{1}{g_{m2}} \Big\| \dfrac{1}{g_{m1}}}{\dfrac{1}{g_{m2}} \Big\| \dfrac{1}{g_{m1}} + R_S} \tag{7.111}$$

$$= \frac{1}{1 + (g_{m1} + g_{m2})R_S}. \tag{7.112}$$

Notando que $v_{saída}/v_x = g_{m1}R_D$, temos

$$\frac{v_{saída}}{v_{entrada}} = \frac{g_{m1}R_D}{1 + (g_{m1} + g_{m2})R_S}. \tag{7.113}$$

Para calcular a impedância de saída, primeiro, consideremos $R_{saída1}$ como indicado na Figura 7.26(c); da Equação (7.110), obtemos

$$R_{saída1} = (1 + g_{m1}r_{O1})\left(\frac{1}{g_{m2}} \| r_{O2} \| R_S\right) + r_{O1} \tag{7.114}$$

$$\approx g_{m1}r_{O1}\left(\frac{1}{g_{m2}} \| R_S\right) + r_{O1}. \tag{7.115}$$

A impedância de saída total é, então, dada por

$$R_{saída} = R_{saída1} \| R_D \quad (7.116)$$

$$\approx \left[g_{m1} r_{O1} \left(\frac{1}{g_{m2}} \| R_S \right) + r_{O1} \right] \| R_D. \quad (7.117)$$

Exercício Calcule a impedância de saída para o caso em que a porta de M_2 está conectada a uma tensão constante.

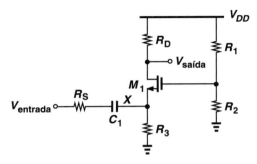

Figura 7.27 Estágio PC com polarização.

7.3.1 Estágio PC com Polarização

Depois do estudo da polarização do estágio BC no Capítulo 5, concluímos que o amplificador PC pode ser polarizado como indicado na Figura 7.27. O resistor R_3 provê uma rota à terra para a corrente de polarização e reduz a impedância de entrada – assim como o ganho de tensão – caso a fonte de sinal exiba uma impedância de saída finita, R_S.

Como a impedância vista à direita do nó X é igual a $R_3 \| (1/g_m)$, temos

$$\frac{v_{saída}}{v_{entrada}} = \frac{v_X}{v_{entrada}} \cdot \frac{v_{saída}}{v_X} \quad (7.118)$$

$$= \frac{R_3 \| (1/g_m)}{R_3 \| (1/g_m) + R_S} \cdot g_m R_D, \quad (7.119)$$

onde a modulação do comprimento do canal foi desprezada. Como já mencionado, o divisor de tensão formado por R_1 e R_2 não afeta o comportamento de pequenos sinais do circuito (em baixas frequências).

Exemplo 7.14 Projetemos o estágio porta comum da Figura 7.27 para os seguintes parâmetros: $v_{saída}/v_{entrada} = 5$, $R_S = 0$, $R_3 = 500$ Ω, $1/g_m = 50$ Ω, orçamento de potência = 2 mW, $V_{DD} = 1,8$ V. Assumamos $\mu_n C_{ox} = 100 \, \mu A/V^2$, $V_{TH} = 0,5$ V e $\lambda = 0$.

Solução Do orçamento de potência, obtemos uma corrente de alimentação total de 1,11 mA. Alocando 10 μA ao divisor de tensão, R_1 e R_2, nos resta 1,1 mA para a corrente de dreno de M_1. Portanto, a queda de tensão em R_3 é igual a 550 mV.

Devemos, agora, calcular dois parâmetros inter-relacionados: W/L e R_D. Um maior valor de W/L resulta em maior g_m, o que permite um menor valor para R_D. Como no Exemplo 7.11, escolhamos um valor inicial para V_{GS} que leve a um valor razoável para W/L. Por exemplo, se $V_{GS} = 0,8$ V, então $W/L = 244$ e $g_m = 2I_D/(V_{GS} - V_{TH}) = (136,4 \, \Omega)^{-1}$, levando a $R_D = 682 \, \Omega$, para $v_{saída}/v_{entrada} = 5$.

Determinemos se M_1 opera em saturação. A tensão de porta é igual a V_{GS} mais a queda de tensão em R_3, o que é igual a 1,35 V. A tensão de dreno, por sua vez, é dada por $V_{DD} - I_D R_D = 1,05$ V. Como a tensão de dreno é maior que $V_G - V_{TH}$, M_1 está, de fato, em saturação.

O divisor resistivo formado por R_1 e R_2 deve estabelecer uma tensão de porta igual a 1,35 V e puxar uma corrente de 10 μA:

$$\frac{V_{DD}}{R_1 + R_2} = 10 \, \mu A \quad (7.120)$$

$$\frac{R_2}{R_1 + R_2} V_{DD} = 1,35 \, V. \quad (7.121)$$

Portanto, $R_1 = 45$ kΩ e $R_2 = 135$ kΩ.

Exercício Se W/L não puder ser maior que 100, que ganho de tensão pode ser obtido?

Exemplo 7.15

Suponhamos, no Exemplo 7.14, que desejemos minimizar o valor de W/L (e, em consequência, a capacitância do transistor). Qual é o mínimo valor aceitável para W/L?

Solução

Para uma dada I_D, $V_{GS} - V_{TH}$ aumenta à medida que W/L diminui. Portanto, devemos, primeiro, calcular o máximo valor permitido para V_{GS}. Impomos a condição de saturação como

$$V_{DD} - I_D R_D > V_{GS} + V_{R3} - V_{TH}, \quad (7.122)$$

onde V_{R3} denota a queda de tensão em R_3, e igualamos $g_m R_D$ ao ganho desejado:

$$\frac{2I_D}{V_{GS} - V_{TH}} R_D = A_v. \quad (7.123)$$

Eliminando R_D das Equações (7.122) e (7.123), obtemos:

$$V_{DD} - \frac{A_v}{2}(V_{GS} - V_{TH}) > V_{GS} - V_{TH} + V_{R3} \quad (7.124)$$

Logo,

$$V_{GS} - V_{TH} < \frac{V_{DD} - V_{R3}}{\frac{A_v}{2} + 1}. \quad (7.125)$$

Em outras palavras,

$$W/L > \frac{2I_D}{\mu_n C_{ox} \left(2 \frac{V_{DD} - V_{R3}}{A_v + 2}\right)^2}. \quad (7.126)$$

O que resulta em

$$W/L > 172{,}5. \quad (7.127)$$

Exercício Repita o exemplo anterior para $A_v = 10$.

7.4 SEGUIDOR DE FONTE

O correspondente MOS ao seguidor de emissor é chamado de "seguidor de fonte" (ou estágio "dreno comum") e mostrado na Figura 7.28. O amplificador colhe a entrada na porta e produz a saída na fonte, com o dreno conectado a V_{DD}. O comportamento do circuito é semelhante ao do correspondente bipolar.

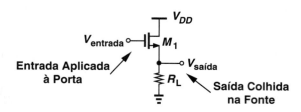

Figura 7.28 Seguidor de fonte.

7.4.1 Núcleo Seguidor de Fonte

Se, na Figura 7.28, a tensão de porta de M_1 for aumentada de um pequeno valor $\Delta V_{entrada}$, a tensão porta-fonte tenderá a aumentar, o que elevará a corrente de fonte e, por conseguinte, a tensão de saída. Portanto, $V_{saída}$ "segue" $V_{entrada}$. Como o nível DC de $V_{saída}$ é menor que o de $V_{entrada}$ e a diferença é igual a V_{GS}, dizemos que o seguidor pode funcionar como um circuito "deslocador de nível". Da análise de seguidores de emissor do Capítulo 5, esperamos que esta topologia também exiba um ganho subunitário.

A Figura 7.29(a) ilustra o equivalente de pequenos sinais do seguidor de fonte, incluindo a modulação do comprimento do canal. Notando que r_O aparece em paralelo com R_L, temos

$$g_m v_1 (r_O || R_L) = v_{saída}. \quad (7.128)$$

E

$$v_{entrada} = v_1 + v_{saída}. \quad (7.129)$$

Amplificadores CMOS 263

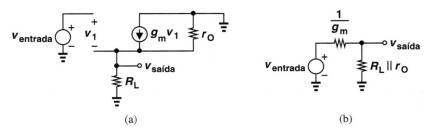

Figura 7.29 (a) Equivalente de pequenos sinais do seguidor de fonte, (b) circuito simplificado.

Segue que

$$\frac{v_{saída}}{v_{entrada}} = \frac{g_m(r_O\|R_L)}{1 + g_m(r_O\|R_L)} \quad (7.130)$$

$$= \frac{r_O\|R_L}{\dfrac{1}{g_m} + r_O\|R_L}. \quad (7.131)$$

Portanto, o ganho de tensão é positivo e menor que a unidade. É desejável maximizar R_L (e r_O).

Como no caso do seguidor de emissor, podemos ver os resultados anteriores como uma divisão de tensão entre uma resistência igual a $1/g_m$ e uma outra igual a $r_O\|R_L$ [Figura 7.29(b)]. Notemos, entretanto, que uma resistência conectada em série com a porta não afeta a Equação (7.131) (nas frequências baixas), pois sustenta uma queda de tensão nula.

Exemplo 7.16 Um seguidor de fonte é realizado como mostrado na Figura 7.30(a), na qual M_2 atua como uma fonte de corrente. Calculemos o ganho de tensão do circuito.

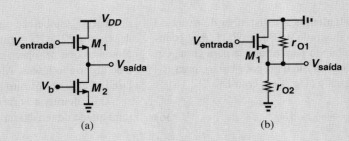

Figura 7.30 (a) Seguidor com fonte de corrente ideal, (b) circuito simplificado.

Solução Como M_2 apenas apresenta uma impedância r_{O2} do nó de saída para a terra AC [Figura 7.30(b)], substituímos $R_L = r_{O2}$ na Equação (7.131):

$$A_v = \frac{r_{O1}\|r_{O2}}{\dfrac{1}{g_{m1}} + r_{O1}\|r_{O2}}. \quad (7.132)$$

Se $r_{O1}\|r_{O2} \gg 1/g_{m1}$, então $A_v \approx 1$.

Exercício Repita o exemplo anterior para o caso em que uma resistência de valor R_S é conectada em série com a fonte de M_2.

Exemplo 7.17 Projetemos um seguidor de fonte para alimentar uma carga de 50 Ω, com ganho de tensão de 0,5 e orçamento de potência de 10 mW. Assumamos $\mu_n C_{ox} = 100\ \mu A/V^2$, $V_{TH} = 0,5$ V, $\lambda = 0$ e $V_{DD} = 1,8$ V.

Solução Com $R_L = 50\ \Omega$ e $r_O = \infty$ na Figura 7.28, temos

$$A_v = \frac{R_L}{\dfrac{1}{g_m} + R_L} \quad (7.133)$$

Logo,

$$g_m = \frac{1}{50\,\Omega}. \quad (7.134)$$

O orçamento de potência e a tensão de alimentação fornecem uma máxima corrente de alimentação de 5,56 mA. Usando este valor para I_D em $g_m = \sqrt{2\mu_n C_{ox}(W/L)I_D}$, obtemos

$$W/L = 360. \quad (7.135)$$

Exercício Que ganho de tensão poderá ser obtido se o orçamento de potência for aumentado para 15 mW?

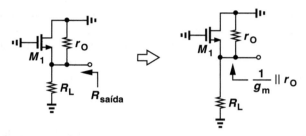

Figura 7.31 Resistência de saída do seguidor de fonte.

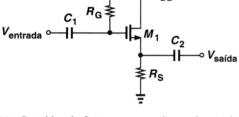

Figura 7.32 Seguidor de fonte com capacitores de acoplamento de entrada e de saída.

É interessante que calculemos a resistência de saída do seguidor de fonte.[2] Como ilustrado na Figura 7.31, $R_{saída}$ consiste na resistência vista olhando para a fonte e para cima, em paralelo com a resistência vista olhando para baixo, para R_L. Com $\lambda \neq 0$, a primeira é igual a $(1/g_m)\|r_O$; com isto,

$$R_{saída} = \frac{1}{g_m}\|r_O\|R_L \quad (7.136)$$

$$\approx \frac{1}{g_m}\|R_L. \quad (7.137)$$

Em resumo, o seguidor de fonte exibe uma impedância de entrada muito alta e uma impedância de saída relativamente baixa; por conseguinte, o seguidor pode atuar como *buffer*.

7.4.2 Seguidor de Fonte com Polarização

A polarização de seguidores de fonte é similar à de seguidores de emissor (Capítulo 5). A Figura 7.32 ilustra um exemplo, na qual R_G estabelece uma tensão DC igual à V_{DD} na porta de M_1 (por quê?) e R_S define a corrente de polarização de dreno. Notemos que M_1 opera em saturação, pois as tensões de porta e de dreno são iguais. Além disso, a impedância de entrada do circuito caiu do infinito para R_G.

Calculemos a corrente de polarização do circuito. Com uma queda de tensão nula em R_G, temos

$$V_{GS} + I_D R_S = V_{DD}. \quad (7.138)$$

Desprezando a modulação do comprimento do canal, escrevemos

$$I_D = \frac{1}{2}\mu_n C_{ox}\frac{W}{L}(V_{GS} - V_{TH})^2 \quad (7.139)$$

$$= \frac{1}{2}\mu_n C_{ox}\frac{W}{L}(V_{DD} - I_D R_S - V_{TH})^2. \quad (7.140)$$

A resultante equação quadrática pode ser resolvida para I_D.

Exemplo 7.18 Projetemos o seguidor de fonte da Figura 7.32 para uma corrente de dreno de 1 mA e ganho de tensão de 0,8. Assumamos $\mu_n C_{ox} = 100\,\mu A/V^2$, $V_{TH} = 0,5$ V, $\lambda = 0$, $V_{DD} = 1,8$ V e $R_G = 50\,k\Omega$.

---

[2] Nas frequências baixas, a impedância de entrada é infinita.

Solução As incógnitas deste problema são V_{GS}, W/L e R_S. As seguintes três equações podem ser escritas:

$$I_D = \frac{1}{2}\mu_n C_{ox}\frac{W}{L}(V_{GS} - V_{TH})^2 \tag{7.141}$$

$$I_D R_S + V_{GS} = V_{DD} \tag{7.142}$$

$$A_v = \frac{R_S}{\frac{1}{g_m} + R_S}. \tag{7.143}$$

Se g_m for escrito como $2I_D/(V_{GS} - V_{TH})$, as Equações (7.142) e (7.143) não mais incluirão W/L e poderão ser resolvidas para V_{GS} e R_S. Com a ajuda da Equação (7.142), escrevemos a Equação (7.143) como

$$A_v = \frac{R_S}{\frac{V_{GS} - V_{TH}}{2I_D} + R_S} \tag{7.144}$$

$$= \frac{2I_D R_S}{V_{GS} - V_{TH} + 2I_D R_S} \tag{7.145}$$

$$= \frac{2I_D R_S}{V_{DD} - V_{TH} + I_D R_S}. \tag{7.146}$$

Logo,

$$R_S = \frac{V_{DD} - V_{TH}}{I_D}\frac{A_v}{2 - A_v} \tag{7.147}$$

$$= 867\ \Omega. \tag{7.148}$$

e

$$V_{GS} = V_{DD} - I_D R_S \tag{7.149}$$

$$= V_{DD} - (V_{DD} - V_{TH})\frac{A_v}{2 - A_v} \tag{7.150}$$

$$= 0{,}933\ \text{V}. \tag{7.151}$$

Da Equação (7.141), segue que

$$\frac{W}{L} = 107. \tag{7.152}$$

Exercício Que ganho de tensão pode ser obtido se W/L não ultrapassar 50?

A Equação (7.140) revela que a corrente de polarização do seguidor de fonte varia com a tensão de alimentação. Para evitar esse efeito, circuitos integrados polarizam o seguidor por meio de uma fonte de corrente (Figura 7.33).

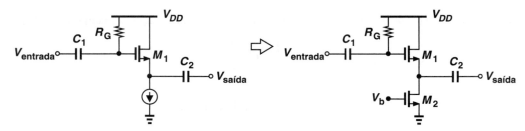

Figura 7.33 Seguidor de fonte com polarização.

7.5 RESUMO E EXEMPLOS ADICIONAIS

Neste capítulo, estudamos os três blocos fundamentais CMOS: os estágios fonte comum, porta comum e fonte de emissor. Como ressaltado ao longo de todo o capítulo, o comportamento de pequenos sinais desses circuitos é muito similar ao dos correspondentes bipolares, exceto pela alta impedância vista no terminal de porta. Notamos que os esquemas de polarização também são semelhantes e que a dependência quadrática I_D-V_{GS} suplanta a relação exponencial I_C-V_{BE}.

Nesta seção, consideremos alguns exemplos adicionais para solidificar os conceitos introduzidos neste capítulo, enfatizando a análise por inspeção.

Exemplo 7.19 Calculemos o ganho de tensão e a impedância de saída do circuito mostrado na Figura 7.34(a).

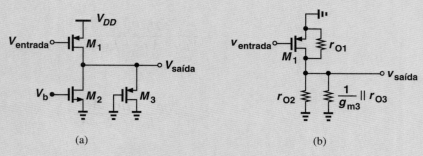

Figura 7.34 (a) Exemplo de estágio FC, (b) circuito simplificado.

Solução Identificamos M_1 como um dispositivo fonte comum, pois colhe a entrada na porta e gera a saída no dreno. Os transistores M_2 e M_3 atuam como carga: o primeiro funciona como uma fonte de corrente e o segundo, como um dispositivo conectado como diodo. Dessa forma, M_2 pode ser substituído por uma resistência de pequenos sinais r_{O2} e M_3, por uma resistência igual a $(1/g_m)\|r_{O3}$. Com isso, o circuito se reduz ao da Figura 7.34(b), do qual obtemos

$$A_v = -g_{m1}\left(\frac{1}{g_{m3}}\|r_{O1}\|r_{O2}\|r_{O3}\right) \tag{7.153}$$

e

$$R_{saída} = \frac{1}{g_{m3}}\|r_{O1}\|r_{O2}\|r_{O3}. \tag{7.154}$$

Notemos que $1/g_{m3}$ é o termo dominante das duas expressões.

Exercício Repita o exemplo anterior para o caso em que M_2 é convertido em um dispositivo conectado como diodo.

Exemplo 7.20 Calculemos o ganho de tensão do circuito mostrado na Figura 7.35(a). Desprezemos a modulação do comprimento do canal em M_1.

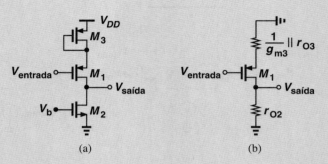

Figura 7.35 (a) Exemplo de estágio FC, (b) circuito simplificado.

Solução O transistor M_1 opera como um estágio FC degenerado pelo dispositivo conectado como diodo M_3 e alimenta a fonte de corrente de carga, M_2. Simplificando o amplificador ao circuito da Figura 7.35(b), obtemos

$$A_v = -\frac{r_{O2}}{\dfrac{1}{g_{m1}} + \dfrac{1}{g_{m3}}\|r_{O3}}. \tag{7.155}$$

Exercício Repita o exemplo anterior para o caso em que a porta de M_3 é conectada a uma tensão constante.

Exemplo 7.21 Determinemos o ganho de tensão dos amplificadores ilustrados na Figura 7.36. Por simplicidade, assumamos $r_{O1} = \infty$ na Figura 7.36(b).

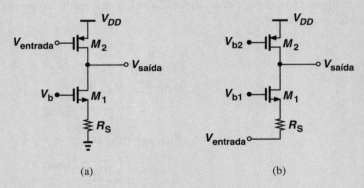

Figura 7.36 Exemplos de estágios (a) FC e (b) PC.

Solução O transistor M_1 na Figura 7.36(a), degenerado por R_S, apresenta uma impedância $(1 + g_{m1}r_{O1})R_S + r_{O1}$ ao dreno de M_2. Portanto, a impedância total vista no dreno é igual a $[(1 + g_{m1}r_{O1})R_S + r_{O1}]\|r_{O2}$, resultando em um ganho de tensão de

$$A_v = -g_{m2}\{[(1 + g_{m1}r_{O1})R_S + r_{O1}]\|r_{O1}\}. \tag{7.156}$$

Na Figura 7.36(b), M_1 opera como um estágio porta comum e M_2, como a carga; assim, obtemos a Equação (7.109):

$$A_{v2} = \frac{r_{O2}}{\dfrac{1}{g_{m1}} + R_S}. \tag{7.157}$$

Exercício Substitua R_S por um dispositivo conectado como diodo e repita a análise.

Exemplo 7.22 Calculemos o ganho de tensão do circuito mostrado na Figura 7.37(a) se $\lambda = 0$.

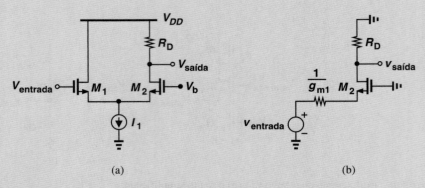

Figura 7.37 (a) Exemplo de estágio composto, (b) circuito simplificado.

Solução Neste circuito, M_1 opera como um seguidor de fonte e M_2, como um estágio PC (por quê?). Um método simples de analisar o circuito consiste em substituir $v_{entrada}$ e M_1 por um equivalente de Thévenin. Da Figura 7.29(b), derivamos o modelo ilustrado na Figura 7.37(b). Logo,

$$A_v = \frac{R_D}{\dfrac{1}{g_{m1}} + \dfrac{1}{g_{m2}}}. \tag{7.158}$$

Exercício O que acontece se uma resistência de valor R_1 for conectada em série com o dreno de M_1?

Exemplo 7.23 O circuito da Figura 7.38 produz duas saídas. Calculemos o ganho de tensão da entrada para Y e X. Assumamos $\lambda = 0$ para M_1.

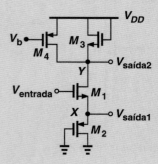

Figura 7.38 Exemplo de estágio composto.

Solução Para $V_{saída1}$, o circuito funciona como seguidor de fonte. O leitor pode mostrar que, se $r_{O1} = \infty$, M_3 e M_4 não afetam a operação do seguidor de fonte. O transistor M_2, que exibe uma impedância de pequenos sinais igual a $(1/g_{m2})\|r_{O2}$, atua como carga para o seguidor e, da Equação (7,131), produz:

$$\frac{v_{saída1}}{v_{entrada}} = \frac{\dfrac{1}{g_{m2}}\|r_{O2}}{\dfrac{1}{g_{m2}}\|r_{O2} + \dfrac{1}{g_{m1}}}. \tag{7.159}$$

Para $V_{saída2}$, M_1 opera como estágio FC degenerado, com uma carga de dreno que consiste no dispositivo conectado como diodo M_3 e a fonte de corrente M_4. Esta impedância de carga é igual a $(1/g_{m3})\|r_{O3}\|r_{O4}$ e resulta em

$$\frac{v_{saída2}}{v_{entrada}} = -\frac{\dfrac{1}{g_{m3}}||r_{O3}||r_{O4}}{\dfrac{1}{g_{m1}} + \dfrac{1}{g_{m2}}||r_{O2}}. \qquad (7.160)$$

Exercício Qual dos dois ganhos é o maior? Explique, de forma intuitiva, por quê.

7.6 RESUMO DO CAPÍTULO

- As impedâncias vistas olhando para a porta, o dreno e a fonte de um MOSFET são iguais a infinito, r_O (com fonte aterrada) e $1/g_m$ (com porta aterrada), respectivamente.

- Para obter os desejados parâmetros MOS de pequenos sinais, como g_m e r_O, o transistor deve ser "polarizado", ou seja, deve conduzir uma corrente de dreno e sustentar certas tensões porta-fonte e dreno-fonte. Sinais apenas perturbam essas condições.

- Técnicas de polarização estabelecem a necessária tensão de porta por meio de uma rota resistiva à alimentação ao nó de saída (autopolarização).

- Com um único transistor, apenas três topologias de amplificadores são possíveis: estágios fonte comum, porta comum e seguidor de fonte.

- O estágio FC provê ganho de tensão moderado, alta impedância de entrada e moderada impedância de saída.

- Degeneração da fonte melhora a linearidade, mas reduz o ganho de tensão.

- Degeneração da fonte eleva, de forma considerável, a impedância de saída de estágios FC.

- O estágio PC provê ganho de tensão moderado, baixa impedância de entrada e moderada impedância de saída.

- Expressões para os ganhos de tensão de estágios FC e PC são similares, a menos de um sinal.

- O seguidor de emissor provê ganho de tensão menor que a unidade, alta impedância de entrada e baixa impedância de saída, funcionando como um bom *buffer* de tensão.

EXERCÍCIOS

Nos exercícios a seguir, a menos que seja especificado de outra forma, assuma que os transistores operem em saturação, $\mu_n C_{ox} = 200\,\mu A/V^2$, $\lambda = 0$, $V_{TH} = 0{,}4$ V para dispositivos NMOS e $V_{TH} = -0{,}4$ V para dispositivos PMOS.

Seção 7.1.2 Polarização

7.1 No circuito da Figura 7.39, determine o máximo valor permitido para W/L para que M_1 permaneça em saturação. Assuma $\lambda = 0$.

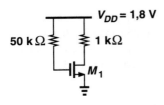

Figura 7.39

7.2 Desejamos projetar o circuito da Figura 7.40 para uma corrente de dreno de 1 mA. Se $W/L = 20/0{,}18$, calcule R_1 e R_2 de modo que a impedância de entrada seja de pelo menos 20 kΩ.

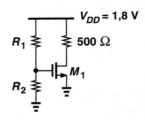

Figura 7.40

7.3 Considere o circuito mostrado na Figura 7.41. Calcule a máxima transcondutância que M_1 pode produzir (sem entrar na região de triodo).

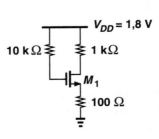

Figura 7.41

7.4 O circuito da Figura 7.42 deve ser projetado para uma queda de tensão de 200 mV em R_S.

(a) Calcule o valor mínimo permitido para W/L de modo que M_1 permaneça em saturação.

(b) Quais são os necessários valores de R_1 e de R_2 para que a impedância de entrada seja de pelo menos 30 kΩ?

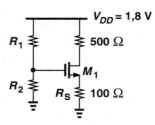

Figura 7.42

7.5 Considere o circuito ilustrado na Figura 7.43, na qual $W/L = 20/0{,}18$. Assumindo que a corrente que flui por R_2 seja um décimo de I_{D1}, calcule os valores de R_1 e de R_2 de modo que $I_{D1} = 0{,}5$ mA.

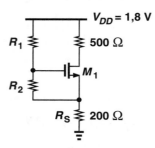

Figura 7.43

7.6 O estágio autopolarizado da Figura 7.44 deve ser projetado para uma corrente de dreno de 1 mA. Se M_1 produzir uma transcondutância de $1/(100\ \Omega)$, calcule o necessário valor de R_D.

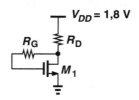

Figura 7.44

7.7 Desejamos projetar o estágio da Figura 7.45 para uma corrente de dreno de 0,5 mA. Se $W/L = 50/0{,}18$, calcule os valores de R_1 e de R_2 de modo que esses resistores conduzam uma corrente igual a um décimo de I_{D1}.

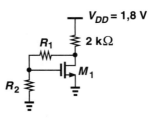

Figura 7.45

*7.8 Devido a um erro de fabricação, um resistor parasita, R_P, apareceu no circuito da Figura 7.46. Sabemos que exemplares desse circuito não sujeitos ao erro têm $V_{GS} = V_{DS} + 100$ mV, enquanto exemplares defeituosos têm $V_{GS} = V_{DS} + 50$ mV. Determine os valores de W/L e de R_P.

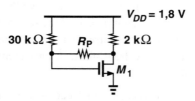

Figura 7.46

*7.9 Devido a um erro de fabricação, um resistor parasita, R_P, apareceu no circuito da Figura 7.47. Sabemos que exemplares desse circuito não sujeitos ao erro têm $V_{GS} = V_{DS}$, enquanto exemplares defeituosos têm $V_{GS} = V_{DS} + V_{TH}$. Determine os valores de W/L e de R_P se, sem a presença de R_P, a corrente de dreno for 1 mA.

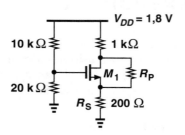

Figura 7.47

Seção 7.1.3 Realização de Fontes de Corrente

7.10 No circuito da Figura 7.48, M_1 e M_2 têm iguais comprimentos de 0,25 μm, e $\lambda = 0{,}1$ V^{-1}. Determine W_1 e W_2 de modo que $I_X = 2I_Y = 1$ mA. Considere $V_{DS1} = V_{DS2} = V_B = 0{,}8$ V. Qual é a resistência de saída de cada fonte de corrente?

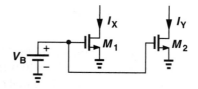

Figura 7.48

7.11 Uma fonte de corrente NMOS deve ser projetada para uma resistência de saída de 20 kΩ e uma corrente de saída de 0,5 mA. Qual é o máximo valor tolerável para λ?

7.12 As duas fontes de corrente da Figura 7.49 devem ser projetadas para $I_X = I_Y = 0,5$ mA. Se $V_{B1} = 1$ V, $V_{B2} = 1,2$ V, $\lambda = 0,1$ V^{-1} e $L_1 = L_2 = 0,25$ μm, calcule W_1 e W_2. Compare os valores das resistências de saída das duas fontes de corrente.

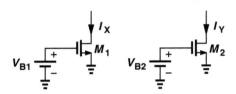

Figura 7.49

7.13 Considere o circuito mostrado na Figura 7.50, onde $(W/L)_1 = 10/0,18$ e $(W/L)_2 = 30/0,18$. Se $\lambda = 0,1$ V^{-1}, calcule o valor de V_B para que $V_X = 0,9$ V.

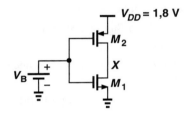

Figura 7.50

7.14 No circuito da Figura 7.51, M_1 e M_2 funcionam como fontes de corrente. Calcule I_X e I_Y se $V_B = 1$ V e $W/L = 20/0,25$. Qual é a relação entre as resistências de saída de M_1 e de M_2?

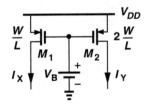

Figura 7.51

*7.15 Um estudante usa, de forma errônea, o circuito da Figura 7.52 como fonte de corrente. Se $W/L = 10/0,25$, $\lambda = 0,1$ V^{-1}, $V_{B1} = 0,2$ V e V_X tiver um nível DC de 1,2 V, calcule a impedância vista na fonte de M_1.

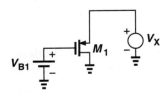

Figura 7.52

**7.16 No circuito da Figura 7.53, $(W/L)_1 = 5/0,18$, $(W/L)_2 = 10/0,18$, $\lambda_1 = 0,1$ V^{-1} e $\lambda_2 = 0,15$ V^{-1}.
(a) Determine o valor de V_B para que $I_{D1} = |I_{D2}| = 0,5$ mA, para $V_X = 0,9$ V.
(b) Esboce o gráfico de I_X em função de V_X, para V_X variando entre 0 e V_{DD}.

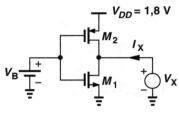

Figura 7.53

Seção 7.2 Estágio Fonte Comum

7.17 No estágio fonte comum da Figura 7.54, $W/L = 30/0,18$ e $\lambda = 0$.
(a) Que valor da tensão de porta produz uma corrente de dreno de 0,5 mA? (Comprove que M_1 opera em saturação.)

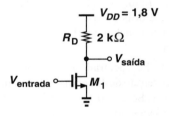

Figura 7.54

(b) Com essa corrente de polarização de dreno, calcule o ganho de tensão do estágio.

7.18 O circuito da Figura 7.54 foi projetado com $W/L = 20/0,18$, $\lambda = 0$ e $I_D = 0,25$ mA.
(a) Calcule a necessária tensão de polarização de porta.
(b) Com essa tensão de porta, de quanto W/L pode ser aumentada de modo que M_1 permaneça em saturação? Qual é o máximo valor do ganho de tensão que pode ser alcançado à medida que W/L aumenta?

7.19 Desejamos projetar o estágio da Figura 7.55 para um ganho de tensão de 5, com $W/L \leq 20/0,18$. Determine o necessário valor de R_D, se a dissipação de potência não puder exceder 1 mW.

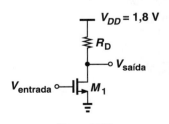

Figura 7.55

7.20 O estágio FC da Figura 7.56 deve prover ganho de tensão de 10, com uma corrente de polarização de 0,5 mA. Considere $\lambda_1 = 0,1$ V^{-1} e $\lambda_2 = 0,15$ V^{-1}.
(a) Calcule o necessário valor de $(W/L)_1$.
(b) se $(W/L)_2 = 20/0,18$, calcule o necessário valor de V_B.

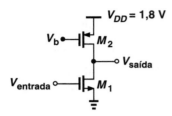

Figura 7.56

7.21 No estágio da Figura 7.56, M_2 tem comprimento longo, de modo que $\lambda_2 \ll \lambda_1$. Calcule o ganho de tensão se $\lambda_1 = 0,1$ V^{-1}, $(W/L)_1 = 20/0,18$ e $I_D = 1$ mA.

**7.22 O circuito da Figura 7.56 foi projetado para uma corrente de polarização I_1, com certas dimensões para M_1 e M_2. Se a largura e o comprimento de cada transistor forem dobrados, que alteração sofre o ganho de tensão? Considere dois casos: (a) a corrente de polarização permanece constante e (b) a corrente de polarização é dobrada.

7.23 O estágio FC mostrado na Figura 7.57 deve alcançar ganho de tensão de 15, com uma corrente de polarização de 0,5 mA. Se $\lambda_1 = 0,15$ V^{-1} e $\lambda_2 = 0,05$ V^{-1}, determine o necessário valor de $(W/L)_2$.

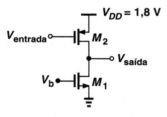

Figura 7.57

7.24 Identifique qual das topologias mostradas na Figura 7.58 é preferível e explique por quê.

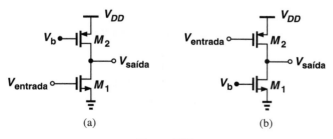

Figura 7.58

7.25 Desejamos projetar o circuito mostrado na Figura 7.59 para um ganho de tensão de 3. Se $(W/L)_1 = 20/0,18$, determine $(W/L)_2$. Assuma $\lambda = 0$.

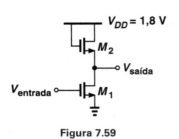

Figura 7.59

7.26 No circuito da Figura 7.59, $(W/L)_1 = 10/0,18$ e $I_{D1} = 0,5$ mA.
(a) Se $\lambda = 0$, determine $(W/L)_2$ de modo que M_1 opere na fronteira da região de saturação.
(b) Agora, calcule o ganho de tensão.
(c) Explique por que esta escolha de $(W/L)_2$ resulta no máximo ganho de tensão.

7.27 O estágio FC da Figura 7.59 deve alcançar um ganho de tensão de 5.
(a) Se $(W/L)_2 = 2/0,18$, calcule o necessário valor de $(W/L)_1$.
(b) Qual é o máximo valor permitido para a corrente de polarização para que M_1 opere em saturação?

**7.28 Se $\lambda \neq 0$, determine o ganho de tensão de cada estágio mostrado na Figura 7.60.

*7.29 No circuito da Figura 7.61, determine o ganho de tensão de modo que M_1 opere na fronteira da região de saturação. Assuma $\lambda = 0$.

*7.30 O estágio FC degenerado da Figura 7.61 deve prover um ganho de tensão de 4, com uma corrente de polarização de 1 mA. Assuma uma queda de tensão de 200 mV em R_S e $\lambda = 0$.
(a) Se $R_D = 1$ kΩ, determine o necessário valor de W/L. Para essa escolha de W/L, o transistor opera em saturação?
(b) Se $W/L = 50/0,18$, determine o necessário valor de R_D. Para essa escolha de R_D, o transistor opera em saturação?

**7.31 Calcule o ganho de tensão de cada um dos circuitos mostrados na Figura 7.62. Considere $\lambda = 0$.

**7.32 Considere um estágio FC degenerado com $\lambda > 0$. Considerando $g_m r_O \gg 1$, calcule o ganho de tensão do circuito.

*7.33 Determine a impedância de saída de cada um dos circuitos mostrados na Figura 7.63. Considere $\lambda \neq 0$.

7.34 O estágio FC da Figura 7.64 conduz uma corrente de polarização de 1 mA. Se $R_D = 1$ kΩ e $\lambda = 0,1$ V^{-1}, calcule

Amplificadores CMOS

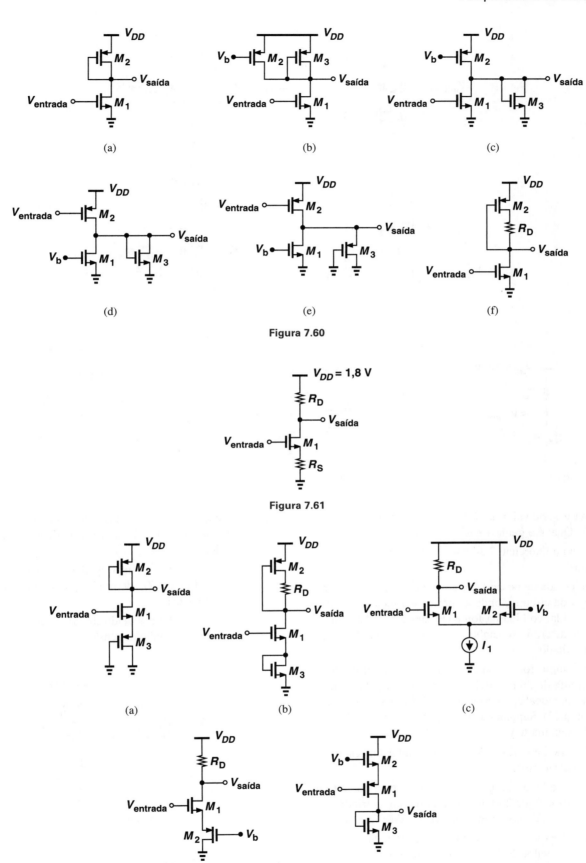

Figura 7.60

Figura 7.61

Figura 7.62

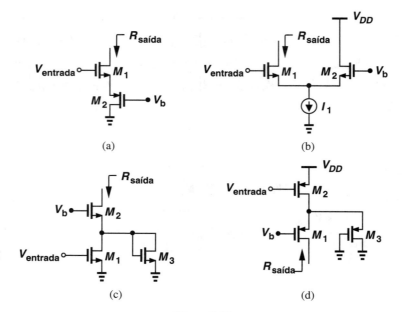

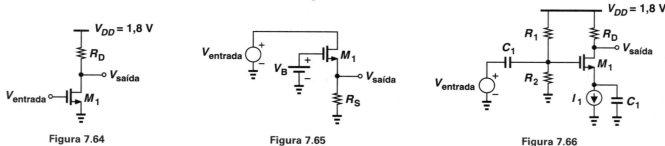

Figura 7.64   Figura 7.65   Figura 7.66

o necessário valor de *W/L* para uma tensão de porta de 1 V. Qual é o ganho de tensão do circuito?

7.35 Repita o Exercício 7.34 com $\lambda = 0$ e compare os resultados.

7.36 Um estudante ousado decide explorar uma nova topologia de circuito, onde a entrada é aplicada ao dreno e a saída, colhida na fonte (Figura 7.65). Assumindo $\lambda \neq 0$, determine o ganho de tensão do circuito e discuta o resultado.

7.37 No estágio fonte comum ilustrado na Figura 7.66, a corrente de dreno de M_1 é estabelecida pela fonte de corrente ideal I_1 e permanece independente de R_1 e R_2 (por quê?). Suponha que $I_1 = 1$ mA, $R_D = 500\ \Omega$, $\lambda = 0$ e C_1 seja muito grande.

(a) Calcule o valor de *W/L* para obter um ganho de tensão de 5.

(b) Escolha os valores de R_1 e de R_2 para que o transistor fique 200 mV fora da região de triodo e $R_1 + R_2$ não puxe mais que 0,1 mA da alimentação.

(c) Com os valores calculados em (b), o que acontece se o valor de *W/L* for o dobro do encontrado em (a)? Considere as condições de polarização (por exemplo, se M_1 se aproxima mais da região de triodo) e o ganho de tensão.

7.38 Considere o estágio FC ilustrado na Figura 7.67, na qual I_1 define a corrente de polarização de M_1 e C_1 é muito grande.

(a) Se $\lambda = 0$ e $I_1 = 1$ mA, qual é o máximo valor permitido para R_D, de modo que M_1 permaneça em saturação?

(b) Com o valor calculado em (a), determine *W/L* para obter um ganho de tensão de 5.

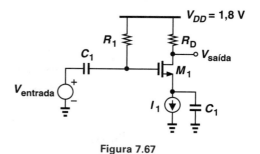

Figura 7.67

Seção 7.3 Estágio Porta Comum

7.39 O estágio porta comum mostrado na Figura 7.68 deve prover um ganho de tensão de 4 e uma impedância de entrada de 50 Ω. Se $I_D = 0{,}5$ mA e $\lambda = 0$, determine os valores de R_D e de W/L.

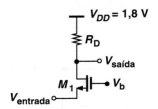

Figura 7.68

7.40 Suponha, na Figura 7.68, que $I_D = 0{,}5$ mA, $\lambda = 0$ e $V_b = 1$ V. Determine os valores de W/L e de R_D para uma impedância de entrada de 50 Ω e máximo ganho de tensão (com M_1 em saturação).

7.41 O estágio PC ilustrado na Figura 7.69 deve prover uma impedância de entrada de 50 Ω e uma impedância de saída de 500 Ω. Considere $\lambda = 0$.

(a) Qual é o máximo valor permitido para I_D?

(b) Com o valor calculado em (a), determine o necessário valor de W/L.

(c) Calcule o ganho de tensão.

*7.42 Um estágio PC com resistência de fonte R_S emprega um MOSFET com $\lambda > 0$. Assumindo $g_m r_O \gg 1$, calcule o ganho de tensão do circuito.

7.43 O amplificador PC mostrado na Figura 7.70 é polarizado por $I_1 = 1$ mA. Assuma $\lambda = 0$ e que C_1 seja muito grande.

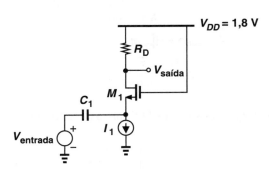

Figura 7.70

(a) Que valor de R_D coloca o transistor M_1 a 100 mV da região de triodo?

(b) Com o valor de R_D obtido em (a), que valor de W/L faz o circuito prover um ganho de tensão de 5?

*7.44 Determine o ganho de tensão de cada estágio mostrado na Figura 7.71. Assuma $\lambda = 0$.

7.45 Considere o circuito da Figura 7.72, onde um estágio fonte comum (M_1 e R_{D1}) é seguido por um estágio porta comum (M_2 e R_{D2}).

(a) Escrevendo $v_{saída}/v_{entrada} = (v_X/v_{entrada})(v_{saída}/v_X)$ e assumindo $\lambda = 0$, calcule o ganho de tensão total.

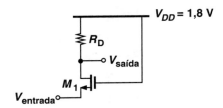

Figura 7.69

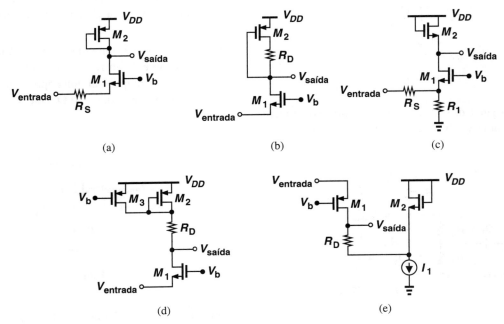

Figura 7.71

(b) Simplifique o resultado obtido em (a) para $R_{D1} \to \infty$. Explique por que esse resultado era esperado.

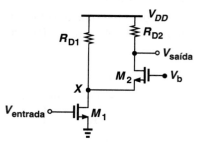

Figura 7.72

7.46 Repita o Exercício 7.45 para o circuito da Figura 7.73.

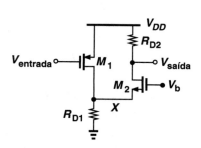

Figura 7.73

7.47 Assumindo $\lambda = 0$, calcule o ganho de tensão do circuito mostrado na Figura 7.74. Explique por que esse estágio *não* é um amplificador porta comum.

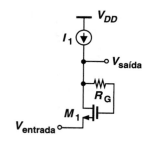

Figura 7.74

7.48 Calcule o ganho de tensão do estágio ilustrado na Figura 7.75. Assuma $\lambda = 0$ e que os capacitores sejam muito grandes.

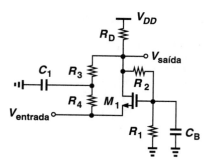

Figura 7.75

Seção 7.4 Seguidor de Fonte

7.49 O seguidor de fonte ilustrado na Figura 7.76 é polarizado através de R_G. Calcule o ganho de tensão se $W/L = 20/0,18$ e $\lambda = 0,1 \text{ V}^{-1}$.

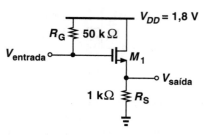

Figura 7.76

7.50 Desejamos projetar o seguidor de fonte da Figura 7.77 para um ganho de tensão de 0,8. Se $W/L = 30/0,18$ e $\lambda = 0$, determine a necessária tensão de polarização de porta.

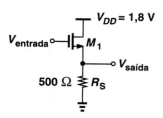

Figura 7.77

7.51 O seguidor de fonte da Figura 7.77 deve ser projetado com máxima tensão de polarização de porta de 1,8 V. Calcule o valor de W/L para um ganho de tensão de 0,8, se $\lambda = 0$.

7.52 O seguidor de fonte ilustrado na Figura 7.78 emprega uma fonte de corrente. Determine os valores de I_1 e de W/L para que o circuito apresente uma impedância de saída menor que 100 Ω, com $V_{GS} = 0,9$ V. Assuma $\lambda = 0$.

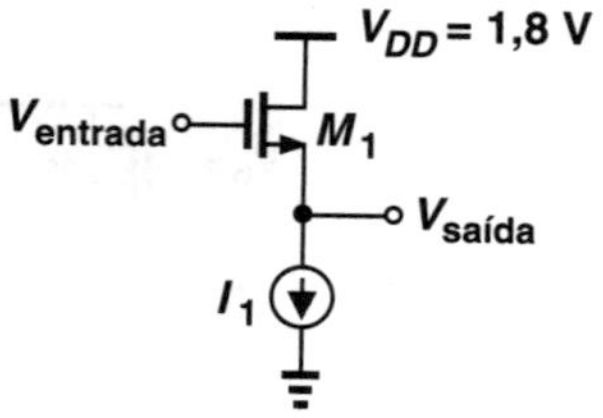

Figura 7.78

7.53 O circuito da Figura 7.78 deve apresentar uma impedância de saída menor que 50 Ω, com um orçamento de potência de 2 mW. Assuma $\lambda = 0$ e determine o necessário valor de W/L.

7.54 Desejamos projetar o seguidor de fonte da Figura 7.79 para um ganho de tensão de 0,8, com um orçamento de potência de 3 mW. Assumindo que C_1 seja muito grande e $\lambda = 0$, determine o necessário valor de W/L.

*7.55 Determine o ganho de tensão de cada um dos estágios mostrados na Figura 7.80. Assuma $\lambda \neq 0$.

*7.56 Considere o circuito mostrado na Figura 7.81, em que um seguidor de fonte (M_1 e I_1) precede um estágio porta comum (M_2 e R_D).

(a) Escrevendo $v_{saída}/v_{entrada} = (v_X/v_{entrada})(v_{saída}/v_X)$, calcule o ganho de tensão total.

(b) Simplifique o resultado obtido em (a) para o caso $g_{m1} = g_{m2}$.

Exercícios de Projetos

Nos exercícios seguintes, a menos que seja especificado de outra forma, assuma $\lambda = 0$.

7.57 Projete o estágio FC mostrado na Figura 7.82 para um ganho de tensão de 5 e uma impedância de saída de 1 kΩ. Polarize o transistor de modo que o mesmo opere a 100 mV da região de triodo. Assuma que os capacitores sejam muito grandes e $R_D = 10$ kΩ.

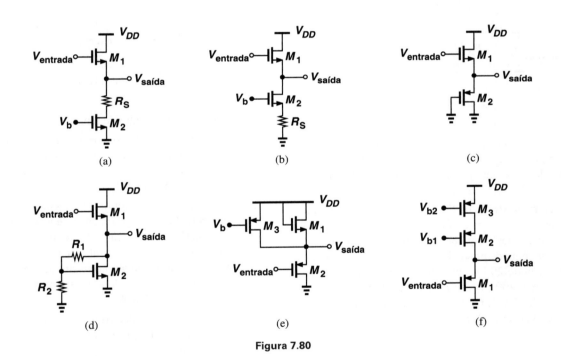

Figura 7.79

Figura 7.80

Figura 7.81

Figura 7.82

7.58 O amplificador FC da Figura 7.82 deve ser projetado para um ganho de tensão de 5, com um orçamento de potência de 2 mW. Se $R_D I_D = 1$ V, determine o necessário valor de *W/L*. Use as mesmas hipóteses do Exercício 7.57.

7.59 Desejamos projetar o estágio FC da Figura 7.82 para máximo ganho de tensão, mas com $W/L \leq 50/0{,}18$ e máxima impedância de saída de 500 Ω. Determine a corrente necessária. Use as mesmas hipóteses do Exercício 7.57.

7.60 O estágio degenerado ilustrado na Figura 7.83 deve prover um ganho de tensão de 4, com um orçamento de potência de 2 mW e uma queda de tensão em R_S de 200 mV. Projete o circuito de modo que a tensão de sobrecarga (*overdrive*) do transistor não exceda 300 mV e $R_1 + R_2$ consuma menos de 5% da potência alocada. Use as mesmas hipóteses do Exercício 7.57.

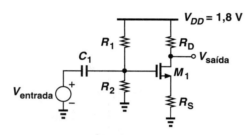

Figura 7.83

7.61 Projete o circuito da Figura 7.83 para um ganho de tensão de 5 e orçamento de potência de 6 mW. Assuma que a queda de tensão em R_S seja igual à tensão de sobrecarga (*overdrive*) do transistor e que $R_D = 200$ Ω.

7.62 O circuito mostrado na Figura 7.84 deve prover ganho de tensão de 6, com C_S funcionando como uma baixa impedância nas frequências de interesse. Assumindo um orçamento de potência de 2 mW e uma impedância de entrada de 20 kΩ, projete o circuito de modo que M_1 opere a 200 mV da região de triodo. Escolha os valores de C_1 e de C_S para que suas impedâncias sejam desprezíveis em 1 MHz.

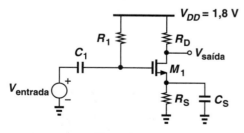

Figura 7.84

7.63 No circuito da Figura 7.85, M_2 funciona como uma fonte de corrente. Projete o estágio para um ganho de tensão de 20 e um orçamento de potência de 2 mW. Considere $\lambda = 0{,}1$ V^{-1} para os dois transistores e que o máximo nível permitido na saída seja de 1,5 V (isso é, M_2 deve permanecer em saturação se $V_{saída} \leq 1{,}5$ V).

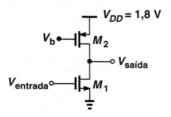

Figura 7.85

7.64 Considere o circuito mostrado na Figura 7.86, na qual C_B é muito grande e $\lambda_n = 0{,}5\lambda_p = 0{,}1$ V^{-1}.

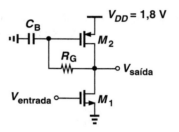

Figura 7.86

(a) Calcule o ganho de tensão.

(b) Projete o circuito para um ganho de tensão de 15 e um orçamento de potência de 3 mW. Considere $R_G \approx 10(r_{O1} \| r_{O2})$ e que o nível DC da saída deva ser igual a $V_{DD}/2$.

7.65 O estágio FC da Figura 7.87 incorpora uma fonte de corrente PMOS degenerada. A degeneração deve elevar a impedância de saída da fonte de corrente a cerca de $10r_{O1}$, de modo que o ganho de tensão permaneça praticamente igual ao ganho intrínseco de M_1. Considere $\lambda = 0{,}1$ V^{-1} para os dois transistores e um orçamento de potência de 2 mW.

(a) Se $V_B = 1$ V, determine os valores de $(W/L)_2$ e de R_S de modo que a impedância vista, olhando para o dreno de M_2, seja igual a $10r_{O1}$.

(b) Determine $(W/L)_1$ para alcançar um ganho de tensão de 30.

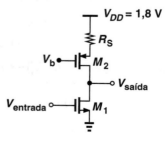

Figura 7.87

7.66 Considerando um orçamento de potência de 1 mW e uma tensão de sobrecarga (*overdrive*) de 200 mV para M_1, projete o circuito mostrado na Figura 7.88 para um ganho de tensão de 4.

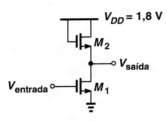

Figura 7.88

7.67 Projete o estágio porta comum ilustrado na Figura 7.89 para uma impedância de entrada de 50 Ω e um ganho de tensão de 5. Assuma um orçamento de potência de 3 mW.

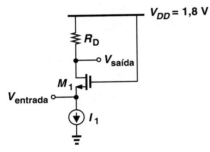

Figura 7.89

7.68 Projete o circuito da Figura 7.90 de modo que M_1 opere a 100 mV da região de triodo e proveja um ganho de tensão de 4. Assuma um orçamento de potência de 2 mW.

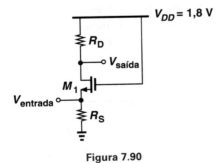

Figura 7.90

7.69 A Figura 7.91 mostra um estágio porta comum autopolarizado, na qual $R_G \approx 10R_D$ e C_G funciona como uma baixa impedância, de modo que o ganho de tensão ainda seja dado por $g_m R_D$. Projete o circuito para um orçamento de potência de 5 mW e um ganho de tensão de 5. Assuma $R_S \approx 10/g_m$, para que a impedância de entrada permaneça aproximadamente igual a $1/g_m$.

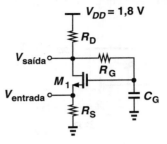

Figura 7.91

7.70 Projete o estágio PC mostrado na Figura 7.92 de modo que possa acomodar uma excursão de saída de 500 mV$_{pp}$, ou seja, $V_{saída}$ pode cair 250 mV abaixo de seu valor de polarização sem levar M_1 à região de triodo. Assuma um ganho de tensão de 4 e uma impedância de entrada de 50 Ω. Escolha $R_S \approx 10/g_m$ e $R_1 + R_2 = 20$ kΩ. (Sugestão: como M_1 é polarizado a 250 mV da região de triodo, temos $R_S I_D + V_{GS} - V_{TH} + 250$ mV $= V_{DD} - I_D R_D$.)

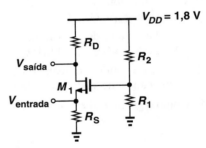

Figura 7.92

7.71 Projete o seguidor de fonte ilustrado na Figura 7.93 para um ganho de tensão de 0,8 e um orçamento de potência de 2 mW. Assuma que o nível DC da saída seja igual a $V_{DD}/2$ e que a impedância de entrada exceda 10 kΩ.

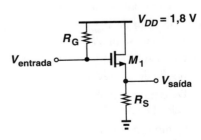

Figura 7.93

7.72 Considere o seguidor de fonte ilustrado na Figura 7.94. O circuito deve prover um ganho de tensão de 0,6 em 100 MHz. Projete o circuito de modo que o ganho de tensão DC no nó X seja igual a $V_{DD}/2$. Assuma que a impedância de entrada exceda 20 kΩ.

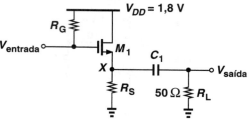

Figura 7.94

7.73 No seguidor de fonte da Figura 7.95, M_2 funciona como uma fonte de corrente. O circuito deve operar com um orçamento de potência de 3 mW, ganho de tensão de 0,9 e saída mínima permitida de 0,3 V (isto é, M_2 deve permanecer em saturação se $V_{DS2} \geq 0,3$ V). Assuma $\lambda = 0,1$ V^{-1} para os dois transistores e projete o circuito.

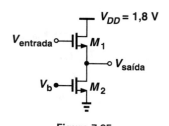

Figura 7.95

EXERCÍCIOS COM SPICE

Nos exercícios seguintes, use os modelos MOS e dimensões de fonte/porta dados no Apêndice A. Assuma que os substratos dos dispositivos NMOS e PMOS sejam conectados à terra e a V_{DD}, respectivamente.

7.74 No circuito da Figura 7.96, I_1 é uma fonte de corrente ideal igual a 1 mA.
   (a) Calcule, manualmente, o valor de $(W/L)_1$ de modo que $g_{m1} = (100 \ \Omega)^{-1}$.
   (b) Escolha o valor de C_1 para uma impedância $\approx$ 100 Ω ($\ll$ 1 kΩ), em 50 MHz.
   (c) Simule o circuito e obtenha o ganho de tensão e impedância de saída em 50 MHz.
   (d) Como o ganho é alterado se I_1 variar de $\pm$20%?

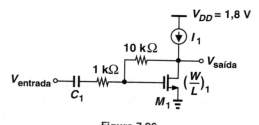

Figura 7.96

7.75 O seguidor de fonte da Figura 7.97 emprega uma fonte de corrente de polarização, M_2.
   (a) Que valor de $V_{entrada}$ coloca M_2 na fronteira da região de saturação?
   (b) Que valor de $V_{entrada}$ coloca M_1 na fronteira da região de saturação?
   (c) Determine o ganho de tensão se $V_{entrada}$ tiver um valor DC de 1,5 V.
   (d) Como o ganho é alterado se V_b variar de $\pm$50 mV?

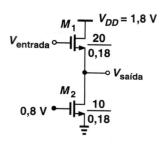

Figura 7.97

7.76 A Figura 7.98 ilustra uma cascata de um seguidor de fonte e um estágio porta comum. Assuma $V_b = 1,2$ V e $(W/L)_1 = (W/L)_2 = 10 \ \mu$m/0,18 μm.
   (a) Determine o ganho de tensão se $V_{entrada}$ tiver um valor DC de 1,2 V.
   (b) Verifique que o ganho cai se o valor DC de $V_{entrada}$ for maior ou menor que 1,2 V.
   (c) Que valor DC na entrada reduz o ganho em 10% em relação ao valor obtido em (a)?

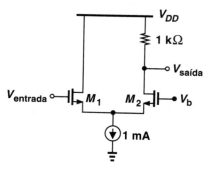

Figura 7.98

7.77 Considere o estágio FC mostrado na Figura 7.99, na qual M_2 opera como um resistor.

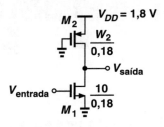

Figura 7.99

(a) Determine W_2 de modo que um nível DC de 0,8 V na entrada produza um nível DC de 1 V na saída. Qual é o ganho de tensão nessas condições?

(b) Que alteração sofre o ganho se a mobilidade do dispositivo NMOS variar de ±10%. Você é capaz de explicar esse resultado usando as expressões deduzidas para a transcondutância no Capítulo 6?

7.78 Repita o Exercício 7.77 para o circuito ilustrado na Figura 7.100 e compare as sensibilidades em relação à mobilidade.

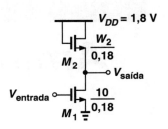

Figura 7.100

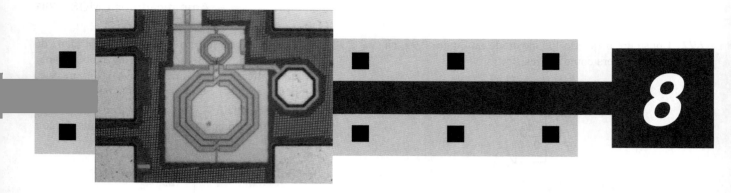

Amplificador Operacional como Caixa-Preta

O termo "amplificador operacional" (amp op) foi cunhado na década de 1940, muito antes da invenção do transistor e de circuitos integrados. Amp ops realizados com válvulas a vácuo[1] eram o núcleo de "integradores" e "diferenciadores" eletrônicos e de outros circuitos que formavam sistemas cujos comportamentos seguiam certas equações diferenciais. Esses circuitos, chamados de "computadores analógicos", eram usados para estudar a estabilidade de equações diferenciais que surgem em áreas como sistemas de controle ou de potência. Como cada amp op implementava uma *operação* matemática (por exemplo, integração), o termo "amplificador operacional" foi criado.

Amp ops têm larga aplicação em circuitos eletrônicos discretos e integrados da atualidade. No telefone celular estudado no Capítulo 1, por exemplo, amp ops integrados atuam como blocos fundamentais de filtros (ativos). De modo similar, amp ops são, com frequência, empregados no(s) conversor(es) analógico-digital usado(s) em câmeras digitais.

Neste capítulo, estudaremos o amplificador operacional como uma caixa-preta e desenvolveremos circuitos baseados em amp ops para executar funções interessantes e úteis. O roteiro que seguiremos é mostrado abaixo.

Conceitos Gerais
- Propriedades de Amp Ops

Circuitos Lineares Baseados em Amp Ops
- Amplificador Não Inversor
- Amplificador Inversor
- Integrador e Diferenciador
- Somador de Tensão

Circuitos Não Lineares Baseados em Amp Ops
- Retificador de Precisão
- Amplificador Logarítmico
- Circuito de Raiz Quadrada

Não Idealidades de Amp Ops
- *Offsets* DC
- Correntes de Polarização de Entrada
- Limitações de Velocidade
- Impedâncias de Entrada e de Saída Finitas

8.1 CONSIDERAÇÕES GERAIS

O amplificador operacional pode ser representado, de forma abstrata, como uma caixa-preta com duas entradas e uma saída.[2] O símbolo de amp op, mostrado na Figura 8.1(a), distingue as duas entradas pelos sinais mais e menos; $V_{entrada1}$ e $V_{entrada2}$ são denominadas entradas "não inversora" e "inversora", respectivamente. Vemos o amp op como um circuito que amplifica a *diferença* entre as duas entradas e obtemos o circuito equivalente ilustrado na Figura 8.1(b). O ganho de tensão é representado por A_0:

$$V_{saída} = A_0(V_{entrada1} - V_{entrada2}). \qquad (8.1)$$

A_0 recebe o nome de ganho em "malha aberta".

---

[1] Válvulas a vácuo eram dispositivos amplificadores que consistiam em um filamento que liberava elétrons, uma placa que os recolhia e uma outra que controlava o fluxo – um pouco parecido como MOFESTs.
[2] Nos modernos circuitos integrados, em geral, amp ops têm duas saídas que variam de formas iguais e opostas.

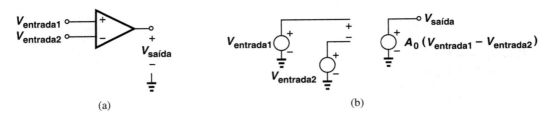

Figura 8.1 (a) Símbolo de amp op, (b) circuito equivalente.

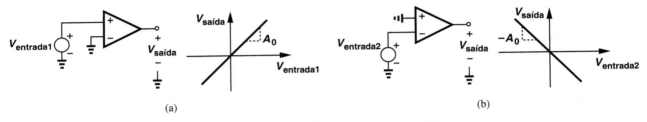

Figura 8.2 Características de amp ops da entrada (a) não inversora e (b) inversora para a saída.

É interessante desenhar o gráfico de $V_{saída}$ em função de uma entrada, enquanto a outra permanece em zero. Com $V_{entrada2} = 0$, temos $V_{saída} = A_0 V_{entrada1}$, o que resulta no comportamento mostrado na Figura 8.2(a). A inclinação positiva (ganho) é coerente com o rótulo "não inversora" dado a $V_{entrada1}$. Com $V_{entrada1} = 0$, temos $V_{saída} = -A_0 V_{entrada2}$ [Figura 8.2(b)], revelando uma inclinação negativa e, portanto, um comportamento de "inversão".

O leitor pode se perguntar por que o amp op tem *duas* entradas. Afinal, os estágios amplificadores estudados nos Capítulos 5 e 7 têm apenas um nó de entrada (ou seja, o sinal de entrada é colhido em relação à terra). Como será visto ao longo deste capítulo, a principal propriedade de amp ops, $V_{saída} = A_0(V_{entrada1} - V_{entrada2})$, constitui a base de diversas topologias de circuitos, cuja realização seria difícil com um amplificador de característica $V_{saída} = A V_{entrada}$. Circuitos amplificadores com duas entradas são estudados no Capítulo 10.

Como se comporta um amp op "ideal"? Um amp op ideal provê ganho de tensão *infinito*, impedância de entrada infinita, impedância de saída nula e velocidade infinita. Na verdade, a análise de primeira ordem de um circuito baseado em amp op começa, em geral, com essa idealização, que revela rapidamente a função básica do circuito. Podemos, depois, considerar o efeito das "não idealidades" do amp op no desempenho do circuito.

O ganho muito alto do amp op leva a uma observação importante. Como circuitos realistas produzem excursões de saída finitas, por exemplo, 2 V, a diferença entre $V_{entrada1}$ e $V_{entrada2}$ na Figura 8.1(a) é sempre pequena:

$$V_{entrada1} - V_{entrada2} = \frac{V_{saída}}{A_0}. \quad (8.2)$$

Exemplo 8.1 O circuito mostrado na Figura 8.3 é chamado *buffer* de "ganho unitário". Notemos que a saída é conectada à entrada inversora. Determinemos a tensão de saída para $V_{entrada1} = +1$ V e $A_0 = 1000$.

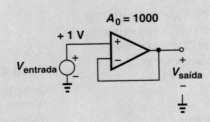

Figura 8.3 *Buffer* de ganho unitário.

Solução Se o ganho de tensão do amp op fosse infinito, a diferença entre as duas entradas seria zero e $V_{saída} = V_{entrada}$, o que justifica o termo "*buffer* de ganho unitário". Para um ganho finito, escrevemos

$$V_{saída} = A_0(V_{entrada1} - V_{entrada2}) \quad (8.3)$$

$$= A_0(V_{entrada} - V_{saída}). \quad (8.4)$$

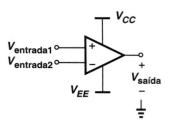

Figura 8.4 Amp op com terminais de alimentação.

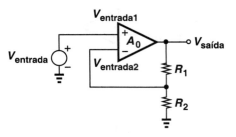

Figura 8.5 Amplificador não inversor.

Ou seja,

$$\frac{V_{saída}}{V_{entrada}} = \frac{A_0}{1 + A_0}. \quad (8.5)$$

Como esperado, o ganho tende à unidade na medida em que A_0 aumenta. Neste exemplo, $A_0 = 1000$, $V_{entrada} = 1$ V e $V_{saída} = 0{,}999$ V. De fato, $V_{entrada1} - V_{entrada2}$ é pequeno em comparação com $V_{entrada}$ e $V_{saída}$.

Exercício Que valor de A_0 é necessário para que a tensão de saída seja igual a 0,9999 V?

Em outras palavras, o amp op e os circuitos que o envolvem tornam as entradas $V_{entrada1}$ e $V_{entrada2}$ próximas uma da outra. Seguindo a idealização anterior, podemos dizer que, se $A_0 = \infty$, $V_{entrada1} = V_{entrada2}$.

Um erro comum consiste em interpretar $V_{entrada1} = V_{entrada2}$ como se os dois terminais $V_{entrada1}$ e $V_{entrada2}$ estivessem *conectados* um ao outro em curto-circuito. Devemos ter em mente que a diferença $V_{entrada1} - V_{entrada2}$ se torna apenas *infinitamente* pequena à medida que $A_0 \to \infty$, e não pode ser assumida como sendo *exatamente* igual a zero.

Amp ops são, algumas vezes, representados como mostrado na Figura 8.4, para indicar as tensões de alimentação, V_{EE} e V_{CC}, de forma explícita. Por exemplo, um amp op pode operar entre a terra e a entrada positiva; neste caso, $V_{EE} = 0$.

8.2 CIRCUITOS BASEADOS EM AMP OPS

Nesta seção, estudaremos alguns circuitos que utilizam amp ops para processar sinais analógicos. Em cada caso, primeiro, consideramos um amp op ideal para facilitar o entendimento dos princípios básicos e, a seguir, examinamos o efeito do ganho finito no desempenho.

8.2.1 Amplificador Não Inversor

Recordemos, dos Capítulos 5 e 7, que o ganho de tensão de amplificadores depende, em geral, do resistor de carga e de outros parâmetros que podem variar de forma considerável com a temperatura ou processo de fabricação.[3] Em consequência, o próprio ganho de tensão pode sofrer variação de, digamos, ±20%. Entretanto, em algumas aplicações (por exemplo, conversores A/D), um ganho muito mais preciso (por exemplo, 2,000) pode ser necessário. Circuitos baseados em amp ops podem oferecer esse tipo de precisão.

O amplificador não inversor, ilustrado na Figura 8.5, consiste em um amp op e um divisor de tensão que retorna uma fração da tensão de saída à entrada inversora:

$$V_{entrada2} = \frac{R_2}{R_1 + R_2} V_{saída}. \quad (8.6)$$

Como um ganho elevado do amp op se traduz em uma pequena diferença entre $V_{entrada1}$ e $V_{entrada2}$, temos

$$V_{entrada1} \approx V_{entrada2} \quad (8.7)$$

$$\approx \frac{R_2}{R_1 + R_2} V_{saída}; \quad (8.8)$$

Logo,

$$\frac{V_{saída}}{V_{entrada}} \approx 1 + \frac{R_1}{R_2}. \quad (8.9)$$

> **Você sabia?**
> Os primeiros amp ops foram implementados usando transistores bipolares e outros componentes discretos, e encapsulados como um "módulo" de 5 por 10 cm de tamanho. Mais importante, cada um desses amp ops custava (na década de 1960) de 100 a 200 dólares. Hoje em dia, amp ops em circuito integrado, como o 741, custa menos de um dólar. Amp ops realizados em grandes circuitos integrados custam uma pequena fração de centavo de dólar.

---

[3] Variação com o processo significa que circuitos fabricados em "lotes" diferentes exibem características ligeiramente diferentes.

Exemplo 8.2 Estudemos o amplificador não inversor em dois casos extremos: $R_1/R_2 = \infty$ e $R_1/R_2 = 0$.

Solução Se $R_1/R_2 \to \infty$, por exemplo, se R_2 tender a zero, notamos que $V_{saída}/V_{entrada} \to \infty$. Como ilustrado na Figura 8.6(a), isso ocorre porque o circuito se reduz ao próprio amp op e nenhuma fração da saída é realimentada à entrada. O resistor R_1 apenas carrega o nó de saída e não tem qualquer efeito sobre o ganho, desde que o amp op seja ideal.

Se $R_1/R_2 \to 0$, por exemplo, se R_2 tender ao infinito, temos $V_{saída}/V_{entrada} \to 1$. Este caso, ilustrado na Figura 8.6(b), na verdade, se reduz ao *buffer* de ganho unitário da Figura 8.3, pois o amp op ideal não puxa corrente nas entradas, resultando em uma queda de tensão nula em R_1 e, portanto, $V_{entrada2} = V_{saída}$.

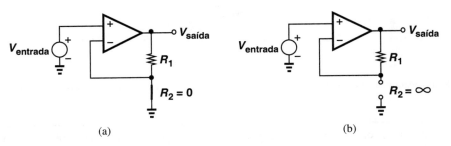

Figura 8.6 Amplificador não inversor com valor (a) nulo e (b) infinito para R_2.

Exercício Suponha que o circuito seja projetado para um ganho nominal de 2,00, mas R_1 e R_2 difiram em 5% (ou seja, $R_1 = (1 \pm 0,05)R_2$). Qual é o verdadeiro ganho de tensão?

Devido ao ganho positivo, o circuito é chamado de "amplificador não inversor". Este resultado é denominado ganho em "malha fechada" do circuito.

É interessante observar que o ganho de tensão depende apenas da *razão* entre os valores dos resistores; se R_1 e R_2 aumentarem de 20%, R_1/R_2 permanecerá constante. A ideia de criar dependência apenas em relação à razão entre grandezas de mesma dimensão tem um papel fundamental no projeto de circuitos.

Agora, consideremos o ganho finito do amp op. Com base no modelo da Figura 8.1(b), escrevemos

$$(V_{entrada1} - V_{entrada2})A_0 = V_{saída}, \quad (8.10)$$

e substituímos $V_{entrada2}$ da Equação (8.6):

$$\frac{V_{saída}}{V_{entrada}} = \frac{A_0}{1 + \frac{R_2}{R_1 + R_2}A_0}. \quad (8.11)$$

Como esperado, se $A_0 R_2/(R_1 + R_2) \gg 1$, esse resultado se reduz à Equação (8.9). Para evitar confusão entre o ganho do amp op, A_0, e o ganho do amplificador completo, $V_{saída}/V_{entrada}$, chamamos o primeiro de ganho em "malha aberta" e o segundo, de ganho em "malha fechada".*

A Equação (8.11) indica que o ganho finito do amp op dá origem a um pequeno erro no valor de $V_{saída}/V_{entrada}$. Se for muito maior que a unidade, o termo $A_0 R_2/(R_1 + R_2)$ pode ser fatorado a partir do denominador, segundo a aproximação $(1 + \epsilon)^{-1} \approx 1 - \epsilon$, para $\epsilon \ll 1$:

$$\frac{V_{saída}}{V_{entrada}} \approx \left(1 + \frac{R_1}{R_2}\right)\left[1 - \left(1 + \frac{R_1}{R_2}\right)\frac{1}{A_0}\right]. \quad (8.12)$$

O termo $(1 + R_1/R_2)/A_0$, chamado de "erro de ganho", deve ser minimizado segundo as exigências de cada aplicação.

Com um amp op ideal, o amplificador não inversor exibe impedância de entrada infinita e impedância de saída nula. As impedâncias I/O de um amp op não ideal são deduzidas no Exercício 8.6.

8.2.2 Amplificador Inversor

O "amplificador inversor", ilustrado na Figura 8.7(a), incorpora um amp op e resistores R_1 e R_2, com a entrada não inversora conectada à terra. Recordemos da Seção 8.1 que, se o ganho do amp op for infinito, uma excursão de saída finita se traduz em $V_{entrada1} - V_{entrada2} \to 0$; ou seja, o nó X está em um potencial nulo, embora não esteja *aterrado*. Por isso, o nó X é chamado de "terra virtual". Nessas condições, toda a tensão do circuito aparece em R_2 e produz uma corrente $V_{entrada}/R_2$, que deve fluir por R_1, caso a entrada do amp op não puxe uma corrente [Figura 8.7(b)]. Como o terminal esquerdo de R_1 permanece no potencial zero e o da direita em $V_{saída}$, temos

---

* São igualmente aceitos os termos "ganho de malha aberta" e "ganho de malha fechada". (N.T.)

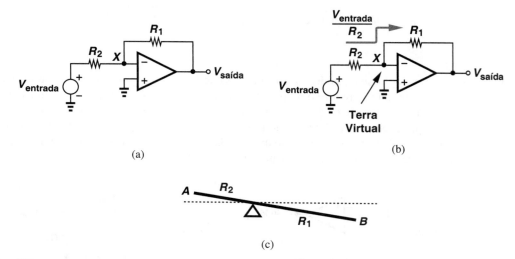

Figura 8.7 (a) Amplificador inversor, (b) corrente que flui nos resistores, (c) analogia com uma gangorra.

Exemplo 8.3 Um amplificador não inversor incorpora um amp op que tem ganho de 1000. Determinemos o erro de ganho caso o circuito deva prover ganho nominal de (a) 5 e (b) 50.

Solução Para um ganho nominal de 5, temos $1 + R_1/R_2 = 5$, correspondendo a um erro de ganho de

$$\left(1 + \frac{R_1}{R_2}\right)\frac{1}{A_0} = 0,5\%. \tag{8.13}$$

Se $1 + R_1/R_2 = 50$, temos

$$\left(1 + \frac{R_1}{R_2}\right)\frac{1}{A_0} = 5\%. \tag{8.14}$$

Em outras palavras, um ganho em malha fechada mais alto sempre tem menor precisão.

Exercício Repita o exemplo anterior para o caso em que o amp op tem ganho de 500.

$$\frac{0 - V_{saída}}{R_1} = \frac{V_{entrada}}{R_2} \tag{8.15}$$

Logo,

$$\frac{V_{saída}}{V_{entrada}} = \frac{-R_1}{R_2}. \tag{8.16}$$

Devido ao sinal negativo, o circuito é chamado de "amplificador inversor". Como no caso do amplificador não inversor, o ganho desse circuito é dado pela *razão* entre dois resistores; em consequência, sofre apenas pequenas variações com temperatura e processo de fabricação.

É importante entender o papel da terra virtual nesse circuito. Se a entrada inversora do amp op não estivesse em potencial próximo de zero, nem $V_{entrada}/R_2$ nem $V_{saída}/R_1$ representaria, com precisão, as correntes que fluem em R_2 e R_1, respectivamente. Esse comportamento é semelhante ao de uma gangorra [Figura 8.7(c)], na qual o ponto entre os dois braços é "preso" (ou seja, não se move) e permite que o deslocamento do ponto A seja "amplificado" (e "invertido") no ponto B.

O desenvolvimento anterior também revela que a terra virtual não pode ser *curto-circuitada* à terra real. Na Figura 8.7(b), um curto-circuito como este faria com que toda a corrente que flui por R_2 fluísse para a terra, o que resultaria em $V_{saída} = 0$. É interessante observar que o amplificador inversor também pode ser desenhado como na Figura 8.8, mostrando uma semelhança com o circuito não inversor, mas com a entrada aplicada a um ponto diferente.

Em contraste com o amplificador não inversor, a topologia da Figura 8.7(a) apresenta uma impedância de entrada igual a R_2 – como pode ser visto da corrente de entrada, $V_{entrada}/R_2$, na Figura 8.7(b). Ou seja, um menor valor de R_2 resulta em maior ganho e menor impedância de entrada. Essa relação de permuta torna, algumas vezes, esse amplificador menos atraente que o correspondente não inversor.

Agora, calculemos o ganho em malha fechada do amplificador inversor para um ganho finito do amp op. Notamos, da

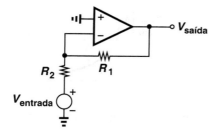

Figura 8.8 Amplificador inversor.

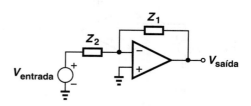

Figura 8.9 Circuitos com impedâncias genéricas envolvendo o amp op.

Figura 8.7(a), que as correntes que fluem por R_2 e por R_1 são dadas por $(V_{entrada} - V_X)/R_2$ e $(V_X - V_{saída})/R_1$, respectivamente. Além disso,

$$V_{saída} = A_0(V_{entrada1} - V_{entrada2}) \qquad (8.17)$$

$$= -A_0 V_X. \qquad (8.18)$$

Igualando as correntes em R_2 e R_1 e substituindo V_X por $-V_{saída}/A_0$, obtemos

$$\frac{V_{saída}}{V_{entrada}} = -\frac{1}{\dfrac{1}{A_0} + \dfrac{R_2}{R_1}\left(\dfrac{1}{A_0} + 1\right)} \qquad (8.19)$$

$$= -\frac{1}{\dfrac{R_2}{R_1} + \dfrac{1}{A_0}\left(1 + \dfrac{R_2}{R_1}\right)}. \qquad (8.20)$$

Fatorando por R_2/R_1 do denominador e considerando $(1 + R_1/R_2)/A_0 \ll 1$, temos

$$\frac{V_{saída}}{V_{entrada}} \approx -\frac{R_1}{R_2}\left[1 - \frac{1}{A_0}\left(1 + \frac{R_1}{R_2}\right)\right]. \qquad (8.21)$$

Como esperado, um maior ganho em malha fechada ($\approx -R_1/R_2$) é acompanhado de maior erro de ganho. Notemos que a expressão para o erro de ganho é a mesma para os amplificadores não inversor e inversor.

No exemplo anterior, consideramos que a impedância de entrada era aproximadamente igual a R_2. Quão precisa é essa hipótese? Com $A_0 = 5000$, a terra virtual está sujeita a uma tensão $-V_{saída}/5000 \approx -4V_{entrada}/5000$, o que resulta em uma corrente de entrada de $(V_{entrada} + 4V_{entrada}/5000)/R_1$. Portanto, essa hipótese leva a um erro de cerca de 0,08% – um valor aceitável na maioria das aplicações.

8.2.3 Integrador e Diferenciador

No estudo da topologia do inversor nas seções anteriores, consideramos que um circuito resistivo envolvia o amp op. Em

---

Exemplo 8.4 Projetemos o amplificador inversor da Figura 8.7(a) para um ganho nominal de 4, erro de ganho de 0,1% e impedância de entrada de pelo menos 10 kΩ.

Solução Como tanto o ganho nominal como o erro de ganho são dados, devemos, primeiro, determinar o mínimo ganho do amp op. Temos

$$\frac{R_1}{R_2} = 4 \qquad (8.22)$$

$$\frac{1}{A_0}\left(1 + \frac{R_1}{R_2}\right) = 0,1\%. \qquad (8.23)$$

Logo,

$$A_0 = 5000. \qquad (8.24)$$

Como a impedância de entrada é aproximadamente igual a R_2, escolhemos:

$$R_2 = 10\,\text{k}\Omega \qquad (8.25)$$

$$R_1 = 40\,\text{k}\Omega. \qquad (8.26)$$

Exercício Repita o exemplo anterior para o caso em que o erro de ganho é de 1% e compare os resultados.

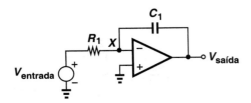

Figura 8.10 Integrador.

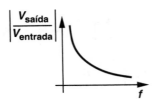

Figura 8.11 Resposta de frequência do integrador.

geral, é possível empregar impedâncias complexas em vez de resistências (Figura 8.9). Em analogia com a Equação (8.16), podemos escrever

$$\frac{V_{saída}}{V_{entrada}} \approx -\frac{Z_1}{Z_2}, \quad (8.27)$$

em que consideramos que o ganho do amp op seja grande. Se Z_1 ou Z_2 for um capacitor, duas funções interessantes resultam.

Integrador Suponhamos que, na Figura 8.9, Z_1 seja um capacitor e Z_2, um resistor (Figura 8.10). Ou seja, $Z_1 = (C_1 s)^{-1}$ e $Z_2 = R_1$. Com um amp op ideal, temos

$$\frac{V_{saída}}{V_{entrada}} = -\frac{\frac{1}{C_1 s}}{R_1} \quad (8.28)$$

$$= -\frac{1}{R_1 C_1 s}. \quad (8.29)$$

O circuito produz um polo na origem[4] e funciona como um integrador (e filtro passa-baixas). A Figura 8.11 mostra um gráfico da magnitude de $V_{saída}/V_{entrada}$ em função da frequência. O cálculo anterior também pode ser feito no domínio do tempo. Igualando as correntes que fluem por R_1 e C_1, obtemos,

$$\frac{V_{entrada}}{R_1} = -C_1 \frac{dV_{saída}}{dt} \quad (8.30)$$

Logo,

$$V_{saída} = -\frac{1}{R_1 C_1} \int V_{entrada}\, dt. \quad (8.31)$$

A Equação (8.29) indica que $V_{saída}/V_{entrada}$ tende ao infinito à medida que a frequência de entrada tende a zero. Isto era esperado: a impedância do capacitor se torna muito grande nas frequências baixas, tendendo a um circuito aberto, o que reduz o circuito ao amp op de malha aberta.

Como mencionado no início do capítulo, integradores surgiram, originalmente, em computadores analógicos para simular equações diferenciais. Hoje em dia, integradores eletrônicos são usados em filtros analógicos, sistemas de controle e várias outras aplicações.

O exemplo anterior demonstra o papel da terra virtual em integradores. A integração ideal, descrita pela Equação (8.32), ocorre porque a placa esquerda de C_1 é mantida no potencial zero. Para um melhor entendimento, comparemos o integrador

---

Exemplo 8.5 Desenhemos o gráfico da forma de onda do circuito mostrado na Figura 8.12(a). Consideremos condição inicial nula em C_1 e um amp op ideal.

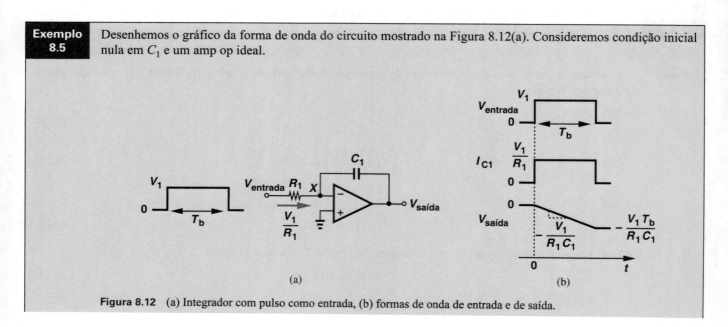

Figura 8.12 (a) Integrador com pulso como entrada, (b) formas de onda de entrada e de saída.

---

[4] As frequências dos polos são obtidas igualando o denominador da função de transferência a zero.

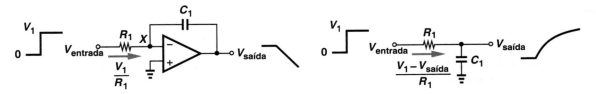

Figura 8.13 Comparação entre integrador e circuito RC.

Solução Quando a entrada passa de 0 para V_1, uma corrente constante e igual V_1/R_1 começa a fluir pelo resistor e, portanto, pelo capacitor, forçando que a tensão da placa direita de C_1 caia de forma linear com o tempo, enquanto a da placa esquerda é mantida em zero [Figura 8.12(b)]:

$$V_{saída} = -\frac{1}{R_1 C_1} \int V_{entrada}\, dt \tag{8.32}$$

$$= -\frac{V_1}{R_1 C_1} t \quad 0 < t < T_b. \tag{8.33}$$

(Notemos que a forma de onda de saída se torna "mais abrupta" à medida que $R_1 C_1$ diminui.) Quando $V_{entrada}$ retorna a zero, as correntes que fluem por R_1 e C_1 também retornam a zero. A partir desse momento, a tensão no capacitor e, portanto, $V_{saída}$ permanecem igual a $-V_1 T_b/(R_1 C_1)$ (proporcional à área sob o pulso de entrada).

Exercício Repita o exemplo anterior para o caso em que V_1 é negativo.

e um filtro RC de primeira ordem em termos de suas respostas a uma função degrau. Como ilustrado na Figura 8.13, o integrador força o fluxo de uma corrente *constante* (igual a V_1/R_1) pelo capacitor. O filtro RC, por sua vez, cria uma corrente igual a $(V_{entrada} - V_{saída})/R_1$, que *diminui* à medida que $V_{saída}$ aumenta, resultando em uma variação de tensão cada vez mais lenta em C_1. Portanto, podemos considerar o filtro RC como uma aproximação "passiva" do integrador. Na verdade, para um produto $R_1 C_1$ grande, a resposta exponencial na porção direita da Figura 8.13 se torna suficientemente lenta para poder ser aproximada por uma rampa.

Agora, analisemos o desempenho do integrador para $A_0 < \infty$. Na Figura 8.10, denotando por V_X o potencial do nó de terra virtual, temos

$$\frac{V_{entrada} - V_X}{R_1} = \frac{V_X - V_{saída}}{\dfrac{1}{C_1 s}} \tag{8.34}$$

e

$$V_X = \frac{V_{saída}}{-A_0}. \tag{8.35}$$

Logo,

$$\frac{V_{saída}}{V_{entrada}} = \frac{-1}{\dfrac{1}{A_0} + \left(1 + \dfrac{1}{A_0}\right) R_1 C_1 s}, \tag{8.36}$$

este resultado revela que o ganho em $s = 0$ é limitado a A_0 (deixa de ser infinito) e a frequência do polo é deslocada de zero para

$$s_p = \frac{-1}{(A_0 + 1) R_1 C_1}. \tag{8.37}$$

Este circuito é, às vezes, chamado de integrador "com perda", para enfatizar o ganho não ideal e a posição do polo.

Exemplo 8.6 Recordemos, da teoria básica de circuitos, que o filtro RC da Figura 8.14 contém um polo em $-1/(R_X C_X)$. Determinemos R_X e C_X de modo que esse circuito tenha o mesmo polo que o integrador considerado antes.

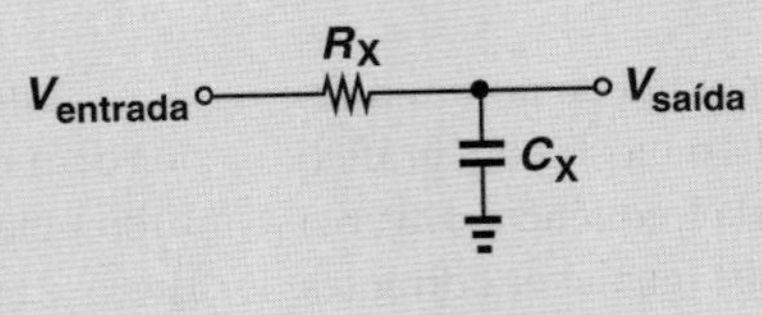

Figura 8.14 Filtro passa-baixas simples.

Solução   Da Equação (8.37),

$$R_X C_X = (A_0 + 1) R_1 C_1. \tag{8.38}$$

A escolha dos valores de R_X e de C_X é arbitrária, desde que o produto dos dois satisfaça a Equação (8.38). Uma escolha interessante é

$$R_X = R_1 \tag{8.39}$$

$$C_X = (A_0 + 1) C_1. \tag{8.40}$$

Ou seja, como se o amp op "aumentasse" o valor de C_1 por um fator $A_0 + 1$.

Exercício   Qual deve ser o valor de R_X se $C_X = C_1$?

Você sabia?

Além dos circuitos descritos neste capítulo, amp ops são empregados na execução de diversas outras funções. Os exemplos incluem filtros, referências de tensão, multiplicadores analógicos, osciladores e fontes de potência reguladas. Uma aplicação interessante é nos acelerômetros usados em *airbags* de automóveis, etc. Um acelerômetro é formado como dois pilares microscópicos, um dos quais sofre uma flexão proporcional à aceleração [Figura (a)]. Em consequência, a capacitância entre os pilares sofre uma pequena variação. Para medir tal variação, podemos construir um oscilador cuja frequência seja definida por essa capacitância. O oscilador ilustrado na Figura (b) consiste em dois integradores e um amplificador inversor. A variação da frequência de oscilação, $f_{saída}$, pode ser medida com precisão para determinar a aceleração.

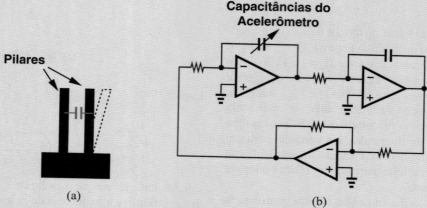

(a) Representação conceitual de um acelerômetro, (b) oscilador que usa um acelerômetro para produzir uma frequência proporcional à aceleração.

Diferenciador   Se, na topologia genérica da Figura 8.9, Z_1 for um resistor e Z_2, um capacitor (Figura 8.15), temos

$$\frac{V_{saída}}{V_{entrada}} = -\frac{R_1}{\dfrac{1}{C_1 s}} \tag{8.41}$$

$$= -R_1 C_1 s. \tag{8.42}$$

O circuito exibe um zero na origem e funciona como um diferenciador (e filtro passa-altas). A Figura 8.16 mostra um gráfico da magnitude de $V_{saída}/V_{entrada}$ em função da frequência. De uma perspectiva no domínio do tempo, podemos igualar as correntes que fluem por C_1 e R_1:

$$C_1 \frac{dV_{entrada}}{dt} = -\frac{V_{saída}}{R_1}, \tag{8.43}$$

e obtemos

$$V_{saída} = -R_1 C_1 \frac{dV_{entrada}}{dt}. \tag{8.44}$$

É interessante comparar o funcionamento do diferenciador com o de seu correspondente "passivo" (Figura 8.18). No diferenciador ideal, o nó de terra virtual permite que a entrada altere a tensão em C_1 de modo instantâneo. No filtro RC, o nó X não está "preso" e, portanto, segue a variação da entrada

Amplificador Operacional como Caixa-Preta

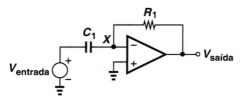
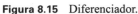

Figura 8.15 Diferenciador.

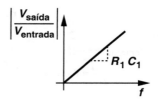

Figura 8.16 Resposta de frequência do diferenciador.

Exemplo 8.7 Desenhemos o gráfico da forma de onda do circuito mostrado na Figura 8.17(a), considerando um amp op ideal.

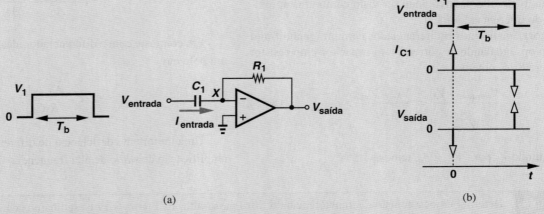

(a)   (b)

Figura 8.17 (a) Diferenciador com pulso na entrada, (b) formas de onda de entrada e de saída.

Solução Em $t = 0^-$, $V_{entrada} = 0$ e $V_{saída} = 0$ (por quê?). Quando $V_{entrada}$ passa a V_1, um *impulso* de corrente flui por C_1, pois o amp op mantém V_X constante:

$$I_{entrada} = C_1 \frac{dV_{entrada}}{dt} \tag{8.45}$$

$$= C_1 V_1 \delta(t). \tag{8.46}$$

A corrente flui por R_1 e gera uma saída dada por:

$$V_{saída} = -I_{entrada} R_1 \tag{8.47}$$

$$= -R_1 C_1 V_1 \delta(t). \tag{8.48}$$

A Figura 8.17(b) ilustra o resultado. Em $t = T_b$, $V_{entrada}$ retorna a zero e, mais uma vez, cria um impulso de corrente em C_1:

$$I_{entrada} = C_1 \frac{dV_{entrada}}{dt} \tag{8.49}$$

$$= C_1 V_1 \delta(t). \tag{8.50}$$

Portanto,

$$V_{saída} = -I_{entrada} R_1 \tag{8.51}$$

$$= R_1 C_1 V_1 \delta(t). \tag{8.52}$$

Podemos, portanto, dizer que o circuito gera um impulso de corrente $[\pm C_1 V_1 \delta(t)]$ e o "amplifica" por um fator R_1 para produzir $V_{saída}$. Na verdade, a saída não exibe uma amplitude infinita (limitada pela tensão de alimentação) nem largura nula (limitada pelas não idealidades do amp op).

Exercício Desenhe o gráfico da saída para V_1 negativo.

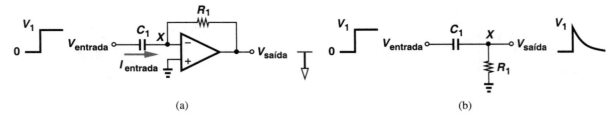

Figura 8.18 Comparação entre diferenciador e circuito RC.

em $t = 0$ e limita a corrente inicial no circuito a V_1/R_1. Se a constante de tempo de decaimento, R_1C_1, for suficientemente pequena, o circuito passivo pode ser visto como uma aproximação do diferenciador ideal.

Agora, analisemos o diferenciador com um ganho finito do amp op. Igualando as correntes no capacitor e no resistor da Figura 8.15, obtemos

$$\frac{V_{entrada} - V_X}{\dfrac{1}{C_1 s}} = \frac{V_X - V_{saída}}{R_1}. \qquad (8.53)$$

Substituindo V_X por $-V_{saída}/A_0$, temos

$$\frac{V_{saída}}{V_{entrada}} = \frac{-R_1 C_1 s}{1 + \dfrac{1}{A_0} + \dfrac{R_1 C_1 s}{A_0}}. \qquad (8.54)$$

Em contraste com o diferenciador ideal, o circuito contém um polo em

$$s_p = -\frac{A_0 + 1}{R_1 C_1}. \qquad (8.55)$$

Uma importante deficiência de diferenciadores advém da amplificação de *ruído* de alta frequência. Como sugerido pela

---

Exemplo 8.8 Determinemos a função de transferência do filtro passa-altas da Figura 8.19 e escolhamos os valores de R_X e de C_X de modo que a frequência do polo desse circuito coincida com a Equação (8.55).

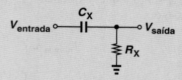

Figura 8.19 Filtro passa-altas simples.

Solução O capacitor e o resistor funcionam como um divisor de tensão:

$$\frac{V_{saída}}{V_{entrada}} = \frac{R_X}{R_X + \dfrac{1}{C_X s}} \qquad (8.56)$$

$$= \frac{R_X C_X s}{R_X C_X s + 1}. \qquad (8.57)$$

Portanto, o circuito exibe um zero na origem ($s = 0$) e um polo em $-1/(R_X C_X)$. Para que a frequência desse polo seja igual a Equação (8.55), devemos ter

$$\frac{1}{R_X C_X} = \frac{A_0 + 1}{R_1 C_1}. \qquad (8.58)$$

Uma escolha para os valores de R_X e de C_X é

$$R_X = \frac{R_1}{A_0 + 1} \qquad (8.59)$$

$$C_X = C_1, \qquad (8.60)$$

Exercício Qual deve ser o valor de C_X se $R_X = R_1$?

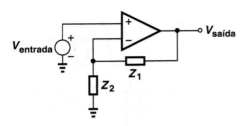

Figura 8.20 Amp op com circuito genérico.

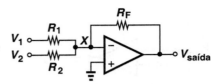

Figura 8.21 Somador de tensão.

Equação (8.42) e pela Figura 8.16, o crescente ganho do circuito nas frequências altas tende a amplificar o ruído.

A topologia genérica da Figura 8.9 e os associados integrador e diferenciador operam como circuitos *inversores*. O leitor pode se perguntar se é possível empregar uma configuração similar à do amplificador não inversor da Figura 8.5, para evitar a mudança de sinal. A Figura 8.20 mostra um circuito desse tipo, que realiza a seguinte função de transferência:

$$\frac{V_{saída}}{V_{entrada}} = 1 + \frac{Z_1}{Z_2}, \tag{8.61}$$

se o amp op for ideal. Infelizmente, essa função não se traduz em integração ou diferenciação ideal. Por exemplo, $Z_1 = R_1$ e $Z_2 = 1/(C_2 s)$ produzem um diferenciador não ideal (por quê?).

8.2.4 Somador de Tensão

A necessidade de somar tensões surge em diversas aplicações. Na gravação de áudio, por exemplo, vários microfones podem converter os sons de diferentes instrumentos musicais em tensões, que devem ser somadas para criar a peça musical completa. Na indústria de áudio, essa operação é chamada "mixagem".[5] Por exemplo, em fones de ouvido com "cancelamento de ruído", o ruído do ambiente é aplicado a um amplificador inversor e, em seguida, somado ao sinal, resultando no cancelamento do ruído.

A Figura 8.21 ilustra um somador de tensão ("somador") que incorpora um amp op. Com um amp op ideal, $V_X = 0$, e R_1 e R_2 conduzem correntes proporcionais a V_1 e V_2, respectivamente. As duas correntes se *somam* no nó de terra virtual e fluem por R_F:

$$\frac{V_1}{R_1} + \frac{V_2}{R_2} = \frac{-V_{saída}}{R_F}. \tag{8.62}$$

Ou seja,

$$V_{saída} = -R_F \left(\frac{V_1}{R_1} + \frac{V_2}{R_2} \right). \tag{8.63}$$

Por exemplo, se $R_1 = R_2 = R$, temos

$$V_{saída} = \frac{-R_F}{R}(V_1 + V_2). \tag{8.64}$$

Esse circuito pode, portanto, somar e amplificar tensões. A extensão a mais de duas tensões é simples.

A Equação (8.63) indica que V_1 e V_2 podem ser somados com *pesos* diferentes: R_F/R_1 e R_F/R_2, respectivamente. Essa propriedade também se mostra útil em diversas aplicações. Por exemplo, na gravação de áudio pode ser necessário reduzir o "volume" de um instrumento musical em parte da peça, uma tarefa que pode ser executada com a variação dos valores de R_1 e de R_2.

O comportamento do circuito na presença de ganho finito do amp op é estudado no Exercício 8.31.

8.3 FUNÇÕES NÃO LINEARES

Com o uso de amp ops e de dispositivos não lineares, como transistores, é possível implementar funções não lineares úteis. A propriedade de terra virtual tem um papel essencial aqui.

8.3.1 Retificador de Precisão

Os circuitos retificadores descritos no Capítulo 3 têm uma "zona morta", devido às tensões finitas necessárias para ligar os diodos. Ou seja, se a amplitude do sinal de entrada for menor que, aproximadamente, 0,7 V, os diodos permanecem desligados e a tensão de saída permanece em zero. Essa deficiência impede o uso do circuito em aplicações de alta precisão; por exemplo, quando um sinal pequeno recebido por um telefone celular precisa ser retificado para que sua amplitude seja determinada.

É possível conectar um diodo a um amp op para formar um "retificador de precisão", isto é, um circuito que retifica até mesmo sinais pequenos. Comecemos com um *buffer* de ganho unitário conectado a uma carga resistiva [Figura 8.22(a)]. Notemos que o alto ganho do amp op garante que o nó X siga $V_{entrada}$ (tanto nos ciclos positivos como nos ciclos negativos). Agora, se desejarmos manter X em zero durante os ciclos negativos, ou seja, "abrir" a conexão entre a saída do amp op e sua entrada inversora. Isso pode ser feito da forma ilustrada na Figura 8.22(b), na qual D_1 é inserido na malha de realimentação. Observemos que $V_{entrada}$ é colhido em X e não na saída do amp op.

Para analisar o funcionamento desse circuito, consideremos, primeiro, que $V_{entrada} = 0$. Na tentativa de minimizar a diferença de tensão entre as entradas não inversora e inversora, o amp op aumenta V_Y para, aproximadamente, $V_{D1,ligado}$, ligando D_1, mas com uma corrente baixa, de modo que $V_X \approx 0$. Agora, se $V_{entrada}$ se tornar ligeiramente positivo, V_Y aumenta ainda mais e a cor-

---
[5] Na indústria de RF e de comunicação sem fio, o termo "mixagem" ou "mistura" tem um significado completamente distinto.

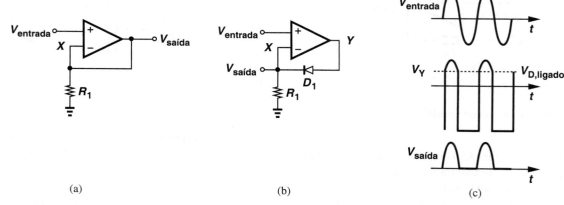

Figura 8.22 (a) Circuito simples com amp op, (b) retificador de precisão, (c) formas de onda do circuito.

Exemplo 8.9 Desenhemos os gráficos das formas de onda do circuito da Figura 8.23 (a) em resposta a uma entrada senoidal.

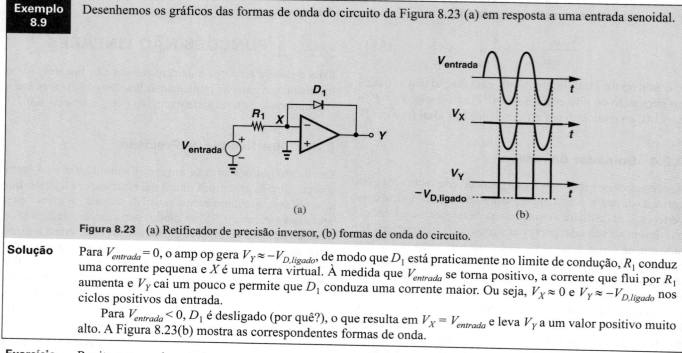

Figura 8.23 (a) Retificador de precisão inversor, (b) formas de onda do circuito.

Solução Para $V_{entrada} = 0$, o amp op gera $V_Y \approx -V_{D,ligado}$, de modo que D_1 está praticamente no limite de condução, R_1 conduz uma corrente pequena e X é uma terra virtual. À medida que $V_{entrada}$ se torna positivo, a corrente que flui por R_1 aumenta e V_Y cai um pouco e permite que D_1 conduza uma corrente maior. Ou seja, $V_X \approx 0$ e $V_Y \approx -V_{D,ligado}$ nos ciclos positivos da entrada.

Para $V_{entrada} < 0$, D_1 é desligado (por quê?), o que resulta em $V_X = V_{entrada}$ e leva V_Y a um valor positivo muito alto. A Figura 8.23(b) mostra as correspondentes formas de onda.

Exercício Repita o exemplo anterior para uma entrada triangular que varia de −2 V a +2 V.

---

rente que flui por D_1 e R_1 produz $V_{saída} \approx V_{entrada}$. Ou seja, até mesmo os baixos níveis positivos na entrada aparecem na saída.

O que acontece se $V_{entrada}$ se tornar ligeiramente negativo? Para que $V_{saída}$ considere um valor negativo, D_1 deve conduzir uma corrente de X para Y, o que não é possível. Portanto, D_1 é desligado e o amp op produz uma saída negativa muito grande (próxima da parte negativa da alimentação), pois sua entrada não inversora fica abaixo da entrada inversora. A Figura 8.22(c) mostra gráficos das formas de onda do circuito em resposta a uma entrada senoidal.

As grandes excursões na saída do amp op das Figuras 8.22(b) e 8.23(a) reduzem a velocidade do circuito, pois o amp op deve se "recuperar" de um valor saturado para que possa ligar D_1 de novo. Técnicas adicionais podem resolver este problema. (Exercício 8.39).

8.3.2 Amplificador Logarítmico

Consideremos o circuito da Figura 8.24, no qual um transistor bipolar é conectado em volta do amp op. Com um amp op ideal, R_1 conduz uma corrente igual a $V_{entrada}/R_1$, assim como Q_1.

Portanto,

$$V_{BE} = V_T \ln \frac{V_{entrada}/R_1}{I_S}. \tag{8.65}$$

Ademais, $V_{saída} = -V_{BE}$; logo,

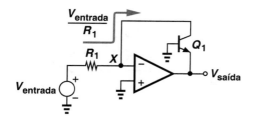

Figura 8.24 Amplificador logarítmico.

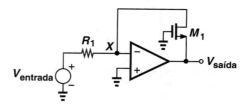

Figura 8.25 Circuito de raiz quadrada.

$$V_{saída} = -V_T \ln \frac{V_{entrada}}{R_1 I_S}. \qquad (8.66)$$

A saída é, portanto, proporcional ao logaritmo natural de $V_{entrada}$. Como nos casos anteriores de circuitos linear e não linear, a terra virtual também tem um papel essencial aqui e garante que a corrente que flui por Q_1 seja exatamente proporcional a $V_{entrada}$.

Amplificadores logarítmicos ("logamps") são úteis em aplicações nas quais o nível de sinal de entrada pode variar por um fator grande. Nesses casos, pode ser desejável amplificar sinais fracos e atenuar ("comprimir") sinais fortes, o que justifica a relação logarítmica.

O sinal negativo na Equação (8.66) era esperado: se $V_{entrada}$ aumentar, a corrente que flui por R_1 e Q_1 também aumentará, o que requer o *aumento* de V_{BE}. Como a base está em zero, a tensão de emissor deve cair *abaixo* de zero para prover uma corrente de coletor maior. Notemos que Q_1 opera na região ativa, pois tanto a base como o coletor permanecem em zero. O efeito do ganho finito do amp op é estudado no Exercício 8.41.

O leitor pode indagar o que acontece se $V_{entrada}$ se tornar negativo. A Equação (8.66) prediz que $V_{saída}$ não é definido. No circuito real, Q_1 não é capaz de conduzir uma corrente "negativa", a malha em volta do amp op é aberta e $V_{saída}$ se aproxima do valor negativo da entrada. Portanto, é necessário garantir que $V_{entrada}$ permaneça positivo.

8.3.3 Amplificador de Raiz Quadrada

Observando que, na verdade, o amplificador logarítmico da Figura 8.24 implementa a função *inversa* da característica exponencial, concluímos que a substituição do transistor bipolar por um MOSFET resulta no amplificador "de raiz quadrada". Este circuito, ilustrado na Figura 8.25, requer que M_1 conduza uma corrente igual a $V_{entrada}/R_1$:

$$\frac{V_{entrada}}{R_1} = \frac{1}{2}\mu_n C_{ox} \frac{W}{L}(V_{GS} - V_{TH})^2. \qquad (8.67)$$

(A modulação do comprimento do canal foi desprezada aqui.) Como $V_{GS} = -V_{saída}$,

$$V_{saída} = -\sqrt{\frac{2V_{entrada}}{\mu_n C_{ox} \dfrac{W}{L} R_1}} - V_{TH}. \qquad (8.68)$$

Se $V_{entrada}$ for próximo de zero, $V_{saída}$ permanece em $-V_{TH}$, o que coloca M_1 na fronteira da condução. À medida que $V_{entrada}$ se torna mais positivo, $V_{saída}$ diminui e permite que M_1 conduza uma corrente maior. Com porta e dreno em zero, M_1 opera em saturação.

8.4 NÃO IDEALIDADES DE AMP OPS

O estudo das seções anteriores abordou um modelo idealizado de amp op – a menos do ganho finito – para facilitar o entendimento. Contudo, na prática, amp ops apresentam diversas imperfeições que podem afetar o desempenho de forma significativa. Nesta seção, trataremos destas não idealidades.

8.4.1 Deslocamentos DC

As características de amp ops ilustradas na Figura 8.2 implicam que $V_{saída} = 0$ se $V_{entrada1} = V_{entrada2}$. Em realidade, uma diferença nula entre as entradas pode não resultar em uma saída zero! Como ilustrado na Figura 8.26(a), a característica é "deslocada" para a direita ou para a esquerda; ou seja, para $V_{saída} = 0$, a diferença entre as entradas deve ser aumentada para certo valor, V_{os}, chamado "tensão de deslocamento".*

O que causa esse deslocamento? O circuito interno do amp op fica sujeito às assimetrias aleatórias ("descasamentos") durante os processos de fabricação e de encapsulamento. Por exemplo, como mostrado de forma conceitual na Figura 8.26(b), os transistores bipolares que colhem as duas entradas podem exibir tensões base-emissor ligeiramente diferentes. O mesmo efeito ocorre no caso de MOSFETs. Modelamos o deslocamento por uma fonte de tensão conectada em série com uma das entradas [Figura 8.26(c)]. Como deslocamentos são aleatórios e, portanto, podem ser positivos ou negativos, V_{os} pode aparecer em qualquer uma das entradas com polaridade arbitrária.

Por que deslocamentos DC são importantes? Reexaminemos, na presença de deslocamentos de amp ops, algumas das topologias estudadas na Seção 8.2. Agora, o amplificador não inversor, ilustrado na Figura 8.27, vê uma entrada total $V_{entrada} + V_{os}$ e, em consequência, gera

$$V_{saída} = \left(1 + \frac{R_1}{R_2}\right)(V_{entrada} + V_{os}). \qquad (8.69)$$

---

* É comum o uso dos termos "tensão de desvio" e "tensão de *offset*", sendo o último derivado da nomenclatura inglesa (*offset voltage*). (N.T.)

296 Capítulo 8

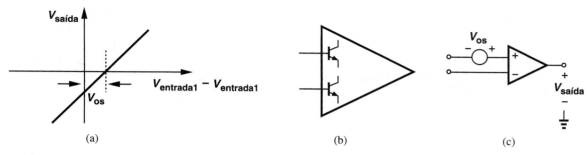

Figura 8.26 (a) Deslocamento em um amp op, (b) descasamento entre dispositivos de entrada, (c) representação de deslocamento.

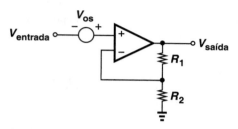

Figura 8.27 Deslocamento em um amplificador não inversor.

Em outras palavras, o circuito *amplifica* tanto o deslocamento como o sinal, dando origem a limitações de precisão.[6]

Deslocamentos DC também podem causar "saturação" em amplificadores. O próximo exemplo ilustra essa questão.

Deslocamentos DC afetam o amplificador inversor da Figura 8.7(a) de modo similar. Isto é estudado no Exercício 8.48.

Agora, examinemos o efeito de deslocamentos no integrador da Figura 8.10. Suponhamos que a entrada seja posta em zero e que V_{os} seja referida à entrada não inversora [Figura 8.29(a)].

Exemplo 8.10   Uma balança de caminhões emprega um medidor eletrônico de pressão cuja saída é amplificada pelo circuito da Figura 8.27. Se o medidor de pressão gerar 20 mV a cada 100 kg de carga e se o deslocamento do amp op for de 2 mV, qual é a precisão da balança?

Solução   Um deslocamento de 2 mV corresponde a uma carga de 10 kg. Portanto, dizemos que a balança tem um erro de ±10 kg na medida.

Exercício   Que tensão de deslocamento é necessária para uma precisão de ±1 kg?

Exemplo 8.11   Um estudante de engenharia elétrica construiu o circuito mostrado na Figura 8.28 para amplificar o sinal produzido por um microfone. O ganho almejado é de 10^4 para que sons de nível muito baixo (isto é, sinais do microfone) possam ser detectados. Explique o que acontece se o amp op A_1 tiver um deslocamento de 2 mV.

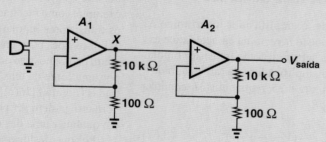

Figura 8.28 Amplificador de dois estágios.

Solução   Da Figura 8.27, notamos que o primeiro estágio amplifica o deslocamento por um fator de 100 e gera um nível DC de 200 mV no nó X (caso o microfone produza uma saída DC nula). O segundo estágio amplifica V_X por outro fator de 100 e, portanto, tenta gerar $V_{saída} = 20$ V. Se A_2 operar com uma tensão de alimentação de, digamos, 3 V, a saída não pode ultrapassar esse valor e o segundo amp op leva seus transistores à região de saturação (no caso de dispositivos bipolares) ou de triodo (no caso de MOSFETs), reduzindo seu ganho a um valor baixo. Dizemos

---

[6] O leitor pode mostrar que a conexão de V_{os} em série com a entrada inversora do amp op leva ao mesmo resultado.

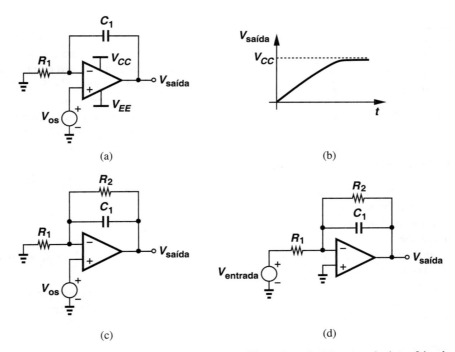

Figura 8.29 (a) Deslocamento em integrador, (b) forma de onda de saída, (c) adição de R2 para reduzir o efeito do deslocamento, (d) determinação da função de transferência.

que o segundo estágio está saturado. (O problema de amplificação do deslocamento em estágios conectados em cascata pode ser resolvido por meio de acoplamento AC.)

Exercício Repita o exemplo anterior para o caso em que o segundo estágio tem um ganho de tensão de 10.

O que acontece na saída? Recordemos, da Figura 8.20 e da Equação (8.61), que a resposta a essa "entrada" consiste na própria entrada [o termo unitário na Equação (8.61)] e na integral da entrada [segundo termo na Equação (8.61)]. Portanto, podemos expressar $V_{saída}$ no domínio do tempo como

$$V_{saída} = V_{os} + \frac{1}{R_1C_1}\int_0^t V_{os}\,dt \qquad (8.70)$$

$$= V_{os} + \frac{V_{os}}{R_1C_1}t, \qquad (8.71)$$

onde a condição inicial em C_1 é tomada como igual a zero. Em outras palavras, o circuito integra o deslocamento do amp op e gera uma saída que tende a $+\infty$ ou $-\infty$, dependendo do sinal de V_{os}. É óbvio que, à medida que $V_{saída}$ se aproxima das tensões positivas ou negativas de alimentação, os transistores no amp op deixam de prover ganho e a saída satura [Figura 8.29(b)].

O problema de deslocamento se revela muito sério em integradores. Mesmo na presença de um sinal de entrada, o circuito da Figura 8.29(a) integra o deslocamento e chega à saturação. A Figura 8.29(c) mostra uma modificação na qual o resistor R_2 é conectado em paralelo com C_1. Agora, o efeito de V_{os} na saída é dado pela Equação (8.9), pois, em frequências baixas, os circuitos das Figuras 8.5 e 8.29(c) são similares:

$$V_{saída} = V_{os}\left(1 + \frac{R_2}{R_1}\right). \qquad (8.72)$$

Por exemplo, se $V_{os} = 2$ mV e $R_2/R_1 = 100$, $V_{saída}$ contém um erro DC de 202 mV, mas permanece distante da saturação.

Como R_2 afeta a função de integração? Desprezando V_{os}, vemos o circuito como mostrado na Figura 8.29(d) e, usando a Equação (8.27), obtemos

$$\frac{V_{saída}}{V_{entrada}} = -\frac{R_2}{R_1}\frac{1}{R_2C_1s + 1}. \qquad (8.73)$$

Portanto, o circuito agora contém um polo em $-1/(R_2C_1)$ e não mais na origem. Se as frequências de interesse do sinal de entrada estiverem bem acima deste valor, $R_2C_1 \gg 1$ e

$$\frac{V_{saída}}{V_{entrada}} = -\frac{1}{R_1C_1s}. \qquad (8.74)$$

Ou seja, a função de integração é mantida nas frequências de entrada muito maiores que $1/(R_2C_1)$. Assim, R_2/R_1 deve ser suficientemente pequeno para minimizar o deslocamento amplificado, dado pela Equação (8.72), enquanto R_2C_1 deve ser suficientemente grande para que seu efeito nas frequências de interesse seja desprezível.

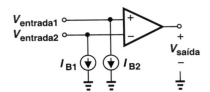

Figura 8.30 Correntes de polarização de entrada.

8.4.2 Corrente de Polarização de Entrada

Amp ops implementados na tecnologia bipolar puxam uma corrente de base de cada entrada. Embora sejam relativamente pequenas ($\approx 0{,}1$–$1\ \mu$A), as correntes de polarização de entrada podem dar origem a imprecisões em alguns circuitos. Como mostrado na Figura 8.30, cada corrente de polarização é modelada por uma fonte de corrente conectada entre a entrada correspondente e a terra. Em valores nominais, $I_{B1} = I_{B2}$.

Analisemos o efeito das correntes de entrada sobre o amplificador não inversor. Como ilustrado na Figura 8.31(a), I_{B1} não tem efeito sobre o circuito, pois flui por uma fonte de tensão. A corrente I_{B2}, por sua vez, flui por R_1 e R_2 e introduz um erro. Lançando mão da superposição e colocando $V_{entrada}$ em zero, obtemos o circuito da Figura 8.31(b), que pode ser transformado no da Figura 8.31(c) se I_{B2} e R_2 forem substituídos pelo equivalente de Thévenin. É interessante observar que o circuito, agora, se parece com o amplificador inversor da Figura 8.7(a) e, se o ganho do amp op for infinito, leva a

$$V_{saída} = -R_2 I_{B2}\left(-\frac{R_1}{R_2}\right) \quad (8.75)$$

$$= R_1 I_{B2} \quad (8.76)$$

Essa expressão sugere que I_{B2} flua apenas por R_1; um resultado esperado, pois, na Figura 8.31(b), a terra virtual em X força que a tensão em R_2 seja zero, assim como a corrente que flui por R_2.

O erro devido à corrente de polarização parece ser similar ao efeito do deslocamento DC ilustrado na Figura 8.27 e corrompe a saída. No entanto, diferentemente do deslocamento DC, esse fenômeno *não* é aleatório; para uma dada corrente de polarização nos transistores bipolares usados no amp op, as correntes de base puxadas das entradas inversoras e não inversoras permanecem aproximadamente iguais. Portanto, podemos buscar um método para cancelar esse erro. Por exemplo, podemos inserir uma tensão de correção em série com a entrada não inversora, de modo a levar $V_{saída}$ a zero (Figura 8.32). Como V_{corr} "vê" um amplificador não inversor, temos

$$V_{saída} = V_{corr}\left(1 + \frac{R_1}{R_2}\right) + I_{B2}R_1. \quad (8.77)$$

Para $V_{saída} = 0$,

$$V_{corr} = -I_{B2}(R_1 \| R_2). \quad (8.78)$$

A Equação (8.78) implica que V_{corr} depende de I_{B2} e, por conseguinte, do ganho de corrente dos transistores. Como β varia com o processo de fabricação e temperatura, V_{corr} não pode permanecer em um valor *fixo* e deve "seguir" β. Felizmente, a Equação (8.78) também revela que V_{corr} pode ser obtido passando uma corrente de base por um resistor igual a $R_1\|R_2$, o que nos leva à topologia mostrada na Figura 8.33. Aqui, se $I_{B1} = I_{B2}$, $V_{saída} = 0$, para $V_{entrada} = 0$. O leitor é encorajado a levar o ganho finito do amp op em consideração e provar que $V_{saída}$ continua próximo de zero.

Do desenho na Figura 8.31(b), observamos que as correntes de polarização de entrada têm efeito idêntico sobre o amplificador inversor. Dessa forma, a técnica de correção mostrada na Figura 8.33 também se aplica a esse circuito.

Em realidade, as assimetrias nos circuitos internos do amp op introduzem um pequeno descasamento (aleatório) entre I_{B1} e I_{B2}. O Exercício 8.53 explora o efeito deste descasamento sobre a saída, na Figura 8.33.

Agora, consideremos o efeito das correntes de polarização de entrada no desempenho de integradores. O circuito, ilustrado na Figura 8.34(a) com $V_{entrada} = 0$ e I_{B1} omitido (por quê?), força o fluxo de I_{B2} por C_1, pois R_1 sustenta uma queda de tensão

---

Exemplo 8.12 Um amp op bipolar emprega uma corrente de coletor de 1 mA em cada um dos dispositivos de entrada. Admitindo $\beta = 100$ e que o circuito da Figura 8.32 incorpora $R_2 = 1$ kΩ e $R_1 = 10$ kΩ, determinemos o erro na saída e o valor necessário para V_{corr}.

Solução Temos $I_B = 10\ \mu$A e, portanto,

$$V_{saída} = 0{,}1\ \text{mV}. \quad (8.79)$$

Assim, V_{corr} é escolhido como

$$V_{corr} = -9{,}1\ \mu\text{V}. \quad (8.80)$$

Exercício Determine a tensão de correção quando $\beta = 200$.

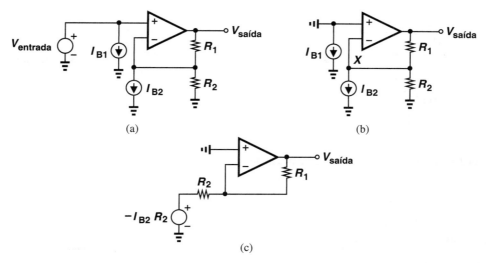

Figura 8.31 (a) Efeito das correntes de polarização de entrada sobre o amplificador não inversor, (b) circuito simplificado, (c) equivalente de Thévenin.

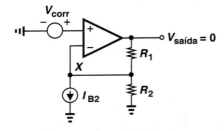

Figura 8.32 Adição de uma fonte de tensão para corrigir o erro devido às correntes de polarização de entrada.

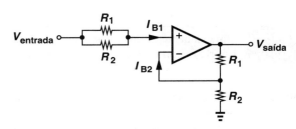

Figura 8.33 Correção de erro devido à variação de β.

nula. Na verdade, o equivalente de Thévenin de R_1 e I_{B2} [Figura 8.34(b)] fornece

$$V_{saída} = -\frac{1}{R_1 C_1} \int V_{entrada}\, dt \qquad (8.81)$$

$$= +\frac{1}{R_1 C_1} I_{B2} R_1\, dt \qquad (8.82)$$

$$= \frac{I_{B2}}{C_1}\, dt. \qquad (8.83)$$

(É óbvio que o fluxo de I_{B2} por C_1 leva ao mesmo resultado.) Em outras palavras, o circuito integra as correntes de polarização de entrada e força que $V_{saída}$, por fim, sature próximo aos valores positivo e negativo da alimentação.

Podemos aplicar a técnica de correção da Figura 8.33 ao integrador? O modelo na Figura 8.34(b) sugere que um resistor igual a R_1 conectado em série com a entrada não inversora seja capaz de cancelar o efeito. O resultado é ilustrado na Figura 8.35.

O problema de descasamento das correntes de polarização de entrada requer uma modificação similar à da Figura 8.29(c). A corrente de descasamento flui por R_2 e não por C_1 (por quê?).

Você sabia?

O projeto de amp ops sempre teve de enfrentar desafios interessantes, o que suscitou ideias novas e excitantes. Na verdade, muitas das técnicas inventadas para uso em amp ops rapidamente foram estendidas a outros circuitos. Os primeiros amp ops almejavam alto ganho, mas encontraram instabilidades; ou seja, às vezes, entravam em *oscilação*. Gerações subsequentes foram projetadas para alta impedância de entrada, baixa impedância de saída e reduzidas tensões de alimentação. Outras configurações foram introduzidas para operação em baixo ruído ou alta velocidade. A maioria dessas questões ainda persiste nos projetos de amp op da atualidade. É interessante observar que o número de transistores usados em amp ops não mudou muito ao longo das últimas cinco décadas: o 741 continha cerca de 20 transistores, assim como os modernos amp ops.

8.4.3 Limitações de Velocidade

Largura de Banda Finita Até aqui, nosso estudo de amp op não levou em conta qualquer limitação de velocidade. Na

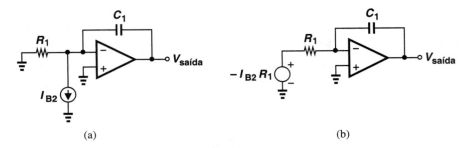

Figura 8.34 (a) Efeito das correntes de polarização da entrada no integrador, (b) equivalente de Thévenin.

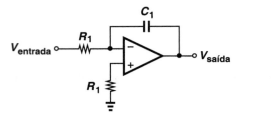

Figura 8.35 Correção de erro devido às correntes de polarização no integrador.

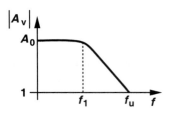

Figura 8.36 Resposta de frequência de um amp op.

Exemplo 8.13	Um estudante de engenharia elétrica testa a topologia da Figura 8.35 no laboratório e observa que a saída ainda satura. Encontremos três explicações para este efeito.
Solução	Primeira, a tensão de deslocamento DC do amp op ainda é integrada (Seção 8.4.1). Segunda, as duas correntes de polarização de entrada sempre estão sujeitas a um pequeno descasamento, resultando em cancelamento incompleto. Terceira, os dois resistores na Figura 8.35 também exibem descasamento e originam erro adicional.
Exercício	O resistor R_1 ainda é necessário se os circuitos internos do amp op empregarem dispositivos MOS?

verdade, as capacitâncias internas do amp op degradam o desempenho nas frequências altas. Por exemplo, como ilustrado na Figura 8.36, o ganho começa a cair à medida que a frequência de operação ultrapassa f_1. Neste capítulo, apresentamos uma análise simples desses efeitos e adiaremos um estudo mais detalhado até o Capítulo 11.

Para representar a queda (*roll-off*) de ganho ilustrada na Figura 8.36, devemos modificar o modelo do amp op introduzido na Figura 8.1. Como uma aproximação simples, os circuitos internos do amp op podem ser modelados por um sistema de primeira ordem (com um polo), com a seguinte função de transferência:

$$\frac{V_{saída}}{V_{entrada1} - V_{entrada2}}(s) = \frac{A_0}{1 + \dfrac{s}{\omega_1}}, \quad (8.84)$$

na qual $\omega_1 = 2\pi f_1$. Notemos que, nas frequências muito abaixo de ω_1, $s/\omega_1 \ll 1$ e o ganho é igual a A_0. Nas frequências muito altas, $s/\omega_1 \gg 1$ e o ganho do amp op se torna *unitário* em $\omega_u = A_0 \omega_1$. Essa frequência é chamada de "largura de banda de ganho unitário" do amp op. Com esse modelo, podemos reexaminar o desempenho dos circuitos estudados nas seções anteriores.

Consideremos o amplificador não inversor da Figura 8.5. Utilizemos a Equação (8.11) com A_0 substituído pela função de transferência anterior:

$$\frac{V_{saída}}{V_{entrada}}(s) = \frac{\dfrac{A_0}{1 + \dfrac{s}{\omega_1}}}{1 + \dfrac{R_2}{R_1 + R_2} + \dfrac{A_0}{1 + \dfrac{s}{\omega_1}}}. \quad (8.85)$$

Multiplicando o numerador e o denominador por $(1 + s/\omega_1)$, obtemos

$$\frac{V_{saída}}{V_{entrada}}(s) = \frac{A_0}{\dfrac{s}{\omega_1} + \dfrac{R_2}{R_1 + R_2}A_0 + 1}. \quad (8.86)$$

O sistema ainda é de primeira ordem e o polo da função de transferência em malha fechada é dado por

$$|\omega_{p,fechada}| = \left(1 + \frac{R_2}{R_1 + R_2}A_0\right)\omega_1. \quad (8.87)$$

Como ilustrado na Figura 8.37, a largura de banda do circuito em malha fechada é substancialmente maior que a do próprio amp op. É claro que essa melhoria eleva o custo de uma redução proporcional do ganho – de A_0 para $1 + R_2A_0/(R_1 + R_2)$.

O exemplo anterior pode ser repetido para o amplificador inversor. O leitor pode provar que o resultado é similar à Equação (8.87).

A largura de banda finita do amp op pode degradar, de forma considerável, o desempenho de integradores. A análise foge ao escopo deste livro, mas é delineada no Exercício 8.57 para o leitor interessado.

Outra questão importante no uso de amp ops diz respeito à *estabilidade*; se conectados nas topologias anteriores, alguns amp ops podem *oscilar*. Com origem nos circuitos internos do amp op, esse fenômeno, muitas vezes, requer *estabilização* interna ou externa, também chamada "compensação de frequência". Esses conceitos são estudados no Capítulo 12.

Taxa de Inflexão* Além dos problemas de largura de banda e estabilidade, outro efeito interessante é observado em amp ops e está relacionado à resposta a grandes sinais. Consideremos a configuração não inversora da Figura 8.38(a), cuja função de transferência em malha fechada é dada pela Equação (8.86). Um pequeno degrau ΔV na entrada resulta em uma forma de onda de saída amplificada, com uma constante de tempo igual a $|\omega_{p,fechada}|^{-1}$ [Figura 8.38(b)]. Se o degrau de entrada for aumentado para $2\Delta V$, cada ponto da forma de onda de saída também é aumentado por um fator dois.[7] Em outras palavras, dobrar a amplitude da entrada significa dobrar não apenas a amplitude da saída, mas também a *inclinação* da saída.

Em realidade, amp ops não exibem esse comportamento caso a amplitude do sinal seja elevada. Como ilustrado na Figura 8.38(c), primeiro, a saída cresce com uma inclinação *constante*

Exemplo 8.14 Um amplificador não inversor incorpora um amp op e tem ganho em malha aberta de 100, e largura de banda de 1 MHz. Se o circuito for projetado para um ganho em malha fechada de 16, determinemos as resultantes largura de banda e constante de tempo.

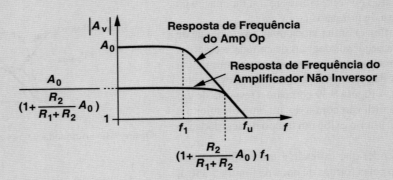

Figura 8.37 Resposta de frequência do amp op em malha aberta e do circuito em malha fechada.

Solução Para um ganho em malha fechada de 16, devemos ter $1 + R_1/R_2 = 16$; logo,

$$|\omega_{p,fechada}| = \left(1 + \frac{R_2}{R_1 + R_2}A_0\right)\omega_1 \quad (8.88)$$

$$= \left(1 + \frac{1}{\frac{R_1}{R_2} + 1}A_0\right)\omega_1 \quad (8.89)$$

$$= 2\pi \times (635 \text{ MHz}). \quad (8.90)$$

Dada por $|\omega_{p,fechada}|^{-1}$, a constante de tempo do circuito é igual a 2,51 ns.

Exercício Repita o exemplo anterior para o caso em que o ganho do amp op é de 500.

---

* O termo "taxa de inclinação" é igualmente empregado; o termo em inglês, *slew rate*, também é usado com frequência. (N.T.)
[7] Recordemos que, em um sistema linear, se $x(t) \to y(t)$, então $2x(t) \to 2y(t)$.

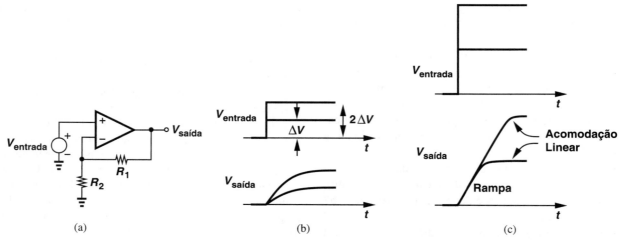

Figura 8.38 (a) Amplificador não inversor, (b) formas de onda de entrada e de saída no regime linear, (c) formas de onda de entrada e de saída no regime de inflexão (*slewing regime*).

(ou seja, como uma rampa) e, por fim, se acomoda como no caso linear da Figura 8.38(b). A origem da seção de rampa da forma de onda se deve ao fato de, com um grande degrau inicial, os circuitos internos do amp op se reduzirem a uma fonte de corrente constante que carrega um capacitor. Dizemos que, nesse intervalo de tempo, o amp op sofre "inflexão". A inclinação da rampa é chamada "taxa de inflexão" (*slew rate*).

O fenômeno de inflexão limita ainda mais a velocidade de amp ops. Embora, para pequenos degraus de entrada, a resposta de saída seja determinada pela constante de tempo em malha fechada, para grandes degraus, a resposta sofre inflexão antes da acomodação linear. A Figura 8.39 compara a resposta de um circuito que não sofre inflexão com a de um amp op sujeito à inflexão e revela que o último exibe um tempo de acomodação mais longo.

É importante entender que inflexão é um fenômeno *não linear*. Como sugerido pelas formas de onda da Figura 8.38(c), os pontos na seção de rampa não seguem uma relação linear (se $x \rightarrow y$, então $2x \nrightarrow 2y$). A não linearidade também pode ser observada aplicando ao circuito da Figura 8.38(a) um grande sinal senoidal cuja frequência é aumentada de forma gradual (Figura 8.40). Nas frequências baixas, o amp op "segue" a onda senoidal, pois a inclinação máxima da onda senoidal permanece menor que a taxa de inclinação do amp op [Figura 8.40(a)]. Escrevendo $V_{entrada}(t) = V_0 \operatorname{sen} \omega t$ e $V_{saída}(t) = V_0 (1 + R_1/R_2) \operatorname{sen} \omega t$, observamos que

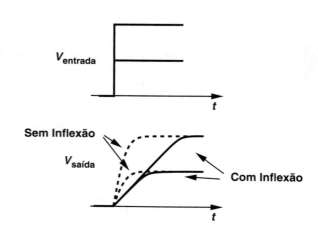

Figura 8.39 Acomodação da velocidade de saída com e sem inflexão.

$$\frac{dV_{saída}}{dt} = V_0\left(1 + \frac{R_1}{R_2}\right)\omega \cos \omega t. \qquad (8.91)$$

Portanto, a saída exibe uma inclinação máxima igual a $V_0\omega(1 + R_1/R_2)$ (nos pontos em que cruza o eixo horizontal); para evitar o fenômeno de inflexão, a taxa de inflexão do amp op deve ultrapassar esse valor.

O que acontece se a taxa de inflexão do amp op for insuficiente? A saída deixa de seguir a forma senoidal ao passar por

---

Exemplo 8.15 Durante a operação em grandes sinais, os circuitos internos de um amp op podem ser simplificados a uma fonte de corrente de 1 mA que carrega um capacitor de 5 pF. Para um amplificador que usa este amp op e produz uma senoide com 0,5 V de amplitude de pico, determinemos a máxima frequência de operação que evita o fenômeno de inflexão.

Solução A taxa de inflexão é dada por $I/C = 0,2$ V/ns. Para uma saída $V_{saída} = V_p \operatorname{sen} \omega t$, na qual $V_p = 0,5$ V, a inclinação máxima é

$$\left.\frac{dV_{saída}}{dt}\right|_{máx} = V_p\omega. \qquad (8.92)$$

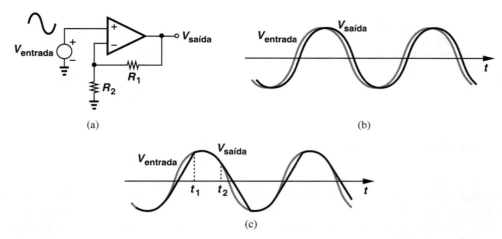

Figura 8.40 (a) Amplificador não inversor simples, (b) formas de onda de entrada e de saída sem inflexão, (c) formas de onda de entrada e de saída com inflexão.

Igualando isto à taxa de inflexão, temos

$$\omega = 2\pi(63{,}7 \text{ MHz}). \quad (8.93)$$

Ou seja, para frequências acima de 63,7 MHz, os pontos em que a saída é nula sofrem inflexão.

Exercício Desenhe o gráfico da forma de onda de saída para uma frequência de entrada de 200 MHz.

zero e exibe o comportamento distorcido mostrado na Figura 8.40(b). Notemos que a saída *segue* a entrada desde que a inclinação da forma de onda não exceda a taxa de inflexão, por exemplo, entre t_1 e t_2.

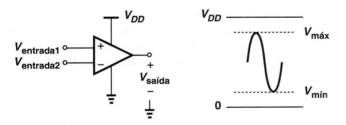

Figura 8.41 Excursões máximas de saída de um amp op.

A Equação (8.91) indica que o início da inflexão depende do ganho em malha fechada, $1 + R_1/R_2$. Para definir a máxima frequência da senoide não sujeita à inflexão, é comum considerar o pior caso, ou seja, quando o amp op produz a máxima excursão permitida sem saturação. Como exemplificado na Figura 8.41, a maior senoide permitida na saída é dada por

$$V_{saída} = \frac{V_{máx} - V_{mín}}{2} \text{ sen } \omega t + \frac{V_{máx} + V_{mín}}{2}, \quad (8.94)$$

em que $V_{máx}$ e $V_{mín}$ denotam limites no nível de saída sem saturação. Se o amp op produzir uma taxa de inflexão SR, a frequência máxima da senoide pode ser obtida de

$$\left.\frac{dV_{saída}}{dt}\right|_{máx} = SR \quad (8.95)$$

Logo,

$$\omega_{FP} = \frac{SR}{\dfrac{V_{máx} - V_{mín}}{2}}. \quad (8.96)$$

ω_{FP}, chamada de "largura de banda de potência", funciona como uma medida da velocidade útil de grandes sinais do amp op.

8.4.4 Impedâncias de Entrada e de Saída Finitas

Amp ops reais não apresentam impedância de entrada infinita[8] ou impedância de saída nula – muitas vezes, esta última acarreta limitações no projeto. A seguir, analisaremos essa não idealidade em um circuito.

Consideremos o amplificador inversor mostrado na Figura 8.42(a), que apresenta uma resistência de saída $R_{saída}$. Como este circuito deve ser analisado? Retornemos ao modelo da Figura 8.1 e conectemos $R_{saída}$ em série com a fonte de tensão

---

[8] Amp ops que empregam transistores MOS na entrada apresentam impedância de entrada muito alta nas frequências baixas.

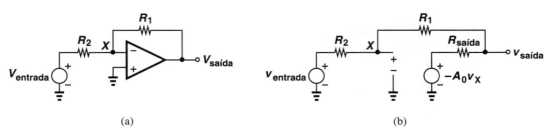

Figura 8.42 (a) Amplificador inversor, (b) efeito da resistência de saída finita do amp op.

Exemplo 8.16	Um estudante de engenharia elétrica comprou um amp op com $A_0 = 10.000$, $R_{saída} = 1\,\Omega$, e construiu o amplificador da Figura 8.42(a) usando $R_1 = 50\,\Omega$ e $R_2 = 10\,\Omega$. Infelizmente, o circuito não produz grandes excursões de tensão na saída, embora $R_{saída}/R_1$ e $R_{saída}/R_2$ permaneçam menores que A_0 na Equação (8.99). Expliquemos por que.
Solução	Para uma excursão de saída de, digamos, 2 V, o amp op pode ter de fornecer uma corrente alta, da ordem de 40 mA, a R_1 (por quê?). Muitos amp ops podem fornecer apenas uma pequena corrente de saída, mesmo que suas impedâncias de saída de pequenos sinais sejam muito baixas.

Exercício Se o amp op pode fornecer uma corrente de 5 mA, que valor de R_1 é aceitável para tensões de saída da ordem de 1 V?

---

de saída [Figura 8.42(b)]. Devemos resolver o circuito na presença de $R_{saída}$. Notando que a corrente que flui por $R_{saída}$ é igual a $(-A_0 v_X - v_{saída})/R_{saída}$, escrevamos uma LTK para a malha $v_{entrada}$, R_1, R_2, $v_{saída}$:

$$v_{entrada} + (R_1 + R_2)\frac{-A_0 v_X - v_{saída}}{R_{saída}} = v_{saída}. \quad (8.97)$$

Para obter outra equação para v_X, interpretemos R_1 e R_2 como um divisor de tensão:

$$v_X = \frac{R_2}{R_1 + R_2}(v_{saída} - v_{entrada}) + v_{entrada}. \quad (8.98)$$

Substituindo esta expressão para v_X em Equação (8.97), obtemos

$$\frac{v_{saída}}{v_{entrada}} = -\frac{R_1}{R_2}\frac{A_0 - \dfrac{R_{saída}}{R_1}}{1 + \dfrac{R_{saída}}{R_2} + A_0 + \dfrac{R_1}{R_2}}. \quad (8.99)$$

Os termos adicionais $-R_{saída}/R_1$, no numerador, e $R_{saída}/R_2$, no denominador, aumentam o erro de ganho do circuito.

8.5 EXEMPLOS DE PROJETOS

Após o estudo de aplicações de amp ops das seções anteriores, consideremos, agora, diversos exemplos do procedimento de projeto de circuitos com amp ops. Iniciemos com exemplos simples e, de forma gradual, passemos a problemas mais desafiadores.

Exemplo 8.17	Projetemos um amplificador inversor com ganho nominal de 4, erro de ganho de 0,1% e impedância de entrada de, pelo menos, 10 kΩ. Determinemos o mínimo ganho que o amp op deve ter.
Solução	Para uma impedância de entrada de 10 kΩ, escolhemos o mesmo valor de R_2 da Figura 8.7(a) e, para ganho nominal de 4, obtemos $R_1 = 40$ kΩ. Nessas condições, a Equação (8.21) requer

$$\frac{1}{A_0}\left(1 + \frac{R_1}{R_2}\right) < 0{,}1\% \quad (8.100)$$

Logo,

$$A_0 > 5000. \quad (8.101)$$

Exercício Repita o exemplo anterior para um ganho nominal de 8 e compare os resultados.

Amplificador Operacional como Caixa-Preta 305

Exemplo 8.18 Projetemos um amplificador não inversor para as seguintes especificações: ganho em malha fechada = 5, erro de ganho = 1%, largura de banda em malha fechada = 50 MHz. Determinemos os necessários ganhos em malha aberta e largura de banda do amp op. Consideremos que o amp op tenha corrente de polarização de entrada de 0,2 μA.

Solução Da Figura 8.5 e da Equação (8.9), temos

$$\frac{R_1}{R_2} = 4. \tag{8.102}$$

A escolha dos valores de R_1 e de R_2 depende da "capacidade de alimentação" (resistência de saída) do amp op. Por exemplo, podemos escolher $R_1 = 4$ kΩ e $R_2 = 1$ kΩ e, no fim, verificar o erro de ganho de Equação (8.99). Para erro de ganho de 1%,

$$\frac{1}{A_0}\left(1 + \frac{R_1}{R_2}\right) < 1\% \tag{8.103}$$

Logo,

$$A_0 > 500. \tag{8.104}$$

A Equação (8.87) fornece a largura de banda em malha aberta como

$$\omega_1 > \frac{\omega_{p,fechado}}{1 + \frac{R_2}{R_1+R_2}A_0} \tag{8.105}$$

$$\omega_1 > \frac{\omega_{p,fechado}}{1 + \left(1 + \frac{R_1}{R_2}\right)^{-1} A_0} \tag{8.106}$$

$$> \frac{2\pi(50 \text{ MHz})}{100}. \tag{8.107}$$

Portanto, o amp op deve prover uma largura de banda em malha aberta de, pelo menos, 500 kHz.

Exercício Repita o exemplo anterior para um erro de ganho de 2% e compare os resultados.

Exemplo 8.19 Projetemos um integrador para uma frequência de ganho unitário de 10 MHz e impedância de entrada de 20 kΩ. Se o amp op apresentar uma taxa de inflexão de 0,1 V/ns, qual é máxima excursão senoidal pico a pico na entrada, em 1 MHz, que produz uma saída livre de inflexão?

Solução Da Equação (8,29), temos

$$\frac{1}{R_1 C_1 (2\pi \times 10 \text{ MHz})} = 1 \tag{8.108}$$

e, com $R_1 = 20$ kΩ,

$$C_1 = 0,796 \text{ pF}. \tag{8.109}$$

(No projeto discreto, um valor tão pequeno de capacitância pode não ser prático.)
Para uma entrada dada por $V_{entrada} = V_p \cos \omega t$,

$$V_{saída} = \frac{-1}{R_1 C_1} \frac{V_p}{\omega} \text{sen } \omega t, \tag{8.110}$$

com máxima inclinação de

$$\left. \frac{dV_{saída}}{dt} \right|_{máx} = \frac{1}{R_1 C_1} V_p. \tag{8.111}$$

Igualando este resultado a 0,1 V/ns, obtemos

$$V_p = 1{,}59\,\text{V}. \tag{8.112}$$

Em outras palavras, em 1 MHz, a excursão pico a pico da entrada deve permanecer abaixo de 3,18 V para que a saída não sofra o efeito de inflexão.

Exercício Como estes resultados se alteram se o amp op apresentar uma taxa de inflexão de 0,5 V/ns?

8.6 RESUMO DO CAPÍTULO

- Um amp op é um circuito que provê alto ganho de tensão e uma saída proporcional à *diferença* de duas entradas.

- Devido ao alto ganho de tensão, um amp op que produza uma excursão de saída moderada requer apenas uma pequena diferença na entrada.

- A topologia de amplificador não inversor exibe um ganho nominal igual a um mais a razão entre dois resistores. O circuito também está sujeito a um erro de ganho que é inversamente proporcional ao ganho do amp op.

- A configuração de amplificador inversor provê um ganho nominal igual à razão entre dois resistores. O erro de ganho é igual ao da configuração não inversora. Com a entrada não inversora do amp op conectada à terra, a entrada inversora também permanece a um potencial próximo ao da terra, sendo chamada de "terra virtual".

- Se, na configuração inversora, o resistor de realimentação for substituído por um capacitor, o circuito operará como um integrador. Integradores têm larga aplicação em filtros analógicos e em conversores analógico-digital.

- Se, na configuração inversora, o resistor de entrada for substituído por um capacitor, o circuito operará como um diferenciador. Devido ao alto ruído, diferenciadores são menos usados que integradores.

- Uma configuração inversora com múltiplos resistores de entrada conectados ao nó de terra virtual funciona como um somador de tensão.

- A conexão de um diodo em volta do amp op leva a um retificador de precisão, ou seja, um circuito capaz de retificar excursões de entrada muito pequenas.

- A conexão de um dispositivo bipolar em volta do amp op fornece uma função logarítmica.

- Amp ops apresentam diversas imperfeições, incluído deslocamentos DC e correntes de polarização de entrada. Esses efeitos degradam o desempenho de vários circuitos, principalmente o de integradores.

- A velocidade de circuitos com amp ops é limitada pela largura de banda dos amp ops. Além disso, para grandes sinais, amp ops apresentam taxa de inflexão (*slew rate*) finita, o que distorce a forma de onda de saída.

EXERCÍCIOS

Seção 8.1 Considerações Gerais

8.1 Amp ops reais exibem características "não lineares". Por exemplo, o ganho de tensão (inclinação) pode ser igual a 1000, para $-1\,\text{V} < V_{saída} < +1\,\text{V}$; 500, para $1\,\text{V} < |V_{saída}| < 2\,\text{V}$; e próximo de zero, para $|V_{saída}| > 2\,\text{V}$.

 (a) Desenhe o gráfico da característica entrada/saída deste amp op.

 (b) Qual é a maior excursão de entrada que o amp op pode suportar sem produzir "distorção" (ou seja, não linearidade)?

8.2 Um amp op exibe a seguinte característica não linear:

$$V_{saída} = \alpha \tanh[\beta(V_{entrada1} - V_{entrada2})]. \tag{8.113}$$

Esboce o gráfico desta característica e determine o ganho de pequenos sinais do amp op nas vizinhanças de $V_{entrada1} - V_{entrada2} \approx 0$.

Seção 8.2.1 Amplificador Não Inversor

8.3 Para alcançar um ganho em malha fechada de 8, um amplificador não inversor emprega um amp op com ganho nominal de 2000. Determine o erro de ganho.

8.4 Um amplificador não inversor deve prover um ganho nominal de 4, com um erro de ganho de 0,1%. Calcule o mínimo ganho que o amp op deve ter.

8.5 Analisando a Equação (8.11), um ousado estudante decide que é possível alcançar um erro de ganho *nulo* com A_0 finito se o valor de $R_2/(R_1 + R_2)$ for ligeiramente modificado em relação ao valor nominal.

 (a) Suponha que um ganho em malha fechado nominal de α_1 seja exigido. Que valor deve ser escolhido para $R_2/(R_1 + R_2)$?

 (b) Com o valor obtido em (a), determine o erro de ganho se A_0 cair para $0{,}6A_0$.

*8.6 Um amplificador não inversor emprega um amp op que tem impedância de saída finita $R_{saída}$. Representando o amp op como indicado na Figura 8.43, calcule o ganho em malha fechada e a impedância de saída. O que acontece se $A_0 \to \infty$?

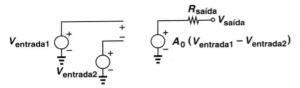

Figura 8.43

*8.7 Um amplificador não inversor incorpora um amp op que tem impedância de entrada $R_{entrada}$. Modelando o amp op como mostrado na Figura 8.44, determine o ganho em malha fechada e a impedância de entrada. O que acontece se $A_0 \to \infty$?

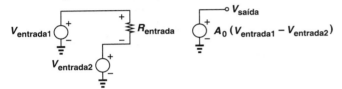

Figura 8.44

8.8 No amplificador não inversor mostrado na Figura 8.45, o resistor R_2 se desvia de seu valor nominal por ΔR. Calcule o erro de ganho do circuito se $\Delta R/R_2 \ll 1$.

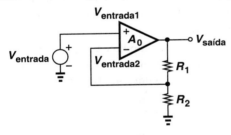

Figura 8.45

*8.9 A característica entrada/saída de um amp op pode ser aproximada pelo comportamento linear por partes ilustrado na Figura 8.46, na qual, à medida que $|V_{entrada1} - V_{entrada2}|$ aumenta, o ganho cai de A_0 a $0{,}8A_0$ e, por fim, a zero. Suponha que este amp op seja usado em um amplificador não inversor com ganho nominal de 5. Desenhe o gráfico da característica entrada/saída

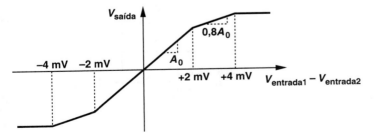

Figura 8.46

em malha fechada do circuito. (Note que o ganho em malha fechada sofre uma variação muito menor; ou seja, o circuito em malha fechada é muito mais linear.)

8.10 Uma balança de caminhões incorpora um sensor cuja resistência varia linearmente com o peso: $R_S = R_0 + \alpha W$. Aqui, R_0 é uma constante, α é um fator de proporcionalidade e W, o peso de cada caminhão. Suponha que R_S faça o papel de R_2 no amplificador não inversor (Figura 8.47). Além disso, $V_{entrada} = 1$ V. Determine o ganho do sistema, definido como a variação em $V_{saída}$ dividida pela variação em W.

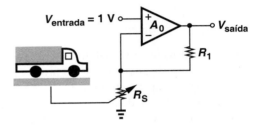

Figura 8.47

*8.11 Calcule o ganho em malha fechada do amplificador não inversor mostrado na Figura 8.48, com $A_0 = \infty$. Comprove que o resultado se reduz aos valores esperados quando $R_1 \to 0$ e $R_3 \to 0$.

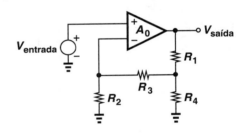

Figura 8.48

Seção 8.2.2 Amplificador Inversor

8.12 Um amplificador inversor deve prover ganho nominal de 8, com erro de ganho de 0,2%. Determine o mínimo ganho permitido para o amp op.

8.13 O amp op usado em um amplificador inversor apresenta uma impedância de entrada finita $R_{entrada}$. Modelando o amp op como mostrado na Figura 8.43, determine o ganho em malha fechada e a impedância de entrada.

8.14 Um amplificador inversor emprega um amp op que apresenta uma impedância de entrada $R_{saída}$. Modelando o amp op como mostrado na Figura 8.44, determine o ganho em malha fechada e a impedância de saída.

8.15 Um amplificador inversor deve prover uma impedância de entrada de, aproximadamente, 10 kΩ e um ganho nominal de 4. Se o amp op apresentar um ganho em malha aberta de 1000 e uma impedância de saída de 1 kΩ, determine o erro de ganho.

8.16 Considerando $A_0 = \infty$, calcule o ganho em malha fechada do amplificador inversor mostrado na Figura 8.49. Comprove que o resultado se reduz aos valores esperados quando $R_1 \to 0$ e $R_3 \to 0$.

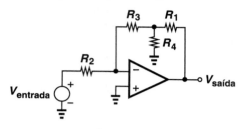

Figura 8.49

8.17 Para alcançar ganho nominal de 8 e erro de ganho de 0,1%, um amplificador inversor é projetado usando um amp op que apresenta impedância de saída de 2 kΩ. Se a impedância de entrada do circuito for igual a, aproximadamente, 1 kΩ, calcule o ganho em malha aberta do amp op.

**8.18 Determine o ganho em malha fechada do circuito ilustrado na Figura 8.50 se $A_0 = \infty$.

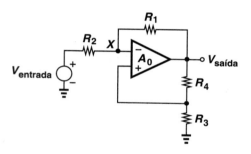

Figura 8.50

Seção 8.2.3 Integrador e Diferenciador

8.19 O integrador da Figura 8.51 colhe um sinal de entrada dado por $V_{entrada} = V_0 \,\text{sen}\, \omega t$. Determine a amplitude do sinal de saída se $A_0 = \infty$.

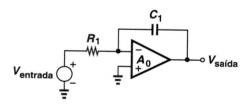

Figura 8.51

8.20 O integrador da Figura 8.51 é usado para amplificar uma entrada senoidal por um fator de 10. Se $A_0 = \infty$ e $R_1 C_1 = 10$ ns, calcule a frequência da senoide.

8.21 O integrador da Figura 8.51 deve prover um polo em uma frequência não maior que 1 Hz. Se os valores de R_1 e de C_1 forem limitados a 10 kΩ e 1 nF, respectivamente, determine o ganho que o amp op deve ter.

*8.22 Considere o integrador mostrado na Figura 8.51 e suponha que o amp op seja modelado como indicado na Figura 8.43. Determine a função de transferência $V_{saida}/V_{entrada}$ e compare a localização do polo com a dada pela Equação (8.37).

*8.23 O amp op usado no integrador da Figura 8.51 apresenta impedância de saída finita e é modelado como indicado na Figura 8.44. Calcule a função de transferência $V_{saida}/V_{entrada}$ e compare a localização do polo com a dada pela Equação (8.37).

8.24 O diferenciador da Figura 8.52 é usado para amplificar uma entrada senoidal na frequência de 1 MHz por um fator de 5. Se $A_0 = \infty$, determine o valor de $R_1 C_1$.

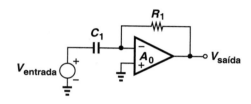

Figura 8.52

8.25 Desejamos projetar o diferenciador da Figura 8.52 para um polo na frequência de 100 MHz. Se os valores de R_1 e de C_1 não puderem ser menores que 1 kΩ e 1 nF, respectivamente, calcule o ganho que o amp op deve ter.

*8.26 Suponha que o amp op da Figura 8.52 apresente uma impedância de entrada finita e seja modelado como mostrado na Figura 8.43. Determine a função de transferência $V_{saida}/V_{entrada}$ e compare o resultado com a Equação (8.42).

*8.27 O amp op usado no diferenciador da Figura 8.52 apresenta uma impedância de saída finita e é modelado como indicado na Figura 8.44. Calcule a função de transferência e compare o resultado com a Equação (8.42).

8.28 Calcule a função de transferência do circuito mostrado na Figura 8.53, com $A_0 = \infty$. Que escolha dos valores dos componentes reduz $|V_{saida}/V_{entrada}|$ à unidade em todas as frequências?

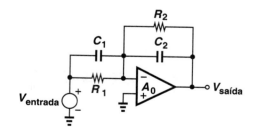

Figura 8.53

8.29 Repita o Exercício 8.28 para o caso em que $A_0 < \infty$. É possível escolher os valores dos resistores e capacitores de modo a reduzir $|V_{saída}/V_{entrada}|$ aproximadamente à unidade?

Seção 8.2.4 Somador de Tensão

8.30 Considere o somador de tensão mostrado na Figura 8.54. Desenhe o gráfico de $V_{saída}$ em função do tempo para $V_1 = V_0 \operatorname{sen} \omega t$ e $V_2 = V_0 \operatorname{sen}(3\omega t)$. Considere $R_1 = R_2$ e $A_0 = \infty$.

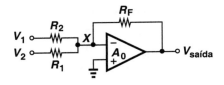

Figura 8.54

8.31 O amp op da Figura 8.54 tem ganho finito. Calcule $V_{saída}$ em termos de V_1 e de V_2.

8.32 O somador de tensão da Figura 8.54 emprega um amp op que tem impedância de saída finita $R_{saída}$. Usando o modelo de amp op da Figura 8.44, calcule $V_{saída}$ em termos de V_1 e de V_2.

8.33 Devido a um erro de fabricação, um resistor parasita R_P apareceu no somador da Figura 8.55. Calcule $V_{saída}$ em termos de V_1 e de V_2 para $A_0 = \infty$ e para $A_0 < \infty$. (Note que R_P também pode representar a impedância de entrada do amp op.)

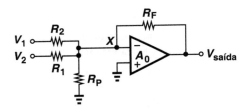

Figura 8.55

*8.34 Considere o somador de tensão ilustrado na Figura 8.56, em que R_p é um resistor parasita e o amp op apresenta uma impedância de entrada finita. Com o auxílio do modelo de amp op mostrado na Figura 8.43, determine $V_{saída}$ em termos de V_1 e de V_2.

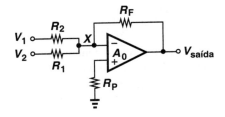

Figura 8.56

Seção 8.3 Funções Não Lineares

8.35 Para o retificador de precisão da Figura 8.22(b), desenhe o gráfico da corrente que flui por D_1 em função do tempo, para uma entrada senoidal.

8.36 Para o retificador de precisão da Figura 8.23(a), desenhe o gráfico da corrente que flui por D_1 em função do tempo, para uma entrada senoidal.

8.37 A Figura 8.57 mostra um retificador de precisão que produz ciclos negativos. Desenhe os gráficos de V_Y, $V_{saída}$ e da corrente que flui por D_1 em função do tempo, para uma entrada senoidal.

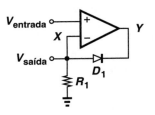

Figura 8.57

8.38 Considere o retificador de precisão mostrado na Figura 8.58, em que um resistor parasita R_P aparece em paralelo com D_1. Desenhe os gráficos de V_X e de V_Y em função do tempo, em resposta a uma entrada senoidal. Use um modelo de tensão constante para o diodo.

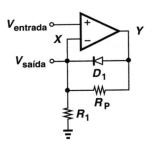

Figura 8.58

8.39 Desejamos aumentar a velocidade do retificador mostrado na Figura 8.22(b) por meio da conexão de um diodo do nó Y para a terra. Explique como isso pode ser alcançado.

8.40 Na Figura 8.24, suponha que $V_{entrada}$ varie de -1 V a $+1$ V. Desenhe os gráficos de $V_{saída}$ e de V_X em função de $V_{entrada}$, admitindo que o amp op seja ideal.

8.41 Na Figura 8.24, suponha que o ganho do amp op seja finito. Determine a característica entrada/saída do circuito.

8.42 Diferenciando os dois lados de Equação (8.66) em relação a $V_{entrada}$, determine o ganho de tensão de pequenos sinais do amplificador logarítmico ilustrado na Figura 8.24. Desenhe o gráfico da magnitude do ganho em função de $V_{entrada}$ e explique por que se diz que o circuito tem uma característica "compressora".

*8.43 Um estudante tenta construir um amplificador logarítmico *não inversor*, como ilustrado na Figura 8.59. Descreva o funcionamento desse circuito.

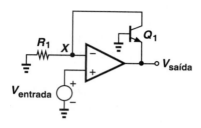

Figura 8.59

8.44 O amplificador logarítmico da Figura 8.24 deve "mapear" uma tensão de entrada de 1 V a uma tensão de saída de −50 mV.
(a) Determine o necessário valor de $I_S R_1$.
(b) Calcule o ganho de tensão de pequenos sinais para esse nível de entrada.

8.45 O circuito ilustrado na Figura 8.60 pode ser considerado um "verdadeiro" amplificador de raiz quadrada. Determine $V_{saída}$ em termos de $V_{entrada}$ e, diferenciando o resultado em relação a $V_{entrada}$, calcule o ganho de pequenos sinais.

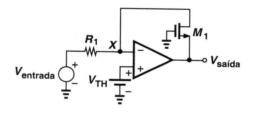

Figura 8.60

*8.46 Para o circuito mostrado na Figura 8.61, calcule $V_{saída}$ em termos de $V_{entrada}$.

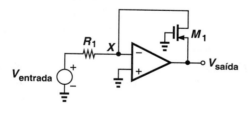

Figura 8.61

Seção 8.4 Não Idealidades de Amp Ops

8.47 No amplificador não inversor da Figura 8.62, o deslocamento DC do amp op é representado por uma fonte de tensão em série com a entrada inversora. Calcule $V_{saída}$.

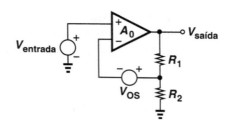

Figura 8.62

8.48 Para o amplificador inversor ilustrado na Figura 8.63, calcule $V_{saída}$ se o amp op apresentar um deslocamento de entrada V_{os}. Considere $A_0 = \infty$.

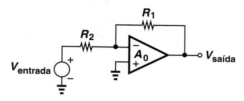

Figura 8.63

8.49 Suponha que cada amp op na Figura 8.28 apresente um deslocamento de entrada de 3 mV. Determine o máximo erro de deslocamento em $V_{saída}$ se cada amplificador for projetado para ganho de 10.

8.50 O integrador da Figura 8.29(c) deve operar em frequências tão baixas como 1 kHz e prover um deslocamento de saída menor que 20 mV, com um deslocamento DC do amp op de 3 mV. Determine os necessários valores de R_1 e de R_2 se $C_1 \leq 100$ pF.

8.51 Explique por que deslocamentos DC não são considerados um problema sério em diferenciadores.

8.52 Explique o efeito do deslocamento DC do amp op sobre a saída de um amplificador logarítmico.

8.53 Suponha que as correntes de polarização de entrada da Figura 8.31 estejam ligeiramente deslocadas, ou seja, $I_{B1} = I_{B2} + \Delta I$. Calcule $V_{saída}$.

8.54 Repita o Exercício 8.53 para o circuito mostrado na Figura 8.33. Qual é o máximo valor permitido para $R_1 \| R_2$ para que o erro de saída devido ao descasamento das correntes permaneça abaixo de certo valor ΔV?

8.55 Um amplificador não inversor deve prover uma largura de banda de 100 MHz, com ganho nominal de 4. Determine qual das seguintes especificações para o amp op é adequada:
(a) $A_0 = 1000, f_1 = 50$ Hz.
(b) $A_0 = 500, f_1 = 1$ MHz.

8.56 Um amplificador inversor incorpora um amp op cuja resposta de frequência é dada pela Equação (8.84). Determine a função de transferência do circuito em malha fechada e calcule a largura de banda.

**8.57 A Figura 8.64 mostra um integrador que emprega um amp op cuja resposta de frequência é dada por

$$A(s) = \frac{A_0}{1 + \dfrac{s}{\omega_0}}. \quad (8.114)$$

Determine a função de transferência do integrador completo. Simplifique o circuito quando $\omega_0 \gg 1/(R_1 C_1)$.

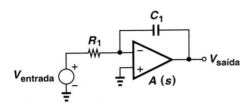

Figura 8.64

8.58 O *buffer* do ganho unitário da Figura 8.3 deve ser projetado para alimentar uma carga de 100 Ω, com erro de ganho de 0,5%. Determine o ganho do amp op quando este tem uma resistência de saída de 1 kΩ.

8.59 Um amplificador não inversor com ganho nominal de 4 colhe uma senoide cuja amplitude de pico é 0,5 V. Se o amp op apresentar uma taxa de inflexão de 1 V/ns, qual é a máxima frequência de entrada para a qual não ocorre inflexão?

Exercícios de Projetos

8.60 Projete um amplificador não inversor com ganho nominal de 4, erro de ganho de 0,2% e resistência total, $R_1 + R_2$, de 20 kΩ. Considere que o amp op seja ideal, exceto por um ganho finito.

8.61 Projete o amplificador inversor da Figura 8.7(a) para ganho nominal de 8 e erro de ganho de 0,1%. Considere $R_{saída} = 100$ Ω.

8.62 Projete um integrador que atenue as frequências de entrada superiores a 100 kHz e tenha um polo em 100 Hz. Considere que o maior capacitor disponível seja de 50 pF.

8.63 Com ganho finito de amp op, a resposta de um integrador ao degrau é uma exponencial lenta, em vez da rampa ideal. Projete um integrador cuja resposta ao degrau aproxime $V(t) = \alpha t$ com um erro menor que 0,1%, no intervalo $0 < V(t) < V_0$ (Figura 8.65). Considere $\alpha = 10$ V/μs, $V_0 = 1$ V e que o valor da capacitância deva permanecer abaixo de 20 pF.

8.64 Um somador de tensão deve realizar a seguinte função: $V_{saída} = \alpha_1 V_1 + \alpha_2 V_2$, com $\alpha_1 = -0,5$ e $\alpha_2 = -1,5$. Projete o circuito de modo que o pior caso de erro em α_1 ou α_2 permaneça abaixo de 0,5% e a impedância de entrada vista por V_1 ou V_2 ultrapasse 10 kΩ.

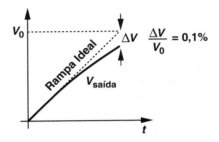

Figura 8.65

8.65 Projete um amplificador logarítmico que "comprima" um intervalo de entrada [0,1 V 2 V] em um intervalo de saída [−0,5 V −1 V].

8.66 É possível projetar um amplificador logarítmico com ganho de pequenos sinais ($dV_{saída}/dV_{entrada}$) de 2 em $V_{entrada} = 1$ V, e de 0,2 em $V_{entrada} = 2$ V? Considere que o ganho do amp op seja suficientemente alto.

EXERCÍCIOS COM *SPICE*

8.67 Considerando um ganho do amp op de 1000 e $I_S = 10^{-17}$ A para D_1, desenhe o gráfico da característica entrada/saída do retificador de precisão mostrado na Figura 8.66.

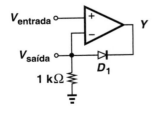

Figura 8.66

8.68 Repita o Exercício 8.67 para o caso em que o amp op apresenta resistência de saída de 1 kΩ.

8.69 No circuito da Figura 8.67, cada amp op provê ganho de 500. Aplique uma senoide de 10 MHz na entrada e desenhe o gráfico da saída em função do tempo. Qual é o erro na amplitude de saída em relação à amplitude de entrada?

8.70 Usando análise AC em *SPICE*, desenhe o gráfico da resposta de frequência do circuito ilustrado na Figura 8.68.

8.71 A configuração mostrada na Figura 8.69 incorpora um amp op para "linearizar" um estágio emissor comum. Considere $I_{S,Q1} = 5 \times 10^{-16}$ A e $\beta = 100$.

(a) Explique por que o ganho de pequenos sinais do circuito tende a R_C/R_E quando o ganho do amp op é muito alto. (Sugestão: $V_X \approx V_{entrada}$).

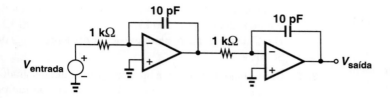

Figura 8.67

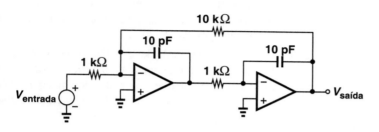

Figura 8.68

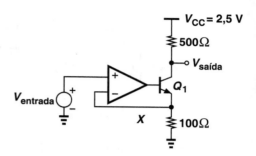

Figura 8.69

(b) Desenhe o gráfico da característica entrada/saída do circuito para 0,1 V < $V_{entrada}$ < 0,2 V e ganho do amp op de 100.

(c) Subtraia $V_{saída} = 5\, V_{entrada}$ (por exemplo, usando uma fonte de tensão controlada por tensão) da característica entrada/saída e determine o erro máximo.

Estágios Cascodes e Espelhos de Corrente

Após o estudo de configurações básicas de amplificadores bipolar e MOS, neste capítulo consideramos dois outros blocos fundamentais. O estágio "cascode"[1] é uma versão modificada das topologias emissor comum e fonte comum, e útil na síntese de circuitos de alto desempenho; o "espelho de corrente" é uma técnica interessante e versátil, largamente empregada em circuitos integrados. Nosso estudo inclui as implementações bipolar e MOS de cada bloco fundamental. O roteiro do capítulo é o seguinte:

Estágios Cascodes
- Cascode como Fonte de Corrente
- Cascode como Amplificador

Espelhos de Corrente
- Espelhos Bipolares
- Espelhos MOS

9.1 ESTÁGIO CASCODE

9.1.1 Cascode como Fonte de Corrente

Recordemos, dos Capítulos 5 e 7, que o uso de fontes de corrente como carga pode aumentar, de forma significativa, o ganho de tensão de amplificadores. Também sabemos que um único transistor pode operar como uma fonte de corrente, mas sua impedância de saída é limitada pelo efeito Early (no caso de dispositivos bipolares) ou pela modulação do comprimento do canal (no caso de MOSFETs).

Como podemos aumentar a impedância de saída de um transistor que atua como fonte de corrente? Uma observação importante feita nos Capítulos 5 e 7 constitui a base do estudo que faremos: degeneração de emissor ou de fonte "eleva" a impedância vista olhando para o coletor ou para o dreno, respectivamente. Para os circuitos mostrados na Figura 9.1, temos

$$R_{saída1} = [1 + g_m(R_E \| r_\pi)]r_O + R_E \| r_\pi \qquad (9.1)$$

$$= (1 + g_m r_O)(R_E \| r_\pi) + r_O \qquad (9.2)$$

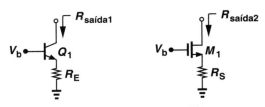

Figura 9.1 Impedância de saída de dispositivos bipolar e MOS degenerados.

$$R_{saída2} = (1 + g_m R_S)r_O + R_S \qquad (9.3)$$

$$= (1 + g_m r_O)R_S + r_O, \qquad (9.4)$$

e notamos que R_E ou R_S pode ser aumentada para aumentar a resistência de saída. No entanto, a queda de tensão no resistor de degeneração também aumenta de forma proporcional, o que reduz o vão livre de tensão e, por fim, limita as excursões de tensão que o circuito produz com o uso deste tipo de fonte de corrente. Por exemplo, se R_E sustentar 300 mV e Q_1 exigir uma

---

[1] O termo "cascode", cunhado na era da válvula, é tido como uma abreviação das palavras inglesas "*cascaded triodes*" (triodos em cascata).

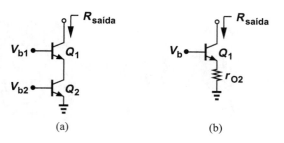

Figura 9.2 (a) Fonte de corrente cascode bipolar, (b) circuito equivalente.

tensão coletor-emissor mínima de 500 mV, a fonte de corrente degenerada "consumirá" um vão livre de 800 mV.

Cascode Bipolar Para aliviar a relação de permuta entre impedância de saída e vão livre de tensão, podemos substituir o resistor de degeneração por um transistor. A Figura 9.2(a) mostra a versão bipolar: a ideia é introduzir uma alta resistência de pequenos sinais ($= r_{O2}$) no emissor de Q_1 e consumir um vão livre que *independa* da corrente. Neste caso, para permanecer em saturação fraca, Q_2 requer um vão livre de aproximadamente 0,4 V. Essa configuração é denominada estágio "cascode".[2] Para enfatizar que Q_1 e Q_2 têm papéis distintos, Q_1 é chamado de transistor cascode e Q_2, de transistor de degeneração. Notemos que, se $\beta \gg 1$, $I_{C1} \approx I_{C2}$.

Calculemos a impedância de saída do cascode bipolar da Figura 9.2(a). Como a tensão base-emissor de Q_2 é constante, este transistor funciona apenas como uma resistência de pequenos sinais igual a r_{O2} [Figura 9.2(b)]. Em analogia com o circuito correspondente da Figura 9.1 degenerado por resistência, temos

$$R_{saída} = [1 + g_{m1}(r_{O2}\|r_{\pi 1})]r_{O1} + r_{O2}\|r_{\pi 1}. \quad (9.5)$$

Como, tipicamente, $g_{m1}(r_{O2}\|r_{\pi 1}) \gg 1$,

$$R_{saída} \approx (1 + g_{m1}r_{O1})(r_{O2}\|r_{\pi 1}) \quad (9.6)$$

$$\approx g_{m1}r_{O1}(r_{O2}\|r_{\pi 1}). \quad (9.7)$$

Entretanto, notemos que, em geral, não podemos considerar que r_O seja muito maior que r_π.

Exemplo 9.1 Admitindo que, na Figura 9.2(a), Q_1 e Q_2 sejam polarizados em uma corrente de coletor de 1 mA, determinemos a resistência de saída. Admitamos $\beta = 100$ e $V_A = 5$ V para os dois transistores.

Solução Como Q_1 e Q_2 são idênticos e polarizados no mesmo nível de corrente, e notando que $g_m = I_C/V_T$, $r_O = V_A/I_C$ e $r_\pi = \beta V_T/I_C$, a Equação (9.7) pode ser simplificada como:

$$R_{saída} \approx \frac{I_{C1}}{V_T} \cdot \frac{V_{A1}}{I_{C1}} \cdot \frac{\dfrac{V_{A2}}{I_{C2}} \cdot \dfrac{\beta V_T}{I_{C1}}}{\dfrac{V_{A2}}{I_{C2}} + \dfrac{\beta V_T}{I_{C1}}} \quad (9.8)$$

$$\approx \frac{1}{I_{C1}} \cdot \frac{V_A}{V_T} \cdot \frac{\beta V_A V_T}{V_A + \beta V_T}, \quad (9.9)$$

em que $I_C = I_{C1} = I_{C2}$ e $V_A = V_{A1} = V_{A2}$. À temperatura ambiente, $V_T \approx 26$ mV e, portanto,

$$R_{saída} \approx 328{,}9 \text{ k}\Omega. \quad (9.10)$$

Em comparação, a resistência de saída de Q_1 sem degeneração seria igual a $r_{O1} = 5$ kΩ; ou seja, o uso de "cascode" elevou $R_{saída}$ por um fator de 66. Notemos que, neste exemplo, r_{O2} e r_π têm valores comparáveis.

Exercício Que valor da tensão de Early é necessário para uma resistência de saída de 500 kΩ?

É interessante observar que, se r_{O2} se tornar muito maior que $r_{\pi 1}$, $R_{saída 1}$ tenderá a

$$R_{saída,máx} \approx g_{m1}r_{O1}r_{\pi 1} \quad (9.11)$$

$$\approx \beta_1 r_{O1}. \quad (9.12)$$

Esta é a máxima impedância de saída que um cascode bipolar pode apresentar. Afinal, mesmo com $r_{O2} = \infty$ (Figura 9.3) [ou $R_E = \infty$ na Equação (9.1)], $r_{\pi 1}$ ainda aparece do emissor de Q_1 para a terra AC, o que limita o valor de $R_{saída}$ a $\beta_1 r_{O1}$.

---

[2] Ou, simplesmente, "cascode".

Exemplo 9.2 Suponhamos que, no Exemplo 9.1, a tensão de Early de Q_2 seja igual a 50 V.[3] Comparemos a resultante resistência de saída do cascode com o limite superior dado pela Equação (9.12).

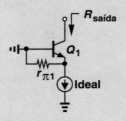

Figura 9.3 Topologia cascode usando uma fonte de corrente ideal.

Solução Como $g_{m1} = (26\ \Omega)^{-1}$, $r_{\pi 1} = 2{,}6\ k\Omega$, $r_{O1} = 5\ k\Omega$ e $r_{O1} = 50\ k\Omega$, temos

$$R_{saída} \approx g_{m1} r_{O1}(r_{O2} || r_{\pi 1}) \tag{9.13}$$

$$\approx 475\ k\Omega. \tag{9.14}$$

O limite superior é igual a 500 kΩ, cerca de 5% mais alto.

Exercício Repita o exemplo anterior para o caso em que a tensão de Early de Q_1 é de 10 V.

Exemplo 9.3 Desejamos aumentar a resistência de saída do cascode bipolar da Figura 9.2(a) por um fator dois com o uso de degeneração resistiva no emissor de Q_2. Determinemos o valor necessário do resistor de degeneração se Q_1 e Q_2 forem idênticos.

Solução Como ilustrado na Figura 9.4, substituímos Q_2 e R_E pela resistência equivalente da Equação (9.1):

$$R_{saídaA} = [1 + g_{m2}(R_E || r_{\pi 2})] r_{O2} + R_E || r_{\pi 2}. \tag{9.15}$$

Da Equação (9.7), temos

$$R_{saída} \approx g_{m1} r_{O1}(R_{saídaA} || r_{\pi 1}). \tag{9.16}$$

Desejamos que este valor seja o dobro daquele dado pela Equação (9.7):

$$R_{saídaA} || r_{\pi 1} = 2(r_{O2} || r_{\pi 1}). \tag{9.17}$$

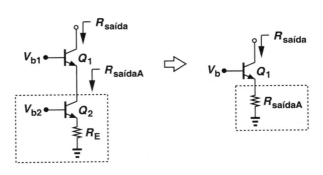

Figura 9.4

Ou seja,

$$R_{saídaA} = \frac{2 r_{O2} r_{\pi 1}}{r_{\pi 1} - r_{O2}}. \tag{9.18}$$

---

[3] Em circuitos integrados, todos os transistores bipolares fabricados na mesma pastilha exibem a mesma tensão de Early. Este exemplo se aplica a implementações discretas.

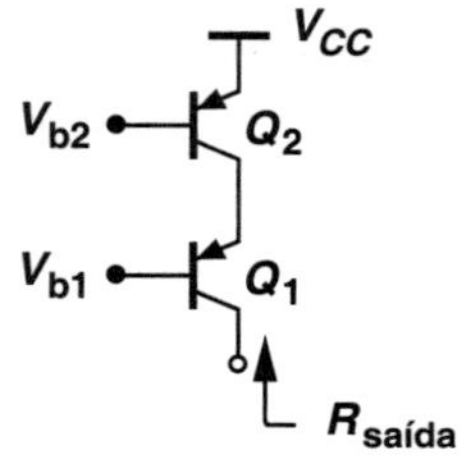

Figura 9.5 Fonte de corrente cascode *pnp*.

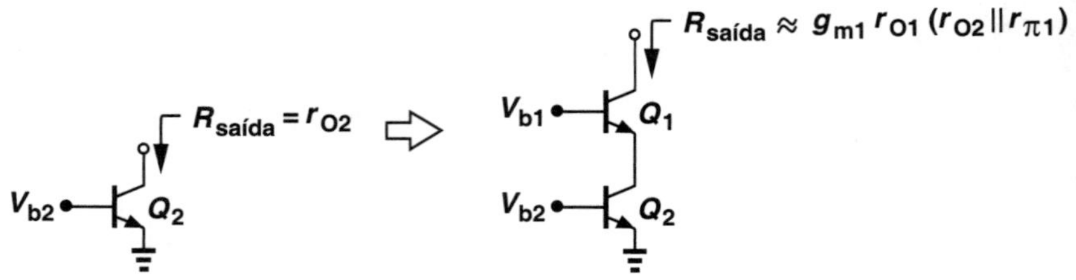

Figura 9.6 Evolução da topologia cascode vista como o empilhamento de Q_1 e Q_2.

> Na prática, r_π é, em geral, *menor* que r_{O2}, de modo que não existe um valor positivo para $R_{saídaA}$! Em outras palavras, é impossível dobrar a impedância de saída do cascode por meio de degeneração do emissor.

Exercício Haverá uma solução para o caso em que a impedância de saída deve ser aumentada por um fator de 1,5?

O que significa o resultado anterior? Comparando os valores de resistência de saída obtidos nos Exemplos 9.1 e 9.2, concluímos que mesmo transistores idênticos produzem $R_{saída}$ (= 328,9 kΩ) não muito diferente do limite superior (= 500 kΩ). Mais especificamente, a razão entre as Equações (9.7) e (9.12) é igual a $r_{O2}/(r_{O2} + r_{\pi1})$; se $r_{O2} > r_{\pi1}$, este valor é maior que 0,5.

Por uma questão de completeza, a Figura 9.5 mostra um cascode *pnp*, na qual Q_1 funciona como dispositivo cascode e Q_2 como dispositivo de degeneração. A impedância de saída é dada pela Equação (9.5).

Embora tenhamos chegado ao cascode como um caso extremo da degeneração de emissor, também podemos considerar a evolução ilustrada na Figura 9.6. Ou seja, como Q_2 provê apenas uma impedância de saída r_{O2}, "empilhamos" Q_1 sobre Q_2 para elevar $R_{saída}$.

Exemplo 9.4 Expliquemos por que as topologias ilustradas na Figura 9.7 *não* são cascodes.

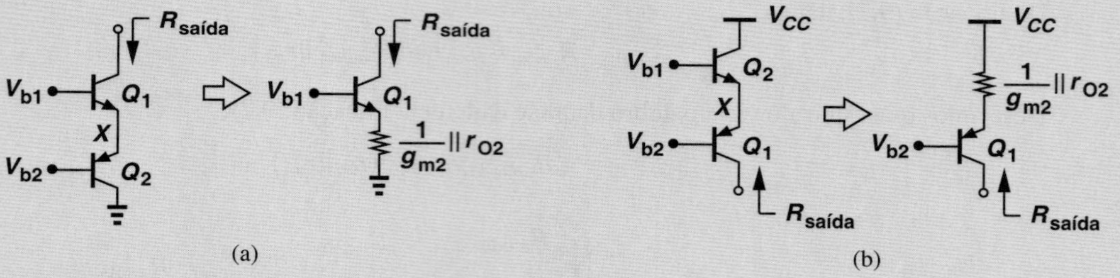

Figura 9.7

Solução Diferentemente do cascode da Figura 9.2(a), os circuitos da Figura 9.7 conectam o emissor da Q_1 ao *emissor* de Q_2. Agora, o transistor Q_2 funciona como um dispositivo conectado como diodo (e não como uma fonte de corrente) e, portanto, apresenta uma impedância $(1/g_{m2})||r_{O2}$ (em vez de r_{O2}) no nó X. Dada pela Equação (9.1), a impedância de saída, $R_{saída}$, é, por conseguinte, consideravelmente menor:

$$R_{saída} = \left[1 + g_{m1}\left(\frac{1}{g_{m2}}||r_{O2}||r_{\pi1}\right)\right]r_{O1} + \frac{1}{g_{m2}}||r_{O2}||r_{\pi1}. \quad (9.19)$$

Na verdade, como $1/g_{m2} \ll r_{O2}, r_{\pi1}$, e, como $g_{m1} \approx g_{m2}$ (por quê?), temos

$$R_{saída} \approx \left(1 + \frac{g_{m1}}{g_{m2}}\right)r_{O1} + \frac{1}{g_{m2}} \quad (9.20)$$

$$\approx 2r_{O1}. \quad (9.21)$$

As mesmas observações se aplicam à topologia da Figura 9.7(b).

Exercício Estime a impedância de saída para uma corrente de coletor de 1 mA e $V_A = 8$ V.

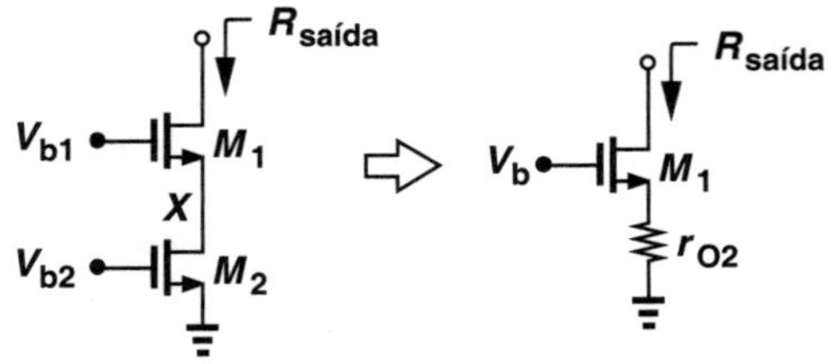

Figura 9.8 Fonte de corrente cascode MOS e seu equivalente.

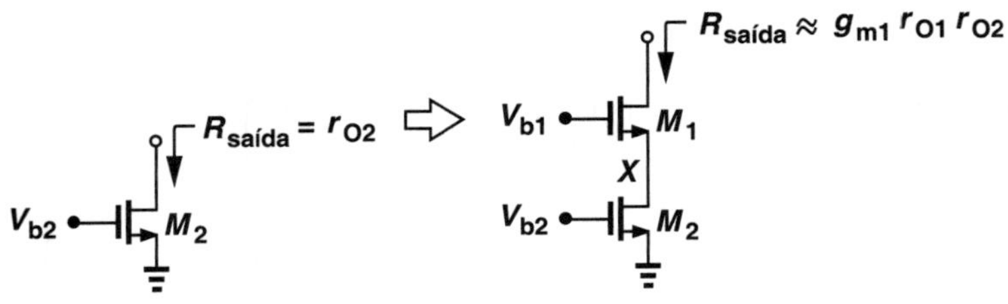

Figura 9.9 Cascode MOS visto como o empilhamento de M_1 sobre M_2.

Cascodes MOS A similaridade entre as Equações (9.1) e (9.3) para estágios degenerados sugere que um cascode também possa ser realizado com MOSFETs para aumentar a impedância de saída de uma fonte de corrente. A ideia, ilustrada na Figura 9.8, é substituir o resistor de degeneração por uma fonte de corrente MOS e, assim, apresentar uma resistência de pequenos sinais r_{O2} de X à terra. A Equação (9.3) pode, agora, ser escrita como:

$$R_{saída} = (1 + g_{m1}r_{O2})r_{O1} + r_{O2} \quad (9.22)$$

$$\approx g_{m1}r_{O1}r_{O2}, \quad (9.23)$$

em que foi considerado $g_{m1}r_{O1}r_{O2} \gg r_{O1}, r_{O2}$.

A Equação (9.23) é um resultado de extrema importância e implica que a impedância de saída é proporcional ao ganho intrínseco do dispositivo cascode.

No caso de dispositivos MOS (Figura 9.9), invocando a visão alternativa ilustrada na Figura 9.6, concluímos que o empilhamento de um MOSFET sobre uma fonte de corrente "eleva" a impedância por um fator $g_{m2}r_{O2}$ (ganho intrínseco do transistor cascode). Esta conclusão revela um interessante ponto de contraste entre cascodes bipolar e MOS: no primeiro, o aumento de r_{O2} leva, por fim, a $R_{saída,bip} = \beta r_{O1}$; no segundo, $R_{saída,MOS} = g_{m1}r_{O1}r_{O2}$ aumenta sem limite.[4] Isso ocorre porque, em dispositivos MOS, β e r_π são infinitos (nas frequências baixas).

Exemplo 9.5 Projetemos um cascode NMOS para uma impedância de saída de 500 kΩ e uma corrente de 0,5 mA. Por simplicidade, consideremos, na Figura 9.8, que M_1 e M_2 sejam idênticos (isto não é, de fato, necessário). Consideremos, ainda, $\mu_n C_{ox} = 100\ \mu A/V^2$ e $\lambda = 0{,}1\ V^{-1}$.

Solução Devemos determinar W/L para os dois transistores, de modo que

$$g_{m1}r_{O1}r_{O2} = 500\ \text{k}\Omega. \quad (9.24)$$

Como $r_{O1} = r_{O2} = (\lambda I_D)^{-1} = 20\ \text{k}\Omega$, exigimos $g_{m1} = (800\ \Omega)^{-1}$ e, portanto,

$$\sqrt{2\mu_n C_{ox} \frac{W}{L} I_D} = \frac{1}{800\ \Omega}. \quad (9.25)$$

Portanto,

$$\frac{W}{L} = 15{,}6. \quad (9.26)$$

Notemos, também, que $g_{m1}r_{O1} = 25 \gg 1$.

Exercício Qual é a resistência de saída se $W/L = 32$?

---

[4] Na verdade, um efeito de segunda ordem limita a impedância de saída de cascodes MOS.

Figura 9.10 Fonte de corrente cascode PMOS.

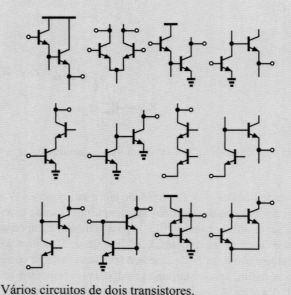

Vários circuitos de dois transistores.

Você sabia?
O cascode pode ser visto como um circuito de dois transistores, ou seja, como um cascode EC/BC. Uma questão interessante é: quantas topologias de circuito de dois transistores que fazem sentido somos capazes de realizar? A figura a seguir mostra algumas; quais lhe parecem familiares? Algumas outras vêm à sua mente? E quanto a configurações *npn-pnp*?

A Figura 9.10 ilustra um cascode PMOS. A resistência de saída é dada pela Equação (9.22).

9.1.2 Cascode como Amplificador

Além de apresentar uma alta impedância de saída, como uma fonte de corrente, a topologia cascode também pode funcionar como amplificador de alto ganho. Na verdade, a impedância de saída e o ganho de amplificadores estão relacionados.

Para o estudo que faremos a seguir, precisamos entender o conceito de transcondutância de circuitos. Nos Capítulos 4 e 6, definimos a transcondutância de um *transistor* como a variação na corrente de coletor ou de dreno dividida pela variação da tensão base-emissor ou porta-fonte. Esse conceito pode ser generalizado para circuitos. Como ilustrado na Figura 9.12, a tensão de saída é fixada em zero curto-circuitando o nó de saída

---

Exemplo 9.6 Durante a fabricação, um grande resistor parasita, R_P, apareceu em um cascode, como ilustrado na Figura 9.11. Determinemos a resistência de saída.

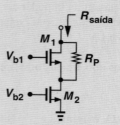

Figura 9.11

Solução Notamos que R_P está em paralelo com r_{O1}. Portanto, podemos reescrever a Equação (9.23) como

$$R_{saída} = g_{m1}(r_{O1}\|R_P)r_{O2}. \tag{9.27}$$

Se $g_{m1}(r_{O1}\|R_P)$ não for muito maior que a unidade, retornamos à equação original, a Equação (9.22), e substituímos r_{O1} por $r_{O1}\|R_P$:

$$R_{saída} = (1 + g_{m1}r_{O2})(r_{O1}\|R_P) + r_{O2}. \tag{9.28}$$

Exercício Que valor de R_P degrada a resistência de saída por um fator dois?

à terra, e a "transcondutância de curto-circuito" do circuito é definida como

$$G_m = \left.\frac{i_{saída}}{v_{entrada}}\right|_{v_{saída}=0}. \quad (9.29)$$

Essa transcondutância representa o "poder" de um circuito em converter uma tensão de entrada em uma corrente.[5] Notemos a direção de $i_{saída}$ na Figura 9.12.

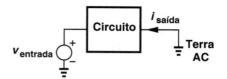

Figura 9.12 Cálculo da transcondutância de um circuito.

Exemplo 9.7 Calculemos a transcondutância do estágio FC mostrado na Figura 9.13(a).

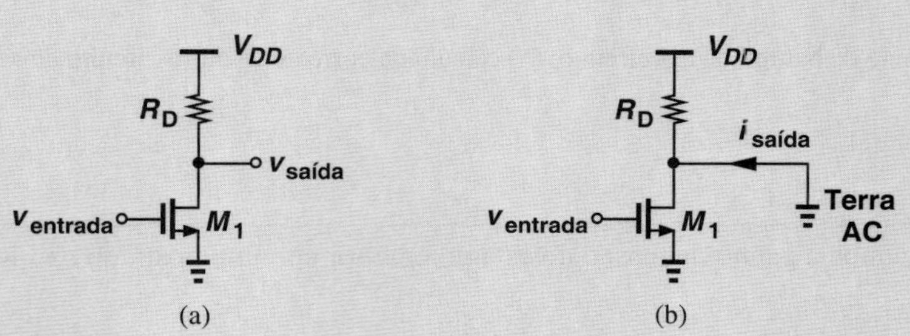

Figura 9.13

Solução Como ilustrado na Figura 9.13(b), curto-circuitamos o nó de saída à terra AC e, notando que R_D não conduz uma corrente (por quê?), escrevemos

$$G_m = \frac{i_{saída}}{v_{entrada}} \quad (9.30)$$

$$= \frac{i_{D1}}{v_{GS1}} \quad (9.31)$$

$$= g_{m1}. \quad (9.32)$$

Portanto, neste caso, a transcondutância do circuito é igual à do transistor.

Exercício Como G_m é alterado se a largura e a corrente de polarização do transistor forem dobradas?

Lema O ganho de tensão de um circuito linear pode ser expresso como

$$A_v = -G_m R_{saída}, \quad (9.33)$$

em que $R_{saída}$ denota a resistência de saída do circuito (com a tensão de entrada fixada em zero).

Prova Sabemos que um circuito linear pode ser substituído por seu equivalente de Norton [Figura 9.14(a)]. O teorema de Norton afirma que $i_{saída}$ é obtida curto-circuitando a saída à terra ($v_{saída} = 0$) e calculando a corrente de curto-circuito [Figura 9.14(b)]. Também relacionamos $i_{saída}$ a $v_{entrada}$ pela transcondutância do circuito, $G_m = i_{saída}/v_{entrada}$. Assim, na Figura 9.14(a),

$$v_{saída} = -i_{saída} R_{saída} \quad (9.34)$$

$$= -G_m v_{entrada} R_{saída} \quad (9.35)$$

Logo,

$$\frac{v_{saída}}{v_{entrada}} = -G_m R_{saída}. \quad (9.36)$$

O lema anterior serve como um método alternativo para o cálculo de ganho. E também indica que o ganho de tensão de um circuito pode ser aumentado com o aumento da *impedância de saída*, como em cascodes.

Amplificador Cascode Bipolar Recordemos, do Capítulo 4, que, para maximizar o ganho de tensão de um estágio emissor

---

[5] Embora tenha sido omitida nos Capítulos 4 e 6 por questão de simplicidade, a condição $v_{saída} = 0$ também é necessária para a transcondutância de transistores. Ou seja, o coletor ou o dreno deve ser curto-circuitado à terra AC.

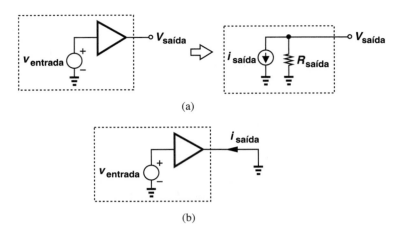

Figura 9.14 (a) Equivalente de Norton de um circuito, (b) cálculo da corrente de curto-circuito de saída.

Exemplo 9.8 Determinemos o ganho de tensão do estágio emissor comum mostrado na Figura 9.15(a).

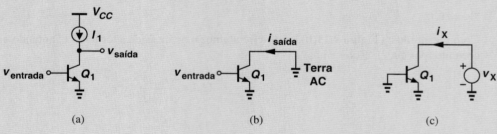

Figura 9.15

Solução Para calcular a transcondutância de curto-circuito desse estágio, conectamos um curto-circuito AC entre a saída e a terra, e determinamos a corrente correspondente [Figura 9.15(b)]. Neste caso, $i_{saída}$ é igual à corrente de coletor de Q_1, $g_{m1}v_{entrada}$, ou seja,

$$G_m = \frac{i_{saída}}{v_{entrada}} \quad (9.37)$$

$$= g_{m1}. \quad (9.38)$$

Notemos que r_O não conduz uma corrente neste teste (por quê?). A seguir, obtemos a resistência de saída, como indicado na Figura 9.15(c):

$$R_{saída} = \frac{v_X}{i_X} \quad (9.39)$$

$$= r_{O1}. \quad (9.40)$$

Logo,

$$A_v = -G_m R_{saída} \quad (9.41)$$

$$= -g_{m1} r_{O1}. \quad (9.42)$$

Exercício Suponhamos que o transistor seja degenerado por um resistor de emissor igual a R_E. A transcondutância diminui, enquanto a resistência de saída aumenta. O ganho de tensão aumenta ou diminui?

Estágios Cascodes e Espelhos de Corrente 321

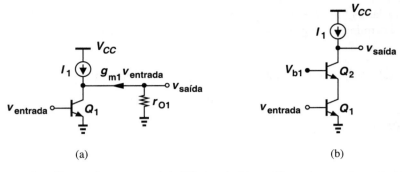

Figura 9.16 (a) Fluxo de corrente de saída gerado por um estágio EC através de r_{O1}, (b) uso de cascode para aumentar a impedância de saída.

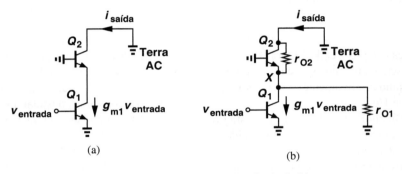

Figura 9.17 (a) Corrente de curto-circuito de saída de um cascode, (b) vista detalhada de (a).

comum, a impedância de carga de coletor deve ser maximizada. No limite, uma fonte de corrente ideal como carga [Figura 9.16(a)] produz um ganho de tensão de

$$A_v = -g_{m1} r_{O1} \tag{9.43}$$

$$= -\frac{V_A}{V_T}. \tag{9.44}$$

Neste caso, a corrente de pequenos sinais, $g_{m1} v_{entrada}$, produzida por Q_1 flui por r_{O1} e gera uma tensão de saída igual a $-g_{m1} v_{entrada} r_{O1}$.

Agora, suponhamos que um transistor seja empilhado sobre Q_1, como mostrado na Figura 9.16(b). Sabemos, da Seção 9.1.1, que o circuito apresenta uma alta impedância e, do lema anterior, um ganho de tensão maior que o de um estágio EC.

Determinemos o ganho de tensão de um cascode bipolar com a ajuda do lema anterior. Como mostrado na Figura 9.17(a), a transcondutância de curto-circuito é igual a $i_{saída}/v_{entrada}$. Como um estágio emissor comum, Q_1 ainda produz uma corrente de coletor $g_{m1} v_{entrada}$ que flui por Q_2 e, portanto, pelo curto-circuito de saída:

$$i_{saída} = g_{m1} v_{entrada}. \tag{9.45}$$

Ou seja,

$$G_m = g_{m1}. \tag{9.46}$$

O leitor pode ver a Equação (9.46) com alguma reserva. Afinal, como mostrado na Figura 9.17(b), a corrente de coletor de Q_1 deve ser dividida entre r_{O1} e a impedância vista olhando para o emissor de Q_2. Portanto, devemos comprovar que apenas uma fração desprezível de $g_{m1} v_{entrada}$ é "perdida" em r_{O1}. Como as tensões de base e de coletor de Q_2 são iguais, este transistor pode ser visto como um dispositivo conectado como diodo que tem uma impedância $(1/g_{m2}) \| r_{O2}$. Dividindo $g_{m1} v_{entrada}$ entre esta impedância e r_{O1}, temos

$$i_{saída} = g_{m1} v_{entrada} \frac{r_{O1} \| r_{\pi 2}}{r_{O1} \| r_{\pi 2} + \frac{1}{g_{m2}} \| r_{O2}}. \tag{9.47}$$

Em transistores típicos, $1/g_{m2} \ll r_{O2}, r_{O1}$; logo,

$$i_{saída} \approx g_{m1} v_{entrada}. \tag{9.48}$$

Ou seja, a aproximação $G_m = g_{m1}$ é razoável.

Para obter o ganho de tensão total, escrevamos, das Equações (9.33) e (9.5),

$$A_v = -G_m R_{saída} \tag{9.49}$$

$$= -g_{m1} \{[1 + g_{m2}(r_{O1} \| r_{\pi 2})] r_{O2} + r_{O1} \| r_{\pi 2} \} \tag{9.50}$$

$$\approx -g_{m1} [g_{m2}(r_{O1} \| r_{\pi 2}) r_{O2} + r_{O1} \| r_{\pi 2}]. \tag{9.51}$$

Como Q_1 e Q_2 conduzem correntes de polarização aproximadamente iguais, $g_{m1} \approx g_{m2}$ e $r_{O1} \approx r_{O2}$:

$$A_v = -g_{m1} r_{O1} [g_{m1}(r_{O1} \| r_{\pi 2}) + 1] \tag{9.52}$$

$$\approx -g_{m1} r_{O1} g_{m1} (r_{O1} \| r_{\pi 2}). \tag{9.53}$$

Exemplo 9.9

O cascode bipolar da Figura 9.16(b) é polarizado em uma corrente de 1 mA. Se $V_A = 5$ V e $\beta = 100$ para os dois transistores, determinemos o ganho de tensão. Consideremos que a carga seja uma fonte de corrente ideal.

Solução Temos $g_{m1} = (26\ \Omega)^{-1}$, $r_{\pi 1} \approx r_{\pi 2} = 2600\ \Omega$, $r_{O1} \approx r_{O2} = 5$ kΩ. Portanto,

$$g_{m1}(r_{O1}\|r_{\pi 2}) = 65{,}8 \qquad (9.54)$$

da Equação (9.53), temos

$$|A_v| = 12{,}654. \qquad (9.55)$$

Portanto, a configuração cascode aumenta o ganho de tensão por um fator de 65,8.

Exercício Que tensão de Early leva a um ganho de 5.000?

Comparado com o simples estágio EC da Figura 9.16(a), o amplificador cascode apresenta um ganho que é maior por um fator $g_{m1}(r_{O1}\|r_{\pi 2})$ – um ganho relativamente grande, pois r_{O1} e $r_{\pi 2}$ são muito maiores que $1/g_{m1}$.

Podemos ver o amplificador cascode como um estágio emissor comum seguido por um estágio base comum. A ideia, ilustrada na Figura 9.18, é considerar o dispositivo cascode, Q_2, como um transistor em base comum que colhe a corrente de pequenos sinais produzida por Q_1. Essa perspectiva se mostra útil em alguns casos.

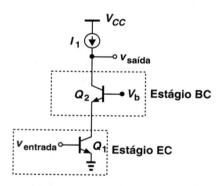

Figura 9.18 Amplificador cascode como uma cascata de estágios EC e BC.

O alto ganho de tensão da topologia cascode a torna atraente para diversas aplicações. Contudo, no circuito da Figura 9.16(b), consideramos que a carga é uma fonte de corrente ideal. Uma fonte de corrente real reduz a impedância vista no nó de saída e, por conseguinte, o ganho de tensão. Por exemplo, o circuito ilustrado na Figura 9.19(a) apresenta um ganho baixo, pois a fonte de corrente pnp introduz uma impedância de apenas r_{O3} entre o nó de saída e a terra AC, o que reduz a impedância de saída a

$$R_{saída} = r_{O3}\|\{[1 + g_{m2}(r_{O1}\|r_{\pi 2})]r_{O2} + r_{O1}\|r_{\pi 2}\} \qquad (9.56)$$

$$\approx r_{O3}\|[g_{m2}r_{O2}(r_{O1}\|r_{\pi 2}) + r_{O1}\|r_{\pi 2}]. \qquad (9.57)$$

Como devemos realizar a fonte de corrente de carga para manter um ganho elevado? Sabemos, da Seção 9.1.1, que a configuração cascode também aumenta a impedância de saída de fontes de corrente e, postulando que o circuito da Figura 9.5 seja um bom candidato, obtemos o estágio ilustrado na Figura 9.19(b). Agora, a impedância de saída é dada pela combinação das impedâncias dos cascodes npn, R_{ligado}, e pnp, R_{op}, em paralelo. Usando a Equação (9.7), temos

$$R_{ligado} \approx g_{m2}r_{O2}(r_{O1}\|r_{\pi 2}) \qquad (9.58)$$

$$R_{op} \approx g_{m3}r_{O3}(r_{O4}\|r_{\pi 3}). \qquad (9.59)$$

Como dispositivos npn e pnp podem apresentar tensões de Early diferentes, r_{O1} ($= r_{O2}$) pode não ser igual a r_{O3} ($= r_{O4}$).

Notando que a transcondutância de curto-circuito, G_m, do estágio ainda é aproximadamente igual a g_{m1} (por quê?), podemos expressar o ganho de tensão como

$$A_v = -g_{m1}(R_{ligado}\|R_{op}) \qquad (9.60)$$

$$\approx -g_{m1}\{[g_{m2}r_{O2}(r_{O1}\|r_{\pi 2})]\|[g_{m3}r_{O3}(r_{O4}\|r_{\pi 3})]\}. \qquad (9.61)$$

Este resultado representa o mais alto ganho de tensão que pode ser obtido com um estágio cascode. Para valores comparáveis de R_{ligado} e de R_{op}, este ganho é próximo da metade do valor expresso pela Equação (9.53).

É importante fazer uma pausa e avaliar nossas técnicas de análise. A análise do cascode da Figura 9.19(b) se tornaria um problema formidável se tentássemos substituir cada transistor por seu circuito equivalente de pequenos sinais e resolver o

> **Você sabia?**
> O estágio cascode foi originalmente inventado para suprimir um indesejável fenômeno de alta frequência denominado "efeito Miller" (Capítulo 11). Na verdade, transistores bipolares discretos ainda empregam o conceito de cascode pela mesma razão. Contudo, logo nos primórdios da tecnologia CMOS, foi reconhecido que cascodes também proviam alta impedância de saída e alto ganho de tensão, o que justifica seu largo uso.

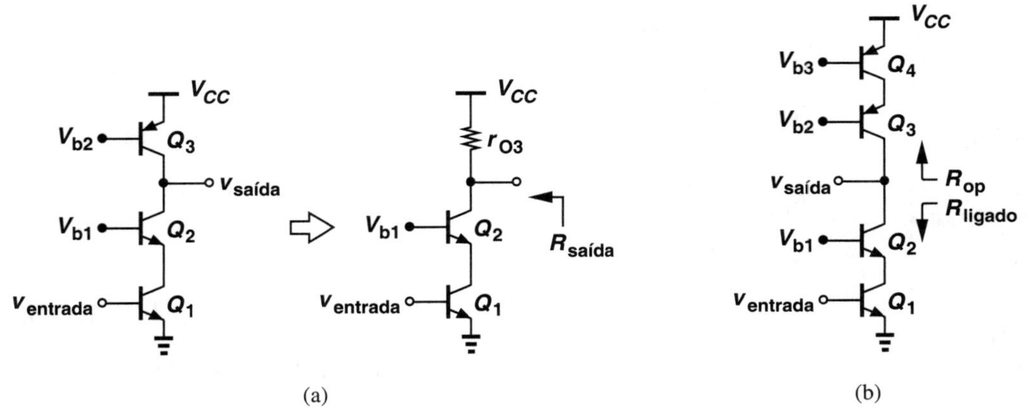

Estágios Cascodes e Espelhos de Corrente   323

Figura 9.19 (a) Cascode com uma simples fonte de corrente como carga, (b) uso de cascode na carga para elevar o ganho de tensão.

Exemplo 9.10 Suponhamos que o circuito do Exemplo 9.9 incorpore uma carga cascode usando um transistor *pnp* com $V_A = 4$ V e $\beta = 50$. Qual é o ganho de tensão?

Solução Os transistores de carga conduzem uma corrente de coletor de aproximadamente 1 mA. Logo,

$$R_{op} = g_{m3}r_{O3}(r_{O4}||r_{\pi 3}) \tag{9.62}$$

$$= 151 \text{ k}\Omega \tag{9.63}$$

e

$$R_{ligado} = 329 \text{ k}\Omega. \tag{9.64}$$

Por conseguinte,

$$|A_v| = g_{m1}(R_{ligado}||R_{op}) \tag{9.65}$$

$$= 3.981. \tag{9.66}$$

Em comparação com o caso da fonte de corrente ideal, o ganho cai por um fator da ordem de 3, pois dispositivos *pnp* têm valores de tensão de Early e de β mais baixos.

Exercício Repita o exemplo anterior para uma corrente de polarização de coletor de 0,5 mA.

---

circuito resultante. Nossa abordagem em construir este estágio de forma gradual revela o papel de cada dispositivo e nos permite um cálculo simples da impedância de saída. Além disso, com base em nosso conhecimento da impedância de saída, o lema ilustrado na Figura 9.14 fornece rapidamente o ganho de tensão do estágio.

Amplificador Cascode CMOS A análise anterior do amplificador cascode bipolar pode ser estendida ao caso CMOS. Este estágio, ilustrado na Figura 9.20(a) com uma fonte de corrente ideal como carga, também provê uma transcondutância de curto-circuito $G_m \approx g_{m1}$ se $1/g_{m2} \ll r_{O1}$. A resistência de saída é dada pela Equação (9.22) e resulta em um ganho de tensão de

$$A_v = -G_m R_{saída} \tag{9.67}$$

$$\approx -g_{m1}[(1 + g_{m2}r_{O2})r_{O1} + r_{O2}] \tag{9.68}$$

$$\approx -g_{m1}r_{O1}g_{m2}r_{O2}. \tag{9.69}$$

Em outras palavras, em comparação com um simples estágio fonte comum, o ganho de tensão aumentou por um fator $g_{m2}r_{O2}$ (ganho intrínseco do dispositivo cascode). Como β e r_π são infinitos para dispositivos MOS (nas frequências baixas), também podemos utilizar a Equação (9.53) para chegar à Equação (9.69). Contudo, notemos que M_1 e M_2 não precisam exibir transcondutâncias ou resistências de saída iguais (suas larguras e comprimentos não precisam ser iguais), embora conduzam correntes iguais (por quê?).

Como no caso bipolar, o amplificador cascode MOS deve incorporar uma fonte de corrente cascode PMOS para manter um ganho de tensão elevado. O circuito ilustrado na Figura 9.20(b) tem as seguintes componentes de impedância de saída:

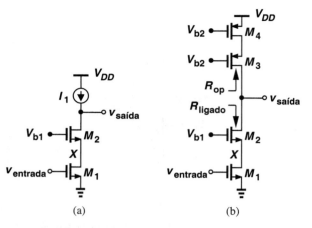

$$R_{ligado} \approx g_{m2}r_{O2}r_{O1} \quad (9.70)$$

$$R_{op} \approx g_{m3}r_{O3}r_{O4}. \quad (9.71)$$

Portanto, o ganho de tensão é igual a

$$A_v \approx -g_{m1}[(g_{m2}r_{O2}r_{O1})||(g_{m3}r_{O3}r_{O4})]. \quad (9.72)$$

9.2 ESPELHOS DE CORRENTE

9.2.1 Considerações Iniciais

As técnicas de polarização estudadas nos Capítulos 4 e 6 para amplificadores bipolares e MOS se mostram inadequadas para circuitos microeletrônicos de alto desempenho. Por exemplo,

Figura 9.20 (a) Amplificador cascode MOS, (b) realização da carga por um cascode PMOS.

Exemplo 9.11 O amplificador cascode da Figura 9.20(b) incorpora dispositivos com os seguintes parâmetros: $(W/L)_{1,2} = 30$, $(W/L)_{3,4} = 40$, $I_{D1} = \cdots = I_{D4} = 0{,}5$ mA. Se $\mu_n C_{ox} = 100$ μA/V^2, $\mu_p C_{ox} = 50$ μA/V^2, $\lambda_n = 0{,}1$ V^{-1} e $\lambda_p = 0{,}15$ V^{-1}, determinemos o ganho de tensão.

Solução Com esta particular escolha de parâmetros dos dispositivos, $g_{m1} = g_{m2}$, $r_{O1} = r_{O2}$, $g_{m3} = g_{m4}$ e $r_{O3} = r_{O4}$. Temos

$$g_{m1,2} = \sqrt{2\mu_n C_{ox}\left(\frac{W}{L}\right)_{1,2} I_{D1,2}} \quad (9.73)$$

$$= (577 \, \Omega)^{-1} \quad (9.74)$$

e

$$g_{m3,4} = (707 \, \Omega)^{-1}. \quad (9.75)$$

Temos ainda,

$$r_{O1,2} = \frac{1}{\lambda_n I_{D1,2}} \quad (9.76)$$

$$= 20 \, k\Omega \quad (9.77)$$

e

$$r_{O3,4} = 13{,}3 \, k\Omega. \quad (9.78)$$

As Equações (9.70) e (9.71) levam, respectivamente, a

$$R_{ligado} \approx 693 \, k\Omega \quad (9.79)$$

$$R_{op} \approx 250 \, k\Omega \quad (9.80)$$

e

$$A_v = -g_{m1}(R_{ligado}||R_{op}) \quad (9.81)$$

$$\approx -318. \quad (9.82)$$

Exercício Explique por que, no exemplo anterior, uma corrente de polarização mais baixa resulta em impedância de saída mais alta. Calcule a impedância de saída para uma corrente de dreno de 0,25 mA.

a corrente de polarização de estágios EC e FC é uma função da tensão de alimentação – um problema sério, pois, na prática, esta tensão sofre alguma variação. A bateria recarregável de um telefone celular ou *notebook*, por exemplo, perde tensão de forma gradual à medida que descarrega; isso exige que circuitos mantenham operação apropriada em um *intervalo* de tensões de alimentação.

Outra questão importante relativa à polarização diz respeito às variações da temperatura ambiente. Um telefone celular deve manter o desempenho a −20°C, na Finlândia, e a +50°C, na Arábia Saudita. Para entender como a temperatura afeta a polarização, consideremos a fonte de corrente bipolar mostrada na Figura 9.21(a), em que R_1 e R_2 dividem V_{CC} ao valor necessário V_{BE}. Ou seja, para uma corrente desejada I_1, temos

$$\frac{R_2}{R_1 + R_2} V_{CC} = V_T \ln \frac{I_1}{I_S}, \quad (9.83)$$

na qual corrente de base foi desprezada. Contudo, o que acontece se a temperatura variar? O lado esquerdo permanece constante se os resistores forem feitos do mesmo material e, por conseguinte, variarem na mesma proporção. Entretanto, o lado direito contém dois parâmetros que dependem da temperatura: $V_T = kT/q$ e I_S. Portanto, mesmo que a tensão base-emissor permaneça constante com a temperatura, I_1 variará.

Uma situação similar ocorre com circuitos CMOS. A Figura 9.21(b) ilustra uma fonte de corrente MOS que é polarizada por meio de um divisor resistivo e depende de V_{DD} e da temperatura. Aqui, podemos escrever

$$I_1 = \frac{1}{2} \mu_n C_{ox} \frac{W}{L} (V_{GS} - V_{TH})^2 \quad (9.84)$$

$$= \frac{1}{2} \mu_n C_{ox} \frac{W}{L} \left(\frac{R_2}{R_1 + R_2} V_{DD} - V_{TH} \right)^2. \quad (9.85)$$

Como tanto a mobilidade como a tensão de limiar variam com a temperatura, I_1 não permanece constante, mesmo que V_{GS} não varie.

Em resumo, os típicos esquemas de polarização introduzidos nos Capítulos 4 e 6 deixam de estabelecer uma corrente de coletor ou de dreno constante caso a tensão de alimentação ou temperatura ambiente varie. Felizmente, existe um método elegante de criar tensões e correntes de alimentação independentes da temperatura, usado em quase todos os sistemas microeletrônicos. O circuito, denominado "circuito de referência de *bandgap*", emprega várias dezenas de dispositivos e é estudado em livros mais avançados [1].

O próprio circuito de *bandgap* não resolve todos os nossos problemas! Um circuito integrado pode incorporar centenas de fontes de corrente, por exemplo, como impedâncias de carga para estágios EC ou FC para obtenção de ganho elevado. Infelizmente, a complexidade do circuito de *bandgap* proíbe que o mesmo seja usado em cada uma das fontes de corrente de um grande circuito integrado.

Resumamos as considerações feitas até aqui. Para evitar dependência em relação à alimentação e à temperatura, uma referência de *bandgap* pode fornecer uma "corrente de ouro",

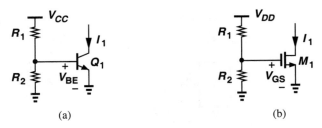

Figura 9.21 Polarização inadequada de fontes de corrente (a) bipolar e (b) MOS.

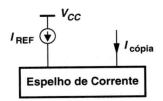

Figura 9.22 Conceito de um espelho de corrente.

embora exija algumas dezenas de dispositivos. Devemos, portanto, buscar um método para "copiar" a corrente de ouro sem a necessidade de duplicar todo o circuito de *bandgap*. Espelhos de corrente fazem isso.

A Figura 9.22 ilustra, de forma conceitual, nosso objetivo. A corrente de ouro gerada por uma referência de *bandgap* é "lida" pelo espelho de corrente e uma cópia com as mesmas características de I_{REF} é produzida. Por exemplo, $I_{cópia} = I_{REF}$ ou $2 I_{REF}$.

9.2.2 Espelho de Corrente Bipolar

Uma vez que, na Figura 9.22, a fonte de corrente que gera $I_{cópia}$ deva ser implementada como um transistor bipolar ou MOS, concluímos que o espelho de corrente se parece com a topologia mostrada na Figura 9.23(a), em que Q_1 opera na região ativa direta e a caixa-preta garante $I_{cópia} = I_{REF}$, independentemente da temperatura ou da característica do transistor. (O correspondente MOS é similar.)

Como a caixa-preta da Figura 9.23(a) deve ser realizada? A caixa-preta gera uma tensão de saída, $V_X (= V_{BE})$, de modo que Q_1 conduza uma corrente igual a I_{REF}:

$$I_{S1} \exp \frac{V_X}{V_T} = I_{REF}, \quad (9.86)$$

desprezando o efeito Early. Portanto, a caixa-preta satisfaz as seguintes relações:

$$V_X = V_T \ln \frac{I_{REF}}{I_{S1}}. \quad (9.87)$$

Devemos, portanto, buscar um circuito cuja tensão de saída seja proporcional ao logaritmo natural das entradas, ou seja, a função inversa da característica de um transistor bipolar. Felizmente, um dispositivo conectado como diodo satisfaz a Equação (9.87). Desprezando a corrente de base na Figura 9.23(b), temos

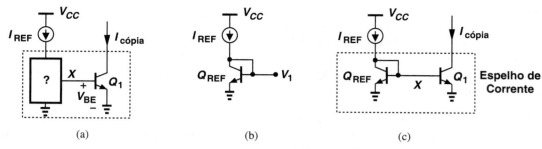

Figura 9.23 (a) Ilustração conceitual da copiagem de corrente, (b) tensão proporcional ao logaritmo natural da corrente, (c) espelho de corrente bipolar.

$$V_1 = V_T \ln \frac{I_{REF}}{I_{S,REF}}, \quad (9.88)$$

em que $I_{S,REF}$ denota a corrente de saturação reversa de Q_{REF}. Em outras palavras, $V_1 = V_X$ se $I_{S,REF} = I_{S1}$, isto é, se Q_{REF} for idêntico a Q_1.

A Figura 9.23(c) consolida nosso raciocínio e mostra o circuito do espelho de corrente. Dizemos que Q_1 "espelha" ou copia a corrente que flui por Q_{REF}. Por ora, desprezemos as correntes de base. De uma perspectiva, Q_{REF} toma o logaritmo natural de I_{REF}, Q_1 toma a exponencial de V_X e produzem $I_{cópia} = I_{REF}$. De outra perspectiva, como Q_{REF} e Q_1 têm iguais tensões base-emissor, podemos escrever

$$I_{REF} = I_{S,REF} \exp \frac{V_X}{V_T} \quad (9.89)$$

$$I_{cópia} = I_{S1} \exp \frac{V_X}{V_T} \quad (9.90)$$

Logo,

$$I_{cópia} = \frac{I_{S1}}{I_{S,REF}} I_{REF}, \quad (9.91)$$

que se reduz a $I_{cópia} = I_{REF}$ se Q_{REF} e Q_1 forem idênticos. Isto é válido mesmo que V_T e I_S variem com a temperatura. Notemos

---

Exemplo 9.12

Um estudante de engenharia elétrica, entusiasmado com o conceito de espelho de corrente, constrói o circuito, mas se esquece de conectar a base de Q_{REF} ao coletor (Figura 9.24). Expliquemos o que acontece.

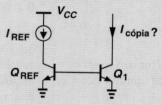

Figura 9.24

Solução O circuito não prové um percurso para a corrente de base dos transistores. Mais importante, a tensão base-emissor dos dispositivos não é definida. A falta de correntes de base se traduz em $I_{cópia} = 0$.

Exercício Qual é a região de operação de Q_{REF}?

Exemplo 9.13

Dando-se conta do erro no circuito anterior, o estudante faz a modificação mostrada na Figura 9.25, esperando que a bateria V_X forneça as correntes de base e defina as tensões base-emissor de Q_{REF} e de Q_1. Expliquemos o que acontece.

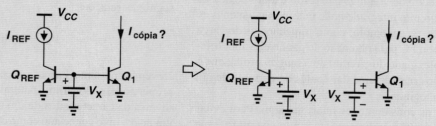

Figura 9.25

Estágios Cascodes e Espelhos de Corrente **327**

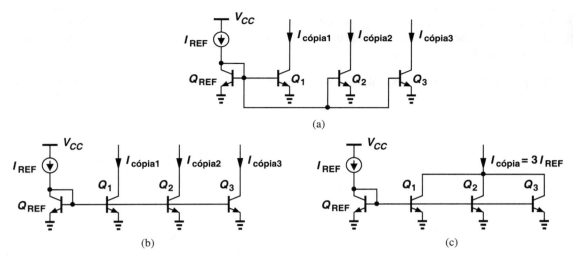

Figura 9.26 (a) Múltiplas cópias de uma corrente de referência, (b) desenho simplificado de (a), (c), combinação de correntes de saída para gerar cópias maiores.

Solução Embora, agora, Q_1 conduza uma corrente finita, a polarização de Q_1 não é diferente da indicada na Figura 9.21; ou seja,

$$I_{cópia} = I_{S1} \exp \frac{V_X}{V_T}, \quad (9.92)$$

que é uma função da temperatura, caso V_X seja constante. O estudante esqueceu que, aqui, um dispositivo conectado como diodo é necessário para assegurar que V_X permaneça proporcional a $\ln(I_{REF}/I_{S,REF})$.

Exercício Suponha que V_X seja ligeiramente maior que o valor necessário, $V_T \ln(I_{REF}/I_{S,REF})$. Em que região Q_{REF} operará?

que V_X varia com a temperatura, mas de tal modo que $I_{cópia}$ permanece constante.

Devemos, agora, responder a duas perguntas importantes. Primeira, como podemos fazer cópias adicionais de I_{REF} para alimentar diferentes partes de um circuito integrado? Segunda, como podemos obter diferentes valores para estas cópias, por exemplo, $2I_{REF}$, $5I_{REF}$ etc.? Considerando a topologia na Figura 9.22(c), notamos que V_X pode funcionar como a tensão base-emissor de vários transistores e chegamos ao circuito mostrado na Figura 9.26(a). Por simplicidade, o circuito é, muitas vezes, desenhado como na Figura 9.26(b). Aqui, o transistor Q_1 conduz uma corrente $I_{cópia,j}$, dada por

$$I_{cópia,j} = I_{S,j} \exp \frac{V_X}{V_T}, \quad (9.93)$$

que, juntamente com a Equação (9.87), resulta em

$$I_{cópia,j} = \frac{I_{S,j}}{I_{S,REF}} I_{REF}. \quad (9.94)$$

O ponto importante aqui é que múltiplas cópias de I_{REF} podem ser geradas com pouca complexidade adicional, pois I_{REF} e Q_{REF} não precisam ser duplicados.

A Equação (9.94) também responde à segunda pergunta: se $I_{S,j}$ ($\propto$ à área do emissor de Q_j) for escolhida como n vezes $I_{S,REF}$ ($\propto$ à área do emissor de Q_{REF}), então $I_{cópia,j} = nI_{REF}$. Dizemos que as cópias são "múltiplos" de I_{REF}. Recordemos, do Capítulo 4, que isso é equivalente a conectar n transistores em paralelo. A Figura 9.26(c) ilustra um exemplo no qual Q_1-Q_3 são idênticos a Q_{REF}, produzindo $I_{cópia} = 3I_{REF}$.

O uso de transistores em paralelo representa um meio seguro de criar cópias que sejam múltiplos inteiros da corrente de referência em espelhos de corrente. Contudo, como podemos criar *frações* de I_{REF}? Para conseguir isto, Q_{REF} é realizado como vários transistores em paralelo. A Figura 9.28 mostra um circuito de exemplo; a ideia é iniciar com uma $I_{S,REF}$ maior (= $3I_S$, neste caso), de modo que uma unidade de transistor, Q_1, possa gerar uma corrente menor. Repetindo as expressões nas Equações (9.89) e (9.90), temos

$$I_{REF} = 3I_S \exp \frac{V_X}{V_T} \quad (9.95)$$

$$I_{cópia} = I_S \exp \frac{V_X}{V_T} \quad (9.96)$$

Logo,

$$I_{cópia} = \frac{1}{3} I_{REF}. \quad (9.97)$$

| Exemplo 9.14 | Um amplificador de múltiplos estágios incorpora duas fontes de corrente de valores 0,75 mA e 0,5 mA. Usando uma corrente referência de *bandgap* de 0,25 mA, projetemos as fontes de corrente necessárias. Desprezemos, por ora, o efeito da corrente de base. |

Solução A Figura 9.27 ilustra o circuito. Aqui, todos os transistores são idênticos para assegurar os múltiplos adequados de I_{REF}.

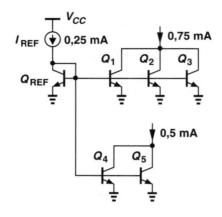

Figura 9.27

Exercício Repita o exemplo anterior para uma corrente de referência de *bandgap* de 0,1 mA.

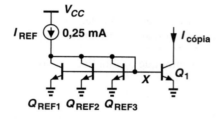

Figura 9.28 Copiagem de uma fração de uma corrente de referência.

| Exemplo 9.15 | A partir de uma corrente de referência de 200 μA, desejamos gerar uma corrente de 50 μA e outra de 500 μA. Projetemos o circuito do espelho de corrente. |

Solução Para produzir as correntes menores, devemos empregar quatro unidades de transistores para Q_{REF}, de modo que cada uma conduza uma corrente de 50 μA. Portanto, uma unidade de transistor gera 50 μA (Figura 9.29). A corrente de 500 μA requer 10 unidades de transistores, representados, por simplicidade, como $10A_E$.

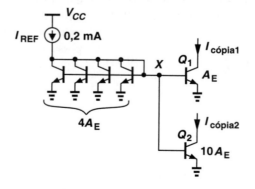

Figura 9.29

Exercício Repita o exemplo anterior para uma corrente de referência de 150 μA.

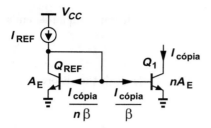

Figura 9.30 Erro devido às correntes de base.

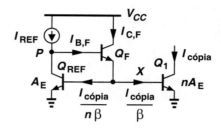

Figura 9.31 Adição de um seguidor de emissor para reduzir o erro devido às correntes de base.

Efeito da Corrente de Base Até aqui, desprezamos a corrente de base puxada por todos os transistores do nó X na Figura 9.26(a); este é um efeito que leva a erros significativos à medida que o número de cópias (ou seja, a corrente total copiada) aumenta. O erro ocorre porque uma fração de I_{REF} flui pelas bases e não pelo coletor de Q_{REF}. Analisaremos este erro com o auxílio do diagrama mostrado na Figura 9.30, no qual A_E e nA_E denotam uma unidade de transistor e n unidades de transistores, respectivamente. Nosso objetivo é o cálculo de $I_{cópia}$, tendo em mente que Q_{REF} e Q_1 ainda têm iguais tensões base-emissor e, portanto, conduzem correntes que guardam uma razão n. Portanto, as correntes de base de Q_1 e de Q_{REF} podem ser expressas como

$$I_{B1} = \frac{I_{cópia}}{\beta} \quad (9.98)$$

$$I_{B,REF} = \frac{I_{cópia}}{\beta} \cdot \frac{1}{n}. \quad (9.99)$$

Escrevendo uma LCK no nó X, obtemos

$$I_{REF} = I_{C,REF} + \frac{I_{cópia}}{\beta} \cdot \frac{1}{n} + \frac{I_{cópia}}{\beta}, \quad (9.100)$$

que, como $I_{C,REF} = I_{cópia}/n$, leva a

$$I_{cópia} = \frac{nI_{REF}}{1 + \frac{1}{\beta}(n+1)}. \quad (9.101)$$

Para um grande valor de β e um valor moderado de n, o segundo termo no denominador é muito menor que a unidade, e $I_{cópia} \approx nI_{REF}$. Entretanto, à medida que a corrente copiada ($\propto n$) aumenta, o erro em $I_{cópia}$ também aumenta.

Para suprimir esse erro, o espelho de corrente bipolar pode ser modificado como ilustrado na Figura 9.31. Aqui, o seguidor de emissor Q_F é interposto entre o coletor de Q_{REF} e o nó X, reduzindo o efeito das correntes de base por um fator β. Mais especificamente, considerando $I_{C,F} \approx I_{E,F}$, podemos repetir a análise anterior e escrever uma LCK no nó X:

$$I_{C,F} = \frac{I_{cópia}}{\beta} + \frac{I_{cópia}}{\beta} \cdot \frac{1}{n}, \quad (9.102)$$

e obtemos a corrente de base de Q_F como

$$I_{B,F} = \frac{I_{cópia}}{\beta^2}\left(1 + \frac{1}{n}\right). \quad (9.103)$$

Outra LCK no nó P fornece

$$I_{REF} = I_{B,F} + I_{C,REF} \quad (9.104)$$

$$= \frac{I_{cópia}}{\beta^2}\left(1 + \frac{1}{n}\right) + \frac{I_{cópia}}{n} \quad (9.105)$$

Logo,

$$I_{cópia} = \frac{nI_{REF}}{1 + \frac{1}{\beta^2}(n+1)}. \quad (9.106)$$

Ou seja, o erro é reduzido por um fator β.*

Espelhos pnp Consideremos o estágio emissor comum mostrado na Figura 9.33(a), no qual uma fonte de corrente funciona como carga para a obtenção de alto ganho. A fonte de corrente pode ser realizada como um transistor *pnp* que opere na região ativa [Figura 9.33(b)]. Devemos, portanto, definir a corrente de polarização de Q_2 de forma apropriada. Em analogia com o correspondente *npn* da Figura 9.23(c), formamos o espelho de corrente *pnp* ilustrado na Figura 9.33(c). Por exemplo, se Q_{REF} e Q_2 forem idênticos e as correntes de base forem desprezíveis, Q_2 conduzirá uma corrente igual a I_{REF}.

Tratemos, agora, de um problema interessante. No espelho da Figura 9.23(c), foi assumido que a corrente de ouro flui de V_{CC} para o nó X, enquanto na Figura 9.33(c), a corrente flui de X para a terra. Como podemos gerar essa corrente a partir da primeira? Podemos combinar espelhos *npn* e *pnp* para este fim, como ilustrado na Figura 9.34. Considerando, por simplicidade, que Q_{REF1}, Q_M, Q_{REF2} e Q_2 sejam idênticos e desprezando as correntes de base, notamos que Q_M puxa uma corrente I_{REF} de Q_{REF2} e força que a mesma flua por Q_2 e Q_1. Podemos, também, criar diversos cenários de proporcionalidade entre Q_{REF1} e Q_M, e entre Q_{REF2} e Q_2. Notemos que as correntes de base introduzem um erro cumulativo à medida que I_{REF} é copiada em $I_{C,M}$, e $I_{C,M}$ é copiada em I_{C2}.

---

* Em configurações mais avançadas, uma corrente constante é puxada de X.

Exemplo 9.16 Calculemos o erro em $I_{cópia1}$ e $I_{cópia2}$ na Figura 9.29, antes e depois da adição de um seguidor de emissor.

Solução Notando que $I_{cópia1}$, $I_{cópia2}$ e $I_{C,REF}$ (a corrente total que flui pelas quatro unidades de transistores) ainda guardam as razões nominais (por quê?), escrevamos uma LCK no nó X:

$$I_{REF} = I_{C,REF} + \frac{I_{cópia1}}{\beta} + \frac{I_{cópia2}}{\beta} + \frac{I_{C,REF}}{\beta} \qquad (9.107)$$

$$= 4I_{cópia1} + \frac{I_{cópia1}}{\beta} + \frac{10I_{cópia1}}{\beta} + \frac{I_{C,REF}}{\beta}. \qquad (9.108)$$

Assim,

$$I_{cópia1} = \frac{I_{REF}}{4 + \dfrac{15}{\beta}} \qquad (9.109)$$

$$I_{cópia2} = \frac{10 I_{REF}}{4 + \dfrac{15}{\beta}}. \qquad (9.110)$$

Com a adição do seguidor de emissor (Figura 9.32), temos no nó X:

$$I_{C,F} = \frac{I_{C,REF}}{\beta} + \frac{I_{cópia1}}{\beta} + \frac{I_{cópia2}}{\beta} \qquad (9.111)$$

$$= \frac{4I_{cópia1}}{\beta} + \frac{I_{cópia1}}{\beta} + \frac{10I_{cópia1}}{\beta} \qquad (9.112)$$

$$= \frac{15 I_{cópia1}}{\beta}. \qquad (9.113)$$

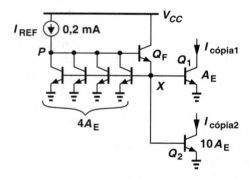

Figura 9.32

Uma LCK no nó P fornece

$$I_{REF} = \frac{15 I_{cópia1}}{\beta^2} + I_{C,REF} \qquad (9.114)$$

$$= \frac{15 I_{cópia1}}{\beta^2} + 4 I_{cópia1}, \qquad (9.115)$$

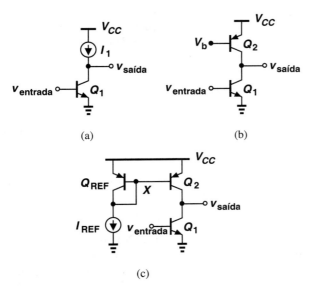
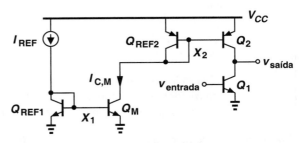

Figura 9.33 (a) Estágio EC com fonte de corrente como carga, (b) realização da fonte de corrente por um dispositivo *pnp*, (c) polarização adequada de Q_2.

Figura 9.34 Geração de corrente por dispositivos *pnp*.

Logo,

$$I_{cópia1} = \frac{I_{REF}}{4 + \dfrac{15}{\beta^2}} \quad (9.116)$$

$$I_{cópia2} = \frac{10 I_{REF}}{4 + \dfrac{15}{\beta^2}}. \quad (9.117)$$

Exercício Calcule $I_{cópia1}$ para o caso em que uma das quatro unidades de transistores é omitida, ou seja, o transistor de referência tem área $3A_E$.

Exemplo 9.17 Projetemos o circuito da Figura 9.33(c) para um ganho de tensão de 100 e um orçamento de potência de 2 mW. Consideremos $V_{A,npn} = 5$ V, $V_{A,pnp} = 4$ V, $I_{REF} = 100$ μA e $V_{CC} = 2{,}5$ V.

Solução Do orçamento de potência e de $V_{CC} = 2{,}5$ V, obtemos uma corrente de alimentação total de 800 μA, dos quais 100 μA são dedicados a I_{REF} e Q_{REF}. Portanto, Q_1 e Q_2 são polarizados em uma corrente de 700 μA, o que exige que a área (de emissor) de Q_2 seja 7 vezes a de Q_{REF}. (Por exemplo, Q_{REF} incorpora uma unidade de transistor e Q_1, sete unidades.)

O ganho de tensão pode ser escrito como

$$A_v = -g_{m1}(r_{O1}\|r_{O2}) \quad (9.118)$$

$$= -\frac{1}{V_T} \cdot \frac{V_{A,npn} V_{A,pnp}}{V_{A,npn} + V_{A,pnp}} \quad (9.119)$$

$$= -85{,}5. \quad (9.120)$$

O que aconteceu? Buscávamos um ganho de 100 e, sem dúvida, obtivemos 85,5! Isso ocorre porque o ganho do estágio é dado apenas pelas tensões de Early e por V_T, uma constante definida pela tecnologia e que independe da corrente de polarização. Assim, com a anterior escolha das tensões de Early, o ganho do circuito não chega a 100.

Exercício Que tensão de Early é necessária para um ganho de tensão de 100?

Exemplo 9.18

Desejamos polarizar Q_1 e Q_2, na Figura 9.34, em uma corrente de coletor de 1 mA, com $I_{REF} = 25\,\mu A$. Escolhamos os fatores multiplicativos para o circuito de modo a minimizar o número de unidades de transistores.

Solução

Para um fator de proporcionalidade total de 1 mA/25 μA = 40, podemos escolher

$$I_{C,M} = 8 I_{REF} \qquad (9.121)$$

$$|I_{C2}| = 5 I_{C,M} \qquad (9.122)$$

ou

$$I_{C,M} = 10 I_{REF} \qquad (9.123)$$

$$|I_{C2}| = 4 I_{C,M}. \qquad (9.124)$$

(Em cada caso, os fatores de proporcionalidade *npn* e *pnp* podem ser intercambiados.) No primeiro caso, os quatro transistores no circuito do espelho de corrente requerem 15 unidades de transistores e no segundo, 16 unidades. Notemos que desprezamos, de forma implícita, o caso $I_{C,M} = 40 I_{C,REF1}$ e $I_{C2} = I_{C,REF2}$ por exigir 43 unidades.

Exercício

Calcule o valor exato de I_{C2} se $\beta = 50$ para todos os transistores.

Exemplo 9.19

Um estudante de engenharia elétrica comprou dois transistores bipolares discretos nominalmente idênticos e construiu o espelho de corrente mostrado na Figura 9.23(c). Infelizmente, $I_{cópia}$ é 30% maior que I_{REF}. Expliquemos por que.

Solução

É possível que os dois transistores tenham sido fabricados em lotes diferentes e, portanto, passaram por processamentos ligeiramente diferentes. Variação aleatória durante a fabricação pode levar a alteração dos parâmetros do dispositivo e, até mesmo, da área de emissor. Em consequência, os dois transistores apresentam um descasamento significativo em I_S. Por isso, espelhos de corrente raramente são usados em projetos discretos.

Exercício

Que descasamento em I_S resulta em um descasamento de 30% nas correntes de coletor?

9.2.3 Espelho de Corrente MOS

Os desenvolvimentos da Seção 9.2.2 também podem ser aplicados a espelhos de corrente MOS. Em particular, desenhando o correspondente MOS da Figura 9.23(a) como na Figura 9.35(a), notamos que a caixa-preta deve gerar V_X de modo que

$$\frac{1}{2}\mu_n C_{ox}\left(\frac{W}{L}\right)_1 (V_X - V_{TH1})^2 = I_{REF}, \qquad (9.125)$$

sendo que a modulação do comprimento do canal foi desprezada. Portanto, a caixa-preta deve satisfazer a seguinte característica (corrente de) entrada/(tensão de) saída:

$$V_X = \sqrt{\frac{2 I_{REF}}{\mu_n C_{ox}\left(\dfrac{W}{L}\right)_1}} + V_{TH1}. \qquad (9.126)$$

Ou seja, a caixa-preta deve operar como um circuito de "raiz quadrada". Do Capítulo 6, recordamos que um MOSFET conectado como diodo tem uma característica deste tipo [Figura 9.35(b)], e chegamos ao espelho de corrente NMOS representado na Figura 9.35(c). Como no caso da versão bipolar, podemos

> **Você sabia?**
> Um espelho de corrente simples também pode ser considerado como uma topologia de circuito de dois transistores. Podemos até implementar um *amplificador de corrente* usando tal configuração. A figura a seguir mostra que, se o dispositivo de referência (conectado como diodo) for menor que o transistor da fonte de corrente, $I_{saída}/I_{entrada} > 1$. Por exemplo, se $I_{entrada}$ sofrer alteração de 1 μA, $I_{saída}$ sofrerá alteração de 1 $\mu A \times n$. Amplificadores de corrente são ocasionalmente utilizados em sistemas analógicos. Na verdade, na década de 1990, alguns projetistas de sistemas analógicos promoveram a noção de "circuitos em modo corrente", mas o movimento não pegou.
>
>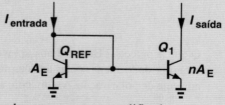
>
> Espelho de corrente como amplificador.

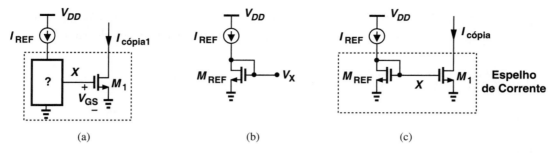

Figura 9.35 (a) Ilustração conceitual da copiagem de corrente por um dispositivo NMOS, (b) geração de uma tensão proporcional à raiz quadrada da corrente, (c) espelho de corrente MOS.

Exemplo 9.20 O estudante que trabalhou nos circuitos dos Exemplos 9.12 e 9.13 decidiu tentar o correspondente MOS, pensando que a corrente de porta era nula e, portanto, deixava as portas flutuando (Figura 9.36). Expliquemos o que acontece.

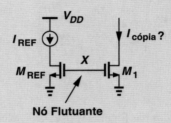

Figura 9.36

Solução Este circuito não é um espelho de corrente, pois apenas um dispositivo conectado como diodo pode estabelecer a Equação (9.129) e, por conseguinte, uma cópia de corrente que independa de parâmetros do dispositivo e da temperatura. Por serem flutuantes, as portas de M_{REF} e M_1 podem considerar qualquer tensão, por exemplo, uma condição inicial criada no nó X quando a fonte de alimentação é ligada. Em outras palavras, $I_{cópia}$ é definida de modo muito pobre.

Exercício M_{REF} sempre está desligado neste circuito?

---

ver o funcionamento do circuito de duas perspectivas: (a) M_{REF} toma a raiz quadrada de I_{REF} e M_1 eleva o resultado ao quadrado; ou (2) as correntes de dreno dos dois transistores podem ser expressas como

$$I_{D,REF} = \frac{1}{2}\mu_n C_{ox}\left(\frac{W}{L}\right)_{REF}(V_X - V_{TH})^2 \quad (9.127)$$

$$I_{cópia} = \frac{1}{2}\mu_n C_{ox}\left(\frac{W}{L}\right)_1(V_X - V_{TH})^2, \quad (9.128)$$

em que consideramos iguais tensões de limiar. Com isso,

$$I_{cópia} = \frac{\left(\dfrac{W}{L}\right)_1}{\left(\dfrac{W}{L}\right)_{REF}} I_{REF}, \quad (9.129)$$

que se reduz a $I_{cópia} = I_{REF}$, se os dois transistores forem idênticos.

A geração de cópias adicionais de I_{REF} com diferentes fatores de escala também segue os princípios mostrados na Figura 9.26. O próximo exemplo ilustra esse conceito.

Como dispositivos MOS puxam corrente de porta desprezível,[6] espelhos MOS não precisam recorrer à técnica mostrada na Figura 9.31. Em transistores da fonte de corrente, a modulação do comprimento do canal, por sua vez, leva a erros adicionais. Este efeito, investigado no Exercício 9.53, exige modificações no circuito, descritas em textos mais avançados [1].

A ideia de combinar espelhos de corrente NMOS e PMOS segue o correspondente bipolar ilustrado na Figura 9.34. O circuito da Figura 9.38 exemplifica essas ideias.

---

[6] Na tecnologia CMOS submicro, o óxido da porta é reduzido a menos de 30 Å, o que leva ao "tunelamento" e, por conseguinte, em considerável corrente de porta. O estudo deste efeito está além do escopo do livro.

Exemplo 9.21 Um circuito integrado emprega o seguidor de emissor e o estágio fonte comum mostrados na Figura 9.37(a). Projetemos um espelho de corrente que produza I_1 e I_2 a partir de uma referência de 0,3 mA.

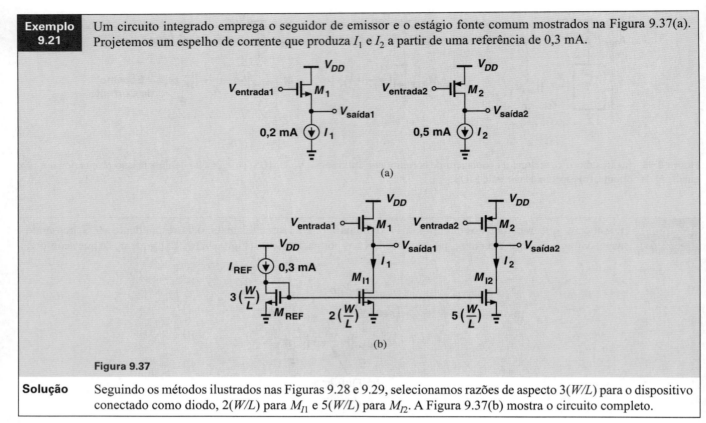

Figura 9.37

Solução Seguindo os métodos ilustrados nas Figuras 9.28 e 9.29, selecionamos razões de aspecto $3(W/L)$ para o dispositivo conectado como diodo, $2(W/L)$ para M_{I1} e $5(W/L)$ para M_{I2}. A Figura 9.37(b) mostra o circuito completo.

Exercício Repita o exemplo anterior para $I_{REF} = 0,8$ mA.

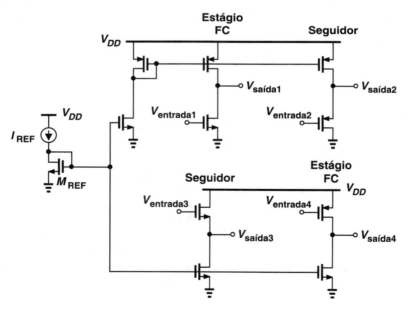

Figura 9.38 Espelhos de corrente NMOS e PMOS em um circuito típico.

9.3 RESUMO DO CAPÍTULO

- O empilhamento de um transistor sobre outro forma uma estrutura cascode e resulta em alta impedância de saída.

- A topologia cascode também pode ser considerada um caso extremo de degeneração de fonte ou de emissor.

- O ganho de tensão de um amplificador pode ser expresso como $-G_m R_{saída}$, em que G_m denota a transcondutância de curto-circuito do amplificador. Esta relação indica que o ganho de um amplificador pode ser maximizado com a maximização de sua impedância de saída.

- Com sua alta impedância de saída, um estágio cascode pode funcionar como amplificador de alto ganho.

- A carga de um estágio cascode também é realizada como um circuito cascode, para se aproximar de uma fonte de corrente ideal.

- A fixação das correntes de polarização de circuitos analógicos em valores bem definidos é difícil. Por exemplo, divisores resistivos conectados à base ou à porta de transistores resultam em correntes que dependem da alimentação e da temperatura.

- Se V_{BE} ou V_{GS} for bem definido, I_C ou I_D não será.

- Espelhos de corrente podem "copiar" uma corrente bem definida de referência por numerosas vezes, para diversos blocos em um sistema analógico.

- Espelhos de corrente podem copiar uma corrente de referência com fator multiplicativo inteiro ou fracionário.

- Espelhos de corrente raramente são usados em projetos discretos, pois sua precisão depende de casamento entre transistores.

EXERCÍCIOS

Seção 9.1.1 Cascode como Fonte de Corrente

9.1 No estágio cascode bipolar da Figura 9.2(a), $I_S = 6 \times 10^{-17}$ A e $\beta = 100$ para os dois transistores. Despreze o efeito Early.
  (a) Calcule V_{b2} para uma corrente de polarização de 1 mA.
  (b) Notando que $V_{CE2} = V_{b1} - V_{BE1}$, determine o valor de V_{b1} de modo que Q_2 esteja sujeito a uma polarização direta base-coletor de apenas 300 mV.

9.2 Considere o estágio cascode ilustrado na Figura 9.39, no qual $V_{CC} = 2,5$ V.
  (a) Repita o Exercício 9.1 para este circuito, considerando uma corrente de polarização de 0,5 mA.
  (b) Com o valor mínimo permitido para V_{b1}, calcule o máximo valor permitido para R_C de modo que Q_1 esteja sujeito a uma polarização direta base-coletor de não mais de 300 mV.

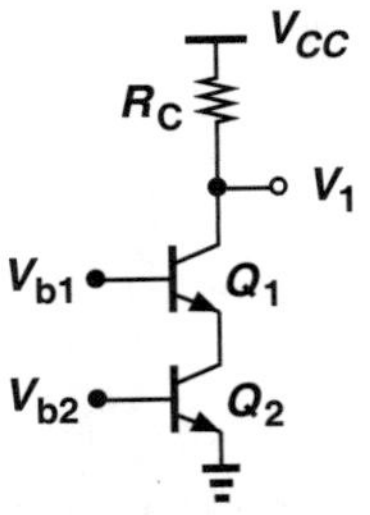

Figura 9.39

9.3 No circuito da Figura 9.39, escolhemos $R_C = 1$ kΩ e $V_{CC} = 2,5$ V. Estime a máxima corrente de polarização permitida se cada transistor estiver sujeito a uma polarização direta base-coletor de 200 mV.

*9.4 Devido a um erro de fabricação, um resistor parasita R_P apareceu nos circuitos cascodes da Figura 9.40. Determine a resistência de saída em cada caso.

9.5 Repita o Exemplo 9.1 para o circuito mostrado na Figura 9.41, considerando I_1 como ideal e igual a 0,5 mA, ou seja, $I_{C1} = 0,5$ mA e $I_{C2} = 1$ mA.

9.6 Suponha que o circuito da Figura 9.41 seja realizado como indicado na Figura 9.42, na qual Q_3 faz o papel de I_1. Considere $V_{A1} = V_{A2} = V_{A,n}$ e $V_{A3} = V_{A,p}$ e determine a impedância de saída do circuito.

*9.7 Ao construir um estágio cascode, um estudante ousado troca os terminais de coletor e de base do transistor de degeneração, e obtém o circuito mostrado na Figura 9.43.
  (a) Considerando que os dois transistores operem na região ativa, determine a impedância de saída do circuito.
  (b) Para uma *dada corrente de polarização* (I_{C1}), compare o resultado com o de um estágio cascode e explique por que, em geral, esta não é uma boa ideia.

*9.8 Entusiasmado com a capacidade que cascodes têm de "elevar" a impedância de saída, um estudante decide estender a ideia como ilustrado na Figura 9.44. Qual é a máxima impedância de saída que o estudante pode alcançar? Considere que os transistores sejam idênticos.

9.9 Para transistores bipolares discretos, a tensão de Early alcança dezenas de volts e permite a aproximação $V_A \gg \beta V_T$, se $\beta < 100$. Usando esta aproximação, simplifique a Equação (9.9) e explique por que o resultado se parece com o da Equação (9.12).

**9.10 Determine a impedância de saída de cada circuito mostrado na Figura 9.45. Considere $\beta \gg 1$. Explique por que alguns dos circuitos são considerados estágios cascodes.

**9.11 O cascode *pnp* ilustrado na Figura 9.46 deve prover uma corrente de polarização de 0,5 mA a um circuito. Se $I_S = 10^{-16}$ A e $\beta = 100$,

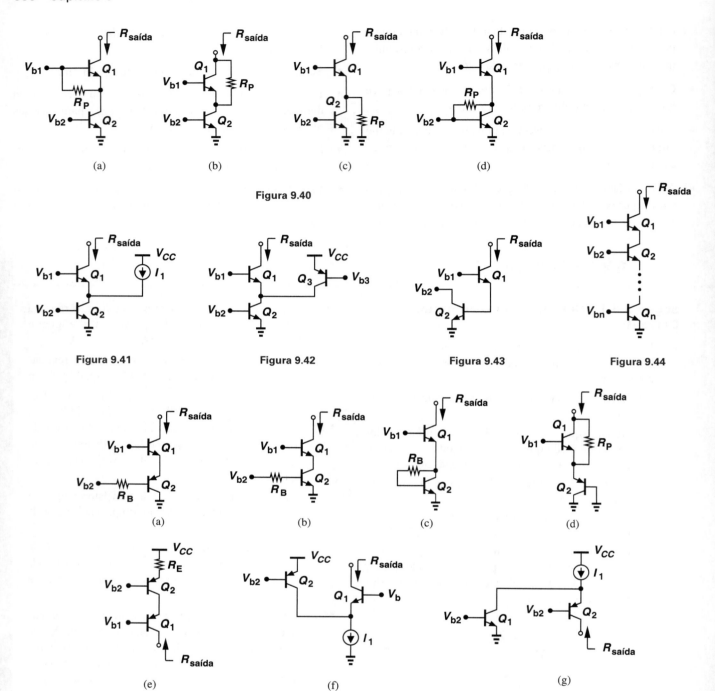

Figura 9.40

Figura 9.41 Figura 9.42 Figura 9.43 Figura 9.44

Figura 9.45

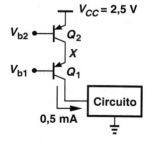

Figura 9.46

(a) Calcule o necessário valor de V_{b2}.

(b) Notando que $V_X = V_{b1} + |V_{BE1}|$, determine o máximo valor permitido para V_{b1}, de modo que Q_2 fique sujeito a uma polarização direta base-coletor de apenas 200 mV.

9.12 O cascode MOS da Figura 9.47 deve prover uma corrente de polarização de 0,5 mA, com impedância de saída de, pelo menos, 50 kΩ. Se, para os dois transistores, $\mu_n C_{ox} = 100\,\mu\text{A/V}^2$ e $W/L = 20/0{,}18$, calcule o máximo valor tolerável para λ.

Figura 9.47

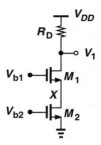

9.13 (a) Escrevendo $G_m = \sqrt{2\mu_n C_{ox}(W/L)I_D}$, expresse a Equação (9.23) em termos de I_D e desenhe o gráfico do resultado em função de I_D.

(b) Compare esta expressão com a Equação (9.9) para o correspondente bipolar. Qual das duas é uma função mais forte da corrente de polarização?

9.14 A fonte de corrente cascode mostrada na Figura 9.48 deve ser projetada para uma corrente de polarização de 0,5 mA. Considere $\mu_n C_{ox} = 100\ \mu A/V^2$ e $V_{TH} = 0{,}4$ V.

Figura 9.48

(a) Desprezando a modulação do comprimento do canal, calcule o valor necessário de V_{b2}. Qual é o mínimo valor tolerável de V_{b1} para que M_2 permaneça em saturação?

(b) Considere $\lambda = 0{,}1$ V^{-1}, calcule a impedância de saída do circuito.

9.15 Considere o circuito mostrado na Figura 9.49, em que $V_{DD} = 1{,}8$ V, $(W/L)_1 = 20/0{,}18$ e $(W/L)_2 = 40/0{,}18$. Considere $\mu_n C_{ox} = 100\ \mu A/V^2$ e $V_{TH} = 0{,}4$ V.

Figura 9.49

(a) Se desejarmos uma corrente de polarização de 1 mA e $R_D = 500\ \Omega$, qual é o máximo valor permitido para V_{b1}?

(b) Com este valor escolhido para V_{b1}, qual é o valor de V_X?

**9.16 Calcule a resistência de saída dos circuitos ilustrados na Figura 9.50. Considere que todos os transistores operem em saturação e $g_m r_O \gg 1$.

9.17 O cascode PMOS da Figura 9.51 deve prover uma corrente de polarização de 0,5 mA, com impedância de saída de 40 kΩ. Se $\mu_p C_{ox} = 50\ \mu A/V^2$ e $\lambda = 0{,}2$ V^{-1}, determine o valor de $(W/L)_1 = (W/L)_2$.

*9.18 O cascode PMOS da Figura 9.51 foi projetado para uma dada impedância de saída $R_{saída}$. Usando a Equação (9.23), explique o que acontece se as larguras dos dois transistores forem aumentadas por um fator N, enquanto os comprimentos e correntes de polarização dos transistores permanecem inalterados. Considere $\lambda \propto L^{-1}$.

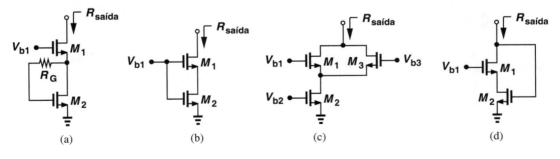

Figura 9.50

Figura 9.51

**9.19 Determine a impedância de saída de cada um dos estágios mostrados na Figura 9.52. Considere que todos os transistores operem em saturação, e $g_m r_O \gg 1$.

Seção 9.1.2 Cascode como Amplificador

9.20 Calcule a transcondutância de curto-circuito e o ganho de tensão de cada um dos estágios mostrados na Figura 9.53. Considere $\lambda > 0$ e $V_A < \infty$.

9.21 O estágio cascode da Figura 9.16(b) deve ser projetado para um ganho de tensão de 500. Se $\beta_1 = \beta_2 = 100$, determine o valor mínimo necessário para $V_{A1} = V_{A2}$. Considere $I_1 = 1$ mA.

*9.22 Prove que a Equação (9.53) se reduz a

$$A_v \approx \frac{-\beta V_A^2}{V_T(V_A + \beta V_T)}, \quad (9.130)$$

uma grandeza que independe da corrente de polarização.

**9.23 Sabendo do alto ganho de tensão do estágio cascode, um estudante ousado construiu o circuito ilustrado na Figura 9.54, em que a entrada é aplicada à base de Q_2 e não à base de Q_1.

(a) Substituindo Q_1 por r_{O1}, explique, de forma intuitiva, por que o ganho de tensão deste estágio não pode ser tão alto como o do cascode.

(b) Considerando $g_m r_O \gg 1$, calcule a transcondutância de curto-circuito e o ganho de tensão.

*9.24 Determine a transcondutância de curto-circuito e o ganho de tensão do circuito ilustrado na Figura 9.55.

**9.25 Calcule o ganho de tensão de cada um dos estágios mostrados na Figura 9.56.

*9.26 Devido a um erro de fabricação, um amplificador cascode bipolar foi configurado como mostrado na Figura 9.57. Determine o ganho de tensão do circuito.

9.27 Considere o amplificador cascode da Figura 9.19 e considere $\beta_1 = \beta_2 = \beta_N$, $V_{A1} = V_{A2} = V_{A,N}$, $\beta_3 = \beta_4 = \beta_P$, $V_{31} = V_{A4} = V_{A,P}$. Expresse a Equação (9.61) em termos destas grandezas. O resultado depende da corrente de polarização?

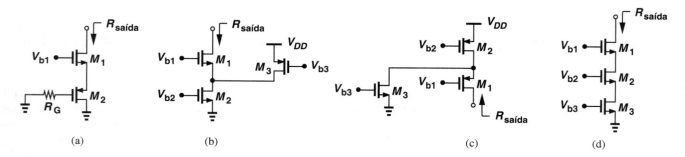

Figura 9.52

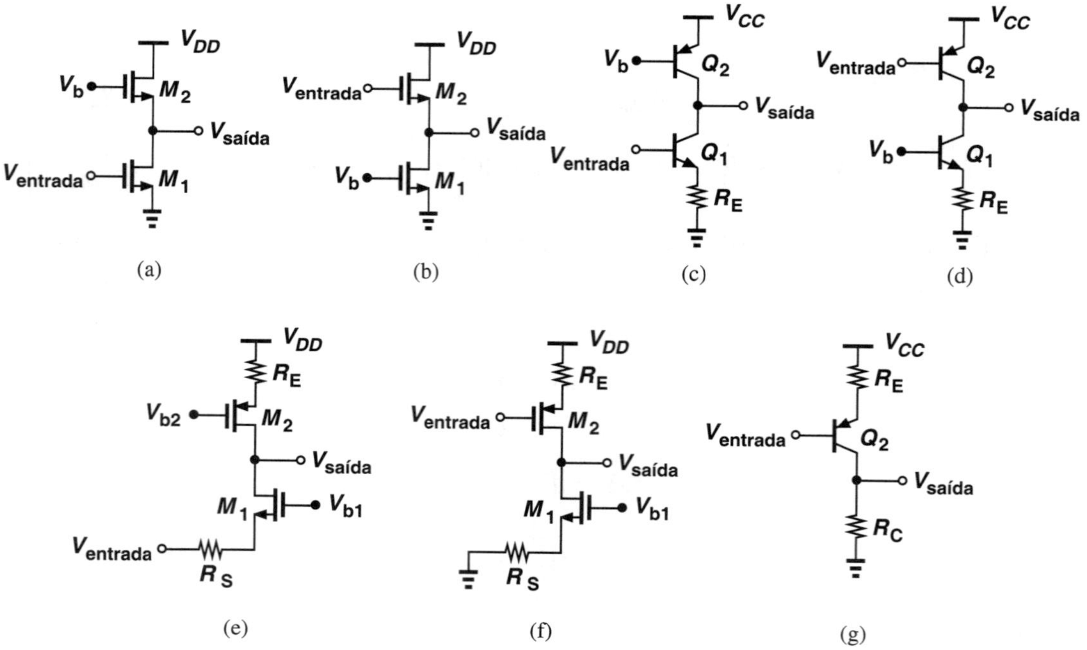

Figura 9.53

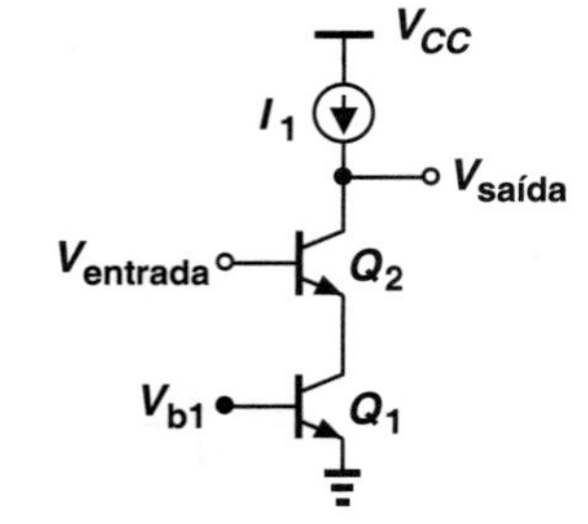

Figura 9.54

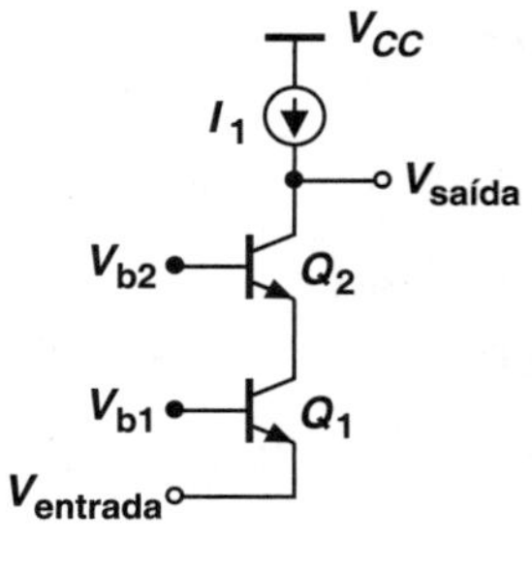

Figura 9.55

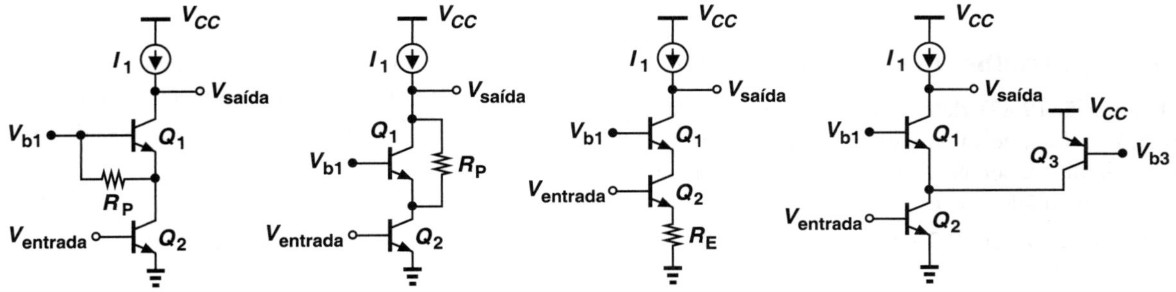

Figura 9.56 (a) (b) (c) (d)

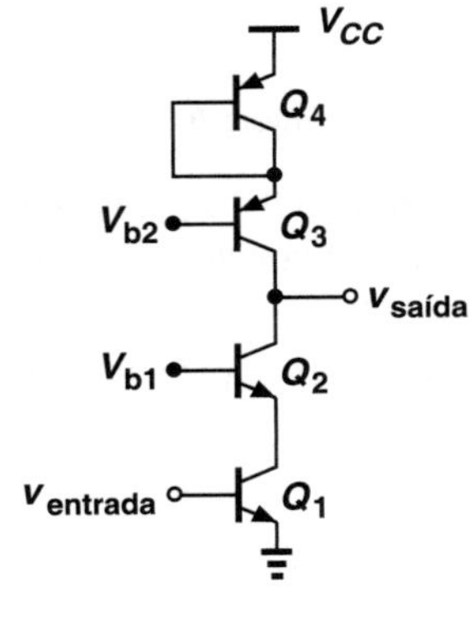

Figura 9.57

9.28 Escrevendo $g_m = \sqrt{2\mu_n C_{ox}(W/L)I_D}$ e $r_O = 1/(\lambda I_D)$, expresse a Equação (9.72) em termos dos parâmetros do dispositivo e desenhe o gráfico do resultado em função de I_D.

9.29 O cascode MOS da Figura 9.20(a) deve prover ganho de tensão de 200, com uma corrente de polarização de 1 mA. Se $\mu_n C_{ox} = 100\ \mu A/V^2$ e $\lambda = 0,1\ V^{-1}$ para os dois transistores, determine o necessário valor de $(W/L)_1 = (W/L)_2$.

*9.30 O cascode MOS da Figura 9.20(a) foi projetado para um dado ganho de tensão A_v. Usando a Equação (9.79) e o resultado obtido no Exercício 9.28, explique o que acontece se as larguras dos transistores forem aumentadas por um fator N, enquanto os comprimentos e correntes de polarização dos transistores permanecem inalterados.

*9.31 Repita o Exercício 9.30 para o caso em que os comprimentos dos dois transistores são aumentados por um fator N, enquanto as larguras e correntes de polarização dos transistores permanecem inalteradas.

9.32 No estágio cascode da Figura 9.20(b), $(W/L)_1 = \cdots = (W/L)_4 = 20/0,18$. Se $\mu_n C_{ox} = 100\ \mu A/V^2$, $\mu_p C_{ox} = 50\ \mu A/V^2$, $\lambda_n = 0,1\ V^{-1}$ e $\lambda_p = 0,15\ V^{-1}$, calcule a corrente de polarização para que o circuito alcance um ganho de tensão de 500.

9.33 Devido a um erro de fabricação, um amplificador cascode CMOS foi configurado como mostrado na Figura 9.58. Calcule o ganho de tensão do circuito.

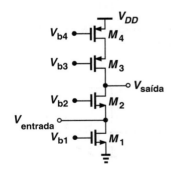

Figura 9.58

**9.34 Determine o ganho de tensão de cada um dos circuitos mostrados na Figura 9.59. Considere $g_m r_O \gg 1$.

Figura 9.59

Seção 9.2.2 Espelho de Corrente Bipolar

*9.35 Da Equação (9.83), determine a sensibilidade de I_1 em relação a V_{CC}, definida como $\partial I_1/\partial V_{CC}$. Explique, de forma intuitiva, por que esta sensibilidade é proporcional à transcondutância de Q_1.

9.36 Repita o Exercício 9.35 para a Equação (9.85) (em termos de V_{DD}).

9.37 Na Equação (9.85), os parâmetros $\mu_n C_{ox}$ e V_{TH} também variam com o processo de fabricação. (Circuitos integrados fabricados em diferentes lotes exibem parâmetros ligeiramente diferentes.) Determine a sensibilidade de I_1 em relação a V_{TH} e explique por que esta questão se torna mais séria nas tensões de alimentação mais baixas.

9.38 Sabendo da função logarítmica do circuito da Figura 9.23(b), um estudante se lembrou dos amplificadores logarítmicos estudados no Capítulo 8 e construiu o circuito ilustrado na Figura 9.60. Explique o que acontece.

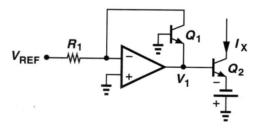

Figura 9.60

9.39 Repita o Exercício 9.38 para a topologia mostrada na Figura 9.61.

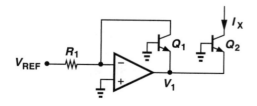

Figura 9.61

*9.40 Devido a um erro de fabricação, o resistor R_P apareceu em série com o emissor de Q_1 na Figura 9.62. Se o valor de I_1 for igual à metade de seu valor nominal, expresse o valor de R_P em termos dos outros parâmetros do circuito. Considere que Q_{REF} e Q_1 sejam idênticos e que $\beta \gg 1$.

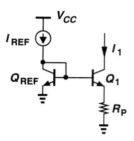

Figura 9.62

*9.41 Repita o Exercício 9.40 para o circuito mostrado na Figura 9.63, mas considere que o valor de I_1 seja o dobro de seu valor nominal.

9.42 Repita o Exemplo 9.15 para uma corrente de referência de 180 μA.

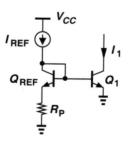

Figura 9.63

9.43 Desejamos gerar uma corrente de 50 μA e outra de 230 μA, a partir de uma corrente de referência de 130 μA. Projete um espelho de corrente npn que faça isso. Despreze as correntes de base.

**9.44 Devido a um erro de fabricação, um resistor R_P apareceu em série com a base de Q_{REF} na Figura 9.64. Se o valor de I_1 for 10% maior que seu valor nominal, expresse o valor de R_P em termos dos outros parâmetros do circuito. Considere que Q_{REF} e Q_1 sejam idênticos.

Estágios Cascodes e Espelhos de Corrente **341**

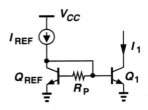

Figura 9.64

***9.45** Repita o Exercício 9.44 para o circuito mostrado na Figura 9.65, considerando que o valor de I_1 seja 10% menor que seu valor nominal.

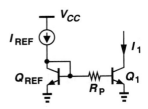

Figura 9.65

9.46 Levando em conta as correntes de base, determine o valor de $I_{cópia}$ para cada um dos circuitos representados na Figura 9.66. Normalize o erro em relação ao valor nominal de $I_{cópia}$.

***9.47** Para o circuito mostrado na Figura 9.67, calcule o erro em $I_{cópia}$.

9.48 Levando em conta as correntes de base, determine o valor de $I_{cópia}$ para cada um dos circuitos representados na Figura 9.68.

Seção 9.2.3   Espelho de Corrente MOS

9.49 No circuito da Figura 9.69, determine o valor de R_P de modo que $I_1 = I_{REF}/2$. Com esta escolha de R_P, I_1 sofre alguma alteração se a tensão de limiar dos dois transistores aumentar de ΔV?

9.50 Determine o valor de R_P no circuito da Figura 9.70, de modo que $I_1 = 2I_{REF}$. Com esta escolha de R_P, I_1 sofre alguma alteração se a tensão de limiar dos dois transistores aumentar de ΔV?

9.51 Repita o Exemplo 9.21 para uma corrente de referência de 0,35 mA.

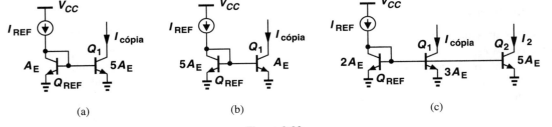

Figura 9.66

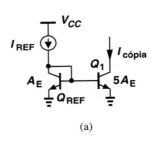

Figura 9.67

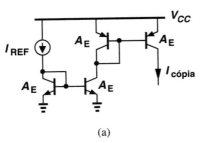

Figura 9.68

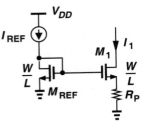

Figura 9.69

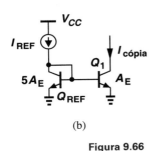

Figura 9.70

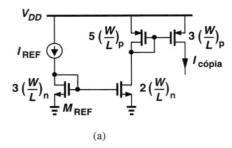
(a)

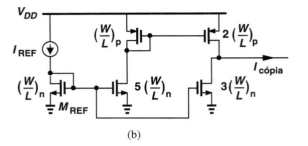
(b)

Figura 9.71

9.52 Calcule $I_{cópia}$ para cada um dos circuitos apresentados na Figura 9.71. Considere que todos os transistores operem em saturação.

**9.53 Considere o espelho de corrente MOS ilustrado na Figura 9.35(c) e considere que M_1 e M_2 sejam idênticos, mas $\lambda \neq 0$.

(a) Como V_{DS1} deve ser escolhido para que $I_{cópia1}$ seja exatamente igual a I_{REF}?

(b) Determine o erro em $I_{cópia1}$ em relação a I_{REF}, caso V_{DS1} seja igual a $V_{GS} - V_{TH}$ (de modo que M_1 esteja na fronteira da região de saturação).

Exercícios de Projetos

Nos exercícios a seguir, a menos que seja especificado de outra forma, consideramos $I_{S,n} = I_{S,p} = 6 \times 10^{-16}$ A, $V_{A,n} = V_{A,p} = 5$ V, $\beta_n = 100$, $\beta_p = 50$, $\mu_n C_{ox} = 100$ μA/V^2, $\mu_p C_{ox} = 50$ μA/V^2, $V_{TH,n} = 0{,}4$ V, $V_{TH,p} = -0{,}5$ V, em que os subscritos n e p se referem a dispositivos do tipo n (npn ou NMOS) e do tipo p (pnp ou PMOS), respectivamente.

9.54 Considerando uma corrente de polarização de 1 mA, projete a fonte de corrente degenerada da Figura 9.72(a), de modo que R_E sustente uma tensão aproximadamente igual à mínima tensão coletor-emissor necessária para Q_1 na Figura Equação (9.72(b) ($\approx 0{,}5$ V). Compare as impedâncias de saída dos dois circuitos.

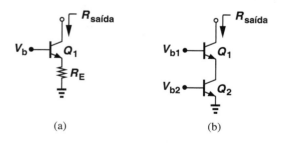

Figura 9.72

9.55 Projete a fonte de corrente cascode da Figura 9.72(b) para uma impedância de saída de 50 kΩ. Escolha o valor de V_{b1} para que Q_2 fique sujeito a uma polarização direta base-coletor de apenas 100 mV. Considere uma corrente de polarização de 1 mA.

9.56 Desejamos projetar o cascode MOS da Figura 9.73 para uma impedância de saída de 200 kΩ e uma corrente de polarização de 0,5 mA.

(a) Determine $(W/L)_1 = (W/L)_2$ se $\lambda = 0{,}1$ V^{-1}.

(b) Calcule o necessário valor de V_{b2}.

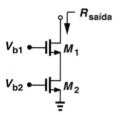

Figura 9.73

9.57 O amplificador cascode bipolar da Figura 9.74 deve ser projetado para um ganho de tensão de 500. Use a Equação (9.53) e considere $\beta = 100$.

(a) Qual é o mínimo valor necessário de V_A?

(b) Para uma corrente de polarização de 0,5 mA, calcule a necessária componente de polarização em $V_{entrada}$.

(c) Calcule o valor de V_{b1} de modo que Q_1 sustente uma tensão coletor-emissor de 500 mV.

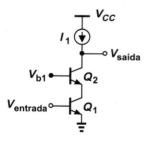

Figura 9.74

9.58 Projete o amplificador cascode mostrado na Figura 9.75 para um orçamento de potência de 2 mW. Escolha os valores de V_{b1} e de V_{b2} para que Q_1 e Q_2 sustentem uma polarização direta base-coletor de 200 mV. Qual é o ganho de tensão obtido?

9.59 Projete o amplificador cascode CMOS da Figura 9.76 para um ganho de tensão de 200 e um orçamento de potência de 2 mV, com $V_{DD} = 1{,}8$ V. Considere $(W/L)_1 = \cdots = (W/L)_4 = 20/0{,}18$ e $\lambda_p = 2\lambda_n = 0{,}2$ V^{-1}. Determine os necessários níveis DC de $V_{entrada}$ e de V_{b3}. Por simplicidade, considere $V_{b1} = V_{b2} = 0,9$ V.

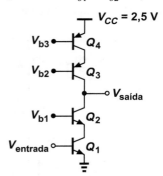

Figura 9.75

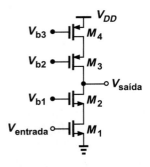

Figura 9.76

9.60 O espelho de corrente apresentado na Figura 9.77 deve fornecer $I_1 = 0,5$ mA a um circuito com orçamento de potência total de 2 mW. Considere $V_A = \infty$ e $\beta \gg 1$, determine o necessário valor de I_{REF} e os tamanhos relativos de Q_{REF} e de Q_1.

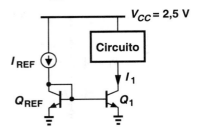

Figura 9.77

9.61 No circuito da Figura 9.78, Q_2 opera como um seguidor de emissor. Projete o circuito para orçamento de potência de 3 mW e impedância de saída de 50 Ω. Considere $V_A = \infty$ e $\beta \gg 1$.

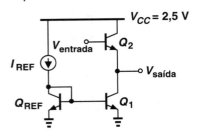

Figura 9.78

9.62 No circuito da Figura 9.79, Q_2 opera como um estágio base comum. Projete o circuito para impedância de saída de 500 Ω, ganho de tensão de 20 e orçamento de potência de 3 mW. Considere $V_A = \infty$ e $\beta \gg 1$.

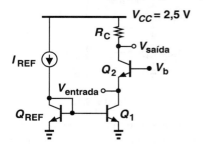

Figura 9.79

9.63 Projete o circuito da Figura 9.30 para $I_{cópia} = 0,5$ mA e um erro menor que 1% em relação ao valor nominal. Explique a relação de permuta que existe entre precisão e dissipação de potência neste circuito. Considere $V_{CC} = 2,5$ V.

9.64 Projete o circuito da Figura 9.34 de modo que a corrente de polarização de Q_2 seja 1 mA e o erro em I_{C1} em relação a seu próprio valor nominal seja menor que 10%. A solução é única?

9.65 A Figura 9.80 mostra uma configuração na qual M_1 e M_2 funcionam como fontes de corrente para os circuitos 1 e 2. Projete o circuito para um orçamento de potência de 3 mW.

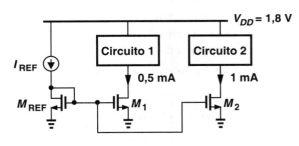

Figura 9.80

9.66 O estágio fonte comum ilustrado na Figura 9.81 deve ser projetado para um ganho de tensão de 20 e orçamento de potência de 2 mW. Considerando $(W/L)_1 = 20/0,18$, $\lambda_n = 0,1$ V^{-1} e $\lambda_p = 0,2$ V^{-1}, projete o circuito.

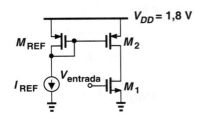

Figura 9.81

9.67 O seguidor de fonte da Figura 9.82 deve alcançar um ganho de tensão de 0,85 e uma impedância de saída de

100 Ω. Considerando $(W/L)_2 = 10/0,18$, $\lambda_n = 0,1$ V^{-1} e $\lambda_p = 0,2$ V^{-1}, projete o circuito.

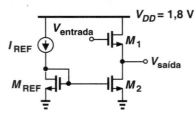

Figura 9.82

9.68 O estágio porta comum da Figura 9.83 emprega a fonte de corrente M_3 como carga para alcançar um ganho de tensão elevado. Por simplicidade, despreze a modulação do comprimento do canal em M_1. Considerando $(W/L)_3 = 40/0,18$, $\lambda_n = 0,1$ V^{-1} e $\lambda_p = 0,2$ V^{-1}, projete o circuito

para um ganho de tensão de 20, impedância de saída de 50 Ω e orçamento de potência de 13 mW. (Você pode não precisar de todo orçamento de potência.)

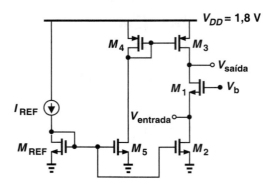

Figura 9.83

EXERCÍCIOS COM *SPICE*

Nos exercícios seguintes, use os modelos de dispositivos MOS dados no Apêndice A. Para transistores bipolares, considere $I_{S,npn} = 5 \times 10^{-16}$ A, $\beta_{npn} = 100$, $V_{A,npn} = 5$ V, $I_{S,pnp} = 8 \times 10^{-16}$ A, $\beta_{pnp} = 50$, $V_{A,pnp} = 3,5$ V.

9.69 No circuito da Figura 9.84, desejamos suprimir o erro devido às correntes de base por meio do resistor R_P.

(a) Conectando o coletor de Q_2 a V_{CC}, escolha o valor de R_P para minimizar o erro entre I_1 e I_{REF}.

(b) Qual é a variação no erro se β dos dois transistores variar de $\pm 3\%$?

(c) Qual é a variação no erro se R_P variar de $\pm 10\%$?

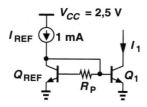

Figura 9.84

9.70 Repita o Exercício 9.69 para o circuito mostrado na Figura 9.85. Que circuito exibe menor sensibilidade em relação às variações em β e R_P?

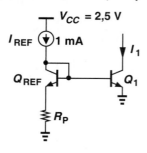

Figura 9.85

9.71 A Figura 9.86 ilustra uma fonte de corrente cascode cujo valor é definido pela configuração do espelho, M_1-M_2. Considere $W/L = 5$ μm/0,18 μm para M_1-M_3.

(a) Escolha o valor de V_b de modo que $I_{saída}$ seja exatamente igual a 0,5 mA.

(b) Determine a variação em $I_{saída}$ se V_b variar de $\pm$ 100 mV. Explique a causa dessa variação.

(c) Usando cálculo manual e simulação com *SPICE*, determine a impedância de saída do cascode e compare os resultados.

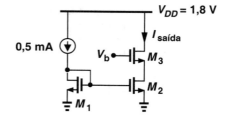

Figura 9.86

9.72 Desejamos estudar o problema de polarização em um estágio cascode de alto ganho, Figura 9.87. Considere $(W/L)_{1,2} = 10$ μm/0,18 μm, $V_b = 0,9$ V e que $I_1 = 1$ mA seja uma fonte de corrente ideal.

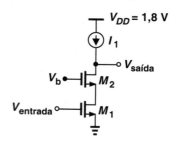

Figura 9.87

(a) Desenhe o gráfico da característica entrada/saída e determine o valor de $V_{entrada}$ em que a inclinação (ganho de pequenos sinais) considere o valor máximo.

(b) Agora, suponha que o circuito de polarização que deve produzir o valor DC anterior para $V_{entrada}$ incorra em erro de ± 20 mV. De (a), explique o que acontece ao ganho de pequenos sinais.

9.73 Repita o Exercício 9.72 para o cascode mostrado na Figura 9.88, considerando $W/L = 10\ \mu m/0,18\ \mu m$ para todos os transistores.

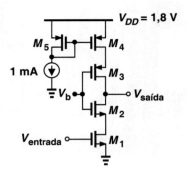

Figura 9.88

REFERÊNCIA

1. B. Razavi, *Design of Analog CMOS Integrated Circuits*, McGraw-Hill, 2001.

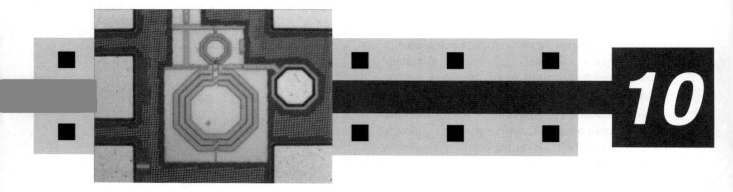

Amplificadores Diferenciais

O elegante conceito de sinais e amplificadores "diferenciais" foi inventado na década de 1940 e utilizado pela primeira vez em circuitos a válvulas. Desde então, circuitos diferenciais tiveram crescente uso em microeletrônica e se tornaram um paradigma robusto e de alto desempenho em muitos dos sistemas atuais. Este capítulo descreve amplificadores diferenciais bipolares e MOS, e formula suas propriedades de grandes e de pequenos sinais. Os conceitos a serem estudados são delineados a seguir.

Considerações Gerais
- Sinais Diferenciais
- Par Diferencial

Par Diferencial Bipolar
- Análise Qualitativa
- Análise de Grandes Sinais
- Análise de Pequenos Sinais

Par Diferencial MOS
- Análise Qualitativa
- Análise de Grandes Sinais
- Análise de Pequenos Sinais

Outros Conceitos
- Par Cascode
- Rejeição do Modo Comum
- Par com Carga Ativa

10.1 CONSIDERAÇÕES GERAIS

10.1.1 Discussão Inicial

Vimos que amp ops têm *duas* entradas, um ponto de contraste com os amplificadores estudados em capítulos anteriores. Para entender a necessidade de circuitos diferenciais, consideremos, primeiro, um exemplo.

Como podemos suprimir o chiado no Exemplo 10.1? Podemos aumentar C_1 e, dessa forma, reduzir a amplitude da ondulação, mas o valor necessário de capacitância pode se revelar excessivamente grande, caso muitos circuitos puxem corrente do retificador. De modo alternativo, podemos modificar a topologia do amplificador para que a saída se torne independente de V_{CC}. Como isso é possível? A Equação (10.1) implica

Exemplo 10.1 Tendo aprendido o projeto de retificadores e estágios amplificadores básicos, um estudante de engenharia elétrica construiu o circuito mostrado na Figura 10.1(a) para amplificar o sinal produzido por um microfone. Infelizmente, ao aplicar o circuito a um alto-falante, o estudante observou que a saída do amplificador continha um forte ruído "chiado", ou seja, uma componente contínua de baixa frequência. Expliquemos o que acontece.

Solução Recordemos, do Capítulo 3, que a corrente puxada da saída retificada cria uma forma de onda com ondulação (*ripple*) em uma frequência igual ao dobro da frequência da linha de alimentação (50 ou 60 Hz) [Figura 10.1(b)]. Examinando a saída do estágio emissor comum, identificamos duas componentes: (1) a versão amplificada do sinal do microfone e (2) a forma de onda com ondulação presente em V_{CC}. Para a última, podemos escrever

$$V_{saída} = V_{CC} - R_C I_C, \tag{10.1}$$

notando que $V_{saída}$ "segue" V_{CC} e, portanto, contém toda a ondulação. O "chiado" advém da ondulação. A Figura 10.1(c) ilustra a saída total na presença do sinal e da ondulação. Esse fenômeno, representado na Figura 10.1(d), pode ser resumido como "o ruído na alimentação chega à saída com ganho unitário". (Uma implementação MOS também apresentaria o mesmo problema.)

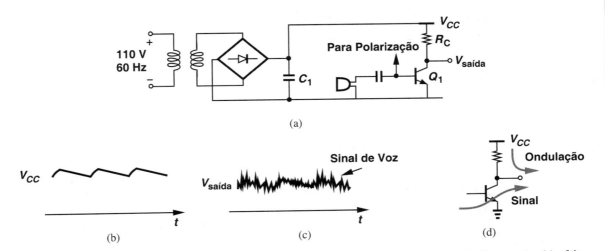

Figura 10.1 (a) Estágio EC alimentado por um retificador, (b) ondulação (*ripple*) na tensão de alimentação, (c) efeito na saída, (d) percursos da ondulação e do sinal até a saída.

Exercício Qual é a frequência do chiado para um retificador de onda completa e para um de meia-onda?

que uma variação em V_{CC} aparece em $V_{saída}$, pois $V_{saída}$ e V_{CC} são medidos em relação à terra e diferem por $R_C I_C$. Contudo, o que aconteceria se $V_{saída}$ não fosse "referenciado" à terra?! Para sermos mais específicos, o que aconteceria se $V_{saída}$ fosse medido em relação a outro ponto igualmente sujeito à ondulação de entrada? Isso possibilitaria, então, que ondulação fosse eliminada da saída "líquida".

Embora seja um tanto quanto abstrata, a hipótese anterior pode ser implementada com facilidade. A Figura 10.2(a) ilustra o conceito principal. O estágio EC é duplicado à direita e a saída, agora, é medida *entre* os nós X e Y, em vez de ser medida de X à terra. O que acontece se V_{CC} contiver ondulação? V_X e V_Y serão afetados pela ondulação exatamente da mesma forma, de modo que a diferença entre V_X e V_Y permanecerá livre da ondulação.

Na verdade, denotando a ondulação por v_r, expressemos as tensões de pequenos sinais nestes nós como

$$v_X = A_v v_{entrada} + v_r \qquad (10.2)$$
$$v_Y = v_r. \qquad (10.3)$$

Ou seja,

$$v_X - v_Y = A_v v_{entrada}. \qquad (10.4)$$

Vale notar que Q_2 não conduz sinal e funciona apenas como uma fonte de corrente constante.

A discussão anterior representa o fundamento de amplificadores diferenciais: os estágios EC simétricos fornecem *dois* nós de saída, cuja diferença de tensão permanece livre da ondulação de alimentação.

10.1.2 Sinais Diferenciais

Retornemos ao circuito da Figura 10.2(a) e recordemos que o estágio duplicado, que consiste em Q_2 e R_{C2}, permanece "ocioso" (*idle*) e, portanto, "desperdiça" corrente. Podemos, então, indagar se esse estágio, além de estabelecer um ponto de referência para $V_{saída}$, pode prover amplificação de sinal. Em uma primeira tentativa, apliquemos o sinal de entrada diretamente à base de Q_2 [Figura 10.3(a)]. Infelizmente, as componentes de sinal em X e Y estão em fase e se cancelam mutuamente quando aparecem em $v_X - v_Y$:

$$v_X = A_v v_{entrada} + v_r \qquad (10.5)$$
$$v_Y = A_v v_{entrada} + v_r \qquad (10.6)$$
$$\Rightarrow v_X - v_Y = 0. \qquad (10.7)$$

Para que as componentes de sinais se *somem* na saída, podemos *inverter* uma das fases de entrada, como mostrado na Figura 10.3(b), e obtemos

$$v_X = A_v v_{entrada} + v_r \qquad (10.8)$$
$$v_Y = -A_v v_{entrada} + v_r \qquad (10.9)$$

Logo,

$$v_X - v_Y = 2A_v v_{entrada}. \qquad (10.10)$$

Comparada com o circuito da Figura 10.2(a), essa topologia prové o dobro da excursão de saída, pois explora a capacidade de amplificação do estágio duplicado.

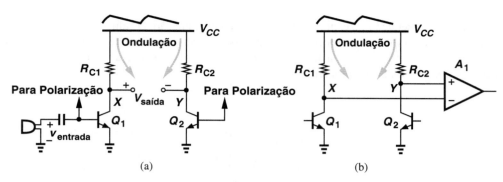

Figura 10.2 (a) Uso de dois estágios EC para remover efeitos de ondulação.

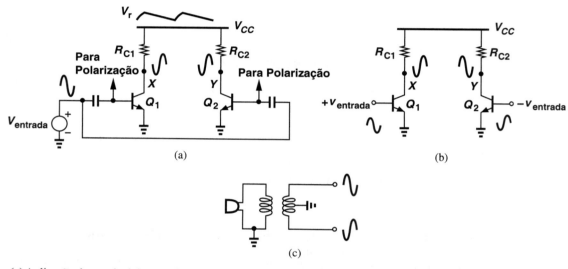

Figura 10.3 (a) Aplicação de um sinal de entrada a dois estágios EC, (b) uso de sinais diferenciais de entrada, (c) geração de fases diferenciais a partir de um sinal.

O leitor pode se perguntar como $-v_{entrada}$ pode ser gerado. Uma abordagem simples para isso, ilustrada na Figura 10.3(c), consiste em utilizar um transformador para converter o sinal do microfone em duas componentes que guardam uma diferença de fase de 180° entre si.

Nosso raciocínio nos levou às formas de onda específicas da Figura 10.3(b): o circuito colhe duas entradas que sofrem variações iguais e opostas, gerando duas saídas que têm o mesmo comportamento. Essas formas de onda são exemplos de sinais "diferenciais" e se contrastam com sinais de "um terminal" – o tipo de sinal que vimos em circuitos básicos e nos capítulos anteriores deste livro. De modo mais específico, um sinal de um terminal é um sinal medido em relação à terra comum [Figura 10.4(a)] e "conduzido por uma linha", enquanto o sinal diferencial é medido entre dois nós que têm excursões iguais e opostas [Figura 10.4(b)] e é, portanto, "conduzido por duas linhas".

A Figura 10.4(c) resume a discussão anterior. Aqui, V_1 e V_2 variam de forma igual e oposta *e* têm o mesmo nível médio (DC), V_{CM}, em relação à terra:

$$V_1 = V_0 \operatorname{sen} \omega t + V_{CM} \quad (10.11)$$
$$V_2 = -V_0 \operatorname{sen} \omega t + V_{CM}. \quad (10.12)$$

Como V_1 e V_2 têm excursão pico a pico de $2V_0$, dizemos que a "excursão diferencial" é de $4V_0$. Também podemos dizer que V_1 e V_2 são sinais diferenciais, para enfatizar que variam de forma igual e oposta em torno de um nível médio fixo, V_{CM}.

A tensão DC comum a V_1 e V_2 [V_{CM}, na Figura 10.4(c)] é chamada "nível de modo comum (CM)".* Ou seja, na ausência de sinais diferenciais, os dois nós permanecem em um potencial V_{CM} em relação à terra global. Por exemplo, no transformador da Figura 10.3(c), $+v_{entrada}$ e $-v_{entrada}$ têm um nível CM nulo, pois o terminal central do transformador é aterrado.

---

* Por conveniência, será usada a representação "CM" para o nível de modo comum, derivada do correspondente termo em inglês: *Common-Mode level*. (N.T.)

Amplificadores Diferenciais 349

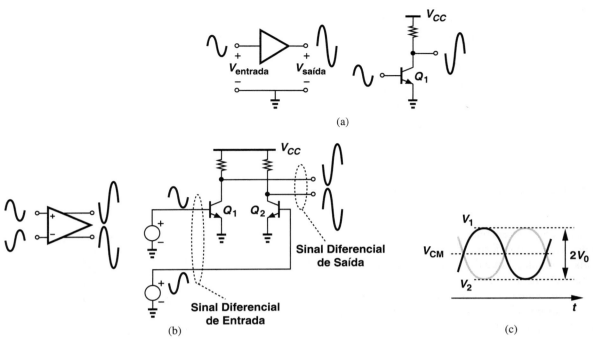

Figura 10.4 (a) Sinais de um terminal, (b) sinais diferenciais, (c) ilustração do nível de modo comum.

Exemplo 10.2	Como o transformador da Figura 10.3(c) pode produzir um nível CM de saída igual a +2 V?
Solução	O terminal central deve apenas ser conectado a uma tensão igual a +2 V (Figura 10.5).

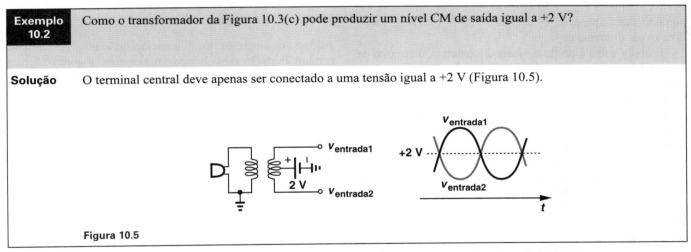

Figura 10.5

Exercício O nível CM é alterado se as entradas do amplificador puxarem uma corrente de polarização?

Exemplo 10.3	Determinemos o nível de modo comum na saída do circuito mostrado na Figura 10.3(b).
Solução	Na ausência de sinais, $V_X = V_Y = V_{CC} - R_C I_C$ (em relação à terra), sendo $R_C = R_{C1} = R_{C2}$, e I_C denota a corrente de polarização de Q_1 e de Q_2. Portanto, $V_{CM} = V_{CC} - R_C I_C$. É interessante observar que a ondulação afeta V_{CM}, mas não afeta a saída diferencial.

Exercício Se um resistor de valor R_1 for inserido entre V_{CC} e os terminais superiores de R_{C1} e R_{C2}, qual será o nível CM de saída?

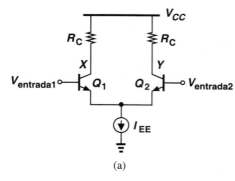

Figura 10.6 Pares diferenciais (a) bipolar e (b) MOS.

Nossas observações em relação à ondulação de alimentação e ao uso do "estágio duplicado" justificam o estudo de sinais diferenciais. Contudo, o que dizer do nível de modo comum? Qual é a importância de $V_{CM} = V_{CC} - R_C I_C$ no exemplo anterior? Por que é interessante que a ondulação apareça em V_{CM}, mas não nas saídas diferenciais? Responderemos a essas perguntas fundamentais nas próximas seções.

10.1.3 Pares Diferenciais

Antes da apresentação formal do par diferencial, devemos notar que o circuito da Figura 10.4(b) colhe *duas* entradas e pode, portanto, fazer o papel de A_1 na Figura 10.2(b). Esta observação leva ao par diferencial.

Embora colhe e produza sinais diferenciais, o circuito da Figura 10.4(b) tem algumas deficiências. Felizmente, uma simples modificação leva a uma topologia elegante e versátil. O "par diferencial"[1] (bipolar), ilustrado na Figura 10.6(a), é similar ao circuito da Figura 10.4(b), exceto que os emissores de Q_1 e de Q_2 são conectados a uma fonte de corrente constante, e não à terra. I_{EE} é chamada "fonte de corrente de cauda". O correspondente MOS é mostrado na Figura 10.6(b). Nos dois casos, a soma das correntes nos transistores é igual à corrente de cauda. Nosso objetivo é analisar os comportamentos de grandes e de pequenos sinais desses circuitos e demonstrar suas vantagens em relação aos estágios de "um terminal" estudados nos capítulos anteriores.

Para cada par diferencial, iniciaremos com uma análise qualitativa e intuitiva e, então, formularemos os comportamentos de grandes e de pequenos sinais. Assumiremos que cada circuito seja perfeitamente simétrico, isto é, que os transistores sejam idênticos, assim como os resistores.

10.2 PAR DIFERENCIAL BIPOLAR

10.2.1 Análise Qualitativa

É interessante que examinemos, primeiro, as condições de polarização do circuito. Recordemos, da Seção 10.1.2, que, na

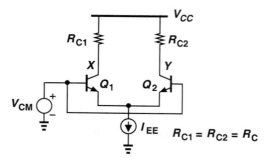

Figura 10.7 Resposta do par diferencial à variação do nível CM de entrada.

ausência de sinais, os nós diferenciais estão no nível de modo comum. Portanto, desenhemos o par como na Figura 10.7, com as duas entradas conectadas a V_{CM}, para indicar que não existem sinais na entrada. Pela simetria,

$$V_{BE1} = V_{BE2} \tag{10.13}$$

$$I_{C1} = I_{C2} = \frac{I_{EE}}{2}, \tag{10.14}$$

em que consideramos que as correntes de coletor e de emissor sejam iguais. Dizemos que o circuito está em "equilíbrio".

Portanto, a queda de tensão em cada resistor de carga é igual a $R_C I_{EE}/2$ e

$$V_X = V_Y = V_{CC} - R_C \frac{I_{EE}}{2}. \tag{10.15}$$

Em outras palavras, se as duas tensões de entrada forem iguais, as duas saídas também serão iguais. Dizemos que uma entrada diferencial nula produz uma saída diferencial nula. O circuito também "rejeita" o efeito da ondulação de alimentação: se V_{CC} sofrer uma variação, a saída diferencial $V_X - V_Y$ permanecerá inalterada.

Q_1 e Q_2 estão na região ativa? Para evitar saturação, as tensões de coletor não devem ficar abaixo das tensões de base:

$$V_{CC} - R_C \frac{I_{EE}}{2} \geq V_{CM}, \tag{10.16}$$

---

[1] Também chamado "par acoplado por emissor" ou "par de cauda longa".

Amplificadores Diferenciais **351**

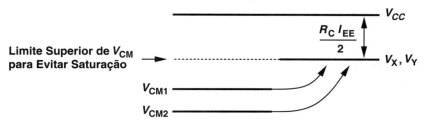

Figura 10.8 Efeito de V_{CM1} e de V_{CM2} na saída.

Isso significa que V_{CM} não pode ser arbitrariamente grande.

Agora, na Figura 10.7, apliquemos uma pequena variação em V_{CM} e determinemos a resposta do circuito. É interessante observar que as Equação (10.13)-(10.15) permanecem inalteradas, sugerindo que nem a corrente de coletor nem a tensão de coletor dos transistores são afetadas. Dizemos que o circuito não responde a variações no nível de modo comum de entrada ou que o circuito "rejeita" variações do nível CM de entrada. A Figura 10.8 resume esses resultados.

A capacidade de "rejeição do modo comum" do par diferencial o distingue de nosso circuito original da Figura 10.4(b). No último, se as tensões de base de Q_1 e Q_2 variarem, as tensões e correntes de coletor também variarão (por quê?). O leitor pode observar que a fonte de corrente de cauda no par diferencial é que garante correntes de coletor constantes e, portanto, a rejeição do nível CM de entrada.

Com esse tratamento da resposta ao modo comum, voltemos, agora, nossa atenção ao caso mais interessante da resposta *diferencial*. Manteremos algumas entradas constantes, variaremos outras e examinaremos as correntes que fluem nos dois transistores. Embora não sejam exatamente diferenciais,

> **Você sabia?**
> Os amplificadores estudados nos capítulos anteriores têm *uma* entrada em relação à terra [Figura (a)], enquanto o par diferencial tem duas entradas distintas. Uma importante aplicação de pares diferenciais é na entrada de amps ops, que requerem terminais de entradas inversora e não inversora [Figura (b)]. Sem esta segunda entrada, muitas funções baseadas em amp ops seriam de difícil realização. Por exemplo, o amplificador não inversor e o retificador de precisão utilizam as duas entradas.
>
>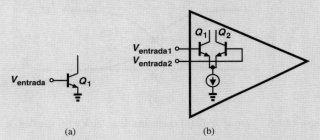
>
> Amplificadores com entradas de um terminal e diferencial.

Exemplo 10.4 Um par diferencial bipolar emprega uma resistência de carga de 1 kΩ e uma corrente de cauda de 1 mA. Quão próximos podem ser os valores escolhidos para V_{CC} e V_{CM}?

Solução A Equação (10.16) fornece

$$V_{CC} - V_{CM} \geq R_C \frac{I_{EE}}{2} \qquad (10.17)$$

$$\geq 0,5 \text{ V.} \qquad (10.18)$$

Ou seja, V_{CM} deve permanecer abaixo de V_{CC} por, pelo menos, 0,5 V.

Exercício Que valor de R_C permite que o nível CM de entrada se aproxime de V_{CC}, caso os transistores possam tolerar uma polarização direta base-coletor de 400 mV?

---

esses sinais de entrada oferecem um ponto de partida simples e intuitivo. Recordemos que $I_{C1} + I_{C2} = I_{EE}$.

Consideremos o circuito mostrado na Figura 10.9(a), no qual os dois transistores foram desenhados com um deslocamento vertical para enfatizar que Q_1 colhe uma tensão de base mais positiva. Como a diferença entre as tensões de Q_1 e de Q_2 é tão grande, postulemos que Q_1 "roube" toda a corrente de cauda e desligue Q_2. Ou seja,

$$I_{C1} = I_{EE} \qquad (10.19)$$

$$I_{C2} = 0, \qquad (10.20)$$

Logo,

$$V_X = V_{CC} - R_C I_{EE} \qquad (10.21)$$

$$V_Y = V_{CC}. \qquad (10.22)$$

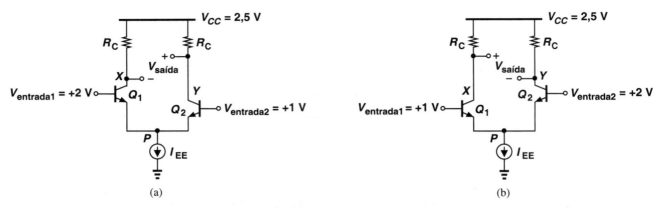

Figura 10.9 Resposta do par diferencial bipolar a (a) grande diferença positiva de entrada e (b) grande diferença negativa de entrada.

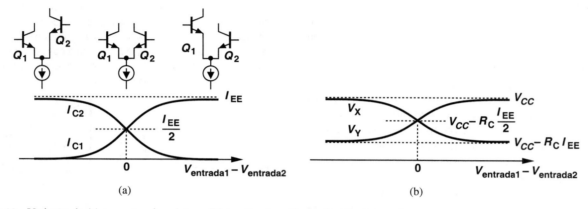

Figura 10.10 Variação de (a) correntes de coletor e (b) tensões de saída em função da entrada.

Contudo, como podemos *provar* que, de fato, Q_1 absorve a totalidade de I_{EE}? Consideremos que isso não seja verdade: que $I_{C1} < I_{EE}$ e $I_{C2} \neq 0$. Se Q_2 conduzir uma corrente apreciável, sua tensão base-emissor deve atingir um valor típico de, digamos, 0,8 V. Com a base mantida em +1 V, o dispositivo requer uma tensão de emissor $V_P \approx 0,2$ V. No entanto, isso significa que Q_1 sustenta uma tensão base emissor $V_{entrada1} - V_P = +2$ V $-$ 0,2 V = 1,8 V!! Com $V_{BE} = 1,8$ V, um transistor típico conduz uma corrente enorme e, como I_{C1} não pode ser maior que I_{EE}, concluímos que as condições $V_{BE1} = 1,8$ V e $V_P \approx 0,2$ V não podem ocorrer. Na verdade, com uma tensão base-emissor típica de 0,8 V, Q_1 mantém o nó P em, aproximadamente, +1,2 V e assegura que Q_2 permaneça desligado.

A simetria do circuito implica que a troca das tensões de base de Q_1 e Q_2 reverte a situação [Figura 10.9(b)] e fornece

$$I_{C2} = I_{EE} \quad (10.23)$$

$$I_{C1} = 0, \quad (10.24)$$

portanto,

$$V_Y = V_{CC} - R_C I_{EE} \quad (10.25)$$

$$V_X = V_{CC}. \quad (10.26)$$

O experimento anterior revela que, à medida que a diferença entre as duas entradas se afasta de zero, o par diferencial "di-

reciona" a corrente de cauda de um transistor para o outro. Na verdade, com base nas Equações (10.14), (10.19) e (10.23), podemos desenhar gráficos das correntes de coletor de Q_1 e Q_2 em função da impedância de entrada [Figura 10.10(a)]. Ainda não formulamos essas características, mas observamos que, quando $|V_{entrada1} - V_{entrada2}|$ se torna suficientemente grande, a corrente de coletor de cada transistor varia de 0 a I_{EE}.

É importante notar, também, que V_X e V_Y variam de forma diferencial em resposta a $V_{entrada1} - V_{entrada2}$. Das Equações (10.15), (10.21) e (10.25), podemos desenhar gráficos da característica entrada/saída do circuito como indicado na Figura 10.10(b). Ou seja, uma entrada diferencial não nula produz uma saída diferencial não nula – um comportamento em forte contraste com a resposta ao nível CM. Como V_X e V_Y são diferenciais, podemos definir um nível de modo comum para os mesmos. Dada por $V_{CC} - R_C I_{EE}/2$, essa grandeza é chamada de "nível CM de saída".

No último passo de nossa análise qualitativa, "foquemos" $V_{entrada1} - V_{entrada2} = 0$ (condição de equilíbrio) e estudemos o comportamento do circuito para uma *pequena* diferença de entrada. Como ilustrado na Figura 10.11(a), a tensão de base de Q_1 é aumentada de um valor ΔV acima de V_{CM}, enquanto a de Q_2 é reduzida do mesmo valor a partir de V_{CM}. Concluímos que I_{C1} aumenta ligeiramente e, como $I_{C1} + I_{C2} = I_{EE}$, I_{C2} é reduzida do mesmo valor.

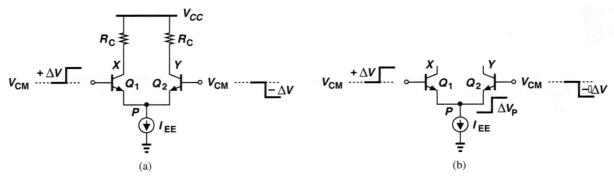

Figura 10.11 (a) Par diferencial que colhe pequenas variações diferenciais na entrada, (b) variação hipotética em P.

Exemplo 10.5 Um par diferencial bipolar emprega uma corrente de cauda de 0,5 mA e uma resistência de coletor de 1 kΩ. Qual é a máxima tensão de base permitida se a entrada diferencial for suficientemente grande para direcionar toda a corrente de cauda? Consideremos $V_{CC} = 2{,}5$ V.

Solução Se I_{EE} for completamente direcionada, o transistor que conduz a corrente tem sua tensão de coletor reduzida para $V_{CC} - R_C I_{EE} = 2$ V. Dessa forma, para evitar saturação, a tensão de base deve permanecer abaixo desse valor.

Exercício Repita o exemplo anterior para o caso em que a corrente de cauda é aumentada para 1 mA.

$$I_{C1} = \frac{I_{EE}}{2} + \Delta I \qquad (10.27)$$

$$I_{C2} = \frac{I_{EE}}{2} - \Delta I. \qquad (10.28)$$

Qual é a relação entre ΔI e ΔV? Se os emissores de Q_1 e Q_2 forem conectados diretamente à terra, ΔI deve ser igual a $g_m \Delta V$. No entanto, no caso do par diferencial, o nó P é livre e seu potencial pode aumentar ou diminuir. Devemos, portanto, calcular a variação em V_P.

Suponhamos, como mostrado na Figura 10.11(b), que V_P sofra um aumento ΔV_P. Em consequência, o aumento líquido em V_{BE1} é igual a $\Delta V - \Delta V_P$ e, portanto,

$$\Delta I_{C1} = g_m(\Delta V - \Delta V_P). \qquad (10.29)$$

De modo similar, a queda líquida em V_{BE2} é igual a $\Delta V + \Delta V_P$, resultando em

$$\Delta I_{C2} = -g_m(\Delta V + \Delta V_P). \qquad (10.30)$$

Contudo, recordemos das Equação (10.27) e (10.28) que ΔI_{C1} deve ser igual a $-\Delta I_{C2}$, o que obriga

$$g_m(\Delta V - \Delta V_P) = g_m(\Delta V + \Delta V_P) \qquad (10.31)$$

Logo,

$$\Delta V_P = 0. \qquad (10.32)$$

É interessante observar que a tensão de cauda permanece constante se as duas entradas variarem de forma diferencial e de um pequeno valor – essa observação é fundamental para a análise de pequenos sinais do circuito.

O leitor pode se perguntar por que a Equação (10.32) não é válida se ΔV for grande. Qual das equações anteriores é violada? Para uma grande entrada diferencial, Q_1 e Q_2 conduzem correntes consideravelmente *diferentes* e exibem transcondutâncias diferentes, proibindo que g_m seja omitido nos dois lados da Equação (10.31).

Na Figura 10.11(a), com $\Delta V_P = 0$, podemos reescrever as Equação (10.29) e (10.30), respectivamente, como

$$\Delta I_{C1} = g_m \Delta V \qquad (10.33)$$

$$\Delta I_{C2} = -g_m \Delta V \qquad (10.34)$$

e

$$\Delta V_X = -g_m \Delta V R_C \qquad (10.35)$$

$$\Delta V_Y = g_m \Delta V R_C. \qquad (10.36)$$

Portanto, a saída diferencial varia de 0 a

$$\Delta V_X - \Delta V_Y = -2g_m \Delta V R_C. \qquad (10.37)$$

Definimos o ganho diferencial de pequenos sinais do circuito como

$$A_v = \frac{\text{Variação na Saída Diferencial}}{\text{Variação na Entrada Diferencial}} \qquad (10.38)$$

$$= \frac{-2g_m \Delta V R_C}{2\Delta V} \qquad (10.39)$$

$$= -g_m R_C. \qquad (10.40)$$

(Notemos que a variação na entrada diferencial é igual a $2\Delta V$.) Esta expressão é similar à correspondente ao estágio emissor comum.

354 Capítulo 10

Exemplo 10.6 Projetemos um par diferencial para ganho de 10 e orçamento de potência de 1 mW, com uma tensão de alimentação de 2 V.

Solução Com V_{CC} = 2 V, o orçamento de potência se traduz em uma corrente de cauda de 0,5 mA. Portanto, próximo ao equilíbrio, cada transistor conduz uma corrente de 0,25 mA, apresentando uma transcondutância de 0,25 mA/26 mV = $(104\ \Omega)^{-1}$. Logo,

$$R_C = \frac{|A_v|}{g_m} \qquad (10.41)$$

$$= 1040\ \Omega. \qquad (10.42)$$

Exercício Reprojete o circuito para um orçamento de potência de 0,5 mW e compare os resultados.

Exemplo 10.7 Comparemos a dissipação de potência de um par diferencial bipolar com a do estágio EC quando os dois circuitos são projetados para iguais ganhos de tensão, resistências de coletor e tensões de alimentação.

Solução O ganho do par diferencial é escrito da Equação (10.40) como

$$|A_{V,\text{dif}}| = g_{m1,2} R_C, \qquad (10.43)$$

em que $g_{m1,2}$ denota a transcondutância de cada transistores. Para um estágio EC,

$$|A_{V,CE}| = g_m R_C. \qquad (10.44)$$

Assim,

$$g_{m1,2} R_C = g_m R_C \qquad (10.45)$$

Logo,

$$\frac{I_{EE}}{2V_T} = \frac{I_C}{V_T}, \qquad (10.46)$$

em que $I_{EE}/2$ é a corrente de polarização de cada transistor no par diferencial e I_C representa a corrente de polarização do estágio EC. Em outras palavras,

$$I_{EE} = 2I_C, \qquad (10.47)$$

indicando que o par diferencial consome duas vezes mais potência. Esta é uma das desvantagens de circuitos diferenciais.

Exercício Se os dois circuitos forem projetados para o mesmo orçamento de potência, iguais resistências de coletor e iguais tensões de alimentação, compare seus ganhos de tensão.

10.2.2 Análise de Grandes Sinais

Tendo compreendido o funcionamento do par diferencial bipolar, quantifiquemos, agora, seu comportamento de grandes sinais, e formulemos a característica entrada/saída do circuito (os gráficos da Figura 10.10). Como não viu análises de grandes sinais nos capítulos anteriores, é natural que o leitor questione o porquê do interesse repentino neste aspecto do par diferencial. O interesse advém (a) da necessidade de entender as limitações do circuito ao operar como amplificador *linear* e (b) da aplicação do par diferencial como um circuito (não linear) de direcionamento de corrente.

Para derivar a relação entre a entrada e a saída diferenciais do circuito, primeiro notemos, da Figura 10.12, que

$$V_{\text{saída1}} = V_{CC} - R_C I_{C1} \qquad (10.48)$$

$$V_{\text{saída2}} = V_{CC} - R_C I_{C2} \qquad (10.49)$$

Logo

$$V_{\text{saída}} = V_{\text{saída1}} - V_{\text{saída2}} \qquad (10.50)$$

$$= -R_C (I_{C1} - I_{C2}). \qquad (10.51)$$

Devemos, portanto, calcular I_{C1} e I_{C2} em termos da diferença de entrada. Considerando $\alpha = 1$ e $V_A = \infty$, e recordando do

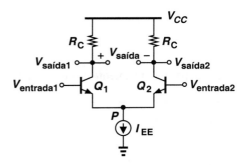

Figura 10.12 Par diferencial bipolar para análise de grandes sinais.

Capítulo 4 que $V_{BE} = V_T \ln(I_C/I_S)$, escrevamos uma LTK na malha de entrada

$$V_{entrada1} - V_{BE1} = V_P = V_{entrada2} - V_{BE2}, \quad (10.52)$$

e obtemos

$$V_{entrada1} - V_{entrada2} = V_{BE1} - V_{BE2} \quad (10.53)$$

$$= V_T \ln \frac{I_{C1}}{I_{S1}} - V_T \ln \frac{I_{C2}}{I_{S2}} \quad (10.54)$$

$$= V_T \ln \frac{I_{C1}}{I_{C2}}. \quad (10.55)$$

Uma LCK no nó P fornece

$$I_{C1} + I_{C2} = I_{EE}. \quad (10.56)$$

As Equações (10.55) e (10.56) contêm duas incógnitas. Substituindo I_{C1} da Equação (10.55) na Equação (10.56), obtemos

$$I_{C2} \exp \frac{V_{entrada1} - V_{entrada2}}{V_T} + I_{C2} = I_{EE} \quad (10.57)$$

Logo,

$$I_{C2} = \frac{I_{EE}}{1 + \exp \dfrac{V_{entrada1} - V_{entrada2}}{V_T}}. \quad (10.58)$$

A simetria do circuito em relação a $V_{entrada1}$ e $V_{entrada2}$ e em relação a I_{C1} e I_{C2} sugere que I_{C1} tenha o mesmo comportamento da Equação (10.58), mas com os papéis de $V_{entrada1}$ e $V_{entrada2}$ trocados:

$$I_{C1} = \frac{I_{EE}}{1 + \exp \dfrac{V_{entrada2} - V_{entrada1}}{V_T}} \quad (10.59)$$

$$= \frac{I_{EE} \exp \dfrac{V_{entrada1} - V_{entrada2}}{V_T}}{1 + \exp \dfrac{V_{entrada1} - V_{entrada2}}{V_T}}. \quad (10.60)$$

De modo alternativo, para obter I_{C1}, o leitor pode substituir I_{C2} da Equação (10.58) na Equação (10.56).

As Equações (10.58) e (10.60) têm um papel fundamental no entendimento quantitativo do funcionamento do par diferencial. Em particular, se $V_{entrada1} - V_{entrada2}$ for muito *negativo*, $\exp(V_{entrada1} - V_{entrada2})/V_T \to 0$ e

$$I_{C1} \to 0 \quad (10.61)$$

$$I_{C2} \to I_{EE}, \quad (10.62)$$

como predito pela análise qualitativa [Figura 10.9(b)]. De forma similar, se $V_{entrada1} - V_{entrada2}$ for muito *positivo*, $\exp(V_{entrada1} - V_{entrada2})/V_T \to \infty$ e

$$I_{C1} \to I_{EE} \quad (10.63)$$

$$I_{C2} \to 0. \quad (10.64)$$

O que significa "muito" negativo ou positivo? Por exemplo, se $V_{entrada1} - V_{entrada2} = -10V_T$, podemos dizer que $I_{C1} \approx 0$ e $I_{C2} \approx I_{EE}$? Como $\exp(-10) \approx 4{,}54 \times 10^{-5}$,

$$I_{C1} \approx \frac{I_{EE} \times 4{,}54 \times 10^{-5}}{1 + 4{,}54 \times 10^{-5}} \quad (10.65)$$

$$\approx 4{,}54 \times 10^{-5} I_{EE} \quad (10.66)$$

e

$$I_{C2} \approx \frac{I_{EE}}{1 + 4{,}54 \times 10^{-5}} \quad (10.67)$$

$$\approx I_{EE}(1 - 4{,}54 \times 10^{-5}). \quad (10.68)$$

Em outras palavras, Q_1 conduz apenas 0,0045% da corrente de cauda; e podemos considerar que I_{EE} foi totalmente direcionada a Q_2.

Exemplo 10.8 Determinemos a tensão diferencial de entrada que direciona 98% da corrente de cauda a um dos transistores.

Solução Exigimos que

$$I_{C1} = 0{,}02 I_{EE} \quad (10.69)$$

$$\approx I_{EE} \exp \frac{V_{entrada1} - V_{entrada2}}{V_T} \quad (10.70)$$

Logo,

$$V_{entrada1} - V_{entrada2} \approx -3{,}91 V_T. \qquad (10.71)$$

Muitas vezes, dizemos que uma entrada diferencial de $4V_T$ é suficiente para praticamente desligar um lado do par bipolar. Notemos que este valor permanece independente de I_{EE} e I_S.

Exercício Que entrada diferencial é necessária para direcionar 90% da corrente de cauda?

Para as tensões de saída na Figura 10.12, temos

$$V_{saida1} = V_{CC} - R_C I_{C1} \qquad (10.72)$$

$$= V_{CC} - R_C \frac{I_{EE} \exp \dfrac{V_{entrada1} - V_{entrada2}}{V_T}}{1 + \exp \dfrac{V_{entrada1} - V_{entrada2}}{V_T}} \qquad (10.73)$$

e

$$V_{saida2} = V_{CC} - R_C I_{C2} \qquad (10.74)$$

$$= V_{CC} - R_C \frac{I_{EE}}{1 + \exp \dfrac{V_{entrada1} - V_{entrada2}}{V_T}}. \qquad (10.75)$$

De particular importância é a tensão *diferencial* de saída:

$$V_{saida1} - V_{saida2} = -R_C(I_{C1} - I_{C2}) \qquad (10.76)$$

$$= R_C I_{EE} \frac{1 - \exp \dfrac{V_{entrada1} - V_{entrada2}}{V_T}}{1 + \exp \dfrac{V_{entrada1} - V_{entrada2}}{V_T}} \qquad (10.77)$$

$$= -R_C I_{EE} \tanh \frac{V_{entrada1} - V_{entrada2}}{2V_T}. \qquad (10.78)$$

A Figura 10.13 resume os resultados e indica que, para uma entrada diferencial muito negativa, a tensão diferencial de saída começa de um valor "saturado" $+R_C I_{EE}$; para valores relativamente pequenos de $|V_{entrada1} - V_{entrada2}|$, se torna gradualmente uma função linear de $V_{entrada1} - V_{entrada2}$; à medida que $V_{entrada1} - V_{entrada2}$ se torna muito positivo, alcança um nível saturado de $-R_C I_{EE}$. Do Exemplo 10.8, observamos que mesmo uma entrada diferencial de $4V_T \approx 104$ mV faz com que o par diferencial "comute"; com isto, concluímos que $|V_{entrada1} - V_{entrada2}|$ deve permanecer bem abaixo desse valor para operação linear.

10.2.3 Análise de Pequenos Sinais

Nossa breve investigação do par diferencial da Figura 10.11 revelou que, para pequenas entradas diferenciais, o nó de cauda mantém uma tensão constante (sendo, portanto, chamado de "terra virtual"). Também obtemos um ganho de tensão igual a $g_m R_C$. Agora, estudemos o comportamento de pequenos sinais do circuito em detalhe. Como explicado em capítulos anteriores, a definição de "pequenos sinais" é um pouco arbitrária, mas exige que os sinais de entrada não influenciem as correntes de polarização de Q_1 e Q_2 de forma considerável. Em outras palavras, os dois transistores devem exibir transcondutâncias aproximadamente iguais – a mesma condição exigida para que

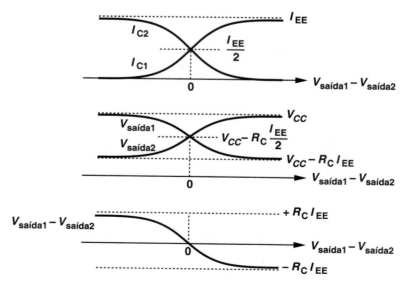

Figura 10.13 Variação das correntes e tensões em função da entrada.

Você sabia?

Pares diferenciais podem funcionar como limitadores, se a diferença de entrada for grande. Neste caso, "ceifam" (*clip*) os extremos superior e inferior da forma de onda do sinal. É claro que a limitação de um sinal de voz, por exemplo, cria distorção e é indesejável. Contudo, a limitação é útil em algumas situações. Um exemplo comum é em rádios FM, nos quais, idealmente, a forma de onda de RF contém somente modulação em *frequência* [Figura (a)]; entretanto, na prática, contém também certa quantidade de ruído [Figura (b)]. Um limitador remove o ruído de amplitude, melhorando a qualidade do sinal.

Forma de Onda FM Ideal

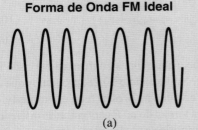

(a)

Forma de Onda FM Ruidosa

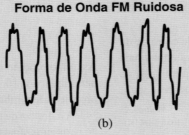

(b)

Forma de Onda FM Ruidosa Ceifada

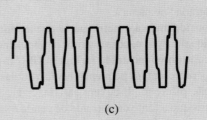

(c)

Efeito de limitação em uma forma de onda FM.

Exemplo 10.9 Desenhemos os gráficos das formas de onda de saída do par diferencial bipolar na Figura 10.14(a) em resposta às entradas senoidais mostradas nas Figuras 10.14(b) e (c). Consideremos que Q_1 e Q_2 permaneçam na região ativa direta.

Solução Para as senoides ilustradas na Figura 10.14(b), o circuito opera linearmente, pois a máxima entrada diferencial é igual a ±2 mV. As saídas são senoides com amplitude de pico de 1 mV × $g_m R_C$ [Figura 10.14(d)]. As senoides da Figura 10.14(c), por sua vez, forçam uma máxima diferença de entrada de ±200 mV e desligam Q_1 ou Q_2. Por exemplo, à medida que $V_{entrada1}$ se aproxima de 50 mV acima de V_{CM} e $V_{entrada2}$ chega a 50 mV abaixo de V_{CM} (em $t = t_1$), Q_1 absorve a maior parte da corrente de cauda e produz

$$V_{saída1} \approx V_{CC} - R_C I_{EE} \tag{10.79}$$

$$V_{saída2} \approx V_{CC}. \tag{10.80}$$

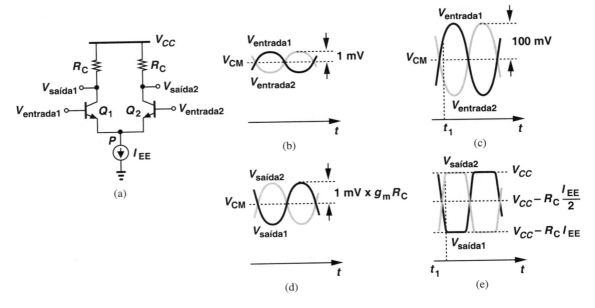

Figura 10.14

Portanto, as saídas permanecem saturadas até que $|V_{entrada1} - V_{entrada2}|$ caia abaixo de 100 mV. O resultado é ilustrado na Figura 10.14(e). Dizemos que, neste caso, o circuito funciona como um "limitador" e tem um papel similar aos limitadores a diodos estudados no Capítulo 3.

Exercício O que acontece aos resultados anteriores se o valor da corrente de cauda for dividido por dois?

o nó P pareça uma terra virtual. Na prática, para a maioria das aplicações, uma diferença de entrada de menos de 10 mV é considerada "pequena".

Considerando a simetria perfeita, uma fonte de corrente de cauda ideal e $V_A = \infty$, construímos o modelo de pequenos sinais do circuito como mostrado na Figura 10.15(a). Aqui, $v_{entrada1}$ e $v_{entrada2}$ representam pequenas *variações* nas entradas e, para operação diferencial, devem satisfazer $v_{entrada1} = -v_{entrada2}$. Notemos que a fonte de corrente de cauda é substituída por um circuito aberto. Como na análise de grandes sinais, escrevemos uma LTK na malha de entrada e uma LCK no nó P:

$$v_{entrada1} - v_{\pi 1} = v_P = v_{entrada2} - v_{\pi 2} \quad (10.81)$$

$$\frac{v_{\pi 1}}{r_{\pi 1}} + g_{m1} v_{\pi 1} + \frac{v_{\pi 2}}{r_{\pi 2}} + g_{m2} v_{\pi 2} = 0. \quad (10.82)$$

Com $r_{\pi 1} = r_{\pi 2}$ e $g_{m1} = g_{m2}$, a Equação (10.82) fornece

$$v_{\pi 1} = -v_{\pi 2} \quad (10.83)$$

e, como $v_{entrada1} = -v_{entrada2}$, a Equação (10.81) se traduz em

$$2 v_{entrada1} = 2 v_{\pi 1}. \quad (10.84)$$

Ou seja,

$$v_P = v_{entrada1} - v_{\pi 1} \quad (10.85)$$

$$= 0. \quad (10.86)$$

Assim, o modelo de pequenos sinais confirma a previsão feita pela Equação (10.32). No Exercício 10.28, provamos que essa propriedade também é válida na presença do efeito Early.

A natureza de terra virtual do nó P para entradas diferenciais de pequenos sinais simplifica a análise de forma considerável. Como $v_P = 0$, esse nó pode ser curto-circuitado à terra AC, reduzindo o par diferencial da Figura 10.15(a) a dois "meios circuitos" [Figura 10.15(b)]. Como cada metade se parece com um estágio emissor comum, podemos escrever

$$v_{saída1} = -g_m R_C v_{entrada1} \quad (10.87)$$

$$v_{saída2} = -g_m R_C v_{entrada2}. \quad (10.88)$$

Com isso, o ganho de tensão diferencial do par diferencial é dado por

$$\frac{v_{saída1} - v_{saída2}}{v_{entrada1} - v_{entrada2}} = -g_m R_C, \quad (10.89)$$

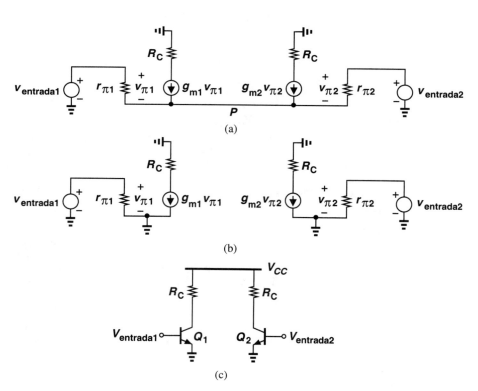

Figura 10.15 (a) Modelo de pequenos sinais do par dipolar, (b) modelo de pequenos sinais simplificado, (c) diagrama simplificado.

Amplificadores Diferenciais 359

Exemplo 10.10 Calculemos o ganho diferencial do circuito mostrado na Figura 10.16(a), em que as fontes de correntes ideais são usadas como cargas para maximizar o ganho.

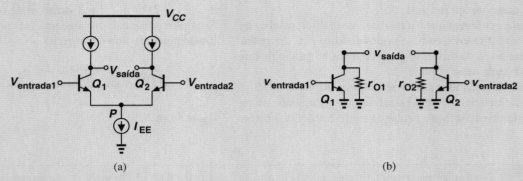

(a)   (b)

Figura 10.16

Solução Com fontes de corrente ideais, o efeito Early em Q_1 e Q_2 não pode ser desprezado e os meios circuitos podem ser visualizados como na Figura 10.16(b). Assim,

$$v_{saída1} = -g_m r_O v_{entrada1} \tag{10.90}$$

$$v_{saída2} = -g_m r_O v_{entrada2} \tag{10.91}$$

Logo,

$$\frac{v_{saída1} - v_{saída2}}{v_{entrada1} - v_{entrada2}} = -g_m r_O. \tag{10.92}$$

Exercício Calcule o ganho para $V_A = 5$ V.

Exemplo 10.11 A Figura 10.17(a) ilustra uma implementação da topologia mostrada na Figura 10.16(a). Calculemos o ganho de tensão diferencial.

Solução Notando que cada dispositivo *pnp* introduz uma resistência r_{OP} nos nós de saída e desenhando o meio circuito como na Figura 10.17(b), temos

$$\frac{v_{saída1} - v_{saída2}}{v_{entrada1} - v_{entrada2}} = -g_m(r_{ON}||r_{OP}), \tag{10.93}$$

em que r_{LIGADO} denota a impedância de saída dos transistores *npn*.

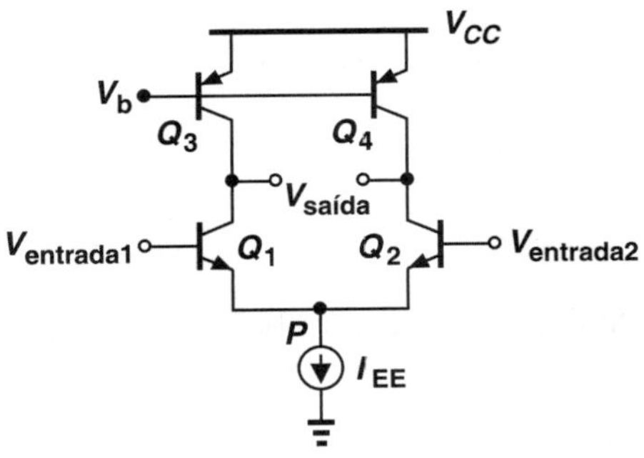

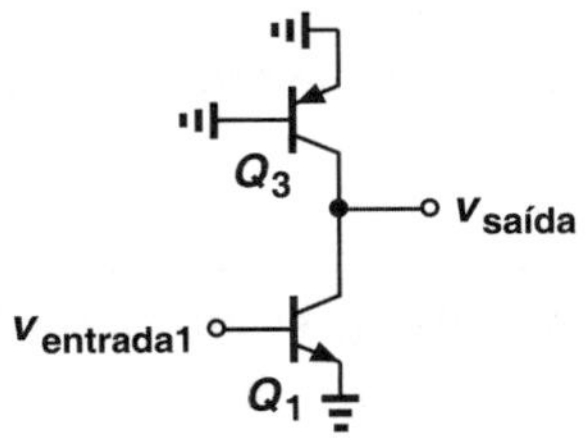

Figura 10.17

Exercício Calcule o ganho para o caso em que Q_3 e Q_4 são configurados como dispositivos conectados como diodos.

igual ao expresso pela Equação (10.40). Por simplicidade, podemos desenhar os dois meios circuitos como na Figura 10.15(c), estando implícito que as entradas incrementais são pequenas e diferenciais. Além disso, como as duas metades são idênticas, podemos desenhar apenas uma.

Devemos enfatizar que o ganho de tensão diferencial é definido como a diferença entre as saídas dividida pela diferença entre as entradas. Assim, esse ganho é igual ao ganho de um terminal de cada meio circuito.

Agora, faremos uma observação que é útil na análise de circuitos diferenciais. Como ressaltado anteriormente, se as entradas incrementais forem pequenas e diferenciais, a simetria do circuito ($g_{m1} = g_{m2}$) estabelece uma terra virtual no nó P na Figura 10.12. Essa propriedade se aplica a qualquer outro nó que apareça no eixo de simetria. Por exemplo, os dois resistores mostrados na Figura 10.18 criam uma terra virtual em X se (1) $R_1 = R_2$ e (2) os nós A e B variarem de forma igual e oposta.[2] Exemplos adicionais esclarecem esse conceito. Em cada caso, consideraremos simetria perfeita.

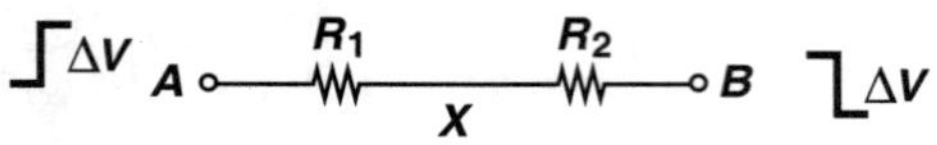

Figura 10.18

Exemplo 10.12

Determinemos o ganho diferencial do circuito da Figura 10.19(a), admitindo $V_A < \infty$ e que o circuito seja simétrico.

Solução Desenhando um dos meios circuitos como na Figura 10.19(b), expressemos a resistência total vista no coletor de Q_1 como

$$R_{saída} = r_{O1}||r_{O3}||R_1. \qquad (10.94)$$

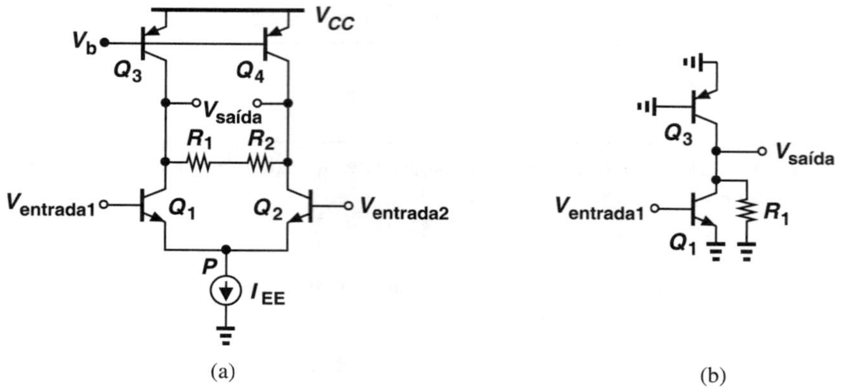

Figura 10.19

Dessa forma, o ganho de tensão é igual a

$$A_v = -g_{m1}(r_{O1}||r_{O3}||R_1). \qquad (10.95)$$

Exercício Repita o exemplo anterior com $R_1 \neq R_2$.

Exemplo 10.13

Calculemos o ganho diferencial do circuito ilustrado na Figura 10.20(a) com $V_A < \infty$.

---

[2] Como os resistores são lineares, neste caso, os sinais não precisam ser pequenos.

Amplificadores Diferenciais 361

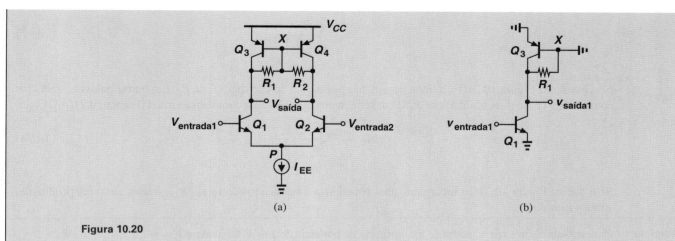

Figura 10.20

Solução Para pequenas entradas e saídas diferenciais, V_X permanece constante; com isto, obtemos o meio circuito conceitual mostrado na Figura 10.20(b) – o mesmo do exemplo anterior. Isso ocorre porque, nos dois casos, Q_3 e Q_4 estão sujeitos a uma tensão base-emissor *constante* e, portanto, funcionam como fontes de corrente e exibem apenas uma resistência de saída. Logo,

$$A_v = -g_{m1}(r_{O1}||r_{O3}||R_1). \tag{10.96}$$

Exercício Admitindo $V_A = 4$ V para todos os transistores, $R_1 = R_2 = 10$ kΩ e $I_{EE} = 1$ mA, calcule o ganho do circuito.

Exemplo 10.14 Determinemos os ganhos dos pares diferenciais degenerados mostrados nas Figuras 10.21(a) e (b). Consideremos $V_A = \infty$.

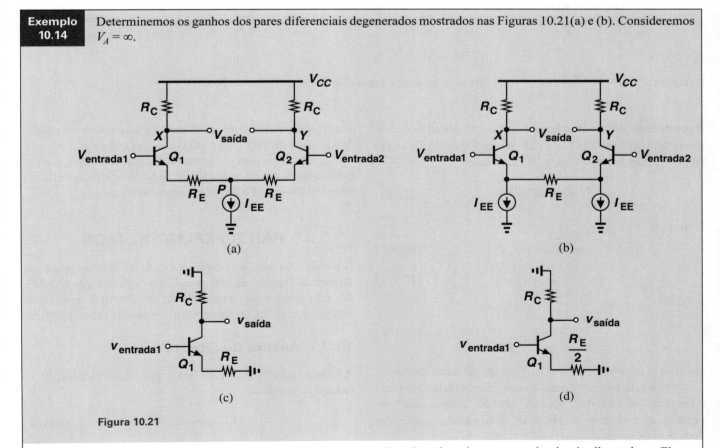

Figura 10.21

Solução Na topologia da Figura 10.21(a), o nó P é uma terra virtual; assim, obtemos o meio circuito ilustrado na Figura 10.21(c). Do Capítulo 5, temos

$$A_v = -\frac{R_C}{R_E + \dfrac{1}{g_m}}. \tag{10.97}$$

No circuito da Figura 10.21(b), a linha de simetria passa pelo "ponto médio" de R_E. Em outras palavras, se R_E for considerado como duas unidades de $R_E/2$ em série, o nó entre elas atua como terra virtual [Figura 10.21(d)]. Logo,

$$A_v = -\frac{R_C}{\dfrac{R_E}{2} + \dfrac{1}{g_m}}. \tag{10.98}$$

Se o par na Figura 10.21(b) incorporar uma resistência de degeneração total $2R_E$, os dois circuitos produzirão ganhos iguais.

Exercício Projete cada circuito para ganho de 5 e consumo de potência de 2 mW. Considere $V_{CC} = 2{,}5$ V, $V_A = \infty$ e $R_E = 2/g_m$.

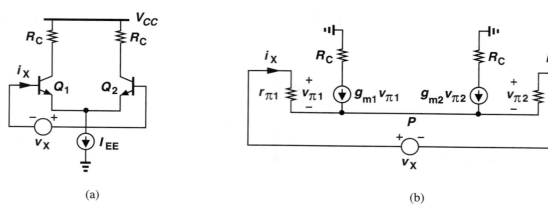

Figura 10.22 (a) Método para cálculo da impedância de entrada diferencial, (b) circuito equivalente de (a).

Impedâncias I/O Para um par diferencial, podemos definir a impedância de entrada como ilustrado na Figura 10.22(a). Do circuito equivalente da Figura 10.22(b), temos

$$\frac{v_{\pi 1}}{r_{\pi 1}} = i_X = -\frac{v_{\pi 2}}{r_{\pi 2}}. \tag{10.99}$$

E também

$$v_X = v_{\pi 1} - v_{\pi 2} \tag{10.100}$$

$$= 2 r_{\pi 1} i_X. \tag{10.101}$$

Portanto,

$$\frac{v_X}{i_X} = 2 r_{\pi 1}, \tag{10.102}$$

como se as duas junções base-emissor aparecessem em série.

A grandeza anterior é denominada "impedância de entrada diferencial" do circuito. Podemos, também, definir uma "impedância de entrada de um terminal"; com a ajuda de um meio circuito (Figura 10.23), obtemos

$$\frac{v_X}{i_X} = r_{\pi 1}. \tag{10.103}$$

Esse resultado não fornece nenhuma informação nova em relação à Equação (10.102), mas é útil em alguns cálculos.

Em analogia com os desenvolvimentos anteriores, o leitor pode mostrar que as impedâncias de saída diferencial e de um terminal são iguais a $2R_C$ e R_C, respectivamente.

10.3 PAR DIFERENCIAL MOS

A maioria dos princípios estudados na seção anterior para o par diferencial bipolar também se aplica ao correspondente MOS. Por essa razão, nosso tratamento do circuito MOS nesta seção será mais conciso. Continuaremos a considerar a simetria perfeita.

10.3.1 Análise Qualitativa

A Figura 10.24 ilustra o par MOS com as duas entradas conectadas a V_{CM}; temos

$$I_{D1} = I_{D2} = \frac{I_{SS}}{2} \tag{10.104}$$

e

$$V_X = V_Y = V_{DD} - R_D \frac{I_{SS}}{2}. \tag{10.105}$$

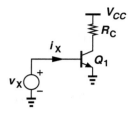

Figura 10.23 Cálculo da impedância de entrada de um terminal.

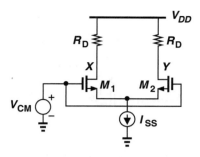

Figura 10.24 Resposta do par diferencial MOS às variações do nível CM de entrada.

Ou seja, uma entrada diferencial nula produz uma saída diferencial nula. Notemos que o nível CM de saída é igual a $V_{DD} - R_D I_{SS}/2$.

Para as deduções subsequentes, é conveniente que calculemos a "tensão de sobrecarga de equilíbrio" de M_1 e M_2, $(V_{GS} - V_{TH})_{equil}$. Consideremos $\lambda = 0$ e, portanto, $I_D = (1/2)\mu_n C_{ox}(W/L)(V_{GS} - V_{TH})^2$. Cada dispositivo conduz uma corrente $I_{SS}/2$ e exibe uma tensão de sobrecarga

$$(V_{GS} - V_{TH})_{equil} = \sqrt{\frac{I_{SS}}{\mu_n C_{ox} \frac{W}{L}}}. \quad (10.106)$$

Como esperado, maior corrente de cauda ou menor razão W/L se traduz em maior tensão de sobrecarga de equilíbrio.

Para garantir que M_1 e M_2 operem em saturação, exigimos que suas tensões de dreno não fiquem abaixo de $V_{CM} - V_{TH}$:

$$V_{DD} - R_D \frac{I_{SS}}{2} > V_{CM} - V_{TH}. \quad (10.107)$$

Podemos observar, também, que uma variação em V_{CM} não pode alterar $I_{D1} = I_{D2} = I_{SS}/2$, o que deixa V_X e V_Y inalterados. Portanto, o circuito rejeita variações no nível CM de entrada.

Exemplo 10.15 Um par diferencial MOS é alimentado com um nível CM de entrada de 1,6 V. Se $I_{SS} = 0,5$ mA, $V_{TH} = 0,5$ V e $V_{DD} = 1,8$ V, qual é o máximo valor permitido para a resistência de carga?

Solução Da Equação (10.107), temos

$$R_D < 2\frac{V_{DD} - V_{CM} + V_{TH}}{I_{SS}} \quad (10.108)$$

$$< 2,8 \text{ k}\Omega. \quad (10.109)$$

Podemos suspeitar que essa limitação restrinja o ganho de tensão do circuito, como explicaremos mais adiante.

Exercício Qual é a máxima corrente de cauda com uma resistência de carga de 5 kΩ?

A Figura 10.25 ilustra a resposta do par MOS a grandes entradas diferenciais. Se $V_{entrada1}$ estiver muito acima de $V_{entrada2}$ [Figura 10.25(a)], M_1 conduzirá toda a corrente de cauda e gerará

$$V_X = V_{DD} - R_D I_{SS} \quad (10.110)$$

$$V_Y = V_{DD}. \quad (10.111)$$

De modo similar, se $V_{entrada2}$ estiver muito acima de $V_{entrada1}$ [Figura 10.25(b)], então

$$V_X = V_{DD} \quad (10.112)$$

$$V_Y = V_{DD} - R_D I_{SS}. \quad (10.113)$$

O circuito, portanto, direciona a corrente de cauda de um lado para o outro e produz uma saída diferencial em resposta a uma entrada diferencial. A Figura 10.25(c) mostra um gráfico da característica do circuito.

Examinemos, agora, o comportamento do circuito para uma *pequena* diferença de entrada. Este cenário, ilustrado na Figura 10.26(a), mantém V_P constante, pois as Equações (10.27)-(10.32) também se aplicam a este caso. Portanto,

$$\Delta I_{D1} = g_m \Delta V \quad (10.114)$$

$$\Delta I_{D2} = -g_m \Delta V \quad (10.115)$$

e

$$\Delta V_X - \Delta V_Y = -2 g_m R_D \Delta V. \quad (10.116)$$

Como esperado, o ganho de tensão diferencial é dado por

$$A_v = -g_m R_D, \quad (10.117)$$

similar ao do estágio fonte comum.

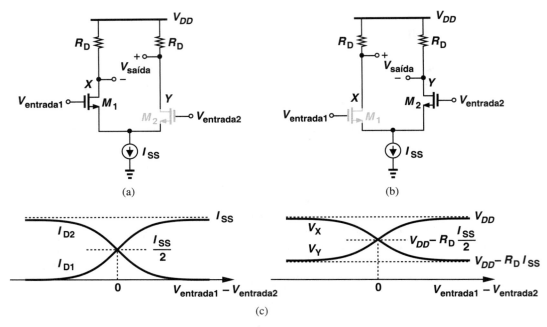

Figura 10.25 (a) Resposta do par diferencial MOS a uma entrada muito positiva, (b) resposta do par diferencial MOS a uma entrada muito negativa, (c) gráficos qualitativos de correntes e tensões.

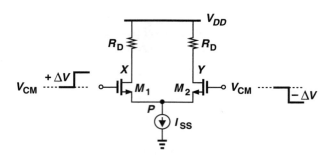

Figura 10.26 Resposta do par MOS a pequenas entradas diferenciais.

Exemplo 10.16 Projetemos um par diferencial MOS para um ganho de tensão de 5 e um orçamento de potência de 2 mW, sabendo que o estágio que segue o par diferencial requer um nível CM de entrada de, pelo menos, 1,6 V. Consideremos $\mu_n C_{ox} = 100\ \mu\text{A/V}^2$, $\lambda = 0$ e $V_{DD} = 1{,}8$ V.

Solução Do orçamento de potência e da tensão de alimentação temos

$$I_{SS} = 1{,}11\ \text{mA}. \tag{10.118}$$

O nível CM de saída (na ausência de sinais) é igual a

$$V_{CM,saída} = V_{DD} - R_D \frac{I_{SS}}{2}. \tag{10.119}$$

Para $V_{CM,saída} = 1{,}6$ V, cada resistor deve sustentar uma queda de tensão de não mais de 200 mV e, portanto, assume um valor máximo de

$$R_D = 360\ \Omega. \tag{10.120}$$

Fixando $g_m R_D = 5$, devemos escolher as dimensões do transistor de modo que $g_m = 5/(360\ \Omega)$. Como cada transistor conduz uma corrente de dreno igual a $I_{SS}/2$,

$$g_m = \sqrt{2\mu_n C_{ox} \frac{W}{L} \frac{I_{SS}}{2}}, \quad (10.121)$$

Logo,

$$\frac{W}{L} = 1738. \quad (10.122)$$

A grande razão de aspecto advém da pequena queda de tensão permitida nos resistores de carga.

Exercício Se for necessário que a razão de aspecto permaneça abaixo de 200, que ganho de tensão poderá ser obtido?

Exemplo 10.17 Qual é o máximo nível CM de entrada permitido no exemplo anterior com $V_{TH} = 0{,}4$ V?

Solução Escrevamos a Equação (10.107) como

$$V_{CM,entrada} < V_{DD} - R_D \frac{I_{SS}}{2} + V_{TH} \quad (10.123)$$

$$< V_{CM,saída} + V_{TH}. \quad (10.124)$$

Isso é ilustrado de forma conceitual na Figura 10.27. Logo,

$$V_{CM,entrada} < 2\,\text{V}. \quad (10.125)$$

É interessante observar que o nível CM de entrada pode permanecer em V_{DD}. Em contraste com o Exemplo 10.5, neste caso, a restrição sobre o resistor de carga advém da exigência do nível CM de *saída*.

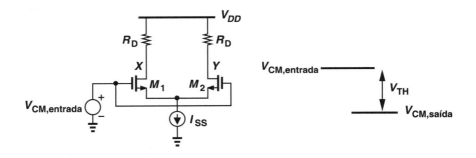

Figura 10.27

Exercício O resultado anterior é válido para $V_{TH} = 0{,}2$ V?

Exemplo 10.18 O estágio fonte comum e o par diferencial mostrados na Figura 10.28 incorporam iguais resistores de carga. Se os dois circuitos forem projetados para o mesmo ganho de tensão e a mesma tensão de alimentação, discutamos a escolha (a) das dimensões dos transistores para um dado orçamento de potência e (b) da dissipação de potência para dadas dimensões dos transistores.

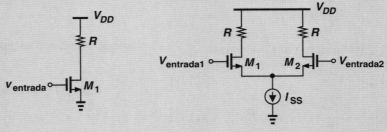

Figura 10.28

Solução (a) Para que os dois circuitos consumam a mesma quantidade de potência, $I_{D1} = I_{SS} = 2I_{D2} = 2I_{D3}$; ou seja, cada transistor no par diferencial conduz uma corrente igual à metade da corrente de dreno do transistor FC. Para a obtenção de um mesmo ganho de tensão, a Equação (10.121) requer que os transistores do par diferencial sejam duas vezes mais largos que o dispositivo FC. (b) Se os transistores nos dois circuitos tiverem as mesmas dimensões, para que M_1-M_2 tenham a mesma transcondutância, a corrente de cauda do par diferencial deve ser o dobro da corrente de polarização do estágio FC, o que dobra o consumo de potência.

Exercício Discuta os resultados anteriores se o estágio FC e o par diferencial incorporarem iguais resistores de degeneração de fonte.

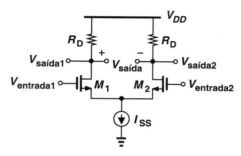

Figura 10.29 Par diferencial MOS para análise de grandes sinais.

10.3.2 Análise de Grandes Sinais

Como na análise de grandes sinais do par bipolar, nosso objetivo é a dedução da característica entrada/saída do par MOS à medida que a entrada diferencial passa de um valor muito negativo a um valor muito positivo. Da Figura 10.29, temos

$$V_{saída} = V_{saída1} - V_{saída2} \quad (10.126)$$

$$= -R_D(I_{D1} - I_{D2}). \quad (10.127)$$

Para obter $I_{D1} - I_{D2}$, desprezemos a modulação do comprimento do canal e escrevamos uma LTK para a malha de entrada e uma LCK no nó de cauda:

$$V_{entrada1} - V_{GS1} = V_{entrada2} - V_{GS2} \quad (10.128)$$

$$I_{D1} + I_{D2} = I_{SS}. \quad (10.129)$$

Como $I_D = (1/2)\mu_n C_{ox}(W/L)(V_{GS} - V_{TH})^2$, obtemos

$$V_{GS} = V_{TH} + \sqrt{\frac{2I_D}{\mu_n C_{ox} \frac{W}{L}}}. \quad (10.130)$$

Substituindo V_{GS1} e V_{GS2} na Equação (10.128), temos

$$V_{entrada1} - V_{entrada2} = V_{GS1} - V_{GS2} \quad (10.131)$$

$$= \sqrt{\frac{2}{\mu_n C_{ox} \frac{W}{L}}} (\sqrt{I_{D1}} - \sqrt{I_{D2}}). \quad (10.132)$$

Você sabia?

O par diferencial MOS era uma extensão natural do correspondente bipolar e oferecia uma importante vantagem: corrente de entrada muito baixa. Contudo, a necessidade de amp ops de alta impedância de entrada surgira muito antes de amp ops MOS se tornarem fabricáveis. O desafio residia na integração de transistores de efeitos de campo (que, em geral, têm pequena corrente de porta) no mesmo *chip* com outros dispositivos bipolares. FETs sofriam de controle pobre e de grande deslocamento. Apenas na década de 1970 amp ops de alta impedância de entrada se tornaram comuns. Amp ops MOS também passaram a ter um importante papel em circuitos integrados analógicos, funcionando como núcleo de filtros a "capacitores comutados" e conversores analógico-digital.

Elevando os dois lados ao quadrado, obtemos

$$(V_{entrada1} - V_{entrada2})^2 = \frac{2}{\mu_n C_{ox} \frac{W}{L}}$$

$$(I_{D1} + I_{D2} - 2\sqrt{I_{D1} I_{D2}}) \quad (10.133)$$

$$= \frac{2}{\mu_n C_{ox} \frac{W}{L}} (I_{SS} - 2\sqrt{I_{D1} I_{D2}}). \quad (10.134)$$

Agora, calculamos $\sqrt{I_{D1} I_{D2}}$:

$$4\sqrt{I_{D1} I_{D2}} = 2I_{SS} - \mu_n C_{ox} \frac{W}{L}$$

$$(V_{entrada1} - V_{entrada2})^2, \quad (10.135)$$

elevando o resultado ao quadrado,

$$16 I_{D1} I_{D2} = \left[2I_{SS} - \mu_n C_{ox} \frac{W}{L} \right.$$

$$\left. (V_{entrada1} - V_{entrada2})^2 \right]^2, \quad (10.136)$$

e substituindo I_{D2} por $I_{SS} - I_{D1}$,

$$16I_{D1}(I_{SS} - I_{D1}) = \left[2I_{SS} - \mu_n C_{ox}\frac{W}{L}(V_{entrada1} - V_{entrada2})^2\right]^2. \tag{10.137}$$

Obtemos

$$16I_{D1}^2 - 16I_{SS}I_{D1} + \left[2I_{SS} - \mu_n C_{ox}\frac{W}{L}(V_{entrada1} - V_{entrada2})^2\right]^2 = 0 \tag{10.138}$$

Logo,

$$I_{D1} = \frac{I_{SS}}{2} \pm \frac{1}{4}\sqrt{4I_{SS}^2 - \left[\mu_n C_{ox}\frac{W}{L}(V_{entrada1} - V_{entrada2})^2 - 2I_{SS}\right]^2}. \tag{10.139}$$

No Exercício 10.44, mostramos que apenas a solução com a *soma* dos dois termos é aceitável:

$$I_{D1} = \frac{I_{SS}}{2} + \frac{V_{entrada1} - V_{entrada2}}{4}\sqrt{\mu_n C_{ox}\frac{W}{L}\left[4I_{SS} - \mu_n C_{ox}\frac{W}{L}(V_{entrada1} - V_{entrada2})^2\right]}. \tag{10.140}$$

A simetria do circuito também implica em

$$I_{D2} = \frac{I_{SS}}{2} + \frac{V_{entrada1} - V_{entrada2}}{4}\sqrt{\mu_n C_{ox}\frac{W}{L}\left[4I_{SS} - \mu_n C_{ox}\frac{W}{L}(V_{entrada2} - V_{entrada1})^2\right]}. \tag{10.141}$$

Ou seja,

$$I_{D1} - I_{D2} = \frac{1}{2}\mu_n C_{ox}\frac{W}{L}(V_{entrada1} - V_{entrada2})\sqrt{\frac{4I_{SS}}{\mu_n C_{ox}\frac{W}{L}} - (V_{entrada1} - V_{entrada2})^2}. \tag{10.142}$$

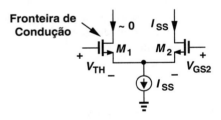

Figura 10.30 Par diferencial MOS com um dispositivo desligado.

As Equações (10.140)–(10.142) formam a base para o entendimento do par diferencial MOS.

Examinemos, agora, a Equação (10.142) mais de perto. Como esperado da característica mostrada na Figura 10.25(c), o lado direito é uma função (de simetria) ímpar de $V_{entrada1} - V_{entrada2}$ e se reduz a zero para uma diferença de entrada nula. Contudo, será que a diferença na raiz quadrada também pode se anular? Isso significaria que $I_{D1} - I_{D2}$ cai a zero quando $(V_{entrada1} - V_{entrada2})^2$ é igual a $4I_{SS}/(\mu_n C_{ox}W/L)$, um efeito que não é predito pelos gráficos qualitativos da Figura 10.25(c). Além disso, parece que o argumento da raiz quadrada se torna *negativo* quando $(V_{entrada1} - V_{entrada2})^2$ ultrapassa esse valor! Como devemos interpretar esses resultados?

Na dedução anterior, está implícita a hipótese de que os dois transistores estão *ligados*. No entanto, à medida que $|V_{entrada1} - V_{entrada2}|$ aumenta, em algum ponto, M_1 ou M_2 é desligado, o que viola a equação anterior. Portanto, devemos determinar a diferença de entrada que coloca um dos transistores na fronteira da condução. Isso pode ser feito igualando as Equações (10.140), (10.141) ou (10.142) a I_{SS}, mas exigiria longos cálculos. De modo alternativo, da Figura 10.30 observamos que, por exemplo, se M_1 se aproximar da fronteira de condução, sua tensão porta-fonte cai para um valor igual a V_{TH}. Além disso, a tensão porta-fonte de M_2 deve ser suficientemente grande para acomodar uma corrente de dreno I_{SS}:

$$V_{GS1} = V_{TH} \tag{10.143}$$

$$V_{GS2} = V_{TH} + \sqrt{\frac{2I_{SS}}{\mu_n C_{ox}\frac{W}{L}}}. \tag{10.144}$$

A Equação (10.128) mostra que

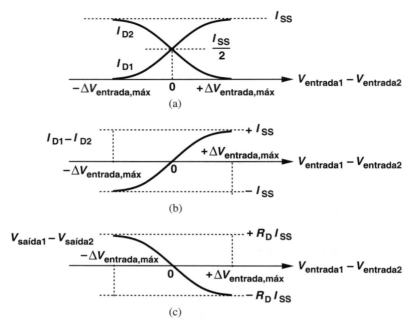

Figura 10.31 Variação (a) das correntes de dreno, (b) da diferença entre as correntes de dreno e (c) da tensão diferencial de saída em função da entrada.

$$|V_{entrada1} - V_{entrada2}|_{máx} = \sqrt{\frac{2I_{SS}}{\mu_n C_{ox} \frac{W}{L}}}, \quad (10.145)$$

em que $|V_{entrada1} - V_{entrada2}|_{máx}$ denota a diferença de entrada que coloca um transistor na fronteira da condução. A Equação (10.145) é válida para diferenças de entrada maiores que esse valor. De fato, a substituição da Equação (10.145) na Equação (10.142) também fornece $|I_{D1} - I_{D2}| = I_{SS}$. Notemos, ainda, que $|V_{entrada1} - V_{entrada2}|_{máx}$ pode ser relacionado à tensão de sobrecarga de equilíbrio [Equação (10.106)] da seguinte maneira:

$$|V_{entrada1} - V_{entrada2}|_{máx} = \sqrt{2}(V_{GS} - V_{TH})_{equil}. \quad (10.146)$$

As conclusões anteriores são muito importantes e contrastam com o comportamento do par diferencial bipolar e a Equação (10.78): para $|V_{entrada1} - V_{entrada2}|_{máx}$, o par MOS direciona *toda* a corrente de cauda;[3] para uma diferença de entrada finita, o correspondente bipolar apenas se *aproxima* dessa condição. A Equação (10.146) esclarece bastante o funcionamento do par MOS. Especificamente, desenhamos os gráficos de I_{D1} e I_{D2} na Figura 10.31(a), na qual $\Delta V_{entrada} = V_{entrada1} - V_{entrada2}$ e obtemos as características diferenciais nas Figuras 10.31(b) e (c). Portanto, o circuito se comporta de forma linear para pequenos valores de $\Delta V_{entrada}$ e se torna não linear para $\Delta V_{entrada} > \Delta V_{entrada,máx}$. Em outras palavras, $\Delta V_{entrada,máx}$ funciona como um limite absoluto para os níveis de sinal de entrada que têm algum efeito sobre a saída.

Exemplo 10.19 Examinemos a característica entrada/saída de um par diferencial MOS quando (a) a corrente de cauda é dobrada e (b) a razão de aspecto do transistor é dobrada.

Solução (a) A Equação (10.145) sugere que dobrar I_{SS} aumenta $\Delta V_{entrada,máx}$ por um fator $\sqrt{2}$. Portanto, a característica da Figura 10.31(c) se *expande* na horizontal. Além disto, como $I_{SS}R_D$ é dobrado, a característica também se expande na vertical. A Figura 10.32(a) ilustra o resultado, que apresenta uma inclinação maior.

(b) Dobrar W/L reduz $\Delta V_{entrada,máx}$ por um fator $\sqrt{2}$ e mantém $I_{SS}R_D$ constante. Portanto, a característica se *contrai* na horizontal [Figura 10.32(b)] e exibe uma inclinação maior nas vizinhanças de $\Delta V_{entrada} = 0$.

Exercício Repita o exemplo anterior para os casos em que (a) a corrente de cauda é dividida por dois e (b) a razão de aspecto do transistor é dividida por dois.

---

[3] Na verdade, para $V_{GS} = V_{TH}$, dispositivos MOS conduzem uma pequena corrente, o que transforma essas conclusões em uma ilustração aproximada.

Amplificadores Diferenciais

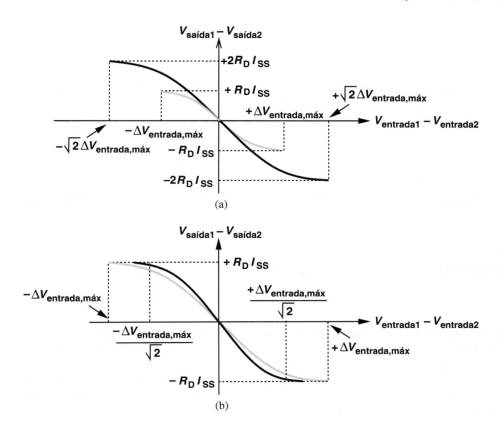

Figura 10.32

Exemplo 10.20 Projetemos um par diferencial NMOS para um orçamento de potência de 3 mW e $\Delta V_{entrada,máx} = 500$ mV. Consideremos $\mu_n C_{ox} = 100\ \mu A/V^2$ e $V_{DD} = 1,8$ V.

Solução A corrente de cauda não deve exceder 3 mW/1,8 V = 1,67 mA. Da Equação (10.145), escrevemos

$$\frac{W}{L} = \frac{2I_{SS}}{\mu_n C_{ox} \Delta V^2_{entrada,máx}} \qquad (10.147)$$

$$= 133,6. \qquad (10.148)$$

Os valores dos resistores de carga são determinados pelo ganho de tensão desejado.

Exercício Como o projeto anterior deve ser alterado se o orçamento de potência for aumentado para 5 mW?

10.3.3 Análise de Pequenos Sinais

A análise de pequenos sinais do par diferencial MOS é feita de modo similar ao da Seção 10.2.3 para o correspondente bipolar. Aqui, a definição de "pequenos" sinais pode ser vista da Equação (10.142); se

$$|V_{entrada1} - V_{entrada2}| \ll \frac{4I_{SS}}{\mu_n C_{ox} \dfrac{W}{L}}, \qquad (10.149)$$

$$I_{D1} - I_{D2} \approx \frac{1}{2}\mu_n C_{ox} \frac{W}{L}(V_{entrada1} - V_{entrada2})\sqrt{\frac{4I_{SS}}{\mu_n C_{ox} \dfrac{W}{L}}} \qquad (10.150)$$

$$= \sqrt{\mu_n C_{ox} \frac{W}{L} I_{SS}}(V_{entrada1} - V_{entrada2}). \qquad (10.151)$$

As entradas e saídas diferenciais são *linearmente* proporcionais e o circuito opera de forma linear.

Agora, usemos o modelo de pequenos sinais para provar que o nó de cauda permanece em uma tensão constante na presença

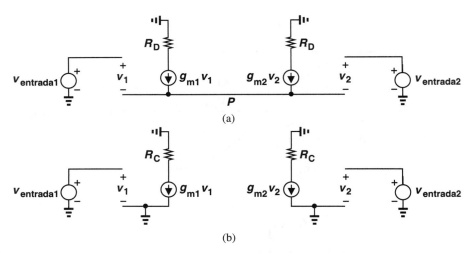

Figura 10.33 (a) Modelo de pequenos sinais do par diferencial MOS, (b) circuito simplificado.

de pequenas entradas diferenciais. Se $\lambda = 0$, o circuito se reduz ao mostrado na Figura 10.33(a) e fornece

$$v_{entrada1} - v_1 = v_{entrada2} - v_2 \quad (10.152)$$

$$g_{m1}v_1 + g_{m2}v_2 = 0. \quad (10.153)$$

Considerando simetria perfeita, da Equação (10.153), temos

$$v_1 = -v_2 \quad (10.154)$$

e, para entradas diferenciais, exigimos $v_{entrada1} = -v_{entrada2}$. Assim, a Equação (10.152) se traduz em

$$v_{entrada1} = v_1 \quad (10.155)$$

Logo,

$$v_P = v_{entrada1} - v_1 \quad (10.156)$$

$$= 0 \quad (10.157)$$

De modo alternativo, ressaltando que, para um MOSFET, $v_\pi/r_\pi = 0$, podemos utilizar as Equações (10.81)–(10.86) e obter o mesmo resultado.

O nó P atua como terra virtual, e o conceito de meio circuito é válido; com isso, obtemos a topologia simplificada da Figura 10.33(b). Aqui,

$$v_{saída1} = -g_m R_D v_{entrada1} \quad (10.158)$$

$$v_{saída2} = -g_m R_D v_{entrada2}, \quad (10.159)$$

Portanto,

$$\frac{v_{saída1} - v_{saída2}}{v_{entrada1} - v_{entrada2}} = -g_m R_D. \quad (10.160)$$

Exemplo 10.21 Provemos que a Equação (10.151) também pode fornecer ganho de tensão diferencial.

Solução Como $V_{saída1} - V_{saída2} = -R_D(I_{D1} - I_{D2})$ e como $g_m = \sqrt{\mu_n C_{ox}(W/L)I_{SS}}$ (por quê?), da Equação (10.151), temos

$$V_{saída1} - V_{saída2} = -R_D \sqrt{\mu_n C_{ox} \frac{W}{L} I_{SS}} (V_{entrada1} - V_{entrada2}) \quad (10.161)$$

$$= -g_m R_D (V_{entrada1} - V_{entrada2}). \quad (10.162)$$

Isso, obviamente, era esperado. Afinal, a operação em pequenos sinais apenas significa aproximar a característica entrada/saída [Equação (10.142)] por uma linha reta [Equação (10.151)] em torno do ponto de operação (equilíbrio).

Exercício Usando a equação $g_m = 2I_D/(V_{GS} - V_{TH})$, expresse o resultado do exemplo anterior em termos da tensão de sobrecarga de equilíbrio.

Como no caso dos circuitos bipolares estudados nos Exemplos 10.10 e 10.14, a análise de topologias diferenciais MOS é muito facilitada se terras virtuais puderem ser identificadas. Os próximos exemplos reforçam esse conceito.

Exemplo 10.22 Determinemos o ganho de tensão do circuito mostrado na Figura 10.34(a). Consideremos $\lambda \neq 0$.

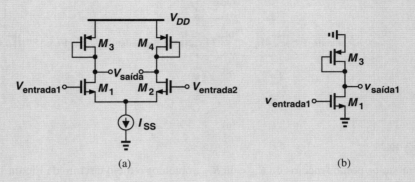

Figura 10.34

Solução Desenhando o meio circuito como na Figura 10.34(b), notemos que a resistência total vista no dreno de M_1 é igual a $(1/g_{m3}) \| r_{O3} \| r_{O1}$. Portanto, o ganho de tensão é igual a

$$A_v = -g_{m1}\left(\frac{1}{g_{m3}} \| r_{O3} \| r_{O1}\right). \tag{10.163}$$

Exercício Repita o exemplo anterior para o caso em que uma resistência de valor R_1 é conectada em série com as fontes de M_3 e M_4.

Exemplo 10.23 Considerando $\lambda = 0$, calculemos o ganho de tensão do circuito ilustrado na Figura 10.35(a).

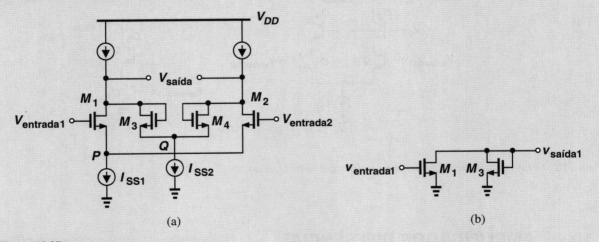

Figura 10.35

Solução Identificando os dois nós P e Q como terras virtuais, construamos o meio circuito mostrado na Figura 10.35(b) e escrevamos

$$A_v = -\frac{g_{m1}}{g_{m3}}. \tag{10.164}$$

Exercício Repita o exemplo anterior para $\lambda \neq 0$.

Exemplo 10.24 Considerando $\lambda = 0$, calculemos o ganho de tensão da topologia mostrada na Figura 10.36(a).

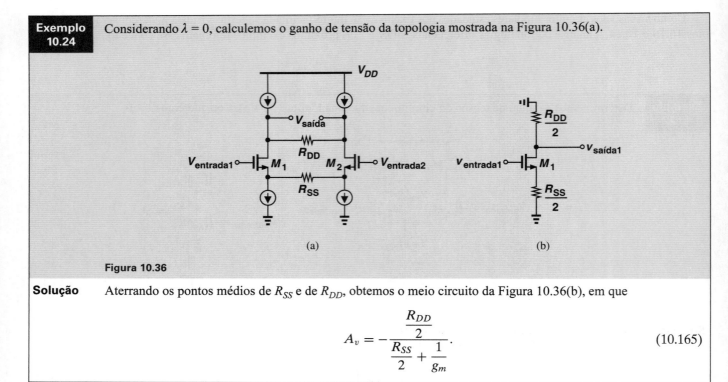

Figura 10.36

Solução Aterrando os pontos médios de R_{SS} e de R_{DD}, obtemos o meio circuito da Figura 10.36(b), em que

$$A_v = -\frac{\dfrac{R_{DD}}{2}}{\dfrac{R_{SS}}{2} + \dfrac{1}{g_m}}. \tag{10.165}$$

Exercício Repita o exemplo anterior para o caso em que as fontes de corrente de carga são substituídas por dispositivos PMOS conectados como diodos.

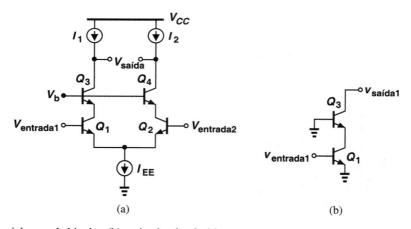

Figura 10.37 (a) Par diferencial cascode bipolar, (b) meio circuito de (a).

10.4 AMPLIFICADOR DIFERENCIAL CASCODE

Recordemos, do Capítulo 9, que estágios cascodes têm ganhos de tensão substancialmente maiores que os de simples estágios EC e FC. Observando que o ganho diferencial de pares diferenciais é igual ao ganho de um terminal dos correspondentes meios circuitos destes, concluímos que o uso da topologia cascode também pode elevar o ganho de pares diferenciais.

Iniciemos nosso estudo com a estrutura ilustrada na Figura 10.37(a), em que Q_3 e Q_4 atuam como dispositivos cascodes e I_1 e I_2 são ideais. Notando que as bases de Q_3 e Q_4 estão na terra AC, construamos o meio circuito mostrado na Figura 10.37(b). A Equação (9.51) fornece o ganho como

$$A_v = -g_{m1}[g_{m3}(r_{O1}||r_{\pi 3})r_{O3} + r_{O1}||r_{\pi 3}], \tag{10.166}$$

confirmando que o cascode diferencial alcança um ganho muito mais elevado.

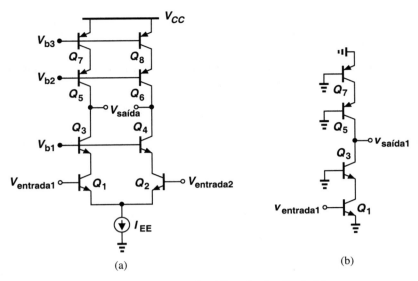

Figura 10.38 (a) Par diferencial cascode bipolar com cargas cascodes, (b) meio circuito de (a).

Os desenvolvimentos do Capítulo 9 também sugerem o uso de cascodes *pnp* para as fontes de corrente I_1 e I_2 na Figura 10.37(a). A configuração resultante, ilustrada na Figura 10.38(a), pode ser analisada com o auxílio do meio circuito da Figura 10.38(b). Utilizando a Equação (9.61), expressemos o ganho de tensão como

$$A_v \approx -g_{m1}[g_{m3}r_{O3}(r_{O1}\|r_{\pi 3})]\|[g_{m5}r_{O5}(r_{O7}\|r_{\pi 5})]. \quad (10.167)$$

A topologia da Figura 10.38(b), chamada de "cascode telescópico", exemplifica o circuito interno de alguns amplificadores operacionais.

Devido a uma falha de fabricação, uma resistência parasita apareceu entre os nós A e B no circuito da Figura 10.39(a). Determinemos o ganho de tensão do circuito.

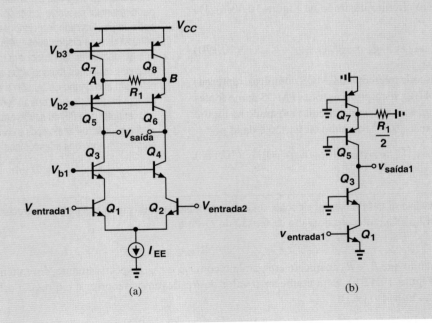

Figura 10.39

Solução A simetria do circuito implica que o ponto médio de R_1 é uma terra virtual e leva ao meio circuito mostrado na Figura 10.39(b). Assim, $R_1/2$ aparece em paralelo com r_{O7} e reduz a impedância de saída do cascode *pnp*. Como o valor de R_1 não é conhecido, não podemos fazer aproximações e devemos retornar à expressão original para a impedância de saída do cascode, Equação (9.1):

$$R_{op} = \left[1 + g_{m5}\left(r_{O7}\|r_{\pi 5}\|\frac{R_1}{2}\right)\right]r_{O5} + r_{O7}\|r_{\pi 5}\|\frac{R_1}{2}. \tag{10.168}$$

A resistência vista olhando para baixo, para o cascode *pnp*, permanece inalterada e, aproximadamente, igual a $g_{m3}r_{O3}(r_{O1}\|r_{\pi 3})$. Portanto, o ganho de tensão é igual a

$$A_v = -g_{m1}[g_{m3}r_{O3}(r_{O1}\|r_{\pi 3})]\|R_{op}. \tag{10.169}$$

Exercício Com $\beta = 50$ e $V_A = 4$ V para todos os transistores e $I_{EE} = 1$ mA, que valor de R_1 degrada o ganho por um fator de dois?

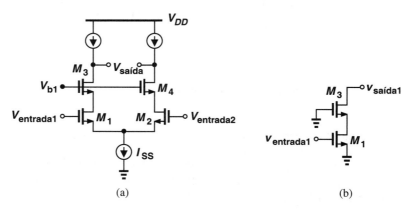

Figura 10.40 (a) Par diferencial cascode MOS, (b) meio circuito de (a).

Agora, voltemos nossa atenção aos cascodes MOS diferenciais. Seguindo os desenvolvimentos anteriores para o caso bipolar, consideremos a topologia da Figura 10.40(a) e desenhemos o meio circuito ilustrado na Figura 10.40(b). Da Equação (9.69),

$$A_v \approx -g_{m3}r_{O3}g_{m1}r_{O1}. \tag{10.170}$$

O amplificador cascode telescópico CMOS completo, representado na Figura 10.41(a), incorpora cascodes PMOS como fontes de corrente de carga e leva ao meio circuito mostrado na Figura 10.41(b). Da Equação (9.72), o ganho de tensão é dado por

$$A_v \approx -g_{m1}[(g_{m3}r_{O3}r_{O1})\|(g_{m5}r_{O5}r_{O7})]. \tag{10.171}$$

Você sabia?
A maioria dos amp ops bipolares independentes não emprega o par diferencial cascode telescópico. Uma razão para isso pode ser o muito limitado intervalo de valores de modo comum de entrada desses dispositivos, uma questão séria no caso de amp ops de uso geral. Contudo, em circuitos integrados analógicos, amp ops cascodes telescópicos encontram larga utilização, pois proveem alto ganho de tensão e exibem melhor comportamento de alta frequência que outras tecnologias de amp ops. Se abrir seu receptor de WiFi ou seu telefone celular, você provavelmente verá alguns filtros analógicos e conversores analógico-digitais que empregam amp ops telescópicos.

Exemplo 10.26 Devido a uma falha de fabricação, duas resistências parasitas iguais, R_1 e R_2, apareceram como indicado na Figura 10.42(a). Calculemos o ganho de tensão do circuito.

Solução Notando que R_1 e R_2 aparecem em paralelo com r_{O5} e r_{O6}, respectivamente, desenhemos o meio circuito ilustrado na Figura 10.42(b). Sem conhecer o valor de R_1, devemos recorrer à expressão original para a impedância de saída, Equação (9.3):

$$R_p = [1 + g_{m5}(r_{O5}\|R_1)]r_{O7} + r_{O5}\|R_1. \tag{10.172}$$

A resistência vista olhando para o dreno do cascode NMOS ainda pode ser aproximada como

$$R_n \approx g_{m3}r_{O3}r_{O1}. \tag{10.173}$$

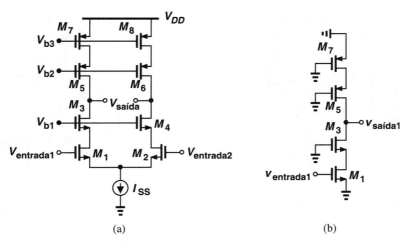

Figura 10.41 (a) Amplificador cascode telescópico MOS, (b) meio circuito de (a).

O ganho de tensão é simplesmente igual a

$$A_v = -g_{m1}(R_p \| R_n). \tag{10.174}$$

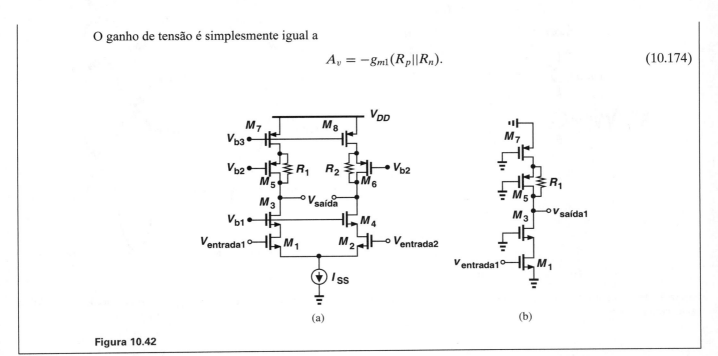

Figura 10.42

Exercício Repita o exemplo anterior para o caso em que, além de R_1 e R_2, um resistor de valor R_3 aparece entre as fontes de M_3 e M_4.

10.5 REJEIÇÃO DO MODO COMUM

No estudo de pares diferenciais bipolar e MOS, observamos que esses circuitos *não* produzem variação na saída quando o nível CM de entrada varia. Essa propriedade de rejeição do modo comum exibida por circuitos diferenciais tem papel fundamental nos sistemas eletrônicos da atualidade. Como o leitor pode ter antecipado, na prática, a rejeição de CM não é infinitamente alta. Nesta seção, examinaremos a rejeição de CM na presença de não idealidades.

A primeira não idealidade diz respeito à impedância de saída da fonte de corrente de cauda. Consideremos a topologia mostrada na Figura 10.43(a), em que R_{EE} denota a impedância de saída de I_{EE}. O que acontece se o nível CM de entrada sofrer uma pequena variação? A simetria requer que Q_1 e Q_2 ainda conduzam correntes iguais e $V_{saída1} = V_{saída2}$. Contudo, como as tensões de base Q_1 e de Q_2 aumentam, V_P também aumenta. Na verdade, notando que $V_{saída1} = V_{saída2}$, podemos posicionar um curto-circuito entre os nós de saída, o que reduz a topologia à mostrada na Figura 10.43(b). Ou seja, no que diz respeito ao nó P, Q_1 e Q_2 operam como um seguidor de emissor. À medida que V_P aumenta, a corrente em R_{EE} também aumenta e, por conseguinte, as correntes de coletor de Q_1 e de Q_2 aumentam. Portanto, o nível de modo comum de saída diminui. A variação

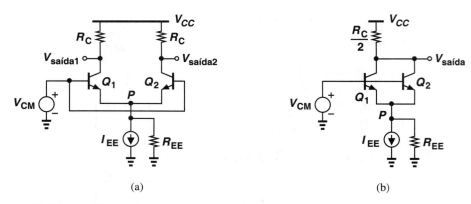

Figura 10.43 (a) Resposta CM do par diferencial na presença de impedância de cauda finita, (b) circuito simplificado de (a).

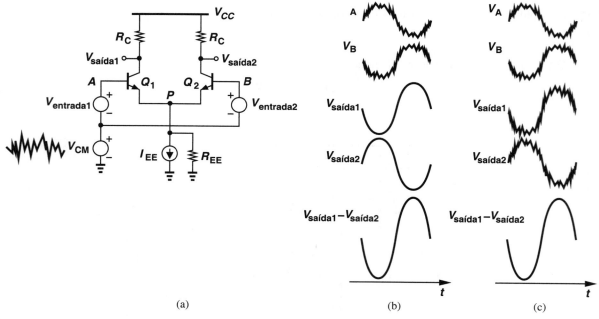

Figura 10.44 (a) Par diferencial que colhe ruído CM de entrada, (b) efeito do ruído CM na saída, com $R_{EE} = \infty$, (c) efeito do ruído CM na saída, com $R_{EE} \neq \infty$.

no nível CM de saída pode ser calculada a partir da observação que o estágio da Figura 10.43(b) lembra um estágio EC degenerado. Ou seja, do Capítulo 5,

$$\frac{\Delta V_{saída,CM}}{\Delta V_{entrada,CM}} = -\frac{\dfrac{R_C}{2}}{R_{EE} + \dfrac{1}{2g_m}} \quad (10.175)$$

$$= -\frac{R_C}{2R_{EE} + g_m^{-1}}, \quad (10.176)$$

em que o termo $2g_m$ representa a transcondutância da combinação de Q_1 e Q_2 em paralelo. Essa grandeza é chamada de "ganho do modo comum". Essas observações também se aplicam ao correspondente MOS. Uma abordagem alternativa para chegar à Equação (10.175) é delineada no Exercício 10.65.

Em resumo, se a corrente de cauda exibir uma impedância de saída finita, o par diferencial produz uma variação no nível CM de saída em resposta a uma variação no nível CM de entrada. É natural que o leitor se pergunte se esse é um problema sério. Afinal, desde que a grandeza de interesse seja a *diferença* entre as saídas, uma variação no nível CM de saída não introduz degradação. A Figura 10.44(a) ilustra essa situação. Aqui, duas entradas diferenciais, $V_{entrada1}$ e $V_{entrada2}$, estão sujeitas a um ruído de modo comum, $V_{entrada,CM}$. Em consequência, as tensões de base de Q_1 e Q_2 em relação à terra aparecem como mostrado na Figura 10.44(b). Com uma fonte de corrente de cauda ideal, a variação do nível CM de entrada não teria qualquer efeito sobre a saída e levaria às formas de onda de saída mostradas na Figura 10.44(b). Com $R_{EE} < \infty$, por sua vez, as saídas *de um terminal* são corrompidas, mas não a saída diferencial [Figura 10.44(c)].

Em resumo, o estudo anterior indica que, na presença de ruído CM de entrada, um ganho CM finito não corrompe a

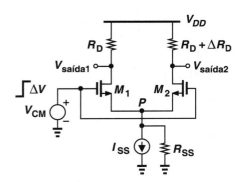

Figura 10.45 Par MOS com cargas assimétricas.

saída diferencial e, portanto, é benigno.[4] No entanto, se o circuito apresentar *assimetrias* e fonte de corrente de cauda com impedância finita, a saída diferencial será corrompida. Durante a fabricação, "descasamentos" aleatórios aparecem entre os dois lados do par diferencial; por exemplo, os transistores ou resistores de carga podem exibir dimensões ligeiramente diferentes. Por conseguinte, a variação na corrente de cauda devido a uma variação do nível CM de entrada pode afetar a saída *diferencial*.

Como exemplo do efeito de assimetrias, consideremos o caso simples de descasamento de resistores de carga. Essa imperfeição, ilustrada na Figura 10.45(a) para um par MOS,[5] leva a uma diferença entre $V_{saída1}$ e $V_{saída2}$. Devemos calcular a variação em I_{D1} e I_{D2} e multiplicar o resultado por R_D e por $R_D + \Delta R_D$.

Como podemos determinar a variação em I_{D1} e em I_{D2}? Desprezando a modulação do comprimento do canal, observemos, primeiro, que

$$I_{D1} = \frac{1}{2}\mu_n C_{ox}\frac{W}{L}(V_{GS1} - V_{TH})^2 \quad (10.177)$$

$$I_{D2} = \frac{1}{2}\mu_n C_{ox}\frac{W}{L}(V_{GS2} - V_{TH})^2, \quad (10.178)$$

com isso, concluímos que ΔI_{D1} deve ser igual a ΔI_{D2}, pois $V_{GS1} = V_{GS2}$ e, portanto, $\Delta V_{GS1} = \Delta V_{GS2}$. Em outras palavras, o descasamento dos resistores de carga não afeta a simetria das correntes conduzidas por M_1 e M_2.[6] Escrevendo $\Delta I_{D1} = \Delta I_{D2} = \Delta I_D$ e $\Delta V_{GS1} = \Delta V_{GS2} = \Delta V_{GS}$, notamos que tanto ΔI_{D1} como ΔI_{D2} fluem por R_{SS}, originando uma variação de tensão igual a $2\Delta I_D R_{SS}$. Logo,

$$\Delta V_{CM} = \Delta V_{GS} + 2\Delta I_D R_{SS} \quad (10.179)$$

e, como $\Delta V_{GS} = \Delta I_D/g_m$,

$$\Delta V_{CM} = \Delta I_D\left(\frac{1}{g_m} + 2R_{SS}\right). \quad (10.180)$$

Ou seja,

$$\Delta I_D = \frac{\Delta V_{CM}}{\dfrac{1}{g_m} + 2R_{SS}}. \quad (10.181)$$

Esta variação de corrente produzida por cada transistor flui por R_D e por $R_D + \Delta R_D$, gerando a seguinte variação na saída diferencial

$$\Delta V_{saída} = \Delta V_{saída1} - \Delta V_{saída2} \quad (10.182)$$

$$= \Delta I_D R_D - \Delta I_D(R_D + \Delta R_D) \quad (10.183)$$

$$= -\Delta I_D \cdot \Delta R_D \quad (10.184)$$

$$= -\frac{\Delta V_{CM}}{\dfrac{1}{g_m} + 2R_{SS}}\Delta R_D. \quad (10.185)$$

Segue que

$$\left|\frac{\Delta V_{saída}}{\Delta V_{CM}}\right| = \frac{\Delta R_D}{\dfrac{1}{g_m} + 2R_{SS}}. \quad (10.186)$$

(Este resultado também pode ser obtido com a análise de pequenos sinais.) Dizemos que o circuito exibe "conversão do modo comum para modo diferencial (DM)" e denotamos o ganho anterior por A_{CM-DM}. Na prática, procuramos minimizar essa degradação por meio da maximização da impedância de saída da fonte de corrente de cauda. Por exemplo, uma fonte de corrente bipolar pode empregar degeneração de emissor e uma fonte de corrente MOS pode incorporar um transistor relativamente mais longo. Portanto, é razoável considerar $R_{SS} \gg 1/g_m$ e

$$A_{CM-DM} \approx \frac{\Delta R_D}{2R_{SS}}. \quad (10.187)$$

Descasamentos entre transistores em um par diferencial também podem levar à conversão CM–DM. Entretanto, o estudo desse efeito está além do escopo deste livro [1].

Exemplo 10.27 Determinemos A_{CM-DM} para o circuito mostrado na Figura 10.46. Consideremos $V_A = \infty$ para Q_1 e Q_2.

---

[4] É interessante observar que, antigamente, a literatura considerava este efeito problemático.
[5] Escolhemos um par MOS para mostrar que o tratamento é o mesmo para as duas tecnologias.
[6] Afetaria se $\lambda \neq 0$.

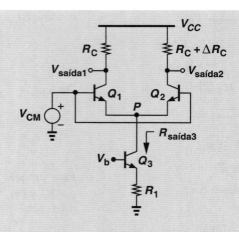

Figura 10.46

Solução Recordemos, do Capítulo 5, que a degeneração do emissor eleva a impedância de saída para

$$R_{saída3} = [1 + g_{m3}(R_1||r_{\pi 3})]r_{O3} + R_1||r_{\pi 3}. \tag{10.188}$$

Substituindo R_{SS} por este valor na Equação (10.186), obtemos

$$A_{CM-DM} = \frac{\Delta R_C}{\dfrac{1}{g_{m1}} + 2\{[1 + g_{m3}(R_1||r_{\pi 3})]r_{O3} + R_1||r_{\pi 3}\}}. \tag{10.189}$$

Exercício Repita o cálculo anterior para $R_1 \to \infty$.

Embora indesejável, a conversão CM–DM não pode ser quantificada simplesmente por A_{CM-DM}. Se o circuito prover um ganho *diferencial* elevado, A_{DM} e a degradação *relativa* da saída serão pequenos. Portanto, definimos a "razão de rejeição do modo comum" (CMRR)* como

$$\text{CMRR} = \frac{A_{DM}}{A_{CM-DM}}. \tag{10.190}$$

CMRR representa a razão entre "bom" e "mau" e funciona como uma medida das quantidades de sinal desejado e de degradação que aparecem na saída, se a entrada consistir em uma componente diferencial e em ruído de modo comum.

10.6 PAR DIFERENCIAL COM CARGA ATIVA

Nesta seção, estudaremos a interessante combinação de pares diferenciais com espelhos de corrente, que é útil em diversas aplicações. Para chegar ao circuito, primeiro, examinemos um problema encontrado em alguns casos.

Recordemos que os amp ops usados no Capítulo 8 têm entrada diferencial, mas saída de *um terminal* [Figura 10.47(a)]. Portanto, os circuitos internos do amp op devem incorporar um estágio que "converta" uma entrada diferencial em uma saída de um terminal. Podemos considerar a topologia mostrada na

Exemplo 10.28 Calculemos a CMRR do circuito mostrado na Figura 10.46.

Solução Para pequenos descasamentos (por exemplo, 1%), $\Delta R_C \ll R_C$ e o ganho diferencial é igual a $g_{m1}R_C$. Logo,

$$\text{CMRR} = \frac{g_{m1}R_C}{\Delta R_C}\left\{\frac{1}{g_{m1}} + 2[1 + g_{m3}(R_1||r_{\pi 3})]r_{O3} + 2(R_1||r_{\pi 3})\right\}. \tag{10.191}$$

Exercício Determine a CMRR se $R_1 \to \infty$.

---

* Por conveniência, esta razão será denotada pela sigla "CMRR", derivada do correspondente termo em inglês: *Common-Mode Rejection Ratio*. (N.T.)

Amplificadores Diferenciais 379

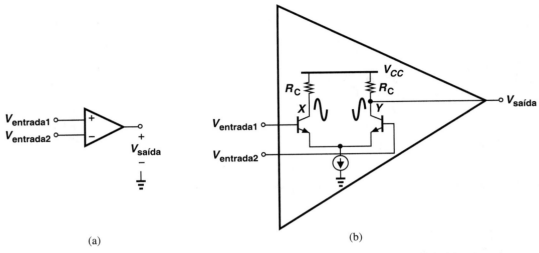

Figura 10.47 (a) Circuito com entrada diferencial e saída de um terminal, (b) possível implementação de (a).

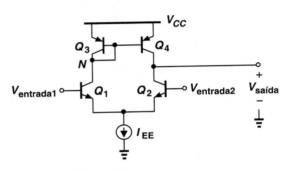

Figura 10.48 Par diferencial com carga ativa.

Figura 10.47(b) como candidata para essa tarefa. Aqui, a saída é colhida no nó Y e em relação à terra, não em relação ao nó X.[7] Infelizmente, o ganho de tensão, agora, é dividido por dois, pois a excursão do sinal no nó X não é usada.

Agora, apresentaremos uma topologia que executa a tarefa de conversão "de diferencial para um terminal" e também soluciona os problemas anteriores. O circuito, mostrado na Figura 10.48, emprega um par diferencial simétrico, Q_1-Q_2, e um espelho de corrente como carga, Q_3-Q_4. (Os transistores Q_3 e Q_4 também são idênticos.) A saída é colhida em relação à terra.

10.6.1 Análise Qualitativa

É interessante que, primeiro, decomponhamos o circuito da Figura 10.48 em duas seções: o par diferencial de entrada e o espelho de corrente de carga. Como ilustrado na Figura 10.49(a) (juntamente com uma carga fictícia R_L), Q_1 e Q_2 produzem variações iguais e opostas em suas correntes de coletor em resposta a uma variação diferencial na entrada, criando uma variação de tensão $\Delta I R_L$ em R_L. Agora, consideremos o circuito da Figura 10.49(b) e suponhamos que a corrente puxada de Q_3 aumente de $I_{EE}/2$ para $I_{EE}/2 + \Delta I$. O que acontece? Primeiro,

como a impedância de pequenos sinais vista no nó N é aproximadamente igual a $1/g_{m3}$, V_N sofre uma alteração $\Delta I/g_{m3}$ (para ΔI pequeno). Segundo, devido à ação do espelho de corrente, a corrente de coletor de Q_4 também *aumenta* de ΔI. Em consequência, a tensão em R_L sofre uma alteração $\Delta I R_L$.

Para entender o funcionamento detalhado do circuito, apliquemos uma pequena variação diferencial à entrada e sigamos os sinais até a saída (Figura 10.50). O resistor de carga, R_L, é adicionado para facilitar o entendimento, mas não é necessário para a operação do circuito. Com as variações da tensão de entrada mostradas, notamos que I_{C1} sofre certo aumento ΔI e I_{C2} sofre diminuição igual. Ignorando os papéis de Q_3 e de Q_4 por um momento, observamos que a queda em I_{C2} se traduz em um *aumento* em $V_{saída}$, pois Q_2 puxa uma corrente menor de R_L. Portanto, a variação da saída pode ser uma versão amplificada de ΔV.

Agora, determinemos como a variação de I_{C1} se propaga por Q_3 e Q_4. Desprezando as correntes de base desses dois transistores, notamos que a variação em I_{C3} também é igual a ΔI. Essa variação é copiada em I_{C4}, devido à ação do espelho de corrente. Em outras palavras, em resposta à entrada diferencial mostrada na Figura 10.50, I_{C1}, $|I_{C3}|$ e $|I_{C4}|$ *aumentam* de ΔI. Como Q_4 "injeta" uma corrente maior no nó de saída, $V_{saída}$ aumenta.

Em resumo, o circuito da Figura 10.50 contém *duas rotas de sinal*: uma por Q_1 e Q_2 e outra por Q_1, Q_3 e Q_4 [Figura 10.51(a)]. Para uma variação da entrada diferencial, cada rota fica sujeita a uma variação de corrente, que se traduz em uma variação de tensão no nó de saída. O ponto importante aqui é que cada rota *reforça* a outra na saída; no exemplo anterior, cada rota força o *aumento* de $V_{saída}$.

O exame inicial de Q_3 e Q_4, na Figura 10.50, indica uma diferença interessante em relação aos espelhos de corrente estudados no Capítulo 9: aqui, Q_3 e Q_4 conduzem *sinais*, além das correntes de polarização. Isso também contrasta com as fontes de corrente de carga na Figura 10.52, em que a tensão

---

[7] Na prática, estágios adicionais precedem este estágio para que ganho elevado seja obtido.

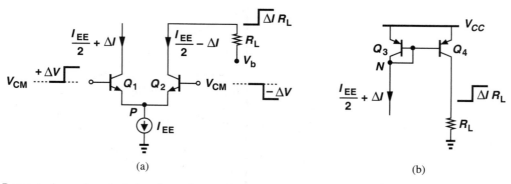

Figura 10.49 (a) Resposta do par de entrada à variação da entrada, (b) resposta da carga ativa à variação da corrente.

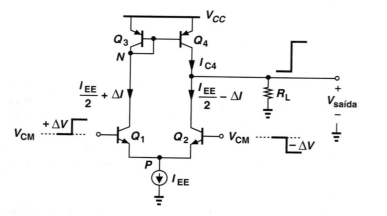

Figura 10.50 Funcionamento detalhado do par com carga ativa.

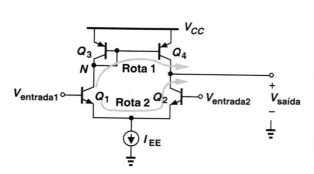

Figura 10.51 Rotas de sinal no par com carga ativa.

Você sabia?

A carga ativa foi uma significativa inovação no projeto de amp ops. Os primeiros amp ops empregavam um par diferencial na entrada, mas descartavam o sinal de um dos lados de saída final. O primeiro vestígio de carga ativa pode ser visto no amp op LM101A, projetado em 1967 por Robert Widlar na empresa National Semiconductors. Widlar reconheceu que a carga ativa evitava grandes valores de resistores (que ocupariam grande área de *chip*), economizava vão livre de tensão e produzia alto ganho. O par diferencial com carga ativa também é conhecido como "AOT de cinco transistores", em que AOT significa "amplificador operacional de transcondutância,* um termo antigamente usado para designar amp ops CMOS.

base-emissor do transistor de carga permanece *constante* e independe dos sinais. A combinação de Q_3 e de Q_4, chamada de "carga ativa" para distingui-la dos transistores de carga da Figura 10.52, tem um papel importante no funcionamento do circuito.

A análise anterior também se aplica ao correspondente CMOS mostrado na Figura 10.53. Especificamente, em resposta a uma pequena entrada diferencial, I_{D1} aumenta para $I_{SS}/2 + \Delta I$ e I_{D2} diminui para $I_{SS}/2 - \Delta I$. A variação em I_{D2} tende a elevar V_{saida}. Além disto, a variação em I_{D1} e I_{D2} é copiada em I_{D4}, aumentando $|I_{D4}|$ e V_{saida}. (Neste circuito, os transistores no espelho de corrente também são idênticos.)

10.6.2 Análise Quantitativa

A existência de rotas de sinal no circuito que efetua a conversão de diferencial para um terminal sugere que o ganho de tensão do circuito deva ser maior que o da topologia diferencial, em que apenas *um* dos nós de saída é colhido em relação à terra [por exemplo, Figura 10.47(b)]. Para confirmar essa hipótese, determinemos a saída de pequenos sinais de um terminal, v_{saida}, dividida pela entrada diferencial de pequenos sinais, $v_{entrada1} - v_{entrada2}$. Usaremos a implementação CMOS (Figura 10.54) para demonstrar que as versões CMOS e bipolar são tratadas da mesma forma.

O circuito da Figura 10.54 apresenta uma ambivalência: embora os transistores sejam simétricos e os sinais de entrada sejam pequenos e diferenciais, o *circuito* é assimétrico. Como o dispositivo conectado como diodo, M_3, cria uma baixa impedância no nó A, esperamos uma excursão de tensão relativamente pequena – da ordem da excursão da entrada – neste nó. Os transistores M_2 e M_4, por sua vez, criam uma alta impedância e, portanto, uma grande excursão de tensão no nó

---

* É muito comum o uso do acrônimo associado ao correspondente termo em inglês, OTA (*Operational Transcondutance Amplifier*). (N.T.)

Amplificadores Diferenciais

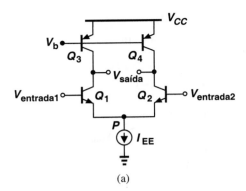

Figura 10.52 Par diferencial com fontes de corrente com carga.

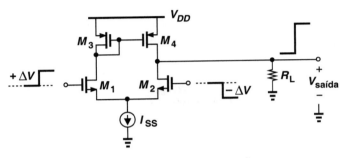

Figura 10.53 Par diferencial MOS com carga ativa.

de saída. (Afinal, o circuito funciona como um *amplificador*.) A assimetria que resulta das diferentes excursões de tensão nos drenos de M_1 e de M_2 impede o aterramento do nó P para a análise de pequenos sinais. Apresentaremos duas abordagens para analisar esse circuito.

Abordagem I Sem um meio circuito, a análise pode ser feita com o uso de um modelo completo de pequenos sinais do amplificador. Com referência ao circuito equivalente mostrado na Figura 10.55, em que as caixas tracejadas indicam cada transistor, efetuaremos a análise em duas etapas. Na primeira, notamos que a soma de i_X e i_Y deve ser zero no nó P; portanto, $i_X = -i_Y$. Além disso, $v_A = -i_X(g_{mP}^{-1} \| r_{OP})$ e

$$-i_Y = \frac{v_{saída}}{r_{OP}} + g_{mP}v_A \quad (10.192)$$

$$= \frac{v_{saída}}{r_{OP}} - g_{mP}i_X\left(\frac{1}{g_{mP}} \middle\| r_{OP}\right) \quad (10.193)$$

$$= i_X. \quad (10.194)$$

Logo,

$$i_X = \frac{v_{saída}}{r_{OP}\left[1 + g_{mP}\left(\frac{1}{g_{mP}} \middle\| r_{OP}\right)\right]} \quad (10.195)$$

Na segunda etapa, escrevemos uma LTK para a malha que consiste nos quatro transistores. A corrente que flui por r_{LIGADO}

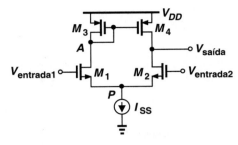

Figura 10.54 Par MOS para análise de pequenos sinais.

de M_1 é igual a $i_X - g_{mN}v_1$ e a que flui por r_{LIGADO} de M_2 é igual a $i_Y - g_{mN}v_2$. Portanto,

$$\begin{aligned}-v_A + (i_X - g_{mN}v_1)r_{ON} - (i_Y - g_{mN}v_2)r_{ON} \\ + v_{saída} = 0.\end{aligned} \quad (10.196)$$

Como $v_1 - v_2 = v_{entrada1} - v_{entrada2}$ e $i_X = -i_Y$,

$$v_A + 2i_X r_{ON} - g_{mN}r_{ON}(v_{entrada1} - v_{entrada2})$$
$$+ v_{saída} = 0. \quad (10.197)$$

Usando esses valores de v_A e i_X, obtemos

$$\frac{v_{saída}}{r_{OP}\left[1 + g_{mP}\left(\frac{1}{g_{mP}} \middle\| r_{OP}\right)\right]}\left(\frac{1}{g_{mP}} \middle\| r_{OP}\right)$$
$$+ 2r_{ON}\frac{v_{saída}}{r_{OP}\left[1 + g_{mP}\left(\frac{1}{g_{mP}} \middle\| r_{OP}\right)\right]}$$
$$+ v_{saída} = g_{mN}r_{ON}(v_{entrada1} - v_{entrada2}). \quad (10.198)$$

Resolvendo para $v_{saída}$, temos

$$\frac{v_{saída}}{v_{entrada1} - v_{entrada2}} = g_{mN}r_{ON}\frac{r_{OP}\left[1 + g_{mP}\left(\frac{1}{g_{mP}} \middle\| r_{OP}\right)\right]}{2r_{ON} + 2r_{OP}}. \quad (10.199)$$

Esta é a expressão exata para o ganho. Se $g_{mP}r_{OP} \gg 1$, então

$$\frac{v_{saída}}{v_{entrada1} - v_{entrada2}} = g_{mN}(r_{ON} \| r_{OP}). \quad (10.200)$$

O ganho independe de g_{mP} e é igual ao do circuito totalmente diferencial. Em outras palavras, o uso da carga ativa recuperou o ganho.

Abordagem II* Nesta abordagem, decomporemos o circuito em seções que permitam análise por inspeção. Como ilustrado na Figura 10.56(a), primeiro, buscamos um equivalente de Thévenin para a seção, que consiste em $v_{entrada1}$, $v_{entrada2}$, M_1 e M_2, considerando que $v_{entrada1}$ e $v_{entrada2}$ sejam diferenciais. Recordemos que $v_{Thév}$ é a tensão entre A e B na "condição de

---

* Esta seção pode ser pulada em uma primeira leitura.

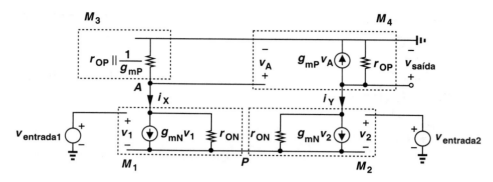

Figura 10.55 Circuito equivalente de pequenos sinais do par diferencial com carga ativa.

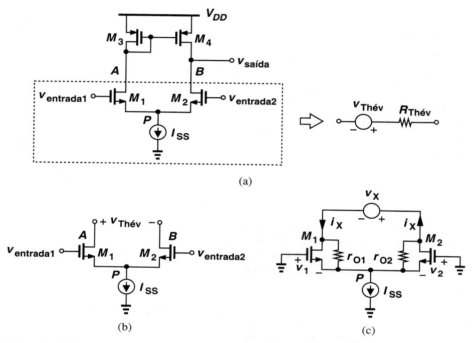

Figura 10.56 (a) Equivalente de Thévenin, (b) tensão de Thévenin e (c) resistência de Thévenin do par de entrada.

circuito aberto" [Figura 10.56(b)]. Nesta condição, o circuito é simétrico e se parece com a topologia da Figura 10.16(a). A Equação (10.92) fornece

$$v_{Thév} = -g_{mN}r_{ON}(v_{entrada1} - v_{entrada2}), \quad (10.201)$$

em que o subscrito N se refere a dispositivos NMOS.

Para determinar a resistência de Thévenin, fixamos as entradas em zero e aplicamos uma tensão entre os terminais de saída [Figura 10.56(c)]. Notando que M_1 e M_2 têm iguais tensões porta-fonte ($v_1 = v_2$) e escrevendo uma LTK na malha "de saída", temos

$$(i_X - g_{m1}v_1)r_{O1} + (i_X + g_{m2}v_2)r_{O2} = v_X \quad (10.202)$$

Logo,

$$R_{Thév} = 2r_{ON}. \quad (10.203)$$

O leitor é encorajado a obter esse resultado usando meios circuitos.

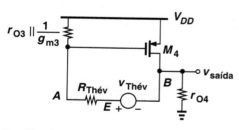

Figura 10.57 Circuito simplificado para o cálculo do ganho de tensão.

Tendo reduzido as fontes de entrada e transistores a um equivalente de Thévenin, agora, calculemos o ganho do amplificador completo. A Figura 10.57 ilustra o circuito simplificado, em que o transistor conectado como diodo M_3 é substituído por $(1/g_{m3})\|r_{O3}$ e a impedância de saída de M_4 é desenhada de forma explícita. O objetivo é o cálculo de $v_{saída}$ em termos de $v_{Thév}$. Como a tensão no nó E em relação à terra é igual a $v_{saída} + v_{Thév}$, podemos interpretar v_A como uma versão dividida de v_E:

$$v_A = \frac{\dfrac{1}{g_{m3}} \Big\| r_{O3}}{\dfrac{1}{g_{m3}} \Big\| r_{O3} + R_{Thév}} (v_{saída} + v_{Thév}). \quad (10.204)$$

A corrente de dreno de pequenos sinais de M_4, dada por $g_{m4}v_A$, deve satisfazer a LCK no nó de saída:

$$g_{m4}v_A + \frac{v_{saída}}{r_{O4}} + \frac{v_{saída} + v_{Thév}}{\dfrac{1}{g_{m3}} \Big\| r_{O3} + R_{Thév}} = 0, \quad (10.205)$$

em que o último termo no lado esquerdo representa a corrente que flui por $R_{Thév}$. Das Equações (10.204) e (10.205), segue que

$$\left(g_{m4} \frac{\dfrac{1}{g_{m3}} \Big\| r_{O3}}{\dfrac{1}{g_{m3}} \Big\| r_{O3} + R_{Thév}} + \frac{1}{\dfrac{1}{g_{m3}} \Big\| r_{O3} + R_{Thév}} \right) (v_{saída} + v_{Thév})$$

$$+ \frac{v_{saída}}{r_{O4}} = 0. \quad (10.206)$$

Notando que $1/g_{m3} \ll r_{O3}$ e $1/g_{m3} \ll R_{Thév}$ e considerando $g_{m3} = g_{m4} = g_{mp}$ e $r_{O3} = r_{O4} = r_{OP}$, reduzimos a Equação (10.206) a

$$\frac{2}{R_{Thév}}(v_{saída} + v_{Thév}) + \frac{v_{saída}}{r_{OP}} = 0. \quad (10.207)$$

Portanto, as Equações (110.201) e (10.207) resultam em

$$v_{saída}\left(\frac{1}{r_{ON}} + \frac{1}{r_{OP}}\right) = \frac{g_{mN}r_{ON}(v_{entrada1} - v_{entrada2})}{r_{ON}} \quad (10.208)$$

Logo

$$\frac{v_{saída}}{v_{entrada1} - v_{entrada2}} = g_{mN}(r_{ON}\|r_{OP}). \quad (10.209)$$

O ganho independe de g_{mp}. É interessante observar que o ganho deste circuito é igual ao ganho *diferencial* da topologia da Figura 10.51(b). Em outras palavras, a rota pela carga ativa restaura o ganho, embora a saída seja de um terminal.

Exemplo 10.29 Nas observações anteriores, concluímos que a excursão de tensão no nó A na Figura 10.56 é muito menor que na saída. Provemos isto.

Solução Como ilustrado na Figura 10.58, uma LCK no nó de saída indica que a corrente total puxada por M_2 deve ser igual a $-v_{saída}/r_{O4} - g_{m4}v_A$. Essa corrente flui por M_1 e, portanto, por M_3 e gera

$$v_A = -(v_{saída}/r_{O4} + g_{m4}v_A)\left(\frac{1}{g_{m3}} \Big\| r_{O3}\right). \quad (10.210)$$

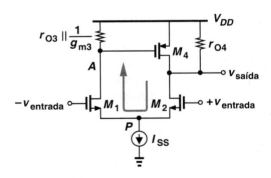

Figura 10.58

Ou seja,

$$v_A \approx -\frac{v_{saída}}{2g_{mP}r_{OP}}, \quad (10.211)$$

revelando que v_A é, de fato, muito menor que $v_{saída}$.

Exercício Calcule o ganho de tensão da entrada diferencial ao nó A.

10.7 RESUMO DO CAPÍTULO

- Sinais de um terminal são tensões medidas em relação à terra. Um sinal diferencial consiste em dois sinais de um terminal conduzidos por dois fios, que partem de um mesmo nível DC (modo comum) e que sofrem variações iguais e opostas.

- Em comparação com sinais de um terminal, sinais diferenciais são mais imunes ao ruído de modo comum.

- Um par diferencial consiste em dois transistores idênticos, uma corrente de cauda e duas cargas idênticas.

- Em um par diferencial, as correntes dos transistores permanecem constantes à medida que o nível CM de entrada varia, ou seja, o circuito "rejeita" as variações do nível CM de entrada.

- As correntes dos transistores sofrem variações opostas quando uma entrada diferencial é aplicada, ou seja, o circuito responde a entradas diferenciais.

- Para pequenas variações diferenciais na entrada, a tensão do nó de cauda de um par diferencial permanece constante e, portanto, é considerado um nó de terra virtual.

- Pares diferenciais bipolares têm característica entrada/saída com forma de tangente hiperbólica. A corrente de cauda pode ser quase totalmente direcionada para um lado com uma entrada diferencial de cerca de $4V_T$.

- Para operação de pequenos sinais, a excursão da entrada diferencial de um par diferencial bipolar deve permanecer abaixo de V_T. O par pode, então, ser decomposto em dois meios circuitos, sendo cada um deles um simples estágio emissor comum.

- Pares diferenciais MOS podem direcionar a corrente de cauda em uma entrada diferencial igual a $\sqrt{2I_{SS}/(\mu_n C_{ox} W/L)}$, que é um fator $\sqrt{2}$ maior que a tensão de sobrecarga de equilíbrio de cada transistor.

- Diferentemente dos correspondentes bipolares, pares diferenciais MOS podem prover uma característica mais ou menos linear, dependendo da escolha das dimensões dos dispositivos.

- Os transistores de entrada de um par diferencial podem ser montados em cascode para alcançar um ganho de tensão mais elevado. De modo similar, cargas podem ser montadas em cascode para maximizar o ganho de tensão.

- A saída diferencial de um par diferencial perfeitamente simétrico permanece livre das variações do nível CM de entrada. Na presença de assimetrias e de uma impedância finita da fonte de corrente de cauda, uma fração da variação do nível CM de entrada aparece como uma componente diferencial na saída, corrompendo o sinal desejado.

- O ganho visto pela variação do nível CM normalizado em relação ao ganho visto pelo sinal desejado é denominado razão de rejeição do modo comum.

- É possível substituir as cargas de um par diferencial por um espelho de corrente, de modo a prover uma saída de um terminal, mantendo o ganho original. O circuito é chamado de par diferencial com carga ativa.

EXERCÍCIOS

Seção 10.1 Considerações Gerais

10.1 Para calcular o efeito da ondulação (*ripple*) na saída do circuito da Figura 10.1, podemos considerar que V_{CC} seja uma "entrada" de pequeno sinal e determinar o ganho (de pequenos sinais) de V_{CC} a $V_{saída}$. Calcule este ganho, considerando $V_A < \infty$.

10.2 Repita o Exercício 10.1 para o circuito da Figura 10.2(a), considerando $R_{C1} = R_{C2}$.

10.3 Repita o Exercício 10.1 para os estágios mostrados na Figura 10.59. Considerando $V_A < \infty$ e $\lambda > 0$.

10.4 No circuito da Figura 10.60, $I_1 = I_0 \cos \omega t + I_0$ e $I_2 = -I_0 \cos \omega t + I_0$. Desenhe as formas de onda em X e em Y, determine suas excursões pico a pico e o nível de modo comum.

10.5 Repita o Exercício 10.4 para o circuito da Figura 10.61. Desenhe o gráfico da tensão no nó P em função do tempo.

10.6 Repita o Exercício 10.4 para a topologia mostrada na Figura 10.62.

10.7 Repita o Exercício 10.4 para a topologia mostrada na Figura 10.63.

10.8 Repita o Exercício 10.4 considerando $I_2 = -I_0 \cos \omega t + 0.8 I_0$. X e Y podem ser considerados verdadeiros sinais diferenciais?

*10.9 Considerando $I_1 = I_0 \cos \omega t + I_0$ e $I_2 = -I_0 \cos \omega t + I_0$, desenhe os gráficos de V_X e V_Y em função do tempo para os circuitos ilustrados na Figura 10.64. Considere I_0 seja constante.

*10.10 Considerando $V_1 = V_0 \cos \omega t + V_0$ e $V_2 = -V_0 \cos \omega t + V_0$, desenhe o gráfico de V_P em função do tempo para os circuitos mostrados na Figura 10.65. Considere que I_T seja constante.

Seção 10.2 Par Diferencial Bipolar

10.11 Na Figura 10.7, suponha que V_{CC} aumente de ΔV. Desprezando o efeito Early, determine a variação em V_X, V_Y e $V_X - V_Y$. Explique por que dizemos que o circuito "rejeita" o ruído de alimentação.

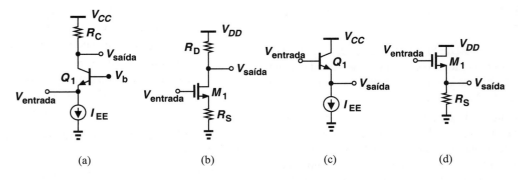

Figura 10.59

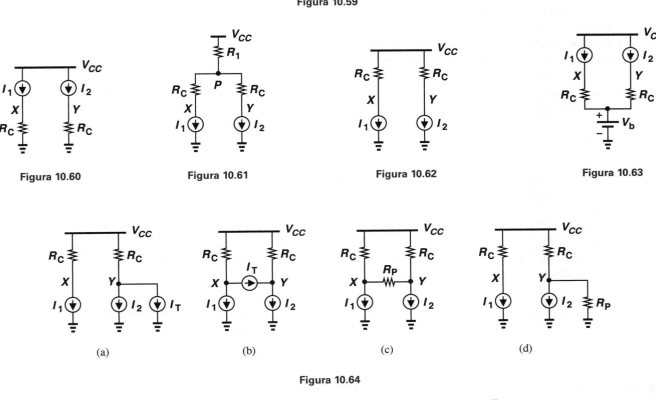

Figura 10.60 **Figura 10.61** **Figura 10.62** **Figura 10.63**

Figura 10.64

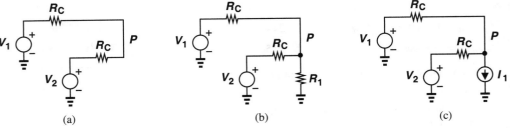

Figura 10.65

10.12 Na Figura 10.7, I_{EE} sofre uma variação ΔI. Que variações sofrem V_X, V_Y e $V_X - V_Y$?

10.13 Repita o Exercício 10.12, mas considere $R_{C1} = R_{C2} + \Delta R$. Despreze o efeito Early.

10.14 Considere o circuito da Figura 10.9(a) e considere $I_{EE} = 1$ mA. Qual é o máximo valor permitido para R_C para que Q_1 permaneça na região ativa?

10.15 No circuito da Figura 10.9(b), $R_C = 500\ \Omega$. Qual é o máximo valor permitido para I_{EE} para que Q_2 permaneça na região ativa?

10.16 Na Figura 10.9(a), suponha $I_{EE} = 1$ mA e $R_C = 800\ \Omega$. Determine a região de operação de Q_1.

*10.17 O que acontece à característica ilustrada na Figura 10.10 se (a) I_{EE} for dividida por dois, (b) V_{CC} for aumentado de ΔV e (c) R_C for dividida por dois.

Seção 10.2.2 Análise de Grandes Sinais de Par Bipolar

10.18 No par diferencial da Figura 10.12, $I_{C1}/I_{C2} = 5$. Qual é a correspondente tensão diferencial de entrada? Com esta tensão aplicada, como I_{C1}/I_{C2} varia se a temperatura subir de 27 °C para 100 °C?

10.19 No circuito da Figura 10.12, a transcondutância de pequenos sinais de Q_2 diminui à medida que $V_{entrada1} - V_{entrada2}$ aumenta, pois I_{C2} diminui. Usando a Equação (10.58), determine a diferença de entrada em que a transcondutância de Q_2 é reduzida por um fator 2.

10.20 Suponha que o sinal diferencial de entrada aplicado a um par diferencial bipolar não deva alterar a transcondutância (e, portanto, a corrente de polarização) de cada transistor em mais de 10%. Da Equação (10.58), determine a máxima entrada permitida.

*10.21 É possível definir uma transcondutância diferencial para o par diferencial bipolar da Figura 10.12 como:

$$G_m = \frac{\partial(I_{C1} - I_{C2})}{\partial(V_{entrada1} - V_{entrada2})}. \quad (10.212)$$

Das Equações (10.58) e (10.60), calcule G_m e desenhe o gráfico do resultado em função de $V_{entrada1} - V_{entrada2}$. Qual é o valor máximo de G_m? Em que valor de $V_{entrada1} - V_{entrada2}$ G_m é reduzida por um fator de dois em relação ao valor máximo?

*10.22 Com a ajuda da Equação (10.78), podemos calcular o ganho de tensão de pequenos sinais do par diferencial como:

$$A_v = \frac{\partial(V_{saida1} - V_{saida2})}{\partial(V_{entrada1} - V_{entrada2})}. \quad (10.213)$$

Determine o ganho e calcule seu valor se $V_{entrada1} - V_{entrada2}$ contiver uma componente DC de 30 mV.

**10.23 No Exemplo 10.9, $R_C = 500\ \Omega$, $I_{EE} = 1$ mA e $V_{CC} = 2,5$ V. Considere

$$V_{entrada1} = V_0 \text{ sen } \omega t + V_{CM} \quad (10.214)$$
$$V_{entrada2} = -V_0 \text{ sen } \omega t + V_{CM}, \quad (10.215)$$

em que $V_{CM} = 1$ V denota o nível de modo comum de entrada.

(a) Se $V_0 = 2$ mV, desenhe as formas de onda de saída (em função do tempo).

(b) Se $V_0 = 50$ mV, determine o instante de tempo t_1 em que um transistor conduz 95% da corrente de cauda. Desenhe as formas de onda de saída.

10.24 Explique o que acontece à característica mostrada na Figura 10.13 se a temperatura ambiente passar de 27 °C para 100 °C.

**10.25 O estudo no Exemplo 10.9 sugere que um par diferencial seja capaz de converter uma senoide em uma onda quadrada. Usando os parâmetros de circuito dados no Exercício 10.23, desenhe as formas de onda de saída para $V_0 = 80$ mV e $V_0 = 160$ mV. Explique por que a onda quadrada de saída se torna "mais aguda" à medida que a amplitude de entrada aumenta.

10.26 No Exercício 10.25, estime a inclinação das ondas quadradas de saída para $V_0 = 80$ mV e $V_0 = 160$ mV, com $\omega = 2\pi \times (100\text{ MHz})$.

Seção 10.2.3 Análise de Pequenos Sinais de Par Bipolar

10.27 Repita a análise de pequenos sinais da Figura 10.15 para o circuito mostrado na Figura 10.66. (Primeiro, prove que P ainda é uma terra virtual.)

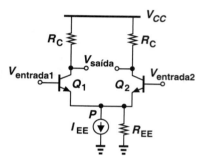

Figura 10.66

10.28 Usando um modelo de pequenos sinais e incluindo a resistência de saída do transistor, prove que a Equação (10.86) é válida na presença do efeito Early.

*10.29 Na Figura 10.67, $I_{EE} = 1$ mA e $V_A = 5$ V. Calcule o ganho de tensão do circuito. Note que o ganho independe da corrente de cauda.

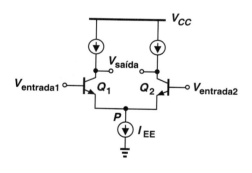

Figura 10.67

10.30 Considere o circuito mostrado na Figura 10.68, em que $I_{EE} = 2$ mA, $V_{A,n} = 5$ V, $V_{A,p} = 4$ V. Que valor de $R_1 = R_2$ permite um ganho de tensão de 50?

10.31 O circuito da Figura 10.68 deve prover um ganho de 50, com $R_1 = R_2 = 5$ kΩ. se $V_{A,n} = 5$ V, $V_{A,p} = 4$ V, calcule a necessária corrente de cauda.

**10.32 Considerando simetria perfeita e $V_A < \infty$, calcule o ganho de tensão diferencial de cada um dos estágios mostrados na Figura 10.69.

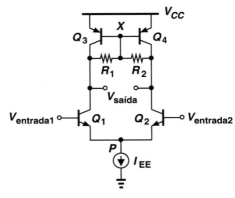

Figura 10.68

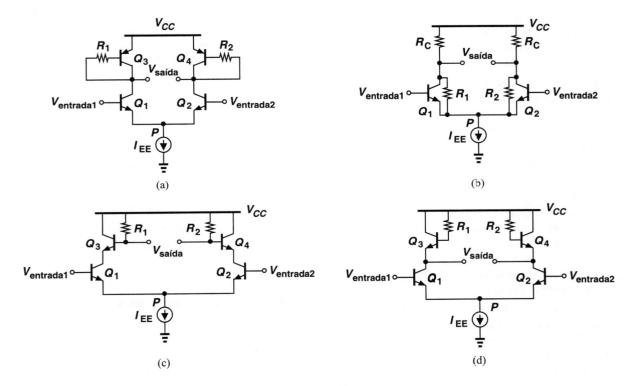

Figura 10.69

*10.33 Considere o par diferencial ilustrado na Figura 10.70. Considerando a simetria perfeita e $V_A = \infty$,
   (a) Determine o ganho de tensão.
   (b) Em que condição o ganho se torna *independente* da corrente de cauda? Este é um exemplo de um circuito muito linear, pois o ganho não varia com os níveis de entrada ou de saída.

10.34 Considerando a simetria perfeita e $V_A < \infty$, calcule o ganho de tensão diferencial de cada um dos estágios mostrados na Figura 10.71. Em alguns casos, você pode precisar calcular o ganho como $A_v = -G_m R_{saída}$.

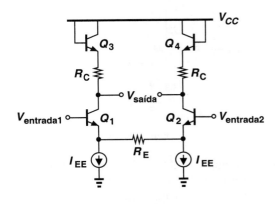

Figura 10.70

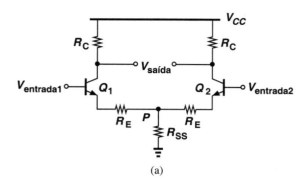
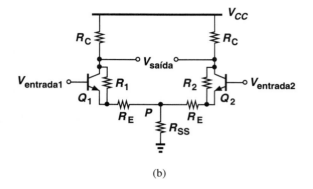

(a) (b)

Figura 10.71

Seção 10.3 Par Diferencial MOS

10.35 Considere o par diferencial MOS da Figura 10.24. O que acontece à tensão do nó de cauda se (a) as larguras de M_1 e de M_2 forem dobradas, (b) I_{SS} for dobrada, (c) a espessura do óxido de porta for dobrada?

10.36 No par diferencial MOS da Figura 10.24, $V_{CM} = 1$ V, $I_{SS} = 1$ mA e $R_D = 1$ kΩ. Qual é a mínima tensão de alimentação para que os transistores permaneçam em saturação? Considerando $V_{TH,n} = 0,5$ V.

10.37 O par diferencial MOS da Figura 10.24 deve ser projetado para uma tensão de sobrecarga de equilíbrio de 200 mV. Se $\mu_n C_{ox} = 100\ \mu A/V^2$ e $W/L = 20/0,18$, qual é o necessário valor de I_{SS}?

10.38 Para um MOSFET, a "densidade de corrente" pode ser definida como a corrente de dreno dividida pela largura do dispositivo, para um dado comprimento de canal. Explique por que a tensão de sobrecarga de equilíbrio de um par diferencial MOS varia em função da densidade de corrente.

*10.39 Um par diferencial MOS contém uma resistência parasita conectada entre o nó de cauda e a terra (Figura 10.72). Sem usar o modelo de pequenos sinais, prove que P ainda é uma terra virtual para pequenas entradas diferenciais.

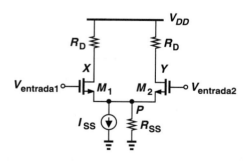

Figura 10.72

10.40 Na Figura 10.25(a), $V_{entrada1} = 1,5$ V e $V_{entrada2} = 0,3$ V. Considerando que M_2 esteja desligado, determine a condição dos parâmetros do circuito que garanta que M_1 opere em saturação.

10.41 Um estudante ousado construiu o circuito mostrado na Figura 10.73, que chamou de "amplificador diferencial", pois $I_D \propto (V_{entrada1} - V_{entrada2})$. Explique que aspectos de nossos sinais e amplificadores diferenciais são violados por este circuito.

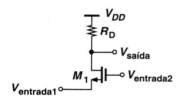

Figura 10.73

10.42 Repita o Exemplo 10.16 para uma tensão de alimentação de 2 V. Formule a relação de permuta entre V_{DD} e W/L, para um dado nível de modo comum de saída.

Seção 10.3.2 Análise de Grandes Sinais de Par MOS

10.43 Analise a Equação (10.134) para os seguintes casos: (a) $I_{D1} = 0$, (b) $I_{D1} = I_{SS}/2$ e (c) $I_{D1} = I_{SS}$. Explique a significância destes casos.

10.44 Prove que o lado direito da Equação (10.139) sempre é negativo quando a solução com sinal negativo é considerada.

10.45 Da Equação (10.142), determine o valor de $V_{entrada1} - V_{entrada2}$ para que $I_{D1} - I_{D2} = I_{SS}$. Comprove que este resultado é igual a $\sqrt{2}$ vezes a tensão de sobrecarga de equilíbrio.

10.46 Da Equação (10.142), calcule a transcondutância de pequenos sinais de um par diferencial MOS, definida como

$$G_m = \frac{\partial (I_{D1} - I_{D2})}{\partial (V_{entrada1} - V_{entrada2})}. \quad (10.216)$$

Desenhe o gráfico do resultado em função de $V_{entrada1} - V_{entrada2}$ e determine seu valor máximo.

10.47 Suponha que um novo tipo de transistor MOS tenha sido inventado, com a seguinte característica I-V:

$$I_D = \gamma(V_{GS} - V_{TH})^3, \qquad (10.217)$$

em que γ é um fator de proporcionalidade. A Figura 10.74 mostra um par diferencial que emprega estes transistores.

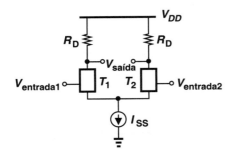

Figura 10.74

(a) Que similaridades existem entre este circuito e o par diferencial MOS comum?
(b) Calcule a tensão de sobrecarga de equilíbrio de T_1 e T_2.
(c) Em que valor de $V_{entrada1} - V_{entrada2}$ um dos transistores é desligado?

*10.48 Usando o resultado obtido no Exercício 10.46, calcule o valor de $V_{entrada1} - V_{entrada2}$ em que a transcondutância é reduzida por um fator 2.

*10.49 Explique o que acontece à característica mostrada na Figura 10.31 se (a) a espessura de óxido de porta do transistor for dobrada, (b) a tensão de limiar for dividida por dois, (c) I_{SS} e a razão W/L forem divididas por dois.

*10.50 Considerando que a mobilidade de portadores diminua nas altas temperaturas, explique o que acontece à característica da Figura 10.31 à medida que a temperatura aumenta.

Seção 10.3.3 Análise de Pequenos Sinais de Par MOS

10.51 Um estudante que tem uma fonte de tensão de um terminal constrói o circuito mostrado na Figura 10.75, esperando obter saídas diferenciais. Considere simetria perfeita e, por simplicidade, $\lambda = 0$.

(a) Considerando M_1 como um estágio fonte comum degenerado pela impedância vista na fonte de M_2, calcule v_X em função de $v_{entrada}$.

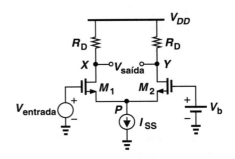

Figura 10.75

(b) Considerando M_1 como um seguidor de fonte e M_2 como um estágio porta comum, calcule v_Y em termos de $v_{entrada}$.
(c) Some os resultados obtidos em (a) e (b) com polaridades adequadas. se o ganho de tensão for definido como $(v_X - v_Y)/v_{entrada}$, como este se compara com o ganho de pares alimentados por sinais diferenciais?

10.52 Calcule o ganho de tensão diferencial de cada circuito ilustrado na Figura 10.76. Considere simetria perfeita e $\lambda > 0$.

*10.53 Calcule o ganho de tensão diferencial de cada circuito ilustrado na Figura 10.77. Considere simetria perfeita e $\lambda > 0$. Em alguns casos, você pode precisar calcular o ganho como $A_v = -G_m R_{saída}$.

Seção 10.4 Pares Diferenciais Cascodes

10.54 O par diferencial cascode da Figura 10.37(a) deve alcançar um ganho de tensão de 4000. Se Q_1–Q_4 forem idênticos e $\beta = 100$, qual é a mínima tensão de Early necessária?

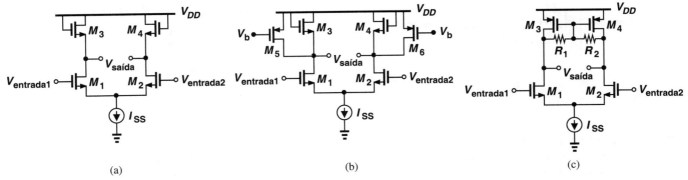

(a)   (b)   (c)

Figura 10.76

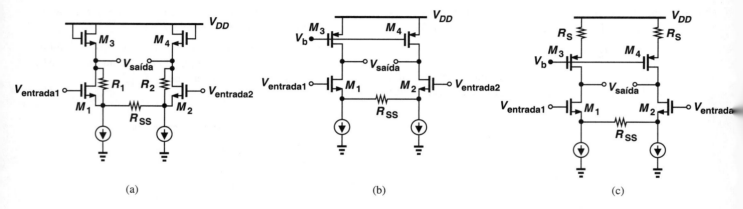

Figura 10.77

10.55 Devido a um erro de fabricação, uma resistência parasita, R_P, apareceu no circuito da Figura 10.78. Calcule o ganho de tensão.

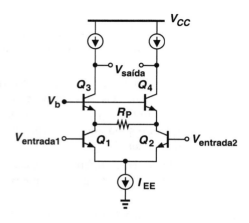

Figura 10.78

10.56 Repita o Exercício 10.53 para o circuito mostrado na Figura 10.79.

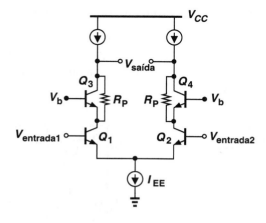

Figura 10.79

**10.57 Um estudante usou, erroneamente, transistores cascodes *pnp* em um par diferencial, como ilustrado na Figura 10.80. Calcule o ganho de tensão do circuito. (Sugestão: $A_v = -G_m R_{saída}$.)

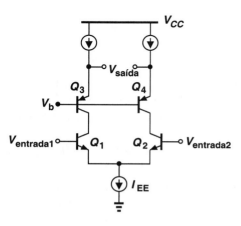

Figura 10.80

*10.58 Calcule o ganho de tensão do par degenerado ilustrado na Figura 10.81. (Sugestão: $A_v = -G_m R_{saída}$.)

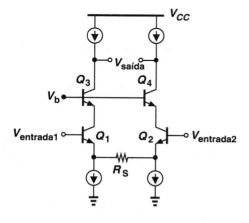

Figura 10.81

*10.59 Dando-se conta de que o circuito da Figura 10.80 tinha ganho baixo, o estudante fez a modificação mostrada na Figura 10.82. Calcule o ganho de tensão desta topologia.

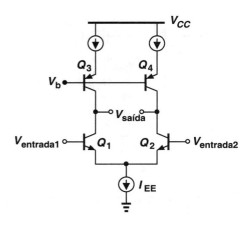

Figura 10.82

★★10.60 O cascode telescópico da Figura 10.38 deve operar como um amp op com ganho em malha aberta de 800. Se Q_1-Q_4 forem idênticos, assim como Q_5-Q_8, determine a mínima tensão de Early permitida. Considere $\beta_n = 2\beta_p = 100$ e $V_{A,n} = 2V_{A,p}$.

10.61 Determine o ganho de tensão do circuito representado na Figura 10.83. Essa topologia é considerada um cascode telescópico?

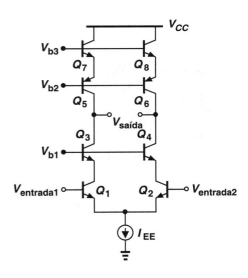

Figura 10.83

10.62 O cascode MOS da Figura 10.40(a) deve prover um ganho de tensão de 300. Se $W/L = 20/0,18$ para M_1-M_4, e $\mu_n C_{ox} = 100\ \mu A/V^2$, determine a necessária corrente de cauda. Considere $\lambda = 0,1\ V^{-1}$.

★★10.63 Um estudante ousado modificou um cascode telescópico CMOS como indicado na Figura 10.84, em que os transistores cascodes PMOS foram substituídos por dispositivos NMOS. Considerando $\lambda > 0$, calcule o ganho de tensão do circuito. (Sugestão: a impedância vista olhando para a fonte de M_5 ou M_6 não é igual a $1/g_m \| r_O$.)

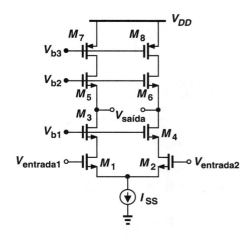

Figura 10.84

10.64 O cascode telescópico MOS da Figura 10.41(a) foi projetado para um ganho de tensão de 200, com corrente de cauda de 1mA. Se $\mu_n C_{ox} = 100\ \mu A/V^2$, $\mu_p C_{ox} = 50\ \mu A/V^2$, $\lambda_n = 0,1\ V^{-1}$ e $\lambda_p = 0,2\ V^{-1}$, determine $(W/L)_1 = \ldots = (W/L)_8$.

Seção 10.5 Rejeição do Modo Comum

10.65 Considere o circuito da Figura 10.43(a) e substitua R_{EE} por dois resistores em paralelo iguais a $2R_{EE}$ e conectados nos dois lados da fonte de corrente. Agora, desenhe uma reta vertical de simetria através do circuito e o decomponha em dois meios circuitos de modo comum, cada um com um resistor de degeneração igual a $2R_{EE}$. Prove que a Equação (10.175) continua válida.

10.66 O par diferencial bipolar ilustrado na Figura 10.85 deve exibir um ganho de modo comum menor que 0,01. Considerando $V_A = \infty$ para Q_1 e Q_2 e $V_A < \infty$ para Q_3, prove que

$$R_C I_C < 0,02(V_A + V_T). \qquad (10.218)$$

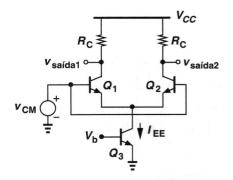

Figura 10.85

★10.67 Calcule o ganho de modo comum do par diferencial MOS representado na Figura 10.86. Considere $\lambda = 0$ para M_1 e M_2, e $\lambda \neq 0$ para M_3. Prove que

$$A_{CM} = \frac{-R_D I_{SS}}{\dfrac{2}{\lambda} + (V_{GS} - V_{TH})_{eq.}}, \qquad (10.219)$$

em que $(V_{GS} - V_{TH})_{eq}$ denota a tensão de sobrecarga de equilíbrio de M_1 e M_2.

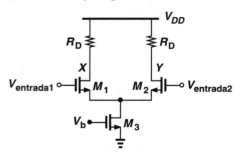

Figura 10.86

10.68 Calcule o ganho de modo comum do circuito mostrado na Figura 10.87. Considere $\lambda > 0$, $g_m r_O \gg 1$ e use a relação $A_v = -G_m R_{saída}$.

10.69 Repita o Exercício 10.68 para os circuitos mostrados na Figura 10.88.

*10.70 Calcule a razão de rejeição do modo comum de cada estágio ilustrado na Figura 10.89 e compare os resultados. Por simplicidade, despreze a modulação do

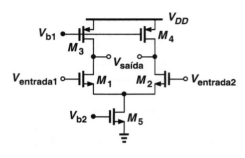

Figura 10.87

comprimento do canal em M_1 e M_2, mas não nos outros transistores.

Seção 10.6 Par Diferencial com Carga Ativa

10.71 Determine o ganho de pequenos sinais $v_{saída}/i_1$ do circuito da Figura 10.90 se $(W/L)_3 = N(W/L)_4$. Despreze a modulação do comprimento do canal.

10.72 No circuito mostrado na Figura 10.91, I_1 varia de I_0 a $I_0 + \Delta I$ e I_2, de I_0 a $I_0 - \Delta I$. Desprezando a modulação do comprimento do canal, calcule $V_{saída}$ antes e depois desta variação, se

(a) $(W/L)_3 = (W/L)_4$.
(b) $(W/L)_3 = 2(W/L)_4$.

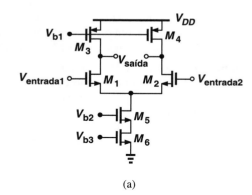

(a)

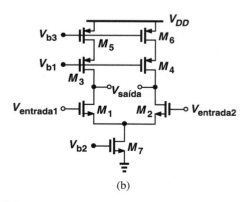

(b)

Figura 10.88

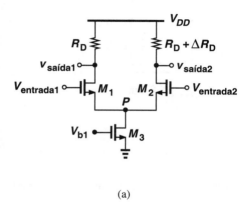

(a)

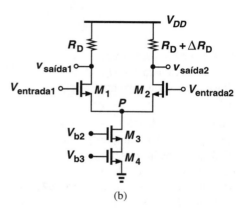

(b)

Figura 10.89

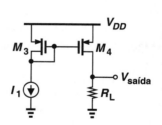

Figura 10.90

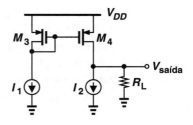

Figura 10.91

10.73 Desprezando a modulação do comprimento do canal, calcule os ganhos de pequenos sinais $v_{saída}/i_1$ e $v_{saída}/i_2$ para o circuito da Figura 10.92.

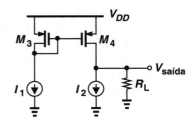

Figura 10.92

**10.74 Considere o circuito da Figura 10.93, em que as entradas são conectadas a um nível de modo comum. Considere que M_1 e M_2 sejam idênticos, assim como M_3 e M_4.

(a) Desprezando a modulação do comprimento do canal, calcule a tensão no nó N.

(b) Fazendo uso da simetria, determine a tensão no nó Y.

(c) O que acontece aos resultados obtidos em (a) e (b) se V_{DD} sofrer uma pequena alteração ΔV?

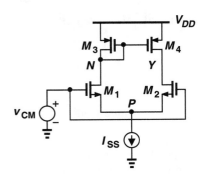

Figura 10.93

10.75 Desejamos projetar o estágio mostrado na Figura 10.94 para um ganho de tensão de 100. Se $V_{A,n} = 5$ V, qual é a necessária tensão de Early para os transistores *pnp*?

10.76 Repita análise na Figura 10.56 construindo um equivalente de Norton para o par diferencial de entrada.

**10.77 Determine a impedância de saída do circuito mostrado na Figura 10.54. Considere $g_m r_O \gg 1$.

10.78 Usando o resultado obtido no Exercício 10.77 e a relação $A_v = -G_m R_{saída}$, calcule o ganho de tensão do estágio.

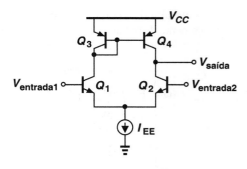

Figura 10.94

Exercícios de Projetos

10.79 Projete o par diferencial da Figura 10.6(a) para um ganho de tensão de 10 e um orçamento de potência de 2 mW. Considere $V_{CC} = 2,5$ V e $V_A = \infty$.

10.80 O par diferencial bipolar da Figura 10.6(a) deve operar com um nível de modo comum de entrada de 1,2 V sem levar os transistores à saturação. Projete o circuito para o máximo ganho de tensão e um orçamento de potência de 3 mW. Considere $V_{CC} = 2,5$ V.

10.81 O par diferencial ilustrado na Figura 10.95 deve prover um ganho de 5, com orçamento de potência de 4 mW. Além disso, o ganho do circuito deve variar menos de 2%

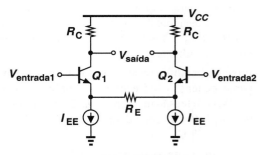

Figura 10.95

se a corrente de coletor de qualquer transistor variar em 10%. Considerando $V_{CC} = 2,5$ V e $V_A = \infty$, projete o circuito. (Sugestão: uma variação de 10% em I_C leva a uma variação de 10% em g_m.)

10.82 Projete o circuito da Figura 10.96 para um ganho de 50 e orçamento de potência de 1 mW. Considere $V_{A,n} = 6$ V e $V_{CC} = 2,5$ V.

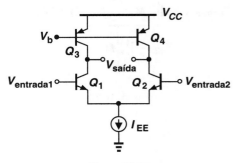

Figura 10.96

10.83 Projete o circuito da Figura 10.97 para um ganho de 100 e orçamento de potência de 1 mW. Considere $V_{A,n} = 10$ V, $V_{A,p} = 5$ V e $V_{CC} = 2{,}5$ V. E, ainda, $R_1 = R_2$.

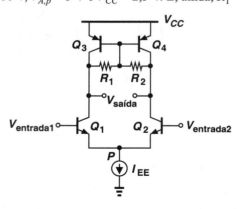

Figura 10.97

10.84 Projete o par diferencial MOS da Figura 10.29 para $\Delta V_{entrada,máx} = 0{,}3$ V e orçamento de potência de 3 mW. Considere $R_D = 500\ \Omega$, $\lambda = 0$, $\mu_n C_{ox} = 100\ \mu A/V^2$ e $V_{DD} = 1{,}8$ V.

10.85 Projete o par diferencial MOS da Figura 10.29 para uma tensão de sobrecarga de equilíbrio de 100 mV e orçamento de potência de 2 mW. Escolha o valor de R_D para colocar o transistor na fronteira da região de triodo, para um nível de modo comum de entrada de 1 V. Considere $\lambda = 0$, $\mu_n C_{ox} = 100\ \mu A/V^2$, $V_{TH,n} = 0{,}5$ V e $V_{DD} = 1{,}8$ V. Qual é o ganho de tensão do circuito resultante?

10.86 Projete o par diferencial MOS da Figura 10.29 para um ganho de tensão de 5 e uma dissipação de potência de 1 mW, com tensão de sobrecarga de equilíbrio de, pelo menos, 150 mV. Considere $\lambda = 0$, $\mu_n C_{ox} = 100\ \mu A/V^2$, e $V_{DD} = 1{,}8$ V.

10.87 O par diferencial ilustrado na Figura 10.98 deve prover um ganho de 40. Considere a mesma tensão de sobrecarga (de equilíbrio) para todos os transistores, dissipação de potência de 2 mW e projete o circuito. Considere $\lambda_n = 0{,}1$ V^{-1}, $\lambda_p = 0{,}2$ V^{-1}, $\mu_n C_{ox} = 100\ \mu A/V^2$, $\mu_p C_{ox} = 100\ \mu A/V^2$ e $V_{DD} = 1{,}8$ V.

10.88 Projete o circuito da Figura 10.37(a) para um ganho de tensão de 4000. Considere que Q_1-Q_4 sejam idênticos e determine o necessário valor da tensão de Early. Considere, ainda, $\beta = 100$, $V_{CC} = 2{,}5$ V e orçamento de potência de 1 mW.

10.89 Projete o cascode telescópico da Figura 10.38(a) para um ganho de tensão de 2000. Considere que Q_1-Q_4 sejam idênticos, assim como Q_5-Q_8. Considere, ainda, $\beta_n = 100$, $\beta_p = 50$, $V_{A,n} = 5$V, $V_{CC} = 2{,}5$ V e orçamento de potência de 2 mW.

10.90 Projete o cascode telescópico da Figura 10.41(a) para um ganho de tensão de 600 e orçamento de potência de 4 mW. Considere uma tensão de sobrecarga (de equilíbrio) de 100 mV para os dispositivos NMOS e de 150 mV para os dispositivos PMOS. Se $V_{DD} = 1{,}8$ V, $\mu_n C_{ox} = 100\ \mu A/V^2$, $\mu_p C_{ox} = 50\ \mu A/V^2$ e $\lambda_n = 0{,}1$ V^{-1}, determine o valor necessário de λ_p. Considere que M_1-M_4 sejam idênticos, assim como M_5-M_8.

10.91 O par diferencial de Figura 10.99 deve alcançar uma CMRR de 60 dB (= 1000). Considere um orçamento de potência de 2 mW, um ganho de tensão diferencial nominal de 5, despreze a modulação do comprimento do canal em M_1 e M_2 e calcule o mínimo valor necessário de λ para M_3. Considere $(W/L)_{1,2} = 10/0{,}18$, $\mu_n C_{ox} = 100\ \mu A/V^2$, $V_{DD} = 1{,}8$ V e $\Delta R/R = 2\%$.

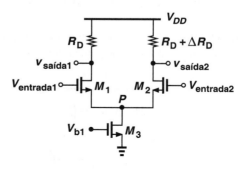

Figura 10.99

10.92 Projete o par diferencial da Figura 10.48 para um ganho de tensão de 200 e orçamento de potência de 3 mW, com alimentação de 2,5 V. Considere $V_{A,n} = 2V_{A,p}$.

10.93 Projete o circuito da Figura 10.54 para um ganho de tensão de 20 e orçamento de potência de 1 mW, com $V_{DD} = 1{,}8$ V. Considere que M_1 opere na fronteira da região de saturação, com nível de modo comum de entrada de 1 V. Além disso, $\mu_n C_{ox} = 2\mu_p C_{ox} = 100\ \mu A/V^2$, $V_{TH,n} = 0{,}5$ V, $V_{TH,p} = -0{,}4$ V, $\lambda_n = 0{,}5\lambda_p = 0{,}1$ V^{-1}.

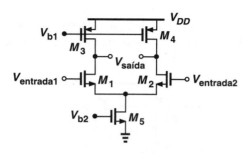

Figura 10.98

EXERCÍCIOS COM SPICE

Nos próximos exercícios use os modelos de dispositivos MOS dados no Apêndice A. Para transistores bipolares, considere $I_{S,npn} = 5 \times 10^{-16}$ A, $\beta_{npn} = 100$, $V_{A,npn} = 5$ V, $I_{S,pnp} = 8 \times 10^{-16}$ A, $\beta_{pnp} = 50$, $V_{A,pnp} = 3,5$ V.

10.94 Considere o amplificador diferencial mostrado na Figura 10.100, em que o nível CM de entrada é igual a 1,2 V.
   (a) Ajuste o valor de V_b de modo que o nível CM de saída seja de 1,5 V.
   (b) Determine o ganho diferencial de pequenos sinais do circuito. (Sugestão: para prover entradas diferenciais, use uma fonte de tensão independente para um dos lados e uma fonte de tensão controlada por tensão para o outro.)
   (c) O que acontece ao nível CM de saída e ao ganho se V_b sofrer uma variação de ± 10 mV?

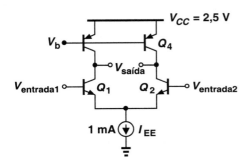

Figura 10.100

10.95 O amplificador diferencial ilustrado na Figura 10.101 emprega dois espelhos de corrente para estabelecer a polarização dos dispositivos de entrada e de saída. Considere $W/L = 10\mu$m$/0,18\mu$m para M_1-M_6. O nível CM de entrada é igual a 1,2 V.
   (a) Escolha $(W/L)_7$ para que o nível CM de saída seja de 1,5 V. (Considere $L_7 = 0,18\mu$m.)
   (b) Determine o ganho diferencial de pequenos sinais do circuito.
   (c) Desenhe o gráfico da característica entrada/saída diferencial.

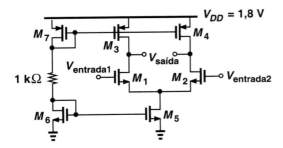

Figura 10.101

10.96 Considere o circuito representado na Figura 10.102. Considere uma pequena queda DC em R_1 e R_2.
   (a) Escolha o nível CM de entrada para colocar Q_1 e Q_2 na fronteira da saturação.
   (b) Escolha o valor de R_1 ($= R_2$) de modo que estes resistores reduzam o ganho diferencial por não mais de 20%.

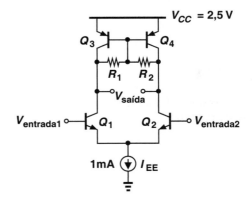

Figura 10.102

10.97 No amplificador diferencial da Figura 10.103, $W/L = 10\mu$m$/0,18\mu$m para todos os transistores. Considere um nível CM de entrada de 1 V e $V_b = 1,5$ V.
   (a) Escolha o valor de I_1 para que o nível CM de saída coloque M_3 e M_4 na fronteira da região de saturação.
   (b) Determine o ganho diferencial de pequenos sinais.

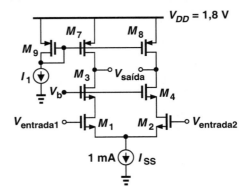

Figura 10.103

10.98 No circuito da Figura 10.104, $W/L = 10\mu$m$/0,18\mu$m para M_1-M_4. Considere um nível CM de entrada de 1,2 V.
   (a) Determine o nível DC de saída e explique por que é igual a V_X.
   (b) Determine os ganhos de pequenos sinais $v_{saída}/(v_{entrada1} - v_{entrada2})$ e $v_X/(v_{entrada1} - v_{entrada2})$.
   (c) Determine a variação do nível DC de saída se W_4 variar de 5%.

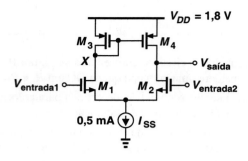

Figura 10.104

REFERÊNCIA

1. B. Razavi, *Design of Analog CMOS Integrated Circuits*, McGraw-Hill, 2001.

Resposta em Frequência*

A necessidade de operar circuitos em velocidades cada vez maiores sempre desafiou os projetistas. Dos sistemas de radar e televisão da década de 1940 aos microprocessadores da faixa de gigahertz da atualidade, a demanda por circuitos que funcionem em frequências mais elevadas exigiu um profundo entendimento de suas limitações de velocidade.

Neste capítulo, estudaremos os efeitos que limitam a velocidade de transistores e circuitos, e identificaremos as topologias mais adequadas à operação em altas frequências. Desenvolveremos, também, habilidade para deduzir as funções de transferência de circuitos, uma tarefa importante na análise de estabilidade e na compensação em frequência (Capítulo 12). Assumiremos que transistores bipolares permaneçam no modo ativo e MOSFETs, na região de saturação. O roteiro do capítulo é mostrado a seguir.

Conceitos Fundamentais
- Regras de Bode
- Associação entre Polos e Nós
- Teorema de Miller

➤ **Modelos de Transistores em Altas Frequências**
- Modelo Bipolar
- Modelo MOS
- Frequência de Trânsito

➤ **Resposta em Frequência de Circuitos**
- Estágios EC/FC
- Estágios BC/PC
- Seguidores
- Estágios Cascodes
- Pares Diferenciais

11.1 CONCEITOS FUNDAMENTAIS

11.1.1 Considerações Gerais

O que significa "resposta em frequência"? A ideia, ilustrada na Figura 11.1(a), consiste em aplicar uma senoide na entrada do circuito e observar a saída enquanto a frequência da entrada é variada. Como exemplificado na Figura 11.1(a), o circuito pode exibir ganho elevado nas frequências baixas e uma queda (*roll-off*) à medida que a frequência aumenta. Esboçamos o gráfico da magnitude do ganho como na Figura 11.1(b) para representar o comportamento do circuito em todas as frequências de interesse. Podemos, livremente, chamar f_1 de largura de banda útil do circuito. Antes de investigarmos a causa da queda do ganho (*roll-off*), devemos perguntar: por que a resposta em frequência é importante? Os próximos exemplos ilustram essa questão.

O que causa a queda de ganho (*roll-off*) na Figura 11.1? Como um simples exemplo, consideremos o filtro passa-baixas representado na Figura 11.4(a). Nas frequências baixas, C_1 é praticamente um circuito aberto e a corrente que flui por R_1, quase nula; assim, $V_{saída} = V_{entrada}$. À medida que a frequência aumenta, a impedância de C_1 diminui e o divisor de tensão que consiste em R_1 e C_1 atenua $V_{entrada}$ de forma mais acentuada. Portanto, o circuito exibe o comportamento mostrado na Figura 11.4(b).

Como um exemplo mais interessante, consideremos o estágio fonte comum ilustrado na Figura 11.5(a), na qual uma capacitância de carga, C_L, aparece na saída. Nas frequências baixas, a corrente de sinal produzida por M_1 prefere fluir por

---
* O termo "resposta em frequência" é igualmente utilizado. (N.T.)

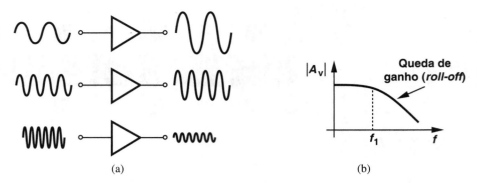

Figura 11.1 (a) Teste conceitual da resposta em frequência, (b) queda de ganho (*roll-off*) com a frequência.

Exemplo 11.1 Expliquemos por que as vozes das pessoas ao telefone soam diferentes de suas vozes em conversas cara a cara.

Solução A voz humana contém componentes de frequências de 20 Hz a 20 kHz [Figura 11.2(a)]. Portanto, os circuitos que processam a voz devem acomodar essa faixa de frequências. Infelizmente, o sistema de telefone tem uma largura de banda limitada e apresenta a resposta em frequência mostrada na Figura 11.2(b). Como o telefone suprime frequências acima de 3,5 kHz, a voz de cada pessoa é alterada. Em sistemas de áudio de alta qualidade, os circuitos são projetados para cobrir toda a faixa de frequências.

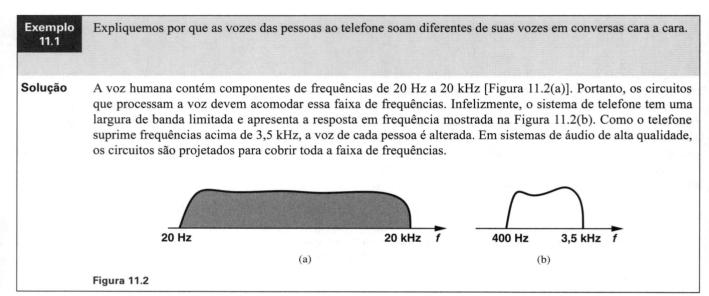

Figura 11.2

Exercício Que voz é mais alterada pelo telefone, a de homem ou a de mulher?

Exemplo 11.2 Quando você grava sua voz e ouve a gravação, a mesma soa um pouco diferente de quando você a ouve diretamente enquanto fala. Expliquemos por que.

Solução Durante a gravação, sua voz se propaga pelo ar até alcançar o gravador de áudio. Quando você fala e ouve sua própria voz simultaneamente, sua voz não se propaga apenas pelo ar, mas também por sua cabeça, até os ouvidos. Como a resposta em frequência do percurso através de sua cabeça é diferente da do percurso pelo ar (sua cabeça deixa passar algumas frequências com mais facilidade que outras), a forma em que você ouve sua própria voz difere da forma em que outras pessoas ouvem sua voz.

Exercício Explique o que acontece à sua voz quando você tem um resfriado.

Exemplo 11.3 Sinais de vídeo, em geral, ocupam uma largura de banda de cerca de 5 MHz. Por exemplo, a placa gráfica que leva o sinal de vídeo à tela de um computador deve prover pelo menos 5 MHz de largura de banda. Expliquemos o que acontece se a largura de banda de um sistema de vídeo for insuficiente.

Solução Com largura de banda insuficiente, bordas "nítidas" de uma figura se tornam "difusas", resultando em uma imagem borrada. Isso ocorre porque o circuito que alimenta a tela não é rápido o bastante para alterar, de forma abrupta, o contraste de, por exemplo, totalmente branco para totalmente preto, de um *pixel* para o seguinte. As Figuras 11.3(a) e (b) ilustram esse efeito para placas de vídeo de grande e de pequena largura de banda, respectivamente. (A tela é varrida da esquerda para a direita.)

Figura 11.3

Exercício O que acontece se a tela for varrida de cima para baixo?

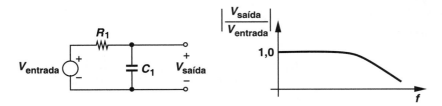

Figura 11.4 (a) Simples filtro passa-baixas e (b) sua resposta em frequência.

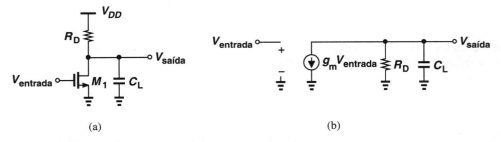

Figura 11.5 (a) Estágio FC com capacitância de carga, (b) modelo de pequenos sinais do circuito.

R_D, pois a impedância de C_L, $1/(C_L s)$, permanece alta. Nas frequências altas, C_L "rouba" uma parte da corrente de sinal e a conduz para a terra, resultando em uma menor excursão de tensão na saída. Na verdade, do circuito equivalente de pequenos sinais da Figura 11.5(b),[1] notamos que R_D e C_L estão em paralelo; portanto,

$$V_{saída} = -g_m V_{entrada}\left(R_D \| \frac{1}{C_L s}\right). \quad (11.1)$$

Ou seja, à medida que a frequência aumenta, a impedância paralela diminui, assim como a amplitude de $V_{saída}$.[2] Portanto, o ganho de tensão diminui nas frequências altas.

O leitor pode questionar o fato de usarmos entradas *senoidais* no estudo da resposta em frequência. Afinal, um amplificador pode colher um sinal de voz ou de vídeo que não se pareça com senoides. Felizmente, sinais desse tipo podem ser vistos como a superposição de diversas senoides de diferentes frequências (e fases). Assim, respostas como a da Figura 11.5(b)

---

[1] A modulação do comprimento do canal é desprezada aqui.

[2] Usamos letras maiúsculas para representar grandezas no domínio da frequência (transformada de Laplace), embora denotem valores de pequenos sinais.

são úteis, desde que o circuito permaneça linear e a superposição possa ser aplicada.

11.1.2 Relação entre Função de Transferência e Resposta em Frequência

Da teoria básica de circuitos, sabemos que a função de transferência de um circuito pode ser escrita como

$$H(s) = A_0 \frac{\left(1 + \dfrac{s}{\omega_{z1}}\right)\left(1 + \dfrac{s}{\omega_{z2}}\right)\cdots}{\left(1 + \dfrac{s}{\omega_{p1}}\right)\left(1 + \dfrac{s}{\omega_{p2}}\right)\cdots}, \qquad (11.2)$$

em que A_0 denota o ganho em baixa frequência, pois $H(s) \to A_0$ quando que $s \to 0$. As frequências ω_{zj} e ω_{pj} representam os zeros e os polos da função de transferência, respectivamente. Se a entrada do circuito for uma senoide da forma $x(t) = A\cos(2\pi f t) = A\cos\omega t$, a saída pode ser expressa como

$$y(t) = A|H(j\omega)|\cos[\omega t + \angle H(j\omega)], \qquad (11.3)$$

na qual $H(j\omega)$ é obtida por meio da substituição $s = j\omega$. $|H(j\omega)|$ e $\angle H(j\omega)$ representam a "magnitude" e a "fase", respectivamente, de $H(j\omega)$ e revelam a resposta em frequência do circuito. Neste capítulo, focaremos principalmente a primeira. Notemos que f (em Hz) e ω (em radianos por segundo) se relacionam por um fator 2π. Por exemplo, podemos escrever $\omega = 5 \times 10^{10}$ rad/s = 2π (7,96 GHz).

Exemplo 11.4 Determinemos a função de transferência e a resposta em frequência do estágio FC mostrado na Figura 11.5(a).

Solução Da Equação (11.1), temos

$$H(s) = \frac{V_{saída}}{V_{entrada}}(s) = -g_m\left(R_D \| \frac{1}{C_L s}\right) \qquad (11.4)$$

$$= \frac{-g_m R_D}{R_D C_L s + 1}. \qquad (11.5)$$

Para uma entrada senoidal, substituímos $s = j\omega$ e calculamos a magnitude da função de transferência:[3]

$$\left|\frac{V_{saída}}{V_{entrada}}\right| = \frac{g_m R_D}{\sqrt{R_D^2 C_L^2 \omega^2 + 1}}. \qquad (11.6)$$

Como esperado, o valor do ganho começa em $g_m R_D$ nas frequências baixas e diminui à medida que $R_D^2 C_L^2 \omega^2$ se torna comparável à unidade. Em $\omega = 1/(R_D C_L)$,

$$\left|\frac{V_{saída}}{V_{entrada}}\right| = \frac{g_m R_D}{\sqrt{2}}. \qquad (11.7)$$

Como $20 \log \sqrt{2} \approx 3$ dB, dizemos que a largura de banda de -3 dB do circuito é igual a $1/(R_D C_L)$ (Figura 11.6).

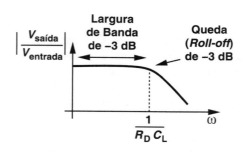

Figura 11.6

Exercício Repita o exemplo anterior para $\lambda \neq 0$.

---

[3] A magnitude de um número complexo $a + jb$ é igual a $\sqrt{a^2 + b^2}$.

| Exemplo 11.5 | Consideremos o estágio emissor comum da Figura 11.7. Deduzamos a relação entre ganho, largura de banda de −3 dB e consumo de potência do circuito. Assumamos $V_A = \infty$. |

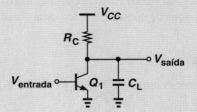

Figura 11.7

| Solução | Como no caso da topologia FC da Figura 11.5(a), a largura de banda é dada por $1/(R_C C_L)$; o ganho em baixas frequências, por $g_m R_C = (I_C/V_T)R_C$; o consumo de potência, por $I_C \cdot V_{CC}$. Para o melhor desempenho, desejamos maximizar o ganho e a largura de banda (e, portanto, o produto dos dois) e minimizar a dissipação de potência. Assim, definimos uma "figura de mérito" como |

$$\frac{\text{Ganho} \times \text{Largura de Banda}}{\text{Consumo de Potência}} = \frac{\dfrac{I_C}{V_T} R_C \times \dfrac{1}{R_C C_L}}{I_C \cdot V_{CC}} \qquad (11.8)$$

$$= \frac{1}{V_T \cdot V_{CC}} \frac{1}{C_L}. \qquad (11.9)$$

Portanto, o desempenho global pode ser melhorado com a diminuição (a) da temperatura,[4] (b) de V_{CC}, o que limitaria as excursões de tensão, ou (c) da capacitância de carga. Na prática, a maior parte da atenção é voltada para a capacitância de carga. A Equação (11.9) se torna mais complexa para os estágios FC (Exercício 11.15).

| Exercício | Repita o exemplo anterior para o caso $V_A < \infty$. |

| Exemplo 11.6 | Para o filtro passa-baixas simples mostrado na Figura 11.4(a), expliquemos a relação entre suas respostas em frequência e ao degrau. |

| Solução | Para obter a função de transferência, vemos o circuito como um divisor de tensão e escrevemos |

$$H(s) = \frac{V_{saida}}{V_{entrada}}(s) = \frac{\dfrac{1}{C_1 s}}{\dfrac{1}{C_1 s} + R_1} \qquad (11.10)$$

$$= \frac{1}{R_1 C_1 s + 1}. \qquad (11.11)$$

Para determinar resposta em frequência, substituímos s por $j\omega$ e calculamos a magnitude:

$$|H(s = j\omega)| = \frac{1}{\sqrt{R_1^2 C_1^2 \omega^2 + 1}}. \qquad (11.12)$$

A largura de −3 dB é igual a $1/(R_1 C_1)$.

A resposta do circuito a um degrau da forma $V_0 u(t)$ é dada por

$$V_{saida}(t) = V_0 \left(1 - \exp \frac{-t}{R_1 C_1}\right) u(t). \qquad (11.13)$$

---

[4] Por exemplo, colocando o circuito em nitrogênio líquido ($T = 77$ K), mas isso exigiria que o usuário carregasse um tanque onde fosse!

A relação entre as Equações (11.12) e (11.13) é que, à medida que R_1C_1 aumenta, a largura de banda *diminui* e a resposta ao degrau se torna *mais lenta*. A Figura 11.8 mostra um gráfico desse comportamento e revela que uma pequena largura de banda resulta em uma lenta resposta temporal. Esta observação explica o efeito visto na Figura 11.3(b): como não pode passar rapidamente de baixo (branco) para alto (preto), o sinal gasta mais tempo em níveis intermediários (tons de cinza), criando bordas "difusas".

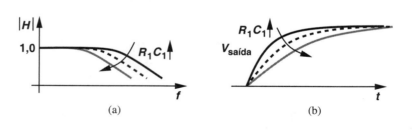

Figura 11.8

Exercício Em que frequência $|H|$ cai por um fator dois?

11.1.3 Regras de Bode

A tarefa de determinar $|H(j\omega)|$ de $H(s)$ e desenhar o gráfico do resultado é um pouco tediosa. Por isso, em geral, fazemos uso das regras (aproximações) de Bode para construir $|H(j\omega)|$ rapidamente. As regras de Bode para $|H(j\omega)|$ são as seguintes:

- À medida que ω passa pela frequência de cada polo, a inclinação de $|H(j\omega)|$ *diminui* em 20 dB/década. (Uma inclinação de 20 dB/década significa uma variação de dez vezes em H quando a frequência aumenta por um fator de dez);

- À medida que ω passa pela frequência de cada zero, a inclinação de $|H(j\omega)|$ *aumenta* em 20 dB/década.[5]

Exemplo 11.7 Para o estágio FC mostrado na Figura 11.5(a), construamos o diagrama de Bode de $|H(j\omega)|$.

Solução A Equação (11.5) indica um polo na frequência

$$|\omega_{p1}| = \frac{1}{R_D C_L}. \qquad (11.14)$$

Portanto, a magnitude começa com um valor $g_m R_D$ nas frequências baixas e permanece plana até $\omega = |\omega_{p1}|$. Neste ponto, a inclinação passa de zero para -20 dB/década. A Figura 11.9 ilustra o resultado. Em contraste com a Figura 11.5(b), a aproximação de Bode ignora a queda de 3 dB na frequência do polo – mas, simplifica muito a álgebra. Como evidenciado pela Equação (11.6), para $R_D^2 C_L^2 \omega^2 \gg 1$, a regra de Bode fornece uma boa aproximação.

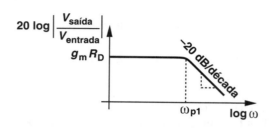

Figura 11.9

Exercício Construa o diagrama de Bode para $g_m = (150\ \Omega)^{-1}$, $R_D = 2$ kΩ e $C_L = 100$ fF.

---

[5] Polos complexos podem resultar em picos agudos na resposta em frequência; esse efeito é desprezado na aproximação de Bode.

11.1.4 Associação entre Polos e Nós

Os polos da função de transferência de um circuito têm um papel fundamental na resposta em frequência. O projetista deve, portanto, ser capaz de identificar, de forma *intuitiva*, os polos para determinar que partes do circuito atuam como "gargalos de velocidade".

A topologia FC estudada no Exemplo 11.4 serve como um bom exemplo para identificação dos polos por inspeção. A Equação (11.5) revela que a frequência do polo é dada pelo inverso do produto da resistência total vista entre o nó de saída e a terra pela capacitância total vista entre o nó de saída e a terra. Essa observação se aplica a diversos circuitos e pode ser generalizada da seguinte maneira: se o nó j na rota de sinal exibir uma resistência de pequenos sinais R_j para a terra e uma capacitância C_j para a terra, então esse nó contribuirá com um polo de magnitude $(R_j C_j)^{-1}$ na função de transferência.

O leitor pode se perguntar como a técnica que acabamos de descrever pode ser aplicada se um nó for carregado por um capacitor "flutuante", ou seja, um capacitor cujo outro terminal também está conectado a um nó na rota de sinal (Figura 11.12). Em geral, neste caso, não podemos utilizar esta técnica e devemos escrever as equações do circuito e obter a função de transferência. Contudo, em algumas situações, uma aproximação dada pelo "teorema de Miller" pode simplificar o trabalho.

> **Você sabia?**
> As regras de Bode são um exemplo de "a necessidade é a mãe das invenções". Enquanto trabalhava com filtros e equalizadores eletrônicos em Bell Labs na década de 1930, Hendrik Bode – como outros pesquisadores da área – se deparava com o problema de determinar a estabilidade de complexos circuitos e sistemas. Para isso, sem a disponibilidade de computadores nem ao menos de calculadoras, os engenheiros daquela era tinham de efetuar longos cálculos à mão. Bode, então, introduziu essa aproximação para a resposta em frequência e, como veremos no Capítulo 12, um método simples para o estudo de estabilidade de sistemas realimentados.

Exemplo 11.8 — Determinemos os polos do circuito mostrado na Figura 11.10. Assumamos $\lambda = 0$.

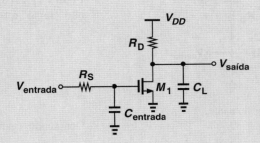

Figura 11.10

Solução Fixando $V_{entrada}$ em zero, verificamos que a porta de M_1 vê uma resistência R_S e uma capacitância $C_{entrada}$ em direção à terra. Portanto,

$$|\omega_{p1}| = \frac{1}{R_S C_{entrada}}. \tag{11.15}$$

Podemos chamar ω_{p1} de "polo de entrada", para indicar que o mesmo surge no circuito de entrada. Da mesma forma, o "polo de saída" é dado por

$$|\omega_{p2}| = \frac{1}{R_D C_L}. \tag{11.16}$$

Como o ganho em baixa frequência do circuito é igual a $-g_m R_D$, podemos escrever a magnitude da função de transferência como:

$$\left|\frac{V_{saída}}{V_{entrada}}\right| = \frac{g_m R_D}{\sqrt{\left(1 + \omega^2/\omega_{p1}^2\right)\left(1 + \omega^2 \omega_{p2}^2\right)}}. \tag{11.17}$$

Exercício Se $\omega_{p1} = \omega_{p2}$, em que frequência o ganho cai 3 dB?

> **Exemplo 11.9** Calculemos os polos do circuito mostrado na Figura 11.11. Assumamos $\lambda = 0$.
>
>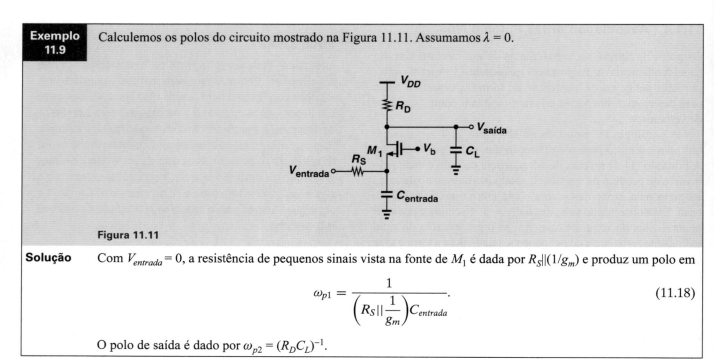
>
> **Figura 11.11**
>
> **Solução** Com $V_{entrada} = 0$, a resistência de pequenos sinais vista na fonte de M_1 é dada por $R_S\|(1/g_m)$ e produz um polo em
>
> $$\omega_{p1} = \frac{1}{\left(R_S\|\dfrac{1}{g_m}\right)C_{entrada}}. \tag{11.18}$$
>
> O polo de saída é dado por $\omega_{p2} = (R_D C_L)^{-1}$.

Exercício Como devemos escolher o valor de R_D para que a frequência do polo de saída seja dez vezes a do polo de entrada?

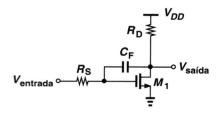

Figura 11.12 Circuito com capacitor flutuante.

11.1.5 Teorema de Miller

O estudo anterior e o exemplo na Figura 11.12 justificam o desejo de obter um método que "transforme" um capacitor flutuante em dois capacitores *aterrados*, permitindo a associação de um polo com cada nó. O teorema de Miller é um desses métodos, embora tenha sido concebido por outra razão. No final da década de 1910, John Miller observou que capacitâncias parasitas que apareciam entre a entrada e a saída de um amplificador poderiam reduzir a impedância de entrada de forma drástica. Então, propôs uma análise que resultou no teorema.

Consideremos o circuito genérico representado na Figura 11.13(a), no qual a impedância flutuante Z_F aparece entre os nós 1 e 2. Desejamos transformar Z_F nas duas impedâncias aterradas mostradas na Figura 11.13(b), mantendo inalteradas todas as correntes e tensões no circuito. Para determinar Z_1 e Z_2, fazemos duas observações: (1) a corrente puxada por Z_F do nó 1 na Figura 11.13(a) deve ser igual à corrente puxada por Z_1 na Figura 11.13(b); (2) a corrente injetada no nó 2 da Figura 11.13(a) deve ser igual à corrente injetada por Z_2 na Figura 11.13(b). (Essas exigências garantem que o circuito não "sente" a transformação.). Assim,

$$\frac{V_1 - V_2}{Z_F} = \frac{V_1}{Z_1} \tag{11.19}$$

$$\frac{V_1 - V_2}{Z_F} = -\frac{V_2}{Z_2}. \tag{11.20}$$

Denotando o ganho de tensão do nó 1 para o nó 2 por A_v, obtemos

$$Z_1 = Z_F \frac{V_1}{V_1 - V_2} \tag{11.21}$$

$$= \frac{Z_F}{1 - A_v} \tag{11.22}$$

e

$$Z_2 = Z_F \frac{-V_2}{V_1 - V_2} \tag{11.23}$$

$$= \frac{Z_F}{1 - \dfrac{1}{A_v}}. \tag{11.24}$$

Os resultados expressos pelas Equações (11.22) e (11.24), chamados de teorema de Miller, são extremamente úteis na análise e síntese de circuitos. Em particular, a Equação (11.22) sugere que a impedância flutuante é *reduzida* por um fator $1 - A_v$ quando "vista" no nó 1.

Como um exemplo importante do teorema de Miller, assumamos que Z_F seja a impedância de um capacitor C_F conectado

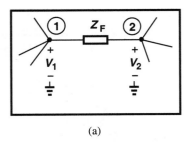 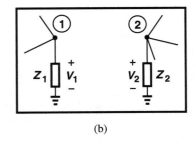

Figura 11.13 (a) Circuito genérico com uma impedância flutuante, (b) equivalente de (a) segundo o teorema de Miller.

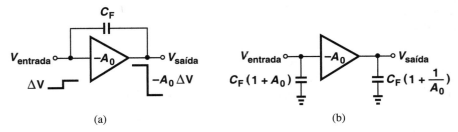

Figura 11.14 (a) Amplificador inversor com capacitor flutuante, (b) circuito equivalente obtido com o teorema de Miller.

entre a entrada e a saída de um amplificador inversor [Figura 11.14(a)]. Aplicando a Equação (11.22), temos

$$Z_1 = \frac{Z_F}{1 - A_v} \qquad (11.25)$$

$$= \frac{1}{(1 + A_0)C_F s}, \qquad (11.26)$$

em que fizemos a substituição $A_v = -A_0$. Que tipo de impedância é Z_1? A dependência com $1/s$ sugere um capacitor de valor $(1 + A_0)C_F$, como se C_F fosse "amplificado" por um fator $1 + A_0$. Em outras palavras, um capacitor C_F conectado entre a entrada e a saída de um amplificador inversor com ganho A_0 eleva a *capacitância de entrada* por um fator $(1 + A_0)C_F$. Dizemos que o circuito está sujeito à "multiplicação de Miller" do capacitor.

O efeito de C_F na *saída* pode ser obtida da Equação (11.24):

$$Z_2 = \frac{Z_F}{1 - \dfrac{1}{A_v}} \qquad (11.27)$$

$$= \frac{1}{\left(1 + \dfrac{1}{A_0}\right)C_F s}, \qquad (11.28)$$

que é próximo de $(C_F s)^{-1}$, se $A_0 \gg 1$. A Figura 11.14(b) sumariza esses resultados.

A multiplicação de Miller de capacitores também pode ser explicada de forma intuitiva. Na Figura 11.14(a), suponhamos que a tensão de entrada seja aumentada de um pequeno valor ΔV; a saída será *reduzida* de $A_0 \Delta V$. Ou seja, a tensão em C_F aumenta de $(1 + A_0)\Delta V$, exigindo que a entrada forneça uma carga proporcional. Em contraste, se não fosse um capacitor flutuante e a tensão de sua placa direita não se alterasse, C_F experimentaria apenas uma variação de tensão ΔV e requereria menos carga.

O estudo anterior ressalta a utilidade do teorema de Miller para a conversão de capacitores flutuantes em capacitores aterrados. O próximo exemplo demonstra esse princípio.

O leitor pode achar que o exemplo anterior é um pouco inconsistente. O teorema de Miller requer que a impedância flutuante e o ganho de tensão sejam calculados *na mesma frequência*, enquanto o Exemplo 11.10 usa o ganho em *baixa frequência*, $g_m R_D$, mesmo na determinação dos polos de altas frequências. Afinal, sabemos que, nas frequências altas, a existência de C_F reduz o ganho de tensão entre a porta de M_1 e a saída. Devido a essa inconsistência, chamamos o procedimento ilustrado no Exemplo 11.10 de "aproximação de Miller". Sem essa aproximação, ou seja, se A_0 fosse expresso em termos dos parâmetros do circuito nas frequências de interesse, a aplicação do teorema de Miller não seria mais simples que a solução direta das equações do circuito. Devido à aproximação, o circuito no exemplo anterior exibe dois polos.

Outra característica do teorema de Miller é poder eliminar um *zero* da função de transferência. Retornaremos a essa questão na Seção 11.4.3.

A expressão geral na Equação (11.22) pode ser interpretada da seguinte maneira: uma impedância conectada entre a entrada e a saída de um amplificador inversor com ganho A_v é reduzida por um fator $1 + A_v$ se vista na entrada (em relação à terra). Essa redução de impedância (e, portanto, aumento de capacitância) é chamada de "efeito Miller". Por exemplo, dizemos que o efeito Miller eleva a capacitância de entrada do circuito da Figura 11.15(a) para $(1 + g_m R_D)C_F$.

Você sabia?

O efeito Miller foi descoberto por John Miller em 1919. Em seu artigo original, Miller observou que "a aparente capacitância de entrada pode se tornar algumas vezes maior que a verdadeira capacitância entre os eletrodos da válvula". (Naquela época, capacitância e capacitor eram denominados "capacidade" e "condensador", respectivamente.) Um curioso efeito associado à multiplicação de Miller é: se o ganho do amplificador for *positivo* e maior que a unidade, então nós obtemos uma capacitância de entrada *negativa*, $(1 - A_v)C_F$. Isso acontece de fato? Sim, acontece. A figura ao lado ilustra um circuito que realiza uma capacitância negativa. Como o ganho de $V_{entrada1}$ a V_Y (e de $V_{entrada2}$ a V_X) é positivo, C_F pode ser multiplicado por um número negativo. Esta técnica é usada em muitos circuitos de alta velocidade para cancelar parcialmente o efeito de indesejáveis capacitâncias (positivas).

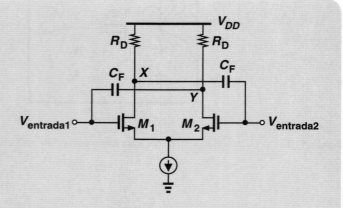

Circuito com capacitância de entrada negativa.

Exemplo 11.10

Estimemos os polos do circuito mostrado na Figura 11.15(a). Assumamos $\lambda = 0$.

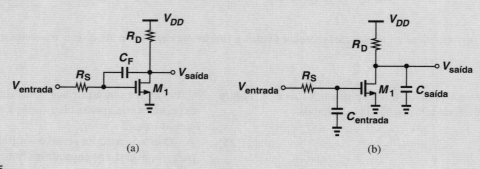

Figura 11.15

Solução Notando que M_1 e R_D constituem um amplificador inversor de ganho $-g_m R_D$, utilizemos os resultados na Figura 11.14(b) para escrever:

$$C_{entrada} = (1 + A_0)C_F \tag{11.29}$$
$$= (1 + g_m R_D)C_F \tag{11.30}$$

e

$$C_{saída} = \left(1 + \frac{1}{g_m R_D}\right)C_F, \tag{11.31}$$

Com isso, obtemos a topologia mostrada na Figura 11.15(b). Do estudo feito no Exemplo 11.8, temos

$$\omega_{entrada} = \frac{1}{R_S C_{entrada}} \tag{11.32}$$
$$= \frac{1}{R_S(1 + g_m R_D)C_F} \tag{11.33}$$

e

$$\omega_{saída} = \frac{1}{R_D C_{saída}} \tag{11.34}$$
$$= \frac{1}{R_D \left(1 + \dfrac{1}{g_m R_D}\right)C_F}. \tag{11.35}$$

Por que o circuito em (a) tem um polo e o circuito em (b) tem dois? Isso é explicado a seguir.

Exercício Calcule $C_{entrada}$ para $g_m = (150\ \Omega)^{-1}$, $R_D = 2\ k\Omega$ e $C_F = 80$ fF.

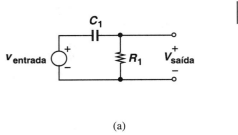
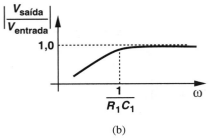

Figura 11.16 (a) Simples filtro passa-altas e (b) sua resposta em frequência.

11.1.6 Resposta em Frequência Geral

O estudo anterior indica que capacitâncias em um circuito tendem a reduzir o ganho de tensão nas frequências altas. É possível que capacitores também reduzam o ganho nas frequências *baixas*. Como um exemplo simples, consideremos o filtro passa-altas mostrado na Figura 11.16(a), em que a divisão de tensão entre C_1 e R_1 fornece

$$\frac{V_{saída}}{V_{entrada}}(s) = \frac{R_1}{R_1 + \dfrac{1}{C_1 s}} \quad (11.36)$$

$$= \frac{R_1 C_1 s}{R_1 C_1 s + 1}, \quad (11.37)$$

Logo,

$$\left|\frac{V_{saída}}{V_{entrada}}\right| = \frac{R_1 C_1 \omega}{\sqrt{R_1^2 C_1^2 \omega_1^2 + 1}}. \quad (11.38)$$

A resposta, cujo gráfico é mostrado na Figura 11.16(b), exibe uma queda (*roll-off*) à medida que a frequência de operação se torna *menor* que $1/(R_1 C_1)$. Como visto na Equação (11.37), essa queda se deve ao fato de o zero da função de transferência ocorrer na origem.

A queda de ganho nas frequências baixas pode ser indesejável. O próximo exemplo ilustra este ponto.

Por que usamos o capacitor C_i no exemplo anterior? Sem C_i, o ganho do circuito não cairia nas frequências baixas e não

Exemplo 11.11
A Figura 11.17 ilustra um seguidor de fonte usado em amplificadores de áudio de alta qualidade. Aqui, R_i estabelece uma tensão de polarização de porta para M_1 igual a V_{DD}, e I_1 define a corrente de polarização de dreno. Assumamos $\lambda = 0$, $g_m = 1/(200\ \Omega)$ e $R_1 = 100$ kΩ. Determinemos o mínimo valor necessário para C_1 e o máximo valor tolerável para C_L.

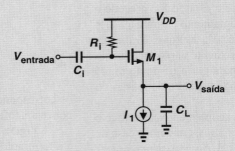

Figura 11.17

Solução Como no caso do filtro passa-altas da Figura 11.16, o circuito de entrada, que consiste em R_i e C_i, atenua o sinal nas frequências baixas. Para assegurar que as componentes de áudio de frequências baixas, da ordem de 20 Hz, sofram pequena atenuação, fixemos a frequência $1/(R_i C_i)$ em $2\pi \times (20\ \text{Hz})$, obtendo

$$C_i = 79{,}6\ \text{nF}. \quad (11.39)$$

Esse valor é demasiadamente elevado para ser integrado em um *chip*. Como a Equação (11.38) revela uma atenuação de 3 dB em $\omega = 1/(R_i C_i)$; na prática, caso uma atenuação menor seja desejada, devemos escolher um capacitor ainda maior.

A capacitância de carga origina um polo no nó de saída, reduzindo o ganho nas frequências altas. Fixando a frequência do polo no limite superior da faixa audível, 20 kHz, e notando que a resistência vista do nó de saída para a terra é igual a $1/g_m$, temos

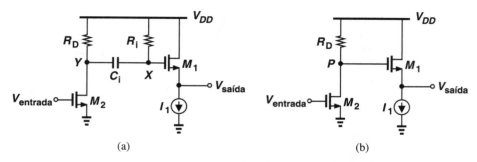

Figura 11.18 Cascata de um estágio FC e de um seguidor de fonte, com (a) capacitor de acoplamento e (b) acoplamento direto.

$$\omega_{p,\text{saída}} = \frac{g_m}{C_L} \qquad (11.40)$$

$$= 2\pi \times (20\,\text{kHz}), \qquad (11.41)$$

Em consequência,

$$C_L = 39{,}8\,\text{nF}. \qquad (11.42)$$

O seguidor de fonte, um alimentador eficiente, pode tolerar uma capacitância de carga muito elevada (na faixa de áudio).

Exercício Repita o exemplo anterior para o caso em que os valores de I_1 e da largura de M_1 são divididos por dois.

precisaríamos efetuar aqueles cálculos. Chamado de "capacitor de acoplamento", C_i permite que as frequências de sinal de interesse passem pelo circuito e bloqueia a componente DC de V_{entrada}. Em outras palavras, C_i isola as condições de polarização do seguidor de fonte das do estágio *precedente*. A Figura 11.18(a) ilustra um exemplo em que o estágio FC precede o seguidor de fonte. O capacitor de acoplamento permite tensões de polarização independentes nos nós X e Y. Por exemplo, V_Y pode ser escolhido com valor relativamente baixo (colocando M_2 próximo da região de triodo), para permitir uma grande queda de tensão em R_D, maximizando o ganho de tensão do estágio FC (por quê?).

Para convencer o leitor de que o acoplamento capacitivo é essencial na Figura 11.18(a), consideremos, também, o caso de "acoplamento direto" [Figura 11.18(b)]. Aqui, para maximizar o ganho de tensão, desejamos fixar V_P ligeiramente acima de $V_{GS2} - V_{TH2}$, por exemplo, em 200 mV. A porta de M_2, por sua vez, deve permanecer em uma tensão de, pelo menos, $V_{GS1} + V_{I1}$, na qual V_{I1} denota a mínima tensão exigida por I_1. Como $V_{GS1} + V_{I1}$ pode alcançar 600-700 mV, os dois estágios são incompatíveis em relação aos pontos de polarização e necessitam de acoplamento capacitivo.

Acoplamento capacitivo (também chamado de "acoplamento AC") é mais comum em circuitos discretos, devido aos grandes valores de capacitância exigidos para muitas aplicações (como C_i no exemplo de áudio anterior). Contudo, muitos circuitos integrados também empregam acoplamento capacitivo, especialmente no caso de baixas tensões de alimentação, se

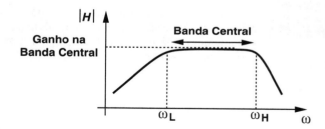

Figura 11.19 Típica resposta em frequência.

os correspondentes valores de capacitância forem de alguns poucos picofarads.

A Figura 11.19 mostra uma típica resposta em frequência e a terminologia usada para denotar vários de seus atributos. Chamamos a frequência de "corte" inferior de ω_L e a frequência de corte superior, de ω_H. A banda entre ω_L e ω_H, escolhida de modo a acomodar as frequências de sinal de interesse, é denominada "banda central" e o ganho correspondente, "ganho na banda central".

11.2 MODELOS DE TRANSISTORES EM ALTAS FREQUÊNCIAS

A velocidade de muitos circuitos é limitada pelas capacitâncias no interior de cada transistor. Portanto, é necessário um estudo cuidadoso dessas capacitâncias.

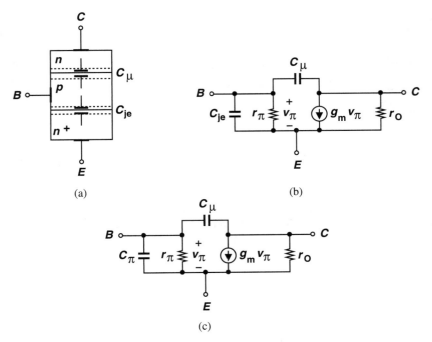

Figura 11.20 (a) Estrutura de um transistor bipolar indicando as capacitâncias de junção, (b) modelo de pequenos sinais com capacitâncias de junção, (c) modelo completo, levando em consideração a carga da base.

11.2.1 Modelo de Transistor Bipolar em Altas Frequências

Recordemos, do Capítulo 4, que um transistor bipolar consiste em duas junções *pn*. A região de depleção associada a essas junções[6] dá origem a uma capacitância entre a base e o emissor – denotada por C_{je} – e a uma entre a base e o coletor – denotada por C_μ [Figura 11.20(a)]. Podemos, então, adicionar essas capacitâncias ao modelo de pequenos sinais, obtendo a representação ilustrada na Figura 11.20(b).

Infelizmente, este modelo é incompleto, pois a junção base-emissor exibe outro efeito que deve ser considerado. Como explicado no Capítulo 4, a operação do transistor requer um perfil (não uniforme) de carga na região da base para permitir a difusão de portadores em direção ao coletor. Em outras palavras, se o transistor for ligado repentinamente, o funcionamento adequado começa apenas depois que uma quantidade suficiente de carga entrar na região da base e se *acumular* para criar o perfil necessário. De modo similar, se o transistor for desligado de forma repentina, os portadores de carga armazenados na base devem ser *removidos* para que a corrente de coletor caia a zero.

Esse fenômeno é muito parecido com o de carga e descarga de um capacitor: para alterar a corrente de coletor, devemos mudar o perfil de carga da base com a injeção ou remoção de alguns elétrons ou lacunas. Esse efeito é modelado por um segundo capacitor entre a base e o emissor, C_b, e é mais significativo que a capacitância da região de depleção. Como aparecem em paralelo, C_b e C_{je} são reunidos em um único capacitor denotado por C_π [Figura 11.20(c)].

Em circuitos integrados, o transistor bipolar é fabricado sobre um substrato aterrado [Figura 11.21(a)]. A junção coletor-substrato permanece sob polarização reversa (por quê?) e exibe uma capacitância denotada por C_{CS}. O modelo completo é mostrado na Figura, 11.21(b). De aqui em diante, empregaremos este modelo nas análises. Nos transistores bipolares de modernos circuitos integrados, C_{je}, C_μ e C_{CS} são da ordem de alguns poucos femtofarads, nos menores dispositivos possíveis.

Na análise da resposta em frequência, muitas vezes, é conveniente que, primeiro, desenhemos as capacitâncias do transistor no diagrama do circuito, simplifiquemos o resultado e, então, construamos o circuito equivalente de pequenos sinais. Portanto, podemos representar o transistor como indicado na Figura 11.21(c).

11.2.2 Modelo de MOSFET em Altas Frequências

O estudo da estrutura MOSFET no Capítulo 6 revelou diversas componentes capacitivas. Agora, estudaremos essas capacitâncias em mais detalhe.

O MOSFET ilustrado na Figura 11.23(a) apresenta três capacitâncias principais: uma entre a porta e o canal (denominada "capacitância de óxido de porta" e dada por WLC_{ox}) e duas associadas às junções fonte-bloco e dreno-bloco, ambas sob polarização reversa. A modelagem da primeira componente representa uma dificuldade, pois o modelo do transistor não contém um "canal". Devemos, portanto, decompor essa capa-

---

[6] Como mencionado no Capítulo 4, tanto as junções polarizadas diretamente como as polarizadas inversamente contêm uma região de depleção e, portanto, uma capacitância associada à mesma.

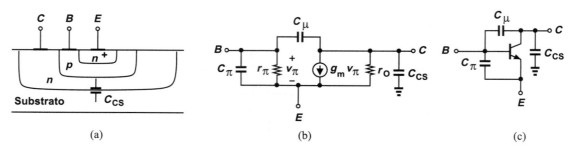

Figura 11.21 (a) Estrutura de um transistor bipolar integrado, (b) modelo de pequenos sinais incluindo a capacitância coletor-substrato, (c) símbolo do dispositivo com as capacitâncias mostradas explicitamente.

Exemplo 11.12 Identifiquemos todas as capacitâncias no circuito mostrado na Figura 11.22(a).

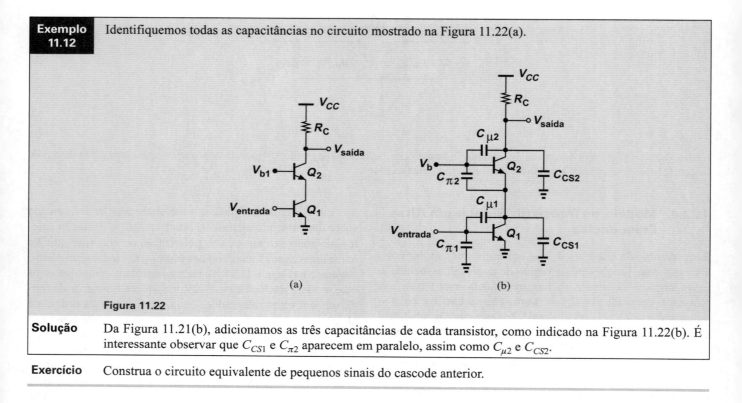

Figura 11.22

Solução Da Figura 11.21(b), adicionamos as três capacitâncias de cada transistor, como indicado na Figura 11.22(b). É interessante observar que C_{CS1} e $C_{\pi 2}$ aparecem em paralelo, assim como $C_{\mu 2}$ e C_{CS2}.

Exercício Construa o circuito equivalente de pequenos sinais do cascode anterior.

---

citância em uma entre a porta e a fonte e outra entre a porta e o dreno [Figura 11.23(b)]. A exata partição dessa capacitância está além do escopo deste livro; mas, na região de saturação, C_1 é da ordem de 2/3 da capacitância porta-canal, enquanto $C_2 \approx 0$.

Duas outras capacitâncias do MOSFET se tornam críticas em alguns circuitos. Essas capacitâncias, ilustradas na Figura 11.24, advêm da sobreposição física das áreas da porta e fonte/dreno[7] e das linhas de campo entre a borda da porta e a parte superior das regiões de fonte e de dreno. Chamado de capacitância de "sobreposição" (ou de *overlap*) porta-dreno ou porta-fonte, esse efeito (simétrico) persiste, mesmo quando o MOSFET está desligado.

Agora, construamos o modelo de altas frequências do MOSFET. Essa representação, ilustrada na Figura 11.25(a), consiste: (1) na capacitância entre porta e fonte, C_{GS} (incluindo a componente de sobreposição); (2) na capacitância entre porta e dreno (incluindo a componente de sobreposição); (3) nas capacitâncias de junção entre a fonte e o bloco e entre o dreno e o bloco, C_{SB} e C_{DB}, respectivamente. (Assumamos que o bloco permaneça na terra AC.) Como mencionado na Seção 11.2.1, em geral, desenhamos as capacitâncias no símbolo do transistor [Figura 11.25(b)] antes de construirmos o modelo de pequenos sinais.

11.2.3 Frequência de Transição

Com diversas capacitâncias envolvendo dispositivos bipolares e MOS, é possível definir uma grandeza que represente a máxima velocidade do transistor? Uma grandeza como essa

---

[7] Como mencionado no Capítulo 6, as áreas F/D se prolongam além da área da porta durante a fabricação.

Resposta em Frequência 411

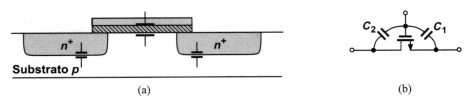

(a)　　　　　　　　　　　　　　　　(b)

Figura 11.23 (a) Estrutura de dispositivo MOS indicando as diversas capacitâncias, (b) partição da capacitância porta-canal entre fonte e dreno.

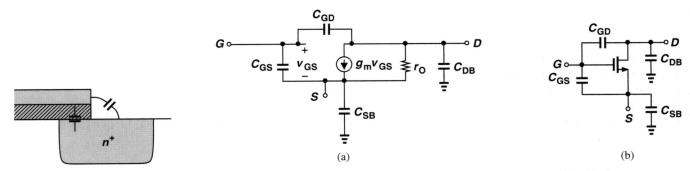

Figura 11.24 Capacitância de sobreposição entre porta e dreno (ou fonte).

Figura 11.25 (a) Modelo de altas frequências do MOSFET, (b) símbolo do dispositivo com capacitâncias mostradas explicitamente.

Exemplo 11.13 Identifiquemos todas as capacitâncias no circuito da Figura 11.26(a).

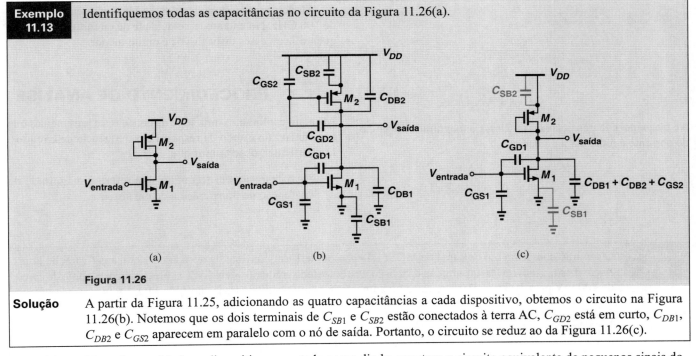

Figura 11.26

Solução A partir da Figura 11.25, adicionando as quatro capacitâncias a cada dispositivo, obtemos o circuito na Figura 11.26(b). Notemos que os dois terminais de C_{SB1} e C_{SB2} estão conectados à terra AC, C_{GD2} está em curto, C_{DB1}, C_{DB2} e C_{GS2} aparecem em paralelo com o nó de saída. Portanto, o circuito se reduz ao da Figura 11.26(c).

Exercício Notando que M_2 é um dispositivo conectado como diodo, construa o circuito equivalente de pequenos sinais do amplificador.

seria útil na comparação entre diferentes tipos ou gerações de transistores e na previsão do desempenho de circuitos que utilizam os dispositivos.

Uma medida da velocidade intrínseca de transistores[8] é a frequência de "transição" ou de "corte", f_T, definida como a frequência na qual o *ganho de corrente* de pequenos sinais do

---

[8] Por velocidade "intrínseca" designamos o desempenho *próprio* do dispositivo, sem quaisquer outras limitações impostas pelo circuito ou melhorias por ele providas.

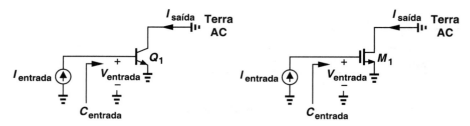

Figura 11.27 Configuração conceitual para a medida de f_T de transistores.

dispositivo é reduzido à unidade. O conceito, ilustrado na Figura 11.27 (sem os circuitos de polarização), consiste em injetar uma corrente senoidal na base ou na porta e medir a resultante corrente de coletor ou de dreno à medida que a frequência de entrada, $f_{entrada}$, é aumentada. Notamos que, à medida que $f_{entrada}$ aumenta, a capacitância de entrada do dispositivo reduz a impedância de entrada, $Z_{entrada}$, e, portanto, a tensão de entrada $V_{entrada} = I_{entrada} Z_{entrada}$ e a corrente de saída. Aqui, desprezamos C_μ e C_{GD} (que são consideradas no Exercício 11.26). Para o dispositivo bipolar da Figura 11.27(a),

$$Z_{entrada} = \frac{1}{C_\pi s} \| r_\pi. \qquad (11.43)$$

Como $I_{saída} = g_m I_{entrada} Z_{entrada}$,

$$\frac{I_{saída}}{I_{entrada}} = \frac{g_m r_\pi}{r_\pi C_\pi s + 1} \qquad (11.44)$$

$$= \frac{\beta}{r_\pi C_\pi s + 1}. \qquad (11.45)$$

Na frequência de transição, $\omega_T (= 2\pi f_T)$, a magnitude do ganho de corrente é reduzida à unidade:

$$r_\pi^2 C_\pi^2 \omega_T^2 = \beta^2 - 1 \qquad (11.46)$$

$$\approx \beta^2. \qquad (11.47)$$

Ou seja,

$$\omega_T \approx \frac{g_m}{C_\pi}. \qquad (11.48)$$

A frequência de transição de MOSFETs é obtida de modo semelhante. Assim, escrevemos:

$$2\pi f_T \approx \frac{g_m}{C_\pi} \quad \text{ou} \quad \frac{g_m}{C_{GS}}. \qquad (11.49)$$

Notemos que a capacitância coletor-substrato ou dreno-bloco não afeta f_T, devido à terra AC estabelecida na saída.

Modernos transistores bipolares e MOS apresentam f_T acima de 100 GHz. No entanto, a velocidade de circuitos complexos que utilizam esses dispositivos é muito menor.

11.3 PROCEDIMENTO DE ANÁLISE

Até aqui, exploramos uma série de conceitos e ferramentas que nos ajudam no estudo da resposta em frequência de circuitos. Em particular, observamos que:

- A resposta em frequência se refere à magnitude da função de transferência de um sistema.[9]

Exemplo 11.14 O mínimo comprimento de canal de MOSFETs passou de 1 μm, no final da década de 1980, aos 65 nm de hoje. Além disso, a inevitável diminuição da tensão de alimentação reduziu a tensão de sobrecarga porta-fonte de cerca de 400 mV para 100 mV. Por que fator foi aumentada a frequência de transição f_T de MOSFETs?

Solução Pode ser provado (Exercício 11.28) que

$$2\pi f_T = \frac{3}{2} \frac{\mu_n}{L^2} (V_{GS} - V_{TH}). \qquad (11.50)$$

Portanto, a frequência de transição foi aumentada, aproximadamente, por um fator de 59. Por exemplo, se $\mu_n = 400$ cm²/(V · s), dispositivos de 65 nm com tensão de sobrecarga de 100 mV têm f_T de 226 GHz.

Exercício Determine f_T para um comprimento de canal de 45 nm e mobilidade de 300 cm²/(V · s).

---

[9] No caso mais geral, a resposta em frequência também inclui a fase da função de transferência, como estudado no Capítulo 12.

Você sabia?

Se a f_T de MOSFETs de 65 nm for próxima de 220 GHz, é possível operar o dispositivo a uma frequência mais elevada? Sim, é possível. A chave para isto reside no uso de indutores para cancelar o efeito de capacitores. Suponhamos, como ilustrado na Figura (a), que um indutor seja conectado em paralelo com C_{GS}. (Realizado como uma espiral metálica no *chip*, o indutor tem alguma resistência, R_S.) Na frequência de ressonância, $\omega_0 = 1/\sqrt{L_1 C_{GS}}$, a combinação em paralelo se reduz a um único resistor, quase como se M_1 não tivesse capacitância porta-fonte. Por essa razão, o uso de indutores no *chip* se tornou comum em projetos para altas frequências. A Figura (b) mostra uma fotografia do *chip* de um oscilador de 300 GHz projetado pelo autor na tecnologia de 65 nm. Frequências tão altas têm aplicação em imagens médicas.

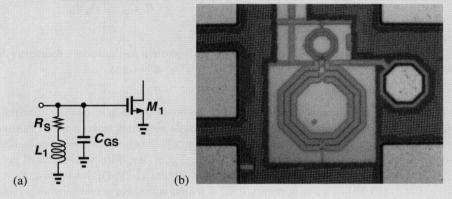

(a) Uso de ressonância para cancelar a capacitância do transistor, (b) fotografia do *chip* de um oscilador CMOS de 300 GHz.

- A aproximação de Bode simplifica a tarefa de desenhar o gráfico da resposta em frequência quando os polos e zeros são conhecidos.
- Em muitos casos, é possível associar um polo a cada nó na rota de sinal.
- O teorema de Miller é útil na decomposição de capacitores flutuantes em elementos aterrados.
- Dispositivos bipolares e MOS apresentam diversas capacitâncias que limitam a velocidade de circuitos.

Para que possamos analisar, de forma sistemática, a resposta em frequência de vários circuitos, propomos os seguintes passos:

1. Determinar os capacitores que afetam a região de frequências baixas da resposta e calcular a frequência de corte inferior. Neste cálculo, as capacitâncias dos transistores podem ser desprezadas, pois apenas afetam a região de frequências altas.
2. Calcular o ganho na banda central com a substituição dos capacitores anteriores por curtos-circuitos, ainda desprezando as capacitâncias dos transistores.
3. Identificar as capacitâncias de cada transistor e adicioná-las ao circuito.
4. Identificando terras AC (por exemplo, tensão de alimentação ou tensões de polarização constantes), combinar os capacitores que estão em paralelo e omitir aqueles que não têm qualquer papel no circuito.
5. Determinar os polos e zeros de altas frequências por inspeção ou com o cálculo da função de transferência. O teorema de Miller é útil nesta etapa.
6. Desenhar o gráfico da resposta em frequência usando as regras de Bode ou o cálculo exato.

A seguir, aplicaremos esse procedimento a várias topologias de amplificadores.

11.4 RESPOSTA EM FREQUÊNCIA DE ESTÁGIOS EMISSOR COMUM E FONTE COMUM

11.4.1 Resposta em Baixas Frequências

Como mencionado na Seção 11.1.6, o ganho de amplificadores pode cair em frequências baixas, devido a certos capacitores na rota de sinal. Consideremos um estágio FC genérico, incluindo o circuito de polarização de entrada e o capacitor de acoplamento de entrada [Figura 11.28(a)]. Nas frequências baixas, as capacitâncias do transistor afetam a resposta em frequência de forma desprezível, restando apenas C_i como a componente dependente da frequência. Escrevemos $V_{saída}/V_{entrada} = (V_{saída}/V_X)(V_X/V_{entrada})$, desprezamos a modulação do comprimento do canal e notamos que R_1 e R_2 estão conectados entre X e a terra AC. Logo, $V_{saída}/V_X = -R_D/(R_S + 1/g_m)$ e

$$\frac{V_X}{V_{entrada}}(s) = \frac{R_1 \| R_2}{R_1 \| R_2 + \dfrac{1}{C_i s}} \qquad (11.51)$$

$$= \frac{(R_1 \| R_2) C_i s}{(R_1 \| R_2) C_i s + 1}. \qquad (11.52)$$

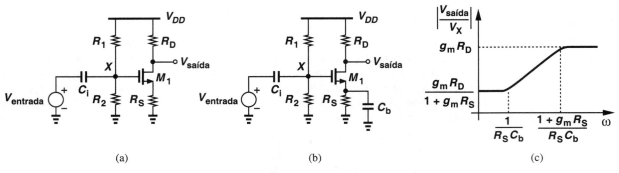

Figura 11.28 (a) Estágio FC com capacitor de acoplamento de entrada, (b) efeito de capacitor de *bypass* em paralelo com a resistência de degeneração, (c) resposta em frequência com capacitor de *bypass* em paralelo com a resistência de degeneração.

Como no caso do filtro passa-altas da Figura 11.16, esse circuito atenua as frequências baixas e força que a frequência de corte inferior seja escolhida abaixo da menor frequência de sinal, $f_{sig,mín}$ (por exemplo, 20 Hz, em aplicações de áudio):

$$\frac{1}{2\pi[(R_1||R_2)C_i]} < f_{sig,mín}. \qquad (11.53)$$

Em aplicações que exijam ganho mais elevado na banda central, conectamos um capacitor de "*bypass*" em paralelo com R_S [Figura 11.28(b)] para remover o efeito da degeneração nas frequências da banda central. Para quantificar o papel de C_b, colocamos sua impedância, $1/(C_b s)$, em paralelo com R_S na expressão do ganho na banda central:

$$\frac{V_{saída}}{V_X}(s) = \frac{-R_D}{R_S||\dfrac{1}{C_b s} + \dfrac{1}{g_m}} \qquad (11.54)$$

$$= \frac{-g_m R_D(R_S C_b s + 1)}{R_S C_b s + g_m R_S + 1}. \qquad (11.55)$$

A Figura 11.28(c) mostra o diagrama de Bode para a correspondente resposta em frequência. Nas frequências muito abaixo do zero, o estágio funciona como um amplificador FC degenerado; nas frequências muito acima do polo, o circuito não sofre efeito de degeneração. Portanto, a frequência do polo deve ser escolhida muito abaixo da menor frequência de sinal de interesse.

Essa análise também pode ser aplicada ao estágio EC. As duas configurações apresentam queda (*roll-off*) de ganho nas frequências baixas, devido ao capacitor de acoplamento de entrada e ao capacitor de *bypass* de degeneração.

11.4.2 Resposta em Altas Frequências

Consideremos os amplificadores EC e FC mostrados na Figura 11.29(a), em que R_S pode representar a impedância de saída do estágio precedente, ou seja, não é adicionada de forma deliberada. Identificando as capacitâncias de Q_1 e de M_1, obtemos os circuitos completos representados na Figura 11.29(b), em que a capacitância fonte-bloco de M_1 tem os dois terminais aterrados. Os equivalentes de pequenos sinais desses circuitos diferem apenas por r_π [Figura 11.29(c)],[10] e podem ser reduzidos a um único circuito se $V_{entrada}$, R_S e r_π forem substituídos pelo equivalente de Thévenin [Figura 11.29(d)]. Na prática, $R_S \ll r_\pi$ e, portanto, $R_{Thév} \approx R_S$. Notemos que a resistência de saída de cada transistor simplesmente apareceria em paralelo com R_L.

Com este modelo unificado, estudemos a resposta em altas frequências; primeiro, apliquemos a aproximação de Miller para um melhor entendimento e, a seguir, efetuemos uma análise precisa para obter resultados mais gerais.

11.4.3 Aplicação do Teorema de Miller

Com C_{XY} conectado entre dois nós flutuantes, não podemos simplesmente associar um polo a cada nó. No entanto, usando a aproximação de Miller, como no Exemplo 11.10, podemos decompor C_{XY} em duas componentes aterradas (Figura 11.30):

$$C_X = (1 + g_m R_L)C_{XY} \qquad (11.56)$$

$$C_Y = \left(1 + \frac{1}{g_m R_L}\right)C_{XY}. \qquad (11.57)$$

Agora, cada nó vê uma resistência e uma capacitância apenas em direção à terra. Segundo a notação introduzida na Seção 11.1, escrevemos

$$|\omega_{p,entrada}| = \frac{1}{R_{Thév}[C_{entrada} + (1 + g_m R_L)C_{XY}]} \qquad (11.58)$$

$$|\omega_{p,saída}| = \frac{1}{R_L\left[C_{saída} + \left(1 + \dfrac{1}{g_m R_L}\right)C_{XY}\right]}. \qquad (11.59)$$

Se $g_m R_L \gg 1$, a capacitância no nó de saída é igual a $C_{saída} + C_{XY}$.

O entendimento obtido com a aplicação do teorema de Miller é valioso. O polo de entrada é dado, aproximadamente, pela resistência de fonte, pela capacitância base-emissor ou

---

[10] O efeito Early e a modulação do comprimento do canal foram desprezados.

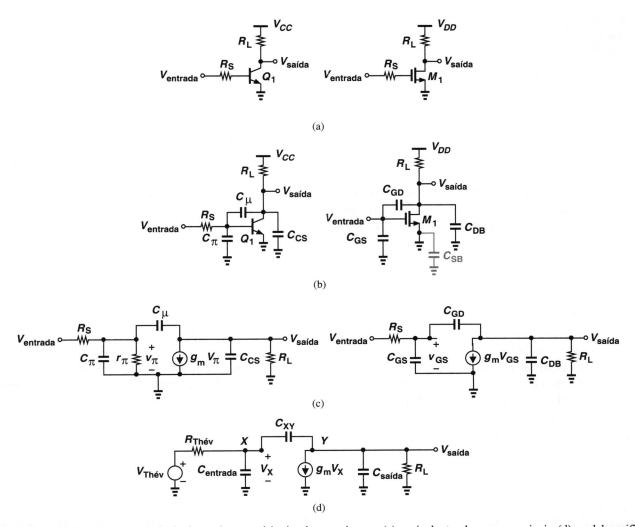

Figura 11.29 (a) Estágios EC e FC, (b) inclusão das capacitâncias dos transistores, (c) equivalentes de pequenos sinais, (d) modelo unificado dos dois circuitos.

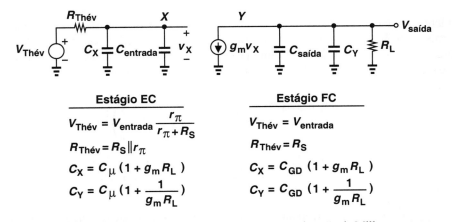

Figura 11.30 Parâmetros do modelo unificado dos estágios EC e FC, segundo a aproximação de Miller.

porta-fonte e pela *multiplicação de Miller* da capacitância base-coletor ou porta-dreno. A multiplicação de Miller faz com que um ganho alto no circuito se torne indesejável. O polo de saída é determinado, de forma aproximada, pela resistência de carga, pela capacitância coletor-substrato ou dreno-bloco e pela capacitância base-coletor ou porta-dreno.

Exemplo 11.15

No estágio EC da Figura 11.29(a), $R_S = 200\ \Omega$, $I_C = 1$ mA, $\beta = 100$, $C_\pi = 100$ fF, $C_\mu = 20$ fF e $C_{CS} = 30$ fF.

(a) Calculemos os polos de entrada e de saída com $R_L = 2$ kΩ. Que nó representa o gargalo de velocidade (limite de largura de banda)?

(b) É possível escolher o valor de R_L de modo que o polo de saída limite a largura de banda?

Solução

(a) Como $r_\pi = 2{,}6$ kΩ, temos $R_{Th\acute{e}v} = 186\ \Omega$. A Figura 11.30 e as Equações (11.58) e (11.59) fornecem

$$|\omega_{p,entrada}| = 2\pi \times (5{,}16\ \text{MHz}) \tag{11.60}$$

$$|\omega_{p,saída}| = 2\pi \times (1{,}59\ \text{GHz}). \tag{11.61}$$

Observamos que o efeito de Miller multiplica C_μ por um fator de 78, tornando sua contribuição muito maior que a de C_π. Em consequência, o polo de entrada limita a largura de banda.

(b) Devemos procurar um valor de R_L que torne $|\omega_{p,entrada}| > |\omega_{p,saída}|$:

$$\frac{1}{(R_S\|r_\pi)[C_\pi + (1 + g_m R_L)C_\mu]} > \frac{1}{R_L\left[C_{CS} + \left(1 + \dfrac{1}{g_m R_L}\right)C_\mu\right]}. \tag{11.62}$$

Se $g_m/R_L \gg 1$, obtemos

$$[C_{CS} + C_\mu - g_m(R_S\|r_\pi)C_\mu]R_L > (R_S\|r_\pi)C_\pi. \tag{11.63}$$

Com os valores assumidos neste exemplo, o lado esquerdo é negativo, implicando que não existe uma solução. O leitor pode provar que isso permanece válido, mesmo que $g_m R_L$ não seja muito maior que a unidade. Portanto, o polo de entrada continua sendo o gargalo de velocidade.

Exercício Repita o exemplo anterior para $I_C = 2$ mA e $C_\pi = 180$ fF.

Exemplo 11.16

Um estudante de engenharia elétrica projetou o estágio FC da Figura 11.29(a) para certo ganho em frequências baixas e uma dada resposta em frequências altas. Infelizmente, na fase de configuração, o estudante usou um MOSFET cuja largura é a metade da especificada no projeto original. Assumindo que a corrente de polarização também seja dividida por dois, determinemos o ganho e os polos do circuito.

Solução

Tanto a largura como a corrente de polarização do transistor foram divididas por dois; portanto, o mesmo ocorre com a transcondutância (por quê?). O ganho de pequenos sinais, $g_m R_L$, fica, então, dividido por dois.

Reduzir a largura do transistor por um fator dois também reduz a capacitância pelo mesmo fator. Da Figura 11.30 e das Equações (11.58) e (11.59), podemos expressar os polos como

$$|\omega_{p,entrada}| = \frac{1}{R_S\left[\dfrac{C_{entrada}}{2} + \left(1 + \dfrac{g_m R_L}{2}\right)\dfrac{C_{XY}}{2}\right]} \tag{11.64}$$

$$|\omega_{p,saída}| = \frac{1}{R_L\left[\dfrac{C_{saída}}{2} + \left(1 + \dfrac{2}{g_m R_L}\right)\dfrac{C_{XY}}{2}\right]}, \tag{11.65}$$

em que $C_{entrada}$, g_m, C_{XY} e $C_{saída}$ denotam os parâmetros que correspondem à largura original do dispositivo. Observamos que $\omega_{p,entrada}$ aumentou em magnitude por mais de um fator dois e $\omega_{p,saída}$, por um fator aproximadamente igual a dois (se $g_m R_L \gg 2$). Em outras palavras, o ganho é dividido por dois e a largura de banda é, praticamente, dobrada; isso sugere que o produto ganho-largura de banda permanece aproximadamente constante.

Exercício O que acontece se os valores da largura e da corrente de polarização forem o dobro dos valores nominais?

11.4.4 Análise Direta

O uso de teorema de Miller na seção anterior permitiu um entendimento rápido e intuitivo do funcionamento do circuito. No entanto, devemos efetuar uma análise mais precisa para compreender as limitações da aproximação de Miller neste caso.

O circuito da Figura 11.29(d) contém dois nós e, portanto, pode ser resolvido com a escrita de duas LCKs. Ou seja,[11]

No nó X:

$$(V_{saída} - V_X)C_{XY}s = V_X C_{entrada}s + \frac{V_X - V_{Thév}}{R_{Thév}} \quad (11.66)$$

No nó Y:

$$(V_X - V_{saída})C_{XY}s = g_m V_X + V_{saída}\left(\frac{1}{R_L} + C_{saída}s\right). \quad (11.67)$$

Calculamos V_X de Equação (11.67):

$$V_X = V_{saída} \frac{C_{XY}s + \dfrac{1}{R_L} + C_{saída}s}{C_{XY}s - g_m} \quad (11.68)$$

e substituímos o resultado na Equação (11.66), obtendo

$$V_{saída}C_{XY}s - \left(C_{XY}s + C_{entrada}s + \frac{1}{R_{Thév}}\right)\frac{C_{XY}s + \dfrac{1}{R_L} + C_{saída}s}{C_{XY}s - g_m} V_{saída} = \frac{-V_{Thév}}{R_{Thév}}. \quad (11.69)$$

Logo,

$$\frac{V_{saída}}{V_{Thév}}(s) = \frac{(C_{XY}s - g_m)R_L}{as^2 + bs + 1}, \quad (11.70)$$

em que

$$a = R_{Thév}R_L(C_{entrada}C_{XY} + C_{saída}C_{XY} + C_{entrada}C_{saída}) \quad (11.71)$$

$$b = (1 + g_m R_L)C_{XY}R_{Thév} + R_{Thév}C_{entrada} + R_L(C_{XY} + C_{saída}). \quad (11.72)$$

Notamos da Figura 11.30 que, para um estágio EC, a Equação (11.70) deve ser multiplicada por $r_\pi/(R_S + r_\pi)$ para o cálculo de $V_{saída}/V_{entrada}$ – sem afetar as localizações dos polos e do zero.

Examinemos os resultados anteriores com cuidado. A função de transferência exibe um zero em

$$\omega_z = \frac{g_m}{C_{XY}}. \quad (11.73)$$

(A aproximação de Miller não prevê este zero.) Como C_{XY} (ou seja, capacitância base-coletor ou capacitância de sobreposição porta-dreno) é relativamente pequena, o zero aparece apenas nas frequências muito altas e, portanto, é irrelevante.[12]

Como esperado, o sistema contém dois polos, dados pelos valores de s que levam o denominador a zero. Podemos resolver a equação do segundo grau $as^2 + bs + 1 = 0$ para determinar os polos, mas os resultados não ajudam muito o entendimento. Em vez de resolver a equação, primeiro, façamos uma observação interessante em relação ao denominador da forma quadrática: se os polos forem dados por ω_{p1} e ω_{p2}, podemos escrever

$$as^2 + bs + 1 = \left(\frac{s}{\omega_{p1}} + 1\right)\left(\frac{s}{\omega_{p2}} + 1\right) \quad (11.74)$$

$$= \frac{s^2}{\omega_{p1}\omega_{p2}} + \left(\frac{1}{\omega_{p1}} + \frac{1}{\omega_{p2}}\right)s + 1. \quad (11.75)$$

Agora, suponhamos que um polo seja muito mais distante da origem que o outro: $\omega_{p2} \gg \omega_{p1}$. (Esta é a chamada aproximação do "polo dominante", para enfatizar que ω_{p1} domina a resposta em frequência). Então, $\omega_{p1}^{-1} + \omega_{p2}^{-1} \approx \omega_{p1}^{-1}$, ou seja

$$b = \frac{1}{\omega_{p1}}, \quad (11.76)$$

e, da Equação (11.72),

$$|\omega_{p1}| = \frac{1}{(1 + g_m R_L)C_{XY}R_{Thév} + R_{Thév}C_{entrada} + R_L(C_{XY} + C_{saída})}. \quad (11.77)$$

Como esse resultado se compara com o obtido com a aproximação de Miller? A Equação (11.77) revela o efeito de Miller em C_{XY}, mas também inclui o termo adicional $R_L(C_{XY} + C_{saída})$ [que é próximo da constante de tempo de saída predita por Equação (11.59)].

Para determinar o polo "não dominante", ω_{p2}, notamos das Equações (11.75) e (11.76) que

$$|\omega_{p2}| = \frac{b}{a} \quad (11.78)$$

$$= \frac{(1 + g_m R_L)C_{XY}R_{Thév} - R_{Thév}C_{entrada} + R_L(C_{XY} + C_{saída})}{R_{Thév}R_L(C_{entrada}C_{XY} + C_{saída}C_{XY} + C_{entrada}C_{saída})}. \quad (11.79)$$

---

[11] Recordemos que, no domínio da frequência, as grandezas são representadas por letras maiúsculas.
[12] Como explicado em cursos mais avançados, este zero se torna problemático nos circuitos internos de amp ops.

Exemplo 11.17 Usando a aproximação do polo dominante, calculemos os polos do circuito mostrado na Figura 11.31(a). Assumamos que os dois transistores operem em saturação e $\lambda \neq 0$.

Solução Notando que C_{SB1}, C_{GS2} e C_{SB2} não afetam o circuito (por quê?), adicionemos as capacitâncias restantes como indicado na Figura 11.31(b) e simplifiquemos o resultado como mostrado na Figura 11.31(c), em que

$$C_{entrada} = C_{GS1} \tag{11.80}$$
$$C_{XY} = C_{GD1} \tag{11.81}$$
$$C_{saída} = C_{DB1} + C_{GD2} + C_{DB2}. \tag{11.82}$$

Das Equações (11.77) e (11.79) segue

$$\omega_{p1} \approx \frac{1}{[1 + g_{m1}(r_{O1}\|r_{O2})]C_{XY}R_S + R_S C_{entrada} + (r_{O1}\|r_{O2})(C_{XY} + C_{saída})} \tag{11.83}$$

$$\omega_{p2} \approx \frac{[1 + g_{m1}(r_{O1}\|r_{O2})]C_{XY}R_S + R_S C_{entrada} + (r_{O1}\|r_{O2})(C_{XY} + C_{saída})}{R_S(r_{O1}\|r_{O2})(C_{entrada}C_{XY} + C_{saída}C_{XY} + C_{entrada}C_{saída})}. \tag{11.84}$$

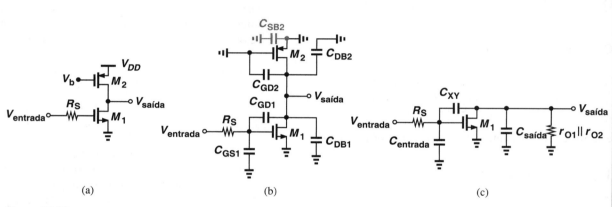

Figura 11.31

Exercício Repita o exemplo anterior para $\lambda = 0$.

Exemplo 11.18 No estágio FC da Figura 11.29(a), $R_S = 200\ \Omega$, $C_{GS} = 250$ fF, $C_{GD} = 80$ fF, $C_{DB} = 100$ fF, $g_m = (150\ \Omega)^{-1}$, $\lambda = 0$ e $R_L = 2$ kΩ. Desenhemos o gráfico da resposta em frequência usando (a) a aproximação de Miller, (b) a função de transferência exata, (c) a aproximação do polo dominante.

Solução (a) Com $g_m R_L = 13{,}3$, as Equações (11.58) e (11.59) fornecem

$$|\omega_{p,entrada}| = 2\pi \times (571\ \text{MHz}) \tag{11.85}$$
$$|\omega_{p,saída}| = 2\pi \times (428\ \text{MHz}). \tag{11.86}$$

(b) A função de transferência na Equação (11.70) apresenta um zero em $g_m/C_{GD} = 2\pi \times (13{,}3\ \text{GHz})$. Além disso, $a = 2{,}12 \times 10^{-20}\ \text{s}^{-2}$ e $b = 6{,}39 \times 10^{-10}$ s. Logo,

$$|\omega_{p1}| = 2\pi \times (264\ \text{MHz}) \tag{11.87}$$
$$|\omega_{p2}| = 2\pi \times (4{,}53\ \text{GHz}). \tag{11.88}$$

Notemos o erro maior nos valores preditos pela aproximação de Miller. Esse erro surge porque multiplicamos C_{GD} pelo ganho na banda central $(1 + g_m R_L)$ e não pelo ganho nas frequências altas.[13]

(c) Os resultados obtidos na parte (b) predizem que a aproximação do polo dominante produz resultados relativamente mais precisos, pois os dois polos estão bem afastados. Das Equações (11.77) e (11.79), temos

---

[13] A grande discrepância entre $|\omega_{p,saída}|$ e $|\omega_{p2}|$ resulta de um efeito chamado "afastamento de polos" (*pole splitting*), estudado em cursos mais avançados.

$$|\omega_{p1}| = 2\pi \times (249 \text{ MHz}) \tag{11.89}$$
$$|\omega_{p2}| = 2\pi \times (4{,}79 \text{ GHz}). \tag{11.90}$$

A Figura 11.32 mostra o gráfico do resultado. O ganho em frequências baixas é igual a 22 dB ≈ 13 e a largura de −3 dB predita pela solução exata é de cerca de 250 MHz.

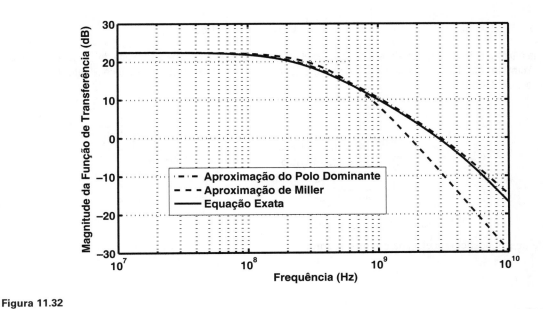

Figura 11.32

Exercício Repita o exemplo anterior para o caso em que os valores da largura do dispositivo (e, por conseguinte, de suas capacitâncias) e da corrente de polarização são divididos por dois.

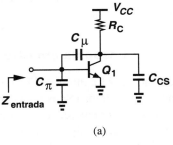
(a)

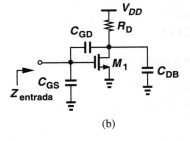
(b)

Figura 11.33 Impedância de entrada de estágios (a) EC e (b) FC.

11.4.5 Impedância de Entrada

As impedâncias de entrada em altas frequências de amplificadores EC e FC determinam a facilidade com que esses circuitos podem ser excitados por outros estágios. A análise anterior da resposta em frequência e, em particular, a aproximação de Miller fornecem essas impedâncias prontamente.

Como ilustrado na Figura 11.33(a), a impedância de entrada de um estágio EC consiste em duas componentes paralelas: $C_\pi + (1 + g_m R_D)C_\mu$ e r_π.[14] Ou seja,

$$Z_{entrada} \approx \frac{1}{[C_\pi + (1 + g_m R_D)C_\mu]s} || r_\pi. \tag{11.91}$$

De modo similar, a impedância de entrada do circuito MOS é dada por

$$Z_{entrada} \approx \frac{1}{[C_{GS} + (1 + g_m R_D)C_{GD}]s}. \tag{11.92}$$

---

[14] No cálculo da impedância de entrada, a impedância de saída do estágio precedente (denotada por R_S) é excluída.

Você sabia?

A maioria dos receptores de RF incorpora um amplificador fonte comum ou emissor comum no *front end*. Esse amplificador "de baixo ruído" deve apresentar uma resistência de entrada de 50 Ω, de modo a "casar" a impedância da antena [Figura (a)]. Contudo, como pode um estágio FC ter impedância tão baixa? Uma técnica inteligente é a adição de um indutor em série com a fonte do transistor [Figura (b)]. Pode ser mostrado que a impedância de entrada fica dada por

$$Z_{in}(s) = \frac{1}{C_{GS}s} + L_1 s + \frac{L_1 g_m}{C_{GS}}.$$

Notemos que o último termo é uma grandeza real e representa uma resistência. A escolha apropriada de L_1, g_m e C_{GS} fornece um valor de 50 Ω. Na próxima vez que ligar seu telefone celular ou seu GPS, pode ser que você receba um sinal de RF através de um amplificador FC degenerado por indutância.

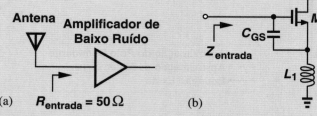

Casamento de impedância de entrada em um receptor.

Com alto ganho de tensão, o efeito Miller pode reduzir a impedância de entrada nas frequências altas de forma significativa.

11.5 RESPOSTA EM FREQUÊNCIA DE ESTÁGIOS BASE COMUM E PORTA COMUM

11.5.1 Resposta em Frequências Baixas

Como nos casos de estágios EC e FC, o uso de acoplamento capacitivo leva a uma queda (*roll-off*) no ganho de amplificadores BC e PC em frequências baixas. Consideremos o circuito BC representado na Figura 11.34(a), no qual I_1 define a corrente de polarização de Q_1 e V_b é escolhido para assegurar operação na região ativa (V_b é menor que a tensão de polarização de coletor). Quão elevado pode ser o valor de C_i? Como C_i aparece em série com R_S, substituímos R_S por $R_S + (C_i s)^{-1}$ na expressão do ganho na banda central, $R_C/(R_S + 1/g_m)$, e escrevemos a resultante função de transferência como

$$\frac{V_{saída}}{V_{entrada}}(s) = \frac{R_C}{R_S + (C_i s)^{-1} + 1/g_m} \quad (11.93)$$

$$= \frac{g_m R_C C_i s}{(1 + g_m R_S) C_i s + g_m}. \quad (11.94)$$

A Equação (11.93) implica que, se $|(C_i s)^{-1}| \ll R_S + 1/g_m$, o sinal não "sente" o efeito de C_i. De outra perspectiva, a Equação (11.94) fornece a resposta mostrada na Figura 11.34(b) e revela um polo em

$$|\omega_p| = \frac{g_m}{(1 + g_m R_S) C_i} \quad (11.95)$$

sugerindo que este polo deva permanecer muito abaixo da mínima frequência de sinal de interesse. Essas duas condições são equivalentes.

11.5.2 Resposta em Altas Frequências

Sabemos, dos Capítulos 5 e 7, que estágios BC e PC têm impedâncias de entrada relativamente baixas ($\approx 1/g_m$). As respostas desses circuitos em frequências altas não estão sujeitas ao efeito Miller, o que, em alguns casos, é uma vantagem importante.

Consideremos os estágios mostrados na Figura 11.35, em que $r_O = \infty$ e as capacitâncias dos transistores foram incluídas. Como V_b está na terra AC, notemos que (1) C_π e $C_{GS} + C_{SB}$ vão para a terra; (2) C_{CS} e C_μ de Q_1 aparecem em paralelo com a terra, assim como C_{GD} e C_{DB} de M_1; (3) nenhuma capacitância aparece entre os circuitos de entrada e de saída, evitando o efeito Miller. Na verdade, como todas essas capacitâncias veem a terra em um de seus terminais, podemos associar um polo a cada nó. No nó X, a resistência total vista para a terra é dada por $R_S \| (1/g_m)$ e resulta em

$$|\omega_{p,X}| = \frac{1}{\left(R_S \| \dfrac{1}{g_m}\right) C_X}, \quad (11.96)$$

em que $C_X = C_\pi$ ou $C_{GS} + C_{SB}$. Da mesma forma, em Y,

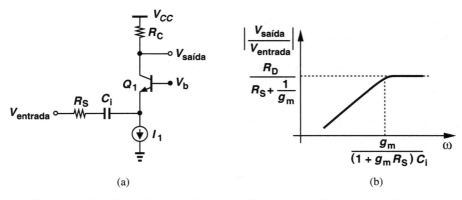

Figura 11.34 (a) Estágio BC com capacitor de acoplamento de entrada, (b) resposta em frequência resultante.

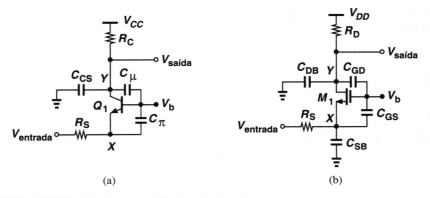

Figura 11.35 Estágios (a) BC e (b) PC incluindo as capacitâncias dos transistores.

$$|\omega_{p,Y}| = \frac{1}{R_L C_Y}, \quad (11.97)$$

em que $C_Y = C_\mu + C_{CS}$ ou $C_{GD} + C_{DB}$.

Vale observar que a magnitude do polo "de entrada" é da ordem da f_T do transistor: C_X é igual a C_π ou aproximadamente igual a C_{GS}, enquanto a resistência vista para a terra é menor que $1/g_m$. Por essa razão, raras vezes o polo de entrada do estágio BC/PC cria um gargalo de velocidade.[15]

Exemplo 11.19 Calculemos os polos do circuito mostrado na Figura 11.36(a). Assumamos $\lambda = 0$.

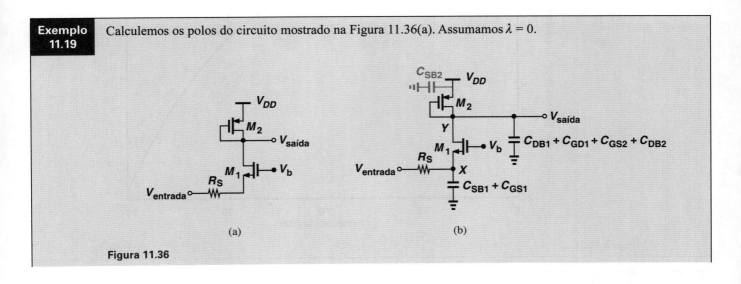

Figura 11.36

---

[15] Uma exceção ocorre em circuitos de radiofrequência (por exemplo, telefones celulares), nos quais a capacitância de entrada se torna indesejável.

Solução Notando que C_{GD2} e C_{SB2} não têm um papel no circuito, adicionamos as capacitâncias dos dispositivos como indicado na Figura 11.36(b). Portanto, o polo de entrada é dado por

$$|\omega_{p,X}| = \frac{1}{\left(R_S \parallel \dfrac{1}{g_{m1}}\right)(C_{SB1} + C_{GD1})}. \tag{11.98}$$

Como a resistência de pequenos sinais no nó de saída é igual a $1/g_{m2}$, temos

$$|\omega_{p,Y}| = \frac{1}{\dfrac{1}{g_{m2}}(C_{DB1} + C_{GD1} + C_{GS2} + C_{DB2})}. \tag{11.99}$$

Exercício Repita o exemplo anterior com M_2 operando como uma fonte de corrente, ou seja, com a porta conectada a uma tensão constante.

Exemplo 11.20 O estágio FC do Exemplo 11.18 é reconfigurado como um amplificador porta comum (com R_S conectado à fonte do transistor). Desenhemos o gráfico da resposta em frequência do circuito.

Solução Com os valores dados no Exemplo 11.18 e notando que $C_{SB} = C_{DB}$,[16] obtemos, das Equações (11.96) e (11.97),

$$|\omega_{p,entrada}| = 2\pi \times (5{,}31 \text{ GHz}) \tag{11.100}$$

$$|\omega_{p,saída}| = 2\pi \times (442 \text{ MHz}). \tag{11.101}$$

Sem o efeito Miller, a magnitude do polo de entrada aumenta de forma dramática. O polo de saída, no entanto, limita a largura de banda. Além disso, o ganho em frequências baixas, agora, é igual a $R_D/(R_S + 1/g_m) = 5{,}7$, menor que o do estágio FC por um fator maior que dois. A Figura 11.37 mostra o gráfico do resultado. O ganho em frequências baixas é igual a 15 dB ≈ 5,7 e a largura de banda de −3 dB é da ordem de 450 MHz.

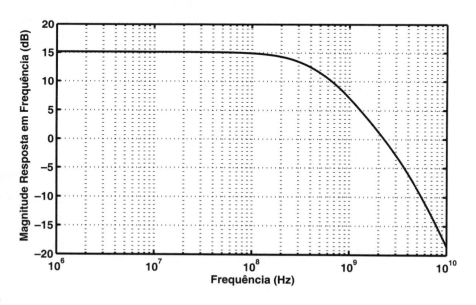

Figura 11.37

Exercício Repita o exemplo anterior para o caso em que o amplificador PC alimenta uma capacitância de carga de 150 fF.

---

[16] Na verdade, as capacitâncias de junção C_{SB} e C_{DB} sustentam diferentes tensões de polarização reversa e, portanto, não são iguais.

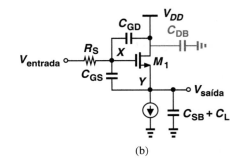

Figura 11.38 (a) Seguidor de emissor e (b) seguidor de fonte incluindo as capacitâncias dos transistores.

11.6 RESPOSTA EM FREQUÊNCIA DE SEGUIDORES

A resposta de seguidores em baixas frequências é similar à estudada no Exemplo 11.11 e à de estágios EC/FC. Portanto, aqui, estudaremos o comportamento em altas frequências.

Nos Capítulos 5 e 7, observamos que seguidores de emissor e de fonte apresentam alta impedância de entrada e relativamente baixa impedância de saída, e um ganho de tensão (positivo) subunitário. Seguidores de emissor – e, ocasionalmente, seguidores de fonte – são utilizados como *buffers* e, portanto, suas características em frequência são importantes.

A Figura 11.38 ilustra os estágios, incluindo as capacitâncias relevantes. O seguidor de emissor é carregado com C_L para criar um caso mais geral e, também, maior semelhança entre os circuitos bipolar e MOS. Observemos que cada circuito contém dois capacitores aterrados e um flutuante. Embora este último possa ser decomposto com a aproximação de Miller, a análise resultante foge do escopo deste livro. Assim, efetuaremos uma análise direta a partir das equações do circuito. Como as versões bipolar e MOS na Figura 11.38 diferem apenas por r_π, primeiro, analisaremos o seguidor de emissor e, depois, faremos r_π (ou β) tender ao infinito para obtermos a função de transferência do seguidor de fonte.

Consideremos o equivalente de pequenos sinais mostrado na Figura 11.39. Notando que $V_X = V_{saída} + V_\pi$ e que a corrente na combinação em paralelo de r_π e C_π é dada por $V_\pi/r_\pi + V_\pi C_\pi s$, escrevemos uma LCK no nó X:

$$\frac{V_{saída} + V_\pi - V_{entrada}}{R_S} + (V_{saída} + V_\pi)C_\mu s + \frac{V_\pi}{r_\pi}$$
$$+ V_\pi C_\pi s = 0, \quad (11.102)$$

e outra no nó de saída:

$$\frac{V_\pi}{r_\pi} + V_\pi C_\pi s + g_m V_\pi = V_{saída} C_L s. \quad (11.103)$$

A última equação fornece

$$V_\pi = \frac{V_{saída} C_L s}{\frac{1}{r_\pi} + g_m + C_\pi s}, \quad (11.104)$$

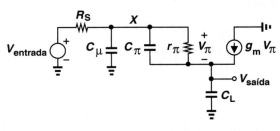

Figura 11.39 Equivalente de pequenos sinais do seguidor de emissor.

Substituindo esse resultado na Equação (11.102) e assumindo $r_\pi \gg g_m^{-1}$, obtemos

$$\frac{V_{saída}}{V_{entrada}} = \frac{1 + \frac{C_\pi}{g_m}s}{as^2 + bs + 1}, \quad (11.105)$$

em que

$$a = \frac{R_S}{g_m}(C_\mu C_\pi + C_\mu C_L + C_\pi C_L) \quad (11.106)$$

$$b = R_S C_\mu + \frac{C_\pi}{g_m} + \left(1 + \frac{R_S}{r_\pi}\right)\frac{C_L}{g_m}. \quad (11.107)$$

O circuito exibe, portanto, um zero em

$$|\omega_z| = \frac{g_m}{C_\pi}, \quad (11.108)$$

que, da Equação (11.49), é próximo da f_T do transistor. Os polos do circuito podem ser calculados usando a aproximação do polo dominante descrita na Seção 11.4.4. Na prática, entretanto, os dois polos não são distantes um do outro, o que exige a solução direta do denominador quadrático.

Estes resultados também se aplicam ao seguidor de fonte se $r_\pi \to \infty$ e se as correspondentes substituições de capacitâncias forem feitas (C_{SB} e C_L estão em paralelo):

$$\frac{V_{saída}}{V_{entrada}} = \frac{1 + \frac{C_{GS}}{g_m}s}{as^2 + bs + 1}, \quad (11.109)$$

em que

$$a = \frac{R_S}{g_m}[C_{GD}C_{GS} + C_{GD}(C_{SB} + C_L) + \quad (11.110)$$
$$C_{GS}(C_{SB} + C_L)]$$

$$b = R_S C_{GD} + \frac{C_{GD} + C_{SB} + C_L}{g_m}. \quad (11.111)$$

11.6.1 Impedâncias de Entrada e de Saída

No Capítulo 5, observamos que a resistência de entrada do seguidor de emissor é dada por $r_\pi + (\beta + 1)R_L$, em que R_L denota a resistência de carga. Além disso, no Capítulo 7, notamos que a resistência de entrada do seguidor de fonte tende ao infinito nas frequências baixas. A seguir, efetuaremos uma análise aproximada e intuitiva para obter a capacitância de entrada de seguidores.

Exemplo 11.21 Um seguidor de fonte é ativado por uma resistência de 200 Ω e alimenta uma capacitância de carga de 100 fF. Usando os parâmetros de transistor dados no Exemplo 11.18, desenhemos a resposta em frequência do circuito.

Solução O zero ocorre em $g_m/C_{GS} = 2\pi \times (4{,}24 \text{ GHz})$. Para calcular os polos, obtemos a e b das Equações (11.110) e (11.111), respectivamente:

$$a = 2{,}58 \times 10^{-21} \text{ s}^{-2} \quad (11.112)$$

$$b = 5{,}8 \times 10^{-11} \text{ s}. \quad (11.113)$$

Os dois polos são, então, iguais a

$$\omega_{p1} = 2\pi[-1{,}79 \text{ GHz} + j(2{,}57 \text{ GHz})] \quad (11.114)$$

$$\omega_{p2} = 2\pi[-1{,}79 \text{ GHz} - j(2{,}57 \text{ GHz})]. \quad (11.115)$$

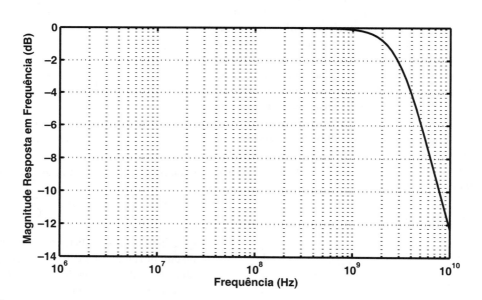

Figura 11.40

Com os valores escolhidos aqui, os polos são complexos. A Figura 11.40 mostra o gráfico da resposta em frequência. A largura de banda de −3 dB é, aproximadamente, igual a 3,5 GHz.

Exercício Para que valor de g_m os dois polos se tornam reais e iguais?

Resposta em Frequência 425

Exemplo 11.22 Determinemos a função de transferência do seguidor de fonte mostrado na Figura 11.41(a), na qual M_2 opera como uma fonte de corrente.

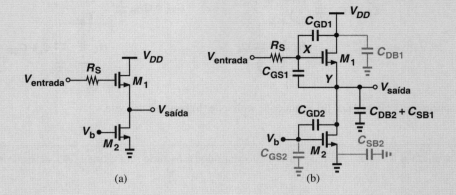

Figura 11.41

Solução Notando que C_{GS2} e C_{SB2} não têm papel no circuito, incluamos as capacitâncias dos transistores como indicado na Figura 11.41(b). O resultado lembra o da Figura 11.38, com C_{GD2} e C_{DB2} aparecendo em paralelo com C_{SB1}. Portanto, a Equação (11.109) pode ser reescrita como

$$\frac{V_{saída}}{V_{entrada}}(s) = \frac{1 + \frac{C_{GS1}}{g_{m1}}s}{as^2 + bs + 1}, \qquad (11.116)$$

em que

$$a = \frac{R_S}{g_{m1}}[C_{GD1}C_{GS1} + (C_{GD1} + C_{GS1})(C_{SB1} + C_{GD2} + C_{DB2})] \qquad (11.117)$$

$$b = R_S C_{GD1} + \frac{C_{GD1} + C_{SB1} + C_{GD2} + C_{DB2}}{g_{m1}}. \qquad (11.118)$$

Exercício Assumindo que M_1 e M_2 sejam idênticos e usando os parâmetros de transistor dados no Exemplo 11.18, calcule as frequências dos polos.

Consideremos os circuitos mostrados na Figura 11.42, em que C_π e C_{GS} aparecem entre a entrada e a saída e, portanto, podem ser decompostos com o emprego do teorema de Miller. Como o ganho nas frequências baixas é igual a

$$A_v = \frac{R_L}{R_L + \frac{1}{g_m}}, \qquad (11.119)$$

notamos que a componente "de entrada" de C_π ou C_{GS} é expressa como

$$C_X = (1 - A_v)C_{XY} \qquad (11.120)$$

$$= \frac{1}{1 + g_m R_L}C_{XY}. \qquad (11.121)$$

É interessante observar que a capacitância de entrada do seguidor contém apenas uma *fração* de C_π ou C_{GS}, dependendo do valor de $g_m R_L$. Obviamente, C_μ ou C_{GD} deve ser somado a este valor para fornecer a capacitância de entrada total.

Agora, voltemos a atenção para a impedância de saída de seguidores. O estudo do seguidor de emissor do Capítulo 5 revelou que a resistência de saída é igual a $R_S/(\beta + 1) + 1/g_m$. De modo similar, o Capítulo 7 indicou uma resistência de saída de $1/g_m$ para o seguidor de fonte. Nas frequências altas, esses circuitos apresentam um comportamento interessante.

Consideremos os seguidores representados na Figura 11.44(a), em que, por simplicidade, outras capacitâncias e resistências são desprezadas. Como sempre, R_S representa a resistência de saída de um estágio ou dispositivo precedente. Calculemos, primeiro, a impedância de saída do seguidor de emissor e, depois, façamos $r_\pi \to \infty$ para determinar a impe-

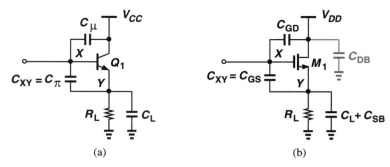

Figura 11.42 Capacitância de entrada de (a) seguidor de emissor e (b) seguidor de fonte.

Exemplo 11.23 Estimemos a capacitância de entrada do seguidor mostrado na Figura 11.43. Assumamos $\lambda \neq 0$.

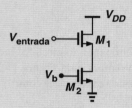

Figura 11.43

Solução Do Capítulo 7, o ganho do circuito em frequências baixas pode ser escrito como

$$A_v = \frac{r_{O1}||r_{O2}}{r_{O1}||r_{O2} + \dfrac{1}{g_{m1}}}. \quad (11.122)$$

Além disto, da Figura 11.42(b), a capacitância que aparece entre a entrada e a saída é igual a C_{GS1}, resultando em

$$C_{entrada} = C_{GD1} + (1 - A_v)C_{GS1} \quad (11.123)$$

$$= C_{GD1} + \frac{1}{1 + g_{m1}(r_{O1}||r_{O2})}C_{GS1}. \quad (11.124)$$

Por exemplo, se $g_{m1}(r_{O1}||r_{O2}) \approx 10$, apenas 9% de C_{GS1} aparece na entrada.

Exercício Repita o exemplo anterior para $\lambda = 0$.

dância de saída do seguidor de fonte. Do circuito equivalente da Figura 11.44(b), temos

$$(I_X + g_m V_\pi)\left(r_\pi \left\| \frac{1}{C_\pi s}\right.\right) = -V_\pi \quad (11.125)$$

e, também,

$$(I_X + g_m V_\pi)R_S - V_\pi = V_X. \quad (11.126)$$

Calculando V_π da Equação (11.125),

$$V_\pi = -I_X \frac{r_\pi}{r_\pi C_\pi s + \beta + 1} \quad (11.127)$$

e substituindo na Equação (11.126), obtemos

$$\frac{V_X}{I_X} = \frac{R_S r_\pi C_\pi s + r_\pi + R_S}{r_\pi C_\pi s + \beta + 1}. \quad (11.128)$$

Nas frequências baixas, como esperado, $V_X/I_X = (r_\pi + R_S)/(\beta + 1) \approx 1/g_m + R_S/(\beta + 1)$. Nas frequências muito altas, $V_X/I_X = R_S$, um resultado que faz sentido, pois C_π se torna um curto-circuito.

Os dois valores extremos calculados para a impedância de saída do seguidor de emissor podem ser usados para propiciar um maior entendimento. Os gráficos da Figura 11.45 mostram que, se $R_S < 1/g_m + R_S/(\beta + 1)$, a magnitude dessa impedância *diminui* com ω e, se $R_S > 1/g_m + R_S/(\beta + 1)$, *aumenta* com ω. Em analogia com a impedância de capacitores e indutores, dizemos que, no primeiro caso, $Z_{saída}$ apresenta um comportamento capacitivo e no segundo, um comportamento indutivo.

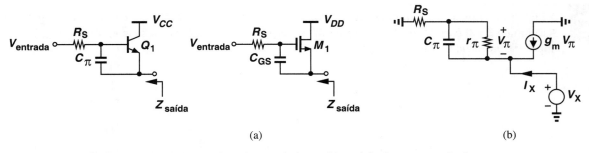

Figura 11.44 (a) Impedâncias de saída de seguidores de emissor e de fonte, (b) modelo de pequenos sinais.

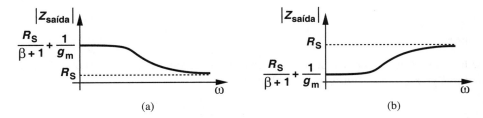

Figura 11.45 Impedância de saída do seguidor de emissor em função da frequência para (a) pequeno valor de R_S e (b) grande valor de R_S.

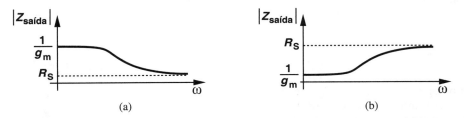

Figura 11.46 Impedância de saída do seguidor de fonte em função da frequência para (a) pequeno valor de R_S e (b) grande valor de R_S.

Qual dos dois casos tem maior probabilidade de ocorrer na prática? Como um seguidor serve para *reduzir* a impedância de excitação, é razoável assumir que, nas frequências baixas, a impedância de saída do seguidor seja *menor* que R_S.[17] Portanto, o comportamento indutivo é mais encontrado. (É até possível que a impedância de saída indutiva leve à oscilação caso o seguidor veja certo valor de capacitância de carga.)

O desenvolvimento anterior pode ser estendido a seguidores de fonte dividindo o numerador e o denominador da Equação (11.128) por r_π, e fazendo r_π e β tenderem ao infinito:

$$\frac{V_X}{I_X} = \frac{R_S C_{GS} s + 1}{C_{GS} s + g_m}, \qquad (11.129)$$

em que $(\beta + 1)/r_\pi$ e C_π foram substituídos, respectivamente, por g_m e por C_{GD}. Os gráficos da Figura 11.45 são redesenhados para o seguidor de fonte na Figura 11.46 e exibem um comportamento semelhante.

A impedância indutiva vista na saída de seguidores é útil para a realização de "indutores ativos".

11.7 RESPOSTA EM FREQUÊNCIA DE ESTÁGIOS CASCODES

A análise de estágios EC/FC da Seção 11.4 e dos estágios BC/PC da Seção 11.5 revela que os primeiros apresentam resistência de entrada relativamente alta e estão sujeitos ao efeito Miller, enquanto os segundos apresentam resistência de entrada relativamente baixa e não estão sujeitos ao efeito Miller. É interessante combinar as propriedades desejáveis das duas topologias para obter um circuito com resistência de entrada relativamente alta e nenhuma, ou pouca, influência do efeito Miller. De fato, este raciocínio levou à invenção da topologia cascode na década de 1940.

Consideremos os cascodes representados na Figura 11.48. Como mencionado no Capítulo 9, essa estrutura pode ser vista como um transistor EC/FC, Q_1 ou M_1, seguido por um dispositivo BC/PC, Q_2 ou M_2. Assim, o circuito apresenta resistência de entrada relativamente alta (para Q_1) ou infinita (para M_1) e ganho de tensão igual a $g_{m1}R_L$.[18] Contudo, o que podemos dizer

---

[17] Se a resistência de saída do seguidor for *maior* que R_S, é melhor omitir o seguidor!
[18] No circuito bipolar, a divisão de tensão entre R_S e $r_{\pi 1}$ reduz o ganho ligeiramente.

Exemplo 11.24

A Figura 11.47 mostra um amplificador de dois estágios que consiste em um circuito FC e um seguidor de fonte. Assumindo $\lambda \neq 0$ para M_1 e M_2, $\lambda = 0$ para M_3 e desprezando todas as capacitâncias, exceto C_{GS3}, calculemos a impedância de saída do amplificador.

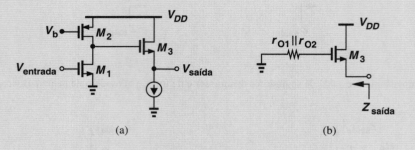

Figura 11.47

Solução A impedância de fonte vista pelo seguidor é igual à resistência de saída do estágio FC, que é igual a $r_{O1}\|r_{O2}$. Assumindo $R_S = r_{O1}\|r_{O2}$ na Equação (11.129), temos

$$\frac{V_X}{I_X} = \frac{(r_{O1}\|r_{O2})C_{GS3}s + 1}{C_{GS3}s + g_{m3}}. \quad (11.130)$$

Exercício No exemplo anterior, determine $Z_{saída}$ se $\lambda \neq 0$ para M_1-M_3.

Você sabia?

Além de reduzir a multiplicação de Miller de C_μ ou C_{GD}, a estrutura cascode provê maiores impedância de saída, ganho de tensão e *estabilidade*. Para nós, estabilidade se refere à tendência de o amplificador não oscilar. Como retorna uma fração do sinal de *saída* à entrada, C_μ ou C_{GD} pode causar instabilidade em amplificadores de altas frequências. Por essa razão, geralmente usamos a topologia cascode no *front end* de receptores de RF, muitas vezes, com degeneração indutiva, como ilustrado na figura a seguir.

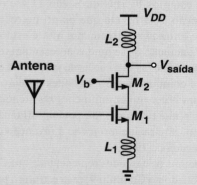

Uso de cascode no amplificador de baixo ruído de um telefone celular.

---

da multiplicação de Miller de $C_{\mu 1}$ ou C_{GD1}? Primeiro, devemos calcular o ganho de tensão do nó X para o nó Y. Assumindo $r_O = \infty$ para todos os transistores, notamos que a impedância vista em Y é igual a $1/g_{m2}$, resultando em um ganho de pequenos sinais de

$$A_{v,XY} = \frac{v_Y}{v_X} \quad (11.131)$$

$$= -\frac{g_{m1}}{g_{m2}}. \quad (11.132)$$

No cascode bipolar, $g_{m1} = g_{m2}$ (por quê?), resultando em ganho de −1. No circuito MOS, M_1 e M_2 não precisam ser idênticos, mas g_{m1} e g_{m2} são comparáveis, devido às relativamente fracas dependências em relação a W/L. Portanto, na maioria dos casos práticos, podemos dizer que o ganho de X para Y permanece próximo de −1, e concluímos que o efeito Miller em $C_{XY} = C_{\mu 1}$ ou C_{GD1} é dado por

$$C_X = (1 - A_{v,XY})C_{XY} \quad (11.133)$$

$$\approx 2C_{XY}. \quad (11.134)$$

Este resultado contrasta com o expresso na Equação (11.56), sugerindo que, devido ao efeito Miller, o transistor cascode quebra a relação de permuta entre ganho e capacitância de entrada.

Prossigamos com a análise e, usando a aproximação de Miller, estimemos os polos da topologia cascode. A Figura 11.49 mostra o cascode bipolar juntamente com as capacitâncias dos transistores. Notemos que o efeito de $C_{\mu 1}$ em Y também é igual a $(1 - A_{v,XY}^{-1})C_{\mu 1} = 2C_{\mu 1}$.

Associando um polo a cada nó, obtemos

$$|\omega_{p,X}| = \frac{1}{(R_S\|r_{\pi 1})(C_{\pi 1} + 2C_{\mu 1})} \quad (11.135)$$

$$|\omega_{p,Y}| = \frac{1}{\frac{1}{g_{m2}}(C_{CS1} + C_{\pi 2} + 2C_{\mu 1})} \quad (11.136)$$

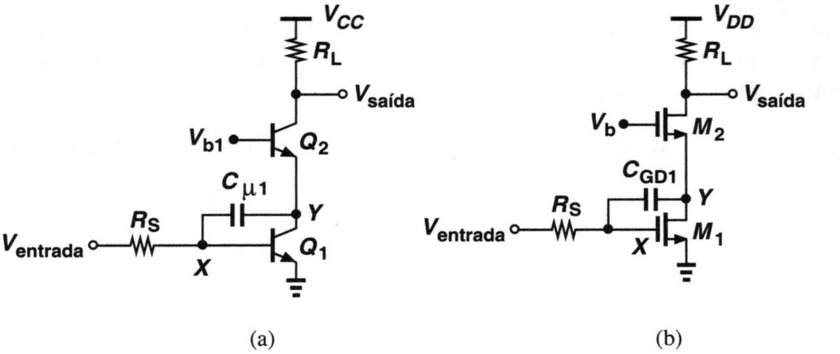

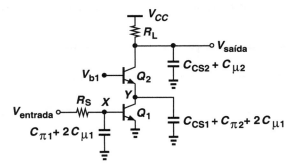

Figura 11.48 Estágios cascodes (a) bipolar e (b) MOS.

Figura 11.49 Cascode bipolar com as capacitâncias dos transistores.

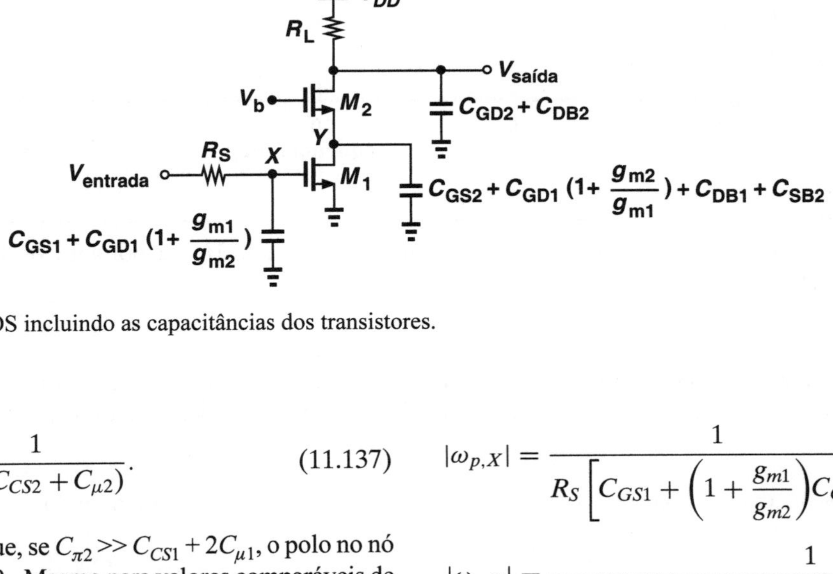

Figura 11.50 Cascode MOS incluindo as capacitâncias dos transistores.

$$|\omega_{p,saída}| = \frac{1}{R_L(C_{CS2} + C_{\mu 2})}. \quad (11.137)$$

É interessante observar que, se $C_{\pi 2} \gg C_{CS1} + 2C_{\mu 1}$, o polo no nó Y ocorre próximo à f_T de Q_2. Mesmo para valores comparáveis de $C_{\pi 2}$ e $C_{CS1} + 2C_{\mu 1}$, podemos dizer que este polo é da ordem de $f_T/2$, uma frequência tipicamente muito maior que a largura de banda do sinal. Por essa razão, em geral, o polo no nó Y tem efeito desprezível na resposta em frequência do estágio cascode.

O cascode MOS é representado na Figura 11.50, juntamente com as capacitâncias, após o uso da aproximação de Miller. Como, neste caso, o ganho de X para Y pode não ser igual a -1, devemos usar o valor real, $-g_{m1}/g_{m2}$, para obtermos uma solução mais geral. Associando um polo a cada nó, temos

$$|\omega_{p,X}| = \frac{1}{R_S\left[C_{GS1} + \left(1 + \frac{g_{m1}}{g_{m2}}\right)C_{GD1}\right]} \quad (11.138)$$

$$|\omega_{p,Y}| = \frac{1}{\frac{1}{g_{m2}}\left[C_{DB1} + C_{GS2} + \left(1 + \frac{g_{m2}}{g_{m1}}\right)C_{GD1} + C_{SB2}\right]}$$
$$(11.139)$$

$$|\omega_{p,saída}| = \frac{1}{R_L(C_{DB2} + C_{GD2})}. \quad (11.140)$$

Notamos que, se C_{GS2} e $C_{DB1} + (1 + g_{m2}/g_{m1})C_{GD1}$ forem comparáveis, $\omega_{p,Y}$ ainda é da ordem de $f_T/2$.

Exemplo 11.25 O estágio FC estudado no Exemplo 11.18 é convertido na topologia cascode. Assumindo que os dois transistores sejam idênticos, estimemos os polos, desenhemos o gráfico da resposta em frequência e comparemos os resultados com os do Exemplo 11.18. Assumamos $C_{DB} = C_{SB}$.

Solução Usando os valores dados no Exemplo 11.18 e as Equações (11.138), (11.139) e (11.140), escrevamos

$$|\omega_{p,X}| = 2\pi \times (1{,}95 \text{ GHz}) \tag{11.141}$$

$$|\omega_{p,Y}| = 2\pi \times (1{,}73 \text{ GHz}) \tag{11.142}$$

$$|\omega_{p,saída}| = 2\pi \times (442 \text{ MHz}). \tag{11.143}$$

Notemos que, neste exemplo, o polo no nó Y é muito menor que $f_T/2$. Comparando com os resultados da aproximação de Miller obtidos no Exemplo 11.18, a frequência do polo de entrada aumentou de forma considerável. Comparada com o valor exato calculado naquele exemplo, a largura de banda do cascode (442 MHz) é quase duas vezes maior. A Figura 11.51 mostra o gráfico da resposta em frequência do estágio cascode.

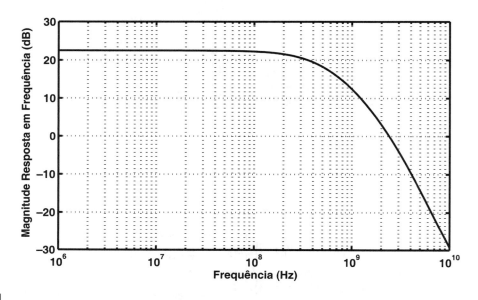

Figura 11.51

Exercício Repita o exemplo anterior para o caso em que o valor da largura de M_2 – e, portanto, os de suas capacitâncias – é dobrado. Assuma $g_{m2} = (100 \text{ }\Omega)^{-1}$.

Exemplo 11.26 No cascode mostrado na Figura 11.52, o transistor M_3 funciona como uma fonte de corrente constante, permitindo que M_1 conduza uma corrente maior que a de M_2. Estimemos os polos do circuito, assumindo $\lambda = 0$.

Solução O transistor M_3 contribui com C_{GD3} e C_{DB3} no nó Y, reduzindo a magnitude do polo correspondente. O circuito obtido tem os seguintes polos:

$$|\omega_{p,X}| = \frac{1}{R_S\left[C_{GS1} + \left(1 + \dfrac{g_{m1}}{g_{m2}}\right)C_{GD1}\right]} \tag{11.144}$$

$$|\omega_{p,Y}| = \frac{1}{\dfrac{1}{g_{m2}}\left[C_{DB1} + C_{GS2} + \left(1 + \dfrac{g_{m2}}{g_{m1}}\right)C_{GD1} + C_{GD3} + C_{DB3} + C_{SB2}\right]} \tag{11.145}$$

$$|\omega_{p,saída}| = \frac{1}{R_L(C_{DB2} + C_{GD2})}. \tag{11.146}$$

Notemos que a magnitude de $\omega_{p,X}$ também é reduzida, pois a adição de M_3 diminui I_{D2} e, portanto, g_{m2}.

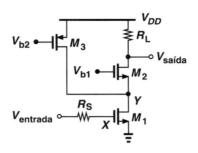

Figura 11.52

Exercício Calcule as frequências dos polos do exemplo anterior usando os parâmetros de transistor dados no Exemplo 11.18 para M_1-M_3.

Do estudo da topologia cascode feito no Capítulo 9 e neste capítulo, identificamos duas propriedades distintas e importantes deste circuito: (1) capacidade de apresentar alta impedância de saída e, portanto, atuar como uma boa fonte de corrente e/ou amplificador de alto ganho; (2) redução do efeito Miller e, em consequência, melhor desempenho nas frequências altas. Essas duas propriedades serão exploradas de forma exaustiva.

11.7.1 Impedâncias de Entrada e de Saída

A anterior análise do estágio cascode fornece, prontamente, estimativas das impedâncias I/O. Da Figura 11.49, a impedância de entrada do cascode bipolar é dada por

$$Z_{entrada} = r_{\pi 1} \left\| \frac{1}{(C_{\pi 1} + 2C_{\mu 1})s} \right., \qquad (11.147)$$

na qual $Z_{entrada}$ não inclui R_S. A impedância de saída é igual a

$$Z_{saída} = R_L \left\| \frac{1}{(C_{\mu 2} + C_{CS2})s} \right., \qquad (11.148)$$

em que o efeito Early foi desprezado. De modo similar, para o estágio MOS representado na Figura 11.50, temos

$$Z_{entrada} = \frac{1}{\left[C_{GS1} + \left(1 + \dfrac{g_{m1}}{g_{m2}}\right) C_{GD1} \right] s} \qquad (11.149)$$

$$Z_{saída} = \frac{1}{R_L(C_{GD2} + C_{DB2})}, \qquad (11.150)$$

em que foi considerado $\lambda = 0$.

Se R_L for grande, as resistências de saída dos transistores devem ser levadas em consideração; tal cálculo está além do escopo do livro.

11.8 RESPOSTA EM FREQUÊNCIA DE PARES DIFERENCIAIS

O conceito de meio circuito introduzido no Capítulo 10 também pode ser aplicado ao modelo de altas frequências de pares diferenciais, que, dessa forma, ficam reduzidos aos circuitos estudados anteriormente.

A Figura 11.53(a) ilustra pares diferenciais bipolar e MOS, juntamente com as respectivas capacitâncias. Para entradas diferenciais pequenas, os meios circuitos podem ser construídos como mostrado na Figura 11.53(b). A função de transferência é dada pela Equação (11.70):

$$\frac{V_{saída}}{V_{Thév}}(s) = \frac{(C_{XY}s - g_m)R_L}{as^2 + bs + 1}, \qquad (11.151)$$

em que a mesma notação é usada para vários parâmetros. De modo similar, as impedâncias de entrada e de saída (de cada nó à terra) são iguais às dadas na Equação (11.91) e na Equação (11.92), respectivamente.

11.8.1 Resposta em Frequência em Modo Comum*

A resposta CM estudada no Capítulo 10 não incluiu as capacitâncias dos transistores. Nas frequências altas, as capacitâncias podem *elevar* o ganho em modo comum (e reduzir o ganho diferencial), degradando a razão de rejeição do modo comum.

Consideremos o par diferencial MOS representado na Figura 11.55(a), no qual uma capacitância finita aparece entre o nó P e a terra. Como C_{SS} está em paralelo com R_{SS}, esperamos que a impedância total vista entre P e a terra caia nas frequências altas, resultando em maior ganho CM. Na verdade, na Equação (10.186), podemos substituir R_{SS} por $R_{SS} \| [1/(C_{SS}s)]$:

---

* Esta seção pode ser pulada em uma primeira leitura.

432 Capítulo 11

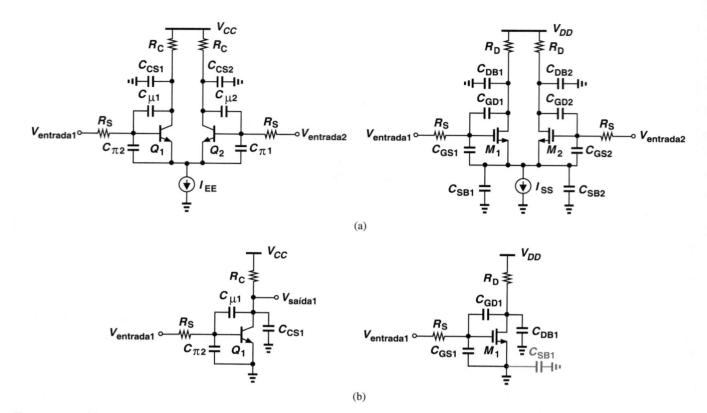

Figura 11.53 (a) Pares diferenciais bipolar e MOS, incluindo as capacitâncias dos transistores, (b) meios circuitos.

Exemplo 11.27 Um par diferencial emprega dispositivos cascodes para reduzir o efeito Miller [Figura 11.54(a)]. Estimemos os polos do circuito.

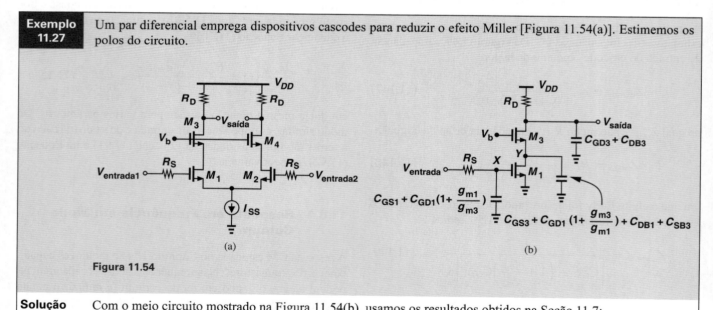

Figura 11.54

Solução Com o meio circuito mostrado na Figura 11.54(b), usamos os resultados obtidos na Seção 11.7:

$$|\omega_{p,X}| = \frac{1}{R_S \left[C_{GS1} + \left(1 + \dfrac{g_{m1}}{g_{m3}}\right) C_{GD1} \right]} \tag{11.152}$$

$$|\omega_{p,Y}| = \frac{1}{\dfrac{1}{g_{m3}} \left[C_{DB1} + C_{GS3} + \left(1 + \dfrac{g_{m3}}{g_{m1}}\right) C_{GD1} + C_{SB3} \right]} \tag{11.153}$$

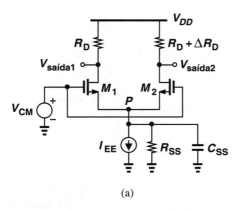
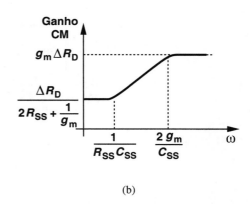

(a) (b)

Figura 11.55 (a) Par diferencial com capacitância parasita no nó de cauda, (b) resposta em frequência em modo comum.

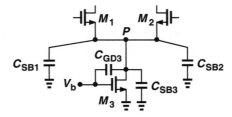

Figura 11.56 Contribuições de capacitâncias do transistor ao nó de cauda.

$$|\omega_{p,saída}| = \frac{1}{R_L(C_{DB3} + C_{GD3})}. \qquad (11.154)$$

Exercício Calcule as frequências dos polos usando os parâmetros de transistor dados no Exemplo 11.18. Assuma que a largura e, portanto, as capacitâncias de M_3 tenham valores iguais ao dobro dos correspondentes valores para M_1, e que $g_{m3} = \sqrt{2}g_{m1}$.

$$\left|\frac{\Delta V_{saída}}{\Delta V_{CM}}\right| = \frac{\Delta R_D}{\frac{1}{g_m} + 2\left(R_{SS} \middle\| \frac{1}{C_{SS}s}\right)} \qquad (11.155)$$

$$= \frac{g_m \Delta R_D (R_{SS}C_{SS}s + 1)}{R_{SS}C_{SS}s + 2g_m R_{SS} + 1}. \qquad (11.156)$$

Como R_{SS}, em geral, tem valor muito elevado, $2g_m R_{SS} \gg 1$, resultando nas seguintes frequências de polos e zeros:

$$|\omega_z| = \frac{1}{R_{SS}C_{SS}} \qquad (11.157)$$

$$|\omega_p| = \frac{2g_m}{C_{SS}}, \qquad (11.158)$$

e na aproximação de Bode ilustrada no gráfico da Figura 11.55(b). O ganho CM, de fato, aumenta de forma dramática nas frequências altas – por um fator $2g_m R_{SS}$ (por quê?).

A Figura 11.56 ilustra as capacitâncias do transistor que constituem C_{SS}. Por exemplo, M_3, em geral, é um dispositivo largo, de modo que opere com pequeno V_{DS}; assim, M_3 adiciona uma grande capacitância ao nó P.

11.9 EXEMPLOS ADICIONAIS

Exemplo 11.28 O amplificador mostrado na Figura 11.57(a) incorpora acoplamento capacitivo na entrada e entre os dois estágios. Determinemos a frequência de corte inferior do circuito. Assumamos $I_S = 5 \times 10^{-16}$ A, $\beta = 100$ e $V_A = \infty$.

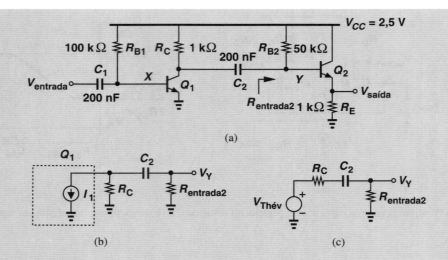

Figura 11.57

Solução Primeiro, devemos calcular o ponto de operação e os parâmetros de pequenos sinais do circuito. Do Capítulo 5, começamos com uma estimativa para V_{BE1}, por exemplo, 800 mV, e expressemos a corrente de base de Q_1 como $(V_{CC} - V_{BE1})/R_{B1}$; portanto,

$$I_{C1} = \beta \frac{V_{CC} - V_{BE1}}{R_{B1}} \tag{11.159}$$

$$= 1{,}7 \text{ mA}. \tag{11.160}$$

Com isso, $V_{BE1} = V_T \ln(I_{C1}/I_{S1}) = 748$ mV e $I_{C1} = 1{,}75$ mA. Assim, $g_{m1} = (14{,}9 \ \Omega)^{-1}$ e $r_{\pi 1} = 1{,}49$ kΩ. Para Q_2, temos

$$V_{CC} = I_{B2}R_{B2} + V_{BE2} + R_E I_{C2}, \tag{11.161}$$

Logo,

$$I_{C2} = \frac{V_{CC} - V_{BE2}}{R_{B2}/\beta + R_E} \tag{11.162}$$

$$= 1{,}13 \text{ mA}, \tag{11.163}$$

em que foi considerado $V_{BE2} \approx 800$ mV. O processo iterativo leva a $I_{C2} = 1{,}17$ mA. Portanto, $g_{m2} = (22{,}2 \ \Omega)^{-1}$ e $r_{\pi 2} = 2{,}22$ kΩ.

Agora, consideremos o primeiro estágio isoladamente. O capacitor C_1 forma um filtro passa-altas com a resistência de entrada do circuito, $R_{entrada1}$, que atenua as frequências baixas. Como $R_{entrada1} = r_{\pi 1}\|R_{B1}$, a frequência de corte inferior desse circuito é igual a

$$\omega_{L1} = \frac{1}{(r_{\pi 1}\|R_{B1})C_1} \tag{11.164}$$

$$= 2\pi \times (542 \text{ Hz}). \tag{11.165}$$

O segundo capacitor de acoplamento também cria um filtro passa-altas com a resistência de entrada do segundo estágio, $R_{entrada2} = R_{B2} \| [r_{\pi 2} + (\beta + 1)R_E]$. Para calcular a frequência de corte, construamos a interface simplificada mostrada na Figura 11.57(b) e determinemos V_Y/I_1. Neste caso, é mais simples substituir I_1 e R_C por um equivalente de Thévenin, Figura 11.57(c), na qual $V_{Thev} = -I_1 R_C$. Agora, temos

$$\frac{V_Y}{V_{Thév}}(s) = \frac{R_{entrada2}}{R_C + \dfrac{1}{C_2 s} + R_{entrada2}}, \tag{11.166}$$

e obtemos um polo em

$$\omega_{L2} = \frac{1}{(R_C + R_{entrada2})C_2} \tag{11.167}$$

$$= \pi \times (22,9 \text{ Hz}). \tag{11.168}$$

Como $\omega_{L2} \ll \omega_{L1}$, concluímos que ω_{L1} "domina" a resposta nas frequências baixas, ou seja, o ganho cai 3 dB em ω_{L1}.

Exercício Repita o exemplo anterior para $R_E = 500\ \Omega$.

Exemplo 11.29 O circuito da Figura 11.58(a) é um exemplo de amplificador realizado em circuitos integrados. O circuito consiste em um estágio degenerado e um estágio autopolarizado, com valores moderados para C_1 e C_2. Assumindo que M_1 e M_2 sejam idênticos e tenham parâmetros iguais aos do Exemplo 11.18, desenhemos o gráfico da resposta em frequência do amplificador.

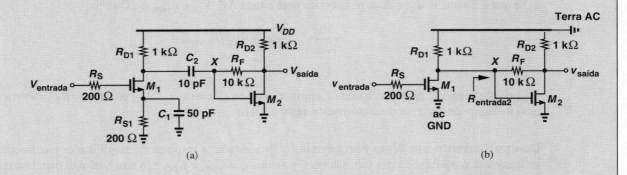

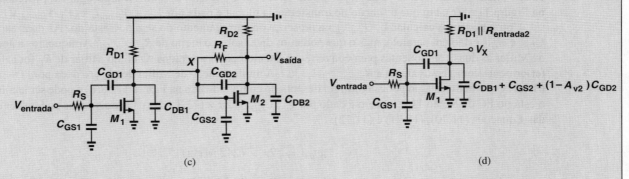

Figura 11.58

Solução **Comportamento em Baixas Frequências** Comecemos com a região de frequências baixas e, primeiro, consideremos o papel de C_1. Da Equação (11.55) e da Figura 11.28(c), notemos que C_1 contribui com uma frequência de corte baixa em

$$\omega_{L1} = \frac{g_{m1}R_{S1} + 1}{R_{S1}C_1} \tag{11.169}$$

$$= 2\pi \times (37,1 \text{ MHz}). \tag{11.170}$$

C_2 e a resistência de entrada do segundo estágio, $R_{entrada2}$, contribuem com uma segunda frequência de corte baixa. Essa resistência pode ser calculada com a ajuda do teorema de Miller:

$$R_{entrada2} = \frac{R_F}{1 - A_{v2}}, \tag{11.171}$$

em que A_{v2} denota o ganho de tensão de X ao nó de saída. Como $R_F \gg R_{D2}$, temos $A_{v2} \approx -g_{m2}R_{D2} = -6{,}67$,[19] e obtemos $R_{entrada2} = 1{,}30$ kΩ. Efetuando uma análise similar à do exemplo anterior, o leitor pode mostrar que

$$\omega_{L2} = \frac{1}{(R_{D1} + R_{entrada2})C_2} \tag{11.172}$$

$$= 2\pi \times (6{,}92 \text{ MHz}). \tag{11.173}$$

Como ω_{L1} permanece bem acima de ω_{L2}, o corte é dominado pela primeira.

Comportamento na Banda Central A seguir, calculemos o ganho na banda central. Nas frequências da banda central, C_1 e C_2 atuam como curtos-circuitos e as capacitâncias dos transistores têm papel desprezível, permitindo que o circuito seja reduzido ao da Figura 11.58(b). Notemos que $v_{saída}/v_{entrada} = (v_X/v_{entrada})/(v_{saída}/v_X)$ e que o dreno de M_1 vê duas resistências para a terra AC: R_{D1} e $R_{entrada2}$. Ou seja,

$$\frac{v_X}{v_{entrada}} = -g_{m1}(R_{D1}||R_{entrada2}) \tag{11.174}$$

$$= -3{,}77. \tag{11.175}$$

O ganho de tensão do nó X para a saída é, aproximadamente, igual a $-g_{m2}R_{D2}$, pois $R_F \gg R_{D2}$.[20] Portanto, o ganho total na banda central é, aproximadamente, igual a 25,1.

Comportamento em Altas Frequências Para estudar a resposta do amplificador nas frequências altas, insiramos as capacitâncias dos transistores e notemos que C_{SB1} e C_{SB2} não têm qualquer papel no circuito, pois os terminais de fonte de M_1 e de M_2 estão na terra AC. Com isto, obtemos a topologia simplificada mostrada na Figura 11.58(c), em que a função de transferência global é dada por $V_{saída}/V_{entrada} = (V_X/V_{entrada})(V_{saída}/V_X)$.

Como podemos calcular $V_X/V_{entrada}$ na presença do carregamento do segundo estágio? As duas capacitâncias C_{DB1} e C_{GS2} estão em paralelo, mas o que podemos dizer sobre o efeito de R_F e C_{GD2}? Apliquemos a aproximação de Miller às duas componentes para convertê-las em elementos aterrados. O efeito Miller de R_F foi calculado anteriormente como equivalente a $R_{entrada2} = 1{,}3$ kΩ. A multiplicação de Miller de C_{GD2} é dada por $(1 - A_{v2})C_{GD2} = 614$ fF. O primeiro estágio pode, agora, ser desenhado como indicado na Figura 11.58(d) e pode ser analisado como o estágio FC da Seção 11.4. O zero é dado por $g_{m1}/C_{GD1} = 2\pi \times (13{,}3 \text{ GHz})$. Os dois polos podem ser calculados das Equações (11.70), (11.71) e (11.72):

$$|\omega_{p1}| = 2\pi \times (242 \text{ MHz}) \tag{11.176}$$

$$|\omega_{p2}| = 2\pi \times (2{,}74 \text{ GHz}). \tag{11.177}$$

O segundo estágio contribui com um polo no nó de saída. O efeito Miller em C_{GD2} é expresso na saída como $(1 - A_{v2}^{-1})C_{GD2} \approx 1{,}15 C_{GD2} = 92$ fF. Adicionando C_{DB2} a este valor, obtemos o polo de saída como

$$|\omega_{p3}| = \frac{1}{R_{L2}(1{,}15 C_{GD2} + C_{DB2})} \tag{11.178}$$

$$= 2\pi \times (0{,}829 \text{ GHz}). \tag{11.179}$$

Observamos que ω_{p1} domina a resposta nas frequências altas. A Figura 11.59 mostra o gráfico da resposta completa. O ganho na banda central é de, aproximadamente, 26 dB ≈ 20, cerca de 20% abaixo do resultado calculado. Isso é devido, principalmente, ao uso da aproximação de Miller para R_F. Além disso, a largura de banda "útil" pode ser definida do corte inferior de -3 dB (≈ 40 MHz) ao corte superior de -3 dB (≈ 300 MHz) e é de quase uma década. O ganho cai à unidade por volta de 2,3 GHz.

---

[19] Com esta estimativa do ganho, podemos expressar o efeito Miller de R_F na saída como $R_F/(1 - A_{v2}^{-1}) \approx 8{,}7$ kΩ, conectamos esta resistência em paralelo com R_{L2} e escrevemos $A_{v2} = -g_{m2}(R_{D2}||8{,}7$ kΩ$) = -5{,}98$. No entanto, por simplicidade, prosseguiremos sem esta iteração.

[20] Caso contrário, o circuito deve ser resolvido com o uso de um equivalente de pequenos sinais completo.

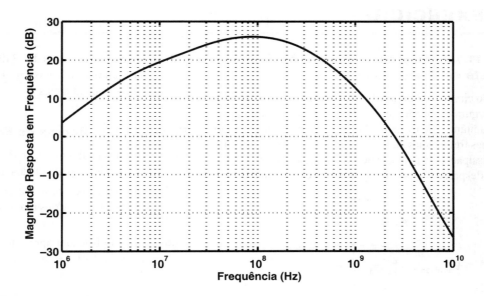

Figura 11.59

11.10 RESUMO DO CAPÍTULO

- A velocidade de circuitos é limitada por várias capacitâncias que os transistores e outras componentes acrescentam a cada nó.

- A velocidade pode ser estudada no domínio do tempo (por exemplo, com a aplicação de um degrau) ou no domínio da frequência (com a aplicação de uma senoide). A resposta em frequência de um circuito corresponde à segunda opção.

- À medida que a frequência de operação aumenta, capacitâncias apresentam impedâncias mais baixas, reduzindo o ganho. O ganho cai nas frequências altas de sinal.

- Para obter a resposta em frequência, devemos deduzir a função de transferência do circuito. A magnitude da função de transferência indica como o ganho varia com a frequência.

- As regras de Bode aproximam a resposta em frequência se polos e zeros forem conhecidos.

- Uma capacitância conectada entre a entrada e a saída de um amplificador inversor aparece na entrada multiplicada por um fator igual a um menos o ganho do amplificador. Esse é o chamado efeito Miller.

- Em muitos circuitos é possível associar um polo a cada nó, ou seja, calcular a frequência do polo como o inverso do produto da capacitância e da resistência vistas entre o nó e a terra AC.

- O teorema de Miller permite que uma impedância flutuante seja decomposta em impedâncias aterradas.

- Devido a capacitores de acoplamento ou de degeneração, a resposta em frequência também pode exibir uma queda à medida que a frequência é reduzida a valores muito baixos.

- Transistores bipolares e MOS contêm capacitâncias entre seus terminais e entre alguns terminais e a terra AC. Ao analisar um circuito, essas capacitâncias devem ser identificadas e o circuito resultante, simplificado.

- Estágios EC e FC têm função de transferência do segundo grau e, portanto, dois polos. A aproximação de Miller indica um polo de entrada que inclui a multiplicação de Miller da capacitância base-coletor ou porta-dreno.

- Se os dois polos de um circuito forem afastados um do outro, a "aproximação do polo dominante" pode ser usada para determinar uma expressão simples para a frequência de cada polo.

- Estágios BC e PC não estão sujeitos ao efeito Miller e alcançam velocidades mais altas que estágios EC/FC, mas têm aplicabilidade limitada devido às suas impedâncias de entrada mais baixas.

- Seguidores de emissor e de fonte apresentam grande largura de banda. No entanto, suas impedâncias de saída podem ser indutivas, o que, em alguns casos, causa instabilidade.

- Para tirar proveito das altas impedâncias de entrada de estágios EC/FC e reduzir o efeito Miller, um estágio cascode pode ser usado.

- A resposta em frequência diferencial de pares diferenciais é similar à de estágios EC/FC.

EXERCÍCIOS

Seção 11.1.2 Função de Transferência e Resposta em Frequência

11.1 No circuito da Figura 11.60, desejamos alcançar uma largura de banda de −3 dB de 1 GHz, com uma capacitância de carga de 2 pF. Qual é o máximo ganho (nas frequências baixas) que pode ser obtido com uma dissipação de potência de 2 mW? Assuma $V_{CC} = 2,5$ V e despreze o efeito Early e outras capacitâncias.

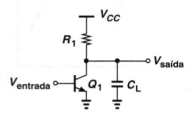

Figura 11.60

11.2 No amplificador da Figura 11.61, $R_D = 1$ kΩ e $C_L = 1$ pF. Desprezando a modulação do comprimento do canal e outras capacitâncias, determine a frequência em que o ganho cai em 10% (≈ 1 dB).

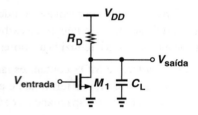

Figura 11.61

11.3 Determine a largura de −3 dB dos circuitos mostrados na Figura 11.62. Assuma $V_A = \infty$ e $\lambda > 0$. Despreze outras capacitâncias.

Seção 11.1.3 Regras de Bode

11.4 Construa o diagrama de Bode de $|V_{saída}/V_{entrada}|$ para os estágios representados na Figura 11.62.

11.5 Um circuito contém dois polos coincidentes (ou seja, iguais) em ω_{p1}. Construa o diagrama de Bode de $|V_{saída}/V_{entrada}|$.

11.6 Um amplificador apresenta dois polos, em 100 MHz e em 10 GHz, e um zero, em 1 GHz. Construa o diagrama de Bode de $|V_{saída}/V_{entrada}|$.

11.7 Um integrador ideal contém um polo na origem, ou seja, em $\omega_p = 0$. Construa o diagrama de Bode de $|V_{saída}/V_{entrada}|$. Qual é o ganho do circuito em frequências arbitrariamente *baixas*?

11.8 Um diferenciador ideal provê um zero na origem, ou seja, em $\omega_z = 0$. Construa o diagrama de Bode de $|V_{saída}/V_{entrada}|$. Qual é o ganho do circuito em frequências arbitrariamente *altas*?

11.9 A Figura 11.63 ilustra uma cascata de dois estágios FC idênticos. Desprezando a modulação do comprimento do canal e outras capacitâncias, construa o diagrama de Bode de $|V_{saída}/V_{entrada}|$. Note que $V_{saída}/V_{entrada} = (V_X/V_{entrada})(V_{saída}/V_X)$.

*11.10 No Exercício 11.9, deduza a função de transferência do circuito, substitua $s = j\omega$ e obtenha uma expressão

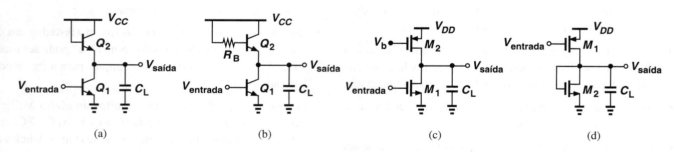

(a)   (b)   (c)   (d)

Figura 11.62

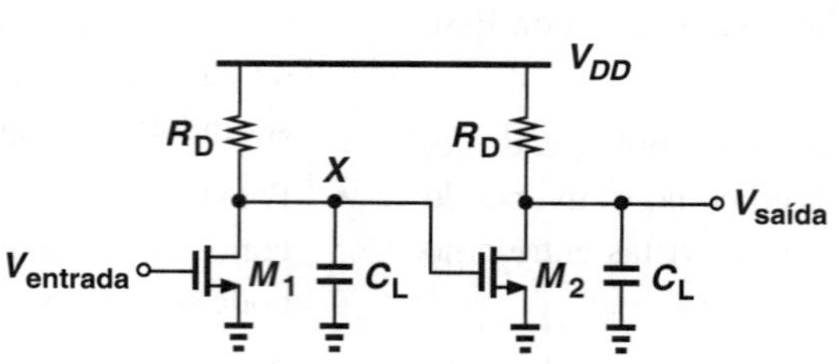

Figura 11.63

para $|V_{saída}/V_{entrada}|$. Determine a largura de banda de −3 dB do circuito.

*11.11 Devido a um erro de fabricação, uma resistência parasita R_p apareceu em série com a fonte de M_1 na Figura 11.64. Assumindo $\lambda = 0$ e desprezando outras capacitâncias, determine os polos de entrada e de saída do circuito.

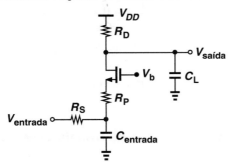

Figura 11.64

*11.12 Considere o circuito mostrado na Figura 11.65. Assumindo $\lambda > 0$ e desprezando outras capacitâncias, deduza a função de transferência. Explique por que o circuito funciona como um integrador ideal quando $\lambda \to 0$.

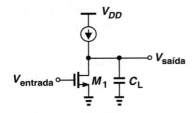

Figura 11.65

11.13 Repita o Exercício 11.12 para o circuito mostrado na Figura 11.66.

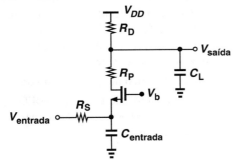

Figura 11.66

11.14 Repita o Exercício 11.12 para o estágio FC mostrado na Figura 11.67.

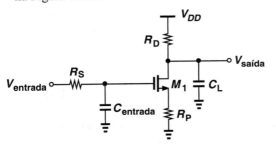

Figura 11.67

*11.15 Deduza uma expressão para a figura de mérito definida pela Equação (11.8) para um estágio FC. Considere apenas a capacitância de carga.

Seção 11.1.5 Teorema de Miller

11.16 Aplique o teorema de Miller ao resistor R_F na Figura 11.68 e estime o ganho de tensão do circuito. Assuma $V_A = \infty$ e que R_F seja grande o bastante para permitir a aproximação $v_{saída}/v_X = -g_m R_C$.

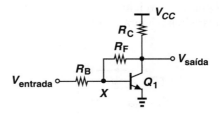

Figura 11.68

11.17 Repita o Exercício 11.16 para o seguidor de fonte da Figura 11.69. Assuma $\lambda = 0$ e que R_F seja grande o bastante para permitir a aproximação $v_{saída}/v_X = R_L/(R_L + g_m^{-1})$.

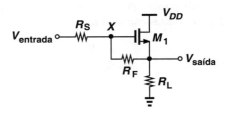

Figura 11.69

**11.18 Considere o estágio base comum ilustrado na Figura 11.70, na qual a resistência de saída de Q_1 é desenhada explicitamente. Utilize o teorema de Miller para estimar o ganho. Assuma que r_O seja grande o bastante para permitir a aproximação $v_{saída}/v_X = g_m R_C$.

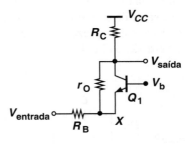

Figura 11.70

*11.19 Usando o teorema de Miller, estime a capacitância de entrada do circuito representado na Figura 11.71. Assuma $\lambda > 0$ e despreze outras capacitâncias. O que acontece se $\lambda \to 0$?

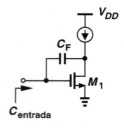

Figura 11.71

11.20 Repita o Exercício 11.19 para o seguidor de fonte mostrado na Figura 11.72.

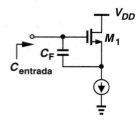

Figura 11.72

*11.21 Usando o teorema de Miller, explique por que o estágio base comum ilustrado na Figura 11.73 provê uma capacitância de entrada *negativa*. Assuma $V_A = \infty$ e despreze outras capacitâncias.

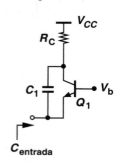

Figura 11.73

11.22 Use o teorema de Miller para estimar os polos de entrada e de saída do circuito mostrado na Figura 11.74. Assuma $V_A = \infty$ e despreze outras capacitâncias. Note que, na verdade, o circuito tem apenas um polo.

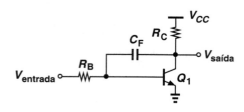

Figura 11.74

**11.23 Repita o Exercício 11.22 para o circuito da Figura 11.75.

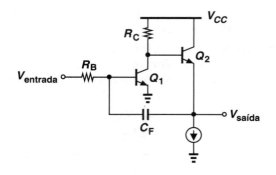

Figura 11.75

Seção 11.2 Modelos de Transistores em Altas Frequências

11.24 Para os circuitos bipolares mostrados na Figura 11.76, identifique todas as capacitâncias dos transistores e determine quais estão em paralelo e quais têm os dois terminais aterrados.

11.25 Para os circuitos MOS mostrados na Figura 11.77, identifique todas as capacitâncias dos transistores e determine quais estão em paralelo e quais têm os dois terminais aterrados.

11.26 Na dedução da Equação (11.49) para a f_T de transistores, desprezamos C_μ e C_{GD}. Refaça a dedução sem esta aproximação.

11.27 Pode-se mostrar que, se os portadores minoritários injetados pelo emissor na base gastarem τ_F segundos para cruzar a região da base, $C_b = g_m \tau_F$.

(a) Escrevendo $C_\pi = C_b + C_{je}$, assumindo que C_{je} independa da corrente de polarização e usando a Equação (11.49), deduza uma expressão para f_T de transistores bipolares em termos da corrente de polarização de coletor.

(b) Esboce o gráfico de f_T em função de I_C.

*11.28 Pode ser mostrado que $C_{GS} \approx (2/3)WLC_{ox}$ para um MOSFET que opere em saturação. Usando a Equação (11.49), prove que

$$2\pi f_T = \frac{3}{2}\frac{\mu_n}{L^2}(V_{GS} - V_{TH}). \qquad (11.180)$$

Note que f_T aumenta com a tensão de sobrecarga.

*11.29 Depois de resolver o Exercício 11.28, um estudante tenta uma substituição diferente para g_m: $2I_D/(V_{GS} - V_{TH})$ e obtém

$$2\pi f_T = \frac{3}{2}\frac{2I_D}{WLC_{ox}}\frac{1}{V_{GS} - V_{TH}}. \qquad (11.181)$$

Este resultado sugere que f_T *diminui* à medida que a tensão de sobrecarga aumenta! Explique esta aparente discrepância entre as Equações (11.180) e (11.181).

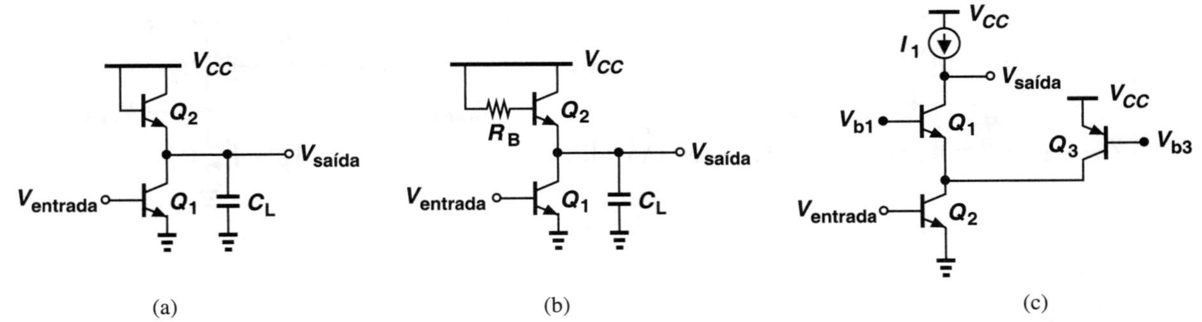

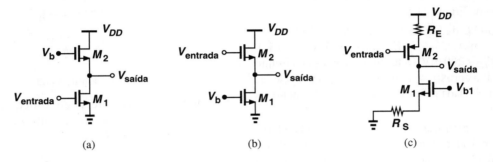

Figura 11.76

Figura 11.77

*11.30 Usando a Equação (11.49) e os resultados dos Exercícios 11.28 e 11.29, esboce o gráfico de f_T de um MOSFET (a) em função de W, para I_D constante, (b) em função de I_D, para W constante. Assuma que L permaneça constante nos dois casos.

*11.31 Usando a Equação (11.49) e os resultados dos Exercícios 11.28 e 11.29, esboce o gráfico de f_T de um MOSFET (a) em função de $V_{GS} - V_{TH}$, para I_D constante, (b) em função de I_D, para $V_{GS} - V_{TH}$ constante. Assuma que L permaneça constante nos dois casos.

*11.32 Usando a Equação (11.49) e os resultados dos Exercícios 11.28 e 11.29, esboce o gráfico de f_T de um MOSFET (a) em função de W, para $V_{GS} - V_{TH}$ constante, (b) em função de $V_{GS} - V_{TH}$, para W constante. Assuma que L permaneça constante nos dois casos.

*11.33 Desejamos reduzir a tensão de sobrecarga de um transistor à metade, para aumentar o vão livre de tensão em um circuito. Determine a modificação na f_T se (a) I_D permanecer constante e W for aumentada e (b) W permanecer constante e I_D for reduzida. Assuma L constante.

*11.34 Para reduzir a modulação do comprimento do canal em um MOSFET, dobramos o comprimento do dispositivo. (a) Como a largura do dispositivo deve ser ajustada para manter as mesmas tensão de sobrecarga e corrente de dreno? (b) Como essas modificações afetam a f_T do transistor?

11.35 Usando o teorema de Miller, determine os polos de entrada e de saída dos estágios EC e FC ilustrados na Figura 11.29(a), incluindo as impedâncias de saída dos transistores.

Seção 11.4 Resposta em Frequência de Estágios EC e FC

11.36 O estágio emissor comum da Figura 11.78 emprega uma fonte de corrente como carga para alcançar ganho elevado (nas frequências baixas). Assumindo $V_A < \infty$ e usando o teorema de Miller, determine os polos de entrada e de saída e, portanto, a função de transferência do circuito.

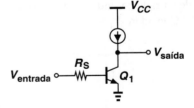

Figura 11.78

11.37 Repita o Exercício 11.36 para o estágio representado na Figura 11.79.

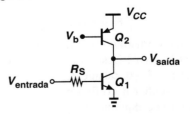

Figura 11.79

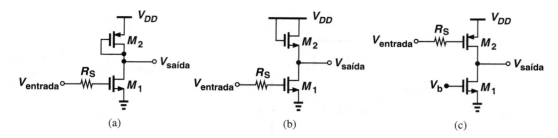

(a)   (b)   (c)

Figura 11.80

*11.38 Assumindo $\lambda > 0$ e usando o teorema de Miller, determine os polos de entrada e de saída dos estágios ilustrados na Figura 11.80.

11.39 No estágio FC da Figura 11.29(a), $R_S = 200\ \Omega$, $R_D = 1$ kΩ, $I_{D1} = 1$ mA, $C_{GS} = 50$ fF, $C_{GD} = 10$ fF, $C_{DB} = 15$ fF e $V_{GS} - V_{TH} = 200$ mV. Determine os polos do circuito usando (a) a aproximação de Miller, e (b) a função de transferência dada pela Equação (11.70). Compare os resultados.

11.40 Considere o amplificador mostrado na Figura 11.81, em que $V_A = \infty$. Determine os polos do circuito usando (a) a aproximação de Miller, e (b) a função de transferência dada pela Equação (11.70). Compare os resultados.

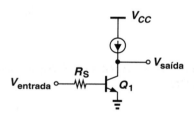

Figura 11.81

11.41 Repita o Exercício 11.40 com a aproximação do polo dominante. Como os resultados se comparam?

*11.42 Sem usar o teorema de Miller, determine as impedâncias de entrada de saída do estágio ilustrado na Figura 11.82. Considere $V_A = \infty$.

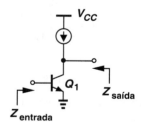

Figura 11.82

*11.43 O circuito ilustrado na Figura 11.83 é chamado de "indutor ativo". Desprezando outras capacitâncias e assumindo $\lambda = 0$, calcule $Z_{entrada}$. Use a regra de Bode para desenhar o gráfico de $|Z_{entrada}|$ em função da frequência e explique por que o circuito tem comportamento indutivo.

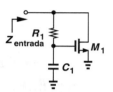

Figura 11.83

**11.44 Sem usar o teorema de Miller, calcule a função de transferência do circuito mostrado na Figura 11.84. Considere $\lambda > 0$.

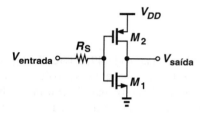

Figura 11.84

*11.45 Sem usar o teorema de Miller, calcule a impedância de entrada do estágio representado na Figura 11.85. Considere $\lambda = 0$.

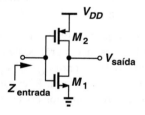

Figura 11.85

Seção 11.5   Resposta em Frequência de Estágios BC e PC

11.46 Determine a função de transferência dos circuitos mostrados na Figura 11.86. Considere $\lambda = 0$ para M_1.

Seção 11.6   Resposta em Frequência de Seguidores

11.47 Considere o seguidor de fonte mostrado na Figura 11.87, em que a fonte de corrente foi erroneamente substituída por um dispositivo conectado como diodo. Levando

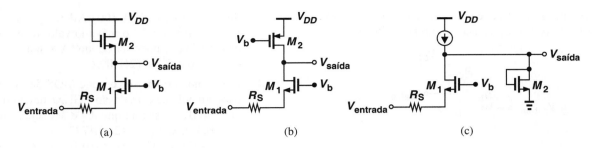

Figura 11.86

em consideração apenas C_{GS1}, calcule a capacitância de entrada do circuito. Considere $\lambda \neq 0$.

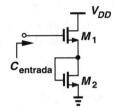

Figura 11.87

11.48 Determine a impedância de saída do seguidor de emissor ilustrado na Figura 11.88, incluindo C_μ e outras capacitâncias. Esboce o gráfico de $|Z_{saída}|$ em função da frequência. Considere $V_A = \infty$.

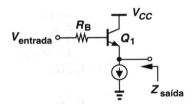

Figura 11.88

Seção 11.7 Resposta em Frequência de Estágios Cascodes

11.49 No cascode da Figura 11.89, Q_3 funciona como uma fonte de corrente e provê 75% da corrente de polarização de Q_1. Assumindo $V_A = \infty$ e usando o teorema de Miller, determine os polos do circuito. O efeito Miller é mais ou menos significativo aqui do que na topologia cascode padrão da Figura 11.48(a)?

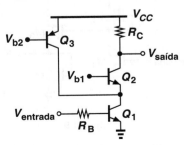

Figura 11.89

**11.50 Devido a um erro de fabricação, um resistor parasita R_P apareceu no estágio cascode da Figura 11.90. Assumindo $\lambda = 0$ e usando o teorema de Miller, determine os polos do circuito.

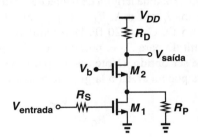

Figura 11.90

**11.51 Em analogia com o circuito da Figura 11.89, um estudante construiu o estágio ilustrado na Figura 11.91 e, erroneamente, usou um dispositivo NMOS para M_3. Considerando $\lambda = 0$ e usando o teorema de Miller, calcule os polos do circuito.

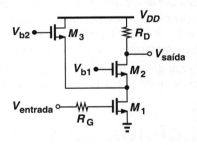

Figura 11.91

Exercícios de Projetos

11.52 Usando os resultados obtidos nos Exercícios 11.9 e 11.10, projete o amplificador de dois estágios da Figura 11.63 para um ganho de tensão total de 20 e largura de banda de −3 dB de 1 GHz. Assuma que cada estágio conduza uma corrente de polarização de 1 mA, C_L = 50 fF e $\mu_n C_{ox} = 100\ \mu A/V^2$.

11.53 Desejamos projetar o estágio EC da Figura 11.92 para um polo de entrada em 500 MHz e um polo de saída em 2 GHz. Assumindo $I_C = 1$ mA, $C_\pi = 20$ fF, $C_\mu = 5$ fF, $C_{CS} = 10$ fF, $V_A = \infty$ e usando o teorema de Miller, determine os valores de R_B e R_C para que o ganho de tensão (nas frequências baixas) seja maximizado. Talvez, você precise usar um processo iterativo.

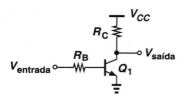

Figura 11.92

11.54 Repita o Exercício 11.53 com a hipótese adicional de que o circuito deva alimentar uma capacitância de carga de 20 fF.

11.55 Desejamos projetar o estágio base comum da Figura 11.93 para uma largura de banda de −3 dB de 10 GHz. Assuma $I_C = 1$ mA, $V_A = \infty$, $R_S = 50\,\Omega$, $C_\pi = 20$ fF, $C_\mu = 5$ fF, $C_{CS} = 20$ fF. Determine o máximo valor permitido para R_C e, portanto, o máximo ganho que pode ser obtido. (Note que os polos de entrada e de saída podem afetar a largura de banda.)

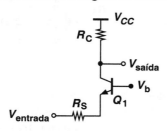

Figura 11.93

11.56 O seguidor de emissor da Figura 11.94 deve ser projetado para uma capacitância de entrada menor que 50 fF. Se $C_\mu = 10$ fF, $C_\pi = 100$ fF, $V_A = \infty$ e $I_C = 1$ mA, qual é o máximo valor tolerável de R_L?

11.57 Um seguidor de fonte NMOS deve alimentar um resistor de carga de 100 Ω, com ganho de tensão de 0,8. Se $I_D = 1$ mA, $\mu_n C_{ox} = 100\,\mu\text{A/V}^2$, $C_{ox} = 12$ fF/μm^2 e $L = 0,18\,\mu$m, qual é o máximo valor da capacitância de entrada que pode ser obtido? Assuma $\lambda = 0$, $C_{GD} \approx 0$, $C_{SB} \approx 0$ e $C_{GS} = (2/3)WLC_{ox}$.

11.58 Desejamos projetar o cascode MOS da Figura 11.95 para um polo de entrada em 5 GHz e um polo de saída em 10 GHz. Assuma que M_1 e M_2 sejam idênticos, $I_D = 0,5$ mA, $C_{GS} = (2/3)WLC_{ox}$, $C_{ox} = 12$ fF/μm^2, $\mu_n C_{ox} = 100\,\mu\text{A/V}^2$, $\lambda = 0$, $L = 0,18\,\mu$m e $C_{GD} = C_0 W$, em que $C_0 = 0,2$ fF/μm denota a capacitância porta-dreno por unidade de comprimento. Determine os máximos valores permitidos para R_G, R_D e ganho de tensão. Use a aproximação de Miller para C_{GD1}. Assuma uma tensão de sobrecarga de 200 mV para cada transistor.

11.59 Repita o Exercício 11.58 com $W_2 = 4W_1$ para reduzir a multiplicação de Miller de C_{GD1}.

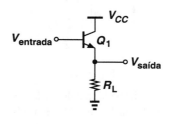

Figura 11.94

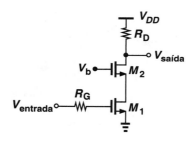

Figura 11.95

EXERCÍCIOS COM *SPICE*

Nos próximos exercícios, use os modelos de dispositivos MOS dados no Apêndice A. Para transistores bipolares, assuma $I_{S,npn} = 5 \times 10^{-16}$ A, $\beta_{npn} = 100$, $V_{A,npn} = 5$ V, $I_{S,pnp} = 8 \times 10^{-16}$ A, $\beta_{pnp} = 50$, $V_{A,pnp} = 3,5$ V. SPICE usa um parâmetro $\tau_F = C_b/g_m$ para modelar o efeito de armazenamento de carga na base. Assuma $\tau_F(tf) = 20$ ps.

11.60 No amplificador de dois estágios mostrado na Figura 11.96, $W/L = 10\,\mu\text{m}/0,18\,\mu$m para M_1-M_4.

(a) Escolha o nível DC de entrada para obter um nível DC de saída de 0,9 V.

(b) Desenhe o gráfico da resposta em frequência, calcule o ganho nas frequências baixas e a largura de −3 dB.

(c) Repita (a) e (b) para $W = 20\,\mu$m e compare os resultados.

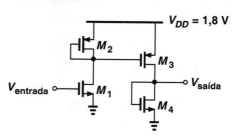

Figura 11.96

11.61 O circuito da Figura 11.97 deve alimentar uma capacitância de carga de 100 fF.

(a) Escolha o nível DC de entrada para obter um nível DC de saída de 1,2 V.

(b) Desenhe o gráfico da resposta em frequência, calcule o ganho nas frequências baixas e a largura de −3 dB.

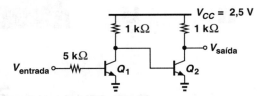

Figura 11.97

11.62 O estágio autopolarizado mostrado na Figura 11.98 deve alimentar uma capacitância de carga de 50 fF, com máximo produto ganho-largura de banda (= ganho na banda central × largura de ganho unitário). Assumindo $R_1 = 500\ \Omega$ e $L_1 = 0{,}18\ \mu\text{m}$, determine W_1, R_F e R_D.

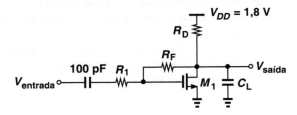

Figura 11.98

11.63 Repita o Exercício 11.62 para o circuito mostrado na Figura 11.99. (Determine R_F e R_C.)

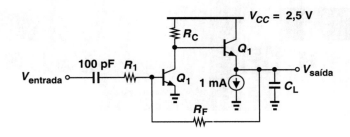

Figura 11.99

11.64 O amplificador de dois estágios da Figura 11.100 deve alcançar um máximo produto ganho-largura de banda ao alimentar $C_L = 50$ fF. Assumindo que M_1-M_4 tenham largura W e comprimento de $0{,}18\ \mu\text{m}$, determine R_F e W.

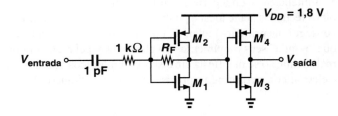

Figura 11.100

Realimentação

Realimentação é uma parte integrante de nossas vidas. Com os olhos fechados, tente tocar a ponta de seus dedos; você pode não conseguir na primeira tentativa, pois a malha de realimentação que "regula" seus movimentos foi aberta. O papel regulador da realimentação se manifesta em sistemas biológicos, mecânicos e eletrônicos, permitindo a precisa execução de "funções". Por exemplo, um amplificador que deva alcançar um ganho exato de 2,00 é projetado de forma muito mais fácil com realimentação que sem realimentação.

Este capítulo apresenta os fundamentos de realimentação (negativa) e sua aplicação em circuitos eletrônicos. O roteiro que seguiremos é mostrado abaixo.

Considerações Gerais
- Elementos de Sistemas de Realimentação
- Ganho da Malha
- Propriedades da Realimentação Negativa

Amplificadores e Métodos de Amostragem/Retorno
- Tipos de Amplificadores
- Modelos de Amplificadores
- Métodos de Amostragem/Retorno
- Polaridade da Realimentação

Análise de Circuitos de Realimentação
- Quatro Tipos de Realimentação
- Efeito de Impedâncias I/O Finitas

Estabilidade e Compensação
- Instabilidade da Malha
- Margem de Fase
- Compensação em Frequência

12.1 CONSIDERAÇÕES GERAIS

Tão logo completou 18 anos, João tirou a carteira de motorista, comprou um carro usado e começou a dirigir. Seguindo a firme advertência dos pais, João obedece ao limite de velocidade na estrada, embora note que *todos* os carros passam mais rápidos. Então, ele conclui que o limite de velocidade é mais uma "recomendação" e excedê-lo por um pequeno valor não apresentaria perigo. Ao longo dos meses seguintes, João aumentou gradualmente sua velocidade para acompanhar os outros carros na estrada; até que, um dia, viu luzes piscantes no espelho retrovisor. Ele para no acostamento, ouve o sermão dado pelo policial, recebe uma multa por excesso de velocidade e, temendo a reação dos pais, volta para casa – agora, respeitando o limite de velocidade.

A história de João exemplifica o papel "regulador" ou "corretivo" da realimentação negativa. Sem o envolvimento do policial, é provável que João continuasse a guiar a velocidades cada vez mais altas, até se tornar uma ameaça na estrada.

A Figura 12.1 mostra um sistema de realimentação negativa, que consiste em quatro componentes essenciais. (1) Sistema de "alimentação direta":[1] é o sistema principal, provavelmente "selvagem" e mal controlado. João, o pedal do acelerador e o carro formam o sistema de alimentação direta, onde a entrada é a pressão que João aplica ao pedal do acelerador e a saída, a velocidade do carro. (2) Mecanismo de amostragem de saída: forma de medir a saída. Aqui, o radar do policial faz esse papel. (3) Circuito de realimentação: circuito que gera um "sinal de realimentação", X_F, a partir da amostra da saída. O policial faz

---
[1] Também chamado sistema "direto".

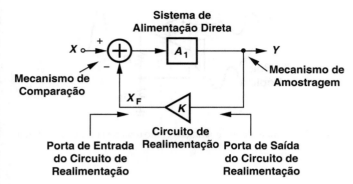

Figura 12.1 Sistema de realimentação genérico.

sistema em "malha aberta". Se $K \neq 0$, dizemos que o sistema opera no modo "malha fechada". Como veremos ao longo do capítulo, a análise de um sistema de realimentação requer a expressão de parâmetros em malha fechada em termos de parâmetros em malha aberta. Vale notar que a porta de entrada do circuito de realimentação se refere à porta que amostra a *saída* do sistema direto.

Como primeiro passo para o entendimento do sistema de realimentação da Figura 12.1, determinemos a função de transferência em malha fechada, Y/X. Como $X_F = KY$, o erro produzido pelo subtrator é igual a $X - KY$ e atua como a entrada do sistema direto:

$$(X - KY)A_1 = Y. \quad (12.1)$$

Logo,

$$\frac{Y}{X} = \frac{A_1}{1 + KA_1}. \quad (12.2)$$

Essa equação tem um papel central em nosso estudo da realimentação e revela que a realimentação negativa reduz o valor do ganho, de A_1 (para o sistema em malha aberta) para $A_1/(1 + KA_1)$. A grandeza $A_1/(1 + KA_1)$ é chamada "ganho em malha fechada". Por que, de forma deliberada, reduzimos o ganho do circuito? Como explicado na Seção 12.2, os benefícios que advêm da realimentação negativa justificam essa redução do ganho.

o papel do circuito de realimentação ao ler a medida do radar, dirigir-se até o carro de João e aplicar a multa por excesso de velocidade. A grandeza $K = X_F/Y$ é denominada "fator de realimentação". (4) Mecanismo de comparação ou retorno: forma de subtrair o sinal de realimentação da entrada e obter o "erro", $E = X - X_F$. O próprio João faz a comparação e diminui a pressão no pedal do acelerador – pelo menos, por algum tempo.

A realimentação na Figura 12.1 é chamada de "negativa" porque X_F é subtraído de X. Realimentação positiva também encontra aplicação em circuitos como osciladores e *latches* digitais.* Se $K = 0$, ou seja, não há realimentação, obtemos o

---

Exemplo 12.1

Analisemos o amplificador não inversor da Figura 12.2 de um ponto de vista de realimentação.

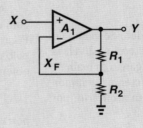

Figura 12.2

Solução O amp op A_1 executa duas funções: subtração de X e X_F e amplificação. O circuito que consiste em R_1 e R_2 também executa duas funções: amostragem da tensão de saída e provimento de um fator de realimentação $K = R_2/(R_1 + R_2)$. Assim, a Equação (12.2) fornece

$$\frac{Y}{X} = \frac{A_1}{1 + \dfrac{R_2}{R_1 + R_2}A_1}, \quad (12.3)$$

Este resultado é idêntico ao obtido no Capítulo 8.

Exercício Refaça a análise anterior para $R_2 = \infty$.

---

* Um *latch* é uma unidade biestável de memória cujo estado é determinado pelas entradas de excitação. Não existe um termo-padrão em português para designar este dispositivo; a palavra inglesa *latch* é largamente empregada na prática. (N.T.)

É interessante que calculemos o erro, E, gerado pelo subtrator. Como $E = X - X_F$ e $X_F = KA_1 E$,

$$E = \frac{X}{1 + KA_1}, \quad (12.4)$$

isso sugere que a diferença entre o sinal de realimentação e a entrada diminui à medida que KA_1 aumenta. Em outras palavras, o sinal de realimentação se torna uma boa "réplica" da entrada (Figura 12.3). Essa observação leva a uma clara compreensão do funcionamento de sistemas de realimentação.

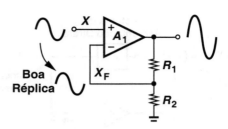

Figura 12.3 Sinal de realimentação como uma boa réplica da entrada.

Exemplo 12.2 Expliquemos por que, no circuito da Figura 12.2, Y/X tende a $1 + R_1/R_2$ à medida que $[R_2/(R_1 + R_2)]A_1$ se torna muito maior que a unidade.

Solução Se $KA_1 = [R_2/(R_1 + R_2)]A_1$ for grande, X_F se torna quase idêntico a X, ou seja, $X_F \approx X$. O divisor de tensão requer que

$$Y \frac{R_2}{R_1 + R_2} \approx X \quad (12.5)$$

Logo,

$$\frac{Y}{X} \approx 1 + \frac{R_1}{R_2}. \quad (12.6)$$

É óbvio que, se $[R_2/(R_1 + R_2)]A_1 \gg 1$, o mesmo resultado é obtido da Equação (12.3).

Exercício Refaça o exemplo anterior para $R_2 = \infty$.

12.1.1 Ganho da Malha

Na Figura 12.1, a grandeza KA_1 – que é o produto do ganho do sistema direto pelo fator de realimentação – determina diversas propriedades do sistema global. Denominado "ganho da malha", KA_1 permite uma interpretação interessante. Fixemos a entrada X em zero e "abramos" a malha em um ponto arbitrário, por exemplo, como indicado na Figura 12.4(a).

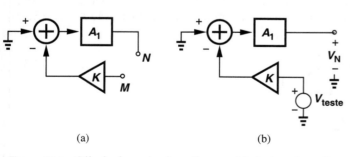

(a)   (b)

Figura 12.4 Cálculo do ganho da malha com (a) abertura da malha e (b) aplicação de um sinal de teste.

A topologia resultante pode ser vista como um sistema com uma entrada M e uma saída N. Agora, como mostrado na Figura 12.4(b), apliquemos um sinal de teste em M e o sigamos pelo circuito de realimentação, subtrator e sistema direto para obter o sinal em N.[2] A entrada de A_1 é igual a $-KV_{teste}$ e fornece

$$V_N = -KV_{teste} A_1 \quad (12.7)$$

portanto,

$$KA_1 = -\frac{V_N}{V_{teste}}. \quad (12.8)$$

Em outras palavras, se um sinal "der a volta na malha" experimentará um ganho igual a $-KA_1$; daí o termo "ganho da malha". É importante não confundir o ganho em malha fechada, $A_1/(1 + KA_1)$, com o ganho da malha KA_1.

O leitor pode se perguntar se existe alguma ambiguidade em relação à *direção* do fluxo de sinal no teste do ganho da malha. Por exemplo, é possível modificar a topologia da Figura 12.4(b) como indicado na Figura 12.6? Isso significaria aplicar V_{teste} à *saída* de A_1 e esperar a observação de um sinal em sua *entrada* e, por fim, em N. Embora seja possível a produção

---

[2] Neste exemplo, usamos grandezas de tensão, mas outras também podem ser usadas.

Exemplo 12.3 Calculemos o ganho da malha do sistema de realimentação da Figura 12.1, abrindo a malha na entrada de A_1.

Solução A Figura 12.5 ilustra o sistema com o sinal de teste aplicado à entrada de A_1. A saída do circuito de realimentação é igual a KA_1V_{teste}, resultando em

$$V_N = -KA_1V_{teste} \qquad (12.9)$$

Este resultado é igual ao da Equação (12.8).

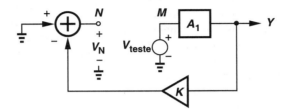

Figura 12.5

Exercício Calcule o ganho da malha abrindo a malha na entrada do subtrator.

---

de um valor finito, um teste como este não representa o real comportamento do circuito. No sistema de realimentação, o sinal flui da entrada de A_1 para a saída e da entrada do circuito de realimentação para a saída.

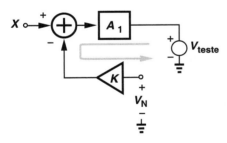

Figura 12.6 Método incorreto de aplicar o sinal de teste.

> **Você sabia?**
> Realimentação negativa é um fenômeno comum na natureza. Ao entrar em uma sala iluminada, seu cérebro comanda suas pupilas a se reduzirem. Caso você ouça música muito alta por várias horas, posteriormente você se sentirá um pouco surdo, pois seus ouvidos ajustaram o limiar de audição em resposta ao volume. E se tentar escrever com os olhos fechados, sua escrita não será grandes coisas, pois a malha de realimentação que monitora os movimentos da caneta foi quebrada.

12.2 PROPRIEDADES DA REALIMENTAÇÃO NEGATIVA

12.2.1 Dessensibilização do Ganho

Suponhamos que, na Figura 12.1, A_1 seja um amplificador cujo ganho é controlado de forma pobre. Por exemplo, um estágio FC provê um ganho de tensão g_mR_D, sendo que g_m e R_D variam com o processo de fabricação e com a temperatura; portanto, o ganho pode variar em até ±20 %. Além disso, suponhamos que um ganho de tensão de 4,00 seja necessário.[3] Como podemos alcançar esta precisão? A Equação (12.2) aponta para uma possível solução: se $KA_1 \gg 1$, temos

$$\frac{Y}{X} \approx \frac{1}{K}, \qquad (12.10)$$

uma grandeza que independe de A_1. De outra perspectiva, a Equação (12.4) indica que $KA_1 \gg 1$ leva a um erro pequeno, forçando que X_F seja quase igual a X e, portanto, que Y seja quase igual a X/K. Assim, se K puder ser definido de forma precisa, o efeito de A_1 sobre Y/X será desprezível e uma alta precisão será obtida no ganho. O circuito da Figura 12.2 exemplifica muito bem esse conceito. Se $A_1R_2/(R_1 + R_2) \gg 1$, então

$$\frac{Y}{X} \approx \frac{1}{K} \qquad (12.11)$$

$$\approx 1 + \frac{R_1}{R_2}. \qquad (12.12)$$

---

[3] Alguns conversores analógicos-digitais (ADCs) requerem ganhos de tensão muito precisos. Por exemplo, um ADC de 10 bits pode exigir um ganho de 2,000.

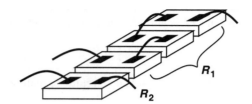

Figura 12.7 Construção de resistores para bom casamento.

Por que R_1/R_2 é definido de forma mais precisa que $g_m R_D$? Se R_1 e R_2 forem feitos do mesmo material e construídos da mesma forma, a variação de seus valores com processo e temperatura não afeta a razão dos mesmos. Por exemplo, para um ganho em malha fechada de 4,00, escolhemos $R_1 = 3R_2$ e implementamos R_1 como a combinação série de três "unidades" de resistores iguais a R_2. A ideia, ilustrada na Figura 12.7, consiste em assegurar que R_1 e R_2 "sigam" um ao outro; se R_2 aumentar em 20 %, o mesmo ocorrerá com cada unidade em R_1 e, portanto, com o valor total de R_1 e o ganho ainda será de $1 + 1{,}2R_1/(1{,}2R_2) = 4$.

O Exemplo 12.4 revela que o ganho em malha fechada de um circuito de realimentação se torna relativamente independente do ganho em malha aberta, desde que o ganho da malha, KA_1, permaneça suficientemente maior que a unidade. Essa propriedade de realimentação negativa é chamada de "dessensibilização do ganho".

Agora, vejamos por que estamos prontos a aceitar que o ganho seja reduzido por um fator $1 + KA_1$. Comecemos com um amplificador com ganho elevado e mal controlado, e apliquemos realimentação negativa ao mesmo para obtermos um ganho mais bem definido e inevitavelmente menor. Esse conceito também foi bastante explorado nos circuitos com amp ops descritos no Capítulo 8.

Exemplo 12.4 O circuito da Figura 12.2 foi projetado para um ganho nominal de 4. (a) Determinemos o ganho real com $A_1 = 1000$. (b) Determinemos a porcentagem de variação do ganho se A_1 for reduzido para 500.

Solução Para um ganho nominal de 4, a Equação (12.12) implica $R_1/R_2 = 3$. (a) O ganho real é dado por

$$\frac{Y}{X} = \frac{A_1}{1 + KA_1} \tag{12.13}$$

$$= 3{,}984. \tag{12.14}$$

Notemos que o ganho da malha é $KA_1 = 1000/4 = 250$. (b) se A_1 for reduzido para 500,

$$\frac{Y}{X} = 3{,}968. \tag{12.15}$$

Ou seja, o ganho em malha fechada sofre uma variação de $(3{,}984/3{,}968)/3{,}984 = 0{,}4$ % quando A_1 é reduzido por um fator de 2.

Exercício Determine a porcentagem de variação do ganho se A_1 for reduzido para 200.

A propriedade de dessensibilização do ganho da realimentação negativa significa que *qualquer* fator que influencie o ganho em malha aberta tem efeito menor sobre o ganho em malha fechada. Até aqui, culpamos apenas variações de processo e temperatura, mas outros fenômenos também alteram o ganho.

- À medida que a *frequência* aumenta, A_1 pode diminuir, mas $A_1/(1 + KA_1)$ permanece relativamente constante. Portanto, esperamos que a realimentação negativa *aumente* a largura de banda (à custa do ganho).

- Se a *resistência de carga* variar, A_1 pode variar; por exemplo, o ganho de um estágio FC depende da resistência de carga. A realimentação negativa, por sua vez, torna o ganho menos sensível às variações da carga.

- A *amplitude* do sinal afeta A_1, pois o amplificador direto está sujeito à não linearidade. Por exemplo, a análise de grandes sinais de pares diferenciais, feita no Capítulo 10, revelou que o ganho de pequenos sinais cai nas grandes amplitudes da entrada. Com realimentação negativa, no entanto, a variação do ganho em malha aberta devido à não linearidade se manifesta de forma reduzida nas características em malha fechada. Ou seja, a realimentação negativa melhora a linearidade. Agora, estudaremos estas propriedades em detalhe.

12.2.2 Extensão da Largura de Banda

Consideremos um amplificador em malha aberta com um polo, com uma função de transferência

$$A_1(s) = \frac{A_0}{1 + \dfrac{s}{\omega_0}}. \tag{12.16}$$

Aqui, A_0 denota o ganho nas frequências baixas e ω_0, a largura de banda de –3 dB. Notando, da Equação (12.2), que a realimentação negativa reduz o ganho nas frequências baixas por um fator $1 + KA_1$, desejamos determinar a resultante melhoria da largura de banda. A função de transferência em malha fechada é obtida substituindo A_1 pela Equação (12.16) na Equação (12.2):

$$\frac{Y}{X} = \frac{\dfrac{A_0}{1 + \dfrac{s}{\omega_0}}}{1 + K\dfrac{A_0}{1 + \dfrac{s}{\omega_0}}}. \quad (12.17)$$

Multiplicando o numerador e o denominador por $1 + s/\omega_0$, obtemos

$$\frac{Y}{X}(s) = \frac{A_0}{1 + KA_0 + \dfrac{s}{\omega_0}} \quad (12.18)$$

$$= \frac{\dfrac{A_0}{1 + KA_0}}{1 + \dfrac{s}{(1 + KA_0)\omega_0}}. \quad (12.19)$$

Em analogia com a Equação (12.16), concluímos que o sistema em malha fechada, agora, tem:

$$\text{Ganho em Malha Fechada} = \frac{A_0}{1 + KA_0} \quad (12.20)$$

$$\text{Largura de Banda em Malha Fechada} = (1 + KA_0)\omega_0. \quad (12.21)$$

Em outras palavras, o ganho e a largura de banda são alterados pelo mesmo fator, mas em direções opostas, mantendo seu produto *constante*.

Exemplo 12.5 Esbocemos o gráfico da resposta em frequência dada pela Equação (12.19) para $K = 0$, $0{,}1$ e $0{,}5$. Assumamos $A_0 = 200$.

Solução Para $K = 0$, a realimentação desaparece e Y/X se reduz a $A_1(s)$, como dado pela Equação (12.16). Para $K = 0{,}1$, temos $1 + KA_0 = 21$ e notamos que o ganho decresce à medida que a largura de banda aumenta pelo mesmo fator. De modo similar, para $K = 0{,}5$, $1 + KA_0 = 101$, resultando em proporcionais redução no ganho e aumento na largura de banda. O gráfico resultante é mostrado na Figura 12.8.

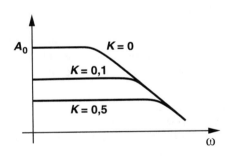

Figura 12.8

Exercício Repita o exemplo anterior para $K = 1$.

Exemplo 12.6 Provemos que a largura de banda de ganho unitário do sistema anterior permanece independente de K se $1 + KA_0 \gg 1$ e $K^2 \ll 1$.

Solução A magnitude da Equação (12.19) é igual a

$$\left|\frac{Y}{X}(j\omega)\right| = \frac{\dfrac{A_0}{1 + KA_0}}{\sqrt{1 + \dfrac{\omega^2}{(1 + KA_0)^2 \omega_0^2}}}. \quad (12.22)$$

Igualando este resultado à unidade e elevando os dois lados ao quadrado, escrevemos

$$\left(\frac{A_0}{1+KA_0}\right)^2 = 1 + \frac{\omega_u^2}{(1+KA_0)^2 \omega_0^2}, \quad (12.23)$$

em que ω_u denota a largura de banda de ganho unitário. Portanto,

$$\omega_u = \omega_0 \sqrt{A_0^2 - (1+KA_0)^2} \quad (12.24)$$

$$\approx \omega_0 \sqrt{A_0^2 - K^2 A_0^2} \quad (12.25)$$

$$\approx \omega_0 A_0, \quad (12.26)$$

que é igual ao produto ganho-largura de banda do sistema em malha aberta. A Figura 12.9 mostra os resultados.

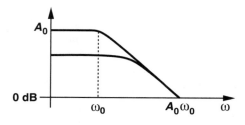

Figura 12.9

Exercício Se $A_0 = 1000$, $\omega_0 = 2\pi \times (10 \text{ MHz})$ e $K = 0{,}5$, calcule a largura de banda de ganho unitário das Equações (12.24) e (12.26) e compare os resultados.

12.2.3 Modificação das Impedâncias de Entrada e de Saída

Como mencionado anteriormente, a realimentação negativa torna o ganho em malha fechada menos sensível à resistência de carga. Esse efeito advém, basicamente, da modificação da *impedância de saída* em consequência da realimentação. A realimentação também modifica a impedância de *entrada*. Esses efeitos serão estudados com cuidado nas seções seguintes, mas, neste ponto, é interessante que consideremos um exemplo.

Exemplo 12.7 A Figura 12.10 ilustra uma realização do circuito de realimentação da Figura 12.2 com transistor. Por simplicidade, assumamos $\lambda = 0$ e $R_1 + R_2 \gg R_D$. (a) Identifiquemos os quatro componentes do sistema de realimentação. (b) Determinemos os ganhos de tensão em malha aberta e em malha fechada. (c) Determinemos as impedâncias I/O em malha aberta e em malha fechada.

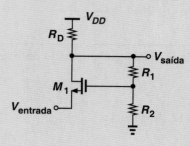

Figura 12.10

Solução (a) Em analogia com a Figura 12.10, concluímos que o sistema direto (o amplificador principal) consiste em M_1 e R_D, ou seja, em estágio porta comum. Os resistores R_1 e R_2 funcionam tanto como mecanismo de amostragem como circuito de realimentação, retornando um sinal igual a $V_{saída} R_2/(R_1 + R_2)$ ao subtrator. O próprio transistor

M_1 funciona como subtrator, pois a corrente de dreno de pequenos sinais é proporcional à *diferença* entre as tensões de porta e de fonte:

$$i_D = g_m(v_G - v_S). \quad (12.27)$$

(b) O sistema direto provê um ganho de tensão igual a

$$A_0 \approx g_m R_D \quad (12.28)$$

pois $R_1 + R_2$ é suficientemente grande para que seu carregamento sobre R_D possa ser desprezado. O ganho de tensão em malha fechada é dado por

$$\frac{v_{saída}}{v_{entrada}} = \frac{A_0}{1 + KA_0} \quad (12.29)$$

$$= \frac{g_m R_D}{1 + \dfrac{R_2}{R_1 + R_2} g_m R_D}. \quad (12.30)$$

Devemos notar que o ganho total deste estágio também pode ser obtido da solução direta das equações do circuito – como se nada soubéssemos de realimentação. No entanto, o uso de conceitos de realimentação provê um bom entendimento e simplifica a tarefa de análise à medida que o circuito se torna mais complexo.

(c) As impedâncias I/O em malha aberta são as do estágio PC:

$$R_{entrada,aberto} = \frac{1}{g_m} \quad (12.31)$$

$$R_{saída,aberto} = R_D. \quad (12.32)$$

Neste ponto, não sabemos como obter as impedâncias em malha fechada em termos dos parâmetros de malha aberta. Portanto, resolvamos as equações do circuito. Da Figura 12.11(a), notamos que R_D conduz uma corrente aproximadamente igual a i_X, pois assumimos que $R_1 + R_2$ é grande. A tensão de dreno de M_1 é, então, dada por $i_X R_D$, levando a uma tensão de porta igual a $+i_X R_D R_2/(R_1 + R_2)$. O transistor M_1 gera uma corrente de dreno proporcional a v_{GS}:

$$i_D = g_m v_{GS} \quad (12.33)$$

$$= g_m \left(\frac{+i_X R_D R_2}{R_1 + R_2} - v_X \right). \quad (12.34)$$

Como $i_D = -i_X$, a Equação (12.34) fornece

$$\frac{v_X}{i_X} = \frac{1}{g_m} \left(1 + \frac{R_2}{R_1 + R_2} g_m R_D \right). \quad (12.35)$$

Ou seja, a resistência de entrada se torna *maior* que $1/g_m$, por um fator igual a $1 + g_m R_D R_2/(R_1 + R_2)$, o mesmo fator de redução do ganho.

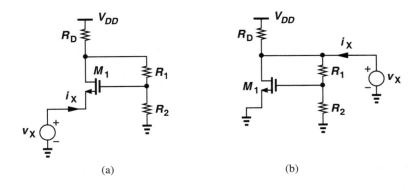

(a) (b)

Figura 12.11

Para determinar a resistência de saída, escrevamos, da Figura 12.11(b),

$$v_{GS} = \frac{R_2}{R_1 + R_2} v_X, \tag{12.36}$$

Logo,

$$i_D = g_m v_{GS} \tag{12.37}$$

$$= g_m \frac{R_2}{R_1 + R_2} v_X. \tag{12.38}$$

Notando que, se $R_1 + R_2 \gg R_D$, $i_X \approx i_D + v_X/R_D$, obtemos

$$i_X \approx g_m \frac{R_2}{R_1 + R_2} v_X + \frac{v_X}{R_D}. \tag{12.39}$$

Assim,

$$\frac{v_X}{i_X} = \frac{R_D}{1 + \dfrac{R_2}{R_1 + R_2} g_m R_D}. \tag{12.40}$$

Portanto, a resistência de saída é *reduzida* pelo fator "universal" $1 + g_m R_D R_2/(R_1 + R_2)$.

Este cálculo das impedâncias I/O pode ser muito simplificado se forem empregados conceitos de realimentação. Como exemplificado pelas Equações (12.35) e (12.40), o fator $1 + KA_0 = 1 + g_m R_D R_2/(R_1 + R_2)$ desempenha um papel central. Nosso estudo de circuitos de realimentação neste capítulo esclarecerá bem este ponto.

Exercício Em algumas aplicações, as impedâncias de entrada e de saída de um amplificador devem ser iguais a 50 Ω. Que relação garante que as impedâncias de entrada e de saída do circuito do exemplo anterior sejam iguais?

É razoável que o leitor, agora, faça algumas perguntas. A impedância de entrada e a impedância de saída sempre aumentam e diminuem, respectivamente, de forma proporcional? A modificação das impedâncias I/O pela realimentação é *desejável*? Consideremos um exemplo para ilustrar um ponto e adiaremos as respostas rigorosas para seções posteriores.

Exemplo 12.8 O estágio porta comum da Figura 12.10 deve alimentar uma resistência de carga $R_L = R_D/2$. Que variação sofre o ganho (a) sem realimentação e (b) com realimentação?

Solução (a) Sem realimentação [Figura 12.12], o ganho do estágio PC é igual a $g_m(R_D \| R_L) = g_m R_D/3$. Ou seja, o ganho é reduzido por um fator de três.

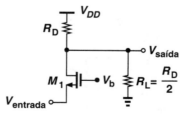

Figura 12.12

(b) Com realimentação, usamos a Equação (12.30) e reconhecemos que o ganho em malha aberta foi reduzido para $g_m R_D/3$:

$$\frac{v_{saída}}{v_{entrada}} = \frac{g_m R_D/3}{1 + \dfrac{R_2}{R_1 + R_2} g_m R_D/3} \quad (12.41)$$

$$= \frac{g_m R_D}{3 + \dfrac{R_2}{R_1 + R_2} g_m R_D}. \quad (12.42)$$

Por exemplo, se $g_m R_D R_2/(R_1 + R_2) = 10$, este resultado difere cerca de 18 % da expressão do ganho "descarregado" na Equação (12.30). Portanto, a realimentação dessensibiliza o ganho quanto às variações da carga.

Exercício Repita o exemplo anterior para $R_L = R_D$.

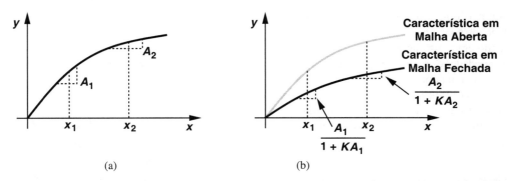

Figura 12.13 (a) Característica em malha aberta não linear de um amplificador, (b) melhoria na linearidade devido à realimentação.

12.2.4 Melhoria da Linearidade

Consideremos um sistema com a característica entrada/saída mostrada na Figura 12.13(a). A não linearidade observada aqui também pode ser vista como a variação da *inclinação* da curva da característica, ou seja, o ganho de pequenos sinais. Por exemplo, esse sistema tem um ganho A_1 nas proximidades de $x = x_1$ e A_2, próximo de $x = x_2$. Se conectado a uma malha de realimentação negativa, o sistema provê – para diferentes níveis de sinal – um ganho mais uniforme e, portanto, opera

---

Você sabia?

O comportamento de grandes sinais de circuitos é, em geral, não linear. Por exemplo, um amplificador de áudio de baixa qualidade que alimenta um alto-falante sofre não linearidade quando aumentamos o volume (ou seja, a excursão do sinal de saída); o resultado é uma distinta distorção do som. Um tipo familiar de não linearidade é observado em pares diferenciais, por exemplo, a relação hiperbólica obtida para implementações bipolares. Na verdade, o amplificador de áudio em seu sistema estéreo incorpora um par diferencial capaz de fornecer alta potência de saída [Figura (a)]. Para reduzir a distorção, o circuito é posicionado em uma malha de realimentação negativa [Figura(b)].

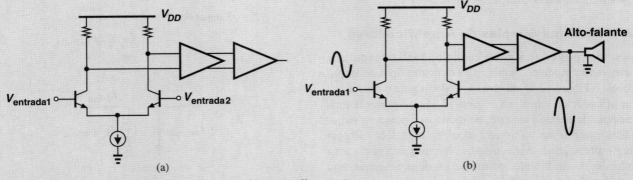

Amplificador que alimenta um alto-falante (a) sem e (b) com realimentação.

de forma mais linear. Na verdade, como ilustrado na Figura 12.13(b) para o sistema em malha fechada, podemos escrever

$$\text{Ganho em } x_1 = \frac{A_1}{1 + KA_1} \quad (12.43)$$

$$\approx \frac{1}{K}\left(1 - \frac{1}{KA_1}\right), \quad (12.44)$$

onde foi assumido $KA_1 \gg 1$. De modo similar,

$$\text{Ganho em } x_2 = \frac{A_2}{1 + KA_2} \quad (12.45)$$

$$\approx \frac{1}{K}\left(1 - \frac{1}{KA_2}\right). \quad (12.46)$$

Portanto, desde que KA_1 e KA_2 sejam grandes, a variação do ganho em malha fechada com o nível de sinal permanece muito menor que a do ganho em malha aberta.

Todas essas propriedades da realimentação negativa também podem ser consideradas uma consequência da propriedade de erro mínimo ilustrada na Figura 12.3. Por exemplo, se, para diferentes níveis de sinal, o ganho do amplificador direto variar, a realimentação assegura que o sinal de realimentação seja uma boa réplica da entrada, assim como a saída.

12.3 TIPOS DE AMPLIFICADORES

Os amplificadores estudados até aqui amostram e produzem tensões. Embora menos intuitivos, existem outros tipos de amplificadores, ou seja, aqueles que amostram e/ou produzem correntes. A Figura 12.14 ilustra as quatro possíveis combinações, juntamente com as respectivas impedâncias de entrada e de saída no caso ideal. Por exemplo, um circuito que amostra uma corrente deve apresentar uma impedância de entrada *baixa*, como um medidor de corrente. Da mesma forma, um circuito que gera uma corrente de saída deve alcançar uma *alta* impedância de saída, como uma fonte de corrente. O leitor é encorajado a confirmar os outros casos. A distinção entre os quatro tipos de amplificadores é importante na análise de circuitos de realimentação. Vale notar que os amplificadores de "corrente-tensão" e de "tensão-corrente" das Figuras 12.14(b) e (c) são comumente chamados de amplificadores de "transimpedância" e de "transcondutância", respectivamente.

12.3.1 Modelos Simples de Amplificadores

Para estudos posteriores neste capítulo, é interessante que desenvolvamos modelos simples para os quatro tipos de amplificadores. A Figura 12.15 mostra os modelos para o caso ideal. O amplificador de tensão da Figura 12.15(a) apresenta uma impedância de entrada *infinita*, de modo que possa amostrar uma tensão como um voltímetro *ideal*, ou seja, sem carregar o estágio precedente. Além disso, o circuito apresenta uma impedância de saída *nula*, de modo a funcionar como uma fonte de tensão ideal, ou seja, produzindo $v_{saída} = A_0 v_{entrada}$, independentemente da impedância de carga.

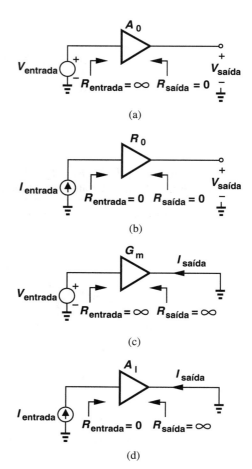

Figura 12.14 Amplificadores de (a) tensão, (b) transimpedância, (c) transcondutância e (d) corrente.

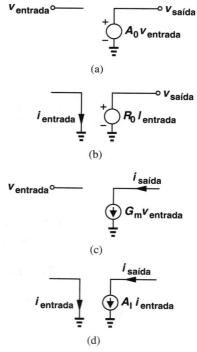

Figura 12.15 Modelos ideais para amplificadores de (a) tensão, (b) transimpedância, (c) transcondutância e (d) corrente.

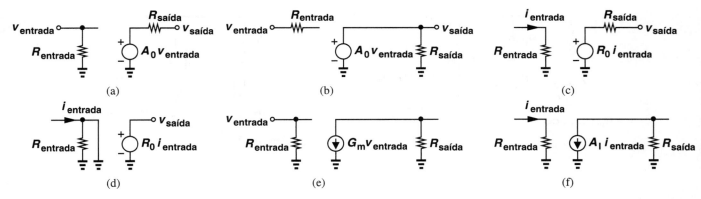

Figura 12.16 (a) Modelo realista para o amplificador de tensão, (b) modelo incorreto para o amplificador de tensão, (c) modelo realista para o amplificador de transimpedância, (d) modelo incorreto para o amplificador de transimpedância, (e) modelo realista para o amplificador de transcondutância, (f) modelo realista para o amplificador de corrente.

O amplificador de transimpedância da Figura 12.15(b) apresenta impedância de entrada *nula*, de modo que possa amostrar correntes como um amperímetro ideal. Similar ao amplificador de tensão, a impedância de saída também é nula para que o circuito funcione como uma fonte de tensão ideal. Notemos que o "ganho de transcondutância" deste amplificador, $R_0 = v_{saída}/i_{entrada}$, tem dimensão de resistência. Por exemplo, um ganho de transimpedância de 2 kΩ significa que uma variação de 1 mA na corrente de entrada resulta em uma variação de 2 V na tensão de saída.

As impedâncias I/O das topologias das Figuras 12.15(c) e (d) têm comportamento semelhante. Vale notar que o amplificador da Figura 12.15(c) tem um "ganho de transcondutância", $G_m = i_{saída}/v_{entrada}$, com dimensão de condutância.

Na verdade, os modelos ideais da Figura 12.15 podem não ser precisos. Em particular, as impedâncias I/O podem não ser suficientemente grandes ou pequenas. A Figura 12.16 mostra modelos mais realistas para os quatro tipos de amplificadores. O modelo do amplificador de tensão da Figura 12.16(a) contém uma resistência de entrada em *paralelo* com a porta de entrada e uma resistência de saída em *série* com a porta de saída. Essas escolhas são únicas e ficam mais claras se experimentarmos outras combinações. Por exemplo, se imaginarmos o modelo como na Figura 12.16(b), as impedâncias de entrada e de saída permanecem iguais a infinito e a zero, respectivamente, quaisquer que sejam os valores de $R_{entrada}$ e $R_{saída}$. (Por quê?) Por conseguinte, a topologia da Figura 12.16(a) é o único modelo possível para representar impedâncias I/O finitas.

A Figura 12.16(c) ilustra um amplificador de transimpedância não ideal. Aqui, a resistência de entrada aparece em *série* com a entrada. De novo, se experimentarmos um modelo como o da Figura 12.16(d), a resistência de entrada é zero. Os dois outros modelos de amplificador nas Figuras 12.16(e) e (f) seguem conceitos semelhantes.

12.3.2 Exemplos de Tipos de Amplificadores

É conveniente que estudemos exemplos destes quatro tipos de amplificadores. A Figura 12.17(a) mostra uma cascata de um estágio FC e de um seguidor de fonte como um "amplificador de tensão". O circuito, de fato, provê uma alta impedância de entrada (como um voltímetro) e uma baixa impedância de saída (como uma fonte de tensão). A Figura 12.17(b) mostra uma cascata de um estágio PC e de um seguidor de fonte como um amplificador de transimpedância. Esse circuito apresenta baixas impedâncias de entrada e de saída, funcionando como um "sensor de corrente" e uma "fonte de tensão". A Figura 12.17(c) representa um MOSFET isolado como um amplificador de transcondutância. Com altas impedâncias de entrada e de saída, o circuito amostra tensões e gera correntes com eficiência. Por fim, a Figura 12.17(d) mostra um transistor em porta comum como amplificador de corrente. Esse circuito deve apresentar baixa impedância de entrada e alta impedância de saída.

Determinemos, também, o "ganho" de pequenos sinais de cada circuito na Figura 12.17, assumindo, por simplicidade, $\lambda = 0$. O ganho de tensão, A_0, da cascata na Figura 12.17(a) é igual a $-g_m R_D$, se $\lambda = 0$.[4] O ganho do circuito na Figura 12.17(b) é definido como $v_{saída}/i_{entrada}$, chamado de "ganho de transimpedância" e denotado por R_T. Neste caso, $i_{entrada}$ flui por M_1 e R_D e gera uma tensão igual a $i_{entrada} R_D$, tanto no dreno de M_1 como na fonte de M_2. Ou seja, $v_{saída} = i_{entrada} R_D$ e, portanto, $R_T = R_D$.

Para o circuito na Figura 12.17(c), o ganho é definido como $i_{saída}/v_{entrada}$, chamado de "ganho de transcondutância" e denotado por G_m. Neste exemplo, $G_m = g_m$. Para o amplificador de corrente na Figura 12.17(d), o ganho de corrente, A_I, é igual à unidade, pois a corrente de entrada simplesmente flui para a saída.

---

[4] Recordemos, do Capítulo 7, que, neste caso, o ganho do seguidor de fonte é igual à unidade.

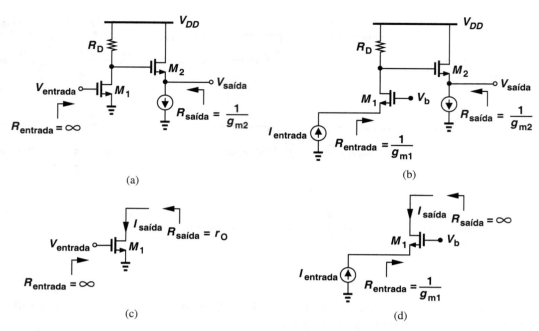

Figura 12.17 Exemplos de amplificadores de (a) tensão, (b) transimpedância, (c) transcondutância e (d) corrente.

Exemplo 12.9

Com ganho de corrente unitário, a topologia da Figura 12.17(d) parece não ser melhor que um pedaço de fio. Qual é a vantagem deste circuito?

Solução

A propriedade importante deste circuito reside em sua impedância de entrada. Suponhamos que a fonte de corrente que funciona como entrada apresente uma grande capacitância parasita, C_p. Se aplicada diretamente a um resistor R_D [Figura 12.18(a)], nas frequências altas, a corrente seria desperdiçada por C_p e o circuito apresentaria uma largura de –3 dB de apenas $(R_D C_p)^{-1}$. No entanto, o uso de um estágio PC [Figura 12.18(b)] move o polo de entrada para g_m/C_p, uma frequência muito mais alta.

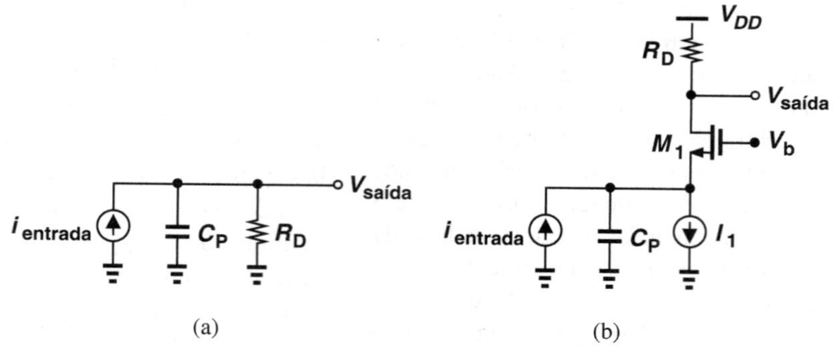

Figura 12.18

Exercício Determine a função de transferência $V_{saída}/I_{entrada}$ para cada um dos circuitos no exemplo anterior.

12.4 TÉCNICAS DE AMOSTRAGEM E DE RETORNO

Recordemos, da Seção 12.1, que um sistema de realimentação inclui mecanismos para amostrar a saída e "retornar" o sinal de realimentação à entrada. Nesta seção, estudaremos esses mecanismos, de modo que possamos reconhecê-los com mais facilidade em um circuito de realimentação complexo.

Como podemos medir a tensão em uma porta? Conectamos um voltímetro em *paralelo* com a porta, e exigimos que

Realimentação **459**

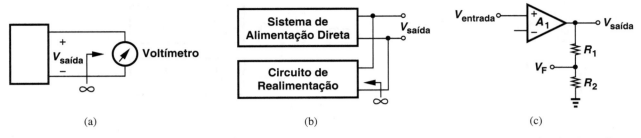

Figura 12.19 (a) Amostragem de uma tensão por um voltímetro, (b) amostragem da tensão de saída por um circuito de realimentação, (c) exemplo de implementação.

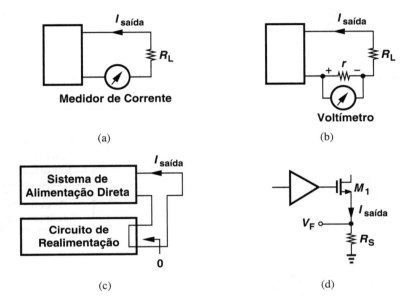

Figura 12.20 (a) Amostragem de uma corrente por um amperímetro, (b) implementação real do medidor de corrente, (c) amostragem da corrente de saída por um circuito de realimentação, (d) exemplo de implementação.

o voltímetro tenha *alta* impedância de entrada, de modo que não perturbe o circuito [Figura 12.19(a)]. Da mesma forma, um circuito de realimentação que amostre uma tensão de saída deve aparecer em paralelo com a saída e, no caso ideal, apresentar uma impedância infinita [Figura 12.19(b)]. A Figura 12.19(c) mostra um exemplo, no qual o divisor resistivo que consiste em R_1 e R_2 amostra a tensão de saída e gera o sinal de realimentação, v_F. Para estar próximo do caso ideal, $R_1 + R_2$ deve ser muito alto, de modo que A_1 não "sinta" o efeito do divisor resistivo.

Como podemos medir a corrente que flui por um fio? *Abrimos* o fio e conectamos um amperímetro em *série* com o fio [Figura 12.20(a)]. O medidor de corrente, na verdade, consiste em um pequeno resistor, para não perturbar o circuito, e em um voltímetro que mede a queda de tensão no resistor [Figura 12.20(b)]. Portanto, um circuito de realimentação que amostre uma corrente de saída deve aparecer em *série* com a saída e, no caso ideal, apresentar uma impedância nula [Figura 12.20(c)]. A Figura 12.20(d) mostra uma implementação desse conceito.

Um resistor conectado em série com a fonte de M_1 amostra a corrente de saída e gera uma tensão de realimentação proporcional, V_F. No caso ideal, R_S é tão pequeno ($\ll 1/g_{m1}$) que o funcionamento de M_1 permanece inalterado.

Para retornar uma tensão ou corrente à entrada, devemos empregar um mecanismo para somar ou subtrair essas grandezas.[5] Para somar duas fontes de tensão, as conectamos em *série* [Figura 12.21(a)]. Desta forma, um circuito de realimentação que retorne uma tensão deve aparecer em série com o sinal de entrada [Figura 12.21(b)], de modo que

$$v_e = v_{entrada} - v_F. \qquad (12.47)$$

Por exemplo, como mostrado na Figura 12.21(c), um par diferencial pode subtrair a tensão de realimentação da entrada. De modo alternativo, como mencionado no Exemplo 12.7, um transistor isolado pode funcionar como subtrator de tensão [Figura 12.21(d)].

---

[5] Obviamente, apenas grandezas de mesma dimensão podem ser somadas ou subtraídas. Ou seja, uma tensão não pode ser somada a uma corrente.

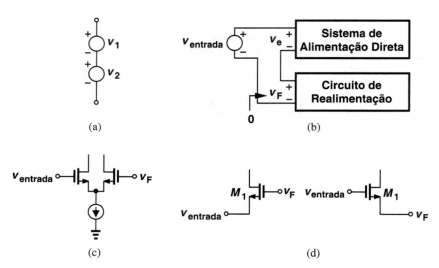

Figura 12.21 (a) Adição de duas tensões, (b) adição das tensões de realimentação e de entrada, (c) par diferencial como subtrator de tensão, (d) transistor como subtrator de tensão.

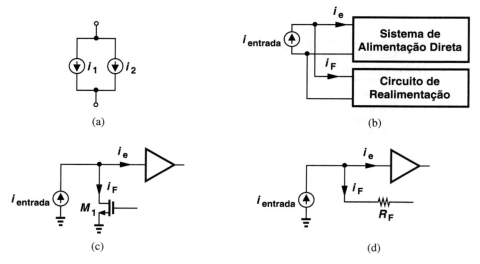

Figura 12.22 (a) Adição de duas correntes, (b) adição das correntes de realimentação e de entrada, (c) par implementação do circuito, (d) outra implementação.

Para somar duas fontes de correntes, devemos conectá-las em *paralelo* [Figura 12.22(a)]. Portanto, um circuito de realimentação que retorne uma corrente deve aparecer em paralelo com o sinal de entrada, Figura 12.22(b), de modo que

$$i_e = i_{entrada} - i_F. \qquad (12.48)$$

Por exemplo, um transistor pode retornar uma corrente à entrada [Figura 12.22(c)]. Assim como um resistor cujo valor seja suficientemente grande para aproximar uma fonte de corrente [Figura 12.22(d)].

Resumamos as propriedades do circuito de realimentação "ideal". Como ilustrado na Figura 12.25(a), esperamos que, para amostrar uma tensão, este circuito apresente impedância de entrada infinita e, para amostrar uma corrente, uma impedância de entrada nula. Além disso, quando retornar uma tensão, o circuito deve apresentar uma impedância de saída nula e, quando retornar uma corrente, uma impedância de saída infinita.

12.5 POLARIDADE DA REALIMENTAÇÃO

Embora o diagrama de blocos de um sistema de realimentação, como o da Figura 12.1, revele prontamente a polaridade da realimentação, uma implementação de circuito real pode não revelá-la. O procedimento para determinar essa polaridade requer três etapas: (a) assumir que o sinal de entrada aumente (ou diminua); (b) seguir a variação pelo amplificador direto e pelo circuito de realimentação; (c) determinar se a grandeza retornada *enfraquece* ou *reforça* o "efeito" original produzido

Exemplo 12.10

No circuito da Figura 12.23, determinemos os tipos dos sinais amostrados e retornados.

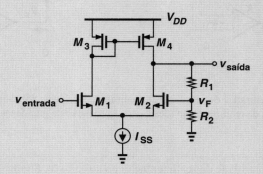

Figura 12.23

Solução Este circuito é uma implementação do amplificador não inversor mostrado na Figura 12.2. Aqui, o par diferencial com carga ativa faz o papel de um amp op. O divisor resistivo amostra a tensão de saída e funciona como circuito de realimentação, produzindo $v_F = [R_2/(R_1 + R_2)]v_{saída}$. Além disso, M_1 e M_2 operam como parte do amp op (sistema direto) e como subtrator de tensão. Portanto, o amplificador combina as topologias das Figuras 12.19(c) e 12.21(c).

Exercício Repita o exemplo anterior para $R_2 = \infty$.

Exemplo 12.11

Calculemos o fator de realimentação, K, para o circuito representado na Figura 12.24. Assumamos $\lambda = 0$.

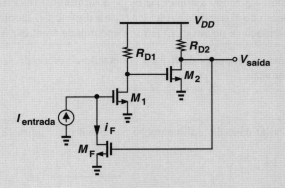

Figura 12.24

Solução O transistor M_1 amostra a tensão de saída e retorna uma corrente à entrada. Portanto, o fator de realimentação é dado por

$$K = \frac{i_F}{v_{saída}} = g_{mF}, \qquad (12.49)$$

em que g_{mF} denota a transcondutância de M_F.

Exercício Calcule o fator de realimentação para o caso em que M_F é degenerado por um resistor de valor R_S.

pela variação da entrada. Um procedimento simples é o seguinte: (a) fixar a entrada em zero; (b) abrir a malha; (c) aplicar um sinal de teste, V_{teste}, percorrer a malhar, examinar o sinal retornado, V_{ret}, e determinar a polaridade de V_{ret}/V_{teste}.

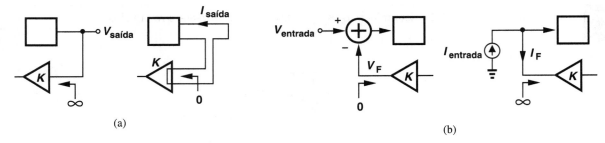

Figura 12.25 (a) Impedâncias de entradas de circuitos de realimentação ideais para amostragem de grandezas de tensão e de corrente, (b) impedâncias de saída de circuitos de realimentação ideais para a produção de grandezas de tensão e de corrente.

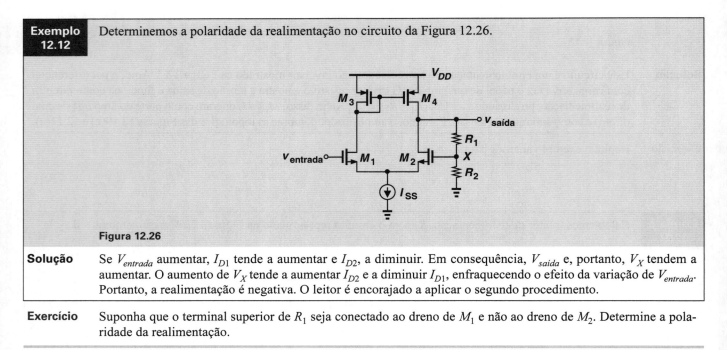

Exemplo 12.12 Determinemos a polaridade da realimentação no circuito da Figura 12.26.

Figura 12.26

Solução Se $V_{entrada}$ aumentar, I_{D1} tende a aumentar e I_{D2}, a diminuir. Em consequência, $V_{saída}$ e, portanto, V_X tendem a aumentar. O aumento de V_X tende a aumentar I_{D2} e a diminuir I_{D1}, enfraquecendo o efeito da variação de $V_{entrada}$. Portanto, a realimentação é negativa. O leitor é encorajado a aplicar o segundo procedimento.

Exercício Suponha que o terminal superior de R_1 seja conectado ao dreno de M_1 e não ao dreno de M_2. Determine a polaridade da realimentação.

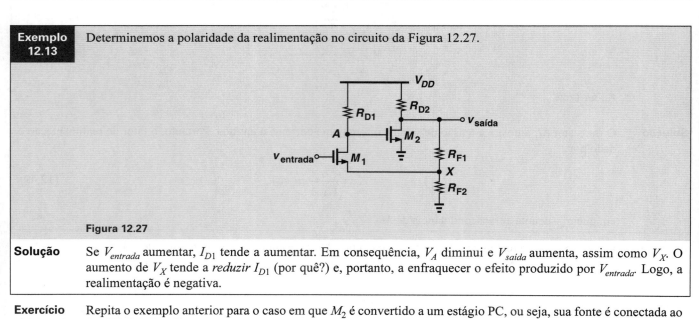

Exemplo 12.13 Determinemos a polaridade da realimentação no circuito da Figura 12.27.

Figura 12.27

Solução Se $V_{entrada}$ aumentar, I_{D1} tende a aumentar. Em consequência, V_A diminui e $V_{saída}$ aumenta, assim como V_X. O aumento de V_X tende a *reduzir* I_{D1} (por quê?) e, portanto, a enfraquecer o efeito produzido por $V_{entrada}$. Logo, a realimentação é negativa.

Exercício Repita o exemplo anterior para o caso em que M_2 é convertido a um estágio PC, ou seja, sua fonte é conectada ao nó A e sua porta, à tensão de polarização.

Exemplo 12.14

Determinemos a polaridade da realimentação no circuito da Figura 12.28.

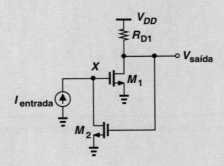

Figura 12.28

Solução Se $I_{entrada}$ aumentar, V_X tende a aumentar (por quê?), o que aumenta I_{D1}. Em consequência, $V_{saída}$ diminui, assim como I_{D2}, permitindo que V_X *aumente* (por quê?). Como o sinal retornado reforça o efeito produzido por $I_{entrada}$, a polaridade da realimentação é positiva.

Exercício Repita o exemplo anterior para o caso em que M_2 é um dispositivo PMOS (ainda operando como um estágio FC). O que acontece se $R_D \to \infty$? Este resultado era esperado?

> **Você sabia?**
> Enquanto focamos realimentação negativa neste livro, realimentação positiva também tem suas próprias aplicações. Suponhamos, por exemplo, que uma nova loja de sorvetes adote uma receita exclusiva e comece a atrair muitos consumidores. Caso se passe a adicionar mais uma bola de sorvete *grátis*, a loja atrairá ainda mais consumidores. Ou seja, o proprietário da loja fornece um sinal de realimentação que *reforça* a resposta dos consumidores (realimentação positiva). No entanto, se o proprietário for ganancioso e *reduzir* o tamanho das bolas de sorvete, a loja perderá consumidores (realimentação negativa).

12.6 TOPOLOGIAS DE REALIMENTAÇÃO

Nosso estudo de diferentes tipos de amplificadores, na Seção 12.3, e de mecanismos de amostragem e retorno, na Seção 12.4, sugere que quatro topologias de realimentação podem ser construídas. Cada topologia inclui um de quatro tipos de amplificadores como sistema direto. O circuito de realimentação deve, obviamente, amostrar e retornar grandezas compatíveis com as produzidas e amostradas pelo sistema direto, respectivamente. Por exemplo, um amplificador de tensão requer que o sistema de realimentação amostre e retorne tensões, enquanto um amplificador de transimpedância deve empregar um circuito de realimentação que amostre uma tensão e retorne uma corrente. Nesta seção, estudaremos cada topologia e calcularemos as características em malha fechada de cada uma, como ganho e impedâncias I/O, assumindo que o circuito de realimentação seja ideal (Figura 12.25).

12.6.1 Realimentação Tensão-Tensão

Esta topologia, ilustrada na Figura 12.29, incorpora um amplificador de tensão e requer que o circuito de realimentação amostre a tensão de saída e retorne uma tensão ao subtrator. Recordemos, da Seção 12.4, que um circuito de realimentação deste tipo aparece em *paralelo* com a saída e em *série* com a entrada[6] e, no caso ideal, apresenta impedância de entrada infinita e impedância de saída nula.

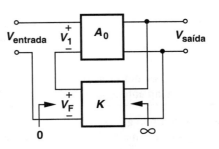

Figura 12.29 Realimentação tensão-tensão.

Primeiro, calculemos o ganho em malha fechada. Como

$$V_1 = V_{entrada} - V_F \quad (12.50)$$

$$V_{saída} = A_0 V_1 \quad (12.51)$$

$$V_F = K V_{saída}, \quad (12.52)$$

---

[6] Por essa razão, este tipo de realimentação é chamado topologia "série-shunt", na qual o primeiro termo se refere ao mecanismo de retorno à entrada e o segundo, ao mecanismo de amostragem da saída.

temos

$$V_{saída} = A_0(V_{entrada} - KV_{saída}), \quad (12.53)$$

Logo,

$$\frac{V_{saída}}{V_{entrada}} = \frac{A_0}{1 + KA_0}, \quad (12.54)$$

um resultado esperado.

Exemplo 12.15 Determinemos o ganho em malha fechada do circuito mostrado na Figura 12.30, assumindo um valor muito grande para $R_1 + R_2$.

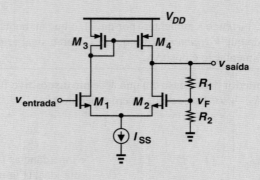

Figura 12.30

Solução Como evidenciado pelos Exemplos 12.10 e 12.12, esta topologia, de fato, emprega realimentação negativa tensão-tensão: o circuito resistivo amostra $V_{saída}$ com uma alta impedância (pois $R_1 + R_2$ é muito grande) e retorna uma tensão à porta de M_2. Como mencionado no Exemplo 12.10, M_1 e M_2 funcionam como estágio de entrada do sistema direto e como um subtrator.

Notando que A_0 é o ganho do circuito que consiste em M_1-M_4, escrevamos, do Capítulo 10,

$$A_0 = g_{mN}(r_{LIGADO} \| r_{OP}), \quad (12.55)$$

em que os subscritos N e P se referem aos dispositivos NMOS e PMOS, respectivamente.[7] Com $K = R_2/(R_1 + R_2)$, obtemos

$$\frac{V_{saída}}{V_{entrada}} = \frac{g_{mN}(r_{LIGADO} \| r_{OP})}{1 + \dfrac{R_2}{R_1 + R_2} g_{mN}(r_{LIGADO} \| r_{OP})}. \quad (12.56)$$

Como esperado, se o ganho da malha permanecer muito maior que a unidade, o ganho em malha fechada é aproximadamente igual a $1/K = 1 + R_1/R_2$.

Exercício Admitindo $g_{mN} = 1/(100\ \Omega)$, $r_{LIGADO} = 5\ k\Omega$ e $r_{OP} = 2\ k\Omega$, determine o necessário valor de $R_2/(R_1 + R_2)$ para um ganho em malha fechada de 4. Compare o resultado com o do caso em que o valor nominal de $(R_2 + R_1)/R_2$ é 4.

Para analisar o efeito da realimentação nas impedâncias I/O, assumimos que o sistema direto seja um amplificador de tensão não ideal (isto é, tem impedâncias I/O finitas), enquanto o circuito de realimentação continua ideal. A topologia completa, ilustrada na Figura 12.31, inclui uma impedância de entrada finita para o amplificador direto. Sem a realimentação, é obvio que todo o sinal de entrada apareceria em $R_{entrada}$, produzindo uma corrente de entrada $V_{entrada}/R_{entrada}$.[8] Com a realimentação, no entanto, a tensão desenvolvida na entrada de A_0 é igual a $V_{entrada} - V_F$ e, também, igual a $I_{entrada} R_{entrada}$. Logo,

---

[7] O valor de $R_1 + R_2$ deve ser muito maior que o de $r_{LIGADO} \| r_{OP}$ para que esta relação seja válida. Isso serve, então, como a definição de $R_1 + R_2$ "muito grande".

[8] Vale notar que $V_{entrada}$ e $R_{entrada}$ conduzem correntes iguais, pois o circuito de realimentação deve aparecer em *série* com a entrada [Figura 12.21(a)].

$$I_{entrada}R_{entrada} = V_{entrada} - V_F \qquad (12.57)$$

$$= V_{entrada} - (I_{entrada}R_{entrada})A_0 K. \qquad (12.58)$$

Portanto,

$$\frac{V_{entrada}}{I_{entrada}} = R_{entrada}(1 + KA_0). \qquad (12.59)$$

É interessante observar que a realimentação negativa em torno de um amplificador de tensão *aumenta* a impedância de entrada pelo fator universal de um mais o ganho da malha. Essa modificação da impedância deixa o circuito mais próximo de um amplificador de tensão ideal.

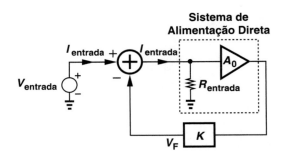

Figura 12.31 Cálculo da impedância de entrada.

Exemplo 12.16 Determinemos a impedância de entrada do circuito da Figura 12.32(a), para $R_1 + R_2$ muito grande.

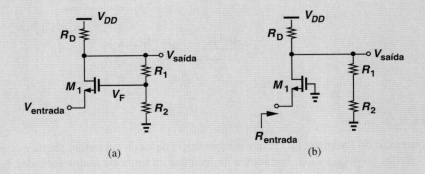

Figura 12.32

Solução Primeiro, abramos a malha para calcular $R_{entrada}$ na Equação (12.59). Para abrir a malha, desconectemos a porta de M_1 do sinal de realimentação e a conectemos à terra [Figura 12.32(b)]:

$$R_{entrada} = \frac{1}{g_m}. \qquad (12.60)$$

Portanto, a impedância de malha fechada é dada por

$$\frac{V_{entrada}}{I_{entrada}} = \frac{1}{g_m}\left(1 + \frac{R_2}{R_1 + R_2} g_m R_D\right). \qquad (12.61)$$

Exercício O que acontece se $R_2 \to \infty$? Este resultado era esperado?

O efeito da realimentação na impedância de saída pode ser estudado com o auxílio do diagrama mostrado na Figura 12.33, onde o amplificador direto apresenta uma impedância de saída $R_{saída}$. Expressando o sinal de erro na entrada de A_0 por $-V_F = -KV_X$, escrevemos a tensão de saída de A_0 como $-KA_0V_X$; logo

$$I_X = \frac{V_X - (-KA_0 V_X)}{R_{saída}}, \qquad (12.62)$$

em que a corrente puxada pelo circuito de realimentação foi desprezada. Assim,

$$\frac{V_X}{I_X} = \frac{R_{saída}}{1 + KA_0}, \qquad (12.63)$$

revelando que a realimentação negativa *reduz* a impedância de saída, caso a topologia amostre a tensão de saída. Agora, o circuito é um melhor amplificador de tensão – como predito pela análise de dessensibilização do ganho feita na Seção 12.2.

Em resumo, a realimentação tensão-tensão reduz o ganho e a impedância de saída por um fator $1 + KA_0$ e aumenta a impedância de entrada pelo mesmo fator.

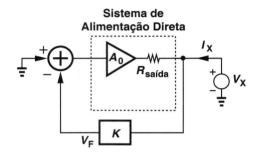

Figura 12.33 Cálculo da impedância de saída.

Exemplo 12.17 Para $R_1 + R_2$ muito grande, calculemos a impedância de saída do circuito mostrado na Figura 12.34.

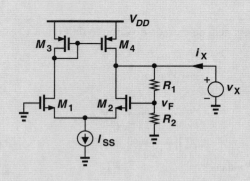

Figura 12.34

Solução Recordemos, do Exemplo 12.15, que a impedância de saída em malha aberta é igual a $r_{LIGADO} \| r_{OP}$ e $KA_0 = [R_2/(R_1 + R_2)]g_{mN}(r_{LIGADO} \| r_{OP})$. Portanto, a impedância de saída em malha fechada, $R_{saída,fechada}$, é dada por

$$R_{saída,fechada} = \frac{r_{LIGADO} \| r_{OP}}{1 + \dfrac{R_2}{R_1 + R_2} g_{mN}(r_{LIGADO} \| r_{OP})}. \tag{12.64}$$

Se o ganho da malha for muito maior que a unidade,

$$R_{saída,fechada} \approx \left(1 + \frac{R_1}{R_2}\right) \frac{1}{g_{mN}}, \tag{12.65}$$

um valor que independe de r_{LIGADO} e de r_{OP}. Em outras palavras, embora o amplificador em malha aberta apresente uma impedância de saída *elevada*, a aplicação da realimentação negativa reduz $R_{saída}$ a um múltiplo de $1/g_{mN}$.

Exercício O que acontece se $R_2 \to \infty$? É possível obter este resultado via análise direta do circuito?

12.6.2 Realimentação Tensão-Corrente

Esta topologia, ilustrada na Figura 12.35, emprega um amplificador de transimpedância como sistema direto e requer que o circuito de realimentação amostre a tensão de saída e retorne uma corrente ao subtrator. Segundo nossa terminologia, o primeiro termo em "realimentação tensão-corrente" se refere à grandeza *amostrada* na saída e o segundo, à grandeza retornada à entrada. (Essa terminologia não é um padrão.) Além disso, da Seção 12.4, recordemos que um circuito de realimentação desse tipo deve aparecer em paralelo com a saída e com a entrada[9] e, no caso ideal, apresentar impedâncias de entrada e de saída infinitas (por quê?). Vale notar que, neste caso, o fator de realimentação tem dimensão de *condutância*, pois $K = I_F/V_{saída}$.

---

[9] Por essa razão, também é chamado realimentação "shunt-shunt".

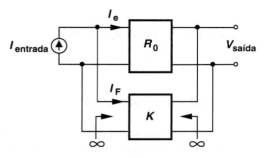

Figura 12.35 Realimentação tensão-corrente.

Primeiro, calculemos o ganho em malha fechada, esperando obter um resultado familiar. Como $I_e = I_{entrada} - I_F$ e $V_{saída} = I_e R_0$, temos

$$V_{saída} = (I_{entrada} - I_F)R_0 \qquad (12.66)$$
$$= (I_{entrada} - KV_{saída})R_0, \qquad (12.67)$$

logo,

$$\frac{V_{saída}}{I_{entrada}} = \frac{R_0}{1 + KR_0}. \qquad (12.68)$$

Você sabia?
A maioria dos dispositivos eletrônicos incorpora realimentação negativa em seus "reguladores de tensão". Como circuitos integrados em um dispositivo, como um telefone celular, devem operar em um rígido intervalo de tensão, um regulador segue a bateria, à medida que esta se descarrega e sua tensão diminui. A figura a seguir mostra um exemplo, no qual Q_1, o divisor resistivo e o amp op formam uma malha de realimentação negativa. Para regular a tensão de saída, V_{reg}, a malha a divide e compara o resultado com uma tensão de referência, V_{REF}. Com alto ganho da malha, devemos ter $V_{reg}R_1/(R_1 + R_2) \approx V_{REF}$ e, consequentemente, $V_{reg} \approx (1 + R_2/R_1)V_{REF}$. Ou seja, a saída independe de V_{bat} e A_1. É obvio que V_{REF} deve permanecer constante. Essa tensão é fornecida por um diodo Zener, em implementações discretas, ou por um "circuito de bandgap", em implementações integradas.

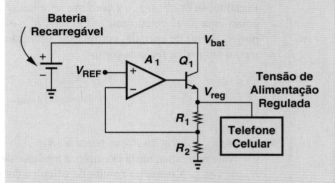

Regulador de tensão usando realimentação negativa.

Exemplo 12.18 Para o circuito mostrado na Figura 12.36(a), assumamos $\lambda = 0$ e que R_F seja muito grande. (a) Provemos que a realimentação é negativa; (b) calculemos o ganho em malha aberta; (c) calculemos o ganho em malha fechada.

Solução (a) se $I_{entrada}$ aumentar, I_{D1} diminui e V_X aumenta. Em consequência, $V_{saída}$ diminui e, portanto, reduz I_{RF}. Como as correntes injetadas por $I_{entrada}$ e R_F no nó de entrada são alteradas em direções opostas, a realimentação é negativa.
(b) Para calcular o ganho em malha aberta, consideremos o amplificador direto sem o circuito de realimentação e usemos a hipótese de que R_F seja muito grande [Figura 12.36(b)].

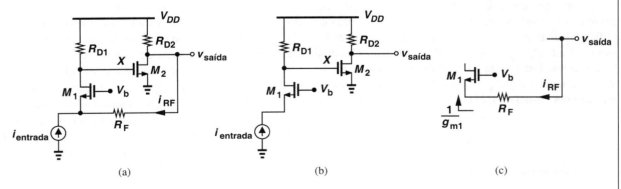

Figura 12.36

O ganho de transimpedância é dado pelo ganho de $I_{entrada}$ a V_X (ou seja, R_{D1}) multiplicado pelo ganho de V_X a $V_{saída}$ (ou seja, $-g_{m2}R_{D2}$):

$$R_0 = R_{D1}(-g_{m2}R_{D2}). \tag{12.69}$$

Notemos que, para obter este resultado, assumimos $R_F \gg R_{D2}$, de modo que o ganho do segundo estágio permaneça igual a $-g_{m2}R_{D2}$.

(c) Para obter o ganho em malha fechada, primeiro notemos que a corrente retornada por R_F à entrada é aproximadamente igual a $V_{saída}/R_F$, se R_F for muito grande. Para provar isto, consideremos uma seção do circuito como na Figura 12.36(c) e escrevamos

$$I_{RF} = \frac{V_{saída}}{R_F + \dfrac{1}{g_{m1}}}. \tag{12.70}$$

Portanto, se $R_F \gg 1/g_{m1}$, a corrente retornada é aproximadamente igual a $V_{saída}/R_F$. (Dizemos que "R_F funciona como uma fonte de corrente".) Ou seja, $K = -1/R_F$, onde o sinal negativo advém da direção da corrente *puxada* por R_F do nó de entrada, em relação à direção indicada na Figura 12.35. Calculando $1 + KR_0$, expressemos o ganho em malha fechada como

$$\left.\frac{V_{saída}}{I_{entrada}}\right|_{fechado} = \frac{-g_{m2}R_{D1}R_{D2}}{1 + \dfrac{g_{m2}R_{D1}R_{D2}}{R_F}}, \tag{12.71}$$

que, se $g_{m2}R_{D1}R_{D2} \gg R_F$, se reduz a $-R_F$.

Vale notar que, neste exemplo, a hipótese de que R_F é muito grande se traduz em duas condições: $R_F \gg R_{D2}$ e $R_F \gg 1/g_{m1}$. A primeira resulta de cálculos com o circuito de saída e a segunda, de cálculos com o circuito de entrada. O que acontece se uma dessas hipóteses ou as duas não forem válidas? Abordaremos esta situação (relativamente comum) na Seção 12.7.

Exercício Qual é o ganho em malha fechada para $R_{D1} \to \infty$? Como este resultado pode ser interpretado? (Sugestão: o ganho em malha aberta infinita cria um nó de terra virtual na fonte de M_1.)

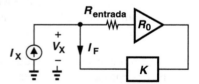

Figura 12.37 Cálculo da impedância de entrada.

Agora, passemos à determinação das impedâncias I/O em malha fechada. Modelando o sistema direto como um amplificador de transimpedância ideal, mas com impedância de entrada finita $R_{entrada}$ (Seção 12.3), construamos o circuito de teste mostrado na Figura 12.37. Como a corrente que flui por $R_{entrada}$ é igual a $V_X/R_{entrada}$ (por quê?), o amplificador direto produz uma tensão de saída igual a $(V_X/R_{entrada})R_0$; logo

$$I_F = K\frac{V_X}{R_{entrada}}R_0. \tag{12.72}$$

Escrevendo uma LCK no nó de entrada, obtemos

$$I_X - K\frac{V_X}{R_{entrada}}R_0 = \frac{V_X}{R_{entrada}} \tag{12.73}$$

logo,

$$\frac{V_X}{I_X} = \frac{R_{entrada}}{1 + KR_0}. \tag{12.74}$$

Ou seja, uma malha de realimentação que retorna uma corrente à entrada *reduz* a impedância de entrada por um fator de um mais o ganho da malha, tornando o circuito mais próximo de um "sensor de corrente" ideal.

Do estudo da realimentação tensão-tensão feito na Seção 12.6.1, postulamos que a realimentação tensão-corrente também reduz a impedância de saída, pois a malha de realimentação que "regula" a tensão de saída tende a estabilizá-la, apesar das variações na impedância de carga. Desenhando o circuito como na Figura 12.38, na qual a fonte de corrente de entrada é fixada em zero e $R_{saída}$ modela a resistência em malha aberta, observamos que o circuito de realimentação produz uma corrente $I_{FG} = KV_X$. Ao fluir pelo amplificador direto, essa corrente se traduz em $V_A = -KV_XR_0$; logo

$$I_X = \frac{V_X - V_A}{R_{saída}} \tag{12.76}$$

$$= \frac{V_X + KV_X R_0}{R_{saída}}, \qquad (12.77)$$

em que a corrente puxada pelo circuito de realimentação foi desprezada. Assim,

$$\frac{V_X}{I_X} = \frac{R_{saída}}{1 + KR_0}, \qquad (12.78)$$

um resultado esperado.

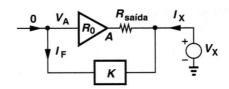

Figura 12.38 Cálculo da impedância de saída.

Exemplo 12.19 Determinemos a impedância em malha fechada do circuito estudado no Exemplo 12.18.

Solução O amplificador em malha aberta mostrado na Figura 12.36(b) apresenta uma impedância de entrada $R_{entrada} = 1/g_{m1}$, pois, por hipótese, R_F é muito grande. Com $1 + KR_0$ do denominador da Equação (12.71), obtemos

$$R_{entrada,fechada} = \frac{1}{g_{m1}} \cdot \frac{1}{1 + \dfrac{g_{m2} R_{D1} R_{D2}}{R_F}}. \qquad (12.75)$$

Exercício Explique o que acontece se $R_{D1} \to \infty$.

Exemplo 12.20 Calculemos a impedância de saída em malha fechada do circuito estudado no Exemplo 12.18.

Solução Do circuito em malha aberta da Figura 12.36(b), temos $R_{saída} \approx R_{D2}$, pois, por hipótese, R_F é muito grande. Usando $1 + KR_0$ do denominador da Equação (12.71), obtemos

$$R_{saída,fechada} = \frac{R_{D2}}{1 + \dfrac{g_{m2} R_{D1} R_{D2}}{R_F}}. \qquad (12.79)$$

Exercício Explique o que acontece se $R_{D1} \to \infty$ e por quê.

12.6.3 Realimentação Corrente-Tensão

Esta topologia, mostrada na Figura 12.39(a), incorpora um amplificador de transcondutância e requer que o circuito de realimentação amostre a corrente de saída e retorne uma tensão ao subtrator. De novo, segundo nossa terminologia, o primeiro termo em "realimentação corrente-tensão" se refere à grandeza amostrada na saída e o segundo, à grandeza retornada à entrada. Da Seção 12.4, recordemos que um circuito de realimentação deste tipo deve aparecer em série com a saída e com a entrada[10] e, no caso ideal, apresentar impedâncias de entrada e de saída nulas. Vale notar que, neste caso, o fator de realimentação tem dimensão de *resistência*, pois $K = V_F/I_{saída}$.

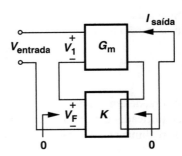

Figura 12.39 Realimentação corrente-tensão.

---

[10] Por essa razão, é chamado realimentação "série-série".

Confirmemos, primeiro, que o ganho em malha fechada é igual ao ganho em malha aberta dividido por um mais o ganho da malha. Como o sistema direto produz uma corrente $I_{saída} = G_m(V_{entrada} - V_F)$, e como $V_F = KI_{saída}$, temos

$$I_{saída} = G_m(V_{entrada} - KI_{saída}) \quad (12.80)$$

logo,

$$\frac{I_{saída}}{V_{entrada}} = \frac{G_m}{1 + KG_m}. \quad (12.81)$$

Exemplo 12.21 Desejamos fornecer uma corrente bem definida a um diodo laser, como indicado na Figura 12.40(a),[11] mas a transcondutância de M_1 é controlada de forma pobre. Por essa razão, "monitoramos" a corrente com a inserção de um pequeno resistor R_M em série, amostramos a tensão em R_M e retornamos o resultado à entrada de um amp op [Figura 12.40(b)]. Admitindo que o amp op proveja um ganho muito elevado, estimemos o valor de $I_{saída}$. Calculemos o ganho em malha fechada para a implementação mostrada na Figura 12.40(c).

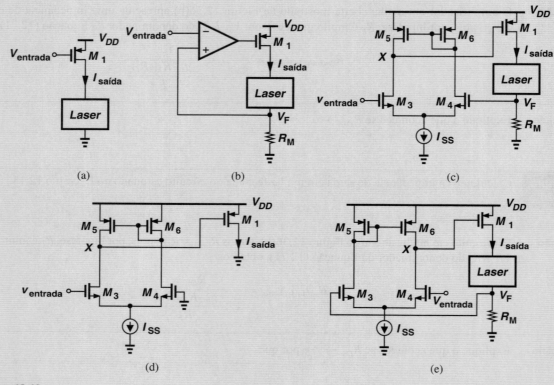

Figura 12.40

Solução Se o ganho do amp op for muito grande, a diferença entre $V_{entrada}$ e V_F será muito pequena. Assim, R_M sustentará uma tensão igual a $V_{entrada}$; logo

$$I_{saída} \approx \frac{V_{entrada}}{R_M}. \quad (12.82)$$

Agora, determinemos o ganho em malha aberta para a implementação em transistor mostrada na Figura 12.40(c). O amplificador direto pode ser identificado como na Figura 12.40(d), na qual a porta de M_4 está aterrada, pois o sinal de realimentação (tensão) é fixado em zero. Como $I_{saída} = -g_{m1}V_X$ (por quê?) e $V_X = -g_{m3}(r_{O3}||r_{O5})V_{entrada}$, temos

$$G_m = g_{m1}g_{m3}(r_{O3}||r_{O5}). \quad (12.83)$$

---

[11] Um diodo laser converte sinais elétricos em sinais ópticos, sendo largamente utilizado em aparelhos de DVD, sistemas de comunicações de longa distância etc.

O fator de realimentação é $K = V_F/I_{saída} = R_M$. Assim,

$$\left.\frac{I_{saída}}{V_{entrada}}\right|_{fechada} = \frac{g_{m1}g_{m3}(r_{O3}||r_{O5})}{1 + g_{m1}g_{m3}(r_{O3}||r_{O5})R_M}. \qquad (12.84)$$

Notemos que o ganho da malha é muito maior que a unidade; portanto,

$$\left.\frac{I_{saída}}{V_{entrada}}\right|_{fechada} \approx \frac{1}{R_M}. \qquad (12.85)$$

Agora, devemos responder a duas perguntas. Primeira, por que o dreno de M_1 está *curto-circuitado* à terra no teste em malha aberta? A resposta simples é que, se esse dreno for deixado aberto, $I_{saída} = 0$! Contudo, de modo mais fundamental, podemos observar uma dualidade entre este caso e o de saída de tensão, como na Figura 12.36. Caso não se alimente uma carga, a porta de saída de um amplificador de tensão será deixada aberta. De forma similar, se não alimentar uma carga, a porta de saída de um circuito que provê uma corrente deve ser curto-circuitada à terra.

Segundo, por que, na Figura 12.40(c), o amplificador que atua como carga ativa foi desenhado com o dispositivo conectado como diodo à direita? Para assegurar a realimentação negativa. Por exemplo, se $V_{entrada}$ aumentar, V_X diminuirá (por quê?), M_1 proverá uma corrente maior e a queda de tensão em R_M aumentará, o que direcionará uma maior fração de I_{SS} a M_4 e se oporá ao efeito do aumento de $V_{entrada}$. Como alternativa, o circuito pode ser desenhado como indicado na Figura 12.40(e).

Exercício   Suponha que $V_{entrada}$ seja uma senoide com 100 mV de amplitude de pico. Admitindo $R_M = 10\ \Omega$ e $G_m = 1/(0,50\ \Omega)$, desenhe os gráficos de V_F e da corrente do diodo laser em função do tempo. A tensão na porta de M_1 é necessariamente uma senoide?

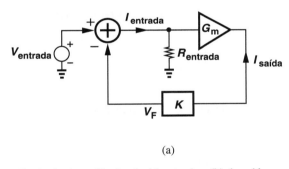
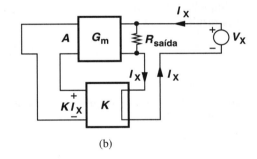

(a)   (b)

Figura 12.41   Cálculo das impedâncias de (a) entrada e (b) de saída.

Da análise de outras topologias de realimentação, feita nas Seções 12.6.1 e 12.6.2, postulamos que a realimentação corrente-tensão aumenta a impedância de entrada por um fator $1 + KG_m$. Na verdade, o circuito de teste mostrado na Figura 12.41(a) é similar ao da Figura 12.31 – exceto que o sistema direto é denotado por G_m e não por A_0. Assim, a Equação (12.59) pode ser reescrita como

$$\frac{V_{entrada}}{I_{entrada}} = R_{entrada}(1 + KG_m). \qquad (12.86)$$

A impedância de saída é calculada com uso do circuito de teste da Figura 12.41(b). Vale notar que, em contraste com os casos relativos às Figuras 12.33 e 12.38, a fonte de tensão de teste é conectada em *série* com a porta de saída do amplificador direto e a com a porta de entrada do circuito de realimentação. A tensão desenvolvida na porta A é igual a $-KI_X$ e a corrente puxada pelo estágio G_m é igual $-KG_mI_X$. Como a corrente que flui por $R_{saída}$ é dada por $V_X/R_{saída}$, uma LCK no nó de saída fornece

$$I_X = \frac{V_X}{R_{saída}} - KG_mI_X \qquad (12.87)$$

logo,

$$\frac{V_X}{I_X} = R_{saída}(1 + KG_m). \qquad (12.88)$$

É interessante observar que uma malha de realimentação negativa que amostre a corrente de saída *eleva* a impedância de saída, tornando o circuito mais próximo de um gerador de corrente ideal. Como nos outros casos já estudados, isso ocorre porque a realimentação negativa tende a regular a grandeza de saída que é amostrada.

Exemplo 12.22 Uma abordagem alternativa para a regulagem da corrente fornecida a um diodo laser é mostrada na Figura 12.42(a). Como no circuito da Figura 12.40(b), o resistor muito pequeno R_M monitora a corrente, gera uma tensão proporcional e a realimenta ao dispositivo subtrator, M_1. Determinemos o ganho em malha fechada e as impedâncias I/O do circuito.

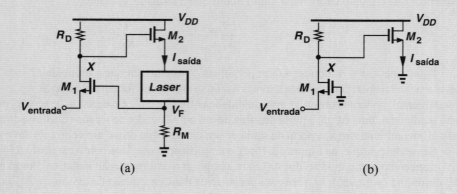

Figura 12.42

Solução Como R_M é muito pequeno, o circuito em malha aberta se reduz ao representado na Figura 12.42(b), na qual o ganho pode ser expresso como

$$G_m = \frac{V_X}{V_{entrada}} \cdot \frac{I_{saída}}{V_X} \qquad (12.89)$$

$$= g_{m1} R_D \cdot g_{m2}. \qquad (12.90)$$

A impedância de entrada é igual a $1/g_{m1}$ e a impedância de saída, a $1/g_{m2}$.[12] O fator de realimentação é igual a R_M, resultando em

$$\left.\frac{I_{saída}}{V_{entrada}}\right|_{fechada} = \frac{g_{m1} g_{m2} R_D}{1 + g_{m1} g_{m2} R_D R_M}, \qquad (12.91)$$

que se reduz a $1/R_M$ se o ganho da malha for muito maior que a unidade. A impedância de saída é aumentada por um fator $1 + G_m R_M$:

$$R_{entrada,fechada} = \frac{1}{g_{m1}}(1 + g_{m1} g_{m2} R_D R_M), \qquad (12.92)$$

assim como a impedância de saída (ou seja, vista pelo laser):

$$R_{saída,fechada} = \frac{1}{g_{m2}}(1 + g_{m1} g_{m2} R_D R_M). \qquad (12.93)$$

Exercício Determine os valores de g_{m1} e g_{m2} para o caso em que se desejam impedância de entrada de 500 Ω e impedância de saída de 5 kΩ. Assuma $R_D = 1$ kΩ e $R_M = 100$ Ω.

Exemplo 12.23 Um estudante tenta calcular, com o auxílio do circuito mostrado na Figura 12.43, a impedância de saída da topologia de realimentação corrente-tensão. Expliquemos por que esta topologia é uma representação incorreta do circuito real.

---

[12] Para medir a impedância de saída, a fonte de tensão de teste deve ser conectada em série com o fio de saída.

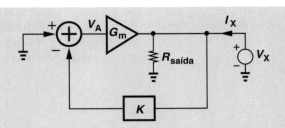

Figura 12.43

Solução Para amostrar a corrente de saída, o circuito de realimentação deve permanecer em *série* com a porta de saída do amplificador direto, assim como a fonte de tensão de teste. Em outras palavras, a corrente de saída do sistema direto deve ser igual à corrente de entrada do circuito de realimentação e à corrente puxada por V_X [como na Figura 12.41(b)]. No entanto, na configuração da Figura 12.43, esses princípios são violados, pois V_X é conectado em paralelo com a saída.[13]

Exercício Aplique o teste (incorreto) anterior ao circuito da Figura 12.42 e analise os resultados.

12.6.4 Realimentação Corrente-Corrente

Com base na análise das três primeiras topologias de realimentação, podemos antecipar que esse quarto tipo reduz o ganho, aumenta a impedância de saída e reduz a impedância de entrada, sempre por um fator de um mais o ganho da malha.

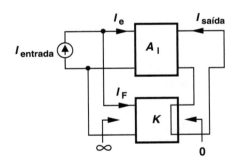

Figura 12.44 Realimentação corrente-corrente.

A realimentação corrente-corrente, como mostrado na Figura 12.44, amostra a saída em série e retorna o sinal em paralelo com a entrada. O sistema direto tem ganho de corrente A_I e o circuito de realimentação, um ganho adimensional $K = I_F/I_{saída}$. A corrente que entra no amplificador direto, dada por $I_{entrada} - I_F$, fornece

$$I_{saída} = A_I(I_{entrada} - I_F) \qquad (12.94)$$

$$= A_I(I_{entrada} - KI_{saída}) \qquad (12.95)$$

logo,

$$\frac{I_{saída}}{I_{entrada}} = \frac{A_I}{1 + KA_I}. \qquad (12.96)$$

> **Você sabia?**
> Embora menos intuitiva que regulação de tensão, regulação de corrente é, na verdade, muito comum, particularmente em carregadores de baterias. Uma bateria carregada com uma *tensão* constante pode ter vida curta. (Imagine o que acontece se duas fontes de tensão ideais de valores distintos forem conectadas em paralelo.) Por essa razão, preferimos carregar baterias com uma corrente constante. A figura a seguir mostra um exemplo no qual o amp op A_1 força V_X a ser próximo da tensão de referência, V_{REF}. Dizemos que R_S e A_1 monitoram e estabilizam a corrente de fonte de M_1. A corrente de dreno de M_1 alimenta a bateria. Obviamente, à medida que a bateria é carregada, sua tensão acaba ultrapassando o valor permitido, causando danos. O carregador deve, portanto, incorporar circuitos adicionais para proteção contra sobrecarga.
>
>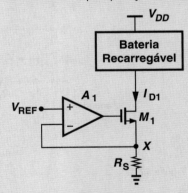
>
> Regulação de corrente em um carregador de baterias.

A impedância de entrada do circuito é calculada com o auxílio da configuração representada na Figura 12.45. Como no caso da realimentação tensão-corrente (Figura 12.37), a impedância de entrada do amplificador direto é modelada por um resistor série, $R_{entrada}$. Como a corrente que flui por $R_{entrada}$

---

[13] Se o circuito de realimentação for ideal e, portanto, com uma impedância de entrada nula, V_X deve fornecer uma corrente infinita.

é igual a $V_X/R_{entrada}$, temos $I_{saída} = A_I V_X/R_{entrada}$ e, portanto, $I_F = KA_I V_X/R_{entrada}$. Uma LCK no nó de entrada fornece

$$I_X = \frac{V_X}{R_{entrada}} + I_F \qquad (12.97)$$

$$= \frac{V_X}{R_{entrada}} + KA_I \frac{V_X}{R_{entrada}}. \qquad (12.98)$$

Ou seja,

$$\frac{V_X}{I_X} = \frac{R_{entrada}}{1 + KA_I}. \qquad (12.99)$$

e V_X é conectado em série com a porta de saída. Como $I_F = KI_X$, o amplificador direto produz uma corrente de saída igual a $-KA_I I_X$. Notando que $R_{saída}$ conduz uma corrente $V_X/R_{saída}$, e escrevendo uma LCK no nó de saída, temos

$$I_X = \frac{V_X}{R_{saída}} - KA_I I_X. \qquad (12.100)$$

Portanto,

$$\frac{V_X}{I_X} = R_{saída}(1 + KA_I). \qquad (12.101)$$

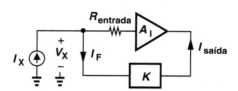

Figura 12.45 Cálculo da impedância de entrada.

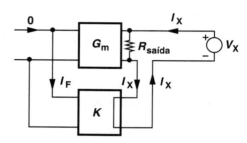

Figura 12.46 Cálculo da impedância de saída.

Para a impedância de saída, utilizamos o circuito de teste mostrado na Figura 12.46, em que a entrada é deixada em aberto

Exemplo 12.24 Consideremos o circuito mostrado na Figura 12.47(a), em que a corrente de saída entregue ao diodo laser é regulada pela realimentação negativa. Provemos que a realimentação é, de fato, negativa e calculemos o ganho e as impedâncias I/O em malha fechada, admitindo que R_M seja muito pequeno e R_F, muito grande.

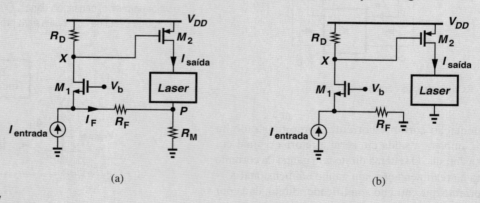

Figura 12.47

Solução Suponhamos que $I_{entrada}$ aumente. Com isto, a tensão de fonte de M_1 tende a aumentar, assim como sua tensão de dreno (por quê?). Em consequência, a sobrecarga de M_2 diminui, $I_{saída}$ e, portanto, V_P diminuem e I_F aumenta, reduzindo a tensão de fonte de M_1. Como o sinal de realimentação, I_F, se opõe ao efeito produzido por $I_{entrada}$, a realimentação é negativa.

Devemos, agora, analisar o sistema em malha aberta. Como R_M é muito pequeno, assumimos que V_P permaneça próximo de zero e obtemos o circuito em malha aberta representado na Figura 12.47(b). A hipótese de que R_F é muito grande ($\gg 1/g_{m1}$) indica que a quase totalidade de $I_{entrada}$ flui por M_1 e R_D, gerando $V_X = I_{entrada}R_D$; logo

$$I_{saída} = -g_{m2}V_X \qquad (12.102)$$

$$= -g_{m2}R_D I_{entrada}. \qquad (12.103)$$

Ou seja,

$$A_I = -g_{m2}R_D. \tag{12.104}$$

A impedância de entrada é aproximadamente igual a $1/g_{m1}$ e a impedância de saída é igual a r_{O2}.

Para obter os parâmetros em malha fechada, devemos calcular o fator de realimentação, $I_F/I_{saída}$. Recordemos, do Exemplo 12.18, que a corrente retornada por R_F pode ser aproximada como $-V_P/R_F$, se $R_F \gg 1/g_{m1}$. Notemos, ainda, que $V_P = I_{saída}R_M$, concluindo

$$K = \frac{I_F}{I_{saída}} \tag{12.105}$$

$$= \frac{-V_P}{R_F} \cdot \frac{1}{I_{saída}} \tag{12.106}$$

$$= -\frac{R_M}{R_F}. \tag{12.107}$$

Portanto, os parâmetros em malha fechada são dados por

$$A_{I,fechada} = \frac{-g_{m2}R_D}{1 + g_{m2}R_D\dfrac{R_M}{R_F}} \tag{12.108}$$

$$R_{entrada,fechada} = \frac{1}{g_{m1}} \cdot \frac{1}{1 + g_{m2}R_D\dfrac{R_M}{R_F}} \tag{12.109}$$

$$R_{saída,fechada} = r_{O2}\left(1 + g_{m2}R_D\frac{R_M}{R_F}\right). \tag{12.110}$$

Observamos que, se $g_{m2}R_DR_M/R_F \gg 1$, o ganho em malha fechada é simplesmente dado por $-R_F/R_M$.

Exercício Notando que $R_{saída,fechada}$ é a impedância vista pelo laser no circuito em malha fechada, construa um equivalente de Norton para todo o circuito que ativa o laser.

O efeito da realimentação sobre as impedâncias de entrada e de saída do amplificador direto é resumido na Figura 12.48.

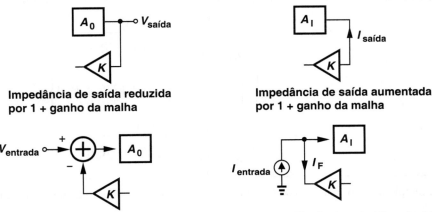

Figura 12.48 Efeito da realimentação sobre impedâncias de entrada e de saída.

12.7 EFEITO DE IMPEDÂNCIAS DE ENTRADA E DE SAÍDA NÃO IDEAIS

Nosso estudo das topologias de realimentação, feito na Seção 12.6, foi baseado em modelos idealizados para o circuito de realimentação, sempre assumindo que as impedâncias I/O deste circuito são muito grandes ou muito pequenas, dependendo do tipo de realimentação. Entretanto, na prática, impedâncias I/O finitas do circuito de realimentação podem alterar, de forma considerável, o desempenho do circuito. Necessitamos, portanto, de técnicas de análise que levem esses efeitos em consideração. Nestes casos, dizemos que o circuito de realimentação "carrega" o amplificador direto e que os "efeitos de carregamento" devem ser determinados.

Antes de nos aprofundarmos na análise, é conveniente entender a dificuldade no contexto de um exemplo.

Exemplo 12.25 Suponhamos que, no circuito do Exemplo 12.7, $R_1 + R_2$ *não* seja muito maior que R_D. Como devemos analisar o circuito?

Solução No Exemplo 12.7, construímos o circuito em malha fechada simplesmente desprezando o efeito de $R_1 + R_2$. Aqui, no entanto, $R_1 + R_2$ tende a reduzir o ganho em malha aberta, pois aparece em paralelo com R_D. Portanto, concluímos que o circuito em malha aberta deve ser configurado como indicado na Figura 12.49, sendo o ganho em malha aberta dado por

$$A_O = g_{m1}[R_D || (R_1 + R_2)], \quad (12.111)$$

e a impedância de saída, por

$$R_{saída,fechada} = R_D || (R_1 + R_2). \quad (12.112)$$

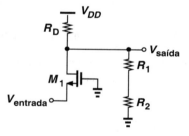

Figura 12.49

Outros parâmetros diretos e de realimentação são idênticos aos calculados no Exemplo 12.7. Assim

$$A_{v,fechada} = \frac{g_{m1}[R_D || (R_1 + R_2)]}{1 + \dfrac{R_2}{R_1 + R_2} g_{m1}[R_D || (R_1 + R_2)]} \quad (12.113)$$

$$R_{entrada,fechada} = \frac{1}{g_{m1}} \left\{ 1 + \dfrac{R_2}{R_1 + R_2} g_{m1}[R_D || (R_1 + R_2)] \right\} \quad (12.114)$$

$$R_{saída,fechada} = \frac{R_D || (R_1 + R_2)}{1 + \dfrac{R_2}{R_1 + R_2} g_{m1}[R_D || (R_1 + R_2)]}. \quad (12.115)$$

Exercício Repita o exemplo anterior para o caso em que R_D é substituído por uma fonte de corrente ideal.

O exemplo anterior se presta muito bem à inspeção intuitiva. No entanto, isso não acontece com muitos outros circuitos. Para ganharmos confiança na análise e podermos tratar de circuitos mais complexos, devemos desenvolver uma abordagem sistemática.

12.7.1 Inclusão de Efeitos de Entrada e de Saída

Apresentamos uma metodologia que permite a análise das quatro topologias de realimentação, mesmo que as impedâncias I/O do amplificador direto ou do circuito de realimentação difiram de seus valores nominais. A metodologia é baseada em uma prova formal que foge do escopo deste livro, mas pode ser encontrada em [1].

A metodologia consiste em seis passos.

1. Identificar o amplificador direto.
2. Identificar o circuito de realimentação.
3. Abrir o circuito de realimentação segundo as regras descritas adiante.
4. Calcular os parâmetros em malha aberta.
5. Determinar o fator de realimentação segundo as regras descritas adiante.
6. Calcular os parâmetros em malha fechada.

Regras para Abrir o Circuito de Realimentação Para a execução do terceiro passo, o circuito de realimentação é "duplicado" na entrada e na saída do sistema global.

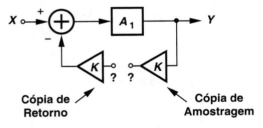

Figura 12.50 Método para abrir a malha de realimentação.

A ideia, ilustrada na Figura 12.50, consiste em "carregar" a entrada e a saída do amplificador direto com cópias adequadas do circuito de realimentação. A cópia conectada à saída é chamada de "cópia de amostragem" e a conectada à entrada, "cópia de retorno". Devemos, ainda, decidir o que fazer com a porta de saída da primeira e com a porta de entrada da segunda, isto é, se curto-circuitamos ou abrimos essas portas. A decisão é tomada com base nas regras de "terminação" ilustradas na Figura 12.51. Por exemplo, para realimentação tensão-tensão [Figura 12.51(a)], a porta de saída da cópia de amostragem é *aberta*, enquanto a porta de entrada da cópia de retorno é curto-circuitada. De modo similar, para realimentação tensão-corrente [Figura 12.51(b)], tanto a porta de saída da cópia de amostragem como a porta de entrada da cópia de retorno são curto-circuitadas.

A prova formal desses conceitos é dada em [1], mas é conveniente que recordemos essas regras com base nas seguintes observações intuitivas (mas não muito rigorosas). Em uma situação ideal, o circuito de realimentação que amostra uma *tensão* de saída é alimentado por uma impedância nula, especificamente, a impedância de saída do amplificador direto. Assim, a porta de entrada da cópia de *retorno* é *curto-circuitada*. Além disso, um circuito de realimentação que retorna uma tensão à entrada vê, no caso ideal, uma impedância infinita, especificamente a impedância de entrada do amplificador direto. Portanto, a porta de saída da cópia de *amostragem* é deixada aberta. Observações similares se aplicam aos outros três casos.

Cálculo do Fator de Realimentação O quinto passo envolve o cálculo do fator de realimentação, uma tarefa que requer as regras ilustradas na Figura 12.52. Dependendo do tipo de realimentação, a porta de saída do circuito de realimentação é curto-circuitada ou deixada em aberto, e a razão entre a corrente ou tensão de saída e a corrente ou tensão de entrada é definida como o fator de realimentação. Por exemplo, na topologia de realimentação tensão-tensão, a porta de saída do circuito de realimentação é deixada em aberto [Figura 12.52(a)] e $K = V_2/V_1$.

A prova dessas regras é dada em [1], mas uma visão intuitiva também pode ser desenvolvida. Primeiro, a excitação (tensão ou corrente) aplicada à *entrada* do circuito de realimentação é do

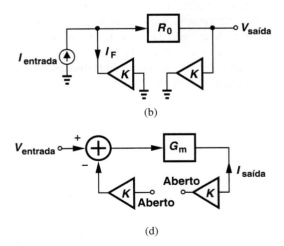

Figura 12.51 Terminação adequada das cópias nas realimentações (a) tensão-tensão, (b) tensão-corrente, (c) corrente-corrente e (d) corrente-tensão.

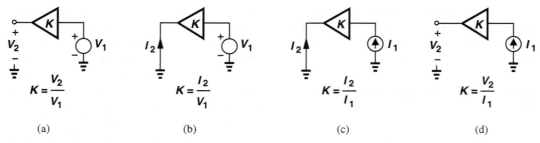

Figura 12.52 Cálculo do fator de realimentação para realimentações (a) tensão-tensão, (b) tensão-corrente, (c) corrente-corrente e (d) corrente-tensão.

mesmo tipo que a grandeza amostrada na *saída* do amplificador direto. Segundo, a porta de saída do circuito de realimentação é deixada em aberto (curto-circuitada) se a grandeza retornada for uma tensão (corrente) – como no caso das cópias de amostragem na Figura 12.51. Obviamente, se a porta de saída do circuito de realimentação for deixada em aberto, a grandeza de interesse é uma tensão, V_2. De modo similar, se a porta for curto-circuitada, a grandeza de interesse é uma corrente, I_2.

Para reforçar esses princípios, reconsideremos os exemplos estudados até aqui neste capítulo e determinemos os parâmetros em malha fechada quando as impedâncias I/O não são desprezíveis.

Exemplo 12.26 Analisemos o amplificador ilustrado na Figura 12.53(a), com $R_1 + R_2$ não muito menor que R_D.

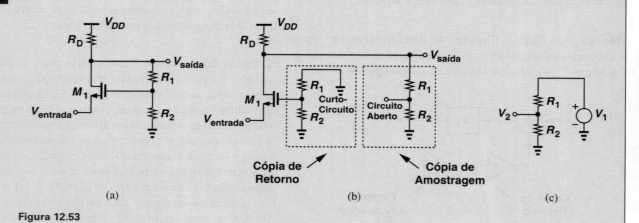

Figura 12.53

Solução Identificamos o sistema direto como M_1 e R_D, e o circuito de realimentação, como R_1 e R_2. Construímos o circuito em malha aberta segundo a Figura 12.51(a), como indicado na Figura 12.53(b). Notamos que o circuito de realimentação aparece duas vezes. A porta de saída da cópia de amostragem é deixada em aberto, enquanto a porta de entrada da cópia de retorno é curto-circuitada. Os parâmetros em malha aberta desta topologia foram calculados no Exemplo 12.25.

Para determinar o fator de realimentação, seguimos a regra da Figura 12.52(a) para formar o circuito mostrado na Figura 12.53(c) e obtemos

$$K = \frac{V_2}{V_1} \tag{12.116}$$

$$= \frac{R_2}{R_1 + R_2}. \tag{12.117}$$

Logo,

$$KA_0 = \frac{R_2}{R_1 + R_2} g_{m1}[R_D||(R_1 + R_2)], \tag{12.118}$$

e

$$A_{v,fechada} = \frac{g_{m1}[R_D||(R_1+R_2)]}{1+\dfrac{R_2}{R_1+R_2}g_{m1}[R_D||(R_1+R_2)]}$$ (12.119)

$$R_{entrada,fechada} = \frac{1}{g_{m1}}\left\{1+\frac{R_2}{R_1+R_2}g_{m1}[R_D||(R_1+R_2)]\right\}$$ (12.120)

$$R_{saida,fechada} = \frac{R_D||(R_1+R_2)}{1+\dfrac{R_2}{R_1+R_2}g_{m1}[R_D||(R_1+R_2)]}.$$ (12.121)

Obtidos com uso de nossa metodologia geral, estes resultados estão em acordo com os obtidos no Exemplo 12.25 por inspeção.

Exercício Refaça a análise anterior para o caso em que R_D é substituído por uma fonte de corrente ideal.

Exemplo 12.27 Analisemos o circuito da Figura 12.54(a), com $R_1 + R_2$ não muito maior que $r_{OP}||r_{LIGADO}$.

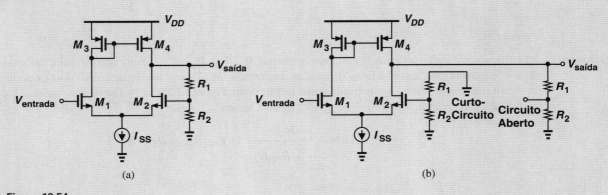

Figura 12.54

Solução Aqui, M_1-M_4 constituem o amplificador direto, e R_1 e R_2, o circuito de realimentação. A malha é aberta de modo similar ao do Exemplo 12.26, pois o tipo de realimentação é o mesmo [Figura 12.54(b)]. Portanto, os parâmetros em malha aberta são dados por

$$A_0 = g_{mN}[r_{LIGADO}||r_{OP}||(R_1+R_2)]$$ (12.122)

$$R_{entrada,aberta} = \infty$$ (12.123)

$$R_{saida,aberta} = r_{LIGADO}||r_{OP}||(R_1+R_2).$$ (12.124)

O circuito de teste para o cálculo do fator de realimentação é identificado como o da Figura 12.53(c), do qual obtemos

$$K = \frac{R_2}{R_1+R_2}.$$ (12.125)

Logo,

$$\left.\frac{V_{saida}}{V_{entrada}}\right|_{fechada} = \frac{g_{mN}[r_{LIGADO}||r_{OP}||(R_1+R_2)]}{1+\dfrac{R_2}{R_1+R_2}g_{mN}[r_{LIGADO}||r_{OP}||(R_1+R_2)]}$$ (12.126)

$$R_{entrada,fechada} = \infty$$ (12.127)

$$R_{saída,fechada} = \frac{r_{LIGADO}||r_{OP}||(R_1+R_2)}{1+\dfrac{R_2}{R_1+R_2}g_{mN}[r_{LIGADO}||r_{OP}||(R_1+R_2)]}.\qquad(12.128)$$

Exercício Repita o exemplo anterior para o caso em que um resistor de carga R_L é conectado entre a saída do circuito e a terra.

Exemplo 12.28 Analisemos o circuito da Figura 12.55(a).

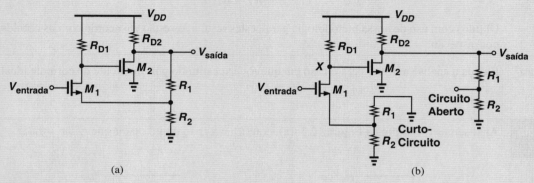

Figura 12.55

Solução Identificamos o sistema direto como constituído por M_1, R_{D1}, M_2 e R_{D2}. O circuito de realimentação consiste em R_1 e R_2 e retorna uma tensão à fonte do transistor subtrator, M_1. De modo similar ao dos dois exemplos anteriores, o circuito em malha aberta é construído como mostrado na Figura 12.55(b). Notemos que, agora, M_1 é degenerado por $R_1||R_2$. Escrevendo $A_0 = (V_X/V_{entrada})(V_{saída}/V_X)$, temos

$$A_0 = \frac{-R_{D1}}{\dfrac{1}{g_m}+R_1||R_2}\cdot\{-g_{m2}[R_{D2}||(R_1+R_2)]\}\qquad(12.129)$$

$$R_{entrada,aberta} = \infty \qquad(12.130)$$

$$R_{saída,aberta} = R_{D2}||(R_1+R_2).\qquad(12.131)$$

Como no exemplo anterior, o fator de realimentação é igual a $R_2/(R_1+R_2)$, fornecendo

$$\left.\frac{V_{saída}}{V_{entrada}}\right|_{fechada} = \frac{A_0}{1+\dfrac{R_2}{R_1+R_2}A_0}\qquad(12.132)$$

$$R_{entrada,fechada} = \infty \qquad(12.133)$$

$$R_{saída,fechada} = \frac{R_{D2}||(R_1+R_2)}{1+\dfrac{R_2}{R_1+R_2}A_0},\qquad(12.134)$$

em que A_0 é dada pela Equação (12.129).

Exercício Repita o exemplo anterior para o caso em que M_2 é degenerado por um resistor de valor R_S.

Exemplo 12.29 Analisemos o circuito da Figura 12.56(a), assumindo que R_F não seja muito grande.

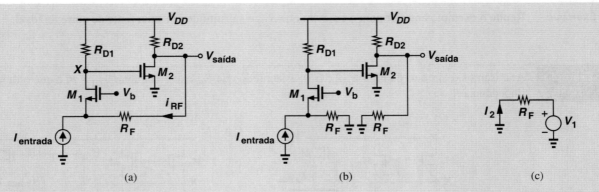

Figura 12.56

Solução Por ser uma topologia de realimentação tensão-corrente, esse circuito deve ser tratado segundo as regras nas Figuras 12.51(b) e 12.52(b). O amplificador direto é formado por M_1, R_{D1}, M_2 e R_{D2}. O circuito de realimentação consiste apenas em R_F. A malha é aberta como indicado na Figura 12.56(b), na qual, da Figura 12.51(b), a porta de saída da cópia de amostragem é *curto-circuitada*. Como $I_{entrada}$ é dividida entre R_F e M_1, temos

$$V_X = I_{entrada} \frac{R_F R_{D1}}{R_F + \dfrac{1}{g_{m1}}}. \tag{12.135}$$

Notando que $R_0 = V_{saída}/I_{entrada} = (V_X/V_{entrada})(V_{saída}/V_X)$, escrevemos

$$R_0 = \frac{R_F R_{D1}}{R_F + \dfrac{1}{g_{m1}}} \cdot [-g_{m2}(R_{D2} \| R_F)]. \tag{12.136}$$

As impedâncias de entrada e de saída em malha aberta são dadas por, respectivamente,

$$R_{entrada,aberta} = \frac{1}{g_{m1}} \| R_F \tag{12.137}$$

$$R_{saída,aberta} = R_{D2} \| R_F. \tag{12.138}$$

Para obter o fator de realimentação, seguimos a regra na Figura 12.52(b), construímos o circuito de teste como na Figura 12.56(c) e obtemos

$$K = \frac{I_2}{V_1} \tag{12.139}$$

$$= -\frac{1}{R_F}. \tag{12.140}$$

Notemos que R_0 e K são negativos, produzindo um ganho da malha positivo e, portanto, confirmado que a realimentação é negativa. Os parâmetros em malha fechada são, então, expressos como

$$\left.\frac{V_{saída}}{I_{entrada}}\right|_{fechada} = \frac{R_0}{1 - \dfrac{R_0}{R_F}} \tag{12.141}$$

$$R_{entrada,fechada} = \frac{\dfrac{1}{g_{m1}} \| R_F}{1 - \dfrac{R_0}{R_F}} \tag{12.142}$$

$$R_{saída,fechada} = \frac{R_{D2} \| R_F}{1 - \dfrac{R_0}{R_F}}, \tag{12.143}$$

em que R_0 é dada pela Equação (12.136).

482 Capítulo 12

Exercício Repita o exemplo anterior para o caso em que R_{D2} é substituído por uma fonte de corrente ideal.

Exemplo 12.30 Analisemos o circuito da Figura 12.57(a), assumindo que R_M não é pequeno, $r_{O1} < \infty$ e que o diodo laser tenha impedância R_L.

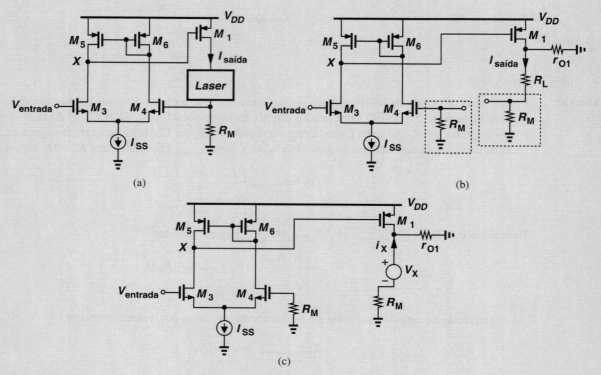

Figura 12.57

Solução Este circuito emprega realimentação corrente-tensão e deve ser aberto segundo as regras mostradas nas Figuras 12.51(d) e 12.52(d). O amplificador direto é formado por M_1 e M_3-M_6, enquanto o circuito de realimentação consiste em R_M. O circuito em malha aberta, ilustrado na Figura 12.52(d), contém duas réplicas do circuito de realimentação, sendo a porta de saída da cópia de amostragem e a porta de entrada da cópia de retorno deixadas em aberto. O ganho em malha aberta é $G_m = I_{saída}/V_{entrada} = (V_X/V_{entrada})(I_{saída}/V_X)$, e

$$\frac{V_X}{V_{entrada}} = -g_{m3}(r_{O3}\|r_{O5}). \tag{12.144}$$

Para calcular $I_{saída}/V_X$, notemos que a corrente produzida por M_1 é dividida entre r_{O1} e $R_L + R_M$:

$$I_{saída} = -\frac{r_{O1}}{r_{O1} + R_L + R_M} g_{m1} V_X, \tag{12.145}$$

em que o sinal negativo aparece porque $I_{saída}$ flui *para fora* do transistor. Portanto, o ganho em malha aberta é igual a

$$G_m = \frac{g_{m3}(r_{O3}\|r_{O5}) g_{m1} r_{O1}}{r_{O1} + R_L + R_M}. \tag{12.146}$$

Para determinar a impedância de saída, R_L é substituído por uma fonte de tensão de teste e a corrente de pequenos sinais é medida [Figura 12.57(c)]. Os terminais superior e inferior de V_X veem, respectivamente, impedâncias r_{O1} e R_M para a terra AC; logo,

$$R_{entrada,aberta} = \frac{V_X}{I_X} \tag{12.147}$$

$$= r_{O1} + R_M. \tag{12.148}$$

fator de realimentação é calculado segundo a regra na Figura 12.52(d):

$$K = \frac{V_2}{I_1} \tag{12.149}$$

$$= R_M. \tag{12.150}$$

Calculando KG_m, expressamos os parâmetros em malha aberta como

$$\left.\frac{I_{saída}}{V_{entrada}}\right|_{fechada} = \frac{G_m}{1 + R_M G_m}, \tag{12.151}$$

$$R_{entrada,fechada} = \infty \tag{12.152}$$

$$R_{saída,fechada} = (r_{O1} + R_M)(1 + R_M G_m), \tag{12.153}$$

em que G_m é dado pela Equação (12.146).

Exercício Construa o equivalente de Norton de todo o circuito que ativa o diodo laser.

Exemplo 12.31 Analisemos o circuito da Figura 12.58(a), assumindo que R_M não é pequeno e que o diodo laser apresenta uma impedância R_L.

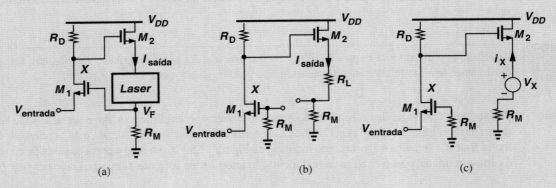

Figura 12.58

Solução O amplificador direto – que consiste em M_1, R_D e M_2 – amostra uma tensão e entrega uma corrente à carga; o resistor R_F faz o papel do circuito de realimentação. De modo similar ao do Exemplo 12.30, abrimos a malha como mostrado na Figura 12.58(b), em que $G_m = I_{saída}/V_{entrada} = (V_X/V_{entrada})(I_{saída}/V_X)$. Como um estágio porta comum, M_1 e R_D produzem $V_X/V_{entrada} = g_{m1}R_D$. Para determinar $I_{saída}$, primeiro, vemos M_2 como um seguidor de fonte e calculamos o ganho de tensão V_A/V_X do Capítulo 7:

$$\frac{V_A}{V_X} = \frac{R_L + R_M}{R_L + R_M + \dfrac{1}{g_{m2}}}. \tag{12.154}$$

Logo,

$$I_{saída} = \frac{V_A}{R_L + R_M} \tag{12.155}$$

$$= \frac{V_X}{R_L + R_M + \dfrac{1}{g_{m2}}}, \tag{12.156}$$

e obtemos o ganho em malha aberta como

$$G_m = \frac{g_{m1}R_D}{R_L + R_M + \dfrac{1}{g_{m2}}}. \quad (12.157)$$

A impedância em malha aberta é igual a $1/g_{m1}$. Para calcular a impedância de saída em malha aberta, substituímos R_L por uma fonte de tensão de teste [Figura 12.58(c)] e obtemos

$$\frac{V_X}{I_X} = \frac{1}{g_{m2}} + R_M. \quad (12.158)$$

O fator de realimentação permanece idêntico ao do Exemplo 12.30 e leva às seguintes expressões para os parâmetros em malha fechada:

$$\left.\frac{I_{saída}}{V_{entrada}}\right|_{fechada} = \frac{G_m}{1 + R_M G_m} \quad (12.159)$$

$$R_{entrada,fechada} = \frac{1}{g_{m1}}(1 + R_M G_m) \quad (12.160)$$

$$R_{saída,fechada} = \left(\frac{1}{g_{m2}} + R_M\right)(1 + R_M G_m), \quad (12.161)$$

em que G_m é dado pela Equação (12.157).

Exercício Repita o exemplo anterior para o caso em que um resistor de valor R_1 é conectado entre a fonte de M_2 e a terra.

Exemplo 12.32 Analisemos o circuito da Figura 12.59(a), assumindo que R_F não seja grande, que R_M não seja pequeno e que o diodo laser seja modelado por uma resistência R_L. Além disso, assumamos, $r_{O2} < \infty$.

Solução Por ser uma topologia de realimentação corrente-corrente, o amplificador deve ser analisado segundo as regras ilustradas nas Figuras 12.51(c) e 12.52(c). O sistema direto consiste em M_1, R_D e M_2; o circuito de realimentação inclui R_M e R_F. A malha é aberta como indicado na Figura 12.59(b), na qual a porta de saída da cópia de amostragem é curto-circuitada, pois o circuito de realimentação retorna uma corrente à entrada. Dado por $(V_X/I_{entrada})(I_{saída}/V_X)$,

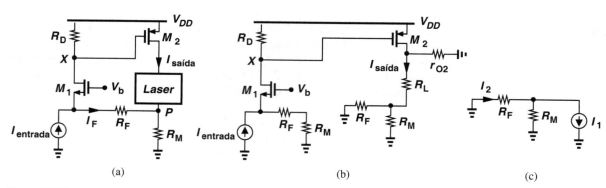

Figura 12.59

o ganho em malha aberta é calculado como

$$A_{I,aberta} = \frac{(R_F + R_M)R_D}{R_F + R_M + \dfrac{1}{g_{m1}}} \cdot \frac{-g_{m2}r_{O2}}{r_{O2} + R_L + R_M \| R_F}, \quad (12.162)$$

em que as duas frações descrevem a divisão de $I_{entrada}$ entre $R_F + R_M$ e M_1, e a divisão de I_{D2} entre r_{O2} e $R_L + R_M \| R_F$. As impedâncias I/O em malha aberta são expressas como

$$R_{entrada,aberta} = \frac{1}{g_{m1}} \| (R_F + R_M) \tag{12.163}$$

$$R_{saída,aberta} = r_{O2} + R_F \| R_M, \tag{12.164}$$

sendo a última obtida de modo similar ao ilustrado na Figura 12.57(c).

Para determinar o fator de realimentação, apliquemos a regra da Figura 12.52(c), como indicado na Figura 12.59(c), obtendo

$$K = \frac{I_2}{I_1} \tag{12.165}$$

$$= -\frac{R_M}{R_M + R_F}. \tag{12.166}$$

Os parâmetros em malha fechada são, então, dados por

$$A_{I,aberta} = \frac{A_{I,aberta}}{1 - \frac{R_M}{R_M + R_F} A_{I,aberta}} \tag{12.167}$$

$$R_{entrada,fechada} = \frac{\frac{1}{g_{m1}} \| (R_F + R_M)}{1 - \frac{R_M}{R_M + R_F} A_{I,aberta}} \tag{12.168}$$

$$R_{saída,fechada} = (r_{O2} + R_F \| R_M)\left(1 - \frac{R_M}{R_M + R_F} A_{I,aberta}\right), \tag{12.169}$$

em que $A_{I,aberta}$ é expresso pela Equação (12.162).

Exercício Construa o equivalente de Norton de todo o circuito que ativa o diodo laser.

Exemplo 12.33 A Figura 12.60(a) mostra um circuito similar ao da Figura 12.59(a), mas, agora, a saída de interesse é $V_{saída}$. Analisemos o amplificador e estudemos as diferenças entre os dois circuitos.

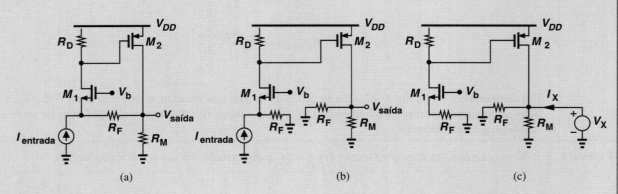

Figura 12.60

Solução O circuito incorpora uma realimentação tensão-corrente. Em contraste com o caso anterior, R_M agora pertence ao amplificador direto, e não mais ao circuito de realimentação. Afinal, M_2 não poderia gerar uma *tensão* de saída sem R_M. Na verdade, este circuito se parece com a configuração da Figura 12.56(a), exceto que o estágio fonte comum emprega um dispositivo PMOS.

Abrindo a malha com a ajuda das regras na Figura 12.51(b), obtemos a topologia da Figura 12.60(b). Notemos que, neste caso, a cópia de retorno (R_F) difere daquela na Figura 12.59(b) ($R_F + R_M$). O ganho em malha aberta é, então, dado por

$$R_O = \frac{V_{saída}}{I_{entrada}} \qquad (12.170)$$

$$= \frac{R_F R_D}{R_F + \dfrac{1}{g_{m1}}}[-g_{m2}(R_F \| R_M)], \qquad (12.171)$$

e a impedância de entrada em malha aberta, por

$$R_{entrada,aberta} = \frac{1}{g_{m1}} \| R_F. \qquad (12.172)$$

A impedância de saída é calculada como indicado na Figura 12.60(c):

$$R_{saída,aberta} = \frac{V_X}{I_X} \qquad (12.173)$$

$$= R_F \| R_M. \qquad (12.174)$$

Se $r_{O2} < \infty$, r_{O2} aparece em paralelo com R_F e R_M, tanto na Equação (12.171) como na Equação (12.174).

O fator de realimentação também difere do fator no Exemplo 12.32, sendo determinado com a ajuda da Figura 12.52(b):

$$K = \frac{I_2}{V_1} \qquad (12.175)$$

$$= -\frac{1}{R_F}, \qquad (12.176)$$

e leva às seguintes expressões para os parâmetros em malha fechada:

$$\left.\frac{V_{saída}}{I_{entrada}}\right|_{fechada} = \frac{R_O}{1 - \dfrac{R_O}{R_F}} \qquad (12.177)$$

$$R_{entrada,fechada} = \frac{\dfrac{1}{g_{m1}} \| R_F}{1 - \dfrac{R_O}{R_F}} \qquad (12.178)$$

$$R_{saída,fechada} = \frac{R_F \| R_M}{1 - \dfrac{R_O}{R_F}}. \qquad (12.179)$$

Em contraste com o Exemplo 12.32, a impedância de saída, neste caso, é reduzida por $1 - R_O/R_F$, embora a topologia do circuito permaneça inalterada. Isso ocorre porque, nos dois casos, a impedância de saída é medida de maneiras muito diferentes.

Exercício Repita o exemplo anterior para o caso em que M_2 é degenerado por um resistor de valor R_S.

12.8 ESTABILIDADE EM SISTEMAS DE REALIMENTAÇÃO

Nossos estudos neste capítulo revelaram, até aqui, muitos benefícios importantes da realimentação negativa. Infelizmente, se projetados de forma descuidada, amplificadores com realimentação negativa podem se comportar "mal" e, até mesmo, oscilar. Dizemos que o sistema é marginalmente estável ou, simplesmente, instável. Nesta seção, reexaminaremos o entendimento de realimentação para que possamos definir o significado de "mau comportamento" e determinar as fontes de instabilidade.

Você sabia?

Um simples circuito de realimentação que, na verdade, gera muita confusão é o amplificador não inversor baseado em amp op [Figura (a)] ou a realização do mesmo por "um leigo" [Figura (b)]. Que tipo de realimentação temos aqui? A grandeza amostrada na saída é uma tensão; todavia, o que é retornado à entrada? Como o sinal de entrada, $V_{entrada}$, é uma grandeza de tensão, podemos suspeitar que o circuito de realimentação (R_2) retorne uma tensão. Contudo, para que possam ser somadas ou subtraídas, duas tensões devem ser conectadas *em série*. A visão correta aqui consiste em assumir que R_1 e R_2 convertem, respectivamente, $V_{entrada}$ e $V_{saída}$ em *corrente*, e que as correntes resultantes sejam somadas no nó de terra virtual, X. Esses circuitos de uso comum são estudados em cursos mais avançados.

Amplificador inversor com realimentação.

12.8.1 Revisão das Regras de Bode

Na revisão que fizemos das regras de Bode no Capítulo 11, notamos que a inclinação da magnitude de uma função de transferência diminui (aumenta) 20 dB/década à medida que a frequência passa por um polo (zero). Agora, revemos a regra de Bode para o desenho do gráfico da fase da função de transferência.

A fase de uma função de transferência começa a decrescer (aumentar) em uma frequência igual a um décimo da frequência do polo (zero), sofre uma variação de −45° (+45°) na frequência do polo (zero) e sofre uma variação total de quase −90° (+90°) em uma frequência dez vezes a frequência do polo (zero).[14]

Exemplo 12.34 A Figura 12.61(a) ilustra a reposta de magnitude de um amplificador. Usando a regra de Bode, desenhemos o gráfico da resposta de fase.[15]

Solução A fase, cujo gráfico é mostrado na Figura 12.61(b), começa a cair em $0,1\omega_{p1}$, chega a −45° em ω_{p1} e a −90° em $10\omega_{p1}$; começa a subir em $0,1\omega_z$, chega a −45° em ω_z e a aproximadamente zero em $10\omega_z$; por fim, começa a cair em $0,1\omega_{p2}$, chega a −45° em ω_{p2} e a −90° em $10\omega_{p2}$. Neste exemplo, assumimos que as frequências dos polos e do zero eram tão afastadas que $10\omega_{p1} < 0,1\omega_z$ e $10\omega_z < 0,1\omega_{p2}$. Na prática, isso pode não ser válido e exigir cálculos mais rigorosos.

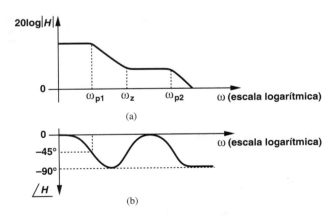

Figura 12.61

Exercício Repita o exemplo anterior para o caso em que ω_{p1} ocorre entre ω_z e ω_{p2}.

---

[14] Assumimos que os polos e zeros estão localizados no semiplano da esquerda.
[15] Não é possível construir o perfil de fase a partir do gráfico da magnitude.

Como a fase começa a se alterar em uma frequência igual a um décimo da frequência de um polo ou zero, até mesmo polos ou zeros que pareçam afastados podem afetá-la de forma significativa – um ponto de contraste com o comportamento da magnitude.

Amplificadores que têm múltiplos polos podem se tornar instáveis se conectados a uma malha de realimentação. Os próximos exemplos representam nossos primeiros passos para o entendimento desse fenômeno.

Exemplo 12.35 Construímos as respostas de magnitude e de fase de um amplificador que tem (a) um polo, (b) dois polos e (c) três polos.

Solução As Figuras 12.62(a)-(c) mostram as respostas para os três casos. A variação de fase da entrada à saída tende, de forma assintótica, a $-90°$, $-180°$ e $-270°$ em sistemas de um, dois e três polos, respectivamente. Uma observação importante é que o sistema de três polos introduz uma defasagem de $-180°$ em uma frequência finita ω_1 e, por conseguinte, inverte o sinal de uma senoide nessa frequência [Figura 12.62(d)].

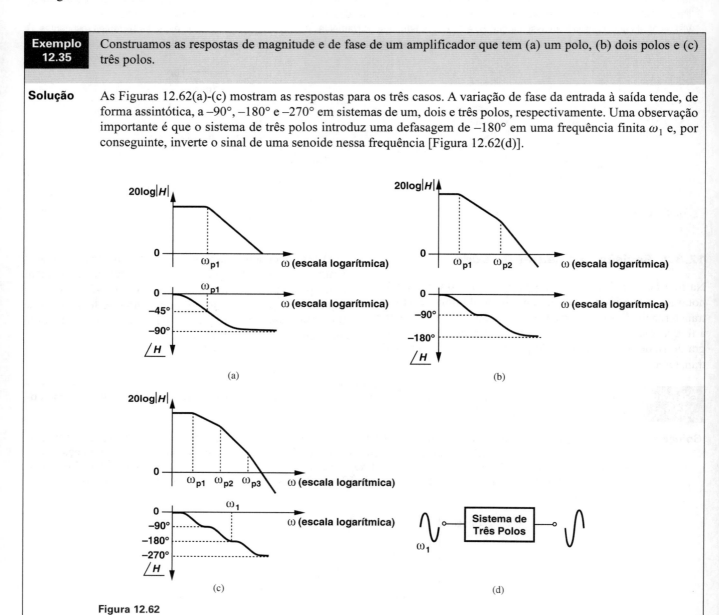

Figura 12.62

Exercício Repita a análise anterior para um sistema de três polos com $\omega_{p1} = \omega_{p2}$.

12.8.2 Problema de Instabilidade

Suponhamos que um amplificador com função de transferência $H(s)$ seja conectado a uma malha de realimentação negativa (Figura 12.63). Como nos casos estudados na Seção 12.1, escrevemos a função de transferência em malha fechada como

$$\frac{Y}{X}(s) = \frac{H(s)}{1 + KH(s)}, \quad (12.180)$$

em que $KH(s)$ é, algumas vezes, chamado de "transmissão da malha", em vez de ganho da malha, para enfatizar a dependência em relação à frequência. Vimos no Capítulo 11 que, para uma entrada senoidal $x(t) = A\cos\omega t$, simplesmente substituímos $s = j\omega$ na função de transferência anterior. Assumamos que o fator de realimentação K não dependa da frequência. (Por exemplo, caso seja igual à razão entre dois resistores.)

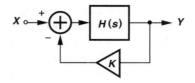

Figura 12.63 Sistema de realimentação negativa.

Uma pergunta interessante que surge é: o que acontece se, em certa frequência de entrada ω_1, a transmissão da malha, $KH(j\omega_1)$, se tornar igual a –1? Neste caso, o sistema em malha fechada provê ganho infinito (mesmo que o amplificador em malha aberta tenha ganho finito). Para entender as consequências de ganho infinito, notemos que até mesmo uma entrada infinitesimal em ω_1 levaria a uma componente de saída finita nessa frequência. Por exemplo, o dispositivo que consiste no subtrator gera "ruído" eletrônico que contém todas as frequências. Uma pequena componente de ruído em ω_1 experimenta um ganho muito elevado e emerge como uma senoide de grande intensidade na saída. Dizemos que o sistema oscila em ω_1.[16]

Também podemos entender este fenômeno de oscilação de forma intuitiva. Recordemos, do Exemplo 12.35, que um sistema de três polos que introduz uma defasagem de –180° inverte o sinal da entrada. Agora, se na Figura 12.63, $H(s)$ contiver três polos, tal que $\angle H = -180°$ em ω_1, a realimentação se torna *positiva* nesta frequência e produz um sinal de realimentação que *reforça* a entrada. Circulando pela malha, o sinal pode, assim, continuar a crescer em amplitude. Na prática, a amplitude final permanece limitada pela tensão de alimentação ou por outro mecanismo de "saturação" no circuito.

Para fins de análise, expressemos a condição $KH(j\omega_1) = -1$ de forma diferente. Interpretando KH como uma grandeza complexa, notemos que esta condição equivale a

$$|KH(j\omega_1)| = 1 \qquad (12.181)$$
$$\angle KH(j\omega_1) = -180°, \qquad (12.182)$$

A última expressão confirma o raciocínio intuitivo anterior. Na verdade, Equação (12.182) garante realimentação positiva (retardo suficiente) e a Equação (12.181) assegura ganho da malha bastante para que o sinal circulante cresça. As Equações (12.181) e (12.182), chamadas de "critério de Barkhausen" para oscilação, são extremamente úteis no estudo de estabilidade.

Exemplo 12.36	Expliquemos por que um sistema de dois polos não pode oscilar.[17]
Solução	Como evidenciado pelos diagramas de Bode na Figura 12.62(b), a variação de fase produzida pelo sistema chega a –180° apenas em $\omega = \infty$, em que $|H| \to 0$. Em outras palavras, as Equações (12.181) e (12.182) não são satisfeitas simultaneamente em nenhuma frequência.
Exercício	O que acontece se um dos polos ocorrer na origem?

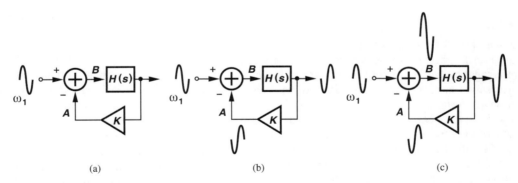

Figura 12.64 Evolução temporal do sistema oscilatório: (a) uma componente em ω_1 é amostrada na entrada, (b) a componente retorna ao subtrator com uma defasagem de 180°, (c) o subtrator reforça o sinal no nó B.

---

[16] Pode ser provado que o circuito continua a produzir uma senoide em ω_1 mesmo que o ruído eletrônico dos dispositivos deixe de existir. O termo "oscilação" fica, então, justificado.

[17] Assumimos que pelo menos um dos polos não ocorra na origem.

Em resumo, um sistema de realimentação negativa pode se tornar instável se o amplificador direto introduzir uma defasagem de $-180°$ em uma frequência finita ω_1 e se a transmissão da malha $|KH|$ for igual à unidade. Essas condições também são intuitivas no domínio do tempo. Suponhamos, como mostrado na Figura 12.64(a), que apliquemos ao sistema uma senoide de pequena amplitude em ω_1 e a sigamos ao longo da malha à medida que o tempo passa. A senoide sofre uma inversão de sinal ao emergir na saída do amplificador direto [Figura 12.64(b)]. O fator de realimentação, que assumimos independer da frequência, simplesmente multiplica o resultado por um fator K e produz, no nó A, uma réplica invertida da entrada, se $|KH(j\omega_1)| = 1$. Agora, este sinal é *subtraído* da entrada e gera uma senoide no nó B com o *dobro* da amplitude [Figura 12.64(c)]. O nível de sinal continua a aumentar após cada volta na malha. Contudo, se $|KH(j\omega_1)| < 1$, a saída não pode crescer indefinidamente.

Exemplo 12.37 Um sistema de realimentação de três polos tem a resposta em frequência representada na Figura 12.65. Este sistema oscila?

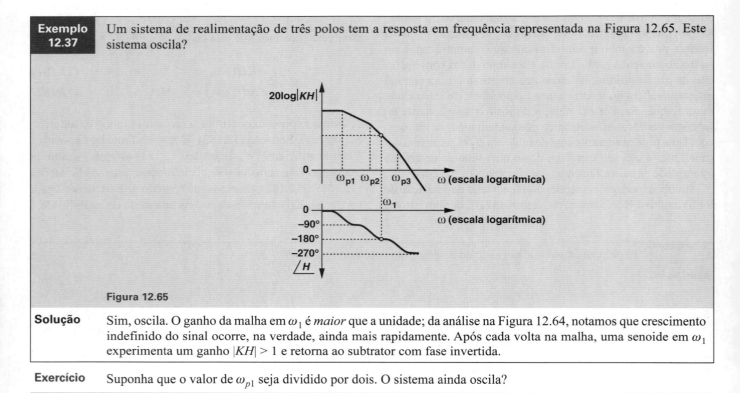

Figura 12.65

Solução Sim, oscila. O ganho da malha em ω_1 é *maior* que a unidade; da análise na Figura 12.64, notamos que crescimento indefinido do sinal ocorre, na verdade, ainda mais rapidamente. Após cada volta na malha, uma senoide em ω_1 experimenta um ganho $|KH| > 1$ e retorna ao subtrator com fase invertida.

Exercício Suponha que o valor de ω_{p1} seja dividido por dois. O sistema ainda oscila?

Você sabia?

Vimos que um sistema de realimentação negativa pode se tornar instável se a malha for sujeita a uma grande defasagem. Uma vez que defasagem e retardo são, grosso modo, equivalentes, podemos dizer que excesso de retardo causa instabilidade. Duas pessoas que se cruzem em um corredor estreito podem, às vezes, acabar dançando para esquerda ou para a direita, devido ao breve retardo que cada uma experimenta em corrigir seu curso. Um microfone conectado a um sistema de alto-falante (como ilustrado na figura a seguir) pode apitar porque o som do alto-falante que chega ao microfone pelo ar sofreu um retardo. Neste caso, o sistema de realimentação consiste no microfone, no amplificador e no alto-falante, e a rota de retorno pelo ar oscila. Você pode alterar a frequência da oscilação (tom do apito) ajustando o retardo.

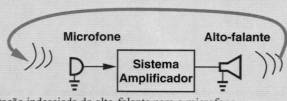

Realimentação indesejada do alto-falante para o microfone.

12.8.3 Condição de Estabilidade

A discussão anterior indica que, se $|KH(j\omega_1)| \geq 1$ e $\angle H(j\omega_1) = -180°$, o sistema de realimentação negativa oscila. Portanto, para evitar oscilação, devemos assegurar que essas duas condições não ocorram na mesma frequência.

A Figura 12.66 ilustra dois cenários em que as duas condições não coincidem em frequência. Esses dois sistemas são estáveis? Na Figura 12.66(a), o ganho da malha em ω_1 *excede* a unidade (0 dB) e ainda leva à oscilação. Na Figura 12.66(b), no entanto, o sistema não pode oscilar em ω_1 (devido a uma insuficiente variação de fase) ou em ω_2 (devido ao inadequado ganho da malha).

As frequências em que o ganho da malha cai à unidade ou a defasagem chega a $-180°$ têm um papel crítico e merecem nomes específicos. A primeira é chamada de "frequência de transição de ganho" (ω_{GX}) e a segunda,

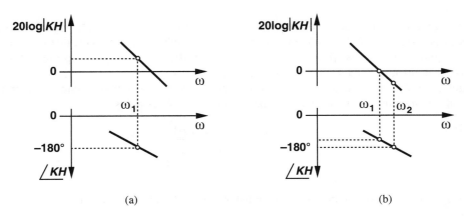

Figura 12.66 Sistema que alcança defasagem de −180° (a) antes e (b) depois de o ganho da malha se tornar igual à unidade.

"frequência de transição de fase" (ω_{PX}).* Na Figura 12.66(b), por exemplo, $\omega_{GX} = \omega_1$ e $\omega_{PX} = \omega_2$. O ponto importante que advém destes dois cenários é que a estabilidade requer

$$\omega_{GX} < \omega_{PX}. \qquad (12.183)$$

Em resumo, para garantir estabilidade em sistemas de realimentação negativa, devemos assegurar que o ganho da malha caia à unidade *antes* que a defasagem chegue a −180°, de modo que o critério de Barkhausen não seja válido na mesma frequência.

Exemplo 12.38 Desejamos aplicar realimentação negativa com $K = 1$ ao amplificador de três estágios mostrado na Figura 12.67(a). Desprezando outras capacitâncias e assumindo estágios idênticos, desenhemos a resposta em frequência do circuito e determinemos a condição para estabilidade. Assumamos $\lambda = 0$.

Solução O circuito tem ganho de baixa frequência igual a $(g_m R_D)^3$ e três polos *coincidentes*, dados por $(R_D C_1)^{-1}$. Como ilustrado na Figura 12.67(b), $|H|$ começa a cair a uma taxa de 60 dB/década em $\omega_p = (R_D C_1)^{-1}$. A fase começa a ser alterada a um décimo desta frequência,[18] alcança −135° em ω_p e se chega a −270° em $10\omega_p$.

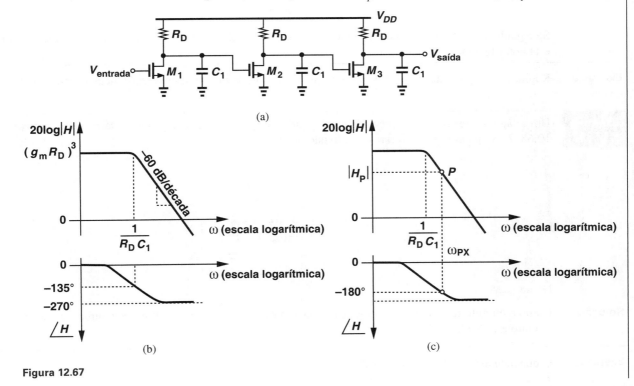

Figura 12.67

---

* É comum chamar ω_{GX} e ω_{PX}, respectivamente, de "frequência de *crossover* de ganho" e a segunda, "frequência de *crossover* de fase", aproveitando termos da correspondente nomenclatura em inglês. (N.T.)

[18] A rigor, notamos que os três polos coincidentes afetam a fase em frequências ainda menores que $0{,}1\omega_p$.

Para garantir que um sistema de realimentação unitário que incorpore este amplificador permaneça estável, devemos assegurar que $|KH|\ (=|H|)$ se torne menor que a unidade na frequência de transição de fase. Como ilustrado na Figura 12.67(c), esse procedimento requer a identificação de ω_{PX} na resposta de fase, a determinação do ponto correspondente, P, na resposta de ganho e que $|H_P| < 1$.

Agora, repitamos o procedimento de forma analítica. A função de transferência do amplificador é dada pelo produto das correspondentes funções de transferências dos três estágios:[19]

$$H(s) = \frac{(g_m R_D)^3}{\left(1 + \dfrac{s}{\omega_p}\right)^3}, \tag{12.184}$$

em que $\omega_p = (R_D C_1)^{-1}$. A fase da função de transferência pode ser expressa como[20]

$$\angle H(j\omega) = -3 \tan^{-1} \frac{\omega}{\omega_p}, \tag{12.185}$$

na qual o fator 3 representa as três fases coincidentes. A transição (*crossover*) de fase ocorre quando $\tan^{-1}(\omega/\omega_p) = 60°$; logo

$$\omega_{PX} = \sqrt{3}\,\omega_p. \tag{12.186}$$

A magnitude deve permanecer menor que a unidade nesta frequência:

$$\frac{(g_m R_D)^3}{\left[\sqrt{1 + \left(\dfrac{\omega_{PX}}{\omega_p}\right)^2}\right]^3} < 1. \tag{12.187}$$

Logo, devemos ter

$$g_m R_D < 2. \tag{12.188}$$

Se o ganho de cada estágio nas frequências baixas exceder 2, a malha de realimentação, com $K = 1$, que envolve este amplificador se tornará instável.

Exercício Repita o exemplo anterior para o caso em que o último estágio inclui uma resistência de carga igual a $2R_D$.

Exemplo 12.39 Um estágio fonte comum é conectado a uma malha de realimentação de ganho unitário, como indicado na Figura 12.68. Expliquemos por que este circuito não oscila.

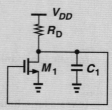

Figura 12.68

Solução Como o circuito tem apenas um polo, a defasagem não pode chegar a 180° em nenhuma frequência. Portanto, o circuito é estável.

Exercício O que acontece se $R_D \to \infty$ e $\lambda \to 0$?

---

[19] Por simplicidade, abandonamos o sinal negativo no ganho de cada estágio. O resultado final ainda é válido.
[20] Recordemos que a fase de um número complexo $a + jb$ é dada por $\tan^{-1}(b/a)$. Além disso, a fase de um produto é igual à soma das fases.

Exemplo 12.40

Repitamos o Exemplo 12.38 para $K = 1/2$, ou seja, uma realimentação mais fraca.

Solução Desenhamos os gráficos de $|KH| = 0{,}5|H|$ e de $\angle KH = \angle H$ como mostrado na Figura 12.69(a). Notamos que o gráfico de $|KH|$ é apenas deslocado de 6 dB em uma escala logarítmica. Começando na frequência de transição de fase, determinamos o ponto correspondente, P, no gráfico de $|KH|$ e exigimos $0{,}5|H_P| < 1$. Observando que as Equações (12.185) e (12.186) permanecem válidas, escrevemos

$$\frac{0{,}5(g_m R_D)^3}{\left[\sqrt{1+\left(\dfrac{\omega_{PX}}{\omega_p}\right)^2}\right]^3} < 1. \tag{12.189}$$

ou seja,

$$(g_m R_D)^3 < \frac{2^3}{0{,}5}. \tag{12.190}$$

Portanto, a realimentação mais fraca permite um ganho em malha aberta maior.

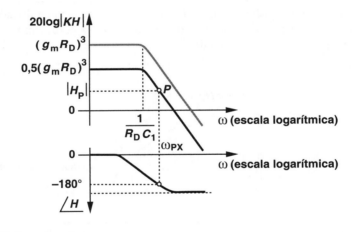

Figura 12.69

Exercício Repita o exemplo anterior para o caso em que o terceiro estágio inclui um resistor de carga de valor $2R_D$.

12.8.4 Margem de Fase

Nosso estudo da instabilidade em sistemas de realimentação negativa revelou que ω_{GX} deve permanecer abaixo de ω_{PX} para evitar oscilações. Contudo, quão abaixo? Concluímos que, se $\omega_{GX} < \omega_{PX}$ e a diferença entre as duas frequências for pequena, o sistema de realimentação apresentará resposta quase oscilatória. A Figura 12.70 ilustra três casos que exemplificam este ponto. Na Figura 12.70(a), o critério de Barkhausen é atendido e o sistema produz oscilação em resposta a um degrau de entrada. Na Figura 12.70(b), $\omega_{GX} < \omega_{PX}$ e a resposta ao degrau exibe um "transiente" de longa duração, pois o sistema é "marginalmente" estável e mal comportado. Portanto, postulamos que um sistema bem comportado é obtido apenas se uma "margem" suficiente for alocada entre ω_{GX} e ω_{PX} [Figura 12.70(c)]. Notemos que, neste caso, em ω_{GX}, $\angle KH$ permanece muito mais positivo que $-180°$.

Uma medida de uso comum para quantificar a estabilidade do sistema de realimentação é a "margem de fase" (PM – *Phase Margin*). Como exemplificado pelos casos representados na Figura 12.70, quanto mais estável o sistema, maior é a *diferença* entre $\angle H(\omega_{GX})$ e $-180°$. Esta diferença é chamada de margem de fase.

$$\text{Margem de Fase} = \angle H(\omega_{GX}) + 180°. \tag{12.191}$$

494 Capítulo 12

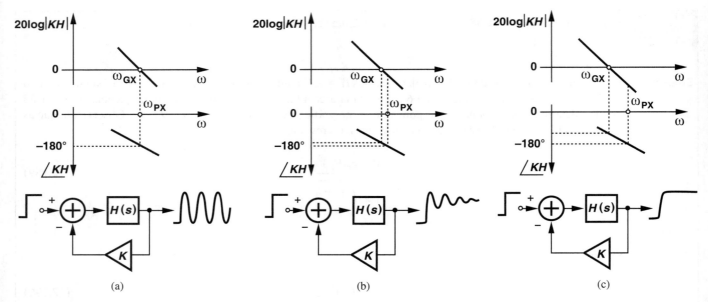

Figura 12.70 Sistemas com (a) frequências de transição de ganho e de fase coincidentes, (b) frequência de transição de ganho ligeiramente abaixo da de fase, (c) frequências de transição de ganho bem abaixo da de fase.

Exemplo 12.41 A Figura 12.71 mostra o gráfico da resposta em frequência de um amplificador de múltiplos polos. A magnitude da resposta cai à unidade na frequência do segundo polo. Determinemos a margem de fase de um sistema de realimentação que empregue este amplificador com $K = 1$.

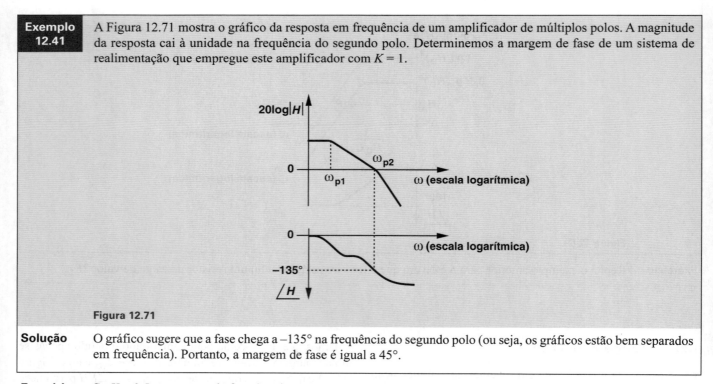

Figura 12.71

Solução O gráfico sugere que a fase chega a $-135°$ na frequência do segundo polo (ou seja, os gráficos estão bem separados em frequência). Portanto, a margem de fase é igual a $45°$.

Exercício Se $K = 0,5$, a margem de fase é maior ou menor que $45°$?

Que valor de margem de fase é necessário? Para uma resposta bem comportada, em geral, exigimos uma margem de fase de $60°$. Portanto, o exemplo anterior não é considerado uma configuração aceitável. Em outras palavras, a frequência de transição de ganho deve ficar abaixo da frequência do *segundo* polo.

12.8.5 Compensação em Frequência

É possível que, depois de o projeto de um amplificador ser completado, a margem de fase se mostre inadequada. Como o circuito pode ser modificado para melhorar a estabilidade? Por exemplo, como o amplificador de três estágios do Exemplo 12.38

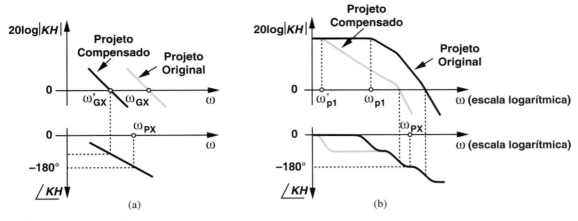

Figura 12.72 (a) Conceito de compensação em frequência, (b) efeito no perfil de fase.

pode ser feito estável com $K = 1$ e $g_m R_D > 2$? A solução consiste em fazer com que dois dos polos difiram em magnitude. Esta tarefa, conhecida como "compensação em frequência", pode ser executada com o deslocamento de ω_{GX} em direção à origem (sem alterar ω_{PX}). Em outras palavras, se $|KH|$ for forçado a cair à unidade em uma frequência mais baixa, a margem de fase aumentará [Figura 12.72(a)].

Exemplo 12.42 O amplificador mostrado na Figura 12.73(a) emprega um estágio cascode e um estágio FC. Assumindo que o polo no nó B seja o dominante, esbocemos o gráfico da resposta em frequência e expliquemos como o circuito pode ser "compensado".

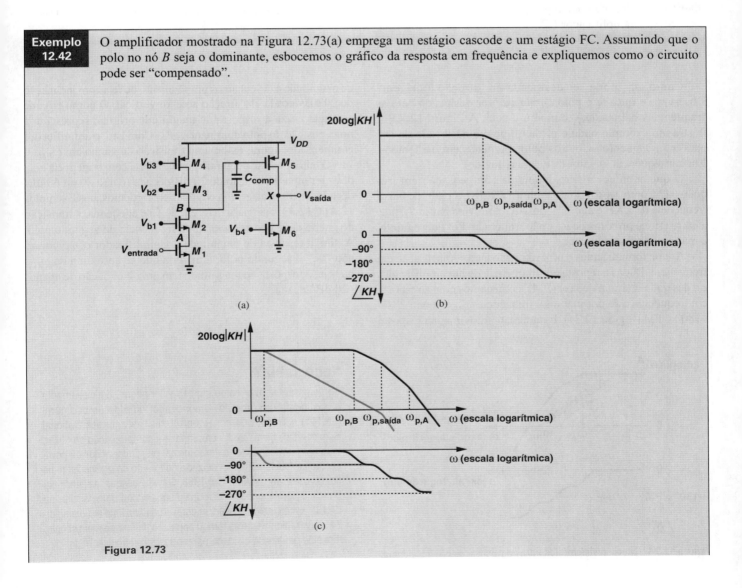

Figura 12.73

Solução Recordemos, do Capítulo 11, que o estágio cascode exibe um polo que advém do nó A e outro, do nó B, sendo que o último ocorre muito mais próximo à origem. Podemos expressar as frequências destes polos como

$$\omega_{p,A} \approx \frac{g_{m2}}{C_A} \tag{12.192}$$

$$\omega_{p,B} \approx \frac{1}{[(g_{m2}r_{O2}r_{O1})||(g_{m3}r_{O3}r_{O4})]C_B}, \tag{12.193}$$

em que C_A e C_B denotam a capacitância total vista de cada nó para a terra. O terceiro polo está associado ao nó de saída:

$$\omega_{p,\text{saída}} = \frac{1}{(r_{O5}||r_{O6})C_{\text{saída}}}, \tag{12.194}$$

em que $C_{\text{saída}}$ representa a capacitância total no nó de saída. Assumamos $\omega_{P,B} < \omega_{P,\text{saída}} < \omega_{P,A}$. O gráfico da resposta em frequência do amplificador é mostrado na Figura 12.73(b).

Para compensar o circuito, de modo que seja usado em um sistema de realimentação, podemos adicionar capacitância ao nó B para reduzir $\omega_{P,B}$. Se C_{comp} for suficientemente grande, a frequência de transição de ganho ocorrerá bem abaixo da de transição de fase, resultando em uma margem de fase adequada [Figura 12.73(c)]. Vale observar que a compensação em frequência degrada, de forma inevitável, a velocidade, pois o polo dominante é reduzido em magnitude.

Exercício Repita o exemplo anterior para o caso em que M_2 e M_3 são omitidos, ou seja, o primeiro estágio é um simples amplificador FC.

Como ω_{GX} pode ser deslocada em direção à origem? Observamos que, se o polo *dominante* for deslocado para as frequências baixas, ω_{GX} também o será. A Figura 12.72(b) ilustra um exemplo onde o primeiro polo é deslocado de ω_{p1} para ω'_{p1}, enquanto os outros polos permanecem inalterados. Em consequência, o valor de ω_{GX} é reduzido.

O que acontece à fase depois da compensação em frequência? Como mostrado na Figura 12.72(b), a parte de baixa frequência de $\angle KH$ é alterada, pois ω_{p1} é movida para ω'_{p1}, mas a parte crítica próxima de ω_{GX} não é alterada. Por conseguinte, a margem de fase aumenta.

Agora, formalizemos o procedimento para compensação em frequência. Dadas a reposta em frequência de um amplificador e a desejada margem de fase (PM), começamos com a resposta em frequência e determinamos a frequência ω_{PM} em que $\angle H = -180° + \text{PM}$ (Figura 12.74). Então, marcamos ω_{PM} na resposta de magnitude e desenhamos um segmento de reta com inclinação de 20 dB/década em direção ao eixo vertical. O ponto em que esta reta cruza a resposta de magnitude original representa a nova posição do polo dominante, ω'_{p1}. Com isto, o amplificador compensado, agora, exibe uma transição de ganho em ω_{PM}.

O leitor pode se perguntar por que a reta com origem em ω_{PM} deve ter uma inclinação de 20 dB/década (e não 40 ou 60 dB/década) em direção ao eixo vertical. Recordemos, dos Exemplos 12.41 e 12.43, que, para margem de fase adequada, a transição de ganho deve ocorrer *abaixo* da frequência do segundo polo. Assim, a resposta de magnitude do amplificador *compensado* não "vê" o segundo polo, à medida que se aproxima de ω_{GX}; ou seja, a resposta de magnitude tem uma inclinação de apenas –20 dB/década.

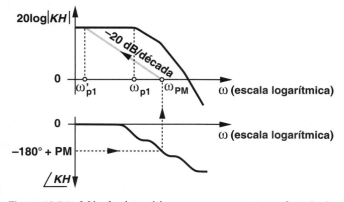

Figura 12.74 Método sistemático para compensação em frequência.

Você sabia?

É interessante saber como um capacitor alterou definitivamente o destino de um produto. Um inovador amp op de uso geral (LM101) – introduzido por Robert Widlar na empresa National Semiconductor em 1967 – empregava a compensação de Miller, mas com um capacitor externo de 30 pF. O capacitor de compensação, obviamente, foi deixado de fora do *chip* para dar mais flexibilidade ao usuário. Em 1968, David Fullagar, na empresa Fairchild Semiconductor, introduziu um amp op muito similar ao LM101, exceto pelo capacitor integrado no *chip*. Este era o amp op 741, que rapidamente se tornou popular e, há quase meio século, tem sido de grande utilidade para indústria eletrônica.

Exemplo 12.43 Um amplificador de múltiplos polos apresenta a resposta em frequência mostrada na Figura 12.75. Assumindo que os polos sejam bem afastados, compensemos o amplificador para uma margem de fase de 45°, com $K = 1$.

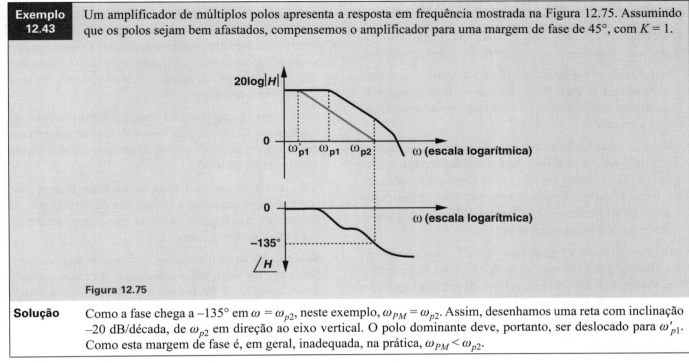

Figura 12.75

Solução Como a fase chega a $-135°$ em $\omega = \omega_{p2}$, neste exemplo, $\omega_{PM} = \omega_{p2}$. Assim, desenhamos uma reta com inclinação -20 dB/década, de ω_{p2} em direção ao eixo vertical. O polo dominante deve, portanto, ser deslocado para ω'_{p1}. Como esta margem de fase é, em geral, inadequada, na prática, $\omega_{PM} < \omega_{p2}$.

Exercício Repita o exemplo anterior para $K = 0,5$ e compare os resultados.

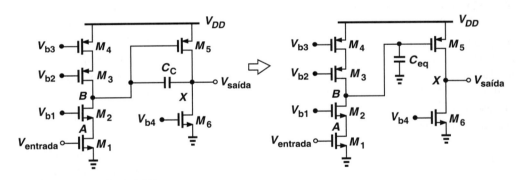

Figura 12.76 Exemplo da compensação de Miller.

12.8.6 Compensação de Miller

No Exemplo 12.42, observamos que um capacitor pode ser conectado do nó B à terra para compensar o amplificador. O valor necessário deste capacitor pode ser muito grande, o que exigiria uma área grande em um circuito integrado. Contudo, recordemos, do teorema de Miller no Capítulo 11, que o valor aparente de um capacitor aumenta se o dispositivo for conectado entre a entrada e a saída de um amplificador inversor. Observemos, ainda, que o amplificador de dois estágios da Figura 12.73(a) pode empregar multiplicação de Miller, pois o segundo estágio provê algum ganho de tensão. A Figura 12.76 ilustra essa ideia, que consiste em introduzir o capacitor de compensação entre a entrada e a saída do segundo estágio e, desta forma, criar uma capacitância *aterrada* equivalente em B, dada por

$$C_{eq} = (1 - A_v)C_c \quad (12.195)$$
$$= [1 + g_{m5}(r_{O5}||r_{O6})]C_c. \quad (12.196)$$

Esta técnica, chamada de "compensação de Miller", reduz o valor necessário de C_c por um fator $1 + g_{m5}(r_{O5}||r_{O6})$.

A compensação de Miller tem alguns efeitos colaterais interessantes. Por exemplo, desloca não apenas o polo dominante, mas também o polo de saída. Esses fenômenos são estudados em textos mais avançados, como [1].

12.9 RESUMO DO CAPÍTULO

- Realimentação negativa pode ser usada para regular sistemas que, caso contrário, seriam "indomáveis" ou mal controlados.
- Um sistema de realimentação negativa consiste em quatro componentes: sistema direto, mecanismo de amostragem da saída, circuito de realimentação e mecanismo de comparação com a entrada.
- O ganho da malha de um sistema de realimentação pode, em princípio, ser obtido abrindo-se a malha, injetando um sinal de teste e calculando o ganho à medida que o sinal percorre a malha. O ganho da malha determina muitas propriedades do sistema de realimentação, por exemplo, ganho, resposta em frequência e impedâncias I/O.
- O ganho da malha e o ganho em malha fechada não devem ser confundidos um com o outro. O último representa o ganho total da entrada principal à saída principal quando a malha de realimentação está fechada.
- Se o ganho da malha for muito maior que a unidade, o ganho em malha fechada se torna aproximadamente igual ao inverso do fator de realimentação.
- Ao tornar o ganho em malha fechada relativamente independente do ganho em malha aberta, a realimentação negativa tem diversas propriedades úteis: reduz a sensibilidade do ganho em relação às variações de valores de componentes, da carga, da frequência e do nível de sinal.
- Amplificadores podem, em geral, ser vistos como um de quatro tipos, tendo tensão ou corrente como entrada e como saída. No caso ideal, se um circuito amostrar uma tensão, sua impedância de entrada deve ser infinita; se amostrar uma corrente, a impedância de entrada deve ser zero. Além disso, um circuito ideal que gere uma tensão deve ter impedância de saída zero; se gerar uma corrente, sua impedância de saída deve ser infinita.
- Grandezas de tensão são amostradas em paralelo e grandezas de corrente, em série. Grandezas de tensão são somadas em série e grandezas de corrente, em paralelo.
- Dependendo do tipo de amplificador direto, quatro topologias de realimentação podem ser construídas. O ganho em malha fechada de cada uma é igual ao ganho em malha aberta dividido por um mais o ganho da malha.
- Uma malha de realimentação negativa que amostre e regule a tensão de saída reduz a impedância de saída por um fator de um mais o ganho da malha, tornando o circuito em uma melhor fonte de tensão.
- Uma malha de realimentação negativa que amostre e regule a corrente de saída eleva a impedância de saída por um fator de um mais o ganho da malha, tornando o circuito em uma melhor fonte de corrente.
- Uma malha de realimentação negativa que retorne uma tensão à entrada eleva a impedância de entrada por um fator de um mais o ganho da malha, tornando o circuito em um melhor sensor de tensão.
- Uma malha de realimentação negativa que retorne uma corrente à entrada reduz a impedância de entrada por um fator de um mais o ganho da malha, tornando o circuito em um melhor sensor de corrente.
- Se o circuito de realimentação se distanciar do correspondente modelo ideal, passa a "carregar" a característica do amplificador ideal. Nesse caso, um procedimento metódico deve ser empregado para incluir o efeito de impedâncias I/O finitas.
- Um sinal de alta frequência que percorra um amplificador direto experimenta uma defasagem significativa. Com vários polos, é possível que a defasagem chegue a 180°.
- Uma malha de realimentação negativa que introduza uma grande defasagem pode se tornar uma malha de realimentação positiva em algumas frequências e começar a oscilar se, nestas frequências, o ganho da malha for igual a ou maior que a unidade.
- Para evitar oscilação, a frequência de transição (*crossover*) de ganho deve ocorrer abaixo da frequência de transição (*crossover*) de fase.
- A margem de fase é definida como 180° menos a fase da transmissão da malha na frequência de transição de ganho.
- Para assegurar respostas temporal e em frequência bem-comportadas, um sistema de realimentação negativa deve ter uma margem de fase suficiente, por exemplo, 60°.
- Se um circuito de realimentação tiver margem de fase insuficiente, deve ser "compensado em frequência". O método mais comum consiste em reduzir a frequência do polo dominante, de modo a reduzir a frequência de transição de ganho (sem alterar o perfil de fase). Em geral, isso requer a adição de um grande capacitor entre o polo dominante e a terra.
- Para reduzir a frequência do polo dominante, podemos lançar mão da multiplicação de Miller de capacitores.

EXERCÍCIOS

Seção 12.1 Considerações Gerais

12.1 Determine a função de transferência Y/X dos sistemas mostrados na Figura 12.77.

12.2 Calcule a função de transferência W/X de cada sistema mostrado na Figura 12.77.

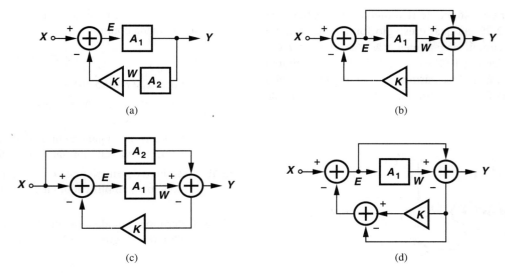

Figura 12.77

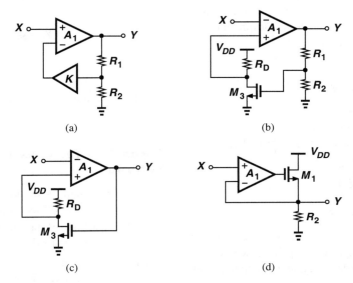

Figura 12.78

12.3 Calcule a função de transferência E/X de cada sistema mostrado na Figura 12.77.

12.4 Para cada circuito representado na Figura 12.78, calcule o ganho da malha. Assuma que o amp op tenha ganho em malha aberta A_1 e que, fora isso, seja ideal. Assuma, ainda, $\lambda = 0$.

12.5 Usando os resultados obtidos no Exercício 12.4, calcule o ganho em malha fechada de cada circuito mostrado na Figura 12.78.

12.6 No circuito da Figura 12.3, a entrada é uma senoide com amplitude de pico de 2 mV. Se $A_1 = 500$ e $R_1/R_2 = 7$, determine as amplitudes das formas de onda de saída e de realimentação.

Seção 12.2 Propriedades da Realimentação Negativa

12.7 Suponha que, na Figura 12.1, o ganho em malha aberta A_1 sofra uma variação de 20 %. Determine o mínimo ganho da malha necessário para assegurar que o ganho em malha fechada sofra uma alteração menor que 1 %.

12.8 Em algumas aplicações, podemos definir uma "largura de banda de –1 dB" como a frequência em que o ganho sofre uma redução de 10 %. Determine a largura de banda de 1 dB dos sistemas de primeira ordem em malha aberta e em malha fechada descritos pelas Equações (12.16) e (12.19). É possível dizer que a largura de banda de –1 dB aumenta de $1 + KA_0$ em consequência da realimentação?

12.9 Considere o sistema de realimentação mostrado na Figura 12.79, na qual o estágio fonte comum faz o papel de circuito de realimentação. Assuma que $\mu_n C_{ox}$ possa variar de ± 10 % e λ, de ± 20 %. Qual é o mínimo ganho da malha necessário para assegurar que o ganho em malha fechada sofra uma alteração de menos de ± 5 %?

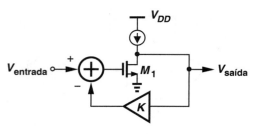

Figura 12.79

12.10 O circuito da Figura 12.80 deve alcançar um ganho em malha fechada com largura de –3 dB igual a B. Determine o necessário valor de K. Despreze outras capacitâncias e assuma $\lambda > 0$.

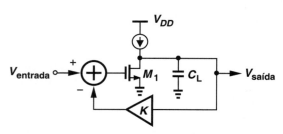

Figura 12.80

12.11 Repita o Exemplo 12.7 para o circuito mostrado na Figura 12.81. Assuma que, na frequência de interesse, as impedâncias de C_1 e de C_2 sejam muito maiores que R_D.

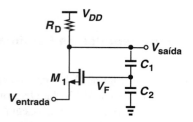

Figura 12.81

12.12 No Exemplo 12.8, o ganho em malha fechada do circuito deve cair menos de 10 % abaixo de seu valor "descarregado". Qual é o menor valor tolerável de R_L?

12.13 Na Figura 12.13, $A_1 = 500$ e $A_2 = 420$. Que valor de K garante que os valores do ganho em malha fechada em x_1 e x_2 difiram por menos de 5 %? Qual é o valor do ganho em malha fechada obtido nesta condição?

*12.14 A característica na Figura 12.13(a) é, algumas vezes, aproximada como

$$y = \alpha_1 x - \alpha_3 x^3, \qquad (12.197)$$

em que α_1 e α_2 são constantes.

(a) Determine o ganho de pequenos sinais $\partial y/\partial x$ em $x = 0$ e em $x = \Delta x$.

(b) Determine o ganho em malha fechada em $x = 0$ e em $x = \Delta x$, para um fator de realimentação K.

12.15 Usando os desenvolvimentos na Figura 12.16, desenhe o modelo do amplificador para cada estágio na Figura 12.17.

12.16 Determine o modelo de amplificador para o circuito ilustrado na Figura 12.82. Assuma $\lambda > 0$.

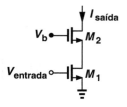

Figura 12.82

12.17 Repita o Exercício 12.16 para o circuito no Exemplo 12.7.

Seção 12.4 Técnicas de Amostragem e de Retorno

12.18 Identifique os mecanismos de amostragem e de retorno em cada amplificador representado na Figura 12.83.

12.19 Identifique os mecanismos de amostragem e de retorno em cada amplificador representado na Figura 12.84.

12.20 Identifique os mecanismos de amostragem e de retorno em cada amplificador representado na Figura 12.85.

*12.21 Identifique os mecanismos de amostragem e de retorno em cada amplificador representado na Figura 12.86.

Seção 12.5 Polaridade da Realimentação

*12.22 Determine a polaridade da realimentação em cada estágio representado na Figura 12.87.

12.23 Determine a polaridade da realimentação no circuito do Exemplo 12.11.

12.24 Determine as polaridades da realimentação nos circuitos mostrados nas Figuras 12.83-12.86.

Seção 12.6.1 Realimentação Tensão-Tensão

12.25 Considere o circuito de realimentação ilustrado na Figura 12.88, em que $R_1 + R_2 \gg R_D$. Calcule o ganho e as impedâncias I/O em malha fechada do circuito. Assuma $\lambda \neq 0$.

Realimentação 501

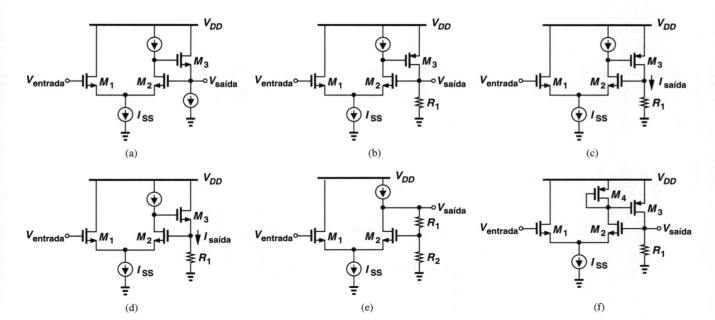

Figura 12.83

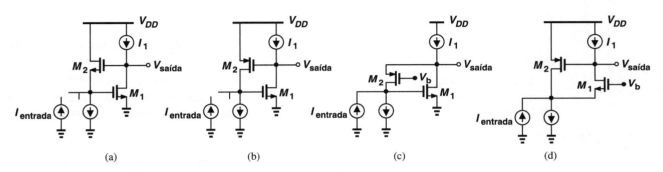

Figura 12.84

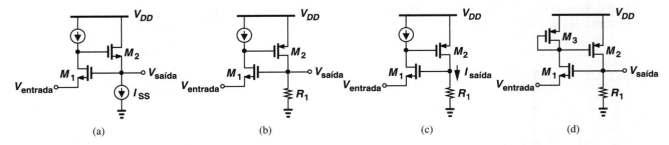

Figura 12.85

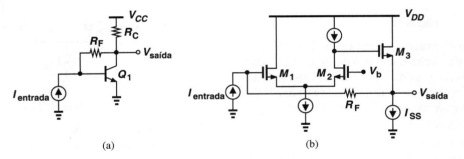

Figura 12.86

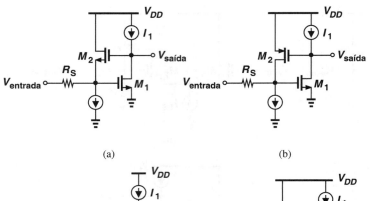
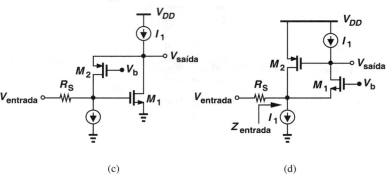

Figura 12.87

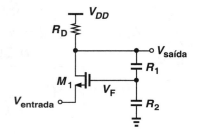

Figura 12.88

12.26 Repita o Exercício 12.25 para a topologia na Figura 12.89. Assuma que C_1 e C_2 sejam muito pequenos e despreze outras capacitâncias.

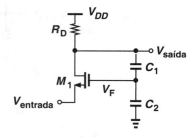

Figura 12.89

12.27 O amplificador representado na Figura 12.90 provê um ganho em malha fechada próximo da unidade, mas com uma impedância de saída muito baixa. Assumindo $\lambda > 0$, determine o ganho em malha fechada e a impedância de saída; compare os resultados com os de um simples seguidor de fonte.

*12.28 Um estudante ousado substitui o seguidor de fonte NMOS na Figura 12.90 por um estágio fonte comum PMOS (Figura 12.91). Infelizmente, o amplificador não funciona bem.

(a) Prove, por inspeção, que a realimentação é positiva.

(b) Abra a malha na porta de M_2, determine o ganho da malha e prove que a realimentação é positiva.

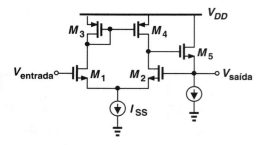

Figura 12.90

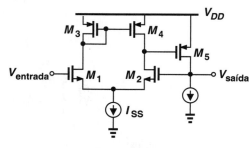

Figura 12.91

*12.29 Depois de identificar a polaridade da realimentação, o estudante do Exercício 12.28 modificou o circuito como indicado na Figura 12.92. Determine o ganho e as impedâncias I/O em malha fechada do circuito e compare os resultados com os obtidos no Exercício 27.

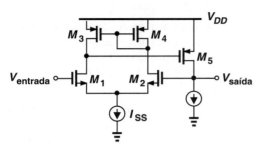

Figura 12.92

Seção 12.6.2 Realimentação Tensão-Corrente

12.30 Repita o Exemplo 12.18 para o circuito representado na Figura 12.93.

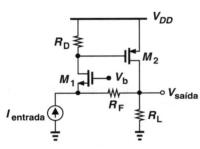

Figura 12.93

12.31 Um estudante ousado modifica o circuito do Exemplo 12.18 como mostrado na Figura 12.94. Assuma $\lambda = 0$.

(a) Prove, por inspeção, que a realimentação é positiva.

(b) Assuma que R_F seja muito grande, abra a malha na porta de M_2,

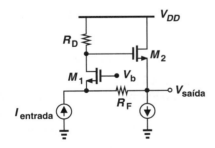

Figura 12.94

determine o ganho da malha e prove que a realimentação é positiva.

12.32 Determine as impedâncias I/O em malha fechada do circuito mostrado na Figura 12.94.

**12.33 O amplificador ilustrado na Figura 12.95 consiste em um estágio porta comum (M_1 e R_D) e um circuito de realimentação (R_1, R_2 e M_2). Assumindo que $R_1 + R_2$ seja muito grande e que $\lambda = 0$, calcule o ganho e as impedâncias I/O em malha fechada.

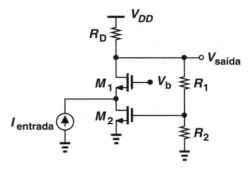

Figura 12.95

**12.34 Repita o Exercício 12.33 para o circuito ilustrado na Figura 12.96. Assuma que C_1 e C_2 sejam muito pequenos e despreze outras capacitâncias.

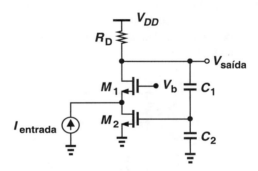

Figura 12.96

Seção 12.6.3 Realimentação Corrente-Tensão

12.35 Um "diodo laser" converte corrente em luz (como em ponteiros a laser). Desejamos projetar um circuito que forneça uma corrente bem definida a um diodo laser. A Figura 12.97 mostra um exemplo em que o resistor R_M mede a corrente que flui por D_1 e o amplificador A_1 subtrai a resultante queda de tensão de $V_{entrada}$. Assuma que R_M seja muito pequeno e que $V_A = \infty$.

(a) Seguindo o procedimento usado no Exemplo 12.212, determine o ganho em malha aberta.

(b) Calcule o ganho da malha e o ganho em malha fechada.

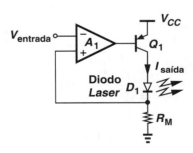

Figura 12.97

12.36 Seguindo o procedimento usado no Exemplo 12.22, calcule as impedâncias de saída em malha aberta e em malha fechada do circuito mostrado na Figura 12.97.

*12.37 Um estudante substitui, de forma errônea, o dispositivo emissor comum *pnp* da Figura 12.97 por um seguidor de emissor *npn* (Figura 12.98). Refaça os Exercícios 12.35 e 12.36 para este circuito e compare os resultados.

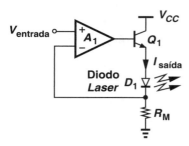

Figura 12.98

12.38 O amplificador A_1 na Figura 12.98 pode ser realizado como um estágio base comum (Figura 12.99). Repita o Exercício 12.37 para este circuito. Por simplicidade, assuma $\beta \to \infty$.

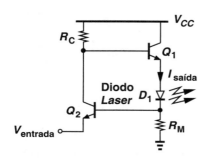

Figura 12.99

Seção 12.6.4 Realimentação Corrente-Corrente

12.39 Um estudante ousado substituiu o estágio fonte comum PMOS na Figura 12.47(a) por um seguidor de fonte NMOS (Figura 12.100).

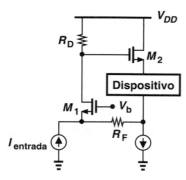

Figura 12.100

(a) Prove, por inspeção, que a realimentação é positiva.

(b) Abra a malha na porta de M_2, determine o ganho da malha e prove que a realimentação é positiva.

**12.40 Considere o circuito de realimentação mostrado na Figura 12.101. Assuma $V_A = \infty$.

(a) Suponha que a grandeza de saída de interesse seja a corrente de coletor de Q_2, $I_{saída}$. Assuma que R_M seja muito pequeno e R_F, muito grande. Determine o ganho e impedâncias I/O em malha fechada do circuito.

(b) Agora, suponha que a grandeza de saída de interesse seja $V_{saída}$. Assuma que R_F seja muito grande. Determine o ganho e impedâncias I/O em malha fechada do circuito.

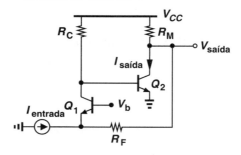

Figura 12.101

Seção 12.7 Efeito de Impedâncias de Entrada e de Saída Não Ideais

12.41 O estágio porta comum mostrado na Figura 12.102 emprega uma fonte de corrente ideal como carga, exigindo que o carregamento introduzido por R_1 e R_2 seja levado em conta. Repita o Exemplo 12.26 para este circuito.

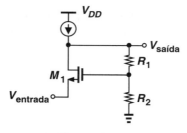

Figura 12.102

12.42 A Figura 12.103 representa a versão bipolar do circuito estudado no Exemplo 12.26. Assuma que $R_1 + R_2$ não seja muito grande, $1 \ll \beta < \infty$ e $V_A = \infty$. Determine o ganho e impedâncias I/O em malha fechada.

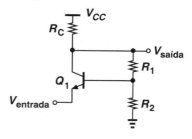

Figura 12.103

12.43 Repita o Exercício 12.42 para o amplificador representado na Figura 12.104.

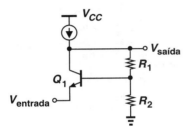

Figura 12.104

*12.44 Repita o Exemplo 12.28 para o circuito mostrado na Figura 12.105. Assuma $V_A = \infty$.

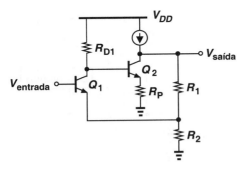

Figura 12.105

*12.45 Repita o Exemplo 12.28 para o circuito mostrado na Figura 12.106. Assuma $\lambda = 0$.

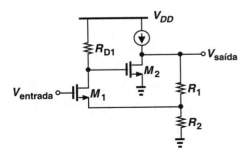

Figura 12.106

12.46 Assumindo $V_A = \infty$, determine o ganho e impedâncias I/O em malha fechada do amplificador representado na Figura 12.107. (Para os cálculos em malha aberta, é útil interpretar Q_1 e Q_2 como um seguidor e como um estágio base comum, respectivamente.)

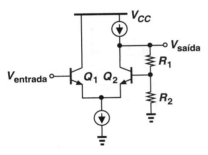

Figura 12.107

12.47 Repita o Exemplo 12.29 para o amplificador transimpedância bipolar mostrado na Figura 12.108. Assuma $V_A = \infty$.

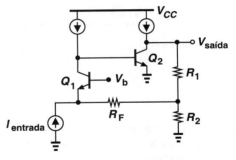

Figura 12.108

**12.48 Repita o Exemplo 12.29 para o circuito mostrado na Figura 12.109. Assuma $\lambda > 0$.

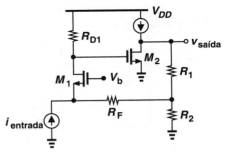

Figura 12.109

12.49 A Figura 12.110 mostra uma popular topologia de amplificador de transimpedância. Repita a análise do Exemplo 12.29 para este circuito. Assuma $V_A < \infty$.

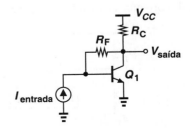

Figura 12.110

*12.50 O circuito da Figura 12.110 pode ser melhorado com a inserção de um seguidor de emissor na saída (Figura 12.111). Assumindo $V_A < \infty$, repita o Exemplo 12.29 para esta topologia.

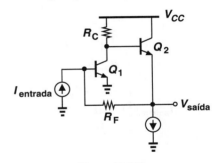

Figura 12.111

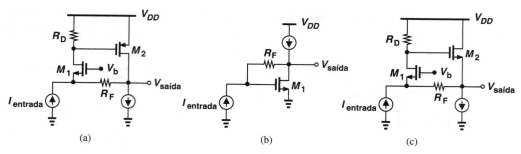

(a)   (b)   (c)

Figura 12.112

**12.51 Determine o ganho e impedâncias I/O em malha fechada de cada circuito mostrado na Figura 12.112, incluindo o efeito de carregamento de cada circuito de realimentação. Assuma $\lambda = 0$.

12.52 O circuito da Figura 12.97, repetido na Figura 12.113, emprega um valor de R_M que não é muito pequeno. Assumindo $V_A < \infty$ e que o diodo tenha impedância R_L, repita a análise do Exemplo 12.30 para este circuito.

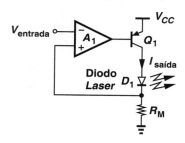

Figura 12.113

12.53 Repita Exemplo 12.32 para o circuito mostrado na Figura 12.114. Note que R_M foi substituído por uma fonte de corrente, mas a análise segue de modo similar.

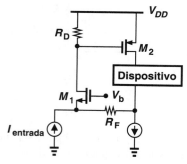

Figura 12.114

12.54 Repita o Exercício 12.53 para o circuito ilustrado na Figura 12.115. Assuma $V_A = \infty$.

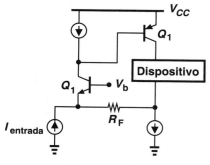

Figura 12.115

12.55 Repita o Exercício 12.53 para a topologia representada na Figura 12.116. Assuma $V_A = \infty$.

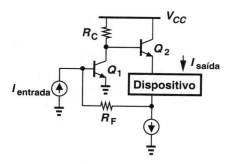

Figura 12.116

**12.56 Calcule o ganho e as impedâncias I/O em malha fechada de cada estágio ilustrado na Figura 12.117.

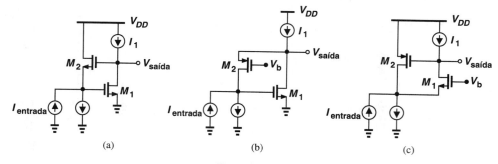

(a)   (b)   (c)

Figura 12.117

Seção 12.8.1 Revisão das Regras de Bode

12.57 Construa os diagramas de Bode para as respostas de magnitude e de fase dos seguintes sistemas:

(a) $\omega_{p1} = 2\pi \times (10 \text{ MHz})$, $\omega_{p2} = 2\pi \times (120 \text{ MHz})$, $\omega_z = 2\pi \times (1 \text{ GHz})$.

(b) $\omega_z = 2\pi \times (10 \text{ MHz})$, $\omega_{p1} = 2\pi \times (120 \text{ MHz})$, $\omega_{p2} = 2\pi \times (1 \text{ GHz})$.

(c) $\omega_z = 0$, $\omega_{p1} = 2\pi \times (10 \text{ MHz})$, $\omega_{p2} = 2\pi \times (120 \text{ MHz})$.

(d) $\omega_{p1} = 0$, $\omega_z = 2\pi \times (10 \text{ MHz})$, $\omega_{p2} = 2\pi \times (120 \text{ MHz})$.

12.58 Nos diagramas de Bode da Figura 12.61, explique, de forma qualitativa, o que acontece à medida que ω_z se aproxima de ω_{p1} ou ω_{p2}.

**12.59 Assumindo $\lambda = 0$ e sem usar o teorema de Miller, determine a função de transferência do circuito representado na Figura 12.118 e construa os diagramas de Bode.

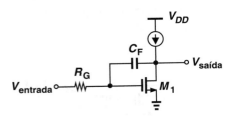

Figura 12.118

Seção 12.8.2 Problema de Instabilidade

12.60 No sistema do Exemplo 12.37, diminuímos o valor de K gradualmente, sem alterar a posição dos polos. Explique por que a diminuição de K torna este sistema instável.

*12.61 Em contraste com o que se passa com um sistema de um polo, a resposta de magnitude do circuito no Exemplo 12.38 cai por mais de 3 dB na frequência do polo. Determine $|H|$ em ω_p. É possível dizer que $|H|$ cai 9 dB devido aos três polos coincidentes?

*12.62 No Exemplo 12.38, os três polos coincidentes afetam a fase, mesmo em $0{,}1\omega_p$. Calcule a fase da função de transferência em $\omega = 0{,}1\omega_p$.

12.63 Repita o Exemplo 12.38 para $K = 0{,}1$.

12.64 Repita o Exemplo 12.38 para quatro estágios idênticos e compare os resultados.

12.65 Considere um circuito de um polo cuja função de transferência em malha aberta é dada por

$$H(s) = \frac{A_0}{1 + \dfrac{s}{\omega_0}}. \quad (12.198)$$

Determine a margem de fase de um circuito de realimentação que use este circuito com $K = 1$.

12.66 Repita o Exercício 12.65 para $K = 0{,}5$.

12.67 Em cada caso ilustrado na Figura 12.70, o que acontece se o valor de K for reduzido por um fator 2?

12.68 Suponha que o amplificador no Exemplo 12.41 seja descrito por

$$H(s) = \frac{A_0}{\left(1 + \dfrac{s}{\omega_{p1}}\right)\left(1 + \dfrac{s}{\omega_{p2}}\right)}, \quad (12.199)$$

em que $\omega_{p2} \gg \omega_{p1}$. Calcule a margem de fase se o circuito for empregado em um sistema de realimentação com $K = 0{,}5$.

12.69 Explique o que acontece à característica ilustrada na Figura 12.72 se o valor de K for reduzido por um fator dois. Assuma que ω_{p1} e ω'_{p1} permaneçam constantes.

**12.70 A Figura 12.119 mostra o amplificador do Exemplo 12.38 com um capacitor de compensação adicionado ao nó X. Explique como o circuito pode ser compensado para uma margem de fase de 45°.

Exercícios de Projetos

Nos próximos exercícios, a menos que seja especificado de outra forma, assuma $\mu_n C_{oc} = 2\mu_p C_{ox} = 100\ \mu\text{A/V}^2$ e $\lambda_n = 0{,}5\lambda_p = 0{,}1\ \text{V}^{-1}$.

12.71 Projete o circuito do Exemplo 12.15 para um ganho em malha aberta de 50 e ganho em malha fechada nominal de 4. Assuma $I_{SS} = 0{,}5\ \text{mA}$. Escolha $R_1 + R_2 \approx 10(r_{O2}\|r_{O4})$.

12.72 Projete o circuito do Exemplo 12.16 para um ganho em malha aberta de 10, impedância de entrada em malha fechada de 50 Ω e ganho em malha fechada nominal de 2. Calcule as impedâncias I/O em malha fechada. Assuma $R_1 + R_2 \approx 10R_D$.

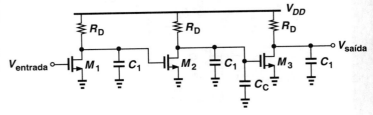

Figura 12.119

12.73 Projete o amplificador de transimpedância do Exemplo 12.18 para um ganho em malha aberta de 10 kΩ, ganho em malha fechada de 1 kΩ, impedância de entrada em malha fechada de 50 Ω e impedância de saída em malha fechada de 200 Ω. Assuma $R_{D1} = 1$ kΩ e que R_F seja muito grande.

12.74 Repita o Exercício 12.73 para o circuito mostrado na Figura 12.94.

12.75 Desejamos projetar o amplificador de transimpedância representado na Figura 12.101 para um ganho em malha fechada de 1 kΩ. Assuma que cada transistor conduza uma corrente de polarização de coletor de 1 mA, que $\beta = 100$, $V_A = \infty$ e que R_F seja muito grande.

(a) Determine os valores de R_C e R_M para um ganho em malha aberta de 20 kΩ e uma impedância de saída em malha aberta de 500 Ω.

(b) Calcule o necessário valor de R_F.

(c) Calcule as impedâncias I/O em malha fechada.

12.76 Projete o circuito ilustrado na Figura 12.105 para um ganho de tensão em malha aberta de 20, impedância de saída em malha aberta de 2 kΩ e ganho de tensão em malha fechada de 4. Assuma $\lambda = 0$. A solução é única? Se não, como os parâmetros do circuito podem ser escolhidos para minimizar a dissipação de potência?

12.77 Projete o circuito da Figura 12.107 para um ganho em malha fechada de 2, corrente de cauda de 1 mA e mínima impedância de saída. Assuma $\beta = 100$ e $V_A = \infty$.

12.78 Projete o amplificador de transimpedância da Figura 12.111 para um ganho em malha fechada de 1 kΩ e impedâncias I/O em malha fechada de 50 Ω. Assuma que cada transistor seja polarizado em uma corrente de coletor de 1 mA e que $V_A = \infty$.

EXERCÍCIOS COM *SPICE*

Nos exercícios a seguir, use os modelos de dispositivos MOS dados no Apêndice A. Para transistores bipolares, assuma $I_{S,npn} = 5 \times 10^{-16}$ A, $\beta_{npn} = 100$, $V_{A,npn} = 5$ V, $I_{S,pnp} = 8 \times 10^{-16}$ A, $\beta_{pnp} = 50$, $V_{A,pnp} = 3,5$ V. SPICE usa um parâmetro $\tau_F = C_b/g_m$ para modelar o efeito de armazenamento de carga na base. Assuma $\tau_F(tf) = 20$ ps.

12.79 A Figura 12.120 mostra um amplificador de transimpedância usado com frequência em comunicações ópticas. Assuma $R_F = 2$ kΩ.

(a) Escolha o valor de R_C de modo que Q_1 conduza uma corrente de polarização de 1 mA.

(b) Estime o ganho da malha.

(c) Determine o ganho e as impedâncias I/O em malha fechada.

(d) Determine a variação no ganho em malha fechada se V_{CC} variar de ±10 %.

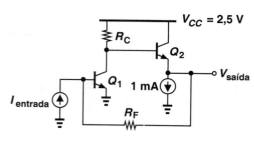

Figura 12.120

12.80 A Figura 12.121 representa outro amplificador de transimpedância, em que a corrente de polarização de M_1 é definida pela configuração de espelho (M_2 e M_3). Assuma $W/L = 20$ μm/0,18 μm para M_1-M_3.

(a) Que valor de R_F resulta em ganho em malha fechada de 1 kΩ?

(b) Determine a variação no ganho em malha fechada se V_{DD} variar de ±10 %.

(c) Suponha que o circuito alimente uma capacitância de carga de 100 fF. Comprove que a impedância de entrada exibe comportamento *indutivo* e explique por quê.

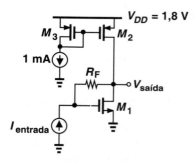

Figura 12.121

12.81 No circuito mostrado na Figura 12.122, $W/L = 20$ μm/0,18 μm para M_1 e M_2.

(a) Determine os pontos de operação do circuito para um nível DC de entrada de 0,9 V.

(b) Determine o ganho e impedâncias I/O em malha fechada.

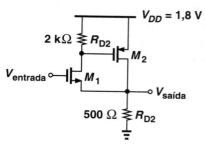

Figura 12.122

12.82 No circuito da Figura 12.123, os três estágios proveem ganho elevado e servem como aproximação para um amp op. Assuma $(W/L)_{1-6} = 10\ \mu\text{m}/0{,}18\ \mu\text{m}$.

(a) Explique por que o circuito é potencialmente instável.

(b) Determine a resposta ao degrau e explique o comportamento do circuito.

(c) Conecte um capacitor entre os nós X e Y e ajuste o valor do mesmo para obter uma resposta ao degrau bem-comportada.

(d) Determine o erro de ganho do circuito em relação ao valor nominal de 10.

12.83 No amplificador de três estágios da Figura 12.124, $(W/L)_{1-7} = 20\ \mu\text{m}/0{,}18\ \mu\text{m}$.

(a) Determine a margem de fase.

(b) Conecte um capacitor entre os nós X e Y para obter uma margem de fase de 60°. Qual é a largura de banda de ganho unitário nesta condição?

(c) Repita (b) para o caso em que o capacitor de compensação é conectado entre o nó X e a terra, e compare os resultados.

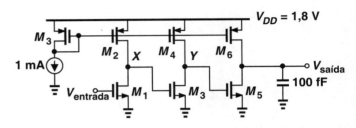

Figura 12.124

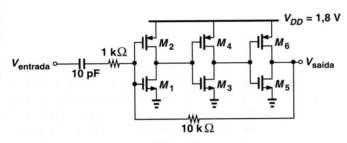

Figura 12.123

REFERÊNCIA

1. B. Razavi, *Design of Analog CMOS Integrated Circuits*, McGraw-Hill, 2001.

13

Osciladores

A maior parte de nosso estudo nos capítulos anteriores focou na análise e no projeto de amplificadores. Neste capítulo, nossa atenção é dedicada a outra importante classe de circuitos analógicos, os osciladores. De *notebooks* a telefones celulares, os dispositivos eletrônicos da atualidade usam osciladores para diversas finalidades e apresentam interessantes desafios. Por exemplo, o relógio que ativa um microprocessador de 3 GHz é gerado por um oscilador de 3 GHz integrado no *chip*. Um transceptor de WiFi emprega um oscilador de 2,4 GHz ou 5 GHz integrado no *chip* para gerar uma "portadora". A Figura a seguir mostra o roteiro deste capítulo. O leitor é encorajado a rever o Capítulo 12 antes de mergulhar nos osciladores.

Considerações Gerais	Osciladores em Anel	Osciladores LC	Outros Tipos de Osciladores
• Critérios de Barkhausen • Sistema de Realimentação Oscilatório • Condição de Oscilação • Topologias de Osciladores	• Realimentação em Torno de Um ou Dois Estágios • Oscilador em Anel de Três Estágios • Formas de Onda Internas	• Tanque LC Paralelo • Oscilador com Acoplamento Cruzado • Oscilador Colpitts	• Oscilador com Deslocamento de Fase • Oscilador em Ponte de Wien • Oscilador a Cristal

13.1 CONSIDERAÇÕES GERAIS

Sabemos, dos capítulos anteriores, que um amplificador *colhe* um sinal e o reproduz na saída, talvez com algum ganho. Um oscilador, por sua vez, *gera* um sinal, tipicamente, um tom periódico. Por exemplo, o relógio de um microprocessador lembra uma onda quadrada (Figura 13.1).

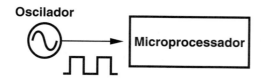

Figura 13.1 Oscilador de alta velocidade ativando um microprocessador.

Como um circuito pode gerar uma saída periódica sem uma entrada? Retornemos ao estudo de estabilidade de amplificadores

Você sabia?

O uso mais comum de osciladores é em relógios (eletrônicos). Um oscilador a cristal (estudado mais adiante neste capítulo) opera precisamente na frequência de 32.768 (= 2^{15}) Hz. Essa frequência é, então, dividida por meio de um contador de 15 bits para gerar uma forma de onda quadrada de 1 Hz, fornecendo a "base temporal". Essa forma de onda mostra os segundos no relógio e, também, é dividida por 60 e, mais uma vez, por 60 para contar os minutos e as horas, respectivamente. Um grande desafio nos primeiros relógios eletrônicos era o projeto desses contadores para baixo consumo de potência, de modo que a bateria pudesse durar alguns meses.

feito no Capítulo 12 e recordemos que um circuito de realimentação negativa pode oscilar caso os critérios de Barkhausen sejam atendidos. Ou seja, como mostrado na Figura 13.2, temos:

$$\frac{Y}{X}(s) = \frac{H(s)}{1 + H(s)}, \qquad (13.1)$$

510

Osciladores 511

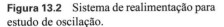

Figura 13.2 Sistema de realimentação para estudo de oscilação.

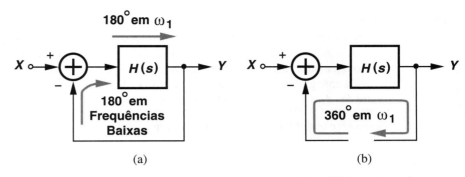

Figura 13.3 (a) Defasagem ao redor da malha de um oscilador, (b) visão alternativa.

que vai a infinito em uma frequência ω_1 se $H(s = j\omega_1) = -1$ ou, de modo equivalente, $|H(j\omega_1)| = 1$ e $\angle H(j\omega_1) = 180°$. Podemos, portanto, ver um oscilador como um amplificador de realimentação mal projetado! O ponto-chave aqui é que o sinal que percorre a malha experimenta tamanha defasagem (ou seja, retardo) que, ao alcançar o subtrator, acaba *reforçando* X. Com suficiente ganho da malha, o circuito continua a amplificar X indefinidamente, gerando uma forma de onda de saída de amplitude infinitamente grande a partir de uma excursão finita em X.

É importante não confundir a defasagem de 180° *dependente da frequência* estipulada por Barkhausen com a defasagem de 180° necessária à realimentação negativa. Como ilustrado na Figura 13.3(a), a malha contém uma inversão líquida de sinal (o sinal negativo na entrada do somador), de modo a garantir realimentação negativa *e* mais uma defasagem de 180° em ω_1. Em outras palavras, a defasagem *total* da malha chega a 360° em ω_1 [Figura 13.3(b)].

Devemos, agora, responder a duas perguntas urgentes. Primeira, de onde vem X? (Acabamos de afirmar que osciladores não têm uma entrada.) Na prática, X vem do ruído de dispositivos na malha. Transistores e resistores no oscilador produzem ruído em todas as frequências, fornecendo a "semente" para oscilação em ω_1. Segunda, a amplitude da saída vai, de fato, a infinito? Não; na verdade, saturação ou efeitos não lineares no circuito limitam a excursão de saída. Afinal, com uma fonte de tensão é de 1,5 V, seria difícil produzir uma excursão maior que este valor.[1] Por exemplo, consideremos a configuração conceitual mostrada na Figura 13.4, na qual um estágio fonte comum provê amplificação em $H(s)$. À medida que a excursão de saída cresce, em algum ponto, M_1 entra na região de triodo e sua transcondutância cai. Em consequência, o ganho da malha diminui e acaba se aproximando do mínimo valor aceitável, a unidade.

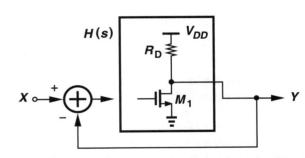

Figura 13.4 Malha de realimentação contendo um estágio fonte comum.

Exemplo 13.1 Um oscilador emprega um par diferencial [Figura 13.5(a)]. Expliquemos o que limita a amplitude de saída.

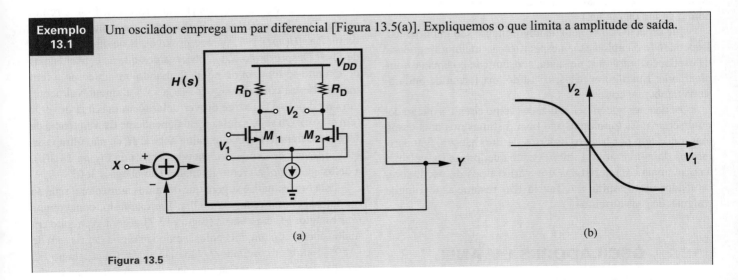

Figura 13.5

---

[1] Contudo, alguns osciladores podem gerar excursão de saída da ordem do dobro do valor da fonte de tensão.

Solução À medida que cresce a excursão de entrada dos pares diferenciais, o circuito começa a experimentar saturação [Figura 13.5(b)]. (Recordemos o comportamento de grandes sinais de pares diferenciais no Capítulo 10.) Dessa forma, o ganho do par diferencial (ou seja, a inclinação da curva da característica entrada-saída) diminui, assim como o ganho da malha. A amplitude da oscilação deixa de crescer em algum ponto. Na verdade, se V_1 for suficientemente grande, a corrente de cauda é toda direcionada para a esquerda ou para a direita, permitindo que V_2 varie de $-I_{SS}R_D$ a $+I_{SS}R_D$. Esta é a máxima amplitude da oscilação.

Exercício Repita o exemplo anterior para um par diferencial bipolar.

TABELA 13.1 Resumo de várias topologias e aplicações de osciladores

Topologia de Oscilador	Oscilador em Anel	Osciladores LC — Oscilador com Acoplamento Cruzado	Oscilador Colpitts	Oscilador com Deslocamento de Fase	Oscilador em Ponte de Wien	Oscilador a Cristal
Implementação	Integrado	Integrado	Discreto ou Integrado	Discreto	Discreto	Discreto ou Integrado
Típica Faixa de Frequências	Até Vários Giga-hertz	Até Centenas de Giga-hertz	Até Dezenas de Giga-hertz	Até Alguns Mega-hertz	Até Alguns Mega-hertz	Até cerca de 100 MHz
Aplicação	Microprocessadores e Memórias	Tranceptores Sem Fio	Osciladores Independentes	Projeto de Protótipos	Projeto de Protótipos	Referência Precisa

Condição de Oscilação Do primeiro critério de Barkhausen, podemos projetar o circuito para um ganho unitário na desejada frequência de oscilação, ω_1. Esta é a chamada "condição de oscilação". Contudo, tal escolha coloca o circuito na fronteira de falha: uma pequena variação de temperatura, processo ou tensão de alimentação pode fazer com que o ganho fique abaixo de 1. Por esta e por outras razões, o ganho da malha é, em geral, muito maior que a unidade. (Na verdade, o projeto começa com a necessária excursão de tensão de saída e não com o ganho da malha.)

Que aspectos do projeto de um oscilador são importantes? Dependendo da aplicação, a especificação inclui a frequência de oscilação, amplitude de saída, consumo de potência e complexidade. Em alguns casos, o "ruído" na forma de onda de saída também é crítico.

Osciladores podem ser realizados como circuitos integrados ou discretos. As topologias são bem distintas nos dois casos, mas ainda têm por base os critérios de Barkhausen. Estudaremos os dois tipos aqui. É interessante que, primeiro, vejamos as principais características dos vários tipos de osciladores estudados neste capítulo. A Tabela 13.1 resume as topologias e alguns de seus atributos.

13.2 OSCILADORES EM ANEL

A maioria de microprocessadores e memórias incorpora "osciladores em anel" CMOS. Como o nome indica, o circuito consiste em um número de estágios em um anel. Contudo, para entendermos os princípios básicos desses osciladores, retrocedamos alguns passos.

Conectemos um amplificador fonte comum em uma malha de realimentação negativa e vejamos se oscilará. Como mostrado na Figura 13.6(a), conectamos a saída à entrada. A realimentação (nas frequências baixas) é negativa porque o estágio tem ganho de tensão $-g_m R_D$ (se $\lambda = 0$). Agora, consideremos o modelo de pequenos sinais [Figura 13.6(b)]. Esse circuito oscila? Dos dois critérios de Barkhausen, a condição de ganho da malha, $|H(j\omega_1)| = 1$, parece possível. E quanto ao critério de fase? Desprezando C_{GD1}, observamos que as capacitâncias do circuito se fundem no nó X, formando um único polo (em malha aberta) com R_D: $\omega_{p,X} = -(R_D C_L)^{-1}$. Lamentavelmente, um único polo é capaz de prover defasagem máxima de $-90°$ (em $\omega = \infty$). Ou seja, a defasagem dependente da frequência da função de transferência em malha aberta, $H(s)$, não ultrapassa $-90°$, impedindo oscilação. Da perspectiva da Figura 13.3(b), a defasagem *total* ao redor da malha não chega a 360°.

Esta breve análise sugere que devamos aumentar o retardo ou defasagem ao redor da malha. Por exemplo, conectemos *dois* estágios FC em cascata (Figura 13.7). Agora, o circuito em malha aberta contém dois polos e exibe máxima defasagem de $-180°$. Temos um oscilador? Não, não ainda. Cada estágio FC provê defasagem de $-90°$ apenas em $\omega = \infty$, mas nenhum *ganho* nesta frequência. Ou seja, ainda não conseguimos satisfazer os dois critérios de Barkhausen nesta frequência.

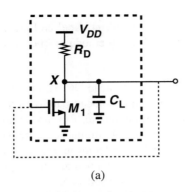
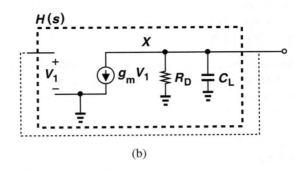

Figura 13.6 (a) Oscilador hipotético usando um único estágio FC, (b) circuito equivalente de (a).

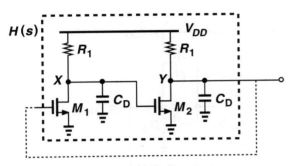

Figura 13.7 Malha de realimentação usando dois estágios FC.

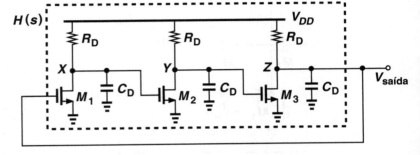

Figura 13.8 Simples oscilador em anel de três estágios.

Neste ponto, percebemos a tendência e postulamos que devemos inserir mais um estágio FC na malha, como ilustrado pelo "oscilador em anel" na Figura 13.8.[2] Cada polo deve prover uma defasagem de apenas 60° (ou –60°). Como a defasagem para um polo em $R_D C_D$ é igual a $-\text{tg}^{-1}(R_D C_D \omega)$, temos

$$-\tan^{-1}(R_D C_D \omega_1) = -60°, \quad (13.2)$$

e obtemos uma frequência de oscilação

$$\omega_1 = \frac{\sqrt{3}}{R_D C_D}. \quad (13.3)$$

O leitor é encorajado a aplicar a perspectiva da Figura 13.3(b) e provar que, em ω_1, a defasagem total ao redor da malha é de 360°. A condição de oscilação é calculada fazendo $H(s)$ igual à unidade em $s = j\omega_1$. Se $\lambda = 0$, a função de transferência de cada estágio é dada por $-g_m R_D(1 + R_D C_D s)$. Substituímos s por $j\omega_1$, determinamos a magnitude da função de transferência, elevamos à terceira potência (para três estágios idênticos) e igualamos o resultado a 1:

$$\left(\frac{g_m R_D}{\sqrt{1 + R_D^2 C_D^2 \omega_1^2}}\right)^3 = 1. \quad (13.4)$$

Logo,

$$g_m R_D = \sqrt{1 + R_D^2 C_D^2 \omega_1^2} \quad (13.5)$$

$$= 2, \quad (13.6)$$

indicando que, para satisfazer a condição de oscilação, o ganho de *baixa frequência* de cada estágio deva exceder 2.

Outro tipo de oscilador em anel pode ser concebido da seguinte forma: suponhamos que os resistores de carga na Figura 13.8 sejam substituídos por fontes de corrente PMOS, como indicado na Figura 13.9(a). O circuito ainda satisfaz as deduções anteriores se substituirmos $r_{Op} \| r_{LIGADO}$ por R_D.[3] Contudo, troquemos cada fonte de corrente PMOS por um dispositivo *amplificador*, conectando sua porta à entrada do estágio correspondente [Figura 13.9(b)]. Agora, cada estágio é um inversor CMOS (um bloco básico para projeto lógico) que provê ganho de tensão $-(g_{mp} + g_{mn})(r_{Op} \| r_{LIGADO})$, caso os dois transistores estejam em saturação. Esse tipo de oscilador em anel tem muitas aplicações. Notemos que os próprios transistores contribuem com capacitância em cada nó, limitando a velocidade.

O funcionamento do oscilador em anel baseado em inversores também pode ser estudado de outra perspectiva. Se V_X começar em zero, temos $V_Y = V_{DD}$ e $V_z = 0$. Assim, o primeiro estágio quer elevar V_X a V_{DD}. Como cada estágio tem alguma defasagem (retardo), o circuito oscila, de modo que as três ten-

---
[2] Aqui, desprezamos C_{GD}.
[3] Assumimos que todos os resistores estejam em saturação, o que não é totalmente correto quando a tensão de dreno se aproxima da terra ou de V_{DD}.

Exemplo 13.2 Um estudante roda uma simulação de transiente em SPICE para o oscilador em anel da Figura 13.8 e observa que as três tensões de dreno são iguais, e que o circuito não oscila. Expliquemos por que. Assumamos que os estágios sejam idênticos.

Solução No início de uma simulação de transiente, *SPICE* calcula os pontos de operação DC para todos os dispositivos. Com estágios idênticos, *SPICE* obtém iguais tensões de dreno como uma solução para o circuito e a mantém. Assim, as três tensões de dreno permanecem no mesmo valor indefinidamente. Em um circuito real, o ruído eletrônico dos dispositivos perturba essas tensões, iniciando a oscilação. (A simulação de transiente em *SPICE* não inclui ruído dos dispositivos.) Para "disparar" o circuito em *SPICE*, podemos aplicar uma condição inicial de, digamos, 0 no nó X. Em consequência, $V_Y = V_{DD}$ e $V_z \approx 0$, forçando V_X a aumentar em direção a V_{DD}. Assim, SPICE não consegue obter o ponto de equilíbrio, sendo obrigado a permitir oscilação.

Exercício O que acontece se o anel contiver quatro estágios idênticos e aplicarmos uma condição inicial zero a um dos nós?

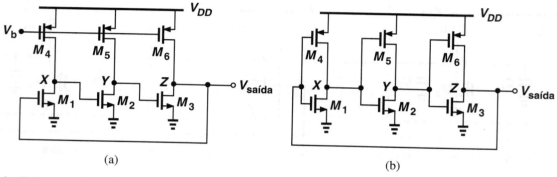

Figura 13.9 Oscilador em anel usando (a) estágios FC com cargas PMOS, (b) inversores CMOS.

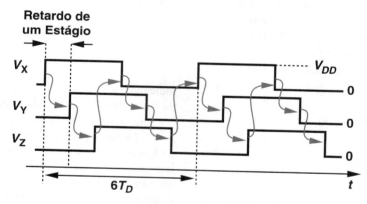

Figura 13.10 Formas de onda do oscilador em anel.

sões alternam entre 0 e V_{DD} consecutivamente (Figura 13.10). Primeiro, V_X aumenta; depois de algum retardo, V_Y diminui; após outro retardo, V_z aumenta; por fim, com algum retardo, V_X diminui. Se cada inversor tiver retardo de T_D segundos, o período total de oscilação será igual a $6T_D$ e, portanto, a frequência de oscilação será dada por $1/(6T_D)$.

Exemplo 13.3 É possível implementar um oscilador em anel de quatro estágios com quatro inversores em cascata?

Solução Não, não é possível. Consideremos o anel na Figura 13.11 e suponhamos que o circuito comece com $V_X = 0$. Assim, $V_Y = V_{DD}$, $V_z = 0$ e $V_W = V_{DD}$. Como colhe uma *entrada alta*, o primeiro estágio mantém sua saída baixa indefinidamente. Notemos que todos os transistores ou estão desligados ou estão na região de triodo profunda (com corrente de dreno zero), produzindo ganho da malha zero e violando o primeiro critério de Barkhausen. Dizemos que o circuito está "travado" (*latche-up*). Em geral, um anel de um terminal com um número par de inversores fica sujeito a travamento (*latch-up*).

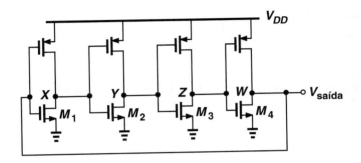

Figura 13.11

Que velocidade um oscilador em anel pode alcançar? O retardo na tecnologia CMOS de 40 nm é de cerca de 8 ps. Por conseguinte, um anel de três estágios é capaz de oscilar em frequências de até 20 GHz. A simplicidade torna os osciladores em anel uma escolha popular em muitos circuitos integrados. Por exemplo, memórias, microprocessadores e alguns sistemas de comunicação empregam osciladores em anel para geração de relógio integrada no *chip*.

13.3 OSCILADORES LC

Outra classe de osciladores emprega indutores e capacitores para definir a frequência de oscilação. Chamados de "osciladores LC", esses circuitos podem ser realizados tanto na forma integrada como na discreta, com diferentes topologias e requisitos de projeto. Iniciemos nossa exploração com osciladores LC integrados.

Por que osciladores LC? Por que não apenas osciladores em anel? Osciladores LC oferecem duas vantagens que os tornam populares, especialmente em transceptores de radiofrequência e sem fio (*wireless*): podem operar em frequências mais altas que osciladores em anel (o autor desenvolveu, com a tecnologia CMOS de 65 nm, um oscilador que alcança 300 GHz) e exibe menor ruído (embora não estudemos ruído neste livro). Lamentavelmente, osciladores LC são de projeto mais difícil e ocupam uma maior área de *chip* que osciladores em anel. Como passo inicial, retornemos a alguns conceitos da teoria básica de circuitos.

13.3.1 Tanques LC Paralelos

A Figura 13.12 mostra um tanque LC paralelo ideal, cuja impedância de saída é dada por

$$Z_1(s) = (L_1 s) \| \frac{1}{C_1 s} \quad (13.7)$$

Você sabia?

Um grande desafio no projeto de osciladores LC integrados tem sido a realização de indutores no *chip*. Embora indutores discretos possam ser prontamente estendidos nas três dimensões [Figura (a)], dispositivos integrados devem ter, preferencialmente, uma estrutura "planar" (bidimensional). A Figura (b) mostra um indutor em "espiral" muito empregado em circuitos integrados. A espiral é feita da camada metálica (de cobre ou alumínio) usada para fiação no *chip*.

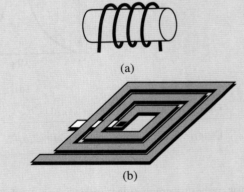

(a) Simples indutor tridimensional, (b) indutor em espiral integrado.

$$= \frac{L_1 s}{L_1 C_1 s^2 + 1}. \quad (13.8)$$

Para uma corrente ou tensão senoidal de entrada, temos $s = j\omega$ e

$$Z_1(j\omega) = \frac{jL_1\omega}{1 - L_1 C_1 \omega^2}, \quad (13.9)$$

Observemos que a impedância vai a infinito em $\omega_1 = 1/\sqrt{L_1 C_1}$. Ou seja, mesmo que a tensão aplicada ao tanque, $V_{entrada}$, varie senoidalmente no tempo, nenhuma corrente fluirá no tanque. Como isso acontece? Em $\omega = \omega_1$, o indutor

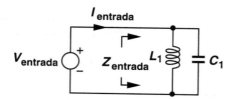

Figura 13.12 Impedância de um tanque LC paralelo.

> **Exemplo 13.4** Esbocemos a magnitude e a fase de $Z_1(j\omega)$ em função da frequência.
>
> **Solução** Temos
>
> $$|Z_1(j\omega)| = \frac{L_1\omega}{|1 - L_1 C_1 \omega^2|}, \quad (13.10)$$
>
> que resulta no gráfico da Figura 13.13(a). Quanto à fase, notemos da Equação (13.9) que, se $\omega < \omega_1$, $1 - L_1 C_1 \omega^2 > 0$ e $\angle Z_1(j\omega) = \angle(jL_1\omega) = +90°$ [Figura (13.3(b)]. Por outro lado, se $\omega > \omega_1$, $1 - L_1 C_1 \omega^2 < 0$ e $\angle Z_1(j\omega) = \angle(jL_1\omega_1) - 180° = -90°$. Podemos dizer que, *grosso modo*, o tanque tem comportamento indutivo para $\omega < \omega_1$ e comportamento capacitivo para $\omega > \omega_1$.
>
>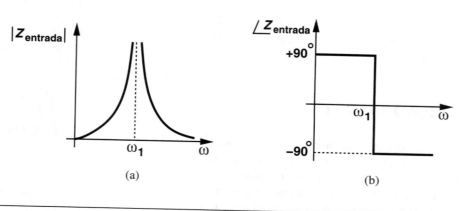
>
> **Figura 13.13**

Exercício Determine $|Z_1|$ em $\omega = \omega_1/2$ e $\omega = 2\omega_1/2$.

e o capacitor exibem impedâncias iguais e opostas [$jL_1\omega_1$ e $1/(jC_1\omega_1)$, respectivamente], que se cancelam mutuamente e produzem um circuito aberto. Em outras palavras, a corrente requerida por L_1 é provida exatamente por C_1. Dizemos que o tanque "ressoa" em $\omega = \omega_1$.

Na prática, a impedância de um tanque LC paralelo não vai a infinito na frequência de ressonância. Para entender este ponto, observemos que o fio que forma o indutor tem uma *resistência* finita. Como ilustrado na Figura 13.14(a), quando L_1 conduz uma corrente, sua resistência de fio, R_1, se aquece-se e dissipa energia. Assim, $V_{entrada}$ deve repor essa energia em cada ciclo e, portanto, $Z_2 < \infty$ na ressonância. O circuito passa a ser chamado de "tanque com perda", para enfatizar a perda de energia na resistência do indutor.

Na análise de osciladores LC, preferimos modelar a perda do tanque por uma resistência paralela, R_p [Figura 13.14(b)].

Os dois circuitos na Figura 13.14 são equivalentes? Os circuitos não podem ser equivalentes em todas as frequências: em $\omega \approx 0$, L_1 é um curto-circuito e C_1, um circuito aberto, produzindo $Z_2 = R_1$, na Figura 13.14(a), e $Z_2 = 0$, na Figura 13.14(b). Contudo, em uma estreita faixa em torno da frequência de ressonância, os dois modelos podem ser equivalentes. Para o leitor interessado, a prova e dedução da equivalência são delineadas no Exercício 13.23, mas apresentaremos o resultado final aqui: para os dois tanques serem aproximadamente equivalentes, devemos ter

$$R_p = \frac{L_1^2 \omega^2}{R_1}. \quad (13.11)$$

Notemos que um indutor ideal exibe $R_1 = 0$ e, portanto, $R_p = \infty$. O exemplo a seguir ilustra como o modelo paralelo simplifica a análise.

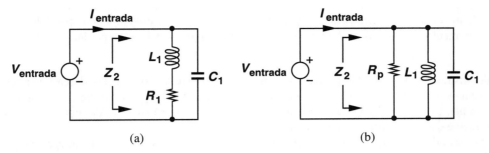

Figura 13.14 (a) Impedância de tanque com perda, (b) circuito equivalente de (a).

Exemplo 13.5 Esbocemos os gráficos de magnitude e fase de $Z_2(j\omega)$ na Figura 13.14(b) em função da frequência.

Solução Temos

$$Z_2(s) = R_p \| (L_1 s) \| \frac{1}{C_1 s} \tag{13.12}$$

$$= \frac{R_p L_1 s}{R_p L_1 C_1 s^2 + L_1 s + R_p}. \tag{13.13}$$

Em $s = j\omega$,

$$Z_2(j\omega) = \frac{j R_p L_1 \omega}{R_p(1 - L_1 C_1 \omega^2) + j L_1 \omega}. \tag{13.14}$$

Em $\omega_1 = 1/\sqrt{L_1 C_1}$, temos $Z_2(j\omega_1) = R_p$, um resultado esperado, pois as impedâncias do indutor e do capacitor cancelam-se mutuamente. Como, em ω_1, Z_2 se reduz a uma resistência, $\angle Z_2(j\omega_1) = 0$. Notemos, ainda, que (1) em frequências muito baixas, $jL_1\omega$ é muito pequeno e domina a combinação em paralelo, ou seja, $Z_2 \approx jL_1\omega$, e (2) em frequências muito altas, $1/(jC_1\omega)$ é muito pequeno, de modo que $Z_2 \approx 1/(jC_1\omega)$. Assim, $|Z_2|$ e $\angle Z_2$ seguem os comportamentos genéricos indicados na Figura 13.15.

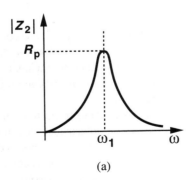
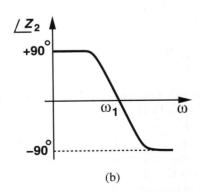

Figura 13.15 Magnitude e fase do tanque com perda.

Exercício Determine $|Z_2|$ em $\omega = \omega_1/2$ e $\omega = 2\omega_1/2$.

Exemplo 13.6 Suponhamos que seja aplicada uma tensão inicial V_0 ao capacitor em um tanque paralelo isolado. Estudemos o comportamento do circuito no domínio do tempo para tanques ideal e com perda.

Solução Como ilustrado na Figura 13.16(a) para o tanque ideal, o capacitor começa a se descarregar pelo indutor, ou seja, a energia elétrica é transformada em energia magnética. Quando $V_{saída} = 0$, apenas L_1 transporta energia na forma de corrente. Esta corrente, agora, continua a carregar C_1 em direção a $-V_0$. A transferência de energia entre C_1 e L_1 se repete e o tanque oscila indefinidamente.

No caso de um tanque com perda [Figura 13.16(b)], uma tensão de saída não zero causa fluxo de corrente por R_p e, portanto, dissipação de energia. Assim, o tanque perde alguma energia em cada ciclo, produzindo uma saída oscilatória decrescente. Para construir um oscilador, devemos, de alguma forma, cancelar esse decréscimo.

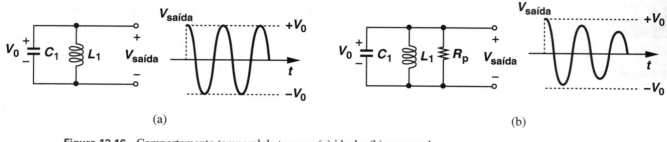

Figura 13.16 Comportamento temporal de tanques (a) ideal e (b) com perda.

Exercício Calcule a máxima energia armazenada em L_1 na Figura 13.16(a).

Com este entendimento básico do tanque LC paralelo, podemos, agora, incorporá-lo a estágios amplificadores e osciladores.

13.3.2 Osciladores com Acoplamento Cruzado

No estudo de amplificadores CMOS, consideramos estágios fontes comuns com resistores ou fontes de corrente com carga. Agora, construamos um estágio fonte comum usando um tranque LC paralelo como carga [Figura 13.17(a)]. Desejamos analisar a resposta em frequência desse amplificador "sintonizado". Denotando a impedância do tanque por A_2 e desprezando a modulação do comprimento do canal,[4] temos

$$\frac{V_{saída}}{V_{entrada}} = -g_m Z_2(s), \quad (13.15)$$

em que $Z_2(s)$ é dado pela Equação (13.13). Usando os gráficos de $|Z_2|$ e $\angle Z_2$ na Figura 13.15, podemos esboçar o gráfico de $|V_{saída}/V_{entrada}|$ e $\angle(V_{saída}/V_{entrada})$, como mostrado na Figura 13.17(b). Notemos que $\angle(V_{saída}/V_{entrada})$ é obtida deslocando $\angle Z_2$ de 180° (para cima ou para baixo), para acomodar o sinal negativo em $-g_m Z_2(s)$. O estágio FC exibe, portanto, um ganho que alcança o valor máximo $g_m R_p$ na ressonância e tende a zero nas frequências muito baixas ou muito altas. O deslocamento de fase em ω_1 é igual a 180°, pois, na ressonância, a carga se reduz a um resistor.

O estágio FC da Figura 13.17(a) oscilará se conectarmos sua saída à entrada? Como ilustrado na Figura 13.3(b), a defasagem total ao redor da malha deve alcançar 360° em uma frequência finita, mas a Figura 13.17(b) revela que isso não é possível. Insiramos, portanto, mais um estágio FC na malha e tentemos novamente [Figura 13.18(a)]. Para uma defasagem total de 360°, cada estágio deve prover 180°, o que é possível em $\omega = \omega_1$ na Figura 13.17(b). Assim, o circuito oscilará em ω_1 se o ganho da malha nesta frequência for suficiente. Como, em ω_1, cada estágio tem ganho de tensão $g_m R_p$, o critério de ganho de Barkhausen se traduz em

$$(g_m R_p)^2 \geq 1. \quad (13.16)$$

Dita de forma mais precisa, a condição de oscilação surge como $g_m(R_p \| r_O) \geq 1$. Com estágios idênticos, o oscilador da Figura 13.18 gera sinais diferenciais nos nós X e Y [Figura 13.18(b)] (por quê?), uma propriedade útil para aplicações de circuitos integrados.

Uma questão importante na topologia anterior é que as correntes de polarização dos transistores são pobremente definidas. Como nenhum espelho de corrente ou meio adequado de polarização é usado, as correntes de dreno de M_1 e M_2 variam com processo, tensão de alimentação e temperatura. Por exemplo, se a tensão de limiar dos transistores for menor que o valor nominal, o valor de pico de V_X produz uma tensão de sobrecarga maior para M_2 e, portanto, maior corrente de dreno.

---

[4] A resistência de saída de M_1 pode ser simplesmente absorvida em R_p.

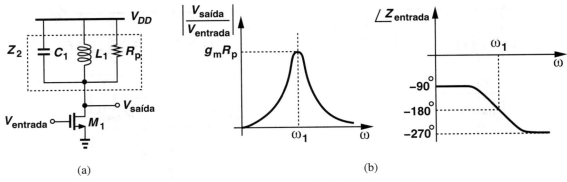

Figura 13.17 (a) Estágio FC com tanque como carga, (b) gráficos de magnitude e fase do estágio.

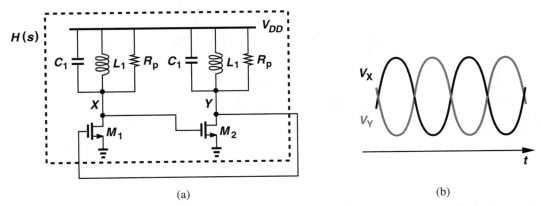

Figura 13.18 (a) Dois estágios FC com cargas LC em uma malha, (b) formas de onda de oscilação.

Para resolver essa questão, notemos, primeiro, que a porta de cada dispositivo está conectada ao dreno do outro, e redesenhemos o circuito como mostrado na Figura 13.19(a). Agora, M_1 e M_2 quase lembram um par diferencial cuja saída é alimentada à entrada. Adicionemos, então, uma fonte de corrente de cauda, como ilustrado na Figura 13.19(b), assegurando que as correntes de polarização totais de M_1 e M_2 sejam iguais a I_{SS}. Em geral, redesenhamos o circuito como mostrado na Figura 13.19(c).

O oscilador "com acoplamento cruzado" da Figura 13.19(c) é o mais popular e robusto oscilador LC usado em circuitos integrados. A frequência portadora em seu telefone celular e no receptor de GPS do mesmo é, muito provavelmente, gerada com esta tecnologia.

Nosso estudo de osciladores em anel e com acoplamento cruzado indica um procedimento geral para a análise de osciladores: abrir a malha de realimentação (incluindo o efeito de impedâncias I/O como no Capítulo 12), determinar a função de transferência ao redor da malha (similar ao ganho da malha) e igualar a fase do resultado a 360° e a magnitude à unidade. Na próxima seção, aplicaremos esse procedimento ao oscilador Colpitts.

13.3.3 Oscilador Colpitts

A topologia Colpitts emprega apenas um transistor e tem larga aplicação em projeto discreto, pois transistores discretos (de alta frequência) são mais caros que dispositivos passivos discretos. (Em circuitos integrados, transistores são os componentes mais baratos, pois ocupam a menor área.) Como transistores bipolares são muito mais comuns em projeto discreto que MOSFETs, analisemos um oscilador Colpitts bipolar.

Como podemos construir um oscilador usando apenas um transistor? Observamos nas Figuras 13.6(a) e 13.17(a) que um estágio fonte comum (ou emissor comum) não serve a este fim. E quanto a um estágio porta comum (ou base comum)? Ilustrado na Figura 13.21(a), o oscilador Colpitts lembra uma topologia base comum cuja saída (a tensão de coletor) é realimentada à entrada (o nó do emissor). A fonte de corrente I_1 define a corrente de polarização de Q_1, e V_b assegura que Q_1 esteja na região ativa direta. Como no caso do oscilador com acoplamento cruzado, o resistor R_p modela a perda do indutor. Este resistor também pode modelar a resistência de entrada do estágio subsequente, por exemplo, r_π, se o oscilador ativar um simples estágio emissor comum.

Para analisar o oscilador Colpitts, abramos a malha de realimentação. Desprezando o efeito Early, na Figura 13.21(a), notemos que Q_1 opera como fonte de corrente dependente de tensão ideal e injeta sua corrente de pequeno sinal no nó Y. Abramos, portanto, a malha no coletor, como mostrado na Figura 13.21(b), em que uma fonte de corrente independente I_{teste} é puxada de Y, e a corrente retornada pelo transistor, I_{ret}, é medida como a grandeza de interesse. Na frequência de oscilação, a função de transferência I_{ret}/I_{teste} deve exibir fase de 360° e magnitude, pelo menos, unitária.

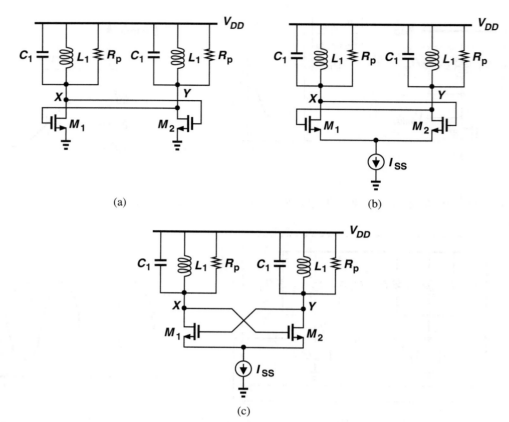

Figura 13.19 Diferentes representações do oscilador com acoplamento cruzado.

> **Exemplo 13.7** Esbocemos os gráficos das correntes de dreno de M_1 e M_2 na Figura 13.19(c) para grandes excursões de tensão em X e Y.
>
> **Solução** Consideremos, primeiro, o par diferencial na Figura 13.20(a). Com grandes excursões de tensão de entrada, toda a corrente é direcionada para a esquerda ou para a direita [Figura 13.20(b)]. O circuito da Figura 13.19(b) também exibe o mesmo comportamento, produzindo correntes de dreno que variam entre zero e I_{SS} [Figura 13.20(c)].
>
>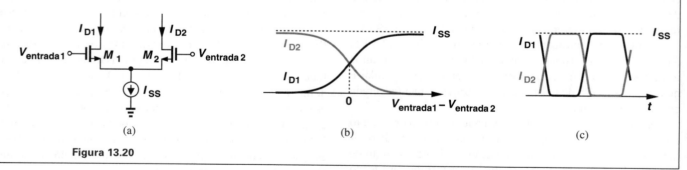
>
> **Figura 13.20**
>
> **Exercício** Redesenhe o oscilador com acoplamento cruzado usando transistores PMOS.

Observemos que I_{teste} é dividida entre $(L_1 s) \| R_p = L_1 s R_p / (L_1 s + R_p)$ e Z_1, que é dada por

$$Z_1 = \frac{1}{C_1 s} + \frac{1}{g_m} \left\| \frac{1}{C_2 s} \right. \quad (13.17)$$

$$= \frac{1}{C_1 s} + \frac{1}{C_2 s + g_m}. \quad (13.18)$$

Ou seja, a corrente que flui por C_1 é igual a

$$I_{Z1} = -I_{teste} \frac{\dfrac{L_1 s R_p}{L_1 s + R_p}}{\dfrac{L_1 s R_p}{L_1 s + R_p} + \dfrac{1}{C_1 s} + \dfrac{1}{C_2 s + g_m}}. \quad (13.19)$$

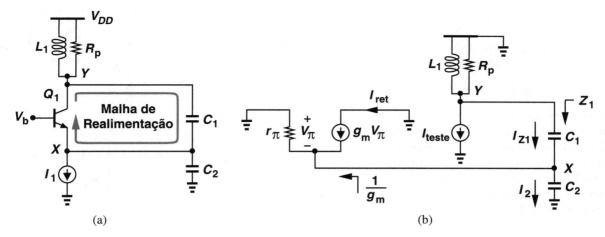

Figura 13.21 (a) Oscilador Colpitts, (b) equivalente em malha aberta de (a).

Esta corrente é, agora, multiplicada pela combinação em paralelo de $1/(C_2 s)$ e $1/g_m$ para produzir V_X. Como $I_{ret} = g_m V_\pi = -g_m V_X$, temos

$$\frac{I_{ret}}{I_{teste}}(s) = \frac{g_m R_p L_1 C_1 s^2}{L_1 C_1 C_2 R_p s^3 + [g_m R_p L_1 C_1 + L_1(C_1 + C_2)]s^2 + [g_m L_1 + R_p(C_1 + C_2)]s + g_m R_p}. \quad (13.20)$$

Agora, igualemos essa função de transferência à unidade (o que equivale a fixar sua fase em 360° e sua amplitude em 1) e simplifiquemos:

$$L_1 C_1 C_2 R_p s^3 + L_1(C_1 + C_2)s^2 + [g_m L_1 + R_p(C_1 + C_2)]s + g_m R_p = 0. \quad (13.21)$$

Na frequência de oscilação, $s = j\omega_1$, as partes real e imaginária do lado esquerdo devem cair a zero:

$$-L_1(C_1 + C_2)\omega_1^2 + g_m R_p = 0 \quad (13.22)$$

$$-L_1 C_1 C_2 R_p \omega_1^3 + [g_m L_1 + R_p(C_1 + C_2)]\omega_1 = 0. \quad (13.23)$$

Da segunda equação, obtemos a frequência de oscilação:

$$\omega_1^2 = \frac{(C_1 + C_2)}{L_1 C_2 C_2} + \frac{g_m}{R_p C_1 C_2}. \quad (13.24)$$

O segundo termo no lado direito é, em geral, desprezível e resulta em

$$\omega_1^2 \approx \frac{1}{L_1 \dfrac{C_1 C_2}{C_1 + C_2}}. \quad (13.25)$$

Ou seja, a oscilação ocorre na ressonância de L_1 e a combinação de C_1 e C_2 em série. Usando este resultado na Equação (13.23), obtemos a condição de oscilação:

$$g_m R_p = \frac{(C_1 + C_2)^2}{C_1 C_2}. \quad (13.26)$$

O transistor deve, portanto, prover suficiente transcondutância para satisfazer ou exceder esta exigência. Como o lado direito é mínimo para $C_1 = C_2$, concluímos que $g_m R_p$ deve ser, pelo menos, igual a 4.

Onde fica o nó de saída no oscilador da Figura 13.21(a)? A saída pode ser colhida no nó Y; neste caso, a resistência de entrada do próximo estágio (por exemplo, r_π) fica em paralelo com R_p, o que requer maior g_m para satisfazer a condição de oscilação. Alternativamente, a saída pode ser colhida no emissor (Figura 13.22). Esta é, em geral, a opção preferida no projeto

Exemplo 13.8	Comparemos as condições de oscilação de osciladores com acoplamento cruzado e Colpitts.
Solução	Notemos, da Equação (13.16), que a topologia com acoplamento cruzado requer valor mínimo de $g_m R_p$ igual a 1, ou seja, pode tolerar um indutor com mais perda que o oscilador Colpitts. (Notemos, ainda, que a topologia Colpitts provê apenas uma saída de um terminal.)
Exercício	De quanto é a tensão DC no nó Y da Figura 13.21(a)? Você é capaz de desenhar a forma de onda de oscilação para este nó?

discreto, pois (1) indutores discretos têm baixa perda (alta R_p equivalente) e são, portanto, sensíveis ao carregamento resistivo, e (2) com apenas $R_{entrada}$ carregando o emissor (e $R_p \to \infty$), a condição de oscilação é modificada para:

$$g_m R_{entrada} = 1 \quad (13.27)$$

Deduzida no Exercício 13.37, esta condição mais relaxada simplifica o projeto do oscilador. Por exemplo, neste caso, o oscilador pode ativar uma menor resistência de carga que quando a carga é conectada ao coletor. É importante notar que a maioria dos livros deduz a Equação (13.27) como a condição de oscilação, o que é válido somente se R_p for muito grande (o indutor tiver baixa perda).

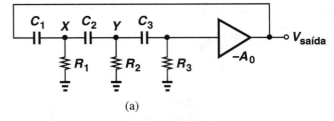

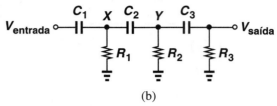

Figura 13.23 (a) Oscilador com deslocamento de fase, (b) circuito para deslocamento de fase.

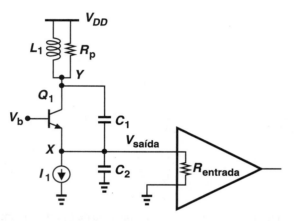

Figura 13.22 Oscilador Colpitts ativando o próximo estágio em seu emissor.

Dividindo V_Y por R_2 e multiplicando o resultado por $1/(C_2 s)$, obtemos a queda de tensão em C_2 e, portanto,

$$V_X = \frac{V_Y}{R_2} \frac{1}{Cs} + V_Y \quad (13.29)$$

$$= \left(\frac{1}{RCs} + 1\right)^2 V_{saída}. \quad (13.30)$$

Finalmente,

$$V_{entrada} = \left(\frac{1}{RCs} + 1\right)^3 V_{saída} \quad (13.31)$$

Logo,

$$\frac{V_{saída}}{V_{entrada}} = \frac{(RCs)^3}{(RCs + 1)^3}. \quad (13.32)$$

Em $s = j\omega_1$,

$$\angle \frac{V_{saída}}{V_{entrada}} = 3 \times 90° - 3\tan^{-1}(RC\omega_1). \quad (13.33)$$

Para que a oscilação ocorra em ω_1, esta fase deve alcançar 180°:

$$\tan^{-1}(RC\omega_1) = 30°. \quad (13.34)$$

Portanto,

$$\omega_1 = \frac{1}{\sqrt{3}RC}. \quad (13.35)$$

Para que a condição de oscilação seja atendida, devemos multiplicar a magnitude da Equação (13.32) pelo ganho do amplificador e igualar o resultado à unidade:

$$\frac{ARC\omega_1}{\sqrt{R^2 C^2 \omega_1^2 + 1}} = 1. \quad (13.36)$$

13.4 OSCILADOR COM DESLOCAMENTO DE FASE

No desenvolvimento feito na Seção 13.2, criamos defasagem suficiente com uma cascata de três estágios *ativos*. Para alcançar o mesmo objetivo, podemos também formar cascata de seções passiva juntamente a um amplificador. A Figura 13.23(a) mostra um "oscilador com deslocamento de fase" baseado nesse princípio. Esperamos que as três seções RC sejam capazes de prover defasagem de 180° na frequência de interesse, mesmo que a contribuição do amplificador à fase seja desprezível. No entanto, a atenuação de sinal introduzida pelos estágios passivos deve ser compensada pelo amplificador, para satisfazer a condição de oscilação.[5]

Calculemos, primeiro, a função de transferência do circuito passivo mostrado na Figura 13.23(b) assumindo que $C_1 = C_2 = C_3 = C$ e $R_1 = R_2 = R_3 = R$. Começando com a saída, escrevemos a corrente por R_3 como $V_{saída}/R$; logo,

$$V_Y = \frac{V_{saída}}{R} \frac{1}{Cs} + V_{saída}. \quad (13.28)$$

---

[5] Notemos que o terminal inferior de R_S deve, na verdade, ser conectado a uma tensão de polarização que seja adequada ao amplificador.

> **Exemplo 13.9** Projetemos um oscilador com deslocamento de fase usando um amp op.
>
> **Solução** Devemos configurar o amp op como um amplificador *inversor*. A Figura 13.24(a) mostra um exemplo. Aqui, o resistor R_4 aparece entre o nó Z e uma terra virtual, o que equivale a estar em paralelo com R_3. Assim, para que nossas deduções anteriores sejam válidas, devemos escolher $R_3 \| R_4 = R_2 = R_1 = R$. Na verdade, podemos, simplesmente, permitir que R_3 seja infinita e R_4, igual a R; dessa forma, obtemos a topologia ilustrada na Figura 13.24(b).
>
>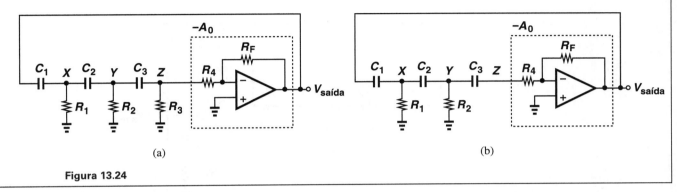
>
> **Figura 13.24**

Exercício Qual deve ser o valor de R_F/R_4 para obter ganho unitário na frequência de oscilação?

Ou seja, o ganho do amplificador deve ser, pelo menos, igual a

$$A = 2. \tag{13.37}$$

O oscilador com deslocamento de fase é, às vezes, usado em projeto discreto, pois requer apenas um estágio amplificador. Essa topologia não encontra muita aplicação em circuitos integrados, uma vez que o ruído de saída é muito alto.

O que determina a amplitude de oscilação no circuito da Figura 13.24(b)? Se o ganho da malha em ω_1 for maior que a unidade, a amplitude cresce até que a saída do amp op varie entre os dois valores limites de alimentação. Devido à saturação do amp op, a forma de onda de saída parece mais uma onda quadrada que uma senoide, um efeito indesejável em algumas aplicações. Ademais, a saturação tende a reduzir a velocidade de resposta do amp op, limitando a máxima frequência de oscilação. Por essas razões, pode ser desejável definir ("estabilizar") a amplitude de oscilação por meios adicionais. Por exemplo, como ilustrado na Figura 13.25(a), podemos substituir o resistor de realimentação por dois diodos "antiparalelos". Agora, a saída varia entre uma queda de tensão no diodo ($V_{D,ligado}$ = 700 a 800 mV) abaixo e acima do valor médio.

Tal amplitude de oscilação pode ser inadequada para muitas aplicações. Devemos, portanto, modificar o circuito de realimentação de modo que os diodos liguem apenas quando $V_{saída}$ alcançar um valor maior, predeterminado. Para isto, dividamos $V_{saída}$ e alimentemos o resultado aos diodos [Figura 13.25(b)]. Assumindo o modelo de tensão constante para D_1 e D_2, observemos que um diodo liga quando

$$V_{saída} \frac{R_{D2}}{R_{D2} + R_{D1}} = V_{D,ligado}, \tag{13.38}$$

Logo,

$$V_{saída} = \left(1 + \frac{R_{D1}}{R_{D2}}\right) V_{D,ligado}. \tag{13.39}$$

13.5 OSCILADOR EM PONTE DE WIEN

Os oscilador em ponte Wien é outra topologia usada, às vezes, em projetos discretos, pois requer somente um estágio amplificador. Em contraste com o oscilador com deslocamento de fase, a configuração em ponte de Wien emprega um circuito de realimentação passivo com defasagem *zero* e não de 180°. Por conseguinte, o amplificador deve prover ganho *positivo*, para que a defasagem total na frequência de oscilação seja igual a zero (ou 360°).

Construamos, primeiro, um circuito passivo com defasagem zero em uma única frequência, um exemplo do qual é mostrado na Figura 13.26(a). Se $R_1 = R_2 = R$ e $C_1 = C_2 = C$, temos

$$\frac{V_{saída}}{V_{entrada}}(s) = \frac{\dfrac{R}{RCs + 1}}{\dfrac{R}{RCs + 1} + \dfrac{1}{Cs} + R} \tag{13.40}$$

$$= \frac{RCs}{R^2C^2s^2 + 3RCs + 1}. \tag{13.41}$$

A fase é, então, dada por

$$\angle \frac{V_{saída}}{V_{entrada}}(s = j\omega) = \frac{\pi}{2} - \tan^{-1}\frac{3RC\omega}{1 - R^2C^2\omega^2}, \tag{13.42}$$

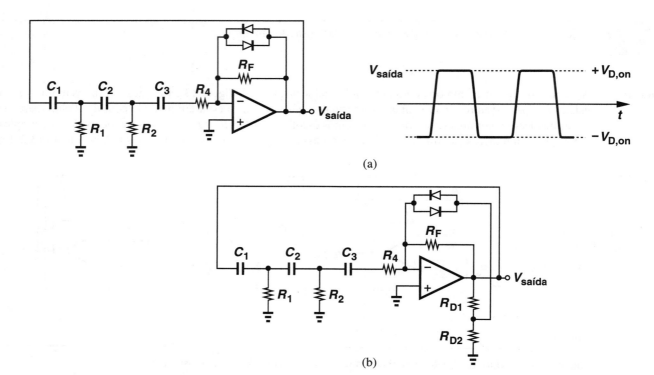

Figura 13.25 (a) Uso de diodos para limitar a excursão de saída, (b) topologia alternativa que permite maior excursão de saída.

Você sabia?

Em 1939, dois jovens estudantes de pós-graduação de Stanford – William Hewlett e David Packard – usaram o oscilador em ponte de Wien para projetar um gerador de som para a trilha sonora do filme *Fantasia*, de Disney. Reza a história que Hewlett e Packard tomaram 500 dólares emprestado de seu orientador, Friedrick Terman, para construir e vender oito destes geradores à Disney. Assim nasceu a companhia hoje conhecida como HP. Durante várias décadas, HP projetou e fabricou apenas instrumentos de testes, como osciloscópios, geradores de sinais, fontes de potência etc.

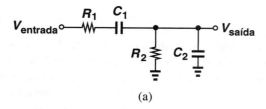

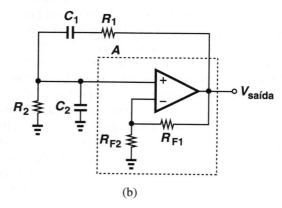

e cai a zero em

$$\omega_1 = \frac{1}{RC}. \qquad (13.43)$$

Agora, conectemos este circuito em torno de um amp op, como ilustrado na Figura 13.26(b). Denotando o ganho do amplificador não inversor por A, multipliquemos a magnitude da Equação (13.41) por A e igualemos o resultado à unidade:

$$\left| \frac{ARCj\omega}{1 - R^2C^2\omega^2 + 3jRC\omega} \right| = 1. \qquad (13.44)$$

Em ω_1, esta equação fornece

$$A = 3. \qquad (13.45)$$

Ou seja, devemos escolher $R_{F1} \geq 2R_{F2}$.

Figura 13.26 (a) Circuito de defasagem, (b) oscilador em ponte de Wien.

Para evitar o crescimento descontrolado de amplitude, o oscilador em ponte de Wien pode incorporar diodos no circuito de definição de ganho, R_{F1} e R_{F2}. Como ilustrado na Figura 13.27, dois diodos antiparalelos podem ser inseridos em série com R_{F1} para criar forte realimentação quando $|V_{saída}|$ exceder $V_{D,ligado}$. Se maiores amplitudes forem desejadas, o resistor R_{F3} pode ser adicionado para dividir $V_{saída}$ e aplicar o resultado aos diodos.

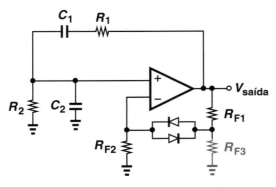

Figura 13.27 Adição de diodos para limitar a excursão de saída do oscilador em ponte de Wien.

13.6 OSCILADORES A CRISTAL

Os osciladores estudados até aqui não oferecem uma precisa frequência de saída. Por exemplo, à medida que a temperatura varia, os valores de capacitâncias em cada circuito também variam, criando um deslocamento na frequência de oscilação. Muitas aplicações demandam uma precisa frequência de relógio. Se a frequência do oscilador em seu relógio se desviar de 2^{15} Hz por 0,1 %, a leitura de tempo após uma semana terá um erro de 10 minutos.

Para aplicações de alta precisão, empregamos "osciladores a cristal". Um cristal é feito de material piezoelétrico, como quartzo, que vibra mecanicamente em certa frequência quando sujeito a uma diferença de tensão. Cristais são atraentes como "referência" de frequência por três razões. (1) Determinada pelas dimensões físicas do cristal, a frequência de vibração é extremamente estável com a temperatura, variando de apenas uma parte por milhão (ppm) para 1° de variação; (2) o cristal pode ser cortado com relativa facilidade na fábrica, de modo a produzir uma precisa frequência de vibração, por exemplo, com erro de 10–20 ppm.[6] (3) Os cristais exibem perda muito baixa e se comportam quase como um tanque LC ideal. Ou seja, um impulso elétrico aplicado ao cristal o faz vibrar por milhares de ciclos até que a oscilação decaia.

No tratamento de osciladores a cristal nesta seção, adotaremos o seguinte roteiro: primeiro, deduziremos um modelo de circuito para o cristal e concluiremos que se comporta como um tanque LC com perda. Depois, desenvolveremos um circuito ativo que forneça uma resistência *negativa*. Por fim, conectaremos o cristal a um circuito para formar um oscilador.

13.6.1 Modelo do Cristal

Para o projeto de circuitos, necessitamos de um modelo eletrônico para o cristal. A Figura 13.28(a) mostra o símbolo de circuito e a típica característica de impedância de um cristal. A impedância cai quase a *zero* em ω_1 e aumenta a um valor muito *alto* em ω_2. Construamos um modelo de circuito RLC para representar esse comportamento. Como a impedância é próxima de zero em ω_1, imaginemos uma ressonância *série* nesta frequência [Figura 13.28(b)]: se $jL_1\omega + 1/(jC_1\omega) = 0$ em $\omega = \omega_1$, a impedância se reduz a R_S, que é geralmente pequena. Portanto, Z_S pode modelar o cristal nas vizinhanças de ω_1.

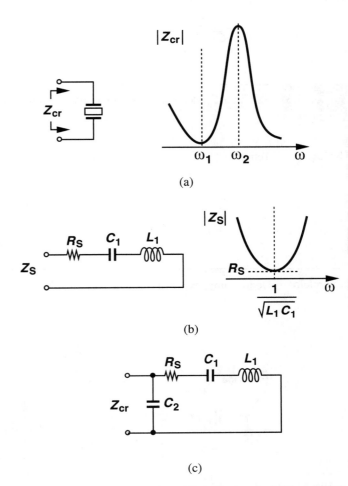

Figura 13.28 (a) Símbolo e impedância de um cristal, (b) modelo de circuito para ressonância série, (c) modelo completo.

Em torno de ω_2, o dispositivo experimenta uma ressonância *paralela* – como visto anteriormente com osciladores LC. Podemos, então, conectar um capacitor em paralelo com Z_S, como mostrado na Figura 13.28(b). Para determinar ω_2 em termos dos parâmetros do circuito, desprezemos R_S e escrevamos

$$Z_{cr}(j\omega) = Z_S(j\omega) \| \frac{1}{jC_2\omega} \quad (13.46)$$

$$\approx \frac{1 - L_1 C_1 \omega^2}{j\omega(C_1 + C_2 - L_1 C_1 C_2 \omega^2)}. \quad (13.47)$$

---

[6] Cristais com erro de poucas ppm também são disponíveis, a um custo mais elevado.

Notemos que Z_{cr} vai a infinito em

$$\omega_2 = \frac{1}{\sqrt{L_1 \frac{C_1 C_2}{C_1 + C_2}}}. \quad (13.48)$$

Na prática, ω_1 e ω_2 são bem próximas, ou seja,

$$\frac{1}{\sqrt{L_1 C_1}} \approx \frac{1}{\sqrt{L_1 \frac{C_1 C_2}{C_1 + C_2}}}. \quad (13.49)$$

Logo,

$$C_1 \approx \frac{C_1 C_2}{C_1 + C_2}. \quad (13.50)$$

Por conseguinte,

$$C_2 \gg C_1. \quad (13.51)$$

Exemplo 13.10 Se $C_2 \gg C_1$, determinemos uma relação entre as frequências de ressonâncias série e paralela.

Solução Temos

$$\frac{\omega_2}{\omega_1} = \sqrt{\frac{C_1 + C_2}{C_2}} \quad (13.52)$$

$$\approx 1 + \frac{C_1}{2C_2}. \quad (13.53)$$

Exercício Deduza uma expressão para ω_2/ω_1 quando R_S não for desprezível.

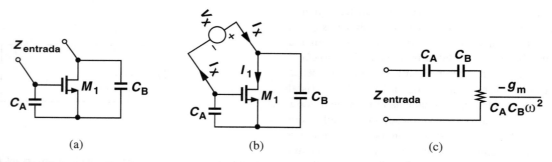

Figura 13.29 (a) Circuito que provê resistência negativa, (b) configuração para medida de impedância, (c) impedância equivalente.

13.6.2 Circuito de Resistência Negativa

Para chegar à popular topologia de oscilador a cristal, primeiro, devemos imaginar um circuito que proveja uma resistência de entrada (de pequenos sinais) *negativa*. Consideremos a topologia representada na Figura 13.29(a), em que o circuito de polarização de M_1 é omitido por simplicidade. Obtenhamos $Z_{entrada}$ com a ajuda da configuração na Figura 13.29(b), desprezando modulação do comprimento do canal e outras capacitâncias. Ao fluir por C_A, I_X gera uma tensão porta-fonte para M_1. Dessa forma, a corrente de dreno é dada por:

$$I_1 = -\frac{I_X}{C_A s} g_m. \quad (13.54)$$

Como conduz uma corrente igual a $I_X - I_1$, C_B sustenta uma tensão igual a $(I_X - I_1)/C_B s = [I_X + g_m I_X/(C_A s)]/(C_B s)$. Escrevendo uma LTK em torno de C_A, V_X e C_B, obtemos

$$V_X = \frac{I_X}{C_A s} + \frac{I_X}{C_B s} + \frac{g_m I_X}{C_A C_B s^2}. \quad (13.55)$$

Ou seja,

$$Z_{entrada}(s) = \frac{1}{C_A s} + \frac{1}{C_B s} + \frac{g_m}{C_A C_B s^2}. \quad (13.56)$$

Para uma entrada senoidal, $s = j\omega$ e

$$Z_{entrada}(j\omega) = \frac{1}{jC_A \omega} + \frac{1}{jC_B \omega} - \frac{g_m}{C_A C_B \omega^2}. \quad (13.57)$$

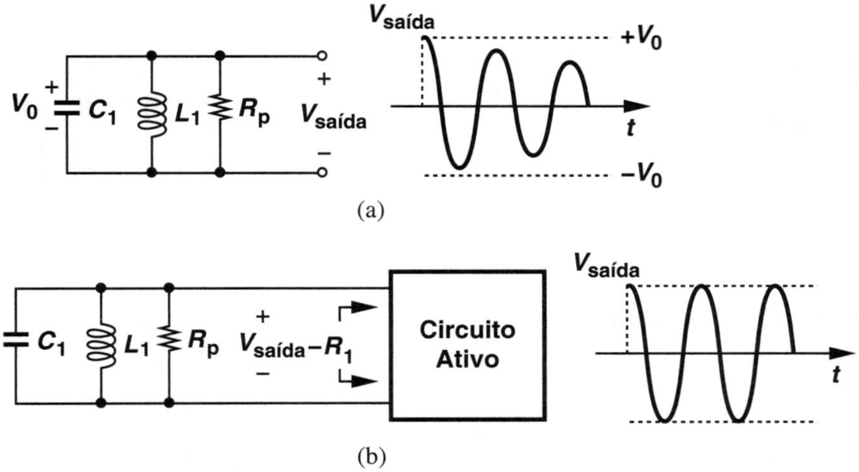

Figura 13.30 (a) Resposta temporal de um tanque LC com perda, (b) uso de uma resistência negativa para cancelar a perda do tanque.

Você sabia?

Osciladores a cristal fornecem uma frequência de saída muito precisa e estável. Contudo, o que fazer quando precisarmos de uma frequência *variável*? Por exemplo, o microprocessador em seu *notebook* roda a uma alta frequência de relógio quando há necessidade de computação intensa e, para economizar potência, comuta para uma baixa frequência de relógio quando há pouca demanda por computação. Como tal relógio pode ser gerado? Essa tarefa é executada com uso de uma "malha de travamento de fase" (*phase-locked loop*), um circuito que *multiplica* a frequência do cristal por um fator programável. Por exemplo, com frequência de cristal de 10 MHz e fator de multiplicação variando de 10 a 300, o microprocessador pode rodar em frequências de relógio entre 100 MHz e 3 GHz.

O que significam os três termos nesta equação? Os dois primeiros representam dois capacitores em série. O terceiro, por sua vez, é *real*, ou seja, uma resistência, e *negativo* [Figura 13.29(c)]. Uma resistência negativa de pequenos sinais simplesmente significa que, se a queda de tensão no dispositivo aumentar, a corrente que o percorre *diminui*.

Uma resistência negativa também pode sustentar oscilação. Para entender este ponto, consideremos um tanque LC paralelo com perda [Figura 13.30(a)]. Como explicado anteriormente, uma condição inicial sobre o capacitor leva a uma oscilação decrescente, pois R_p dissipa energia em cada ciclo. Conectemos, agora, uma resistência negativa em paralelo com R_p [Figura 13.30(b)]. Escolhendo $|-R_1| = R_p$, obtemos $(-R_1)\|R_p = \infty$. Como R_1 e R_p se cancelam mutuamente, o tanque que consiste em L_1 e C_1 não vê uma perda líquida, como se *não tivesse perda*. Em outras palavras, como a perda de energia por R_p em cada ciclo é reposta pelo circuito ativo, a oscilação se mantém indefinidamente.

O que acontece se $|-R_1| = R_p$? Neste caso, $(-R_1)\|R_p$ ainda é negativo, permitindo que a amplitude da oscilação cresça até que mecanismos não lineares no circuito ativo a limitem (Seção 13.1).

13.6.3 Implementação do Oscilador a Cristal

Agora, conectemos um cristal a uma resistência negativa para formar um oscilador [Figura 13.31(a)]. Substituindo o cristal por seu modelo elétrico e o circuito de resistência negativa por seu equivalente, chegamos à Figura 13.31(b). Obviamente, para tirar proveito da precisa frequência de ressonância do cristal, devemos escolher C_A e C_B de modo a *minimizar* seus efeitos sobre a frequência de oscilação. Fica evidente da Figura 13.31(b) que isso ocorre quando $C_A C_B/(C_A + C_B)$ for muito *menor* que a impedância do cristal, Z_{cr}. Contudo, se C_A e C_B forem demasiadamente grandes, a resistência negativa, $-g_m/(C_A C_B \omega^2)$, não será suficientemente "forte" para cancelar a perda do cristal. Em projetos típicos, C_A e C_B são escolhidos com valores 10 a 20 vezes menores que o de C_2.

A análise do oscilador a cristal básico na Figura 13.31 foge um pouco do escopo deste livro, mas é delineada no Exercício 13.51 para o leitor interessado. Pode ser mostrado que o circuito oscilará na frequência de ressonância paralela do cristal se

$$L_1 C_1 \omega^2 - 1 \leq g_m R_S \frac{C_1 C_2}{C_A C_B}. \qquad (13.58)$$

A folha de dados do cristal especifica L_1, C_1, C_2 e R_S. O projetista deve escolher C_A, C_B e g_m de modo adequado.

Agora, devemos adicionar elementos de polarização ao circuito. Em contraste com tanques LC, um cristal não provê rota para a corrente ou tensão de polarização. (Lembremo-nos da capacitância da série, C_1, no modelo do cristal.) Por exemplo, os estágios na Figura 13.32(a) não funcionam adequadamente porque a corrente de polarização de dreno de M_A é zero e a tensão de polarização de porta de M_B não é definida.

Podemos adicionar um resistor de realimentação, como mostrado na Figura 13.32(b), para realizar o estágio autopolarizado.

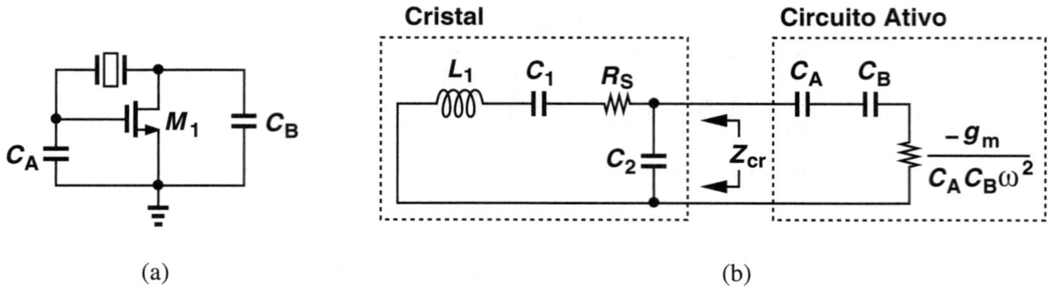

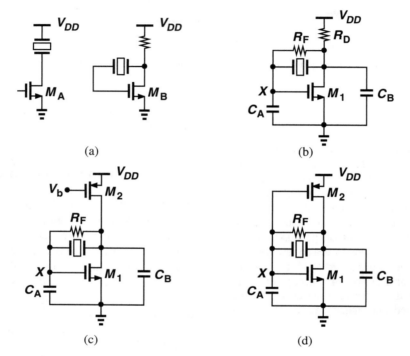

Figura 13.31 (a) Uso de resistência negativa para cancelar a perda do cristal, (b) circuito equivalente.

Figura 13.32 (a) Estágios sem rota de polarização DC, (b) polarização simples de um oscilador a cristal, (c) polarização usando uma fonte de corrente PMOS, (d) oscilador a cristal baseado em inversor.

Notemos que R_F deve ser muito grande (dezenas de quilo-ohms) para que contribua com perda. Podemos substituir R_D por uma fonte de corrente [Figura 13.32(c)]. Agora, a fonte de corrente pode ser transformada em um dispositivo *amplificador*, caso sua porta seja conectada ao nó X [Figura 13.32(d)].

O circuito da Figura 13.32(b) merece algumas observações. Primeira, os dois transistores são polarizados em saturação antes que a oscilação tenha início (por quê?). Segunda, para operação em pequenos sinais, M_1 e M_2 parecem em paralelo, fornecendo uma transcondutância total $g_{m1} + g_{m2}$. Terceira, M_1 e M_2 podem ser vistos como um inversor CMOS (Capítulo 16) polarizado em seu ponto de chaveamento. Essa topologia de oscilador é popular em circuitos integrados, com o inversor posicionado no *chip* e o cristal, fora do *chip*.

O circuito da Figura 13.32(d) pode exibir uma tendência a oscilar nos harmônicos superiores da frequência de ressonância paralela do cristal. Por exemplo, se esta frequência de ressonância for de 20 MHz, o circuito pode oscilar em 40 MHz. Para evitar isso, um filtro passa-baixas deve ser inserido na malha de realimentação, para suprimir o ganho nas frequências mais altas. Como ilustrado na Figura 13.33, posicionamos o resistor R_1 em série com o circuito de realimentação. Em geral, a frequência do polo, $1/(2pR_1C_B)$, é escolhida ligeiramente acima da frequência de ressonância.

No projeto de circuitos discretos, um inversor CMO de alta velocidade pode não estar disponível. Uma topologia alternativa – com um transistor bipolar – pode ser derivada do circuito da Figura 13.31(a), como mostrado na Figura 13.34(a). Para polarizar o transistor, adicionemos um grande resistor entre o coletor e a base, e um indutor a partir do coletor até V_{CC} [Figura 13.34(b)]. Desejamos que L_1 forneça a corrente de polarização de Q_1, sem afetar a frequência de oscilação. Dessa forma, escolhamos L_1 suficientemente grande para que $L_1\omega$ seja uma alta impedância (aproximadamente, um circuito aberto).

Um indutor com este papel recebe a denominação "*choke* de radiofrequência" (*RFC – Radio-Frequency Choke*). Notemos

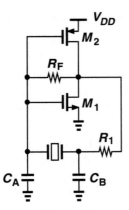

Figura 13.33 Oscilador a cristal completo, incluindo filtro passa-baixas para evitar modos superiores.

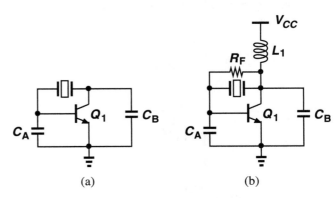

Figura 13.34 Oscilador a cristal usando dispositivo bipolar.

que, caso R_F e L_1 tenham grandes valores, este circuito se reduz ao da Figura 13.34(a).

13.7 RESUMO DO CAPÍTULO

- Um oscilador pode ser visto como um sistema de realimentação negativa com tanta defasagem (retardo) na malha que a realimentação se torna positiva na frequência de oscilação.
- A magnitude do ganho da malha deve exceder a unidade na frequência de oscilação. Esta é a chamada "condição de oscilação".
- A excursão de tensão em um oscilador é determinada por saturação ou comportamento não linear dos dispositivos.
- Osciladores em anel consistem em múltiplos estágios idênticos em uma malha e têm larga aplicação em circuitos integrados, por exemplo, em microprocessadores e memórias.
- A impedância de um tanque LC paralelo exibe fase zero na ressonância. Um tanque com perda se reduz a um resistor nessa frequência.
- Se dois estágios fontes comuns com cargas ressonantes forem posicionados em uma malha de realimentação, é formado um oscilador.
- O oscilador LC com acoplamento cruzado é largamente utilizado em circuitos integrados de alta frequência, por exemplo, em transceptores de WiFi. Essa topologia provê uma saída diferencial.
- O oscilador LC Colpitts emprega um único transistor, e tem aplicação em projetos discretos de alta frequência. Essa topologia provê saída de um terminal.
- Para frequências baixas ou moderadas, osciladores com deslocamento de fase e em ponte de Wien são usados em projetos discretos. Tais osciladores podem ser implementados com facilidade por meio de amp ops.
- Para frequências precisas e estáveis, osciladores a cristal podem ser usados. Esses circuitos funcionam como "referência de frequência" em muitas aplicações, por exemplo, em microprocessadores, memórias, transceptores sem fio, etc.

EXERCÍCIOS

Seção 13.1 Condições de Oscilação

13.1 Um sistema de realimentação negativa é mostrado na Figura 13.35. Em que condições este sistema oscila?

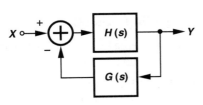

Figura 13.35

13.2 Um sistema de realimentação negativa é mostrado na Figura 13.36. Em que condições este sistema oscila?

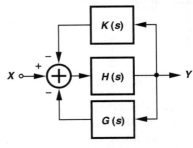

Figura 13.36

13.3 Considere o simples estágio emissor comum mostrado na Figura 13.37. Explique por que este circuito não oscila.

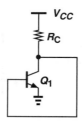

Figura 13.37

13.4 Um par diferencial é posicionado em uma malha de realimentação negativa, como ilustrado na Figura 13.38. Este circuito pode oscilar? Explique.

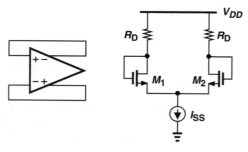

Figura 13.38

*13.5 Explique o que acontece se a polaridade da realimentação for alterada no circuito na Figura 13.38, ou seja, se a porta de M_1 for conectada ao dreno de M_2 e vice-versa.

*13.6 Um par diferencial seguido por um seguidor de fonte é posicionado em uma malha de realimentação negativa como indicado na Figura 13.39. Considere somente as capacitâncias mostradas no circuito. Este circuito pode oscilar? Explique.

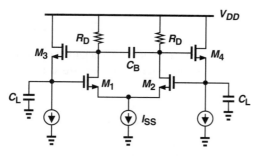

Figura 13.39

**13.7 Na Figura 13.39, adicionamos dois resistores em série com as portas de M_1 e M_2. Levando em conta C_{GS1} e C_{GS2}, além dos outros quatro capacitores, verifique se esse circuito pode oscilar.

Seção 13.2   Osciladores em Anel

13.8 No oscilador em anel da Figura 13.38, suponha que o valor do resistor R_D seja dobrado. Como são alteradas a frequência e a condição de oscilação?

*13.9 No oscilador em anel da Figura 13.38, suponha que o valor do resistor C_D seja dobrado. Como são alteradas a frequência de oscilação e a condição de oscilação?

*13.10 No oscilador em anel da Figura 13.38, assumamos que C_D surja de C_{GS} e desprezemos outras capacitâncias. Se a largura e a corrente de polarização de cada transistor forem multiplicadas por dois e R_D for dividido por dois, o que acontece com a frequência de oscilação?

13.11 A tensão de alimentação do oscilador em anel da Figura 13.38 é gradualmente reduzida. Explique por que a oscilação acaba cessando.

**13.12 Determine a frequência de oscilação e a condição de oscilação para o oscilador em anel da Figura 13.38, quando o número de estágio é aumentado para cinco.

*13.13 Determine a frequência de oscilação e a condição de oscilação para o oscilador em anel da Figura 13.39(a). Considere somente a capacitância C_{GS} do transistor NMOS, e assuma que todos os transistores estejam em saturação.

13.14 Na Figura 13.39(a), suponha que a tensão de polarização, V_b, seja gradualmente aumentada para reduzir a corrente de polarização de cada estágio. O circuito tem frequência de oscilação maior ou menor? (Sugestão: à medida que a corrente de polarização diminui, o crescimento de r_O é mais rápido que a redução de g_m.)

**13.15 Determine a frequência de oscilação e a condição de oscilação para o oscilador em anel da Figura 13.39(b). Considere as capacitâncias C_{GS} dos transistores NMOS e PMOS, e assuma que todos os transistores estejam em saturação.

13.16 Desenhe as formas de onda de grandes sinais da Figura 13.10 para um oscilador em anel de cinco estágios similar ao circuito da Figura 13.39(b).

13.17 Um oscilador em anel é, às vezes, usado para prover *múltiplas* saídas com diferentes fases. Qual é a defasagem entre nós consecutivos no circuito da Figura 13.9(b)? (Sugestão: considere as formas de onda da Figura 13.10.)

13.18 Um oscilador em anel emprega N estágios. Qual é a defasagem entre saídas consecutivas do circuito?

Seção 13.3   Osciladores LC

13.19 Refaça os gráficos da Figura 13.13 dobrando os valores de L_1 e C_1 na Figura 13.12.

13.20 No circuito da Figura 13.12, assuma $V_{entrada}(t) = V_0 \cos \omega_{entrada} t$. Desenhe o gráfico de $I_{entrada}(t)$ para $\omega_{entrada}$ ligeiramente abaixo ou acima de ω_1. (Sugestão:

considere as respostas de magnitude e de fase na Figura 13.13.)

13.21 Calcule $Z_2(s)$ no tanque da Figura 13.14(a). Calcule as frequências dos polos.

13.22 Determine as frequências dos polos de $Z_2(s)$ na Equação (13.13) e esboce suas localizações no plano complexo quando R_p varia de infinito a uma pequeno valor.

*13.23 Neste exercício, desejamos determinar como o tanque na Figura 13.14(a) pode ser transformado no tanque na Figura 13.14(b). Calcule a impedância de cada tanque em uma frequência $s = j\omega$ e iguale as duas impedâncias. Agora, iguale as partes reais e faça o mesmo com as partes imaginárias das impedâncias. Assuma, ainda, $L_1\omega/R_1 \gg 1$. (Dizemos que o indutor tem alto fator de qualidade, Q.) Determine o valor de R_p.

13.24 Explique qualitativamente o que acontece aos gráficos da Figura 13.15 se o valor de R_p for dobrado.

13.25 Esboce o gráfico da dissipação de potência instantânea por R_p na Figura 13.16(b) em função do tempo. Você é capaz de prever o que obteremos se integrarmos a área sob a curva?

13.26 No estágio FC da Figura 13.17(a), $V_{entrada} = V_0\cos\omega_1 t + V_1$, em que $\omega_1 = 1/\sqrt{L_1 C}$ e V_1 é uma tensão de polarização. Desenhe a curva de $V_{saída}$ em função do tempo. (Sugestão: qual é o valor DC da saída quando a entrada é igual a V_1?)

13.27 Explique qualitativamente o que acontece aos gráficos da Figura 13.17(b) se o valor de R_p for dobrado.

**13.28 No circuito da Figura 13.18(a), abrimos a malha na porta de M_1 e aplicamos uma entrada como mostrado na Figura 13.40. Assuma $V_{entrada} = V_0\cos\omega_1 t + V_1$, em que ω_1 é a frequência de ressonância de cada tanque e V_1, uma tensão de polarização; determine as formas de onda nos nós X e Y.

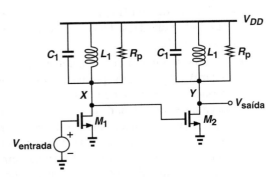

Figura 13.40

13.29 Suponha que o oscilador LC da Figura 13.18(a) seja realizado com tanques *ideais*, ou seja, $R_p = \infty$. Levando em consideração a modulação do comprimento do canal, determine a condição de oscilação.

*13.30 Suponha que os dois tanques no oscilador da Figura 13.18(a) tenham frequências de ressonância ligeiramente distintas. Você é capaz de prever, aproximadamente, a frequência de ressonância? (Sugestão: considere a resposta de frequência em malha aberta.)

13.31 Explique por que o circuito da Figura 13.19(c) não oscila se os tanques forem substituídos por resistores.

13.32 Se aumentarmos C_1 no oscilador Colpitts da Figura 13.21(a), relaxaremos ou tornaremos mais estrita a condição de oscilação?

13.33 O que acontece se $C_2 = 0$ no oscilador Colpitts da Figura 13.21(a)?

**13.34 Refaça a análise do oscilador Colpitts abrindo a malha no emissor de Q_1. O circuito equivalente é mostrado na Figura 13.41. Note que o carregamento visto no emissor, $1/g_m$, é incluído em paralelo com C_2.

13.35 Refaça a análise do oscilador Colpitts incluindo r_O de Q_1, mas assumindo $R_p = \infty$.

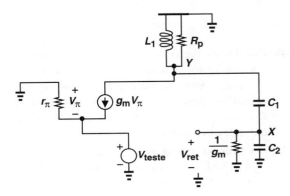

Figura 13.41

13.36 Refaça a análise do oscilador Colpitts assumindo uma resistência de saída, R_1, para I_1, mas desprezando R_p.

13.37 Deduza a Equação (13.27) com $R_p = \infty$. Você pode usar o circuito equivalente da Figura 13.21(b) e conectar $R_{entrada}$ entre X e a terra.

Seções 13.4 e 13.5 Osciladores com Deslocamento de Fase e em Ponte de Wien

13.38 No oscilador da Figura 13.23(a), temos $R_1 = R_2 = R_3 = R$, $C_1 = C_2 = C_3 = C$, e $V_{saída} = V_0\cos\omega_0 t$, em que $\omega_0 = 1/(RC)$. Esboce as formas de onda em X e Y. Assuma $A_0 = 2$.

13.39 Um estudante decide empregar três seções *passa-baixas* para criar a necessária defasagem em um oscilador com deslocamento de fase (Figura 13.42). Refaça a análise desse circuito para $R_1 = R_2 = R_3 = R$, $C_1 = C_2 = C_3 = C$.

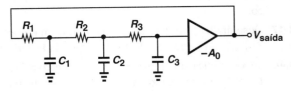

Figura 13.42

13.40 Compare a frequência de oscilação e a condição de oscilação do oscilador com deslocamento de fase com as de um oscilador em anel de três estágios.

13.41 Suponha que o oscilador com deslocamento de fase incorpore *quatro* seções passa-altas com iguais resistores e capacitores. Determine a frequência de oscilação e a condição de oscilação para o circuito.

*13.42 O circuito mostrado na Figura 13.43 pode oscilar? Assuma $R_1 = R_2 = R_3 = R$, $C_1 = C_2 = C_3 = C$.

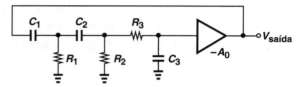

Figura 13.43

13.43 Considere o oscilador da Figura 13.32(a) e assuma que o amplificador contenha um polo, ou seja, $A(s) = A_0/(1 + s/j\omega_0)$. Assuma, ainda, que o circuito de defasagem contenha apenas duas seções passa-altas com $R_1 = R_2 = R$, $C_1 = C_2 = C$. É possível escolher ω_0 de modo que este circuito oscile?

13.44 No circuito da Figura 13.26(a), $R_1 = R_2 = R$, $C_1 = C_2 = C$. Se $V_{entrada} = V_0 \cos\omega_0 t$, com $\omega_0 = 1/(RC)$, esboce o gráfico de $V_{saída}$ em função do tempo.

*13.45 Um estudante decide modificar o oscilador em ponte de Wien da Figura 13.26(b) como indicado na Figura 13.44. Esse circuito pode oscilar? Explique.

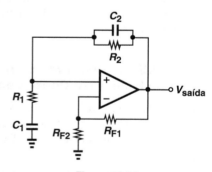

Figura 13.44

Seção 13.6 Osciladores a Cristal

13.46 Deduza uma expressão para Z_S na Figura 13.28(b), com $s = j\omega$.

13.47 Desenhe os gráficos das partes real e imaginária de $Z_{entrada}$ na Figura 13.29(c) em função da frequência.

13.48 Suponha que o circuito de resistência negativa da Figura 13.29(a) empregue um transistor bipolar no lugar de um MOSFET. Determine $Z_{entrada}$ e o circuito equivalente.

13.49 Determine $Z_{entrada}$ na Figura 13.29(a) sem desprezar a modulação do comprimento do canal. Você é capaz de construir um simples circuito equivalente para $Z_{entrada}$ como o mostrado na Figura 13.29(c)?

13.50 Suponha que o capacitor C_1 na Figura 13.30(a) comece com uma condição inicial V_0. Deduza uma equação para $V_{saída}$ assumindo que R_p seja grande. (Um grande valor de R_p significa que o tanque tem alto fator de qualidade Q.)

**13.51 Desejamos determinar a condição de oscilação para o oscilador a cristal da Figura 13.31(b).

(a) Prove que Z_{cr} é dada pela seguinte equação na frequência de ressonância paralela:

$$Z_{cr}(j\omega_2) = \frac{L_1 C_1 \omega_2^2 - 1}{R_S C_1 C_2 \omega_2^2} + \frac{1}{jC_2\omega_2}. \quad (13.59)$$

(b) Agora, cancele a parte real de $Z_{cr}(j\omega_2)$ com uma resistência negativa e prove a Equação (13.58).

**13.52 Refaça o Exercício 13.51 sem desprezar a modulação do comprimento do canal.

Exercícios de Projeto

Nos próximos exercícios, a menos que seja especificado de outra forma, assuma $\mu_n C_{ox} = 2\mu_p C_{ox} = 100\ \mu A/V^2$ e $\lambda_n = 0,5\lambda_p = 0,1\ V^{-1}$, $V_{THN} = 0,3\ V$ e $V_{THP} = -0,35\ V$.

13.53 Na Figura 13.8, $R_D = 1\ k\Omega$. Projete o circuito para um orçamento de potência de 3 mW e frequência de 1 GHz. Assuma $V_{DD} = 1,5\ V$ e $\lambda = 0$.

13.54 No circuito da Figura 13.9(a), $V_{DD} - V_b = 0,6\ V$.

(a) Escolha W/L dos dispositivos PMOS para corrente de polarização de 1 mA.

(b) Escolha W/L dos dispositivos NMOS para satisfazer a condição de oscilação $g_{mN}(r_{LIGADO}||r_{OP}) = 2$.

13.55 (a) Um indutor de 10 nH tem resistência de série de 10 Ω. Determine a resistência paralela equivalente, R_p, em 1 GHz.

(b) Usando este indutor com orçamento de potência de 2 mW e $V_{DD} = 1,5\ V$, projete um oscilador com acoplamento cruzado de 1 GHz. Escolha W/L dos dois transistores de modo que 95 % da corrente de cauda seja direcionada para a esquerda ou para a direita, para $|V_X - V_Y| = 500\ mV$. Por simplicidade, assuma que cada transistor contribua com uma capacitância de $1,5 \times W$ fF, com W em micrometros.

13.56 (a) Um indutor de 20 nH tem resistência série de 15 Ω. Determine a resistência paralela equivalente, R_p, em 2 GHz.

(b) Usando este indutor com orçamento de potência de 2 mW e $V_{DD} = 1,5\ V$, projete um oscilador Colpitts de 2 GHz. Por simplicidade, despreze as capacitâncias do transistor bipolar e assuma $C_1 = C_2$. Verifique se a condição de oscilação é satisfeita.

13.57 Projete o oscilador com deslocamento de fase da Figura 13.24 para uma frequência de 10 MHz; assuma um amp op ideal e $C_1 = C_2 = C_3 = 1$ nF.

13.58 Projete o oscilador em ponte de Wien da Figura 13.26(b) para uma frequência de 10 MHz; assuma um amp op ideal e $C_1 = C_2 = 1$ nF.

13.59 (a) Um cristal com frequência ressonância paralela de 10 MHz tem $C_2 = 100$ pF, $C_1 = 10$ pF [Figura 13.28(c)]. Determine o valor de L_1.

(b) Suponha que a resistência série do cristal seja igual a 5 Ω. Projete o oscilador da Figura 13.32(d) para uma frequência de 10 MHz. Despreze as capacitâncias do transistor e assuma $C_A = C_B = 20$ pF, $(W/L)_2 = 2(W/L)_1$ e $V_{DD} = 1,2$ V.

EXERCÍCIOS COM SPICE

Nos exercícios a seguir, use os modelos de dispositivos MOS dados no Apêndice A. Para transistores bipolares, assuma $I_S = 5 \times 10^{-16}$ A, $\beta = 100$, $V_A = 5$ V. Assuma, ainda, uma tensão de alimentação de 1,8 V. (Em *SPICE*, para assegurar oscilação, um nó do osciloscópio deve ser inicializado próximo de zero ou V_{DD}.)

13.60 Simule o oscilador da Figura 13.8 com $W/L = 10/0,18$ e $C_D = 20$ fF. Escolha o valor de R_D para que o circuito fique no limiar de oscilação. Compare o valor de $g_m R_D$ com o mínimo teórico, que é 2. Desenhe as excursões de tensão em X, Y e Z, e meça a diferença de fase entre esses nós.

13.61 Refaça o Exercício 13.60 escolhendo R_D igual a quatro vezes o mínimo valor aceitável. De quanto é excursão de tensão neste caso? A frequência de oscilação é reduzida por um fator 4?

13.62 Simule o oscilador da Figura 13.9(a) com $(W/L)_N = 10/0,18$ e $(W/L)_P = 15/0,18$. Escolha o valor de V_D para obter corrente de polarização de 0,5 mA em cada ramo.

(a) Meça a frequência de oscilação.

(b) Agora, altere V_b de ± 100 mV e meça a frequência de oscilação. Esse circuito é chamado de oscilador controlado por tensão (*VCO – Voltage-Controlled Oscillator*).

13.63 Refaça o Exercício 13.62 com cinco estágios no anel e compare a frequência de oscilação com a do caso anterior. As frequências de oscilação foram reduzidas por uma razão de 5 para 3?

13.64 Simule o oscilador em anel da Figura 13.9(b) nos dois casos a seguir:

(a) Escolha $(W/L)_P = 2(W/L)_N = 20/0,18$.

(b) Escolha $(W/L)_P = 2(W/L)_N = 10/0,18$. Qual dos dois casos produz frequência de oscilação mais alta?

13.65 Desejamos projetar o circuito da Figura 13.9(b) para a mais alta frequência de oscilação. Comece com $(W/L)_N = (W/L)_P = 5/0,18$ e reduza a largura dos transistores em passos de 0,5 μm. Faça o gráfico da frequência de oscilação em função de W.

13.66 Podemos construir um oscilador em anel de *quatro* estágios se empregarmos pares diferenciais no lugar de inversores. Simule um oscilador em anel composto por quatro idênticos pares diferenciais com $W/L = 10/0,18$, corrente de cauda de 0,5 mA e resistor de carga de 1 kΩ. Escolha a realimentação para ser *negativa* em uma frequência baixa. Desenhe as formas de onda produzidas pelos quatro estágios e meça a diferença de fase entre elas.

13.67 Simule o oscilador com acoplamento cruzado da Figura 13.19(c), com $W/L = 10/0,18$, $I_{SS} = 1$ mA e $L_1 = 10$ nH. Conecte uma resistência de 10 Ω em série com cada indutor (exclua R_p) e adicione suficiente capacitância entre X e Y e a terra, de modo a obter frequência de oscilação de 1 GHz. Desenhe as tensões de saída e as correntes de dreno de M_1 e M_2 em função do tempo. Qual é o mínimo valor de I_{SS} para sustentar a oscilação.

13.68 Projete e simule o oscilador Colpitts da Figura 13.21(a) com $L_1 = 10$ nH, $V_b = 1,2$ V e $I_1 = 1$ mA. Escolha R_p de modo que $Q = R_p/(L_1\omega) = 10$ em 2 GHz. Selecione, ainda, o valor de $C_1 = C_2$ para uma frequência de oscilação de 2 GHz. Desenhe as formas de onda no coletor e no emissor de Q_1.

13.69 No Exercício 13.68, reduza I_1 em passos de 0,1 mA, até que cesse a oscilação. Compare o mínimo valor de I_1 com o valor teórico predito pela Equação (13.26).

14

Estágios de Saída e Amplificadores de Potência

Os circuitos amplificadores estudados nos capítulos anteriores têm como objetivo alcançar ganho elevado com adequados níveis de impedâncias de entrada e de saída. No entanto, muitas aplicações requerem circuitos que possam prover alta potência à carga. Por exemplo, o telefone celular descrito no Capítulo 1 deve alimentar a antena com 1 W de potência. Como outro exemplo, sistemas de som estéreos fornecem dezenas ou centenas de watts de potência de áudio aos alto-falantes. Estes circuitos são chamados "amplificadores de potência" (APs).

Este capítulo trata de circuitos que podem fornecer alta potência de saída. Primeiro, reexaminaremos circuitos estudados em capítulos anteriores para entender suas limitações para executar esta função. A seguir, apresentaremos o estágio *"push-pull"* e várias modificações para melhorar o seu desempenho. O roteiro do capítulo é listado a seguir.

Estágios Básicos
- Seguidor de Emissor
- Estágio Push-Pull e Versões Melhoradas

Considerações de Grandes Sinais
- Omissão do Transistor PNP
- Projeto de Alta-Fidelidade

Dissipação de Calor
- Dissipação de Potência
- Avalanche Térmica

Eficiência e Classes de APs
- Eficiência de APs
- Classes de APs

14.1 CONSIDERAÇÕES GERAIS

O leitor pode se perguntar por que os estágios amplificadores estudados em capítulos anteriores não são adequados a aplicações de alta potência. Suponhamos que desejemos entregar 1 W a um alto-falante de 8 Ω. Aproximando o sinal por uma senoide com amplitude de pico V_P, expressemos a potência absorvida pelo alto-falante como

$$P_{saída} = \left(\frac{V_P}{\sqrt{2}}\right)^2 \cdot \frac{1}{R_L}, \quad (14.1)$$

em que $V_P/\sqrt{2}$ denota o valor médio quadrático ou valor eficaz (rms)* da senoide e R_L, a impedância do alto-falante. Para $R_L = 8\ \Omega$ e $P_{saída} = 1\ W$,

$$V_P = 4\ V. \quad (14.2)$$

Além disto, a corrente de pico que flui pelo alto-falante é dada por $I_P = V_P/R_L = 0{,}5$ A.

Neste ponto, podemos fazer uma série de observações importantes: (1) A resistência que deve ser alimentada pelo amplificador é muito menor do que os valores típicos vistos em capítulos anteriores (centenas a milhares de ohms). (2) Os níveis de corrente envolvidos neste exemplo são muito maiores do que os encontrados em capítulos anteriores (miliamperes).** (3) As excursões de tensão que o amplificador entrega não podem ser vistas como "pequenos" sinais e exigem um bom entendimento do comportamento de grandes sinais do circuito. (4) A potência consumida da fonte de tensão, de pelo menos 1 W, é muito maior

---

* A sigla rms advém do correspondente termo inglês: *root mean square*. (N.T.)
** Em 2012, o Instituto Nacional de Metrologia, Qualidade e Tecnologia (Inmetro) alterou a grafia da unidade de corrente de "ampère" para "ampere"; veja http://www.inmetro.gov.br/noticias/conteudo/sistema-internacional-unidades.pdf. (N.T.)

do que nossos valores típicos. (5) Um transistor que conduza correntes tão altas e sustente vários volts (por exemplo, entre coletor e emissor) dissipa grande potência e, em consequência, *esquenta*. Transistores de alta potência devem, portanto, tolerar altas correntes e temperatura elevada.[1]

Com base nestas observações, podemos prever os parâmetros de interesse no projeto de estágios de potência:

(1) "Distorção", ou seja, a não linearidade que resulta da operação em grandes sinais. Um amplificador de áudio de alta qualidade deve sofrer distorção muito baixa para que possa reproduzir música com alta-fidelidade. Em capítulos anteriores, praticamente não lidamos com distorção.

(2) "Eficiência de potência" ou, simplesmente, "eficiência", denotada por η e definida como

$$\eta = \frac{\text{Potência Entregue à Carga}}{\text{Potência Consumida da Alimentação}}. \quad (14.3)$$

Por exemplo, um amplificador de potência de um telefone celular que consuma 3 W da bateria para entregar 1 W à antena tem eficiência $\eta \approx 33{,}3\ \%$. Em capítulos anteriores, a eficiência de circuitos era de pouco interesse, pois o valor absoluto do consumo de potência era muito pequeno (alguns miliwatts).

(3) "Demanda de tensão". Como sugerido pela Equação (14.1), níveis mais elevados de potência ou de valores da resistência de carga se traduzem em grandes excursões de tensão e (possivelmente) em altas tensões de alimentação. Além disto, os transistores no estágio de saída devem exibir tensões de ruptura muito maiores que as excursões de tensão de saída.

14.2 SEGUIDOR DE EMISSOR COMO AMPLIFICADOR DE POTÊNCIA

O seguidor de emissor, com sua relativamente baixa impedância de saída, pode ser considerado um bom candidato para alimentar cargas "pesadas", ou seja, de baixas impedâncias. Como mostrado no Capítulo 5, o ganho de pequenos sinais do seguidor é dado por

$$A_v = \frac{R_L}{R_L + \dfrac{1}{g_m}}. \quad (14.4)$$

Portanto, podemos concluir que, digamos, para $R_L = 8\ \Omega$, ganho próximo da unidade pode ser obtido se $1/g_m \ll R_L$, por exemplo, $1/g_m = 0{,}8\ \Omega$, o que requer uma corrente de polarização de coletor de 32,5 mA. Assumimos $\beta \gg 1$.

---

[1] E, em algumas aplicações, altas tensões.

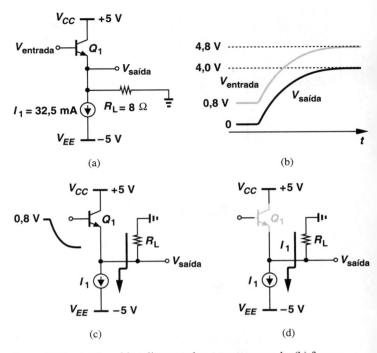

Figura 14.1 (a) Seguidor alimentando uma carga pesada, (b) formas de onda de entrada e de saída, (c) rota da corrente à medida que a entrada se torna mais negativa, (d) rota da corrente à medida que a entrada se torna mais positiva.

Analisemos o comportamento do circuito ao fornecer *grandes* excursões de tensão (por exemplo, $4V_P$) a cargas pesadas. Para isto, consideremos o seguidor mostrado na Figura 14.1(a), em que I_1 funciona como fonte de corrente de polarização. Para simplificar a análise, assumamos que o circuito opere a partir tanto de alimentação negativa como de alimentação positiva, permitindo que $V_{saída}$ seja centrado em zero. Para $V_{entrada} \approx 0{,}8$ V, $V_{saída} \approx 0$ e $I_C \approx 32{,}5$ mA. Se $V_{entrada}$ aumentar de 0,8 V para 4,8 V, a tensão de emissor segue a tensão de base com uma diferença relativamente constante de 0,8 V, produzindo uma excursão de 4 V na saída [Figura 14.1(b)].

Agora, suponhamos que $V_{entrada}$ comece em +0,8 V e diminua de forma gradual [Figura 14.1(c)]. Esperamos que $V_{saída}$ se torne menor que zero e, portanto, que parte de I_1 flua de R_L. Por exemplo, se $V_{entrada} \approx 0{,}7$ V, $V_{saída} \approx -0{,}1$ V e R_L conduz uma corrente de 12,5 mA. Ou seja, $I_{C1} \approx I_{E1} = 20$ mA. De modo similar, se $V_{entrada} \approx 0{,}6$ V, $V_{saída} \approx -0{,}2$ V, $I_{RL} \approx 25$ mA e, portanto, $I_{C1} \approx 7{,}5$ mA. Em outras palavras, a corrente de coletor de Q_1 continua a cair.

O que acontece quando $V_{entrada}$ se torna mais negativo? $V_{saída}$ ainda segue $V_{entrada}$? Observamos que, para um valor de $V_{entrada}$ suficientemente baixo, a corrente de coletor de Q_1 cai a zero e R_L conduz *a totalidade* de I_1 [Figura 14.1(d)]. Para valores mais baixos de $V_{entrada}$, Q_1 permanece desligado e $V_{saída} = -I_1 R_L = -260$ mV.

> **Exemplo 14.1** Se, na Figura 14.1(a), $I_S = 5 \times 10^{-15}$ A, determinemos a tensão de saída para $V_{entrada} = 0,5$ V. Se Q_1 conduzir apenas 1 % de I_1, qual é o valor de $V_{entrada}$?

Solução Temos

$$V_{entrada} - V_{BE1} = V_{saída} \tag{14.5}$$

e

$$\frac{V_{saída}}{R_L} + I_1 = I_{C1}. \tag{14.6}$$

Como $V_{BE1} = V_T \ln(I_{C1}/I_S)$, as Equações (14.5) e (14.6) podem ser combinadas para fornecer

$$V_{entrada} - V_T \ln\left[\left(\frac{V_{saída}}{R_L} + I_1\right)\frac{1}{I_S}\right] = V_{saída}. \tag{14.7}$$

Começando com uma estimativa $V_{saída} = -0,2$ V, após algumas iterações, obtemos

$$V_{saída} \approx -211 \text{ mV}. \tag{14.8}$$

Da Equação (14.6), notamos que $I_{C1} \approx 6,13$ mA.

Para determinar o valor de $V_{entrada}$ que leva a $I_{C1} \approx 0,01 I_1 = 0,325$ mA, eliminemos $V_{saída}$ das Equações (14.5) e (14.6):

$$V_{entrada} = V_T \ln\frac{I_{C1}}{I_S} + (I_{C1} - I_1)R_L. \tag{14.9}$$

Fixando $I_{C1} = 0,325$ mA, obtemos

$$V_{entrada} \approx 390 \text{ mV}. \tag{14.10}$$

Da Equação (14.5), notamos que, nesta condição, $V_{saída} \approx -257$ mV.

Exercício Repita o exemplo anterior para $R_L = 16$ Ω e $I_1 = 16$ mA.

Resumamos nosso raciocínio até aqui. Na configuração da Figura 14.1(a), a saída segue a entrada[2] à medida que $V_{entrada}$ aumenta, pois Q_1 pode conduzir tanto I_1 como a corrente puxada por R_L. Quanto $V_{entrada}$ diminui, o mesmo acontece com I_{C1}, o que, por fim, desliga Q_1 e leva a uma tensão de saída *constante*, mesmo que a entrada varie. Como ilustrado pelas formas de onda da Figura 14.2(a), a saída é distorcida de forma severa. De outra perspectiva, a característica entrada/saída do circuito, mostrada na Figura 14.2(b), se afasta bastante de uma linha reta, à medida que $V_{entrada}$ se torna menor que aproximadamente 0,4 V (do Exemplo 14.2).

Esta análise revela que o seguidor da Figura 14.1(a) não é capaz de prover excursões de tensão da ordem de ±4 V a um alto-falante de 8 Ω. Como podemos remediar a situação? Notando que $V_{saída, mín} = -I_1 R_L$, podemos aumentar I_1 acima de 50 mA, de modo que, para $V_{saída} = -4$ V, Q_1 permaneça ligado. No entanto, esta solução produz maior dissipação de potência e eficiência mais baixa.

14.3 ESTÁGIO *PUSH-PULL*

Considerando o funcionamento do seguidor de emissor da seção anterior, postulemos que o desempenho pode ser melhorado se I_1 aumentar *apenas quando necessário*. Em outras palavras, imaginemos uma configuração na qual I_1 aumente à medida que $V_{entrada}$ se torne *mais negativo* e vice-versa. A Figura 14.3(a) mostra uma possível implementação desta ideia. Aqui, a fonte de corrente constante é substituída por um seguidor de emissor *pnp*, de modo que, quando Q_1 começar a desligar, Q_2 "ligue" e permita que $V_{saída}$ siga $V_{entrada}$.

Este circuito, chamado de estágio "*push-pull*", merece um estudo detalhado. Notemos que, se $V_{entrada}$ for suficientemente positivo, Q_1 opera como um seguidor de emissor, $V_{saída} = V_{entrada} - V_{BE1}$, e Q_2 permanece *desligado* [Figura 14.3(b)], pois sua junção base-emissor está sob polarização reversa. Por simetria, se $V_{entrada}$ for suficientemente negativo, ocorre o reverso [Figura 14.3(c)] e $V_{saída} = V_{entrada} + |V_{BE2}|$. No primeiro caso, dizemos

---
[2] Este seguimento pode não ser muito fiel, pois V_{BE} sofre alguma variação; por ora, ignoremos este efeito.

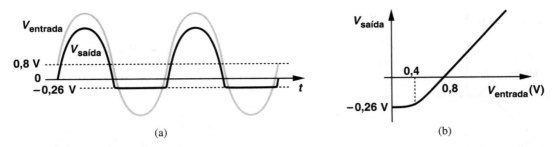

Figura 14.2 (a) Distorção em um seguidor, (b) característica entrada/saída.

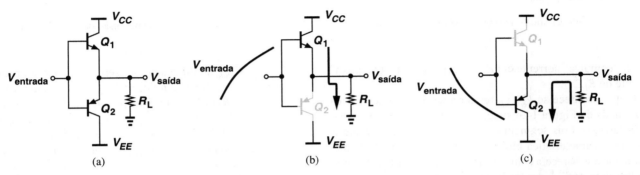

Figura 14.3 (a) Estágio *push-pull* básico, (b) rota de corrente para entradas suficientemente positivas, (c) rota de corrente para entradas suficientemente negativas.

Exemplo 14.2 — Esbocemos o gráfico da característica entrada/saída do estágio *push-pull* para entradas muito positivas e muito negativas.

Solução Como acabamos de ver,

$$V_{saída} = V_{entrada} + |V_{BE2}| \quad \text{para entradas muito negativas} \tag{14.11}$$

$$V_{saída} = V_{entrada} - V_{BE1} \quad \text{para entradas muito positivas.} \tag{14.12}$$

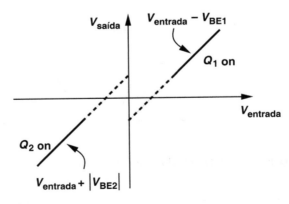

Figura 14.4 Característica do estágio *push-pull*.

Ou seja, para entradas negativas, Q_2 desloca o sinal *para cima* e, para entradas positivas, Q_1 desloca o sinal *para baixo*. A Figura 14.4 mostra o gráfico da característica resultante.

Exercício Repita o exemplo anterior para um estágio de saída CMOS.

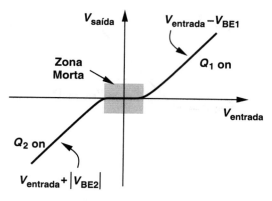

Figura 14.5 Característica do estágio *push-pull* com zona morta.

Figura 14.6 Estágio *push-pull* com tensão de entrada nula.

que Q_1 "empurra" corrente em R_L; no segundo, que Q_2 "puxa" corrente de R_L.*

O que acontece se $V_{entrada}$ tender a zero? A característica aproximada da Figura 14.4 sugere que, caso devam permanecer lineares, os dois segmentos não se encontram. Em outras palavras, a característica global inevitavelmente incluirá não linearidade e se parecerá com a ilustrada na Figura 14.5, exibindo uma "zona morta"** em torno de $V_{entrada} = 0$.

Por que o circuito apresenta esta zona morta? Façamos duas observações. Primeira, Q_1 e Q_2 não podem estar ligados simultaneamente: para que Q_1 esteja ligado, $V_{entrada} > V_{saída}$; para que Q_2 esteja ligado, $V_{entrada} < V_{saída}$. Segunda, se $V_{entrada} = 0$, $V_{saída}$ também deve ser zero. Isto pode ser provado por contradição. Por exemplo, se $V_{saída} > 0$ (Figura 14.6), a corrente $V_{saída}/R_L$ deve ser provida por Q_1 (de V_{CC}), o que requer $V_{BE1} > 0$ e, portanto, $V_{saída} = V_{entrada} - V_{BE1} < 0$. Ou seja, quando $V_{entrada} = 0$, os dois transistores estão desligados.

Agora, suponhamos que $V_{entrada}$ comece a aumentar a partir de zero. Como, inicialmente, $V_{saída}$ está em zero, $V_{entrada}$ deve chegar a, pelo menos, $V_{BE} \approx 600\text{-}700$ mV para que Q_1 ligue. A saída, portanto, permanece em zero se $V_{entrada} < 600$ mV, exibindo a zona morta ilustrada na Figura 14.5. Observações similares se aplicam à zona morta se $V_{entrada} < 0$.

Exemplo 14.3 Para a característica da Figura 14.5, esbocemos o gráfico do ganho de pequenos sinais em função de $V_{entrada}$.

Solução O ganho (inclinação) é próximo da unidade para entradas negativas ou positivas, e cai a zero na zona morta. A Figura 14.7 mostra o gráfico resultante.

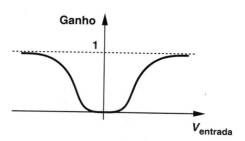

Figura 14.7 Ganho do estágio *push-pull* em função da entrada.

Exercício Repita o exemplo anterior para o caso em que R_L é substituído por uma fonte de corrente ideal.

---

* A tradução literal do termo *push-pull* é empurra-puxa. Na prática, apenas o termo em inglês é usado. (N.T.)
** O termo "banda morta" também é empregado. (N.T.)

Exemplo 14.4 — Suponhamos que uma senoide com 4 V de amplitude de pico seja aplicada ao estágio *push-pull* da Figura 14.3(a). Esbocemos o gráfico da forma de onda de saída.

Solução — Para $V_{entrada}$ bem acima de 600 mV, Q_1 ou Q_2 funciona como um seguidor de emissor, produzindo uma senoide razoável na saída. Nesta condição, o gráfico na Figura 14.5 indica que $V_{saida} = V_{entrada} + |V_{BE2}|$ ou $V_{entrada} - V_{BE1}$. Na zona morta, entretanto, $V_{saida} \approx 0$. Como ilustrado na Figura 14.8, V_{saida} exibe "distorção de cruzamento do eixo horizontal". Dizemos que este circuito apresenta "distorção de cruzamento".

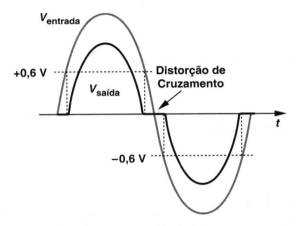

Figura 14.8 Formas de onda de entrada e de saída na presença de zona morta.

Exercício — Esboce os gráficos das formas de onda de entrada e de saída quando o estágio *push-pull* incorpora transistores NMOS e PMOS com tensões de limiar nulas.

Em resumo, para entradas suficientemente negativas ou positivas, o estágio *push-pull* simples da Figura 14.3(a) funciona como um seguidor de emissor *pnp* ou *npn*, respectivamente, e permanece desligado para -600 mV $< V_{entrada} < +600$ mV. A zona morta resultante distorce o sinal de entrada de forma significativa.

14.4 ESTÁGIO *PUSH-PULL* APRIMORADO

14.4.1 Redução da Distorção de Cruzamento

Na maioria das aplicações, a distorção introduzida pelo estágio *push-pull* simples da Figura 14.3(a) é inaceitável. Portanto, devemos desenvolver métodos para reduzir ou eliminar a zona morta.

No estágio *push-pull*, a distorção advém, fundamentalmente, das conexões de entrada: como as bases de Q_1 e Q_2 na Figura 14.3(a) são curto-circuitadas, os dois transistores não podem permanecer ligados simultaneamente nas proximidades de $V_{entrada} = 0$. Concluímos que o circuito pode ser modificado como indicado na Figura 14.9(a), na qual uma bateria de tensão V_B foi inserida entre as duas bases. Qual é o valor necessário de V_B? Se Q_1 deve permanecer ligado, $V_1 = V_{saida} + V_{BE1}$. De modo similar, se Q_2 deve permanecer ligado, $V_2 = V_{saida} - |V_{BE1}|$. Logo,

Você sabia?

O ouvido é muito sensível à ceifa (*cliping*) ou distorção de cruzamento produzida por estágios seguidores ou *push-pull*. Com entrada senoidal de frequência $f_{entrada}$, a saída não é mais uma senoide pura e exibe harmônicos em 2 $f_{entrada}$, 3 $f_{entrada}$ etc. Podemos, então, dizer que o ouvido é sensível aos harmônicos. Na verdade, muitos entusiastas de áudio, especialmente guitarristas, preferem amplificadores de potência que utilizem *válvulas*, pois estes dispositivos têm características de ceifa mais suaves do que a de transistores.

$$V_B = V_1 - V_2 \quad (14.13)$$
$$= V_{BE1} + |V_{BE2}|. \quad (14.14)$$

Dizemos que V_B deve ser aproximadamente igual a $2V_{BE}$ (mesmo que V_{BE1} e $|V_{BE2}|$ possam não ser iguais).

Com a conexão de $V_{entrada}$ à base de Q_2, $V_{saida} = V_{saida} + |V_{BE2}|$; ou seja, a saída é uma réplica da entrada, mas deslocada de $|V_{BE2}|$ para cima. Se assumirmos que as tensões base-emissor de Q_1 e Q_2 sejam constantes, os dois transistores permanecem ligados para todos os níveis de entrada e de saída, produzindo as formas de onda ilustradas na Figura 14.9(b). Desta forma, a zona morta é eliminada. A resultante característica entrada/saída é mostrada na Figura 14.9(c).

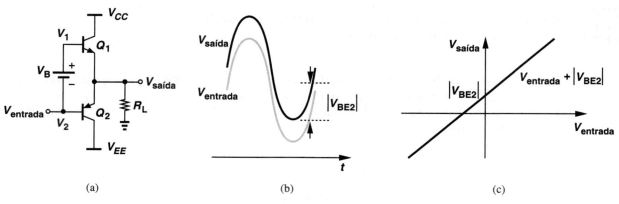

(a)　　　　　　　　　　　(b)　　　　　　　　　　　(c)

Figura 14.9 (a) Adição de uma fonte de tensão para remover a zona morta, (b) formas de onda de entrada e de saída, (c) característica entrada/saída.

Exemplo 14.5 Estudemos o comportamento do estágio mostrado na Figura 14.10(a). Assumamos $V_B \approx 2V_{BE}$.

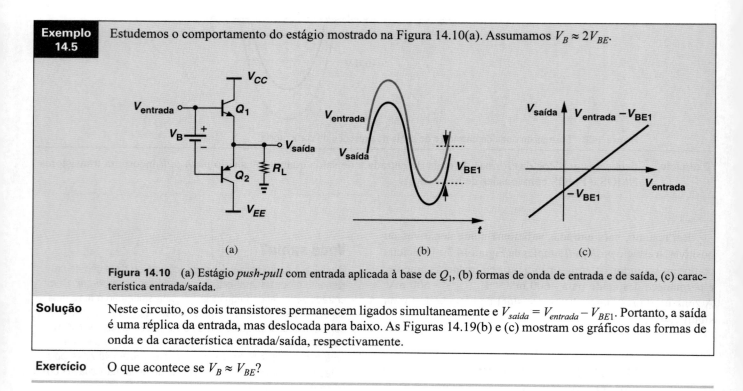

(a)　　　　　　　　　　　(b)　　　　　　　　　　　(c)

Figura 14.10 (a) Estágio *push-pull* com entrada aplicada à base de Q_1, (b) formas de onda de entrada e de saída, (c) característica entrada/saída.

Solução Neste circuito, os dois transistores permanecem ligados simultaneamente e $V_{saída} = V_{entrada} - V_{BE1}$. Portanto, a saída é uma réplica da entrada, mas deslocada para baixo. As Figuras 14.19(b) e (c) mostram os gráficos das formas de onda e da característica entrada/saída, respectivamente.

Exercício O que acontece se $V_B \approx V_{BE}$?

Agora, determinemos como a bateria V_B, na Figura 14.9(a), deve ser implementada. Uma vez que $V_B = V_{BE1} + |V_{BE2}|$, é natural decidirmos que dois *diodos* conectados em série sejam capazes de prover a queda de tensão necessária, resultando na topologia mostrada na Figura 14.11(a). Infelizmente, os diodos não conduzem corrente (por quê?) e apresentam queda de tensão nula. Esta dificuldade é prontamente superada com a adição de uma fonte de corrente na parte superior [Figura 14.11(b)]. Agora, I_1 provê as correntes de polarização de D_1 e D_2 e, também, a corrente de base de Q_1.

Exemplo 14.6 Determinemos a corrente que flui pela fonte de tensão $V_{entrada}$ na Figura 14.11(b).

Solução A corrente que flui por D_1 e D_2 é igual a $I_1 - I_{B1}$ (Figura 14.12). A fonte de tensão deve absorver esta corrente e a corrente de base de Q_1. Assim, a corrente total que flui por essa fonte é igual a $I_1 - I_{B1} + |I_{B2}|$.

Estágios de Saída e Amplificadores de Potência   541

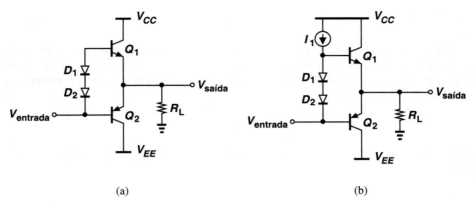

(a)   (b)

Figura 14.11   (a) Uso de diodos como fonte de tensão, (b) adição de fonte de corrente, I_1, para polarizar os diodos.

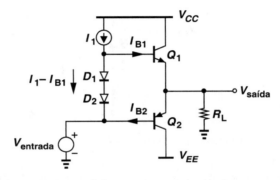

Figura 14.12   Circuito para examinar as correntes de base.

Exercício   Esboce o gráfico da corrente que flui pela fonte de tensão em função de $V_{entrada}$, com $V_{entrada}$ variando entre -4 V e $+4$ V. Assuma $\beta_1 = 25$, $\beta_2 = 15$ e $R_L = 8\ \Omega$.

Exemplo 14.7   Em que condição as correntes de base de Q_1 e de Q_2 na Figura 14.11(b) são iguais? Assumamos $\beta_1 = \beta_2 \gg 1$.

Solução   Devemos buscar a condição $I_{C1} = |I_{C2}|$. Como ilustrado na Figura 14.13, isto significa que nenhuma corrente flui por R_L; logo, $V_{saída} = 0$. À medida que $V_{saída}$ se afasta de zero, a corrente que flui por R_L é provida por Q_1 ou por Q_2 e, portanto, $I_{C1} \neq |I_{C2}|$ e $I_{B1} \neq |I_{B2}|$. Assim, as correntes de base são iguais apenas quando $V_{saída} = 0$.

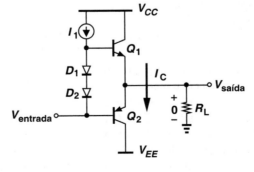

Figura 14.13   Estágio com tensão de saída nula.

Exercício   Repita o exemplo anterior para $\beta_1 = 2\beta_2$.

> **Você sabia?**
> É possível empregar um estágio *push-pull* como saída de amp ops? Sim, muitos amp ops de uso geral, como o 741, incluem um estágio *push-pull* para ativar cargas com maior eficiência do que a de seguidores de emissor. Amp ops integrados, por sua vez, devem operar com baixas tensões e evitam estágios *push-pull*. Afinal, uma fonte de alimentação de 1 V não é capaz de acomodar duas tensões V_{BE}.

Exemplo 14.8 Estudemos o comportamento do circuito ilustrado na Figura 14.14, em que I_2 absorve a corrente de polarização de D_2 e I_{B2}.

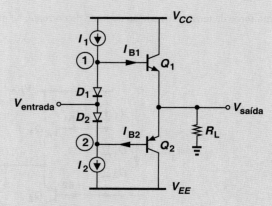

Figura 14.14 Estágio com entrada aplicada entre os diodos.

Solução Aqui, temos $V_1 = V_{entrada} + V_{D1}$ e $V_{saída} = V_1 - V_{BE1}$. Se $V_{D1} \approx V_{BE1}$, $V_{saída} \approx V_{entrada}$, ou seja, a saída não está deslocada em relação à entrada. Além disto, a corrente que flui por D_1 é igual a $I_1 - I_{B1}$ e a que flui por D_2, igual a $I_2 - |I_{B2}|$. Portanto, se $I_1 = I_2$ e $I_{B1} \approx I_{B2}$, a fonte de tensão de entrada não precisa absorver ou produzir uma corrente quando $V_{saída} = 0$; este é um ponto de contraste em relação ao circuito da Figura 14.12.

Exercício Esboce o gráfico da corrente produzida pela fonte de entrada em função de $V_{entrada}$, com $V_{entrada}$ variando entre -4 V e $+4$ V. Assuma $\beta_1 = 25$, $\beta_2 = 15$ e $R_L = 8\ \Omega$.

14.4.2 Adição de Estágio Emissor Comum

As duas fontes de corrente na Figura 14.14 podem ser realizadas com transistores *pnp* e *npn*, como ilustrado na Figura 14.15(a). Portanto, para obter ganho maior, podemos aplicar o sinal de entrada à base de uma das fontes de corrente. A ideia, ilustrada na Figura 14.15(b), consiste em empregar Q_1 como um estágio emissor comum e, desta forma, prover um ganho de tensão de $V_{entrada}$ para as bases de Q_1 e Q_2.[3] O estágio EC é chamado de "pré-alimentador".

O circuito *push-pull* da Figura 14.15(b) é largamente utilizado em estágios de saída de alta potência e merece uma análise detalhada. Devemos, primeiro, responder às seguintes perguntas: (1) Dadas as correntes de polarização de Q_3 e Q_4, como determinamos as de Q_1 e Q_2? (2) Qual é o ganho de tensão total do circuito na presença de uma resistência de carga R_L?

Para responder à primeira pergunta, assumamos $V_{saída} = 0$ para os cálculos de polarização e, também, $I_{C4} = I_{C3}$. Se $V_{D1} = V_{BE2}$ e $V_{D2} = |V_{BE2}|$, então $V_A = 0$ (por quê?). Com $V_{saída}$ e V_A em zero, o circuito pode ser reduzido ao mostrado na Figura 14.16(a), que apresenta grande semelhança com um espelho de corrente. Na verdade, como

$$V_{D1} = V_T \ln \frac{|I_{C3}|}{I_{S,D1}}, \qquad (14.15)$$

em que a corrente de base de Q_1 foi desprezada, $I_{S,D1}$ denota a corrente de saturação de D_1; como $V_{BE1} = V_T \ln(I_{C1}/I_{S,Q1})$, temos

$$I_{C1} = \frac{I_{S,Q1}}{I_{S,D1}} |I_{C3}|. \qquad (14.16)$$

Em circuitos integrados, para estabelecer um valor bem definido para $I_{S,Q1}/I_{S,D1}$, o diodo D_1 deve, em geral, ser realizado como um transistor bipolar conectado como diodo [Figura 14.16(b)]. Notemos que uma análise similar pode ser aplicada à metade inferior do circuito, especificamente, a Q_4, D_2 e Q_2.

---
[3] Se o nível DC de $V_{entrada}$ for próximo de V_{CC}, então $V_{entrada}$ é aplicado à base de Q_3.

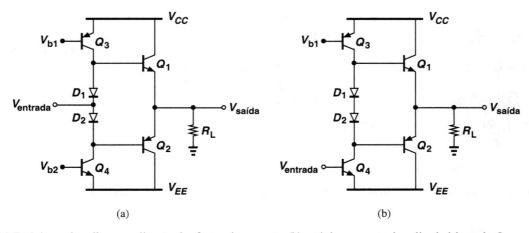

Figura 14.15 (a) Estágio *push-pull* com realização das fontes de corrente, (b) estágio com entrada aplicada à base de Q_4.

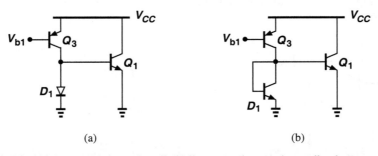

Figura 14.16 (a) Diagrama simplificado de um estágio *push-pull*, (b) ilustração da ação de espelho de corrente.

A segunda pergunta pode ser respondida com a ajuda do circuito simplificado mostrado na Figura 14.17(a), em que $V_A = \infty$ e $2r_D$ representa a resistência total de pequenos sinais de D_1 e D_2. Assumamos, por simplicidade, que $2r_D$ seja relativamente pequeno e que $v_1 \approx v_2$; com isto, o circuito pode ser ainda mais reduzido, como indicado na Figura 14.17(b),[4] em que

$$\frac{v_{saída}}{v_{entrada}} = \frac{v_N}{v_{entrada}} \cdot \frac{v_{saída}}{v_N}. \qquad (14.17)$$

Agora, Q_1 e Q_2 operam como dois seguidores de emissor *em paralelo*, ou seja, como um único transistor, com r_π igual a $r_{\pi 1}\|r_{\pi 2}$ e um g_m igual a $g_{m1} + g_{m2}$ [Figura 14.17(c)]. Para este circuito, temos $v_{\pi 1} = v_{\pi 2} = v_N - v_{saída}$ e

$$\frac{v_{saída}}{R_L} = \frac{v_N - v_{saída}}{r_{\pi 1}\|r_{\pi 2}} + (g_{m1} + g_{m2})(v_N - v_{saída}). \qquad (14.18)$$

Portanto,

$$\frac{v_{saída}}{v_N} = \frac{1 + (g_{m1} + g_{m2})(r_{\pi 1}\|r_{\pi 2})}{\frac{r_{\pi 1}\|r_{\pi 2}}{R_L} + 1 + (g_{m1} + g_{m2})(r_{\pi 1}\|r_{\pi 2})}. \qquad (14.19)$$

Multiplicando numerador e denominador por R_L, dividindo ambos por $1 + (g_{m1} + g_{m2}) \times (r_{\pi 1}\|r_{\pi 2})$ e assumindo $(g_{m1} + g_{m2}) \times (r_{\pi 1}\|r_{\pi 2}) \gg 1$, obtemos

$$\frac{v_{saída}}{v_N} = \frac{R_L}{R_L + \dfrac{1}{g_{m1} + g_{m2}}}, \qquad (14.20)$$

um resultado esperado de um transistor seguidor com transcondutância $g_{m1} + g_{m2}$.

Para calcular $v_N/v_{entrada}$, primeiro, devemos determinar a impedância R_N vista no nó N. Do circuito da Figura 14.17(c), o leitor pode mostrar que

$$R_N = (g_{m1} + g_{m2})(r_{\pi 1}\|r_{\pi 2})R_L + r_{\pi 1}\|r_{\pi 2}. \qquad (14.21)$$

(Notemos que, para $I_{C1} = I_{C2}$ e $\beta_1 = \beta_2$, esta expressão se reduz à impedância de entrada de um simples seguidor de emissor.) Por conseguinte,

$$\frac{v_{saída}}{v_{entrada}} = -g_{m4}[(g_{m1} + g_{m2})(r_{\pi 1}\|r_{\pi 2})R_L + r_{\pi 1}\|r_{\pi 2}]$$

$$\frac{R_L}{R_L + \dfrac{1}{g_{m1} + g_{m2}}} \qquad (14.22)$$

$$= -g_{m4}(r_{\pi 1}\|r_{\pi 2})(g_{m1} + g_{m2})R_L. \qquad (14.23)$$

---

[4] É importante notar que esta representação é válida para sinais, mas não para polarização.

544 Capítulo 14

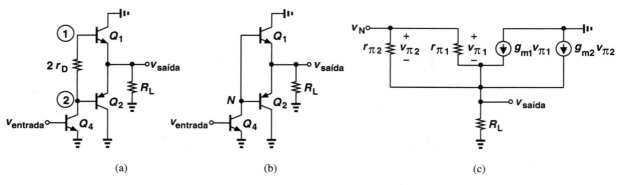

Figura 14.17 (a) Circuito simplificado para cálculo do ganho, (b) circuito com resistências de diodos desprezadas, (c) modelo de pequenos sinais.

Exemplo 14.9 Calculemos a impedância de saída do circuito mostrado na Figura 14.18(a). Por simplicidade, assumamos que $2r_D$ seja pequeno.

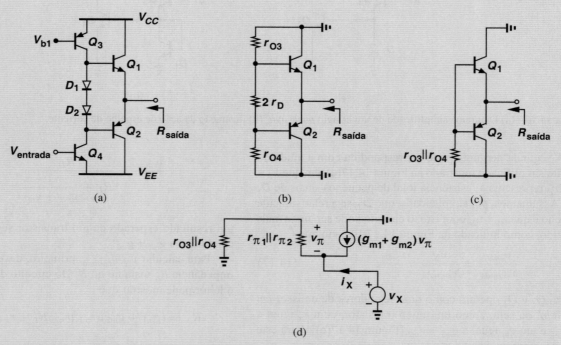

Figura 14.18 (a) Circuito para cálculo da impedância de saída, (b) diagrama simplificado, (c) simplificação adicional, (d) modelo de pequenos sinais.

Solução O circuito pode ser reduzido ao da Figura 14.18(b) e, com $2r_D$ desprezível, ao da Figura 14.18(c). Utilizando o modelo composto ilustrado na Figura 14.17(c), obtemos o circuito equivalente de pequenos sinais da Figura 14.18(d), em que $V_A = \infty$ para Q_1 e Q_2, mas não para Q_3 e Q_4. Aqui, $r_{O3} \| r_{O4}$ e $r_{\pi1} \| r_{\pi2}$ atuam como um divisor de tensão:

$$v_\pi = -v_X \frac{r_{\pi1} \| r_{\pi2}}{r_{\pi1} \| r_{\pi2} + r_{O3} \| r_{O4}}. \tag{14.24}$$

Uma LCK no nó de saída fornece

$$i_X = \frac{v_X}{r_{\pi1} \| r_{\pi2} + r_{O3} \| r_{O4}} + (g_{m1} + g_{m2}) v_X \frac{r_{\pi1} \| r_{\pi2}}{r_{\pi1} \| r_{\pi2} + r_{O3} \| r_{O4}}. \tag{14.25}$$

Logo,

$$\frac{v_X}{i_X} = \frac{r_{\pi 1}\|r_{\pi 2} + r_{O3}\|r_{O4}}{1 + (g_{m1} + g_{m2})(r_{\pi 1}\|r_{\pi 2})} \quad (14.26)$$

$$\approx \frac{1}{g_{m1} + g_{m2}} + \frac{r_{O3}\|r_{O4}}{(g_{m1} + g_{m2})(r_{\pi 1}\|r_{\pi 2})}, \quad (14.27)$$

se $(g_{m1} + g_{m2}) \times (r_{\pi 1}\|r_{\pi 2}) \gg 1$.

O ponto importante aqui é que o segundo termo na Equação (14.27) pode elevar a impedância de saída de forma considerável. Como uma aproximação grosseira, assumimos que $r_{O3} \approx r_{O4}$, $g_{m1} \approx g_{m2}$ e $r_{\pi 1} \approx r_{\pi 2}$, e concluímos que o segundo termo é da ordem de $(r_O/2)/\beta$. Este efeito se torna particularmente problemático em circuitos discretos, pois os transistores de potência, em geral, apresentam baixo valor de β.

Exercício Com $r_{O3} \approx r_{O4}$, $g_{m1} \approx g_{m2}$ e $r_{\pi 1} \approx r_{\pi 2}$, para que valor de β o segundo termo da Equação (14.27) se torna igual ao primeiro?

14.5 CONSIDERAÇÕES DE GRANDES SINAIS

Os cálculos feitos na Seção 14.4.2 revelam as propriedades de pequenos sinais do estágio *push-pull* aprimorado e permitem o entendimento básico das limitações do circuito. Entretanto, para operação em grandes sinais, surgem várias outras questões críticas que merecem estudo detalhado.

14.5.1 Questões de Polarização

Iniciemos com um exemplo.

Exemplo 14.10 Desejamos projetar o estágio de saída da Figura 14.15(b) para que o amplificador EC forneça um ganho de tensão de 5 e o estágio de saída, um ganho de tensão de 0,8, com $R_L = 8\,\Omega$. Se $\beta_{npn} = 2\beta_{pnp} = 100$ e $V_A = \infty$, calculemos as necessárias correntes de polarização. Assumamos $I_{C1} \approx I_{C2}$ (o que pode não ser válido para grandes sinais).

Solução Para $v_{saída}/v_N = 0,8$, da Equação (14.20), temos

$$g_{m1} + g_{m2} = \frac{1}{2\,\Omega}. \quad (14.28)$$

Com $I_{C1} \approx I_{C2}$, $g_{m1} \approx g_{m2} \approx (4\,\Omega)^{-1}$ e, portanto, $I_{C1} \approx I_{C2} \approx 6,5$ mA. Além disto, $r_{\pi 1}\|r_{\pi 2} = 133\,\Omega$. Igualando a Equação (14.20) a $-5 \times 0,8 = -4$, temos $I_{C4} \approx 195\,\mu$A. Portanto, polarizamos Q_3 e Q_4 em 195 μA.

Exercício Repita o exemplo anterior para o caso em que o segundo estágio provê ganho de tensão de 2.

O exemplo anterior envolveu níveis de corrente moderados, na faixa de miliamperes. O que acontece se o estágio tiver de fornecer uma excursão de, digamos, $4V_P$ à carga? Cada transistor de saída deve, agora, prover uma corrente de pico de 4 V/8 Ω = 500 mA. O circuito no Exemplo 14.10 é capaz de prover estes níveis de excursão de tensão e de corrente sem dificuldade? Duas questões devem ser consideradas aqui. Primeira, um transistor bipolar que conduza 500 mA requer uma grande área de emissor, cerca de 500 vezes a área de emissor de um transistor que tolere 1 mA.[5] Segunda, com β de 100, o pico da corrente de base chega a 5 mA! Como esta corrente de base é provida? O transistor Q_1 recebe máxima corrente de base se Q_4 estiver desligado, de modo que a totalidade de I_{C3} flua para a base de Q_1. Fazendo referência às correntes de polarização obtidas no Exemplo 14.10, observemos que o circuito pode ser simplificado como mostrado na Figura 14.19 para o pico de meios ciclos positivos. Com I_{C3} de apenas 195 μA, a corrente de coletor de Q_1 não pode exceder cerca de $100 \times 195\,\mu$A = 19,5 mA, muito abaixo da desejada corrente de 500 mA.

---

[5] Para uma dada área de emissor, se a corrente de coletor ultrapassar certo nível, ocorre "injeção de alto nível", o que degrada o desempenho do transistor, por exemplo, β.

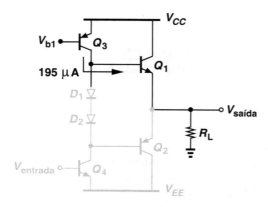

Figura 14.19 Cálculo da máxima corrente disponível.

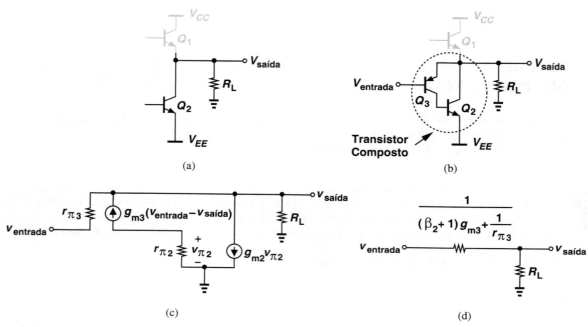

Figura 14.20 (a) Uso de um transistor *npn* para ação de abaixamento (*pull-down*), (b) dispositivo composto, (c) modelo de pequenos sinais, (d) circuito equivalente.

A principal conclusão é que, ao alcançar um ganho de pequenos sinais próximo da unidade com uma carga de 8 Ω, o estágio de saída pode fornecer uma excursão de saída de apenas 195 mA × 8 Ω = 156 mV$_P$. Portanto, necessitamos de uma corrente de base muito maior, o que requer correntes de polarização proporcionalmente maiores no estágio pré-alimentador. No entanto, na prática, transistores de potência apresentam baixos valores de β, por exemplo, 20, o que agrava o problema.

14.5.2 Omissão de Transistores de Potência PNP

Transistores de potência *pnp*, em geral, exibem baixo ganho de corrente e baixa f_T e, por conseguinte, apresentam sérias limitações ao projeto de estágios de saída. Felizmente, é possível combinar um dispositivo *npn* com um transistor *pnp* para melhorar o desempenho do circuito.

Consideremos o transistor *npn* emissor comum, Q_2, ilustrado na Figura 14.20(a). Desejamos modificar o circuito para que Q_2 exiba a característica de um *seguidor de emissor*. Para isto, adicionemos o dispositivo *pnp* Q_3 como mostrado na Figura 14.20(b) e provemos que a combinação Q_1-Q_3 funciona como um seguidor de emissor. Com a ajuda do circuito equivalente de pequenos sinais mostrado na Figura 14.20(c) ($V_A = \infty$) e notando que a corrente de coletor de Q_3 atua como corrente de base de Q_2 e, portanto, que $g_{m2}v_{\pi 2} = -\beta_2 g_{m3}(v_{entrada} - v_{saída})$, escrevamos uma LCK no nó de saída:

$$-g_{m3}(v_{entrada} - v_{saída})\beta_2 + \frac{v_{saída} - v_{entrada}}{r_{\pi 3}}$$

$$-g_{m3}(v_{entrada} - v_{saída}) = -\frac{v_{saída}}{R_L}. \qquad (14.29)$$

Notemos que o primeiro termo no lado esquerdo representa a corrente de coletor de Q_2. Logo,

$$\frac{v_{saída}}{v_{entrada}} = \frac{R_L}{R_L + \dfrac{1}{(\beta_2+1)g_{m3} + \dfrac{1}{r_{\pi 3}}}}. \quad (14.30)$$

Em analogia com o seguidor de emissor-padrão (Capítulo 5), podemos interpretar este resultado como uma divisão de tensão entre dois resistores de valores $[(\beta_2+1)g_{m3} + 1/r_{\pi 3}]^{-1}$ e R_L [Fig. 14.20(d)]. Ou seja, a resistência de saída do circuito (excluindo R_L) é dada por

$$R_{saída} = \frac{1}{(\beta_2+1)g_{m3} + \dfrac{1}{r_{\pi 3}}} \quad (14.31)$$

$$\approx \frac{1}{(\beta_2+1)g_{m3}} \quad (14.32)$$

pois $1/r_{\pi 3} = g_{m3}/\beta_3 \ll (\beta_2+1)g_{m3}$. Se apenas Q_3 operasse como um seguidor, a impedância de saída seria muito mais alta ($1/g_{m3}$).

Os resultados expressos pelas Equações (14.30) e (14.32) são muito interessantes. O ganho de tensão do circuito pode se aproximar da unidade se a resistência de saída da combinação Q_2–Q_3, $[(\beta_2+1)g_{m3}]^{-1}$, for muito menor que R_L. Em outras palavras, o circuito funciona como um seguidor de emissor, mas com uma impedância de saída reduzida por um fator β_2+1.

Exemplo 14.11 Calculemos a impedância de entrada do circuito mostrado na Figura 14.20(c).

Solução Como a corrente puxada da entrada é igual a $(v_{entrada} - v_{saída})/r_{\pi 3}$, temos, da Equação (14.30),

$$i_{entrada} = \frac{1}{r_{\pi 3}}\left(v_{entrada} - v_{entrada}\frac{R_L}{R_L + \dfrac{1}{(\beta_2+1)g_{m3}}}\right), \quad (14.33)$$

em que $1/r_{\pi 3}$ foi desprezado diante de $(\beta_2+1)g_{m3}$. Portanto,

$$\frac{v_{entrada}}{i_{entrada}} = \beta_3(\beta_2+1)R_L + r_{\pi 3}. \quad (14.34)$$

É interessante observar que R_L é aumentado por um fator $\beta_3(\beta_2+1)$ quando visto na entrada – como se a combinação Q_2–Q_3 provesse um ganho de corrente $\beta_3(\beta_2+1)$.

Exercício Calcule a impedância de saída para $r_{O3} < \infty$.

O circuito da Figura 14.20(b) tem melhor desempenho que um seguidor de emissor de um único transistor *pnp*. No entanto, este circuito também pode introduzir um polo adicional na base de Q_2. Além disto, como conduz uma pequena corrente, Q_3 pode não ser capaz de carregar e descarregar a grande capacitância neste nó. Para remediar estas dificuldades, em geral, uma fonte de corrente constante é adicionada, como indicado na Figura 14.21, para elevar a corrente de polarização de Q_3.

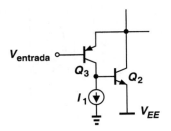

Figura 14.21 Adição de fonte de corrente para melhorar a velocidade do dispositivo composto.

14.5.3 Síntese de Alta-Fidelidade

Mesmo com o ramo de diodo apresentado na Figura 14.15(b), o estágio de saída introduz alguma distorção no sinal. Em particular, como as correntes de coletor de Q_1 e de Q_2 variam de forma considerável em cada semiciclo, o mesmo ocorre com as correspondentes transcondutâncias. Em consequência, a relação de divisão de tensão que governa o seguidor de emissor, Equação (14.20), exibe um comportamento *dependente da entrada*: à medida que $V_{saída}$ se torna mais positivo, g_{m1} aumenta (por quê?) e A_v se torna próximo da unidade. Assim, o circuito experimenta não linearidade.

Na maioria das aplicações, especialmente em sistemas de áudio, a distorção produzida pelo estágio *push-pull* é inaceitável. Por essa razão, em geral, o circuito é embutido em uma malha de realimentação negativa, para reduzir a não linearidade. A Figura 14.23 ilustra uma implementação conceitual, na qual o amplificador A_1, o estágio de saída, e os resistores R_1 e R_2 formam um amplificador não inversor (Capítulo 8), resultando em

Exemplo 14.12 Comparemos os dois circuitos representados na Figura 14.22 em termos da mínima tensão de entrada permitida e da mínima tensão de saída que pode ser obtida. (Componentes de polarização não são mostrados.) Assumamos que os transistores não entrem em saturação.

Solução No seguidor de emissor da Figura 14.22(a), $V_{entrada}$ pode ser tão baixo como zero, de modo que Q_2 opere na fronteira da saturação. Portanto, o mínimo nível de tensão de saída obtido é igual a $|V_{BE2}| \approx 0{,}8$ V.

Na topologia da Figura 14.22(b), $V_{entrada}$ pode ser igual à tensão de coletor de Q_3, que é igual a V_{BE2}, em relação à terra. Portanto, a saída é dada por $V_{entrada} + |V_{BE3}| = V_{BE2} + |V_{BE3}| \approx 1{,}6$ V, uma desvantagem desta topologia. Dizemos que o circuito "desperdiça" um V_{BE} no vão livre de tensão.

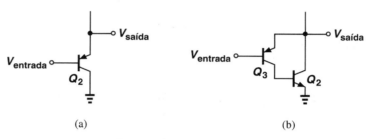

Figura 14.22 Vão livre de tensão para (a) seguidor bipolar, (b) dispositivo composto.

Exercício Explique por que, neste circuito, Q_2 não pode entrar em saturação.

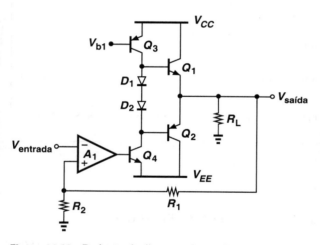

Figura 14.23 Redução de distorção por realimentação.

$V_{saída} \approx (1 + R_1/R_2)V_{entrada}$, o que reduz a distorção de forma significativa. No entanto, devido aos múltiplos polos contribuídos por A_1 e pelo estágio *push-pull*, esta topologia pode se tornar instável e requer compensação em frequência (Capítulo 12).

14.6 PROTEÇÃO CONTRA CURTO-CIRCUITO

Dispositivos e circuitos eletrônicos estão sujeitos a condições "hostis" durante manipulação, montagem e uso. Por exemplo, uma pessoa que tente conectar um alto-falante a um sistema estéreo pode, acidentalmente,

Você sabia?

Muitos amplificadores de potência de áudio são implementados como "híbridos". Um híbrido consiste em uma pequena placa (chamada de "substrato") na qual os componentes são montados na forma de *chip* (e não na forma encapsulada). A figura a seguir mostra o diagrama de circuito simplificado do STK4200, um AP de áudio de 100 W fabricado pela Sanyo. Conhecemos a maioria das configurações de circuito na figura. Os transistores Q_1-Q_4 formam um par diferencial com carga ativa, funcionando como um simples amp op. O transistor Q_5 realiza o segundo estágio de ganho, enquanto C_c efetua a compensação de Miller. Os dispositivos Q_6 e Q_7, juntamente com R_1 e R_2, compõem um "multiplicador de V_{BE}", criando uma diferença de tensão DC de cerca de quatro V_{BE} entre A e B. Por fim, Q_8-Q_{11} operam como um estágio *push-pull*. O circuito é conectado em uma malha de realimentação negativa de modo similar ao de um amplificador não inversor.

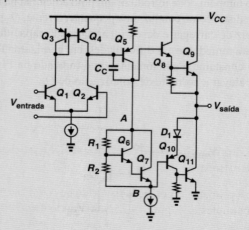

Circuito simplificado do amplificador de áudio de alta potência STK4200.

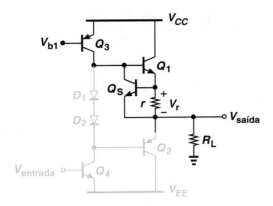

Figura 14.24 Proteção contra curto-circuito.

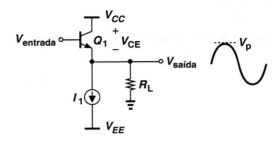

Figura 14.25 Circuito para cálculo da dissipação de potência do seguidor.

curto-circuitar a saída do amplificador à terra enquanto o aparelho está ligado. As altas correntes que fluem pelo circuito nesta condição podem danificar, de forma permanente, os transistores de saída. Portanto, se faz necessário um mecanismo para limitar as correntes de curto-circuito.

O princípio por trás da proteção contra curto-circuito consiste em amostrar a corrente de saída (por meio de um pequeno resistor série) e reduzir a alimentação da base dos transistores de saída se esta corrente exceder certo nível. A Figura 14.24 mostra um exemplo no qual Q_S amostra a queda de tensão em r e "rouba" uma parte da corrente de base de Q_1 à medida que V_r se aproxima de 0,7 V. Por exemplo, se $r = 0,25\ \Omega$, a corrente de emissor de Q_1 fica limitada a cerca de 2,8 A.

O esquema de proteção da Figura 14.24 tem algumas deficiências. Primeira, o resistor r aumenta a impedância de saída do circuito. Segunda, em condições normais de operação, por exemplo, 0,5–0,6 V, a queda de tensão em r reduz a máxima excursão de tensão de saída. Por exemplo, se a tensão de base de Q_1 se aproximar de V_{CC}, $V_{saída} = V_{CC} - V_{BE1} - V_r \approx V_{CC} - 1{,}4$ V.

14.7 DISSIPAÇÃO DE CALOR

Como, em um amplificador de potência, os transistores de saída conduzem uma corrente finita e sustentam uma tensão finita em parte do período, consomem potência e, por conseguinte, esquentam. Se a temperatura da junção aumentar excessivamente, o transistor pode ser danificado de modo irreversível. Portanto, a "dissipação de potência" (máxima dissipação de potência permitida) de cada transistor deve ser escolhida de forma adequada no processo de projeto.

14.7.1 Dissipação de Potência de Seguidor de Emissor

Calculemos, primeiro, a potência dissipada por Q_1 no seguidor de emissor simples da Figura 14.25, assumindo que o circuito entregue uma senoide $V_P \operatorname{sen}\omega t$ a uma resistência de carga R_L. Recordemos, da Seção 14.2, que, para assegurar que $V_{saída}$ chegue a $-V_P$, devemos ter $I_1 \geq V_P/R_L$. A dissipação de potência instantânea por Q_1 é dada por $I_C \cdot V_{CE}$ e o correspondente valor médio (em um período) é dado por:

$$P_{méd} = \frac{1}{T}\int_0^T I_C \cdot V_{CE}\,dt, \qquad (14.35)$$

em que $T = 2\pi/\omega$. Como $I_C \approx I_E = I_1 + V_{saída}/R_L$ e $V_{CE} = V_{CC} - V_{saída} = V_{CC} - V_P \operatorname{sen}\omega t$, temos

$$P_{méd} = \frac{1}{T}\int_0^T \left(I_1 + \frac{V_P \operatorname{sen}\omega t}{R_L}\right)(V_{CC} - V_P \operatorname{sen}\omega t)\,dt. \qquad (14.36)$$

Para efetuar a integração, notemos que (1) o valor médio de $\operatorname{sen}\omega t$ em um período T é zero; (2) $\operatorname{sen}^2 \omega t = (1 - \cos 2\omega t)/2$; e (3) o valor médio de $\cos 2\omega t$ em um período T é zero. Logo,

$$P_{méd} = I_1\left(V_{CC} - \frac{V_P}{2}\right). \qquad (14.37)$$

Notemos, ainda, que o resultado se aplica a qualquer tipo de transistor (por quê?). É interessante observar que a potência dissipada por Q_1 atinge um máximo na *ausência* de sinais, ou seja, quando $V_P = 0$:

$$P_{méd,máx} = I_1 V_{CC}. \qquad (14.38)$$

No outro extremo, se $V_P \approx V_{CC}$,[6] temos

$$P_{méd} \approx I_1 \frac{V_{CC}}{2}. \qquad (14.39)$$

---

[6] Aqui, V_{BE} é desprezado na presença de V_P.

> **Exemplo 14.13** Calculemos a potência dissipada pela fonte de corrente I_1 na Figura 14.25.
>
> **Solução** A fonte de corrente sustenta uma tensão igual a $V_{saída} - V_{EE} = V_P \operatorname{sen} \omega t - V_{EE}$. Assim,
>
> $$P_{I1} = \frac{1}{T} \int_0^T I_1 (V_P \operatorname{sen} \omega t - V_{EE})\, dt \qquad (14.40)$$
>
> $$= -I_1 V_{EE}. \qquad (14.41)$$
>
> O valor é positivo, pois $V_{EE} < 0$ para acomodar excursões negativas na saída.
>
> **Exercício** Explique por que a potência dissipada por V_{EE} é igual à potência dissipada por I_1.

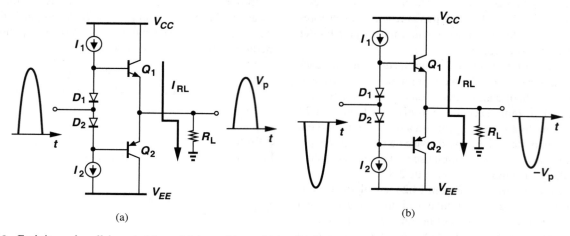

Figura 14.26 Estágio *push-pull* durante (a) semiciclo positivo e (b) semiciclo negativo.

14.7.2 Dissipação de Potência de Estágio Push-Pull

Agora, determinemos a potência dissipada pelos transistores de saída no estágio *push-pull* (Figura 14.26). Para simplificar os cálculos, assumamos que cada transistor conduza uma corrente desprezível nas proximidades de $V_{saída} = 0$ e permaneça desligado na metade do período. Se $V_{saída} = V_P \operatorname{sen} \omega t$, $I_{RL} = (V_P/R_L)\operatorname{sen}\omega t$, mas apenas em metade do ciclo. Além disto, a tensão coletor-emissor de Q_1 é dada por $V_{CC} - V_{saída} = V_{CC} - V_P \operatorname{sen}\omega t$. A potência média dissipada em Q_1 é, portanto, igual a

$$P_{méd} = \frac{1}{T} \int_0^{T/2} V_{CE} \cdot I_C\, dt \qquad (14.42)$$

$$= \frac{1}{T} \int_0^{T/2} (V_{CC} - V_P \operatorname{sen}\omega t)\left(\frac{V_P}{R_L}\operatorname{sen}\omega t\right) dt, \qquad (14.43)$$

na qual $T = 1/\omega$ e assumimos que β seja grande o suficiente para permitir a aproximação $I_C \approx I_E$. Expandindo os termos no integrando e notando que

$$\int_0^{T/2} \cos 2\omega t\, dt = 0, \qquad (14.44)$$

Temos

$$P_{méd} = \frac{1}{T} \int_0^{T/2} \frac{V_{CC} V_P}{R_L} \operatorname{sen}\omega t\, dt - \frac{1}{T} \int_0^{T/2} \frac{V_P^2}{2R_L}\, dt \qquad (14.45)$$

$$= \frac{V_{CC} V_P}{\pi R_L} - \frac{V_P^2}{4 R_L} \qquad (14.46)$$

$$= \frac{V_P}{R_L}\left(\frac{V_{CC}}{\pi} - \frac{V_P}{4}\right). \qquad (14.47)$$

Por exemplo, se $V_P = 4$ V, $R_L = 8\ \Omega$ e $V_{CC} = 6$ V, Q_1 dissipa 455 mW. Se $|V_{EE}| = V_{CC}$, o transistor Q_2 também consome esta quantidade de potência.

A Equação (14.47) indica que, para $V_P \approx 0$ ou $V_P \approx 4V_{CC}/\pi$, a potência dissipada em Q_1 tende a zero, sugerindo que $P_{méd}$ deva alcançar um máximo entre estes dois extremos. Diferen-

Estágios de Saída e Amplificadores de Potência 551

Exemplo 14.14 Um estudante observa, da Equação (14.47), que $P_{méd} = 0$ quando $V_P = 4V_{CC}/\pi$, e conclui que esta escolha de excursão de pico é a melhor, pois minimiza a potência "desperdiçada" pelo transistor. Expliquemos a falha no raciocínio do estudante.

Solução Com uma tensão de alimentação V_{CC}, o circuito não pode entregar uma excursão de $4V_{CC}/\pi$ ($> V_{CC}$). Portanto, é impossível atingir a condição $P_{méd} = 0$.

Exercício Compare a potência dissipada em Q_1 com a potência entregue a R_L por $V_P = 2V_{CC}/\pi$.

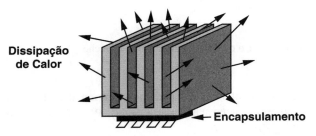

Figura 14.27 Exemplo de dissipador de calor.

ciando $P_{méd}$ em relação a V_P e igualando o resultado a zero, temos $V_P = 2V_{CC}/\pi$ e, portanto,

$$P_{méd,máx} = \frac{V_{CC}^2}{\pi^2 R_L}. \quad (14.48)$$

O problema de dissipação de calor se torna crítico em níveis de potência maiores que algumas centenas de miliwatts. O tamanho físico dos transistores é muito pequeno, por exemplo, 1 mm × 1mm × 0,5 mm; portanto, a área da superfície por onde o calor pode escapar também é muito pequena. Obviamente, de uma perspectiva de capacitâncias e custo de dispositivo, o(s) transistor(es) não deve(m) ter as dimensões aumentadas apenas para fins de dissipação de calor. Por conseguinte, é desejável empregar outros meios para elevar a condução de calor. A Figura 14.27 ilustra um destes meios, chamado de "dissipador de calor",* que consiste em uma estrutura de metal (em geral, alumínio) com grande área de superfície, e é colocado em contato com o transistor ou o encapsulamento do *chip*. A ideia é "absorver" o calor do encapsulamento e dissipá-lo através de uma superfície com área muito maior.

14.7.3 Avalanche Térmica

Como descrito anteriormente, os transistores de saída em um amplificador de potência ficam sujeitos a altas temperaturas. Mesmo na presença de um bom dissipador de calor, o estágio *push-pull* é susceptível a um fenômeno denominado "avalanche térmica", que pode danificar os dispositivos.

> **Você sabia?**
> Dissipadores de calor não são apenas necessários para transistores de potência. Qualquer outro dispositivo de semicondutor que dissipe alta potência pode precisar de um dissipador de calor para evitar que altas temperaturas sejam alcançadas. Por exemplo, alguns microprocessadores consomem 100 W e devem ser conectados a dissipadores de calor. Na verdade, há uma ou duas décadas, havia uma previsão sombria de que o avanço de microprocessadores acabaria sendo interrompido por nossa limitada capacidade de remover calor dos dispositivos. Felizmente, sofisticados dissipadores de calor foram introduzidos e resolveram este problema.

Para entender este efeito, consideremos o estágio conceitual representado na Figura 14.28(a), na qual a bateria $V_B \approx 2V_{BE}$ elimina a zona morta e $V_{saída} = 0$. O que acontece à medida que a temperatura das junções de Q_1 e Q_2 sobe? Pode ser provado que, para uma dada tensão base-emissor, a corrente de coletor aumenta com a temperatura. Assim, com V_B constante, Q_1 e Q_2 conduzem correntes cada vez maiores e dissipam mais potência. A maior dissipação, por sua vez, eleva ainda mais a temperatura da junção e, portanto, as correntes de coletor etc. A resultante realimentação positiva continua até que os transistores sejam danificados.

É interessante observar que o uso de polarização via diodos [Figura 14.28(b)] pode coibir a avalanche térmica. Se os diodos estiverem sujeitos à mesma variação de temperatura que os transistores de saída, $V_{D1} + V_{D2}$ diminui à medida que a temperatura aumenta (pois a corrente de polarização dos diodos é relativamente constante), o que estabiliza as correntes de coletor de Q_1 e Q_2. De outra perspectiva, como D_1 e Q_1 formam um espelho de corrente, I_{C1} é um múltiplo constante de I_1, se D_1 e Q_1 permanecerem à mesma temperatura. De modo mais preciso, para D_1 e D_2, temos:

$$V_{D1} + V_{D2} = V_T \ln \frac{I_{D1}}{I_{S,D1}} + V_T \ln \frac{I_{D2}}{I_{S,D2}} \quad (14.49)$$

$$= V_T \ln \frac{I_{D1}I_{D2}}{I_{S,D1}I_{S,D2}}. \quad (14.50)$$

---

* É muito comum, na prática, o uso do correspondente termo em inglês, *heat sink*. (N.T.)

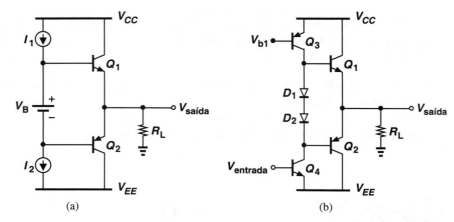

Figura 14.28 (a) Avalanche na presença de deslocamento constante de tensão, V_B, (b) uso de diodos para evitar avalanche.

Da mesma forma, para Q_1 e Q_2,

$$V_{BE1} + V_{BE2} = V_T \ln\frac{I_{C1}}{I_{S,Q1}} + V_T \ln\frac{I_{C2}}{I_{S,Q2}} \quad (14.51)$$

$$= V_T \ln\frac{I_{C1}I_{C2}}{I_{S,Q1}I_{S,Q2}}. \quad (14.52)$$

Igualando as Equações (14.50) e (14.52), e assumindo o mesmo valor de V_T (ou seja, a mesma temperatura) nas duas expressões, escrevemos

$$\frac{I_{D1}I_{D2}}{I_{S,D1}I_{S,D2}} = \frac{I_{C1}I_{C2}}{I_{S,Q1}I_{S,Q2}}. \quad (14.53)$$

Como $I_{D1} \approx I_{D2} \approx I_1$, $I_{C1} \approx I_{C2}$, observamos que I_{C1} e I_{C2} "seguem" I_1, desde que I_S (cujo valor depende da temperatura) também a siga.

14.8 EFICIÊNCIA

Como amplificadores de potência (APs) consomem grandes quantidades de potência da alimentação de tensão, sua "eficiência" é uma questão crítica na maioria das aplicações. Em um telefone celular, por exemplo, um AP que forneça 1 W à antena pode consumir vários watts da bateria, um valor comparável à dissipação de potência dos outros circuitos no telefone.

A "eficiência de conversão de potência" de um AP, η, é definida como

$$\eta = \frac{\text{Potência Entregue à Carga}}{\text{Potência Consumida da Bateria de Alimentação}}. \quad (14.54)$$

Assim, uma eficiência de 30 % no telefone celular do exemplo anterior se traduz em um consumo de potência de 3,33 W da bateria.

É interessante que calculemos a eficiência dos dois estágios de saída estudados neste capítulo. O procedimento consiste em três passos: (1) calcular a potência entregue à carga, $P_{saída}$;

(2) calcular a potência dissipada nos componentes do circuito (por exemplo, os transistores de saída), P_{circt}; (3) determinar $\eta = P_{saída}/(P_{saída} + P_{circt})$.

14.8.1 Eficiência de Seguidor de Emissor

Com os resultados obtidos na Seção 14.7.1, a eficiência de seguidores de emissor pode ser calculada prontamente. Recordemos que a potência dissipada por Q_1 é igual a

$$P_{méd} = I_1\left(V_{CC} - \frac{V_P}{2}\right) \quad (14.55)$$

e a consumido por I_1 é

$$P_{I1} = -I_1 V_{EE}. \quad (14.56)$$

Se $V_{EE} = -V_{CC}$, a potência total "desperdiçada" no circuito é dada por

$$P_{ckt} = I_1\left(2V_{CC} - \frac{V_P}{2}\right). \quad (14.57)$$

Logo,

$$\eta = \frac{P_{saída}}{P_{saída} + P_{ckt}} \quad (14.58)$$

$$= \frac{\dfrac{V_P^2}{2R_L}}{\dfrac{V_P^2}{2R_L} + I_1\left(2V_{CC} - \dfrac{V_P}{2}\right)}. \quad (14.59)$$

Para operação adequada, I_1 deve ser, pelo menos, igual a V_P/R_L, resultando em

$$\eta = \frac{V_P}{4V_{CC}}. \quad (14.60)$$

Exemplo 14.15	Um seguidor de emissor projetado para prover uma excursão de pico V_P opera com uma excursão de saída $V_P/2$. Determinemos a eficiência do circuito.
Solução	Como o circuito foi originalmente projetado para uma excursão de saída V_P, temos $V_{CC} = -V_{EE} \approx V_P$ e $I_1 = V_P/R_L$. Substituindo V_P por $V_{CC}/2$ e I_1 por V_{CC}/R_L na Equação (14.59), obtemos $$\eta = \frac{1}{15}. \quad (14.61)$$ Esta baixa eficiência resulta porque as tensões de alimentação e I_1 foram "superprojetadas".
Exercício	Em que valor da excursão de pico a eficiência atinge 20 %?

Ou seja, a eficiência atinge um máximo de 25 % à medida que V_P se aproxima de V_{CC}.[7] Notemos que este resultado é válido apenas se $I_1 = V_P/R_L$.

A máxima eficiência de 25 % é inadequada em diversas aplicações. Por exemplo, um amplificador estéreo que entregue 50 W a um alto-falante consumiria 150 W no estágio de saída e necessitaria de dissipadores de calor muito grandes (e caros).

14.8.2 Eficiência de Estágio *Push-Pull*

Na Seção 14.7.2, determinamos que cada transistor Q_1 e Q_2 na Figura 14.26 consome uma potência

$$P_{méd} = \frac{V_P}{R_L}\left(\frac{V_{CC}}{\pi} - \frac{V_P}{4}\right). \quad (14.62)$$

Logo,

$$\eta = \frac{\dfrac{V_P^2}{2R_L}}{\dfrac{V_P^2}{2R_L} + \dfrac{2V_P}{R_L}\left(\dfrac{V_{CC}}{\pi} - \dfrac{V_P}{4}\right)} \quad (14.63)$$

$$= \frac{\pi}{4}\frac{V_P}{V_{CC}}. \quad (14.64)$$

Exemplo 14.16	Calculemos a eficiência do estágio ilustrado na Figura 14.16. Assumamos que I_1 ($= I_2$) seja escolhido de modo a permitir uma excursão de pico V_P na saída. Além disto, $V_{CC} = -V_{EE}$.
Solução	Recordemos, da Seção 14.3, que I_1 deve ser pelo menos igual a $(V_P/R_L)/\beta$. Assim, o ramo que consiste em I_1, D_1, D_2 e I_2 consome uma potência igual a $2V_{CC}(V_P/R_L)/\beta$, resultando em uma eficiência total de: $$\eta = \frac{\dfrac{V_P^2}{2R_L}}{\dfrac{2V_P V_{CC}}{\pi R_L} + \dfrac{2V_P V_{CC}}{\beta R_L}} \quad (14.65)$$ $$= \frac{1}{4}\frac{V_P}{\dfrac{V_{CC}}{\pi} + \dfrac{V_P}{\beta}}. \quad (14.66)$$ Devemos ressaltar a aproximação feita aqui: com o ramo de diodos presente, não podemos mais assumir que cada transistor de saída esteja ligado apenas na metade de cada ciclo. Ou seja, Q_1 e Q_2 consomem uma potência ligeiramente maior, o que leva a um menor valor para η.
Exercício	Se $V_P \leq V_{CC}$ e $\beta \gg \pi$, qual é a máxima eficiência que pode ser obtida com este circuito?

---

[7] Isto é apenas uma aproximação, pois V_{CE} ou a tensão em I_1 não pode cair a zero.

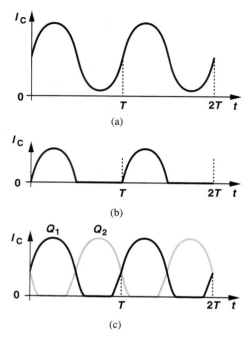

Figura 14.29 Formas de onda de coletor para operação em (a) classe A, (b) classe B e (c) classe C.

A eficiência, portanto, alcança um máximo igual a $\pi/4 = 78,5\%$ quando $V_P \approx V_{CC}$, um resultado muito mais atraente que o do seguidor de emissor. Por essa razão, estágios *push-pull* são muito comuns em diversas aplicações, por exemplo, amplificadores de áudio.

14.9 CLASSES DE AMPLIFICADORES DE POTÊNCIA

O seguidor de emissor e o estágio *push-pull* estudados neste capítulo exibem propriedades bem distintas: no primeiro, o transistor conduz corrente durante todo o ciclo e a eficiência é baixa; no segundo, cada transistor permanece ligado durante cerca da metade do ciclo e a eficiência é alta. Estas observações levam a diferentes "classes de APs".

Um amplificador em que cada transistor permanece ligado durante todo o ciclo é chamado de estágio "classe A" [Figura 14.29(a)]. Exemplificados pelo seguidor de emissor estudado na Seção 14.2, circuitos de classe A apresentam baixa eficiência, mas proveem uma linearidade maior do que outras classes.

Em um estágio de "classe B", cada transistor conduz durante a metade de cada ciclo [Figura 14.29(b)]. O simples circuito *push-pull* da Figura 14.3(a) é um exemplo de estágio de classe B.[8] A eficiência, neste caso, chega a $\pi/4 = 78,5\%$, mas a distorção é bem grande.

Para um equilíbrio entre linearidade e eficiência, em geral, APs são configurados como estágios de "classe AB", no qual cada transistor permanece ligado durante mais da metade de um ciclo [Figura 14.29(c)]. O estágio *push-pull* modificado da Figura 14.11(a) é um exemplo de amplificador de classe AB.

Muitas outras classes de APs foram inventadas e são usadas em aplicações variadas. Exemplos incluem as classes C, D, E e F. O leitor é encorajado a consultar textos mais avançados [1].

14.10 RESUMO DO CAPÍTULO

- Amplificadores de potência fornecem altos níveis de potência e grandes excursões de sinal a cargas de impedâncias de relativamente baixas.

- Distorção e eficiência de amplificadores de potência são dois parâmetros importantes.

- Como apresentam baixa impedância de saída de pequenos sinais, seguidores de emissor têm pobre desempenho de grandes sinais.

- Um estágio *push-pull* consiste em um seguidor *npn* e em um seguidor *pnp*. Cada dispositivo conduz durante cerca da metade do ciclo de entrada, o que melhora a eficiência.

- Um estágio *push-pull* simples apresenta uma zona morta, em que nenhum dos transistores conduz e o ganho de pequenos sinais cai a zero.

- A distorção de cruzamento que resulta da zona morta pode ser reduzida com a polarização dos transistores do estágio *push-pull* para uma pequena corrente quiescente.

- Se dois diodos forem conectados entre as bases dos transistores do estágio *push-pull* e se o mesmo for precedido por um amplificador EC, o circuito pode prover alta potência de saída com distorção moderada.

- O transistor *pnp* de saída é, algumas vezes, substituído por uma estrutura composta *pnp-npn* que prové maior ganho de corrente.

- Em aplicações de baixa distorção, o estágio de saída pode ser embutido em uma malha de realimentação negativa para suprimir a não linearidade.

- Um estágio *push-pull* que opera em altas temperaturas pode estar sujeito à avalanche térmica, na qual as temperaturas elevadas permitem que os transistores de saída puxem correntes maiores, o que, por sua vez, faz com que dissipem ainda mais potência.

- A eficiência de potência de seguidores de emissor raras vezes chega a 25 %, enquanto a de estágios *push-pull* alcança 75 %.

- Amplificadores de potência podem operar em diferentes classes, dependendo da fração do ciclo de entrada durante a qual o transistor conduz. Entre as classes estão incluídas a classe A e a classe B.

---

[8] A zona morta deste estágio, na verdade, permite condução durante um pouco *menos* da metade do ciclo, para cada transistor.

EXERCÍCIOS

Nos exercícios a seguir, a menos que seja especificado de outra forma, assuma $V_{CC} = +5$ V, $V_{EE} = -5$ V, $V_{BE,ligado} = 0,8$ V, $I_S = 6 \times 10^{-17}$ A, $V_A = \infty$, $R_L = 8$ Ω e $\beta \gg 1$.

Seção 14.2 Seguidor de Emissor como Amplificador de Potência

14.1 Considere o seguidor de emissor mostrado na Figura 14.30. Desejamos entregar 0,5 W de potência a $R_L = 8$ Ω.

(a) Determine I_1 para um ganho de tensão de pequenos sinais de 0,8.

(b) Escrevendo $g_m = I_C/V_T$, calcule o ganho de tensão quando $V_{entrada}$ alcança o valor de pico. A variação no ganho de tensão representa não linearidade.

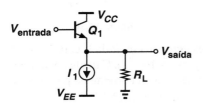

Figura 14.30

14.2 Para o seguidor de emissor da Figura 14.30, podemos expressar o ganho de tensão como

$$A_v = \frac{I_C R_L}{I_C R_L + V_T}. \qquad (14.67)$$

Recordemos, da Seção 14.2, que $I_1 \geq V_P R_L$, na qual V_P denota a tensão de pico entregue a R_L.

(a) Assumindo $I_1 = V_P/R_L$ e $V_P \gg V_T$, determine uma expressão para A_v quando as excursões são pequenas.

(b) Agora, assuma que a saída alcance uma tensão de pico V_P. Calcule o ganho de tensão de pequenos sinais nesta região e determine a variação em relação ao resultado da parte (a).

14.3 Suponha que o seguidor da Figura 14.30 tenha sido projetado para um ganho de tensão de pequenos sinais A_v. Determine a máxima potência que pode ser entregue à carga sem desligar Q_1.

14.4 Um estudante projetou o seguidor de emissor da Figura 14.30 para um ganho de tensão de pequenos sinais de 0,7 e uma resistência de carga de 4 Ω. Para uma entrada senoidal, estime a máxima potência média que pode ser entregue à carga sem desligar Q_1.

14.5 Devido a um erro de fabricação, a carga de um seguidor de emissor foi conectada entre a saída e V_{CC} (Figura 14.31). Assuma $I_{S1} = 5 \times 10^{-17}$ A, $R_L = 8$ Ω e $I_1 = 20$ mA.

(a) Calcule a corrente de polarização de Q_1 para $V_{entrada} = 0$.

(b) Para que valor de $V_{entrada}$ o transistor Q_1 conduz apenas 1 % de I_1?

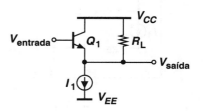

Figura 14.31

14.6 O seguidor de emissor da Figura 14.30 colhe uma entrada senoidal com amplitude de pico de 1 V. Assuma $I_{S1} = 6 \times 10^{-17}$ A, $R_L = 8$ Ω e $I_1 = 25$ mA.

(a) Calcule V_{BE} para $V_{entrada} = +1$ V e para $V_{entrada} = -1$ V. (A alteração resultante é uma medida da não linearidade.)

(b) Notando que $V_{saída} = V_{entrada} - V_{BE}$, esboce o gráfico da forma de onda.

14.7 No circuito do Exercício 14.6, determine a máxima excursão de entrada para a qual V_{BE} sofre uma alteração de menos de 10 mV do pico positivo para o pico negativo. Determine a razão ΔV_{BE} e a excursão de saída pico a pico como uma medida da não linearidade.

Seção 14.3 Estágio *Push-Pull*

14.8 Para o estágio *push-pull* da Figura 14.3(a), esboce o gráfico da corrente de base de Q_1 em função de $V_{entrada}$.

14.9 Considere o estágio *push-pull* representado na Figura 14.32, na qual uma fonte de corrente I_1 é conectada entre o nó de saída e a terra.

(a) Suponha $V_{entrada} = 0$. Determine a relação entre I_1 e R_L que garante que Q_1 esteja ligado, ou seja, que $V_{BE1} \approx 800$ mV.

(b) Com a condição obtida em (a), calcule a tensão de entrada na qual Q_2 é ligado, ou seja, $V_{BE2} \approx 800$ mV.

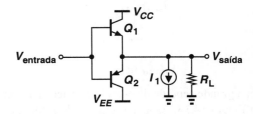

Figura 14.32

14.10 Considerando a Figura 14.32, explique por que I_1 altera a característica entrada/saída e a zona morta.

*14.11 No circuito mostrado na Figura 14.33, um seguidor de emissor precede o dispositivo *npn* de saída. Esboce o gráfico da característica entrada/saída e estime a largura da zona morta.

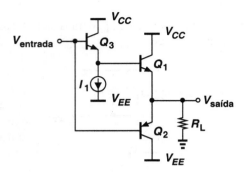

Figura 14.33

*14.12 Refaça o Exercício 14.11 para o estágio representado na Figura 14.34.

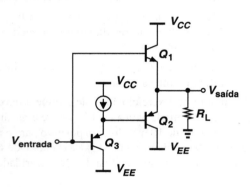

Figura 14.34

14.13 A Figura 14.35 mostra uma implementação CMOS do estágio *push-pull*.
(a) Esboce o gráfico da característica entrada/saída do circuito.
(b) Determine o ganho de tensão de pequenos sinais para entradas positiva e negativa fora da zona morta.

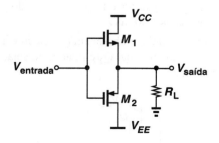

Figura 14.35

14.14 Uma grande senoide de entrada é aplicada ao circuito da Figura 14.33. Esboce o gráfico da forma de onda de saída.

14.15 Refaça o Exercício 14.14 para o circuito da Figura 14.34.

Seção 14.4 Estágio *Push-Pull* Aprimorado

14.16 Considere o estágio *push-pull* ilustrado na Figura 14.36, na qual $V_B \approx V_{BE}$ (e não $2V_{BE}$).
(a) Esboce o gráfico da característica entrada/saída.
(b) Esboce o gráfico da forma de onda de saída para uma entrada senoidal.

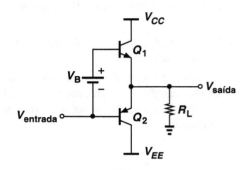

Figura 14.36

14.17 No estágio *push-pull* da Figura 14.36, $I_{S1} = 5 \times 10^{-17}$ A e $I_{S2} = 8 \times 10^{-17}$ A. Calcule o valor de V_B de modo a estabelecer uma corrente de polarização de 5 mA em Q_1 e Q_2 (para $V_{saida} = 0$).

14.18 Suponha que a configuração do Exercício 17 opere com uma excursão de pico de entrada de 2 V e $R_L = 8\ \Omega$.
(a) Calcule o ganho de tensão de pequenos sinais para $V_{saida} \approx 0$.
(b) Use o ganho calculado em (a) para estimar a excursão de tensão de saída.
(c) Estime a corrente de pico de coletor de Q_1, assumindo que Q_2 ainda conduza 5 mA.

14.19 O estágio da Figura 14.36 foi projetado com $V_B \approx 2V_{BE}$ para suprimir a distorção de cruzamento. Esboce os gráficos das correntes de coletor de Q_1 e Q_2 em função de $V_{entrada}$.

14.20 Considere o circuito mostrado na Figura 14.37, em que V_B é conectado em série com o emissor de Q_1. Esboce o gráfico da característica entrada/saída.

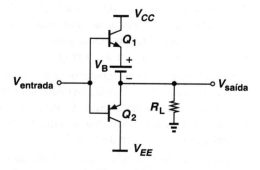

Figura 14.37

14.21 No circuito da Figura 14.11(b), temos $V_{BE1} + |V_{BE2}| = V_{D1} + V_{D2}$. Nesta condição, podemos escrever $I_{C1}I_{C2} = I_{D1}I_{D2}$?

Figura 14.37

14.22 O circuito da Figura 14.11(b) foi projetado com $I_1 = 1$ mA e $I_{S,Q1} = I_{S,Q2} = 16I_{S,D1} = 16I_{S,D2}$. Calcule a corrente de polarização de Q_1 e Q_2 (para $V_{saida} \approx 0$). (Sugestão: $V_{BE1} + |V_{BE2}| = V_{D1} + V_{D2}$.)

14.23 O estágio da Figura 14.11(b) deve ser projetado para uma corrente de polarização de 5 mA em Q_1 e Q_2 (para $V_{saida} \approx 0$). Se $I_{S,Q1} = I_{S,Q2} = 8I_{S,D1} = 8I_{S,D2}$, determine o necessário valor de I_1. (Sugestão: $V_{BE1} + |V_{BE2}| = V_{D1} + V_{D2}$.)

14.24 No estágio de saída da Figura 14.11(b), $I_1 = 2$ mA, $I_{S,Q1} = 8I_{S,D1}$ e $I_{S,Q2} = 16I_{S,D2}$. Determine a corrente de polarização de Q_1 e Q_2 (para $V_{saida} \approx 0$). (Sugestão: $V_{BE1} + |V_{BE2}| = V_{D1} + V_{D2}$.)

*14.25 Um problema crítico no projeto do estágio *push-pull* mostrado na Figura 14.11(b) é a diferença de temperatura entre os diodos e os transistores de saída, pois os últimos consomem muito mais potência e tendem a atingir temperaturas mais elevadas. Notando que $V_{BE1} + |V_{BE2}| = V_{D1} + V_{D2}$, explique por que esta diferença de temperatura introduz um erro nas correntes de polarização de Q_1 e Q_2.

*14.26 Determine o ganho de tensão de pequenos sinais do estágio ilustrado na Figura 14.38. Assuma que I_1 seja uma fonte de corrente ideal. Despreze as resistências incrementais de D_1 e D_2.

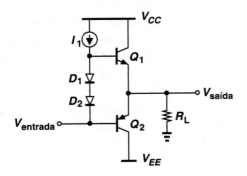

Figura 14.38

**14.27 Refaça o Exercício 14.26 sem desprezar as resistências incrementais de D_1 e D_2.

14.28 O estágio de saída da Figura 14.38 deve alcançar um ganho de tensão de pequenos sinais de 0,8. Determine a necessária corrente de polarização de Q_1 e Q_2. Despreze as resistências incrementais de D_1 e D_2.

14.29 Calcule a impedância de entrada de pequenos sinais do estágio de saída representado na Figura 14.38, sem desprezar as resistências incrementais de D_1 e D_2. Do resultado, determine a condição para que estas resistências possam ser desprezadas.

*14.30 Notando que, na Figura 14.15(b), $g_{m1} \approx g_{m2}$, prove que a Equação (14.32) se reduz a

$$\frac{v_{saida}}{v_{entrada}} = -\frac{2\beta_1\beta_2}{\beta_1 + \beta_2}g_{m4}R_L. \quad (14.68)$$

É interessante observar que o ganho permanece independentemente da corrente de polarização de Q_1 e Q_2.

14.31 O estágio da Figura 14.15(b) foi projetado com correntes de polarização de 1 mA em Q_3 e Q_4 e de 10 mA em Q_1 e Q_2. Assumindo $\beta_1 = 40$, $\beta_2 = 20$, $R_L = 8\ \Omega$ e desprezando as resistências incrementais de D_1 e D_2, calcule o ganho de tensão de pequenos sinais.

14.32 O estágio de saída da Figura 14.15(b) deve prover um ganho de tensão de pequenos sinais de 4. Assumindo $\beta_1 = 40$, $\beta_2 = 20$, $R_L = 8\ \Omega$ e desprezando as resistências incrementais de D_1 e D_2, determine a necessária corrente de polarização de Q_1 e Q_2.

**14.33 Considere a Equação (14.27) e note que $g_{m1} \approx g_{m2} = g_m$. Prove que a impedância de saída pode ser expressa como

$$\frac{v_X}{i_X} \approx \frac{1}{2g_m} + \frac{r_{O3}||r_{O4}}{2\beta_1\beta_2}(\beta_1 + \beta_2). \quad (14.69)$$

14.34 O estágio *push-pull* da Figura 14.15(b) emprega correntes de polarização de 1 mA em Q_3 e Q_4 e de 8 mA em Q_1 e Q_2. Se Q_3 e Q_4 estiverem sujeitos ao efeito Early e se $V_{A3} = 10$ V e $V_{A4} = 15$ V,

(a) Calcule a impedância de saída de pequenos sinais do circuito, assumindo $\beta_1 = 40$ e $\beta_2 = 20$.

(b) Usando o resultado obtido em (a), determine o ganho de tensão quando o estágio alimenta uma resistência de carga de 8 Ω.

14.35 O circuito da Figura 14.15(b) emprega uma corrente de polarização de 1 mA em Q_3 e Q_4. Assumindo $\beta_1 = 40$ e $\beta_2 = 20$, calcule a máxima corrente que Q_1 e Q_2 podem entregar à carga.

14.36 Desejamos entregar 0,5 W de potência a uma carga de 8 Ω. Na Figura 14.15(b), assumindo $\beta_1 = 40$ e $\beta_2 = 20$, determine o valor mínimo necessário para a corrente de polarização de Q_3 e Q_4.

14.37 O estágio *push-pull* da Figura 14.15 entrega uma potência média de 0,5 W a $R_L = 8\ \Omega$, com $V_{CC} = 5$ V. Calcule a potência média dissipada em Q_1.

14.38 O estágio *push-pull* da Figura 14.15 emprega transistores com máxima dissipação de potência de 0,75 W. Com $V_{CC} = 5$ V, qual é a máxima potência que o circuito pode entregar a uma carga de 8 Ω?

14.39 Refaça o Exercício 14.38, assumindo que V_{CC} possa ser escolhido livremente.

Seção 14.5 Considerações de Grandes Sinais

14.40 Considere o estágio composto representado na Figura 14.39. Assumindo $I_1 = 5$ mA e $\beta_1 = 40, \beta_2 = 50$, calcule a corrente de base de Q_2.

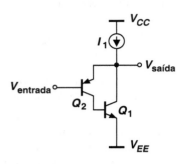

Figura 14.39

14.41 No Exercício 14.40, $V_{entrada} = 0,5$ V. Determine a tensão de saída para $I_{S2} = 6 \times 10^{-17}$ A.

14.42 No Exercício 14.40, calcule as impedâncias de entrada e de saída do circuito.

14.43 No circuito da Figura 14.39, determine o valor de I_1 para que a impedância de saída seja de 1 Ω. Assuma $\beta_1 = 40, \beta_2 = 50$.

14.44 Um seguidor de emissor entrega uma excursão de saída de pico de 0,5 V a uma carga de 8 Ω, com $V_{CC} = 2$ V. Se a corrente de polarização for 70 mA, calcule a eficiência de potência do circuito.

14.45 Em uma configuração realista de seguidor de emissor, a excursão de pico chega a apenas $V_{CC} - V_{BE}$. Determine a eficiência do circuito neste caso.

14.46 Refaça o Exercício 14.45 para um estágio *push-pull*.

14.47 Um estágio *push-pull* opera com $V_{CC} = 3$ V e entrega uma potência de 0,2 W a uma carga de 8 Ω. Determine a eficiência do circuito.

*14.48 Um estágio *push-pull* foi projetado para entregar uma excursão de pico V_P a uma resistência de carga R_L. Qual é a eficiência do circuito se ele entregar uma excursão de saída de apenas $V_P/2$?

Exercícios de Projetos

14.49 Desejamos projetar o seguido de emissor da Figura 14.30 para entregar 1 W de potência a uma carga $R_L = 8\ \Omega$. Determine I_1 e a dissipação de potência de Q_1.

14.50 O seguidor de emissor da Figura 14.30 deve ser projetado para alimentar $R_L = 4\ \Omega$, com ganho de tensão de 0,8. Determine I_1, a máxima excursão de tensão de saída e a dissipação de potência de Q_1.

14.51 Considere o estágio *push-pull* mostrado na Figura 14.38. Determine a corrente de polarização de Q_1 e Q_2 para um ganho de tensão de 0,6, com $R_L = 8\ \Omega$. Despreze as resistências incrementais de D_1 e D_2.

14.52 O estágio *push-pull* da Figura 14.38 deve entregar 1 W de potência a $R_L = 8\ \Omega$. Se $|V_{BE}| \approx 0,8$ V, determine a menor tensão de alimentação permitida e, se $\beta_1 = 40$, determine o valor mínimo de I_1.

14.53 Suponha que os transistores no estágio da Figura 14.38 tenham máxima dissipação de potência de 2 W. Qual é a máxima potência que o circuito pode entregar a uma carga de 8 Ω?

14.54 Refaça o Exercício 14.53 para uma carga de 4 Ω.

14.55 Desejamos projetar o amplificador *push-pull* da Figura 14.15(b) para um ganho de tensão de pequenos sinais de 4, com $R_L = 8\ \Omega$. Se $\beta_1 = 40$ e $\beta_2 = 20$, calcule a corrente de polarização de Q_3 e Q_4. Qual é a máxima corrente que Q_1 pode entregar a R_L?

14.56 Refaça o Exercício 14.55 com $R_L = 4\ \Omega$ e compare os resultados.

14.57 O estágio *push-pull* da Figura 14.15(b) deve ser projetado para uma potência de saída de 2 W, com $R_L = 8\ \Omega$. Assuma $|V_{BE}| \approx 0,8$ V, $\beta_1 = 40$ e $\beta_2 = 20$.

(a) Determine a mínima tensão de alimentação necessária de modo que Q_3 e Q_4 permaneçam na região ativa.

(b) Calcule a mínima corrente de polarização necessária para Q_3 e Q_4.

(c) Determine a potência média dissipada em Q_1 quando o circuito entrega 2 W à carga.

(d) Calcule a eficiência total do circuito, levando em consideração a corrente de polarização de Q_3 e Q_4.

14.58 Um sistema de áudio estéreo requer um estágio *push-pull* similar ao da Figura 14.15(b), com ganho de tensão de 5 e potência de saída de 5 W. Assuma $R_L = 4\ \Omega$, $\beta_1 = 40$ e $\beta_2 = 20$.

(a) Calcule a corrente de polarização de Q_3 e Q_4 para que o ganho desejado seja alcançado. O resultado satisfaz a especificação da potência de saída?

(b) Determine a corrente de polarização de Q_3 e Q_4 para que a potência de saída especificada seja alcançada. Qual é o resultante ganho de tensão?

EXERCÍCIOS COM SPICE

Nos exercícios a seguir, use os modelos de dispositivos MOS dados no Apêndice A. Para transistores bipolares, assuma $I_{S,npn} = 5 \times 10^{-16}$ A, $\beta_{npn} = 100$, $V_{A,npn} = 5$ V, $I_{S,pnp} = 8 \times 10^{-16}$ A, $\beta_{pnp} = 50$, $V_{A pnp} = 3,5$ V. SPICE usa um parâmetro $\tau_F = C_b/g_m$ para modelar o efeito de armazenamento de carga na base. Assuma $\tau_F(tf) = 20$ ps.

14.59 O seguidor de emissor mostrado na Figura 14.40 deve entregar 50 mW de potência a um alto-falante de 8 Ω, na frequência de 5 kHz.

(a) Determine a mínima tensão de alimentação necessária.

(b) Determine a mínima corrente de polarização de Q_2.

(c) Usando os valores obtidos em (a) e (b) e um espelho de corrente para polarizar Q_2, examine a forma de onda de saída. Que valores da tensão de alimentação e da corrente de polarização levam a uma senoide relativamente pura?

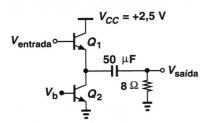

Figura 14.40

14.60 Refaça o Exercício 14.59 para o seguidor de emissor da Figura 14.41, onde $(W/L)_{1-2} = 300\ \mu\text{m}/0{,}18\ \mu\text{m}$ e compare os resultados.

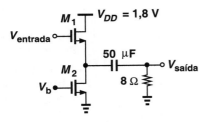

Figura 14.41

14.61 Desenhe o gráfico da característica entrada/saída do circuito mostrado na Figura 14.42, para $-2\text{ V} < V_{entrada} < +2\text{ V}$. Desenhe, também, o gráfico da forma de onda de saída para uma entrada senoidal com amplitude de pico de 2 V. Como estes resultados são alterados se o valor da resistência de carga for aumentado para 16 Ω?

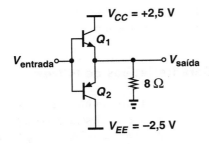

Figura 14.42

14.62 No estágio *push-pull* da Figura 14.43, Q_3 e Q_4 operam como diodos.

(a) Selecione o valor de I_1 para que o circuito possa entregar uma excursão de pico de 1,5 V à carga.

(b) Nesta condição, examine a forma de onda de saída e explique o que acontece.

(c) *SPICE* permite alterar as dimensões de transistores bipolares de forma proporcional, da seguinte maneira: q1 col bas emi sub bimod m=16, em que $m = 16$ denota um aumento de 16 vezes no tamanho do transistor (como se 16 unidades de transistor fossem conectadas em paralelo). Usando $m = 16$ para Q_1 e Q_6, refaça a parte (b).

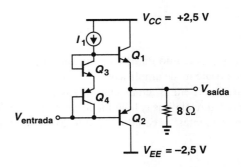

Figura 14.43

14.63 O estágio *push-pull* realimentado da Figura 14.44 deve entregar uma excursão de pico de 1,5 V a uma carga de 8 Ω.

(a) Qual é o mínimo valor necessário para I_1?

(b) Usando um nível DC de entrada de $-1{,}7$ V e um fator de escala de 16 para Q_1 e Q_2 (como no Exercício 14.62), examine a forma de onda da saída.

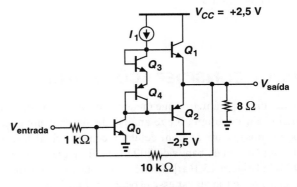

Figura 14.44

REFERÊNCIA

1. B. Razavi, *RF Microelectronics*, Upper Saddle River, NJ: Prentice Hall, 1998.

Filtros Analógicos

Até aqui, nosso estudo da microeletrônica focou, principalmente, no problema de amplificação. Outra função importante e muito utilizada em sistemas eletrônicos é a de "filtragem". Por exemplo, um telefone celular incorpora filtros para suprimir sinais "interferentes" recebidos em adição ao sinal desejado.

De modo similar, um sistema de áudio de alta-fidelidade deve empregar filtros para eliminar a interferência de linha AC em 60 Hz (50 Hz). Este capítulo apresenta uma introdução a filtros analógicos. O roteiro que seguiremos é mostrado a seguir.

Considerações Gerais
- Características de Filtros
- Classificação de Filtros
- Função de Transferência de Filtros
- Problema de Sensibilidade

Filtros de Segunda Ordem
- Casos Especiais
- Realizações RLC

Filtros Ativos
- Filtro de Sallen-Key
- Estrutura Biquadrática KHN
- Estrutura Biquadrática de Tow-Thomas
- Estruturas Biquadráticas Baseadas em Indutores Simulados

Aproximações para Respostas de Filtros
- Resposta de Butterworth
- Resposta de Chebyshev

15.1 CONSIDERAÇÕES GERAIS

Para definir os parâmetros que medem o desempenho de filtros, primeiro, façamos uma breve análise de algumas aplicações. Suponhamos que um telefone celular receba um sinal desejado, $X(f)$, com largura de banda de 200 kHz e frequência central de 900 MHz [Figura 15.1(a)]. Como mencionado no Capítulo 1, o receptor deve transladar esse espectro para a frequência zero e, em seguida, "detectar" o sinal.

Agora, assumamos que, além de $X(f)$, o telefone celular também receba um forte sinal interferente (ou interferência) centrado em 900 MHz + 200 kHz [Figura 15.1(b)].[1] Após translação à frequência central nula, o sinal desejado ainda está acompanhado do forte sinal interferente e não pode ser detectado de forma adequada. Devemos, portanto, "rejeitar" o sinal interferente com uso de um filtro [Figura 15.1(c)].

15.1.1 Características de Filtros

Que características do filtro são importantes aqui? Primeira, o filtro não deve afetar o sinal desejado, ou seja, deve prover uma reposta em frequência "plana" em toda a largura de banda de $X(f)$. Segunda, o filtro deve atenuar suficientemente o sinal interferente; isto é, deve exibir uma transição "abrupta" [Figura 15.2(a)]. De modo mais formal, dividimos a resposta em frequência de filtros em três regiões: "banda passante", "banda de transição" e "banda de rejeição". As características

---

[1] Este é o chamado "canal adjacente".

Filtros Analógicos 561

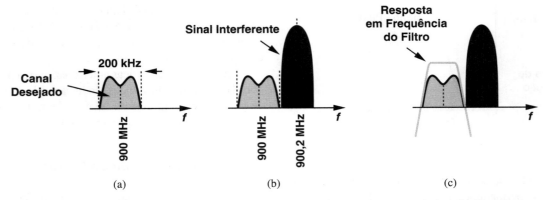

Figura 15.1 (a) Sinal desejado em um receptor, (b) sinal interferente forte, (c) uso de filtro para suprimir o sinal interferente.

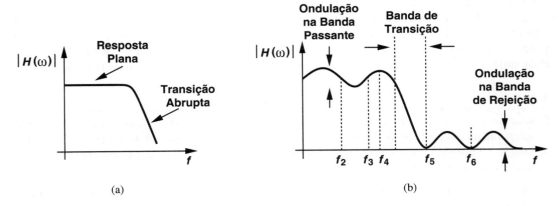

Figura 15.2 Características (a) genérica e (b) realista de filtros.

do filtro em cada banda, ilustradas na Figura 15.2(b), têm um papel crítico no desempenho do mesmo. A "planura" na banda passante é quantificada pela amplitude das "ondulações" (*ripple*) da resposta de magnitude. Se for excessiva, a ondulação altera o conteúdo de frequência do sinal de modo substancial (e indesejável). Na Figura 15.2(b), por exemplo, as frequências de sinal entre f_2 e f_3 são atenuadas, enquanto aquelas entre f_3 e f_4 são amplificadas.

Exemplo 15.1 Em uma aplicação sem fio, a interferência no canal adjacente pode estar 25 dB acima do sinal desejado. Para recepção adequada, determinemos a necessária atenuação da banda de rejeição do filtro na Figura 15.2(b) para que a potência de sinal exceda a da interferência por 15 dB.

Solução Como ilustrado na Figura 15.3, o filtro deve reduzir o nível da interferência em 40 dB; portanto, essa deve ser atenuação da banda de rejeição.

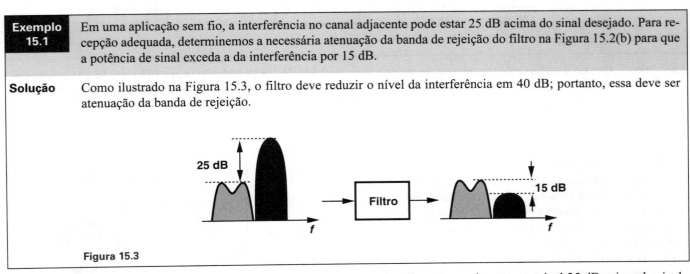

Figura 15.3

Exercício Suponha que haja dois sinais interferentes em dois canais adjacentes, cada um com nível 25 dB acima do sinal desejado. Determine a atenuação da banda de rejeição para que a potência do sinal (desejado) exceda o de cada interferência em 18 dB.

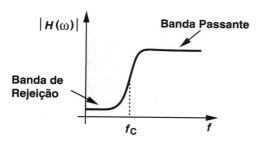

Figura 15.4 Resposta em frequência de um filtro passa-altas.

A largura da banda de transição determina que parcela do sinal interferente permanece junto com o sinal, ou seja, a inevitável corrupção infligida ao sinal desejado pela interferência. Por essa razão, a banda de transição deve ser estreita, ou seja, o filtro deve prover suficiente "seletividade".

A "atenuação" e a ondulação da banda de rejeição também afetam o desempenho. A atenuação deve ser grande o bastante para suprimir a interferência, de modo que seu nível fique bem abaixo do nível do sinal desejado. Neste caso, a ondulação é menos importante que na banda passante, mas reduz a atenuação da banda de rejeição. Na Figura 15.2(b), por exemplo, a atenuação da banda de rejeição é degradada entre f_5 e f_6 em consequência da ondulação.

Além das características anteriores, outros parâmetros importantes de filtros analógicos são linearidade, ruído, dissipação de potência e complexidade, que também devem ser levados em consideração. Essas questões são descritas em [1].

15.1.2 Classificação de Filtros

Filtros podem ser classificados segundo suas diversas propriedades. Nesta seção, estudaremos algumas classificações de filtros.

Uma classificação de filtros se refere à banda de frequência que deixam "passar" ou que "rejeitam". O exemplo ilustrado na Figura 15.2(b) representa um filtro "passa-baixas", pois deixa passar sinais de frequências baixas e rejeita as componentes de altas frequências. Um filtro "passa-altas", por sua vez, rejeita os sinais de frequências baixas (Figura 15.4).

Exemplo 15.2 Desejamos amplificar um sinal nas vizinhanças de 1 kHz, mas a placa de circuito e os fios captam uma forte componente da linha de eletricidade em 60 Hz. Se esta componente estiver 40 dB acima do sinal desejado, que atenuação é necessária para a banda de rejeição do filtro, para assegurar que o nível de sinal permaneça 20 dB acima do nível da interferência?

Solução Como mostrado na Figura 15.5, a banda de rejeição do filtro passa-altas deve prover uma atenuação de 60 dB em 60 Hz.

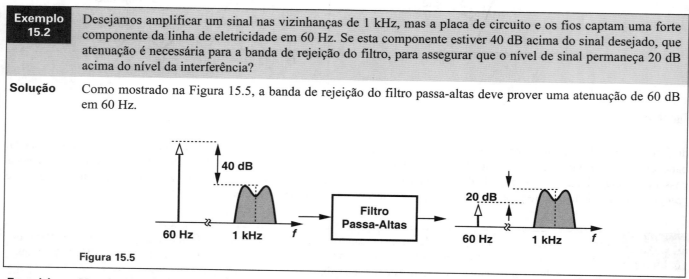

Figura 15.5

Exercício Um sinal na faixa de frequências de áudio é acompanhado de uma interferência em 100 kHz. Se a interferência estiver 30 dB acima do sinal, que atenuação é necessária para a banda de rejeição do filtro, para assegurar que o nível de sinal permaneça 20 dB acima do nível da interferência?

Algumas aplicações exigem um filtro "passa-faixa", ou seja, um filtro que rejeite componentes de frequências baixas e altas e deixe passar uma banda intermediária (Figura 15.6). O próximo exemplo ilustra a necessidade desse tipo de filtros.

A Figura 15.8 resume quatro tipos de filtros, incluindo uma resposta "rejeita-faixa" que suprime componentes entre f_1 e f_2.

Outra classificação de filtros analógicos diz respeito às correspondentes implementações em circuito e inclui as realizações em "tempo contínuo" e em "tempo discreto". O primeiro tipo é exemplificado pelo familiar circuito RLC ilustrado na Figura 15.9(a), em que a impedância de C_1 diminui à medida

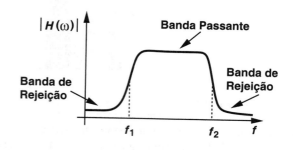

Figura1 15.6

Filtros Analógicos   563

Exemplo 15.3 Receptores projetados para o Sistema de Posicionamento Global (GPS – *Global Positioning System*) operam em uma frequência de, aproximadamente, 1,5 GHz. Determinemos as interferências que podem corromper um sinal de GPS e o tipo de filtro necessário para suprimi-las.

Solução Neste caso, as principais fontes de interferências são telefones celulares que operam nas faixas de 900 MHz e 1,9 GHz.[2] Portanto, um filtro passa-faixa é necessário para rejeitar essas interferências. (Figura 15.7.)

Figura 15.7

Exercício Transceptores *Bluetooth**operam em 2,4 GHz. Que tipo de filtro é necessário para evitar que sinais PCS corrompam sinais *Bluetooth*?

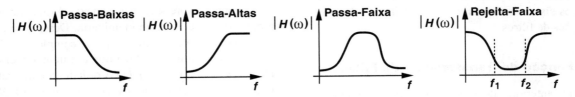

Figura 15.8 Resumo de respostas de filtros.

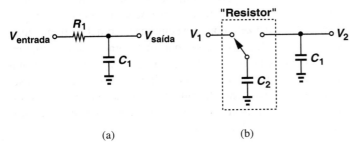

Figura 15.9 (a) Realizações de um filtro passa-baixas em (a) tempo contínuo e (b) tempo discreto.

Você sabia?
O uso de filtros é anterior ao desenvolvimento da válvula e do transistor. No final do século XIX, filtros eram empregados em sistemas telegráficos e telefônicos. Hoje, filtros têm aplicação em praticamente todos os dispositivos eletrônicos. Por exemplo, nosso corpo capta a tensão de linha de 60 Hz (ou 50 Hz) da fiação à nossa volta, dificultando a medida de ondas cerebrais por médicos. O equipamento que capta essas ondas deve, portanto, incorporar um filtro rejeita-faixa para remover a indesejada componente de tensão.

que a frequência aumenta, o que atenua as frequências altas. A realização na Figura 15.9(b) substitui R_1 por um circuito com "capacitor comutado". Aqui, C_2 é comutado periodicamente entre nós com tensões V_1 e V_2. Provemos que este circuito atua como um resistor conectado entre esses dois nós – uma observação feita originalmente por James Maxwell no século XIX.

Em cada ciclo, C_2 armazena uma carga $Q_1 = C_2 V_1$ enquanto está conectado a V_1, e uma carga $Q_2 = C_2 V_2$ enquanto está conectado a V_2. Por exemplo, se $V_1 > V_2$, C_2 absorve carga de V_1 e a entrega a V_2 e, dessa forma, aproxima um resistor. Também observamos que o valor equivalente desse resistor *diminui* à medida que aumenta a taxa de comutação, pois a quantidade de carga entregue de V_1 a V_2 por unidade de tempo aumenta.

---

[2] A primeira é chamada "banda de celular", e a segunda, "banda PCS", em que PCS designa Sistema de Comunicação Pessoal (PCS – *Personal Communication System*).

* *Bluetooth* é um protocolo aberto para comunicação sem fio entre dispositivos móveis e fixos, em curtas distâncias. (N.T.)

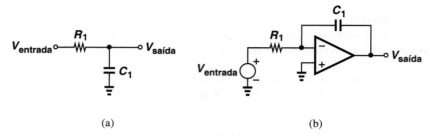

Figura 15.10 Realizações (a) passiva e (b) ativa de um filtro passa-baixas.

Obviamente, filtros práticos à base de capacitores comutados empregam topologias mais sofisticadas.

A terceira classificação de filtros faz uma distinção entre implementações "passiva" e "ativa". A primeira incorpora apenas dispositivos passivos, como resistores, capacitores e indutores, enquanto a segunda também emprega componentes amplificadores, como transistores e amp ops.

Os conceitos estudados no Capítulo 8 servem como exemplos de filtros passivos e ativos. Um filtro passa-baixas pode ser realizado como o circuito passivo da Figura 15.10(a) ou pela topologia ativa (integrador) da Figura 15.10(b). Filtros ativos oferecem mais flexibilidade de projeto e têm larga aplicação em diversos sistemas eletrônicos. A Tabela 15.1 resume as classificações de filtros.

15.1.3 Função de Transferência de Filtros

Os exemplos anteriores de aplicações de filtros apontam, em muitos casos, para a necessidade de uma transição abrupta (alta seletividade). Isso ocorre porque (1) a frequência da interferência é próxima da banda do sinal desejado e/ou (2) o nível da interferência é muito mais alto que o do sinal desejado.

Como podemos alcançar alta seletividade? O filtro passa-baixas simples da Figura 15.11(a) tem, além da banda passante, uma inclinação de apenas –20 dB/década; ou seja, a atenuação provida pelo filtro aumenta em dez vezes quando a frequência aumenta por um fator de dez. Postulemos, então, que a conexão de dois estágios como este *em cascata* pode aumentar a inclinação para –40 dB/década: a atenuação provida pelo filtro aumentaria em cem vezes se a frequência aumentar por um fator de dez [Figura 15.11(b)]. Em outras palavras, aumentar a "ordem" da função de transferência pode melhorar a seletividade do filtro.

Seletividade, ondulação (*ripple*) e outras propriedades de um filtro são refletidas em sua função de transferência $H(s)$:

$$H(s) = \alpha \frac{(s-z_1)(s-z_2)\cdots(s-z_m)}{(s-p_1)(s-p_2)\cdots(s-p_n)}, \quad (15.1)$$

em que z_k e p_k (reais ou complexos) denotam as frequências dos zeros e polos, respectivamente.

É comum expressar z_k e p_k como $\sigma + j\omega$, em que σ representa a parte real, e ω, a parte imaginária. Dessa forma, podemos posicionar os polos e zeros no plano complexo.

É interessante que façamos algumas observações em relação à Equação (15.1). (1) A ordem do numerador, m, não pode exceder a do denominador; caso contrário, $H(s) \to \infty$ à medida que $s \to \infty$, uma situação irreal. (2) Para uma função de transferência fisicamente realizável, zeros ou polos complexos devem ocorrer em pares conjugados, por exemplo, $z_1 = \sigma_1 + j\omega_1$ e $z_2 = \sigma_1 - j\omega_1$. (3) Se um zero ocorrer no eixo $j\omega$, $z_{1,2} = \pm j\omega_1$, $H(s)$ cai a zero com uma entrada senoidal de frequência ω_1 (Figura 15.15). Isso ocorre porque o numerador contém um produto da forma $(s-j\omega_1)(s+j\omega_1) = s^2 + \omega_1^2$, que se anula em $s = j\omega_1$. Em outras palavras, zeros imaginários forçam $|H|$ a se anular e, portanto, resultam em significativa atenuação em suas vizinhanças. Por essa razão, zeros imaginários devem ocorrer apenas na *banda de rejeição*.

TABELA 15.1 Classificação de filtros

	Passa-Baixas	Passa-Altas	Passa-Faixa	Rejeita-Faixa
Resposta em Frequência	⟍	⟋	⋀	⋁
Tempo Contínuo e Tempo Discreto	R-C		chave-C	
Passivo e Ativo	R-C		R-C-Amp Op	

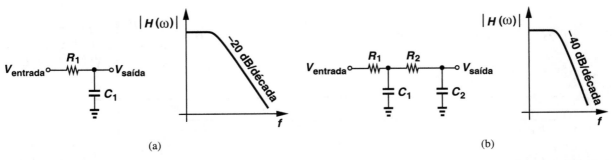

Figura 15.11 (a) Filtro de primeira ordem e sua resposta em frequência, (b) adição de outra seção RC para melhorar a seletividade.

Exemplo 15.4 Construamos o diagrama de polos e zeros para cada circuito mostrado na Figura 15.12.

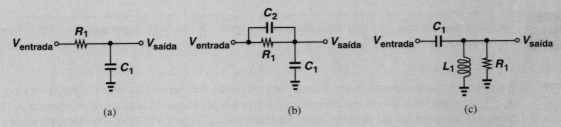

Figura 15.12

Solução Para o circuito na Figura 15.12(a), temos

$$H_a(s) = \frac{1}{R_1C_1s + 1}, \tag{15.2}$$

e obtemos um polo real em $-1/(R_1C_1)$. Para a topologia na Figura 15.12(b),

$$H_b(s) = \frac{\dfrac{1}{C_1s}}{\dfrac{1}{C_1s} + R_1 \| \dfrac{1}{C_2s}} \tag{15.3}$$

$$= \frac{R_1C_2s + 1}{R_1(C_1 + C_2)s + 1}. \tag{15.4}$$

Portanto, o circuito contém um zero em $-1/(R_2C_2)$ e um polo em $-1/[R_1(C_1 + C_2)]$. Notemos que o zero advém de C_2. A configuração na Figura 15.12(c) tem a seguinte função de transferência:

$$H_c(s) = \frac{(L_1s)\|R_1}{(L_1s)\|R_1 + \dfrac{1}{C_1s}} \tag{15.5}$$

$$= \frac{C_1s}{R_1L_1C_1s^2 + L_1s + R_1}. \tag{15.6}$$

O circuito tem um zero na frequência nula e dois polos que podem ser reais ou complexos, dependendo se $L^2 - 4R_1{}^2L_1C_1$ é positivo ou negativo. A Figura 15.13 resume nossas conclusões para esses três circuitos, na qual assumimos que $H_c(s)$ contém polos complexos.

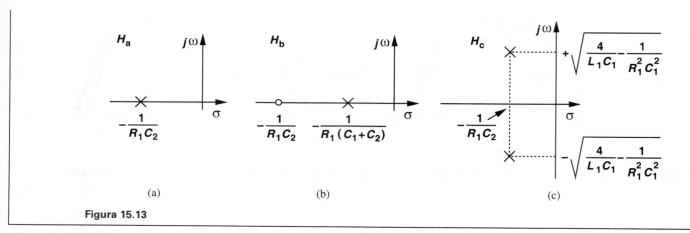

Figura 15.13

Exercício No exemplo anterior, troque as posições do capacitor e do indutor na Figura 15.12(c) e refaça a análise.

Exemplo 15.5 Expliquemos por que os polos dos circuitos da Figura 15.12 devem permanecer no semiplano (complexo) da esquerda.

Solução Recordemos que a resposta de um sistema ao impulso contém termos da forma $\exp(p_k t) = \exp(\sigma_k t)\exp(j\omega_k t)$. Se $\sigma_k > 0$, estes termos crescem indefinidamente com o tempo, enquanto oscilam na frequência ω_k [Figura 15.14(a)]. Se $\sigma_k = 0$, estes termos ainda introduzem oscilação em ω_k [Figura 15.14(b)]. Portanto, para que o sistema permaneça estável, é necessário que $\sigma_k < 0$ [Figura 15.14(c)].

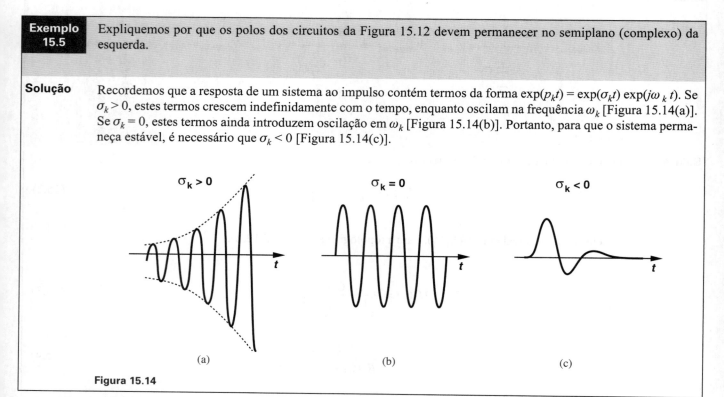

Figura 15.14

Exercício Redesenhe as formas de onda anteriores para o caso em que o valor de ω_k é dobrado.

15.1.4 Problema de Sensibilidade

A resposta em frequência de filtros analógicos depende dos valores de seus componentes. No filtro simples da Figura 15.10(a), por exemplo, a frequência de –3 dB é dada por $1/(R_1 C_1)$. Esse tipo de dependência leva a erros na frequência de corte e em outros parâmetros, em duas situações: (a) os valores dos componentes variam com o processo e com a temperatura (no caso de circuitos integrados) ou (b) os valores *disponíveis* de componentes diferem dos valores exigidos pelo projeto (no caso de implementações discretas).[3]

Portanto, devemos determinar a variação em cada parâmetro de filtro em termos de uma dada variação (tolerância) no valor de cada componente.

---

[3] Por exemplo, um projeto específico requer um resistor de 1,15 kΩ, mas o valor disponível mais próximo é de 1,2 kΩ.

Filtros Analógicos   567

Exemplo 15.6   No filtro passa-baixas da Figura 15.10(a), o resistor R_1 sofre uma (pequena) variação ΔR_1. Determinemos o erro na frequência $\omega_0 = 1/(R_1 C_1)$.

Solução   Para pequenas variações, podemos utilizar as derivadas:

$$\frac{d\omega_0}{dR_1} = \frac{-1}{R_1^2 C_1}. \tag{15.7}$$

Como, em geral, estamos interessados no erro *relativo* (porcentual) em ω_0 em termos da mudança relativa em R_1, escrevemos (15.7) como

$$\frac{d\omega_0}{\omega_0} = -\frac{dR_1}{\omega_0 \cdot R_1^2 C_1} \tag{15.8}$$

$$= -\frac{dR_1}{R_1} \cdot \frac{1}{\omega_0 R_1 C_1} \tag{15.9}$$

$$= -\frac{dR_1}{R_1}. \tag{15.10}$$

Por exemplo, uma variação de +5 % em R_1 se traduz em um erro de −5 % em ω_0.

Exercício   Repita o exemplo anterior para o caso em que C_1 sofre uma variação ΔC.

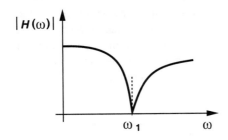

Figura 15.15   Efeito de um zero imaginário na resposta em frequência.

O Exemplo 15.6 anterior leva ao conceito de "sensibilidade", que indica quão sensível cada parâmetro do filtro é em relação ao valor de cada componente. Como no circuito de primeira ordem, $|d\omega_0/\omega_0| = |dR_1/R_1|$, dizemos que a sensibilidade de ω_0 em relação a R_1 é unitária. De modo mais formal, a sensibilidade de um parâmetro P em relação ao valor do componente C é definida como

$$S_C^P = \frac{\dfrac{dP}{P}}{\dfrac{dC}{C}}. \tag{15.11}$$

Sensibilidades muito maiores que a unidade são indesejáveis, pois dificultam a obtenção de uma aproximação razoável da exigida função de transferência na presença de variação nos valores dos componentes.

Exemplo 15.7   Para o filtro passa-baixas da Figura 15.10(a), calculemos a sensibilidade de ω_0 em relação a C_1.

Solução   Como

$$\frac{d\omega_0}{dC_1} = -\frac{1}{R_1 C_1^2}, \tag{15.12}$$

temos

$$\frac{d\omega_0}{\omega_0} = -\frac{dC_1}{C_1} \tag{15.13}$$

portanto,

$$S_{C1}^{\omega 0} = -1. \tag{15.14}$$

Exercício Calcule a sensibilidade da frequência do polo do circuito da Figura 15.12(b) em relação a R_1.

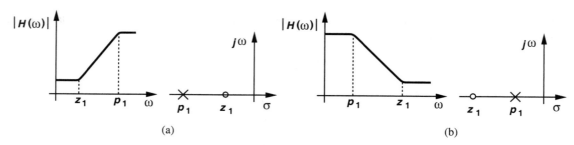

Figura 15.16 Filtros (a) passa-altas e (b) passa-baixas de primeira ordem.

15.2 FILTROS DE PRIMEIRA ORDEM

Como primeiro passo para a análise de filtros, consideremos implementações de primeira ordem descritas pela função de transferência

$$H(s) = \alpha \frac{s + z_1}{s + p_1}. \tag{15.15}$$

O circuito da Figura 15.12(b) e sua função de transferência na Equação (15.4) exemplificam filtros de primeira ordem. Dependendo dos valores relativos de z_1 e p_1, podemos obter característica passa-baixas ou passa-altas, como ilustrado pelos gráficos da Figura 15.16. Notemos que o fator de atenuação da banda de rejeição é dado por z_1/p_1.

Consideremos o circuito passivo da Figura 15.12(b) como um candidato para a realização da função de transferência na Equação (15.15). Notemos, que, como $z_1 = -1/(R_1 C_2)$ e $p_1 = -1/[R_1(C_1 + C_2)]$, o zero sempre ocorre em uma frequência *maior* que a do polo, de modo que apenas a resposta mostrada na Figura 15.16(b) pode ser obtida.

Exemplo 15.8 Determinemos a resposta do circuito representado na Figura 15.17(a).

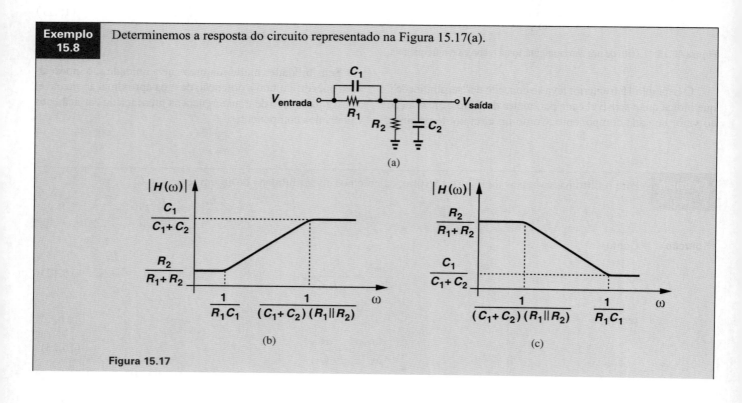

Figura 15.17

Solução Temos

$$\frac{V_{saída}}{V_{entrada}}(s) = \frac{R_2 \| \frac{1}{C_2 s}}{R_2 \| \frac{1}{C_2 s} + R_1 \| \frac{1}{C_1 s}} \quad (15.16)$$

$$= \frac{R_2(R_1 C_1 s + 1)}{R_1 R_2 (C_1 + C_2) s + R_1 + R_2}. \quad (15.17)$$

O circuito apresenta um zero em $-1/(R_1 C_1)$ e um polo em $-[(C_1 + C_2) R_1 \| R_2]^{-1}$. Dependendo dos valores dos componentes, o zero pode ocorrer em frequência maior ou menor que a do polo. Especificamente, para que a frequência do zero seja a menor:

$$\frac{1}{R_1 C_1} < \frac{R_1 + R_2}{(C_1 + C_2) R_1 R_2} \quad (15.18)$$

Logo,

$$1 + \frac{C_2}{C_1} < 1 + \frac{R_1}{R_2}. \quad (15.19)$$

Ou seja,

$$R_2 C_2 < R_1 C_1. \quad (15.20)$$

As Figuras 15.17(b) e (c) mostram os gráficos das respostas correspondentes aos casos $R_2 C_2 < R_1 C_1$ e $R_2 C_2 > R_1 C_1$, respectivamente. Notemos que, em $s = 0$, $V_{saída}/V_{entrada} = R_2/(R_1 + R_2)$, pois os capacitores atuam como circuitos abertos. De modo similar, em $s = \infty$, $V_{saída}/V_{entrada} = C_1/(C_1 + C_2)$, pois as impedâncias dos capacitores se tornam muito menores que R_1 e R_2 e, portanto, passam a ser o fator dominante.

Exercício Projete o circuito para uma resposta passa-altas, com um zero na frequência de 50 MHz e um polo na frequência de 100 MHz. Use capacitores não maiores que 10 pF.

Exemplo 15.9 A Figura 15.18(a) mostra uma versão ativa do filtro representado na Figura 15.17(a). Calculemos a resposta do circuito. Assumamos que o ganho do amp op seja grande.

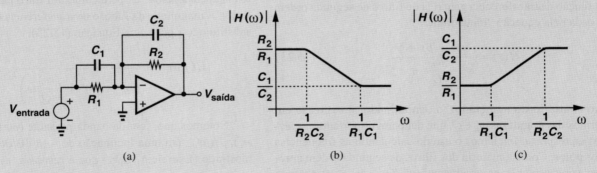

Figura 15.18

Solução Temos, do Capítulo 8,

$$\frac{V_{saída}}{V_{entrada}}(s) = \frac{-\left(R_2 \| \frac{1}{C_2 s}\right)}{R_1 \| \frac{1}{C_1 s}} \quad (15.21)$$

$$= -\frac{R_2}{R_1} \cdot \frac{R_1 C_1 s + 1}{R_2 C_2 s + 1}. \quad (15.22)$$

> Como esperado, em $s = 0$, $V_{saída}/V_{entrada} = -R_2/R_1$ e, em $s = \infty$, $V_{saída}/V_{entrada} = -C_1/C_2$. As Figuras 15.18(b) e (c) mostram os gráficos respostas correspondentes aos casos $R_1C_1 < R_2C_2$ e $R_1C_1 > R_2C_3$, respectivamente.

Exercício É possível que a frequência do polo seja cinco vezes a frequência do zero, com ganho na banda passante igual a cinco vezes o ganho na banda de rejeição?

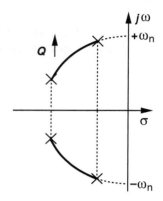

Figura 15.19 Variação da localização dos polos em função de Q.

> **Você sabia?**
>
> Será desejável a ocorrência de picos na resposta em frequência de filtros? Geralmente, não. Imaginemos que um sistema de áudio que utiliza um filtro de 20 Hz a 20 kHz exiba indesejado pico de resposta em alguma frequência intermediária. Essa frequência será consideravelmente mais amplificada que outras, incomodando o ouvido. Contudo, devemos ressaltar que a desejada resposta em frequência de sistemas de áudio não é, normalmente, plana. Na verdade, controles "equalizadores" em sistemas de som estéreo ajustam o ganho em diferentes partes da resposta em frequência, permitindo que o usuário adapte o som para diferentes tipos de música. O equalizador consiste em vários filtros de bandas passantes ajustáveis, varrendo a faixa de frequências áudio.

Os filtros de primeira ordem que acabamos de estudar proveem apenas uma inclinação de –20 dB/década na banda de transição. Para uma atenuação mais abrupta, devemos buscar circuitos de ordens superiores.

15.3 FILTROS DE SEGUNDA ORDEM

A função de transferência genérica de filtros de segunda ordem é dada pela equação "biquadrática":

$$H(s) = \frac{\alpha s^2 + \beta s + \gamma}{s^2 + \frac{\omega_n}{Q}s + \omega_n^2}. \quad (15.23)$$

Ao contrário do numerador, o denominador é expresso em termos das grandezas ω_n e Q, que denotam importantes aspectos da resposta. Iniciemos o estudo calculando as frequências dos polos. Como a maioria dos filtros de segunda ordem apresenta polos complexos, assumamos $(\omega_n/Q)^2 - 4\omega_n^2 < 0$, obtendo

$$p_{1,2} = -\frac{\omega_n}{2Q} \pm j\omega_n\sqrt{1 - \frac{1}{4Q^2}}. \quad (15.24)$$

Notemos que, à medida que o "fator de qualidade" dos polos, Q, aumenta, a parte real diminui e a parte imaginária tende a $\pm\omega_n$. Esse comportamento é ilustrado na Figura 15.19. Em outras palavras, para altos valores de Q, os polos são "muito imaginários" e levam o circuito mais próximo da instabilidade.

15.3.1 Casos Especiais

É interessante que consideremos alguns casos especiais da função de transferência biquadrática que são úteis na prática. Primeiro, suponhamos $\alpha = \beta = 0$, de modo que o circuito contenha apenas polos[4] e opere como um filtro passa-baixas (por quê?). A magnitude da função de transferência é, então, obtida substituindo s por $j\omega$ na Equação (15.23):

$$|H(j\omega)|^2 = \frac{\gamma^2}{(\omega_n^2 - \omega^2)^2 + \left(\frac{\omega_n}{Q}\omega\right)^2}. \quad (15.25)$$

Notemos que, fora da banda passante (ou seja, para $\omega \gg \omega_n$), $|H(j\omega)|$ tem uma inclinação de -40 dB/década. Pode ser mostrado (Exercício 15.11) que a resposta (a) não apresenta picos se $Q \leq \sqrt{2}/2$ e (b) alcança um pico em $\omega_n\sqrt{1 - 1/(2Q^2)}$ se $Q > \sqrt{2}/2$ (Figura 15.20). No último caso, a magnitude do pico normalizada em relação à magnitude da banda passante é igual a $Q/\sqrt{1 - (4Q^2)^{-1}}$.

Como a função de transferência na Equação (15.23) pode fornecer uma resposta *passa-altas*? De modo similar à realização de primeira ordem na Figura 15.12(b), o(s) zero(s) deve(m)

---

[4] Como $H(s) \to 0$ em $s - \infty$, dizemos que o circuito apresenta dois zeros no infinito.

ocorrer em frequências *abaixo* das dos polos. Por exemplo, com dois zeros na origem,

$$H(s) = \frac{\alpha s^2}{s^2 + \frac{\omega_n}{Q}s + \omega_n^2}, \quad (15.26)$$

notemos que $H(s)$ tende a zero quando $s \to 0$ e a um valor constante, α, quando $s \to \infty$, o que corresponde a um comportamento passa-altas (Figura 15.22). De modo similar à versão passa-baixas, se $Q > \sqrt{2}/2$, o circuito apresenta um pico de valor normalizado $Q/\sqrt{1-1/(4Q^2)}$, que ocorre na frequência $\omega_n/\sqrt{1-1/(2Q^2)}$.

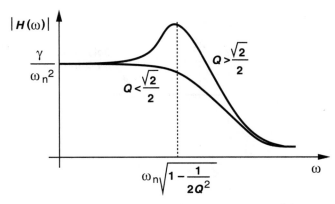

Figura 15.20 Resposta em frequência de um sistema de segunda ordem, para diferentes valores de Q.

Exemplo 15.10 Suponhamos que um filtro passa-baixas (FPB) tenha sido projetado com $Q = 3$. Estimemos a magnitude e a frequência do pico da resposta em frequência.

Solução Como $2Q^2 = 18 \gg 1$, observamos que a magnitude normalizada do pico é $Q/\sqrt{1-1/(4Q^2)} \approx Q \approx 3$ e a frequência correspondente é $\omega_n\sqrt{1-1/(2Q^2)} \approx \omega_n$. O comportamento é mostrado no gráfico da Figura 15.21.

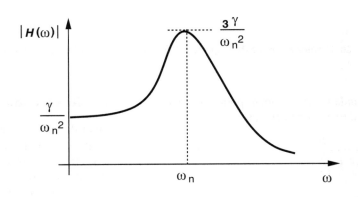

Figura 15.21

Exercício Repita o exemplo anterior para $Q = 1,5$.

Exemplo 15.11 Expliquemos por que a resposta passa-altas não pode ser obtida se a equação biquadrática contiver apenas um zero.

Solução Expressemos este caso como

$$H(s) = \frac{\beta s + \gamma}{s^2 + \frac{\omega_n}{Q}s + \omega_n^2}. \quad (15.27)$$

Como $H(s) \to 0$ quando $s \to \infty$, o sistema não pode operar como um filtro passa-altas.

Exercício Calcule a magnitude de $H(s)$.

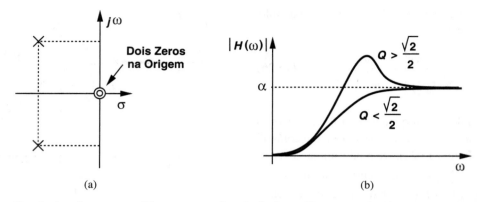

Figura 15.22 (a) Localização de polos e zeros e (b) resposta em frequência de um filtro passa-altas de segunda ordem.

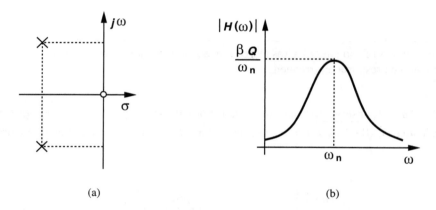

Figura 15.23 (a) Localização de polos e zeros e (b) resposta em frequência de um filtro passa-faixa de segunda ordem.

Um sistema de segunda ordem também pode apresentar uma resposta passa-faixa. Especificamente, se

$$H(s) = \frac{\beta s}{s^2 + \dfrac{\omega_n}{Q}s + \omega_n^2}, \qquad (15.28)$$

a magnitude de $H(s)$ tende a zero quando $s \to 0$ e quando $s \to \infty$, e alcança um pico entre estes extremos (Figura 15.23). Pode ser provado que o pico ocorre em $\omega = \omega_n$ e tem valor $\beta Q/\omega_n$.

15.3.2 Realizações RLC

A função de transferência de segunda ordem na Equação (15.23) pode ser implementada com resistores, capacitores e indutores. Essas realizações RLC (a) têm aplicação prática em circuitos discretos de frequências baixas e circuitos integrados de frequências altas, (b) são úteis como um *procedimento* para o projeto de filtros *ativos*. Portanto, estudaremos as características destas realizações e determinaremos como podem prover respostas passa-baixa, passa-alta e passa-faixa.

Exemplo 15.12 Determinemos a largura de banda de –3 dB da resposta expressa pela Equação (15.28).

Solução Como mostrado na Figura 15.24, a resposta alcança $1/\sqrt{2}$ vez o valor de pico nas frequências ω_1 e ω_2, com uma largura de banda $\omega_2 - \omega_1$. Para calcular ω_1 e ω_2, igualemos o quadrado da magnitude a $(\beta Q/\omega_n)^2 (1/\sqrt{2})^2$:

$$\frac{\beta^2 \omega^2}{(\omega_n^2 - \omega^2)^2 + \left(\dfrac{\omega_n}{Q}\omega\right)^2} = \frac{\beta^2 Q^2}{2\omega_n^2}, \qquad (15.29)$$

Obtendo

$$\omega_{1,2} = \omega_n \left[\sqrt{1 + \frac{1}{4Q^2}} \pm \frac{1}{2Q} \right]. \quad (15.30)$$

A largura de banda de −3 dB vai de ω_1 a ω_2 e é igual a ω_n/Q. Dizemos que a largura de banda "normalizada" é dada por $1/Q$, ou seja, há uma relação de permuta entre a largura de banda e Q.

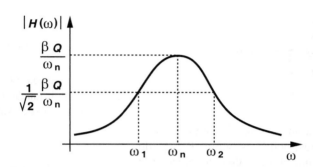

Figura 15.24

Exercício Para que valor de Q o valor de ω_2 é o dobro do de ω_1?

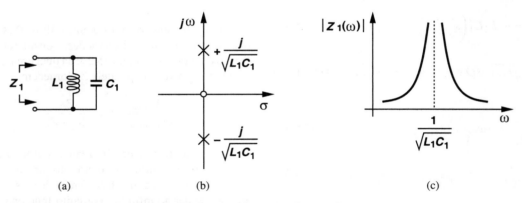

Figura 15.25 (a) Circuito tanque LC, (b) polos imaginários, (c) resposta em frequência.

Consideremos a combinação LC paralela (chamada de circuito "tanque") da Figura 15.25(a). Escrevendo

$$Z_1 = (L_1 s) \| \frac{1}{C_1 s} \quad (15.31)$$

$$= \frac{L_1 s}{L_1 C_1 s^2 + 1}, \quad (15.32)$$

notemos que a impedância contém um zero na origem e dois polos *imaginários* em $\pm j/\sqrt{L_1 C_1}$ [Figura 15.25(b)]. Para examinar a magnitude da impedância, substituamos s por $j\omega$:

$$|Z_1| = \frac{L_1 \omega}{\sqrt{1 - L_1 C_1 \omega^2}}. \quad (15.33)$$

Observemos que a magnitude começa em zero, para $\omega = 0$, tende ao *infinito* em $\omega_0 = 1/\sqrt{L_1 C_1}$ e retorna a zero em $\omega = \infty$ [Figura 15.25(c)]. A impedância infinita em ω_0 ocorre simplesmente porque, na operação em paralelo, as impedâncias de L_1 e de C_1 se cancelam mutuamente nesta frequência.

Agora, voltemos nossa atenção para o circuito tanque RLC paralelo mostrado na Figura 15.26(a). Podemos obter Z_2 substituindo, na Equação (15.23), R_1 em paralelo com Z_1:

$$Z_2 = R_1 \| \frac{L_1 s}{L_1 C_1 s^2 + 1} \quad (15.34)$$

$$= \frac{R_1 L_1 s}{R_1 L_1 C_1 s^2 + L_1 s + R_1}. \quad (15.35)$$

Exemplo 15.13

Expliquemos por que a impedância do circuito tanque vai a zero em $\omega = 0$ e em $\omega = \infty$.

Solução Em $\omega = 0$, L_1 atua como um curto-circuito. De modo similar, em $\omega = \infty$, C_1 se torna um curto-circuito.

Exercício Explique por que a impedância tem um zero na origem.

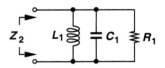

Figura 15.26 Circuito tanque com perda.

A impedância ainda apresenta um zero na origem, devido ao indutor. Para calcular os polos, podemos fatorar $R_1L_1C_1$ do denominador e obter uma forma similar à do denominador da Equação (15.23):

$$R_1L_1C_1s^2 + L_1s + R_1 =$$

$$= R_1L_1C_1\left(s^2 + \frac{1}{R_1C_1}s + \frac{1}{L_1C_1}\right) \quad (15.36)$$

$$= R_1L_1C_1\left(s^2 + \frac{\omega_n}{Q}s + \omega_n^2\right), \quad (15.37)$$

em que $\omega_n = 1/\sqrt{L_1C_1}$ e $Q = R_1C_1\omega_n = R_1\sqrt{C_1/L_1}$. Da Equação (15.24), segue

$$p_{1,2} = -\frac{\omega_n}{2Q} \pm j\omega_n\sqrt{1 - \frac{1}{4Q^2}} \quad (15.38)$$

$$= -\frac{1}{2R_1C_1} \pm j\frac{1}{\sqrt{L_1C_1}}\sqrt{1 - \frac{L_1}{4R_1^2C_1}}. \quad (15.39)$$

Esses resultados são válidos para polos complexos, ou seja, para

$$4R_1^2 > \frac{L_1}{C_1} \quad (15.40)$$

ou

$$Q > \frac{1}{2}. \quad (15.41)$$

Se, no entanto, R_1 diminuir e $4R_1^2 < L_1/C_1$, obtemos polos reais:

$$p_{1,2} = -\frac{\omega_n}{2Q} \pm \omega_n\sqrt{\frac{1}{4Q^2} - 1} \quad (15.42)$$

$$= -\frac{1}{2R_1C_1} \pm \frac{1}{\sqrt{L_1C_1}}\sqrt{\frac{L_1}{4R_1^2C_1} - 1}. \quad (15.43)$$

Desde que a excitação não altere a topologia,[5] os polos são dados pela Equação (15.39) ou pela Equação (15.43), o que é útil na escolha de estruturas de filtros.

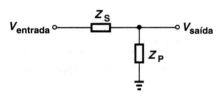

Figura 15.27 Divisor de tensão usando impedâncias genéricas.

Antes de estudarmos diferentes filtros RLC, é interessante que façamos algumas observações. Consideremos o divisor de tensão mostrado na Figura 15.27, na qual uma impedância série Z_S e uma impedância paralela Z_P fornecem

$$\frac{V_{saída}}{V_{entrada}}(s) = \frac{Z_P}{Z_S + Z_P}. \quad (15.44)$$

Notemos que (a) se, nas frequências altas, Z_P tender a zero e/ou Z_S tender ao infinito,[6] o circuito funciona como um filtro passa-baixas; (b) se, nas frequências baixas, Z_P tender a zero e/ou Z_S tender ao infinito, o circuito funciona como um filtro passa-altas; (c) se Z_S permanecer constante e Z_P tender a zero, tanto nas frequências baixas como nas frequências altas, a topologia fornece uma resposta passa-faixa. Estes casos são ilustrados de forma conceitual na Figura 15.28.

Filtro Passa-Baixas Seguindo a observação representada na Figura 15.28(a), construamos o filtro passa-baixas como indicado na Figura 15.29, em que

$$Z_S = L_1s \to \infty \text{ como } s \to \infty \quad (15.45)$$

$$Z_P = \frac{1}{C_1s} \| R_1 \to 0 \text{ como } s \to \infty. \quad (15.46)$$

---

[5] A "topologia" de um circuito é obtida fixando todas as fontes independentes em zero.
[6] Assumimos que Z_S e Z_P não tendem a zero ou ao infinito simultaneamente.

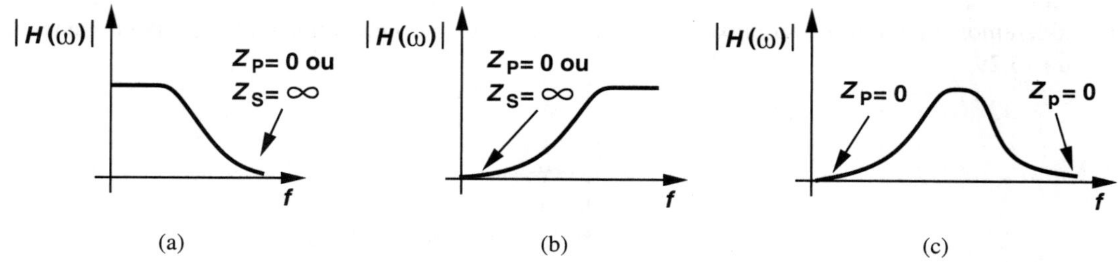

Figura 15.28 Respostas (a) passa-baixas, (b) passa-altas e (c) passa-faixa obtidas com o divisor de tensão da Figura 15.27.

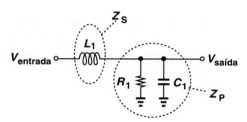

Figura 15.29 Filtro passa-baixas obtido da Figura 15.27.

Esta configuração provê uma resposta passa-baixas e tem os mesmos polos dados pela Equação (15.39) ou pela Equação (15.43), pois, para $V_{entrada} = 0$, a topologia se reduz à da Figura 15.26. Além disso, a transição além da banda passante exibe uma queda de *segunda ordem*, pois $Z_S \to \infty$ e $Z_P \to 0$. O leitor pode mostrar que

$$\frac{V_{saída}}{V_{entrada}}(s) = \frac{R_1}{R_1 C_1 L_1 s^2 + L_1 s + R_1}. \quad (15.47)$$

Exemplo 15.14 Expliquemos como a função de transferência na Equação (15.47) pode prover um ganho de tensão maior que a unidade.

Solução Se o Q do circuito for suficientemente alto, a resposta em frequência apresenta uma região de "pico", ou seja, ganho maior que a unidade em certa faixa de frequências. Com um numerador constante, a função de transferência provê esse efeito se o denominador coincidir com um mínimo local. Escrevendo o quadrado da magnitude do denominador como

$$|D|^2 = (R_1 - R_1 C_1 L_1 \omega^2)^2 + L_1^2 \omega^2 \quad (15.48)$$

e calculando a derivada em relação a ω^2, temos

$$\frac{d|D|^2}{d(\omega^2)} = 2(-R_1 C_1 L_1)(R_1 - R_1 C_1 L_1 \omega^2) + L_1^2. \quad (15.49)$$

A derivada se anula em

$$\omega_a^2 = \frac{1}{L_1 C_1} - \frac{1}{2 R_1^2 C_1^2}. \quad (15.50)$$

Para que exista uma solução, é necessário que

$$2 R_1^2 \frac{C_1}{L_1} > 1 \quad (15.51)$$

ou

$$Q > \frac{1}{\sqrt{2}}. \quad (15.52)$$

Comparando este resultado com a Equação (15.41), notamos que os polos são complexos. O leitor é encorajado a desenhar gráficos da resultante resposta em frequência para diferentes valores de R_1 e provar que o valor de pico aumenta à medida que R_1 diminui.

Exercício Compare o ganho em ω_a com o ganho em $1/\sqrt{L_1 C_1}$.

Exemplo 15.15
Consideremos o circuito passa-baixas mostrado na Figura 15.30 e expliquemos por que é menos útil que o da Figura 15.29.

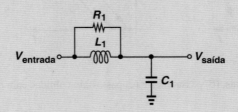

Figura 15.30

Solução Este circuito satisfaz a ilustração conceitual da Figura 15.28(a) e, portanto, opera como um filtro passa-baixas. Contudo, nas frequências altas, a combinação paralela de L_1 e R_1 é dominada por R_1, pois $L_1\omega \to \infty$ e o circuito se reduz a R_1 e C_1. O filtro exibe, então, uma queda menos abrupta que a resposta de segunda ordem da configuração considerada anteriormente.

Exercício Que tipo de resposta em frequência será obtida se as posições de L_1 e C_1 forem trocadas?

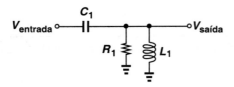

Figura 15.31 Filtro passa-altas obtido da Figura 15.27.

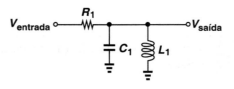

Figura 15.32 Filtro passa-faixa obtido da Figura 15.27.

O fenômeno da região de pico estudado no exemplo anterior é indesejável em muitas aplicações, pois amplifica, de forma desproporcional, algumas componentes de frequência do sinal. Visto como uma ondulação na banda passante, nestes casos, o pico deve permanecer abaixo de, aproximadamente, 1 dB (10 %).

Filtro Passa-Altas Para obter uma resposta passa-altas, trocamos as posições de L_1 e de C_1 na Figura 15.29 e obtemos a configuração representada na Figura 15.31. Este circuito satisfaz o princípio ilustrado na Figura 15.28(b) e funciona como um filtro de segunda ordem, pois, à medida que $s \to 0$, C_1 tende a um circuito aberto e L_1, a um curto-circuito. A função de transferência é dada por

$$\frac{V_{saída}}{V_{entrada}}(s) = \frac{(L_1 s) \| R_1}{(L_1 s) \| R_1 + \dfrac{1}{C_1 s}} \tag{15.53}$$

$$= \frac{L_1 C_1 R_1 s^2}{L_1 C_1 R_1 s^2 + L_1 s + R_1}. \tag{15.54}$$

Portanto, o filtro apresenta dois zeros na origem. Como a versão passa-baixas, este circuito pode exibir um pico na resposta em frequência.

Filtro Passa-Faixa Da observação na Figura 15.28(c), postulamos que Z_P deva conter um capacitor e um indutor, de modo que tenda a zero quando $s \to 0$ ou quando $s \to \infty$. A Figura 15.32 mostra um candidato. Notemos que, em $\omega = 1/\sqrt{L_1 C_1}$, a combinação paralela de L_1 e C_1 funciona como um circuito aberto e resulta em $|V_{saída}/V_{entrada}| = 1$. A função de transferência é dada por

$$\frac{V_{saída}}{V_{entrada}}(s) = \frac{(L_1 s) \| \dfrac{1}{C_1 s}}{(L_1 s) \| \dfrac{1}{C_1 s} + R_1} \tag{15.55}$$

$$= \frac{L_1 s}{L_1 C_1 R_1 s^2 + L_1 s + R_1}. \tag{15.56}$$

15.4 FILTROS ATIVOS

Nosso estudo de sistemas de segunda ordem, na seção anterior, focou as realizações RLC passivas. No entanto, filtros passivos têm algumas deficiências, por exemplo, limitam o tipo de função de transferência que pode ser implementado e podem exigir grandes indutores. Nesta seção, apresentaremos configurações ativas que proveem respostas de segunda ordem ou de ordens superiores. A maioria dos filtros ativos emprega amp ops para permitir o uso de idealizações simplificadoras e, portanto, de um procedimento sistemático para o projeto do circuito. Por exemplo, o integrador baseado em amp op estudado no Capítulo 8

Você sabia?

Vimos que indutores podem formar filtros juntamente com capacitores e resistores. Indutores discretos são realizados em uma espiral feita de fio metálico, exatamente como sugere o símbolo elétrico. E quanto a indutores integrados? A figura a seguir mostra uma estrutura comum de espiral "plana" feita dos fios metálicos usados como interconexões no *chip*. A indutância desta estrutura é dada pela dimensão lateral, *d* (e o números de voltas), e mal chega a ultrapassar algumas dezenas de *nano-henries*. Por uma razão, os indutores em um chip são adaptados para operarem apenas com alta frequência acima de cerca de 500 MHz. Transceptores de RF, por exemplo, usam muitos indutores no *chip* para ressonância com capacitâncias parasitas.

Indutor espiral construído em um *chip*.

No projeto de filtros ativos, uma preocupação importante diz respeito ao número de amp ops necessários, pois isto determina a dissipação de potência e, até mesmo, o custo do circuito. Portanto, consideraremos realizações com um, dois e três amp ops.

15.4.1 Filtros de Sallen-Key

O filtro passa-baixas de Sallen-Key (SK) emprega um amp op para prover uma função de transferência de segunda ordem (Figura 15.33). Notemos que o amp op funciona apenas como um *buffer* de ganho unitário e, dessa forma, provê máxima largura de banda. Assumindo um amp op ideal, temos $V_X = V_{saída}$. Além disso, como o amp op não puxa corrente, a corrente que flui por R_2 é igual a $V_X C_2 s = V_{saída} C_2 s$, resultando em

$$V_Y = R_2 C_2 s V_{saída} + V_{saída} \quad (15.57)$$

$$= V_{saída}(1 + R_2 C_2 s). \quad (15.58)$$

Escrevendo uma LCK no nó *Y*, temos

$$\frac{V_{saída}(1 + R_2 C_2 s) - V_{entrada}}{R_1} +$$

$$V_{saída} C_2 s + [V_{saída}(1 + R_2 C_2 s) - V_{saída}]C_1 s = 0 \quad (15.59)$$

logo

$$\frac{V_{saída}}{V_{entrada}}(s) = \frac{1}{R_1 R_2 C_1 C_2 s^2 + (R_1 + R_2)C_2 s + 1}. \quad (15.60)$$

Para obter uma forma similar à da Equação (15.23), dividimos o numerador e o denominador por $R_1 R_2 C_1 C_2$ e definimos

$$Q = \frac{1}{R_1 + R_2}\sqrt{R_1 R_2 \frac{C_1}{C_2}} \quad (15.61)$$

$$\omega_n = \frac{1}{\sqrt{R_1 R_2 C_1 C_2}}. \quad (15.62)$$

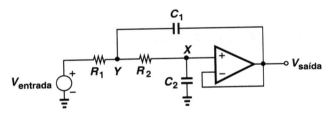

Figura 15.33 Filtro de Sallen-Key básico.

e repetido na Figura 15.10(a) funciona como um integrador *ideal* apenas quando incorpora um amp op ideal, mas, com um amp op prático, ainda representa uma boa aproximação. (Desta forma, o termo "integrador" é uma idealização simplificadora.)

Exemplo 15.16 Se configurada como mostrado na Figura 15.34, a topologia SK pode prover um ganho de tensão na banda passante maior que a unidade. Assumindo um amp op ideal, determinemos a função de transferência do circuito.

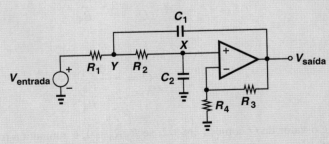

Figura 15.34 Filtro de Sallen-Key com ganho na banda passante.

Solução Retornando às deduções anteriores, notemos que, agora, $(1 + R_3/R_4)V_X = V_{saída}$ e que a corrente que flui por R_2 é dada por $V_X C_2 s = V_{saída} C_2 s/(1 + R_3/R_4)$. Portanto,

$$V_Y = \frac{V_{saída}}{1 + \frac{R_3}{R_4}} + \frac{R_2 V_{saída} C_2 s}{1 + \frac{R_3}{R_4}} \tag{15.63}$$

$$= V_{saída} \frac{1 + R_2 C_2 s}{1 + \frac{R_3}{R_4}}. \tag{15.64}$$

Uma LCK no nó Y fornece

$$\frac{1}{R_1}\left(V_{saída}\frac{1 + R_2 C_2 s}{1 + \frac{R_3}{R_4}} - V_{entrada}\right) + \left(V_{saída}\frac{1 + R_2 C_2 s}{1 + \frac{R_3}{R_4}} - V_{saída}\right)C_1 s + \frac{V_{saída} C_2 s}{1 + \frac{R_3}{R_4}} = 0 \tag{15.65}$$

logo,

$$\frac{V_{saída}}{V_{entrada}}(s) = \frac{1 + \frac{R_3}{R_4}}{R_1 R_2 C_1 C_2 s^2 + \left(R_1 C_2 + R_2 C_2 - R_1 \frac{R_3}{R_4} C_1\right)s + 1}. \tag{15.66}$$

É interessante observar que ω_n permanece inalterada.

Exercício Refaça a análise anterior para o caso em que um resistor de valor R_0 é conectado entre o nó Y e a terra.

Exemplo 15.17 Uma implementação comum do filtro SK assume $R_1 = R_2$ e $C_1 = C_2$. Esse filtro apresenta polos complexos? Consideremos o caso geral ilustrado na Figura 15.34.

Solução Da Equação (15.66), temos

$$\frac{1}{Q} = \sqrt{\frac{R_1 C_2}{R_2 C_1}} + \sqrt{\frac{R_2 C_2}{R_1 C_1}} - \sqrt{\frac{R_1 C_1}{R_2 C_2}}\frac{R_3}{R_4}, \tag{15.67}$$

que, para $R_1 = R_2$ e $C_1 = C_2$, se reduz a

$$\frac{1}{Q} = 2 - \frac{R_3}{R_4}. \tag{15.68}$$

Ou seja,

$$Q = \frac{1}{2 - \frac{R_3}{R_4}}, \tag{15.69}$$

sugerindo que o valor de Q começa em 1/2, se $R_3/R_4 = 0$, e aumenta à medida que R_3/R_4 tende a 2. Os polos começam com valores reais e iguais, para $R_3/R_4 = 0$, e se tornam complexos quando $R_3/R_4 > 0$ (Figura 15.35).

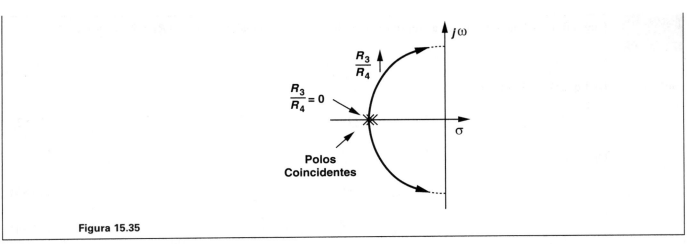

Figura 15.35

Exercício Calcule as frequências dos polos para $R_3 = R_4$.

Análise de Sensibilidade Como o filtro SK, que contém tantos componentes, pode ser projetado para uma dada resposta em frequência? Um objetivo importante na escolha de valores é a minimização das sensibilidades do circuito. Considerando a topologia mostrada na Figura 15.34 e definindo $K = 1 + R_3/R_4$,[7] calculemos a sensibilidade de ω_n e Q em relação aos valores do resistor e do capacitor.

Da Equação (15.66), temos $\omega_n = 1/\sqrt{R_1 R_2 C_1 C_2}$ e, portanto,

$$\frac{d\omega_n}{dR_1} = -\frac{1}{2} \cdot \frac{1}{R_1\sqrt{R_1 R_2 C_1 C_2}}. \tag{15.70}$$

Ou seja,

$$\frac{d\omega_n}{\omega_n} = -\frac{1}{2}\frac{dR_1}{R_1} \tag{15.71}$$

e

$$S_{R1}^{\omega n} = -\frac{1}{2}. \tag{15.72}$$

Isto significa que um erro de 1 % em R_1 se traduz em um erro de 0,5 % em ω_n. De modo similar,

$$S_{R2}^{\omega n} = S_{C1}^{\omega n} = S_{C2}^{\omega n} = -\frac{1}{2}. \tag{15.73}$$

Para as sensibilidades de Q, primeiro, reescrevamos a Equação (15.67) em termos de $K = 1 + R_3/R_4$:

$$\frac{1}{Q} = \sqrt{\frac{R_1 C_2}{R_2 C_1}} + \sqrt{\frac{R_2 C_2}{R_1 C_1}} - (K-1)\sqrt{\frac{R_1 C_1}{R_2 C_2}}. \tag{15.74}$$

Diferenciando o lado esquerdo em relação a Q e o lado direito em relação a R_1, obtemos

$$\frac{-dQ}{Q^2} = \frac{dR_1}{2\sqrt{R_1}}\sqrt{\frac{C_2}{R_2 C_1}} - \frac{dR_1}{2R_1\sqrt{R_1}}\sqrt{\frac{R_2 C_2}{C_1}} -$$
$$(K-1)\frac{dR_1}{2\sqrt{R_1}}\sqrt{\frac{C_1}{R_2 C_2}} \tag{15.75}$$

$$= \frac{dR_1}{2R_1}\left[\sqrt{\frac{R_1 C_2}{R_2 C_1}} - \sqrt{\frac{R_2 C_2}{R_1 C_1}} - (K-1)\sqrt{\frac{R_1 C_1}{R_2 C_2}}\right]. \tag{15.76}$$

Portanto,

$$S_{R1}^Q = -\frac{1}{2}\left[\sqrt{\frac{R_1 C_2}{R_2 C_1}} - \sqrt{\frac{R_2 C_2}{R_1 C_1}} - (K-1)\sqrt{\frac{R_1 C_1}{R_2 C_2}}\right]Q. \tag{15.77}$$

A expressão entre colchetes é similar à Equação (15.74), exceto pela mudança de sinal do segundo termo. Somando e subtraindo $2\sqrt{R_2 C_2}/\sqrt{R_1 C_1}$ a esta expressão e substituindo Q da Equação (15.74), temos

$$S_{R1}^Q = -\frac{1}{2} + Q\sqrt{\frac{R_2 C_2}{R_1 C_1}}. \tag{15.78}$$

Seguindo o mesmo procedimento, o leitor pode mostrar que:

$$S_{R2}^Q = -S_{R1}^Q \tag{15.79}$$

$$S_{C1}^Q = -S_{C2}^Q = -\frac{1}{2} + Q\left(\sqrt{\frac{R_1 C_2}{R_2 C_1}} + \sqrt{\frac{R_2 C_2}{R_1 C_1}}\right) \tag{15.80}$$

$$S_K^Q = QK\sqrt{\frac{R_1 C_1}{R_2 C_2}}. \tag{15.81}$$

---

[7] Na literatura sobre filtros, a letra K denota o ganho do filtro e não deve ser confundida com o fator de realimentação (Capítulo 12).

Exemplo 15.18 Para o filtro SK, determinemos as sensibilidades de Q para a escolha comum $R_1 = R_2 = R$ e $C_1 = C_2 = C$.

Solução Da Equação (15.74), temos

$$Q = \frac{1}{3-K} \qquad (15.82)$$

logo,

$$S_{R1}^Q = -S_{R2}^Q = -\frac{1}{2} + \frac{1}{3-K} \qquad (15.83)$$

$$S_{C1}^Q = -S_{C2}^Q = -\frac{1}{2} + \frac{2}{3-K} \qquad (15.84)$$

$$S_K^Q = \frac{K}{3-K}. \qquad (15.85)$$

É interessante observar que, para $K = 1$, a sensibilidade em relação a R_1 e R_2 se anula e

$$|S_{C1}^Q| = |S_{C2}^Q| = |S_K^Q| = \frac{1}{2}. \qquad (15.86)$$

A escolha de valores iguais para os componentes e $K = 1$ leva, portanto, a baixas sensibilidades e, também, a um Q limitado e, portanto, a uma inclinação moderada na banda de transição. Além disso, o circuito não provê ganho de tensão na banda passante.

Exercício Repita o exemplo anterior para o caso $R_1 = 2R_2$.

Em aplicações que exigem alto Q e/ou alto K, podemos escolher valores diferentes para os resistores ou para os capacitores, de modo a manter sensibilidades razoáveis. O próximo exemplo ilustra esse ponto.

Exemplo 15.19 Um filtro SK deve ser projetado para $Q = 2$ e $K = 2$. Determinemos a escolha dos componentes do filtro para sensibilidades mínimas.

Solução Para $S_{R2}^Q = 0$, devemos ter

$$Q\sqrt{\frac{R_2 C_2}{R_1 C_1}} = +\frac{1}{2} \qquad (15.87)$$

portanto,

$$\sqrt{\frac{R_2 C_2}{R_1 C_1}} = \frac{1}{4}. \qquad (15.88)$$

Por exemplo, podemos escolher $R_1 = 4R_2$ e $C_1 = 4C_2$. Contudo, o que podemos dizer a respeito das outras sensibilidades? Para que $S_{C1}^Q = -S_{C2}^Q$ se anule,

$$\sqrt{\frac{R_1 C_2}{R_2 C_1}} + \sqrt{\frac{R_2 C_2}{R_1 C_1}} = \frac{1}{4}, \qquad (15.89)$$

uma condição que conflita com a Equação (15.88), pois se traduz em $\sqrt{R_1C_2}/\sqrt{R_2C_1} = 0$. Na verdade, podemos combinar as Equação (15.78) e (15.80) e escrever

$$S_{R1}^Q + Q\sqrt{\frac{R_1C_2}{R_2C_1}} = S_{C1}^Q, \tag{15.90}$$

Assim, concluímos que as duas sensibilidades não podem se anular simultaneamente. Além disso, o termo $\sqrt{R2_1C_2}/\sqrt{R_1C_1}$ tem papéis opostos em S_{R1}^Q e em S_K^Q, levando a

$$S_K^Q = \frac{Q^2 K}{S_{R1}^{Q_{R1}} + \frac{1}{2}}. \tag{15.91}$$

Ou seja, a redução de S_{R1}^Q tende a *elevar* S_K^Q.

As conclusões anteriores indicam que devemos encontrar um equilíbrio para que sensibilidades razoáveis (não necessariamente mínimas) sejam alcançadas. Por exemplo, escolhamos

$$S_{R1}^Q = 1 \Rightarrow \sqrt{\frac{R_2C_2}{R_1C_1}} = \frac{3}{4} \tag{15.92}$$

$$S_{C1}^Q = \frac{5}{4} \Rightarrow \sqrt{\frac{R_1C_1}{R_2C_2}} = \frac{1}{8} \tag{15.93}$$

$$S_K^Q = \frac{8}{1{,}5} \tag{15.94}$$

A sensibilidade em relação a K é muito alta e inaceitável em configurações discretas. Em circuitos integrados, no entanto, K (em geral, dado pela razão entre dois resistores) pode ser controlado de modo muito preciso e permite um grande valor para S_K^Q.

Exercício Você é capaz de escolher sensibilidades em relação a R_1 e a C_1 de modo que S_K^Q permaneça abaixo de 2?

15.4.2 Estruturas Biquadráticas Baseadas em Integradores

A função de transferência biquadrática na Equação (15.23) pode ser realizada com integradores. Para isso, consideremos um caso especial, em que $\beta = \gamma = 0$:

$$\frac{V_{saída}}{V_{entrada}}(s) = \frac{\alpha s^2}{s^2 + \frac{\omega_n}{Q}s + \omega_n^2}. \tag{15.95}$$

Multiplicando pelos denominadores e rearranjando os termos, obtemos

$$V_{saída}(s) = \alpha V_{entrada}(s) - \frac{\omega_n}{Q}\cdot\frac{1}{s}V_{saída}(s) - \frac{\omega_n^2}{s^2}V_{saída}(s). \tag{15.96}$$

Esta expressão sugere que $V_{saída}$ possa ser criado como a soma de três termos: uma versão proporcional da entrada, uma versão *integrada* da saída e uma versão *duplamente integrada* da saída. A Figura 15.36(a) ilustra como $V_{saída}$ é gerado com dois integradores e um somador de tensão. Utilizando as topologias apresentadas no Capítulo 8, chegamos à realização de circuito representada na Figura 15.36(b). Notemos que a inerente inversão de sinal em cada integrador requer que V_X seja retornado à entrada *não inversora* do somador e V_Y, à entrada *inversora*. Como

$$V_X = -\frac{1}{R_1C_1s}V_{saída} \tag{15.97}$$

e

$$V_Y = -\frac{1}{R_2C_2s}V_X \tag{15.98}$$

$$= \frac{1}{R_1R_2C_1C_2s^2}V_{saída}, \tag{15.99}$$

obtemos, da Figura 15.36(c), a soma ponderada de $V_{entrada}$, V_X e V_Y como

$$V_{saída} = \frac{V_{entrada}R_5 + V_XR_4}{R_4 + R_5}\left(1 + \frac{R_6}{R_3}\right) - V_Y\frac{R_6}{R_3} \tag{15.100}$$

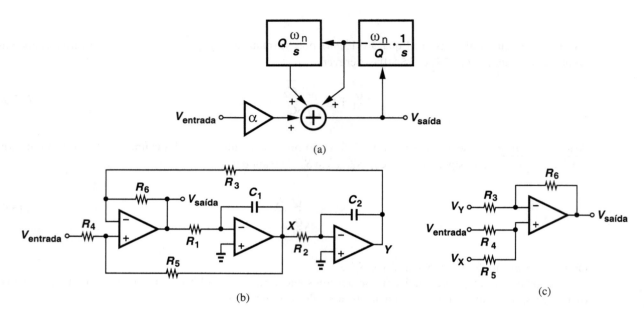

Figura 15.36 (a) Fluxograma mostrando a geração de $V_{saída}$ como uma soma ponderada de três termos, (b) realização de (a), (c) diagrama simplificado para o cálculo de $V_{saída}$.

$$= \frac{R_5}{R_4 + R_5}\left(1 + \frac{R_6}{R_3}\right) V_{entrada} - \quad (15.101)$$

$$\frac{R_4}{R_4 + R_5} \frac{1}{R_1 C_1 s} V_{saída} - \frac{R_6}{R_3} \frac{1}{R_1 R_2 C_1 C_2 s^2} V_{saída}.$$

Igualando termos similares nas Equação (15.96) e (15.101), obtemos

$$\alpha = \frac{R_5}{R_4 + R_5}\left(1 + \frac{R_6}{R_3}\right) \quad (15.102)$$

$$\frac{\omega_n}{Q} = \frac{R_4}{R_4 + R_5} \cdot \frac{1}{R_1 C_1} \quad (15.103)$$

$$\omega_n^2 = \frac{R_6}{R_3} \cdot \frac{1}{R_1 R_2 C_1 C_2}. \quad (15.104)$$

Portanto, é possível selecionar valores de componentes para obter uma dada função de transferência.

Denominada "estrutura biquadrática KHN", em reconhecimento a seus inventores, Kerwin, Huelsman e Newcomb, a topologia da Figura 15.36(b) é muito versátil. Além de prover a função de transferência passa-altas da Equação (15.95), o circuito também pode funcionar como um filtro passa-baixas ou passa-faixa. De modo específico,

$$\frac{V_X}{V_{entrada}} = \frac{V_{saída}}{V_{entrada}} \cdot \frac{V_X}{V_{saída}} \quad (15.105)$$

$$= \frac{\alpha s^2}{s^2 + \frac{\omega_n}{Q} s + \omega_n^2} \cdot \frac{-1}{R_1 C_1 s}, \quad (15.106)$$

que é uma função passa-faixa. E,

$$\frac{V_Y}{V_{entrada}} = \frac{V_{saída}}{V_{entrada}} \cdot \frac{V_Y}{V_{saída}} \quad (15.107)$$

$$= \frac{\alpha s^2}{s^2 + \frac{\omega_n}{Q} s + \omega_n^2} \cdot \frac{1}{R_1 R_2 C_1 C_2 s^2}, \quad (15.108)$$

que é uma função passa-baixas.

A propriedade mais importante da estrutura biquadrática KHN talvez sejam as baixas sensibilidades em relação aos valores dos componentes. Pode ser mostrado que a sensibilidade de ω_n em relação a todos os valores é igual a 0,5 e

$$|S^Q_{R1,R2,C1,C2}| = 0,5 \quad (15.109)$$

$$|S^Q_{R4,R5}| = \frac{R_5}{R_4 + R_5} < 1 \quad (15.110)$$

$$|S^Q_{R3,R6}| = \frac{Q}{2} \frac{|R_3 - R_6|}{1 + \dfrac{R_5}{R_4}} \sqrt{\frac{R_2 C_2}{R_3 R_6 R_1 C_1}}. \quad (15.111)$$

Vale notar que, se $R_3 = R_6$, $S^Q_{R3,R6}$ se anula.

O uso de três amp ops na malha de realimentação da Figura 15.36(b) desperta alguma preocupação quanto à estabilidade do circuito, pois cada amp op contribui com vários polos. Simulações cuidadosas são necessárias para evitar oscilação.

Outro tipo de estrutura biquadrática, desenvolvida por Tow e Thomas, é mostrada na Figura 15.37. Aqui, o somador e o primeiro integrador são *fundidos* e o resistor R_3 é introduzido para criar uma integração *com perda*. (Sem R_3, a malha formada pelos dois integradores ideais oscila.) Notando que $V_Y = -V_{saída}/(R_2 C_2 s)$ e $V_X = -V_Y$, somamos as correntes que fluem

Filtros Analógicos

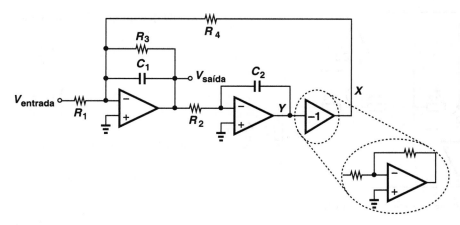

Figura 15.37 Estrutura biquadrática de Tow-Thomas.

por R_4 e R_1 e multipliquemos o resultado pela impedância da combinação paralela de R_3 e C_1:

$$\left(\frac{V_{saída}}{R_2 C_2 s} \cdot \frac{1}{R_4} + \frac{V_{entrada}}{R_1}\right)\frac{R_3}{R_3 C_1 s + 1} = -V_{saída}. \quad (15.112)$$

Por conseguinte,

$$\frac{V_{saída}}{V_{entrada}} = -\frac{R_2 R_3 R_4}{R_1}\frac{C_2 s}{R_2 R_3 R_4 C_1 C_2 s^2 + R_2 R_4 C_2 s + R_3}, \quad (15.113)$$

que corresponde a uma resposta passa-faixa. A saída em Y tem um comportamento passa-baixas:

$$\frac{V_Y}{V_{entrada}} = \frac{R_3 R_4}{R_1}\frac{1}{R_2 R_3 R_4 C_1 C_2 s^2 + R_2 R_4 C_2 s + R_3}. \quad (15.114)$$

Pode ser mostrado que as sensibilidades da estrutura biquadrática de Tow-Thomas em relação aos valores dos componentes são iguais a 0,5 ou 1. Uma importante vantagem desta topologia em comparação com a estrutura biquadrática KHN é mais pronunciada em configurações de circuitos integrados, nos quais integradores *diferenciais* eliminam a necessidade do estágio inversor na malha e, assim, economizam um amp op. A ideia, ilustrada na Figura 15.38, consiste em permutar as saídas diferenciais do segundo integrador para estabelecer realimentação negativa.

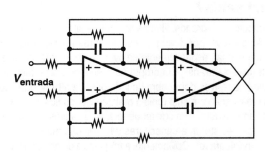

Figura 15.38 Filtro diferencial de Tow-Thomas.

Exemplo 15.20 Para o filtro de Tow-Thomas, provemos que ω_n e Q podem ser ajustados (sintonizados) de forma independente.

Solução Da Equação (15.114), temos

$$\omega_n = \frac{1}{\sqrt{R_2 R_4 C_1 C_2}} \quad (15.115)$$

e

$$Q^{-1} = \frac{1}{R_3}\sqrt{\frac{R_2 R_4 C_2}{C_1}}. \quad (15.116)$$

Portanto, é possível ajustar ω_n por meio de R_2 ou R_4, e Q, por meio de R_3. Como esperado, se $R_3 = \infty$, $Q = \infty$ e o circuito apresenta dois polos puramente imaginários.

Exercício Um filtro de Tow-Thomas tem $\omega_n = 2\pi \times (10 \text{ MHz})$ e $Q = 5$. É possível ter $R_1 = R_2 = R_3$ e $C_1 = C_2$?

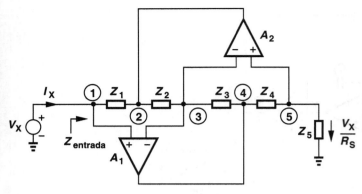

Figura 15.39 Conversor de impedâncias genérico.

A corrente que flui por Z_3 (e, portanto, por Z_2) é dada por

$$I_{Z3} = \frac{V_4 - V_3}{Z_3} \quad (15.119)$$

$$= \frac{V_X}{Z_5} \cdot \frac{Z_4}{Z_3}. \quad (15.120)$$

A tensão no nó 2 é, então, igual a

$$V_2 = V_3 - Z_2 I_{Z3} \quad (15.121)$$

$$= V_X - Z_2 \cdot \frac{V_X}{Z_5} \cdot \frac{Z_4}{Z_3}. \quad (15.122)$$

Por fim,

$$I_X = \frac{V_X - V_2}{Z_1} \quad (15.123)$$

$$= V_X \frac{Z_2 Z_4}{Z_1 Z_3 Z_5} \quad (15.124)$$

e

$$Z_{entrada} = \frac{Z_1 Z_3}{Z_2 Z_4} Z_5. \quad (15.125)$$

Este resultado sugere que o circuito é capaz de "converter" Z_5 em um tipo diferente de impedância, caso os valores de Z_1-Z_4 sejam escolhidos de forma adequada. Por exemplo, se $Z_5 = R_X$, $Z_2 = (Cs)^{-1}$ e $Z_1 = Z_3 = Z_3 = R_Y$ (Figura 15.40), temos

$$Z_{entrada} = R_X R_Y C s, \quad (15.126)$$

que representa um indutor de valor $R_X R_Y C$ (por quê?). Dizemos que o circuito converte um resistor em um indutor, ou seja, "simula" um indutor.[8]

O "conversor de impedâncias genérico" (CIG) da Figura 15.39, introduzido por Antoniou e seus descendentes das Figuras 15.40 e 15.41, são úteis na transformação de um filtro RLC passivo na versão ativa. Por exemplo, como indicado na Figura 15.42, uma seção ativa passa-altas é obtida com a substituição de L_1 por um indutor simulado.

Como um filtro *passa-baixas* pode ser obtido? Do circuito RLC da Figura 15.29, notamos a necessidade de um indutor *flutuante* (e não conectado à terra); tentemos criar desse dispositivo como mostrado na Figura 15.43(a). Este circuito funciona, de fato, como um indutor flutuante? Um teste simples consiste em conectar uma fonte de tensão ao nó P e determinar o equivalente de Thévenin visto do nó Q [Figura 15.43(b)]. Para calcular a tensão de circuito aberto, $V_{Thév}$, recordemos que o

Você sabia?

Em circuitos integrados, filtros ativos são muito mais comuns que filtros passivos, por duas razões: (1) filtros passivos tendem a atenuar o sinal, especialmente se tiverem de prover alta seletividade (ou seja, transição abrupta na resposta em frequência), e (2) filtros passivos dependem de indutores de alto Q, que são de difícil realização em *chip* (pois a resistência dos fios integrados é relativamente alta). Em consequência, filtros ativos baseados em amp ops, resistores e capacitores são solução mais viável para sistemas integrados. Obviamente, a frequência de operação desses filtros é limitada pela largura de banda dos amp ops e apresenta interessantes desafios à pesquisa.

15.4.3 Estruturas Biquadráticas Usando Indutores Simulados

Recordemos, da Seção 15.3.2, que circuitos RLC de segunda ordem podem prover respostas passa-baixas, passa-altas ou passa-faixa, mas seu uso em circuitos integrados é limitado, devido à dificuldade em construir indutores de grandes valores e alta qualidade no *chip*. Podemos, portanto, perguntar: é possível emular o comportamento de um indutor com um circuito ativo (sem indutores)?

Consideremos o circuito mostrado na Figura 15.39, na qual as impedâncias genéricas Z_1-Z_3 são conectadas em série e as malhas de realimentação providas pelos dois amp ops (ideais) forçam $V_1 - V_3$ e $V_3 - V_5$ a zero:

$$V_1 = V_3 = V_5 = V_X. \quad (15.117)$$

Ou seja, os amp ops estabelecem uma corrente V_X/Z_5 em Z_5. Essa corrente flui por Z_4 e produz

$$V_4 = \frac{V_X}{Z_5} Z_4 + V_X. \quad (15.118)$$

---

[8] Na terminologia atual, podemos chamar isto de um indutor "emulado", para evitar confusão com programas de simulação de circuitos. Contudo, o termo "simulado" tem sido usado neste contexto desde a década de 1960.

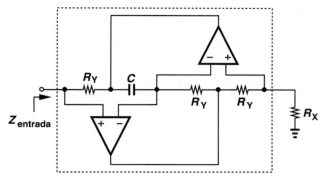

Figura 15.40 Exemplo de simulação de indutância.

Exemplo 15.21 Da Equação (15.125), determinemos outra possível combinação de valores de componentes que forneça um indutor simulado.

Solução Podemos escolher $Z_4 = (Cs)^{-1}$ e os restantes elementos passivos podem ser resistores: $Z_1 = Z_2 = Z_3 = R_Y$. Assim,

$$Z_{entrada} = R_X R_Y^2 Cs. \qquad (15.127)$$

A topologia resultante é mostrada na Figura 15.41.

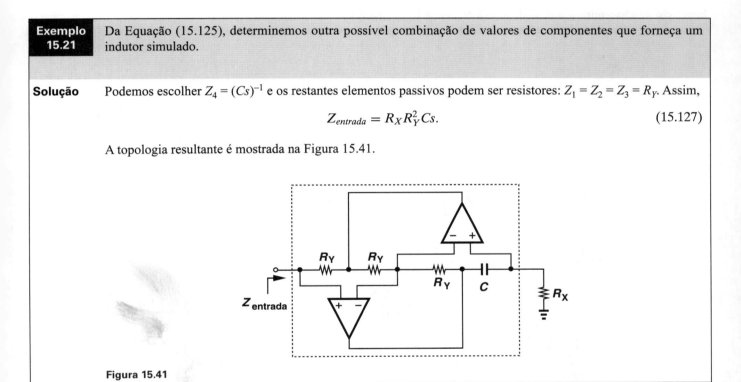

Figura 15.41

Exercício Existe alguma outra possível combinação de valores de componentes que forneça um indutor simulado?

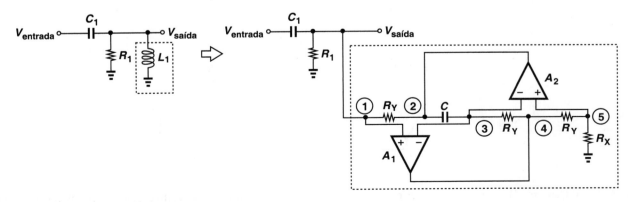

Figura 15.42 Filtro passa-altas usando um indutor simulado.

Exemplo 15.22

Provemos que, na Figura 15.42, o nó 4 também serve como saída.

Solução Como $V_{saída} = V_1 = V_3 = V_5$, a corrente que flui por R_X é igual a $V_{saída}/R_X$, resultando em

$$V_4 = \frac{V_{saída}}{R_X} R_Y + V_{saída} \tag{15.128}$$

$$= V_{saída}\left(1 + \frac{R_Y}{R_X}\right). \tag{15.129}$$

Assim, V_4 é apenas uma versão amplificada de $V_{saída}$. Alimentada por um amp op, essa porta apresenta uma impedância de saída mais baixa que o nó 1 e, muitas vezes, é utilizada como a porta de saída do circuito.

Exercício Determine a função de transferência de $V_{entrada}$ para V_3.

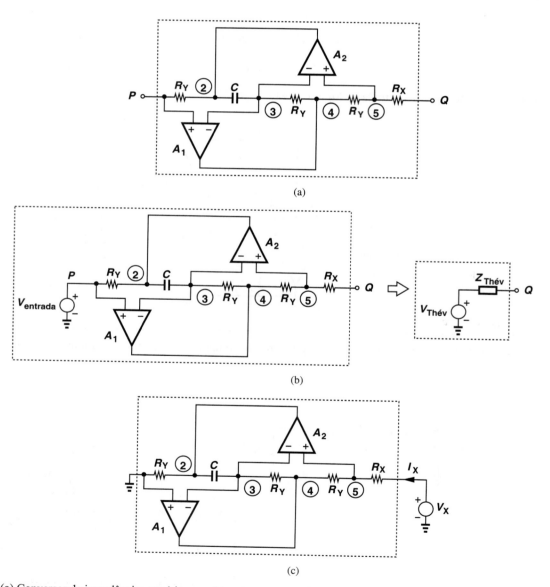

Figura 15.43 (a) Conversor de impedâncias genérico considerado como uma impedância flutuante, (b) equivalente de Thévenin, (c) circuito de teste para o cálculo da impedância de saída.

amp op força que V_5 seja igual a V_P (= $V_{entrada}$). Como nenhuma corrente flui por R_X,

$$V_{Thév} = V_{entrada}. \quad (15.130)$$

Para obter $Z_{Thév}$, fixemos $V_{entrada}$ em zero e apliquemos uma tensão ao terminal esquerdo de R_X [Figura 15.43(c)]. Como $V_5 = V_1 = 0$, $I_X = V_X/R_X$ e, portanto,

$$Z_{Thév} = R_X. \quad (15.131)$$

Infelizmente, o circuito funciona como um simples resistor e não como um indutor flutuante! No entanto, o conversor de impedância da Figura 15.39 pode contornar essa dificuldade. Consideremos o caso especial ilustrado na Figura 15.44(a), na qual $Z_1 = (Cs)^{-1}$, $Z_3 = (Cs)^{-1} \| R_X$ e $Z_2 = Z_4 = Z_5 = R_X$. Da Equação (15.125), temos

$$Z_{entrada} = \frac{\frac{1}{Cs} \cdot \frac{R_X}{R_X Cs + 1} \cdot R_X}{R_X^2} \quad (15.132)$$

$$= \frac{1}{Cs(R_X Cs + 1)}. \quad (15.133)$$

Esta impedância pode ser vista como um "supercapacitor", pois é igual ao produto de dois componentes capacitivos: $(Cs)^{-1}$ e $(R_X Cs + 1)^{-1}$.

Agora, estudemos o circuito representado na Figura 15.44(b):

$$\frac{V_{saída}}{V_{entrada}} = \frac{Z_{entrada}}{Z_{entrada} + R_1} \quad (15.134)$$

$$= \frac{1}{R_1 R_X C^2 s^2 + R_1 Cs + 1}. \quad (15.135)$$

Portanto, essa topologia provê uma resposta passa-baixas de segunda ordem. Do Exemplo 15.22, notamos que o nó 4 funciona como uma porta de saída melhor.

Pode ser provado que as sensibilidades do conversor de impedâncias genérico e dos filtros resultantes em relação aos valores dos componentes são iguais a 0,5 ou 1. Portanto, esses circuitos são úteis em configurações discreta e integrada.

15.5 APROXIMAÇÕES PARA RESPOSTAS DE FILTROS

Como tem início o projeto de um filtro? Com base nos níveis esperados do sinal desejado e das interferências, decidimos o valor necessário da atenuação na banda de rejeição. A seguir, dependendo de quão próxima a frequência da interferência é da frequência do sinal desejado, escolhemos uma inclinação para a banda de transição. Por fim, dependendo da natureza do sinal desejado (áudio, vídeo etc.), selecionamos a ondulação (*ripple*) tolerada na banda passante (por exemplo, 0,5 dB). Desta forma, obtemos um "molde" como a mostrada na Figura 15.46 para a resposta em frequência do filtro.

Com o molde em mãos, como determinamos a função de transferência necessária? Esta tarefa é chamada de "problema de aproximação", em que uma função de transferência é escolhida para aproximar a resposta ditada pelo molde. Preferimos selecionar uma função de transferência que se preste a uma realização de circuito eficiente e de baixa sensibilidade.

Existe uma variedade de aproximações, com diferentes propriedades, que são úteis na prática. As respostas de "Butterworth", de "Chebyshev", "elíptica" e de "Bessel" são alguns exemplos. A maioria dos filtros está sujeita a certa relação de permuta entre ondulação na banda passante e inclinação da banda de transição. Aqui, estudaremos os dois primeiros tipos de aproximação e, para os outros, direcionamos o leitor aos textos sobre projeto de filtros [1].

15.5.1 Resposta de Butterworth

A resposta de Butterworth evita totalmente a ondulação na banda passante (e na banda de rejeição), à custa da inclinação na banda de transição. Esse tipo de resposta apenas estipula a *magnitude* da função de transferência como

---

Exemplo 15.23 Entusiasmado com a versatilidade do conversor de impedâncias genérico, um estudante construiu o circuito mostrado na Figura 15.45 como uma alternativa ao da Figura 15.44. Expliquemos por que essa topologia tem menos utilidade.

Solução Empregando $Z_3 = R_X$ e $Z_5 = (Cs)^{-1} \| R_X$, esta configuração provê a mesma função de transferência que a Equação (15.135). No entanto, V_4 não é mais uma versão proporcional de $V_{saída}$:

$$V_4 = \left[V_{saída}\left(\frac{1}{R_X} + Cs\right)\right] R_X + V_{saída} \quad (15.136)$$

$$= V_{saída}(2 + R_X Cs). \quad (15.137)$$

Assim, a saída pode ser colhida apenas no nó 1, que apresenta uma impedância relativamente alta.

Exercício Determine a função de transferência de $V_{entrada}$ para V_5.

588 Capítulo 15

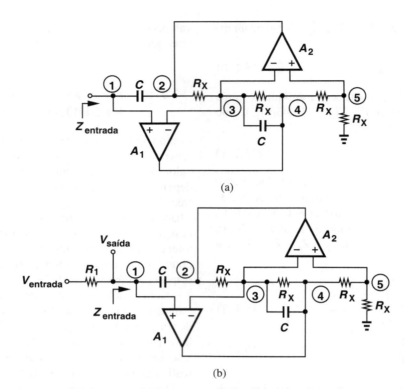

Figura 15.44 (a) Conversor de impedâncias genérico que produz um "supercapacitor", (b) filtro passa-baixas de segunda ordem obtido de (a).

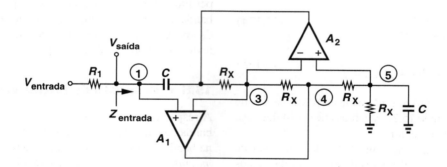

Figura 15.45

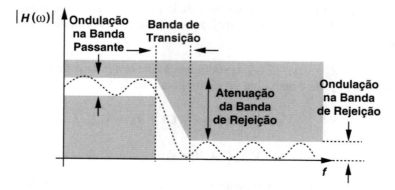

Figura 15.46 Molde para a resposta em frequência.

Filtros Analógicos

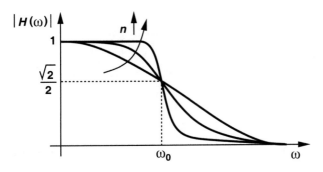

Figura 15.47 Resposta de Butterworth.

$$|H(j\omega)| = \frac{1}{\sqrt{1 + \left(\frac{\omega}{\omega_0}\right)^{2n}}}, \quad (15.138)$$

em que n denota a ordem do filtro.[9]

É interessante que examinemos a Equação (15.138) com cuidado para que entendamos suas propriedades. Primeiro, observemos que a largura de banda de −3 dB é calculada como

$$\frac{1}{\sqrt{1 + \left(\frac{\omega_{-3dB}}{\omega_0}\right)^{2n}}} = \frac{1}{\sqrt{2}} \quad (15.139)$$

Logo,

$$\omega_{-3dB} = \omega_0. \quad (15.140)$$

Vale notar que a largura de banda de −3 dB independe da ordem do filtro. Segundo, à medida que n aumenta, a resposta assume uma banda de transição mais abrupta e uma maior planura na banda passante. Terceiro, a resposta não apresenta ondulação (máximos ou mínimos locais), pois a primeira derivada da Equação (15.138) em relação a ω se anula apenas em $\omega = 0$. A Figura 15.47 ilustra esses pontos.

Exemplo 15.24 Um filtro passa-baixas deve prover uma planura de 0,45 dB na banda passante, para $f < f_1 = 1$ MHz e uma atenuação de 9 dB na banda de rejeição, em $f_2 = 2$ MHz. Determinemos a ordem de um filtro Butterworth que satisfaça estes requisitos.

Solução A Figura 15.48 mostra o molde da resposta desejada. Notando que $|H(f_1 = 1 \text{ MHz})| = 0,95$ ($\approx -0,45$ dB) e $|H(f_2 = 2 \text{ MHz})| = 0,355$ (≈ -9 dB),

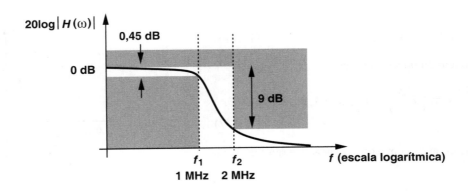

Figura 15.48

mantemos duas equações com duas incógnitas:

$$\frac{1}{1 + \left(\frac{2\pi f_1}{\omega_0}\right)^{2n}} = 0,95^2 \quad (15.141)$$

$$\frac{1}{1 + \left(\frac{2\pi f_2}{\omega_0}\right)^{2n}} = 0,355^2. \quad (15.142)$$

---

[9] Esta resposta é chamada de "máxima planura" porque as primeiras $2n − 1$ derivadas da Equação (15.138) em relação a ω se anulam em $\omega = 0$.

A primeira fornece

$$\omega_0^{2n} = \frac{(2\pi f_1)^{2n}}{0{,}108}. \tag{15.143}$$

Substituindo este resultado na segunda, obtemos

$$\left(\frac{f_2}{f_1}\right)^{2n} = 64{,}2. \tag{15.144}$$

Como $f_2 = 2f_1$, o menor valor de n que satisfaz a exigência é 3. Com $n = 3$, obtemos, da Equação (15.141), $\omega_0 = 2\pi \times (1{,}45\ \text{MHz})$.

Exercício Se a ordem do filtro não puder ser maior que 2, que valor de atenuação pode ser obtido de f_1 a f_2?

Dada a especificação do filtro e, portanto, um molde, podemos escolher ω_0 e n prontamente na Equação (15.138) para chegar a uma aproximação de Butterworth aceitável. No entanto, como podemos traduzir a Equação (15.138) em uma *função de transferência* e em uma realização de circuito? A Equação (15.138) sugere que a correspondente função de transferência não deva conter zeros. Para obter os polos, façamos uma substituição inversa, $\omega = j/s$, e fixemos o denominador em zero:

$$1 + \left(\frac{s}{j\omega_0}\right)^{2n} = 0. \tag{15.145}$$

Ou seja,

$$s^{2n} + (-1)^n \omega_0^{2n} = 0. \tag{15.146}$$

Esse polinômio tem $2n$ raízes dadas por

$$p_k = \omega_0 \exp\frac{j\pi}{2} \exp\left(j\frac{2k-1}{2n}\pi\right),\ k = 1, 2, \ldots, 2n, \tag{15.147}$$

Contudo, apenas as raízes com parte real negativa são aceitáveis (por quê?):

$$p_k = \omega_0 \exp\frac{j\pi}{2} \exp\left(j\frac{2k-1}{2n}\pi\right),\ k = 1, 2, \ldots, n. \tag{15.148}$$

Em que parte do plano complexo esses polos se localizam? Como um exemplo, suponhamos $n = 2$. Logo,

$$p_1 = \omega_0 \exp\left(j\frac{3\pi}{4}\right) \tag{15.149}$$

$$p_2 = \omega_0 \exp\left(j\frac{5\pi}{4}\right). \tag{15.150}$$

Como mostrado na Figura 15.49(a), os polos se localizam em ±135°, ou seja, suas partes real e imaginária têm amplitudes iguais. Para maiores valores de n, cada polo cai em um círculo

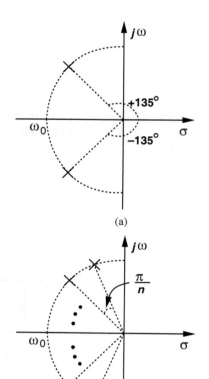

Figura 15.49 Localização de polos para um filtro (a) de segunda ordem e (b) Butterworth de ordem n.

de raio ω_0 e guarda um ângulo π/n em relação ao próximo polo [Figura 15.49(b)].

Uma vez obtidos os polos, expressemos a função de transferência como

$$H(s) = \frac{(-p_1)(-p_2)\cdots(-p_n)}{(s-p_1)(s-p_2)\cdots(s-p_n)} \tag{15.151}$$

em que o fator no numerador foi incluído para termos $H(s=0) = 1$.

Exemplo 15.25

Usando a topologia de Sallen-Key como núcleo, projetemos um filtro Butterworth para a resposta deduzida no Exemplo 15.24.

Solução Com $n = 3$ e $\omega_0 = 2\pi \times (1{,}45 \text{ MHz})$, os polos aparecem como indicado na Figura 15.50(a). Os polos complexos conjugados p_1 e p_3 podem ser criados por um filtro SK de segunda ordem, e o polo real p_2, por uma simples seção RC. Como

$$p_1 = 2\pi \times (1{,}45 \text{ MHz}) \times \left(\cos \frac{2\pi}{3} + j \sen \frac{2\pi}{3} \right) \quad (15.152)$$

$$p_3 = 2\pi \times (1{,}45 \text{ MHz}) \times \left(\cos \frac{2\pi}{3} - j \sen \frac{2\pi}{3} \right), \quad (15.153)$$

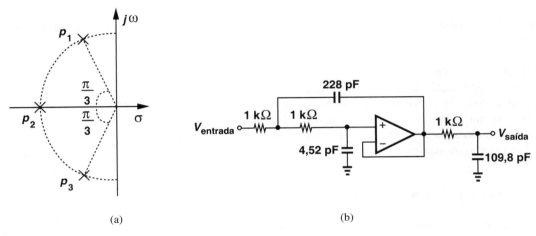

Figura 15.50

a função de transferência do filtro SK pode ser escrita como

$$H_{SK}(s) = \frac{(-p_1)(-p_3)}{(s-p_1)(s-p_3)} \quad (15.154)$$

$$= \frac{[2\pi \times (1{,}45 \text{ MHz})]^2}{s^2 - [4\pi \times (1{,}45 \text{ MHz}) \cos(2\pi/3)]s + [2\pi \times (1{,}45 \text{ MHz})]^2}. \quad (15.155)$$

Logo,

$$\omega_n = 2\pi \times (1{,}45 \text{ MHz}) \quad (15.156)$$

$$Q = \frac{1}{2 \cos \dfrac{2\pi}{3}} = 1. \quad (15.157)$$

Na Equação (15.61), escolhemos $R_1 = R_2$ e $C_1 = 4C_2$ para obtermos $Q = 1$. Da Equação (15.62), para obter $\omega_n = 2\pi \times (1{,}45 \text{ MHz}) = \left(\sqrt{4R_1^2 C_2^2} \right)^{-1} = (2R_1 C_2)^{-1}$, temos alguma liberdade, por exemplo, $R_1 = 1$ kΩ e $C_2 = 54{,}9$ pF. O leitor é encorajado a verificar que esse projeto apresenta baixas sensibilidades.

O polo real, p_2, é criado prontamente por uma seção RC:

$$\frac{1}{R_3 C_3} = 2\pi \times (1{,}45 \text{ MHz}). \quad (15.158)$$

Por exemplo, $R_3 = 1$ kΩ e $C_3 = 109{,}8$ pF. A Figura 15.50(b) mostra a configuração resultante.

Exercício Se o capacitor de 228 pF estiver sujeito a um erro de 10 %, determine o erro no valor de f_1.

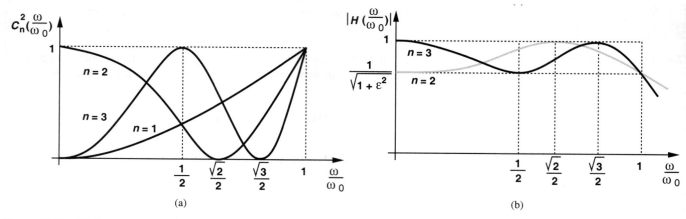

Figura 15.51 (a) Comportamento de polinômios de Chebyshev, (b) respostas de Chebyshev de segunda e de terceira ordens.

A resposta de Butterworth é empregada apenas em casos raros nos quais a ondulação na banda passante não é tolerada. Em geral, permitimos uma pequena ondulação (por exemplo, de 0,5 dB) para explorar respostas que provejam maior inclinação na banda de transição e, portanto, maior atenuação na banda de rejeição. Um exemplo desse tipo de resposta é a de Chebyshev.

15.5.2 Resposta de Chebyshev

A resposta de Chebyshev provê um comportamento de "ondulação constante" (*equiripple*) na banda passante, ou seja, máximos locais de mesma magnitude (e mínimos locais de mesma magnitude). Esse tipo de resposta especifica a magnitude da função de transferência como:

$$|H(j\omega)| = \frac{1}{\sqrt{1 + \epsilon^2 C_n^2\left(\frac{\omega}{\omega_0}\right)}}, \quad (15.159)$$

em que ϵ determina a amplitude da ondulação e $C_n^2(\omega/\omega_0)$ denota o quadrado do "polinômio de Chebyshev" de ordem n. Consideremos ω_0 como a "largura de banda" do filtro. Esses polinômios são expressos de forma recursiva como

$$C_1\left(\frac{\omega}{\omega_0}\right) = \frac{\omega}{\omega_0} \quad (15.160)$$

$$C_2\left(\frac{\omega}{\omega_0}\right) = 2\left(\frac{\omega}{\omega_0}\right)^2 - 1 \quad (15.161)$$

$$C_3\left(\frac{\omega}{\omega_0}\right) = 4\left(\frac{\omega}{\omega_0}\right)^3 - 3\frac{\omega}{\omega_0} \quad (15.162)$$

$$C_{n+1}\left(\frac{\omega}{\omega_0}\right) = 2\frac{\omega}{\omega_0}C_n\left(\frac{\omega}{\omega_0}\right) - C_{n-1}\left(\frac{\omega}{\omega_0}\right) \quad (15.163)$$

ou, de modo alternativo, como

$$C_n\left(\frac{\omega}{\omega_0}\right) = \cos\left(n\cos^{-1}\frac{\omega}{\omega_0}\right) \quad \omega < \omega_0 \quad (15.164)$$

$$= \cosh\left(n\cosh^{-1}\frac{\omega}{\omega_0}\right) \quad \omega > \omega_0. \quad (15.165)$$

Como ilustrado na Figura 15.51(a), polinômios de ordens superiores sofrem um maior número de flutuações entre 0 e 1 no intervalo $0 \leq \omega/\omega_0 \leq 1$ e têm crescimento monótono para $\omega/\omega_0 > 1$. As flutuações, multiplicadas pelo fator ϵ^2, levam a n ondulações na banda passante de $|H|$ [Figura 15.51(b)].

Exemplo 15.26 Suponhamos que o filtro especificado no Exemplo 15.24 seja realizado com uma resposta de Chebyshev de terceira ordem. Determinemos a atenuação em 2 MHz.

Solução Para uma planura (ondulação) de 0,45 dB na banda passante,

$$\frac{1}{\sqrt{1 + \epsilon^2}} = 0{,}95, \quad (15.166)$$

ou

$$\epsilon = 0{,}329. \quad (15.167)$$

Além disso, $\omega_0 = 2\pi \times (1 \text{ MHz})$, pois, nessa frequência, a resposta difere da unidade por 0,45 dB. Portanto,

$$|H(j\omega)| = \frac{1}{\sqrt{1 + 0{,}329^2 \left[4\left(\dfrac{\omega}{\omega_0}\right)^3 - 3\dfrac{\omega}{\omega_0}\right]^2}}. \quad (15.168)$$

Em $\omega_2 = 2\pi \times (2 \text{ MHz})$,

$$|H(j\omega_2)| = 0{,}116 \quad (15.169)$$

$$= -18{,}7 \text{ dB}. \quad (15.170)$$

Vale ressaltar que a atenuação na banda de rejeição tem um aumento de 9,7 dB quando a resposta de Chebyshev é empregada.

Exercício Que valor de atenuação pode ser obtido se a ordem do filtro for aumentada para quatro?

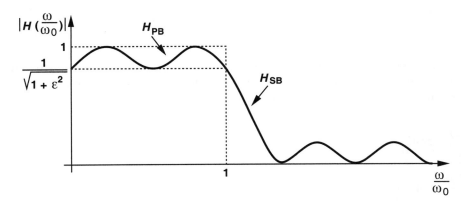

Figura 15.52 Resposta de Chebyshev genérica.

Resumamos nosso entendimento da resposta de Chebyshev. Como ilustrado na Figura 15.52, na banda passante, a magnitude da função de transferência é dada por

$$|H_{PB}(j\omega)| = \frac{1}{\sqrt{1 + \epsilon^2 \cos^2\left(n \cos^{-1} \dfrac{\omega}{\omega_0}\right)}}, \quad (15.171)$$

e apresenta uma ondulação pico a pico de

$$\text{Ondulação}|_{dB} = 20 \log \sqrt{1 + \epsilon^2}. \quad (15.172)$$

Na banda de rejeição,

$$|H_{SB}(j\omega)| = \frac{1}{\sqrt{1 + \epsilon^2 \cosh^2\left(n \cosh^{-1} \dfrac{\omega}{\omega_0}\right)}}, \quad (15.173)$$

revelando a atenuação em frequências maiores que ω_0. Na prática, devemos determinar n de modo que os desejados valores de ω_0, ondulação e atenuação na banda de rejeição sejam obtidos.

Exemplo 15.27 Um filtro de Chebyshev deve prover ondulação de 1 dB na banda passante, com largura de banda de 5 MHz e atenuação de 10 dB em 10 MHz. Determinemos a ordem do filtro.

Solução Fixemos ω_0 em $2\pi \times (5 \text{ MHz})$ e escrevamos

$$1 \text{ dB} = 20 \log \sqrt{1 + \epsilon^2}, \quad (15.174)$$

obtendo

$$\epsilon = 0{,}509. \tag{15.175}$$

Agora, igualemos a Equação (15.173) a 0,0316 (= –30 dB) em $\omega = 2\omega_0$:

$$\frac{1}{\sqrt{1 + 0{,}509^2 \cosh^2(n \cosh^{-1} 2)}} = 0{,}0316. \tag{15.176}$$

Como $\cosh^{-1} 2 \approx 1{,}317$, a Equação (15.176) fornece

$$\cosh^2(1{,}317n) = 3862 \tag{15.177}$$

Logo,

$$n > 3{,}66. \tag{15.178}$$

Portanto, devemos escolher $n = 4$.

Exercício Se a ordem for limitada a três, que valor de atenuação pode ser obtido em 10 MHz?

Determinada a ordem da resposta, o próximo passo no projeto consiste em obter os polos e, portanto, a função de transferência. Pode ser mostrado [1] que os polos são dados por

$$p_k = -\omega_0 \operatorname{sen}\frac{(2k-1)\pi}{2n}\operatorname{senh}\left(\frac{1}{n}\operatorname{senh}^{-1}\frac{1}{\epsilon}\right) +$$

$$j\omega_0 \cos\frac{(2k-1)\pi}{2n}\cosh\left(\frac{1}{n}\operatorname{senh}^{-1}\frac{1}{\epsilon}\right)$$

$$k = 1, 2, \ldots, n. \tag{15.179}$$

(Na verdade, os polos residem em uma elipse.) A função de transferência é, então, expressa como

$$H(s) = \frac{(-p_1)(-p_2)\cdots(-p_n)}{(s-p_1)(s-p_2)\cdots(s-p_n)}. \tag{15.180}$$

Exemplo 15.28 Usando dois estágios SK, projetemos um filtro que satisfaça a especificação do Exemplo 15.27.

Solução Com $\epsilon = 0{,}509$ e $n = 4$, temos

$$p_k = -0{,}365\omega_0 \operatorname{sen}\frac{(2k-1)\pi}{8} + 1{,}064\, j\omega_0 \cos\frac{(2k-1)\pi}{8}, \quad k = 1, 2, 3, 4, \tag{15.181}$$

que pode ser agrupado em dois conjuntos de polos conjugados

$$p_{1,4} = -0{,}365\omega_0 \operatorname{sen}\frac{\pi}{8} \pm 1{,}064\, j\omega_0 \cos\frac{\pi}{8} \tag{15.182}$$

$$= -0{,}140\omega_0 \pm 0{,}983\, j\omega_0 \tag{15.183}$$

$$p_{2,3} = -0{,}365\omega_0 \operatorname{sen}\frac{3\pi}{8} \pm 1{,}064\, j\omega_0 \cos\frac{3\pi}{8} \tag{15.184}$$

$$= -0{,}337\omega_0 \pm 0{,}407\, j\omega_0. \tag{15.185}$$

A Figura 15.53(a) mostra a localização dos polos. Notemos que p_1 e p_4 caem próximos do eixo imaginário e, portanto, têm Q relativamente alto. O estágio SK para p_1 e p_4 é caracterizado pela seguinte função de transferência:

$$H_{SK1}(s) = \frac{(-p_1)(-p_4)}{(s-p_1)(s-p_4)} \tag{15.186}$$

$$= \frac{0{,}986\omega_0^2}{s^2 + 0{,}28\omega_0 s + 0{,}986\omega_0^2}, \tag{15.187}$$

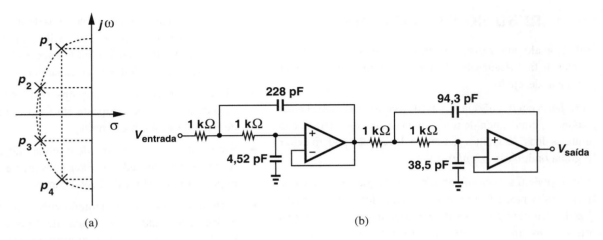

Figura 15.53

indicando que

$$\omega_{n1} = 0{,}993\omega_0 = 2\pi \times (4{,}965 \text{ MHz}) \tag{15.188}$$

$$Q_1 = 3{,}55. \tag{15.189}$$

A Equação (15.61) sugere que um Q tão alto pode ser obtido apenas se C_1/C_2 for grande. Por exemplo, com $R_1 = R_2$, devemos ter

$$C_1 = 50{,}4\, C_2 \tag{15.190}$$

portanto,

$$\frac{1}{\sqrt{50{,}4}R_1 C_2} = 2\pi \times (4{,}965 \text{ MHz}). \tag{15.191}$$

Se $R_1 = 1$ kΩ, $C_2 = 4{,}52$ pF. (Para implementações discretas, esse valor de C_2 é excessivamente pequeno, o que requer que R_1 seja reduzido por um fator, digamos, 5.)

De modo similar, o estágio SK para p_2 e p_3 satisfaz

$$H_{SK2}(s) = \frac{(-p_2)(-p_3)}{(s-p_2)(s-p_3)} \tag{15.192}$$

$$= \frac{0{,}279\omega_0^2}{s^2 + 0{,}674\omega_0 s + 0{,}279\omega_0^2}. \tag{15.193}$$

logo,

$$\omega_{n2} = 0{,}528\omega_0 = 2\pi \times (2{,}64 \text{ MHz}) \tag{15.194}$$

$$Q_2 = 0{,}783. \tag{15.195}$$

Se $R_1 = R_2 = 1$ kΩ, as Equações (15.61) e (15.62) se traduzem em

$$C_1 = 2{,}45 C_2 \tag{15.196}$$
$$= 2{,}45 \times (38{,}5 \text{ pF}). \tag{15.197}$$

A Figura 15.53(b) mostra a configuração final. O leitor é encorajado a calcular as sensibilidades.

Exercício Repita o exemplo anterior para o caso em que os valores dos capacitores devem ser maiores que 50 pF.

15.6 RESUMO DO CAPÍTULO

- Filtros analógicos são essenciais para a remoção de componentes de frequências indesejáveis que podem acompanhar um sinal desejado.

- A resposta em frequência de um filtro consiste em uma banda passante, uma banda de rejeição e uma banda de transição entre as duas. As bandas passante e de rejeição podem exibir alguma ondulação (*ripple*).

- Filtros podem ser classificados nas topologias passa-baixas, passa-altas, passa-faixa e rejeita-faixa. Elas podem ser realizadas em configurações de tempo continuo ou de tempo discreto, assim como com circuitos passivos ou ativos.

- A resposta em frequência de filtros depende dos valores dos componentes e, portanto, apresenta "sensibilidades" em relação à variação dos componentes. Um filtro projetado de forma adequada assegura pequena sensibilidade em relação a cada componente.

- Filtros passivos ou ativos de primeira ordem podem, com facilidade, prover resposta passa-baixas ou passa-altas, mas suas bandas de transição são muito largas e as atenuações nas bandas de rejeição, apenas moderadas.

- Filtros de segunda ordem apresentam maior atenuação na banda de rejeição e são largamente utilizados. Para respostas bem-comportadas nos domínios da frequência e do tempo, o Q destes filtros deve ser mantido abaixo de $\sqrt{2}/2$.

- A implementação de filtros passivos de segunda ordem em tempo contínuo emprega seções RLC, mas se torna impraticável em frequências muito baixas (devido ao grande tamanho físico de indutores e capacitores).

- Filtros ativos empregam amp ops, resistores e capacitores para criar a desejada resposta em frequência. A topologia de Sallen-Key é um exemplo.

- Seções ativas de segunda ordem (biquadráticas) podem ser baseadas em integradores. Exemplos incluem as estruturas biquadráticas KHN e de Tow-Thomas.

- Estruturas biquadráticas também incorporam indutores simulados, derivados do "conversor de impedâncias genérico" (CIG). O CIG pode prover grandes valores de indutância ou capacitância com o uso de dois amp ops.

- A desejada resposta de filtro deve, na prática, ser aproximada por uma função de transferência realizável. Entre as funções de transferência possíveis encontram-se as respostas de Butterworth e de Chebyshev.

- A resposta de Butterworth contém n polos complexos, dispostos em uma circunferência, e tem comportamento de máxima planura. Essa resposta é adequada a aplicações que não toleram ondulações na banda passante.

- A resposta de Chebyshev prové uma transição mais abrupta que a de Butterworth, à custa de alguma ondulação nas bandas passante e de rejeição. Essa resposta contém n polos complexos, dispostos em uma elipse.

EXERCÍCIOS

Seção 15.1 Considerações Gerais

15.1 Determine o tipo de resposta (passa-baixas, passa-altas ou passa-faixa) provida por circuito representado na Figura 15.54.

15.2 Deduza a função de transferência de cada circuito representado na Figura 15.54 e determine os correspondentes polos e zeros.

15.3 Desejamos realizar uma função de transferência da forma

$$\frac{V_{saída}}{V_{entrada}}(s) = \frac{1}{(s+a)(s+b)}, \tag{15.198}$$

em que a e b são números reais e positivos. Qual dos circuitos representados na Figura 15.54 pode satisfazer essa função de transferência?

*15.4 Em algumas aplicações, a entrada de um filtro pode ser provida na forma de uma corrente. Calcule a função de transferência, $V_{saída}/I_{entrada}$, de cada um dos circuitos mostrados na Figura 15.55 e determine os correspondentes polos e zeros.

Seção 15.2 Filtros de Primeira Ordem

15.5 Para o filtro passa-altas ilustrado na Figura 15.56, determine a sensibilidade das frequências dos polos e dos zeros em relação a R_1 e C_1.

15.6 Considere o filtro mostrado na Figura 15.57. Calcule a sensibilidade das frequências dos polos e dos zeros em relação a C_1, C_2 e R_1.

15.7 No circuito representado na Figura 15.58, desejamos que o polo tenha sensibilidade de 5 %. Se R_1 tiver uma variação de 3 %, qual é a máxima tolerância para L_1?

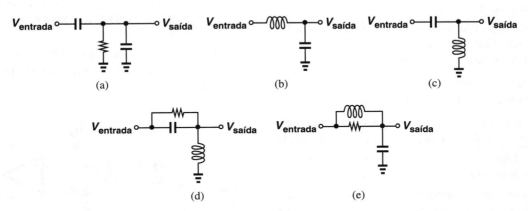

Figura 15.54

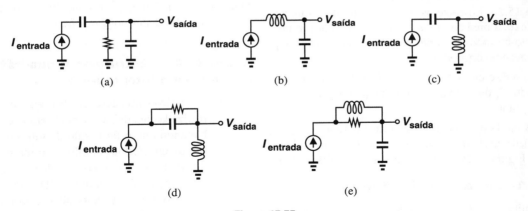

Figura 15.55

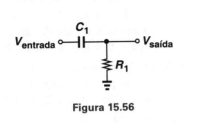

Figura 15.56

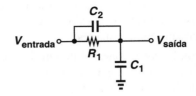

Figura 15.57

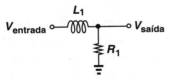

Figura 15.58

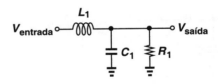

Figura 15.59

Seção 15.3 Filtros de Segunda Ordem

15.8 O filtro passa-baixas da Figura 15.59 foi projetado para apresentar dois polos reais.
   (a) Deduza a função de transferência.
   (b) Calcule a sensibilidade do polo em relação a R_1, C_1 e L_1.

15.9 Para que valor de Q as polos da função de transferência biquadrática na Equação (15.23) coincidem? Quais são as resultantes frequências dos polos?

15.10 Explique o que acontece à função de transferência dos circuitos representados nas Figuras 15.17(a) e 15.18(a) se os polos e zeros coincidirem.

15.11 Prove que a resposta expressa pela Equação (15.25) não apresenta um pico (máximo local) se $Q \le \sqrt{2}/2$.

**15.12 Prove que, se $Q > \sqrt{2}/2$, a resposta expressa pela Equação (15.25) alcança um pico normalizado $Q/\sqrt{1-(4Q^2)^{-1}}$. Esboce o gráfico da resposta em função de ω para $Q = 2$, 4 e 8.

*15.13 Prove que a resposta expressa pela Equação (15.28) alcança um pico normalizado Q/ω_n em $\omega = \omega_n$. Esboce o gráfico da resposta em função de ω para $Q = 2$, 4 e 8.

15.14 Considere o circuito tanque paralelo RLC ilustrado na Figura 15.26. Localize os polos do circuito no plano complexo, à medida que R_1 passa de um valor muito pequeno a um valor muito grande, enquanto L_1 e C_1 permanecem constantes.

*15.15 Refaça o Exercício 14 mantendo R_1 e L_1 constantes e variando C_1 de um valor muito pequeno a um valor muito grande.

15.16 Com a ajuda das observações feitas para a Equação (15.25), determine a condição para que o filtro passa-baixas da Figura 15.29 apresente um pico de 1 dB (10 %).

Seção 15.4.1 Filtro de Sallen-Key

15.17 Determine os polos do filtro de Sallen-Key mostrado na Figura 15.33 e os localize no plano complexo, à medida que (a) R_1 varia de zero a ∞, (b) R_2 varia de zero a ∞, (c) C_1 varia de zero a ∞ e (d) C_2 varia de zero a ∞. Em cada caso, assuma que os valores dos outros componentes permaneçam constantes.

*15.18 Um estudante configurou erroneamente um filtro de Sallen-Key como mostrado na Figura 15.60. Determine a função de transferência e explique por que este circuito não é útil.

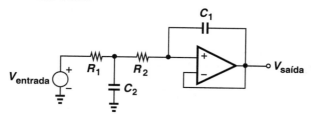

Figura 15.60

15.19 Um filtro de Sallen-Key com $K = 1$ deve apresentar um pico de apenas 1 dB em sua resposta. Determine a necessária relação entre os valores dos componentes.

15.20 O filtro de Sallen-Key da Figura 15.34 deve ser projetado com $K = 4$ e $C_1 = C_2$. Como R_1/R_2 deve ser escolhido para que $Q = 4$? Qual é a resultante sensibilidade de Q em relação a R_1?

15.21 O filtro de Sallen-Key da Figura 15.33 tem $S_{R1}^Q = 2$. Se $C_2 = C_1$, desenhe o gráfico de Q em função de $\sqrt{R_2/R_1}$ e determine o intervalo de valores aceitáveis de Q e de $\sqrt{R_2/R_1}$.

*15.22 A Figura 15.61 mostra um filtro passa-altas de Sallen-Key. Deduza a função de transferência e determine Q e ω_n.

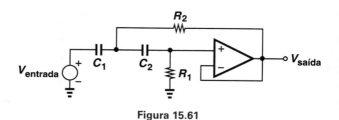

Figura 15.61

**15.23 Dos resultados obtidos no Exercício 15.22, calcule as sensibilidades do Q do circuito.

Seção 15.4.2 Estruturas Biquadráticas Baseadas em Integradores

15.24 A função de transferência da Equação (15.95) pode ser realizada com diferenciadores em vez de integradores. Notando que o fator s do domínio da frequência se traduz em d/dt no domínio do tempo, construa um diagrama em blocos como o da Figura 15.36(a) usando apenas diferenciadores. (Devido à amplificação de ruído nas frequências altas, essa implementação é menos popular.)

15.25 A estrutura biquadrática KHN da Figura 15.36(b) deve prover uma resposta passa-faixa com $Q = 2$ e $\omega_n = 2\pi \times$ (2 MHz). Se $R_6 = R_3$, $R_1 = R_2$ e $C_1 = C_2$, determine os valores do resistor e do capacitor, sujeitos às restrições 10 pF $< C <$ 1 nF e 1 kΩ $< R <$ 50 kΩ.

15.26 Das Equações (15.103) e (15.104), deduza uma expressão para Q e explique por que as sensibilidades em relação a R_3 e a R_6 se anulam se $R_3 = R_6$.

15.27 A estrutura biquadrática KHN da Figura 15.36(b) deve ser projetada para uma resposta passa-baixas com ganho em baixa frequência $\alpha = 2$. Explique por que isto é impossível, se $S_{R3,R6}^Q$ for igual a zero.

15.28 Uma estrutura biquadrática KHN deve apresentar um pico de apenas 1 dB em sua resposta passa-baixas. Determine a necessária relação entre os valores dos componentes. Assuma $R_3 = R_6$ e ganho unitário.

15.29 Um estudante erroneamente omitiu o resistor R_5 da estrutura biquadrática KHN da Figura 15.36(b). Deduza a resultante função de transferência $V_{saída}/V_{entrada}$ e determine α, Q e ω_n.

15.30 Determine as sensibilidades do filtro de Tow-Thomas da Figura 15.37 em relação aos valores dos resistores e capacitores.

15.31 O filtro de Tow-Thomas da Figura 15.37 deve ser projetado para uma resposta passa-baixas com pico de 1 dB e largura de banda $\omega_n = 2\pi \times (10 \text{ MHz})$. Se se $R_3 = 1 \text{ k}\Omega$, $R_2 = R_4$ e $C_1 = C_2$, determine os valores de R_2 e C_1.

15.32 A Equação (15.114) implica que o ganho em baixas frequências do filtro de Tow-Thomas é igual a R_4/R_1. Fixando C_1 e C_2 em zero na Figura 15.37, explique, de forma intuitiva, por que este resultado faz sentido.

15.33 A função de transferência na Equação (15.114) revela que o resistor R_1 afeta o ganho em baixas frequências do filtro de Tow-Thomas, mas não sua resposta em frequência. Na Figura 15.35, substitua $V_{entrada}$ e R_1 por um equivalente de Norton e explique, de forma intuitiva, por que este resultado faz sentido.

Seção 15.4.3 Estruturas Biquadráticas Usando Indutores Simulados

15.34 Para o conversor de impedâncias genérico da Figura 15.39, determine todas as possíveis combinações de Z_1-Z_5 que levam a um comportamento indutivo para $Z_{entrada}$. Assuma que cada Z_1-Z_5 consiste em apenas um resistor ou capacitor. (Note que uma solução não é aceitável se não prover uma rota DC a cada entrada dos amp ops.)

15.35 Refaça o Exercício 15.34 para um comportamento capacitivo de $Z_{entrada}$.

15.36 No Exemplo 15.23, o ramo paralelo RC conectado entre o nó 5 e a terra é substituído por um ramo série $R_X + (Cs)^{-1}$. Determine a resultante função de transferência $V_{saída}/V_{entrada}$.

15.37 Selecione os componentes na Figura 15.39 de modo que o circuito apresente uma grande impedância capacitiva, ou seja, multiplique o valor de um capacitor por um número grande.

Seção 15.5 Aproximações para Respostas de Filtros

15.38 Desejamos projetar um filtro de Butterworth com queda (*roll-off*) de 1 dB em $\omega = 0,9\omega_0$. Determine a ordem do filtro.

15.39 Usando a Equação (15.138), desenhe o gráfico da queda (*roll-off*) de uma resposta de Butterworth em $\omega = 0,9\omega_0$ em função de n. Expresse a queda (no eixo vertical) em decibéis.

15.40 Refaça o Exercício 15.39 para $\omega = 1,1\omega_0$. Qual é a ordem do filtro para que seja obtida uma atenuação de 20 dB nesta frequência?

15.41 Suponha que o filtro do Exemplo 15.24 receba uma interferência em 5 MHz. Qual é a atenuação do filtro nesta frequência?

15.42 Um filtro passa-baixas de Butterworth deve ter planura de 0,5 dB na banda passante $f < f_1 = 1$ MHz. Se a ordem do filtro não puder ser maior que 5, qual é a atenuação na banda de rejeição, em $f_2 = 2$ MHz?

15.43 Explique por que os polos expressos pela Equação (15.148) estão em uma circunferência.

15.44 Refaça o Exemplo 15.25 para uma estrutura biquadrática KHN.

15.45 Refaça o Exemplo 15.25 para um filtro de Tow-Thomas.

15.46 Desenhe o gráfico da resposta de Chebyshev expressa pela Equação (15.159), com $n = 4$ e $\epsilon = 0,2$. Estime a posição dos máximos e mínimos locais na banda passante.

15.47 Um filtro de Chebyshev deve prover uma atenuação de 25 dB em 5 MHz. Se a ordem do filtro não puder ser maior que 5, qual é a máxima ondulação que pode ser obtida em uma largura de banda de 2 MHz?

15.48 Refaça o Exercício 15.47 para uma ordem igual a 6 e compare os resultados.

15.49 Refaça o Exemplo 15.28 com duas estruturas biquadráticas KHN.

15.50 Refaça o Exemplo 15.28 com duas estruturas biquadráticas de Tow-Thomas.

Exercícios de Projetos

15.51 Projete o filtro de primeira ordem da Figura 15.18(a) para uma resposta passa-altas, de modo que o circuito apresente atenuação de 10 dB a uma interferência em 1 MHz e deixe passar frequências acima de 5 MHz com ganho próximo da unidade.

15.52 Projete o filtro passivo da Figura 15.29 para uma largura de banda de −3 dB de aproximadamente 100 MHz, pico de 1 dB e uma indutância menor que 100 nH.

15.53 Projete o filtro SK da Figura 15.33 para $\omega_n = 2\pi \times (50 \text{ MHz})$, $Q = 1,5$ e ganho em baixas frequências igual a 2. Assuma que os valores de capacitância devam estar entre 10 pF e 100 pF.

15.54 Projete um filtro SK passa-baixas para largura de banda de −3 dB de 30 MHz e sensibilidades não maiores que a unidade. Assuma ganho em baixas frequências igual a 2.

15.55 Projete a estrutura biquadrática KHN da Figura 15.36(b) para uma resposta passa-faixa, de modo que proveja pico de ganho unitário em 10 MHz e atenuação de 13 dB em 3 MHz e em 33 MHz. Assuma $R_3 = R_6$.

15.56 O circuito obtido no Exercício 15.35 também provê saídas passa-baixas e passa-altas. Determine as frequências de −3 dB de queda para essas duas funções de transferência.

15.57 Refaça o Exercício 15.55 para a estrutura biquadrática de Tow-Thomas mostrada na Figura 15.37.

15.58 Projete o filtro passa-altas ativo da Figura 15.42 para frequência de −3 dB de queda de 3,69 MHz e atenuação de 13,6 dB em 2 MHz. Assuma pico de 1 dB em 7 MHz.

15.59 Projete o filtro passa-baixas da Figura 15.44(b) para frequência de −3 dB de queda de 16,4 MHz e atenuação de 6 dB em 20 MHz. Assuma pico de 0,5 dB em 8 MHz.

15.60 Para cada molde de resposta em frequência da Figura 15.62, determine uma função de transferência de Butterworth e uma de Chebyshev.

15.61 Seguindo a metodologia delineada nos Exemplos 15.25 e 15.28, projete filtros para as respostas de Butterworth e de Chebyshev obtidas no Exercício 15.62.

15.62 Refaça o Exercício 15.61 para estruturas biquadráticas de Tow-Thomas (e, se necessário, seções RC de primeira ordem).

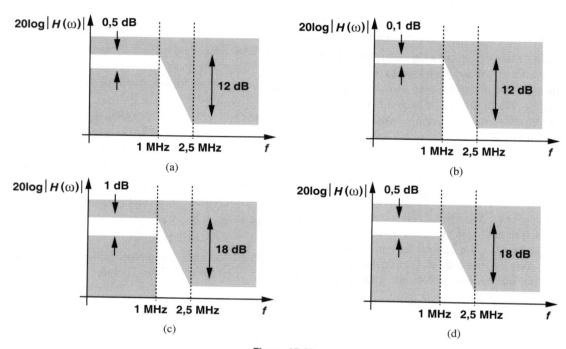

Figura 15.62

EXERCÍCIOS COM *SPICE*

15.63 A Figura 15.63 mostra o filtro de Butterworth projetado no Exemplo 15.25.
  (a) Simule o circuito com um amp op de ganho 500 e determine se a resposta atende o molde especificado no Exemplo 15.24.
  (b) Repita (a) para um amp op que apresenta resistência de saída (em malha aberta) de 10 kΩ. (A resistência de saída pode ser modelada com a inserção de um resistor de 10 kΩ em série com a fonte controlada por tensão.)
  (c) Repita (b) para um amp op que apresenta um único polo (em malha aberta) em 500 kHz. (O polo pode ser modelado permitindo que um capacitor forme um filtro passa-baixas com o resistor de 10 kΩ.)

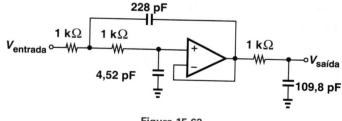

Figura 15.63

15.64 Refaça o Exercício 15.63 para o circuito obtido no Exemplo 15.28.

15.65 (a) Refaça o Exemplo 15.28 para uma cascata de duas estruturas biquadráticas KHN.

(b) Usando *SPICE*, determine a mínima largura de banda necessária para o amp op, de modo que a resposta global tenha pico que não exceda 3 dB. Assuma que o amp op tenha ganho 1000 e modele a largura de banda como explicado no Exercício 15.63.

(c) Refaça (b) para a realização SK obtida no Exemplo 15.28 e compare os resultados.

15.66 Devemos selecionar um amp op para o circuito SK do Exemplo 15.25. Suponha que dois tipos de amp op sejam disponíveis: um com resistência de saída de 5 kΩ e um único polo em 200 MHz, e outro com resistência de saída de 10 kΩ e um único polo em 100 MHz. Use *SPICE* para determinar qual dos amp ops leva ao menor pico.

15.67 Considere o circuito SK do Exemplo 15.25 Suponha que o amp op proveja ganho em malha aberta de 1000 e, no mais, seja ideal.

(a) Se os três resistores sofrerem variação de +10 %, a resposta atende o molde do Exemplo 15.24?

(b) Se os três capacitores sofrerem variação de +10 %, a resposta atende o molde do Exemplo 15.24?

(c) Qual é o máximo erro tolerável no valor dos resistores?

REFERÊNCIA

1. R. Schaumann and M. E. van Valkenberg, *Design of Analog Filters*, Oxford University Press, 2001.

Circuitos CMOS Digitais

Em nossa vida cotidiana, é praticamente impossível encontrar dispositivos eletrônicos que não contenham circuitos digitais. De relógios e câmeras fotográficas a computadores e telefones celulares, os circuitos digitais representam mais de 80 % do mercado de semicondutores. Entre os exemplos encontram-se microprocessadores, memórias e circuitos integrados para processamento digital de sinais.

Este capítulo apresenta uma introdução à análise e síntese de circuitos CMOS (*Complementary Metal Oxide Semiconductor*, ou semicondutor-metal-óxido complementar) digitais. O objetivo é prover um entendimento detalhado de portas lógicas, no nível de transistores, para preparar o leitor para cursos sobre projeto digital. O roteiro do capítulo é delineado a seguir.

Considerações Gerais
- Característica Estática
- Característica Dinâmica

Inversor CMOS
- Característica de Transferência de Tensão
- Comportamento Dinâmico
- Dissipação de Potência

Outras Portas CMOS
- Porta NOR
- Porta NAND

16.1 CONSIDERAÇÕES GERAIS

Nas últimas cinco décadas, circuitos digitais evoluíram de forma dramática, passando de algumas poucas portas por *chip*, na década de 1960, às atuais centenas de milhões de transistores por *chip*. As primeiras gerações incorporavam apenas resistores e diodos e eram denominadas "lógica resistor-diodo" (*Resistor Diode Logic* – RDL). Em seguida, vieram as realizações baseadas em transistores, como a "lógica transistor-transistor" (*Transistor Transistor Logic* – TTL) e a "lógica acoplada pelo emissor" (*Emitter Coupled Logic* – ECL). Contudo, o crescimento explosivo de sistemas digitais foi propiciado pelo surgimento da tecnologia CMOS e pelas propriedades únicas de circuitos CMOS digitais. Neste capítulo, estudaremos e examinaremos estas propriedades.

Recordemos, dos fundamentos de projetos lógicos, que sistemas digitais empregam blocos fundamentais, como portas, *latches* e *flip-flops*. Por exemplo, portas podem formar um circuito "combinatório" que opera como um decodificador binário-Gray. De modo similar, portas e *flip-flops* podem compor um circuito "sequencial" que funciona um como contador ou uma "máquina de estado finito". Neste capítulo, estudaremos o projeto interno de alguns destes blocos fundamentais e analisaremos suas limitações. Em particular, responderemos a três perguntas importantes:

(1) O que limita a velocidade de uma porta digital?
(2) Que quantidade de potência uma porta consome ao trabalhar em certa velocidade?
(3) Que quantidade de "ruído" uma porta pode tolerar ao produzir uma saída válida?

Estas perguntas têm um papel crítico no projeto de sistemas digitais. A primeira revela como, nos últimos dez anos, a velocidade de microprocessadores passou de algumas centenas de mega-hertz a vários giga-hertz. A segunda ajuda a predizer a potência que um microprocessador consumirá da bateria de um *notebook*. A terceira ilustra a confiabilidade de uma porta que opere na presença de não idealidades no sistema.

Circuitos CMOS Digitais **603**

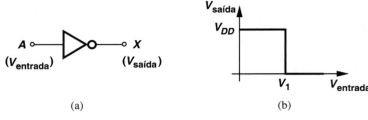

Figura 16.1 (a) Inversor, (b) característica ideal.

16.1.1 Caracterização Estática de Portas

Ao contrário dos estágios amplificadores estudados neste livro, portas lógicas sempre operam com *grandes* sinais. Em circuitos CMOS digitais, um UM lógico é representado por uma tensão igual à de alimentação, V_{DD}; e um ZERO lógico, por zero volt. Assim, as entradas e saídas das portas variam entre zero e V_{DD}, à medida que diferentes estados são processados.

Como podemos caracterizar o comportamento de grandes sinais de um circuito? Recordemos, do Capítulo 3, que podemos determinar a característica entrada/saída de um circuito fazendo a entrada variar ao longo de todo o intervalo permitido (por exemplo, de 0 a V_{DD}) e calculando a saída correspondente.

Também chamado de "característica de transferência de tensão" (CTT),[1]* o resultado ilustra o funcionamento da porta em grande detalhe e revela desvios em relação ao caso ideal.

Como exemplo, consideremos uma porta NOT cuja operação lógica é expressa como $X = \overline{A}$. No caso ideal, essa porta, chamada de "inversor" e denotada pelo símbolo mostrado na Figura 16.1(a), deve se comportar como indicado na Figura 16.1(b). Para $V_{entrada} = 0$, a saída permanece no valor lógico UM: $V_{saída} = V_{DD}$. Para $V_{entrada} = V_{DD}$, a saída permanece no valor lógico zero: $V_{saída} = 0$. À medida que $V_{entrada}$ varia de 0 a V_{DD}, em um dado valor V_1 da entrada, o estado de $V_{saída}$ é alterado de forma abrupta.

Exemplo 16.1

Expliquemos por que um estágio fonte comum pode operar como um inversor.

Solução

No estágio FC mostrado na Figura 16.2(a), se $V_{entrada} = 0$, M_1 está desligado, a queda de tensão em R_D é nula e, portanto, $V_{saída} = V_{DD}$. Se, no entanto, $V_{entrada} = V_{DD}$, M_1 puxa uma corrente relativamente grande de R_D e, assim, $V_{saída} = V_{DD} - I_D R_D$ pode ser próximo de zero. Portanto, como ilustrado pelo gráfico na Figura 16.2(b), a característica entrada/saída se parece com a de um inversor.

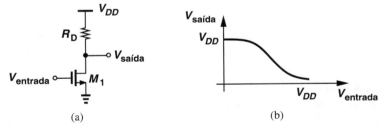

Figura 16.2 (a) Estágio FC, (b) característica entrada/saída.

Exercício O que acontece se R_D for substituído por uma fonte de corrente PMOS?

Exemplo 16.2

Um estágio fonte comum opera como um inversor. Determinemos a CTT para essa configuração.

---

[1] O termo "de transferência" não deve originar confusão com a *função de transferência*.
* O uso da sigla VTC – derivada do correspondente termo em inglês, *Voltage Transfer Characteristic* – também é muito comum. (N.T.)

Solução Consideremos o estágio FC mostrado na Figura 16.3(a). Variemos $V_{entrada}$ de 0 a V_{DD} e desenhemos o gráfico da saída correspondente. Para $V_{entrada} \leq V_{TH}$, M_1 permanece desligado e $V_{saída} = V_{DD}$ (UM lógico). Quando $V_{entrada}$ se torna maior que V_{TH}, M_1 liga e $V_{saída}$ começa a diminuir:

$$V_{saída} = V_{DD} - I_D R_D \tag{16.1}$$

$$= V_{DD} - \frac{1}{2}\mu_n C_{ox} \frac{W}{L} R_D (V_{entrada} - V_{TH})^2, \tag{16.2}$$

em que a modulação do comprimento do canal foi desprezada. Quando a entrada aumenta ainda mais, $V_{saída}$ decresce e, para $V_{saída} \leq V_{entrada} - V_{TH}$, leva M_1 à região de triodo; logo:

$$V_{DD} - \frac{1}{2}\mu_n C_{ox} \frac{W}{L} R_D (V_{entrada1} - V_{TH})^2 \leq V_{entrada1} - V_{TH}. \tag{16.3}$$

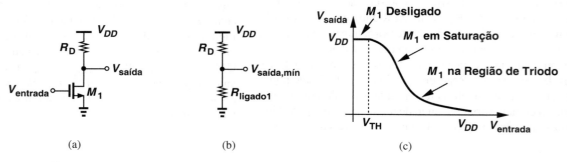

Figura 16.3 (a) Estágio FC, (b) circuito equivalente para M_1 na região de triodo forte, (c) característica entrada/saída.

O valor de $V_{entrada}$ que leva M_1 à fronteira da região de triodo pode ser calculado desta equação. Depois que $V_{entrada}$ se torna maior que este valor, $V_{saída}$ continua a diminuir e alcança o nível mais baixo quando $V_{entrada} = V_{DD}$:

$$V_{saída,mín} = V_{DD} - R_D I_{D,máx} \tag{16.4}$$

$$= V_{DD} - \frac{1}{2}\mu_n C_{ox} \frac{W}{L} R_D [2(V_{DD} - V_{TH})V_{saída,mín} - V^2_{saída,mín}]. \tag{16.5}$$

A Equação (16.5) pode ser resolvida para $V_{saída,mín}$. Se desprezarmos o segundo termo entre colchetes, temos

$$V_{saída,mín} \approx -\frac{V_{DD}}{1 + \mu_n C_{ox} \frac{W}{L} R_D (V_{DD} - V_{TH})}. \tag{16.6}$$

Este resultado é equivalente a ver M_1 como um resistor de valor $R_{ligado1} = [\mu_n C_{ox}(W/L)R_D(V_{DD} - V_{TH})]^{-1}$ e, portanto, $V_{saída,mín}$ como resultado de uma divisão de tensão entre R_D e $R_{ligado1}$ [Figura 16.3(b)]. A Figura 16.3(c) mostra o gráfico da CTT e indica as regiões de operação. Neste papel, o estágio FC também é chamado de "inversor NMOS".

Exercício Repita o exemplo anterior para o caso em que R_D é substituído por uma fonte de corrente PMOS.

A característica da Figura 16.1(b) pode ser realizada na prática? Observemos que $V_{saída}$ sofre uma alteração igual a V_{DD} em consequência de uma variação infinitesimal de $V_{entrada}$ em torno de V_1, ou seja, neste ponto, o ganho de tensão do circuito é *infinito*. Na verdade, como ilustrado no Exemplo 16.2, o ganho permanece finito, produzindo uma transição gradual do valor alto para o baixo (Figura 16.4). Podemos chamar o intervalo $V_0 < V_{entrada} < V_2$ de "região de transição".

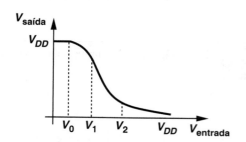

Figura 16.4 Característica com ganho finito.

Exemplo 16.3

Um inversor deve apresentar uma região de transição com largura de apenas 50 mV. Se a tensão de alimentação for 1,8 V, estimemos o ganho do circuito nesta região.

Solução Como uma variação de 50 mV na entrada resulta em uma variação de cerca de 1,8 V na saída, o ganho de tensão é igual a 1,8/0,05 = 36.

Exercício O que acontece à região de transição se a largura do transistor NMOS for aumentada?

É possível que o leitor pergunte por que a transição gradual na Figura 16.4 pode se revelar problemática. Afinal, se a entrada alterna entre 0 e V_{DD}, a saída ainda produz níveis lógicos válidos. Contudo, na prática, a entrada pode *não* ser exatamente 0 ou V_{DD}. Por exemplo, um zero lógico pode aparecer como +100 mV em vez de 0 V. Tal "degradação" dos níveis lógicos advém de uma variedade de fenômenos em grandes circuitos integrados; um exemplo simples pode ilustrar esse efeito.

Exemplo 16.4

A tensão de alimentação, V_{DD}, é distribuída no *chip* de um microprocessador através de largas fitas de metal com 15 mm de comprimento [Figura 16.5(a)]. Esta fita, chamada de "barramento de potência", conduz uma corrente de 5 A e apresenta uma resistência de 25 mΩ. Se o inversor Inv_1 produzir um UM lógico determinado pelo valor local de V_{DD}, determinemos a degradação deste nível, como colhido pelo inversor Inv_2.

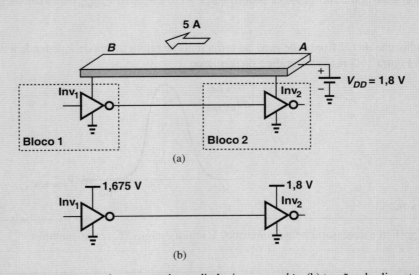

Figura 16.5 (a) Dois inversores separados por uma longa distância em um *chip*, (b) tensões de alimentação equivalentes.

Solução O barramento de potência está sujeito a uma queda de tensão de 5 A × 25 mΩ = 125 mV, do ponto A ao ponto B; portanto, na saída de Inv_1, o nível permitido para o UM lógico é de apenas 1,8 V − 0,125 V = 1,675 V [Figura 16.5(b)]. Em consequência, Inv_2 colhe um nível alto que sofreu uma degradação de 125 mV em relação à sua própria tensão de alimentação (1,8 V).

Exercício Repita o exemplo anterior para o caso em que a largura do barramento de potência é dividida por dois.

Você sabia?

As primeiras gerações da tecnologia MOS ofereciam apenas dispositivos NMOS e PMOS. A fabricação de transistores NMOS e PMOS no mesmo *chip* enfrentou dificuldades técnicas e econômicas que foram resolvidas apenas alguns anos mais tarde. Com a disponibilidade de somente um tipo de dispositivo, portas lógicas eram, na verdade, similares ao estágio fonte comum estudado aqui, exceto pela substituição do resistor por outro transistor. O primeiro microprocessador da Intel, o 4004, foi implementado com a tecnologia PMOS em 1971 e continha 2300 transistores. O problema com portas PMOS e NMOS era o fato de consumirem potência mesmo no estado inativo (*idle*) ("potência estática"). A invenção da lógica CMOS revolucionou a indústria de semicondutores.

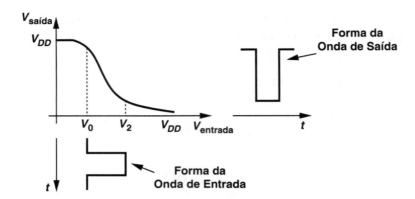

Figura 16.6 Degradação dos níveis de saída em um inversor.

Quanta degradação pode ser tolerada nos níveis de entrada aplicados a uma porta? Consideremos a situação ilustrada na Figura 16.6, na qual os níveis baixo e alto da entrada, V_0 e V_2, respectivamente, diferem muito dos correspondentes valores ideais. Mapeando estes níveis na saída, observamos que $V_{saída}$ também apresenta níveis lógicos degradados. Em uma cadeia de portas, degradações sucessivas podem tornar o sistema muito "frágil" e, até mesmo, corromper os estados totalmente.

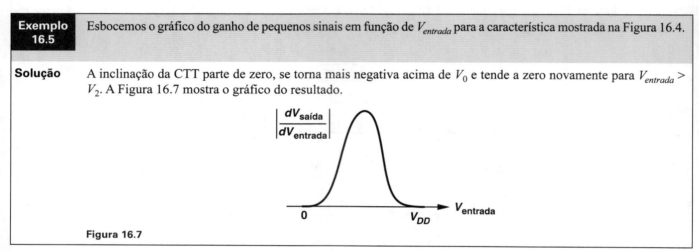

Exemplo 16.5	Esbocemos o gráfico do ganho de pequenos sinais em função de $V_{entrada}$ para a característica mostrada na Figura 16.4.
Solução	A inclinação da CTT parte de zero, se torna mais negativa acima de V_0 e tende a zero novamente para $V_{entrada} > V_2$. A Figura 16.7 mostra o gráfico do resultado.

Figura 16.7

Exercício Este gráfico é necessariamente simétrico? Use um estágio FC como exemplo.

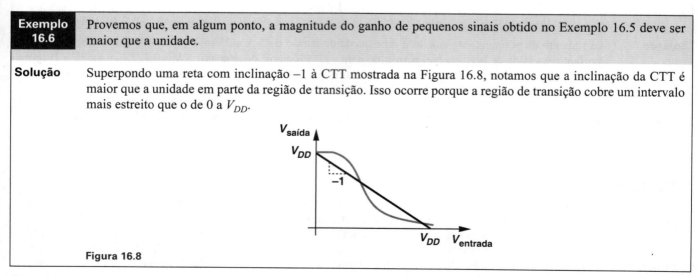

Exemplo 16.6	Provemos que, em algum ponto, a magnitude do ganho de pequenos sinais obtido no Exemplo 16.5 deve ser maior que a unidade.
Solução	Superpondo uma reta com inclinação –1 à CTT mostrada na Figura 16.8, notamos que a inclinação da CTT é maior que a unidade em parte da região de transição. Isso ocorre porque a região de transição cobre um intervalo mais estreito que o de 0 a V_{DD}.

Figura 16.8

Exercício Um inversor tem ganho de cerca de 2 na região de transição. Qual é a largura da região de transição?

Circuitos CMOS Digitais 607

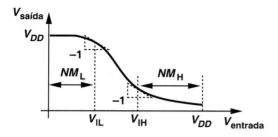

Figura 16.9 Ilustração de margens de ruído.

Margem de Ruído Para quantificar a robustez de uma porta em relação à degradação dos níveis lógicos de entrada, introduzimos o conceito de "margem de ruído" (MR).* Uma definição grosseira de MR é: máxima degradação (ruído) na entrada que pode ser tolerada antes que a saída seja afetada "de forma significativa". O que queremos dizer com "de forma significativa"? Postulemos que a saída não seja relativamente afetada se o *ganho* do circuito permanecer abaixo da unidade; dessa forma, chegamos à seguinte definição:

A margem de ruído é o máximo desvio dos níveis lógicos ideais que deixa a porta com ganho de tensão de pequenos sinais unitário.

O procedimento para o cálculo da MR é simples: montamos a CTT e determinamos o nível de entrada em que o ganho de tensão de pequenos sinais se torna unitário. A diferença entre este nível e o nível lógico ideal fornece a MR. Associamos uma margem de ruído ao nível baixo da entrada, MR_L, e outra ao nível alto da entrada, MR_H. A Figura 16.9 resume estes conceitos. As duas tensões de entrada são denotadas por V_{IL} e V_{IH}, respectivamente.

Exemplo 16.7 Um estágio fonte comum opera como inversor NMOS. Calculemos as margens de ruído.

Solução Podemos adotar uma de duas abordagens. Primeira, como o ganho de pequenos sinais do estágio é igual a $-g_m R_D$ e como $g_m = \mu_n C_{ox}(W/L)(V_{GS} - V_{TH})$, temos

$$\mu_n C_{ox} \frac{W}{L}(V_{IL} - V_{TH})R_D = 1, \tag{16.7}$$

e, portanto,

$$V_{IL} = \frac{1}{\mu_n C_{ox} \dfrac{W}{L} R_D} + V_{TH}. \tag{16.8}$$

Na segunda abordagem, diferenciemos os dois lados da Equação (16.2) em relação a $V_{entrada}$:

$$\frac{\partial V_{saída}}{\partial V_{entrada}} = -\mu_n C_{ox}\frac{W}{L}R_D(V_{IL} - V_{TH}) \tag{16.9}$$

$$= -1 \tag{16.10}$$

e, portanto,

$$NM_L = V_{IL} = \frac{1}{\mu_n C_{ox} \dfrac{W}{L} R_D} + V_{TH}. \tag{16.11}$$

Ou seja, para que o circuito alcance o ponto de ganho unitário, a entrada deve exceder V_{TH} por $(\mu_n C_{ox} R_D W/L)^{-1}$.

À medida que $V_{entrada}$ leva M_1 à região de triodo, a transcondutância de M_1 e, portanto, o ganho de tensão do circuito começam a cair. Como, no Capítulo 6, não desenvolvemos um modelo de pequenos sinais para MOSFET que opere na região de triodo, prossigamos com a segunda abordagem:

$$V_{saída} = V_{DD} - R_D I_D \tag{16.12}$$

$$= V_{DD} - \frac{1}{2}\mu_n C_{ox}\frac{W}{L}R_D[2(V_{entrada} - V_{TH})V_{saída} - V_{saída}^2]. \tag{16.13}$$

---

* O uso da sigla NM – derivada do correspondente termo em inglês, *Noise Margin* – também é muito comum. (N.T.)

Para determinar a MR_H, devemos igualar a inclinação desta característica a -1:

$$\frac{\partial V_{saída}}{\partial V_{entrada}} = -\frac{1}{2}\mu_n C_{ox}\frac{W}{L}R_D\left[2V_{saída} + 2(V_{entrada} - V_{TH})\frac{\partial V_{saída}}{\partial V_{entrada}} - 2V_{saída}\frac{\partial V_{saída}}{\partial V_{entrada}}\right]. \quad (16.14)$$

Com $\partial V_{saída}/\partial V_{entrada} = -1$, a Equação (16.14) fornece

$$V_{saída} = \frac{1}{2\mu_n C_{ox}\dfrac{W}{L}R_D} + \frac{V_{entrada} - V_{TH}}{2}. \quad (16.15)$$

Se este valor de $V_{saída}$ for substituído na Equação (16.13), o correspondente valor de $V_{entrada}$ (V_{IH} na Figura 16.9) pode ser determinado. Com isso, $MR_H = V_{DD} - V_{IH}$.

Exercício Calcule as margens de ruído para os níveis baixo e alto quando $R_D = 1$ kΩ, $\mu_n C_{ox} = 100\ \mu$A/V^2, $W/L = 10$, $V_{TH} = 0{,}5$ e $V_{DD} = 1{,}8$ V.

Exemplo 16.8 Como sugerido pela Equação (16.6), o nível de saída de um inversor NMOS sempre é degradado. Determinemos uma relação que garanta que essa degradação permaneça abaixo de $0{,}05V_{DD}$.

Solução Igualando a Equação (16.6) a $0{,}05V_{DD}$, obtemos

$$\mu_n C_{ox}\frac{W}{L}R_D(V_{DD} - V_{TH}) = 19 \quad (16.16)$$

Logo,

$$R_D = \frac{19}{\mu_n C_{ox}\dfrac{W}{L}(V_{DD} - V_{TH})}. \quad (16.17)$$

Notemos que o lado direito é igual a 19 vezes a resistência em condução de M_1. Portanto, R_D deve permanecer acima de $19\,R_{ligado1}$.

Exercício Repita o exemplo anterior para uma degradação de $0{,}1V_{DD}$.

16.1.2 Caracterização Dinâmica de Portas

A característica entrada/saída de uma porta é útil na determinação da degradação dos níveis de entrada que o circuito tolera. Outro aspecto importante do desempenho de uma porta é sua velocidade. Como podemos quantificar a velocidade de uma porta lógica? Como a porta opera com grandes sinais na entrada e na saída e, portanto, está sujeita à grande não linearidade, os conceitos de função de transferência e de largura da banda deixam de ter significado. Portanto, devemos definir velocidade segundo o papel das portas em sistemas digitais. Um exemplo esclarece este ponto.

O Exemplo 16.9 revela uma limitação fundamental: na presença de uma capacitância de carga, uma porta lógica não é capaz de responder *imediatamente* a uma entrada. O circuito da Figura 16.10(a) leva cerca de três constantes de tempo para produzir um nível confiável na saída e, por conseguinte, está sujeito a um "retardo".[*] Ou seja, a saída de portas é limitada pelo tempo de transição finito na saída e pelo resultante retardo.

Por terem papéis críticos em circuitos digitais de alta velocidade, o tempo de transição e o retardo devem ser definidos com muito cuidado. Como ilustrado na Figura 16.11(a), definimos o "tempo de subida" da saída, T_R, como o tempo necessário para que a saída passe de 10 % de V_{DD} a 90 % de V_{DD}.[2] De modo

---

[*] Os termos "atraso" e "latência" são igualmente empregados. (N.T.)

[2] Esta definição se aplica apenas se os níveis baixo e alto forem iguais a 0 e V_{DD}, respectivamente.

Exemplo 16.9 A entrada de um inversor NMOS passa de V_{DD} a 0 em $t = 0$ [Figura 16.10(a)]. Se o circuito vir uma capacitância de carga C_L, de quanto tempo a saída precisará para alcançar 95 % do nível alto ideal? Assumamos que, quando M_1 está ligado, $V_{saída}$ possa ser aproximado pela Equação (16.6).

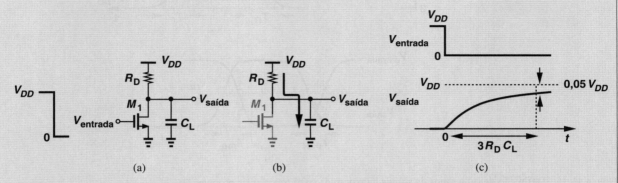

Figura 16.10 (a) Inversor NMOS sujeito a um degrau de entrada, (b) rota de carga para C_L, (c) formas de onda de entrada e de saída.

Solução Em $t = 0^-$, M_1 está ligado e estabelece uma condição inicial em C_L igual a

$$V_{saída}(0^-) = \frac{V_{DD}}{1 + \mu_n C_{ox} \dfrac{W}{L} R_D (V_{DD} - V_{TH})}. \tag{16.18}$$

Em $t = 0^+$, o circuito se reduz ao mostrado na Figura 16.10(b), em que C_L é carregado em direção a V_{DD} por R_D. Portanto, temos

$$V_{saída}(t) = V_{saída}(0^-) + [V_{DD} - V_{saída}(0^-)]\left(1 - \exp\frac{-t}{R_D C_L}\right) \quad t > 0 \tag{16.19}$$

(Esta equação foi escrita de modo que, se escolhermos $t = 0$, o primeiro termo denote o valor inicial e, se escolhermos $t = \infty$, a soma dos primeiro e segundo termos forneça o valor final.) O tempo requerido para que a saída atinja 95 % de V_{DD}, $T_{95\%}$, é obtido de

$$0{,}95 V_{DD} = V_{saída}(0^-) + [V_{DD} - V_{saída}(0^-)]\left(1 - \exp\frac{-T_{95\%}}{R_D C_L}\right). \tag{16.20}$$

Portanto,

$$T_{95\%} = -R_D C_L \ln \frac{0{,}05 V_{DD}}{V_{DD} - V_{saída}(0^-)}. \tag{16.21}$$

Se pudermos assumir que $V_{DD} - V_{saída}(0^-) \approx V_{DD}$, então

$$T_{95\%} \approx 3 R_D C_L. \tag{16.22}$$

Em outras palavras, a saída gasta cerca de três constantes de tempo para alcançar uma tensão próxima do nível alto ideal [Figura 16.10(c)]. Ao contrário de portas lógicas ideais usadas no projeto lógico básico, este inversor apresenta um tempo de transição finito na saída.

Exercício Quantas constantes de tempo são necessárias para que a saída alcance 90 % do valor ideal?

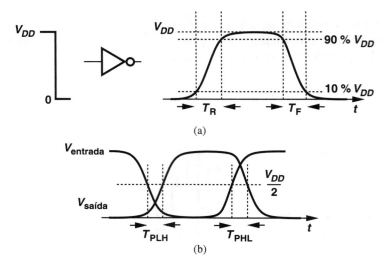

Figura 16.11 Definição de (a) tempos de subida e de descida e (b) retardos de propagação.

similar, o "tempo de descida", T_F, é definido como o tempo necessário para que a saída passe de 90 % de V_{DD} a 10 % de V_{DD}. Em geral, T_R e T_F podem não ser iguais.

Como a *entrada* de uma porta é produzida por outra porta e, portanto, está sujeita a um tempo de transição finito, o retardo da porta deve ser caracterizado com uma forma de onda de entrada realista, em vez do degrau abrupto da Figura 16.11(a). Portanto, aplicamos um degrau com um tempo de subida típico à entrada e definimos o retardo de propagação como a diferença entre os instantes de tempo em que a entrada e a saída cruzam o nível $V_{DD}/2$ [Figura 16.11(b)]. Como os tempos de subida e de descida da saída podem não ser iguais, para caracterizar a velocidade, necessitamos de um retardo de baixo para alto, T_{PLH}, e de um retardo de alto para baixo, T_{PHL}. Na tecnologia CMOS de hoje, podem ser obtidos retardos de portas da ordem de 10 ps.

O leitor pode questionar a natureza da capacitância de carga do Exemplo 16.9. Se a porta alimentar apenas outro estágio no *chip*, essa capacitância advém de duas fontes: a capacitância de entrada da(s) porta(s) subsequente(s) e a capacitância associada às "interconexões" (fios no *chip*) que conduzem o sinal de um circuito a outro.

Exemplo 16.10 Um inversor NMOS alimenta um estágio idêntico, como indicado na Figura 16.12. Dizemos que a primeira porta vê um "leque" de saída (*fanout*) unitário. Assumindo uma degradação de 5 % no nível baixo de saída (Exemplo 16.8), determinemos a constante de tempo no nó X quando V_X passa de baixo a alto. Assumamos $C_X \approx WLC_{ox}$.

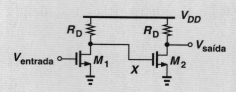

Figura 16.12 Cascata de inversores.

Solução Recordemos, do Exemplo 16.9, que essa constante de tempo é igual a $R_D C_X$. Assumindo $R_D = 19 R_{ligado1}$, escrevemos

$$\tau = R_D C_X \tag{16.23}$$

$$= \frac{19}{\mu_n C_{ox} \dfrac{W}{L}(V_{DD} - V_{TH})} \cdot WLC_{ox} \tag{16.24}$$

$$= \frac{19 L^2}{\mu_n (V_{DD} - V_{TH})}. \tag{16.25}$$

Exercício Suponha que a largura de M_2 seja dobrada, enquanto a de M_1 permanece inalterada. Calcule a constante de tempo.

> **Exemplo 16.11** No Exemplo 16.4, o fio que conecta a saída de Inv_1 à entrada de Inv_2 tem capacitância de 50×10^{-18} F (50 aF)[3] por micrômetro de comprimento. Qual é a capacitância de interconexão alimentada por Inv_1?
>
> **Solução** Para 15.000 micrômetros, temos
>
> $$C_{int} = 15.000 \times 50 \times 10^{-18}\,\text{F} \qquad (16.26)$$
>
> $$= 750\,\text{fF}. \qquad (16.27)$$
>
> Para avaliar a significância deste valor, calculemos a capacitância de porta de um pequeno MOSFET, por exemplo, com $W = 0{,}5\,\mu\text{m}$, $L = 0{,}18\,\mu\text{m}$ e $C_{ox} = 13{,}5\,\text{fF}/\mu\text{m}^2$:
>
> $$C_{GS} \approx WLC_{ox} \qquad (16.28)$$
>
> $$\approx 1{,}215\,\text{fF}. \qquad (16.29)$$
>
> Em outras palavras, Inv_1 vê uma capacitância de carga equivalente a um leque de saída de 750 fF/1,215 fF $\approx$ 617, como se alimentasse 640 portas.
>
> **Exercício** Qual é o leque de saída equivalente se a largura do fio for dividida por dois?

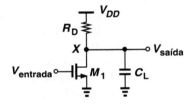

Figura 16.13 Inversor MOS alimentando uma capacitância de carga.

16.1.3 Potência *versus* Velocidade

Circuitos integrados que contêm milhões de portas podem consumir uma potência muito elevada (dezenas de watts). A dissipação de potência é crítica, por várias razões. Primeira, determina a vida útil da bateria em aplicativos portáteis, como *notebooks* e telefones celulares. Segunda, tende a aumentar a temperatura do *chip*, o que degrada o desempenho do transistor.[4] Terceira, requer encapsulamentos especiais (e caros) que possam conduzir o calor para fora do *chip*.

Como uma porta consome potência? Consideremos o inversor MOS da Figura 16.13 como exemplo. Se $V_{entrada} = 0$, M_1 está desligado. Se, no entanto, $V_{entrada} = V_{DD}$, M_1 puxa uma corrente igual a

$$I_D = \frac{V_{DD} - V_{saída,mín}}{R_D}, \qquad (16.30)$$

que, da Equação (16.6), se traduz em

$$I_D = \frac{\mu_n C_{ox} \dfrac{W}{L}(V_{DD} - V_{TH})V_{DD}}{1 + \mu_n C_{ox} \dfrac{W}{L} R_D (V_{DD} - V_{TH})}. \qquad (16.31)$$

Ou

$$I_D = \frac{V_{DD}}{R_D + R_{ligado1}}. \qquad (16.32)$$

Portanto, quando a saída está baixa, a porta consome uma potência igual $I_D \cdot V_{DD}$. (Se $R_D \gg R_{ligado1}$, $I_D V_{DD} \approx V_{DD}^2/R_D$.) Agora, recordemos do Exemplo 16.9 que o tempo de subida da saída da porta é determinado pela constante de tempo $R_D C_L$. Por conseguinte, observamos uma relação direta de permuta entre dissipação de potência e velocidade: um alto valor de R_D reduz a dissipação de potência, mas resulta em retardo mais longo. Na verdade, podemos definir uma figura de mérito como o *produto da dissipação de potência pela constante de tempo*:

$$(I_D V_{DD}) \cdot (R_D C_X) = \frac{V_{DD}^2}{R_D + R_{ligado1}} \cdot (R_D C_X). \qquad (16.33)$$

Como ressaltado no Exemplo 16.8, em geral, $R_D \gg R_{ligado1}$; portanto,

$$(I_D V_{DD}) \cdot (R_D C_X) \approx V_{DD}^2 C_X. \qquad (16.34)$$

Em projetos digitais, a figura de mérito é definida como o produto da dissipação de potência, P, pelo *retardo* da porta e não pela constante de tempo da saída. A justificativa para isto é que

---

[3] O prefixo correspondente a 10^{-18} é "ato".
[4] Por exemplo, a mobilidade de um dispositivo MOS diminui à medida que a temperatura aumenta.

Exemplo 16.12

Consideremos a cascata de inversores NMOS idênticos estudada no Exemplo 16.10. Assumindo que T_{PLH} seja aproximadamente igual a três constantes de tempo, determinemos o produto potência-retardo para a transição baixo-alto no nó X.

Solução   Expressando a dissipação de potência como $I_D V_{DD} \approx V_{DD}^2/R_D$, temos

$$PDP = (I_D V_{DD})(3R_D C_X) \tag{16.36}$$

$$= 3V_{DD}^2 C_X \tag{16.37}$$

$$= 3V_{DD}^2 WLC_{ox}. \tag{16.38}$$

Por exemplo, se $V_{DD} = 1,8$ V, $W = 0,5$ μm, $L = 0,18$ μm e $C_{ox} = 13$ fF/μm^2, então $PPR = 1,14 \times 10^{-14}$ J $= 11,4$ fJ.

Exercício   Qual é a potência consumida se o circuito operar em uma frequência de 1 GHz?

---

a operação não linear de portas, muitas vezes, proíbe o uso de uma única constante de tempo para expressar o comportamento de transição da saída. Assim, a figura de mérito é chamada de "produto potência-retardo" (PPR).* Como T_{PHL} e T_{PLH} podem não ser iguais, definimos o PPR em relação à média dos dois:

$$PDP = P \cdot \frac{T_{PHL} + T_{PLH}}{2}. \tag{16.35}$$

Notemos que o PPR tem dimensão de energia, ou seja, indica quanta energia é consumida por uma operação lógica.

16.2 INVERSOR CMOS

O inversor CMOS – talvez a mais elegante e importante invenção de circuito na tecnologia CMOS – representa a base de modernos sistemas VLSI** digitais. Nesta seção, estudaremos as propriedades estáticas e dinâmicas deste circuito.

16.2.1 Conceitos Básicos

Vimos, na Seção 16.11, que a função NOT (inversor) pode ser realizada com um estágio fonte comum, Figura 16.3(a). Como formulado nos Exemplos 16.8 e 16.9, esse circuito está sujeito às seguintes questões: (1) a resistência de carga, R_D, deve ser escolhida muito maior que a resistência em condução do transistor; (2) o valor de R_D origina uma relação de permuta entre velocidade e dissipação de potência; (3) o inversor consome uma potência aproximadamente igual a V_D^2/R_D, desde que a saída permaneça baixa. Este último efeito, chamado de "dissipação de potência estática", é de particular importância em grandes circuitos digitais, pois o inversor consome energia mesmo que não esteja comutando. Por exemplo, em um *chip* VLSI que contenha um milhão de portas, metade das saídas pode estar no nível baixo, em um dado instante de tempo; isto exigiria uma dissipação de potência de $5 \times 10^5 \times V_{DD}^2/R_D$. Se $V_{DD} = 1,8$ V e $R_D = 10$ kΩ, isso significaria um consumo de 162 W de potência *estática*!

As mencionadas deficiências do inversor NMOS advêm, basicamente, da natureza "passiva" do resistor de carga, que chamaremos de dispositivo "de elevação" (ou dispositivo de *pull-up*). Como R_D apresenta uma resistência *constante* entre V_{DD} e o nó de saída, (1) M_1 deve "combater" R_D e, ao mesmo tempo, estabelecer um nível baixo na saída; portanto, $R_{ligado1}$ deve permanecer muito menor que R_D [Figura 16.14(b)]; (2) após o desligamento de M_1, apenas R_D pode elevar o nó de saída em direção a V_{DD} [Figura16.14(b)]; (3) quando a saída está no nível baixo, o circuito puxa uma corrente aproximadamente igual a V_{DD}/R_D da alimentação [Figura 16.14(c)]. Portanto, busquemos uma realização mais eficiente que empregue um dispositivo de elevação "inteligente".

Como o dispositivo de elevação ideal deve se comportar em um inversor? Quando M_1 desliga, o dispositivo de elevação deve conectar o nó de saída a V_{DD}, de preferência com uma baixa resistência [Figura 16.15(a)]. Quando M_2 liga, o dispositivo de elevação deve desligar, de modo que não flua corrente de V_{DD} para a terra (e $V_{saída}$ seja exatamente igual a zero). Esta última propriedade também reduz o tempo de descida na saída, como ilustrado pelo próximo exemplo.

Em resumo, desejamos que o dispositivo de elevação na Figura 16.15 ligue quando M_1 desligar e vice-versa. É possível empregar um transistor para este fim e ligá-lo e desligá-lo com a *tensão de entrada* [Figura 16.17(a)]? Notemos que o transistor deva ligar quando $V_{saída}$ estiver *baixo* e postulemos que um dispositivo PMOS se faça necessário [Figura 16.17(b)]. Esta topologia, chamada de "inversor CMOS", se beneficia da "cooperação" entre os dispositivos NMOS e PMOS: quando M_1 deseja puxar $V_{saída}$ para baixo, M_2 *desliga* e vice-versa.

---

* É muito comum, também, o uso da sigla PDP, derivada do correspondente termo em inglês, *Power-Delay Product*. (N.T.)
** VLSI é o acrônimo correspondente ao termo em inglês *Very-Large-Scale Integration*, ou integração em escala muito grande. (N.T.)

Circuitos CMOS Digitais   613

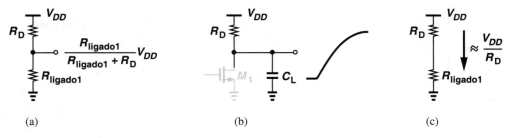

Figura 16.14   (a) Degradação do nível de saída em um inversor NMOS, (b) limitação de tempo de subida devido a R_D, (c) consumo de potência estática durante o nível de saída baixo.

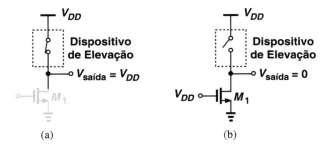

Figura 16.15   Uso de um dispositivo de elevação para nível de saída (a) alto e (b) baixo.

Exemplo 16.13	Consideremos as duas implementações de inversor ilustradas na Figura 16.16. Suponhamos que $V_{entrada}$ passe de 0 a V_{DD} em $t = 0$ e que o dispositivo de elevação na Figura 16.16(b) desligue neste mesmo instante de tempo. Comparemos os tempos de descida de saída dos dois circuitos, admitindo que, nos dois casos, M_1 e C_L sejam idênticos.

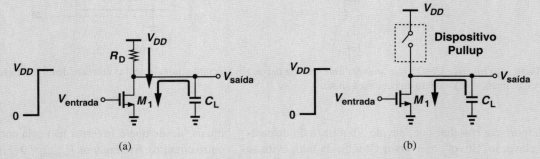

Figura 16.16   Comparação entre (a) inversor NMOS e (b) inversor que usa um dispositivo de elevação ativo.

Solução   Na Figura 16.16(a), M_1 pode absorver *duas* correntes: uma conduzida por R_D e outra necessária para descarregar C_L. Na Figura 16.16(b), I_{D1} apenas descarrega C_L, pois o dispositivo de elevação está desligado. Em consequência, $V_{saída}$ cai mais rapidamente na topologia da Figura 16.16(b).

Exercício   Para cada circuito, determine a energia consumida por M_1 à medida que $V_{saída}$ passa de V_{DD} para zero.

Você sabia?

O inversor CMOS foi proposto em 1963 por Sah e Wanlass, da empresa Fairchild. Em contraste com anteriores famílias de portas lógicas, o inversor CMOS consumia potência quase zero no estado inativo (*idle*), abrindo caminho para circuitos digitais integrados digitais de baixa potência. É interessante notar que uma das primeiras aplicações de lógica CMOS foi em relógios digitais, na década de 1970. Em 1976, a RCA introduziu o microprocessador 1802, evidentemente, a primeira realização CMOS. Devido ao baixo consumo de potência (e tolerância à radiação cósmica), esse processador foi usado na sonda Galileo, para exploração de Júpiter.

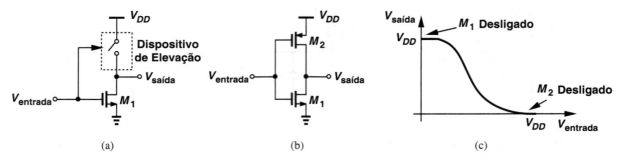

Figura 16.17 (a) Dispositivo de elevação controlado pela entrada, (b) inversor CMOS.

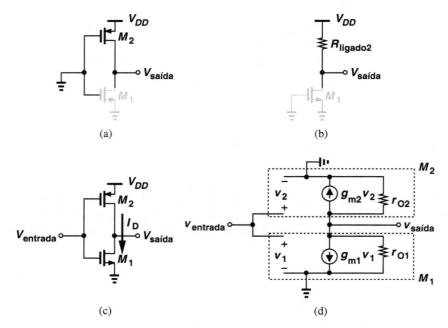

Figura 16.18 (a) Inversor CMOS que amostra uma entrada baixa. (b) Circuito equivalente, (c) corrente de alimentação quando os dois transistores estão ligados, (d) modelo de pequenos sinais.

É importante ressaltar que, devido à natureza do dispositivo de elevação "ativo", o inversor CMOS, de fato, evita as deficiências da implementação NMOS: (1) o nível baixo de saída é *exatamente* igual a zero, pois $V_{entrada} = V_{DD}$ assegura que M_2 permaneça desligado; (2) o circuito consome potência estática *nula*, tanto no nível alto como no nível baixo de saída. A Figura 16.17(c) mostra um esboço da característica entrada/saída, enfatizando que $V_{saída} = 0$ para $V_{entrada} = V_{DD}$. Ao longo deste capítulo, denotaremos as razões de aspecto dos transistores NMOS e PMOS em um inversor por $(W/L)_1$ e $(W/L)_2$, respectivamente.

16.2.2 Característica de Transferência de Tensão

Iniciemos nosso estudo detalhado do inversor CMOS com sua característica estática. Devemos variar $V_{entrada}$ de zero a V_{DD} e fazer o gráfico da correspondente tensão de saída. Notemos que, em todas as condições, os dois transistores conduzem correntes iguais (desde que o inversor não seja carregado por nenhum outro circuito). Assumamos $V_{entrada} = 0$ [Figura 16.18(a)]. Com isso, M_1 está desligado e M_2, ligado. Como pode M_2 permanecer ligado enquanto $|I_{D2}| = I_{D1} = 0$? Isto é possível apenas se M_1 sustentar uma tensão dreno-fonte nula. Ou seja,

$$|I_{D2}| = \frac{1}{2}\mu_p C_{ox}\left(\frac{W}{L}\right)_2 \left[2(V_{DD} - |V_{TH2}|)|V_{DS2}| - V_{DS}^2\right] = 0$$

(16.39)

o que requer

$$V_{DS2} = 0 \tag{16.40}$$

Portanto,

$$V_{saída} = V_{DD}. \tag{16.41}$$

De outra perspectiva, M_2 funciona como um resistor de valor

$$R_{ligado2} = \frac{1}{\mu_p C_{ox} \left(\frac{W}{L}\right)_2 (V_{DD} - |V_{TH2}|)}, \quad (16.42)$$

e eleva o nó de saída a V_{DD} [Figura 16.18(b)].

À medida que $V_{entrada}$ aumenta, a sobrecarga porta-fonte de M_2 diminui e sua resistência em condução aumenta. No entanto, para $V_{entrada} < V_{TH1}$, M_1 permanece desligado e $V_{saída} = V_{DD}$. Quando $V_{entrada}$ se torna ligeiramente maior que V_{TH1}, M_1 liga e puxa uma corrente de V_{DD} através da resistência em condução de M_2 [Figura 16.18(c)]. Como $V_{entrada}$ todavia é próximo de V_{DD}, M_1 opera em saturação e M_2 ainda reside na região de triodo. Igualando as correntes de dreno dos dois transistores, obtemos

$$\frac{1}{2}\mu_n C_{ox}\left(\frac{W}{L}\right)_1 (V_{entrada} - V_{TH1})^2 =$$

$$\frac{1}{2}\mu_p C_{ox}\left(\frac{W}{L}\right)_2 [2(V_{DD} - V_{entrada} - |V_{TH2}|)$$

$$(V_{DD} - V_{saída}) - (V_{DD} - V_{saída})^2], \quad (16.43)$$

em que a modulação do comprimento do canal foi desprezada. Essa equação quadrática pode ser resolvida em termos de $V_{DD} - V_{saída}$, para expressar o comportamento de $V_{saída}$ em função de $V_{entrada}$. Contudo, de um ponto de vista qualitativo, observemos que, à medida que $V_{entrada}$ aumenta, $V_{saída}$ continua a diminuir, pois I_{D1} e a resistência de canal de M_2 aumentam.

Se $V_{saída}$ diminuir suficientemente, M_2 entra na região de saturação. Ou seja, se $V_{saída} = V_{entrada} + |V_{TH2}|$, M_2 está prestes a sair da região de triodo. O que podemos dizer de M_1? Como a tensão de dreno de M_1 (= $V_{saída}$) é maior que sua tensão de porta ($V_{entrada}$), esse dispositivo ainda opera em saturação. Para obter a CTT do inversor nesta região, igualemos as correntes de dreno novamente e desprezemos a modulação do comprimento do canal:

$$\frac{1}{2}\mu_n C_{ox}\left(\frac{W}{L}\right)_1 (V_{entrada} - V_{TH1})^2 =$$

$$\frac{1}{2}\mu_p C_{ox}\left(\frac{W}{L}\right)_2 (V_{DD} - V_{entrada} - |V_{TH2}|)^2. \quad (16.44)$$

O que aconteceu com $V_{saída}$?! A Equação (16.44) não faz sentido, pois não contém $V_{saída}$ e implica um único valor para $V_{entrada}$. Esse dilema surge porque permitimos que duas fontes de corrente *ideais* competissem no nó de saída. A inclusão da modulação do comprimento do canal resolve o problema:

$$\frac{1}{2}\mu_n C_{ox}\left(\frac{W}{L}\right)_1 (V_{entrada} - V_{TH1})^2 (1 + \lambda_1 V_{saída}) =$$

$$\frac{1}{2}\mu_p C_{ox}\left(\frac{W}{L}\right)_2 (V_{DD} - V_{entrada} - |V_{TH2}|)^2$$

$$[1 + \lambda_2 (V_{DD} - V_{saída})]. \quad (16.45)$$

E obtemos

$$V_{saída} = \frac{\mu_p \left(\frac{W}{L}\right)_2 (V_{DD} - V_{entrada} - |V_{TH2}|)^2 - \mu_n \left(\frac{W}{L}\right)_1 (V_{entrada} - V_{TH1})^2}{\lambda_2 \mu_p \left(\frac{W}{L}\right)_2 (V_{DD} - V_{entrada} - |V_{TH2}|)^2 + \lambda_1 \mu_n \left(\frac{W}{L}\right)_1 (V_{entrada} - V_{TH1})^2}. \quad (16.46)$$

Para um maior entendimento e para provar que $V_{saída}$ sofre uma variação abrupta, calculemos o ganho de pequenos sinais do inversor nesta região. Cada transistor opera em saturação e pode ser modelado como uma fonte de corrente controlada por tensão e de impedância de saída finita [Figura 16.18(d)]. Como $v_2 = v_1 = v_{entrada}$, uma LCK no nó de saída fornece

$$\frac{v_{saída}}{v_{entrada}} = -(g_{m1} + g_{m2})(r_{O1} \| r_{O2}), \quad (16.47)$$

indicando que o ganho de tensão é da ordem do ganho intrínseco de um MOSFET. Assim, para uma pequena variação em $V_{entrada}$, esperamos uma grande variação em $V_{saída}$.

A Figura 16.19(a) resume nossas conclusões até aqui. A saída permanece em V_{DD} enquanto $V_{entrada} < V_{TH1}$, começa a diminuir quando $V_{entrada}$ se torna maior que V_{TH1} e sofre uma queda abrupta quando M_2 entra em saturação. O nível de entrada em que $V_{saída} = V_{entrada}$ é chamado de "ponto de chaveamento" (também chamado "limiar de chaveamento") do inversor [Figura 16.19(b)]. Neste ponto, os dois transistores estão em saturação (por quê?). O ponto de chaveamento é denotado por V_M. Além disso, os valores máximo e mínimo da saída de uma porta são denotados por V_{OH} e V_{OL}, respectivamente.

À medida que a entrada ultrapassa o ponto de chaveamento, em algum momento, $V_{entrada} - V_{saída}$ se torna maior que V_{TH1}, o que leva M_1 à região de triodo. Portanto, a transcondutância de M_1 diminui, assim como o ganho de pequenos sinais do circuito [Figura 16.18(c)]. Agora, temos

$$\frac{1}{2}\mu_n C_{ox}\left(\frac{W}{L}\right)_1 [2(V_{entrada} - V_{TH1})V_{saída} - V_{saída}^2] =$$

$$\frac{1}{2}\mu_p C_{ox}\left(\frac{W}{L}\right)_2 (V_{DD} - V_{entrada} - |V_{TH2}|)^2, \quad (16.48)$$

em que a modulação do comprimento do canal foi desprezada. Desta equação quadrática, $V_{saída}$ pode ser expresso em termos de $V_{entrada}$; esperamos uma inclinação mais gradual, pois M_1 opera na região de triodo.

Por fim, quando $V_{entrada}$ alcança $V_{DD} - |V_{TH2}|$, M_2 desliga, permitindo $V_{saída} = 0$. Nesta região, M_1 funciona como um resistor que conduz uma corrente nula. A Figura 16.19(d) mostra o gráfico da CTT global, identificando as diferentes regiões de operação por números.

Figura 16.19 (a) Comportamento do inversor CMOS para $V_{entrada} \leq V_{entradaT}$, (b) inversor CMOS no ponto de chaveamento, (c) M_1 na fronteira da região de saturação, (d) característica global.

Exemplo 16.14 Determinemos a relação entre $(W/L)_1$ e $(W/L)_2$ que estabelece o ponto de chaveamento do inversor CMOS em $V_{DD}/2$ e, dessa forma, provê uma CTT "simétrica".

Solução Substituindo $V_{entrada}$ e $V_{saída}$ por $V_{DD}/2$ na Equação (16.45), obtemos

$$\mu_n C_{ox} \left(\frac{W}{L}\right)_1 \left(\frac{V_{DD}}{2} - V_{TH1}\right)^2 \left(1 + \lambda_1 \frac{V_{DD}}{2}\right)$$

$$= \mu_p C_{ox} \left(\frac{W}{L}\right)_2 \left(\frac{V_{DD}}{2} - |V_{TH2}|\right)^2 \left(1 + \lambda_2 \frac{V_{DD}}{2}\right), \quad (16.49)$$

ou

$$\frac{\left(\dfrac{W}{L}\right)_1}{\left(\dfrac{W}{L}\right)_2} = \frac{\mu_p \left(\dfrac{V_{DD}}{2} - |V_{TH2}|\right)^2 \left(1 + \lambda_2 \dfrac{V_{DD}}{2}\right)}{\mu_n \left(\dfrac{V_{DD}}{2} - V_{TH1}\right)^2 \left(1 + \lambda_1 \dfrac{V_{DD}}{2}\right)}. \quad (16.50)$$

Na prática, a diferença entre $|V_{TH2}|$ e V_{TH1} pode ser desprezada diante de $V_{DD}/2 - |V_{TH1,2}|$. De modo similar, $1 + \lambda_1 V_{DD}/2 \approx 1 + \lambda_2 V_{DD}/2$. Além disso, em projetos digitais, L_1 e L_2 são, em geral, escolhidos iguais ao valor mínimo permitido. Assim,

$$\frac{W_1}{W_2} \approx \frac{\mu_p}{\mu_n}. \quad (16.51)$$

Como a mobilidade PMOS é algo entre um terço e a metade da mobilidade NMOS, M_2 é, em geral, duas ou três vezes mais largo que M_1.

Exercício Qual é o ganho de pequenos sinais do inversor nesta condição?

Circuitos CMOS Digitais

Exemplo 16.15 Expliquemos, de forma qualitativa, o que acontece à CTT do inversor CMOS quando a largura do transistor PMOS é aumentada (ou seja, o dispositivo PMOS é feito "mais forte").

Solução Consideremos, primeiro, a região de transição próxima ao ponto de chaveamento, em que M_1 e M_2 operam em saturação. Quando o dispositivo PMOS é feito mais forte, o circuito requer *maior* tensão de entrada para estabelecer $I_{D1} = |I_{D2}|$. Isso fica evidente da Equação (16.45): para $V_{saída} = V_{DD}/2$, quando $(W/L)_2$ aumenta, $V_{entrada}$ também deve aumentar, de modo que $(V_{DD} - V_{entrada} - |V_{TH2}|)^2$, no lado direito da equação, diminua e $(V_{entrada} - V_{TH1})^2$, no lado esquerdo, aumente. Em consequência, a característica é deslocada para a direita (por quê?). (O que acontece ao ganho de pequenos sinais próximos ao ponto de chaveamento?)

Exercício O que acontece à CTT do inversor CMOS se o dispositivo PMOS estiver sujeito à degeneração resistiva?

Margens de Ruído Recordemos, do Exemplo 16.6, que um inversor digital sempre apresenta, em alguma região da característica entrada/saída, ganho de tensão de pequenos sinais maior que a unidade. Como o ganho de um inversor CMOS cai a zero na proximidade de $V_{entrada} = 0$ e de $V_{entrada} = V_{DD}$ (por quê?), esperamos um ganho unitário (negativo) em dois pontos entre 0 e V_{DD}.

Para determinar a margem de ruído para níveis lógicos baixos, foquemos a região 2 na Figura 16.19(d). Com M_2 na região de triodo, o ganho de tensão é relativamente baixo e tende a assumir magnitude unitária em algum ponto. Como podemos expressar o ganho do circuito? Como no Exemplo 16.7, diferenciemos os dois lados da Equação (16.43) em relação a $V_{entrada}$:

$$2\mu_n \left(\frac{W}{L}\right)_1 (V_{entrada} - V_{TH1}) = \mu_p \left(\frac{W}{L}\right)_2$$

$$\left[-2(V_{DD} - V_{saída}) - 2(V_{DD} - V_{entrada} - |V_{TH2}|) \frac{\partial V_{saída}}{\partial V_{entrada}} + \right.$$

$$\left. 2(V_{DD} - V_{saída}) \frac{\partial V_{saída}}{\partial V_{entrada}} \right]. \quad (16.52)$$

O nível de entrada, V_{IL}, em que o ganho chega a -1 pode ser determinado assumindo $\partial V_{saída}/\partial V_{entrada} = -1$:

$$\mu_n \left(\frac{W}{L}\right)_1 (V_{IL} - V_{TH1}) =$$

$$\mu_p \left(\frac{W}{L}\right)_2 (2V_{OH} - V_{IL} - |V_{TH2}| - V_{DD}), \quad (16.53)$$

em que V_{OH} denota o correspondente nível de saída. Obtendo V_{OH} da Equação (16.53), substituindo na Equação (16.43) e efetuando alguns cálculos longos, chegamos a

$$V_{IL} = \frac{2\sqrt{a}\,(V_{DD} - V_{TH1} - |V_{TH2}|)}{(a-1)\sqrt{a+3}} -$$

$$\frac{V_{DD} - aV_{TH1} - |V_{TH2}|}{a-1}, \quad (16.54)$$

em que

$$a = \frac{\mu_n \left(\dfrac{W}{L}\right)_1}{\mu_p \left(\dfrac{W}{L}\right)_2}. \quad (16.55)$$

Exemplo 16.16 Recordemos, do Exemplo 16.14, que uma CTT simétrica resulta quando $a = 1$, $V_{TH1} = |V_{TH2}|$ e $\lambda_1 = \lambda_2$. Calculemos V_{IL} neste caso.

Solução A escolha de $a = 1$ na Equação (16.54) fornece $V_{IL} = \infty - \infty$. Podemos usar a regra de L'Hopital, primeiro, escrevendo a Equação (16.54) como

$$V_{IL} = \frac{2\sqrt{a}\,(V_{DD} - 2V_{TH1}) - \sqrt{a+3}\,[V_{DD} - (a+1)V_{TH1}]}{(a-1)\sqrt{a+3}}, \quad (16.56)$$

em que assumimos $V_{TH1} = |V_{TH2}|$. Diferenciando o numerador e o denominador em relação a a e substituindo a por 1, obtemos

$$V_{IL} = \frac{3}{8}V_{DD} + \frac{1}{4}V_{TH1}. \quad (16.57)$$

Por exemplo, se $V_{DD} = 1,8$ V e $V_{TH1} = 0,5$ V, $V_{IL} = 0,8$ V.

Exercício Explique por que V_{IL} é sempre maior que V_{TH1}.

Agora, voltemos nossa atenção à MR_H e diferenciemos os dois lados da Equação (16.48) em relação a $V_{entrada}$:

$$\mu_n \left(\frac{W}{L}\right)_1 \left[2V_{saída} + 2(V_{entrada} - V_{TH1})\frac{\partial V_{saída}}{\partial V_{entrada}} - 2V_{saída}\frac{\partial V_{saída}}{\partial V_{entrada}}\right] = 2\mu_p \left(\frac{W}{L}\right)_2 (V_{entrada} - V_{DD} - |V_{TH2}|). \quad (16.58)$$

De novo, assumimos $\partial V_{saída}/\partial V_{entrada} = -1$, $V_{entrada} = V_{IH}$ e $V_{saída} = V_{OL}$ e obtemos

$$V_{IH} = \frac{2a(V_{DD} - V_{TH1} - |V_{TH2}|)}{(a-1)\sqrt{1+3a}} - \frac{V_{DD} - aV_{TH1} - |V_{TH2}|}{a-1}. \quad (16.59)$$

O leitor pode provar que, para $a = 1$, $V_{TH1} = |V_{TH2}|$ e $\lambda_1 = \lambda_2$,

$$NM_H = NM_L = \frac{3}{8}V_{DD} + \frac{1}{4}V_{TH1}. \quad (16.60)$$

16.2.3 Característica Dinâmica

Como explicado na Seção 16.1.2, o comportamento dinâmico de portas está relacionado à taxa em que suas saídas passam de um nível lógico a outro. Agora, analisemos a resposta de um inversor CMOS a um degrau de entrada, quando o circuito alimenta uma capacitância de carga finita. Nosso estudo do inversor NMOS na Seção 16.1.2 e os contrastes observados na Seção 16.2.1 são úteis nesta tarefa.

Análise Qualitativa Primeiro, analisemos, de forma qualitativa, como um inversor CMOS carrega e descarrega uma capacitância de carga. Suponhamos, como ilustrado na Figura 16.20(a), que $V_{entrada}$ passe de V_{DD} a 0 em $t = 0$, e que $V_{saída}$ comece de 0. O transistor M_1 desliga e o transistor M_2 liga em saturação, carregando C_L em direção a V_{DD}. Com a corrente relativamente constante provida por M_2, $V_{saída}$ aumenta de forma linear, até que M_2 entre na região de triodo e, portanto, forneça uma corrente menor. A tensão de saída continua a aumentar, quase como se M_2 funcionasse como um resistor, e tende a V_{DD}, forçando que a corrente de M_2 passe a zero. A Figura 16.20(b) mostra o gráfico do comportamento da saída.

Exemplo 16.17 Comparemos as margens de ruído expressas pela Equação (16.60) com as de um inversor *ideal*.

Solução Um inversor ideal é caracterizado pelo comportamento ilustrado na Figura 16.1(b), em que, no ponto de chaveamento, o ganho de pequenos sinais passa abruptamente de zero a infinito. Com uma CTT simétrica,

$$NM_{H,ideal} = NM_{L,ideal} = \frac{V_{DD}}{2}. \quad (16.61)$$

Este valor é maior que o da Equação (16.60), pois V_{TH1} e $|V_{TH2}|$ são, em geral, menores que $V_{DD}/2$ (e o ganho na região de transição, menor que infinito).

Exercício Determine a redução nas margens de ruído de um inversor ideal se o ganho na região de transição for igual a 5. Assuma uma CTT simétrica.

Exemplo 16.18 Expliquemos o que acontece se, em um inversor CMOS, V_{TH1} e $|V_{TH2}|$ forem maiores que $V_{DD}/2$.

Solução Consideremos a operação do circuito para $V_{entrada} = V_{DD}/2$. Neste caso, *os dois* transistores estão desligados, permitindo que o nó de saída "flutue". Por isso e por razões de velocidade (explicadas na próxima seção), a tensão de limiar é, em geral, escolhida menor que $V_{DD}/4$.

Exercício O que acontece se $V_{TH1} = V_{DD}/4$ mas $|V_{TH2}| = 3V_{DD}/4$?

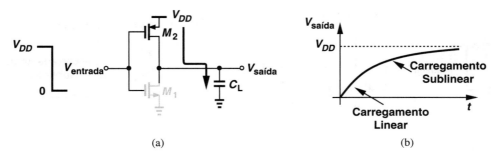

Figura 16.20 (a) Inversor CMOS carregando uma capacitância de carga, (b) forma de onda de saída.

Exemplo 16.19

Esbocemos o gráfico da corrente de dreno de M_2 em função do tempo.

Solução

A corrente começa em um valor alto (saturado) e passa a diminuir quando $V_{saída}$ se torna maior que $|V_{TH2}|$ (por quê?). A partir daí, a corrente continua a diminuir à medida que $V_{saída}$ se aproxima de V_{DD} e, portanto, V_{DS2} se anula. A Figura 16.21 mostra o gráfico resultante.

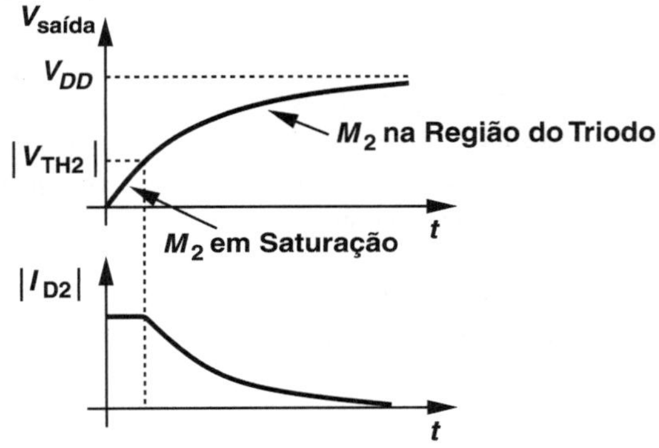

Figura 16.21

Exercício Esboce o gráfico da corrente de alimentação em função do tempo.

Exemplo 16.20

Esbocemos o gráfico da forma de onda da Figura 16.20(b) para diferentes valores de $(W/L)_2$.

Solução

À medida que $(W/L)_2$ aumenta, o mesmo ocorre com a capacidade de condução de corrente de M_2 (tanto em saturação como na região de triodo). Portanto, o circuito apresenta uma transição de subida mais rápida, como ilustrado na Figura 16.22. Para grandes valores de W_2, a capacitância contribuída pelo próprio M_2 no nó de saída se torna comparável a C_L e a melhora da velocidade diminui.

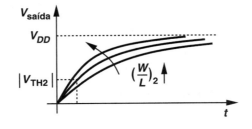

Figura 16.22

Exercício Esboce o gráfico da corrente de dreno de M_2 para diferentes valores de $(W/L)_2$.

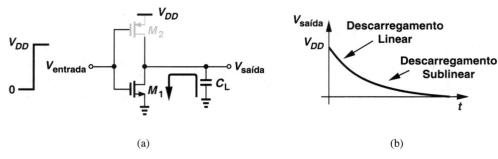

Figura 16.23 (a) Inversor CMOS descarregando uma capacitância de carga, (b) forma de onda de saída.

O que podemos dizer sobre o comportamento da saída no descarregamento? Como mostrado na Figura 16.23(a), se a entrada passar de 0 a V_{DD} em $t = 0$, M_2 desliga, M_1 liga e tem início o descarregamento de C_L, de V_{DD} em direção a 0. O transistor M_1 opera em saturação até que $V_{saída}$ fique V_{TH1} volts abaixo da tensão de porta (= V_{DD}); neste ponto, I_{D1} começa a diminuir, assim como o descarregamento. A Figura 16.23(b) mostra o gráfico da variação de $V_{saída}$, que tende a zero.

Análise Quantitativa Com o entendimento adquirido, podemos, agora, quantificar as transições de subida e de descida na saída do inversor CMOS e, desta forma, obter os retardos de propagação. Aqui, desprezaremos a modulação do comprimento do canal.

Recordemos, da Figura 16.20, que, depois de a entrada cair a zero, M_2 começa a carregar C_L com uma corrente constante dada por

$$|I_{D2}| = \frac{1}{2}\mu_p C_{ox}\left(\frac{W}{L}\right)_2 (V_{DD} - |V_{TH2}|)^2, \quad (16.62)$$

Resultando em

$$V_{saída}(t) = \frac{|I_{D2}|}{C_L}t \quad (16.63)$$

$$= \frac{1}{2}\mu_p \frac{C_{ox}}{C_L}\left(\frac{W}{L}\right)_2 (V_{DD} - |V_{TH2}|)^2 t. \quad (16.64)$$

O transistor M_2 entra na região de triodo quando $V_{saída} = |V_{TH2}|$, em um tempo dado por

$$T_{PLH1} = \frac{2|V_{TH2}|C_L}{\mu_p C_{ox}\left(\frac{W}{L}\right)_2 (V_{DD} - |V_{TH2}|)^2}. \quad (16.65)$$

A partir deste ponto, M_2 opera na região de triodo e produz

$$|I_{D2}| = C_L \frac{dV_{saída}}{dt}, \quad (16.66)$$

logo,

> **Você sabia?**
> O primeiro microprocessador da Intel, o 4004, operava com máxima frequência de relógio de 750 kHz; os processadores da atualidade chegam a quase 4 GHz. Esse aumento de 5.300 vezes na velocidade é devido, principalmente, à redução do comprimento do canal de dispositivos de 10 μm para cerca de 30 nm ($\approx$ 330 vezes). Os retardos de porta de hoje são da ordem de 8 ps. Contudo, 8 ps não implica velocidades muito maiores que 4 GHz? O ponto-chave aqui é que este valor é observado em uma cascata de inversores idênticos. Quando consideramos leques de saída maiores e, o que é mais importante, o efeito de fios longos no *chip*, os retardos se tornam consideravelmente maiores.

$$\frac{1}{2}\mu_p C_{ox}\left(\frac{W}{L}\right)_2 \left[2(V_{DD} - |V_{TH2}|)\right.$$
$$\left.(V_{DD} - V_{saída}) - (V_{DD} - V_{saída})^2\right] = C_L \frac{dV_{saída}}{dt}. \quad (16.67)$$

Rearranjando termos, obtemos

$$\frac{dV_{saída}}{2(V_{DD} - |V_{TH2}|)(V_{DD} - V_{saída}) - (V_{DD} - V_{saída})^2} =$$
$$\frac{1}{2}\mu_p \frac{C_{ox}}{C_L}\left(\frac{W}{L}\right)_2 dt. \quad (16.68)$$

Definindo $V_{DD} - V_{saída} = u$ e observando que

$$\int \frac{du}{au - u^2} = \frac{1}{a}\ln\frac{u}{a-u}, \quad (16.69)$$

temos

$$\frac{-1}{2(V_{DD} - |V_{TH2}|)}\ln\frac{V_{DD} - V_{saída}}{V_{DD} - 2|V_{TH2}| + V_{saída}}\bigg|_{V_{saída} = |V_{TH2}|}^{V_{saída} = V_{DD}/2}$$
$$= \frac{1}{2}\mu_p \frac{C_{ox}}{C_L}\left(\frac{W}{L}\right)_2 T_{PLH2}, \quad (16.70)$$

em que, por simplicidade, a origem do tempo foi escolhida para coincidir com $t = T_{PLH1}$, e T_{PLH2} denota o tempo necessário para que $V_{saída}$ passe de $|V_{TH2}|$ a $V_{DD}/2$. Temos, então,

$$T_{PLH2} = \frac{C_L}{\mu_p C_{ox} \left(\frac{W}{L}\right)_2 [V_{DD} - |V_{TH2}|]} \ln\left(3 - 4\frac{|V_{TH2}|}{V_{DD}}\right). \quad (16.71)$$

É interessante observar que o denominador da Equação (16.71) representa o inverso da resistência em condução de M_2 quando o mesmo opera na região de triodo forte. Assim,

$$T_{PLH2} = R_{ligado2} C_L \ln\left(3 - 4\frac{|V_{TH2}|}{V_{DD}}\right). \quad (16.72)$$

Se $4|V_{TH2}| \approx V_{DD}$, este resultado se reduz a $T_{PLH2} = R_{ligado2} C_L \ln 2$, como se C_L fosse carregado através de uma resistência *constante* igual a $R_{ligado2}$. O retardo de propagação total é, portanto, dado por

$$T_{PLH} = T_{PLH1} + T_{PLH2} \quad (16.73)$$

$$= R_{ligado2} C_L \left[\frac{2|V_{TH2}|}{V_{DD} - |V_{TH2}|} + \ln\left(3 - 4\frac{|V_{TH2}|}{V_{DD}}\right)\right]. \quad (16.74)$$

Uma observação importante é que T_{PLH} diminui à medida que V_{DD} aumenta (por quê?). Além disso, para $|V_{TH2}| \approx V_{DD}/4$, os dois termos entre colchetes são quase iguais.

Exemplo 16.21 Um estudante decide evitar a dedução de T_{PLH2} anterior usando uma corrente média para M_2. Ou seja, I_{D2} é aproximada como um valor constante igual à média entre seu valor inicial, $(1/2)\mu_p C_{ox}(W/L)_2(V_{DD} - |V_{TH2}|)^2$, e seu valor final, 0. Determinemos o valor resultante de T_{PLH2} e o comparemos com o expresso pela Equação (16.72).

Solução A corrente média é igual a $(1/4)\mu_p C_{ox}(W/L)_2(V_{DD} - |V_{TH2}|)^2$, levando a

$$T_{PLH2} = \frac{C_L}{\mu_p C_{ox} \left(\frac{W}{L}\right)_2 (V_{DD} - |V_{TH2}|)} \cdot \frac{V_{DD}/2 - (V_{DD} - |V_{TH2}|)}{V_{DD} - |V_{TH2}|}. \quad (16.75)$$

Assumindo que $|V_{TH2}|$ seja aproximadamente igual a $V_{DD}/4$ e, portanto, que $V_{DD}/(V_{DD} - |V_{TH2}|) \approx 4/3$, temos

$$T_{PLH2} \approx \frac{4}{3} R_{ligado2} C_L, \quad (16.76)$$

Este valor é cerca de 50 % maior que o obtido anteriormente.

Exercício O que acontece se $-|V_{TH2}| \approx V_{DD}/3$?

O cálculo de T_{PHL} segue esse mesmo procedimento. Especificamente, depois que a entrada passa de 0 a V_{DD} [Figura 16.23(a)], M_2 desliga e M_1 puxa uma corrente $(1/2)\mu_n C_{ox}(W/L)_1(V_{DD} - V_{TH1})^2$. O tempo necessário para que M_1 entre na região de triodo é, então, dado por

$$T_{PHL1} = \frac{2V_{TH1} C_L}{\left(\mu_n C_{ox} \frac{W}{L}\right)_1 (V_{DD} - V_{TH1})^2}. \quad (16.77)$$

A partir desse instante no tempo,

$$\frac{1}{2}\mu_n C_{ox}\left(\frac{W}{L}\right)_1 [2(V_{DD} - V_{TH1})V_{saída} - V_{saída}^2] =$$

$$-C_L \frac{dV_{saída}}{dt}, \quad (16.78)$$

em que o sinal negativo no lado direito representa o fluxo de corrente *para fora* do capacitor. Usando a Equação (16.69) para resolver esta equação diferencial e tendo em mente que $V_{saída}(t = 0) = V_{DD} - V_{TH1}$, obtemos

$$\frac{-1}{2(V_{DD} - |V_{TH1}|)} \ln \frac{V_{saída}}{2(V_{DD} - V_{TH2}) - V_{saída}} \bigg|_{V_{saída} = V_{DD} - V_{TH1}}^{V_{saída} = V_{DD}/2}$$

$$= \frac{1}{2}\mu_n \frac{C_{ox}}{C_L}\left(\frac{W}{L}\right)_1 T_{PLH2}. \quad (16.79)$$

Portanto,

$$T_{PHL2} = R_{ligado1} C_L \ln\left(3 - 4\frac{V_{TH1}}{V_{DD}}\right), \quad (16.80)$$

que, obviamente, tem a mesma forma da Equação (16.72). O retardo total é dado por

$$T_{PHL} = T_{PHL1} + T_{PHL2} \quad (16.81)$$

$$= R_{ligado1} C_L \left[\frac{2V_{TH1}}{V_{DD} - V_{TH1}} + \ln\left(3 - 4\frac{V_{TH1}}{V_{DD}}\right)\right]. \quad (16.82)$$

Exemplo 16.22 Comparemos os dois termos entre colchetes na Equação (16.82), à medida que V_{TH1} varia de zero a $V_{DD}/2$.

Solução Para $V_{TH1} = 0$, o primeiro termo é igual a 0 e o segundo, igual a $\ln 3 \approx 1{,}1$. À medida que V_{TH1} aumenta, os dois termos convergem e chegam a 0,684 quando $V_{TH1} = 0{,}255V_{DD}$. Por fim, para $V_{TH1} = V_{DD}/2$, o primeiro termo chega a 2 e o segundo cai a 0. A Figura 16.24 mostra os gráficos das variações de cada termo e da soma dos dois, sugerindo que baixos níveis de limiar melhorem a velocidade.

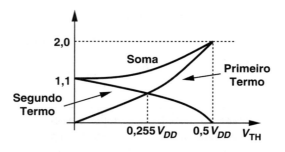

Figura 16.24

Exercício Repita o exemplo anterior para V_{TH1} variando entre 0 e $3V_{DD}/4$.

Exemplo 16.23 Devido a um erro de fabricação, um inversor foi construído como mostrado na Figura 16.25, na qual M'_1 aparece em série com M_1 e é idêntico a M_1. Expliquemos o que acontece ao tempo de descida da saída. Por simplicidade, quando estiverem ligados, vejamos M_1 e M'_1 como resistores.

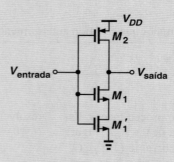

Figura 16.25

Solução Conectando as duas resistências em condução em série, temos

$$R_{ligado1} || R'_{ligado1} = \frac{1}{\mu_n C_{ox} \left(\frac{W}{L}\right)_1 (V_{DD} - V_{TH1})} + \frac{1}{\mu_n C_{ox} \left(\frac{W}{L}\right)'_1 (V_{DD} - V'_{TH1})} \quad (16.83)$$

$$= \frac{2}{\mu_n C_{ox} \left(\frac{W}{L}\right)_1 (V_{DD} - V_{TH1})} \quad (16.84)$$

$$= 2R_{ligado1}. \quad (16.85)$$

Portanto, o tempo de descida é dobrado.

Exercício O que acontece se M'_1 for duas vezes mais largo que M_1?

Circuitos CMOS Digitais 623

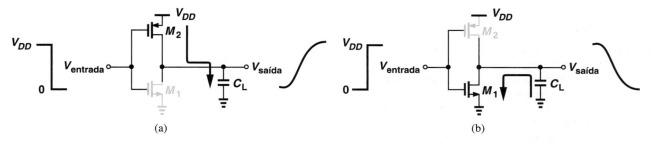

Figura 16.26 Consumo de potência em transistores durante (a) carregamento e (b) descarregamento da capacitância de carga.

16.2.4 Dissipação de Potência

Depois de determinar os retardos de propagação do inversor CMOS, voltemos nossa atenção à dissipação de potência do circuito. Em contraste com o inversor NMOS, esse tipo de lógica não consome potência estática. Portanto, precisamos estudar apenas o comportamento do circuito durante transições e determinar a dissipação de potência "dinâmica". Primeiro, assumamos transições abruptas na entrada.

Se a entrada passar de V_{DD} a 0, o dispositivo PMOS carregará a capacitância de carga em direção a V_{DD} [Figura 16.26(a)]. Quando $V_{saída}$ se aproximar de V_{DD}, a energia armazenada em C_L será igual a

$$E_1 = \frac{1}{2} C_L V_{DD}^2. \tag{16.86}$$

Esta energia é fornecida por M_2, a partir de V_{DD}. Se, no entanto, $V_{entrada}$ passar de 0 a V_{DD}, o transistor NMOS descarregará C_L em direção a 0 [Figura 16.26(b)]. Ou seja, a energia E_1 será removida de C_L e dissipada por M_1 no processo de descarregamento. Este ciclo se repete a cada par de transições de descida e de subida na entrada.

Em resumo, a cada par de transições de descida e de subida na entrada do inversor, C_L adquire e perde uma energia igual a $(1/2)C_L V_{DD}^2$. Para uma entrada periódica, concluímos que o circuito consome uma potência média igual a $(1/2)\, C_L V_{DD}^2 / T_{entrada}$, onde $T_{entrada}$ denota o período da entrada. Infelizmente, este resultado está incorreto. Além de fornecer energia a C_L, o transistor PMOS da Figura 16.26(a) também consome potência, pois conduz uma corrente finita enquanto sustenta uma tensão finita. Em outras palavras, a energia total consumida de V_{DD} na Figura 16.26(a) consiste na energia armazenada em C_L e na energia dissipada em M_2.

Como podemos calcular a energia consumida por M_2? Primeiro, observemos que (a) a potência instantânea dissipada em M_2 é dada por $|V_{DS2}||I_{D2}| = (V_{DD} - V_{saída})|I_{D2}|$, e (b) esse transistor carrega o capacitor de carga e, portanto, $|I_{D2}| = C_L dV_{saída}/dt$. Para calcular a energia perdida em M_2, devemos integrar a dissipação de potência instantânea em relação ao tempo:

$$E_2 = \int_{t=0}^{\infty} (V_{DD} - V_{saída})\left(C_L \frac{dV_{saída}}{dt}\right) dt, \tag{16.87}$$

que se reduz a

$$E_2 = C_L \int_{V_{saída}=0}^{V_{DD}} (V_{DD} - V_{saída})\, dV_{saída} \tag{16.88}$$

$$= \frac{1}{2} C_L V_{DD}^2. \tag{16.89}$$

Exemplo 16.24

No circuito da Figura 16.27, $V_{saída} = 0$ em $t = 0$. Calculemos a energia consumida da alimentação quando $V_{saída}$ chega a V_{DD}.

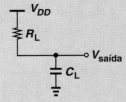

Figura 16.27

Solução Notamos que a dedução da Equação (16.91) é completamente geral e independe da característica I/V do dispositivo que carrega C_L. Em outras palavras, o circuito da Figura 16.27 armazena uma energia $(1/2)C_L V_{DD}^2$ no capacitor de carga e, enquanto carrega C_L, consome uma energia $(1/2)C_L V_{DD}^2$ em R_1. A energia total suprida por V_{DD} é, portanto, igual a $C_L V_{DD}^2$.

Exercício Calcule a energia consumida por R_L.

Você sabia?

O inversor CMOS e a família lógica dele derivada se tornaram populares por consumirem potência estática quase zero. Contudo, na última década, a palavra "quase" se revelou problemática: cada porta puxa uma corrente de fuga finita no estado inativo (*idle*), pois o transistor MOS com V_{GS} quase zero não está realmente desligado. Com dezenas ou centenas de milhões de portas, a corrente estática chegou a uma apreciável fração da corrente total puxada por microprocessadores da fonte de alimentação. Na verdade, no início dos anos 2000, foi predito que a corrente de fuga acabaria ultrapassando a corrente dinâmica na metade ou no final da década de 2000. Afortunadamente, inovações na tecnologia MOS no projeto de circuitos evitaram que isto ocorresse.

É interessante observar que a energia consumida por M_2 é igual à armazenada em C_L. Assim, a energia total consumida de V_{DD} é

$$E_{tot} = E_1 + E_2 \quad (16.90)$$

$$= C_L V_{DD}^2. \quad (16.91)$$

Portanto, para uma entrada periódica de frequência $f_{entrada}$, a potência média consumida de V_{DD} é igual a

$$P_{média} = f_{entrada} C_L V_{DD}^2. \quad (16.92)$$

A Equação (16.92) tem um papel central em projetos lógicos CMOS: expressa, de forma elegante, a dependência entre P_{med} e taxa de dados, capacitância total e tensão de alimentação. A dependência quadrática em relação a V_{DD} sugere uma *redução* da tensão de alimentação, enquanto as Equações (16.74) e (16.82), para os retardos de propagação, sugerem o *aumento* de V_{DD}.

Produto Potência-Retardo Como mencionado na Seção 16.1.3, o produto potência-retardo (PPR) representa a relação de permuta entre dissipação de potência e velocidade. Com a ajuda da Equação (16.35), Equação (16.74) e Equação (16.82), e assumindo que T_{PHL} e T_{PLH} são aproximadamente iguais, escrevemos

$$PDP = R_{ligado1} C_L^2 V_{DD}^2 \left[\frac{2V_{TH}}{V_{DD} - V_{TH}} + \ln\left(3 - 4\frac{V_{TH}}{V_{DD}}\right) \right]. \quad (16.93)$$

É interessante observar que o PPR é proporcional a C_L^2, ressaltando a importância de minimizar capacitâncias no circuito.

Corrente de Curto-Circuito No estudo da dissipação de potência dinâmica, assumimos transições abruptas na entrada.

Exemplo 16.25

Na ausência de interconexões compridas, na Figura 16.26, C_L advém apenas das capacitâncias dos transistores. Consideremos uma cascata de dois inversores idênticos, Figura 16.28, onde o dispositivo PMOS é três vezes mais largo que o transistor NMOS, de modo a permitir uma CTT simétrica. Por simplicidade, assumamos que a capacitância no nó X seja igual a $4WLC_{ox}$. Além disso, $V_{THN} = |V_{THP}| \approx V_{DD}/4$. Calculemos o PPR.

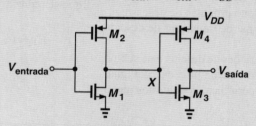

Figura 16.28

Solução Temos

$$R_{ligado} = \frac{1}{\mu_n C_{ox} \left(\dfrac{W}{L}\right)(V_{DD} - V_{TH})} \quad (16.94)$$

$$\approx \frac{4}{3} \frac{1}{\mu_n C_{ox} \left(\dfrac{W}{L}\right) V_{DD}}. \quad (16.95)$$

Do Exemplo 16.22, a soma dos dois termos entre colchetes nas Equação (16.74) e (16.82) é igual a 1,36. Assim, a Equação (16.93) se reduz a

$$PDP = \frac{7{,}25 W L^2 C_{ox} f_{entrada} V_{DD}^2}{\mu_n}. \quad (16.96)$$

Exercício Suponha que as larguras dos quatro transistores sejam dobradas. O retardo do primeiro inversor é alterado? E a dissipação de potência por transistor? Destas observações, explique por que o PPR é linearmente proporcional a W.

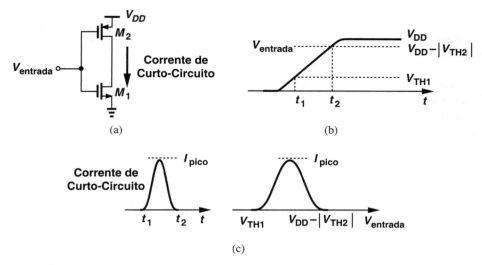

Figura 16.29 (a) Corrente de curto-circuito puxada pelo inversor CMOS, (b) intervalo de tempo em que a corrente de curto-circuito é puxada, (c) corrente de curto-circuito em função do tempo e de $V_{entrada}$.

Na prática, entretanto, a entrada tem um tempo de transição finito e, portanto, origina outra componente de dissipação.

Recordemos, da CTT da Figura 16.19(d), que *os dois transistores em um inversor estão ligados nas regiões 2, 3 e 4*. Ou seja, se a entrada estiver no intervalo [V_{TH1} $V_{DD} - |V_{TH2}|$], M_2 puxa uma corrente de V_{DD} e M_1 conduz esta corrente à terra – como se existisse uma rota direta de corrente de V_{DD} à terra [Figura 16.29(b)]. Esta corrente, chamada de "corrente de curto-circuito", surge cada vez que a entrada chaveia de um transistor ao outro com tempo de transição finito. Como ilustrado na Figura 16.29(a), o circuito puxa uma corrente de curto-circuito de t_1 a t_2.

Como, na Figura 16.29(b), a corrente de curto-circuito varia no intervalo entre t_1 e t_2? Quando $V_{entrada}$ está ligeiramente acima de V_{TH1}, M_1 acaba de ligar e conduz uma pequena corrente. À medida que $V_{entrada}$ se aproxima do ponto de chaveamento do inversor, os transistores entram em saturação e a corrente de curto-circuito atinge um máximo. Por fim, quando $V_{entrada}$ alcança $V_{DD} - |V_{TH2}|$, a corrente de curto-circuito retorna a zero. A Figura 16.29(c) mostra o gráfico da variação desta corrente em função de t e de $V_{entrada}$. Para calcular o valor de pico, assumimos $V_{entrada} = V_{saída} = V_{DD}/2$ nos dois lados da Equação (16.45):

$$I_{pico} = \frac{1}{2}\mu_n C_{ox} \left(\frac{W}{L}\right)_1 \left(\frac{V_{DD}}{2} - V_{TH1}\right)^2 \left(1 + \lambda_1 \frac{V_{DD}}{2}\right). \quad (16.97)$$

16.3 PORTAS NOR E NAND CMOS

O inversor CMOS funciona como uma base para a realização de outras portas lógicas. Nesta seção, estudaremos as portas NOR e NAND, que têm grande aplicação prática.

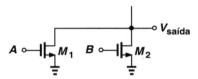

Figura 16.30 Seção NMOS de uma porta NOR.

16.3.1 Porta NOR

Recordemos, dos fundamentos de projetos lógicos, que a operação OR, $A + B$, produz uma saída alta quando pelo menos uma das entradas é alta. A porta NOR, $\overline{A + B}$, gera uma saída *baixa* quando pelo menos uma das portas é alta.

Como um inversor CMOS pode ser modificado para funcionar como uma porta NOR? Primeiro, precisamos dois conjuntos de dispositivos NMOS e PMOS controlados pelas duas entradas. Segundo, considerando, inicialmente, a seção NMOS, notemos que, se uma das portas NMOS for *alta*, a saída (tensão de dreno) deve permanecer baixa. Concluímos, então, que a seção NMOS pode ser realizada como indicado na Figura 16.30 e notemos que, se A ou B for alta, o transistor correspondente está ligado, forçando $V_{saída}$ a zero. Isso, obviamente, ocorre apenas se o restante do circuito (seção PMOS) "cooperar", como observado para o inversor na Seção 16.2.1.

O Exemplo 16.26 revela que a seção PMOS deva permanecer desligada se A ou B (ou ambas) for alta. Além do mais, se as duas entradas forem baixas, a seção PMOS deve estar *ligada*, para assegurar que $V_{saída}$ seja levado a V_{DD}. A Figura 16.32(a) mostra um circuito que satisfaz este princípio: bloqueia a rota de V_{DD} a $V_{saída}$ se uma das entradas for alta (por quê?), e eleva $V_{saída}$ a V_{DD} se as *duas* entradas forem baixas. O funcionamento do circuito não é alterado se A e B trocarem de posição.

> **Exemplo 16.26**
>
> Entusiasmado com a realização simples na Figura 16.30, um estudante decide que a seção PMOS deva incorporar uma topologia similar e obtém o circuito representado na Figura 16.31(a). Expliquemos por que esta configuração *não* funciona como uma porta NOR.
>
> **Solução** Recordemos, da Seção 16.2.1, que cooperação entre seções NMOS e PMOS significa que, quando uma está ligada, a outra permanece desligada. Infelizmente, o circuito da Figura 16.31(a) não satisfaz este princípio. Especificamente, se A for alta e B for baixa, M_1 e M_4 estão ligados [Figura 16.31(b)], "competindo" um com o outro e produzindo uma saída lógica mal definida. (Além disso, o circuito consome significativa potência estática de V_{DD}.)
>
>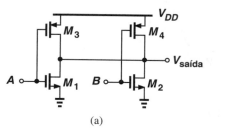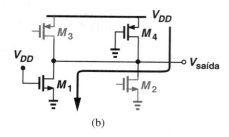
>
> **Figura 16.31**

Exercício O que acontece se M_4 for omitido?

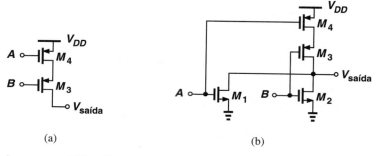

Figura 16.32 (a) Seção PMOS de uma porta NOR, (b) porta NOR CMOS completa.

A Figura 16.32(b) mostra a implementação CMOS completa da porta NOR. O leitor é encorajado a comprovar o funcionamento de todas as quatro combinações lógicas de entrada e a provar que o circuito não consome potência estática.

O leitor pode se perguntar por que não tentamos implementar uma porta OR. Como evidenciado pela análise anterior, a evolução do circuito a partir de um inversor CMOS inerentemente contém uma inversão. Se houver necessidade de uma porta OR, a topologia da Figura 16.32(b) pode ser seguida por um inversor.

A principal deficiência de portas NOR CMOS advém do uso de dispositivos PMOS *em série*. Recordemos que a baixa mobilidade das lacunas requer um transistor PMOS proporcionalmente mais largo para obter uma CTT simétrica e, o que é mais importante, iguais tempos de subida e de descida. Vendo, por simplicidade, os transistores em uma porta NOR de duas entradas como resistores, observemos que a seção PMOS apresenta uma resistência igual ao *dobro* da de cada dispositivo PMOS (Exemplo 16.23), originando uma região de transição lenta na saída (Figura 16.34). Se transistores PMOS mais largos forem empregados para reduzir R_{ligado}, suas capacitâncias de porta ($\approx WLC_{ox}$) aumentam e, por conseguinte, carregam o estágio *precedente*. A situação piora à medida que as entradas da porta aumentam.

16.3.2 Porta NAND

Os desenvolvimentos feitos na Seção 16.3.1 para a porta NOR podem ser prontamente estendidos para criar uma porta NAND. Como a operação NAND, $\overline{A \cdot B}$, produz uma saída zero se *as duas* entradas foram altas, construímos a seção NMOS como indicado na Figura 16.35(a), em que M_1 ou M_2 *bloqueia* a rota de $V_{saída}$ à terra, a menos que A e B permaneçam altas. A seção PMOS, por sua vez, deve elevar $V_{saída}$ a V_{DD} se pelo menos uma das entradas for baixa e pode, portanto, ser realizada como indicado na Figura 16.35(b). A Figura 16.35(c) mostra a porta NAND completa. Esse circuito, também, não consome potência estática.

Circuitos CMOS Digitais 627

Exemplo 16.27 Construamos uma porta NOR de três entradas.

Solução Expandimos a seção NMOS da Figura 16.30 e a seção PMOS da Figura 16.32(a), para acomodar as três entradas. O resultado é mostrado na Figura 16.33.

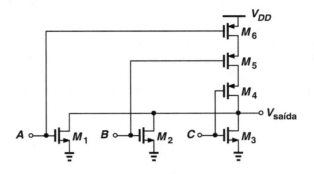

Figura 16.33

Exercício Analise o comportamento do circuito se M_3 for acidentalmente omitido.

Exemplo 16.28 Selecionemos as larguras relativas dos transistores na porta NOR de três entradas da Figura 16.33 para iguais tempos de subida e de descida. Assumamos $\mu_n \approx 2\mu_p$ e iguais comprimentos de canal.

Solução A combinação série dos três dispositivos PMOS deve apresentar uma resistência igual à do transistor NMOS. Se $W_1 = W_2 = W_3 = W$, podemos escolher

$$W_4 = W_5 = W_6 = 6W, \qquad (16.98)$$

para assegurar que cada dispositivo PMOS tenha resistência em condução igual a um terço da de cada transistor NMOS. Notemos que a porta apresenta, em cada entrada, uma capacitância aproximadamente igual a $7WLC_{ox}$, muito maior que a de um inversor ($\approx 3WLC_{ox}$).

Exercício Repita o exemplo anterior para $\mu_n \approx 3\mu_p$.

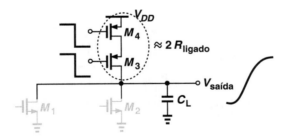

Figura 16.34 Dispositivos PMOS em série carregando uma capacitância de carga.

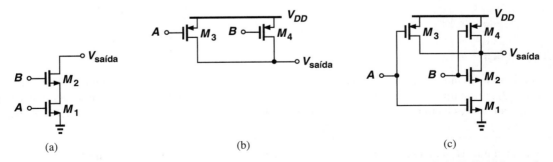

Figura 16.35 (a) Seção NMOS de uma porta NAND, (b) seção PMOS de uma porta NAND, (c) porta NAND CMOS completa.

Em contraste com a porta NOR, a porta NAND usa dispositivos NMOS em série e, assim, está menos sujeita à limitação de velocidade dos transistores PMOS. O próximo exemplo ilustra este ponto.

Exemplo 16.29

Projetemos uma porta NAND de três entradas e determinemos as larguras relativas dos transistores para iguais tempos de subida e de descida. Assumamos $\mu_n \approx 2\mu_p$ e iguais comprimentos de canal.

Solução

A Figura 16.36 mostra a realização da porta. Com três transistores NMOS em série, selecionemos uma largura $3W$ para M_1-M_3, de modo que a resistência série total seja equivalente à de um dispositivo de largura W. Cada dispositivo PMOS deve, portanto, ter largura $2W$. Em consequência, a capacitância vista em cada entrada é aproximadamente igual a $5WLC_{ox}$, cerca de 30 % menor que a da porta NOR do Exemplo 16.28.

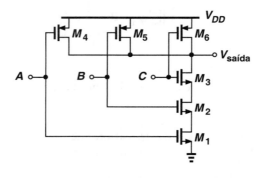

Figura 16.36

Exercício Repita o exemplo anterior para $\mu_n \approx 3\mu_p$.

Na lógica CMOS, as seções PMOS e NMOS são "duais" uma da outra. Na verdade, dada uma seção, podemos construir a outra usando a seguinte regra: converter cada ramo série em paralelo e vice-versa.

Exemplo 16.30

Determinemos o dual PMOS do circuito mostrado na Figura 16.37(a) e identifiquemos a função lógica executada pela realização CMOS completa.

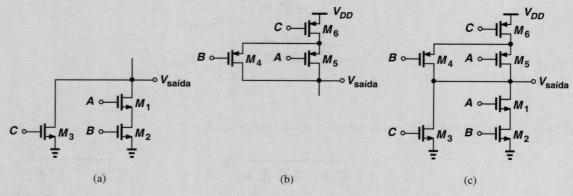

Figura 16.37

Solução

Aqui, M_1 e M_2 são conectados em série (para executar uma operação NAND) e a combinação aparece em paralelo com M_3 (para implementar uma função NOR). Portanto, o dual PMOS consiste em uma combinação paralela de dois transistores e em um terceiro transistor em série com esta combinação [Figura 16.37(b)]. A Figura 16.37(c) ilustra a porta completa, que executa a função lógica $\overline{A \cdot B + C}$

Exercício Suponha que M_3 tenha sido omitido acidentalmente. Analise o comportamento da porta.

16.4 RESUMO DO CAPÍTULO

- Circuitos CMOS digitais representam mais de 80 % do mercado de semicondutores.
- Velocidade, dissipação de potência e imunidade ao ruído são parâmetros importantes de portas digitais.
- A característica entrada/saída de uma porta revela sua imunidade ao ruído e a níveis lógicos corrompidos.
- A margem de ruído é definida como a degradação de tensão nos níveis alto e baixo que leva o sinal ao ponto de ganho unitário da característica entrada/saída.
- A velocidade de uma porta é dada pela capacidade de condução dos transistores e pelas capacitâncias introduzidas pelos transistores e por fios de interconexão.
- A relação de permuta entre potência e velocidade é quantificada pelo produto potência-retardo.
- O inversor CMOS é um bloco fundamental em projetos digitais. Não consome potência na ausência de transições de sinal.
- Os dispositivos NMOS e PMOS em um inversor proveem correntes "ativas" de abaixamento (*pull-down*) e de elevação (*pull-up*); desta forma, um melhora a operação do outro.
- A potência média dissipada por um inversor CMOS é igual a $f_{entrada} C_L V_{DD}^2$.
- Com base no inversor CMOS, outras portas, como as portas NOR e NAND, podem ser derivadas. Essas portas também têm potência estática nula.

EXERCÍCIOS

Nos exercícios a seguir, a menos que seja especificado de outra forma, assuma $V_{DD} = 1{,}8$ V, $\mu_n C_{ox} = 100\,\mu\text{A/V}^2$, $\mu_p C_{ox} = 50\,\mu\text{A/V}^2$, $V_{TH,N} = 0{,}4$ V, $V_{TH,P} = -0{,}5$ V, $\lambda_N = 0$ e $\lambda_P = 0$.

Seção 16.1.1 Caracterização Estática de Portas

16.1 No estágio FC do Exemplo 16.2, temos $R_D = 10$ kΩ e $(W/L)_1 = 3/0{,}18$. Calcule o nível baixo de saída quando $V_{entrada} = V_{DD}$.

16.2 O estágio FC do Exemplo 16.2 deve alcançar um nível baixo de saída que não exceda 100 mV. Se $R_D = 5$ kΩ, determine o mínimo valor necessário para $(W/L)_1$.

16.3 Considere o estágio fonte comum PMOS da Figura 16.38. Desejamos utilizar este circuito como um inversor lógico. Com $(W/L)_1 = 20/0{,}18$ e $R_D = 5$ kΩ, calcule os níveis baixo e alto de saída. Assuma que a entrada vare de zero a V_{DD}.

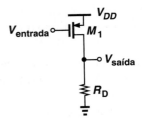

Figura 16.38

*16.4 Algumas tecnologias de CIs não produzem resistores de alta qualidade. Podemos, assim, substituir o resistor em um estágio FC por uma realização MOS, como indicado na Figura 16.39. Aqui, M_2 aproxima um resistor de elevação (resistor *pull-up*). Assuma $(W/L)_1 = 3/0{,}18$ e $(W/L)_2 = 2/0{,}18$.

(a) Suponha $V_{entrada} = V_{DD}$. Assumindo que M_2 esteja em saturação, calcule o nível baixo de saída. Essa hipótese é válida?

(b) Determine o ponto de chaveamento deste inversor, ou seja, o nível de entrada em que $V_{saída} = V_{entrada}$.

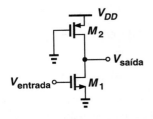

Figura 16.39

16.5 No inversor da Figura 16.39, o nível baixo de saída deve permanecer abaixo de 100 mV. Se $(W/L)_2 = 3/0{,}18$, determine o mínimo valor necessário para $(W/L)_1$.

16.6 O inversor da Figura 16.39 deve prover um nível baixo de saída não maior que 80 mV. Se $(W/L)_1 = 2/0{,}18$, qual é o máximo valor permitido para $(W/L)_2$?

16.7 Em um inversor NMOS, $(W/L)_1 = 5/0{,}18$ e $R_D = 2$ kΩ. Calcule as margens de ruído.

*16.8 Devido a um erro de fabricação, um inversor NMOS foi reconfigurado como mostrado na Figura 16.40.

(a) Determine a saída para $V_{entrada} = 0$ e para $V_{entrada} = V_{DD}$. O circuito inverte?

(b) Existe um ponto de chaveamento para este circuito?

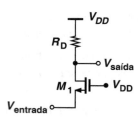

Figura 16.40

16.9 No Exercício 16.7, dobre os valores de W/L e R_D. Determine o que acontece com as margens de ruído.

16.10 Uma definição mais conservadora de margem de ruído usaria o nível de entrada em que o ganho de pequenos sinais é igual a $-0,5$ (em vez de -1). Para um inversor NMOS com $(W/L)_1 = 5/0,18$ e $R_D = 2$ kΩ, calcule estas margens de ruído e compare os resultados com os obtidos no Exercício 16.7.

16.11 Considere o inversor mostrado na Figura 16.39, assumindo $(W/L)_1 = 4/0,18$ e $(W/L)_2 = 9/0,18$. Calcule as margens de ruído.

****16.12** Considere a cascata de inversores NMOS idênticos representada na Figura 16.41. Se $R_D = 5$ kΩ, determine $(W/L)_{1,2}$ para que o nível baixo de saída de M_1 (para $V_{entrada} = V_{DD}$) seja igual à MR_L do segundo inversor. (Nesta situação, a saída do primeiro inversor é tão degradada que coloca o segundo estágio no ponto de ganho unitário.)

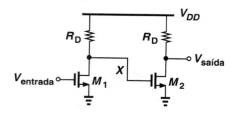

Figura 16.41

****16.13** Dois inversores com as características mostradas na Figura 16.42 são conectados em cascata.

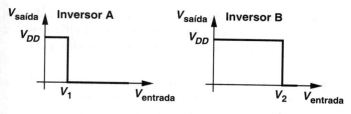

Figura 16.42

Esboce o gráfico da CTT total da cascata quando (a) o inversor A precede o inversor B e (b) o inversor B precede o inversor A.

Seção 16.1.2 Caracterização Dinâmica de Portas

16.14 Um inversor foi construído como indicado na Figura 16.43, na qual R_{ligado} denota a resistência em condução do comutador. Assuma $R_{ligado} \ll R_2$, de modo que o nível baixo da saída seja degradado de forma desprezível.

(a) Calcule o tempo necessário para que a saída alcance 95 % de V_{DD}, se S_1 desligar em $t = 0$.

(b) Calcule o tempo necessário para que a saída alcance 5 % de V_{DD}, se S_1 ligar em $t = 0$. Como este resultado se compara com o de (a)?

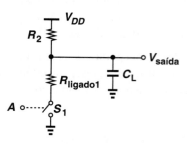

Figura 16.43

16.15 Um inversor NMOS com uma capacitância de carga de 100 fF apresenta um nível baixo de saída de 50 mV e um tempo de subida de saída de 200 ps. Calcule os valores do resistor de carga e de $(W/L)_1$ para um tempo de subida igual a três constantes de tempo de saída.

16.16 Um inversor NMOS deve alimentar uma capacitância de carga de 50 fF, com tempo de subida de 100 ps. Assumindo que o tempo de subida seja igual a três constantes de tempo de saída, determine o máximo valor para o resistor de carga.

16.17 Um inversor NMOS deve alimentar uma capacitância de carga de 100 fF e puxar uma corrente de alimentação menor que 1 mA quando a saída for baixa. Qual é o menor tempo de subida que o circuito pode alcançar? Assuma que o nível baixo de saída seja quase zero.

Seção 16.2 Inversor CMOS

16.18 Em um inversor CMOS, $(W/L)_1 = 2/0,18$ e $(W/L)_2 = 3/0,18$. Determine o ponto de chaveamento do circuito e a correspondente corrente de alimentação.

16.19 Para o inversor do Exercício 16.18, calcule o ganho de tensão de pequenos sinais no ponto de chaveamento, com $\lambda_N = 0,1$ V^{-1} e $\lambda_P = 0,2$ V^{-1}.

16.20 Explique, de forma qualitativa, o que acontece à CTT de um inversor CMOS à medida que o *comprimento* de M_1 ou M_2 aumenta.

16.21 Um inversor CMOS emprega $(W/L)_1 = 3/0,18$ e $(W/L)_2 = 7/0,18$. Deduza expressões para a CTT em cada região da Figura 16.19(d) e faça um gráfico do resultado.

16.22 Um inversor CMOS deve ter um ponto de chaveamento igual a 0,5 V. Determine o necessário valor de $(W/L)_1/(W/L)_2$. Note que um ponto de chaveamento *baixo* requer dispositivos NMOS fortes.

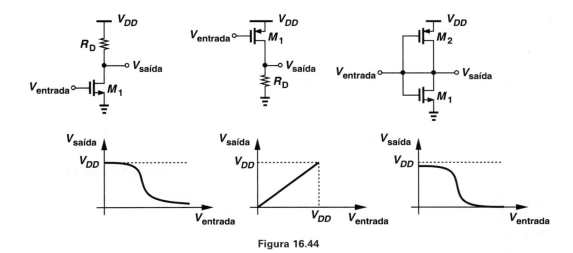

Figura 16.44

16.23 Em geral, aproximamos o ponto de chaveamento de um inversor CMOS pela tensão de entrada que leva os dois transistores à saturação.

(a) Explique por que esta é uma aproximação razoável caso o inversor tenha ganho de tensão próximo do ponto de chaveamento.

(b) Assumindo $(W/L)_1 = 3/0,18$ e $(W/L)_2 = 7/0,18$, determine os valores mínimo e máximo da tensão de entrada em que os dois transistores operam em saturação e calcule a diferença entre cada um e o ponto de chaveamento. A diferença é pequena?

*16.24 Explique por que um inversor CMOS com os parâmetros de dispositivos dados no início deste conjunto de exercícios não é capaz de alcançar um ponto de chaveamento de 0,3 V.

16.25 A Figura 16.44 mostra três circuitos e três CTTs. Case cada CTT com o circuito correspondente.

16.26 Devido a um erro de fabricação, um resistor parasita $R_P = 2$ kΩ apareceu no inversor da Figura 16.45. Se $(W/L)_1 = 3/0,18$ e $(W/L)_2 = 5/0,18$, calcule os níveis baixo e alto de saída e o ponto de chaveamento.

16.27 Para o circuito do Exercício 16.26, calcule o ganho de tensão de pequenos sinais no ponto de chaveamento, com e sem R_P.

16.28 Calcule as margens de ruído para um inversor CMOS com $(W/L)_1 = 5/0,18$ e $(W/L)_2 = 11/0,18$.

16.29 Determine $(W/L)_1/(W/L)_2$ para um inversor CMOS com $MR_L = 0,6$ V. (Sugestão: resolva a equação resultante por iteração.)

*16.30 Considere a Equação (16.54) para $V_{IL}(= MR_L)$. Esboce o gráfico da margem de ruído à medida que a varia de 0 a infinito. Explique, de forma intuitiva, os resultados para valores muito pequenos e muito grandes de a.

16.31 Refaça o Exercício 16.30 para MR_H.

16.32 Calcule as margens de ruído para o circuito do Exercício 16.26.

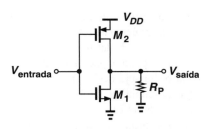

Figura 16.45

16.33 Considere o circuito mostrado na Figura 16.20(a), em que $V_{saída}(t=0) = 0$. Se $(W/L)_2 = 6/0,18$ e $C_L = 50$ fF, determine o tempo necessário para a saída alcançar $V_{DD}/2$.

16.34 Refaça o Exercício 16.33 para o tempo necessário para a saída alcançar $0,95 V_{DD}$ e compare os resultados.

16.35 No circuito representado na Figura 16.23(a), a entrada passa de 0 a V_1 em $t = 0$. Assumindo $V_{saída}(t=0) = V_{DD}$, $(W/L)_1 = 1/0,18$ e $C_L = 30$ fF, determine o tempo que a saída requer para cair a $V_{DD}/2$ se (a) $V_1 = V_{DD}$ e (b) $V_1 = V_{DD}/2$.

16.36 Refaça o Exercício 16.35 para o tempo necessário para que a saída caia a $0,05 V_{DD}$ e compare os resultados.

16.37 Um inversor CMOS com $(W/L)_1 = 1/0,18$ e $(W/L)_2 = 3/0,18$ alimenta uma capacitância de carga de 80 fF. Calcule T_{PHL} e T_{PLH}.

16.38 Suponha que a tensão de alimentação do Exercício 16.37 seja aumentada em 10 %. Qual é a diminuição em T_{PHL} e T_{PLH}?

16.39 Refaça o Exercício 16.38 com $V_{DD} = 0,9$ V e compare os resultados. Note o significativo aumento em T_{PHL} e T_{PLH}.

16.40 Na Equação (16.82), assuma $V_{TH1} = 0,4$ V. Para que valor da tensão de alimentação os dois termos entre colchetes se tornam iguais? Como deve ser escolhida a tensão de alimentação para que o primeiro termo seja igual a 10 % do segundo?

16.41 Ao alimentar uma capacitância de carga de 50 fF, um inversor CMOS deve alcançar retardos de propagação simétricos de 80 ps. Determine $(W/L)_1$ e $(W/L)_2$.

16.42 Um inversor CMOS com $(W/L)_1 = 1/0{,}18$ tem T_{PHL} de 100 ps, com $C_L = 80$ fF. Determine a tensão de alimentação.

**16.43 Recebemos um inversor CMOS com dimensões e limiares dos dispositivos desconhecidos. Testes indicaram $T_{PHL} = 120$ ps, com $C_L = 90$ fF e $V_{DD} = 1{,}8$ V; e $T_{PHL} = 160$ ps, com $C_L = 90$ fF e $V_{DD} = 1{,}5$ V. Determine $(W/L)_1$ e V_{TH1}.

16.44 Na Equação (16.82), o argumento do logaritmo se torna negativo quando $V_{DD} < 4V_{TH1}/3$. Explique, de forma intuitiva, por que isto acontece.

16.45 Um resistor de 1 kΩ carrega uma capacitância de 100 fF, de 0 V a V_{DD}. Determine a energia dissipada no resistor.

16.46 Um circuito digital contém um milhão de portas e trabalha com frequência de relógio de 2 GHz. Assumindo que, em média, 20 % das portas comutem em cada ciclo do relógio, e que a capacitância de carga média vista por cada porta seja de 20 fF, determine a dissipação média de potência média. Despreze a corrente de curto-circuito. (Note que o resultado é excessivamente baixo, pois a corrente de curto-circuito foi desprezada.)

16.47 Um inversor com transistores muito largos é usado como "*buffer* de relógio" em um microprocessador, para entregar um relógio de 2 GHz a vários *flip-flops*. Suponha que o *buffer* alimente cinco milhões de transistores, com largura média de 1 μm. Se o comprimento da porta for 0,18 μm, $C_{ox} = 10$ fF/μm² e se a capacitância de porta for aproximada por WLC_{ox}, determine a potência dissipada pelo *buffer* de relógio. Despreze a corrente de curto-circuito (embora a mesma não seja desprezível).

16.48 A tensão de alimentação de um inversor aumenta em 10 %. Com $(W/L)_1 = 2/0{,}18$ e $(W/L)_2 = 4/0{,}18$, determine a alteração no valor de pico da corrente de curto-circuito.

**16.49 Aproximando a forma de onda da corrente de curto-circuito da Figura 16.29(c) por um triângulo isósceles, calcule a dissipação média de potência que resulta deste mecanismo. Assuma uma frequência de operação f_1.

Seção 16.3 Portas NOR e NAND CMOS

16.50 Uma porta NOR CMOS alimenta uma capacitância de carga de 20 fF. Suponha que as formas de onda de entrada sejam como mostrado na Figura 16.46, cada uma com frequência $f_1 = 500$ MHz. Calcule a potência dissipada pela porta. Despreze a corrente de curto-circuito.

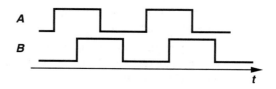

Figura 16.46

16.51 Refaça o Exercício 16.50 para uma porta NAND.

16.52 Para cada seção NMOS mostrada na Figura 16.47, desenhe a seção PMOS dual, construa a porta CMOS total e determine a função lógica executada pela porta.

Exercícios de Projetos

16.53 Projete um inversor NMOS (ou seja, determine R_D e W/L) para orçamento de potência estática de 0,5 mW e nível baixo de saída de 100 mV.

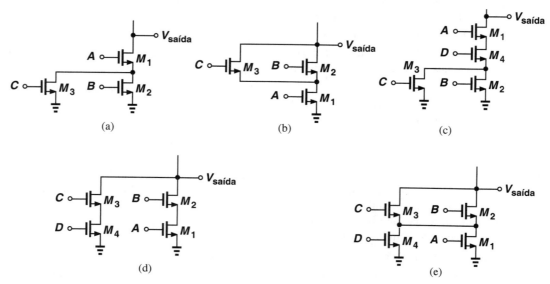

Figura 16.47

16.54 Projete um inversor NMOS (ou seja, determine R_D e W/L) para orçamento de potência estática de 0,25 mW e $MR_L = 600$ mV.

16.55 Projete um inversor NMOS (ou seja, determine R_D e W/L) para nível baixo de saída de 100 mV e orçamento de potência de 0,25 mW.

16.56 Determine $(W/L)_{1,2}$ para um inversor CMOS de modo que o ponto de chaveamento seja igual a 0,8 V e a corrente puxada de V_{DD} neste ponto seja de 0,5 mA. Assuma $\lambda_n = 0,1$ V^{-1} e $\lambda_p = 0,2$ V^{-1}.

16.57 É possível projetar um inversor CMOS tal que $MR_L = MR_H = 0,7$ V, se $V_{TH1} \neq |V_{TH2}|$? Explique por quê.

16.58 Determine $(W/L)_{1,2}$ para um inversor CMOS tal que $T_{PLH} = T_{PHL} = 100$ ps, enquanto o circuito alimenta uma capacitância de carga de 50 fF.

EXERCÍCIOS COM *SPICE*

Nos exercícios seguintes, use os modelos de dispositivo MOS dados no Apêndice A.

16.59 O inversor da Figura 16.48 deve prover um ponto de chaveamento de 0,8 V. Se $(W/L)_1 = 0,6\,\mu\text{m}/0,18\,\mu\text{m}$, determine $(W/L)_2$. Desenhe o gráfico da corrente de alimentação em função de $V_{entrada}$, para $0 < V_{entrada} < 1,8$ V.

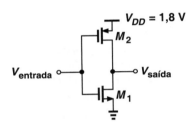

Figura 16.48

16.60 A cascata de inversores mostrada na Figura 16.49 alimenta uma capacitância de carga de 100 fF. Assuma $W_1 = 0,5W_2 = 0,6\,\mu\text{m}$, $W_3 = 0,5W_4$ e $L = 0,18\,\mu\text{m}$ para os quatro dispositivos.

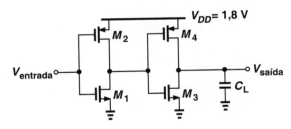

Figura 16.49

(a) Determine a escolha ótima de W_3 (e W_4) para que o retardo total de $V_{entrada}$ a $V_{saída}$ seja minimizado. Qual é a contribuição de retardo de cada estágio?

(b) Determine a dissipação média de potência do circuito na frequência de 500 MHz.

16.61 Considere a porta NAND CMOS com as entradas curto-circuitadas, de modo a formar um inversor (Figura 16.50). Desejamos determinar o retardo deste circuito com um leque de saída de quatro; ou seja, como se fosse carregado por um estágio similar que incorporasse dispositivos cujas larguras foram multiplicadas por um fator de quatro. Use *SPICE* para calcular este retardo.

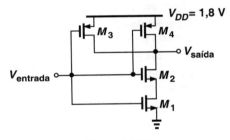

Figura 16.50

16.62 Refaça o Exercício 16.61 para uma porta NOR e compare os resultados.

16.63 O circuito representado na Figura 16.51 é denominado "oscilador em anel". Assumindo $V_{DD} = 1,8$ V e $W/L = 2\,\mu\text{m}/0,18\,\mu\text{m}$ para os dispositivos NMOS, escolha W/L para os transistores PMOS de modo que a frequência de oscilação seja maximizada. (Para iniciar a oscilação em *SPICE*, você deve aplicar uma condição inicial a um dos nós, por exemplo, .ic v(x)=0.)

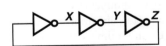

Figura 16.51

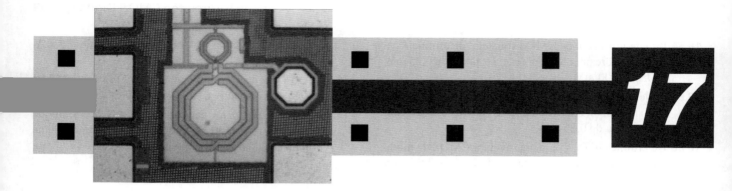

Amplificadores CMOS*

Depois de descrevermos a física e o funcionamento de transistores MOS no Capítulo 6, agora trataremos de circuitos amplificadores que empregam estes dispositivos. Embora o campo de microeletrônica envolva muito mais que amplificadores, nosso estudo de telefones celulares e câmeras digitais, no Capítulo 1, indica o largo uso de amplificação, o que nos estimula a dominar a análise e a síntese destes blocos fundamentais. O roteiro do capítulo é mostrado a seguir.

Conceitos Básicos
- Impedâncias de Entrada e de Saída
- Polarização
- Análises DC e de Pequenos Sinais

➤ **Análise do Ponto de Operação**
- Polarização Simples
- Degeneração de Fonte
- Autopolarização
- Polarização de Dispositivos PMOS

➤ **Topologias de Amplificadores**
- Estágio Fonte Comum
- Estágio Porta Comum
- Seguidor de Fonte

Este capítulo estabelece a base para o restante do livro e é bem longo. A maioria dos conceitos introduzidos aqui é invocada de novo no Capítulo 5 (amplificadores bipolares). Portanto, o leitor é encorajado a fazer pausas frequentes, para absorver o material em pequenas doses.

17.1 CONSIDERAÇÕES GERAIS

Recordemos, do Capítulo 6, que uma fonte de corrente controlada por tensão forma, juntamente com um resistor de carga, um amplificador. Em geral, um amplificador produz uma saída (tensão ou corrente) que é uma versão aumentada da entrada (tensão ou corrente). Como a maioria dos circuitos eletrônicos amostra e produz grandezas de tensão,[1] nossa discussão foca, principalmente, "amplificadores de tensão" e o conceito de "ganho de tensão", $v_{saída}/v_{entrada}$.

Que outros aspectos do desempenho de um amplificador são importantes? Três parâmetros que, de imediato, vêm à mente são (1) dissipação de potência (pois, por exemplo, determina a vida útil da bateria de um telefone celular ou de uma câmera digital); (2) velocidade (por exemplo, alguns amplificadores em um telefone celular ou conversores analógico-digital em uma câmera digital devem operar em frequências altas); (3) ruído (por exemplo, amplificadores no *front-end* de um telefone celular ou de uma câmera digital processam sinais pequenos e devem introduzir ruído próprio desprezível).

17.1.1 Impedâncias de Entrada e de Saída

Além dos parâmetros anteriores, as impedâncias de entrada e de saída (impedâncias I/O) de um amplificador têm importante papel na capacidade de interconexão do mesmo com estágios precedente e subsequente. Para entender esse conceito, deter-

---

* Este capítulo é destinado a cursos que apresentam circuitos CMOS *antes* de circuitos bipolares.
[1] Exceções são descritas no Capítulo 12.

minemos, primeiro, as impedâncias I/O de um amplificador de tensão *ideal*. Na entrada, o circuito deve funcionar como um voltímetro, ou seja, colher uma tensão sem perturbar (carregar) o estágio precedente. Portanto, a impedância de entrada ideal é infinita. Na saída, o circuito deve se comportar como uma fonte de tensão, isto é, fornecer um nível constante de sinal a qualquer impedância de carga. Assim, a impedância de saída ideal é igual a zero.

Na verdade, as impedâncias I/O de um amplificador de tensão podem se desviar muito dos valores ideais e exigem atenção em relação às interfaces com outros estágios. O próximo exemplo ilustra esta questão.

Exemplo 17.1 Exemplo 17.1 Um amplificador com ganho de tensão de 10 colhe um sinal gerado por um microfone e aplica a saída amplificada a um alto-falante [Figura 17.1(a)]. Assumamos que o microfone possa ser modelado por uma fonte de tensão com um sinal pico a pico de 10 mV e uma resistência série de 200 Ω. Assumamos, ainda, que o alto-falante possa ser representado por um resistor de 8 Ω.

(a) Determinemos o nível de sinal colhido por um amplificador quando o circuito tem impedância de entrada de 2 kΩ e de 500 Ω.

(b) Determinemos o nível de sinal entregue ao alto-falante quando o circuito tem impedância de saída de 10 Ω e de 2 Ω.

Solução (a) A Figura 17.1(b) mostra a interface entre o microfone e o amplificador. A tensão colhida pelo amplificador é, portanto, dada por

$$v_1 = \frac{R_{entrada}}{R_{entrada} + R_m} v_m. \quad (17.1)$$

Para $R_{entrada}$ = 2 kΩ,

$$v_1 = 0{,}91 v_m, \quad (17.2)$$

Ou seja, apenas 9 % abaixo do nível do sinal do microfone. No entanto, para $R_{entrada}$ = 500 Ω,

$$v_1 = 0{,}71 v_m, \quad (17.3)$$

Isto equivale a uma perda de 30 %. Portanto, neste caso, é desejável maximizar a impedância de entrada.

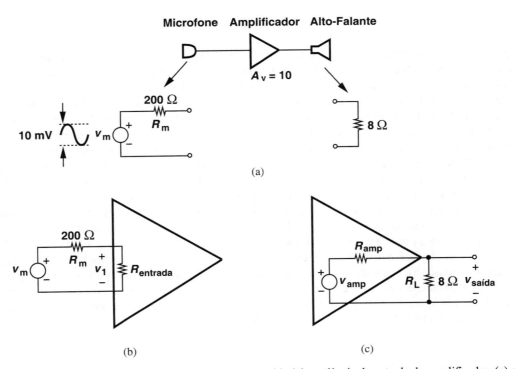

Figura 17.1 (a) Sistema de áudio simples, (b) perda de sinal devido à impedância de entrada do amplificador, (c) perda de sinal devido à impedância de saída do amplificador.

(b) Desenhando a interface entre o amplificador e o alto-falante como na Figura 17.1(c), temos

$$v_{saída} = \frac{R_L}{R_L + R_{amp}} v_{amp}. \quad (17.4)$$

Para $R_{amp} = 10\ \Omega$,

$$v_{saída} = 0{,}44 v_{amp}, \quad (17.5)$$

o que corresponde a uma atenuação considerável. Para $R_{amp} = 2\ \Omega$,

$$v_{saída} = 0{,}8 v_{amp}. \quad (17.6)$$

Portanto, a impedância de saída do amplificador deve ser minimizada.

Exercício Prove que a potência entregue a R_L é maximizada quando $R_{amp} = R_L$, para um dado valor de R_L.

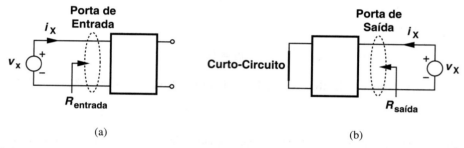

Figura 17.2 Medida de impedância (a) de entrada e (b) de saída.

A importância das impedâncias I/O nos encoraja a prescrever um método para medi-las. Similar ao caso da impedância de um dispositivo de dois terminais, como resistor ou capacitor, a impedância de entrada (saída) é medida entre os nós de entrada (saída) do circuito, com todas as fontes independentes no circuito fixadas em zero.[2] O método, ilustrado na Figura 17.2, requer a aplicação de uma fonte de tensão aos dois nós (também chamados de "porta") de interesse, medição da corrente resultante e a definição de v_X/i_X como a impedância.

A Figura mostra setas para denotar "olhando para" a porta de entrada ou de saída, e as correspondentes impedâncias.

O leitor pode questionar por que a porta de saída na Figura 17.2(a) é deixada aberta e por que a porta da entrada na Figura 17.2(b) é curto-circuitada. Como, durante operação normal, um amplificador de tensão é alimentado por uma fonte de tensão e como todas as fontes independentes devem ser fixadas em zero, a porta de entrada na Figura 17.2(b) deve ser curto-circuitada para representar uma fonte de tensão nula. Ou seja, o procedimento para calcular a impedância de saída é idêntico ao usado para obter a impedância de Thévenin de um circuito (Capítulo 1). Na Figura 17.2(a), por sua vez, a saída permanece aberta porque não está conectada a qualquer fonte externa.

As impedâncias I/O afetam a transferência de sinal de um estágio para o seguinte e, em geral, são consideradas grandezas de pequenos sinais – com a hipótese implícita de que os níveis de sinal sejam, de fato, pequenos. Por exemplo, a impedância de entrada é obtida com a aplicação de uma pequena variação na tensão de entrada e com a medição da alteração resultante na corrente de entrada. Para isto, modelos de pequenos sinais de dispositivos semicondutores são de grande utilidade.

Para simplificar a notação e os diagramas, em geral, nos referimos à impedância vista em um *nó* e não entre dois nós (ou seja, em uma porta). Como ilustrado na Figura 17.4, essa convenção apenas assume o outro nó como a terra, ou seja, que a fonte de tensão de teste esteja aplicada entre o nó de interesse e a terra.

---

[2] Recordemos que uma fonte de tensão nula é substituída por um curto-circuito e uma fonte de corrente nula, por um circuito aberto.

| Exemplo 17.2 | Assumindo que o transistor opere na região de saturação, determinemos a impedância de entrada do circuito mostrado na Figura 17.3(a). |

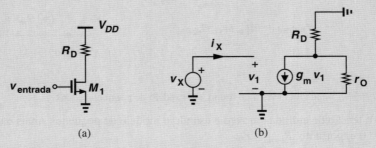

Figura 17.3 (a) Estágio amplificador simples, (b) modelo de pequenos sinais.

Solução Construindo o circuito equivalente de pequenos sinais da Figura 17.3(b), notamos que a porta não puxa corrente (em frequências baixas) e que a impedância de entrada é dada simplesmente por

$$\frac{v_x}{i_x} = \infty. \tag{17.7}$$

Exercício Calcule a impedância de entrada para $R_D = 0$ e para $\lambda = 0$.

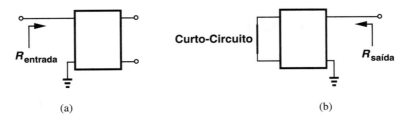

Figura 17.4 Conceito de impedância vista em um nó.

Os três exemplos anteriores proveem três regras importantes que serão usadas ao longo de todo o livro (Figura 17.7):

- Olhando para a porta, vemos infinito.
- Olhando para o dreno, vemos r_O, caso a fonte esteja conectada à terra (AC).
- Olhando para a fonte, vemos $1/g_m$, caso a porta esteja conectada à terra (AC) e a modulação do comprimento do canal seja desprezada.

É fundamental que o leitor domine estas regras e seja capaz de aplicá-las a circuito mais complexos.[3]

17.1.2 Polarização

Recordemos, do Capítulo 6, que um transistor MOS funciona como um dispositivo amplificador se for polarizado no modo de saturação; ou seja, na ausência de sinais, o ambiente que envolve o dispositivo deve assegurar que V_{GS} seja suficientemente grande para

> **Você sabia?**
> A observação de que a impedância (de baixa frequência) vista na porta é infinita advém da hipótese de corrente de porta zero. É interessante notar que modernos transistores MOS exibem considerável corrente de fuga de porta. Essa corrente surge do "tunelamento" de portadores através do muito delgado óxido de porta. Tunelamento é um efeito curioso: caso o óxido seja suficientemente delgado, os elétrons no canal podem cruzar o óxido de modo *aleatório* e entrar na porta. Predito pela dualidade partícula-onda de elétrons, o tunelamento cresce exponencialmente à medida que a espessura do óxido de porta é reduzida; este efeito estimulou extensa pesquisa com MOSFETs que utilizam dielétricos mais espessos. Afortunadamente, a magnitude dessa corrente ainda é pequena o bastante para não causar problemas à maioria dos amplificadores.

criar a sobrecarga necessária e que V_{DS} seja alto o bastante para garantir estrangulamento (*pinch-off*) do canal. Além disso,

---

[3] Embora esteja além do escopo deste livro, pode ser provado que a impedância vista na fonte é igual a $1/g_m$ apenas se o dreno estiver conectado a uma impedância relativamente baixa.

Exemplo 17.3 No circuito da Figura 17.5(a), calculemos a impedância vista olhando para o dreno de M_1.

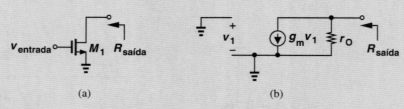

Figura 17.5 (a) Impedância vista no dreno, (b) modelo de pequenos sinais.

Solução Fixando a tensão de entrada em zero e usando o modelo de pequenos sinais da Figura 17.5(b), notemos que $v_1 = 0$, $g_m v_1 = 0$ e, portanto, $R_{saída} = r_O$.

Exercício Qual é a impedância de saída se um resistor for conectado em série com a porta de M_1?

Exemplo 17.4 Calculemos a impedância vista na fonte de M_1 na Figura 17.6(a). Por simplicidade, desprezemos a modulação do comprimento do canal.

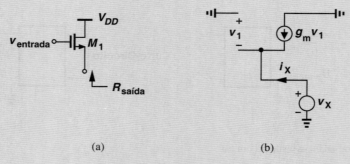

Figura 17.6 (a) Impedância vista na fonte, (b) modelo de pequenos sinais.

Solução Fixando a tensão de entrada em zero e substituindo V_{DD} por uma terra AC, obtemos o circuito equivalente de pequenos sinais mostrado na Figura 17.6(b). É interessante observar que $v_1 = -v_X$ e

$$g_m v_1 = -i_X. \qquad (17.8)$$

Logo,

$$\frac{v_X}{i_X} = \frac{1}{g_m}. \qquad (17.9)$$

Exercício O resultado anterior é alterado se um resistor for conectado em série com o terminal de dreno de M_1?

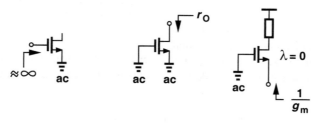

Figura 17.7 Resumo das impedâncias vistas nos terminais de um transistor MOS.

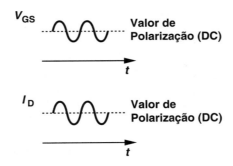

Figura 17.8 Níveis de polarização e de sinal para um transistor MOS.

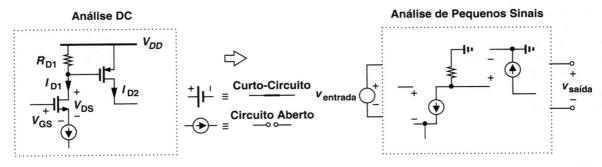

Figura 17.9 Passos para a análise de um circuito.

como explicado no Capítulo 6, propriedades de amplificação do transistor, como g_m e r_O, dependem da corrente quiescente (de polarização) de dreno. Portanto, os circuitos que envolvem o dispositivo também devem estabelecer (definir) a corrente de polarização do mesmo de forma adequada.

17.1.3 Análises DC e de Pequenos Sinais

As observações anteriores levam a um procedimento para a análise de amplificadores (e de muitos outros tipos de circuitos). Primeiro, calculamos as condições de operação (quiescentes) (tensões e correntes nos terminais) de cada transistor na ausência de sinais. Esta etapa, chamada de "análise DC" ou "análise de polarização", determina tanto a região de operação (região de saturação ou de triodo) como os parâmetros de pequenos sinais de cada dispositivo. Segundo, efetuamos a "análise de pequenos sinais", isto é, estudamos a resposta de cada circuito a sinais pequenos (superpostos aos níveis de polarização) e calculamos grandezas como ganho de tensão e impedâncias I/O. Como um exemplo, a Figura 17.8 ilustra as componentes de polarização e de sinal de uma tensão e de uma corrente.

É importante ter em mente que a análise de pequenos sinais trata apenas de (pequenas) *variações* de tensões e correntes em um circuito, em torno dos correspondentes valores quiescentes. Portanto, como mencionado no Capítulo 6, todas as fontes *constantes*, isto é, para a análise de pequenos sinais, fontes de tensão e de corrente que não variem com o tempo devem ser fixadas em zero. Por exemplo, a tensão de alimentação é constante e, embora estabeleça pontos de polarização adequados, não tem nenhum papel na resposta de pequenos sinais. Portanto, na construção do circuito equivalente de pequenos sinais, aterramos todas as fontes de tensão constante[4] e abrimos todas as fontes de corrente constante. De outro ponto de vista, os dois passos descritos anteriormente seguem o princípio da superposição: primeiro, determinamos o efeito de tensões e correntes constantes, enquanto as fontes de sinal são fixadas em zero; segundo, analisamos a resposta às fontes de sinal, enquanto as fontes constantes são fixadas em zero. A Figura 17.9 resume estes conceitos.

Vale ressaltar que a *síntese* de amplificadores segue um procedimento similar. Primeiro, os circuitos que envolvem o transistor são projetados para estabelecer as condições de polarização adequadas e, portanto, os necessários parâmetros de pequenos sinais. Segundo, o comportamento de pequenos sinais do circuito é analisado para comprovar o desempenho desejado. Algumas iterações entre os dois passos podem ser necessárias, até ocorrer convergência ao comportamento desejado.

Como diferenciamos entre operações de pequenos e de grandes sinais? Em outras palavras, em que condições podemos representar os dispositivos por seus modelos de pequenos sinais? Se o sinal perturba o ponto de polarização do dispositivo apenas de forma desprezível, dizemos que o circuito opera no regime de pequenos sinais. Na Figura 17.8, por exemplo, a variação de I_D devido ao sinal deve permanecer pequena. Este critério se justifica porque as propriedades de amplificação do transistor, como g_m e r_O, são consideradas *constantes* na análise

---

[4] Dizemos que todas as fontes de tensão constante conectadas à terra são substituídas por uma "terra AC".

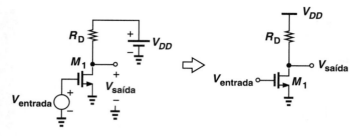

Figura 17.10 Notação para tensão de alimentação.

de pequenos sinais, embora, na verdade, variem à medida que o sinal perturba I_D. Ou seja, uma representação *linear* do transistor é válida apenas se variação dos parâmetros de pequenos sinais for desprezível. A definição de "desprezível" depende um pouco do circuito e da aplicação; no entanto, como regra empírica, consideremos uma variação de 10 % na corrente de dreno como o limite superior para operação em pequenos sinais.

Daqui em diante, ao desenharmos diagramas de circuitos, empregaremos notação e símbolos simplificados. A Figura 17.10 ilustra um exemplo, no qual a bateria que atua como tensão de alimentação é substituída por uma barra horizontal rotulada como V_{DD}.[5] A fonte de tensão de entrada também é simplificada a um nó rotulado como $v_{entrada}$, estando subentendido que o outro nó é a terra.

Neste capítulo, iniciamos com a análise DC e a síntese de estágios MOS, desenvolvendo capacidades para determinar ou criar as condições de polarização. Esta fase de nosso estudo não requer conhecimento de sinais e, por conseguinte, das portas de entrada e de saída do circuito. A seguir, apresentaremos várias topologias de amplificadores e examinaremos seus comportamentos de pequenos sinais.

17.2 ANÁLISE E SÍNTESE DO PONTO DE OPERAÇÃO

É conveniente que iniciemos o estudo do ponto de operação com um exemplo.

Exemplo 17.5

Um estudante familiarizado com dispositivos MOS construiu o circuito mostrado na Figura 17.11 e tenta amplificar o sinal produzido por um microfone. O microfone gera um sinal de saída com valor de pico de 20 mV e nível DC (médio) zero. Expliquemos o que acontece.

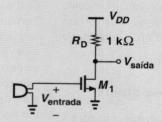

Figura 17.11 Amplificador alimentado diretamente por um microfone.

Solução Infelizmente, o estudante se esqueceu de polarizar o transistor. Como o microfone não produz uma saída DC, uma entrada com valor de pico de 20 mV não é capaz de ligar o transistor. Em consequência, o transistor não conduz uma corrente de dreno e, portanto, sua transcondutância é zero. Por conseguinte, o circuito não gera um sinal de saída.

Exercício Podemos esperar uma amplificação razoável se a tensão de limiar do dispositivo for zero?

Como mencionado na Seção 17.1.2, a polarização busca alcançar dois objetivos: assegurar operação na região de saturação e fixar a corrente de dreno no valor exigido na aplicação. Retornemos ao exemplo anterior.

Exemplo 17.6

Tendo se dado conta do problema de polarização, o estudante do Exemplo 17.5 modificou o circuito como indicado na Figura 17.12: para permitir a polarização DC da porta, conectou-a a V_{DD}. Expliquemos por que o estudante precisa aprender mais sobre polarização.

---

[5] O subscrito DD indica tensão de alimentação aplicada ao dreno.

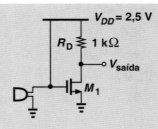

Figura 17.12 Amplificador com porta conectada a V_{DD}.

Solução A questão principal aqui é que o sinal gerado pelo microfone está *curto-circuitado* a V_{DD}. Funcionando como uma fonte de tensão ideal, V_{DD} mantém a tensão de porta em um valor *constante*, proibindo qualquer variação introduzida pelo microfone. Como V_{GS} permanece constante, o mesmo se passa com $V_{saída}$, de modo que não ocorre nenhuma amplificação.

Exercício O que acontece se um resistor for conectado em série com a fonte de M_1?

Os exemplos anteriores sugerem que a porta não pode ser conectada a uma tensão DC nula e também não pode ser conectada diretamente a uma tensão DC não nula. O que podemos fazer?

Exemplo 17.7 Muito desapontado, o estudante pensa em pedir transferência para o departamento de biologia. Contudo, faz uma última tentativa e constrói o circuito mostrado na Figura 17.13, na qual $V_B = 0{,}75$ V. Essa configuração pode funcionar como amplificador?

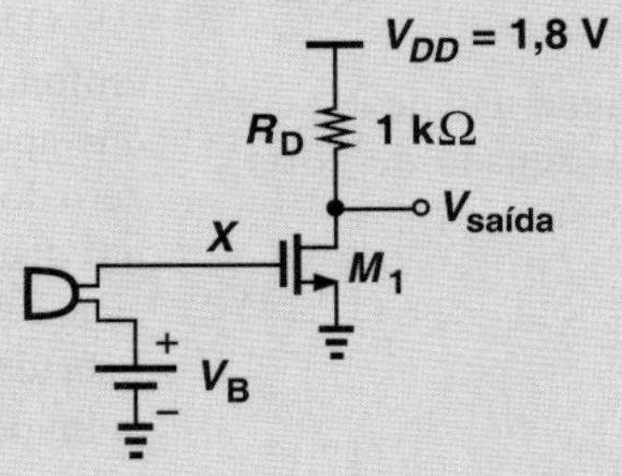

Figura 17.13 Amplificador com polarização de porta.

Solução Sim, pode. Na ausência de voz, o microfone produz uma saída nula e, portanto, $V_{GS} = V_B$. Escolha apropriada de V_B pode assegurar operação na região de saturação com a necessária corrente de dreno (e a necessária transcondutância). Infelizmente, essa configuração exige uma bateria para cada estágio amplificador. (Estágios diferentes podem operar com diferentes tensões porta-fonte.) Devemos, portanto, buscar um substituto simples para a bateria. Contudo, o estudante chegou bem próximo e não precisa desistir da engenharia elétrica.

Exercício A tensão de porta depende do valor de R_D?

17.2.1 Polarização Simples

Consideremos, agora, a topologia mostrada na Figura 17.14(a), onde a porta é conectada a V_{DD} por um resistor relativamente grande, R_G, para prover a tensão de polarização de porta. Como uma corrente nula flui por R_G (por quê?), esse circuito fornece $V_{GS} = V_{DD}$, um valor fixo e relativamente grande. A maioria das configurações de amplificadores, no entanto, requer flexibilidade na escolha de V_{GS}. Este problema pode ser remediado com facilidade, como indicado na Figura 17.14(b), na qual

$$V_{GS} = \frac{R_2}{R_1 + R_2} V_{DD}. \qquad (17.10)$$

Nosso objetivo é analisar este circuito e determinar a corrente e as tensões de polarização.

Iniciemos assumindo que M_1 opere na região de saturação (comprovaremos esta hipótese mais adiante). No cálculo da polarização, desprezamos a modulação do comprimento do canal. Da característica quadrática, temos

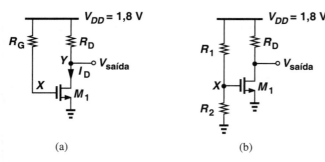
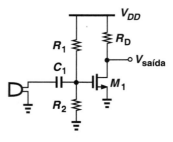

Figura 17.14 Uso de (a) R_G e (b) divisor resistivo para polarizar a porta.

Figura 17.15 Uso de acoplamento capacitivo para isolar polarização e microfone.

$$I_D = \frac{1}{2}\mu_n C_{ox} \frac{W}{L}(V_{GS} - V_{TH})^2 \quad (17.11)$$

$$= \frac{1}{2}\mu_n C_{ox} \frac{W}{L}\left(\frac{R_2}{R_1 + R_2}V_{DD} - V_{TH}\right)^2. \quad (17.12)$$

Portanto, a escolha apropriada da razão do divisor resistivo e de W/L pode estabelecer a necessária corrente de polarização.

Devemos, também, calcular a tensão dreno-fonte e determinar se o dispositivo opera, de fato, em saturação. Notando que R_D conduz uma corrente igual a I_D e, portanto, sustenta uma tensão $R_D I_D$, escrevemos uma LTK na malha que inclui a tensão de alimentação e o ramo de saída:

$$V_{DS} = V_{DD} - R_D I_D. \quad (17.13)$$

Para operação em saturação, a tensão de dreno não deve estar mais que uma tensão de limiar abaixo da tensão de porta, $V_{DS} \geq V_{GS} - V_{TH}$:

$$V_{DD} - R_D I_D \geq V_{GS} - V_{TH} \quad (17.14)$$

$$\geq \frac{R_2}{R_1 + R_2}V_{DD} - V_{TH}. \quad (17.15)$$

O leitor pode se perguntar por que, no exemplo anterior, nos preocupamos com o valor máximo de R_D. Como veremos mais adiante neste capítulo, o ganho de tensão deste estágio é proporcional a R_D, exigindo que R_D seja maximizado.

> **Você sabia?**
>
> Uma questão importante em circuitos integrados tem sido a implementação de grandes capacitores. Uma estrutura típica consiste em dois condutores paralelos (por exemplo, camadas metálicas usadas como interconectores no *chip*). A dificuldade é que capacitores integrados de mais que uns poucos picofarads consomem uma grande área, aumentando o custo do *chip*. Imagine o que aconteceria se uma aplicação de áudio requeresse um capacitor de 100 nF: a área do capacitor chegaria a 6 por 10 milímetros quadrados, muito maior que o resto do circuito. Por essa razão, muitas técnicas de circuito foram inventadas para evitar o uso de grandes capacitores no *chip*.

O leitor também pode se perguntar como exatamente o microfone seria conectado ao amplificador anterior. Para assegurar que apenas o *sinal* seja aplicado ao circuito e que o nível DC zero do microfone não perturbe a polarização, devemos inserir um dispositivo em série com o microfone que deixe passar o sinal e bloqueie níveis DC, ou seja, um capacitor (Figura 17.15). Esta técnica é um resultado direto do princípio de superposição já invocado: para cálculo de polarização, assumimos que não haja sinais presentes e, portanto, que o capacitor seja um circuito aberto; para cálculos de pequenos sinais, ignoramos os valores de polarização e consideramos o capacitor como um curto-circuito. Como a impedância do capacitor, $1/(C_1 s)$, é inversamente proporcional a seu valor e à frequência de operação, devemos escolher C_1 grande o bastante para que se comporte como um

---

Exemplo 17.8 Na Figura 17.14(b), determinemos a corrente de polarização de M_1, assumindo $V_{TH} = 0{,}5$ V, $\mu_n C_{ox} = 100\ \mu\text{A/V}^2$, $W/L = 5/0{,}18$, $\lambda = 0$, $R_1 = 20\ \text{k}\Omega$ e $R_2 = 15\ \text{k}\Omega$. Qual é o máximo valor permitido para R_D, para que M_1 permaneça em saturação?

Solução Como $V_{GS} = 0{,}771$ V, temos

$$I_D = 102\ \mu\text{A}. \quad (17.16)$$

A tensão de dreno pode cair até a $V_{GS} - V_{TH} = 0{,}271$ V. Assim, a queda de tensão em R_D pode chegar a 1,529 V, permitindo um valor máximo de 15 kΩ para R_D.

Exercício Se o valor de W for dobrado, qual é o máximo valor permitido para R_D, de modo que M_1 permaneça em saturação?

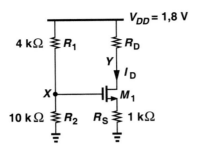

Figura 17.16 Estágio MOS com polarização.

curto-circuito na menor frequência de interesse. Retornaremos a este conceito mais adiante neste capítulo.

17.2.2 Polarização com Degeneração de Fonte

Em algumas aplicações, um resistor pode ser conectado em série com a fonte do transistor, provendo "degeneração de fonte". Nesta topologia, ilustrada na Figura 17.16, a tensão de porta é definida por R_1 e R_2. Assumamos que M_1 opere em saturação e desprezemos a modulação do comprimento do canal. Notando que a corrente de porta é zero, temos

$$V_X = \frac{R_2}{R_1 + R_2} V_{DD}. \qquad (17.17)$$

Como $V_X = V_{GS} + I_D R_S$,

$$\frac{R_2}{R_1 + R_2} V_{DD} = V_{GS} + I_D R_S. \qquad (17.18)$$

E

$$I_D = \frac{1}{2} \mu_n C_{ox} \frac{W}{L} (V_{GS} - V_{TH})^2. \qquad (17.19)$$

As Equações (17.18) e (17.19) podem ser resolvidas para I_D e V_{GS}, seja por iteração ou pelo cálculo de I_D da Equação (17.18) e substituição na Equação (17.19):

$$\left(\frac{R_2}{R_1 + R_2} V_{DD} - V_{GS} \right) \frac{1}{R_S}$$
$$= \frac{1}{2} \mu_n C_{ox} \frac{W}{L} (V_{GS} - V_{TH})^2. \qquad (17.20)$$

Logo,

$$V_{GS} = -(V_1 - V_{TH}) +$$
$$\sqrt{(V_1 - V_{TH})^2 - V_{TH}^2 + \frac{2R_2}{R_1 + R_2} V_1 V_{DD}}, \qquad (17.21)$$

$$= -(V_1 - V_{TH}) +$$
$$\sqrt{V_1^2 + 2V_1 \left(\frac{R_2 V_{DD}}{R_1 + R_2} - V_{TH} \right)}, \qquad (17.22)$$

então,

$$V_1 = \frac{1}{\mu_n C_{ox} \frac{W}{L} R_S}. \qquad (17.23)$$

Este valor de V_{GS} pode, então, ser substituído na Equação (17.18) para fornecer I_D. Obviamente, V_Y deve exceder $V_X - V_{TH}$ para assegurar operação na região de saturação.

Exemplo 17.9 Determinemos a corrente de polarização de M_1 na Figura 17.16, assumindo $V_{TH} = 0{,}5$ V, $\mu_n C_{ox} = 100\ \mu\text{A/V}^2$, $W/L = 5/0{,}18$ e $\lambda = 0$. Qual é o máximo valor permitido para R_D, de modo que M_1 permaneça em saturação?

Solução Temos

$$V_X = \frac{R_2}{R_1 + R_2} V_{DD} \qquad (17.24)$$

$$= 1{,}286\text{ V}. \qquad (17.25)$$

Com valor inicial $V_{GS} = 1$ V, a queda de tensão em R_S pode ser expressa como $V_X - V_{GS} = 286$ mV, fornecendo uma corrente de dreno de 286 μA. Da Equação (17.19), temos

$$V_{GS} = V_{TH} + \sqrt{\frac{2I_D}{\mu_n C_{ox} \frac{W}{L}}} \qquad (17.26)$$

$$= 0{,}954\text{ V}. \qquad (17.27)$$

Por conseguinte,

$$I_D = \frac{V_X - V_{GS}}{R_S} \quad (17.28)$$

$$= 332 \, \mu A, \quad (17.29)$$

logo,

$$V_{GS} = 0,989 \text{ V}. \quad (17.30)$$

Isto nos dá $I_D = 297 \, \mu A$.

Como visto das iterações, a solução converge lentamente. Podemos, portanto, utilizar o resultado exato na Equação (17.22) para evitar cálculos longos. Como $V_1 = 0,36$ V,

$$V_{GS} = 0,974 \text{ V} \quad (17.31)$$

e

$$I_D = \frac{V_X - V_{GS}}{R_S} \quad (17.32)$$

$$= 312 \, \mu A. \quad (17.33)$$

O valor máximo permitido para R_D é obtido quando $V_Y = V_X - V_{TH} = 0,786$ V. Ou seja,

$$R_D = \frac{V_{DD} - V_Y}{I_D} \quad (17.34)$$

$$= 3,25 \text{ k}\Omega. \quad (17.35)$$

Exercício Dobre o valor de R_S e calcule a corrente de polarização.

Exemplo 17.10 No circuito do Exemplo 17.9, assumindo que M_1 esteja em saturação e $R_D = 2,5$ kΩ, calculemos (a) o máximo valor permitido para W/L e (b) o mínimo valor permitido para R_S (com $W/L = 5/0,18$). Assumamos, ainda, $\lambda = 0$.

Solução (a) À medida que o valor de W/L aumenta, M_1 pode conduzir uma corrente maior, para um dado V_{GS}. Com $R_D = 2,5$ kΩ e $V_X = 1,286$ V, o máximo valor de I_D é calculado como

$$I_D = \frac{V_{DD} - V_Y}{R_D} \quad (17.36)$$

$$= 406 \, \mu A. \quad (17.37)$$

A queda de tensão em R_S é, então, igual a 406 mV, fornecendo $V_{GS} = 1,286$ V $- 0,406$ V $= 0,88$ V. Em outras palavras, M_1 deve conduzir uma corrente de 406 μA, com $V_{GS} = 0,88$ V:

$$I_D = \frac{1}{2}\mu_n C_{ox}\frac{W}{L}(V_{GS} - V_{TH})^2 \quad (17.38)$$

$$406 \, \mu A = (50 \, \mu A/V^2)\frac{W}{L}(0,38 \text{ V})^2; \quad (17.39)$$

então,

$$\frac{W}{L} = 56,2. \quad (17.40)$$

(b) Com $W/L = 5/0,18$, o mínimo valor permitido para R_S leva a uma corrente de dreno de 406 μA. Como

$$V_{GS} = V_{TH} + \sqrt{\frac{2I_D}{\mu_n C_{ox} \frac{W}{L}}} \quad (17.41)$$

$$= 1,041 \text{ V}, \quad (17.42)$$

a queda de tensão em R_S é igual a $V_X - V_{GS} = 245$ mV. Portanto,

$$R_S = \frac{V_X - V_{GS}}{I_D} \quad (17.43)$$

$$= 604 \ \Omega. \quad (17.44)$$

Exercício Repita o exemplo anterior para $V_{DD} = 1,5$ V.

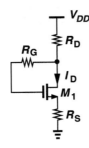

Figura 17.17 Estágio MOS autopolarizado.

17.2.3 Estágio Autopolarizado

Outro esquema de polarização empregado com frequência em circuitos discretos e integrados é mostrado na Figura 17.17. Esse estágio – dito "autopolarizado", porque a tensão de porta é fornecida pelo dreno – tem muitas propriedades interessantes e úteis. O circuito pode ser analisado notando que a queda de tensão em R_G é zero e que M_1 sempre está em saturação (por quê?). Assim,

$$I_D R_D + V_{GS} + R_S I_D = V_{DD}. \quad (17.45)$$

Determinando V_{GS} desta equação e substituindo o resultado na Equação (17.19), temos

$$I_D = \frac{1}{2} \mu_n C_{ox} \frac{W}{L} [V_{DD} - (R_S + R_D)I_D - V_{TH}]^2, \quad (17.46)$$

na qual a modulação do comprimento do canal foi desprezada. Desenvolvendo esta expressão, obtemos

$$(R_S + R_D)^2 I_D^2 - 2\left[(V_{DD} - V_{TH})(R_S + R_D) + \frac{1}{\mu_n C_{ox} \frac{W}{L}}\right] I_D + (V_{DD} - V_{TH})^2 = 0. \quad (17.47)$$

O valor de I_D pode ser obtido da solução da equação quadrática. Conhecido I_D, V_{GS} pode ser calculado.

Exemplo 17.11 Calculemos a corrente de dreno de M_1 na Figura 17.18, assumindo $\mu_n C_{ox} = 100 \ \mu\text{A/V}^2$, $V_{TH} = 0,5$ V e $\lambda = 0$. Que valor de R_D é necessário para reduzir o valor de I_D por um fator de dois?

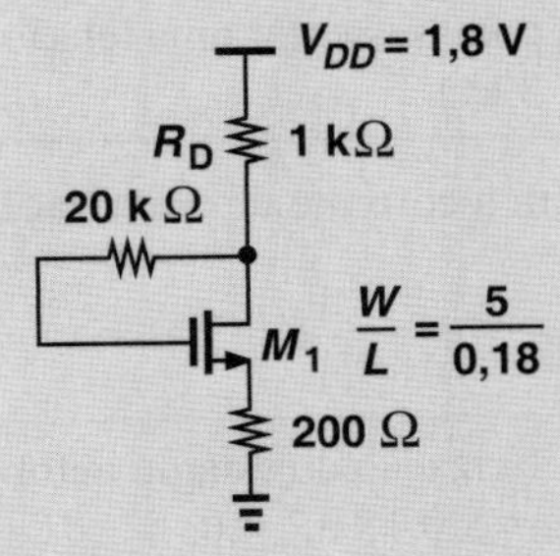

Figura 17.18 Exemplo de estágio MOS autopolarizado.

Solução A Equação (17.47) fornece

$$I_D = 556 \ \mu A. \quad (17.48)$$

Para reduzir o valor de I_D a 278 μA, resolvamos Equação (17.47) para R_D:

$$R_D = 2,867 \ k\Omega. \quad (17.49)$$

Exercício Se o valor de W for quadruplicado, a corrente de polarização aumenta por um fator de quatro?

17.2.4 Polarização de Transistores PMOS

Os esquemas de polarização DC considerados até aqui empregam apenas dispositivos NMOS. Ideias semelhantes também se aplicam a circuitos PMOS, mas atenção deve ser dada às polaridades e relações de tensão que assegurem que o dispositivo opere em saturação. Os seguintes exemplos reforçam estes pontos.

Exemplo 17.12 Determinemos a corrente de polarização de M_1 na Figura 17.19, assumindo $V_{TH} = -0,5$ V, $\mu_n C_{ox} = 50 \ \mu A/V^2$, $W/L = 5/0,18$, $\lambda = 0$, $R_1 = 20 \ k\Omega$ e $R_2 = 15 \ k\Omega$. Qual é o máximo valor permitido para R_D, de modo que M_1 permaneça em saturação?

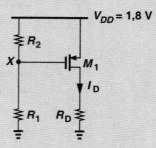

Figura 17.19 Estágio PMOS com polarização.

Solução A tensão porta-fonte do transistor é dada pela queda de tensão em R_2:

$$V_{GS} = -\frac{R_2}{R_1 + R_2} V_{DD} \quad (17.50)$$

$$= -0,771 \ V \quad (17.51)$$

A corrente de dreno é igual a

$$I_D = \frac{1}{2} \mu_p C_{ox} \frac{W}{L} (V_{GS} - V_{TH})^2 \quad (17.52)$$

$$= 56 \ \mu A. \quad (17.53)$$

Para que M_1 permaneça em saturação, sua tensão de dreno pode, no máximo, chegar a um valor igual a V_{TH} acima da tensão de porta. Ou seja, R_D pode sustentar uma tensão máxima $V_X + |V_{TH}| = 1,529$ V. Portanto, o valor máximo permitido para R_D é igual a 27,3 $k\Omega$.

Exercício Se $W/L = 10/0,18$, que valor tem a corrente de polarização?

Exemplo 17.13 Determinemos a corrente de polarização do estágio autopolarizado mostrado na Figura 17.20. Assumamos $V_{TH} = -0,5$ V, $\mu_p C_{ox} = 50 \ \mu A/V^2$, $W/L = 5/0,18$ e $\lambda = 0$.

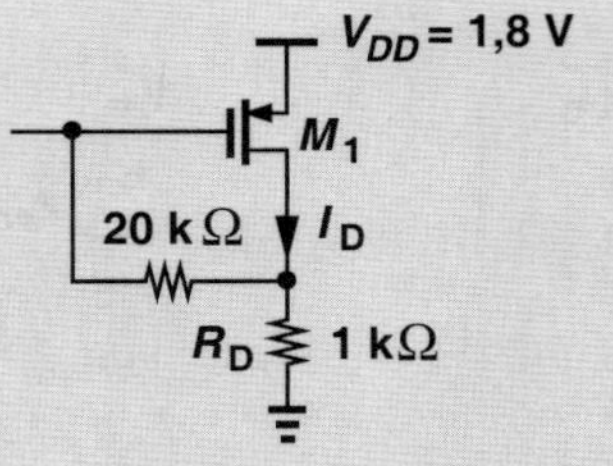

Figura 17.20 Estágio PMOS autopolarizado.

Solução Como $I_D R_D + |V_{GS}| = V_{DD}$, temos

$$I_D = \frac{1}{2}\mu_p C_{ox}\frac{W}{L}(V_{DD} - I_D R_D - |V_{TH}|)^2. \qquad (17.54)$$

Resolvendo esta equação quadrática para I_D, obtemos

$$I_D = 418 \ \mu A. \qquad (17.55)$$

Notemos que o dispositivo sempre está em saturação.

Exercício Que tensão de alimentação fornece uma corrente de polarização de 200 μA?

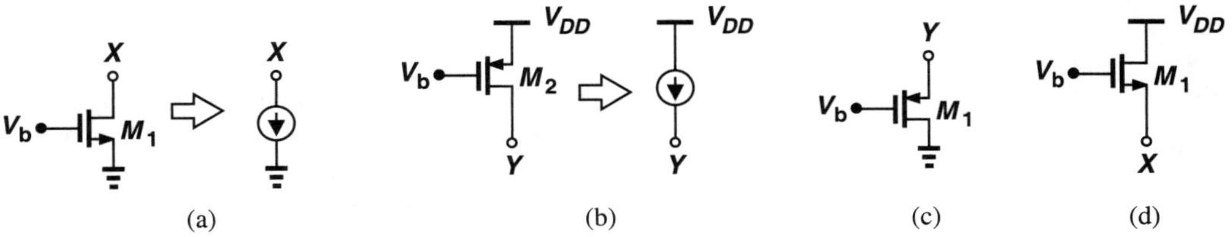

Figura 17.21 (a) Dispositivo NMOS funcionando como fonte de corrente, (b) dispositivo PMOS funcionando como fonte de corrente, (c) topologia PMOS que não funciona como fonte de corrente, (d) topologia NMOS que não funciona como fonte de corrente.

17.2.5 Realização de Fontes de Corrente

Transistores MOS que operem em saturação podem funcionar como fontes de corrente. Como ilustrado na Figura 17.21(a), um dispositivo NMOS atua como uma fonte de corrente com um terminal conectado à terra, ou seja, puxa corrente do nó X para a terra. Um transistor PMOS [Figura 17.21(b)], por sua vez, puxa corrente de V_{DD} para o nó Y. Se $\lambda = 0$, estas correntes permanecem independentes de V_X ou V_Y (desde que os transistores estejam em saturação).

É importante entender que apenas o terminal de *dreno* de um MOSFET pode puxar uma corrente DC e ainda apresentar impedância elevada. Especificamente, dispositivos NMOS ou PMOS configurados como indicado nas Figuras 17.21(c) e (d) *não* funcionam como fontes de corrente, pois a variação de V_X ou V_Y altera diretamente a tensão porta-fonte de cada transistor, alterando a corrente de dreno de forma considerável. Para melhorar o entendimento, o leitor é estimulado a provar que a resistência de pequenos sinais vista no nó Y ou X (do nó à terra) destes circuitos é igual a $1/g_m$, um valor relativamente baixo.

17.3 TOPOLOGIAS DE AMPLIFICADORES CMOS

Após o estudo detalhado da polarização, podemos, agora, voltar a atenção às topologias de amplificadores e examinar suas propriedades de pequenos sinais.[6]

Como o transistor MOS tem três terminais,[7] concluímos que existem três possíveis maneiras de aplicar o sinal de entrada ao dispositivo, como ilustrado de forma conceitual nas Figuras 17.22(a)–(c). De modo similar, o sinal de saída pode ser colhido em qualquer dos terminais (em relação à terra). [Figura 17.22(d)–(f)]. Assim, há nove possíveis combinações de circuitos de entrada e de saída e, portanto, nove topologias de amplificadores.

---

[6] O comportamento de grandes sinais de amplificadores, que está além do escopo deste livro, também é importante em muitas aplicações.
[7] O substrato também atua como um terminal através do efeito de corpo; mas, aqui, desprezamos este fenômeno.

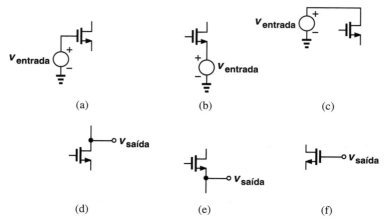

Figura 17.22 Possíveis conexões de entrada e de saída de um transistor MOSFET.

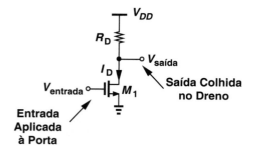

Figura 17.23 Estágio fonte comum.

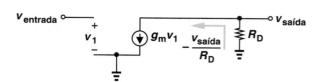

Figura 17.24 Modelo de pequenos sinais do estágio FC.

Entretanto, como visto no Capítulo 6, MOSFETs que operem na região de saturação respondem à variação da tensão porta-fonte com variação da corrente de dreno. Essa propriedade elimina a conexão de entrada mostrada na Figura 17.22(c), pois, neste caso, $V_{entrada}$ não afeta a tensão da porta ou a da fonte. Além disso, a topologia na Figura 17.22(f) não tem utilidade, pois $V_{saída}$ não pode ser variado por meio de variação da corrente de dreno. Portanto, o número de possibilidades se reduz a quatro. Contudo, notemos que as conexões de entrada e de saída nas Figuras 17.22(b) e (e) permanecem incompatíveis, pois $V_{saída}$ seria colhido no nó de *entrada* (a fonte) e o circuito não teria funcionalidade.

As observações anteriores revelam três possíveis topologias de amplificadores. Estudaremos cada uma em detalhe e calcularemos o ganho, assim como as correspondentes impedâncias de entrada e de saída. Em todos os casos, consideraremos que os MOSFETs operem em saturação. Antes de prosseguir, o leitor é encorajado a rever os Exemplos 17.2–17.4 e as três regras resultantes, ilustradas na Figura 17.7.

17.4 TOPOLOGIA FONTE COMUM

Se o sinal de entrada for aplicado à porta [Figura 17.22(a)] e a saída for colhida no dreno [Figura 17.22(d)], o circuito é chamado de estágio "fonte comum" (FC) (Figura 17.23). Já encontramos e analisamos este circuito em diferentes contextos, sem dar um nome a ele. O termo "fonte comum" é usado porque o terminal de fonte é aterrado e, por conseguinte, aparece *em comum* com as portas de entrada e de saída. No entanto, identificamos o estágio com base nas conexões de entrada e de saída (na porta e no dreno, respectivamente), para evitar confusão no caso de topologias mais complexas.

O estudo do amplificador FC será feito em duas etapas: (a) análise do núcleo FC, para entender suas propriedades básicas e (b) análise do estágio FC, incluindo circuitos de polarização, para uma situação mais realista.

Análise do Núcleo FC Recordemos, da definição de transcondutância, que um pequeno incremento ΔV aplicado à base de M_1 na Figura 17.23 aumenta a corrente de dreno de um valor $g_m \Delta V$ e, por conseguinte, a queda de tensão em R_D de um valor $g_m \Delta V R_D$. Para analisar as propriedades de amplificação do estágio FC, construímos o equivalente de pequenos sinais do circuito, mostrado na Figura 17.24. Como explicado no Capítulo 6, o nó de alimentação de tensão, V_{DD}, atua como terra AC, pois seu valor permanece constante no tempo. Por ora, desprezaremos a modulação do comprimento do canal.

Calculemos o ganho de tensão de pequenos sinais, $A_v = v_{saída}/v_{entrada}$. Iniciando na porta de saída e escrevendo uma LCK no nó de dreno, temos

$$-\frac{v_{saída}}{R_D} = g_m v_1, \tag{17.56}$$

e $v_1 = v_{entrada}$. E obtemos

$$A_v = -g_m R_D. \tag{17.57}$$

Exemplo 17.14

Calculemos o ganho de tensão de pequenos sinais do estágio FC mostrado na Figura 17.25, com $I_D = 1$ mA, $\mu_n C_{ox} = 100\ \mu A/V^2$, $V_{TH} = 0{,}5$ V e $\lambda = 0$. Comprovemos que M_1 opera em saturação.

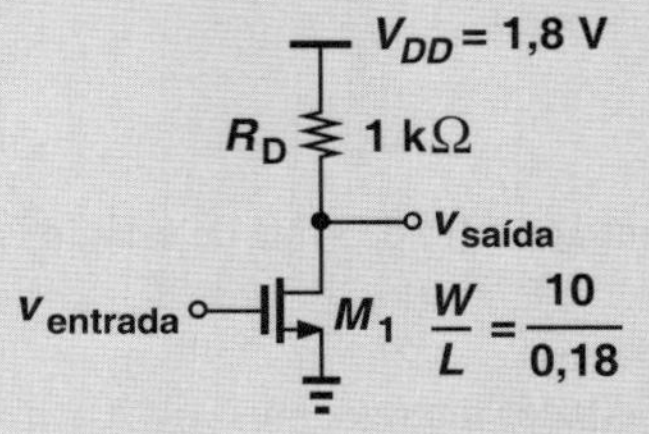

Figura 17.25 Exemplo de estágio FC.

Solução Temos

$$g_m = \sqrt{2\mu_n C_{ox} \frac{W}{L} I_D} \tag{17.58}$$

$$= \frac{1}{300\ \Omega}. \tag{17.59}$$

Portanto,

$$A_v = -g_m R_D \tag{17.60}$$

$$= 3{,}33. \tag{17.61}$$

Para comprovar a região de operação, primeiro determinemos a tensão porta-fonte

$$V_{GS} = V_{TH} + \sqrt{\frac{2I_D}{\mu_n C_{ox} \frac{W}{L}}} \tag{17.62}$$

$$= 1{,}1\ V. \tag{17.63}$$

A tensão de dreno é igual a $V_{DD} - R_D I_D = 0{,}8$ V. Como $V_{GS} - V_{TH} = 0{,}6$ V, o dispositivo, de fato, opera em saturação e tem uma margem de 0,2 V em relação à região de triodo. Por exemplo, se o valor de R_D for dobrado, com a intenção de dobrar o valor de A_V, M_1 entrará na região de triodo e a transcondutância cairá.

Exercício Suponha que dobremos o valor de W e escolhamos o valor de R_D de modo que M_1 fique na fronteira da região de saturação. O ganho resultante é maior ou menor que o valor do exemplo anterior?

Exemplo 17.15

Projetemos um núcleo FC com $V_{DD} = 1{,}8$ V e orçamento de potência, P, de 1 mW, para alcançar ganho de tensão de 5. Assumamos $V_{TH} = 0{,}5$ V, $\mu_n C_{ox} = 100\ \mu A/V^2$, $W/L = 5/0{,}18$ e $\lambda = 0$.

Solução Como $P = I_D V_{DD}$, o núcleo pode puxar uma corrente de polarização máxima de 556 μA. Com essa corrente, a transcondutância chega a $g_m = \sqrt{2\mu_n C_{ox}(W/L)I_D} = 1/(569\ \Omega)$, o que, para um ganho de 5, requer $R_D = 2.845\ \Omega$.

As escolhas da corrente de polarização e do resistor de carga se conformam à tensão de alimentação? Ou seja, M_1 opera em saturação? Devemos, primeiro, calcular $V_{GS} = V_{TH} + \sqrt{2I_D/(\mu_n C_{ox} W/L)}$. Com $I_D = 556\ \mu A$, temos $V_{GS} = 1{,}133$ V. A tensão de polarização de dreno, por sua vez, é igual a $V_{DD} - R_D I_D = 0{,}218$ V. Infelizmente, a tensão de dreno é menor que $V_{GS} - V_{TH} = 0{,}633$ V, impedindo que M_1 opere em saturação! Ou seja, não existe solução.

Exercício Existe solução se o orçamento de potência for reduzido para 1 mW?

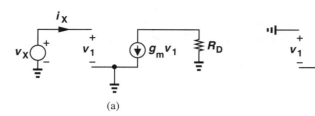

Figura 17.26 Cálculo de impedâncias (a) de entrada e (b) de saída do estágio FC.

A Equação (17.57) incorpora duas propriedades interessantes e importantes do estágio FC. Primeira, o ganho de pequenos sinais é *negativo*, pois, na Figura 17.23, o aumento da tensão de porta e, por conseguinte, da corrente de dreno *reduz* $V_{saída}$. Segunda, A_v é proporcional a $g_m = \sqrt{2\mu_n C_{ox}(W/L)I_D}$ (ou seja, à razão de aspecto do dispositivo e à corrente de polarização de dreno) e ao resistor de dreno, R_D.

Vale ressaltar que o ganho de tensão do estágio é limitado pela tensão de alimentação. Uma maior corrente de dreno ou um maior resistor R_D acarreta maior queda de tensão em R_D, cujo valor não pode exceder V_{DD}.

Escrevendo o ganho de tensão como

$$A_v = -\sqrt{2\mu_n C_{ox}\frac{W}{L}I_D}R_D, \quad (17.64)$$

concluímos que o ganho pode ser tornar arbitrariamente alto se o valor de W/L for aumentado indefinidamente. Entretanto, na verdade, à medida que a largura do dispositivo aumenta (enquanto a corrente de dreno permanece constante), surge um efeito denominado "condução sublimiar", que limita a transcondutância. O estudo deste efeito está além do escopo do livro, mas devemos ter em mente que, aumentando apenas o valor de W/L, não é possível aumentar a transcondutância de um MOSFET de modo arbitrário.

Agora, calculemos as impedâncias I/O do estágio FC. Usando o circuito equivalente representado na Figura 17.26(a), escrevemos

$$R_{entrada} = \frac{v_X}{i_X} \quad (17.65)$$

$$= \infty. \quad (17.66)$$

A impedância de entrada muito alta é essencial em muitas aplicações.

A impedância de saída é obtida da Figura 17.26(b), na qual a fonte de tensão de entrada é fixada em zero (substituída por um curto-circuito). Como $v_1 = 0$, a fonte de corrente controlada também é zero; logo, R_D é a única componente vista por v_X. Em outras palavras,

$$R_{saída} = \frac{v_X}{i_X} \quad (17.67)$$

$$= R_D. \quad (17.68)$$

Existe, portanto, uma relação de permuta entre impedância de saída e o ganho de tensão, $-g_m R_D$.

Inclusão da Modulação do Comprimento do Canal A Equação (17.57) sugere que o ganho de tensão do estágio FC possa ser aumentado indefinidamente se $R_D \to \infty$ e g_m permanecer constante. De um ponto de vista intuitivo, uma dada variação na tensão de entrada – e, por conseguinte, na corrente de dreno – dá origem a uma excursão de saída crescente à medida que R_D aumenta.

Entretanto, na verdade, a modulação do comprimento do canal limita o ganho de tensão, mesmo que R_D tenda ao infinito. Uma vez que a obtenção de alto ganho é importante em alguns circuitos, como amplificadores operacionais, reexaminemos a dedução anterior na presença da modulação do comprimento do canal.

A Figura 17.27 mostra o circuito equivalente de pequenos sinais do estágio FC, incluindo a resistência de saída do tran-

---

Exemplo 17.16 O ganho de tensão de um estágio FC é reduzido por um fator de dois quando a modulação do comprimento do canal é incluída. Qual é o λ do transistor?

Solução A redução pelo fator dois indica que $r_O = R_D$. Do Capítulo 6, sabemos que $r_O = 1/(\lambda I_D)$, em que I_D é a corrente de polarização. Portanto,

$$\lambda = \frac{1}{I_D R_D}. \quad (17.71)$$

Exercício Que valor de λ reduz o ganho em 10 % quando a modulação do comprimento do canal é incluída?

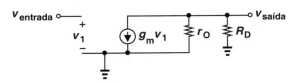

Figura 17.27 Estágio FC incluindo a modulação do comprimento do canal.

$$A_v = -g_m(R_D\|r_O). \quad (17.69)$$

Notemos, também, que a impedância de entrada permanece infinita, enquanto a impedância de saída é reduzida para

$$R_{saída} = R_D\|r_O. \quad (17.70)$$

O que acontece quando $R_D \to \infty$? O próximo exemplo ilustra este caso.

sistor. Notemos que r_O aparece em paralelo com R_D, o que nos permite reescrever a Equação (17.57) como

Exemplo 17.17 Assumindo que M_1 opere em saturação, determinemos o ganho de tensão do circuito representado na Figura 17.28(a) e desenhemos o gráfico do resultado em função do comprimento do canal do transistor, sendo os outros parâmetros mantidos constantes.

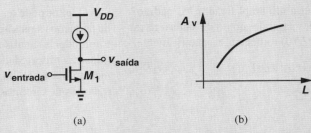

Figura 17.28 (a) Estágio FC com fonte de corrente ideal como carga, (b) ganho em função do comprimento do canal do dispositivo.

Solução A fonte de corrente ideal apresenta uma resistência de pequenos sinais infinita, permitindo o uso da Equação (17.69) com $R_D = \infty$:

$$A_v = -g_m r_O. \quad (17.72)$$

Chamado de "ganho intrínseco", esse é o mais alto ganho que um transistor isolado pode prover e, para dispositivos MOS, tem valor no intervalo 10–30. Escrevendo $g_m = \sqrt{2\mu_n C_{ox}(W/L)I_D}$ e $r_O = (\lambda I_D)^{-1}$, temos

$$|A_v| = \frac{\sqrt{2\mu_n C_{ox}\dfrac{W}{L}}}{\lambda\sqrt{I_D}}. \quad (17.73)$$

Este resultado pode implicar que $|A_v|$ diminua à medida que L aumenta; mas, recordemos, do Capítulo 6, que $\lambda \propto L^{-1}$:

$$|A_v| \propto \sqrt{\dfrac{2\mu_n C_{ox} W L}{I_D}}. \quad (17.74)$$

Em consequência, $|A_v|$ aumenta com L [Figura 17.28(b)] e diminui com I_D.

Exercício O que acontece ao ganho se os valores de W e de I_D forem dobrados? Isto é equivalente a conectar dois transistores em paralelo.

17.4.1 Estágio Fonte Comum com Fonte de Corrente como Carga

Como visto no exemplo anterior, o ganho de um estágio FC pode ser maximizado com a substituição do resistor de carga por uma fonte de corrente. No entanto, como esta fonte de corrente é implementada? A observação feita em relação à Figura 17.21(b) sugere o uso de um dispositivo PMOS como carga para um amplificador FC NMOS [Figura 17.29(a)].

Determinemos o ganho de pequenos sinais e a impedância de saída do circuito. Focando, primeiro, M_2 e desenhando o circuito como na Figura 17.29(b), notemos que a tensão porta-fonte de M_2 é constante, ou seja, $v_1 = 0$ (pois v_1 denota variações em V_{GS}) e, portanto, $g_{m2}v_1 = 0$. Assim, M_2 se comporta como um

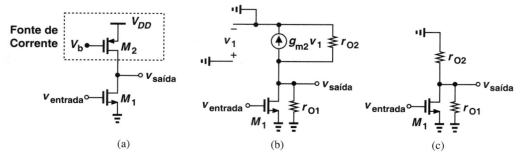

Figura 17.29 (a) Estágio FC usando um dispositivo PMOS como fonte de corrente, (b) modelo de pequenos sinais de M_2, (c) circuito simplificado.

resistor igual à sua própria impedância de saída. Observando que esta impedância é conectada entre o nó de saída e a terra AC, redesenhemos o circuito como indicado na Figura 17.29(c), na qual a resistência de saída de M_1 é mostrada explicitamente. Este estágio é, de fato, similar a um amplificador FC padrão, exceto pelos dois resistores em paralelo, do nó de saída à terra AC. As Equações (17.69) e (17.70) fornecem, respectivamente,

$$A_v = -g_{m1}(r_{O1}\|r_{O2}) \qquad (17.75)$$

$$R_{saída} = r_{O1}\|r_{O2}. \qquad (17.76)$$

Concluímos que a inclusão de uma fonte de corrente realista reduz o ganho do valor intrínseco ($g_m r_O$) para o valor dado na Equação (17.75) – uma redução por um fator de dois, aproximadamente.

O leitor pode ter notado que usamos circuitos equivalentes de pequenos sinais apenas de modo esporádico. Nosso objetivo é aprender a "análise por inspeção", ou seja, desejamos determinar as propriedades de um circuito apenas olhando para o mesmo! Essa habilidade se torna mais importante à medida que tratamos de circuitos mais complexos.

Exemplo 17.18 A Figura 17.30(a) mostra um estágio FC PMOS que usa uma fonte de corrente NMOS como carga. Calculemos o ganho de tensão do circuito.

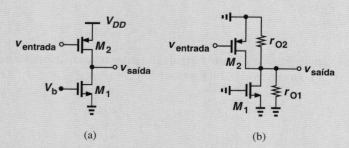

Figura 17.30 (a) Estágio FC usando um dispositivo NMOS como carga, (b) circuito simplificado.

Solução Aqui, M_2 atua como dispositivo de "entrada" e M_1, como fonte de corrente. Portanto, M_2 gera uma corrente de pequenos sinais igual a $g_{m2}v_{entrada}$, que, como mostrado na Figura 17.30(b), flui por $r_{O1}\|r_{O2}$ e produz $v_{saída} = -g_{m2}v_{entrada}(r_{O1}\|r_{O2})$. Logo,

$$A_v = -g_{m2}(r_{O1}\|r_{O2}). \qquad (17.77)$$

Exercício Para uma dada corrente de polarização, o ganho aumenta se L_1 aumentar?

17.4.2 Estágio Fonte Comum com Dispositivo Conectado como Diodo como Carga

Como explicado no Capítulo 6, um MOSFET com porta e dreno curto-circuitados atua como um dispositivo de dois terminais, com impedância $(1/g_m)\|r_O \approx 1/g_m$. Em algumas aplicações, podemos usar um MOSFET conectado como diodo como carga de dreno. Esta topologia, ilustrada na Figura 17.31(a), apresenta ganho moderado, devido à relativamente baixa impedância do dispositivo conectado como diodo. Com $\lambda = 0$, M_2 tem resistência de pequenos sinais igual a $1/g_{m2}$; com isto, $A_v = -g_m R_D$ passa a

$$A_v = -g_{m1} \cdot \frac{1}{g_{m2}} \qquad (17.78)$$

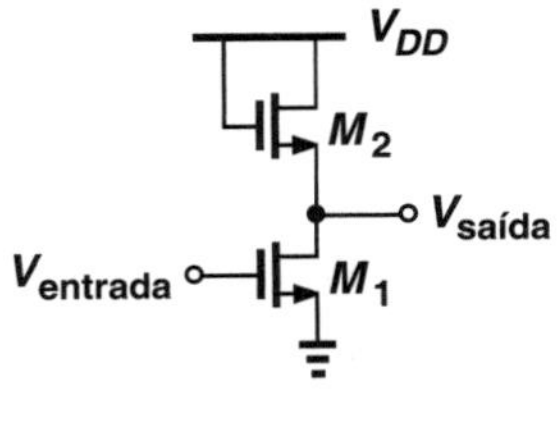

Amplificadores CMOS

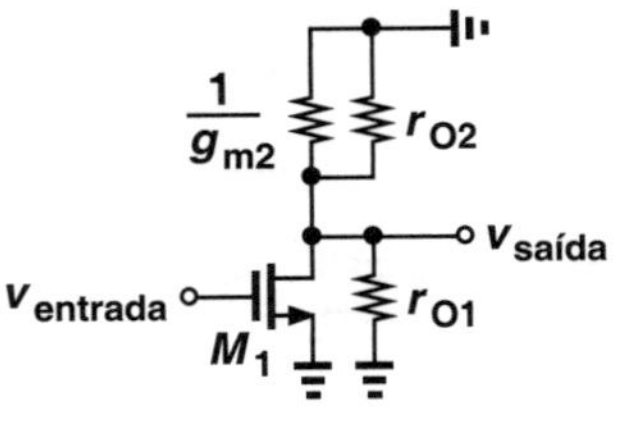

Figura 17.31 (a) Estágio MOS usando dispositivo conectado como diodo como carga, (b) modelo simplificado de (a).

$$= -\frac{\sqrt{2\mu_n C_{ox}(W/L)_1 I_D}}{\sqrt{2\mu_n C_{ox}(W/L)_2 I_D}} \quad (17.79)$$

$$= -\sqrt{\frac{(W/L)_1}{(W/L)_2}}. \quad (17.80)$$

É interessante observar que o ganho é dado pelas dimensões de M_1 e M_2, e permanece independente dos parâmetros de processo μ_n e C_{ox} e da corrente de dreno I_D.

Uma expressão mais precisa para o ganho do estágio da Figura 17.31(a) deve levar em conta a modulação do comprimento do canal. Como ilustrado na Figura 17.31(b), a resistência vista no dreno é igual a $(1/g_{m2})||r_{O2}||r_{O1}$; logo

$$A_v = -g_{m1}\left(\frac{1}{g_{m2}}||r_{O2}||r_{O1}\right). \quad (17.81)$$

De modo similar, a resistência de saída do estágio é dada por

$$R_{saída} = \frac{1}{g_{m2}}||r_{O2}||r_{O1}. \quad (17.82)$$

Exemplo 17.19

Determinemos o ganho de tensão do circuito representado na Figura 17.32, com $\lambda \neq 0$.

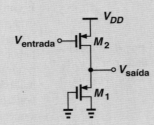

Figura 17.32 Estágio FC com dispositivo PMOS conectado como diodo.

Solução Este estágio é similar ao da Figura 17.31(a), exceto que os dispositivos NMOS foram substituídos por transistores PMOS: M_1 atua como dispositivo fonte comum e M_2, como carga conectada como diodo. Assim,

$$A_v = -g_{m2}\left(\frac{1}{g_{m1}}||r_{O1}||r_{O2}\right). \quad (17.83)$$

Exercício Calcule o ganho quando a porta de M_1 é conectada a uma tensão constante de 0,5 V.

17.4.3 Estágio Fonte Comum com Degeneração de Fonte

Em muitas aplicações, o núcleo FC é modificado como indicado na Figura 17.33(a), onde um resistor R_S aparece em série com a fonte. Esta técnica, chamada de "degeneração de fonte", melhora a "linearidade" do circuito e provê diversas outras propriedades interessantes, estudadas em textos mais avançados.

Como no caso do núcleo FC, desejamos determinar o ganho de tensão e as impedâncias I/O do circuito, admitindo que M_1 seja polarizado de forma apropriada. Antes da análise detalhada, é conveniente que façamos algumas observações qualitativas. Suponhamos que o sinal de entrada eleve a tensão de porta de ΔV [Figura 17.33(b)]. Contudo, se R_S fosse zero, a tensão porta-fonte também aumentaria de ΔV e produziria uma variação $g_m \Delta V$ na corrente de dreno. No entanto, com $R_S \neq 0$, uma fração de ΔV aparece em R_S, fazendo com que a variação de V_{GS} seja *menor* que ΔV. Em consequência, a variação da corrente de dreno também é menor que $g_m \Delta V$. Portanto, esperamos que o ganho de tensão do estágio degenerado seja *menor* que o do

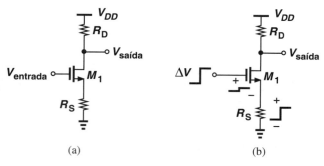

Figura 17.33 (a) Estágio FC com degeneração, (b) efeito de uma variação na tensão de entrada.

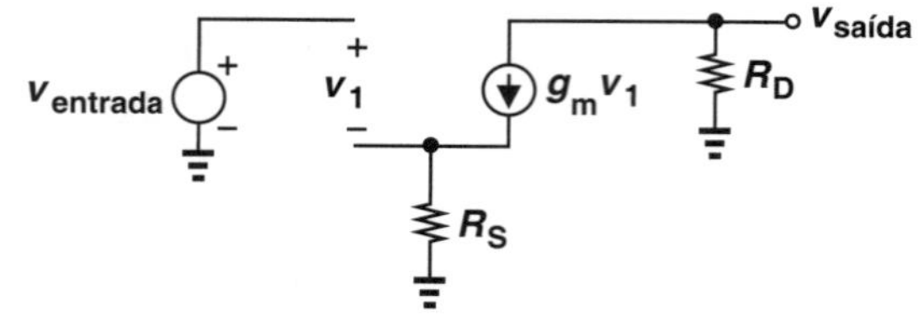

Figura 17.34 Modelo de pequenos sinais do estágio FC com degeneração de fonte.

núcleo FC sem degeneração. Embora indesejável, esta redução no ganho melhora outros aspectos do desempenho do circuito.

Agora, quantifiquemos as observações anteriores por meio da análise do comportamento de pequenos sinais do circuito. A Figura 17.34 mostra o circuito equivalente de pequenos sinais, em que V_{DD} foi substituído por uma terra AC e a modulação do comprimento do canal foi desprezada. Para determinar $v_{saída}/v_{entrada}$, primeiro escrevamos uma LCK no nó de saída:

$$g_m v_1 = -\frac{v_{saída}}{R_D}, \quad (17.84)$$

e obtemos

$$v_1 = -\frac{v_{saída}}{g_m R_D}. \quad (17.85)$$

Notemos, ainda, que a corrente que flui por R_S é igual a $g_m v_1$. Dessa forma, a queda de tensão em R_S é dada por $g_m v_1 R_S$. Como a soma da queda de tensão em R_S e v_1 deve ser igual a $v_{entrada}$, temos

$$v_{entrada} = v_1 + g_m v_1 R_S \quad (17.86)$$

$$= \frac{-v_{saída}}{g_m R_D}(1 + g_m R_S). \quad (17.87)$$

Portanto,

$$\frac{v_{saída}}{v_{entrada}} = -\frac{g_m R_D}{1 + g_m R_S}. \quad (17.88)$$

Como predito, para $R_S \neq 0$, a magnitude do ganho de tensão é menor que $g_m R_D$.

Para uma interpretação interessante da Equação (17.88), dividamos numerador e denominador por g_m:

$$A_v = -\frac{R_D}{\dfrac{1}{g_m} + R_S}. \quad (17.89)$$

É conveniente memorizar este resultado como "o ganho do estágio FC degenerado é igual à resistência total vista no dreno (para a terra) dividida por $1/g_m$ mais a resistência total conectada entre a fonte e a terra". (Nas descrições verbais, em geral, ignoramos o sinal negativo no ganho, estando implícita sua inclusão.) Esta e outras interpretações similares são ferramentas poderosas para a análise por inspeção – muitas vezes eliminam a necessidade de desenhar circuitos de pequenos sinais.

A impedância de entrada do estágio FC degenerado é infinita. O que podemos dizer sobre a impedância de saída? Considerando o circuito equivalente mostrado na Figura 17.36, notemos que a corrente que flui por R_S é igual a $g_m v_1$, e que a

---

Exemplo 17.20 Calculemos o ganho de tensão do circuito mostrado na Figura 17.35(a), com $\lambda = 0$.

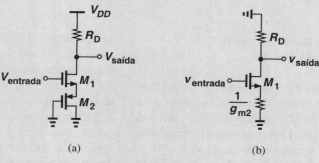

Figura 17.35 (a) Exemplo de estágio FC com degeneração, (b) circuito simplificado.

Solução O transistor M_1 funciona como dispositivo conectado como diodo e apresenta impedância $1/g_{m2}$ [Figura 17.35(b)]. Portanto, o ganho é dado pela Equação (17.89), com R_S substituído por $1/g_{m2}$:

$$A_v = -\frac{R_D}{\dfrac{1}{g_{m1}} + \dfrac{1}{g_{m2}}}. \qquad (17.90)$$

Exercício Repita o exemplo anterior assumindo $\lambda \neq 0$ para M_2.

---

soma de v_1 com a queda de tensão em R_S deve ser igual a zero (por quê?):

$$g_m v_1 R_S + v_1 = 0. \qquad (17.91)$$

Ou seja, $v_1 = 0$, indicando que a totalidade de i_X flui por R_D. Logo,

$$\frac{v_X}{i_X} = R_D, \qquad (17.92)$$

Este resultado é igual ao de um estágio não degenerado.

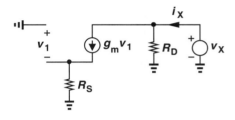

Figura 17.36 Circuito equivalente para cálculo da impedância de saída.

Exemplo 17.21 Um estágio FC incorpora um dispositivo MOS cuja transcondutância é igual a $1/(200\,\Omega)$. Se os ganhos de tensão do circuito sem e com degeneração forem, respectivamente, 8 e 4, calculemos R_S e a impedância de saída. Assumamos $\lambda = 0$.

Solução Sem degeneração, $g_m R_D = 8$; logo, $R_D = 1{,}6$ kΩ. Com degeneração,

$$\frac{g_m R_D}{1 + g_m R_S} = 4, \qquad (17.93)$$

resultando em $R_S = 1/g_m = 200\,\Omega$.

Exercício Qual é o ganho de tensão se o valor de R_S for reduzido para 50 Ω?

Você sabia?

Degeneração de fonte tem aplicação em muitos circuitos, por exemplo, em "equalizadores" de alta velocidade. Consideremos uma transmissão de dados à taxa de 1 gigabit por segundo por um cabo de ethernet (CAT-5). Como o cabo atenua altas frequências [Figura (a)], o seguimos com o circuito que *amplifique* estas frequências por um fator maior que para as baixas frequências. Esse tipo de circuito é denominado equalizador e pode ser implementado como um estágio FC degenerado [Figura (b)]. Aqui, um capacitor é posicionado em paralelo com R_S; à medida que a frequência aumenta, a impedância do capacitor diminui, reduzindo o grau de degeneração e elevando o ganho de tensão. Essa situação surge na comunicação entre um computador e um servidor ou entre dois *chips* em uma placa de computador.

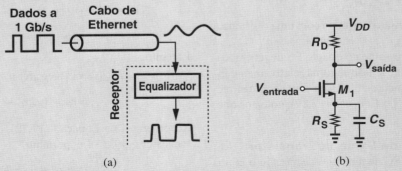

(a) Cabo com perda usado na transmissão de dados de alta velocidade, (b) circuito equalizador baseado em degeneração capacitiva.

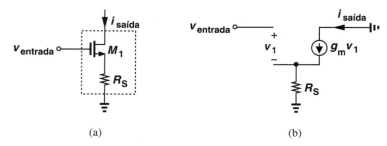

Figura 17.37 (a) MOSFET degenerado visto como uma caixa preta, (b) equivalente de pequenos sinais.

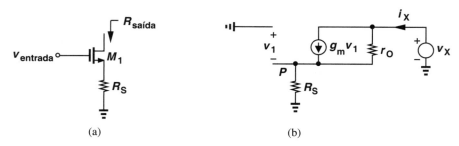

Figura 17.38 (a) Impedância de saída do estágio degenerado, (b) circuito equivalente.

Para um melhor entendimento, o estágio FC degenerado pode ser analisado de uma perspectiva diferente. Coloquemos o transistor e o resistor de fonte em uma caixa-preta de três terminais [Figura 17.37(a)]. Para operação em pequenos sinais, podemos interpretar a caixa-preta como um novo transistor (ou dispositivo "ativo") e modelar seu comportamento por novos valores de transcondutância e impedâncias. A transcondutância equivalente, que denotaremos por G_m para evitar confusão com g_m de M_1, é obtida da Figura 17.37(b). Como a corrente que flui por R_S é igual a $i_{saída}$ e como a soma da queda de tensão neste resistor e v_1 deve ser igual a $v_{entrada}$, temos $v_1 + g_m v_1 R_S = v_{entrada}$; logo, $v_1 = v_{entrada}/(1 + g_m R_S)$. Portanto,

$$i_{saída} = g_m v_1 \quad (17.94)$$

$$= g_m \frac{v_{entrada}}{1 + g_m R_S}, \quad (17.95)$$

Logo,

$$G_m = \frac{i_{saída}}{v_{entrada}} \quad (17.96)$$

$$= \frac{g_m}{1 + g_m R_S}. \quad (17.97)$$

Por exemplo, o ganho de tensão do estágio com uma resistência de carga R_D é dado por $-G_m R_D$.

Uma propriedade interessante do estágio FC degenerado é que, se $g_m R_S \gg 1$, o ganho de tensão se torna relativamente independente da transcondutância do transistor e, por conseguinte, da corrente de polarização. Da Equação (17.89), notamos que, neste caso, $A_v \to -R_D/R_S$.

Efeito da Resistência de Saída do Transistor Até aqui, a análise do estágio FC degenerado desprezou o efeito da modulação do comprimento do canal. Embora esteja além do escopo do livro, a dedução das propriedades do circuito na presença deste efeito é delineada no Exercício 17.31 para o leitor interessado. Contudo, exploremos um aspecto particular do circuito, a resistência de saída, que provê a base para diversas outras topologias estudadas mais tarde.

Nosso objetivo é determinar a impedância de saída vista no dreno de um transistor degenerado [Figura 17.38(a)]. Sabemos que, se $R_S = 0$, $R_{saída} = r_O$. Além disso, se $\lambda = 0$, $R_{saída} = \infty$ (por quê?). Para incluir a modulação do comprimento do canal, desenhemos o circuito equivalente de pequenos sinais como na Figura 17.38(b), aterrando o terminal de entrada. Um erro comum consiste em escrever $R_{saída} = r_O + R_S$. Como $g_m v_1$ flui do nó de saída para P, os resistores r_O e R_S não estão em série. Notemos que a corrente que flui por R_S é igual a i_X. Assim,

$$v_1 = -i_X R_S, \quad (17.98)$$

na qual o sinal negativo se deve ao fato de o lado positivo de v_1 estar aterrado. Notemos, ainda, que r_O conduz uma corrente $i_X - g_m v_1$ e, portanto, sustenta uma tensão $(i_X - g_m v_1)r_O$. Somando essa tensão à queda de tensão em R_S ($= -v_1$) e igualando o resultado a v_X, obtemos

$$v_X = (i_X - g_m v_1)r_O - v_1 \quad (17.99)$$

$$= (i_X + g_m i_X R_S)r_O + i_X R_S. \quad (17.100)$$

Portanto,

$$R_{saída} = (1 + g_m R_S)r_O + R_S \quad (17.101)$$

$$= r_O + (g_m r_O + 1)R_S. \quad (17.102)$$

Recordemos, da Equação (17.72), que o ganho intrínseco do transistor $g_m r_O \gg 1$ e, portanto,

$$R_{saída} \approx r_O + g_m r_O R_S \quad (17.103)$$

$$\approx r_O(1 + g_m R_S). \quad (17.104)$$

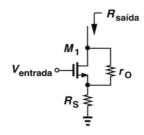

Figura 17.39 Estágio com ilustração explícita de r_O.

É interessante observar que a degeneração de fonte *eleva* a impedância de saída de r_O para o valor anterior, ou seja, por um fator de $1 + g_m R_S$.

O leitor pode questionar se o aumento na resistência de saída é desejável ou indesejável. A "elevação" da resistência de saída em consequência da degeneração é muito útil em configurações de circuitos e leva a amplificadores de ganhos mais altos e, também, cria fontes de corrente mais ideais. Estes conceitos são estudados no Capítulo 9.

Na análise de circuitos, algumas vezes, desenhamos a resistência de saída do transistor explicitamente, para enfatizar sua significância (Figura 17.39). Esta representação assume que M_1 não contenha outra resistência r_O.

Exemplo 17.22 Desejamos projetar uma fonte de corrente NMOS de 1 mA e resistência de saída de 20 kΩ. Assumamos $\mu_n C_{ox} = 100\,\mu A/V^2$ e $\lambda = 0{,}25\,V^{-1}$. Calculemos a razão de aspecto do dispositivo e a resistência de degeneração, admitindo que o valor mínimo tolerado para V_{DS} seja 0,3 V.

Solução Fixando a tensão de sobrecarga do transistor em 0,3 V (para que tolere V_{DS} mínimo do mesmo valor), escrevamos

$$g_m = \frac{2I_D}{V_{GS} - V_{TH}} \tag{17.105}$$

$$= \frac{1}{150\,\Omega}. \tag{17.106}$$

Como $g_m = \mu_n C_{ox}(W/L)(V_{GS} - V_{TH})$, temos $W/L = 222$. Além disso, $r_O = 1/(\lambda I_D) = 4$ kΩ. Para que a resistência de saída chegue a 20 kΩ,

$$(1 + g_m R_S) r_O + R_S = 20\,k\Omega, \tag{17.107}$$

portanto,

$$R_S = 578\,\Omega. \tag{17.108}$$

Exercício Calcule a resistência de saída para $I_D = 1$ mA, $V_{DS} = 0{,}15$ V e $R_S = 200$ Ω.

Exemplo 17.23 Calculemos a resistência de saída do circuito da Figura 17.40(a), admitindo que M_1 e M_2 sejam idênticos.

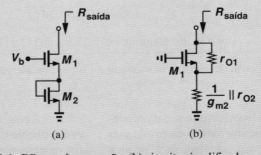

Figura 17.40 (a) Exemplo de estágio FC com degeneração, (b) circuito simplificado.

Solução O dispositivo conectado com diodo M_2 pode ser representado por uma resistência de pequenos sinais $(1/g_{m2})\|r_{O2} \approx 1/g_{m2}$. O transistor M_1 é degenerado por esta resistência; da Equação (17.101),

$$R_{saída} = r_{O1}\left(1 + g_{m1}\frac{1}{g_{m2}}\right) + \frac{1}{g_{m2}} \quad (17.109)$$

que, com $g_{m1} = g_{m2} = g_m$, se reduz a

$$R_{saída} = 2r_{O1} + \frac{1}{g_m} \quad (17.110)$$

$$\approx 2r_{O1}. \quad (17.111)$$

Exercício Suponha $W_2 = 2W_1$ e calcule a impedância de saída.

O procedimento de simplificação progressiva de um circuito até que uma topologia conhecida seja obtida é muito útil na prática. Este método, chamado de "análise por inspeção", elimina a necessidade de complexos modelos de pequenos sinais e longos cálculos. Para avaliar a eficiência da abordagem intuitiva, o leitor é encorajado a repetir o exemplo anterior com o uso do modelo de pequenos sinais do circuito global.

Exemplo 17.24 Determinemos a resistência de saída do circuito da Figura 17.41(a) e comparemos o resultado com o do exemplo anterior. Assumamos que M_1 e M_2 operem em saturação.

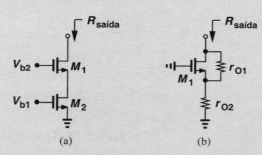

Figura 17.41 (a) Exemplo de estágio FC com degeneração, (b) circuito simplificado.

Solução Com a tensão porta-fonte fixa, o transistor M_2 opera como fonte de corrente e introduz uma resistência r_{O2} entre a fonte de M_1 e a terra [Figura 17.41(b)].

A Equação (17.101) pode, portanto, ser escrita como

$$R_{saída} = (1 + g_{m1}r_{O1})r_{O2} + r_{O1} \quad (17.112)$$

$$\approx g_{m1}r_{O1}r_{O2} + r_{O1}. \quad (17.113)$$

Assumindo $g_{m1}r_{O2} \gg 1$ (válido na prática), temos

$$R_{saída} \approx g_{m1}r_{O1}r_{O2}. \quad (17.114)$$

Observemos que este valor é muito maior que o da Equação (17.111).

Exercício Determine a impedância de saída se um resistor R_1 for conectado em série com o dreno de M_2.

Estágio FC com Polarização Depois do estudo das propriedades de pequenos sinais do amplificador fonte comum e de suas variações, passemos ao estudo de um caso mais geral de uma configuração que também contém um circuito de polarização. Iniciemos com os esquemas de polarização simples descritos anteriormente e, aos poucos, acrescentemos complexidade (e desempenho mais robusto) ao circuito. Comecemos com um exemplo.

Exemplo 17.25 Um estudante familiarizado com o estágio FC e com princípios básicos de circuitos de polarização construiu o circuito mostrado na Figura 17.42 para amplificar o sinal produzido por um microfone. Infelizmente, M_1 não conduz corrente e não amplifica. Expliquemos a causa do problema.

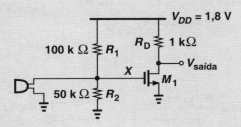

Figura 17.42 Amplificador para microfone.

Solução Muitos microfones exibem uma pequena resistência de baixa frequência (por exemplo, < 100 Ω). Se usado neste circuito, um destes microfones cria uma pequena resistência entre a porta de M_1 e a terra, produzindo uma tensão de porta muito pequena. Por exemplo, uma resistência de microfone de 100 Ω resulta em

$$V_X = \frac{100\,\Omega \| 50\,k\Omega}{100\,k\Omega + 100\,\Omega \| 50\,k\Omega} \times 2{,}5\,V \qquad (17.115)$$

$$\approx 2{,}5\,mV. \qquad (17.116)$$

Portanto, a resistência de baixa frequência do microfone impede a polarização do amplificador.

Exercício É possível resolver este problema com a conexão da porta de M_1 a uma tensão negativa?

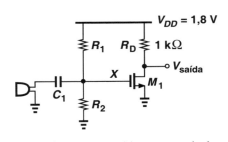

Figura 17.43 Acoplamento capacitivo na entrada do amplificador para microfone.

Como o problema do circuito da Figura 17.42 pode ser resolvido? Como apenas o *sinal* gerado pelo microfone é de interesse, um capacitor série pode ser conectado como indicado na Figura 17.43 para prover isolação entre a polarização DC do amplificador e o microfone. Ou seja, o ponto de polarização de M_1 permanece independente da resistência do microfone, pois C_1 não conduz corrente de polarização. O valor de C_1 é escolhido de modo a apresentar uma impedância relativamente baixa (quase um curto-circuito) às frequências de interesse. Dizemos que C_1 é um capacitor de "acoplamento" e que há "acoplamento AC" ou "acoplamento capacitivo" na entrada do estágio. Muitos circuitos empregam capacitores para isolar as condições de polarização de efeitos "indesejáveis". Este ponto será esclarecido com exemplos mais adiante.

A observação anterior sugere que a metodologia ilustrada na Figura 17.9 deva incluir uma regra adicional: para análise DC, substituir todos os capacitores por circuitos abertos; para análise de pequenos sinais, substituir todos os capacitores por curto-circuitos.

Comecemos com o estágio FC ilustrado na Figura 17.44(a). Para cálculo da polarização, a fonte de sinal é fixada em zero e C_1 é aberto, levando ao circuito da Figura 17.44(b). Como mostrado anteriormente, temos

$$I_D = \frac{1}{2}\mu_n C_{ox}\frac{W}{L}(V_{GS} - V_{TH})^2 \qquad (17.117)$$

$$= \frac{1}{2}\mu_n C_{ox}\frac{W}{L}\left(\frac{R_2}{R_1 + R_2}V_{DD} - V_{TH}\right)^2. \qquad (17.118)$$

Além disso, V_{DS} ($= V_{DD} - R_D I_D$) deve permanecer maior que a tensão de sobrecarga, de modo que M_1 opere em saturação.

Conhecida a corrente de polarização, os parâmetros de pequenos sinais g_m e r_O podem ser calculados. Agora, voltemos a atenção à análise de pequenos sinais e consideremos o circuito simplificado da Figura 17.44(c). Aqui, C_1 é substituído por um curto-circuito e V_{DD}, por uma terra AC; M_1 é mantido como um símbolo. Notemos que R_1 e R_2 aparecem em paralelo. Tentaremos resolver este circuito por inspeção; se isto não for possível, lançaremos mão do modelo de pequenos sinais para M_1 e escreveremos LTKs e LCKs.

O circuito da Figura 17.44(c) lembra o núcleo FC ilustrado na Figura 17.23, exceto por R_1 e R_2. É interessante observar que estes resistores não têm nenhum efeito sobre a tensão no nó X, desde que $v_{entrada}$ permaneça uma fonte de tensão ideal; ou seja, $v_X = v_{entrada}$, qualquer que sejam os valores de R_1 e de

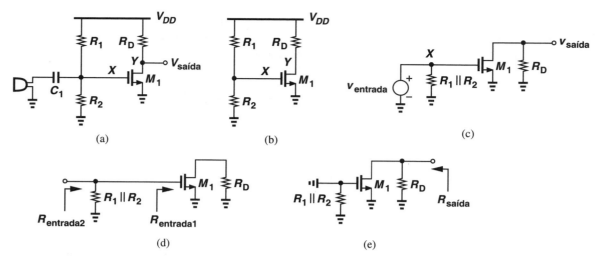

Figura 17.44 (a) Acoplamento capacitivo na entrada de um estágio FC, (b) estágio simplificado para cálculo da polarização, (c) estágio simplificado para análise de pequenos sinais, (d) estágio simplificado para cálculo da impedância de entrada, (e) estágio simplificado para cálculo da impedância de saída.

R_2. Como o ganho de tensão da porta ao dreno é dado por $v_{saída}/v_X = -g_m R_D$, temos

$$\frac{v_{saída}}{v_{entrada}} = -g_m R_D. \qquad (17.119)$$

Se $\lambda \neq 0$, então

$$\frac{v_{saída}}{v_{entrada}} = -g_m(R_D \| r_O). \qquad (17.120)$$

No entanto, a impedância de entrada é afetada por R_1 e R_2 [Figura 17.44(d)]. Recordemos, da Figura 17.7, que a impedância vista olhando para a porta, $R_{entrada1}$, é infinita. Aqui, R_1 e R_2 apenas aparecem em paralelo com $R_{entrada1}$; logo,

$$R_{entrada2} = R_1 \| R_2. \qquad (17.121)$$

Portanto, os resistores de polarização reduzem a impedância de entrada.

Para determinar a impedância de saída, fixemos a fonte de entrada em zero [Figura 17.44(e)]. Comparando este circuito com o da Figura 17.27, reconhecemos que $R_{saída}$ permanece inalterado:

$$R_{saída} = R_D \| r_O. \qquad (17.122)$$

Exemplo 17.26 Depois de tomar conhecimento do acoplamento capacitivo, o estudante do Exemplo 17.25 modificou o circuito como indicado na Figura 17.45 e tentou alimentar um alto-falante. Infelizmente, o circuito não funcionou. Expliquemos por quê.

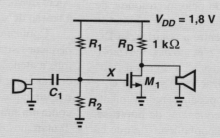

Figura 17.45 Amplificador com conexão direta a um alto-falante.

Solução Alto-falantes típicos incorporam um solenoide (indutor) para ativar uma membrana. O solenoide apresenta uma resistência DC muito baixa, por exemplo, menor que 1 Ω. Desta forma, o alto-falante da Figura 17.45 curto-circuita o dreno à terra e leva M_1 à região de triodo forte.

Exercício O circuito se comporta melhor se o terminal inferior do alto-falante for conectado a V_{DD} e não à terra?

Exemplo 17.27 O estudante aplica acoplamento AC também à saída [Figura 17.46(a)] e mede os pontos quiescentes para assegurar polarização adequada. A tensão de polarização de dreno é 1,0 V e M_1 opera na região de saturação. No entanto, o estudante ainda não observa ganho no circuito. Se $g_m = (100\ \Omega)^{-1}$ e o alto-falante apresentar uma impedância $R_{sp} = 8\ \Omega$ na faixa de frequências de áudio, expliquemos por que o circuito não provê ganho.

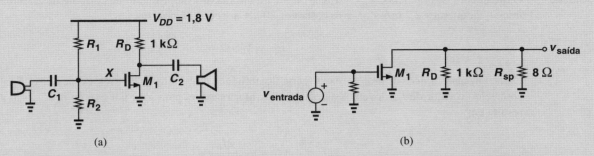

Figura 17.46 (a) Amplificador com acoplamento capacitivo na entrada e na saída, (b) modelo de pequenos sinais simplificado.

Solução Do circuito de pequenos sinais da Figura 17.46(b), notamos que a resistência de carga equivalente é igual a $R_D \| R_{sp} \approx 8\ \Omega$. Logo,

$$|A_v| = g_m(R_D\|R_{sp}) = 0,08 \qquad (17.123)$$

Exercício Que valor da impedância do alto-falante reduz o ganho do estágio FC por apenas um fator de dois?

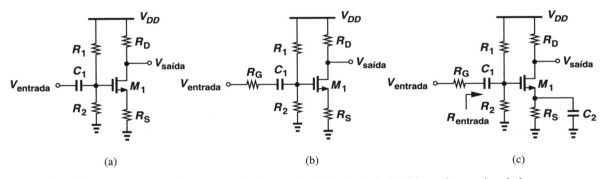

Figura 17.47 (a) Estágio FC com capacitor de acoplamento de entrada, (b) inclusão de R_G, (c) uso de capacitor de *bypass*.

O circuito da Figura 17.46(a) exemplifica uma interface inadequada entre um amplificador e uma carga: a impedância de saída é tão maior que a da carga que a conexão desta ao amplificador reduz o ganho de forma considerável.

Como podemos resolver esse problema de carregamento? Uma vez que o ganho de tensão é proporcional a g_m, podemos polarizar M_1 em uma corrente muito maior para elevar o ganho. De modo alternativo, podemos interpor um estágio "*buffer*" entre o amplificador FC e o alto-falante (Seção 17.4.5).

Agora, consideremos o circuito da Figura 17.47(a), na qual o transistor é degenerado por R_S. Como um caso mais geral, também podemos incluir uma resistência finita, R_G, em série com a entrada (ou seja, impedância de saída do estágio ou fonte de sinal precedente) [Figura 17.47(b)]. Como R_1 e R_2 formam um divisor de tensão com R_G, o ganho de tensão total é reduzido para

$$A_v = \frac{R_1\|R_2}{R_G + R_1\|R_2} \cdot \frac{-R_D}{\dfrac{1}{g_m} + R_S}, \qquad (17.124)$$

em que assumimos λ igual a zero.

É possível utilizar degeneração para polarização e eliminar seu efeito sobre o desempenho de pequenos sinais através de um capacitor de *bypass* [Figura 17.47(c)]. Quando o capacitor opera como um curto-circuito na frequência de interesse, a fonte de M_1 permanece na terra AC e a amplificação independe da degeneração:

$$A_v = -\frac{R_1\|R_2}{R_G + R_1\|R_2}g_m R_D. \qquad (17.125)$$

A Figura 17.48 resume os conceitos estudados nesta seção.

Exemplo 17.28 Projetemos o estágio FC da Figura 17.47(c) para ganho de tensão de 5, impedância de entrada de 50 kΩ e orçamento de potência de 5 mW. Assumamos $\mu_n C_{ox} = 100\ \mu A/V^2$, $V_{TH} = 0{,}5$ V, $\lambda = 0$ e $V_{DD} = 1{,}8$ V. Assumamos, ainda, uma queda de tensão de 400 mV em R_S.

Solução O orçamento de potência e $V_{DD} = 1{,}8$ V implicam um máximo suprimento de corrente de 2,78 mA. Como valor inicial, aloquemos 2,7 mA a M_1 e os restantes 80 μA a R_1 e R_2. Com isto,

$$R_S = 148\ \Omega. \tag{17.126}$$

Como em casos típicos de projeto, existe certa flexibilidade na escolha de g_m e R_D, desde que $g_m R_D = 5$. Entretanto, conhecido o valor de I_D, devemos assegurar um valor razoável para V_{GS}, por exemplo, $V_{GS} = 1$ V. Esta escolha resulta em

$$g_m = \frac{2 I_D}{V_{GS} - V_{TH}} \tag{17.127}$$

$$= \frac{1}{92{,}6\ \Omega}, \tag{17.128}$$

logo,

$$R_D = 463\ \Omega. \tag{17.129}$$

Escrevendo

$$I_D = \frac{1}{2} \mu_n C_{ox} \frac{W}{L} (V_{GS} - V_{TH})^2 \tag{17.130}$$

temos

$$\frac{W}{L} = 216. \tag{17.131}$$

Com $V_{GS} = 1$ V e uma queda de tensão de 400 mV em R_S, a tensão de porta chega a 1,4 V, exigindo

$$\frac{R_2}{R_1 + R_2} V_{DD} = 1{,}4\ V, \tag{17.132}$$

Este resultado, juntamente com $R_{entrada} = R_1 \| R_2 = 50$ kΩ, leva a

$$R_1 = 64{,}3\ k\Omega \tag{17.133}$$
$$R_2 = 225\ k\Omega. \tag{17.134}$$

Devemos, agora, comprovar que M_1 opera, de fato, em saturação. A tensão de dreno é dada por $V_{DD} - I_D R_D = 1{,}8$ V − 1,25 V = 0,55 V. Como a tensão de porta é igual a 1,4 V, a diferença de tensão porta-dreno excede V_{TH} e leva M_1 à região de triodo!

Como nosso procedimento de projeto levou a este resultado? Para o dado valor de I_D, escolhemos um valor excessivamente grande para R_D, ou seja, g_m demasiadamente pequeno (pois $g_m R_D = 5$), embora V_{GS} fosse razoável. Devemos, portanto, aumentar g_m para obter um valor menor para R_D. Por exemplo, suponhamos que o valor de R_D seja dividido por dois e o de g_m, dobrado, aumentando a razão W/L por um fator quatro:

$$\frac{W}{L} = 864 \tag{17.135}$$

$$g_m = \frac{1}{46{,}3\ \Omega}. \tag{17.136}$$

A correspondente tensão porta-fonte é obtida da Equação (17.127):

$$V_{GS} = 250\,\text{mV}, \tag{17.137}$$

resultando em uma tensão de porta de 650 mV.

M_1 está na região de saturação? A tensão de dreno é igual a $V_{DD} - R_D I_D = 1{,}17$ V, um valor maior que a diferença entre a tensão de porta e V_{TH}. Logo, M_1 opera em saturação.

Exercício Repita o exemplo anterior para orçamento de potência de 3 mW e $V_{DD} = 1{,}2$ V.

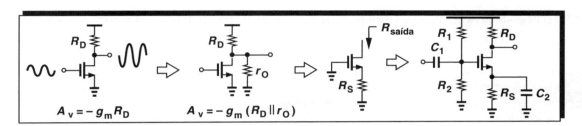

Figura 17.48 Resumo dos conceitos estudados até aqui.

17.4.4 Topologia Porta Comum

Após o estudo detalhado do estágio FC, voltemos a atenção à topologia "porta comum" (PC). Praticamente todos os conceitos descritos para a configuração FC também se aplicam aqui. Portanto, seguiremos a mesma linha de raciocínio, mas a um passo ligeiramente mais rápido.

Dada a capacidade de amplificação do estágio FC, o leitor pode se perguntar por que estudar outras topologias de amplificadores. Como veremos, outras configurações proveem diferentes propriedades de circuito que, em algumas aplicações, são preferíveis às do estágio FC. Antes de seguir adiante, o leitor é encorajado a rever os Exemplos 17.2–17.4, as correspondentes regras ilustradas na Figura 17.7 e as possíveis topologias da Figura 17.22.

A Figura 17.49 mostra o estágio PC. A entrada é aplicada à fonte e a saída, colhida no dreno. Polarizada em uma tensão adequada, a porta atua como terra AC e, portanto, como um nó "comum" às portas de entrada e de saída. Como no caso do estágio FC, primeiro, estudemos o núcleo e, em seguida, adicionemos outros elementos.

Análise do Núcleo PC Como o estágio PC da Figura 17.50(a) responde a um sinal de entrada?[8] Se $V_{entrada}$ aumentar de um pequeno valor ΔV, a tensão porta-fonte de M_1 *diminui* do mesmo valor, pois a tensão de porta é fixa. Em consequência, a corrente de dreno é reduzida de $g_m \Delta V$, permitindo que $V_{saída}$ aumente de $g_m \Delta V R_D$. Portanto, concluímos que o ganho de tensão de pequenos sinais é igual a

$$A_v = g_m R_D. \tag{17.138}$$

É interessante observar que esta expressão é idêntica à do ganho da topologia FC. Entretanto, diferentemente do estágio FC, o circuito apresenta um ganho *positivo*, pois um aumento em $V_{entrada}$ leva a um aumento em $V_{saída}$.

Confirmemos o resultado anterior com a ajuda do circuito equivalente de pequenos sinais ilustrado na Figura 17.50(b), na qual a modulação do comprimento do canal foi desprezada. Iniciando com o nó de saída, a corrente que flui por R_D é igualada a $g_m v_1$:

$$-\frac{v_{saída}}{R_D} = g_m v_1, \tag{17.139}$$

e obtemos $v_1 = -v_{saída}/(g_m R_D)$. Considerando, agora, o nó de entrada, observemos que $v_1 = -v_{entrada}$. Logo,

$$\frac{v_{saída}}{v_{entrada}} = g_m R_D. \tag{17.140}$$

Como o estágio FC, a topologia PC está sujeita a uma relação de permuta entre ganho, vão livre de tensão e impedâncias I/O. O próximo exemplo ilustra essa relação.

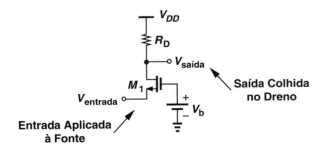

Figura 17.49 Estágio porta comum.

---

[8] Notemos que as topologias da Figura 17.49 e 17.50(a) são idênticas, embora M_1 tenha sido desenhado de forma diferente.

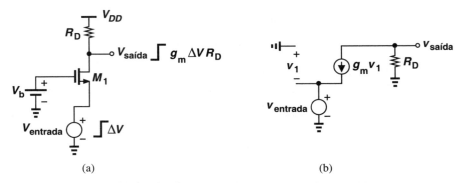

Figura 17.50 (a) Resposta do estágio PC a uma pequena variação da entrada, (b) modelo de pequenos sinais.

Exemplo 17.29 Um microfone com nível DC nulo alimenta um estágio PC polarizado em $I_D = 0{,}5$ mA. Se $W/L = 50$, $\mu_n C_{ox} = 100\,\mu\text{A/V}^2$, $V_{TH} = 0{,}5$ V e $V_{DD} = 1{,}8$ V, determinemos o máximo valor permitido para R_D e, em consequência, o ganho de tensão máximo. Desprezemos a modulação do comprimento do canal.

Solução Como o valor de W/L é conhecido, a tensão porta-fonte pode ser determinada de

$$I_D = \frac{1}{2}\mu_n C_{ox}\frac{W}{L}(V_{GS} - V_{TH})^2 \tag{17.141}$$

como,

$$V_{GS} = 0{,}947\,\text{V}. \tag{17.142}$$

Na Figura 17.50(a), para que M_1 permaneça em saturação,

$$V_{DD} - I_D R_D > V_b - V_{TH} \tag{17.143}$$

logo,

$$R_D < 2{,}71\,\text{k}\Omega. \tag{17.144}$$

Além disso, estes valores de W/L e de I_D resultam em $g_m = (447\,\Omega)^{-1}$ e

$$A_v \leq 6{,}06. \tag{17.145}$$

A Figura 17.51 resume os níveis de sinal permitidos para essa configuração. A tensão de porta pode ser gerada usando um divisor resistivo similar ao da Figura 17.47(a).

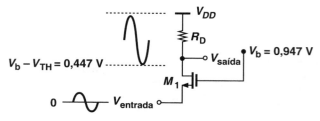

Figura 17.51 Níveis de sinal no estágio PC.

Exercício Se for desejado um ganho de 10, que valor deve ser escolhido para W/L?

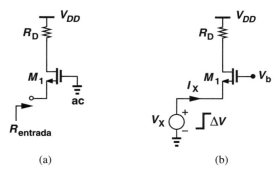

Figura 17.52 (a) Impedância de entrada do estágio PC, (b) resposta a uma pequena variação na entrada.

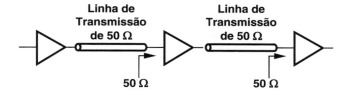

Figura 17.53 Sistema com linha de transmissão.

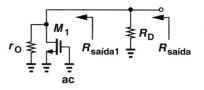

Figura 17.54 Impedância de saída do estágio PC.

Calculemos, agora, as impedâncias I/O da topologia PC para que possamos entender suas características como interface entre o estágio que a precede e o que a segue. As regras ilustradas na Figura 17.7 são muito úteis aqui e eliminam a necessidade de circuitos equivalentes de pequenos sinais. O circuito simplificado mostrado na Figura 17.52(a) revela que $R_{entrada}$ é apenas a impedância vista olhando para a fonte, com a porta na terra AC. Das regras da Figura 17.7, temos

$$R_{entrada} = \frac{1}{g_m} \qquad (17.146)$$

caso $\lambda = 0$. A impedância de entrada do estágio PC é, portanto, relativamente *baixa*, por exemplo, não mais que algumas centenas de ohms.

A impedância de entrada do estágio PC também pode ser determinada de forma intuitiva [Figura 17.52(b)]. Suponhamos que uma fonte de tensão V_X conectada à fonte de M_1 sofra uma pequena variação ΔV. A tensão porta-fonte sofre a mesma alteração, levando a uma alteração na corrente de dreno igual a $g_m\Delta V$. Como a corrente de dreno flui pela fonte de entrada, a corrente suprida por V_X também sofre uma alteração $g_m\Delta V$. Em consequência, $R_{entrada} = \Delta V_X/\Delta I_X = 1/g_m$.

Um amplificador com baixa impedância de entrada tem alguma utilidade? Sim, tem. Por exemplo, muitos amplificadores de altas frequências são projetados para resistência de entrada de 50 Ω, de modo a proverem "casamento de impedância" entre módulos em uma cascata e as linhas de transmissão (trilhas impressas na placa de circuito) que conectam os módulos (Figura 17.53).[9]

A impedância de saída do estágio PC é calculada com o auxílio da Figura 17.54, em que a fonte de tensão de entrada é fixada em zero. Notamos que $R_{saída} = R_{saída1} \| R_D$, em que $R_{saída1}$ é a impedância vista no dreno, com a fonte aterrada. Das regras da Figura 17.7, temos $R_{saída1} = r_O$ e, portanto,

$$R_{saída} = r_O \| R_D \qquad (17.147)$$

ou

$$R_{saída} = R_D \text{ se } \lambda = 0. \qquad (17.148)$$

Exemplo 17.30 Um amplificador porta comum foi projetado com impedância de entrada $R_{entrada}$ e impedância de saída $R_{saída}$. Desprezando a modulação do comprimento do canal, determinemos o ganho de tensão do circuito.

Solução Como $R_{entrada} = 1/g_m$ e $R_{saída} = R_D$, temos

$$A_v = \frac{R_{saída}}{R_{entrada}}. \qquad (17.149)$$

Exercício Explique por que, algumas vezes, dizemos que o "ganho de corrente" de um estágio PC é igual à unidade.

---

[9] Se a impedância de entrada de cada estágio não for casada à impedância característica da linha de transmissão precedente, ocorrem "reflexões", que corrompem o sinal ou, pelo menos, criam uma dependência em relação ao comprimento da linha.

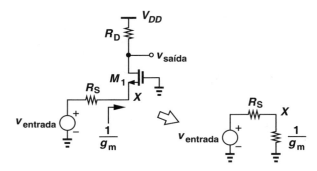

Figura 17.55 Estágio PC com resistência de fonte.

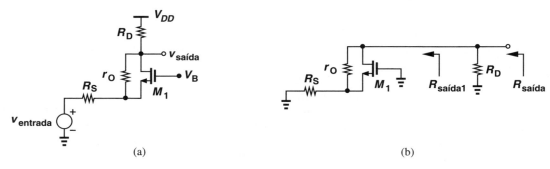

Figura 17.56 (a) Estágio PC geral, (b) impedâncias de saída vistas em nós diferentes.

É interessante estudar o comportamento da topologia PC na presença de uma resistência de fonte finita. Um circuito deste tipo, como ilustrado na Figura 17.55, está sujeito à atenuação de sinal a partir do nó de entrada X e, por conseguinte, provê ganho de tensão menor. De modo mais específico, como a impedância vista olhando para a fonte de M_1 (com a porta aterrada) é igual a $1/g_m$ (para $\lambda = 0$), temos

$$v_X = \frac{\frac{1}{g_m}}{R_S + \frac{1}{g_m}} v_{entrada} \qquad (17.150)$$

$$= \frac{1}{1 + g_m R_S} v_{entrada}. \qquad (17.151)$$

Da Equação (17.140), também recordamos que o ganho da fonte à saída é dado por

$$\frac{v_{saída}}{v_X} = g_m R_D. \qquad (17.152)$$

Logo,

$$\frac{v_{saída}}{v_{entrada}} = \frac{g_m R_D}{1 + g_m R_S} \qquad (17.153)$$

$$= \frac{R_D}{\frac{1}{g_m} + R_S}, \qquad (17.154)$$

esse resultado é idêntico ao obtido para o estágio FC (a menos de um sinal negativo), desde que R_S seja visto como um resistor de degeneração de fonte.

Como no caso do estágio FC, podemos desejar analisar a topologia PC no caso geral, ou seja, com degeneração de fonte, $\lambda \neq 0$, e uma resistência em série com a porta [Figura 17.56(a)]. Esta análise foge um pouco do escopo deste livro. No entanto, é interessante que calculemos a impedância de saída. Como ilustrado na Figura 17.56(b), $R_{saída}$ é igual a R_D em paralelo com a impedância vista olhando para o dreno, $R_{saída1}$. Contudo, $R_{saída1}$ é idêntica à resistência de saída do estágio *fonte comum* com degeneração de fonte:

$$R_{saída1} = (1 + g_m R_S) r_O + R_S. \qquad (17.155)$$

Logo,

$$R_{saída} = R_D \| [(1 + g_m R_S) r_O + R_S]. \qquad (17.156)$$

O leitor pode ter notado que a impedância de saída do estágio PC é igual à do estágio FC. Este resultado é geral? Recordemos que a fonte de entrada é fixada em zero para o cálculo da impedância de saída. Em outras palavras, no cálculo de $R_{saída}$, nada sabemos sobre o terminal de entrada do circuito, como ilustrado na Figura 17.57 para os estágios FC e PC. Portanto, não é coincidência que as impedâncias de saída sejam idênticas, *já que* as mesmas hipóteses são usadas para os dois circuitos (ou seja, valores idênticos de λ e degeneração de fonte).

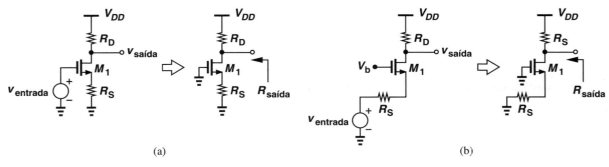

Figura 17.57 Estágios (a) FC e (b) PC simplificados para cálculo da impedância de saída.

Exemplo 17.31 Para o circuito mostrado na Figura 17.58(a), calculemos o ganho de tensão, com $\lambda = 0$, e a impedância de saída, com $\lambda > 0$.

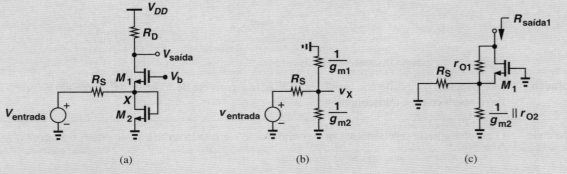

Figura 17.58 (a) Exemplo de estágio PC, (b) circuito de entrada equivalente, (c) cálculo da resistência de saída.

Solução Primeiro, calculemos $v_X/v_{entrada}$ com o auxílio do circuito equivalente da Figura 17.58(b):

$$\frac{v_X}{v_{entrada}} = \frac{\dfrac{1}{g_{m2}} \| \dfrac{1}{g_{m1}}}{\dfrac{1}{g_{m2}} \| \dfrac{1}{g_{m1}} + R_S} \tag{17.157}$$

$$= \frac{1}{1 + (g_{m1} + g_{m2})R_S}. \tag{17.158}$$

Notando que $v_{saída}/v_X = g_{m1}R_D$ (por quê?), temos

$$\frac{v_{saída}}{v_{entrada}} = \frac{g_{m1}R_D}{1 + (g_{m1} + g_{m2})R_S}. \tag{17.159}$$

Para calcular a impedância de saída, primeiro, consideremos $R_{saída1}$, como mostrado na Figura 17.58(c):

$$R_{saída1} = (1 + g_{m1}r_{O1})\left(\frac{1}{g_{m2}}\|r_{O2}\|R_S\right) + r_{O1} \tag{17.160}$$

$$\approx g_{m1}r_{O1}\left(\frac{1}{g_{m2}}\|R_S\right) + r_{O1}. \tag{17.161}$$

A impedância de saída total é dada por

$$R_{saída} = R_{saída1}\|R_D \tag{17.162}$$

$$\approx \left[g_{m1}r_{O1}\left(\frac{1}{g_{m2}}\|R_S\right) + r_{O1}\right]\|R_D. \tag{17.163}$$

Exercício Calcule a impedância de saída quando a porta de M_2 está conectada a uma tensão constante.

Estágio PC com Polarização Agora que conhecemos as propriedades de pequenos sinais do núcleo PC, estendamos a análise ao circuito que inclui polarização. Um exemplo é muito útil neste ponto.

Exemplo 17.32 Um estudante decide incorporar acoplamento AC à entrada de um estágio PC, para assegurar que a polarização não seja afetada pela fonte de sinal, e desenha o circuito como indicado na Figura 17.59. Expliquemos por que este circuito não funciona.

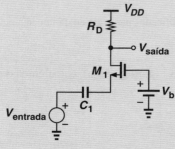

Figura 17.59 Estágio PC sem corrente de polarização.

Solução Infelizmente, o circuito não provê rota DC para a corrente de fonte de M_1, forçando a corrente de polarização a zero, assim como a transcondutância.

Exercício O problema seria resolvido se um capacitor fosse conectado entre a fonte de M_1 e a terra?

Exemplo 17.33 Um pouco constrangido, o estudante prontamente conecta a fonte à terra, de modo que $V_{GS} = V_b$ e uma razoável corrente de polarização possa ser estabelecida (Figura 17.60). Expliquemos por que "a pressa é inimiga da perfeição".

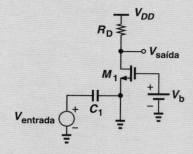

Figura 17.60 Estágio PC com fonte aterrada.

Solução O estudante curto-circuitou o *sinal* à terra AC. Ou seja, a tensão de fonte é igual a zero, qualquer que seja o valor de $v_{entrada}$, resultando em $v_{saída} = 0$.

Exercício Alguma corrente flui por C_1?

Os exemplos anteriores implicam que a fonte não pode permanecer aberta ou aterrada; portanto, alguns elementos de polarização se fazem necessários. A Figura 17.61(a) mostra um exemplo em que R_1 provê uma rota para a corrente de polarização, à custa da redução da impedância de entrada. Notemos que, agora, $R_{entrada}$ consiste em duas componentes *em paralelo*:

(1) $1/g_m$, vista olhando para a fonte e "para cima" e (2) R_1, vista olhando "para baixo". Assim,

$$R_{entrada} = \frac{1}{g_m} || R_1. \qquad (17.164)$$

Amplificadores CMOS 669

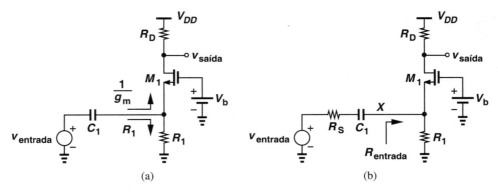

Figura 17.61 (a) Estágio PC com polarização, (b) inclusão da resistência do gerador de sinal.

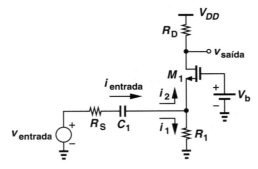

Figura 17.62 Componentes da corrente de pequenos sinais em um estágio PC.

A redução de $R_{entrada}$ é notada se o gerador de sinal apresentar uma resistência de saída finita. A Figura 17.61(b) mostra um circuito deste tipo, o qual atenua o sinal e reduz o ganho de tensão total. Seguindo a análise ilustrada na Figura 17.55, podemos escrever

$$\frac{v_X}{v_{entrada}} = \frac{R_{entrada}}{R_{entrada} + R_S} \quad (17.165)$$

$$= \frac{\frac{1}{g_m} \| R_1}{\frac{1}{g_m} \| R_1 + R_S} \quad (17.166)$$

$$= \frac{1}{1 + (1 + g_m R_1) R_S}. \quad (17.167)$$

Como $v_{saída}/v_X = g_m R_D$,

$$\frac{v_{saída}}{v_{entrada}} = \frac{1}{1 + (1 + g_m R_1) R_S} \cdot g_m R_D. \quad (17.168)$$

Como sempre, preferimos solução por inspeção, em vez de desenharmos o equivalente de pequenos sinais.

O leitor pode observar uma contradição em nosso raciocínio: por um lado, vemos a baixa impedância de entrada do estágio PC como uma propriedade *útil*; por outro, consideramos a redução da impedância de entrada devido a R_1 *indesejável*. Para resolver esta aparente contradição, devemos fazer distinção entre as duas componentes $1/g_m$ e R_1, notando que a última conecta a fonte de entrada à terra, "desperdiçando" o sinal. Como mostrado na Figura 17.62, $i_{entrada}$ se divide em duas componentes, sendo que apenas i_2 flui por R_D e contribui para o sinal de saída. Se R_1 diminuir e $1/g_m$ permanecer constante, i_2 também diminui.[10] Portanto, a redução de $R_{entrada}$ devido a R_1 é indesejável. Em contraste, se $1/g_m$ diminui e R_1 permanece constante, i_2 aumenta. Para que R_1 afete a impedância de entrada de forma desprezível, devemos ter

$$R_1 \gg \frac{1}{g_m}. \quad (17.169)$$

Como a tensão de porta, V_b, é gerada? Podemos empregar um divisor resistivo similar ao usado no estágio FC. A Figura 17.63 mostra uma topologia deste tipo.

---
[10] No caso extremo, $R_1 = 0$ (Exemplo 17.33) e $i_2 = 0$.

Exemplo 17.34

Projetemos o estágio porta comum da Figura 17.63 para os seguintes parâmetros: $v_{saída}/v_{entrada} = 5$, $R_S = 0$, $R_1 = 500$ Ω, $1/g_m = 50$ Ω, orçamento de potência = 2 mW, $V_{DD} = 1,8$ V. Assumamos $\mu_n C_{ox} = 100\ \mu A/V^2$, $V_{TH} = 0,5$ V e $\lambda = 0$.

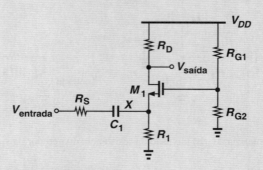

Figura 17.63 Estágio PC com circuito de polarização de porta.

Solução

Do orçamento de potência, obtemos uma corrente total de alimentação de 1,11 mA. Alocando 10 μA ao divisor de tensão, R_{G1} e R_{G2}, resta 1,1 mA para a corrente de dreno de M_1. Com isto, a queda de tensão em R_1 é igual a 550 mV.

Agora, devemos calcular dois parâmetros inter-relacionados: W/L e R_D. Um valor maior de W/L resulta em maior g_m e permite menor valor de R_D. Como no Exemplo 17.28, escolhamos um valor inicial para V_{GS} de modo a obter um valor razoável para W/L. Por exemplo, se $V_{GS} = 0,8$ V, então $W/L = 244$ e $g_m = 2I_D/(V_{GS} - V_{TH}) = (136,4$ Ω$)^{-1}$; para $v_{saída}/v_{entrada} = 5$, isto requer $R_D = 682$ Ω.

Determinemos se M_1 opera em saturação. A tensão de porta é igual a V_{GS} mais a queda de tensão em R_1, ou seja, 1,35 V. A tensão de dreno, por sua vez, é dada por $V_{DD} - I_D R_D = 1,05$ V. Como a tensão de dreno é maior que $V_{GS} - V_{TH}$, M_1 está, de fato, em saturação.

O divisor resistivo que consiste em R_{G1} e R_{G2} deve estabelecer uma tensão de porta igual a 1,35 V, com uma corrente de 10 μA:

$$\frac{V_{DD}}{R_{G1} + R_{G2}} = 10\ \mu A \tag{17.170}$$

$$\frac{R_{G2}}{R_{G1} + R_{G2}} V_{DD} = 1,35\ V. \tag{17.171}$$

Portanto, $R_{G1} = 45$ kΩ e $R_{G2} = 135$ kΩ.

Exercício Se W/L não puder ser maior que 100, que ganho de tensão pode ser obtido?

Exemplo 17.35

Suponhamos que, no Exemplo 17.34, desejemos minimizar W/L (e, por conseguinte, as capacitâncias do transistor). Qual é o mínimo valor aceitável para W/L?

Solução

Para um dado valor de I_D, $V_{GS} - V_{TH}$ aumenta à medida que W/L diminui. Assim, devemos, primeiro, calcular o máximo valor permitido para V_{GS}. Imponhamos a condição para saturação como

$$V_{DD} - I_D R_D > V_{GS} + V_{R1} - V_{TH}, \tag{17.172}$$

em que V_{R1} denota a queda de tensão em R_1, e fixemos $g_m R_D$ para o ganho desejado:

$$\frac{2I_D}{V_{GS} - V_{TH}} R_D = A_v. \tag{17.173}$$

Eliminando R_D das Equações (17.172) e (17.173), obtemos

$$V_{DD} - \frac{A_v}{2}(V_{GS} - V_{TH}) > V_{GS} - V_{TH} + V_{R1} \tag{17.174}$$

logo

$$V_{GS} - V_{TH} < \frac{V_{DD} - V_{R1}}{\frac{A_v}{2} + 1}.$$ (17.175)

Em outras palavras,

$$W/L > \frac{2I_D}{\mu_n C_{ox}\left(2\dfrac{V_{DD} - V_{R1}}{A_v + 2}\right)^2}.$$ (17.176)

Portanto,

$$W/L > 172{,}5.$$ (17.177)

Exercício Repita o exemplo anterior para $A_v = 10$.

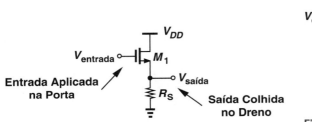

Figura 17.64 Seguidor de fonte.

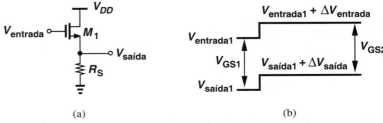

Figura 17.65 (a) Seguidor de fonte amostrando uma variação na entrada, (b) resposta do circuito.

17.4.5 Seguidor de Fonte

Outra importante topologia de circuito é a de seguidor de fonte (também chamada de estágio "dreno comum"). Antes de prosseguir, o leitor é encorajado a rever os Exemplos 17.2–17.3, as regras ilustradas na Figura 17.7 e as possíveis topologias da Figura 17.22. Por questão de brevidade, também usaremos o termo "seguidor" para nos referirmos aos seguidores de fonte deste capítulo.

O seguidor de fonte mostrado na Figura 17.64 tem entrada aplicada à porta do transistor e produz saída na fonte. O dreno é conectado a V_{DD} e, portanto, à terra AC. Primeiro, estudaremos o núcleo e, a seguir, adicionaremos os elementos de polarização.

Núcleo Seguidor de Fonte Como o seguidor da Figura 17.65(a) responde a uma mudança em $V_{entrada}$? Se $V_{entrada}$ sofrer um pequeno aumento $\Delta V_{entrada}$, a tensão porta-fonte de M_1 tende a aumentar, elevando a corrente. Uma corrente de dreno mais elevada se traduz em maior queda de tensão em R_S e, por conseguinte, em maior $V_{saída}$. (Caso, erroneamente, assumamos uma diminuição de $V_{saída}$, V_{GS} deve aumentar, assim como I_D, o que requer o aumento de $V_{saída}$.) Como $V_{saída}$ varia no mesmo sentido que $V_{entrada}$, esperamos um ganho de tensão positivo. Notemos que $V_{saída}$ é sempre menor que $V_{entrada}$ e a diferença, igual a V_{GS}; por isso, dizemos que o circuito provê "deslocamento para a esquerda".

Outra observação interessante e importante é que a variação em $V_{saída}$ não pode ser maior que a variação em $V_{entrada}$. Suponhamos que $V_{entrada}$ aumente de $V_{entrada1} + \Delta V_{entrada}$ e $V_{saída}$, de $V_{saída1}$ para $V_{saída1} + \Delta V_{saída}$ [Figura 17.65(b)]. Se a saída variar por um valor *maior* que a entrada, $\Delta V_{saída} > \Delta V_{entrada}$ e V_{GS2} deve ser *menor* que V_{GS1}. Contudo, isto significa que a corrente de dreno também diminui, assim como $I_D R_S = V_{saída}$, contradizendo a hipótese de que $V_{saída}$ aumentou. Portanto, $\Delta V_{saída} < \Delta V_{entrada}$, implicando que o seguidor apresenta ganho de tensão menor que a unidade.[11]

O leitor pode se perguntar se um amplificador de ganho subunitário tem algum valor prático. Como explicaremos mais adiante, as impedâncias de entrada e de saída do seguidor de fonte o tornam um circuito particularmente útil em algumas aplicações.

---

[11] No caso extremo descrito mais adiante, o ganho se torna igual à unidade.

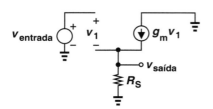

Figura 17.66 Modelo de pequenos sinais do seguidor de fonte.

Agora, deduzamos as propriedades de pequenos sinais do seguidor, assumindo, primeiro, $\lambda = 0$. O circuito equivalente mostrado na Figura 17.66 fornece

$$g_m v_1 = \frac{v_{saída}}{R_S}. \tag{17.178}$$

Também temos $v_{entrada} = v_1 + v_{saída}$. Logo,

$$\frac{v_{saída}}{v_{entrada}} = \frac{R_S}{R_S + \dfrac{1}{g_m}}. \tag{17.179}$$

O ganho de tensão é, portanto, positivo e menor que a unidade.

Exemplo 17.36

Em circuitos integrados, o seguidor é, em geral, realizado como mostrado na Figura 17.67. Determinemos o ganho de tensão se a fonte de corrente for ideal e $V_A = \infty$.

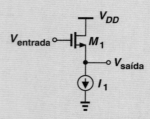

Figura 17.67 Seguidor com fonte de corrente.

Solução

Como o resistor de fonte foi substituído por uma fonte de corrente ideal, o valor de R_S na Equação (17.179) tende ao infinito, levando a

$$A_v = 1. \tag{17.180}$$

Este resultado também pode ser obtido de forma intuitiva. Uma fonte de corrente constante fluindo por M_1 requer que V_{GS} permaneça constante. Escrevendo $V_{saída} = V_{entrada} - V_{GS}$, notamos que, se V_{GS} for constante, $V_{saída}$ segue $V_{entrada}$.

Exercício Calcule o ganho para $\lambda \neq 0$.

A Equação (17.179) sugere que o seguidor de fonte atua como divisor de tensão, uma perspectiva que pode ser comprovada com uma análise alternativa. Como mostrado na Figura 17.68(a), modelemos $v_{entrada}$ e M_1 por um equivalente de Thévenin. A tensão de Thévenin é dada pela tensão de circuito aberto produzida por M_1 [Figura 17.68(b)], como se M_1 operasse com $R_S = \infty$ (Exemplo 17.36). Então, $v_{Thév} = v_{entrada}$. A resistência de Thévenin é obtida fixando a entrada em zero [Figura 17.68(c)] e é igual a $1/g_m$. Portanto, o circuito da Figura 17.68(a) se reduz ao mostrado na Figura 17.68(d), confirmando seu funcionamento como divisor de tensão.

A Figura 17.69(a) mostra o circuito equivalente de pequenos sinais do seguidor de fonte, incluindo a modulação do comprimento do canal. Notando que r_O aparece em paralelo com R_S e vendo o circuito como um divisor de tensão [Figura 17.69(b)], temos

$$\frac{v_{saída}}{v_{entrada}} = \frac{r_O \| R_S}{\dfrac{1}{g_m} + r_O \| R_S}. \tag{17.181}$$

É desejável que R_S e r_O sejam maximizados.

Para avaliar a utilidade de seguidores de fonte, calculemos suas impedâncias de entrada e de saída. A impedância de entrada é muito alta nas frequências baixas, tornando o circuito um bom "voltímetro"; ou seja, o seguidor pode amostrar uma tensão sem perturbá-la. Como ilustrado na Figura 17.71, a impedância

Amplificadores CMOS **673**

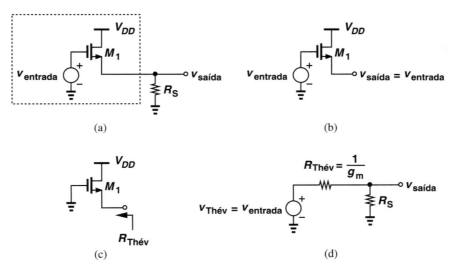

Figura 17.68 (a) Estágio seguidor de fonte, (b) tensão de Thévenin, (c) resistência de Thévenin, (d) circuito simplificado.

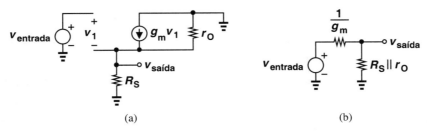

Figura 17.69 (a) Circuito equivalente de pequenos sinais do seguidor de fonte, (b) circuito simplificado.

Exemplo 17.37   Um seguidor de fonte foi realizado como mostrado na Figura 17.70(a), na qual M_2 funciona como uma fonte de corrente. Calculemos o ganho de tensão do circuito.

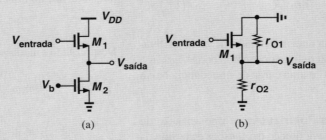

Figura 17.70 (a) Seguidor com fonte de corrente ideal, (b) circuito simplificado.

Solução   Como M_2 apenas apresenta uma impedância r_{O2} entre o nó de saída e a terra AC [Figura 17.70(b)], substituamos $R_S = r_{O2}$ na Equação (17.181):

$$A_v = \frac{r_{O1}\|r_{O2}}{\dfrac{1}{g_{m1}} + r_{O1}\|r_{O2}}. \qquad (17.182)$$

Se $r_{O1}\|r_{O2} \gg 1/g_{m1}$, $A_v \approx 1$.

Exercício   Repita o exemplo anterior para o caso de uma resistência R_S conectada em série com a fonte de M_2.

Exemplo 17.38 Projetemos um seguidor de fonte para alimentar uma carga de 50 Ω com ganho de tensão de 0,5 e orçamento de potência de 10 mW. Assumamos $\mu_n C_{ox} = 100\ \mu A/V^2$, $V_{TH} = 0,5$ V, $\lambda = 0$ e $V_{DD} = 1,8$ V.

Solução Na Figura 17.64, com $R_S = 50\ \Omega$ e $r_O = \infty$, temos

$$A_v = \frac{R_S}{\frac{1}{g_m} + R_S} = 0,5 \tag{17.183}$$

portanto,

$$g_m = \frac{1}{50\ \Omega}. \tag{17.184}$$

O orçamento de potência e a tensão de alimentação fornecem uma corrente máxima de 5,56 mA. Usando este valor para I_D em $g_m = \sqrt{2\mu_n C_{ox}(W/L)I_D}$, obtemos

$$W/L = 360. \tag{17.185}$$

Exercício Que ganho de tensão pode ser obtido se o orçamento de potência for aumentado para 15 mW?

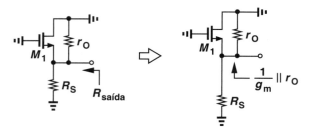

Figura 17.71 Resistência de saída do seguidor de fonte.

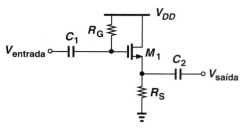

Figura 17.72 Seguidor de fonte com polarização e capacitores de acoplamento.

de saída consiste na resistência vista olhando para a fonte em paralelo com a impedância vista olhando para baixo, para R_S. Com $\lambda \neq 0$, a primeira é igual a $(1/g_m)\|r_O$, resultando em

$$R_{saída} = \frac{1}{g_m} \| r_O \| R_S. \tag{17.186}$$

Portanto, o circuito apresenta uma impedância de saída relativamente baixa. Seguidores podem funcionar como bons "*buffers*", ou seja, entre um estágio FC e uma carga de impedância baixa (como no Exemplo 17.27).

Seguidor de Fonte com Polarização A polarização de seguidores de fonte permite a definição das tensões de terminais e da corrente de dreno. A Figura 17.72 ilustra um exemplo em que R_G estabelece uma tensão DC igual a V_{DD} na porta de M_1 (por quê?) e R_S define a corrente de polarização de dreno. Notemos que M_1 opera em saturação, pois as tensões de porta e de dreno são iguais. Além disso, a impedância de entrada do circuito foi reduzida de infinito para R_G.

Calculemos a corrente de polarização do circuito. Com queda de tensão nula em R_G, temos

$$V_{GS} + I_D R_S = V_{DD}. \tag{17.187}$$

Desprezando a modulação do comprimento do canal, escrevemos

$$I_D = \frac{1}{2}\mu_n C_{ox}\frac{W}{L}(V_{GS} - V_{TH})^2 \tag{17.188}$$

$$= \frac{1}{2}\mu_n C_{ox}\frac{W}{L}(V_{DD} - I_D R_S - V_{TH})^2. \tag{17.189}$$

A resultante equação quadrática pode ser resolvida para obter I_D.

A Equação (17.189) revela que a corrente de polarização do seguidor de fonte varia com a tensão de alimentação. Para evitar esse efeito, em circuitos integrados, o seguidor é polarizado por meio de uma fonte de corrente (Figura 17.73).

Exemplo 17.39 Projetemos o seguidor de fonte da Figura 17.72 para uma corrente de dreno de 1 mA e ganho de tensão de 0,8. Assumamos $\mu_n C_{ox} = 100\ \mu A/V^2$, $V_{TH} = 0,5$ V, $\lambda = 0$, $V_{DD} = 1,8$ V e $R_G = 50$ kΩ.

Solução Neste caso, as incógnitas são V_{GS}, W/L e R_S. As três equações seguintes podem ser escritas:

$$I_D = \frac{1}{2}\mu_n C_{ox}\frac{W}{L}(V_{GS} - V_{TH})^2 \quad (17.190)$$

$$I_D R_S + V_{GS} = V_{DD} \quad (17.191)$$

$$A_v = \frac{R_S}{\dfrac{1}{g_m} + R_S}. \quad (17.192)$$

Se g_m for escrito como $2I_D/(V_{GS} - V_{TH})$, as Equações (17.191) e (17.192) não contêm W/L e podem ser resolvidas para determinar V_{GS} e R_S. Escrevamos a Equação (17.192) como

$$A_v = \frac{R_S}{\dfrac{V_{GS} - V_{TH}}{2I_D} + R_S} \quad (17.193)$$

$$= \frac{2I_D R_S}{V_{GS} - V_{TH} + 2I_D R_S} \quad (17.194)$$

$$= \frac{2I_D R_S}{V_{DD} - V_{TH} + I_D R_S}. \quad (17.195)$$

Assim,

$$R_S = \frac{V_{DD} - V_{TH}}{I_D}\frac{A_v}{2 - A_v} \quad (17.196)$$

$$= 867\,\Omega. \quad (17.197)$$

e

$$V_{GS} = V_{DD} - I_D R_S \quad (17.198)$$

$$= V_{DD} - (V_{DD} - V_{TH})\frac{A_v}{2 - A_v} \quad (17.199)$$

$$= 0{,}933\text{ V}. \quad (17.200)$$

Da Equação (17.190), temos

$$\frac{W}{L} = 107. \quad (17.201)$$

Exercício Que ganho de tensão pode ser obtido se W/L não puder exceder 50?

17.5 EXEMPLOS ADICIONAIS

Este capítulo estabeleceu a base para o projeto de amplificadores, enfatizando que o ponto de polarização deva ser estabelecido para definir as propriedades de pequenos sinais de cada circuito. A Figura 17.74 mostra as três topologias de amplificadores estudadas, que exibem ganhos e impedâncias I/O diferentes, cada uma adequada a uma aplicação específica.

Nesta seção, consideraremos alguns exemplos desafiadores, visando aprimorar nossas técnicas de análise de circuito. Como sempre, a ênfase é na solução por inspeção e, portanto, no entendimento intuitivo do funcionamento do circuito. Assumiremos que os vários capacitores empregados em cada circuito têm impedância desprezível na frequência de sinal de interesse.

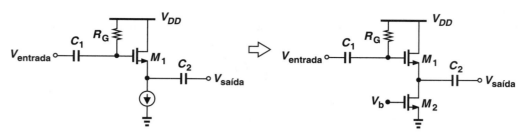

Figura 17.73 Seguidor de fonte com polarização.

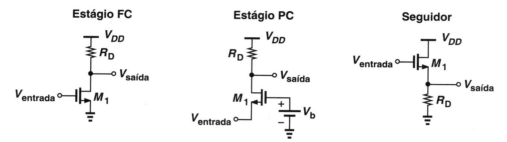

Figura 17.74 Resumo de topologias de amplificadores MOS.

Exemplo 17.40 Calculemos o ganho de tensão e a impedância de saída do circuito representado na Figura 17.75(a).

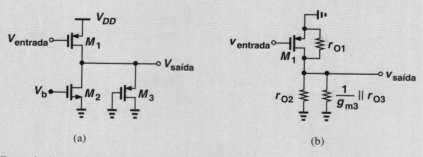

Figura 17.75 (a) Exemplo de estágio FC, (b) circuito simplificado.

Solução Identificamos M_1 como um dispositivo fonte comum, pois colhe a entrada na porta e gera uma saída no dreno. Os transistores M_2 e M_3 atuam, portanto, como carga, sendo que o primeiro funciona como uma fonte de corrente e o último, como dispositivo conectado como diodo. Dessa forma, M_2 pode ser substituído por uma resistência de pequenos sinais igual a r_{O2} e M_3, por outra igual a $(1/g_{m3})\|r_{O3}$. Com isto, o circuito se reduz ao ilustrado na Figura 17.75(b) e fornece

$$A_v = -g_{m1}\left(\frac{1}{g_{m3}}\|r_{O1}\|r_{O2}\|r_{O3}\right) \tag{17.202}$$

e

$$R_{saída} = \frac{1}{g_{m3}}\|r_{O1}\|r_{O2}\|r_{O3}. \tag{17.203}$$

Notemos que $1/g_{m3}$ é o termo dominante nas duas expressões.

Exercício Repita o exemplo anterior para o caso em que M_2 é convertido em um dispositivo conectado como diodo.

Exemplo 17.41

Calculemos o ganho de tensão do circuito mostrado na Figura 17.76(a). Desprezemos a modulação do comprimento do canal em M_1.

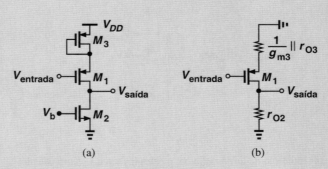

Figura 17.76 (a) Exemplo de estágio FC, (b) circuito simplificado.

Solução O transistor M_1 funciona como um estágio FC degenerado pelo dispositivo conectado como diodo M_3 e alimenta a fonte de corrente M_2. Simplificando o amplificador como na Figura 17.76(b), temos

$$A_v = -\frac{r_{O2}}{\dfrac{1}{g_{m1}} + \dfrac{1}{g_{m3}}\|r_{O3}}. \qquad (17.204)$$

Exercício Repita o exemplo anterior para o caso em que a porta de M_3 é conectada a uma tensão constante.

Exemplo 17.42

Determinemos o ganho de tensão dos amplificadores representados na Figura 17.77. Por simplicidade, na Figura 17.77(b), assumamos $r_{O1} = \infty$.

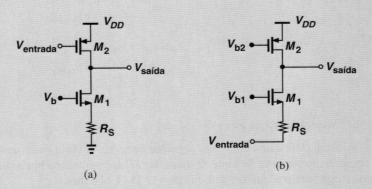

Figura 17.77 Exemplos de estágios (a) FC e (b) PC.

Solução Degenerado por R_S, o transistor M_1 da Figura 17.77(a) apresenta uma impedância $(1 + g_{m1}r_{O1})R_S + r_{O1}$ ao dreno de M_2. Dessa forma, a impedância total vista no dreno é igual a $[(1 + g_{m1}r_{O1})R_S + r_{O1}]\|r_{O2}$, resultando no ganho de tensão

$$A_{v1} = -g_{m2}\{[(1 + g_{m1}r_{O1})R_S + r_{O1}]\|r_{O1}\}. \qquad (17.205)$$

Na Figura 17.77(b), M_1 opera como um estágio porta comum e M_2, como carga; dessa forma,

$$A_{v2} = \frac{r_{O2}}{\dfrac{1}{g_{m1}} + R_S}. \qquad (17.206)$$

Exercício Substitua R_S por um dispositivo conectado como diodo e refaça a análise.

Exemplo 17.43 Calculemos o ganho de tensão do circuito representado na Figura 17.78(a), com $\lambda = 0$.

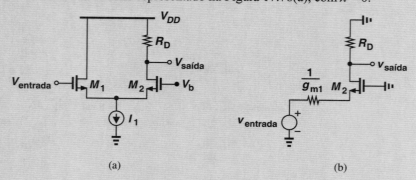

Figura 17.78 (a) Exemplo de um estágio composto, (b) circuito simplificado.

Solução Neste circuito, M_1 opera como um seguidor de fonte e M_2, como um estágio PC (por quê?). Um método simples para analisar este circuito consiste em substituir $v_{entrada}$ e M_1 por um equivalente de Thévenin. Da Figura 17.68, obtemos o modelo ilustrado na Figura 17.78(b). Com isto,

$$A_v = \frac{R_D}{\dfrac{1}{g_{m1}} + \dfrac{1}{g_{m2}}}. \qquad (17.207)$$

Exercício O que acontece se uma resistência R_1 for conectada em série com o dreno de M_1?

Exemplo 17.44 O circuito da Figura 17.79 produz duas saídas. Calculemos os ganhos de tensão da entrada aos nós Y e X. Para M_1, assumamos $\lambda = 0$.

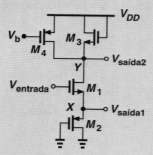

Figura 17.79 Exemplo de estágio composto.

Solução Para $V_{saída}$, o circuito funciona como um seguidor de fonte. O leitor pode mostrar que, se $r_{O1} = \infty$, M_3 e M_4 não afetam a operação do seguidor de fonte. O transistor M_2 apresenta uma impedância de pequenos sinais $(1/g_{m2})\|r_{O2}$ e atua como carga para o seguidor; da Equação (17.181), obtemos

$$\frac{v_{saída1}}{v_{entrada}} = \frac{\dfrac{1}{g_{m2}}\|r_{O2}}{\dfrac{1}{g_{m2}}\|r_{O2} + \dfrac{1}{g_{m1}}}. \qquad (17.208)$$

Para $V_{saída2}$, M_1 opera como um estágio FC degenerado, cuja carga de dreno consiste no dispositivo conectado como diodo M_3 e na fonte de corrente M_4. A impedância de carga é igual a $(1/g_{m3})\|r_{O3}\|r_{O4}$, resultando em

$$\frac{v_{saída2}}{v_{entrada}} = -\frac{\dfrac{1}{g_{m3}}\|r_{O3}\|r_{O4}}{\dfrac{1}{g_{m1}} + \dfrac{1}{g_{m2}}\|r_{O2}}. \qquad (17.209)$$

Exercício Qual dos dois ganhos é o maior? De modo intuitivo, explique por quê.

17.6 RESUMO DO CAPÍTULO

- As impedâncias vistas olhando para porta, dreno e fonte de um MOSFET são iguais a infinito, r_O (com a fonte aterrada) e $1/g_m$ (com a porta aterrada), respectivamente.

- Para prover os desejados parâmetros MOS de pequenos sinais, como g_m e r_O, o transistor deve ser "polarizado", ou seja, deve conduzir certa corrente de dreno e sustentar determinadas tensões porta-fonte e dreno-fonte. Sinais apenas perturbam essas condições.

- As técnicas de polarização estabelecem a tensão de porta necessária através de uma rota resistiva ao nó de entrada ou ao de saída (autopolarização).

- Com um único transistor, apenas três topologias de amplificadores são possíveis: estágios fonte comum (FC) e porta comum (PC), e seguidor de fonte.

- O estágio FC provê ganho de tensão moderado, alta impedância de entrada e moderada impedância de saída.

- Degeneração de fonte melhora a linearidade, mas reduz o ganho de tensão.

- Degeneração de fonte eleva a impedância de saída de estágios FC de modo considerável.

- O estágio PC provê ganho de tensão moderado, baixa impedância de entrada e moderada impedância de saída.

- As expressões para os ganhos de tensão de estágios FC e PC são similares, a menos de um sinal negativo.

- O seguidor de fonte provê ganho de tensão menor que a unidade, alta impedância de entrada e baixa impedância de saída, funcionando como um bom *buffer* de tensão.

EXERCÍCIOS

Nos exercícios a seguir, a menos que seja especificado de outra forma, assuma $\mu_n C_{ox} = 200\ \mu A/V^2$, $\mu_p C_{ox} = 100\ \mu A/V^2$, $\lambda = 0$, $V_{TH} = 0{,}4$ V para dispositivos MOS e $-0{,}4$ V para dispositivos PMOS.

Seção 17.2.1 Polarização Simples

17.1 No circuito da Figura 17.80, determine o máximo valor permitido para W/L de modo que M_1 permaneça em saturação. Assuma $\lambda = 0$.

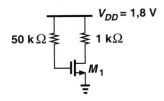

Figura 17.80

17.2 O circuito da Figura 17.81 deve ser projetado para uma corrente de dreno de 1 mA. Se $W/L = 20/0{,}18$, calcule os valores de R_1 e de R_2 para que a impedância de entrada seja de, pelo menos, 20 kΩ.

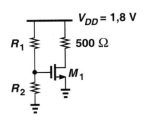

Figura 17.81

Seção 17.2.2 Polarização com Degeneração de Fonte

17.3 Considere o circuito representado na Figura 17.82. Calcule a máxima transcondutância que M_1 pode prover (sem entrar na região de triodo).

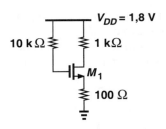

Figura 17.82

17.4 O circuito da Figura 17.83 deve ser projetado para uma queda de tensão de 200 mV em R_S.

(a) Calcule o valor mínimo permitido para W/L de modo que M_1 permaneça em saturação.

(b) Quais são os valores de R_1 e de R_2 para que a impedância de entrada seja de, pelo menos, 30 kΩ?

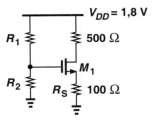

Figura 17.83

17.5 Considere o circuito representado na Figura 17.84, na qual $W/L = 20/0{,}18$. Assumindo que a corrente que flui por R_2 seja um décimo de I_{D1}, calcule os valores de R_1 e de R_2 para $I_{D1} = 0{,}5$ mA.

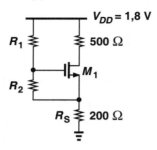

Figura 17.84

Seção 17.2.3 Estágio Autopolarizado

17.6 O estágio autopolarizado da Figura 17.85 deve ser projetado para uma corrente de dreno de 1 mA. Determine o valor de R_D para que M_1 proveja uma transcondutância de $(1/100\ \Omega)$.

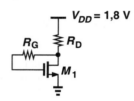

Figura 17.85

17.7 O estágio da Figura 17.86 deve ser projetado para uma corrente de dreno de 0,5 mA. Se $W/L = 50/0{,}18$, calcule os valores de R_1 e de R_2 para que estes resistores conduzam uma corrente igual a um décimo de I_{D1}.

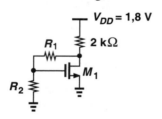

Figura 17.86

17.8 Devido a um erro de fabricação, um resistor parasita R_P apareceu no circuito da Figura 17.87. Sabemos que, sem este erro, $V_{GS} = V_{DS}$ e, com o erro, $V_{GS} = V_{DS} + V_{TH}$. Determine os valores de W/L e de R_P.

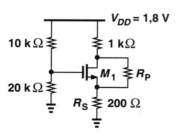

Figura 17.87

*17.9 Devido a um erro de fabricação, um resistor parasita R_P apareceu no circuito da Figura 17.88. Sabemos que, sem este erro, $V_{GS} = V_{DS} + 100$ mV e, com o erro, $V_{GS} = V_{DS} + 50$ mV. Determine os valores de W/L e de R_P.

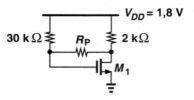

Figura 17.88

Seção 17.2.5 Realização de Fontes de Corrente

17.10 Uma fonte de corrente NMOS deve ser projetada para uma resistência de saída de 20 kΩ e corrente de saída de 0,5 mA. Qual é o máximo valor tolerado para λ?

17.11 No circuito da Figura 17.89, M_1 e M_2 têm 0,25 μm de comprimento e $\lambda = 0{,}1$ V^{-1}. Determine W_1 e W_2 de modo que $I_X = 2I_Y = 1$ mA. Assuma $V_{DS1} = V_{DS2} = V_B = 0{,}8$ V. Qual é a resistência de saída de cada fonte de corrente?

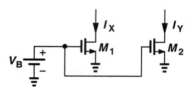

Figura 17.89

17.12 As duas fontes de corrente da Figura 17.90 devem ser projetadas para $I_X = I_Y = 0{,}5$ mA. Se $V_{B1} = 1$ V, $V_{B2} = 1{,}2$ V, $\lambda = 0{,}1$ V^{-1} e $L_1 = L_2 = 0{,}25$ μm, determine os valores de W_1 e de W_2. Compare as resistências de saída das duas fontes de corrente.

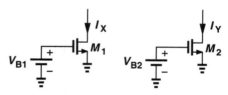

Figura 17.90

17.13 Um estudante usa, erroneamente, o circuito da Figura 17.91 como uma fonte de corrente. Se $W/L = 10/0{,}25$, $\lambda = 0{,}1$ V^{-1}, $V_{B1} = 0{,}2$ V e se V_X tiver um nível DC de 1,2 V, calcule a impedância vista na fonte de M_1.

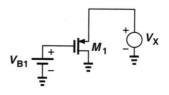

Figura 17.91

17.14 Considere o circuito mostrado na Figura 17.92, em que $(W/L)_1 = 10/0{,}18$ e $(W/L)_2 = 30/0{,}18$. Se $\lambda = 0{,}1$ V^{-1}, determine o valor de V_B para que $V_X = 0{,}9$ V.

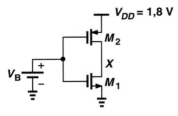

Figura 17.92

17.15 No circuito da Figura 17.93, M_1 e M_2 funcionam como fontes de corrente. Se $V_B = 1$ e $W/L = 20/0{,}25$, determine os valores de I_X e de I_Y. Qual a relação entre as resistências de saída de M_1 e de M_2?

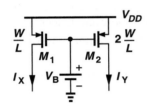

Figura 17.93

*17.16 No circuito da Figura 17.94, $(W/L)_1 = 5/0{,}18$ e $(W/L)_2 = 10/0{,}18$, $\lambda_1 = 0{,}1$ V^{-1} e $\lambda_2 = 0{,}15$ V^{-1}.

(a) Determine o valor de V_B para que $I_{D1} = |I_{D2}| = 0{,}5$ mA, com $V_X = 0{,}9$ V.

(b) Esboce o gráfico de I_X em função de V_X, com V_X variando entre 0 e V_{DD}.

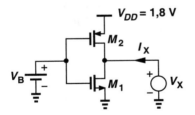

Figura 17.94

Seção 17.4 Estágio Fonte Comum

17.17 No estágio fonte comum da Figura 17.95, $W/L = 30/0{,}18$ e $\lambda = 0$.

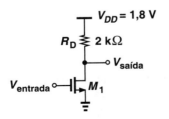

Figura 17.95

(a) Que valor da tensão de porta resulta em uma corrente de dreno de 0,5 mA? (Comprove que M_1 opera em saturação.)

(b) Com esta corrente de dreno, calcule o ganho de tensão do estágio.

17.18 O circuito da Figura 17.95 foi projetado com $W/L = 20/0{,}18$, $\lambda = 0$ e $I_D = 0{,}25$ mA.

(a) Determine a correspondente tensão de polarização de porta.

(b) Com esta tensão de porta, de quanto W/L pode ser aumentado, caso M_1 deva permanecer em saturação? Qual é o máximo ganho de tensão que pode ser alcançado à medida que W/L aumenta?

17.19 O estágio da Figura 17.96 deve ser projetado para um ganho de tensão de 5, com $W/L \leq 20/0{,}18$. Determine o correspondente valor de R_D de modo que a dissipação de potência não ultrapasse 1 mW.

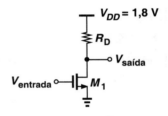

Figura 17.96

17.20 O estágio FC da Figura 17.97 deve prover ganho de tensão de 10, com uma corrente de polarização de 0,5 mA. Assuma $\lambda_1 = 0{,}1$ V^{-1} e $\lambda_2 = 0{,}15$ V^{-1}.

(a) Calcule o correspondente valor de $(W/L)_1$.

(b) Se $(W/L)_2 = 20/0{,}18$, determine o necessário valor de V_B.

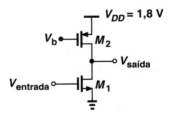

Figura 17.97

17.21 No estágio da Figura 17.97, M_2 tem um comprimento longo, de modo que $\lambda_2 \ll \lambda_1$. Calcule o ganho de tensão com $\lambda_1 = 0{,}1$ V^{-1}, $(W/L)_1 = 20/0{,}18$ e $I_D = 1$ mA.

**17.22 O circuito da Figura 17.97 foi projetado para uma corrente de polarização I_1, com certas dimensões para M_1 e M_2. Se a largura e o comprimento dos dois transistores forem dobrados, que alteração sofre o ganho de tensão? Considere dois casos: (a) a corrente de polarização permanece constante e (b) a corrente de polarização é dobrada.

17.23 O estágio FC representado na Figura 17.98 deve prover ganho de tensão de 15, com uma corrente de polarização de 0,5 mA. Se $\lambda_1 = 0{,}15\text{V}^{-1}$ e $\lambda_2 = 0{,}05\ \text{V}^{-1}$, determine o necessário valor de $(W/L)_2$.

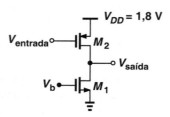

Figura 17.98

17.24 Explique por que uma das topologias mostradas na Figura 17.99 é preferível às outras.

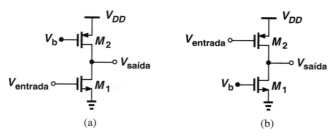

Figura 17.99

17.25 O circuito da Figura 17.100 deve ser projetado para um ganho de tensão de 3. Se $(W/L)_1 = 20/0{,}18$, determine $(W/L)_2$. Assuma $\lambda = 0$.

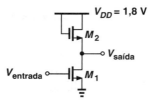

Figura 17.100

17.26 No circuito da Figura 17.100, $(W/L)_1 = 10/0{,}18$ e $I_{D1} = 0{,}5$ mA.
  (a) Se $\lambda = 0$, determine $(W/L)_2$ de modo que M_1 opere na fronteira da região de saturação.
  (b) Agora, calcule o ganho de tensão.
  (c) Explique por que esta escolha de $(W/L)_2$ resulta no máximo valor de ganho.

17.27 O estágio FC da Figura 17.100 deve alcançar um ganho de tensão de 5.
  (a) Se $(W/L)_2 = 2/0{,}18$, calcule o necessário valor de $(W/L)_1$.
  (b) Qual é o máximo valor permitido para a corrente de polarização de modo que M_1 opere em saturação?

*17.28 Se $\lambda \neq 0$, determine o ganho de tensão de cada estágio representado na Figura 17.101.

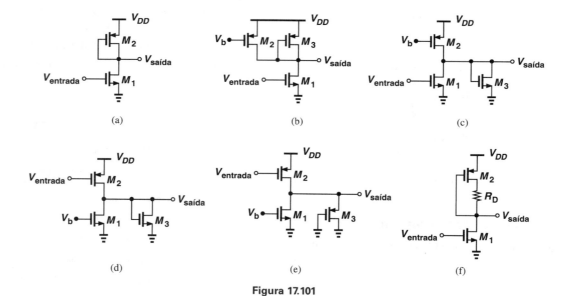

Figura 17.101

Seção 17.4.3 Estágio Fonte Comum com Degeneração de Fonte

17.29 No circuito da Figura 17.102, determine o ganho de tensão de modo que M_1 opere na fronteira da região de saturação. Assuma $\lambda = 0$.

17.30 O estágio FC degenerado da Figura 17.102 deve prover ganho de tensão de 4, com uma corrente de polarização de 1 mA. Assuma uma queda de tensão de 200 mV em R_S e $\lambda = 0$.

Amplificadores CMOS 683

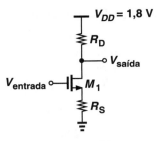

Figura 17.102

(a) Se $R_D = 1$ kΩ, determine o necessário valor de W/L. Para esta escolha de W/L, o transistor opera em saturação?

(b) Se $W/L = 50/0{,}18$, determine o necessário valor de R_D. Para esta escolha de R_D, o transistor opera em saturação?

17.31 Considere um estágio FC degenerado, com $\lambda > 0$. Assumindo $g_m r_O \gg 1$, calcule o ganho de tensão do circuito.

**17.32 Calcule o ganho de tensão de cada um dos circuitos representados na Figura 17.103. Assuma $\lambda = 0$.

**17.33 Determine a resistência de saída de cada circuito representado na Figura 17.104. Assuma $\lambda \neq 0$.

17.34 O estágio FC da Figura 17.105 conduz uma corrente de polarização de 1 mA. Se $R_D = 1$ kΩ e $\lambda = 0{,}1$ V^{-1}, calcule o necessário valor de W/L, para uma tensão de porta de 1 V. Qual é o ganho de tensão do circuito?

17.35 Refaça o Exercício 17.34 com $\lambda = 0$ e compare os resultados.

*17.36 Um estudante ousado decide explorar uma nova topologia de circuito, onde a entrada é aplicada ao dreno e a saída é colhida na fonte (Figura 17.106). Assuma $\lambda \neq 0$, determine o ganho de tensão do circuito e discuta o resultado.

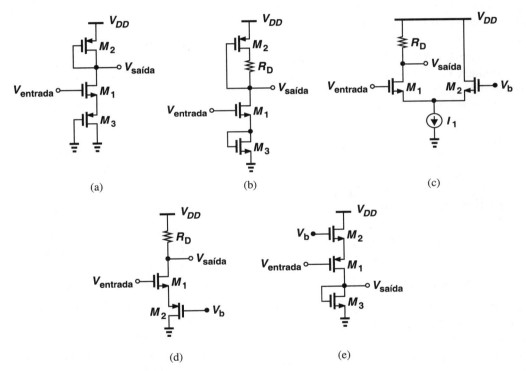

Figura 17.103

Figura 17.104

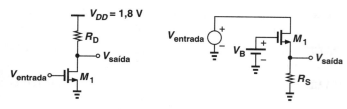

Figura 17.105   Figura 17.106

17.37 No estágio fonte comum ilustrado na Figura 17.107, a corrente de dreno de M_1 é definida pela fonte de corrente ideal I_1 e permanece independente de R_1 e R_2 (por quê?). Suponha $I_1 = 1$ mA, $R_D = 500$ Ω, $λ = 0$ e que C_1 seja muito grande.

(a) Calcule o valor de W/L para obter um ganho de tensão de 5.

(b) Escolha os valores de R_1 e R_2 para que o transistor fique a 200 mV da região de triodo e $R_1 + R_2$ não consuma mais de 0,1 mA da alimentação.

(c) Com os valores determinados em (b), o que acontece se o valor de W/L for o dobro do calculado em (a)? Considere tanto as condições de polarização (por exemplo, se M_1 se aproxima ou não da região de triodo) como o ganho de tensão.

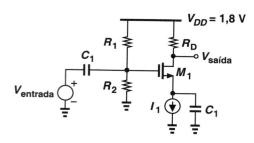

Figura 17.107

17.38 Considere o estágio FC mostrado na Figura 17.108, na qual I_1 define a corrente de polarização de M_1 e C_1 é muito grande.

(a) Se $λ = 0$ e $I_1 = 1$ mA, qual é o máximo valor permitido para R_D?

(b) Com o valor encontrado em (a), determine o valor de W/L para obter ganho de tensão de 5.

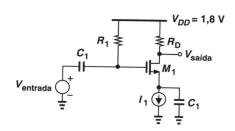

Figura 17.108

Seção 17.4.4 Topologia Porta Comum

17.39 O estágio porta comum representado na Figura 17.109 deve prover ganho de tensão de 4 e impedância de entrada de 50 Ω. Se $I_D = 0,5$ mA e $λ = 0$, determine os valores de R_D e de W/L.

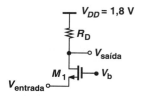

Figura 17.109

17.40 Assuma, na Figura 17.109, $I_D = 0,5$ mA, $λ = 0$ e $V_b = 1$ V. Determine os valores de W/L e de R_D para uma impedância de entrada de 50 Ω e máximo ganho de tensão (com M_1 permanecendo na região de saturação).

17.41 Um estágio PC com resistência de fonte R_S emprega um MOSFET com $λ > 0$. Assumindo $g_m r_O \gg 1$, determine o ganho de tensão do circuito.

17.42 O estágio PC representado na Figura 17.110 deve apresentar impedância de entrada de 50 Ω e impedância de saída de 500 Ω. Assuma $λ = 0$.

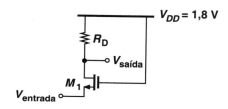

Figura 17.110

(a) Qual é o máximo valor permitido para I_D?

(b) Com o valor obtido em (a), calcule o necessário valor de W/L.

(c) Calcule o ganho de tensão.

17.43 O amplificador PC representado na Figura 17.111 é polarizado por $I_1 = 1$ mA. Assuma $λ = 0$ e que C_1 seja muito grande.

(a) Que valor de R_D deixa o transistor a 200 mV da região de triodo?

(b) Qual deve ser o valor de W/L para que, com o valor de R_D obtido em (a), o circuito proveja ganho de tensão de 5?

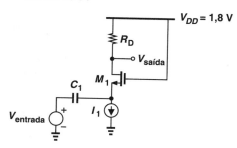

Figura 17.111

17.44 Determine o ganho de tensão de cada estágio representado na Figura 17.112. Assuma $\lambda = 0$.

*17.45 Considere o circuito da Figura 17.113, em que um estágio fonte comum (M_1 e R_{D1}) é seguido por um estágio porta comum (M_2 e R_{D2}).

(a) Escrevendo $v_{saída}/v_{entrada} = (v_X/v_{entrada})(v_{saída}/v_X)$ e assumindo $\lambda = 0$, calcule o ganho de tensão total.

(b) Simplifique o resultado obtido em (a) para o caso em que $R_{D1} \to \infty$. Explique por que este resultado era esperado.

17.46 Refaça o Exercício 17.45 para o circuito mostrado na Figura 17.114.

17.47 Calcule o ganho de tensão do estágio mostrado na Figura 17.115. Assuma $\lambda = 0$ e que os capacitores sejam muito grandes.

*17.48 Assumindo $\lambda = 0$, calcule o ganho de tensão do circuito ilustrado na Figura 17.116. Explique por que este estágio *não* é um amplificador porta comum.

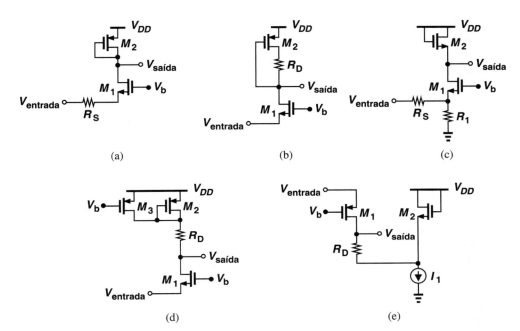

Figura 17.112

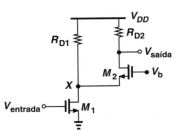

Figura 17.113

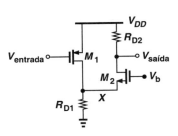

Figura 17.114

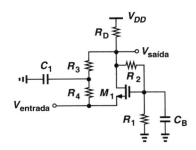

Figura 17.115

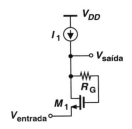

Figura 17.116

Seção 17.4.5 Seguidor de Fonte

17.49 O seguidor de fonte representado na Figura 17.117 é polarizado por meio de R_G. Calcule o ganho de tensão, com $W/L = 20/0,18$ e $\lambda = 0,1\ V^{-1}$.

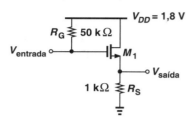

Figura 17.117

17.50 O seguidor de fonte da Figura 17.118 deve ser projetado para um ganho de tensão de 0,8. Se $W/L = 30/0,18$ e $\lambda = 0$, determine a necessária tensão de polarização de porta.

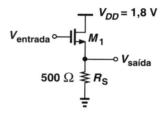

Figura 17.118

17.51 O seguidor de fonte da Figura 17.118 deve ser projetado com máxima tensão de polarização de porta de 1,8 V. Calcule, com $\lambda = 0$, o valor de W/L para um ganho de tensão de 0,8.

17.52 O seguidor de fonte representado na Figura 17.119 emprega uma fonte de corrente. Determine os valores de I_1 e de W/L para que, com $V_{GS} = 0,9$ V, o circuito apresente uma impedância de saída menor que 100 Ω. Assuma $\lambda = 0$.

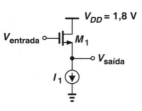

Figura 17.119

17.53 O circuito da Figura 17.119 deve apresentar uma impedância de saída menor que 50 Ω, com orçamento de potência de 2 mW. Determine o correspondente valor de W/L. Assuma $\lambda = 0$.

17.54 O seguidor de fonte da Figura 17.120 deve ser projetado para um ganho de tensão de 0,8, com orçamento de potência de 3 mW. Calcule o necessário valor de W/L. Assuma que C_1 seja muito grande e $\lambda = 0$.

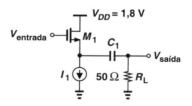

Figura 17.120

**17.55 Determine o ganho de tensão de cada estágio representado na Figura 17.121. Assuma $\lambda \neq 0$.

*17.56 Considere o circuito mostrado na Figura 17.122, onde um seguidor de fonte (M_1 e I_1) precede um estágio porta comum (M_2 e R_D).

(a) Escrevendo $v_{saída}/v_{entrada} = (v_X/v_{entrada})(v_{saída}/v_X)$, calcule o ganho de tensão total.

(b) Admitindo $g_{m1} = g_{m2}$, simplifique o resultado obtido em (a).

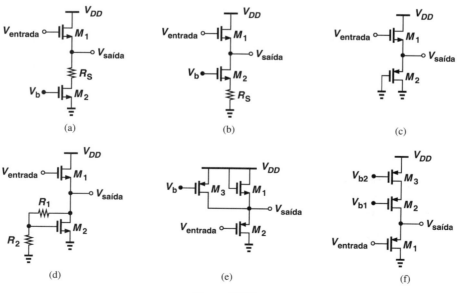

Figura 17.121

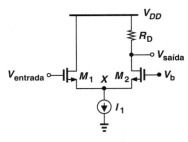

Figura 17.122

Exercícios de Projeto

Nos exercícios seguintes, a menos que seja especificado de outra forma, assuma $\lambda = 0$.

17.57 Projete o estágio FC mostrado na Figura 17.123 para ganho de tensão de 5 e impedância de saída de 1 kΩ. Polarize o transistor de modo que o mesmo opere a 100 mV da região de triodo. Assuma que os capacitores sejam muito grandes e $R_D = 10$ kΩ.

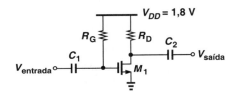

Figura 17.123

17.58 O amplificador FC da Figura 17.123 deve ser projetado para ganho de tensão de 5, com orçamento de potência de 2 mW. Se $R_D I_D = 1$ V, determine o necessário valor de W/L. Use as mesmas hipóteses do Exercício 17.57.

17.59 O estágio FC da Figura 17.123 deve ser projetado para máximo ganho de tensão, com $W/L \leq 50/0{,}18$ e máxima impedância de saída de 500 Ω. Determine a corrente necessária. Use as mesmas hipóteses do Exercício 17.57.

17.60 O estágio degenerado representado na Figura 17.124 deve prover ganho de tensão de 4, com orçamento de potência de 2 mW e queda de tensão de 200 mV em R_S. Admitindo que a tensão de sobrecarga do transistor não deva exceder 300 mV e que $R_1 + R_2$ deva consumir menos de 5 % da potência alocada, projete o circuito. Use as mesmas hipóteses do Exercício 17.57.

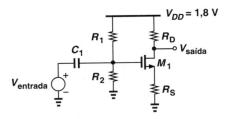

Figura 17.124

17.61 Projete o circuito da Figura 17.124 para ganho de tensão de 5 e orçamento de potência de 6 mW. Assuma que a queda de tensão em R_S seja igual à tensão de sobrecarga do transistor, e $R_D = 200$ Ω.

17.62 O circuito mostrado na Figura 17.125 deve prover ganho de tensão de 6 e C_S deve funcionar como uma impedância baixa na frequência de interesse. Assumindo um orçamento de potência de 2 mW e impedância de entrada de 20 kΩ, projete o circuito de modo que M_1 opere a 200 mV da região de triodo. Escolha os valores de C_1 e de C_S para que suas impedâncias sejam desprezíveis em 1 MHz.

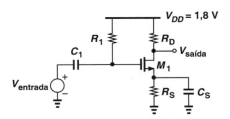

Figura 17.125

17.63 No circuito da Figura 17.126, M_2 funciona como uma fonte de corrente. Projete o estágio para um ganho de tensão de 20 e orçamento de potência de 2 mW. Assuma $\lambda = 0{,}1$ V^{-1} para os dois transistores e que o máximo nível de tensão permitido na saída seja de 1,5 V (ou seja, M_2 deve permanecer em saturação para $V_{saída} \leq 1{,}5$ V).

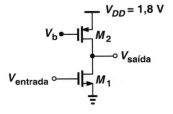

Figura 17.126

17.64 Considere o circuito representado na Figura 17.127, em que C_B é muito grande e $\lambda_n = 0{,}5\lambda_p = 0{,}1$ V^{-1}.

(a) Calcule o ganho de tensão.

(b) Projete o circuito para ganho de tensão de 15 e orçamento de potência de 3 mW. Assuma $R_G \approx 10(r_{O1} \| r_{O2})$ e que o nível DC da saída deva ser igual a $V_{DD}/2$.

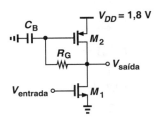

Figura 17.127

17.65 O estágio FC da Figura 17.128 incorpora uma fonte de corrente PMOS degenerada. A degeneração deve elevar a impedância de saída da fonte de corrente a cerca de $10r_{O1}$, de modo que o ganho de tensão permaneça quase igual ao ganho intrínseco de M_1. Assuma $\lambda = 0,1$ V^{-1} para os dois transistores e um orçamento de potência de 2 mW.

(a) Se $V_B = 1$ V, determine os valores de $(W/L)_2$ e de R_S para que a impedância vista no dreno de M_1 seja igual a $10r_{O1}$.

(b) Determine o valor de $(W/L)_1$ para alcançar um ganho de tensão de 30.

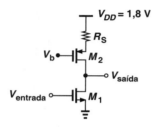

Figura 17.128

17.66 Assumindo um orçamento de potência de 1 mW e sobrecarga de 200 mV para M_1, projete o circuito ilustrado na Figura 17.129 para um ganho de tensão de 4.

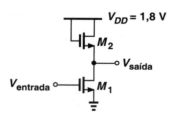

Figura 17.129

17.67 Projete o estágio porta comum representado na Figura 17.130 para uma impedância de entrada de 50 Ω e ganho de tensão de 5. Assuma um orçamento de potência de 3 mW.

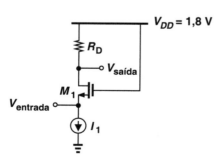

Figura 17.130

17.68 Projete o circuito da Figura 17.131 de modo que M_1 opere a 100 mV da região de triodo e proveja ganho de tensão de 4. Assuma um orçamento de potência de 2 mW.

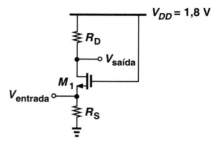

Figura 17.131

17.69 A Figura 17.132 mostra um estágio porta comum autopolarizado, no qual $R_G \approx 10R_D$ e C_G atua como uma pequena impedância, de modo que o ganho de tensão ainda seja dado por $g_m R_D$. Projete o circuito para um orçamento de potência de 5 mW e ganho de tensão de 5. Assuma $R_S \approx 10/g_m$, para que a impedância de entrada permaneça aproximadamente igual a $1/g_m$.

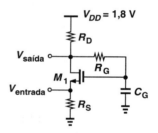

Figura 17.132

17.70 Projete o estágio PC representado na Figura 17.133 para que possa acomodar uma excursão de saída de 500 mV$_{pp}$, ou seja, para que $V_{saída}$ possa chegar a 250 mV abaixo deste valor sem levar M_1 à região de triodo. Assuma ganho de tensão de 4 e impedância de entrada de 50 Ω. E, ainda, $R_S \approx 10/g_m$ e $R_1 + R_2 = 20$ kΩ. (Sugestão: como M_1 é polarizado a 250 mV da região de triodo, $R_S I_D + V_{GS} - V_{TH} + 250$ mV $= V_{DD} - I_D R_D$.)

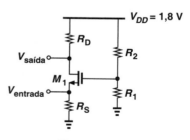

Figura 17.133

17.71 Projete o seguidor de fonte mostrado na Figura 17.134 para ganho de tensão de 0,8 e orçamento de potência de 2 mW. Assuma que o nível DC da saída seja igual a $V_{DD}/2$ e que a impedância de entrada ultrapasse 10 kΩ.

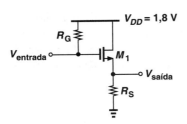

Figura 17.134

17.72 Considere o seguidor de fonte representado na Figura 17.135. O circuito deve prover ganho de tensão de 0,8 em 100 MHz e consumir 3 mW. Projete o circuito de modo que o ganho de tensão no nó X seja igual a $V_{DD}/2$. Assuma que a impedância de entrada ultrapasse 20 kΩ.

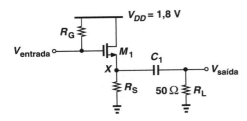

Figura 17.135

17.73 No seguidor de fonte da Figura 17.136, M_2 funciona como fonte de corrente. O circuito deve operar com orçamento de potência de 3 mW, ganho de tensão de 0,9 e valor mínimo de saída permitido de 0,3 V (ou seja, M_1 deve permanecer em saturação se $V_{DS2} \geq 0,3$ V). Assumindo $\lambda = 0,1$ V^{-1} para os dois transistores, projete o circuito.

Figura 17.136

EXERCÍCIOS COM *SPICE*

Nos próximos exercícios, use os modelos MOS e dimensões de fonte/dreno dados no Apêndice A. Assuma que os substratos de dispositivos MOS e PMOS sejam conectados à terra e a V_{DD}, respectivamente.

17.74 No circuito da Figura 17.137, I_1 é uma fonte de corrente ideal de 1 mA.
 (a) Calcule, manualmente, o valor de $(W/L)_1$ para $g_{m1} = (100\ \Omega)^{-1}$.
 (b) Selecione C_1 para uma impedância de $\approx 100\ \Omega$ ($\ll 1$ kΩ) em 50 MHz.
 (c) Simule o circuito e determine o ganho de tensão e a impedância de saída em 50 MHz.
 (d) Qual é a variação do ganho se I_1 variar de ±20 %?

17.75 O seguidor de fonte da Figura 17.138 emprega uma fonte de corrente, M_2.
 (a) Que valor de $V_{entrada}$ leva M_2 à fronteira da região de saturação?
 (b) Que valor de $V_{entrada}$ leva M_1 à fronteira da região de saturação?
 (c) Admitindo que $V_{entrada}$ tenha valor DC de 1,5 V, determine o ganho de tensão.
 (d) Qual é a variação do ganho se V_b variar de ±50 mV?

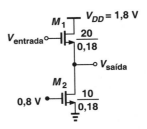

Figura 17.138

17.76 A Figura 17.139 mostra uma cascata de um seguidor de fonte e um estágio porta comum. Assuma $V_b = 1,2$ V e $(W/L)_1 = (W/L)_2 = 10\ \mu$m/0,18 μm.

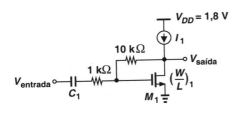

Figura 17.137

(a) Determine o ganho de tensão para o caso em que o valor DC de $V_{entrada}$ é 1,2 V.

(b) Comprove que o ganho sofre uma redução se o valor DC de $V_{entrada}$ for maior ou menor que 1,2 V.

(c) Que valor DC na entrada reduz o ganho em 10 %, em relação ao valor obtido em (a)?

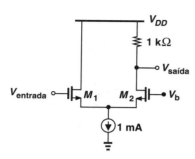

Figura 17.139

17.77 Considere o estágio FC representado na Figura 17.140, em que M_2 funciona como um resistor.

(a) Determine o valor de W_2 para que um nível DC de entrada de 0,8 V produza um nível DC de saída de 1 V. Qual é o ganho de tensão nestas condições?

(b) Que alteração sofre o ganho se a mobilidade do dispositivo NMOS variar de ±10 %? Você é capaz de explicar este resultado usando as expressões para a transcondutância deduzidas no Capítulo 6?

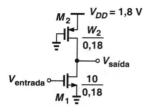

Figura 17.140

17.78 Refaça o Exercício 17.77 para o circuito mostrado na Figura 17.141 e compare as sensibilidades à mobilidade.

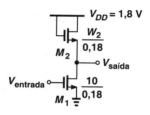

Figura 17.141

Introdução ao SPICE

Os circuitos encontrados em microeletrônica podem conter alguns poucos ou alguns milhões de dispositivos.[1] Como podemos analisar e projetar estes circuitos? À medida que aumenta o número de dispositivos em um circuito, a análise manual se torna mais difícil e, a partir de certo ponto, o emprego de outros métodos se faz necessário. Por exemplo, podemos *construir* um protótipo com o uso de componentes discretos e observar seu comportamento. Entretanto, dispositivos discretos proveem apenas uma aproximação pobre para os modernos circuitos integrados. Além disso, mesmo com algumas poucas centenas de dispositivos, protótipos discretos se tornam excessivamente complexos.

A microeletrônica atual faz intenso uso de programas de simulação em computador. Uma ferramenta versátil empregada para prever o comportamento de circuitos é o pacote de *software Simulation Program with Integrated Circuit Emphasis – SPICE* (Programa para Simulação com Ênfase em Circuitos Integrados). Embora tenha sido originalmente desenvolvido como uma ferramenta de domínio público (na Universidade da Califórnia, Berkeley), *SPICE* evoluiu para ferramentas comerciais, como *PSPICE*, *HSPICE* etc.; a maioria delas, no entanto, retém o mesmo formato. Este apêndice apresenta uma revisão tutorial sobre *SPICE*, permitindo ao leitor que efetue simulações básicas. Mais detalhes podem ser encontrados em [1].

A.1 PROCEDIMENTO DE SIMULAÇÃO

Consideremos o circuito representado na Figura A.1(a), cuja resposta em frequência desejamos estudar com o uso de *SPICE*. Ou seja, desejamos comprovar que a resposta é relativamente plana para $f < 1/(2\pi R_1 C_1) \approx 15,9$ MHz e, a partir daí, começa a cair [Figura A.1(b)]. Para isso, apliquemos uma tensão senoidal à entrada e variemos a frequência de, digamos, 1 MHz a 50 MHz.

O procedimento consiste em dois passos: (1) definir o circuito em uma linguagem (formato) que *SPICE* entenda e (2) usar um comando apropriado para instruir *SPICE* a determinar a resposta em frequência. Comecemos com o primeiro passo, que consiste em três tarefas.

(1) Identificar cada nó do circuito. A Figura A.1(c) mostra um exemplo onde os rótulos de identificação "entrada" (*in*) e "saída" (*out*) se referem aos nós de entrada e de saída, respectivamente. Em *SPICE*, o nó comum (terra) *deve* ser rotulado com "0". Embora arbitrários, os rótulos de identificação escolhidos para os outros nós devem traduzir alguma informação sobre os mesmos, de modo a facilitar a leitura da descrição do circuito em *SPICE*.

(2) Identificar cada elemento no circuito. Cada rótulo de identificação, que define o tipo do elemento (resistor, capacitor etc.), deve começar com uma *letra específica*, de modo que *SPICE* reconheça o elemento. Por exemplo, rótulos de identificação de resistores devem começar com a letra r; rótulos de capacitores, com a letra c; rótulos de indutores, com a letra i; rótulos de diodos, com a letra d; rótulos de fontes de tensão, com a letra v.[2] Com isso, nosso circuito simples fica representado como indicado na Figura A.1(d).

(3) Construir a "*netlist*" ou lista com a descrição precisa de cada elemento, juntamente com os nós a que está conectado. A *netlist* consiste em linhas de texto, cada uma descrevendo um elemento; para um dispositivo de dois terminais, a correspondente entrada na *netlist* tem o seguinte formato

```
rótulo do elemento nó1 nó2 valor
```

---

[1] Microprocessadores modernos contêm um bilhão de transistores MOS.
[2] *SPICE* não faz distinção entre letras minúsculas e maiúsculas.

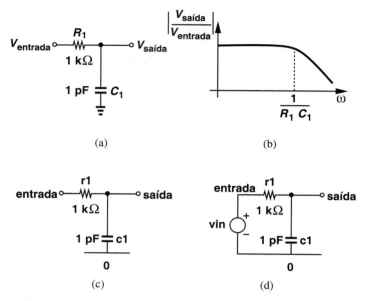

Figura A.1 (a) Circuito RC simples, (b) sua resposta em frequência, (c) rotulação de nós, (d) rotulação de elementos.

Para o exemplo na Figura A.1(d), começamos a *netlist* com:

```
r1 in out 1k
c1 out 0 1p
```

Vale notar que as unidades são especificadas como uma única letra (k para 10^3, p para 10^{-12} etc.). Para a fonte de tensão de entrada, escrevemos

```
vin in 0 ac 1
```

em que ac denota nosso desejo de determinar a resposta em frequência (AC) e, portanto, especifica $V_{entrada}$ (V_{in}) como uma tensão senoidal cuja frequência será variada. O valor final 1 representa a amplitude de pico da senoide. Além disso, notemos que o primeiro nó, "in", é tomado como o terminal positivo da fonte de tensão.

A *netlist* deve, também, incluir o "tipo de análise" a ser efetuada por *SPICE*. Em nosso exemplo, *SPICE* deve variar a frequência de um valor a outro, digamos, de 1 MHz a 50 MHz. O comando correspondente tem a seguinte aparência

```
.ac dec 200 1meg 50meg
```

Notemos que cada linha de "comando" se inicia com um ponto. A primeira entrada, "ac", diz a *SPICE* para efetuar uma "análise AC", ou seja, determinar a resposta em frequência. As segunda e terceira entradas, "dec 200", instruem *SPICE* a simular o circuito em 200 valores de frequência em cada década de frequência (por exemplo, entre 1 MHz e 10 MHz). As duas últimas entradas, "1meg 50meg", definem os valores inferior e superior do intervalo de frequência, respectivamente. Vale notar que "meg" denota 10^6 e não deve ser confundido com "m", que designa 10^{-3}.

Precisamos de mais duas linhas para completar a *netlist*. A primeira linha do arquivo é chamada "de título" e não contém informação para *SPICE*. Por exemplo, a linha de título pode ser "Meu Amplificador". Vale ressaltar que *SPICE* sempre ignora a primeira linha do arquivo e indica erro se esta linha de título não for incluída. A última linha do arquivo deve ser um comando ".end". A *netlist* fica assim:

```
Circuito de Teste para Resposta em
Frequência
r1 in out 1k
c1 out 0 10p
vin in 0 ac 1
.ac dec 200 1meg 50 meg
.end
```

É interessante observar que, exceto pelas primeira e última linhas, a ordem das linhas na *netlist* é irrelevante.

O que *fazemos* com esta *netlist*? Devemos "rodar" *SPICE* com esse arquivo, que denominaremos teste.sp. Dependendo do sistema operacional, *SPICE* pode ser rodado clicando em um ícone em uma interface gráfica ou datilografando

```
spice test.sp
```

Depois de a simulação ser rodada com sucesso, várias tensões de nós podem ser exibidas na forma de gráficos através da interface gráfica que acompanha *SPICE*.

A Figura A.2 resume o procedimento de simulação com *SPICE*. A definição de fontes (de tensão ou de corrente) na *netlist* deve ser consistente com o tipo de análise. No exemplo anterior, a definição da fonte de tensão de entrada continha o dado "ac" para que *SPICE* aplicasse uma varredura de frequência em $V_{entrada}$ e não a outras fontes.

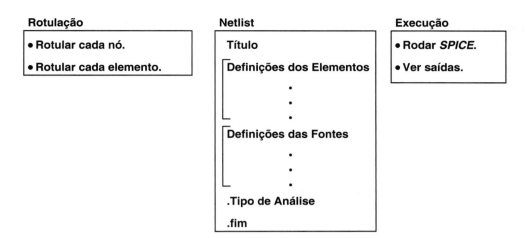

Figura A.2 Procedimento de simulação.

Neste ponto, o leitor pode levantar muitas questões: Como os outros elementos são definidos na *netlist*? Como as unidades são especificadas? A ordem dos rótulos de identificação dos nós na *netlist* é relevante? Como são especificados outros tipos de análise? Responderemos a estas perguntas nas próximas seções.

A.2 TIPOS DE ANÁLISE

Além da resposta em frequência, outros aspectos de circuitos também podem ser de interesse. Esta seção apresenta as descrições de fontes (de tensão ou de corrente) e necessários comandos para efetuar outros tipos de análise.

A.2.1 Análise do Ponto de Operação

Em muitos circuitos eletrônicos, primeiro, devemos determinar as condições de polarização dos dispositivos. *SPICE* efetua esta análise por meio do comando .op. O próximo exemplo ilustra este procedimento.

A.2.2 Análise Transiente

Estudemos a resposta a um pulso da seção RC da Figura A.1(d). Este tipo de simulação, chamado "análise transiente", requer alteração das linhas vin e .ac; as descrições de R_1 e C_1 permanecem inalteradas na *netlist*. Agora, a fonte de tensão deve ser especificada como

```
          V1 V2 Tdel Tr Tf Tw
vin in 0 pulse(0  1   0   1n 2n 5n)
```

em que $V_1, ..., T_w$ são definidos como indicado na Figura A.4(a).[3] Dizemos que $V_{entrada}$ é um pulso que varia de 0 V a 1 V com retardo (T_{rtd}) nulo, transição de subida (T_R) de 1 ns, transição de descida (T_F) de 2 ns e largura (T_w) de 5 ns. Vale notar que o primeiro nó, "in", é tomado como o terminal positivo da fonte de tensão.

Como instruímos *SPICE* para que efetue uma análise transiente? O comando é o seguinte:

```
.tran 0.2n 10n
```

Exemplo A.1 Determinemos as correntes que fluem por R_3 e R_4 na Figura A.3(a).

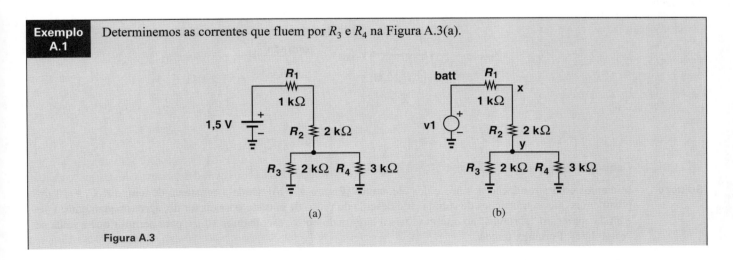

Figura A.3

---

[3] Os parênteses que seguem a descrição do pulso foram usados para clareza, mas não são necessários.

Solução   Rotulemos os nós como indicado na Figura A.3(b) e construamos a *netlist* da seguinte maneira:*

```
Circuito Resistivo Simples
v1 batt 0 1.5
r1 batt x 1k
r2 x y 2k
r3 y 0 2k
r4 y 0 3k
.op
.end
```

SPICE prevê uma corrente de 0,214 mA em R_3, e de 0,143 em R_4.

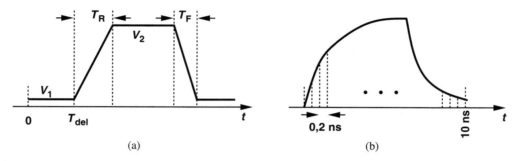

(a)   (b)

Figura A.4   (a) Definição de parâmetros do pulso, (b) ilustração de incremento temporal.

onde 0.2 n indica os incrementos ("passos temporais") que *SPICE* deve usar ao calcular a resposta e 10 n, o tempo total de interesse [Figura A.4(b)].

A aparência da *netlist* completa é

```
Exemplo de Resposta a um Pulso
r1 in out 1k
c1 out 0 10p
vin in 0 pulse(0 1 0 1n 2n 5n)
.tran 0.2n 10n
.end
```

Exemplo A.2   Construamos uma *netlist* de *SPICE* para a determinação da resposta a um pulso do circuito mostrado na Figura A.5(a).

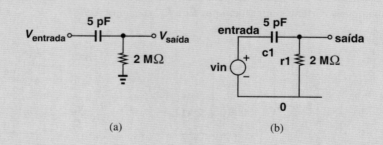

(a)   (b)

Figura A.5

Solução   Iniciemos com a rotulação dos nós e dos elementos [Figura A.5(b)]. Dada a constante de tempo $R_1 C_1 = 10\ \mu s$, postulemos que as transições de subida e de descida do pulso de entrada possam ser de, aproximadamente, 1 μs e ainda apareçam "abruptas" ao circuito. Para a largura do pulso, escolhamos 30 μs, para permitir que a saída se "estabilize". Portanto, temos

---

* Nas *netlists* para *SPICE*, a vírgula decimal deve ser trocada pelo ponto decimal. (N.T.)

```
Resposta a um Pulso de um Filtro Passa-Altas
c1 in out 5p
r1 out 0 2meg
vin in 0 pulse(0 1 1u 1u 30u)
.tran 0.2u 60u
.end
```

(A letra u na descrição do pulso denota 10^{-6}.) Vale ressaltar que o incremento temporal é escolhido muito menor que os tempos de transição do pulso, enquanto o tempo total para análise transiente deve ser grande o bastante para revelar a resposta depois de a entrada cair a zero.

Exemplo A.3 Modifiquemos a *netlist* de *SPICE* construída no Exemplo A.2 para que possamos observar a resposta do circuito a um *degrau*.

Solução Desejamos que $V_{entrada}$ passe, de forma abrupta, a 1 V e permaneça nesse nível. No entanto, a descrição do pulso requer um valor para a largura do pulso. Portanto, escolhamos uma largura de pulso muito maior que a duração de nossa "janela de observação".

```
vin in 0 pulse(0 1 1u 1u 1)
.tran 0.2u 30u
```

Uma largura de pulso de 1 s é suficiente para a análise da resposta ao degrau, pois a maioria dos circuitos tem resposta muito mais rápida. Vale notar que, agora, o tempo total da análise transiente é de 30 μs, o bastante para mostrar a resposta do circuito ao lado de subida da entrada.

Exemplo A.4 Construamos uma *netlist* de *SPICE* para determinar a resposta do circuito da Figura A.6(a) ao degrau.

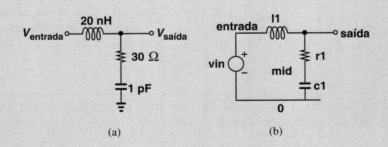

Figura A.6

Solução Iniciemos com a rotulação dos nós e dos elementos [Figura A.6(b)]. Como devemos escolher o tempo de transição do degrau? Ignorando, por ora, o comportamento amortecido do circuito, podemos considerar $R_1/(2L_1) = 1,5$ ns como constante de tempo da resposta e, então, escolher o tempo de transição da ordem de 150 ps. A *netlist* é a seguinte:

```
Meu Circuito RLC
l1 in out 20n
r1 out mid 30
c1 mid 0 1p
vin in 0 pulse(0 1 0 150p 150p 1)
.tran 25p 500p
.end
```

Vale ressaltar que, aqui, o tempo de transição de queda é irrelevante.

Exemplo A.5

Determinemos a resposta em frequência do circuito RLC mostrado na Figura A.6(a). Modifiquemos a *netlist* para esse fim.

Solução

Muitas vezes, estudamos tanto a resposta transiente como a resposta AC de um circuito. Por conveniência, apenas *um* arquivo deveria servir para os dois casos. Felizmente, *SPICE* permite que transformemos linhas de comandos em "comentários" por meio da inserção de um asterisco (*) no início de cada linha que não queremos que seja executada. Dessa forma, repitamos a *netlist* do exemplo anterior, transformemos em comentários as linhas relacionadas à análise transiente e adicionemos as linhas necessárias à análise AC:

```
Meu Circuito RLC
l1 in out 20n
r1 out mid 30
c1 mid 0 1p
*vin in 0 pulse(0 1 0 150p 150p 1)
*.tran 25p 500p
*As duas linhas seguintes foram adicionadas para a análise AC.
vin in 0 ac 1
.ac dec 100 1meg 1g
.end
```

(A letra g no fim da linha .ac denota 10^9.) Como vemos, as linhas de comentário também podem ser usadas como lembretes.

A.2.3 Análise DC

Em alguns casos, desejamos montar gráficos da tensão (ou corrente) de saída de um circuito em função da tensão (ou corrente) de entrada. Esse tipo de simulação, chamado "análise DC", requer que *SPICE varra* a entrada em um dado intervalo, em incrementos (ou passos) suficientemente pequenos. Por exemplo, podemos escrever

```
vin in 0 dc 1
        Limite    Limite    Tamanho
        Inferior  Superior  do Incremento
.dc vin 0.5       2         1m
```

a descrição vin especifica o tipo da tensão de entrada como DC e com valor nominal de 1 V.[4] O comando de varredura DC começa com .dc e especifica vin como a fonte que deve ser varrida. As duas entradas seguintes denotam os limites inferior e superior do intervalo de varredura, respectivamente; a última entrada indica o valor do incremento.

Exemplo A.6

Construamos uma *netlist* para montar o gráfico de $V_{saída}$ em função de $V_{entrada}$, para o circuito representado na Figura A.7(a). Assumamos um intervalo de entrada de −1 V a +1 V, com incrementos de 2 mV.

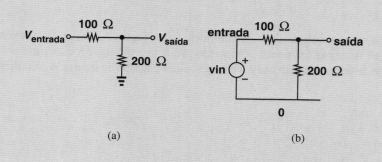

Figura A.7

---

[4] Este valor nominal é arbitrário e irrelevante na análise DC.

Solução Rotulemos os nós e os elementos como indicado na Figura A.7(b). A *netlist* pode ser escrita como:

```
Divisor de Tensão
r1 in out 100
r2 out 0 200
vin in 0 dc 1
.dc vin -1 +1 2m
.end
```

Vale notar que os valores de r1 e de r2 não são seguidos por uma unidade, de modo que *SPICE* assume que sejam expressos em ohms.

A.3 DESCRIÇÃO DE ELEMENTOS

O estudo de *netlists* para *SPICE* focou, até aqui, a descrição de resistores, capacitores, indutores e fontes de tensão. Nesta seção, consideraremos as descrições de elementos como fontes de corrente, diodos, transistores bipolares e MOSFETS.

A.3.1 Fontes de Corrente

A definição de fontes de corrente para os vários tipos de análise é similar à de fontes de tensão. Fica implícito na definição que a corrente flui *para fora* do primeiro nó e *para dentro* do segundo nó especificados na descrição. Por exemplo, para análise AC, a fonte de corrente ilustrada na Figura A.8(a) é expressa como

```
iin in 0 ac 1
```

Se o circuito for configurado como na Figura A.8(b), devemos escrever

```
iin 0 in ac 1
```

De modo similar, para resposta a um pulso, a fonte de corrente da Figura A.8(a) pode ser expressa como

```
iin in 0 pulse(0 1m 0 0.1n 0.1n 5n)
```

em que a corrente passa de 0 a 1 mA com retardo nulo e um tempo de transição de subida de 0,1 ns.

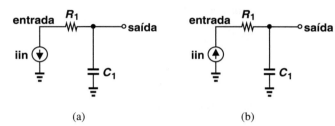

Figura A.8 Circuitos para ilustração da polaridade de fontes de corrente em *SPICE*.

A.3.2 Diodos

Ao contrário dos elementos passivos estudados até aqui, diodos não podem ser especificados por um "valor". Em vez disso, a equação $I_D = I_S[\exp(V_D/V_T) - 1]$ sugere que o valor I_S seja fornecido. Assim, para o exemplo ilustrado na Figura A.10, temos

```
    Anodo Catodo  Is
d1   in   out    is=1f
```

em que o nome do elemento começa com a letra d para denotar um diodo; o primeiro nó indica o anodo e o segundo, o catodo. A última entrada especifica o valor de I_S como 1×10^{-15} A.[5]

Em alguns casos, um diodo sob polarização reversa pode funcionar como um capacitor controlado por tensão e requer que o valor da capacitância de junção seja especificado. Recordemos que $C_j = C_{j0}/\sqrt{1 + |V_R|/V_0}$, onde $V_R < 0$ é a tensão

Exemplo A.7 Estudemos a resposta do circuito representado na Figura A.9(a) a um degrau de corrente de entrada.

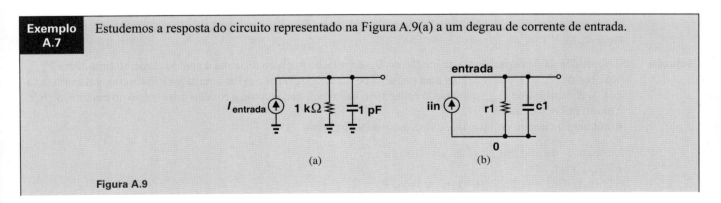

Figura A.9

---

[5] Vale notar que f designa femto e *não* farad. Ou seja, um capacitor expresso como 1f em uma descrição para *SPICE* assume o valor de 1 fF.

Solução Rotulando o circuito como indicado na Figura A.9(b) e notando uma constante de tempo de 1 ns, escrevamos

```
Exemplo de Resposta a um Degrau de Corrente
r1 in 0 1k
c1 in 0 1p
iin 0 in pulse(0 1m 0 0.1n 0.1n 1)
.tran 20p 3n
.end
```

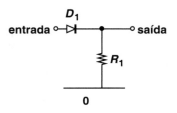

Figura A.10 Simples circuito com diodo.

de polarização reversa. Devemos, portanto, fornecer os valores de C_{j0} e de V_0 a *SPICE*.

```
d1 in out is=1f, cjo=1p, vj=0.7
```

(Vale notar que a terceira letra em cjo é um o e não um zero.) No caso de diodos, *SPICE* reconhece vj como V_0.

À medida que encontramos dispositivos mais sofisticados, aumenta o número de parâmetros que devem ser especificados nas correspondentes descrições para *SPICE*. Isso torna a construção de *netlists* mais trabalhosa e sujeita a erros. Por exemplo, os MOSFETs da atualidade requerem a definição de *centenas* de parâmetros em suas descrições para *SPICE*. Para evitar a repetição de parâmetros para cada elemento, *SPICE* permite a definição de "modelos". Por exemplo, a linha de especificação do diodo anterior pode ser escrita como

```
d1 in out meumodelo
.model meumodelo d (is=1f, cjo=1p,
vj=0.7)
```

Ao chegar à quarta entrada na linha do diodo, *SPICE* reconhece que a mesma não é um *valor*, mas o nome de um modelo (meumodelo) e busca um comando .model que defina os detalhes de "meumodelo". A letra "d" na linha .model especifica um modelo de diodo. Como visto a seguir, essa letra deve ser substituída por "npn", para um transistor *npn*, e por "nmos", para um dispositivo NMOS.

Exemplo A.8 Determinemos a resposta do circuito da Figura A.11 a um degrau; admitamos que $V_{entrada}$ passe de 0 a 1 V e que D_1 tenha os parâmetros dados anteriormente.

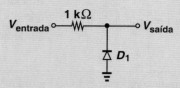

Figura A.11

Solução A dependência da capacitância de junção de D_1 em relação à tensão dificulta a análise desse circuito. Para $V_{saída}$ próximo de zero, D_1 está sujeito a uma pequena polarização reversa e exibe uma capacitância com valor próximo de C_{j0}. À medida que $V_{saída}$ aumenta, a capacitância diminui, assim como a *constante de tempo* do circuito. *SPICE* é muito útil neste caso.

Rotulando o circuito em questão, escrevamos a *netlist* como

```
Exemplo de Resposta a um Degrau
r1 in out 1k
d1 out 0 is=1f, cjo=1p, vj=0.7
vin in 0 pulse(0 1 0 0.1n 0.1n 1)
.tran 25p 3n
.end
```

Exemplo A.9 — Montemos o gráfico da característica entrada/saída do circuito representado na Figura A.12(a). Assumamos que D_1 e D_2 sigam o modelo de diodo anterior.

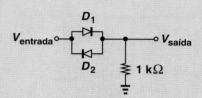

Figura A.12

Solução — Rotulando o circuito em questão, escrevamos a *netlist* como

```
Circuito com Diodo
d1 in out meumodelo
d2 out in meumodelo
r1 out 0 1k
vin in 0 dc 1
.dc vin -3 +3 2m
.end
```

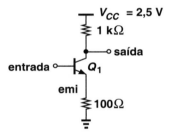

Figura A.13 Estágio emissor comum.

A.3.3 Transistores Bipolares

A definição de transistores bipolares requer atenção especial do leitor quanto à ordem dos terminais. Consideremos o exemplo mostrado na Figura A.13, em que Q_1 é expresso como:

```
Coletor Base Emissor Substrato Modelo
q1    out    in    emi      0     bimod
```

O nome do dispositivo começa com a letra q para indicar que se trata de um transistor bipolar; os quatro primeiros nós representam, respectivamente, os terminais de coletor, base, emissor, e substrato. (Na maioria dos casos, o substrato de transistores *npn* é conectado à terra.) Como no caso de diodos, os parâmetros do transistor são expressos em um modelo chamado, por exemplo, bimod:

```
.model bimod npn (beta=100, is=10f)
```

Duas observações são úteis neste ponto. (1) Os dois resistores são rotulados segundo os nós a que estão conectados. Esta abordagem nos permite encontrar cada resistor com mais facilidade do que se fossem rotulados por números, por exemplo, r1. (2) Na *netlist* anterior, o termo "vcc" se refere a duas

Exemplo A.10 — Construamos a *netlist* de *SPICE* para o circuito da Figura A.13. Assumamos que a entrada deva ser varrida de 0,8 V a 0,9 V.

Solução — A *netlist* é a seguinte:

```
Simples Estágio EC
q1 out in emi 0 bimod
remi emi 0 100
rout out vcc 1k
vcc vcc 0 2.5
vin in 0 dc 1
.dc 0.8 0.9 1m
.model bimod npn (beta=100, is=10f)
.end
```

Exemplo A.11

Construamos a *netlist* para o circuito representado na Figura A.14(a) e obtenhamos a resposta em frequência de 100 MHz a 10 GHz. Façamos uso do modelo de transistor anterior.

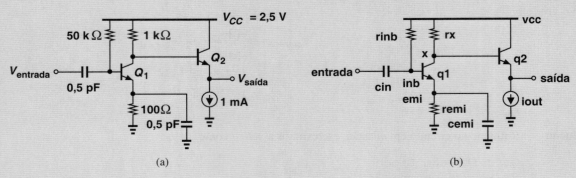

Figura A.14

Solução Rotulando o circuito como indicado na Figura A.14(b), escrevamos

```
Amplificador de Dois Estágios
cin in inb 0.5p
rinb inb vcc 50k
q1 x inb emi 0 novomodelo
rx x vcc 1k
remi emi 0 2k
cemi emi 0 0.5p
q2 vcc x out 0 novomodelo
iout out 0 1m
vcc vcc 0 2.5
vin in 0 ac 1
.ac dec 100 100meg 10g
.model novomodelo npn (beta=100, is=10f, cje=5f, cjc=6f,
cjs=10f, tf=5p)
.end
```

entidades *distintas*: uma fonte de tensão (a primeira entrada na linha vcc) e um nó (a segunda entrada na linha vcc).

O modelo de um transistor bipolar pode conter efeitos de frequências altas. Por exemplo, as capacitâncias de junção base-emissor e base-coletor são denotadas por cje e cjc, respectivamente. O efeito de armazenamento de carga na região da base é representado por um tempo de trânsito, tf (equivalente a τ_F). Além disso, para transistores bipolares integrados, a capacitância de junção coletor-substrato, cjs, deve ser especificada. Com isto, um modelo mais completo pode ser o seguinte

```
.model novomodelo npn (beta=100, is=10f,
cje=5f, cjc=6f, cjs=10f, tf=5p)
```

Modelos de modernos transistores bipolares contêm centenas de parâmetros.

A.3.4 MOSFETs

A definição de MOSFETs é um pouco similar à de transistores bipolares, mas contém mais detalhes relacionados às *dimensões* do dispositivo. Em contraste com transistores bipolares, MOS-

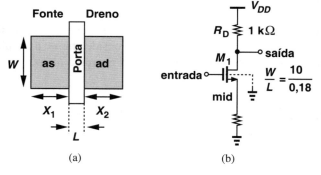

Figura A.15 (a) Vista superior de um MOSFET, (b) estágio fonte comum.

FETs são polarizados e têm as dimensões "escolhidas" para alcançar certas propriedades de pequenos sinais. Por exemplo, a transcondutância e a resistência de saída de MOSFETs dependem do comprimento do canal.

Para entender como as dimensões do dispositivo são especificadas, consideremos, primeiro, a vista superior ilustrada na Figura A.15(a). Além da largura e do comprimento do canal, devemos fornecer também as dimensões de fonte/dreno, para que *SPICE* possa calcular as capacitâncias associadas. Para isso, podemos especificar a "área" e o "perímetro" das junções de fonte e dreno. A área e o perímetro, denotados, respectivamente, por "as" e "ps" para a fonte (e por "ad" e "pd" para o dreno), são calculados da seguinte forma: as = $X_1 \cdot W$, ps = $2X_1 + 2W$, ad = $X_2 \cdot W$, pd = $2X_2 + 2W$. Na maioria dos casos, $X_1 = X_2$, de modo que as = ad e ps = pd.

O valor de $X_{1,2}$ é determinado pelas "regras de projeto" para cada tecnologia específica. Como regra empírica, assumamos $X_{1,2} \approx 3L_{min}$, em que L_{min} denota o valor mínimo permitido para o comprimento do canal (por exemplo, 0,18 μm). Nesta seção, assumimos $X_{1,2} = 0,6$ μm.

Consideremos, agora, o exemplo mostrado na Figura A.15(b), em que a linha tracejada conectada a M_1 indica o substrato do mesmo. Antes de considerar as dimensões, temos

```
       Dreno Porta Fonte Substrato Modelo
m1     out   in    mid   0         nmos
```

Como no caso do transistor bipolar, os nomes dos terminais aparecem em uma ordem específica: dreno, porta, fonte e substrato. Agora, adicionemos as dimensões:

```
       Dreno Porta Fonte Substrato Modelo
m1     out   in    mid   0         nmos    w=10u
l=0.18u as=6p
+ps=21.2u ad=6p pd=21.2u
```

(O sinal + permite a continuação de uma linha na seguinte.) A ordem das dimensões é irrelevante, mas é conveniente manter um padrão coerente em toda a *netlist*, para que seja de leitura mais fácil. Notemos que

```
as=6p
```

denota uma área de 6×10^{-12} m^2.

O modelo do MOSFET deve fornecer vários parâmetros do transistor, por exemplo, mobilidade (uo), espessura de óxido da porta (tox), tensão de limiar (vth), modulação do comprimento do canal (lambda) etc. Por exemplo,

```
.model meumodelo nmos (uo=360, tox=0.4n,
vth=0.5, lambda=0.4)
```

Vale ressaltar que a unidade *default* de mobilidade é cm^2/s, enquanto as unidades dos outros parâmetros são baseadas no sistema métrico. Por exemplo,

Exemplo A.12 A Figura A.16(a) mostra um amplificador de dois estágios. Construamos uma *netlist* de *SPICE* para obtermos o gráfico da característica entrada/saída do circuito. As conexões do substrato não são mostradas, mas fica implícito que a conexão default é à terra, no caso de dispositivos NMOS, e a V_{CC}, no caso de transistores PMOS.

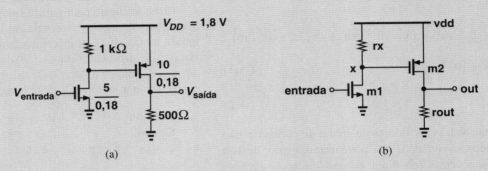

Figura A.16

Solução Rotulando o circuito como indicado na Figura A.16(b), escrevamos

```
Amplificador MOS
m1 x in 0 0 nmos w=5u l=0.18u as=3p ps=11.2u ad=3p
pd=11.2u
rx x vdd 1k
m2 out x vdd vdd pmos w=10u l=0.8u as=6p ps=21.2u ad=6p
pd=21.2u
rout out 0 500
vdd vdd 0 1.8
vin in 0 dc 1
.dc vin 0 1 1m
.model meumodelo nmos (uo=360, tox=0.4n, vth=0.5, lambda=0.4)
.end
```

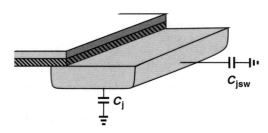

Figura A.17 Capacitâncias de área e de borda.

`tox=0.4n`

se traduz em $0,4 \times 10^{-9}$ m = 40 Å.

Para análise de alta frequência, devemos especificar a capacitância de junção das áreas de fonte e dreno. Como ilustrado na Figura A.17, essa capacitância é dividida em duas componentes: a capacitância de "área", C_j, e a capacitância de "borda", C_{jsw}. Esta separação é necessária porque os valores de C_j e C_{jsw} (por exemplo, por unidade de área) são, em geral, desiguais.

Em *SPICE*, estas componentes de capacitância são definidas de formas diferentes. A capacitância de área é especificada por unidade de área, por exemplo, $C_j = 3 \times 10^{-4}$ F/m² (= 0,3 fF/μm²); a capacitância de borda, por sua vez, é definida por *unidade de comprimento*, por exemplo, $C_{jsw} = 4 \times 10^{-10}$ F/m (= 0,4 fF/μm). Com essas especificações, *SPICE* calcula a capacitância total como $C_j \cdot ad + C_{jsw} \cdot pd$. Por exemplo, com esses valores de C_j e C_{jsw}, a capacitância de junção de dreno de M_1 no Exemplo A.12 é igual a

$$C_{DB1} = (3 \times 10^{-12} \text{m}^2) \times (3 \times 10^{-4} \text{F/m}^2) + (11,2 \times 10^{-6} \text{m})$$

$$\times (4 \times 10^{-10} \text{ F/m}) \tag{A.1}$$

$$= 5,38 \text{ fF}. \tag{A.2}$$

Vale notar que, se os valores de área e de perímetro não forem incluídos na *netlist*, SPICE pode usar um valor default zero e, em consequência, subestimar as capacitâncias no circuito.

As capacitâncias de junção de fonte/dreno exibem dependência em relação à tensão que pode não seguir a equação de raiz quadrada associada às junções *pn* "abruptas". *SPICE* permite uma equação da forma

$$C = \frac{C_0}{\left(1 + \dfrac{V_R}{\phi_B}\right)^m}, \tag{A.3}$$

em que C_0 denota o valor para tensão nula na junção e m, em geral, assume valor no intervalo de 0,3 a 0,4. Dessa forma, para C_j e C_{jsw}, especifiquemos

`(cjo, mj)`

e

`(cjswg, mjsw)`

Um modelo MOS mais completo pode, portanto, ter a forma

`.model meumodelo nmos (level=1, uo=360, tox=0.4n, vth=0.5, lambda=0.4, +cjo=3e-4, mj=0.35, cjswo=40n, mjswo=0.3)`

onde "level" (nível) denota certa complexidade do modelo. Na prática, são usados níveis mais elevados, com maior número de parâmetros. De modo similar, um modelo PMOS pode ser construído como

`.model meumodelo2 pmos (level=1, uo=150, tox=0.4n, vth=-0.55, +lambda=0.5, cjo=3.5e-4, mj=0.35, cjswo=35n, mjswo=0.3)`

A.4 OUTROS ELEMENTOS E COMANDOS

A.4.1 Fontes Controladas

Além das fontes de tensão e de corrente independentes estudadas até aqui, fontes controladas podem se tornar necessárias em simulações. Por exemplo, como mencionado no Capítulo 8, amp ops podem ser vistos como fontes de tensão controladas por tensão. Da mesma forma, MOSFETs atuam como fontes de corrente controladas por tensão.

Consideremos a configuração mostrada na Figura A.18, em que a fonte de tensão conectada entre os nós C e D tem valor igual a três vezes ao da diferença de tensão entre os nós A e B. Por simplicidade, chamemos (A, B) de "nós de entrada"; (C, D), de "nós de saída"; o fator 3, de "ganho". Essa fonte de tensão controlada por tensão é descrita como

```
Nós de        Nós de       Valor Ganho
Saída         Entrada      DC
e1 c d        poly(1) a b    0     3
```

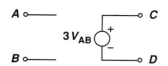

Figura A.18 Fonte de tensão controlada por tensão.

Vale notar que o nome do elemento começa com a letra "e", indicando uma fonte de tensão controlada por tensão. As duas entradas seguintes são os nós de saída, sendo que a primeira representa o terminal positivo. A entrada poly(1) indica uma relação polinomial de primeira ordem entre V_{CD} e V_{AB}. Em seguida, os nós controladores (de entrada) são especificados, e um zero é inserido para denotar uma tensão DC adicional nula. Por fim, o ganho é especificado. No caso mais geral, essa expressão representa $V_{CD} = \alpha + \beta V_{AB}$, onde α é o valor

Exemplo A.13 O circuito da Figura A.19(a) emprega um amp op com ganho de 500. Construamos uma *netlist* para a descrição desse circuito em *SPICE*.

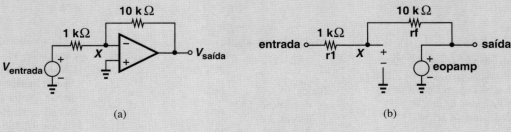

(a)   (b)

Figura A.19

Solução Primeiro, desenhemos e rotulemos o circuito como indicado na Figura A.19(b). Com isso,

```
r1 in x 1k
rf x out 5k
eopamp out 0 poly(1) x 0 0 -500
```

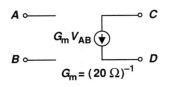

Figura A.20 Fonte de corrente controlada por tensão.

DC (no exemplo anterior, esse valor é zero) e β é o ganho (3, no exemplo anterior).

A fonte de corrente controlada por tensão representada na Figura A.20 tem a seguinte descrição

```
g1 c d poly(1) a b 0 0.05
```

em que a letra g denota uma fonte de corrente controlada por tensão, e o ganho é especificado como $1/(20\ \Omega) = 0{,}05\ \Omega^{-1}$.

Fontes de tensão e de corrente controladas por corrente são descritas de forma similar, mas raramente são usadas.

A.4.2 Condições Iniciais

Na análise transiente de circuitos, podemos desejar especificar uma tensão inicial no nó em relação à terra. Isso é feito por meio do comando .ic:

```
.ic v(x)=0.5
```

Este exemplo fixa a tensão inicial no nó X em 0,5 V.

REFERÊNCIA

1. G. Roberts and A. S. Sedra, *SPICE*, Oxford University Press, 1997.

Índice

A

Acelerômetro, capacitâncias do, 290
Acoplamento capacitivo, 192, 642, 660
ADC (*Analog-to-Digital Converter*), 5
   compartilhamento de um, 6
Alta-fidelidade, síntese de, 547
Am op, 282
   circuitos, 284, 293
   com terminais de alimentação, 284
   de entrada, 283
   não idealidades de, 295
   símbolo, 283
Amostragem
   da corrente de saída, 459
   da tensão de saída por um circuito de realimentação, 459
   de uma corrente por um amperímetro, 459
Amplificação, 7
Amplificador, 7, 641, 660
   cascode, 319, 322, 323
   CMOS, 245-281, 634-690
   de baixo ruído, 4
   de dois estágios, 296
   de MOS, 676
   de potência, 3, 543, 554
   de raiz quadrada, 295
   de sinal de microfone, 169
   de tensão, 456, 457
   diferencial cascode, 372
   diferenciais, 346-396
   inversor, 285, 286, 287, 304
   logarítmico, 294
   modelo simples de, 456
   MOS
      polarização, 245
      topologia de, 245
   não inversor, 284, 302
   no front-end, 634
   operacional como caixa preta, 282-312
   símbolo genérico, 8
   tipos, 456
Amplitude
   de Ripple, 71
   pico a pico da ondulação, 72
Análise
   DC, 138, 639, 696
   de grandes sinais, 354
   de pequenos sinais, 138, 356
   do ponto de operação, 693
   transiente, 693
Aproximação de Bode, 413
Aproximações para respostas de filtros, 587
Átomo(s)
   de silício, 19
   doadores, 21

Avalanche térmica, 551

B

Banda
   de rejeição, 562
   de voz, 2
   finita, largura de, 299
   passante, 562
   proibida, energia da, 18
Base-emissor, 111

C

Cabo de Ethernet, 655
Cálculo
   do ganho da malha, 448
   impedância
      de entrada, 465
      de saída, 466
Calor, dissipação de, 549
Câmara digital, 3, 5
Canal
   adjacente, 560
   modulação do comprimento do canal, 226, 227, 229
Cano hidráulico, 48
Capacitância
   de junção sob polarização reversa, 33
   de sobreposição, 411
   nos transistores, 415
Capacitor, 6, 32, 413
   flutuante, 404
   de acoplamento, 674
Característica
   I_D-V_{DS} parabólica, 223
   I/V, 107, 119, 221
   MOS, 223, 225
Carga(s)
   em sólidos, 18
   movimento de, 17, 21
Cascata de um estágio FC, 408
Cascode
   bipolar, 314, 429
   com uma simples fonte de corrente como carga, 323
   como amplificador, 318
   como fonte de corrente, 313
   estágio, 313
   MOS, 317, 429
   PMOS, fonte de corrente de, 318
Circuito(s)
   amplificado, 678
   analógicos, 7
   bandgap, 325
   baseados em amp ops, 284
   capacitor-comutador, 88

   capacitor-diodo, 84
   carregador, 47
   CMOS digitais, 602-633
   de dois transistores, 318
   de raiz quadrada, 294
   de realimentação
      "ideal", 460
      regras para abrir o, 477
   de resistência negativa, 526
   de teste, 108
   digitais, 5, 8
   diodo
      -bateria, 53
      -capacitor, 69
      -resistor, 53
   dobrador de tensão, 85
   equivalente, 48, 382
      de Thévenin, 12
   genérico, 405
   limitador genérico, 82
   limitadores, 80
   microeletrônicos, 6, 17
   MOS simples, 227
   para deslocamento de fase, 522
   RC simples, 692
   resistor-diodo, 52
   retificador, 73
   retificados, 77
   simetria do, 373
   simples com amp op, 294
   teoremas básicos de, 9
Coeficiente de modulação do canal, 229
Coletor-emissor, 111
Compensação
   de Miller, 497
   em frequência, 494-496
Componentes em paralelo, 668
Comutadores, 9, 86
Concentração, 19
Condução sublimiar, 232
Conversão analógico-digital, 7
Conversor
   analógico-digital, 5
   de impedância genérico, 584, 586, 588
Cópia de amostragem, 477
Copiagem de corrente, 326
Corrente(s), 458
   adição de duas, 460
   conduzida por diodos, 76
   copiagem de, 325
   de base, 104
   de coletor, 100, 107
   de curto-ciruito, 321, 624
   de deriva, 27
   de difusão, 27
   de diodo em um dobrador de tensão, 87

Índice

de dreno, 222, 368
de emissor, 104
de pico no diodo, 73
de polarização de entrada, 298
de saturação reversa, 36
densidade de, 23
fluxo em termos de densidade de carga, 23
nos transistores, 350
quiescente, 109
Critério de Barkhausen, 515
Curto-circuito, 13
corrente de, 321, 624
proteção contra, 548, 549

D

Decodificador binário-Gray, 602
Degeneração, 253, 643
Degradação dos níveis de saída de um inversor, 606
Densidade, 19
de carga no canal, 222
de portadores, 20
de tensão, 535
não uniforme, 24
Deriva, 21
de um semicondutor, 22
Deslocamento
DC, 295
em integrador, 297
em um amp op, 296
em um amplificador não inversor, 296
Dessensibilização do ganho, 449
Diferenciador, 287, 290
Difusão, 24
em um semicondutor, 25
Diodo(s), 28, 87, 659, 697
aplicações de, 68
como deslocadores de nível e comutadores, 86
como fonte de tensão, 541
funcionando como retificador, 52
ideal, 46, 47
não ideais, efeito de, 83
ponte de, 78
símbolo de, 48
Zener, 78
Dispositivo(s)
bipolar, 413
de elevação controlado pela entrada, 614
MOS, 214, 411
PMOS, 627
Dissipação
de calor, 549
de potência, 550, 623
Distorção, 535
em um seguidor, 537
Divisor
de tensão resistivo, 143
restritivo, 642
Dobrador de tensão, 82
Dopagem, 20
Dopante, 20

E

Efeito(s)
da realimentação sobre impedâncias, 475
da resistência de saída do transistor, 191, 656
das correntes de polarização, 300
de avalanche, 41
de corpo, 232
de corrente de base, 329
de impedâncias de entrada e de saída não ideais, 476
de ondulação, 348
de realimentação na impedância, 465
de resistência de saída do transistor, 165
de ruído, 6, 7
de um zero imaginário, 567
Early, 113, 158
Miller, 405
Zener, 41
Eficiência, 552
de estágio *push-pull*, 553
de potência, 535
Elétron(s)
de valência, 18
fracamente ligados, 20
liberado por energia térmica, 19
livres, 30
Energia
da banda proibida, 18
de *bandgap*, 18
Entrada senoidal com nível DC, 65
Entrada/saída
de um circuito limitador, 81
de um retificador de onda completa, 75
Equiripple, 592
Equivalência, 102
Equivalente
de Norton, 320
de pequenos sinais, 423
de Thévenin, 144, 382
Espelho
de corrente, 313, 324, 325, 332
pnp, 329
Estabilidade
condição de, 490
em sistemas de realimentação, 486
Estágio
autopolarizado, 148, 149, 645
bipolar, 429
cascodes, 313, 429
composto, 678
de saída, 534
EC, 157, 159, 167
emissor comum, 542
FC, 399, 519, 648, 649, 651, 652, 659, 661, 667, 677
fonte comum, 648, 653, 654
MOS, 429, 643, 653
PC, 666-668
porta comum, 258, 663
pré-alimentador, 542

push-pull, 535, 538, 539
seguidor de fonte, 673
Estrangulamento, 637
de canal, 220
Estruturas biquadráticas
baseadas em integradores, 581
de Tow-Thomas, 583
usando indutores simulados, 584
Excitação de transistor bipolar, 111

F

Faixa de voz, 2
Fase, margem de, 493
Fator de realimentação, cálculo, 477
Filtro(s)
analógicos, 560-601
ativos, 576
características de, 560
classificação, 564, 562
de primeira ordem, 568
de segunda ordem, 570
de Sellen-Key, 577
diferencial de Tow-Thomas, 583
função de transferência de, 564
passa-altas, 562, 564, 576, 585
passa-baixas, 4, 290, 399, 564
passa-faixa, 564, 576
rejeita-faixa, 564
respostas de, 563
Fonte(s)
comum, 648
constantes, 639
controladas, 702
de alimentação, 8
de corrente, 13, 697
cascode
bipolar, 314
pnp, 316
de cauda, 350
de tensão, 8, 639
global, 82
controlada, 702
núcleo seguidor de, 671
seguidor de, 671
Fotodiodo, funcionamento de um, 4
Frequência
altas, queda de ganho em, 8
de osciladores MOS em função do tempo, 234
de transição, 410, 590
de um amp op, resposta, 300
do diferenciador, resposta de, 291
do integrador, resposta de, 288
faixa de, 2
ganho em, 8
Função de transferência, 400

G

Ganho
de tensão, 7, 634
em malha, 447, 448
finito, características com, 604

Índice

Gargalos de velocidade, 403
Grandes sinais, 61

I

I/V, características, 37-41, 47
Impedância (s), 638, 639
    cálculo de, 650
    de entrada, 162, 165, 363, 419, 465, 663
        e de saída, 134, 303, 424, 431, 452, 634
    de saída, 162, 191, 437
    de tanque com perda, 517
    de um cristal, 525
    equivalentes, 12
    I/O, 134, 634
    medida de, 136
    vista em um nó, 137
Inch-off, 637
Indutância, simulação de, 585
Instabilidade, 488
Integrador, 287, 288
    e circuito RC, comparação entre, 289
Inversor, 603
    CMOS, 612, 614, 616, 619, 620
    degradação dos níveis de saída em um, 606
Ionização por impacto, 41
Íons
    aceitadores negativos, 30
    doadores positivos, 30

J

Junção
    base-coletor, 138
    base-emissor, 101
    pn, 28
        campo elétrico em uma, 30
        características I/V de uma, 37
        como um diodo, 55
        concentração de carga em uma, 30
        em equilíbrio, 28
        sob polarização
            reversa, 31, 33
            direta, 35

L

Lacunas, 18
    livres, 30
Largura de banda, extensão da, 450
Lei
    de Kirchhoff, 9
    de Ohm, 21
    LCK, 330
Ligações covalentes, 18
    entre átomos, 19
Linearidade, melhoria da, 455
Linha de transmissão, sistemas com, 178

M

Malha fechada, 447
Margem
    de fase, 493
    de ruído, 607, 617
Máxima corrente disponível, cálculo, 546
Medida de frequência de transistores, 412
Medidor de corrente, 459
Memórias analógicas, 6
Método para abrir a malha de realimentação, 477
Microprocessador, 1
Mobilidade efetiva, 24
Modelo(s)
    de diodo para cálculos de polarização e de sinais, 65
    de dispositivos MOS, 232
    de grandes sinais, 65, 105, 115, 233
    de MOSFET em altas frequências, 409
    de pequenos sinais, 65, 109, 111, 115, 234, 358, 399, 672
    de tensão constante para o diodo, 40
    de transistores, 118, 408, 409
    MOS, 233
Modo de saturação, operação de transistores bipolares no, 117
Modulação
    do comprimento do canal, 650
    do estágio fonte comum, 651-654
Molde para resposta em frequência, 588
MOS, 413
MOSFET (*Metal-Oxide-semiconductor Field-Effect Transistor*), 217, 700
    com tensão de porta, 217, 219
    como resistor variável, 217
    conceito, 216
    degenerado, 656
    dimensões, 216
    estrutura, 214, 215
    operação, 216
Multiplicação de Miller, 415

N

Não idealidades de amp ops, 295
Neônio, 18
Notação para tensão de alimentação, 640
Núcleo
    BC, análise do, 175
    PC, análise, 663

O

Onda de entrada e saída, 74
Ondulação constante, 592
Operação no modo ativo, 118
Oscilação
    condição de, 512
    em anel, 512, 514
Oscilador(es), 2, 4, 510-533
    a cristal, 512, 525, 527, 529
    Colpitts, 519, 521, 522
    com acoplamento cruzado, 512, 518
    com deslocamento de fase, 512, 522
    de alta velocidade, 510
    em anel, 512
    em ponte de Wein, 512, 523
    LC, 515
    topologia de, 512

P

Par diferencial bipolar, 350, 362, 378, 379, 432, 433
Pequenos sinais, 61, 639, 648
Permuta no estágio EC, 157
Pinch-off, 221
Pixel de uma câmara digital, 4
Placa de capacitor, variação de tensão em, 84
Polaridade
    da realimentação, 460
    de tensão, 121
Polarização, 637
    com degeneração de fonte, 643
    com emissor degenerado, 145
    de transistores *pnp*, 150
    direta, 35, 36, 40, 47
    por divisor de tensão resistivo, 143
    reversa, 31, 32, 40, 47
    robusta, 148
    simples, 140, 641
Polinômio de Chebyshev, 592
Polo(s)
    de alta frequência, 413
    e nós, associação entre, 403
Ponte de diodo, 78
Ponto
    de operação, análise e síntese no, 140, 640
    de polarização, 64
    quiescente, 64
Porta, 636
    caracterização estática de, 603
    comum, topologia, 663
    dinâmica de, caracterização, 608
    NAND, 626
    NOR, 9, 625
    NOT, 9
    OR, 50
    resposta de uma, 9
Portador
    de carga de silício, 22
    em equilíbrio, 36
    sob polarização direta, 36
    transporte de, 21
Potência
    dissipação de, 623
    -retardo, 624
    versus velocidade, 611
Processador digital de sinal, 3, 5
Processamento analógico, 7
Propagação, retardos de, 610

Q

Queda de ganho com a frequência, 398

R

Razão de rejeição do modo comum, 378

Índice

Realimentação, 446-509
  cálculo do fator de, 477
  corrente-corrente, 473
  corrente-tensão, 469
  direta, 446
  negativa, 446, 449
  polaridade da, 460
  tensão-corrente, 466, 467
  tensão-tensão, 463
  topologia de, 463
Região de depleção, 30, 37
Regra
  de Bode, 402, 487
  para abrir o circuito de realimentação, 477
Regulador, 80
Rejeição do modo comum, 375
Relação de Einstein, 27
Resistência
  de saída do seguidor de fonte, 674
  de Thévenin, 673
Resistor, 450, 690
  de base, 141
  de degeneração, 146
  diode Logic, 602
Resposta
  de Butterworth, 587
  de Chebyshev, 592, 593
  de frequência, 412, 413
  de pares diferenciais, 6
  de seguidores, 423
  em altas frequências, 414
  em baixas frequências, 413
  em frequência
    de estágios, 397-445
    base comum e porta comum, 420
    cascodes, 427
    de seguidores, 423
    emissor comum e fonte comum, 413
Retardo de propagação, 610
Retificação de semicírculo, 74
Retificador
  alimentando carga resistiva, 71
  de meia onda, 68
  de onda completa, 68, 73, 75
  de precisão, 293
  simples, 68
Ripple
  amplitude de, 71
  em retificador, 76
  na saída de um retificador, 72
RLC, realizações, 572
Roll-off, 397
Rotas de transmissão, 2
Ruído, margem de, 607, 617
Ruptura
  por avalanche, 41
  reversa, 41

S

Saturação de velocidade, 23, 24
Seguidor
  de emissor, 185, 191, 423, 535
  de fonte, 262, 264, 671
    com polarização, 676
    de corrente, 672-674
Semicondutor(es)
  difusão em um, 25
  extrínsecos, 20
  física básica de, 17-42
  intrínsecos, 20
  materiais, 17
Senoide, sinal de voz por uma, 3
Sensibilidade, 566
Simulação, procedimento de, 691
Sinal(is)
  analógicos, 6, 7
  de realimentação, 448
  de teste, método incorreto de aplicar o, 449
  de um terminal, 349
  de voz, 3
  desejado em um receptor, 561
  diferenciais, 347-350
  digitais, 6
  elétrico, 5
  recuperado, 7
Sistema(s)
  com linhas de transmissão, 178
  de alimentação genérico, 447
  de áudio, 635
  de realimentação, 486, 489
  microeletrônicos, 2
  oscilatório, evolução temporal do, 489
Somador de tensão, 293
SPICE, 691-703
Switches, 9

T

Tanque(s)
  com perda, magnitude e fase, 517
  LC paralelos, 515
Técnica de retorno, 458
Tecnologia CMOS, 237
Telefone celular, 2
Tempo
  de descida, 610
  de subida, 610
Tensão
  adição de, 460
  de alimentação, notação para, 640
  de circuito aberto, 14
  de desvio, 295
  de *offset*, 295
  de sobrecarga, 226
  de Thévenin, 673
  dobradores de, 82
  overdrive, 226
  regulagem de, 78

  somador de, 293
  térmica, 35
Teorema
  de Miller, 404, 413, 414
  de Norton, 14, 15
Terra AC, 413
Teste conceitual da resposta de frequência, 398
Topologia
  base comum, 174
  cascode, 316
  de amplificadores, 151, 193, 647, 676
  de oscilador, 512
  de realimentação, 463
  emissor comum, 154
  fonte comum, 648
  NMOS, 647
  porta comum, 648
Trade-offs, 3
Transcondutância, 108-110, 230, 319, 458
Transferência de tensão, 614
Transimpedância, 458
Transistor(es), 1
  bipolar(es), 409, 699
    características, 105
    com junção base-coletor, 118
    com tensões de polarização, 99
    de modo ativo, 99
    degenerado, 164
    e MOS, comparação, 237
    estrutura, 98
    física, 97
    modelos, 105
    níveis de polarização e de sinal, 139
  de potência *pnp*, 546
  em altas frequências, modelos de, 408
  medida de frequência de, 412
  MOS, 214, 638, 647
  MOSFET, 648
  npn, 98
  PMOS, 235, 646
  pnp, 119, 121, 150
  transistor Logic (TTL), 602
Transmissor
  completo, 3
  simples, 3

V

Velocidade
  das cargas e corrente, relação entre, 223
  de circuitos, 397, 408, 412
  de um amplificador, 8
  saturação de, 231
Voltímetro, amostragem de tensão por um, 459

Z

Zero de alta frequência, 413

Impressão e Acabamento: